FORSCHUNGSBERICHT DES LANDES NORDRHEIN-WESTFALEN

Nr. 3100 / Fachgruppe Geisteswissenschaften

Herausgegeben vom Minister für Wissenschaft und Forschung

Dr. Hans-Werner Klusemann
Dipl.-Psych. Marianne Horstkemper
Dr. Maria-Eleonora Karsten
Dipl.-rer. soc. Uwe Polinski
Fernuniversität - Gesamthochschule - Hagen

Weiterbildung von Sozialarbeitern und Sozialpädagogen

Theoretische, empirische und curriculare Konzepte

Westdeutscher Verlag 1982

CIP-Kurztitelaufnahme der Deutschen Bibliothek

Weiterbildung von Sozialarbeitern und Sozialpädagogen : theoret., empir. u. curriculare Konzepte / Hans-Werner Klusemann ... - Opladen : Westdeutscher Verlag, 1982.

(Forschungsberichte des Landes Nordrhein-Westfalen ; Nr. 3100 : Fachgruppe Geisteswiss.)

NE: Klusemann, Hans-Werner [Mitverf.]; Nordrhein-Westfalen: Forschungsberichte des Landes ...

Herstellung: Westdeutscher Verlag

ISBN 978-3-531-03100-2 ISBN 978-3-322-87751-2 (eBook)
DOI 10.1007/978-3-322-87751-2

Inhalt

Vorwort

Die Projektgruppe "Weiterbildung im Bereich Sozialarbeit/ Sozialpädagogik" im Arbeitsbereich Soziologie der Fernuniversität legt hiermit ihren Endbericht vor.

Das Projekt wurde eingerichtet, um für die konzeptionelle Entwicklung von Weiterbildungsstudiengängen an der Fernuniversität - speziell für das Berufsfeld der Sozialpädagogik/Sozialarbeit - grundlegende Forschungen zu beruflicher Sozialisation, Weiterbildungsmotivation und Weiterbildungsinhalten durchzuführen. Hierauf bezogen sollte exemplarisch ein theoretisch und curricular-organisatorischer Entwurf eines berufsfeldbezogenen Weiterbildungsstudiengangs entwickelt werden. Die Ergebnisse der Untersuchungen, die hier vorgelegt werden, erhalten neue Aktualität im Kontext der Debatte um die Fundierung von (sozial)wissenschaftlicher Weiterbildung an Universitäten und Gesamthochschulen. Die vorgelegten Ergebnisse stellen einen bedeutsamen Rahmen für die Entwicklung von Weiterbildungsstudiengängen dar. Dies gilt nicht nur für die spezifischen Belange von Weiterbildung an einer Fernuniversität, sondern auch darüber hinausweisend für die theoretische und empirisch abgesicherte Begründung von Weiterbildungsstudiengängen insgesamt.

Das Projekt wurde vom MWF/NW von 1979 bis 1980 gefördert. Die Federführung, die Ausarbeitung des Forschungsdesigns sowie die Entwicklung der Weiterbildungskonzeption lag bei Herrn Dr. Hans-Werner Klusemann. Die Schwerpunkte der Konzeption liegen in einer Forschungsplanung, die im Rahmen empirischer Untersuchungen realisiert wurde, sowie in der Konkretisierung curricularer, inhaltlicher und organisatorischer Prinzipien. Darauf aufbauend wurde ein Studiengang entwickelt, der die Möglichkeit eröffnet, wissenschaftliche Arbeits- und Reflexionsweisen mit berufspraktischen Erfahrungen zu vermitteln, um so zu Formen theoriegeleiteten Handelns und zu handlungsbezogener Theoriebildung zu kommen; er zeigt Wege auf, wie eine Fernuniversität rein rezeptives Lernen überwinden und nicht-kommunikative und kommunikationsintensive Lernverfahren und Medien kombinieren kann.

Insbesondere ist hervorzuheben, daß die konzeptionelle Entwicklung und ihre curricular-organisatorische Umsetzung rückgebunden sind an empirische Untersuchungen, die sich durch Konsequenz der Anlage, Detailliertheit der Auswertung und Verständlichkeit der Darstellung auszeichnen.

Die Studie stellt einen profunden Bedingungsrahmen von Argumentationen zu einer Theorie und Praxis der Weiterbildung von Sozialarbeitern/ Sozialpädagogen dar.

Die Entwicklung und Evaluation des hier skizzierten Curriculums könnte durchaus Modellcharakter für die Entwicklung anderer sozialwissenschaftlicher Studiengänge an Präsenzhochschulen haben.

Um im Interesse der Weiterentwicklung von Weiterbildungsstudiengängen an der Fernuniversität und im Interesse des nachgewiesenen Weiterbildungsbedarfs die Implementation und Evaluation des Studiengangs angemessen wissenschaftlich zu begleiten, ist die Einrichtung des Studiengangs dringend geboten. Gerade im Bereich Sozialarbeit/Sozialpädagogik erhält die bildungspolitische Aktualität der Weiterbildung eine neue Dimension, die sich aus offenkundigen, vielfältigen sozialen Problemen ergibt. Die Hochschule muß sich ihrem Auftrag in dieser Dimension stellen.

H. Abels

Maria-Eleonora Karsten/Hans-Werner Klusemann

Einleitung und Überblick

Es gibt nur wenige bildungspolitische Hoffnungen, die in den 10 Jahren nach dem Bildungsbericht '70 der Bundesregierung noch zum konsensfähigen Kanon der Reformdiskussion gehören. Eine der wenigen Maßnahmen, die in zunehmender Weise gefördert und ausgeweitet wurden und die erst angesichts der jüngsten Krise in den öffentlichen Haushalten vom Rotstift bedroht zu sein scheinen, ist die Weiterbildung. Sucht man nach Gründen für die allseits geteilte Wertschätzung von Weiterbildung, findet man - wie fast immer bei bildungspolitischen Gemeinplätzen -, daß sich hinter allgemein anerkannten Ettiketten höchst unterschiedliche Interessen verbergen.

Dies gilt auch und gerade für das jetzt verstärkt an Hochschulen aufkeimende Interesse an Weiterbildung. Für viele Interessenten erscheint Weiterbildung als die letzte Chance, verpaßte Karrieren nachzuholen, anderen soll Weiterbildung die erreichte Berufsposition absichern; Wissenschaftliche Hochschulen berufen sich nun gleichermaßen wie private und öffentlich-rechtliche Einrichtungen der Weiterbildung auf die zunehmende Notwendigkeit von Weiterbildung.

Einig in der Begründung für die Notwendigkeit von Weiterbildung weiß man sich in der Regel über alle Unterschiede in den Interessen wie in den Grenzen jeweiliger Fächer und Disziplinen hinweg darin, daß die Vielfalt neuer Erkenntnisse einen Verfall bisherigen Wissens bedeute. Weiterbildung erscheint in diesem Argumentationszusammenhang als wichtiges Mittel, die Lücke zwischen der beruflichen Erstausbildung und dem Fortschreiten der Wissenschaftsentwicklung auszugleichen, gleichsam veraltetes Wissen zu modernisieren.

So einleuchtend dieser Gedanke auf den ersten Blick auch sein mag, so problematisch ist es, Weiterbildungsveranstaltungen unter dieser Zielperspektive zu organisieren. BRATER macht völlig zurecht auf die Frage aufmerksam, "wie es denn überhaupt kommen kann, daß die Fähigkeiten der Menschen 'zurückbleiben' und sich nicht selbstverständlich mit dem Fortschreiten des gesellschaftlichen Prozesses der Erfahrungsverarbeitung und Wissensbeschaffung weiterentwickeln"(BRATER 1980, S. 71).

Mit dieser Frage ist nun nicht nur, wie BRATER es selbst diskutiert, ein Problem des Verhältnisses von Arbeitsmarktpolitik und beruflicher Qualifizierung aufgeworfen (vgl. BRATER 1980, S. 70 ff.); die Ausbildungsinhalte und die Formen ihrer Vermittlung selbst sind es häufig, die angeeignetes Wissen als Lehrsätze und kanonische Wahrheiten, ohne eine Berücksichtigung ihres sozialen und methodischen Entstehungszusammenhangs mißverstehen lassen. Insbesondere bei sozialwissenschaftlichem Wissen ist es nämlich erforderlich, die Bedingungen seiner Genese im Kontext jeweiliger Theorien mitzureflektieren, da die wissenschaftliche Reflexion sozialer Probleme immer auch eine historische und gesellschaftliche Dimension umfaßt, von denen aus die spezifische Art und Weise der Problemformulierung und seiner wissenschaftlichen (methodischen) Erarbeitung abhängt. Verzichtet man auf dieses Reflexionsprinzip, verkommt wissenschaftliches Wissen leicht zum formelhaften Instrument der Routine des Berufsalltags. Diese Routine des Berufsalltags ist es aber gerade, die sich gegen Kritik und Innovation sperrt, und letztlich der Tendenz nach dann auch verhindert, daß neues, die Erstausbildung angeblich "auffrischendes" Wissen angenommen und in bisherige Wissenssysteme integriert werden kann. Dies gilt umso eher, wenn in Weiterbildung vermitteltes "modernes Wissen" mit Wissenselementen der Alltagsroutine konkurriert und damit der Alltagsroutine Legitimierungs- als Immunisierungsstrategien eingeräumt werden.

Der innovatorische Anspruch von Weiterbildung - und nur diesem kann eine "Modernisierung" von Wissen letzlich verpflichtet sein - ist erfolgversprechend nur dadurch einzulösen, wenn der legitimatorische Charakter der Alltagsroutine selbst zum Gegenstand der Weiterbildung gemacht wird. Mit der Ausarbeitung dieses Gedankens beschäftigt sich die hier vorgelegte Studie. Konkreter Gegenstandsbereich des vorgelegten Weiterbildungskonzeptes ist das Berufsfeld der Sozialarbeit/Sozialpädagogik; seine Adressaten sind in erster Linie Berufspraktiker aus diesem Feld.

Die Studie ist in vier Abschnitte gegliedert:
im ersten Abschnitt wird der Grundgedanke des Weiterbildungskonzepts theoretisch begründet und entfaltet. Berufsbezogene Weiterbildung wird nicht nur als geeignet sondern als geradezu erforderlich herausgearbeitet, um das Routinehandeln des eigenen Berufsalltages infragezustellen, damit die Rechtfertigungs- bzw. Immunisierungsstrategien, denen das Handeln unterliegt, überwunden werden können. Im Zentrum der Diskussion stehen wissenssoziologische Überlegungen über die Aneignung wissenschaftlichen Wissens im Kontext biographischer Statuspassagen. Dabei wird insbesondere der Frage nachgegangen, welche Konsequenzen aus der unreflektierten Modifizierung von Wissen unter den Bedingungen und Wirkungen beruflicher Sozialisation in Weiterbildungsmaßnahmen zu ziehen sind. Als curriculare Orientierungspunkte, die diesen Überlegungen Rechnung tragen, dienen zwei Gegenstandsbereiche:

1. die kritische Reflexion jeweiliger Weiterbildungsinteressen von Sozialarbeitern/Sozialpädagogen,
2. die Analyse von Bedingungen und Wirkungsweisen beruflicher Sozialisation.

Der inhaltliche Rahmen eines Weiterbildungsstudiengangs sowie konkrete Inhalte des Curriculums werden hier zunächst nur aus wissenschaftstheoretischer Perspektive beleuchtet:

- als Merkmale des inhaltlichen Rahmens des Studiengangs werden begründet:
  - die Reflexion der gesellschaftstheoretischen Implikationen wissenschaftlicher Paradigmen und die sozialen Konstitutionsbedingungen ihrer Theorien in ihrer Bedeutung für die Analyse sozialpädagogischen Handelns;
  - die Vermittlung von Forschungskompetenzen im Kontext wissenssoziologischer Analyse von Fragestellungen und Methoden;
- Merkmal konkreter Inhalte des Curriculums ist die Vermittlung von Wissen zur Rekonstruktion der Konstitution von Alltagswissen.

Zur Kennzeichnung der Bedeutung von Weiterbildung für die Entwicklung der beruflichen Sozialarbeit/Sozialpädagogik als Profession wird inhaltlich die Diskussion um die Unterstützung von Selbsthilfepotentialen sozialpädagogischer Handlungsadressaten aufgegriffen; konzeptionell wird auf einen, die Qualität konkreten Arbeitsvermögens berücksichtigenden Professionalisierungsansatz verwiesen:

Biographische Erfahrungen und berufliche Sozialisation markieren die Anknüpfungspunkte subjektbezogener Professionalisierung.

Mit Überlegungen, daß und wie auf diese Bezugspunkte auch die Modalitäten der Formalqualifikation sowie die Akzente der Disziplinenorientierung von Weiterbildungsstudiengängen auszurichten sind, wird der theoretische Teil der Studie abgeschlossen.

Im zweiten und dritten Abschnitt werden Fragestellungen und Probleme, die im theoretischen Teil der Studie aufgeworfen bzw. identifiziert wurden, empirisch weiterverfolgt.

Als erster Schritt der empirischen Analyse wurde eine Erhebung von Weiterbildungsinteressen potentieller Adressaten durchgeführt. Es wurde dabei nach "Art und Umfang von Weiterbildungsinteressen, ihrer motivationalen Grundlagen und Faktoren, die die motivationalen Grundlagen beeinflussen"gefragt. Auf der Basis einer handlungstheoretisch begründeten Rekontruktion des allgemeinen Verhältnisses von Wissen und Handeln sowie des komplexen Prozesses von Aneignung von Wissen, wurden die Weiterbildungsinteressen darauf zurückgeführt, daß sie Ausdruck zielgerichteter Problemlösungsaktivität von Sozialarbeitern/Sozialpädagogen sind, die ihre Berufssituation reflektieren. Weiterbildungsinteressen, so die Annahme, werden dann deutlich und artikuliert, wenn die Ziele der Berufstätigkeit in Frage stehen oder in Frage gestellt werden und die Mittel, die beruflichen Ziele zu erreichen, neu überdacht werden müssen, weil die allgemeine Zielsetzung,"beruflichen Erfolg" zu erlangen, - sei es auf der Ebene der Bewältigung der gestellten Arbeitsanforderungen oder auf der Ebene gesellschaftlicher Anerkennung der dokumentierten Handlungskompetenz - in Gefahr steht. Beide, nur analytisch getrennten Ebenen der gebrauchs- und tauschwertbezogenen Handlungsorientierungen von Sozialarbeitern/Sozialpädagogen gehen ein in die Entstehung von Weiterbildungsmotivationen. Die Leitfragen der Untersuchung werden auf dem Hintergrund von Überlegungen zur Arbeitszufriedenheit formuliert:

1. welche Bedürfnisse der in der Praxis tätigen Sozialarbei-arbeiter und Sozialpädagogen haben Bezug zu bestimmten Formen von Arbeitszufriedenheit bzw. -unzufriedenheit, die dann wiederum Weiterbildung als eine sinnvolle Möglichkeit von Veränderung der Arbeitssituation erscheinen lassen oder aber ausschließen?
2. welche Merkmale der Arbeitssituation beeinflussen die Ansprüche und Erwartungen der Sozialarbeiter und Sozialpädagogen, die sich auf weitere Qualifizierung, Kenntniserweiterung etc. richten?
3. in welchem Zusammenhang stehen diese beiden Merkmalskomplexe?

und in Variablenkomplexen gebündelt. Die Merkmale der Arbeitssituation werden als Umweltfaktoren, die berufsstatistischen Merkmale als Personfaktoren bezeichnet und als Schnittstellen der Sozialisation gefaßt. Ferner werden Kognitionen identifiziert, die als berufsspezifische und soziale Orientierungen ebenfalls als unabhängige Variablen gefaßt sind und sich auf das Ausmaß des Interesses an Weiterbildung und das Interesse an bestimmten Weiterbildungsinhalten auswirken. Unter Verwendung bivariater und multi-variater Analyseverfahren werden Bedingungen, persönliche Voraussetzungen und subjektive Sichtweisen identifiziert, die die Weiterbildungsmotivation beeinflussen bzw. mit spezifischen inhaltlichen Interessen an Weiterbildung zusammenhängen. Die Untersuchung ist als Querschnittsuntersuchung über das Handlungsfeld von Sozialarbeitern und Sozialpädagogen im Beruf angelegt.

Da mit dieser Untersuchung lediglich Handlungsabsichten und Handlungseinstellungen, nicht jedoch konkretes Handeln und Handlungsprozesse erhoben werden, wird versucht, im Rahmen einer qualitativen Untersuchung Aspekte des Praxisalltags im Berufsfeld der Sozialarbeit/Sozialpädagogik zu ermitteln. Entsprechend und auf dem Hintergrund der theoretischen Ausführungen ist es erforderlich, konkretes berufliches Handeln von Sozialarbeitern/Sozialpädagogen zu analysieren und dabei subjektive und objektive

Rahmenbedingungen dieser Praxis zu berücksichtigen. In diesem Sinne wird die standardisierte Befragung von Sozialarbeitern/Sozialpädagogen um feldstudienähnliche Untersuchungselemente und Verfahren der Situationsbeobachtung erweitert. Beide Untersuchungen sind insofern aufeinander verwiesen, als für die befragten Sozialarbeiter/Sozialpädagogen unterstellt wird, daß sie im Prozeß ihrer Berufsausübung einen Entwicklungsprozeß durchlaufen haben, der die unterschiedlichen Weiterbildungsinteressen bedingt. Die Wirkungsweise des Berufserfahrungsprozesses auf die Ausbildung von Einstellungen, Handlungsbereitschaften, Bedürfnisse und Motivationen bei den Sozialarbeitern/Sozialpädagogen kann, wenn man die Überlegungen anders wendet, als Prozeß der beruflichen Sozialisation bezeichnet werden: Die standardisierte Befragung bezieht sich also bereits auf Resultate beruflicher Sozialisation im Berufsfeld der Sozialarbeit und Sozialpädagogik.

Da quantitativ erhobene Kognitionen und Weiterbildungsinteressen von Strukturen und Mustern des Alltagshandelns bestimmt werden und d. h., Konstitutionsprozessen situations- und sozialisationsbedingter Erfahrung unterlegen sind, ist es erforderlich, die Bedingungen der beruflichen Sozialisation von Sozialarbeitern/Sozialpädagogen unter qualitativen Gesichtspunkten zu diskutieren. Im Rahmen der zweiten empirischen Untersuchung wird deshalb versucht, Muster, Strukturen und Wirkungsweisen berufspraktischen Handelns von Sozialarbeitern/Sozialpädagogen in Erfahrung zu bringen.

Die Analyse erfolgt in methodisch aufeinander bezogenen Schritten: Zunächst erfolgt eine Diskussion berufssozialisationsrelevanter Aspekte des Berufsalltages, die konfrontiert und in Beziehung gesetzt werden zu exemplarischen Ausschnitten eines Interviews, das mit einem Sozialarbeiter durchgeführt wurde. Im Anschluß daran werden erste Ergebnisse durch exemplarische Situationsbeobachtungen ergänzt.

Die theoretische Entwicklung und Betrachtung von sozialisationsbedeutsamen Bedingungen und Strukturen des Alltags in der Sozialarbeit/Sozialpädagogik wird illustriert durch die Beschreibung und Interpretation von empirischem Material, in

Anlehnung an interpretative Forschungsmethoden. Dem Material selbst kann dabei noch nicht mehr als illustrativer Charakter zugewiesen werden, weil angesichts des Projektzeitraumes und der vorhandenen Personalkapazitäten nur ein punktuelles Hineingehen ins Feld möglich war.

Bei der Einschätzung der Ergebnisse ist zu bedenken, daß nur einzelne Aspekte der beruflichen Sozialisation beleuchtet wurden und eine weitergehende umfassende Analyse des Berufsfeldes der Sozialarbeit/Sozialpädagogik als Sozialisationsinstanz beruflicher Sozialisation in und durch den Beruf noch aussteht. Die Begrenzung der Analyse auf einen Arbeitsbereich der Sozialarbeit/Sozialpädagogik erfolgte angesichts der "Sektorierung, Parzellierung und Zersplitterung ihrer Tätigkeitsfelder" (BENEKE/ZANDER 1980, S. 392). Die Auswahl der "offenen Jugendarbeit" als konkretes Arbeitsfeld ist das Ergebnis eines Expertenratings. Folgende Kriterien waren für die Auswahl maßgebend:

1. das Arbeitsfeld der Sozialarbeit/Sozialpädagogik sollte zu den "klassischen" Bereichen gehören,
2. die berufsstatistischen Merkmale der standardisierten Befragung sollten in diesem Feld anzutreffen sein,
3. es sollte kein ganz "neues" Aufgabenfeld der Sozialarbeit sein, sondern es sollte die Möglichkeit bestehen, langjährige berufserfahrene Sozialarbeiter/Sozialpädagogen zu befragen und zu beobachten,
4. das Berufsfeld sollte in staatlicher <u>und</u> freier Trägerschaft existieren,
5. das Berufsfeld sollte einen möglichst unbeeinträchtigten Zugang für die Projektgruppe zulassen,
6. die in diesem Berufsfeld tätigen Sozialarbeiter und Sozialpädagogen sollten aus vorliegenden Erfahrungen prinzipiell weiterbildungsinteressiert sein und als potentielle Adressaten eines Weiterbildungsstudiengangs gelten können,
7. über dieses Berufsfeld sollten Erfahrungen und Vorarbeiten der Projektgruppenmitglieder vorliegen,

8. das Arbeitsfeld sollte von seiner organisatorischen Struktur her größtmögliche Innovationen zulassen,
9. dieses Berufsfeld sollte als ein Konkretisierungsbereich der Pilotphase entwickelt werden können und für die Erprobung des Weiterbildungsstudiengangs eine differenzierte inhaltliche Bezugnahme gestatten.

Die Eingrenzung der Forschung auf den Arbeitsbereich der offenen Jugendarbeit bedeutet für die Curriculumentwicklung des Weiterbildungsstudiengangs keineswegs eine ausschließliche Festlegung auf diesen Bereich; die Diskussion der sozialisationsbedingenden Strukturen für die Arbeit der Sozialarbeiter/Sozialpädagogen weist über diesen Bereich hinaus. Eine Übertragung des Forschungsansatzes für andere Arbeitsfelder wäre im Anschluß an diese Untersuchung möglich und notwendig, kann aber in diesem Projekt nicht mehr geleistet werden.

Daß die Curriculumentwicklung in Anlehnung an die hier vorgelegte Studie nicht auf die offene Jugendarbeit beschränkt ist, wird dokumentiert durch einen Strukturierungsvorschlag für ein Curriculum "Sozialarbeit mit Ausländern" im 4. Abschnitt der Studie. Als institutionelle Rahmenbedingung für die Konzeption des hier skizzierten Weiterbildungsstudiengangs wurde - was für viele Leser sicher zunächst ungewöhnlich scheinen mag - die Fernuniversität gewählt. Auch dieser Vorschlag ist als Beispiel für die Berücksichtigung der institutionellen Bedingungen der Ausbildungsstätte zu verstehen und läßt die Möglichkeit der Übertragung auf andere Einrichtungen offen.

Hans-Werner Klusemann

Berufliche Sozialisation als Orientierungspunkt berufsbezogener Weiterbildung

- Überlegungen zu einer Theorie der Weiterbildung für Sozialarbeiter/Sozialpädagogen als Bezugsrahmen empirischer Berufsfeldanalysen und curricularer Planungen

1. Thesen zur Situation der Weiterbildung für Sozialarbeiter/ Sozialpädagogen

Fort- und Weiterbildungsangebote für Sozialarbeiter und Sozialpädagogen werden in der Regel von zentralen Fortbildungseinrichtungen und den Verbänden der Freien Wohlfahrtspflege[1)] sowie von den Berufsverbänden und Anstellungsträgern auf örtlicher Ebene organisiert. Die Notwendigkeit der Fort- und Weiterbildung von Sozialarbeitern und Sozialpädagogen wird begründet mit der defizitären methodischen Kompetenz "älterer" Berufspraktiker sowie mit sich ständig wandelnden und für den einzelnen wachsenden Anforderungen der Berufspraxis. Als programmatisches Selbstverständnis beanspruchen etablierte Fort- und Weiterbildungseinrichtungen deshalb, theoretische und insbesondere methodische Kenntnisse der Berufspraktiker praxisbezogen zu erweitern (vgl. z.B. Deutscher Verein für öffentliche und private Fürsorge: Programme 1981 des Fortbildungswerkes für Sozialarbeiter und Verwaltungsfachkräfte sowie des Fortbildungswerkes für sozialpädagogische Fachkräfte - Schwerpunkt Elementarbereich; Akademie Remscheid für musische Bildung und Medienerziehung: Fortbildung '80; sowie die Zusammenstellung von ALHEIT u.a. 1978, S. 63-124). Unter Fortbildung wird dabei eine die Erstausbildung bzw. die berufspraktische Erfahrung vertiefende Qualifizierung verstanden; der Unterschied zur Weiterbildung wird in erster Linie darin gesehen, daß mittels Weiterbildung eine über die Erstausbildung hinausgehende Zusatzqualifikation erworben wird (vgl. SCHERPNER 1979, S. 234).

Im Rahmen der hier zu diskutierenden Fragestellungen soll zwischen Fort- und Weiterbildung nicht mehr unterschieden werden. Ohne von formalen Unterschieden absehen zu wollen, wird Weiterbildung als Oberbegriff für alle Lernprozesse verstanden, die nach einer Erstausbildung aufgenommen werden. "Weiterbildung umfaßt (somit) Fortbildung, Umschulung und Erwachsenenbildung" (Deutscher Bildungsrat 1970, S. 51). Unter Weiterbildung verstehe ich folglich in Anlehnung an den Deutschen Bildungsrat die Wiederaufnahme organisierten Lernens nach Abschluß einer ersten Bildungsphase und nach Eintritt in die volle Erwerbstätigkeit (vgl. Deutscher Bildungsrat 1970, S. 197).

Während die Vielzahl der Weiterbildungsangebote im Bereich der Sozialarbeit/Sozialpädagogik den Anschein unbestrittener Notwendigkeit erweckt und nahezu jegliches Angebot die Wertschätzung zweifelsfreier Evidenz zu genießen scheint, gibt es erst seit kurzer Zeit Anfänge einer kritischen Diskussion, die die Konzepte traditioneller Weiterbildung als unsystematisch und zusammenhanglos, mit dem Angebot eines "Warenhauskataloges" vergleichen und problematisieren (vgl. Zentrum für Wissenschaft und berufliche Praxis an der Universität Bielefeld 1977, S. 5 sowie GILDEMEISTER 1977, S. 151). Die Kritik verweist vor allem darauf, daß die Defizite beruflicher Weiterbildung häufig nicht erkannt werden, weil die Veranstaltungen bis auf wenige Ausnahmen, und wenn - erst ansatzweise, evaluiert werden (vgl. ALHEIT u.a. 1978), daß die Inhalte der Angebote auf die Unmittelbarkeit der Praxisprobleme beschränkt bleiben (vgl. MARZAHN u.a. 1975, S. 17) und kaum institutionelle und gesellschaftliche Entstehungsbedingungen berücksichtigen (vgl. GILDEMEISTER 1977, S. 151/152).

Als zutreffend erscheint diese Kritik insbesondere unter dem Kriterium, daß für Weiterbildungsmaßnahmen eine Praxisorientierung postuliert wird, die sich in der Regel um die Umsetzung theoretischen Wissens in berufliches Handeln bemüht, kaum aber um eine eigene theoretische und empirische Aufarbeitung der Berufspraxis. Diese z.T. wenig befriedigende Weiterbildungssituation für Sozialarbeiter/Sozialpädagogen war auch mitbestimmend dafür, daß Projekte bzw. Modellversuche initiiert werden, um Weiterbildungsangebote im Hochschulbereich zu entwickeln und zu erproben, so. z.B. das Konzept der region- und berufsfeldbezogenen Fortbildung des Modellversuchs "Berufliche Ausbildung, Berufsfeld und Berufspraxis der Sozialarbeit" im Zentrum für Wissenschaft und berufliche Praxis der Universität Bielefeld, der Modellversuch "Soziale Studiengänge" an der Gesamthochschule Kassel sowie das Projekt "Weiterbildung im Bereich Sozialarbeit/Sozialpädagogik" an der Fernuniversität in Hagen. Vergleichbar im allgemeinsten Sinne sind die hier genannten Studienmodelle, weil sie den im Hochschulrahmengesetz bzw. in den entsprechenden gesetzlichen Bestimmungen der Länder verankerten Auftrag zur Weiterbildung als Aufgabe wissenschaftlicher Hochschulen bereits aufgegriffen haben. Gemeinsamer inhaltlicher Anspruch dieser Weiterbildungsmodelle ist das Postulat, einen Lernprozeß gestalten zu wollen, in dem berufspraxisbezogene Erfahrungen wissenschaftlich vermittelt werden. Auf curricularer Ebene zeigt sich jedoch, daß die Umsetzung dieses Postulats einer theoretischen und empirischen Grundlegung erst noch bedarf. Stellt man sich - wie die genannten Projekte - bezüglich der Entwicklung von Weiterbildungsangeboten für Sozialarbeiter/Sozialpädagogen nämlich dem Versuch, sozialpädagogisches Handeln bzw. eigene berufliche Erfahrungen zum Ausgangspunkt des Curriculums zu machen, so fällt auf, daß nicht nur eine zum Zwecke curricularer Planung umsetzbare Analyse sozialpädagogischen Handelns noch aussteht; auch die Vergegenwärtigung der Diskussionen um die Berufsfeldforschung und die Curriculumentwicklung macht deutlich, daß die Legitimation erfahrungsbezogener Curricula selbst theoretisch und methodologisch grundgelegt sein muß. Diese Grundlegung ist allerdings, wie die Diskussion des Symposiums zu Berufsfeldanalyse in der Sozialarbeit/Sozialpädagogik vom 22. bis 24. September 1980 in Berlin zeigte, bisher nur in Ansätzen erkennbar. Auch ein Blick auf die sich mit besonderen Anstrengungen um Professionalisierung bemühende Berufsgruppe der Weiterbildner zeigt zwar, daß in handbuchartiger Zusammenfassung ein erstes Resümee versucht wird, das angesichts einer noch ausstehenden Theorie allerdings kaum mehr als eine Skizze verschiedenster Probleme und Sichtweisen sein kann (vgl. WEYMANN 1980). Wenn im folgenden nun einige Überlegungen zu einer Theorie der Weiterbildung für Sozialarbeiter/Sozialpädagogen expliziert werden, so erhebt der Verfasser keineswegs den Anspruch, einen umfassenden Beitrag hierzu geleistet zu haben. Der Anspruch nachfolgender Überlegungen ist vielmehr, zu versuchen, einen theoretischen Rahmen zu begründen, der weitere theoretische und empirische Analysen vorbereiten könnte.

2. Ziele und Anknüpfungspunkte eines weiterbildenden Studiums für Sozialarbeiter/Sozialpädagogen

In einer ersten Annäherung an den Versuch, die Entwicklung von Weiterbildungsstudiengängen in der Sozialarbeit/Sozialpädagogik zu begründen, soll ausgegangen werden von der Diskussion des vorgenannten Postulats, berufspraktische Erfahrungen wissenschaftlich vermitteln zu wollen. Mit dieser Konjunktion von berufspraktischer Erfahrung und wissenschaftlicher Reflexion soll versucht werden, sozialpädagogisches Handeln reflexiv weiterzuentwickeln. Das Ziel so verstandener Weiterbildung ist die Vermittlung bzw. Vertiefung reflexiv begründeter Handlungskompetenz.

Wenn als Ziel von wissenschaftlicher Weiterbildung nicht von Qualifikationen sondern von Handlungskompetenz gesprochen wird, so soll damit an die These angeknüpft werden, "daß der Lernerfolg nicht nur in nachgewiesenen Kenntnissen und Fertigkeiten besteht, sondern auch (...) Fähigkeiten zu selbstverantwortetem Handeln in persönlichem, beruflichem und gesellschaftspolitischem Bereich umfaßt" (Deutscher Bildungsrat 1974, S. 16).

In einer ersten Annäherung an den Lerngegenstand wissenschaftlicher Weiterbildung soll somit ein Begriff von Handlungskompetenz in Anspruch genommen werden, der kognitive und emotionale Fähigkeiten verknüpft. Erfolgversprechend ist dieser Anspruch aber nur dann einlösbar, wenn Sozialarbeiter/Sozialpädagogen selbst noch näher zu skizzierende Reflexionsmethoden beherrschen, mit deren Hilfe Ziele und Prozesse des eigenen Handelns begründet und überprüft werden können. Ohne an dieser Stelle einer wissenssoziologischen Diskussion bereits vorgreifen zu wollen (vgl. Seite 12 ff.),wird eine Fundierung sozialpädagogischen Handelns mit Arbeitsmethoden wissenschaftlicher Dignität für erforderlich gehalten, weil der erreichte Professionalisierungsgrad der Sozialarbeit/Sozialpädagogik es nicht ermöglicht, sozialpädagogisches Handeln aus einer empirisch begründeten Wissensbasis abzuleiten wie dies in etablierten Professionen mit entwickelter wissenschaftlicher Basis geschieht. Auch ein Rückgriff auf sozialwissenschaftliche Fachrichtungen erlaubt es nicht, Sozialarbeit/Sozialpädagogik als technologische Disziplin zu instrumentalisieren wie es etwa die Ingenieur- im Verhältnis zu den Naturwissenschaften sind und sein können. Gerade das Beispiel der Ingenieurwissenschaften zeigt aber deutlich, daß in anwendungsorientierten Wissenschaften der Prozeß der Anwendung von Wissenschaft selbst mit Hilfe wissenschaftlicher Arbeitsweisen vollzogen wird und das heißt, daß der Anwendungscharakter einer technologischen Disziplin keineswegs auf eine Handlungsorientierung zu beschränken ist, sondern wissenschaftlicher Arbeitsweisen eigener Art bedarf.

Für diese Aneignung und Vertiefung der Reflexionsmethoden als Voraussetzung für theoriegeleitetes Handeln sind solche Weiterbildungsveranstaltungen besonders geeignet, die die Reflexivität und den Anspruch wissenschaftlichen Arbeitens zur Voraussetzung ihres Handelns bestimmen. Obwohl anderen Weiterbildungs-Institutionen eine Perspektive wissenschaftlicher Weiterbildung nicht abgesprochen werden soll, kann postuliert werden, daß insbesondere wissenschaftliche Hochschulen geeignet und in der Lage sind, wissenschaftliche Weiterbildungsstudiengänge zu organisieren. Diese Weiterbildungsstudiengänge würden auch dann keineswegs obsolet, wenn die grundständige Ausbildung zum Sozialarbeiter/Sozialpädagogen das Qualifikationsziel - zu wissenschaftlicher Arbeit befähigen - bereits sicherstellen würde. Die Möglichkeit nämlich, im Rahmen einer wissenschaftlichen Weiterbildung auf eigene Praxiserfahrungen zurückgreifen zu können, eröffnet die Chance, erfahrungsbezogenes Lernen über die Unmittelbarkeit der Praxisprobleme hinauszuführen und das heißt, Theorie und Praxis zu vermitteln.

Was bedeutet dieser Anspruch nun im einzelnen? Was sind die Erfahrungen, auf die in Weiterbildung Bezug genommen werden sollte und welche Reflexionsmethoden sind geeignet, um nicht der "Unmittelbarkeit" der Praxis zu erliegen?

Unter wissenschaftlicher Reflexion der Erfahrungen (und Bedingungen) beruflicher Praxis verstehe ich, daß Sozialarbeiter/ Sozialpädagogen mit Hilfe wissenschaftlicher Methoden ein theoretisch-systematisiertes Bild der empirischen Wirklichkeit ihrer Berufspraxis entwerfen. Unter Erfahrung wird hierbei in Anlehnung an NEGT (1978, S. 43) keineswegs eine sinnliche Empfindung oder ein singuläres Erlebnis verstanden; Erfahrung bezeichnet vielmehr eine subjektive Form der Verarbeitung von Wirklichkeit, die den Geltungsansprüchen objektiver Erkenntnis noch nicht entspricht. Wenn sozialpädagogisches Handeln nun als Reaktionsweise auf Formen der Verarbeitung von Wirklichkeit definiert werden kann, dann ist mit wissenschaftlicher Reflexion der Erfahrungen beruflicher Praxis gemeint, daß Sozialarbeiter/ Sozialpädagogen der "Gewißheit des Alltags" und dem "Verstehen auf Anhieb" systematisches Mißtrauen entgegensetzen müssen, um zu verhindern, daß sie den "Mythen des Alltags" unterliegen (vgl. dazu MOLLENHAUER/RITTELMEYER 1977). Obwohl Alltagserfahrung und Alltagshandeln in Anlehnung an THIERSCH (1978) und JUNGBLUT/ SCHREIBER (1980) weder negiert noch unterschätzt werden sollen, muß, wie DEWE/OTTO (1980) zu Recht kritisch bemerken, vor einer Alltagsorientierung Zurückhaltung geübt werden, die sozialwissenschaftliche Reflexionsmethoden als Handlungsmethoden zu instrumentalisieren versuchen und die Perspektive "kontrollierten Fremdverstehens" lediglich an den Phänomenen konkreter Sprechakte orientieren. Mit MOLLENHAUER/RITTELMEYER (1977) wird als Unterscheidungskriterium zwischen Alltagshandeln und wissenschaftlichem Handeln zunächst das Prinzip des systematischen Zweifelns angenommen. Während der systematische Zweifel im Alltag durch die Notwendigkeit des Handelns und Interpretierens im Vollzug von Kommunikation und Interaktion geradezu verhindert wird, ist er für wissenschaftliches Handeln konstitutiv. Dabei ist unterstellt, daß Handeln immer theoriegeleitet erfolgt, ob über Alltagstheorien[2] oder über explizierte Annahmen. Ziel orientierten wissenschaftlichen Handelns im hier gemeinten Sinn ist, Versatzstücke wissenschaftlicher Theorien, Erfahrungswissen und Alltagstheorien zu hinterfragen, um sie durch reflektierte Annahmen zu erweitern bzw. zu ersetzen. Die Anknüpfungspunkte dieser wissenschaftlichen Reflexion bzw. des modifizierten Handelns sind die alltäglichen Bedingungen der Berufspraxis und die dabei zur Routine gewordenen Wissensbestände und Handlungskonzepte[3].

Empirische Grundlage für den Versuch, Handlungskonzepte und Wissensbestände des Alltags als Anknüpfungspunkt für eine wissenschaftlich reflektierte, berufspraxisbezogene Weiterbildung zu nutzen, ist die Identifizierung von Erfahrungen der beruflichen und vorberuflichen Sozialisation bzw. wie sie vom Sozialarbeiter/Sozialpädagogen interpretiert und in die Prozesse seines beruflichen Handelns integriert werden. Diese Handlungskompetenz Rechnung getragen, daß konkretes berufliches Sozialpädagogen sind nicht an individuellen Handlungsprozessen allein objektivierbare Phänomene; bei dem Versuch, Handlungskonzepte und Wissensbestände in sozialen Interaktionen zu identifizieren, sind die verschiedenen Interaktionsprozesse des Handlungskontextes und die Konstituierungen von Interaktionssinn aufgrund lebensweltlicher Konzepte zu berücksichtigen. In diesem Sinne wird dem ersten Definitionsversuch von Handlungskonzepten Rechnung getragen, daß konkretes berufliches Wissen und Handeln von Sozialarbeitern/Sozialpädagogen in hohem Maße von biographischen und sozialisatorischen Bedingungen abhängig sind und nicht allein über Kenntnisse und Fertigkeiten definiert werden können. Angemessen zu erklären sind empirisches berufliches Wissen und Handeln von Sozialarbeitern/Sozialpädagogen demzufolge nur, wenn Kenntnisse und Fertigkeiten in ihrer sozialisations- und interaktionsspezifischen Bedeutung erfaßt werden.

Theoretisches Vorverständnis für die Entwicklung von Handlungskompetenz als Ziel wissenschaftlicher Weiterbildung ist die Annahme, daß die selbst in einer qualifizierten Erstausbildung erworbenen Kenntnisse in Prozessen lebensweltlicher Interaktion und beruflicher Sozialisation unreflektiert routinisiert werden bzw. unter dem Erwartungsdruck beruflicher Sozialisationsbedingungen nur modifiziert angewandt werden (können). Damit ist gemeint, daß die Prozesse der beruflichen Sozialisation Sozialarbeiter/Sozialpädagogen nicht nur mit den Erwartungen der Praxis vertraut und kompetent machen, die Anforderungen der Praxis zu erfüllen; den Prozessen der beruflichen Sozialisation ist vielmehr inhärent, daß Sozialarbeiter/Sozialpädagogen den Erwartungen der Praxis unterliegen und ihr Handeln den jeweiligen Erfordernissen untergeordnet wird (vgl. auch GILDEMEISTER/

ROBERT 1979, S.269 sowie BLINKERT 1976). Wissenschaftliche Weiterbildung sollte deshalb insbesondere dazu dienen, diesem Anpassungsdruck entgegenzuwirken sowie die Modifizierungen und Routinisierungen sozialpädagogischer Wissens- und Handlungskonzepte zu reflektieren und zu überwinden. Da in den Prozessen der Routinisierung von Handeln gleichzeitig ein Aspekt von Qualifizierung liegt, kann es in Weiterbildung allerdings nicht darum gehen, Routinisierungen allgemein zu überwinden, sondern das Routinehandeln, das sich durch vordergründige Rechtfertigungen gegenüber qualitativ begründeten Veränderungen immunisiert, soll konstruktiv überwunden werden. Konkret ist damit unterstellt, daß Sozialarbeiter/Sozialpädagogen sich gegenüber Kritik häufig mit pädagogischen Theorien und emanzipatorischen Postulaten immunisieren, obwohl eigenes konkretes Handeln im Widerspruch dazu steht.

Im Anschluß an diese Überlegungen erscheint es nun begründbar, daß eine berufsbezogene Weiterbildung nicht nur geeignet, sondern geradezu erforderlich ist, das Routinehandeln des eigenen Berufsalltags wieder in Frage zu stellen, um mit dem Erwartungsdruck der Anstellungsträger umzugehen lernen, um Ambiguitätstoleranz zu erwerben sowie um die Rechtfertigungs- bzw. Immunisierungsstrategien, denen das Handeln unterliegt, zu überwinden. Dabei ist allerdings zu bedenken, daß die in vorberuflichen Sozialisationsprozessen erworbene personale und soziale Identität krisenhaft erschüttert wird, und das heißt, bisherige Sinnwelten als Begründungsrahmen beruflichen Handelns wenn nicht außer Geltung so doch zumindest in Zweifel geraten. In diesem Zusammenhang treten Identitätskrisen auf, die sowohl das berufliche Selbstverständnis der Sozialarbeiter/Sozialpädagogen als auch ihr berufliches Handeln zumindest verunsichern - wenn nicht gar verändern. Da die Entwicklung einer balancierenden Ich-Identität (vgl. KRAPPMANN 1971) gleichzeitig die Voraussetzung darstellt, um die sich z.T. widersprechenden Erwartungen des Berufsalltags mit Konzepten persönlicher Identität handlungsrelevant zu integrieren, sowie zur konstruktiven Entwicklung beruflicher Identität krisenhafte Erschütterungen geradezu erforderlich sind, befähigt die Teilnahme an einer wie hier verstandenen Weiterbildung gleichzeitig zu qualifizierterer Sozialarbeit/Sozialpädagogik.

Mit dieser skizzenhaften Begründung von Weiterbildung ist unterstellt, daß der Prozeß der unkritischen Adaption und Integration vielfältiger Erwartungen an die Sozialarbeiter/Sozialpädagogen in ihre berufliche Identität kaum mit Weiterbildungskonzepten zu beheben ist, die losgelöst von Erfahrungen der beruflichen Praxis angeboten werden. Eine berufsbezogene Weiterbildung ist also insbesondere geeignet und erforderlich, berufliche Sozialisationsprozesse reflektierend zu verarbeiten und dabei notwendiges Orientierungswissen in der eigenen Praxis konstruktiv zu überprüfen, d.h. letztlich Handlungsziele, berufspraktisches Wissen und Handeln sowie den weiterbildenden Lernprozeß zu evaluieren.

In aller Vorläufigkeit kann der Begriff der Handlungskompetenz als Qualifikationsziel berufsbezogener Weiterbildung wie folgt umrissen werden. Er bedeutet:

1. Alltagswissen, Alltagstheorien und eklektische Versatzstücke wissenschaftlicher Theorien, Konzepte also, die die Wirklichkeit nur scheinbar erklären, systematisch in Zweifel zu ziehen und das heißt, Handlungen, Konzepte und Erfahrungen in ihrem Interaktionssinn zu rekonstruieren und - wie noch zu erläutern sein wird - wissenssoziologisch zu hinterfragen und zu korrigieren; dazu gehört
   - die Aneignung und Anwendung wissenschaftlicher Methoden;
   - das Entwerfen von Handlungsplänen auf der Basis reflektierten Erfahrungswissens;
   - die Evaluation von Handlungsplänen und Erfahrungswissen (sowie das durch Weiterbildung vermittelte Handlungs- und Reflexionswissen) am Beispiel konkreter Berufspraxis;

2. die Bewältigung krisenhafter Erschütterungen der persönlichen Identität mit dem Ziel des Aufbaues reflexiver Identitätskonzepte. Handlungskompetenz beinhaltet somit wesentliche Aspekte von Forschungskompetenz, nämlich: die Bedingungen und Methoden des eigenen Handelns reflexiv zu rekonstruieren und Ergebnisse als systematisch-theoretisches Wissen planend in einen Handlungsprozeß zu integrieren.

   Welche Bedeutung dieser Anspruch nach wissenschaftlicher und berufsbezogener Weiterbildung für die verschiedenen Ebenen der Curriculumentwicklung hat, soll im nächsten Kapitel vertiefend erörtert werden.

3. Theoretische Implikationen und Prämissen der Curriculumentwicklung eines Weiterbildungsstudiengangs für Sozialarbeiter/Sozialpädagogen

Wenn man die Überlegungen konkretisiert, im Rahmen eines Weiterbildungsstudiengangs Handlungs- und Forschungskompetenz im Kontext jeweiliger Berufspraxis auszubilden, d.h. der Frage nachgeht, woraufhin und wofür qualifiziert werden soll, so stößt man an das komplexe Problem, das in der Bildungsforschung bzw. Berufsforschung und Hochschuldidaktik unter den Stichworten "Berufsfeldanalyse/Tätigkeitsanalyse" und "Qualifikationsermittlungen" diskutiert worden ist (vgl. HARTUNG u.a. 1974 sowie FALTIN/HERZ 1974). Die hier geführte Diskussion offenbart folgendes Dilemma: Man ist auf ein theoretisches und normatives Bezugssystem von Berufsfeldanalysen zur Qualifikationsermittlung verwiesen, das ohne empirische Tätigkeitsfeldanalysen aber keine Reformulierung der Praxisbereiche und Zuordnung von Qualifikationsprofilen erlaubt, auf die hin Ausbildungsinhalte festgelegt werden könnten (vgl. dazu HERZ 1975). Andererseits vermitteln empirische Tätigkeitsfeldanalysen ohne normative Definition von Qualifikationen aber keine innovatorischen Perspektiven (vgl. GILDEMEISTER 1978, S. 12). Das bedeutet, daß weder aus der individuellen Nachfrage von Sozialarbeitern/Sozialpädagogen noch aus den empirischen Bedingungen der Berufspraxis ohne theoretische Vermittlungsschritte Weiterbildungsziele und Weiterbildungsinhalte entwickelt werden können. Damit die Entwicklung von Weiterbildungszielen und -inhalten also nicht allein unter die Bedingungen individueller Nachfrage bzw. empirischer Qualifikationsanforderungen subsumiert wird, ist es unabdingbar, für die jeweiligen Arbeitsbereiche, für die weiterqualifiziert werden soll, Konzepte bzw. Versatzstücke wissenschaftlicher Theorien aufzuarbeiten bzw. weiterzuentwickeln. Da dies hier nicht einmal in Ansätzen geleistet werden kann, beschränke ich mich auf den Versuch, einige Perspektiven der Curriculumentwicklung anzudeuten, die das Verhältnis von theoretischer Begründung, empirischer Fundierung und inhaltlicher Konkretisierung umreißen.

3.1 Schlaglicher theoretisch begründeter Curriculumentwicklung

Bei dem Versuch der theoretischen Begründung von Zielen und Inhalten eines Weiterbildungsstudiengangs soll ausgegangen werden von einer wissenssoziologisch orientierten Weiterführung des von ZIMMER u.a. (1973) eingeführten Konzeptes situationsorientierter Curricula. Naheliegend könnte ein situationsbezogener Ansatz als curricularer Bezugspunkt auch für die Weiterbildung sein, weil er das am weitesten entwickelte Konzept der Curriculum-Diskussion darstellt, mit dem der theoretische Vermittlungsschritt zwischen Berufsanforderungsanalyse und Zielen inhaltlich bestimmter Arbeit zunächst gefunden schien.

Die hier zum Ausdruck kommende Zurückhaltung gegenüber dem theoretischen Anspruch der Situationsorientierung ist allerdings geboten, weil praktische Modelle situationsorientierter Curriculumplanung sich in erster Linie an Konzepten offener Curricula orientieren, die die Vermittlung von Qualifikationen auf die Realisierungsformen situativen Handelns beschränken (vgl. HEMMER/ZIMMER 1975 sowie ZIMMER u.a. 1973). Insbesondere bezieht sich die Kritik darauf, daß die von ZIMMER u.a. vorgelegten Überlegungen zur Curriculumkonzeption für den Vorschulbereich den Situationsbegriff eher pragmatisch als reflexiv und ohne Berücksichtigung der Situationen bedingenden und übergreifenden Strukturen verwenden. Der Bezugspunkt des situationstheoretischen Ansatzes von ZIMMER u.a. ist der Versuch, das Konzept von Saul B. ROBINSOHN, nach dem auf Lebenssituationen hin qualifiziert werden soll, modifiziert zu konkretisieren. Die Bedeutung ihres Ansatzes liegt dementsprechend eher in der Präzisierung und Konkretisierung eines Lernfeldes als darin, die Realisierungsbedingungen von Wissen und Handeln als Untersuchungseinheit sozialwissenschaftlicher Forschung zu erschließen. Um zu verhindern, daß der Situationsansatz in seiner praktischen Realisierung lediglich als Einübung in berufliches Handeln begriffen wird, soll im folgenden versucht werden, theoretische Leitlinien zu markieren, die den Konstitutionsprozeß von Wissen und Handeln als Sinnsystem der Wechselwirkung interaktionsbezogener und gesellschaftlich bedingter Verkehrsformen erklären. Gerade eine situationsorientierte Form der Curriculumentwicklung enthebt nämlich nicht von der Notwendigkeit, die Realisierungsbedingungen von Wissen und Handeln wissenschaftstheoretisch einzuordnen und selbstreflexiv zu untersuchen, d.h. sozialwissenschaftliches Studium als sozialwissenschaftliche Forschung zu konstituieren.

Zur theoretischen Einordnung dieses Ansatzes soll heuristisch ausgegangen werden von Ansätzen kritischer Gesellschaftstheorien sowie auf der Ebene mikro -soziologischer Konzepte von Positionen des symbolischen Interaktionismus. Mit den Begriffen "heuristisch" und "ausgegangen" soll zum Ausdruck gebracht werden, daß die hier in Anspruch genommenen Theorien eine wechselseitige Verknüpfung aus historischen und systematischen Gründen eigentlich nicht zulassen; trotzdem erscheint eine Vermittlung beider Konzepte hier mangels theoretischer und empirischer Alternativen sowie aufgrund der wechselseitigen Korrespondenz jeweiliger Kritiken an beiden Theoriekonzepten vorläufig als angemessen.
So wird im Rahmen klassischer Konzepte der "kritischen Theorie" eine Deutung gesellschaftlicher Wirklichkeit ausschließlich makro-soziologisch, d.h. nicht auf der Ebene subjektiver Verstehens- und Erklärungsmuster vollzogen, während die traditionellen Arbeiten zu einer "Theorie des symbolischen Interaktionismus" die gesellschaftstheoretischen Implikationen dieser Theorie übersehen, wobei die deskriptiv analytischen Kategorien ein Bild von subjektiver Autonomie der Individuen vortäuschen. Vermittelndes Konzept zwischen beiden Theorienkonzepten ist ein handlungstheoretisches Modell, mit dem das Verhältnis von Wissen und Handeln unter je spezifischen Realisierungsbedingungen untersucht werden kann.

Konkreter Untersuchungsgegenstand, wie er im Zusammenhang der hier verfolgten Fragestellung relevant ist, sind die Wissensbestände von Sozialarbeitern/Sozialpädagogen bzw. ihre Situationsdefinitionen, über die ihre Wissensbestände rekonstruierbar sind. Entsprechend des Vermittlungsversuches zwischen interaktionstheoretischen Ansätzen und Konzepten kritischer Gesellschaftstheorien wird davon ausgegangen, daß konstitutiv für Situationsdefinitionen auch ihre ökonomische und gesellschaftliche Vermitteltheit ist.

Bezogen auf die Wissensbestände und Situationsdefinitionen von Sozialarbeitern/Sozialpädagogen heißt das, daß sie nicht nur einen subjektiv gemeinten, sondern auch einen "objektiv konstituierten" Sinn haben. Methodisch gewendet heißt das, daß das Wissen von Sozialarbeitern/Sozialpädagogen nicht nur deskriptiv und situationsbezogen zu rekonstruieren ist, sondern daß situationsbezogenes Wissen auch auf objektive Strukturen hin und so zum Beispiel auch auf Momente von entfremdetem und notwendig falschem Bewußtsein hin zu befragen ist. Klassische Begriffssysteme und Analyseverfahren dafür sind die Ideologiekritik bzw. die Wissensoziologie. Ohne nun einen differenzierten Exkurs über ideologiekritische und wissenssoziologische Positionen führen zu wollen und ohne zu explizieren, wie sich beide Positionen ihrerseits voneinander unterscheiden, soll zur weiteren Diskussion der Frage, wie Wissensbestände von Sozialarbeitern/Sozialpädagogen wissenssoziologisch rekonstruierbar sind, angeknüpft werden an Konzepte "neuerer" Wissenssoziologie, insbesondere an die Arbeit von Peter BERGER und Thomas LUCKMANN. Der Verzicht auf eine Auseinandersetzung mit Konzepten "traditioneller" Wissenssoziologie erscheint dabei durchaus als angemessen, weil BERGER/LUCKMANN ihre wissenssoziologischen Überlegungen in ausdrücklicher Abhebung von MANNHEIM und SCHEELER entfalten. Hauptkritikpunkt von BERGER/LUCKMANN an SCHEELERS wissenssoziologischem Ansatz ist SCHEELERS Auffassung, daß Wissenssoziologie lediglich an den Ursachen und Strukturen, nicht aber an den Inhalten gesellschaftlichen Wissens interessiert ist (vgl. BERGER/LUCKMANN 1972, S. 8).

Hauptkritik der Autoren an MANNHEIMS wissenssoziologischem Verständnis - im wesentlichen festgemacht an dem Phänomen der Ideologie und den Auseinandersetzungen mit dem Ideologiebegriff bzw. an dem Konzept von Entfremdung und falschem Bewußtsein bei MARX - ist seine Auffassung, daß die Wissenssoziologie im wesentlichen ein erkenntnistheoretisches und methodologisches Problem sei (vgl. ebda, S. 10/11). Ganz im Gegensatz dazu, schließen BERGER/LUCKMANN erkenntnistheoretische und methodologische

Probleme aus der wissenssoziologischen Denkweise aus (vgl. ebda, S. 19). Sie selbst definieren die Wissenssoziologie als einen Teil der empirischen Soziologie (vgl. ebda, S. 15). Als Begründung für ihre Auffassung beziehen sich BERGER/LUCKMANN auf die Feststellung, daß "wenn man erkenntnistheoretische Erwägungen über den Wert soziologischer Erkenntnisse an die Wissenssoziologie mit einbezieht, so ist das, als wenn man einen Bus schieben will, in dem man fährt" (vgl. ebda, S. 14). Allerdings, so stellen die Autoren fest, sei die empirische Ebene der Wissenssoziologie neu zu bestimmen: "als Theorie nämlich, die auf einen empirischen Gegenstand der Soziologie gerichtet ist" (vgl. ebda, S. 15). Dies bedeutet nach BERGER/LUCKMANN in erster Linie, daß sich Wissenssoziologie empirisch mit dem zu beschäftigen hat, was in einer Gesellschaft als Wissen gilt, nicht jedoch damit, ob dieses Wissen wahr oder falsch ist. Wissenssoziologie im Sinne von BERGER/LUCKMANN richtet das Hauptinteresse auf das Allerweltswissen, das Wissen also, das für den gesellschaftlichen jedermann "wirklich" ist (vgl. ebda, S. 16); erst in zweiter Linie habe eine so verstandene Wissenssoziologie die ideengeschichtliche Wirklichkeit zu analysieren (vgl. ebda, S. 17). Unter ausdrücklichem Verweis auf ALFRED SCHÜTZ knüpfen BERGER/LUCKMANN an seine philosophischen Analysen der "Lebenswelt" an: "Alle Typisierungen im Alltagsdenken sind als solche integrierende Elemente der konkreten historisch-sozio-kulturellen 'Lebenswelt' und beherrschen sie, weil sie als gesichert und gesellschaftlich bewährt erlebt werden. Ihre Struktur bestimmt unter anderem die gesellschaftliche 'Distribution' von Wissen und dessen - bzw. deren - Relevanz und Realität zur konkreten gesellschaftlichen Umwelt einer konkreten Gruppe in einer konkreten historischen Situation. Hier liegen die legitimen Probleme des Relativismus, des Historismus und der sog. Wissenssoziologie" (BERGER/LUCKMANN, S. 17,).
Pointiert ausgedrückt fragen BERGER/LUCKMANN deshalb: "Wie ist es möglich, daß subjektiv gemeinter Sinn zu objektiver Faktizität wird?" (BERGER/LUCKMANN 1972, S. 20). Da eine so verstandene Wissenssoziologie eine soziologische Analyse der Alltagswirklichkeit voraussetzt, ist es nur folgerichtig, wenn BERGER/LUCKMANN mit der Erklärung von Wirklichkeit beginnen,

"die dem Verstand des gesellschaftlichen Normalverbrauchers zugänglich ist"(ebda, S. 21).

Um in diesem Sinne einige wissenssoziologische Schlaglichter auf die Begründung von Weiterbildungszielen und -inhalten zu werfen, soll ausgegangen werden von der oben gemachten Bemerkung zur Notwendigkeit wissenschaftlicher Weiterbildung und zur Routine des Alltagshandelns, an die Weiterbildung anknüpfen muß. Wenn sozialpädagogische Kompetenz im einzelnen inhaltlich auch in bezug auf eine noch ausstehende Theorie des Objektbereichs zu bestimmen sein wird, so ist dabei wesentlich zu berücksichtigen, daß sozialpädagogische Kompetenz empirisch in erster Linie aus Routinehandeln des Alltags besteht.

Mit dieser These soll nun keineswegs ein negatives Urteil über berufliches Handeln von Sozialarbeitern/Sozialpädagogen abgegeben werden. Die Inanspruchnahme von Wissenselementen, die auf der Routine des Alltagshandelns gründen, ist vielmehr ein durchaus konstruktiver und für den einzelnen Sozialarbeiter/Sozialpädagogen in hohem Maße identitätssichernder Akt. Sie ist deshalb konstruktiv und identitätssichernd, weil sowohl das eklektische Theorienwissen, über das Sozialarbeiter/Sozialpädagogen seit ihrer Hochschulausbildung verfügen als auch die Methoden der Sozialarbeit/Sozialpädagogik weder geeignet sind, konkrete Phänomene der Berufsarbeit systematisch zu beschreiben oder zu erklären, noch ausreichend substantiiert sind, um stringente Handlungsmöglichkeiten zu begründen, geschweige denn zu realisieren. Der unabwendbare Handlungszwang der Berufspraxis drängt Sozialarbeiter/Sozialpädagogen deshalb auf ein Handlungs- und Begründungskonzept, über das sie per se immer schon verfügen, das ihnen ausreichend Handlungssicherheit gibt und zunächst gegenüber erschütterndem Zweifel abschirmt: Alltagsroutine und "gesunder Menschenverstand". Verinnerlicht wird das Routinehandeln des Alltags durch Prozesse personaler und sozialer Identitätsbildung. Das bedeutet, daß in dem Maße, wie das Routinehandeln des Alltags für bestimmte Handlungsaufgaben unzureichend wird oder als letzte Rückgriffmöglichkeit im Rahmen beruflichen Handelns darauf Bezug genommen wird, Konstitutions- bzw. Rekonstruktionsprozesse sozialer Identität auftreten.

Während mit Konstitutionsprozessen sozialer Identität Prozesse gemeint sind, die sich von einer Identitätserschütterung bis zu Identitätstransformationen vollziehen können, wird unter Rekonstruktionsprozessen sozialer Identität in Anlehnung an STRAUSS (1974) ein Rückgriff auf Identitätskonzepte verstanden, die in der Vergangenheit vorherrschten und somit der Wiederherstellung früherer Identitätszüge - unter Verschmelzung mit aktuellen Identitätskomponenten - dienen.

Unter Alltagsroutine und "gesundem Menschenverstand" (Rezeptwissen) verstehe ich in Anlehnung an SCHÜTZ/LUCKMANN bzw. BERGER/LUCKMANN (1972) jenen typisierten Wissensvorrat, über den Angehörige gemeinsamer Lebenswelten gemeinsam verfügen und der ihnen die Lösungen vertrauter Probleme des Alltags erlaubt. Alltagsroutine wird somit durch einen gesellschaftlichen und persönlichen Erfahrungsschatz konstituiert, dessen Wissenselemente nach Zweckmäßigkeits- und Relevanzkriterien bedeutsam, nach Graden der Vertrautheit differenziert bzw. in verschiedenen Formen von Spezialwissen verteilt ist (vgl. BERGER/LUCKMANN 1972, S. 44 ff.). "Die Gültigkeit meines Wissens in der und über die Alltagswelt garantiere ich selbst und garantieren andere sich und mir bis auf weiteres, d.h. bis zu dem Augenblick, in dem ein Problem auftaucht, welches im 'gültigen' Sinn gelöst werden kann. So lange mein Wissen befriedigend funktioniert, bin ich im allgemeinen bereit, Zweifel an ihm nicht aufkommen zu lassen" (ebda, S. 45).

Die Struktur des Alltagswissens ist so organisiert, daß ungleiche Wissenssysteme, z.B. konkurrierende Sinnwelten, "sinnvoll" integriert werden. Grundlage dieser Art von Gültigkeit des Alltagswissens sind Prozesse der Legitimierung, insbesondere durch Rückgriff auf "symbolische Sinnwelten". Symbolische Sinnwelten entstehen nach BERGER/LUCKMANN (1972) durch Institutionalisierung reziprok typisierter Habitualisierungen in Prozessen sozialisatorischer Vermittlung und Legitimierung sedimentierten Wissens.

Unter habitualisiertem Handeln verstehen Berger/Luckmann jene Form der Routinisierung von Wissen, das durch häufige Wiederholung eine eingefahrene Bedeutung bekommt (vgl. Berger/Luckmann 1972, S. 56). Institutionalisierungen von Wissen beginnen mit habitualisierten Handlungen, die durch Typen von Handelnden reziprok typisiert werden (vgl. ebda, S. 58), z.B. wenn sich Italiener und Deutsche während eines Urlaubsaufenthaltes näher kennenlernen und dabei eingefahrene Handlungen beim Interaktionspartner als "typisch deutsch" oder "typisch italienisch" identifizieren. Unter einer Institutionalisierung als reziproke Typisierung ist entsprechend eine Bestätigung und damit Fortschreibung, d.h. Sedimentierung, von Wissen zu verstehen, das man bei sich vorher schon als bekannt annimmt. Während eine reziproke Typisierung also einen Interaktionssinn darstellt, der in einer Vis-a-vis-Kommunikation entsteht, stehen genuine Formen institutionalisierten Wissens einem Subjekt als Objektivation gewissermaßen äußerlich gegenüber (vgl. ebda, S. 59 ff.), d.h. es erscheint als gesellschaftliches Wissen im Sinne überindividueller Gültigkeit. Von besonderer Bedeutung ist nun, daß die Aneignung von Wissen nicht nur als Sedimentierung und reziproke Verhaltenstypisierung internalisierter Rollen (vgl.ebda, S. 78), sondern auch als Prozeß "sekundärer" Objektivation erfolgt. Unter "sekundärer" Objektivation verstehen Berger/Luckmann Prozesse der Legitimierung von Wissen (vgl. ebda, S. 98/99). Legitimierungen von Wissen erfolgen, wenn Konzepte institutionaler Ordnung einer neuen Generation vermittelt werden; durch diesen Vermittlungsprozeß wird Wissen gleichsam unabhängig von konkretem Erleben und handlungsbezogenen Einsichten weitergegeben bzw. angeeignet und das heißt, mit einem unüberprüften Geltungsanspruch auf seiten des Vermittlers und ohne die Notwendigkeit unmittelbarer Überprüfung auf seiten des Rezipienten. Berger/Luckmann unterscheiden vier Ebenen von Legitimierung als Erklärung und Rechtfertigung von Wissen:

1. Versicherungen, z.B. "das macht man so";
2. rudimentäre theoretische Postulate, z.B. sog. Lebensweisheiten;
3. explizite Legitimationstheorien, z.B. Erziehungstheorien;
4. symbolische Sinnwelten (vgl.ebda, S. 100 ff).

Unter symbolischen Sinnwelten verstehen Berger/Luckmann Verweisungen auf andere Wirklichkeiten als die der Alltagserfahrung (vgl. ebda, S. 102). Eine symbolische Sinnwelt bildet "die höchstmögliche Integrationsebene für all jene widersprüchliche Sinnhaftigkeit, die nicht am Rande, sondern inmitten des Alltagslebens der Gesellschaft vorkommt. ...Wenn ...erst einmal eine symbolische Sinnwelt da ist, so können widersprüchliche Ausschnitte des Alltagslebens durch direkten Bezug auf die symbolische Sinnwelt integriert werden" (ebda, S. 106). Paradebeispiele für symbolische Sinnwelten sind metaphysische Erklärungen für gesellschaftliche Phänomene, z.B. religiöse Deutungen für soziale Ungleichheit als gottgewollte Ordnung.

Die besondere Bedeutung symbolischer Sinnwelten besteht darin, daß sie in der Lage sind, einander widersprechende Sinnsysteme im Bewußtsein eines Handelnden widerspruchsfrei zu integrieren. Legitimationen durch symbolische Sinnwelten unterliegen in diesem Sinne der Neigung, individuelles und gesellschaftliches Handeln mythologisch zu erklären, d.h. sie sind der verzerrte Ausdruck einer auf Widerspruchslosigkeit und Konsistenz gründenden Verarbeitung objektiver Bedingungen durch Individuen. Diese, in neutraler Form noch als Erfahrung und in kritischem Zugriff "als Deutungsmuster bezeichneten Sinninterpretationen lassen sich als Antworten auf objektive gesellschaftliche Problemlagen begreifen, die auf die Gesellschaftsmitglieder einen Deutungszwang ausüben. Sie integrieren theoretisch rekonstruierbare objektive Inkonsistenzen in den Organisationsprinzipien einer Gesellschaft in einem subjektiv konsistenten Sinnzusammenhang, der eine Thematisierung gerade dieser Widersprüche verhindert" (ALLERT 1976, S. 237). Theoretische Grundlage dieses Deutungsmustertheorems ist die phänomenologische Annahme, daß sich eine Handlung und ihr Sinn losgelöst von individueller Ausführung und subjektiven Vorgängen begreifen läßt (vgl. BERGER/LUCKMANN 1972, S. 77).

Wenn BERGER/LUCKMANN nun beanspruchen, Wissenssoziologie als die Rekonstruktion von Wirklichkeitsauffassungen zu entfalten, die von einer dialektischen Vermitteltheit gesellschaftlicher und individueller Sinnentwürfe ausgeht, so muß doch kritisch angemerkt werden, daß die Autoren als Konstitutionsbedingungen von Gesellschaft lediglich die Konstitution von objektivem Sinn als Generierung subjektiven Sinns verstehen. Die dabei unterstellte "Dialektik" subjektiver Sinnentwürfe, die in den Handlungsperspektiven gesellschaftlicher Individuen den Rang objektiver Faktizität erhält, ist insofern verkürzt, weil die historisch-genetischen Aspekte des Verhältnisses von Individuum und Gesellschaft, konkret: die Bedingungen gesellschaftlicher Produktion und Reproduktion unberücksichtigt bleiben. Die Dialektik gesellschaftlicher Entwicklung wird bei BERGER/LUCKMANN einseitig auf die Interaktion menschlicher Individuen reduziert (zwar historisch eingeordnet), abstrahiert aber von den dialektischen Konstitutionsbedingungen menschlicher Interaktion, d.h. vom

Prozeß gesellschaftlicher Arbeit und den hierüber vermittelten Tauschbeziehungen.

Konkret und im Gegensatz zu BERGER/LUCKMANN bedeutet das, daß mittels empirischer Wissenssoziologie die Struktur und die Genese subjektiver Verarbeitungsformen objektiver Bedingungen zu rekonstruieren sind und dabei durchaus die Frage nach der Angemessenheit sozialer Wirklichkeitsauffassungen zu stellen ist.

Als methodologische Weiterentwicklung wissenssoziologischer Konzepte, die allerdings die Aneignungsformen von Wissen noch unberücksichtigt lassen, können in diesem Sinne Konzepte "objektiver Hermeneutik" angesehen werden, nach denen Situationsdefinitionen als ein Derivat gesellschaftlicher Strukturen in sozialen Konstitutionsprozessen begriffen (vgl. OEVERMANN u.a. 1980) bzw.als Interaktionsprodukt situationsbezogener Struktur- und Wirkungshomologie objektiver Bedingungen <u>und</u> subjektiv gemeinten Sinns (vgl.SOEFFNER 1980) verstanden werden.

Zugespitzt auf den Versuch, die Struktur und die Genese von Situationsdefinitionen und Wissensformen näher zu bestimmen, die Sozialarbeiter/Sozialpädagogen ihrem Handeln unterlegen, muß zunächst zurückgegangen werden auf die Überlegung, daß sozialpädagogische Handlungskonzepte ein sozialisations- und situationsbezogenes Interaktionsprodukt sind. Dies gilt sowohl für extrafunktionale Fähigkeiten wie Loyalität, Anpassung oder Kritik als auch für funktionale Fähigkeiten, die sich auf Interaktionskompetenzen des Alltagshandelns gründen. Für den Versuch einer theoretischen Begründung von Qualifikationszielen bedeuten diese Überlegungen, daß sozialpädagogisches Wissen sowohl theoretisch als auch empirisch nur über die Rekonstruktion subjektiven und objektiven Interaktionssinns erklärbar ist. Anders gesagt heißt das, daß die Handlungskompetenz von Sozialarbeitern/Sozialpädagogen von Wissensschichten bestimmt ist, die aufgrund unterschiedlich bedeutsamer gesellschaftlicher und biographischer Einflüsse wirksam sind bzw. in Passagen sozialisatorischer Kontexte erworben wurden. So interpretieren studierende Sozialarbeiter/Sozialpädagogen in der Hochschulausbildung angebotenes Wissen durch die "Perspektive" biographisch bedeutsamer

Sinnwelten, und so handeln Sozialarbeiter/Sozialpädagogen in ihrer Berufspraxis auch aufgrund von Sinnwelten, die an sie als Erwartungen, Handlungszwänge und Anpassungsforderungen herangetragen werden. Vereinfachend gesagt, ist damit folgendes gemeint:

Wenn ein Student beabsichtigt, ein Studium mit dem Ausbildungsziel Sozialarbeiter oder Sozialpädagoge zu beginnen, dann ist sein Wunsch durch schichtspezifisch vermittelte und biographisch bedingte Voreinstellungen über seine künftige Tätigkeit gekennzeichnet. Grundlage für diese Voreinstellungen sind also lebensweltspezifische Erfahrungen und Perspektiven.

In der Hochschulausbildung erwirbt der angehende Sozialarbeiter/Sozialpädagoge nun Kenntnisse und Fertigkeiten unter spezifischen Sozialisationsbedingungen, die allerdings - und das ist das entscheidende - immer schon als vermittelt über berufliche Voreinstellungen aufgrund lebensweltlicher Erfahrungen und Perspektiven früherer Statuspassagen angenommen werden müssen. Folgt man dieser These, so muß der Anspruch nach Ausbildung von Handlungskompetenz zwei Sachverhalte berücksichtigen:
1. daß die Aneignung von Fachwissen und die Ergebnisse der Überprüfung - vielleicht sogar der Revidierung - früherer Voreinstellungen nicht harmonisch und konfliktfrei in früher erworbene Wissenskonzepte integrierbar sind, sondern in der Regel mit krisenhaften Erschütterungen der gesamten Identität verlaufen (vgl. SCHÜLEIN 1978); 2. daß die Sozialisationsbedingungen der Hochschulausbildung die beruflichen Voreinstellungen gleichsam naturwüchsig, aber nicht systematisch verändern. Die sich so entwickelnde Kompetenzstruktur ist a posteriori - weil dieses Problem im Studium nicht berücksichtigt wird - kaum etwas anderes, als ein Derivat von - mit Versatzstücken wissenschaftlicher Theorie angereichertem - Alltagswissen und Alltagsroutine.

Auch unter den Bedingungen der beruflichen Sozialisation - und nicht nur zum Zeitpunkt des Übergangs von der Hochschule in die Berufspraxis - haben sich Sozialarbeiter/Sozialpädagogen mit krisenhaften Erschütterungen ihrer Identität auseinanderzusetzen. Gerade hier sind die in bisherigen Statuspassagen erworbenen Bestände an Alltagswissen, Deutungsmustern und Kompetenzen in einer Weise tangiert, daß Anpassungszwänge und Erwartungsdruck insbesondere in bestimmten Arbeitsbereichen und bei längerer Berufspraxis zu Identitätsirritationen und -transformationen führen (vgl. dazu BLINKERT 1976). Das Gratifikationssystem des sozialen Aufstiegs dürfte für diesen Zusammenhang der Identitätsentwicklung eine nicht zu unterschätzende Bedeutung haben. Insbesondere aber aufgrund von Berufsanforderungen dürften Sozialarbeiter/Sozialpädagogen solchen Konflikten zwischen beruflichen Voreinstellungen und Handlungsmöglichkeiten erliegen, für deren Bewältigung sie nur auf wissenschaftlich angereicherte Alltagsroutine bzw. Alltagswissen zurückgreifen können.

Zusammengefaßt heißt das, daß die Wissenssysteme unterschiedlicher Sinnwelten zu unterschiedlichen Adaptionsformen neuer Wissenskonzepte führen (z.B. dem der Hochschulausbildung) und daß die Sinninterpretationen beruflichen Handelns von Sozialarbeitern/Sozialpädagogen nicht ohne Rückgriff auf die Wissenskonzepte biographischer Sinnwelten bzw. die Kenntnis der Bedingungen und Inhalte ihrer Modifizierungen in den Prozessen der Hochschulausbildung und der beruflichen Sozialisation "verstanden" werden können.

"Verstanden" werden bedeutet, daß die unterschiedlichen Aneignungs- und Verarbeitungsformen von Wissen zu berücksichtigen sind und die Notwendigkeit differenzierter -und das heißt, auf die Legitimierungen biographisch bedingter Sinnwelten bezogener - Inhalte und Methoden der Wissensvermittlung auf ihre Implikationen hin zu befragen sind. Diese spezifischen (auf unterschiedliche Subsinnwelten bezogene und differenzierte) Inhalte und Methoden der Wissensvermittlung sind nämlich sowohl für die Erstausbildung als auch für die Weiterbildung von Sozialarbeitern/Sozialpädagogen von Bedeutung. Für die Weiterbildung in vielleicht noch ausschlaggebenderer Weise, weil berufliche Krisen aufgrund von Anpassungszwängen und aufgrund zunehmenden Legitimationsverlustes von Sinnwelten, die in Prozessen beruflicher Sozialisation keine ausreichende Handlungssicherheiten mehr geben, einen - wie BLINKERT sagt - "Plausibilitätsverlust" erzeugen, der die Gültigkeit bisheriger Sinnwelten aber nicht nur in Zweifel zieht, sondern neue Handlungskonzepte gleichsam unmittelbar herausfordert und eine Lösung der Konflikte verspricht.

Das konstruktive Durchstehen von Identitätskrisen im Beruf ist also eine wesentliche Voraussetzung für die Überwindung routinisierten Handelns und das heißt letztlich, für den Erwerb sozialpädagogischer Handlungskompetenz. Dabei ist allerdings zu berücksichtigen, daß nicht jede Krise in gleichem Maße geeignet ist, unterschiedliche Formen von Wissen zu bedrohen oder zu überwinden. So wird in Routinehandeln erworbenes Wissen sehr viel eher bedroht bzw. besteht Aussicht auf seine erfolgversprechende Überwindung, als Wissensformen, die durch die Sozialarbeiter/Sozialpädagogen schon mit legitimierenden Formen symbolischer Sinnwelten erklärt werden (vgl. BERGER/LUCKMANN 1972, S. 104 ff.). Dieser Unterschied zwischen routinisierten und legitimierenden Formen des Wissens ist deshalb wichtig, weil die als Deutungsmuster definierten Legitimierungen symbolischer Sinnwelten hinsichtlich ihrer Konstruktionsprinzipien und Gültigkeitskriterien gewissermaßen "autonom" sind (vgl. NEUENDORF 1979, zit. nach DEWE/OTTO 1980, S. 131 sowie SOEFFNER 1980). "Autonom" bedeutet, daß Deutungsmuster als Konstrukte der subjektiven Verarbeitung von Bedürfnissen, Erfahrungen und Bedingungen nicht allein durch situativ angeregte Äußerungen und Meinungen (vgl. DEWE/OTTO 1980, S. 131) veränderbar, sondern nur mit solchen Formen wissenschaftlichen Wissens überwindbar sind, die zu Legitimationskrisen der symbolischen Sinnwelten führen.

Mit dieser Überlegung ist zunächst die grundsätzliche Frage aufgeworfen, ob es mit wissenschaftlichem Wissen nicht auch gelingen kann, erfolgversprechende Lösungshilfen für die konkrete Berufspraxis zu geben, ohne Legitimationskrisen symbolischer Sinnwelten zu initiieren. Bei der Beantwortung dieser Frage ist davon auszugehen, daß wissenschaftliches Wissen gemäß seiner Struktur und Genese kaum geeignet ist, unmittelbar zu einer Lösung konkreter und praktischer Probleme beizutragen. Geeignete Hilfen für die dynamischen und komplexen Bedingungen der Berufspraxis können mittels wissenschaftlicher Beschreibungen und Erklärungen allenfalls darin gesehen werden, daß Handlungs<u>modelle</u> entworfen werden, deren konkrete Relevanz für die Berufspraxis in erster Linie an der Kompatibilität der systematisch zu differenzierenden Randbedingungen des Modells mit den komplexen Bedingungen des Handlungsgefüges zu bemessen ist. Diese Kompatibilität der Bedingungen ist aber in der Regel kaum zu erzielen, weil die Handlungsmuster von Sozialarbeitern/Sozialpädagogen von den Strukturen des Alltagshandelns und den ihnen zugrunde liegenden Deutungsmustern bestimmt sind, d.h. nach erkenntnislogisch anderen Ordnungsprinzipien strukturiert sind als wissenschaftliche Theorien.

Im Gegensatz zur Logik wissenschaftlicher Theorien, deren Gültigkeit an systematischer Erfahrung bewertet wird, d.h. der Anwendung von Falsifikations- bzw. Verifikationsregeln bedarf, sind Deutungsmuster in bezug auf ihre Struktur und Genese nicht deskriptiv und reflexiv, sondern präskriptiv und normativ.

Wie wenig vereinbar Deutungsmuster mit wissenschaftlichen Theorien sind, zeigt sich z.B. daran, daß im Alltag zunächst einmal das erledigt wird, was anliegt. Demgegenüber zeichnet sich die Genese wissenschaftlicher Theorien gerade durch die Unabhängigkeit von unmittelbarem Handlungsdruck aus. Den Handlungs- und Deutungsmustern von Sozialarbeitern/Sozialpädagogen liegt ein Ordnungssystem von Werten zugrunde, das steuert, welches Handeln, warum und in welcher Abfolge realisiert wird. Ein konkretes Muster in diesem Sinne ist z.B. der Versuch, den "Überblick über die Handlungsbedingungen zu erhalten". Dieses Muster repräsentiert nahezu alle Handlungsinitiativen von Sozialarbeitern/Sozialpädagogen und hat für ihr Handeln eine praxissicherndere Bedeutung, als pädagogische Theorien wie "Emanzipation", "Erziehung zur Selbständigkeit" u.a.; gleiches gilt auch für empirische Theorien mit Universalitätsanspruch, deren strukturelle Abstraktheit und methodenspezifische Genese kaum situative Gültigkeit beanspruchen können.

Das Beispiel eines Betrunkenen, der in einem Offenen Jugendhaus erscheint und der dem dort tätigen Sozialarbeiter nicht bekannt ist, mag dies verdeutlichen. So wird die Kontaktaufnahme von seiten des Sozialarbeiters/Sozialpädagogen zu dem Betrunkenen sehr bald hergestellt werden und dies wohl nicht mit der Absicht, ihn zu "Emanzipation oder zur Selbständigkeit zu erziehen", bzw. nicht, um seine Trunkenheit für problematisierende Gespräche zu nutzen, sondern mit der Absicht, ihn zu kontrollieren, den eigenen Überblick zu wahren, Unruhe zu verhindern. Ein ähnliches Beispiel für den Bereich der Offenen Jugendarbeit ist die "Taktik" der verschlossenen Türen und die Kontrolle der Aktivitäten durch die Verwaltung der Schlüssel. Auffallend dabei ist die häufig demonstrative Symbolisierung von Souveränität und Definitionsmacht, obwohl Sozialarbeiter/Sozialpädagogen ihr Verhalten selbst als Maßnahme der Aufsichtspflicht oder im Sinne pädagogischer Bemühungen legitimieren.

Zusammenfassend kann in diesem Sinne festgestellt werden, daß wissenschaftliche Theorien kaum einen Steuerungswert für Alltagshandeln und damit für die Berufspraxis von Sozialarbeitern kaum Handlungsrelevanz besitzen, wenn sie unreflektiert instrumentalisiert werden und das heißt, Alltagswissen unkritisch substantiieren sollen. Eine im Verhältnis zu Alltagwissen bloße additive Vermittlung vcn wissenschaftlichem Wissen hätte darüberhinaus das Dilemma zur Folge, einer gestiegenen Erwartung zur Lösung sozialer Probleme ausgesetzt zu sein, ohne diese Erwartung erfüllen zu können.

Zusammengefaßt bedeutet das, daß nur solche Formen wissenschaftlichen Wissens das Routinehandeln des Alltags überwinden können, deren Prinzip in der <u>Kritik</u> des Alltagswissens liegt. In bezug auf wissenschaftliches Wissen gilt dieses Prinzip der Kritik von Wissen ebenfalls, weil wissenschaftliches Wissen selbst auch eine symbolische Sinnwelt darstellt. Ähnlich wie Alltagswissen unterliegt wissenschaftliches Wissen nämlich der Gefahr potentieller Legitimierung, wenn es in Lehr-/Lernprozessen vermittelt wird, die das Wissen als objektive Faktizität institutionaler Ordnung erscheinen lassen (vgl. BERGER/LUCKMANN 1972, S. 64 ff.).

Ein erstes Fazit ziehend heißt das, daß die Systematik einer Weiterbildung, die das Routinehandeln des Alltags überwinden will, von der wissenssoziologischen bzw. ideologiekritischen Reflexion konkreten Wissens und Handelns auszugehen hat. Als besonders geeignet erscheint dabei eine wissenssoziologische Reflexion eigenen Alltagswissens. Dabei darf allerdings nicht übersehen werden, daß die Konkurrenz symbolischer Sinnwelten (z.B. Alltagswissen versus wissenschaftlicher Reflexion) zu sekundären Legitimationen führt bzw. führen kann, d.h. zu Legitimierungsbemühungen des Alltagswissens. Sekundäre Legitimationen können in Anlehnung an BERGER/LUCKMANN (1972, S. 108/109) jedoch gleichzeitig als Krise par excellence angesehen werden, deren "Infrage-Stellen" jede erneute Rechtfertigung verunmöglicht. So wird analog zu BERGER/LUCKMANN (2972, S. 108/109) die wissenschaftliche Kritik des Alltagshandelns als Grenzsituation von Alltagsroutine verstanden.
Da kanonische Formen wissenschaftlichen Wissens der Gefahr unterliegen, mythologische Stützfunktion für Alltagwisssen zu sein, so wird erst durch kritische Formen wissenschaftlicher Reflexion "das Alltagsleben ...sowohl seiner geheiligten Legitimationen als auch jener Art theoretischer Verständlichkeit beraubt, die es mit der Totalität der symbolischen Sinnwelt verbinden kann (BERGER/LUCKMANN 1972, S. 120)".

Es bleibt zu berücksichtigen, daß es durchaus ein Problem darstellt, daß die Durchsetzbarkeit wissenschaftlichen Wissens gegenüber Alltagswissen nicht nur von seiner theoretischen Stringenz abhängt, sondern häufig auch eine Machtfrage ist (vgl. BERGER/LUCKMANN 1972, S. 117). Pointiert ausgedrückt heißt das, daß die Vermittlung von Wissen-(schaft) selbst in Ideologieverdacht gerät und sich prinzipiell mit ihm auseinanderzusetzen hat. Aus diesem Grunde ist die Substituierung des Alltagswissens durch wissenschaftliches Wissen selbst wissenssoziologisch (ideologiekritisch) in Zweifel zu ziehen.

3.2 Curriculare Orientierungspunkte wissenschaftlicher und berufsbezogener Weiterbildung

3.2.1 Nachfrage nach und inhaltliche Interessen an Weiterbildung

Soll nun versucht werden, die Postulate wissenssoziologischer Reflexion eigenen Alltagswissens für einen Weiterbildungsstudiengang für Sozialarbeiter/Sozialpädagogen fruchtbar zu machen, so kann als generelles Ziel der wissenschaftlichen Weiterbildung zunächst die Aneignung von Reflexionsvermögen und Handlungswissen gefolgert werden.

Um die Forderung nach Aneignung von Reflexionsvermögen und Handlungwissen in konkrete Studieninhalte umsetzen zu können, ist es erforderlich, die Situationsdefinitionen, normativen Orientierungen und strukturellen Bedingungen eines Situations- und Interaktionskontextes in der Sozialarbeit zu erschließen, die berufliches Wissen und Handeln von Sozialarbeitern/Sozialpädagogen bedingen und beeinflussen. Inhaltlich geht es darum zu versuchen, Wissen und Wissensformen sowie Handlungsorientierungen und Handeln zu erschließen, sowie zu untersuchen, durch welche Wirkungsweisen in Interaktionsprozessen berufliches Wissen und Handeln - wie - beeinflußt wird.

Eine der grundlegenden Wissensformen, über die Menschen verfügen, ist zu wissen, wie ein zugänglicher Wissensvorrat verteilt ist, d.h. "an wen ich mich wenden muß, um zu erfahren, was ich nicht weiß" (BERGER/LUCKMANN 1972, S. 48). Als eine konkrete Hilfestellung, Wissen nachfragen zu können bzw. Wissen zur Verfügung gestellt zu bekommen, ist die Weiterbildung anzusehen. Anders ausgedrückt heißt das, daß Weiterbildung als eine der Möglichkeiten angesehen wird, spezifische Wissensformen nachzufragen, die man nicht weiß, oder besser gesagt, an denen man interessiert ist.

Bezogen auf den Anspruch, Weiterbildungsmodelle für Sozialarbeiter/Sozialpädagogen zu entwickeln, ist es deshalb erforderlich, daß - unabhängig von den noch zu diskutierenden curricularen Prinzipien - Kenntnisse darüber notwendig sind, welche Interessen an und welche Nachfrage nach Weiterbildung bei Sozialarbeitern/Sozialpädagogen bestehen. Als notwendig erscheint eine differenzierte Kenntnis der Weiterbildungsinteressen von Sozialarbeitern/Sozialpädagogen allein schon weil angenommen werden muß, daß Weiterbildungsveranstaltungen, die an den Interessen der Sozialarbeiter/Sozialpädagogen vorbeigehen, nicht nachgefragt werden.

Da über die individuelle Nachfrage nach Weiterbildung in der Sozialarbeit/Sozialpädagogik bisher allerdings erst ansatzweise gearbeitet wurde, wird es im Zusammenhang mit der Entwicklung von Weiterbildungsstudiengängen erforderlich sein, dies nachzuholen und dabei bereits vorliegende Untersuchungen zu berücksichtigen (vgl. z.B. ALHEIT u.a. 1978, Zentrum für Wissenschaft und berufliche Praxis an der Universität Bielefeld 1977).

Bei dem Versuch, inhaltliche Weiterbildungsinteressen der Sozialarbeiter/Sozialpädagogen in ein zu entwickelndes Curriculum aufzunehmen, ist dem Problem Rechnung zu tragen, daß Planungen aufgrund individueller Nachfrage durchaus am objektiven Bedarf der berufspraktischen Anforderungen vorbeigehen können. Konkret ist damit gemeint, daß Sozialarbeiter/Sozialpädagogen häufig an Veranstaltungen wie "Gruppendynamik", "themenzentrierte Interaktion", "Familientherapie", "non-direktive Gesprächstechnik" usw. teilnehmen bzw. für Weiterbildung wünschen, ohne nachzufragen, ob diese jeweiligen Angebote überhaupt adäquate Hilfen für die jeweilige berufliche Arbeit darstellen. Anders ausgedrückt heißt das, daß häufig Handlungsmethoden nachgefragt werden, obwohl Reflexionsvermögen und inhaltlich bestimmte Formen des Handelns weiterhelfen würden.

Für die inhaltliche Konkretisierung der Studiengangsentwicklung bedeuten diese Überlegungen zunächst, daß über die individuelle Nachfrage nach Weiterbildung hinaus die "erforderlichen" Qualifikationen von Sozialarbeitern/Sozialpädagogen in Rechnung zu stellen sind, d.h. Qualifikationen, die zur Bewältigung der eigenen Arbeit und Reflexion der Handlungsformen notwendig sind, ohne sich allerdings auf die für die aktuelle Berufspraxis unmittelbar nützlichen Qualifikationen zu beschränken. Methodisch folgt daraus, daß zur Konkretisierung eines Weiterbildungsstudiums eine Kombination des Bildungsplanungsansatzes nach dem "social-demand-approach" mit Prinzipien curricularer Planung anzustreben ist. Dabei sollte versucht werden, den quantitativen Bedarf und die inhaltlichen Interessen bei Sozialarbeitern/Sozialpädagogen nach Weiterbildung zu erfragen und zu verfügbarem Wissen und Handeln von Sozialarbeitern/Sozialpädagogen in Beziehung zu setzen. Dabei ist jedoch dem Mißverständnis vorzubeugen, daß (die) Weiterbildungsinteressen und empirisches Wissen und Handeln allein schon curriculare Elemente der Weiterbildung sein könnten: die wissenssoziologischen Prämissen des hier skizzierten Konzeptes setzen vielmehr voraus, daß Weiterbildungsinteressen sowie Wissen und Handeln der Sozialarbeiter/Sozialpädagogen in erster Linie Gegenstand kritischer Reflexion sein müssen. Da Weiterbildungsinteressen und empirisches Wissen und Handeln wesentlich biographisch und sozialisationsbedingt konstituiert sind, ist es erforderlich, die Erfahrungen und Bedingungen der beruflichen Sozialisation als systematischen Bezugspunkt des Curriculums zu entfalten. Angesichts des noch unzureichenden Forschungsstandes über Weiterbildungsinteressen, Wissensformen und Handlungskompetenzen von Sozialarbeitern/Sozialpädagogen ist dieses curriculare Postulat allerdings erst ansatzweise konkretisierbar.

Bezogen auf den Anspruch, Erfahrungen und Bedingungen der beruflichen Sozialisation zum Zwecke curricularer Planung zu erschließen (für das Erschließen von Sozialisationsmechanismen in der bisherigen Hochschulausbildung sind analoge Überlegungen anzustellen), ergibt sich deshalb die Notwendigkeit, auf Berufsfeldanalysen zurückzugreifen bzw. Berufsfeldanalysen unter der Fragestellung nach den Bedingungen und Wirkungsweisen beruflicher Sozialisation für Weiterbildungsinteressen, sozialpädagogischem Wissen und Handlungskompetenzen durchzuführen. Welchen methodologischen Implikationen eine Analyse der Bedingungen und Wirkungsweisen beruflicher Sozialisation für Wissen und Handeln folgen muß, soll im nächsten Abschnitt diskutiert werden.

3.2.2 Analyse der Bedingungen und Wirkungsweisen beruflicher Sozialisation: theoretische Prämissen einer empirisch begründeten Studiengangs- und Curriculumentwicklung

Was den Versuch angeht, konkretes Wissen und Handeln von Sozialarbeitern/Sozialpädagogen empirisch zu erschließen, so kann man mit ROBINSOHN (1973, S. 45) feststellen, daß es Situationsanalysen zur Entwicklung von Curricula noch nicht bzw. immer noch nicht gibt. Um für geplante Studienangebote einen pragmatischen Einstieg zu bekommen, hilft man sich in der Regel damit - ähnlich wie ROBINSOHN für die Schule vorschlägt -, einen Ersatz über Expertenbefragungen zu erzielen, nicht, um die Analyse bzw. die Konkretion von Situationen abzukürzen, sondern um erste Qualifikationen und Inhalte festzulegen, auf die hin ausgebildet werden könnte.

Zur Studiengangs- und Curriculumplanung eines wie hier skizzierten Weiterbildungsansatzes reicht der Robinsohnsche Gedanke jedoch keineswegs aus. Grundlegender Gesichtspunkt bei der Durchführung empirischer Berufsfeldanalysen ist es, daß empirisch erfahrbares Wissen und Handeln (und auch Weiterbildungsinteressen) von Sozialarbeitern/Sozialpädagogen durch Konstitutionsprozesse in sozialisations-und situationsbedingten Erfahrungen begründet sind.In diesem Sinne ist die in empirischen Untersuchungen zu ermittelnde Kompetenz eines Sozialarbeiters/Sozialpädagogen der situationsspezifisch aktualisierte und sozialisationsbedingt konkrete Ausdruck seiner Qualifikation, d.h. ein in sozialen Interaktionen situationsspezifisch aktualisiertes Handeln. Konstitutiv für dieses Handeln des Sozialarbeiters/Sozialpädagogen ist ein sozialisatorischer und situationsspezifischer Prozeß selektiver und interpretativer Wahrnehmung. Forschungspraktisch bedeutet das, daß dieser Prozeß nicht allein mit Methoden, die auf physikalischen Kausalitätsannahmen (z.B. Reiz/Reaktion) beruhen, rekonstruierbar ist, weil Interaktionssinn und durch Interaktionssinn erfahrbares Wissen und Handeln eines Sozialarbeiters/Sozialpädagogen immer nur an Interaktionssinn gebrochen erfahrbar sind.

Um einen Zugang zu Wissen und Handeln zu bekommen, muß versucht werden, den sozialisatorischen und situationsspezifischen Interaktionssinn handelnder Sozialarbeiter/Sozialpädagogen zu rekonstruieren. Konkret ist damit gemeint, daß die "indexikalen Phänomene" (vgl. GARFINKEL/SACKS 1973 bzw. 1976), d.h. die hinter Situationsdefinitionen und Handlungen liegenden und steuernden Sinnstrukturen zu identifizieren sind. In einem weiteren Schritt sind über diese jeweiligen situationsbezogenen Sinnstrukturen hinaus situationsübergreifende Handlungs- und Deutungsmuster interpretierend zu analysieren.

Methodisch sind die situationsbezogenen Sinnstrukturen nur von heuristischer Bedeutung, weil der wesentliche methodische Schritt die Identifizierung solcher Sinnstrukturen ist, die sich auch in der Analyse anderer Situationen wiederfinden lassen. Diese verschiedenen Handlungen bzw. Situationsdefinitionen zugrundeliegenden Sinnstrukturen nenne ich Handlungs- oder Deutungsmuster. Unter Handlungs- und Deutungsmustern verstehe ich also eine situationsübergreifende, subjektive - aber unbewußte - Sinnhaftigkeit oder Norm, die situatives Handeln von Menschen steuert und das Produkt eines Interaktionsprozesses, den Interaktionssinn, beeinflußt. Sie sind der überindividuelle Ausdruck subjektiver Verarbeitung objektiver Bedingungen - angelegt auf Widerspruchsfreiheit und Konsistenz.

Die Identifizierung dieser Sinnstrukturen und Muster soll Aufschluß darüber geben, warum die Sozialarbeiter/Sozialpädagogen sich z.B. regelmäßig auf bestimmte Sichtweisen festlegen, welches die Gründe für bestimmte Abwehrhaltungen sind, was der Auslöser für unkritische Anpassungsneigungen ist, kurz: es sind diejenigen Konzepte zu rekonstruieren, die berufliches Wissen und Handeln steuern. Dabei ist im Sinne eines kritischen Interaktionismus unterstellt, daß Alltagshandeln nicht ungebrochen aus Alltagswissen ableitbar ist. Erstens, weil nicht nur Alltagswissen, sondern auch Alltagshandeln an einer jeweiligen Wirklichkeitskonzeption der Interagierenden sinnkonstituierend gebrochen wird, d.h. sozialisations- und situationsspezifisch gedeutet wird; zweitens, weil Alltagswissen und Alltagshandeln von objektiven Bedingungen gesellschaftlicher Verhältnisse präformiert sind (vgl. KOSIK 1967, BERGER/LUCKMANN 1972, LEFEBVRE 1975, LEITHÄUSER u. a. 1977). Forschungspraktisch sind deshalb Wissensbestände, Handlungsvollzüge, Situationsdefinitionen, Sinnstrukturen und Muster sowohl als subjektive Konzepte als auch als objektiven Strukturen unterlegene Bedingungen zu untersuchen. Im einzelnen sind damit z. B. die Einflüsse der Organisationsstrukturen sozialer Institutionen, die bürokratische Verfaßtheit der Sozialarbeit/Sozialpädagogik sowie die Bedingungen der Lohnarbeit gemeint, unter denen Sozialarbeiter/Sozialpädagogen konkret handeln, und die Wissen und Handeln beeinflussen.

Der Rekurs auf die gesellschaftliche Vermitteltheit von Alltagshandeln impliziert dabei eine Erweiterung interpretativer Forschungskonzepte (vgl. z. B. OEVERMANN u.a. 1976, ARBEITSGRUPPE Bielefelder soziologen 1973 bzw. 1976, SOEFFNER 1980, HEINZE/KLUSEMANN/SOEFFNER 198o) um wissenssoziologische bzw. ideologiekritische Ansätze (vgl. z. b. LEITHÄUSER u. a. 1977, sowie RITSERT 1972).

Um die Bedingungen und Erfahrungen beruflicher Sozialisation in ihrer Bedeutung für das Verhältnis von Wissen und Handeln angemessen beschreiben und erklären zu können, ist als Vermittlungsschritt die Entwicklung eines handlungstheoretischen Konzeptes erforderlich, das eine theoretische Reflexion und empirische Rekonstruktion der Formationsprozesse beruflicher Identität ermöglicht. Notwendig ist ein handlungstheoretisches Konzept für die Erarbeitung eines Weiterbildungsstudiengangs, weil eine wissenssoziologische Reflexion sozialpädagogischen Wissens zwar die Formen der Aneignung, nicht jedoch die der Anwendung durch Sozialarbeiter/Sozialpädagogen ausreichend berücksichtigt. Unter Handlungstheorie im hier gemeinten Sinne wird dementsprechend nicht eine funktionalistische Theorie gesellschaftlichen und sozialen Handelns verstanden, wie dies der verbreitete soziologische Sprachgebrauch nahelegen würde; Handlungstheorie wird vielmehr als Konzept in Anspruch genommen, das die Genese der Vermittlung von subjektivem und objektivem Sinn als Aneignungs- und Anwendungsprozesse von Wissen begreift. Dabei ist zu berücksichtigen, daß eine unhistorische Betrachtungsweise dieser Beziehungen zwischen Wissen und Handeln unangemessen wäre: das zu einem

Zeitpunkt t_x vorhandene Wissen ist das Ergebnis einer Vielzahl vorangegangener individueller Erfahrungen, die in komplexer Weise miteinander in Beziehung stehen. Oder anders ausgedrückt: Wissen hat eine gesellschaftliche, situative und eine biographische Dimension. Mit Hilfe eines noch zu konkretisierenden Identitätskonzeptes müßte deshalb versucht werden, eine die Biographie berücksichtigende Handlungstheorie sozialpädagogischer Kompetenz zu entwerfen. Damit ist gemeint, daß der Zusammenhang der Einflußfaktoren beruflicher Sozialisation - d.h. die sozialisationsspezifischen und die situationsübergreifenden Prozesse beruflichen Handelns, die Prozesse studentischer und beruflicher Sozialisation sowie die Wirkungsweisen des Alltagshandelns bzw. ihre Auswirkungen auf berufliches Wissen und Handeln - als identitätstheoretisch konfundierte Handlungstheorie zu entwickeln ist.

3.3 Inhaltliche Prämissen der Studiengangsplanung

Bei der Frage, welche inhaltlichen Konsequenzen sich aus den bisherigen Überlegungen ergeben, muß zunächst unterschieden werden zwischen dem inhaltlichen Rahmen des Studiengangs und den konkreten Inhalten des Curriculums.

Unter dem inhaltlichen Rahmen eines Studiengangs verstehe ich die Art und Weise, wie die jeweiligen Fragestellungen und Inhalte einer wissenschaftlichen Disziplin in das didaktische Konzept eines Studiengangs übersetzt sind. Da die konkreten Inhalte des Curriculums von den inhaltlichen Prämissen eines Studiengangs mitbestimmt sind, ist sicherzustellen, daß der inhaltliche Rahmen des Studiengangs den gleichen reflexiven Prinzipien folgt, wie die konkreten Inhalte des Studiums.

Was den inhaltlichen Rahmen des Weiterbildungsstudiengangs für Sozialarbeiter/Sozialpädagogen betrifft, so soll angeknüpft werden an die Überlegungen von KLÜVER (1979), der die Orientierung an der Struktur einer wissenschaftlichen Disziplin und ihrer Fachsystematik als inhaltliche Prämissen eines Studiengangs begründet.

In Anlehnung an KLÜVER (1979, S. 94/95) - der seine Überlegungen allerdings im wesentlichen für naturwissenschaftliche Disziplinen präzisiert - verstehe ich unter der Struktur einer Disziplin das Fundament der Erkenntnis bzw. des Erkenntniszuwachses einer Disziplin sowie definierte Beziehungen zwischen Elementen der Erkenntnis. Unter der Fachsystematik einer Disziplin verstehe ich additive und noch nicht systematisch ausdifferenzierte Versatzstücke von Erkenntnis bzw. Ansätzen dazu. Als Strukturfragmente soziologischer Disziplin können in diesem Sinne gelten z.B. das Programm empirisch-analytischer Methodologie oder die Konzepte soziologischer Systemtheorien; fachsystematische Ansätze, die den Teilkomplexen der genannten Strukturen soziologischer Disziplin zuordbar sind, aber wegen ihrer wissenschaftlichen Unabgeschlossenheit noch nicht zum Fundament und damit zur Struktur soziologischer Wissenschaft gezählt werden können, sind etwa Versuche, die soziale Situation eines Interviews für die Entwicklung einer Theorie der Befragung aufzuarbeiten bzw. berufssoziologische Ansätze der Professionalisierung.

Was die Orientierung eines Weiterbildungscurriculums an der Fachsystematik bzw. der Struktur der Disziplin Sozialarbeit/Sozialpädagogik betrifft, so kann festgestellt werden, daß die etablierten Studiengänge der Sozialarbeit/Sozialpädagogik kaum durch eine konsensfähige begriffliche Grundlegung gekennzeichnet sind. Da in diesen Studiengängen darüber hinaus kaum Lerninhalte vermittelt werden, die der Einübung in Forschung und damit der wissenschaftlichen Fundierung der Disziplin dienen, kann die Entwicklung eines disziplinenspezifischen Studiengangs derzeit kaum auf theoretische und empirische Erkenntnisse zurückgreifen.

Dennoch darf bei der Entwicklung eines Curriculums für die Sozialarbeit/Sozialpädagogik nicht der in anderen sozialwissenschaftlichen Disziplinen vielfach begangene Fehler wiederholt werden, Studieninhalte und Studienverlauf ohne theoretische und empirische Grundlegung zu entwickeln und das heißt, lediglich in Planungsgruppen kommunikativ auszuhandeln. Die Folge derartiger Curriculumentwicklung wäre nämlich, daß die Fachsystematik des Studiengangs ein Konglomerat additiver Teildisziplinen darstellt, deren Gewichtung in erster Linie ein Hinweis auf ihr jeweiliges Prestige ist. Wissenschaftssoziologisch wäre das Curriculum eines so entwickelten Studiengangs also nicht das Ergebnis einer wissenschaftslogisch begründeten Planung, sondern das Ergebnis interessenbezogener Auseinandersetzungen. Allgemein betrachtet wäre die Fachsystematik eines Studiengangs der Sozialarbeit/Sozialpädagogik in diesem Sinne das Ergebnis sozialer Prozesse und damit Ausdruck des gesellschaftlichen Verhältnisses dieser Disziplin (vgl. KLÜVER 1979, S.90 ff.). Konstruktiv gewendet heißt das, daß die Entwicklung eines Weiterbildungsstudiengangs für Sozialarbeiter/Sozialpädagogen nicht unkritisch vorhandene Konzepte aus sozial ausgehandelten Studiensystematiken adaptieren darf. Demgegenüber ist vielmehr sicherzustellen, daß die gesellschaftstheoretischen Implikationen wissenschaftlicher Paradigmen und die sozialen Konstitutionsbedingungen ihrer Theorien in ihrer Bedeutung für die Analyse konkreter Erscheinungen sozialpädagogischen Handeln thematisiert werden. Anders gesagt heißt das, daß Inhalte und Methoden zur kritischen Analyse von konkreter Wissenschaft und Gesellschaft zu vermitteln sind und das heißt konkret: wissenschaftssoziologische Konzepte und gesellschaftstheoretische Erklärungen.

Was die Einführung der Studenten in die Struktur der Disziplin betrifft, so ist zu beachten, daß die Vermittlung wissenschaftlicher Theorien sich nicht auf die Legitimierung wissenschaftlicher Erkenntnisse und Daten beschränken darf. Da wissenschaftliche Theorien selbst auch das Ergebnis sozialer Prozesse sind, ist die Genese wissenschaftlicher Fragestellungen und ihr Zusammenhang zu den Theorien der Disziplin zum Mittelpunkt der Vermittlung wissenschaftlichen Wissens zu machen. Für diese Rekonstruktion der sozialen Bedingungen von Wissen ist es erforderlich, daß die Methoden der empirischen Sozialforschung für wissenschafts- und wissenssoziologische Fragen fruchtbar gemacht werden. Als Konsequenz für die Studiengangsplanung ergibt sich, daß die Studenten in die Probleme und Methoden der Forschung einzuführen sind, d.h. es sind Forschungskompetenzen zu vermitteln. Dabei ist auch Forschung nicht nur als System der Anwendung gesicherter Regeln zu begreifen, sondern muß ihrerseits als ein sozialer Prozeß der Genese von Fragestellungen verstanden werden (vgl. KLÜVER 1969, S. 96).

3.4 Inhaltliche Konsequenzen und Perspektiven der Curriculumentwicklung

Nachdem auf der Ebene der didaktischen Umsetzung einer wissenschaftlichen Disziplin in ein Studiengangskonzept festgestellt werden konnte, daß die Vermittlung wissenschaftlichen Wissens bzw. eine Einführung in die Inhalte und Fragestellungen einer Disziplin in Form wissenssoziologischer und gesellschaftstheoretischer Reflexion sowie in Form der Vermittlung von Forschungskompetenzen erfolgen muß, soll nun überlegt werden, welche inhaltlichen Konsequenzen und Perspektiven der Curriculumentwicklung sich daraus ergeben.

Da es sich bei den skizzierten theoretischen Anforderungen an eine inhaltlich und empirisch begründete Studiengangs- und Curriculumentwicklung gleichzeitig um einen Ansatz sozialpädagogischer Berufsfeldanalyse handelt, für den Forschungskompetenzen erforderlich sind bzw. über den Forschungskompetenzen erworben werden können, gehört zum Konzept berufsbezogener Weiterbildung von Sozialarbeitern/Sozialpädagogen selbst unverzichtbar die Entwicklung einer Theorie der Weiterbildung und die Diskussion ihrer Prämissen.

Kristallisationspunkt berufsbezogener Weiterbildung ist die Vermittlung von Kompetenzen zur gesellschaftstheoretischen Erklärung eigenen Handelns im Kontext institutioneller Bedingungen und sozialisatorischer Erfahrungen. Ein wesentliches Ziel ist es dabei, Emanzipation verhindernde Restriktionen, unter denen Sozialarbeiter/Sozialpädagogen handeln und die das Ergebnis einer Verflechtung objektiver Strukturen und subjektiven Handelns sind, zunehmend (selbst-)kritisch zu durchschauen und gegebenenfalls Ansätze zu ihrer Überwindung zu entwickeln. Entsprechend der konkretes Handeln bestimmenden Wirkungsverflechtung objektiver Strukturen mit subjektivem Sinn ergibt sich als eine wesentliche inhaltliche Voraussetzung für ein Weiterbildungsstudium die Notwendigkeit, an die Sinnstrukturen und Muster des Wissens und des Routinehandelns von Sozialarbeitern/Sozialpädagogen anzuknüpfen.

In diesem Zusammenhang stellt sich dann noch einmal das besondere Problem der Subjektivität eines Sozialarbeiters/Sozialpädagogen in einem Weiterbildungsstudium, denn: da die Routinisierungen, Sinnstrukturen und Muster des Alltagshandelns biographisch erworben und sedimentiertes Wissen bzw. Erfahrungen sind, können sie im Alltag nur verändert werden, wenn die Identitätskonzepte und Biographiepräsentationen des Sozialarbeiters/Sozialpädagogen in den Qualifizierungsprozeß einbezogen werden. Das bedeutet, daß während des Weiterbildungsstudiums ein Diskussions- und Arbeitszusammenhang zu gewährleisten ist, der die Nahtstelle zwischen der Vermittlung inhaltlicher bzw. reflektierender Kompetenzen und der selektions- bzw. identitätsbezogenen Form erfahrungsorientierten Lernens überbrückt. Für ein Weiterbildungscurriculum, das an die berufliche Erfahrung von Sozialarbeitern/Sozialpädagogen anknüpfen soll, bedeutet dieser Anspruch, daß ein Konzept berufsbezogener Selbsterfahrung entwickelt werden müßte.

Dieses Konzept berufsbezogener Selbsterfahrung ist nicht etwa zu verwechseln mit dem Supervisionsverständnis traditioneller Sozialarbeit/Sozialpädagogik. Der wesentliche inhaltliche Unterschied ist, daß in berufsbezogener Selbsterfahrung routinisierte Wissensbestände und Handlungskonzepte sowie ihnen zugrundeliegende Alltagstheorien reflektiert werden. Darüber hinaus sollen die gesellschaftlichen und institutionellen Konstitutionsbedingungen nicht ausgeklammert und psychologistisch ausschließlich an personalen Aspekten von Interaktionsbeziehungen angeknüpft werden. Während das qualifikatorische Moment von traditioneller Supervision vorwiegend in psychologistisch interpretiertem "besserem Handeln" der Sozialarbeiter/Sozialpädagogen liegt, geht es nach dem Konzept berufsbezogener Selbsterfahrung sowohl um die Sicherung von Handlungskompetenz als auch um die Reflexion der genannten Strukturen alltäglichen Handelns sowie um die Theoriebildung darüber. Der qualifikatorische Aspekt von berufsbezogener Selbsterfahrung hat also wissenssoziologische Akzente.

Konkret geht es bei dieser berufsbezogenen Selbsterfahrung darum, die subjektiven Begrenzungen kennenzulernen, die einen Sozialarbeiter/Sozialpädagogen hindern, bestimmte Zielvorstellungen in die Praxis umzusetzen bzw. die ihn auf bestimmte Sichtweisen und bestimmtes Handeln festlegen; es geht um die Rekonstruktion von Wissen und Erfahrungen, damit sie konstruktiv in den Lernprozeß der Weiterbildung einbezogen werden können sowie um die kommunikative Verarbeitung von Prozessen beruflicher Sozialisation.

Wenn man nun einerseits die berufliche Sozialisation als Ausgangspunkt für die Weiterbildung von Sozialarbeitern/Sozialpädagogen nimmt und andererseits Forschungskompetenz als sozialwissenschaftliche Kompetenz vermitteln will, so muß man davon ausgehen, "daß sich die Aneignung sozialwissenschaftlicher Kompetenz quasi gegen die bisherige Identität der Subjekte vollziehen muß, da im sozialwissenschaftlichen Studium erworbene und eingeschliffene Denk- und Handlungsmuster zum Hindernis werden und abgebaut bzw. durch reflexive Kompetenz ersetzt werden müssen. Das Studium der Sozialwissenschaften ist unter diesen Umständen (...) ein zusätzlich langwieriger, mühseliger und auch schmerzhafter Prozeß der Umorientierung und des Umlernens, der harte Arbeit (auch an sich selbst) verlangt. Schmerzhaft ist dieser Prozeß aus dem genannten Grund: daß in seinem Verlauf alle bisherigen identitätsstiftenden Formen des Umgangs mit Wirklichkeit zumindest erschüttert werden" (SCHÜLEIN 1978, S. 112).

Dabei ist allerdings zu berücksichtigen, daß Prozesse der Identitätserschütterung nicht nur Anpassungs- und Imunisierungsformen des Handelns implizieren; als Grenzsituation für bisherige Identitätskonzepte eröffnen sie gleichzeitig die Möglichkeit, legitimierende Alltagsroutine in Frage zu stellen und zu überwinden. Die konstruktive Bewältigung von beruflichen Identitätskrisen ist, wie bereits dargestellt, eine wesentliche Voraussetzung für den Erwerb sozialpädagogischer Handlungskompetenz. Die didaktische Konkretisierung berufsbezogener Weiterbildung ist somit auf einen Arbeitszusammenhang verwiesen, der die Bedingungen der beruflichen Sozialisation theoretisch, empirisch und didaktisch verknüpft. Will man den Prozeß der Identitätserschütterung nämlich nicht unkontrolliert verlaufen lassen bzw. will man zu seiner konstruktiven Bewältigung beitragen, so bedarf es im Rahmen der Veranstaltungen zur berufsbezogenen Selbsterfahrung einer selbstreflexiven Aneignung und Handhabung kommunikativer empirischer Methoden, die den Prozeß der Identitätserschütterung empirisch beschreibbar, erklärbar und kontrollierbar machen.

Voraussetzung dieser Aneignung und Handhabung kommunikativer empirischer Methoden ist die Rekonstruktion von Wissen in wechselseitig typisiertem Handeln, d.h. die Analyse der Genese sozialpädagogischen Wissens und Handelns im Kontext der Bedingungen und Erfahrungen beruflicher Sozialisation.

Zusammengefaßt und auf einer noch abstrakten inhaltlichen Ebene heißt das, daß wissenschaftliche Weiterbildungsstudiengänge von Sozialarbeitern/Sozialpädagogen folgende konstitutive Elemente umfassen müßten:

1. die Einübung in Forschung und die Vermittlung des dafür notwendigen objekttheoretischen und methodischen Wissens;
2. die Vermittlung der "Zusammenhänge zwischen gesellschaftlichen Konstitutionsbedingungen sozialer Problemlagen, den institutionellen Definitionen 'sozialer Probleme' und den alltäglichen Handlungsvollzügen" (GILDEMEISTER/ROBERT 1979, S. 17).

Voraussetzung dafür ist neben der Einübung theoretischen Wissens und methodischer Kompetenzen die Vermittlung wissenssoziologischer und wissenschaftssoziologischer Qualifikationen.

Konkrete Studienelemente könnten in diesem Sinne sein:
- die Gründe einer fehlenden konsensfähigen Fachsystematik in der Sozialarbeit/Sozialpädagogik;
- die spezifischen Auffassungen in den Abgrenzungsversuchen zwischen Sozialarbeit und Sozialpädagogik und daß dieser Kontroverse implizit zugrunde liegende Verständnis von Fachsystematik;
- daß institutionelle Eigenleben sozialer Dienste und der Einfluß bürokratischer Verfaßtheit auf sozialpädagogisches Handeln;
- das gesellschaftliche Verständnis sozialer Arbeit;

- die Funktion, die bisherige Forschung im Kontext sozialer Arbeit hat;
- die Anpassungszwänge in der Berufspraxis und ihre Folgen für Identität von Sozialarbeitern/Sozialpädagogen sowie für konkretes berufliches Handeln.

Konkrete Studieninhalte und differenzierte Curricula können allerdings nur im Hinblick und unter Bezug auf eine Theorie des Objektbereiches, d.h. der Sozialarbeit/Sozialpädagogik, entwickelt werden. Wenn diese Theorie des Objektbereiches für die Einschätzung der Bedeutung der empirischen Daten aus Berufsfeldanalysen auch eine normative Funktion hat, so ist doch zu beachten, daß die Theorie selbst nicht normativ, sondern empirisch fundiert sein muß. Um die hier skizzierten Prämissen eines Weiterbildungsstudiengangs für Sozialarbeiter/Sozialpädagogen unter Inanspruchnahme dieser Theorie verwirklichen zu können, muß das Attribut "empirisch" zwei Ansprüchen genügen, denen vorhandene Theorien oder Ansätze dazu nur unzureichend Rechnung tragen:

1. Sie darf nicht in einem traditionell-wissenschaftlichen Sinne elaboriert, sondern muß in der Sprache der Alltagskonzepte von Sozialarbeitern/Sozialpädagogen konkretisiert sein.
2. Als konkreten Gegenstandsbereich hat sie die tägliche Handlungsroutine von Sozialarbeitern/Sozialpädagogen auf den Ebenen und vermittelt in den Zusammenhängen von Identität, Interaktion, Institution und Gesellschaft zu thematisieren.

Insbesondere eine Theorie des Objektbereiches, die diesen Anforderungen genügt, erscheint als geeignet, an Alltagstheorien von Sozialarbeitern/Sozialpädagogen anknüpfen zu können bzw. Situationsdefinitionen, Handlungs- und Deutungsmuster zu substituieren.

Pointiert ausgedrückt ist die Entwicklung einer empirischen Theorie der Sozialarbeit/Sozialpädagogik für die Konkretisierung eines berufsbezogenen Weiterbildungsstudiums aus zwei Gründen anzustreben:

1. weil in dem Maße, wie wissenschaftliches Wissen Alltagstheorien zu ersetzten in der Lage ist, die hier skizzierten Weiterbildungsprämissen handlungsrelevant einlösbar sind,

2. weil nur unter Rückgriff auf eine Theorie entscheidbar ist, welches Wissen welche Alltagstheorien ersetzen soll.

Aus diesen Überlegungen folgt, daß die Inhalte des Curriculums als Rekonstruktionsprozeß der Konstitution von Alltagswissen zu verstehen sindund nicht in standardisierten Wissenskatalogen repräsentiert ausgewiesen werden können.Die Qualität einzelner Studieninhalte muß sich daran ausweisen, daß die folgenden Problemebenen in ihrer jeweiligen historischen und aktuellen Dignität thematisiert werden:

- Es muß ein konkretes Alltagsproblem behandelt werden.
- Das Alltagsproblem muß in der Wirkungsverflechtung von interaktionsspezifischen, institutionellen und gesellschaftlichen Bedingtheiten bezogen auf die berufliche Identität von Sozialarbeitern/Sozialpädagogen analysiert werden können.
- Es sollte aus der Perspektive verschiedener wissenschaftlicher Disziplinen hinterfragbar sein.

Ein berufsbezogenes Weiterbildungsstudium, das diesen Kriterien Rechnung trägt, muß damit nicht zwangsläufig an unmittelbarer Alltagserfahrung des Studenten anknüpfen. Wesentlich ist vielmehr, daß es auf unterschiedliche, aber konkrete Erscheinungsformen des Berufsalltags übertragbar ist, d.h. für die eigene Berufspraxis exemplarischen Charakter hat.

4. Thesen zum Verhältnis von Weiterbildung und Professionalisierung

4.1 Implikationen eines subjektbezogenen Ansatzes der Professionalisierung

Während die Diskussion um die Begründung und die Entwicklung eines Weiterbildungsstudiengangs für Sozialarbeiter/Sozialpädagogen bisher mit Blick auf die Studiengangs- und Curriculumentwicklung geführt wurde, soll nun überlegt werden, welche berufspolitischen Wirkungen durch die Einrichtung von Studiengängen innerhalb der Sozialarbeit/Sozialpädagogik zu erwarten bzw. welche Implikationen der Professionalisierung damit verbunden sind. Relevant ist die Diskussion der Professionalisierung im Rahmen eines zu entwickelnden Weiterbildungskonzeptes, weil wissenschaftliche Weiterbildung und die damit einhergehende Verwissenschaftlichung des Berufes zu einer horizontalen Differenzierung der Profession führen würde. Darüber hinaus ist zu problematisieren, inwieweit die Entwicklung eines Weiterbildungsstudiengangs zu einer in der Professionalisierungsdiskussion angesprochenen vertikalen Differenzierung der Sozialarbeit/Sozialpädagogik beitragen soll (vgl. OTTO/UTERMANN 1973). Diese vertikale und horizontale Differenzierung der Sozialarbeit/Sozialpädagogik darf nämlich nicht ohne Abschätzung ihrer inhaltlichen Konsequenzen verfolgt werden. Wenn man das traditionelle Professionalisierungskonzept (vgl. dazu LUCKMANN/SPRONDEL 1972) im Rahmen der Entwicklung eines Weiterbildungskonzeptes unbefragt ließe, läge die Gefahr einer unreflektierten Entwicklung spezialisierter und institutionalisierter Sozialarbeit/Sozialpädagogik nahe. Damit ist gemeint, daß mit zunehmendem Professionalisierungsgrad der Sozialarbeit/Sozialpädagogik gleichzeitig ihr Institutionalisierungsgrad erhöht wird und ehemals funktionierende soziale Hilfeleistungen qualitativ verändert werden. Die qualitative Veränderung kann, sofern sie nicht kritisch-reflexiv begründet und inhaltlich entwickelt wird, zu einer Auflösung gewachsener Netze sozialer Sicherung, z.B. von "Selbst- und Nachbarschaftshilfen" führen, bis hin zur Entwertung der Kompetenz Betroffener (vgl. MÜNCHMEIER 1979, S. 33). Um einer solchen Entwicklung vorzubeugen, kann die Professionalisierung von Sozialarbeit/Sozialpädagogik nicht vorbehaltlos akzeptiert werden; ihre Entwicklung bedarf vielmehr einer theoretisch-inhaltichen und empirischen Grundlegung, mit der die unkritische Etablierung bürokratisch-institutionalisierter Sozialarbeit/Sozialpädagogik problematisiert werden kann.

Als eine Möglichkeit, die Professionalisierung der Sozialarbeit/Sozialpädagogik inhaltlich neu zu fassen, können die Überlegungen von Kunstreich angesehen werden. Kunstreich formuliert dazu drei Grundsätze:

1. Entkopplung von Handlungskompetenz und Status,
2. kollektive Handlungskompetenz einer sozialen Einrichtung,
3. Einbeziehung der Betroffenen in die Entscheidung der sozialen Einrichtungen (vgl.KUNSTREICH 1979, S. 16).

Damit deutet Kunstreich zumindest implizit ein Professionalisierungskonzept an, dem ein qualitativ anderer Arbeitsbegriff zugrunde liegt. Während nämlich mit einem strukturfunktionalen Professionalisierungskonzept ein <u>strukturbezogener</u> Ansatz von Weiterbildung korrespondiert, d.h. Verwissenschaftlichung und Kompensation des Verfalls theoretischen und praktischen Wissens, ist für ein auf die Qualität von Arbeitsvermögen bezogenes Professionalisierungskonzept nur ein <u>subjektbezogener</u> Ansatz akzeptabel. Mit einem subjektbezogenen Ansatz der Professionalisierung ist gemeint, daß berufliche Kompetenz nicht nur aus technisch-funktionellen, sondern auch aus gesellschafts-strukturellen Verhältnissen der Arbeitenden sowie aus ihren sozialen und psychischen Bedingungen erklärbar sind (vgl. BECK u.a. 1976, S. 19). Im Anschluß an die Überlegungen in Kapitel 2 und 3 ist dabei zu berücksichtigen, daß die Wissensbasis von Sozialarbeitern/Sozialpädagogen als zentrales Kriterium erfolgreicher Professionalisierung nicht nur aufgabenspezifisch funktionale theoretische und praktische Fähigkeiten umfassen darf; diese Fähigkeiten werden selber vielmehr durch Prozesse sozialisatorischer Interaktion konstituiert und das heißt, sie stehen in einem Wirkungszusammenhang mit aufgabenspezifisch extrafunktionalen Fähigkeiten aufgrund jeweiliger biographischer Entwicklungen von Sozialarbeitern/Sozialpädagogen. Da also die Prozesse der lebensweltlichen Interaktion und beruflichen Sozialisation berufliches Handeln und Kompetenzen subjektbezogen konkretisieren, d.h. Konstitutionsprozesse sozialer Identität sind, kann die Entwicklung einer professionellen Wissensbasis nur gelingen, wenn die Konstitutions- und Rekonstruktionsprozesse sozialer Identität berücksichtigt werden. Als Anknüpfungspunkt subjektbezogener Professionalisierung ist in diesem Sinne die Sozialisation und die Biographie ihrer Professionals anzusehen.

Um mit der Entwicklung eines Weiterbildungsstudiengangs nicht vordergründige standespolitische Ziele zu verfolgen und allein Interessen individueller Karriere zu befriedigen, bedarf es für eine sozialisations- und biographieorientierte Professionalisierung eines sozialisations- und biographieorientierten Weiterbildungskonzeptes. Das bedeutet konkret, daß die in Prozessen der außerberuflichen und beruflichen Sozialisation vermittelten extrafunktionalen, "außerfachlichen Qualifikationen" (vgl. OFFE 1970, S. 29), z.B. die Bereitschaft und Fähigkeit zur Loyalität, die Anpassung und Übernahme von an Sozialarbeiter/Sozialpädagogen gerichteten Anforderungen und Erwartungen, Statusorientierungen und Aufstiegsmotivation, kurz: die Prozesse der Identitätskonstitution bzw. -transformation zentraler Gegenstand der Weiterbildung sein müssen (vgl. dazu auch BLINKERT 1976, sowie GILDEMEISTER 1979, S. 24).

Für die Etablierung eines subjektbezogenen Ansatzes der Professionalisierung bezieht sich Weiterbildung damit auf zwei Bereiche:

1. auf biographische Konzepte und berufsbezogene Erfahrungen der Sozialarbeiter/Sozialpädagogen als Anknüpfungspunkt für die Entwicklung spezialisierten Wissens;

2. auf institutionalisierte Formen von Sozialarbeit/Sozialpädagogik, die kritisch in Zweifel gezogen werden müßten, um neue Formen kritisch-wissenschaftlicher Sozialarbeit/Sozialpädagogik (z.B. Selbsthilfegruppen; siehe hierzu z.B. MARZAHN 1979) zu entwickeln.

An diesen Formen kritisch-wissenschaftlicher Sozialarbeit/Sozialpädagogik sind auch die Partizipationsformen der Handlungsadressaten von Sozialarbeitern/Sozialpädagogen zu orientieren. Entsprechend ist für die Weiterbildung von Sozialarbeitern/Sozialpädagogen eine dritte Ebene zu berücksichtigen: die modifizierten Partizipationsformen mit Handlungsadressaten, die in die eigenen Konzepte und Handlungen unter Beteiligung der Betroffenen zu integrieren sind.

Da dieser Ansatz qualitativer und inhaltsorientierter Sozialarbeit/Sozialpädagogik gleichzeitig anderer, d.h. demokratisch anstatt hierarchisch strukturierter Organisationsformen der Hilfeleistung bedarf, kann eine erfolgversprechende Weiterbildung kaum auf einzelne Sozialarbeiter/Sozialpädagogen beschränkt werden. Berufsbezogene Weiterbildung sollte deshalb für Arbeitsteams oder gar für ganze Dienststellen erfolgen (vgl. dazu auch BÄUERLE 1976). Aus diesem Anspruch ergibt sich, daß die jeweiligen Studieninhalte der Weiterbildung zunächst nicht für aufgabenbereichsübergreifende Zusammenhänge zu entwickeln sind. Es wird vielmehr zu versuchen sein, Curricula für unterschiedliche und spezifische Arbeitsbereiche der Sozialarbeit/Sozialpädagogik (z.B. für die Heimerziehung, die Jugendarbeit, die Altenhilfe usw.) zu konkretisieren.

Eine Erfolgsaussicht allerdings, daß über Weiterbildung allein schon ausreichend für die Innovation von Berufspraxis gesorgt ist und die Sicherstellung, daß berufliche Praxis qualitatives Handeln im vorgenannten Sinne überhaupt zuläßt, kann mittels Weiterbildung allein nicht garantiert werden. Die prinzipielle Hoffnung liegt vielmehr darin, daß durch die Reflexion der Probleme und Bedingungen sowie durch die zu entwickelnden Kooperationsformen in der Weiterbildung zumindest die Voraussetzung für Innovation geschaffen wird und dabei gewonnene Einsichten die Realisierungschancen bereits entwickelter Ansätze modifizierter Praxis verbessern helfen.

4.2 Probleme und Perspektiven der Formalqualifikation

Während die bisherigen Überlegungen formal-qualifikatorische Aspekte noch außer acht gelassen haben, sollen die Thesen zum Verhältnis von Weiterbildung und Professionalisierung nun stärker unter diesem Gesichtpunkt diskutiert werden. Obwohl zu erwarten ist, daß eine gebrauchswertorientiert erworbene Qualifizierung auch tauschwertorientiert eingesetzt wird (vgl. OFFE 1975, S. 225), liegt es doch nahe anzunehmen, daß ein Weiterbildungsstudiengang, der keinen statusorientierten Abschluß vermittelt, den Überlegungen eines subjektbezogenen Ansatzes der Professionalisierung noch am ehesten entspricht. Sehr viel schwieriger erscheint im Vergleich dazu die Begründung für Weiterbildungsstudiengänge (z.B. Zusatz- oder Ergänzungsstudiengänge) mit Diplom-Abschluß zu sein, für die erst jüngst im Hochschulrahmengesetz und den wissenschaftlichen Hochschulgesetzen der Länder die gesetzlichen Voraussetzungen geschaffen wurden. Dennoch muß die Forderung nach Entkopplung von Handlungskompetenz und Status, die Kunstreich wie vorgenannt erhebt, nicht prinzipiell gegen die Einrichtung von Weiterbildungsstudiengängen mit Diplom-Abschluß sprechen.
Wenn es auch aus inhaltlichen Gründen zunächst noch auszureichen scheint, Weiterbildungsstudiengänge ohne Formalqualifikation anzubieten, so muß angesichts der anachronistischen Fremdbestimmung von Sozialarbeitern/Sozialpädagogen durch Angehörige fachfremder Berufe und angesichts der hierarchischen berufspolitischen Strukturen daran gezweifelt werden, daß eine handlungs- und forschungsbezogene Weiterentwicklung der berufspraktischen Sozialarbeiter/Sozialpädagogik möglich ist, ohne eine formale Vergleichbarkeit zwischen wissenschaftlich Ausgebildeten in anderen Berufen und wissenschaftlich Tätigen in der Sozialarbeit/Sozialpädagogik (d.h. potentiell allen) sicherzustellen.
Bildungspolitisch wichtigste Voraussetzung dieser Vergleichbarkeit ist - auch wenn sich daraus eine Reihe von Folgeproblemen ergeben können - die Möglichkeit, ein disziplinenspezifisches, mit anderen Disziplinen vergleichbares Diplom erwerben zu können.
Als wesentliches Folgeproblem einer auf Formalqualifikationen ausgerichteten Weiterbildung von Sozialarbeitern/Sozialpädagogen ist insbesondere ein Verdrängungswettbewerb diplomierter Sozialarbeiter/Sozialpädagogen zu befürchten. Im einzelnen ist damit folgendes gemeint:

Ein wesentliches Interesse von Sozialarbeitern/Sozialpädagogen an Weiterbildung ist der Wunsch nach individuellem Aufstieg. Die bildungspolitische Brisanz eines Weiterbildungsstudiums für Sozialarbeiter/Sozialpädagogen mit Diplom-Abschluß liegt nun darin, daß die Sozialarbeiter/Sozialpädagogen - wie begründet - insbesondere gebrauchswertorientiert weitergebildet werden sollen, die Weiterbildung allerdings vorrangig tauschwertorientiert eingesetzt wird. Die theoretische Anwartschaft auf Leitungspositionen in sozialen Diensten sowie auf eine tarifrechtlich höhere Besoldung dürfte empirisch aber nur selten durchgesetzt werden können, weil wegen des Fremdverständnisses der Anstellungsträger von Sozialarbeitern/Sozialpädagogen und durch die faktische Begrenzung der vorhandenen Stellen nicht ohne weiteres zu erwarten ist, daß diplomierte Sozialarbeiter/Sozialpädagogen einen ihrer formalen beruflichen Qualifikation entsprechenden Arbeitsvertrag erhalten werden. Diejenigen diplomierten Sozialarbeiter/Sozialpädagogen, die sich deshalb auch mit Positionen und Einkommen begnügen, die in der Regel graduierten Sozialarbeitern/Sozialpädagogen vorbehalten sind, erzeugen bei eben diesen Fachkollegen einen Verdrängungseffekt, weil das Beschäftigungssystem dazu neigt, formale - und bei veränderten Arbeitsaufgaben höhere - Einstellungsvoraussetzungen (z.B. ein Diplom) und nicht inhaltliche Qualifikationen zu verlangen (vgl. OFFE 1975, S. 224). Die partiell vorhandenen Ressentiments wegen zugeschriebener "Praxisferne" oder "Theoriendominanz" gegenüber diplomierten Sozialarbeitern/Sozialpädagogen dürfte den Verdrängungseffekt nur vorübergehend, nicht aber auf Dauer mindern. Diese These erscheint entgegen bisherigen Untersuchungen (vgl. BUSCH/HOMMERICH 1980 sowie KOCH 1979) als plausibel, weil sich wissenschaftliche Qualifikationen am Markt eher durchsetzen als Praxisqualifikationen, da Praxisqualifikationen als schneller erlernbar gelten (vgl. ALBRECHT u.a. 1979, S. 259).

Während der Erwerb eines Diplom-Abschlusses in der Sozialarbeit/Sozialpädagogik, der mit dem anderer wissenschaftlichen Disziplinen vergleichbar ist, formal noch über die Erstausbildung erreicht werden könnte, ist es aus inhaltlichen Gründen zweifelhaft,ob die Konsequenzen aus der qualitativ begründeten Professionalisierung allein über Formen grundständiger Qualifizierung zu verwirklichen sind. Damit ist gemeint, daß eine Vermittlung von berufspraktischer und wissenschaftlicher Arbeit erst auf der Basis berufspraktischer Erfahrungen möglich ist und das heißt - da ein Berufspraxisbezug in der Erstausbildung von Sozialarbeitern/Sozialpädagogen nur vergleichsweise "künstlich" zu realisieren ist -, im Anschluß an eine Erstausbildung und anschließender Berufserfahrung. Sinnvoll ist die Entwicklung von Formalqualifikationen in Weiterbildungsstudiengängen aber nur dann, wenn die Studienabschlüsse nicht neuerliche Hierarchien konstituieren und wenn die Weiterbildungsinhalte auch auf die curricularen Prinzipien der Erstausbildung Bezug nehmen. Konkret könnte das bedeuten, daß für Fachhochschulabsolventen theoretisch orientierte Ergänzungsstudiengänge und für bereits wissenschaftlich ausgebildete Sozialarbeiter/Sozialpädagogen fachpraktisch akzentuierte Zusatzstudiengänge angeboten werden.

Mit diesen wechselseitig korrespondierenden Studienschwerpunkten könnte gleichzeitig versucht werden, das traditionelle "Kooperationsverständnis" zwischen Praktikern und Wissenschaftlern zu problematisieren und durch kontrollierten Perspektivenwechsel Ansätze handlungsbezogener Überwindung zu entwickeln. Für eine Weiterbildung von Sozialarbeitern/Sozialpädagogen, die mit einer Diplomierung abgeschlossen wird, ergibt sich daraus aber kein anderes Ausbildungsziel als für eine Weiterbildung ohne Formalqualifikation, d.h. daß Berufspraktiker zu wissenschaftlicher Arbeit befähigt und somit in die Lage versetzt werden sollen, ihr Praxisfeld theoriegeleitet zu reflektieren, um Handlungsbestätigungen oder Handlungsalternativen für ihre konkrete Berufspraxis zu entwickeln und zu überprüfen. In einem Weiterbildungsstudiengang mit Diplom-Abschluß ist aus berufspolitischen Gründen allerdings sicherzustellen, daß die jeweiligen Studieninhalte nicht unter das Primat des Handlungszwanges singulärer Betroffenheiten geraten - wenngleich sie deren Ausgangspunkt sind. Aus diesem Grund ist es erforderlich, hier auch zu singuläre Betroffenheiten übergreifender Forschung zu qualifizieren. Damit das Konzept qualitativer Professionalisierung damit nicht unterlaufen wird, ist es wichtig, tendenziell sicherzustellen, daß die in einem Diplom-Studiengang erworbenen Tauschwertqualifikationen auch gebrauchswertorientiert eingesetzt werden, d.h. z.B. daß Arbeitsplätze nicht in erster Linie aus Status- und Besoldungsgründen gewählt werden und Leitungspositionen nicht nur privaten Karriereinteressen dienen, sondern auch bildungs- und berufspolitisch genutzt werden. Da die Einlösung dieses Anspruchs allerdings letztlich selbst den Bedingungen des Arbeitsmarktes unterworfen ist, muß in der Weiterbildung inhaltlich darauf hingewirkt werden, daß die Bedingungen zur Einlösung dieses Anspruchs gegeben sind. Daraus folgt, daß versucht werden muß, nicht nur solche Qualifikationen zu vermitteln, bzw. solche Aspekte durch Studenten forschungsqualifizierend aufarbeiten zu lassen, die das Berufsfeld gebrauchswertorientiert differenzieren; darüber hinaus muß versucht werden, tauschwertorientierte Karriereinteressen im Studium selbst zu problematisieren, da sie die Inanspruchnahme gebrauchswertorientierter Qualifikationen behindern. Ein weiterer Gegenstand der Weiterbildung muß sich deshalb auf die kritische Reflexion der berufspolitisch überfrachteten Entwicklung der Sozialarbeit/Sozialpädagogik beziehen, d.h. einer der Akzente dieser Weiterbildung sollte die Entwicklung eines sozialisations- und biographieorientierten Ansatzes der Professionalisierung sein.

4.3 Fragen der Disziplinenorientierung

Unberücksichtigt geblieben bei der bisherigen Diskussion um das Verhältnis von Professionalisierung der Sozialarbeit/ Sozialpädagogik und Weiterbildung ist die Frage, ob ein Weiterbildungsstudium eher fachspezifisch oder eher allgemein sozialwissenschaftlich orientiert sein sollte. Die Beantwortung dieser Frage ist weniger für eine Weiterbildung ohne Formalqualifikation als für Weiterbildungsstudiengänge mit Diplom-Abschluß interessant, weil dort eine gewisse Standardisierung einzelner Studieninhalte aus hochschulpolitischen Gründen unverzichtbar erscheint. Sie ist allerdings keine für Weiterbildung spezifische Frage, sondern gilt auch für Studiengänge der Erstausbildung.

Wenn es mit der Einrichtung fachspezifischer Weiterbildungsstudiengänge mit Diplom-Abschluß auch gelingen könnte, sozialwissenschaftliche Sichtweisen berufsfeldbezogen zu konkretisieren, so würde andererseits gerade durch die spezifizierte und selektive Reflexion sozialpädagogischer Probleme zu befürchten sein, daß die Problemsicht zu sehr an den jeweiligen institutionellen bzw. subjektiven Bedingungen der Berufspraxis ausgerichtet ist. Mit diesem Vorbehalt ist nun keineswegs gemeint, daß die studienreformerischen Postulate wie Berufsfeldbezug, Praxisorientierung und Problembezug obsolet werden; diese Postulate geraten aber dann unter das Diktat fachpraktischer Probleme und damit in Gefahr, ausgehöhlt zu werden, wenn für die Fachsystematik der Sozialarbeitswissenschaft auf übergreifende Aspekte verzichtet wird.

Die Verwendung des Begriffes Fachsystematik für die Sozialarbeit/ Sozialpädagogik ist nur scheinbar paradox. Auch wenn die Fachsystematiken traditioneller wissenschaftlicher Disziplinen nicht aus Praxisbedingungen für Ausbildungszwecke entwickelt werden, sondern aus der Entwicklung jeweiliger Wissenschaften, so ist die Inanspruchnahme des Begriffes Fachsystematik für eine noch nicht als wissenschaftliche Disziplin entwickelte "Sozialarbeitswissenschaft" zweckmäßig, weil die Entwicklung

dieser Disziplin selbst nur über die sozialwissenschaftliche Reflexion sozialarbeiterischer/sozialpädagogischer Berufspraxis möglich ist, d.h. über die Reflexion der
- Institutionalisierung ihrer Arbeitsfelder,
- Handlungsvorgaben, die in der Praxis existieren,
- pädagogischen Konzepte,
- expliziten und impliziten Theorien.

Nur eine fachsystematikübergreifende Studienkonzeption ist nämlich in der Lage, die tendenziell innovationsverhindernden Anforderungen der Berufspraxis zu überwinden. Dieses in der Bildungsplanung als Substitution und Flexibilität von Qualifikationen (vgl. KRAFFT 1974) diskutierte Konzept bedeutet für die Professionalisierung, daß es allein nicht ausreicht, für die engen berufsspezifischen Erfordernisse konkreter Praxis zu qualifizieren, sondern daß es über die Grenzen einer jeweiligen wissenschaftlichen Systematik hinaus weiterer wissenschaftlicher Inhalte bedarf, die die jeweiligen wissenschaftlichen Fragestellungen bzw. die empirischen Bedingungen der Berufspraxis in Zweifel zu ziehen bzw. weiterzuentwickeln hätten. Diese Weiterentwicklung ist allerdings kaum mit einem wissenschaftlichen Studiengang zu leisten, der sich auf die engen empirischen Bedingungen eines Berufsfeldes konzentriert. Wissenschaftliche Weiterbildung bedarf stattdessen eines wissenschaftlichen Bezugssystems, das die fachsystematischen, d.h. spezifisch-sozialpädagogischen Sichtweisen und Grenzen überwindet sowie Aspekte sozialwissenschaftlicher Fächer problembezogen integriert.

Die Fachsystematik eines Weiterbildungsstudiengangs für Sozialarbeit/Sozialpädagogik kann deshalb <u>nicht ausschließlich</u> integrationswissenschaftlich auf sozialpädagogische Problemstellung hin entwickelt werden, weil die wissenschaftlichen Methoden und Konzepte den unmittelbaren Erfordernissen der Praxis untergeordnet würden. Sozialarbeit/Sozialpädagogik als wissenschaftliches Studium ist vielmehr als spezielle Sozialwissenschaft zu entwickeln, deren Systematik sowohl allgemeine sozialwissenschaftliche Aspekte umfassen müßte als auch auf spezielle sozialpädagogische Probleme hin bezogene Methoden und Konzepte.

Anmerkungen:

1. Die Träger der größten Fortbildungseinrichtungen haben sich zu einer "Konferenz der zentralen Fortbildungsinstitutionen für Jugend- und Sozialarbeit" zusammengeschlossen. Mitglieder dieser Konferenz sind
   1. in der Trägerschaft des "Deutschen Vereins für öffentliche und private Fürsorge (Frankfurt am Main)" die Akademie für Jugend- und Sozialarbeit, das Fortbildungswerk, das Fortbildungswerk für pädagogische Fachkräfte;
   2. die Akademie Remscheid für musische Erziehung und Medienerziehung;
   3. das Burkhardthaus (Gelnhausen);
   4. die Diakonische Akademie (Stuttgart);
   5. die Fortbildungsakademie des Deutschen Caritasverbandes (Freiburg);
   6. das "Wilhelm-Polligkeit-Institut" des Deutschen Paritätischen Wohlfahrtsverbandes (Frankfurt).

   Zu diesen Einrichtungen muß man das "Institut für Sozialarbeit und Sozialpädagogik (ISS)" in Frankfurt rechnen, das sich schwerpunktmäßig der überregionalen Fortbildung und Institutionsberatung widmet. Ferner werden Weiterbildungsmaßnahmen von den Gewerkschaften, von Berufsverbänden und von einigen Ausbildungsstätten angeboten.

2. Unter Alltagstheorie verstehe ich ein situationsübergreifendes Leitmotiv, das von einem Individuum der eigenen Handlung bewußt bzw. rechtfertigend unterlegt wird. Der Begriff Alltagstheorie dient in metaphorischen Sinne dazu, ihn als subjektive Begründung eigenen Handelns von den Begriffen, Sinnstrukturen und Muster bzw. wissenschaftliche Theorie zu unterscheiden.

3. Unter routinisierten Wissensbeständen und Handlungskonzepten der Alltagspraxis verstehe ich in Anlehnung an SCHÜTZ (1971) ein nicht mehr hinterfragtes Wissen und Handeln auf der Grundlage vertrauter Rezepte.

Marianne Horstkemper/
Hans-Werner Klusemann/
Uwe Polinski

Weiterbildungsinteressen von Sozialarbeitern/ Sozialpädagogen - eine empirische Untersuchung zu Ausmaß und Inhalten

1. Einleitung

Grundannahmen der Überlegungen zu einer Theorie der Weiterbildung, die Klusemann im ersten Teil dieses Berichtes als Rahmenkonzept für die empirische Fundierung eines Weiterbildungsstudiengangs für Sozialarbeiter/Sozialpädagogen darstellt, sind die These von der Notwendigkeit der Kenntnis jeweiliger Weiterbildungsinteressen sowie die damit in Zusammenhang stehende Vermutung, daß das Interesse an Weiterbildungsveranstaltungen sowie konkretes Wissen und Handeln von Sozialarbeitern/Sozialpädagogen abhängig sind von Erfahrungen und Bedingungen der beruflichen Situation. Diese Annahmen sind für die Entwicklung eines Weiterbildungsstudiengangs bisher allerdings erst theoretisch begründet und noch nicht hinreichend empirisch belegt.

Als erste Beispiele für empirische Untersuchungen im Zusammenhang der Entwicklung kritischer Weiterbildungskonzeptionen können die Analysen der Projekte an der Universität Bielefeld und der Gesamthochschule Kassel zur Entwicklung von Weiterbildungsalternativen in der Sozialarbeit/Sozialpädagogik angesehen werden. Beide Projekte bzw. ihre Untersuchungen sehen den Schwerpunkt ihrer Arbeit nicht in der Entwicklung einer Weiterbildungstheorie, sondern in der Beschreibung der Situation der Weiterbildung in der Sozialarbeit/Sozialpädagogik.

Um deutlich zu machen, warum es erforderlich ist, über die beiden vorliegenden Untersuchungen zur Weiterbildung von Sozialarbeitern/Sozialpädagogen hinaus, um eine weitere empirische Fundierung einer Weiterbildungskonzeption bemüht zu sein, sollen zunächst wesentliche Essentials der Bielefelder und Kasseler Untersuchung hier kurz diskutiert werden. Im Anschluß daran wird versucht, eine empirische Analyse von Weiterbildungsinteressen nach bildungsplanerischen Gesichtspunkten zu diskutieren, um daraus ein handlungstheoretisches Konzept zu begründen und zu präzisieren.

Ziel des Projektes an der Universität Bielefeld "Berufliche Ausbildung, Berufsfeld und Berufspraxis der Sozialarbeit"[1] ist die Entwicklung einer Weiterbildungskonzeption für Sozialarbeiter/Sozialpädagogen als Reflexion der eigenen Berufspraxis. Als Modell dieser Weiterbildung dient der Versuch einer Kooperation zwischen Wissenschaftlern und Praktikern als Projektbeteiligte. So sollen mit Hilfe empirischer Forschung sowohl die Grundlagen für ein regionbezogenes Fortbildungskonzept erhoben als auch Erfahrungen reflektiert werden, die in diesem Kooperations- und wechselseitigen Qualifikationsprozeß gesammelt werden.

Unabhängig von der kritischen Selbsteinschätzung des Abschlußberichtes zur Kooperation zwischen Wissenschaftlern und Praktikern, insbesondere zum Stadtteilprojekt Schildesche (vgl.ZWUP 1977a,S.242 ff. sowie vgl. ZWUP 1977, S. 210 ff.) überzeugt die Untersuchung zunächst hinsichtlich der Komplexität ihres Anspruchs. So wurden die "Analyse zur Ausbildungssituation von Sozialarbeitern/Sozialpädagogen", die "Stadtstrukturanalyse des urbanen und sozialen Umfeldes", die "Klientenanalyse", die "Organisationsanalyse Bielefelder Sozialarbeitsträger" und die "Analyse der Arbeits- und Berufssituation von Sozialarbeitern/Sozialpädagogen" als Arbeitsschritte der empirischen Forschung ergänzt um ein Stadtteilprojekt als den Versuch anwendungsorientierter Konkretisierung des Vorhabens (vgl. 1977a, S. 234 ff.). Darüber hinaus wurden Arbeitsgruppen und Diskussionsformen iniziiert, um die Interpretation der empirischen Daten vorzubereiten bzw. mit Interessierten zu erörtern (vgl. 1977, S. 202 ff.). Entsprechend ihres Anspruchs, Weiterbildung als Planung und Entwicklung sozialstruktureller Maßnahmen zu konzipieren (vgl. 1977, S, 169/170), wird ein Arbeitsansatz entwickelt, dessen empirischer Schwerpunkt in der Untersuchung sozialstruktureller Bedingungen

1) im folgenden zitiert als ZWUP 1977 bzw. als ZWUP 1977a

des Arbeitsfeldes liegt. Dabei ist hervorzuheben, daß die Analysen eine Fülle von Daten herausgearbeitet haben, deren Aussagekraft allerdings weniger in der Erklärung von Zusammenhängen als in der Beschreibung von Einzelphänomenen liegt. Als Problem erweist es sich dabei, daß der Anspruch nach Reflexion der eigenen Berufspraxis und die These von der strukturellen Bedingtheit sozialer Probleme noch keine Klammer für die Einzelergebnisse darstellt bzw. noch keinen systematischen Bezugspunkt ergibt, der die Ableitung eines Weiterbildungscurriculums schon erlauben würde. Angesichts der Schwierigkeit, die Fülle empirischen Datenmaterials nicht ohne Rückgriff auf eine Weiterbildungstheorie in ein Curriculum übersetzen zu können, ist die Beschränkung der Curriculumplanung auf Stichworte, die Modifizierung des Arbeitsplanes ab Oktober 1975 (vgl. 1977, S. 201 ff. und der Verweis auf künftige Projekte (vgl. 1977a, S. 79 ff. sowie 1977, S. 221) verständlich und konsequent.

Diese Kritik soll allerdings nicht darüber hinwegtäuschen, daß die Untersuchung eine sehr differenzierte Beschreibung der Berufssituation von Sozialarbeitern/Sozialpädagogen einschließlich ihres sozialstrukturellen Arbeitskontextes am Beispiel der Stadt Bielefeld bereitstellt. Von besonderem Interesse für unsere Fragestellung, ein berufsbezogenes und nachfrage-orientiertes Weiterbildungskonzept zu entwickeln, ist zweifellos die Analyse der Arbeits- und Berufssituation von Sozialarbeitern/ Sozialpädagogen (vgl. 1977a, S. 178 ff.). Im Rahmen dieser Analyse wurden 132 Sozialarbeiter/Sozialpädagogen mittels eines standardisierten Fragebogens befragt. Die Auswertung der Fragebögen erfolgte in Form einer Randauszählung sowie mit Hilfe von Korrelationen entlang der unabhängigen Variablen Geschlecht, Dienstalter, Träger/Institution, Weiterbildung (vgl. 1977, S. 184). Für die testtheoretische Validierung der Analyse wurde allerdings auf statistisch abgesicherte Skalen verzichtet und bi-variate Zusammenhänge lediglich auf Item-Ebene korreliert. Da die dargestellten Ergebnisse Signifikanztests nicht unterzogen wurden (vgl. 1977a, S. 183 ff. sowie vgl. 1977, S. 184 ff.), greifen wir auf die Ergebnisse nur zur Absicherung unserer Hypothesen zurück und nehmen sie nicht schon für Schlußfolgerungen und Interpretationen in Anspruch. Dies erscheint für unsere Untersuchung als angemessen, obwohl die Befragung auf einer Tagung mit Praktikern (vgl. 1977, S. 184 ff.) und später noch einmal in einer Veranstaltungsreihe zur Projektpräsentation diskutiert und interpretiert wurde (vgl. 1977, S. 215 ff.).

Grundgedanke der Untersuchung von ALHEIT u.a. (1978) ist die Überlegung, daß der Arbeitsauftrag der Gesamthochschule Kassel, eine vergleichende Untersuchung der Angebotsstrukturen von Weiterbildungsmaßnahmen durchzuführen, kaum ausreicht, um auf dieser Basis eine Begründung für ein eigenes Fortbildungsmodell zu entwickeln (vgl. S. 11). Ergänzend zu ihrem Arbeitsauftrag führen die Autoren deshalb eine Befragung von Fortbildungsteilnehmern aus drei unterschiedlichen Fortbildungsinstitutionen sowie eine Befragung bei Betroffenen verschiedener Interessengruppen aus der Kasseler Region durch. Als wesentliches Ergebnis der Studie auf allen drei Untersuchungsstufen wird von den Autoren der Wunsch bzw. die Notwendigkeit praxisorientierter Weiterbildung herausgestellt.

Im ersten Teil der Untersuchung wird ein Überblick über Fortbildungsangebote für berufserfahrene Sozialarbeiter/Sozialpädagogen gegeben und zwanzig der größten Fortbildungsinstitute in Kurzform vorgestellt (vgl. S. 22-60). Im Anschluß daran wird eine ausführliche Darstellung zehn ausgewählter Fortbildungsinstitutionen vorgenommen (vgl. S. 61 ff.). Auf der Basis dieses Materials sowie unter Zugrundelegung von Experteninterviews mit Institutionenvertretern (vgl. S. 129 ff.) erfolgt eine Kommentierung des Fortbildungsangebotes im wesentlichen unter den Kriterien "Innovatorische Akzente", "Ansätze zur Evaluation der Fortbildung" und "Transfer des Gelernten in die Praxis". Als positive Beispiele werden die Akademie Remscheid, die Diakonische Akademie Stuttgart, das Fortbildungswerk des Deutschen Vereins sowie das Institut für Sozialarbeit/Sozialpädagogik hervorgehoben, weil sie die unterlegten Kriterien wenigstens im Ansatz erfüllen (vgl. S. 167 ff.). Bereits in diesem ersten Teil der Untersuchung deutet sich eine Schwäche der gesamten Studie an. Da der auswertende Vergleich der Fortbildungsinstitutionen nicht auf eine systematische Evaluation ihrer Angebote zurückgreifen kann (vgl. S. 172) und die Analyse der jeweiligen Angebotsinhalte und -strukturen keiner theoretischen oder methodischen Interpretationsregel folgt, sind die Ergebnisse dieses Teils der Untersuchung nur paraphrasierte Selbstdarstellungen der Institutionen.

Wenn ALHEIT u.a. ihrer Untersuchung selbst auch nur den Rang einer Pilot-Studie zumessen, so muß dennoch angemerkt werden, daß die Qualität der Erkenntnisse des zweiten und dritten Teils der Untersuchung angesichts mangelnder test-statistischer Überprüfung der Skalen sowie aufgrund unzureichender theoretischer Absicherung der Hypothesen, Skalen und Interpretationen infrage zu stellen ist. Hierzu einige Beispiele:
1. Ein augenfälliger Beleg mangelnder Reliabilität ist die Operationalisierung der Skale "Verdinglichtes Fortbildungsinteresse". Abgesichert über die Items "Aufstieg durch Fortbildung", "Expertenzuhören", "Referate hören" besitzt die Skala allein aufgrund von Plausibilitätserwägungen kaum interne Konsistenz.

2. Die Interpretationen der offenen Fragen sind nur sehr schwierig nachvollziehbar, weil die Inhaltkategorien lediglich Zusammenfassungen der Antworten darstellen. Dies wäre nicht weiter problematisch, wenn nicht z.B. die Erläuterungen, die gegeben werden, um die Frage der Einschätzung von Weiterbildungserfahrungen zu illustrieren, geradezu im Widerspruch zu der Kategorie selbst stehen würden, die nach der Analyse somit dominant ist (vgl. S. 192/193): "Supervision" und "Kollegiale Beratung" sind in der Einschätzung von Sozialarbeitern/Sozialpädagogen kaum "veränderte Organisationen von Fortbildung", wie die inhaltsanalytische Kategorie heißt, sondern sind typische Formen von Fortbildung schlechthin.

3. Methodisch problematisch ist der Assoziationstest mit Sozialarbeitern/Sozialpädagogen, Institutionenvertretern und Hochschullehrern/Planern (vgl. S. 267 ff.). Die Auszählung der

Einzelassoziationen und ihre Ausgliederung aus Assoziationskette und Interviewkontext unterstellt eine nicht-akzeptable jeweilige Gleichbedeutung und Gleichgewichtung jeder einzelnen Assoziation. Berücksichtigt man bei diesem Test darüber hinaus die fehlende Standardisierung der Inhaltskategorien, so erscheint das dargestellte Ergebnis, nach dem Praktiker ein hohes und Hochschullehrer ein niedriges Praxisinteresse haben (vgl. S. 297 ff.) zwar einleuchtend, kaum aber als begründet.

Insgesamt, so kann resümiert werden, entwickeln ALHEIT u.a. im zweiten und dritten Teil ihrer Untersuchung einen Begriff des Praxisinteresses von Sozialarbeitern/Sozialpädagogen an Weiterbildung, der sich auf ein Bündel von Theorien- und Methodenartefakten stützt.

Im Vergleich zu der Bielefelder bzw. der Kasseler Untersuchung wollen wir stärker versuchen, empirische Daten mit statistischen Analyseverfahren auszuwerten. Zur Sicherung sozialwissenschaftlicher Standards bedienen wir uns der Gütekriterien der statistischen Empirie. Mit diesen Kriterien soll die statistische Empirie nun keineswegs zum Gradmesser für empirische Untersuchungen gemacht werden. Der noch unentwickelte Forschungsstand zu einer Theorie der Weiterbildung läßt es uns allerdings als ratsam erscheinen, hypothetische Plausibilitäten zunächst mit Hilfe approbierter Untersuchungsmethoden zu überprüfen und dabei die Voraussetzungen mit Gütekriterien dieser Verfahren zu beachten bzw. anzulegen.

2. Weiterbildungsinteressen von Sozialarbeitern/Sozialpädagogen als Ausgangspunkt curricularer Planung

Bei dem Konzeptionsversuch eines Weiterbildungsstudiums sind neben inhaltlichen Überlegungen auch solche Fragen zu beantworten, die die quantitative Seite der Planung berücksichtigen, z.B. welcher Bedarf besteht zur Einrichtung dieses Studiengangs, wie viele Interessenten wird es für diesen Studiengang geben, welche Interessengruppen sind zu berücksichtigen, welche Inhalte werden von wem nachgefragt.

Allgemeiner ausgedrückt heißt das, daß nach Art, Umfang und Bedingungen der Weiterbildung innerhalb der Sozialarbeit/ Sozialpädagogik zu fragen ist und dies in quantitativer und prognostischer Hinsicht.

2.1 Thesen zu einer bildungsplanerisch begründeten Weiterbildung

Als einen Weg, mit dem die Fragen zur Entwicklung des Bildungssystems quantitativ untersucht werden, hat sich seit den sechziger Jahren ein Theorienbereich etabliert, mit dem versucht wird, Umfang und Struktur des Bildungssystems zu beurteilen und vorauszubestimmen: die Bildungsplanung. Soll die Einrichtung eines Weiterbildungsstudiengangs für Sozialarbeiter/Sozialpädagogen also nicht aus Gründen vordergründiger Opportunität erfolgen, so ist bei der Planung des Weiterbildungsstudiengangs die Diskussion um die Ansätze der Bildungsplanung zu berücksichtigen. Ohne nun im einzelnen eine ausführliche Darstellung und Kritik der am weitesten entwickelten Modelle der Bildungsplanung (manpower-requirement-approach und social-demand-approach) vornehmen zu können, seien einige entscheidende Aspekte, die eine Modifizierung ihrer Fragestellungen für unsere Planungen erforderlich machten, kurz benannt:

Die wesentlichste Fragestellung des manpower-requirement-approach (MRA) ist die Vorausschätzung der Qualifikationsnachfrage sowie die Vorausschätzung des erwarteten Qualifikationsangebotes. Wenn man also für einen späteren Zeitpunkt das Angebot an spezifisch-qualifizierten Arbeitskräften bzw. ihre je spezifischen Qualifikationen an einer vorauszuberechnenden Nachfrage orientieren will, so ist eine Bedarfsprognose zu entwickeln, die die Determinanten der Nachfrageentwicklung berücksichtigt. Die Notwendigkeit zu einer Modifizierung der Prinzipien dieses Bildungsplanungsansatzes für das Projekt WBS liegt nicht nur an den beschränkten Arbeitsressourcen, sondern auch an der Kritik dieses Bildungsplanungsansatzes und an der Besonderheit unserer Fragestellung, nämlich: das Ausmaß und das Interesse an Weiterbildung einzuschätzen und nicht eine allgemeine Bedarfs<u>prognose</u> nach Sozialarbeitern/Sozialpädagogen aufzustellen. Kritisch wird gegenüber den manpower-Ansätzen eingewendet, daß Bildungsplanung mittels eines bedarfsorientierten Ansatzes in erster Linie ökonomische Bedingungen (die Höhe des Brutto-Sozialproduktes) zur Planungsgrundlage macht, deren Beurteilung für die Zukunft fortgeschrieben wird und die Nachfrage nach Bildung - garantiert durch die Verfassung als Recht auf Bildung sowie durch das Postulat der Chancengleichheit - nach diesem Ansatz allenfalls eine Randbedingung darstellt (vgl. STRAUMANN 1974 sowie EDDING u.a. 1976). Auch die Bedarfsprognosen nach Sozialarbeitern/Sozialpädagogen, die sich nach dem manpower-Ansatz richten, orientieren sich in erster Linie an statistischen und ökonomischen Parametern[1)] (vgl. KRAFFT/SANDERS/STRAUMANN 1971, HEIDLMEIER/HEINE/MÖBES/RIESE 1973, KOHLER/LAMBERTS 1976, BLÜM/FRENZEL 1975). Eingedenk dieser Kritik und angesichts unserer nachfrageorientierten Weiterbildungsplanung scheint für uns ein Bildungsplanungsansatz interessant zu sein, der als Ausgangspunkt seiner Planungsgrundsätze die voraussichtliche Nachfrage nach Ausbildung und Qualifikation stellt. Planungsgrundsatz dieses social-demand-approach ist die Berücksichtigung der Schaffung von Ausbildungsplätzen, soweit sie individuell nachgefragt werden und sozialstaatlich vertretbar sind.

Eine genauere Betrachtung dieses Ansatzes der sozialarbeiterischen/sozialpädagogischen Bildungsplanung zeigt allerdings, daß die Nachfrage von Sozialarbeitern/Sozialpädagogen und insbesondere die Nachfrage nach Weiterbildung bisher kaum prognostiziert bzw. kritisch reflektiert wurde. So zeigt sich, daß der Orientierungspunkt der Prognosen des Bayerischen Staatsinstituts (vgl. LOIBL/GROSS/FINKENSTAEDT 1975) und der Fachhochschule Kiel (vgl. STRATMANN und WURR 1976) in erster Linie die Nachfrage der Anstellungsträger[2)] nach Sozialarbeitern/Sozialpädagogen ist und die Nachfrage von Sozialarbeitern/Sozialpädagogen selbst unberücksichtigt bleibt. Allein die Untersuchung von ALBRECHT u. a. (1976) berücksichtigt bei ihrer Bedarfsprognose nach Sozialarbeitern/Sozialpädagogen Einschätzungen der Betroffenen selbst. Planungsgrundlage dieser Untersuchung ist ein sog. "modifizierter Richtzahlenansatz" (vgl. ALBRECHT u.a. S. 83ff.), mit dem versucht wird, den begründeten Kritiken an anderen Planungsansätzen zu entgehen(vgl.ALBRECHT) u.a. 1979, S. 67ff. sowie LANDWEHR 1977a).

---

1) eine ausführliche Darstellung mit kritischen Anmerkungen von Bildungsplanungsansätzen in der Sozialarbeit/Sozialpädagogik findet sich bei LANDWEHR 1977 und 1977a

2) zur methodischen Kritik dieser Bildungsplanungsansätze siehe LANDWEHR 1977 und 1977a

Obwohl die Untersuchung von ALBRECHT u. a. vielfältigen Fragestellungen nachgeht und ihr interessante Einzelbefunde zu entnehmen sind, reicht die Analyse in der vorliegenden Form für eine wie von uns geplante quantitativ und inhaltlich begründete Planung von Weiterbildungsmaßnahmen für Sozialarbeiter/Sozialpädagogen noch nicht aus. Entsprechend ihrer andersartigen Fragestellung erfolgt die Untersuchung quantitativer und inhaltlicher Weiterbildungsinteressen von Sozialarbeitern/Sozialpädagogen lediglich in den unabhängigen Variablen Bezugsgruppenzugehörigkeit (ob Sozialarbeiter, Sozialpädagogen, oder Sozialarbeiter grad.), Grad der urbanen Struktur (ob der Arbeitsbereich ländlich, mittelstädtisch oder großstädtisch liegt) und Trägerstruktur (kirchlicher oder sonstiger Freier Träger, kommunaler oder sonstiger öffentlicher Träger); auch die abhängigen Variablen "quantitatives" bzw. "inhaltliches Interesse" an Weiterbildung sind zumindest in der Darstellung der Ergebnisse für unser Untersuchungsziel zu wenig spezifiziert. So wird z. B. die positive Beurteilung von Weiterbildung bei Sozialarbeitern, bei kirchlichen Trägern als "besonders häufig" qualifiziert (vgl. S. 241) oder "eine nahezu signifikante Beziehung zwischen Trägerschaft und insgesamt gewählter Weiterbildungsthemen" konstatiert (vgl. S. 241). Als inhaltliche Weiterbildungskategorien wird lediglich in "allgemeiner Berufsbereich", "spezieller Berufsbereich", "rechtliche Themen", "methodische Themen" und "grundwissenschaftliche Themen" gegliedert (vgl. S. 241).

Auch die von ALBRECHT u. a. diskutierten curricularen Konsequenzen wollen wir für unsere Forschungsfrage in der dargestellten Form nicht übernehmen: Während die Befragung der Sozialarbeiter/Sozialpädagogen bei ALBRECHT u.a. in Überlegungen zur Professionalisierung als theoretischem Konzept der Untersuchung (vgl. S. 11ff.) eingebunden sind, ist die Diskussion der curricularen Konsequenzen nicht aus der Interpretation der empirischen Analyse abgeleitet, sondern an einem neuen Gedanken, nämlich an der Kritik der kommunalen Spitzenverbände an ausgebildeten Sozialarbeitern/Sozialpädagogen entfaltet (vgl. S. 250ff.).

Obwohl die hier dargestellte Diskussion einschlägiger Studien der Bildungsplanung nur skizzenhaft erfolgte, sollte dennoch deutlich geworden sein, daß ein nachfrageorientiertes Weiterbildungskonzept sich nicht ausschließlich auf bereits vorhandene Untersuchungen stützen kann. Wenn aber für aufwendige Bildungsplanungsstudien die arbeitsmäßigen Ressourcen fehlen, ist es erforderlich, den Anspruch der empirischen Analysen auf die Aspekte zu konzentrieren, die in anderen Untersuchungen bisher noch nicht angemessen aufgearbeitet wurden.

Wie aus dem bisher Gesagten deutlich werden sollte, fehlt in den einschlägigen Bildungsplanungsstudien für die Sozialarbeit/ Sozialpädagogik ein Ansatz, der die Nachfrage von Sozialarbeitern/ Sozialpädagogen selbst zur Planungsgrundlage macht. Entsprechend wollen wir versuchen, bei berufstätigen Sozialarbeitern/Sozialpädagogen eine empirische Untersuchung durchzuführen mit Fragestellungen nach formalem und inhaltlichem Interesse an Weiterbildung. Dies bedeutet nicht, daß der Planungsansatz eine unproblematische Alternative zu anderen Planungskonzepten wäre, insbesondere weil Planungen aufgrund subjektiver Nachfrage objektiven Bedingungen und Entwicklungen des Berufsfeldes allein kaum gerecht werden können (vgl. dazu ALBRECHT 1979, S. 80ff.). Mit der im Rahmen der Projektarbeit durchgeführten standardisierten empirischen Befragung wird dementsprechend nicht eine Bildungsplanungsstudie nach den Prinzipien des social-demand-approach erstellt, d. h. <u>es wird nicht Weiterbildungsbedarf prognostiziert,</u> sondern es wird das Ausmaß und das inhaltliche Interesse an Weiterbildung erfragt, das Sozialarbeiter differenziert nach sozialstatistischen und berufsbezogenen Merkmalen derzeit äußern. Nicht eine quantitative Prognose der Weiterbildungsnachfrage ist also das Ziel dieser Untersuchung, sondern die <u>Erhebung aktueller inhaltlicher Weiterbildungsinteressen.</u> Angemessen ist diese Untersuchung für unsere Fragestellung deshalb, weil wir weder einen Bedarf an Sozialarbeitern/Sozialpädagogen noch an Ausbildungsplätzen für die Weiterbildung prognostizieren wollen, sondern versuchen, die Notwendigkeit der Weiterbildung von Sozialarbeitern/Sozialpädagogen über eine operationale Definition quantitativer Nachfrage zu begründen sowie inhaltliche Weiterbildungsinteressen im Zusammenhang verschiedener Bedingungen ihrer Genese und Veränderungen zu erheben.

Bei dem Versuch, inhaltiche Weiterbildungsinteressen der Sozialarbeiter/Sozialpädagogen in das Curriculum aufzunehmen, ist dem Problem Rechnung zu tragen, daß jeweilige Weiterbildungsinteressen indexikal bestimmte Einflußfaktoren haben und daß Planungen allein aufgrund individueller Nachfrage durchaus am "objektiven Bedarf" der berufspraktischen Anforderungen vorbeigehen können. Anlaß für die häufige Nachfrage nach Weiterbildung sind z. B. folgende Faktoren,

- daß Weiterbildung von Sozialarbeitern/Sozialpädagogen vielfach als Selbstbestätigung und Selbstvergewisserung in Anspruch genommen wird;

- daß Weiterbildungsnachfragen in der Regel methodische oder bereits bekannte Inhalte präferieren (unbekannten Inhalten stehen Sozialarbeiter/Sozialpädagogen sehr ambivalent gegenüber) und

- daß die Wertschätzung bevorzugter Weiterbildungsinhalte in erster Linie von eigenen vorgefaßten impliziten Theorien der Sozialarbeit/Sozialpädagogik bestimmt ist.

Für die Konkretisierung der Studiengangsentwicklung ist es deshalb erforderlich, daß die Einflußfaktoren jeweiliger Weiterbildungsinteressen inhaltlich näher untersucht werden, um entsprechend des wissenssoziologischen Anspruchs im Studium vornehmlich zum Gegenstand kritischer Auseinandersetzung gemacht zu werden.

Im Rahmen der hier skizzierten Analyse geht es zunächst um die empirische Erhebung von Weiterbildungsinteressen potentieller Adressaten. Dabei konzentrieren wir uns auf drei Problemkreise

- Art und Umfang von Weiterbildungsinteressen,

- ihre motivationalen Grundlagen,

- Faktoren, die die motivationalen Grundlagen beeinflussen.

Bei der Auswertung unserer empirischen Untersuchung nehmen wir auf Ergebnisse bereits vorliegender Untersuchungen bezug, deren Erkenntniswert - aber auch deren Problematik - wir weiter vorn bereits skizziert haben. Insbesondere die mangelnde theoretische Fundierung und Ableitung der Hypothesen erschien uns als zentrale Ursache dafür, daß zwar eine Vielfalt von Phänomenen - methodisch mehr oder weniger zuverlässig - beschrieben werden konnte. Ohne Rückbezug auf ein integrierendes Konzept ist eine Interpretation der erhobenen Daten aber kaum nachvollziehbar. Wir stellen deshalb im folgenden zunächst die theoretischen Überlegungen dar, von denen wir uns bei der Anlage unserer Untersuchung und der Auswertung der Ergebnisse leiten ließen.

2.2 Berufssituation und Weiterbildungsinteressen von graduierten Sozialarbeitern und Sozialpädagogen

2.2.1 Handlungstheorie als forschungsleitendes Konzept

Als übergreifende Zielsetzung der Weiterbildung von Sozialarbeitern und Sozialpädagogen haben wir den Anspruch formuliert, Handlungskompetenzen sichern sowie Forschungskompetenzen vermitteln zu wollen. Ein wichtiger Aspekt des diesem Anspruch unterlegten Menschenbildes ist, daß es Menschen als rational handelnde betrachtet. Das bedeutet, daß menschliches Verhalten nicht z. B. nach dem Muster des Reiz-Reaktions-Schemas zu erklären versucht wird, sondern daß davon ausgegangen wird, daß Menschen Ziele verfolgen und Pläne aufstellen und ausführen, um diese Ziele zu erreichen - kurz: theoriengeleitet handeln. Die Grundannahme einer solchen Sichtweise besteht darin, daß Menschen unter Rückgriff auf ihnen zur Verfügung stehendes Wissen Mittel auswählen, die ihnen zur Zielerreichung als geeignet scheinen. Sie stellen also Hypothesen über den Effekt möglicher Operationen auf und überprüfen diesen Effekt im Vollzug der Handlung.

In aller Kürze sollen zunächst die zentralen Annahmen eines allgemeinen Modells menschlichen Handlens entsprechend dieser theoretischen Konzeption aufgezeigt werden, um dieses allgemeine Modell im zweiten Schritt auf unser spezielles Forschungsproblem anzuwenden.

2.2.2 Zentrale Annahmen der Handlungstheorie

Wir haben Handeln oben bereits kurz als einen Prozeß zielgerichteter Veränderung gekennzeichnet. Daraus lassen sich zunächst zwei wichtige strukturelle Bestandteile eines Handlungsmodells[1] ableiten: Es existieren immer ein Handlungsziel und ein Weg zur Erreichung dieses Ziels, Plan oder auch Aktionsprogramm genannt. Darüber hinaus läßt sich daraus ein Prozeßverlauf des Handelns ableiten, der aus den Phasen Zielkonstituierung, Entscheidung über den Weg, Durchführung des Plans und Überprüfung des Handlungseffekts besteht.

Beliebtestes Beispiel zur Illustration dieses Grundmodells ist das "Einschlagen eines Nagels mit einem Hammer": Das Handlungsziel ist klar - der Nagel soll soweit in die Wand geschlagen werden, daß man etwas daran aufhängen kann. Die Entscheidung über den Weg fällt einem erwachsenen Menschen leicht - er benutzt dazu einen Hammer als Werkzeug, notfalls einen anderen harten Gegenstand. Die Durchführung des Plans besteht in mehrmaligem Schlagen auf den Kopf des Nagels, wobei nach jedem Schlag der Effekt geprüft wird - geht der Nagel gerade in die Wand? Ist er bereits weit genug eingeschlagen? Falls nötig, werden Korrekturen vorgenommen, etwa eine Modifizierung der Schlagrichtung. Beendet ist die Handlung, wenn man entsprechend der vorher formulierten Zielkriterien das geplante Objekt daran aufhängen kann.

---

1) In der folgenden Darstellung knüpfen wir sowohl an die als Abhebung vom behavioristischen Ansatz formulierten Positionen von MILLER/GALANTER/PRIBRAM (1973) als auch an die weitergehenden Überlegungen von HACKER (1978) und VOLPERT (1975 und 1979) an.

Bereits in der Beschreibung dieser äußerst einfachen Handlung läßt sich aufzeigen, daß menschliches Handeln von großer Komplexität und Flexibilität ist. Es liegen jeweils mehrere Ziele vor, die nicht unverbunden nebeneinander bestehen, sondern in spezifischer Weise in bezug zueinander stehen. So ist etwa "Nagel einschlagen" ein dem übergeordneten Ziel "Bild aufhängen" untergeordnetes Teilziel, beide sind wiederum einem noch übergreifenderen Ziel "Wohnung verschönern" subsumiert usw. Es existieren jeweils also Handlungsziele auf unterschiedlichen Ebenen. Zur Verwirklichung eines Ziels auf höherer Ebene ist es notwendig, Konkretisierungen in Form von Aufschlüsselung von Teilzielen und dafür geeigenten Aktionsprogrammen vorzunehmen, diese Programme in der richtigen zeitlichen Reihenfolge in Bewegungen umzusetzen und zu überprüfen, ob die jeweiligen Teilziele sowie schließlich das Gesamtziel erreicht wurden. VOLPERT nennt dies die hierarchisch-sequentielle Organisation der Handlung.

Innerhalb dieser Organisation wird die Flexibilität dadurch gewährleistet, daß sowohl die Aufschlüsselung in Teilziele als auch die Zuordnung von Aktionsprogrammen in sehr vielfältiger Weise erfolgen kann - unterschiedliche Situationen erfordern und ermöglichen jeweils Variationen von Handlungen bei Aufrechterhaltung des Ziels. Um bei unserem Beispiel zu bleiben: Die Wohnung kann verschönert werden, indem man Blumen hinstellt oder ein Bild aufhängt, das Bild kann mittels der beschriebenen Nageleinschlagaktion aufgehängt werden oder aber auf ganz andere Weise etc. VOLPERT betont, daß diese menschliche Handlungsorganisation "Resultat eines langen naturgeschichtlichen Entwicklungsprozesses (ist), in welchem die Handlungen immer komplexer werden, der planende Eingriff immer größere Zeiträume umfaßt und immer schneller und flexibler auf neue Umweltbedingungen eingegangen werden kann" (VOLPERT 1979, S. 25).

Er unterscheidet drei hierarchisch geordnete Regulationsebenen, deren Zusammenwirken menschliches Handeln kennzeichnet:

- die unterste sensumotorische Regulationsebene, auf der relativ gleichförmige Anforderungen mit weithin automatisierten Handlungsabläufen beantwortet werden;

- die mittlere perzeptiv-begriffliche Regulationsebene, auf der Varianten von Situationen mit entsprechenden Varianten von Handlungen beantwortet werden;
- die höchste intellektuelle Regulationsebene, auf der Pläne (bis hin zu langfristigen Strategien) durch komplex aufgebaute Handlungsfolgen verwirklicht werden.

(vgl. VOLPERT 1979, S. 26)

Bezogen auf unsere Forschungsfrage wird uns besonders die intellektuelle Regulationsebene interessieren; dies vor allem auch deshalb, weil hier der Bezug zum überindividuellen Handlungszusammenhang hergestellt wird. Bei der bisherigen Beschreibung der Grundstruktur von Handlungen haben wir ja lediglich ein für sich allein handelndes Individuum betrachtet, dessen Handeln in gegenständlicher Veränderung von Umwelt bestand. Ein allgemeines Handlungsmodell müßte aber auch Begriffe wie "Kommunikation" und "Interaktion" integrieren, weil der Gegenstand von Handlungen durchaus nicht nur der Bereich materieller Umweltveränderung sein kann. Auch Interaktionen zwischen Personen stellen solche nach dem skizzierten Grundmuster beschreibbare Handlungen dar, wobei das Modell allerdings dadurch komplizierter wird, daß hier mindestens zwei aktive Systeme ihre jeweiligen Handlungsziele und -pläne aufeinander beziehen (müssen) und das heißt letztlich, Handeln als Konstitutions- und Realisierungsprozeß von Interaktionssinn verstanden werden muß.

Die handlungstheoretischen Ansätze von HACKER und VOLPERT, an die wir hier anknüpfen, sind im Bereich der Arbeitspsychologie vorwiegend für den Bereich industrieller Produktion entwickelt worden. Dort spielen sich Handlungsvollzüge in erster Linie in Mensch-Maschine-Systemen ab. Sozialpädagogische Arbeit realisiert sich dagegen immer in Interaktionen - wenn man so will: in Mensch-Mensch-Systemen. Dies schafft qualitative Unterschiede, denen Rechnung getragen werden muß.

Erstens ist zu beachten, daß die Komplexität der Handlungen sich wesentlich erhöht. Während Maschinen nur eine relativ begrenzte und vom bedienenden Menschen einigermaßen kalkulierbare Bandbreite von Möglichkeiten der Reaktion und der Informationsabgabe zur Verfügung steht, sind Menschen aktive Systeme, die in höchst flexibler Weise eigene Absichten und Pläne in einen gemeinsamen Handlungszusammenhang einbringen. Zweitens enthält der Informationsaustausch zwischen Menschen immer neben dem Inhalts- auch einen Beziehungsaspekt. Handlungstheoretische Überlegungen, die sich auf Handeln im sozialen Feld beziehen, müssen daher immer auch Erkenntnisse aus dem Bereich der Theorien über Kommunikation, Motivation, Emotion, Norm und Normübernahme etc. integrieren. Dabei muß man aber das Miteinanderumgehen der Menschen "keineswegs als zweites Reich neben der dem gegenständlichen Weltveränderung (...) sehen. Man kann die 'Interaktion' auch als in jenes Handeln eingeordnet, als Moment desselben auffassen" (VOLPERT 1979, S. 25).

Wir haben bereits erwähnt, daß Menschen Pläne aufgrund spezifischer Wissensbestände realisieren, die sowohl Ziele als auch Mittel der Zielerreichung beinhalten. HACKER verweist auf die Wichtigkeit dieses Wissens:

> "Ohne zeitlich relativ stabile, 'invariante' Abbildungen wengistens der zu erreichenden Ziele und des Aktionsprogramms, manchmal auch der zu berücksichtigenden Bedingungen, ist keine zielgerichtete Regulation möglich (...). Diese invarianten regulierenden Abbildungen (operativen Abbilder) sind das entscheidende Kettenglied der psychischen Regulation (...)."
>
> (HACKER 1978, S. 82)

Wissen ist also Voraussetzung für erfolgreiches Handeln. Dies beschreibt aber nur einen Aspekt des Zusammenhangs. Die Betonung der Wichtigkeit von Rückkopplungsschleifen in handlungstheoretischen Ansätzen weist darauf hin, daß hier keine einseitige Determinierung vorliegt, sondern eine komplexe Wechselwirkung: Handlung wirkt auf Wissen zurück, erweitert es, das erweiterte Wissen eröffnet neue Handlungsmöglichkeiten, die wiederum zur Erweiterung und Ausdifferenzierung der Wissensbestände führen usw. Mit anderen Worten: Wissen ist gleichzeitig auch Folge von Handeln. Damit hängen Umfang und Qualität des erworbenen Wissens in hohem Maße von den dem Individuum zur Verfügung stehenden

Handlungsmöglichkeiten ab. Dabei ist dieser Vorgang der "Aneignung" (vgl. LEONTJEW 1973) nicht als passives Geprägtwerden mißzuverstehen. Die in überindividuellen Handlungszusammenhängen an Individuen herangetragenen Erfahrungen und Handlungsforderungen treffen immer auf deren individuelle Lebensgeschichte und "'brechen' sich an (ihr), wie sich ein Lichtstrahl an einer Linse bricht. Die 'Handlungssysteme', die so entstehen, sind keine Abziehbilder von Werkzeugen und Situationen, sondern Ergebnis tätiger Auseinandersetzungen lebendiger Menschen mit der Umwelt" (VOLPERT 1979, S. 29).

PIAGET hat in eindrucksvoller Weise beschrieben, in welcher Weise äußeres Tun in geistiges Tun überführt wird, kognitive Strukturen geschaffen werden - oder in handlungstheoretischer Terminologie - ein inneres Modell aufgebaut wird, mit dessen Hilfe verschiedene Handlungsmöglichkeiten auf der Vorstellungsebene durchgespielt werden können, um aus ihnen die wirkungsvollste herauszusuchen. Der Aufbau eines angemessenen inneren Modells erfordert die Fähigkeit, die Bedingungen, Möglichkeiten und Resultate des eigenen Handelns immer besser zu erfassen.

Zur Vermeidung von Mißverständnissen muß darauf hingewiesen werden, daß unter Wissen im Sinne eines solchen inneren Modells keinesfalls "reines Faktenwissen" - etwa im Gegensatz zu emotionalen Wertungen oder affektiven Einstellungen - zu verstehen ist. Wir folgen hier der sehr weiten Definition von BERGER/LUCKMANN (1980, S. 1): "'Wissen' definieren wir als die Gewißheit, daß Phänomene wirklich sind und bestimmbare Eigenschaften haben." Wissen bezieht sich also zum Beispiel auch auf die Kenntnis und Beurteilung gesellschaftlicher Bewertungen von Handlungen. Es ist die objektivierte Sinnhaftigkeit von Handeln, über dessen Bedeutung die Interaktionspartner Gewißheit haben und sich dies auch wechselseitig unterstellen (vgl. ebda, S. 58). Die Entwicklung des gesellschaftlichen Wissens und des individuellen Wissensvorrats hängt nach BERGER/LUCKMANN (S. 78) mit der rollenspezifischen Differenzierung einer Gesellschaft zusammen. KAMINSKI (1970, S. 47 f.), der ein handlungstheoretisches Strukturschema für die Berufsarbeit von Psychologen in klinischer Tätigkeit entwickelt hat, unterscheidet Wissen in drei Teilbereiche unterschiedlicher Dignität, die aber nicht getrennt voneinander existieren oder streng unterscheidbare Wissensarten enthalten: Der erste Bereich enthält empirisch überprüftes Wissen der Wissenschaftsdisziplin des Objektbereichs, im zweiten Bereich ist einschlägige Berufserfahrung abgespeichert und der dritte enthält Alltagserfahrung, wozu auch unüberprüfbare Meinungen anderer Leute, vorurteilshafte Erfahrungsstrukturierungen u.ä. gehören. Zwischen dem das Verhalten steuernden Alltagswissen - das immer auch unhinterfragte normative Implikate enthält - und wissenschaftlichen Theorien wird somit ein fließender Übergang angenommen.

Abschließend soll in Anlehnung an KAMINSKI (1970, S. 35) ein allgemeines Ablaufmodell einer Handlung vorgestellt werden, an dem unter Bezugnahme auf unser vorn bereits eingeführtes Beispiel der "Wohnungsverschönerung" die hier nur sehr knapp dargestellten theoretischen Überlegungen illustriert werden können.

1. Wenn man in einer Wohnung lebt, wird man mit bestimmten Eingangsdaten seiner Wahrnehmung konfrontiert: Man fühlt sich selbst nicht recht wohl, der Partner äußert Unzufriedenheit mit der Wohnsituation, Besucher machen kritische Bemerkungen etc.

2. Diese Daten werden in komplexer Weise verarbeitet. Als allgemeines Kennzeichen dieser Verarbeitunsprozesse ist die Tatsache zu sehen, daß es sich um Prozesse der Hypothesenbildung auf der Grundlage des Wissens um Bedingungszusammenhänge handelt. Etwa: Wohnungen mit Blumenschmuck wirken im allgemeinen gemütlich, Bilder schaffen eine persönliche Atmosphäre usw. Man könnte nun die Hypothese aufstellen, daß eine oder mehrere dieser Bedingungen nicht oder nicht hinreichend erfüllt sind.

3. Diese Hypothesen müssen geprüft werden. In einem ersten Schritt ist dabei zu entscheiden, ob die aufgrund der Eingangsdaten gebildeten Hypothesen schon ausreichen, oder ob und wie weitere Daten beschafft werden müssen. Etwa: In einem Gespräch mit dem Partner dessen spezifische Bedürfnisse herausfinden, Freunde um Rat fragen usw.

4. Wenn genügend Daten vorliegen und die Hypothesen ausreichen, können praktische Maßnahmen zur Veränderung der beobachteten Mängel geplant und durchgeführt werden, in unserem Fall hieße das also: Blumen beschaffen und Bilder aufhängen. Hieran sind alle drei aufgeführten Ebenen der Handlungsregulation beteiligt.

5. Dieses Handeln muß evaluiert werden. Es ist zu prüfen, ob aufgrund neuer Erkenntnisse in der praktischen Phase die früher gebildeten Hypothesen gestützt werden oder ob sie modifiziert werden müssen. Möglicherweise müssen erneut Daten gesammelt werden, Annahmen revidiert und Planung und Durchführung von Maßnahmen daraufhin verändert werden.

6. Schließlich muß festgestellt werden, ob die Zielsetzung der praktischen Phase erreicht ist, ob man selbst - aber auch

der Partner und Freunde, deren Meinung man schätzt - die neue Situation positiv bewerten. Wenn dies nicht der Fall ist, muß die Planung anderer Maßnahmen ins Auge gefaßt werden.

7. Abgeschlossen ist der Prozeß erst, wenn die formulierten Zielkriterien erreicht sind. Dabei weisen die eingezeichneten Rückkopplungsschleifen darauf hin, daß die einzelnen Stadien des Problemlösungsprozesses - wowohl Hypothesenbildung und -bearbeitung als auch Planung und Durchführung der praktischen Phase - mehrfach durchlaufen werden können.

Wir haben hier die Aussagen der Handlungstheorie zunächst auf allgemeiner Ebene dargestellt und mit Hilfe des obigen Beispiels veranschaulicht, um damit die paradigmatische Grundfigur deutlich werden zu lassen, die unsere Überlegungen angeleitet hat. Im folgenden geht es nun darum, die Anwendung auf unsere Fragestellung zu präsentieren.

2.2.3. Weiterbildungsmotivation aus handlungstheoretischer Sicht

Zentrales Charakteristikum unserer Betrachtungsweise der Entstehung von Weiterbildungsmotivation ist, daß wir die Aktivitäten der ihre Berufssituation reflektierenden Sozialarbeiter und Sozialpädagogen als zielgerichteten Problemlösungsprozeß betrachten. Wir gehen von der Annahme aus, daß sie mit ihrer Berufstätigkeit bestimmte Ziele verfolgen, dazu ihnen geeignet erscheinende Mittel einsetzen und bei Nichterreichen der gewünschten Ziele Überlegungen anstellen, ob bestimmte Strategien möglicherweise eine erfolgreiche Veränderung versprechen.

Analog zu dem exemplarisch anhand des allgemeinen Grundschemas vorgestellten Beispiels sollen im folgenden also Annahmen expliziert werden über

- die Zielsetzung und
- den Hypothesenbildungs- und -bearbeitungsprozeß

von berufstätigen Sozialarbeitern bzw. Sozialpädagogen, die für die Entstehung von Weiterbildungsinteressen eine Rolle spielen könnten. Hierbei gehen wir zunächst einmal weitgehend von Plausibilitätsannahmen aus. Auf den nur sehr rudimentär entwickelten Stand der Theoriebildung haben wir bereits verwiesen. Soweit es uns möglich erscheint, werden wir zur Fundierung unserer Annahmen theoretische Versatzstücke aus verwandten Gebieten - etwa der Attribuierungstheorie, Theorien der Arbeitszufriedenheit etc. - heranziehen. Zunächst sollen unsere Überlegungen jedoch anhand zweier Ablaufdiagramme konkretisiert werden.

Als übergreifende Zielsetzung von im Beruf tätigen Sozialarbeitern und Sozialpädagogen nehmen wir an, daß sie - wie andere Berufstätige in unserer Gesellschaft auch - "beruflichen Erfolg" anstreben. Diese relativ dubiose Zielbeschreibung läßt sich zunächst auf zwei Ebenen differenzieren: Erstens möchte man mit der konkret zu bewältigenden Arbeit keine Schwierigkeiten haben, sondern sich fähig fühlen, die gestellten Arbeitsaufgaben zufriedenstellend zu lösen. Man möchte also Handlungskompetenz zeigen. Zweitens gehört dazu aber auch die Honorierung durch die Umwelt, sowohl was Bezahlung, aber auch was Status und Anerkennung betrifft.

Um die Darstellung übersichtlicher zu halten, haben wir diese beiden Bereiche getrennt. Dabei ist jedoch festzuhalten, daß es sich hier um eine analytische Trennung handelt. In der Wirklichkeit durchdringen sich beide Arten der Betrachtungsweise gegenseitig und beeinflussen einander. Diesen Bezügen nachzugehen, wird ein wichtiges Anliegen sein. Zunächst soll jedoch zugunsten der Klarheit der Argumentation von zwei idealtypisch einander gegenübergestellten Modellen ausgegangen werden, die wir im Anschluß an die im theoretischen Teil angestellten Überlegungen (vgl. S. 48) als "gebrauchswertorientiert" und "tauschwertorientiert" bezeichnen. Das gebrauchswertorientierte Handlungsmodell zur Erklärung der Entstehung von Weiterbildungsmotivation betont das Bestreben, Kenntnisse und Fähigkeiten zur besseren Bewältigung der ausgeübten Tätigkeit zu erweitern, also die eigene Handlungskompetenz auszubauen. Dagegen richtet sich im tauschwertorientierten Modell das Interesse hauptsächlich darauf, finanzielle Verbesserungen, Statuszuwachs etc. zu erreichen. Uns interessiert in beiden Fällen, welche Überlegungen bei Sozialarbeitern bzw. Sozialpädagogen zu der Formulierung eines Zwischenziels führen, das dem eigentlichen Ziel "beruflichen Erfolg" zugeordnet ist. - Wir haben dieses Zwischenziel "Bemühung um weitere Qualifikationen" genannt. Auch das ist noch recht allgemein - wir verstehen es hier als Teilnahme an Fort- und Weiterbildungsmaßnahmen aller Art. Es geht uns also zunächst nur um Weiterbildungsmotivation allgemein, nicht um Entscheidungen für bestimmte Arten von Weiterbildung.

2.2.3.1 Ein gebrauchswertorientiertes Handlungsmodell der Entstehung von Weiterbildungsmotivation

In der Darstellung unserer Überlegungen folgen wir dem Aufbau des Flußdiagramms auf der folgenden Seite. Zunächst gehen wir davon aus, daß als Eingangsdaten Wahrnehmungen über die eigene Berufstätigkeit beim Sozialarbeiter/Sozialpädagogen vorliegen. Er erhält täglich Rückmeldungen über die Effekte seiner Tätigkeit, die er an seinen eigenen Ansprüchen mißt[1]. Falls er mit dem Ergebnis zufrieden ist wird der Überwachungsprozeß lediglich fortgesetzt. Falls der Sozialarbeiter/Sozialpädagoge jedoch den Eindruck eigener Ineffektivität hat - d. h. wenn er seine eigenen Ziele nicht oder nur teilweise erreicht -, wird er nach Erklärungen hierfür suchen müssen, um Abhilfe schaffen zu können.

Zunächst könnte er dabei in einer "Fehlersuche 1. Art" überprüfen, ob er sich genug Mühe gegeben hat. Falls dies nicht der Fall war, wird er verstärktes Engagement zeigen und erneut eine Prüfung vornehmen. Falls die Fehlerquelle "mangelnde Anstrengung" jedoch ausscheidet, wird er weitere in ihm selbst liegende Erklärungen suchen. Er wird z. B. prüfen, ob seine Kenntnisse für die zu verrichtende Arbeit ausreichen. Wenn er seinen Wissensstand als hinreichend betrachtet, wird er die Fehlersuche auf andere als seine Person selbst betreffende Bereiche ausdehnen. Diesen Strang nehmen wir später auf. Kommt er dagegen zu der Einschätzung, für die erfolgreiche Arbeit nicht genügend qualifiziert zu sein - sei dies aufgrund von Ausbildungsmängeln, mangelnder Erfahrung oder aus sonstigen Gründen - so wird er sich bemühen, weitere Qualifikationen[2] zu erwerben. Er wird also in irgendeiner Form an Weiterbildungsmaßnahmen teilnehmen.

---

1)
Der Kürze halber verwenden wir sowohl in der graphischen Darstellung als auch in der weiteren Beschreibung die Begriffe "Effektivität" bzw. "effektiv". Dies darf aber nicht als Hinweis auf ein technokratisches Verständnis von Ziel-Mittel-Optimierung unter dem Gesichtspunkt von Zeit- und/oder Kostenökonomie interpretiert werden. Mit Effektivitätsprüfung ist hier gemeint, daß Sozialarbeiter und Sozialpädagogen ihre Handlungsergebnisse im Lichte der von ihnen angestrebten Ziele umfassend betrachten und bewerten.

2)
Es sei an dieser Stelle nochmals betont, daß mit "Erweiterung von Kenntnissen und Qualifikationen" für die Arbeit im sozialen Bereich nicht nur die Anhäufung kognitiven Wissens gemeint ist. Beispielsweise könnte ein SA/SP bei der Reflexion über die Ursachen von Konflikten mit Klienten feststellen, daß er mit eigenen negativen Gefühlen ihnen gegenüber nicht umgehen kann. Dies zu lernen, könnte für ihn ein Qualifikationsziel sein.

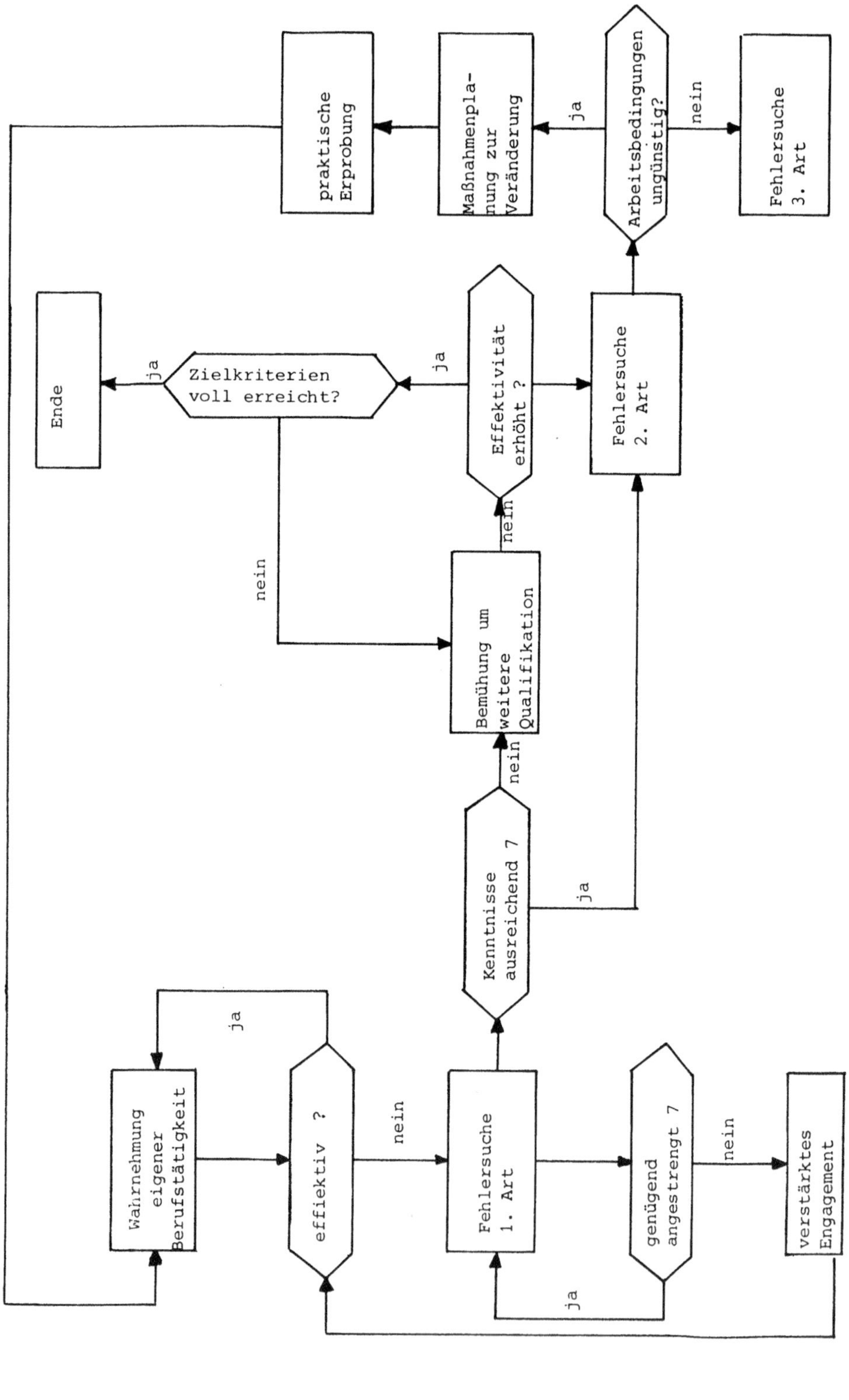
praktische Erprobung
Maßnahmenplanung zur Veränderung
ja
Arbeitsbedingungen ungünstig?
nein
Fehlersuche 3. Art
Ende
ja
Zielkriterien voll erreicht?
ja
Effektivität erhöht ?
Fehlersuche 2. Art
nein
nein
Bemühung um weitere Qualifikation
nein
Kenntnisse ausreichend ?
ja
ja
Wahrnehmung eigener Berufstätigkeit
effektiv ?
nein
Fehlersuche 1. Art
genügend angestrengt ?
nein
verstärktes Engagement
ja

Abbildung 1:

Dieses Bemühen um weitere Qualifikation kann man in Anlehnung an LAUCKEN (1973) als Generierung eines Zwischenziels betrachten: Die Distanz zwischen Handlungsziel und kognizierter Ausgangslage wird im Sinne strategischer Planung gegliedert. Die Erreichung des Zwischenziels bietet die Voraussetzung für die Erreichung des eigentlichen Handlungsziels - nämlich beruflichen Erfolg.

Auch dieses Handeln wird auf seine Effektivität hin überprüft. Wenn nach der Teilnahme an Weiterbildungsmaßnahmen die Bewältigung des Berufsalltags besser gelingt, dann spricht dies für die Richtigkeit der aufgestellten Hypothese, daß der mangelnde Arbeitserfolg durch eigene Kompetenzmängel verursacht war und die eingeschlagene Abhilfestrategie angemessen ist. Der Sozialarbeiter/Sozialprädagoge wird sie also so lange weiterverfolgen, bis seine Zielkriterien voll erreicht sind.

Falls jedoch kein zufriedenstellender Effekt nach erfolgter Weiterbildung eintritt, ist die Fehlersuche in anderer Richtung fortzusetzen. Hier greifen wir den Fall wieder auf, den wir eben zurückgestellt haben: Mangelnde Kenntnisse werden nicht als Ursache fehlenden Erfolgs betrachtet, es müssen also außerhalb der eigenen Person liegende Störfaktoren identifiziert werden. In einer "Fehlersuche 2. Art" wird nun zunächst zu prüfen sein, ob die Bedingungen, unter denen die tägliche Arbeit realisiert werden muß, ungünstig sind. Dabei sind insbesondere die institutionellen Gegebenheiten der jeweiligen Dienststelle, das Ausmaß des Arbeitsanfalls, das Verhältnis zu Kollegen usw. wesentliche Gegenstände der Analyse. Falls die Realisierungsbedingungen nicht als ungünstig bebrachtet werden, müßte eine weitere Fehlersuche in Gang gesetzt werden. Diese Möglichkeit verfolgen wir hier nicht weiter, da sie über unser Forschungsinteresse hinausgeht.

Konnten ungünstige Arbeitsbedingungen identifiziert werden, ist eine Planung und praktische Erprobung von Veränderungsmaßnahmen erforderlich. Dies führt zurück zur Wahrnehmung der nunmehr veränderten Berufstätigkeit. Der Problemlösungsprozeß läuft also erneut in der beschriebenen Weise ab: Es finden wiederum Effektivitätsprüfungen statt und bei unbefriedigendem Ergebnis Fehlersuche und Korrekturen.

Dabei wird erneut zu prüfen sein, ob der Kenntnisstand ausreicht, wobei sozusagen eine neue Dimension hinzutritt: Möglicherweise wird nunmehr ein Mangel an Kenntnissen nicht auf dem Gebiet sozialarbeiterischer Qualifikation konstatiert, sondern fehlende Kompetenz zur Veränderung von Realisierungsbedingungen. Auch dies kann dann in Bemühungen um zusätzliche Qualifikationen für dieses Gebiet einmünden.

2.2.3.2 Ein tauschwertorientiertes Handlungsmodell der Entstehung von Weiterbildungsmotivation

Das zweite, auf der folgenden Seite dargestellt Flußdiagramm (Abb. 3) folgt derselben Logik wie unsere zuvor referierten Überlegungen. Wir gehen wiederum davon aus, daß Sozialarbeiter und Sozialpädagogen ihre eigene Lage wahrnehmen und einschätzen. In diesem Fall richtet sich die Aufmerksamkeit jedoch nicht so sehr auf die eigene Tätigkeit, sondern vielmehr auf die berufliche Position. Bei Zufriedenheit mit Status und Einkommen liegt kein Grund zu Interventionen vor. Durch Überwachung ist lediglich sicherzustellen, daß dies auch weiterhin der Fall ist. In Anlehnung an den juristischen Sprachgebrauch könnte man hier von einem Interesse an "Besitzstandwahrung" sprechen.

Bei Unzufriedenheit muß zunächst eine Prüfung der beruflichen Bedingungen und persönlichen Voraussetzungen (= Situationsanalyse) erfolgen. Es ist zu klären, ob man inhaltlich kompetent ist für eine bessere Position und auch die formalen Voraussetzungen hierfür erfüllt. Falls dies der Fall ist, wird man sich um eine Verbesserung bei dem derzeitigen Arbeitgeber bemühen oder auch auf dem Arbeitsmarkt nach besseren Möglichkeiten Ausschau halten. Wenn man aber zu der Einschätzung kommt, man sei aus inhaltlichen und/oder formalen Gründen nicht in der Lage, bessere Positionen auszufüllen, wird man sich um weitere Qualifikationen bemühen. Wenn formale Gründe eine Rolle spielen, wird man dabei auch besonders auf die formalen Gratifikationen von Weiterbildung Wert legen, d.h. ein Zertifikat erwerben wollen, das den Zugang zu besseren Berufspositionen ermöglicht.

Auch dieses Handeln wird überprüft. Falls die Voraussetzungen für einen Aufstieg durch die Teilnahme an Weiterbildungsmaßnahmen (noch) nicht erworben wurden, wird man seine Bemühungen fortsetzen - etwa bei anderen Weiterbildungseinrichtungen, deren Abschlüsse höheres Prestige genießen.
Ist schließlich das Zwischenziel Höherqualifikation erreicht, wird man sich auf entsprechende Stellen bewerben und dort überprüfen, ob die neue Berufssituation nunmehr die eigenen Ansprüche befriedigt.

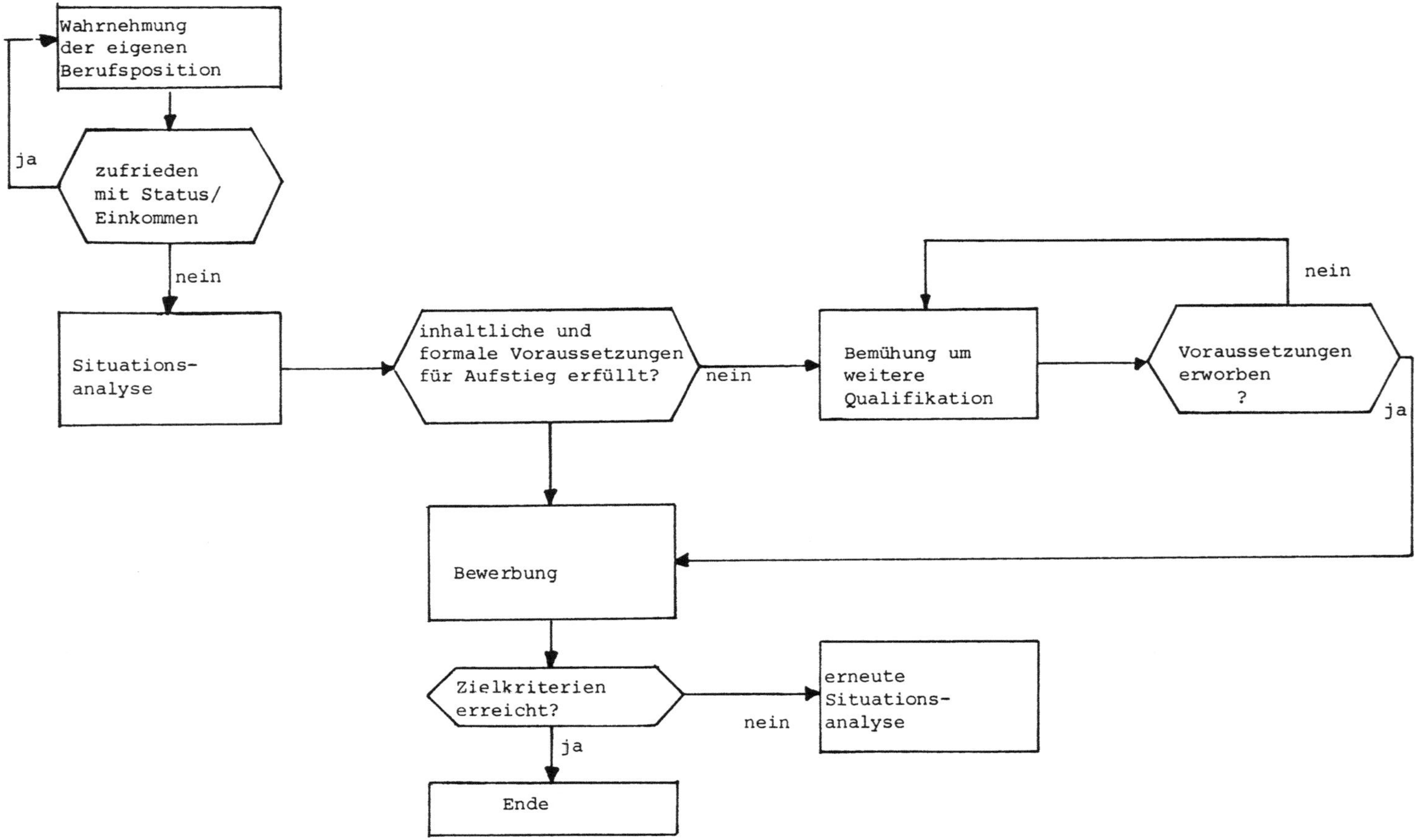
Wahrnehmung der eigenen Berufsposition
zufrieden mit Status/ Einkommen
ja
nein
Situations- analyse
inhaltliche und formale Voraussetzungen für Aufstieg erfüllt?
nein
Bemühung um weitere Qualifikation
Voraussetzungen erworben ?
nein
ja
Bewerbung
Zielkriterien erreicht?
nein
erneute Situations- analyse
ja
Ende

Abbildung 2:

Wenn dies zutrifft, kann der Problemlösungsprozeß zunächst als gelungen betrachtet werden. Wenn dagegen auch die neue Tätigkeit der formulierten Zielkriterien nicht genügt, wäre eine weitergehende Situationsanalyse vorzunehmen. Man könnte sich etwa die Frage stellen, ob man möglicherweise überhaupt dieses berufliche Feld verlassen sollte. Diese Möglichkeit soll hier jedoch nur angedeutet werden. Im Zentrum unserer Überlegungen stehen zunächst die Faktoren, die Einfluß auf die Bemühung um Weiterqualifikation nehmen.

Wir haben bisher zunächst einmal aufgrund theoretischer Überlegungen ein Modell konstruiert, das die Grundstrukturen des Zustandekommens der Entscheidung zur Teilnahme an Weiterbildungsveranstaltungen überblickhaft skizziert. Im nächsten Kapitel sollen nun die Bedingungsfelder für die Entstehung von Weiterbildungsmotivation systematisch betrachtet und inhaltlich näher bestimmt werden.

2.3 Bedingungsfelder für die Entstehung von Weiterbildungsmotivation

Das von uns konstruierte Handlungsmodell zur Erklärung des Zustandekommens von Weiterbildungsmotivation muß drei unterschiedliche Arten von Bestimmungsstücken umfassen:

- die zu erklärende Handlung selbst,
- Kognitionen über das zu erreichende Ziel und über Mittel der Zielerreichung sowie
- Faktoren, die Einfluß auf diese Kognitionen nehmen.

Die zu erklärende Handlung haben wir bereits benannt: die Bemühung um weitere Qualifikationen, z.B. durch Aufnahme eines Weiterbildungsstudiums.

Im folgenden ist nun in einem ersten Schritt zu überlegen, welche Kognitionen eine Rolle spielen werden, wenn Sozialarbeiter und Sozialpädagogen sich um weitere Qualifizierung bemühen bzw. wenn sie dies als nicht sinnvoll betrachten. Auf welche Wissensbestände greifen sie dabei zurück? Dabei ist nochmals zu betonen, daß mit Wissen in dem von uns gebrauchten Sinn auch normative (Wissen-wie-es-sein-soll) und motivationale (Wissen-was-ich-will) Komponenten gemeint sind. Um dies hervorzuheben, bezeichnen wir diese Wissensbestände im folgenden als berufsspezifische und soziale Orientierungen.

Im zweiten Schritt ist sodann zu prüfen, welche Faktoren auf diese Kognitionen Einfluß nehmen. Solche Einflußgrößen sind sowohl in der Person als auch in der Umwelt anzunehmen. Auch diese Faktoren sind natürlich kognitiv repräsentiert und gewinnen erst darüber handlungsleitende Funktion. Insofern handelt es sich auch bei dieser Gliederung nur um eine analytische Trennung, die vorrangig der Übersichtlichkeit der Darstellung unserer Überlegungen dient.

2.3.1 Berufsspezifische und soziale Orientierungen von Sozialarbeitern und Sozialpädagogen

Zunächst stellt sich die Frage nach den Kognitionen über das angestrebte Handlungsziel. Diese Frage muß deshalb am Anfang stehen, weil Handlungsregulierung immer in der Ausrichtung auf ein bestimmtes Ziel erfolgt. Ausgehend davon werden Handlungspläne erstellt (Mittel ausgewählt, Zwischenziele gesetzt) und erprobt, eventuell modifiziert. Die Erörterung dieses Bereichs wird daher einen breiten Raum einnehmen. Gerade hier werden wir auch auf vorliegende theoretische Konzepte und empirische Erkenntnisse zurückgreifen.

In unserer Ablaufbeschreibung haben wir als übergeordnete Zielsetzung das Streben nach beruflichem Erfolg unterstellt. Wir sind davon ausgegangen, daß Sozialarbeiter - wie andere Arbeitnehmer auch - sowohl von sich selbst den Eindruck haben möchten, den Anforderungen der Berufspraxis zu genügen, als auch diese Tatsache durch Anerkennung und adäquate Bezahlung honoriert wissen wollen. Daß eine solche Zielzuschreibung keine bloße Spekulation ist, wird durch eine Vielzahl von Untersuchungen belegt, die sich unter dem Stichwort "Arbeitszufriedenheit" mit diesem Thema beschäftigt haben (vgl. hierzu die ausführliche Auseinandersetzung mit den verschiedensten Ansätzen (z.B. McGREGOR, BARNES, HERZBERG, HOMANS, ADAMS, VROOM) bei BRUGGEMANN u.a. 1973 und NEUBERGER 1974).

So einig sich alle Autoren sind, daß Arbeitszufriedenheit sowohl aus der Sicht der Arbeitenden als auch im Interesse eines optimalen Arbeitsablaufs ein anzustrebendes Ziel ist, so uneinig ist man sich darüber, was denn eigentlich unter Arbeitszufriedenheit zu verstehen ist - es existieren etwa soviele Definitionen wie sich Forscher mit ihrer Erfassung und Erklärung beschäftigt haben. An dieser Stelle kann und soll nicht die Diskussion über Reichweite und Tragfähigkeit der konkurrierenden Ansätze aufgenommen werden. Wir beziehen uns vielmehr auf das unseren eigenen theoretischen Überlegungen am nächsten stehende Modell von BRUGGEMANN u.a. (1973).

Auch BRUGGEMANN et al. gehen von einer handlungstheoretischen Sichtweise aus. Sie betrachten Arbeitszufriedenheit als Ergebnis von Abwägungs- und Erlebnisverarbeitungsprozessen. In die Erlebnisverarbeitung gehen einerseits die objektiven Merkmale der Arbeitssituation ein, andererseits die subjektiven Motive, Ansprüche, Standards der Arbeitenden. In einem stufenweisen Verarbeitungsprozeß wird ein Soll-Ist-Wert-Vergleich vorgenommen, dessen Ergebnis die Richtgröße für die weitere Bedürfnisentwicklung und die Einstellung zur Arbeit ist. Diese Richtgröße hat handlungsregulierende Funktion und wirkt somit auf die konkrete Arbeitssituation zurück. BRUGGEMANN u.a. unterscheiden nun zwischen unterschiedlichen Formen von Arbeitszufriedenheit bzw. -unzufriedenheit, die in unterschiedlichen Erlebnisverarbeitungsprozessen entstehen und je spezifische Effekte haben.

Im folgenden soll dieses Modell zunächst kurz vorgestellt werden.Die Ähnlichkeit des theoretischen Zugriffs dürfte in dieser Darstellung offensichtlich werden. Im Anschluß daran muß allerdings thematisiert werden, ob - und ggf. wie - die in der Untersuchung anderer Arbeitskontexte gewonnenen Erkenntnisse auf den uns interessierenden Gegenstandsbereich sozialer Arbeit übertragen werden können.

In Abb. 3 auf der folgenden Seite wird der mögliche Ablauf von Abwägungs- und Erlebnisverarbeitungsprozessen schematisch dargestellt. Ausgangspunkt der Betrachtung ist, daß vorhandene Bedürfnisse und Erwartungen entweder befriedigt oder aber nicht befriedigt werden können. Die Befriedigung von Bedürfnissen wirkt sich entspannend und entlastend aus, was zu Zufriedenheit führt. Diesen Zustand gilt es zu erhalten. Weiter vorn haben wir dieses Bestreben als Anspruch auf "Besitzstandwahrung" (vgl. S. 80) bezeichnet.

Kann nun jemand die erlangte Zufriedenheit auf eigenes Verhalten zurückführen (z.B. auf kluge Stellenwahl, engagierten Arbeitseinsatz, gute Leistung), so gilt ihm dies als Bestätigung vorangegangener Einschätzungen und Handlungen. Er gewinnt dadurch an Orientierungs- und Verhaltenssicherheit (vgl. HOMANS 1961, VROOM 1964). Eine solche Situation erlaubt über die Besitzstand-

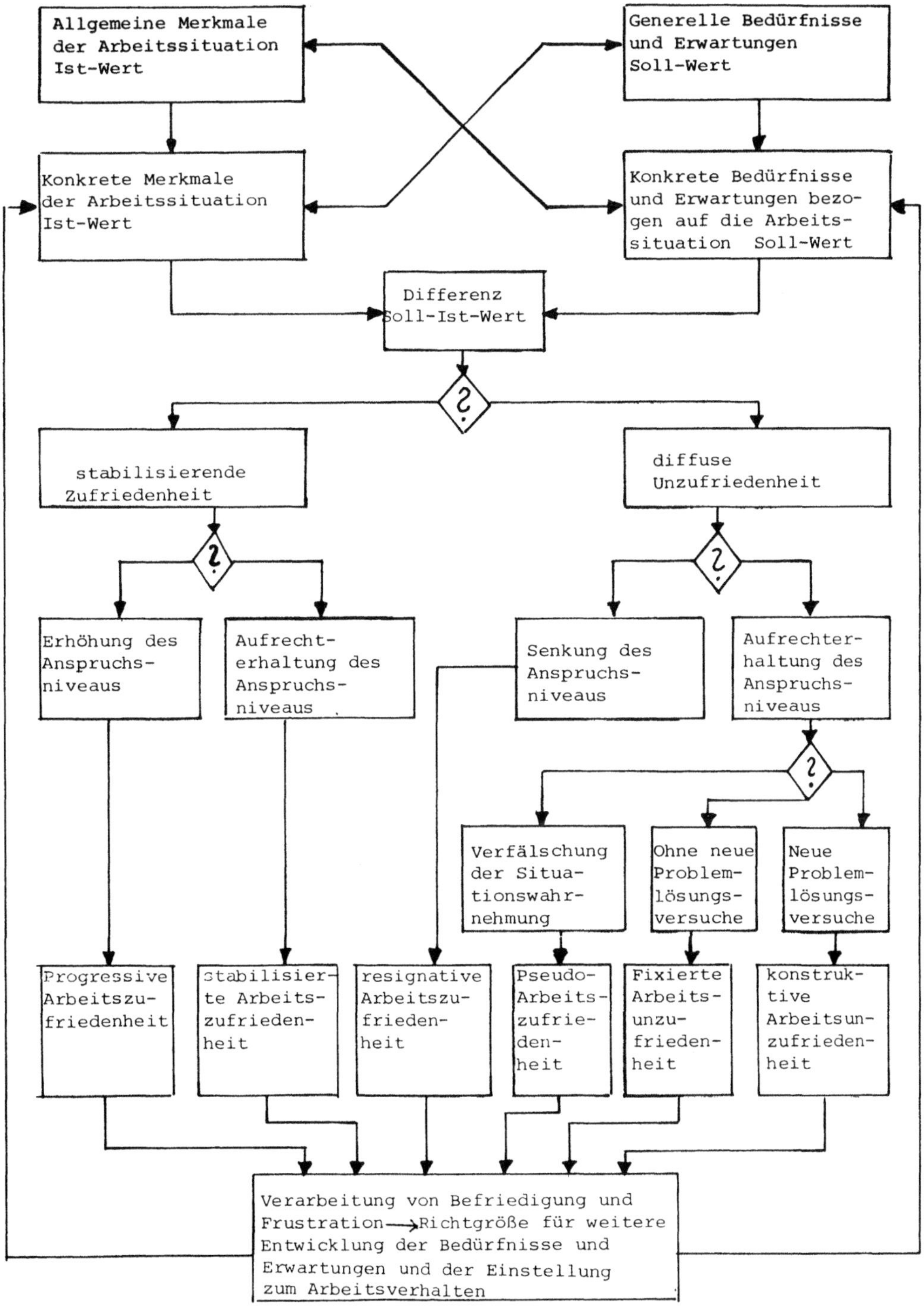

Abbildung 3: Formen von Arbeitszufriedenheit (AZ) als Ergebnisse von Abwägungs- und Erlebnisverarbeitungsprozessen
(aus BRUGGEMANN 1974, S. 283)

wahrung hinaus auch eine Anhebung des Anspruchsniveaus: eigene Bedürfnisse und Interessen können erweitert werden.

Über eine solche Ausweitung des Anspruchsniveaus gewinnen neue Standards - eventuell auch neue Bezugsgruppen - Bedeutung für die Bewertung der Situation. Möglicherweise ist nunmehr die (Wieder-)Erlangung von Zufriedenheit erst zu erreichen, wenn der Betreffende sich zusätzliche Kenntnisse und Fertigkeiten angeeignet hat, darüber möglicherweise auch seine soziale Position verbessern konnte.

Die soeben gekennzeichnete Form der Arbeitszufriedenheit kann man mit BRUGGEMANN u.a. als "progressive Arbeitszufriedenheit" bezeichnen. Sie stellt die günstigste Bedingung dar, unter der am ehesten Bereitschaft zur Weiterbildung besteht. Hierfür lassen sich auch empirische Belege finden. So beschreibt BRUGGEMANN (1979) ihre Erfahrungen aus einem Projekt im Rahmen der "Humanisierung des Arbeitslebens", in dem neue Formen der Arbeitsgestaltung erprobt wurden:

> "Am Ende der Einarbeitungsphase unter Projektbedingungen zeigte die realisierte Arbeitssituation insgesamt Effekte 'progressiver Arbeitszufriedenheit', das heißt, die Tätigkeit wurde begründetermaßen als Fortschritt akzeptiert, aber gleichzeitig orientierten sich die Arbeiter auf deren planmäßige Erweiterung und ihre eigene Weiterqualifizierung hin."
>
> (BRUGGEMANN 1979, S. 173)

Integrativer Bestandteil dieser Form von Zufriedenheit ist so etwas wie "schöpferische Unzufriedenheit". Aufgrund der Erweiterung des Anspruchsniveaus werden zwar offene Bedürfnisse registriert. Dies hebt aber die positive Qualität der Einstellung nicht auf, da ja in vorangegangenen Erfahrungen angestrebte Ziele erreicht wurden. Damit erhalten die noch offenen Bedürfnisse motivierenden Charakter, ihre Befriedigung in der Zukunft wird erwartet und durch eigene Bemühungen zu erreichen versucht.

Aber auch die Aufrechterhaltung des Anspruchsniveaus, die der Form der "stabilisierten Arbeitszufriedenheit" zugeordnet ist, kann durchaus zu Weiterbildungsaktivitäten führen. "Besitzstandwahrung" im zuvor skizzierten Sinne kann in bestimmten Arbeitsbereichen voraussetzen, daß man "sich auf dem laufenden hält", Kenntnisse über theoretische und methodische Weiterentwicklungen des Arbeitsbereichs erwirbt, neu auftretende Probleme mit Kollegen reflektiert etc. Auch eine solche Form der Arbeitszufriedenheit ist somit eine günstige Bedingung für Entwicklung und Aufrechterhaltung von Weiterbildungsmotivation.

Die Nichterfüllung von Bedürfnissen und Erwartungen zeigt dagegen andere Wirkung. Offen gebliebene Bedürfnisse lassen Spannung und damit Belastung fortbestehen, was zu Unzufriedenheit führt. Eine Bestätigung früherer Entscheidungen und Verhaltensweisen findet nicht statt, so daß auch keine Verhaltenssicherheit gewonnen wird. Im Gegenteil müssen eigene Handlungen infrage gestellt werden. Dabei kann das eigene Selbstbild ins Wanken geraten. Eine Erhöhung des Anspruchsniveaus ist in einer solchen Sitation nicht zu erwarten, allenfalls wird das gegebene Niveau aufrecht erhalten. Häufig kommt es in solchen Situationen jedoch eher zu einer Senkung des Anspruchsniveaus.

Zur Kennzeichnung eines solchen Verlaufs greifen wir zurück auf Erkenntnisse der Allgemeinen Psychologie. GRAUMANN (1969, S. 75 f.) unterscheidet zwischen der Problemsituation, die von frustrierenden Umständen begleitet ist, und der Frustrationssituation im engeren Sinne. Sie unterscheiden sich durch das Ausmaß des subjektiv erlebten Drucks. Zeichnet sich für ein Individuum ein möglicher Ausweg ab, erscheint die Situation also lösbar, so motiviert dies zu Problemlösungsversuchen. Erscheint die Lage dagegen ausweglos und jede Anstrengung unnütz, muß man von Frustration im engeren Sinne sprechen. Von der Frustrationstoleranz des einzelnen hängt es ab, ob und in welchem Maße überhaupt noch rationale Problembewältigung angestrebt wird. Eine andere Möglichkeit besteht darin, sein Anspruchsniveau so weit zu senken, daß sich keine Diskrepanzen mehr zwischen Anspruch und Wirklichkeit ergeben. Oder aber man verzerrt die eigene Wahrnehmung der Situation, gesteht sich Unzufriedenheit selbst nicht ein. Unter Hinweis auf die Darstellung von Untersuchungsergebnissen bei Autoren wie DAHRENDORF 1965, von FRIEDEBURG 1963, KERN & SCHUMANN 1970 fassen BRUGGEMANN u.a. zusammen:

> "Manche Autoren vertreten, mit Hinweis auf empirische Befunde, vielmehr die These, es handle sich bei der Mehrzahl derjenigen, die Arbeitszufriedenheit angeben, nicht etwa um eine Zufriedenheit aus erlebter Befriedigung, sondern um das Ergebnis eines bereits reduzierten Anspruchsniveaus. Ein wesentlicher Grund für die Entwicklung von 'Arbeitszufriedenheit' dieser Art muß wohl in den geltenden sozialen Normen gesehen werden. (...) Aus dem Druck, der sich durch die Wirksamkeit der sozialen Normen (einer Leistungsgesellschaft, die Verf.) und deren Verinnerlichung im Selbstideal ergibt, erklären viele Autoren die Unmöglichkeit, sich über lange Zeit hinweg einzugestehen, daß man sich in einem unbefriedigenden Arbeitsverhältnis befindet ..."
>
> (BRUGGEMANN et al. 1975, S. 131)

Das sich unter solchen Bedingungen einer resignativen oder gar Pseudo-Arbeitszufriedenheit Weiterbildungsmotivation kaum entwickeln wird, erscheint plausibel. Die im Rahmen von Weiterbildungsmaßnahmen notwendige Beschäftigung mit der eigenen Berufssituation stellt ja potentiell eine Gefährdung "bewährter" Abwehrmechanismen und damit des (mühsam aufrecht erhaltenen und vermutlich mit nicht unerheblichen psychischen Kosten erkauften) inneren Gleichgewichts dar.

Das Schema enthält noch zwei weitere Möglichkeiten, die sich eröffnen, wenn in der Phase diffuser Unzufriedenheit das Anspruchsniveau aufrecht erhalten wird. Betrachten wir zuerst den aus der Sicht des arbeitenden Menschen günstigeren Fall: Voraussetzung hierfür ist eine ausreichende Frustrationstoleranz, die es gestattet, sich der Situation als unbefriedigend - gemessen am ursprünglichen Anspruchsniveau - bewußt zu bleiben. Auf dieser Basis wird aber nach Lösungsmöglichkeiten für eine Veränderung gesucht. BRUGGEMANN u.a. charakterisieren dies als "konstruktive Arbeitsunzufriedenheit". Davon heben sie die zweite Möglichkeit unter der Bezeichnung "fixierte Arbeitsunzufriedenheit" ab. Der Unterschied besteht darin, daß im letzteren Fall mit der Situationsbeurteilung keine Einsichten in Lösungsmöglichkeiten oder Versuche zur Problemlösung verbunden sind. Die Frustationstoleranz reicht zwar aus, um ein Ausweichen auf psychologische Abwehrmechanismen - etwa der Verdrängung oder die Wahrnehmungsverzerrung und Situationsverfälschung - zu verhindern. Der erlebte Problemdruck ist aber so hoch, daß jede Anstrengung aussichtslos erscheint - er wirkt nicht motivierend, sondern frustrierend. Eine solche Lage kann dann durchaus die Vorstufe für eine pathologische Weiterentwicklung sein, also psychische und/oder physische Schäden nach sich ziehen.

Auch im Fall der fixierten Arbeitsunzufriedenheit ist nicht damit zu rechnen, daß Weiterbildungsmotivation entstehen kann. Sehr wohl ist dies aber bei Vorliegen konstruktiver Arbeitsunzufriedenheit zu erwarten: Hier liegt die Überlegung nahe, sich durch eigene Qualifizierung entweder Kenntnisse über Veränderungsmöglichkeiten der eigenen Situation zu verschaffen, oder aber sich durch den Erwerb neuer Kenntnisse sozusagen aus der unbefriedigenden Situation "herauszuqualifizieren", sich z.B. nach einem anderen Tätigkeitsbereich umzusehen, für den die bisher erworbenen Fähigkeiten noch nicht ausreichen. Kurz: Wenn überhaupt nach Problemlösungen zur Veränderung der Situation gesucht wird, dann wird die Möglichkeit eigener Weiterqualifizierung - wenn auch mit durchaus unterschiedlichen denkbaren Zielsetzungen - vermutlich ebenfalls in Betracht gezogen.

Wir haben das Konstrukt "Arbeitszufriedenheit" eingeführt, um mit seiner Hilfe Zugang zu den Kognitionen über die Ziele und Mittel der Zielerreichung zu finden. Dabei haben wir bisher den Prozeßcharakter der Erlebnisverarbeitung betont, der zu sehr unterschiedlichen Formen von Arbeitszufriedenheit bzw. -unzufriedenheit führt. Wir haben auch die Art der in diesen Verarbeitungsprozeß eingehenden Merkmale bezeichnet: subjektive Motive, Ansprüche und Standards einerseits und objektive Merkmale der Arbeitssituation andererseits.

Im nächsten Schritt muß es nun darum gehen, diese subjektiven und objektiven Merkmale inhaltlich näher zu kennzeichnen. Welche Motive, Bedürfnisse und Ansprüche sind besonders wichtig, welche Merkmale der Arbeitssituation haben sich als einflußreich erwiesen? Auch hierzu liegt eine Fülle empirischen Materials vor. Allerdings ist der Einschätzung von MERZ zu folgen, der auf die theoretischen und methodischen Mängel bisheriger Forschung verweist und resümiert:

> "Die vorliegenden Ergebnisse sind meist recht widersprüchlich und oft untereinander kaum vergleichbar. Die mangelhafte Vergleichbarkeit resultiert aus der Verwendung verschiedener Begriffe und Meßmethoden, mit denen sehr unterschiedliche Stichproben erfaßt werden. (...) Zu fordern sind bessere Meßmethoden (...), multivariate Forschungsdesigns und vor allem eine theoriegeleitete Forschung!"
>
> (MERZ 1979, S. 86 f.)

Eine Untersuchung zur Arbeitszufriedenheit von Sozialarbeitern liegt bisher nicht vor. Nahezu alle empirischen Erkenntnisse über die Zufriedenheit am Arbeitsplatz beziehen sich auf Arbeiter (aber auch Angestellte und Manager) in der Industrie. Dies stellt auch MERZ (1979) fest, der seinerseits eine Sozialarbeitern näherstehende Berufsgruppe - nämlich Lehrer - untersucht. Seine Arbeit, der in einigen Aspekten ähnliche theoretische Überlegungen zugrunde liegen wie wir sie angestellt haben, lag allerdings erst vor, als unsere Erhebung bereits abgeschlossen war. Zur Konzeption unserer Untersuchung waren wir also darauf verwiesen, aus der verwirrenden Fülle vorliegender Ergebnisse Hinweise herauszudestillieren, die für eine Konkretisierung unserer Fragestellung innerhalb des skizzierten theoretischen Rahmens nützlich erschienen.

Dazu war zunächst die Frage zu bedenken: Sind die unter den geltenden Bedingungen unseres Wirtschaftssystems beobachtbaren Entfremdungsprozesse zum Arbeitsgegenstand im Bereich industrieller Produktion vergleichbar mit denen im Bereich von Sozialarbeit/Sozialpädagogik? Wir wollen hier die an anderer Stelle geführte Diskussion um die These von "Sozialarbeit als Lohnarbeit" nicht aufrollen (vgl. dazu HEINSOHN/KNIEPER 1973). Wir meinen jedoch, daß eine solche Vergleichbarkeit prinzipiell gegeben ist, wenn sich auch in den angesprochenen Bereichen sowohl die Bedingungen für den Verkauf der eigenen Arbeitskraft als auch die konkreten Arbeitsinhalte unterschiedlich darstellen. So ist z.B. zu berücksichtigen, daß die Handlungsvollzüge von Sozialarbeitern und Sozialpädagogen insofern nur bedingt mit denen von Industriearbeitern vergleichbar sind, als die funktionalen Qualifikationen von Sozialarbeitern und Sozialpädagogen - nämlich soziale Kompetenzen - für Industriearbeiter in der

Regel allenfalls extrafunktionale Bedeutung haben. Das von uns herangezogene Erklärungsmodell von Arbeitszufriedenheit ist jedoch auf einem Abstraktionsniveau formuliert, das solche Präzisierungen erlaubt, ja herausfordert.

Bei unserem Bemühen, die Arbeitszufriedenheit von Sozialarbeitern und Sozialpädagogen aufzuschlüsseln, knüpfen wir an Arbeiten an, die sich im Gegensatz zu den vorangegangenen Ansätzen weniger mit den Aspekten von Lohn- und Betriebszufriedenheit beschäftigen, sondern die Zufriedenheit mit dem Arbeitsinhalt selbst in den Mittelpunkt stellen. Damit ist gemeint, daß die Bedürfnisse der Arbeitenden nicht nur im Zusammenhang mit dem Effekt ihrer Arbeit als Mittel zur Selbsterhaltung (= Lohnzufriedenheit) oder mit dem Kontext (= Zufriedenheit mit den sozialen Rahmenbedingungen) gesehen werden müssen, sondern auch und gerade im Zusammenhang mit der Arbeitsaufgabe und der Arbeitstätigkeit. Ausgehend von diesen Überlegungen, die unter der Überschrift "Selbstverwirklichung" zusammengefaßt werden können, kommen THORSRUD und EMERY (1970, S. 194) zu folgendem Katalog arbeitsrelevanter Bedürfnisse:

"- das Bedürfnis nach einem Arbeitsplatz, der ein Mindestmaß an Anforderung und Abwechslung beinhaltet;
- das Bedürfnis, durch die Arbeit weiter lernen zu können;
- das Bedürfnis nach einem Kompetenzbereich für Entscheidungen;
- das Bedürfnis nach einem Mindestmaß an sozialer Unterstützung und Anerkennung in der Arbeit;
- das Bedürfnis des einzelnen, seine Arbeit und sein Arbeitsprodukt in Beziehung zu seiner gesellschaftlichen Existenz zu setzen;
- das Bedürfnis nach dem Gefühl, daß die Arbeit einer besseren Zukunft dienlich ist."

(THORSRUD/EMERY 1970, zit. nach: GROSKURTH/VOLPERT 1975, S. 224)

Solche generellen Bedürfnisse und Erwartungen müssen nun konkretisiert werden auf die je besondere Arbeitssituation. Dabei liegt immer das bereits skizzierte Wechselverhältnis vor: Die Arbeitenden verändern ihre "Standards" unter dem Einfluß der mit der jeweiligen Arbeitssituation verbundenen Praxis.

Umgekehrt beeinflussen aber auch die Standards die Arbeitssituation, sei es durch die Wahl des Arbeitsplatzes oder veränderndes Verhalten von Individuen oder Gruppen (vgl. die Darstellung in Abb. 3, S. 86 sowie die Rückkopplungsschleifen in unseren Ablaufmodellen, Abb. 1 und 2, S.77 u.81).

Nun besteht unser Interesse aber nicht vorangig darin, die Arbeitszufriedenheit von Sozialarbeitern und Sozialpädagogen möglichst genau zu erfassen - so verdienstvoll eine solche Arbeit auch wäre. Unser Bezugspunkt ist vielmehr das Interesse an Weiterbildung. Unsere Leitfragen für unser weiteres Vorgehen lautet daher:

1. Welche Bedürfnisse der in der Praxis tätigen Sozialarbeiter und Sozialpädagogen haben Bezug zu bestimmten Formen von Arbeitszufriedenheit bzw. -unzufriedenheit, die dann wiederum Weiterbildung als eine sinnvolle Möglichkeit von Veränderung der Arbeitssituation erscheinen lassen oder aber ausschließen?
2. Welche Merkmale der Arbeitssituation beeinflussen die Ansprüche und Erwartungen der Sozialarbeiter und Sozialpädagogen, die sich auf weitere Qualifizierung, Kenntniserweiterung etc.richten?
3. In welchem Zusammenhang stehen diese beiden Merkmalskomplexe?

Diesen Fragen wollen wir in unserer Untersuchung nachgehen. Dabei impliziert unser Vorhaben, empirische Daten zu erheben, die Notwendigkeit, Komplexität zu reduzieren. Wir werden nicht alle Aspekte behandeln können, sondern werden zugunsten des im Rahmen einer zeitlich befristeten Untersuchung Machbaren eine begründete Auswahl treffen müssen.

Zunächst ermitteln wir das <u>Ausmaß der Zufriedenheit</u> und das <u>Ausmaß beruflichen Konflikterlebens.</u> Damit bemühen wir uns, den theoretischen Überlegungen BRUGGEMANNs Rechnung zu tragen, nach denen zunächst eine Klassifizierung der eigenen Situation in "zufrieden versus unzufrieden" vorgenommen wird. Dabei betrachten wir die Dimension berufliches Konflikterleben noch einmal differenzierter, indem wir sie auf Hinweise abklopfen, die Resignation erkennen lassen.

Als einen Aspekt, der im Zusammenhang mit Zufriedenheit bzw. Unzufriedenheit stehen dürfte, ermitteln wir die Einschätzung des Berufsprestiges, also das von den Sozialpädagogen und Sozialarbeitern wahrgenommene Fremdbild ihrer eigenen Profession. Gerade in einer sich erst um Professionalisierung bemühenden Berufsgruppe wird dieses Image ein nicht unwichtiger Faktor von Zufriedenheit bzw. Unzufriedenheit sein. Die Bedeutung dieses Aspektes hebt auch MERZ hervor (1979, S. 135). In welcher Weise die Einschätzung des Berufsprestiges sich auf die Bereitschaft zur Weiterbildung auswirkt, wird zu betrachten sein. Es lassen sich durchaus plausible Argumente dafür finden, daß ein motivierender Einfluß davon ausgeht, möglicherweise auch eine Affinität zu bestimmten Weiterbildungsinhalten. Der allgemein zu beobachtende Andrang von Sozialarbeitern und Sozialpädagogen in verschiedenste Therapieausbildungen könnte etwa als Versuch interpretiert werden, nicht nur das eigene methodische Inventar zu erweitern, sondern auf diese Weise auch ein wenig von dem höheren Ansehen der Vertreter benachbarter Disziplinen wie Psychologen und Ärzten zu profitieren.

Wir haben bereits betont, daß die Arbeitstätigkeit selbst als wichtiger Aspekt von Arbeitszufriedenheit in den Blick genommen werden muß. Wie wird der Arbeitsinhalt im engeren Sinne erlebt? Dabei stellt sich das Problem, den Arbeitsinhalt von Sozialarbeitern, die ja in höchst unterschiedlichen Berufsfeldern tätig sind, zu bestimmen. Als Gemeinsamkeit der sehr heterogenen Tätigkeitsstruktur dieser Berufsgruppe ist die Tatsache zu sehen, daß Sozialarbeit immer in Beziehungen zu Klienten realisiert wird. Insofern erscheint die Beurteilung der Sozialarbeiter-Klient-Beziehung als ein wichtiger Indikator für Arbeitszufriedenheit. Diese Annahme wird auch dadurch gestützt, daß in den Methoden-Lehrbüchern für Sozialarbeit der Grundsatz vertreten wird, Sozialarbeit sei als Beziehungshilfe aufzufassen. Das Gelingen bzw. Mißlingen von Beziehungen wird dabei, wenn auch nur implizit, als direktes Kriterium für den Handlungserfolg unterstellt. Werden Sozial-Arbeiter-Klient-Beziehungen in der Regel als befriedigend erlebt, dürfte dies zu Zufriedenheit führen, während häufige Konfrontation mit Beziehungsstörungen Unzufriedenheit bewirken müßte. Untersützung für diese Annahme läßt sich in der Untersuchung von MERZ finden. Er hatte in seiner Konzeption zunächst die Dimension "Tätigkeit" (Unterrichten) von der Dimension "Schüler" (Beurteilung des Lehrer-Schüler-Verhältnisses) getrennt, mußte jedoch diese Trennung aufgrund der Ergebnisse aufgeben. Er selbst meint, daß dies psychologisch plausibel sei: Unterrichten und Erziehen von Schülern ist die zentrale Tätigkeit eines Lehrers. Folglich hängt für einen Lehrer die Zufriedenheit mit der Tätigkeit eng mit seiner Zufriedenheit mit der Beziehung zu den Schülern ab. Analog gilt dies sicherlich auch für den Sozialarbeiter und Sozialpädagogen.

Als ein Mittel, Konflikte zu vermeiden und darüber - zumindest eine relative - Zufriedenheit zu erreichen, ist die Anpassung an gegebene Anforderungen und Zustände denkbar. Wir haben deshalb die Anpassungsneigung von Sozialarbeitern und Sozialpädagogen erhoben. Damit erhalten wir auch gleichzeitig Hinweise auf Tendenzen zur Ausweitung, Aufrechterhaltung oder Senkung des Anspruchsniveaus. Wenn hohe Anpassungsneigung vorliegt, erscheint eine Erhöhung des eigenen Anspruchsniveaus unwahrscheinlich. Im Regelfall geht die Durchsetzung eigener Ansprüche ja nicht reibungslos vor sich, sondern bedeutet Konfrontation mit Vorgesetzten, möglicherweise auch mit Kollegen. Selbst die Aufrechterhaltung eines ursprünglich formulierten Anspruchsniveaus erscheint zumindest dann eher unwahrscheinlich, wenn relativ anpassungsbereite Sozialarbeiter und Sozialpädagogen subjektiv erlebtem Druck ausgesetzt sind. In solchen Fällen werden sie eher dazu neigen, ihre Wünsche der Realität anzunähern, sich zu arrangieren. Das bedeutet, daß ein Zustand progressiver Arbeitszufriedenheit - als günstigster Bedingung für die Entstehung von Weiterbildungsmotivation - bei hoher Anpassungsneigung nicht erreicht werden kann. Bestenfalls wird der Zustand stabilisierter Arbeitszufriedenheit erreicht, allerdings erscheint noch eher der Ausgang resignativer Zufriedenheit wahrscheinlich - als Folge eines heruntergeschraubten

Anspruchs - oder gar Pseudozufriedenheit, als Folge verzerrter Situationswahrnehmung.

Falls trotz aller Anpassungsbemühungen Konflikte nicht hinreichend vermieden werden können, Anpassung als Mittel zur Erreichung von Zufriedenheit also versagt, wird fixierte Arbeitsunzufriedenheit vermutlich die Folge sein. Es ist zwar nicht ausgeschlossen, daß nunmehr neue Problemlösungsversuche unternommen werden - also konstruktive Arbeitsunzufriedenheit zustande kommt -, aber dieses würde dann schon die Überwindung von Anpassungsbestrebungen und die Zuwendung zu risikoreicherer Eigeninitiative voraussetzen.

Insgesamt erwarten wir also von der Anpassungsneigung einen eher hemmenden Einfluß auf Bemühungen um weitere Qualifizierung. Ein fördernder Effekt wäre nur dann zu erwarten, wenn Bereitschaft zur Weiterbildung als Anforderung an einen anpassungsbereiten Mitarbeiter herangetragen wird. Dies ist aber kaum der Normalfall. Auf jeden Fall ist nicht anzunehmen, daß Vorgesetzte den Anspruch einer kontinuierlichen Weiterbildung - wie sie etwa ein nebenberufliches Studium darstellt - an ihre Mitarbeiter herantragen. Eher ist davon auszugehen, daß sie solche Bestrebungen mit Mißtrauen verfolgen, weil sie eine Abnahme beruflicher Leistung zugunsten der Leistung im Studium befürchten. In den Interviews zur Lebensweltanalyse von Fernstudenten finden sich zumindest Hinweise darauf, daß Studenten solche Befürchtungen ihrer Arbeitgeber wahrnehmen oder unterstellen (vgl. HEINZE u.a. 1977).

In unserem Katalog arbeitsrelevanter Bedürfnisse ist auch das Bedürfnis des einzelnen aufgeführt, seine Arbeit und sein Arbeitsprodukt in Beziehung zu seiner gesellschaftlichen Existenz zu setzen sowie das Bedürfnis nach dem Gefühl, daß die Arbeit einer besseren Zukunft dienlich ist. Gerade in sozialen Berufen wird die Diskussion um solche Ziele und deren Bewertung sehr explizit geführt. Insbesondere im Zuge der Professionalisierungsdebatte, während der Umstrukturierung von Ausbildungsgängen und der Erschließung und des Ausbaus von Arbeitsfeldern, setzte dabei eine verstärkte Debatte um das Selbstverständnis von Sozialarbeit ein.

Die überkommene Vorstellung, Sozialarbeit solle "Hilfe zur Selbsthilfe" leisten, läßt sich knapp wie folgt skizzieren:

> "Die Tätigkeit des Sozialarbeiters bei der Entwicklung und Organisation sozialer Dienste für Wohlfahrt und Gesundheit ist darauf gerichtet, den Menschen (...) zu helfen, bessere Lebensbedingungen, Glück und Zufriedenheit zu sichern. Das demokratische Ideal vom Wert und der Würde des einzelnen bleibt der Angelpunkt."
>
> (FRIEDLÄNDER/PFAFFENBERGER 1966, S. 9)

Nach diesem Ziel, "Hilfe zur sozialen Integration" zu sein, richten sich auch die Arbeitsmethoden der Sozialarbeit aus. Der Grundsatz der Individualisierung bestimmt das Vorgehen. Soziale Hilfe ist nahezu exklusiv persönliche Hilfe, bei der Sozialarbeiter sich einzelnen Klienten oder kleineren Gruppen von Klienten gegenüber sehen. Aus dieser Sicht richtete sich die Forderung nach Weiterentwicklung auf Innovation und Verfeinerung von Techniken, mit denen Hilfe effektiver geleistet werden kann.

Eine solche Sichtweise geriet aber unter dem Einfluß der antiautoritären Protestbewegung mehr und mehr ins Kreuzfeuer der Kritik. HOLLSTEIN weist darauf hin, daß zwar die Strategie der Politisierung von Randgruppen scheiterte, rechnet es aber dieser Bewegung als sekundären Erfolg an, "daß öffentlich über Zustand und Funktion der Sozialarbeit nachgedacht werden konnte" (HOLLSTEIN 1973, S. 28). Ein erstes Resümee ziehen OTTO/UTERMANN aus der kritischen Diskussion der Sozialarbeit, wenn sie bemerken:

> "Inzwischen wurde nun aber auch einem traditionellen Selbstverständnis der Sozialarbeit, das darauf beruhte, auf der Grundlage einer vorausgesetzten 'heilen Welt' 'Abgeglittenen' und 'Verwahrlosten' Hilfe zu gewähren, der Boden entzogen. Der rasche gesellschaftliche und soziale Wandel führte die soziale Berufsarbeit ständig zur Umorientierung. Und neuerdings sieht sie sich zudem der radikalen gesellschaftspolitischen Kritik ausgesetzt, daß sie an Symptomen kuriere, statt zur Beseitigung der gesellschaftlichen Ursachen und Bedingungen der sozialen Defizite und Unterprivilegierungen beizutragen."
>
> (OTTO/UTERMANN 1973, S. 9)

Die "Helfer-Ideologie" der Sozialarbeit wurde massiv in Frage gestellt, gefordert wurde stattdessen, rational die Funktion der eigenen Tätigkeit zu bedenken und daraus Konsequenzen für die Zielsetzung und die Auswahl geeigneter Vorgehensweisen zu ziehen.

Wir verzichten hier auf die Darstellung unterschiedlicher theoretischer Ansätze zur Funktionsbestimmung und zum Funktionswandel von Sozialarbeit (vgl. dazu BARABAS/BLANKE/SACHSSE/STASCHEIT 1975, DANKWERTS 1978, JAPP/OLK 1980, KARSTEN/KLUSEMANN 1980[1]). Dies ist im Rahmen unserer Überlegungen legitim, weil gerade diese Diskussion einer theoretisch begründeten Funktionsbestimmung über die Köpfe der in der Praxis tätigen Sozialarbeiter und Sozialpädagogen hinwegging, bei ihnen kaum bekannt ist. Sie werden daher auch nicht ihre subjektiv empfundene Arbeitszufriedenheit bzw. -unzufriedenheit aus einer solch differenzierten Betrachtungsweise ableiten, sondern eher aus der als bekannt zu unterstellenden idealtypischen Gegenüberstellung zweier Sichtweisen: Sozialarbeit als Beziehungshilfe versus Sozialarbeit als politische Orientierung. Damit stehen sich also zwei konkurrierende Standards gegenüber, die vermutlich auch zu unterschiedlichen Situationsbeurteilungen führen. Wir suchen diese Orientierungen unter der Bezeichnung Einschätzung des politischen Gehalts von Sozialarbeit/Sozialpädagogik versus Beziehungsorientierung zu erheben. Sie sollen sowohl zur Arbeitszufriedenheit als auch zu den bisher bereits genannten Kognitionen in Beziehung gesetzt werden. Welche Zusammenhänge wir dabei im einzelnen vermuten, soll bei der Begründung entsprechender Hypothesen näher erläutert werden.

Wir haben bisher die in unser Erklärungsmodell eingehenden kognitiven Faktoren benannt, die man als berufsspezifische und soziale Orientierungen bezeichnen kann. Im nächsten Schritt sind nunmehr diejenigen Faktoren zu kennzeichnen, die Einfluß auf das Zustandekommen dieser Kognitionen haben.

---

1) Wesentlicher Problemkomplex der hier angesprochenen Arbeiten ist der Versuch, die Funktion der Sozialarbeit/Sozialpädagogik als Instrument der Vergesellschaftung von Sozialisationsprozessen zu analysieren. Kontrovers ist dabei die qualitative Bestimmung der Bedingungen, in denen über Sozialarbeit/Sozialpädagogik Sozialisationsprozesse gestaltet werden sowie die Interpretation jeweiliger Ziele und Tendenzen der Organisationsformen sozialer Arbeit einschließlich ihrer Bedeutung für die Subjektivität eines Sozialarbeiters/Sozialpädagogen und seiner Handlungsadressaten.

2.3.2 Berufsstatistische Merkmale und Merkmale der Arbeitssituation von Sozialarbeitern und Sozialpädagogen

Die bislang betrachteten Einstellungen, Motive und Ansprüche sind im Zusammenhang sowohl mit der persönlichen biographischen als auch der Arbeitssituation der Sozialarbeiter und Sozialpädagogen zu sehen.

2.3.2.1 Berufsspezifische Merkmale

Die Begründung der von uns aufgenommenen berufsstatistischen Merkmale können wir sehr knapp halten. Einerseits brauchen wir Variablen wie Alter, Geschlecht, Familienstand, Abschlußqualifikation etc. schon zur Kennzeichnung und Beschreibung der untersuchten Stichprobe. Darüber hinaus sind für uns aber diese Merkmale nicht als Fakt an sich interessant, sondern als Hinweis auf bestimmte biographische Erfahrungen und sozialisatorische Bedingungen. Berufsstatistische Merkmale werden in diesem Sinne als Schnittstellen sozialisatorischer Bedingungen aufgefaßt. Die inhaltliche Bedeutung dieser Merkmale liegt in der Betrachtungsweise, daß berufsbezogene Kognitionen von Sozialarbeitern und Sozialpädagogen nicht allein in Aus- und Weiterbildung erworben werden, sondern auch in den Verarbeitungsformen beruflicher Sozialisation und lebensgeschichtlicher Erfahrungen zu suchen sind.

So läßt sich etwa aus den Variablen Alter und Berufserfahrung schließen, in welcher Zeit die befragten Sozialarbeiter und Sozialpädagogen ihre Berufsausbildung durchlaufen haben, welche Diskussionsprozesse sie dabei vermutlich miterlebt haben, an welchen Auseinandersetzungen um berufliche Ziele, Methoden und Wertprämissen sie - mehr oder minder engagiert und möglicherweise mit sehr unterschiedlichen Positionen - wahrscheinlich teilgenommen haben. In diesem Sinne sind auch die Variablen Konfession und Verbandzugehörigkeit von Interesse, da sie erste Hinweise auf mögliche Affinitäten zu bestimmten Positionen darstellen können.

Wichtig erschien uns auch die Frage, ob bereits Weiterbildungserfahrungen auf einem oder mehreren Gebieten bei den Befragten vorliegen. Da wir die Art dieser Erfahrungen nicht erfragen, betrachten wir diese Angaben als zu den berufsstatistischen Merkmalen gehörig. Sie sind insofern von Interesse, als wir darüber feststellen können, ob das Vorhandensein solcher Erfahrungen eher motivierenden oder eher demotivierenden Einfluß auf die Bemühungen um weitere Qualifizierung hat. Hieraus läßt sich dann schließen, ob die überwiegenden Erfahrungen mit Weiterbildung positiv oder negativ waren.

2.3.2.2 Merkmale der Arbeitssituation

Als objektives Merkmal der Arbeitssituation haben wir zunächst die Trägerschaft erfragt. Auch hier dient uns das Faktum als Hinweis auf damit verbundene Konsequenzen: Die Situation von Sozialarbeitern und Sozialpädagogen, die z.B. bei kirchlichen Trägern oder privaten Initiativen angestellt sind, unterscheidet sich hinsichtlich der Anforderungen, die an ihre "ethische Auffassung", "christliche Gesinnung" oder welchen Inhalt die Weltanschauung des jeweiligen Trägers sonst haben mag, gewöhnlich von der bei öffentlichen Verwaltungen Beschäftigten. Hinzu kommen damit verbundene Unterschiede der Arbeitsorganisation wie Größe der Institution, Anzahl der Kollegen, Ausmaß bürokratischer Regelungen etc.

Da wir nicht alle diese Dimensionen erfassen können, werden wir Zurückhaltung bei der Ableitung von Hypothesen hierüber üben. Auch die Interpretation eventuell aufzeigbarer Unterschiede wird nur sehr vorsichtig geschehen können, wenn wir nicht Gefahr laufen wollen, vereinzelte subjektive Erfahrungen vorschnell als verallgemeinerbares Erklärungsmuster anzubieten, das an unserem Datenmaterial nicht überprüfbar ist. In weiterer Forschung müßten hierzu genauere Informationen gesammelt werden.

Ein weiteres Merkmal ist der jeweilige Arbeitsbereich von Sozialarbeit, in dem der Betroffene arbeitet. Hier lassen sich aus der Nennung bereits Hinweise auf die Art der Tätigkeit gewinnen, z.B.: in welchem Ausmaß direkte Interaktion mit Klienten gefordert ist, ob diese Interaktionen kontinuierlich oder eher punktuell sind, welche Probleme sich aufgrund einer bestimmten Klientel oder aufgrund bestimmter Merkmale der Arbeitsorganisation vermutlich ergeben (z.B. Probleme mit Jugendarbeitslosigkeit oder Dorgenkonsum, Schwierigkeiten im persönlichen Bereich aufgrund ungünstiger Arbeitszeiten, etwa abends und am Wochenende), welche Arbeitsmethoden vermutlich eine besondere Rolle spielen usw.

All diese Hinweise haben Bezug zu den uns interessierenden

Fragen. Wir können Plausibilitätsüberlegungen anstellen, aufgrund welcher Faktoren sich in unterschiedlichen Arbeitsbereichen das Ausmaß der Arbeitszufriedenheit vermutlich unterschiedlich darstellt. Daraus lassen sich wiederum Schlüsse auf das anzutreffende Ausmaß an Weiterbildungsmotivation ziehen. Darüber hinaus lassen sich auch Vermutungen über die Präferenz bestimmter Inhalte einer gewünschten Weiterbildung formulieren und überprüfen.

Schließlich haben wir als weiteres Merkmal der Arbeitssituation den Grad der dem Arbeitenden zugestandenen Autonomie erfragt. Hier haben wir allerdings ein objektives Merkmal der Arbeitssituation durch die subjektive Einschätzung der Betroffenen erfaßt. Eine Möglichkeit der Überprüfung, wie realitätsgerecht diese Einschätzung ist, haben wir nicht. Für unsere Fragestellung ist dies jedoch zunächst kein Nachteil. In Anlehnung an das THOMAS-Theorem gehen wir davon aus, daß Situationen in dem Sinne real sind und zu entsprechenden Konsequenzen führen, als Handelnde ihnen im Akt der Situationsdefinition und -interpretation Realität verleihen und ihre Handlungen danach ausrichten (vgl. THOMAS/THOMAS 1973, S. 334[1]).

Zur Begründung der Bedeutung der Dimension Autonomie vs. Kontrolle greifen wir wiederum auf Erkenntnisse aus dem Gebiet der Arbeitspsychologie zurück. Unter dem Stichwort "Neue Formen der Arbeitsgestaltung" hat sich im Rahmen der Humanisierung des Arbeitslebens eine Vielzahl von Forschern mit der Frage beschäftigt, welche Konsequenzen die Erweiterung des Handlungsspielraums der Arbeitenden hat. Eine Erweiterung ist dabei auf zwei Ebenen möglich: auf der horizontalen Ebene als Erweiterung von Arbeitsaufgaben und auf der vertikalen Ebene als Beteiligung an Entscheidungs- und Kontrollprozessen (vgl. dazu: ULICH et al. 1973). Die Ergebnisse zeigen übereinstimmend, daß eine solche Erweiterung jeweils verbunden ist mit größerer Zufriedenheit, aber auch mit einer Erweiterung eigener Interessen.

1) Wenn wir hier den Anspruch erheben, daß bestimmte Aspekte der Situationsdefinition von Sozialarbeitern und Sozialpädagogen (bezogen auf ihre Arbeitssituation) betrachtet werden müssen, dann bedeutet dies sowohl theoretisch als auch methodisch das Aufdecken von Regeln des Aushandelns sozialer Realität, wie dies von den Vertretern der interaktionistischen Richtung intendiert wird (vgl. etwa GOFFMANN 1961, GARFINKEL 1966). Auch Vertreter handlungstheoretischer Ansätze betonen, daß es darauf ankommt, die Situationskonzepte der an Interaktionen beteiligten Partner in ihrer handlungsleitenden Funktion zu erfassen (vgl. z.B. KAMINISKI 1970).

Dies ist nicht nur auf betriebliche Belange beschränkt, sondern zeigt auch Auswirkungen auf das Verhalten in der Freizeit (vgl. dazu: BRUGGEMANN 1979, S. 168 ff.). Es leuchtet unmittelbar ein, daß Menschen eher zufrieden sind, wenn sie möglichst wenig eingeschränkt werden. Gleichzeitig erscheint es aber auch plausibel, daß Weiterbildungsmotivation in stärkerem Maße auftritt, wenn ein hohes Maß an Handlungsfreiheit besteht. Wir haben betont, daß sowohl der Erwerb als auch die Anwendungsmöglichkeiten von Wissen in starkem Maße von den zur Verfügung stehenden Handlungs- und Erfahrungsmöglichkeiten abhängen. Die Überlegung, über Weiterqualifizierung die eigene Situation verbessern zu wollen, liegt nur dann nahe, wenn für die in dieser Maßnahme gewonnene Erweiterung des eigenen Handlungsrepertoires auch Einsatzmöglichkeiten bestehen. Allerdings kann ein hohes Maß an subjektiv empfundener Autonomieeinschränkung auch dazu führen, daß man sich bemüht, über Weiterbildung den Absprung aus der unbefriedigenden Situation zu schaffen. Es wird empirisch zu prüfen sein, welche regelhaften Zusammenhänge sich aufzeigen lassen.

Damit haben wir die aus unserer Perspektive wichtigen Bedingungsfelder für die Entstehung von Weiterbildungsmotivation kurz umrissen und auch bereits angedeutet, in welche Richtung unsere Überlegungen über mögliche Zusammenhänge gehen. Das Variablenschema auf der folgenden Seite listet die in unsere Untersuchung einbezogenen Merkmale nochmals auf, um die Orientierung für den Leser zu erleichtern.

Wir haben bereits darauf hingewiesen, daß Komplexitätsreduktion bei der Realisierung empirischer Untersuchungen nicht zu vermeiden ist. Die Relevanz des von uns erfaßten Ausschnitts von Wirklichkeit haben wir aus unseren theoretischen Kenntnissen unter Berücksichtigung empirischer Ergebnisse zu begründen versucht.
Einem möglichen Einwand möchten wir an dieser Stelle vorab begegnen: Selbstverständlich ist uns bewußt, daß neben den rationalen Überlegungen, die wir hier in den Mittelpunkt gestellt haben, noch andere Faktoren die Bereitschaft zur Weiterbildung beeinflussen.

In die Befragung einbezogene Variablen:

unabhängige Variablen			abhängige Variablen
Merkmale der Arbeitssituation	berufsstatistische Merkmale	berufsspezifische und soziale Orientierungen	Ausmaß des Interesses an Weiterbildung Interesse an bestimmten Weiterbildungsinhalten
Anstellungsträger	Alter	Berufliche Zufriedenheit	
Arbeitsbereich	Geschlecht	Berufliches Konflikterleben	
Autonomie	Familienstand	Resignation	
	Verbandszugehörigkeit	Selbsteinschätzung des Berufsprestiges	
	Konfession	Einschätzung des pol. Gehalts von SA/SP	
	Berufsausbildung		
	Berufserfahrung	Beziehungsorientierung	
	Spektrum der Weiterbildungsteilnahme	Beurteilung der SA-Klient-Beziehung	
		Anpassungsneigung	
Umweltfaktoren und Personenfaktoren die Einfluß auf die Kognitionen nehmen		Kognitionen	zu erklärende Handlung: Bemühung um weitere Qualifikation

Abbildung 4:

Das Bestreben, sich die Frustrationen des Berufsalltags von der Seele zu reden, ist z. B. sicherlich ein nicht zu unterschätzender - und auch legitimer - Faktor[1].

Es mag auch Fälle geben, in denen der Grund für Weiterbildungsaktivitäten eher in einer unbefriedigenden persönlichen Situation der Teilnehmer und dem Bedürfnis nach Kompensation liegt: Dies alles schließen wir nicht aus. Wir sind darüber hinaus auch der Meinung, daß die Berücksichtigung kommunikativer Bedürfnisse Folgen für die Gestaltung eines Weiterbildungsangebotes haben muß. Wir blenden diesen Bereich also keineswegs aus. Die Sichtweise, die unser Vorgehen strukturiert hat, betont allerdings klar kognitive Aspekte: Wir betrachten Menschen als rational und zielgerichtet handelnd. Diese Perspektive erscheint uns der Betrachtung der Berufssphäre angemessen. Es ist nun zu prüfen, in welchem Maße die auf dem Hintergrund dieser Überlegungen gesammelten Daten neue Erkenntnisse für unsere Fragestellungen bringen.

Bevor wir im einzelnen die von uns geprüften Hypothesen vorstellen, sollen zunächst die Überlegungen zum methodischen Vorgehen unserer Untersuchung skizziert werden.

---

1) Im Vorgriff auf die Ergebnisdarstellung sei an dieser Stelle bereits mitgeteilt:88,6% aller Befragten stimmten dem folgenden Item zu: "Weiterbildung bildet eine günstige Gelegenheit zum Meinungs- und Erfahrungsaustausch unter Kollegen." Es wurde auch von denjenigen bejaht, die ansonsten niedrige Weiterbildungsmotivation zeigten und mußte deshalb aus methodischen Gründen (wegen zu geringer Trennschärfe) aus der von uns entwickelten Skala entfernt werden.

2.4 Methodische Realisierung der empirischen Überprüfung

Bevor genauer auf die Art und Weise der Operationalisierung der im vorangegangenen Kapitel abgeleiteten Variablen und die methodischen Schritte der Datenerhebung und -auswertung eingegangen werden kann, soll zunächst das von uns gewählte Vorgehen begründet und problematisiert werden.

2.4.1 Überlegungen zum methodischen Zugang

In unseren theoretischen Überlegungen haben wir aufgezeigt, daß es notwendig ist, das konkrete Handeln von in der Praxis tätigen Sozialarbeitern und Sozialpädagogen zu untersuchen. Dabei sind die subjektiven und objektiven Bedingungen zu berücksichtigen. Die sich aus einem solchen theoretischen Konzept ergebenden Anforderungen an die Untersuchungsmethode lassen sich in vier Punkte zusammenfassen. Idealerweise sollte die Untersuchung

- als Feldstudie konzipiert sein, da die sehr unterschiedlichen Bedingungen des heterogenen Praxisfeldes Sozialarbeit kaum in Laborexperimenten simuliert werden können;

- sich auf eine repräsentativ zusammengesetzte, hinreichend große Stichprobe erstrecken, um Generalisierbarkeit der Ergebnisse zu gewährleisten;

- als Längsschnittstudie angelegt werden, um die ablaufenden Prozesse in ihren inhaltlichen und zeitlichen Charakteristika erfassen und dokumentieren zu können;

- Verfahren der Situationsbeobachtung mit denen der Befragung kombinieren, um die das beobachtete Handeln steuernden Kognitionen explizieren zu können.

Zwei Probleme sind zu berücksichtigen, die zu Abstrichen von den formulierten Idealforderungen zwingen: das des Feldzugangs und das der zeitlichen Ökonomie, die im Rahmen zeitlich befristeter Forschungsprojekte die Möglichkeiten des Vorgehens einschränken.

Feldzugang im Sinne der oben aufgeführten Forderungen würde

bedeuten, als Forscher in unterschiedlichsten Arbeitsbereichen der Sozialarbeit/Sozialpädagogik, in verschiedenen Institutionen, bei öffentlichen und freien Anstellungsträgern die Möglichkeit zur Teilnahme an der Arbeitswirklichkeit eingeräumt zu bekommen. Es dürfte schwierig sein, eine breite Zustimmung der Beteiligten hierfür zu erhalten. Das skizzierte Vorgehen würde ja nicht nur eine erhebliche zeitliche Belastung bedeuten, sondern die Konfrontation mit eigenen Verhaltensweisen und die Reflexion eigener Einstellungen und Wissensbestände stellt auch hohe Anforderungen an die Bereitschaft zur Inkaufnahme psychischer Belastung. Es ist daher zu überlegen, ob durch methodische Zugeständnisse der Zugang zum Forschungsfeld leichter zu erreichen ist.

Selbst wenn das erste Problem des Feldzugangs ohne solche Abstriche lösbar wäre, ergäbe sich aus der Zeitintensität eines solchen Vorgehens eine Arbeitsbelastung, die unter Berücksichtigung der verfügbaren personellen Ressourcen nicht zu leisten wäre. Es könnte keinesfalls eine große Anzahl von Sozialarbeitern/Sozialpädagogen untersucht werden.

Als Folge der relativ knappen zeitlichen Befristung des Forschungsvorhabens ist auch die Konzipierung einer Längsschnittstudie ausgeschlossen. Es können also nicht motivationale Prozesse von ihrem Anfang durch verschiedene Stadien hindurch bis zu den daraus folgenden Handlungskonsequenzen verfolgt werden. Allenfalls könnte man versuchen, sie retrospektiv zu rekonstruieren. Die hierbei zu befürchtenden Fehler lassen ein solches Vorgehen jedoch problematisch erscheinen: Sowohl Gedächtnislücken als auch die Tendenz, vergangene Ereignisse im Lichte der jetzigen Situation zu interpretieren, würden eine genaue Rekonstruktion des Prozeßverlaufs erheblich beeinträchtigen.

Schließlich ergibt sich ebenfalls aus dem Argument der Zeitökonomie eine Überlegung zur Beschränkung der einzusetzenden Methoden. Situationsbeobachtung allein würde keinesfalls ausreichen, da sich die zugrunde liegenden Kognitionen daraus nicht ohne zusätzliche Befragung erschließen lassen. Es ist daher zu prüfen, ob eine Beschränkung auf diese ohnehin unverzichtbare Methode gerechtfertigt ist.

Insgesamt ist also zu überlegen, an welchen Punkten der eigentlich wünschenswerten Merkmale der Untersuchung Abstriche gemacht werden können. Zu suchen ist ein Kompromiß, der möglichst viele Vorteile der skizzierten Vorgehensweisen beibehält und möglichst wenig Nachteile begründet in Kauf nimmt. Diese Vor- und Nachteile sind in bezug auf die von uns verfolgte Forschungsabsicht gegeneinander abzuwägen.

Wir haben darauf verwiesen, daß der Stand der theoretischen und empirischen Erkenntnisse gegenwärtig recht dürftig entwickelt ist. Unser Interesse ist deshalb darauf ausgerichtet, theoretisch geleitet ein möglichst breites Spektrum unterschiedlicher subjektiver Meinungen und objektiver Bedingungen zu erfassen, d.h. wir legen Wert auf eine große Stichprobe. Hierfür erscheint eine standardisierte schriftliche Befragung am ehesten geeignet. Mit Hilfe eines Fragebogens läßt sich eine große Anzahl in verschiedenen Tätigkeitsfeldern beschäftigten Sozialarbeitern/Sozialpädagogen erreichen. Allerdings wirft auch dieses Vorgehen Probleme auf:

Erstens ist zu berücksichtigen, daß in einer Befragung immer nur Aussagen über Handlungsbereitschaften und -bedingungen zu erheben sind. Ob diese Bereitschaften auch tatsächlich in Handeln umgesetzt werden, ist damit durchaus noch nicht entschieden. Damit wird nicht etwa eine Täuschungsabsicht der Befragten unterstellt, sondern wir sind uns lediglich der Tatsache bewußt, daß mit verbalen Methoden auch in erster Linie "verbale Realität" gemessen wird. Kognitive Überlegungen münden aber nicht ungebrochen in die Ausführung einer als richtig erkannten Handlung ein. Eine Konsistenz zwischen Einstellung und Handeln kann somit nicht einfach unterstellt werden. Dies ist bei der Interpretation der von uns gewonnenen Ergebnisse zu bedenken.

Darüber hinaus liegen gerade bei schriftlichen Befragungen Gefahren methodischer Verzerrungen vor, die von BLINKERT eingehend untersucht wurden. Er kommt zu der Ansicht, der Einsatz von Befragungsmethoden sei vertretbar, wenn die folgenden Bedingungen erfüllt sind:

> - "Wenn es darum geht, relativ leicht objektivierbare Merkmale zu erfassen oder wenn man Daten über Meinungen und Einstellungen erheben will, von denen man annehmen kann, daß sie für die befragten Personen nicht erst im Augenblick der Befragung relevant werden;
> - wenn es weniger um deskriptive Ziele geht, sondern vor allem um die Überprüfung von Hypothesen, bzw. den Vergleich zwischen verschiedenen Gruppen;
> - wenn man die Verteilung von Merkmalen und Meinungen in Gruppen untersucht, die sich im Hinblick auf Ausbildung und Schichtzugehörigkeit nicht allzu stark voneinander unterscheiden."
>
> (BLINKERT 1978, S. 372)

Alle drei Bedingungen sind in unserer Untersuchung erfüllt. Einerseits erfragen wir mit den berufsstatistischen Merkmalen relativ leicht objektivierbare Merkmale, andererseits kann man unterstellen, daß die sozialen und beruflichen Orientierungen für die Sozialarbeiter/Sozialpädagogen nicht erst im Augenblick der Befragung relevant werden. Es geht uns auch in erster Linie um Hypothesenprüfung und Gruppenvergleiche, wie im folgenden noch auszuführen ist. Schließlich ist auch das Merkmal der Homogenität der Befragtengruppe bezüglich der geforderten Kriterien gegeben. Es handelt sich um eine Berufsgruppe, die Erfahrung mit "Papier- und Bleistiftmethoden" hat und der die Zuordnung von Antworten zu vorgegebenen Kategorien keine Schwierigkeiten bereiten dürfte.

Wir halten daher die Anwendung so erprobter Forschungstechniken wie Skalierungsverfahren für begründet. Dabei sind wir uns aber der Tatsache bewußt, daß standardisierte Erhebungsinstrumente nur einen relativ stark selektiven Zugang zum Forschungsfeld ermöglichen. Sie setzen voraus, daß vorab bereits bekannte Einflußfaktoren definiert und operationalisiert werden. Es erscheint fraglich, ob beim derzeitigen Erkenntnisstand die Voraussetzungen für eine solche Vorab-Strukturierung hinreichend gegeben sind. Auch hier müssen also Konzessionen gemacht werden: Angesichts der Forschungslage haben wir beschlossen, das Schwergewicht dieser Untersuchung nicht auf eine möglichst ausgefeilte Operationalisierung einiger weniger Variablen zu legen, sondern zunächst einmal möglichst viele der theoretisch abgeleiteten Dimensionen zu explorieren. Heuristisch erscheint uns ein solches Vorgehen gewinnbringender. In weiterer Forschung kann an die hierbei gewonnenen Erkenntnisse angeknüpft werden. Es können verfeinerte Methoden der Datenerhebung und -auswertung angewandt werden, z.B. sind Instrumente zur detaillierteren Erfassung der sich als besonders wichtig abzeichnenden Dimensionen zu entwickeln.

Wenn wir in Kauf genommen haben, daß die Ansprüche an die methodische Ausgereiftheit in einem ersten Zugriff eher niedrig gehalten werden müssen, heißt dies natürlich nicht, daß gegen den Methodenkanon empirischer Sozialforschung verstoßen wird: Die statistische Bearbeitung von Variablen und Skalen muß sich an ihrem Meßniveau orientieren. Bei gleichzeitiger Verarbeitung mehrerer Variablen unterschiedlichen Meßniveaus sind Verfahren zu wählen, die den meßtheoretischen Erfordernissen derjenigen mit dem niedrigsten Meßniveau genügen. Bei der Bildung und Überprüfung der von uns entwickelten Skalen und Indizes sind wir von der Annahme ausgegangen, daß die zur Bearbeitung herangezogenen Daten das erforderliche Intervallskalenniveau erreichen. Uns ist bewußt, daß dieses Verfahren nicht unumstritten ist. So verweisen HASELOFF/HOFFMANN darauf, daß bei der intuitiven Bewertung von Prädikaten durch die Befragten (hier: stimme stark zu, stimme zu, teils/teils, lehne ab, lehne stark ab) der faktische Abstand zwischen den Prädikaten ungleich ist und daß aus diesem Grund statistische Operationen eine Verzerrung empirischer Realität darstellen (vgl. HASELOFF/HOFFMANN 1970, S. 29). Wenn wir dennoch vom Intervallskalenniveau der Skalen ausgehen, so ist dabei die Annahme unterstellt, daß es sich bei den erhobenen Daten "um die durch einen Meßvorgang definierten isomorphen oder homomorphen Abbilder empirischer Elemente handelt und die darauf anwendbaren mathematischen Operationen durch die

Eigenschaften des jeweiligen empirischen Relativs bestimmt sind" (KRIZ 1973, S. 35). Die vorgenommene Zuordnung ganzer, rationaler Zahlen zu den genannten Prädikaten basiert auf der Annahme, "daß das Zustimmungs-Ablehnungs-Kontinuum durch die gewählten fünf Formulierungen in fünf gleich große Abschnitte unterteilt wurde. Diese Annahme ist für das einzelne Statement natürlich nicht gerechtfertigt, doch darf vermutet werden, daß sich evtl. Fehler über die Vielzahl der verwendeten Statements ausgleichen" (MAYNTZ u.a. 1974, S. 55). Auch diese Begründung ist nicht unwidersprochen annehmbar, da sie nur für den Fall gilt, daß die Fehler nicht systematisch, sondern zufällig auftreten. Wir haben daher vor der faktorenanalytischen und testtheoretischen Überprüfung der Skalen zunächst geprüft, ob sich das hypothetisch zugesprochene Intervallskalenniveau bestätigen läßt. Dazu haben wir zunächst die Daten so behandelt, als seien sie lediglich auf ordinalem Niveau gemessen - wir haben Rangkorrelationen zwischen den Items der einzelnen Dimensionen berechnet. In einem zweiten Schritt haben wir dann Produkt-Moment-Korrelationen berechnet, was eine Messung auf Intervallniveau voraussetzt. Da sich beide Korrelationskoeffizienten jedoch mit äußerst geringfügigen Abweichungen entsprechen, betrachten wir dies als Indiz dafür, daß wir berechtigt Verfahren anwenden können, die Messungen auf Intervallskalenniveau erfordern.

Zusätzlich zu den von uns verwandten Skalen und Indizes haben wir eine Reihe offener Fragen formuliert, insbesondere in Fällen, in denen uns die Vorgabe von Antwortkategorien unangemessen oder nicht hinreichend erschien. Auch dies war als Korrektiv für eine möglicherweise zu rigide oder inadäquate Vorstrukturierung gedacht.[1)]

Uns ist bewußt, daß durch die quantitative Untersuchung die Reichhaltigkeit und Differenziertheit einzelner Aspekte subjektiver Sichtweisen individueller Berufstätigkeit nicht erhoben werden kann. Wir stützen uns zwar auf diese indivi-

---

1) Im Vorgriff auf die Darstellung der Ergebnisse kann dazu jedoch hier bereits mitgeteilt werden, daß von der Möglichkeit zur Beantwortung dieser offenen Fragen kaum Gebrauch gemacht wurde. Wir konnten daher auf eine Auswertung verzichten.

duelle Sicht und Einschätzung individueller Praxis - aber durch weitgehend vorgegebene Standardisierung und Klassifizierung primär unter dem Gesichtspunkt von Komparabilität.

Ein weiteres methodisches Problem besteht darin, daß es in einer standardisierten schriftlichen Befragung zu einem einzigen Zeitpunkt sehr schwierig ist, Informationen über den Verlauf eines Prozesses zu erhalten. Die in Abb. 1 und 2 (S. 77 u. 81) vorgestellten Modelle zur Erklärung des Zustandekommens von Weiterbildungsmotivation sind dynamische Ablaufmodelle. Wir können aber in einer einmaligen Befragung zum Zeitpunkt X lediglich so etwas wie eine "Momentaufnahme" des Prozesses abbilden: Es wird sozusagen ein Querschnitt durch den Ablauf des Geschehens gelegt, und zwar in dem Augenblick, in dem der Befragte beurteilt, ob er Weiterbildung für eine vernünftige Sache hält. Das bedeutet, daß unser Ablaufmodell in ein statisches Strukturmodell transformiert werden muß. Es soll die Struktur des handlungsleitenden Wissens in diesem Augenblick betrachtet werden. Dabei gehen jedoch sowohl Elemente des künftigen Prozesses - in der Antizipation der Handelnden - als auch vergangene Erfahrungen in diese Betrachtung ein. Das Strukturmodell ist somit insofern kein statisches, als es die funktionalen Wirkzusammenhänge - die immer in der Zeit stattfinden - repräsentiert. Stellt man dies in Rechnung, erscheint die Durchführung einer Querschnittuntersuchung anstelle einer Längsschnittuntersuchung vertretbar.

Als Fazit unserer Überlegungen zum methodischen Zugang ist festzuhalten: Von den idealerweise zu erfüllenden Kriterien können wir den beiden ersten (Feldstudie und große Stichprobe) genügen, bezogen auf die Längsschnittstudie können wir pragmatisch und theoretisch begründet Zugeständnisse machen und eine Querschnittuntersuchung durchführen. Bezogen auf die einzusetzenden Verfahren beschränken wir uns - ebenfalls pragmatisch und inhaltlich begründet - auf die Durchführung einer standardisierten schriftlichen Befragung.

2.4.2 Durchführung der Untersuchung

Nachdem im vorangegangenen Abschnitt die methodischen Überlegungen dargelegt wurden, soll im folgenden der von uns entwickelte Fragebogen vorgestellt und die Anlagen der Untersuchung skizziert werden.

Die Fragen 1 - 6 beziehen sich auf die Primärausbildung zum Sozialarbeiter bzw. Sozialpädagogen, sie beinhalten Angaben über Zeit, inhaltliche Schwerpunkte und Trägerschaft der Ausbildung, sowie eine Gewichtung der Ausbildungsfächer bezüglich der Verwendbarkeit in der Praxis. Die Fragen 7 - 8 erfragen den derzeitigen Arbeitsbereich und die Gründe für die Wahl dieses Bereichs. Bei den Fragen 9 - 12 geht es um Angaben über die Häufigkeit verwendeter Methoden und ihre Bewertung. Die Fragen 13 - 37 erfassen die Erfahrungen mit Weiterbildung, während die anschließenden Fragen 38 - 77 die mit Weiterbildung verknüpften Interessen ermitteln. Die Fragen 78 - 128 erstrecken sich auf die berufsspezifischen und sozialen Orientierungen, die wir inhaltlich bereits gekennzeichnet haben. [1)]

---

1) Um Wiederholungen zu vermeiden, verweisen wir auf unsere Ausführungen in Kapitel 3.3.1 und die schematische Zusammenfassung in Abb. 4 (S.104). Zur Erleichterung der Orientierung sind die Skalen und Indizes darüber hinaus im Anhang dokumentiert (vgl. S. 317ff.). Dort werden auch die statistischen Kennwerte (Innere Konsistenz, split-half-Reliabilität bzw. mittlere Korrelationen) mitgeteilt. Das Vorgehen bei der Entwicklung und Überprüfung der einzelnen Skalen und Indizes soll exemplarisch anhand der Darstellung der Ergebnisse zur abhängigen Variable "Ausmaß des Interesses an Weiterbildung" geschildert werden (vgl. S.125 ff.).

Die Fragen 129 - 138 schließlich erfassen die berufsstatistischen Angaben wie Alter, Berufspraxis, Geschlecht usw., die wir ebenfalls in Abb. 4 bereits aufgelistet haben.

Bei der Anlage der Untersuchung hatten wir vor allem zwei Probleme zu berücksichtigen, die für die Aussagekraft empirischer Ergebnisse von Bedeutung sind. Das erste bezieht sich auf das Gütekriterium der Validität, das zweite auf das Merkmal der Repräsentativität. Unsere Überlegungen hierzu sollen im folgenden knapp dargestellt werden, um die daraus resultierenden Arbeitsschritte zu begründen und nachvollziehbar zu machen.

Die Frage nach der Validität ist die Frage nach der Gültigkeit der Ergebnisse: Ermittelt das Verfahren exakt das, was es zu ermitteln vorgibt? Um es am Beispiel deutlich zu machen: Mißt die Skala "Ausmaß des Interesses an Weiterbildung" tatsächlich die vorhandene Weiterbildungsmotivation oder mißt sie etwas ganz anderes? Dabei ist Validität der Oberbegriff für unterschiedliche Gültigkeitsarten. LIENERT (1969) unterscheidet inhaltliche Validität von konstrukt- und kriteriumsbezogener Validität, die mit jeweils unterschiedlichen Verfahren überprüfbar sind. Die Anwendbarkeit der jeweiligen Methoden zur Validitätsprüfung ist jedoch an bestimmte Voraussetzungen geknüpft, die wir hier nicht im einzelnen referieren wollen (vgl. dazu z.B. die Ausführungen bei LIENERT 1969,S. 314ff.)Für uns ist festzuhalten, daß sowohl für das Verfahren der Konstruktvalidierung als auch für die verfügbaren unterschiedlichen Methoden zur Bestimmung kriterienbezogener Validität die Voraussetzungen fehlen.

Konstruktvalidierung ist theoretisch orientiert. Es wäre also erforderlich, daß bereits Konstrukte bekannt und hinreichend untersucht sind, zwischen denen gesetzmäßige Beziehungen bestehen. CRONBACH/MEEHL (1955) sprechen von der Einbettung eines Konstrukts in ein "nomologisches Netzwerk". Uns ist keine Untersuchung bekannt, die mit ähnlichen Konstrukten gearbeitet hat, so daß wir keine Bezüge - etwa zu

Meßverfahren mit ähnlichem Validitätsanspruch - herstellen können.

Es stehen auch keine Außenkriterien zur Verfügung, d.h. solche Kriterien, die unabhängig von den eingesetzten Meßverfahren (Skalen bzw. Indizes) Aufschluß über die Orientierungen der Befragten geben. Die Bestimmung solcher Kriterien z.B. für die Dimension "Anpassungsbereitschaft" oder "Resignation" würde wiederum denselben Gültigkeitsproblemen unterliegen wie die Beurteilung der Meßinstrumente.

Das zur Feststellung inhaltlicher oder logischer Gültigkeit häufig verwandte Verfahren der Expertenvalidierung erschien für unser Problem ebenfalls nicht anwendbar. Ein Kreis von kompetenten Fachleuten gewinnt hierbei durch deduktives Vorgehen aus gesicherten Erkenntnissen über das jeweils zu messende Merkmal Aussagen über die logische Gültigkeit des Meßinstruments. Allerdings ist ein solcher Gültigkeitsanspruch nur für solche Verfahren möglich, mit denen Merkmale gemessen werden, die sich in eindeutigen und in ihrer Gesamtheit umschreibbaren Verhaltensweisen manifestieren. So ist z.B. die Abnahme einer Schreibprobe ein inhaltlich oder logisch gültiges Verfahren, wenn man die Schreibfähigkeit einer Sekretärin ermitteln will. Bei den von uns zu erhebenden Merkmalen ist eine solche Eindeutigkeit jedoch nicht gegeben. Wir werden uns daher zum gegenwärtigen Zeitpunkt darauf beschränken müssen, zumindest "face-validity" (vgl. dazu FRIEDRICHS 1973, S. 223) zu erreichen, d.h. es muß zumindest plausibel erscheinen, daß sich die den jeweiligen Dimensionen zugeordneten Items tatsächlich auf den von uns zu ermittelnden Sachverhalt beziehen.

Für die Anlage unserer Untersuchungen folgte hieraus, daß wir die Entwicklung des Fragebogens in engem Kontakt mit Vertretern der Berufspraxis - also mit Sozialarbeitern und Sozialpädagogen aus verschiedenen Arbeitsbereichen - vorzunehmen hatten. Dadurch erhielten wir Rückmeldungen darüber, ob die Statements in dem von uns beabsichtigten Sinne verstanden wurden und konnten Anregungen zur Verbesserung ursprünglicher Items aufgreifen. Dieses Vorgehen entspricht in etwa dem von SCHUMAN (1966) vorgestellten Verfahren des "random probing".

Repräsentativität der Stichprobe für die Grundgesamtheit ist nach den Grundannahmen der klassischen Testtheorie die Voraussetzung für die Generalisierbarkeit der Ergebnisse. Will man also die Ergebnisse der tatsächlich Befragten verallgemeinern - in unserem Falle also Aussagen über "die Sozialarbeiter/ Sozialpädagogen" treffen -, dann muß gesichert sein, daß die Zusammensetzung der Stichprobe tatsächlich der Zusammensetzung der in der Praxis der Sozialarbeit und Sozialpädagogik Tätigen entspricht. Um dies beurteilen zu können, sind nach FRIEDRICHS (1973, S. 243) zwei Aspekte zu berücksichtigen. Die Generalisierbarkeit der Ergebnisse ist erst gesichert, wenn

> "a) die Verteilung wichtiger unabhängiger Variablen für die Grundgesamtheit bekannt ist und mit der tatsächlichen Stichprobe verglichen werden kann;
>
> b) bewährte Gesetzesaussagen über den Zusammenhang dieser unabhängigen und einiger abhängiger Variablen in der Grundgesamtheit vorliegen."
>
> (FRIEDRICHS 1973, S. 243)

Für die Anlage der Untersuchung ist dies deshalb von Bedeutung, weil sich daraus Konsequenzen für die Zusammenstellung der Stichprobe ergeben.

Für empirische Arbeiten im Bereich Sozialarbeit/Sozialpädagogik ergeben sich hier jedoch besondere Schwierigkeiten. Der unter a) geforderte Vergleich wichtiger unabhängiger Variablen der Stichprobe mit der Grundgesamtheit setzt voraus, daß aktuelle Statistiken hierüber verfügbar sind. Die vorliegenden offiziellen Statistiken zur Beschäftigungssituation von Personen im Sozialen Bereich können jedoch nicht ohne Bedenken als Bezugsgröße herangezogen werden, da die ihnen zugrunde liegende Zuordnung der Tätigkeiten von Sozialarbeitern und Sozialpädagogen zu übergeordneten Dimensionen (z.B. Sozialen Dienststellen, Arbeitsbereichen) nach unserer Einschätzung nicht unproblematisch ist. Die unter dieser Klassifikation erfaßte Gruppe umfaßt z.B. auch Erzieher, Verwaltungskräfte im Sozialen Bereich usw., ist also noch wesentlich heterogener in bezug auf Ausbildung und Aufgabenbereiche als die uns interessierende Gruppe der Sozialarbeiter/Sozialpädagogen. So gilt für diese wie auch für andere Untersuchungen, daß die Repräsentativität nur unzureichend abzuschätzen ist (vgl. BLINKERT 1976, S. 10). Um aber dennoch eine Variation einiger von uns für besonders wichtig gehaltener unabhängiger Variablen zu erreichen, haben wir eine Erfassungsstrategie verfolgt, nach der folgende Gruppen von Berufspraktikern in die Befragung einbezogen wurden:

- Berufstätige bei unterschiedlichen Trägern in unterschiedlichen Arbeitsbereichen,

- Mitglieder unterschiedlicher Berufsorganisationen (DBS, ÖTV),

- Lehrende Sozialarbeiter/Sozialpädagogen an Fachhochschulen und entsprechenden Studiengängen an Gesamthochschulen in NW

Diese Differenzierung erschien uns als ein geeigneter Weg, den Einfluß unterschiedlicher Berufssituationen und Arbeitsbereiche zu berücksichtigen. Daneben hielten wir es für sinnvoll, Mitglieder unterschiedlicher berufspolitischer Organisationen anzusprechen, um hierüber Unterschiede des professionellen Selbstverständnisses in seinen Auswirkungen untersuchen zu können. Schließlich haben wir in einer Totalerhebung alle Lehrenden Sozialarbeiter/Sozialpädagogen angesprochen. Die Befragung dieser relativ homogenen und zahlenmäßig überschaubaren Gruppe gibt uns die Möglichkeit, eine in besonderer Weise an Weiterbildung interessierte Gruppe zu erfassen.[1)]

Konkret haben wir neben Gewerkschaftsmitgliedern und Mitgliedern im Deutschen Berufsverband der Sozialarbeiter und Sozialpädagogen e.V. (DBS) eine etwa gleich große Anzahl von Berufspraktikern bei Stadtverwaltungen und unterschiedlichen Freien Trägern der Sozialen Arbeit und alle in NW lehrenden Sozialarbeiter/Sozialpädagogen angesprochen. Durchgeführt wurde die Unter-

---

1) Das besondere Interesse dieser Gruppe ergibt sich aus den Bestimmungen des Fachhochschulgesetzes, nach dem Lehrende Sozialarbeiter/Sozialpädagogen ihr Fach als Professoren nur dann selbständig vertreten können, wenn sie ein Diplom bzw. die Promotion nachweisen können.

suchung in den Monaten Mai/Juni 1979. Die Fragebögen wurden postalisch versandt bzw. in den Dienststellen verteilt. Beigefügt war jeweils ein Freiumschlag. Der ausgefüllte Fragebogen wurde per Post an die Forschungsgruppe zurückgeschickt. Die Daten wurden anschließend auf Magnetband erfaßt. Der Datensatz wurde im Rechenzentrum der Fernuniversität Hagen bearbeitet. Sämtliche Auswertungen - Häufigkeitsauszählungen, Skalenanalyse, parametische und nicht-parametrische Signifikanztests und Pfadanalysen - wurden mit Hilfe der Statistical Package for the Social Sciences (SPSS-Version 8) durchgeführt.

Von insgesamt 590 versandten Fragebögen konnten 109 nicht zugestellt werden. Von den verbleibenden 481 Fragebögen, die ihre Adressaten erreichten, erhielten wir 156 auswertbare Fragebögen zurück. Das entspricht einer Rücklaufquote von 32,4 %. Dies ist in etwa mit den Erfahrungen vergleichbar, die in anderen schriftlichen Befragungen gesammelt wurden, z.B. erreichte HOPF bei postalischer Versendung eines Lehrerfragebogens eine Rücklaufquote von 34,1 % (vgl. HOPF 1974, S. 60). KLUGE geht davon aus, eine Rücklaufquote von 32,9 % sei "nach den allgemeinen Erfahrungswerten als ausgesprochen gut an(zu)sehen" (KLUGE 1974, S. 6).

Für unsere Zwecke erschien die Datenbasis zunächst ausreichend für einen ersten Zugang zur empirischen Überprüfung unseres theoretischen Konzeptes: Der Umfang der Stichprobe erlaubt sowohl Hypothesenprüfung anhand von Gruppenvergleichen als auch Überprüfung inhaltlicher Annahmen mit Hilfe formaler Modelle. Daß wir nicht den Anspruch auf Repräsentativität der Ergebnisse erheben können und wollen, haben wir bereits ausgeführt. Gleichwohl erschien es uns jedoch ertragreich, erste Hinweise auf die Tragfähigkeit unserer Überlegungen aus der Befragung einer immerhin recht großen, in relevanten Merkmalen unterschiedlich zusammengesetzten Gruppe zu bekommen. Auf dem Hintergrund dieser Ergebnisse sind dann theoretische und forschungsstrategische Konsequenzen zu formulieren.

Im anschließenden Kapitel sollen nunmehr die wesentlichen Ergebnisse unserer Untersuchung dargestellt werden.

2.5 Darstellung der Ergebnisse

Zunächst sollen die Daten zur Kennzeichnung der untersuchten Stichprobe mitgeteilt werden. In einem zweiten Schritt werden dann einfache Häufigkeiten bezüglich der beiden abhängigen Variablen Ausmaß des Interesses an Weiterbildung und inhaltliche Weiterbildungsinteressen sowie bivariate Zusammenhänge referiert, um im Anschluß daran komplexere Modelle vorzustellen.

2.5.1 Beschreibung der Stichprobe

Bei der Skizzierung der wesentlichen Sozial- und Berufsdaten der Befragten folgen wir der Auflistung in Abb. 4 (S. 104). Die Altersverteilung geht aus dem nachstehenden Histogramm hervor:

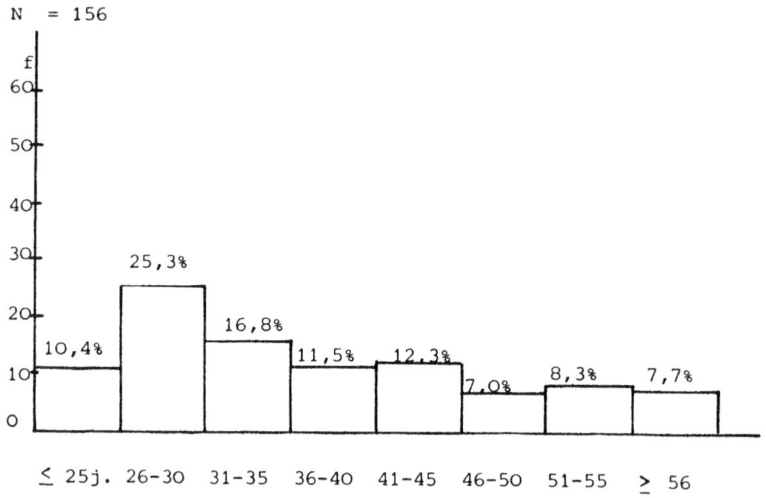

Abb. 5: Altersverteilung der Befragten

Wir haben es also mit einer relativ jungen Stichprobe zu tun.

Dies schlägt sich auch in der Dauer der Berufspraxis nieder, wie der Abb. 6 auf dieser Seite zu entnehmen ist. Etwa die Hälfte der Befragten verfügt über eine Berufspraxis zwischen einem und fünf Jahren (=52,6 %). Die Praxiserfahrung der zweiten Hälfte streut dann breit über einen Bereich von sieben bis über dreißig Berufsjahren.

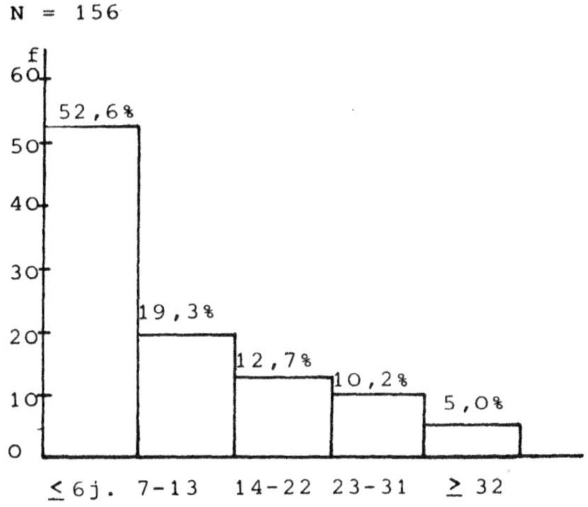

Abb. 6: Dauer der Berufserfahrung

124 Befragte (= 79,5 %) gaben die Berufsbezeichnung Sozialarbeiter (grad.) und 30 (= 19,2 %) die Berufsbezeichnung Sozialpädagoge (grad.) an. Dieses Verhältnis entspricht vermutlich der ungleichen Anzahl der Berufstätigen mit dem Abschluß des Sozialarbeiters/Sozialpädagogen. Die Sozialpädagogenausbildung ist in der Bundesrepublik erst vergleichsweise kurz etabliert. Es ist daher nicht verwunderlich, wenn wesentlich mehr Sozialarbeiter als -pädagogen in dieser Untersuchung erfaßt wurden.

Von den 156 Befragten waren 82 weiblich (= 52,6 %) und 73 männlich (= 46,8 %). Es ist anzunehmen, daß immer noch mehr Frauen als Männer in den uns interessierenden Bereichen sozialarbeiterischer und sozialpädagogischer Tätigkeiten beschäftigt sind, da es noch nicht sehr lange her ist, daß

Männer dieses traditionell weibliche Arbeitsfeld für sich erschlossen. Wir können daher vermutlich davon ausgehen, daß in dieser Hinsicht die Zusammensetzung unserer Stichprobe der Realität zumindest nicht widerspricht.

Wir haben auch den Familienstand der Befragten erfaßt, insbesondere, um einen möglichen Zusammenhang zum Ausmaß der Motivation feststellen zu können: Knapp 60 % der Sozialarbeiter/Sozialpädagogen sind verheiratet, knapp 40 % ledig bzw. geschieden. Hier tritt allerdings eine Konfundierung mit dem Merkmal Geschlechtszugehörigkeit auf. Die Ledigen sind fast ausnahmslos weiblich. Da keine zuverlässigen Angaben über die Verteilung sozialstatistischer Merkmale im Berufsfeld Sozialarbeit/Sozialpädagogik vorliegen, können wir nicht abschätzen, ob dieses Zusammentreffen ein Zufallsergebnis darstellt oder ob es einen verallgemeinerbaren Sachverhalt kennzeichnet.

Die Konfessionszugehörigkeit der Befragten haben wir der Vollständigkeit halber ebenfalls erfaßt. Da sie in unserer Auswertung jedoch keine Zusammenhänge zu den interessierenden Variablen erkennen ließ, verzichten wir auf eine Darstellung der Verteilung.

Interessanter erschien uns die Frage nach der Zugehörigkeit zu gewerkschaftlichen und sonstigen Berufsorganisationen. Dabei ergab sich folgendes Bild:

Tabelle 1a: Zugehörigkeit zu Berufsorganisationen

	absolut	%
DBS	74	47,4
Gewerkschaften	35	22,4
Beamtenverband KOMBA	2	1,3
Arbeitsgemeinschaft d. BWH	2	1,3
nicht organisiert	36	23,1
andere Spezialverbände	6	3,9
Keine Angabe	1	0,6
Gesamt	156	100,- %

Die Mitglieder im Deutschen Berufsverband der Sozialarbeiter und Sozialpädagogen (DBS) sind mit 47,4 % am häufigsten in der Stichprobe vertreten.

Die Zugehörigkeit der Befragten zu den unterschiedlichen Trägern Sozialer Arbeit zeigt eine starke Dominanz Öffentlicher Träger Sozialer Arbeit gegenüber den Freien Trägern. Von den 156 Befragten sind insgesamt 107 (= 68,6 %) bei staatlichen Anstellungsträgern beschäftigt. Der überwiegende Teil davon (mit 48,7 %) bei der Kommunal- und Kreisverwaltung der Städte und Gemeinden. Bei der Zugehörigkeit zu Freien Trägern überwiegen kirchliche Verbände gegenüber nicht-konfessionell gebundenen Trägern:

Tabelle 1b: Zugehörigkeit zu unterschiedlichen Anstellungsträgern

	absolut	%
Kath. Kirche	17	10,9
Ev. Kirche	22	14,1
AWO	5	3,2
sonstige Freie Träger	5	3,2
Kommunal- und Kreisverwaltung	76	48,7
Justizverwaltung	10	6,4
sonstige staatliche Träger	21	13,5
Gesamt	156	100,- %

Nur 19 Befragte (= 12,2 %) gaben an, keine Weiterbildungserfahrungen gesammelt zu haben. Aus der nachstehenden Tabelle 2 geht hervor, in wieviel unterschiedlichen Themengebieten die einzelnen Sozialarbeiter/Sozialpädagogen diese Erfahrungen gesammelt haben. Wir haben 12 unterschiedliche Gebiete aufgezählt und jeweils erfragt, in welchem Gebiet Veranstaltungen besucht wurden. Die Anzahl der Nennungen wurde aufsummiert. Aus dieser Summe geht also nicht hervor, wie viele einzelne Weiterbildungsveranstaltungen besucht wurden. Wenn ein Sozialarbeiter/Sozialpädagoge z.B. den Wert 4 erreicht, so bedeutet dies, daß er zu den 20,5 % der von uns Befragten zählt, die auf vier unterschiedlichen Gebieten Erfahrungen mit Weiterbildung gemacht hat. Die Anzahl der besuchten Tagungen, Lehrgänge etc. kann aber durchaus niedriger liegen als bei einem Befragten, der den Wert 1 hat, diesen von ihm favori-

sierten Bereich aber möglicherweise sehr intensiv bearbeitet. Mit anderen Worten: Wir haben das Spektrum thematisch unterschiedlicher Weiterbildungserfahrungen erfaßt, nicht die Quantität von Erfahrungen. Allerdings erscheint es nicht unplausibel, davon auszugehen, daß ein breites Spektrum von Erfahrungen im allgemeinen auch mit einem quantitativen Mehr einhergeht.

Tabelle 2: Anzahl der Themengebiete, in denen Weiterbildungsveranstaltungen besucht wurden

	absolute Nennungen	in %
keinerlei Weiterbildungserfahrungen	19	12,2
Erfahrungen in einem Themenbereich	18	11,5
Erfahrungen in zwei Themenbereichen	24	15,4
Erfahrungen in drei Themenbereichen	34	21,8
Erfahrungen in vier Themenbereichen	32	20,5
Erfahrungen in fünf Themenbereichen	8	5,1
Erfahrungen in sechs Themenbereichen	11	7,1
Erfahrungen in sieben Themenbereichen	3	1,9
Erfahrungen in acht Themenbereichen	4	2,6
Erfahrungen in neun Themenbereichen	2	1,3
Erfahrungen in zehn Themenbereichen	0	0,0
Erfahrungen in elf Themenbereichen	1	0,6
Erfahrungen in zwölf Themenbereichen	0	0,0
Gesamt	156	100,-

Es ergibt sich ein Mittelwert von 3,1, d.h. im Durchschnitt liegen Weiterbildungserfahrungen in drei unterschiedlichen Themenbereichen vor.
Bringt man die genannten Themenbereiche, in denen Weiterbildungserfahrungen gesammelt wurden, in eine Rangreihe, so ergibt sich folgendes Bild:

Tabelle 3: Rangreihe der Themengebiete, in denen Weiterbildungsveranstaltungen besucht wurden

	absolute Nennungen	in %
Gruppendynamik	67	42,9
Klientenberatung	58	37,2
aktuelle rechtliche Fragestellungen	53	34,0
Supervision/Praktikantenanleitung	51	32,7
Therapeutische Verfahren	49	31,4
aktuelle gesellschaftliche Probleme	38	24,4
berufspolitische Fragestellungen	34	21,8
Situation der Sozialarb./Sozialpäd.	25	16,0
Sozialpolitik	25	16,0
Verwaltungsrecht	21	13,5
Bildungsarbeit	17	10,9

Darüber hinaus wurden noch andere Weiterbildungsveranstaltungen besucht, die den Rahmen der vorgegebenen Themengebiete überschritten (46 absolute Nennungen = 29,5 %).
Es zeigt sich, daß mit gruppendynamischen und therapeutischen Verfahren - im weitesten Sinne - am meisten Weiterbildungserfahrungen gemacht wurden. Auch auf dem Gebiet rechtlicher Fragestellungen liegen umfangreiche Erfahrungen vor.

Auch in bezug auf die Verteilung dieses Merkmals können wir nicht beurteilen, ob das Spektrum der von uns ermittelten Weiterbildungserfahrungen den Durchschnittswerten der in der Praxis stehenden Sozialarbeiter/Sozialpädagogen entspricht, da hierfür keine brauchbaren statistischen Angaben zur Verfügung stehen.

Gerade weil die Beurteilung der Repräsentativität nicht mit großer Sicherheit erfolgen kann, haben wir die von uns erfaßte Stichprobe möglichst genau zu beschreiben versucht.
Wir gehen davon aus, daß die Kenntnis der erhobenen sozialstatistischen Daten zumindest Anhaltspunkte für Plausibilitätsannahmen bezüglich der Verallgemeinerungsfähigkeit der Aussagen für bestimmte Adressatengruppen liefern kann.

2.5.2 Verteilung der abhängigen Variablen: Ausmaß und Art des Interesses an Weiterbildung

Bevor im folgenden die Ergebnisse über die Verteilung der beiden abhängigen Variablen mitgeteilt werden, soll an dieser Stelle am Beispiel der Variable "Ausmaß des Interesses an Weiterbildung" unser Vorgehen bei der Operationalisierung, Instrumentenentwicklung und -überprüfung[1) geschildert werden:

Wir haben im Rahmen des Forschungsprojektes eine große Anzahl von Items gesammelt, von denen wir annahmen, daß sie verbale Äußerungen von Einstellungen und Wahrnehmungen der Befragten zu ihrer persönlichen und berufsspezifischen Situation darstellen. Die ausgewählten Items wurden durch Gespräche mit Berufspraktikern und Experten überprüft und den definierten Dimensionen zugeordnet. Vor der rechentechnischen Verarbeitung der einzelnen Items im Rahmen von Skalierungsverfahren haben wir überprüft, ob einzelne Items von mehr als 15 % der Befragten nicht beantwortet wurden. Da dies nicht der Fall war, konnten alle Items in die Analyse einbezogen werden.

Die rechentechnische Auswertung wurde mit dem SPSS-Programmpaket (Nie u.a. 1975) durchgeführt. Zur Itemanalyse wurden die Prozeduren 'Reliabilität' und 'Factor' verwandt. Mit Hilfe der Überprüfung der Reliabilität soll die Homogenität der gesammelten Items und ihre interne Konsistenz überprüft werden. Rechnerisch vollzieht sich dies über die Beurteilung der einzelnen Items zur gesamten Skala. Dabei wird die Korrelation der einzelnen Items mit dem Gesamtpunktwert der Skala berechnet und diejenigen Items ausgesondert, die niedrig mit dem Gesamtpunktwert korrelieren, d.h. keine wesentliche Aussagen zur übergeordneten Dimension darstellen (Konsistenzmaß = Cronbach Alpha). Daneben haben wir mit

---

1) Für Leser, die an unserem methodischen Vorgehen weniger interessiert sind, empfiehlt es sich, gleich bei Kap. 3.5.2.1 (S.133 weiterzulesen).

Hilfe faktorenanalytischer Verfahren die den Skalen unterlegte Dimensionierung überprüft. Dabei ist darauf hinzuwirken, daß die Anzahl der extrahierten Faktoren nicht höher ist als die Anzahl der festgelegten Dimensionen; daneben dürfen die einzelnen Items nur auf den zugehörigen, nicht aber auf anderen Faktoren (= Dimension) hoch laden (vgl. HOLM 1976, Band 3).

Die von uns gebildeten Skalen basieren auf einem Zustimmungs-Ablehnungs-Kontinuum mit den Ausprägungen 1 = lehne stark ab, 2 = lehne ab, 3 = teils/teils, 4 = stimme zu, 5 = stimme stark zu.

Um das 'Ausmaß des Interesses an Weiterbildung" quantifizieren zu können, haben wir die Punktwerte, die jeder Befragte den einzelnen Items der Skala zugeordnet hatte, addiert. Dazu war es vorher nötig, negativ formulierte Items zu invertieren. Wenn ein Befragter ein Item nicht beantwortet hatte, wurde der Item-Mittelwert aus den Antworten aller übrigen Befragten eingesetzt. [1)]

Im folgenden listen wir die für die von uns entwickelte Skala 'Ausmaß des Interesses an Weiterbildung' vorgesehenen Items auf und geben zur Charakterisierung der Einzelitems die in der Grundauszählung festgestellten Mittelwerte ($\bar{x}$) und die Standardabweichung (s) an.

---

1) Bei diesem Verfahren kommt es in der Regel zu einer leichten Unterbewertung der statistischen Zuverlässigkeit; wir haben hier also strenge Maßstäbe zur Beurteilung der Zuverlässigkeit der Skala angelegt.

Dimension 1: Formales Interesse an Weiterbildung

Item 068 Weiterbildung erhöht beruflich Mobilität ($\bar{x}$=4,3; s=0,7)

Item 069 Weiterbildung ermöglicht Aufstiegsschancen (3,6; 0,9)

Item 070 durch Weiterbildung kann man sich besser der Konkurrenz der Kollegen wehren (2,3; 1,0)

Item 071 mit der Teilnahme an Weiterbildung entspricht man den Erwartungen des Arbeitgebers (2,5; 1,0)

Dimension 2: Bereitschaft zur Aufwendung von persönlichem Engagement, Zeit und Geld

Item 064 Weiterbildung darf nicht den Privatbereich einschränken (3,4; 1,0)

Item 065 die inhaltlichen Anforderungen der Weiterbildung dürfen nicht zur Belastung werden (3,5; 1,0)

Item 066 Nutzen aus Weiterbildung sollte man bereits ohne großen Arbeitsaufwand ziehen können (3,3; 1,0)

Item 074 Fahrtzeit zur Weiterbildungsveranstaltungen - einfach, in Minuten (3,1; 1,0)[1)]

Item 075 Zeit für eine kontinuierliche Weiterbildung, wöchentlich, außerhalb der Dienstzeit (2,7; 1,4)[2)]

Item 076 Teilnahme an Weiterbildung auch an Wochenenden (4,4; 1,0)

Item 077 falls notwendig, monatliche Kosten (2,4; 0,8)[3)]

---

1) Die Antwortvorgaben zu den Items 074 bis 077 waren nicht in Form der oben beschriebenen Fünferskala formuliert; ihre Ergebnisse wurden daher durch Klassenbildung in eine entsprechende Form transformiert.

2) Die Angaben lagen zwischen 1 und 9 Stunden mit einem Mittel ($\bar{x}$) von 4,8 Stunden; in die Fünferskala transformiert ergibt sich dann ein Mittelwert von $\bar{x}$ = 2,7 Stunden.

3) Die Nennungen reichen von DM 10,- bis 200,--. Der häufigste Betrag ist DM 50,-; im Durchschnitt wollen die Befragten DM 72,- monatlich aufwenden.

Dimension 3: Einschätzung bisheriger Weiterbildungserfahrungen und Wertschätzung von Weiterbildung

Item 028 Weiterbildung gibt mir konkrete Hilfe zur besseren Bewältigung meiner Berufspraxis (4,0; 0,8)

Item 029 Weiterbildung zeigt mir meine persönlichen Möglichkeiten und Grenzen im Umgang mit Klienten (3,8; 0,9)

Item 030 Weiterbildung hat die Klärung einiger wichtiger Sachfragen bewirkt (3,7; 0,9)

Item 031 Weiterbildung hilft, die Defizite der Sozialarbeiter- und Sozialpädagogenausbildung aufzuarbeiten (3,7; 1,0)

Item 032 Weiterbildung hat mich eher verunsichert, als meine Kompetenz erweitert (1,8; 0,8)

Item 033 der Lernaufwand für therapeutische Verfahren lohnt sich nicht, da diese nur selten in der Praxis angewandt werden können (2,4; 1,1)

Item 034 Weiterbildung bietet eine günstige Gelegenheit zum Meinungs- und Erfahrungsaustausch unter Kollegen (4,3; 0,7)

Item 035 Weiterbildung zeigt zwar die Mängel der Praxis, bietet aber wenig Lösungsstrategien (2,9; 1,0)

Item 036 bei der Umsetzung und Anwendung des Erlernten in meine Berufspraxis fehlt mir konkrete Unterstützung (2,9; 1,1)

Item 037 Weiterbildung hilft, Probleme der Zeit zu erkennen und ihnen mit neuen Methoden zu begegnen (3,7; 0,9)

Die Reliabilitätsprüfung der Skala ergab, daß alle Items - mit Ausnahme des Items 034, das daraufhin aus der Skala entfernt wurde, - einen hohen Beitrag zum Gesamtpunktwert der Skala leisten (vgl. nachstehende Tab. 4). Die Qualität der Skala entspricht mit einem Konsistenzmaß von = .74 den üblichen Standards.

Tabelle 4: Überprüfung der inneren Konsistenz der Skala 'Ausmaß des Interesses an Weiterbildung'

Item	Item-Total-Korrelation
VAR 068	.25
VAR 069	.29
VAR 070	.36
VAR 071	.30
VAR 064	.28
VAR 065	.23
VAR 066	.23
VAR 028	.57
VAR 029	.36
VAR 030	.29
VAR 031	.37
VAR 032	.21
VAR 033	.37
VAR 035	.51
VAR 036	.31
VAR 037	.35
MO 2074	.23
MO 2075	.24
MO 2076	.20
MO 2077	.20

Reliabilitätskoeffizient: α = .74

Wir haben die Güte unserer Skala anschließend noch einmal faktorenanalytisch überprüft. Eindimensionalität im Sinne von Homogenität bedeutet dabei nicht, daß Items, die auf unterschiedlichen Dimensionen laden, nicht auch zu einer gemeinsamen Skala verarbeitet werden können. Die von uns theoretisch angenommenen Dimensionen

- Formales Interesse an Weiterbildung
- Bereitschaft zur Aufwendung von persönlichem Engagement, Zeit und Geld
- Einschätzung bisheriger Weiterbildungserfahrungen und Wertschätzung von Weiterbildung

bestimmen insgesamt das von uns zu untersuchende Ausmaß des Interesses an Weiterbildung. Die einzelnen Dimensionen haben den Status von Subskalen. Die Zuordnung der Items zu diesen Subskalen wurde durch eine Faktorenanalyse mit obliquer Rotation überprüft: Es ließen sich drei Faktoren extrahieren, die jeweils zu einer Dimension gehörenden Items zeigten dabei hohe Ladungen auf je einem Faktor. Im Zuge der Auswertung haben wir jedoch stets die Gesamtskala eingesetzt. Alle Aussagen über das Ausmaß des Interesses an Weiterbildung beziehen sich also auf sämtliche Dimensionen.

2.5.2.1 Ausmaß des Interesses an Weiterbildung

Um das Ausmaß des Interesses an Weiterbildung quantifizieren zu können, haben wir die Punktwerte addiert, die jeder Befragte den insgesamt 20 Items der Skala zugeordnet hatte. Ein niedriger Punktwert bedeutet niedriges, ein hoher Punktwert hohes Interesse. Der niedrigste zu erreichende Wert betrug 20 Punkte, der Höchstpunktwert war 100. Es ergab sich die aus Tab. 5 zu ersehende Verteilung:

Tabelle 5: Ausmaß des Interesses an Weiterbildung
- Gesamtscore -

	Anzahl d.Punkte	absolute Häufigkt.	relative Häufigkt.
hohes Ausmaß des Interesses an Weiterbildung	81 - 90	1	0,6 %
	71 - 80	40	25,6 %
	61 - 70	58	37,2 %
	51 - 60	30	19,2 %
	41 - 50	6	3,8 %
	31 - 40	12	7,7 %
niedriges Ausmaß des Interesses an Weiterbildung	21 - 30	8	5,1 %
	– 20	1	0,6 %
	Gesamt	156	100,- %

Die graphische Veranschaulichung in Abb. 7 auf der folgenden Seite zeigt eine rechtsschiefe Verteilung der Punktwerte, d.h. die größere Anzahl der Antworten liegt rechts neben dem theoretischen Mittelwert von 50 im Zustimmungsbereich. Dieses dokumentiert auch der empirische Mittelwert von 60,3. Daraus können wir aber nicht unbedingt ableiten, daß sich die von uns befragten Sozialarbeiter und Sozialpädagogen durch ein hohes Ausmaß an Weiterbildungsinteresse auszeichnen, denn es fehlt uns ein externer empirischer Bezugspunkt, um unsere Ergebnisse daran messen zu können.

Solange keine geeichten Meßinstrumente[1] zur Verfügung stehen, wird man zurückhaltend sein müssen in der Klassifizierung der geäußerten Weiterbildungsinteressen als 'hoch' oder 'niedrig'. Sehr wohl kann man jedoch Gruppenvergleiche vornehmen. Wir können prüfen, ob bestimmte Gruppen von Befragten sich hinsichtlich des Ausmaßes ihres Interesses an Weiterbildung unterscheiden. Dies werden wir bei der Darstellung bivariater Zusammenhänge im Zuge der Prüfung von hierzu aufgestellter Hypothesen tun (vgl. S. 139 ff.).

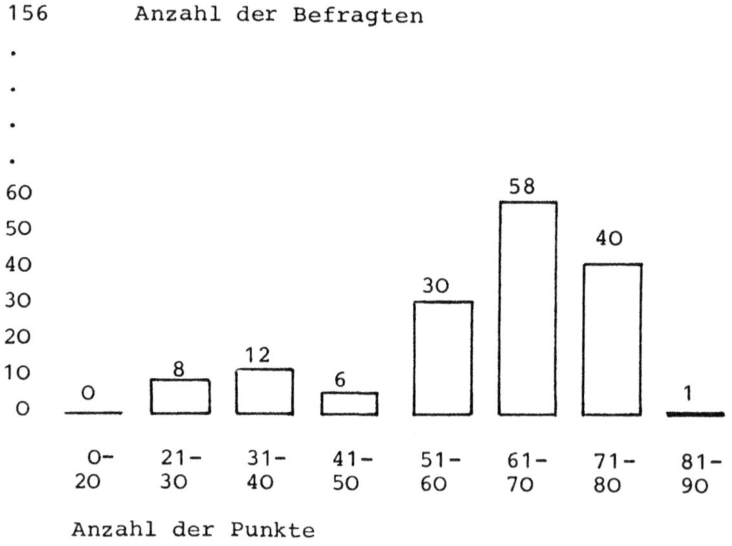

Abb. 7: Verteilung der Punktwerte auf der Skala Ausmaß des Interesses an Weiterbildung

1) Eine Eichung der von uns entwickelten Skala wäre im Rahmen unserer Untersuchung gar nicht möglich gewesen. Gerade dieser Schritt der Testkonstruktion erfordert sehr viel Zeit und setzt eine repräsentative Stichprobe voraus (vgl. LIENERT 1961, S. 314 ff.).

2.5.2.2 Inhaltliche Weiterbildungsinteressen

Das Inhaltliche Interesse an Weiterbildung haben wir operationalisiert über die Aufzählung verschiedener Studieninhalte und Weiterbildungsangebote, wobei wir den Fächerkatalog der Primärausbildung ebenso berücksichtigten wie auch die Fachgebiete, die üblicherweise in Weiterbildungsmaßnahmen vermittelt werden. Den vorgelegten Aussagen haben wir das gleiche fünstufige Zustimmungs-Ablehnungs-Kontinuum zugrunde gelegt wie den zuvor gebildeten Skalen, jedoch die Auflistung der Inhalte nicht zu einer gemeinsamen Skala verarbeitet. Dies wäre inhaltich nicht begründbar. Wir können demnach also auch keinen Gesamtpunktwert zur Kennzeichnung inhaltlicher Weiterbildungsinteressen berechnen, sondern stellen stattdessen ein Interessenprofil vor, das die abgestufte Zustimmung bzw. Ablehnung von unterschiedlichen Weiterbildungsinhalten ausdrückt. Es ergibt sich folgendes Bild:

Tabelle 6: Mittlere Zustimmung aller Befragten zu den aufgeführten Weiterbildungsinhalten

VAR		Mittelwerte	s
51	- Weiterbildung sollte meine Rechtskenntnisse erweitern	3,6	.9
52	- Weiterbildung sollte die gesellschaftspolitischen Zusammenhänge meiner beruflichen Tätigkeit behandeln	3,7	.7
53	- Weiterbildung sollte Kenntnisse über Diagnostik vermitteln, um das Verhalten von Klienten besser beurteilen zu können	4,0	.7
54	- Weiterbildung sollte Informationen über die Entstehung bestimmter abweichender Verhaltensweisen z.B. über Alkoholismus vermitteln	4,1	.6
55	- Weiterbildung sollte Gesprächsführung schulen und üben	4,3	.6
56	- Weiterbildung sollte Verwaltungskenntnisse vermitteln	3,3	1.0
57	- Weiterbildung sollte die Methoden der Sozialarbeit/Sozialpädagogik vertiefen und weiterentwickeln	4,2	.6
58	- Weiterbildung sollte Fragen zur Struktur sozialer Dienste (z.B. Sozialstation, Jugendhilfeplan) zum Inhalt haben	3,7	.9
59	- Weiterbildung sollte über die 'Sozialen Sicherungen' unseres Staates (z.B. Renten-, Kranken- u. Arbeitslosenversicherung) informieren	3,3	1.1
60	- Weiterbildung sollte das Erlernen und Anwenden empirischer Verfahren (z.B. Befragung meiner Klienten) ermöglichen	3,5	1.0
61	- Weiterbildung sollte therapeutische Verfahren (z.B. Verhaltenstherapie und Gesprächstherapie) schulen und üben	4,2	.8

Daraus ist zunächst zu ersehen, daß keiner der vorgeschlagenen Weiterbildungsinhalte abgelehnt wird. Alle Themenbereiche werden befürwortet - allerdings unterschiedlich stark und auch mit unterschiedlicher Einmütigkeit.

Eine vertikale Differenzierung der Items in der Tabelle 10 nach dem Grad ihrer durchschnittlichen Zustimmung zeigt tendenziell, daß Weiterbildungsinhalte, die sozialarbeiterische/ sozialpädagogische Interventionsformen vertiefen wollen (Methoden der Sozialarbeit/Sozialpädagogik (VAR 057), Gesprächsführung üben (VAR 055), Therapeutische Verfahren (VAR 061), gegenüber den übrigen vorgelegten Inhalten ein bevorzugtes Interesse finden. Die Vermittlung von Rechts- und Verwaltungskenntnissen (Rechtskenntnisse (VAR 051), Informationen über Soziale Sicherungen (VAR 059), Verwaltungskenntnisse (VAR 056) wird demgegenüber ebenso nachrangig bewertet wie die Erweiterung analytischer Kompetenzen (Empirische Sozialforschung (VAR 060), Gesellschaftspolitik (VAR 052), Strukturen Sozialer Dienste (VAR 058).

Bei den bevorzugten Inhalten ist die Varianz jeweils relativ niedrig, d.h. die Meinungen gehen hier kaum auseinander. Dagegen ist das Spektrum unterschiedlicher Wertschätzung bei den weniger befürworteten Inhalten breiter, was sich in höheren Varianzwerten niederschlägt. Auch hier gilt wieder, daß eine absolute Bewertung der geäußerten Zustimmung nur vorsichtig getroffen werden kann. Vergleichen können wir aber nicht nur die einzelnen genannten Themenbereiche untereinander, sondern ebenfalls die Profile verschiedener Gruppen von Befragten. Auch dazu haben wir Hypothesen aufgestellt und überprüft (vgl. S. 140 ff.).

Wir schließen die Darstellung einfacher Häufigkeitsverteilungen an dieser Stelle ab. Insbesondere für die Ermittlung der berufsspezifischen und sozialen Orientierungen in dieser Befragung gilt die Feststellung, daß keine vergleichbaren Daten vorliegen, zu denen unsere Ergebnisse in Beziehung gesetzt werden konnten. Wir haben unter dem theoretischen Bezugspunkt des Konstrukts Arbeitszufriedenheit erste Operationalisierungsversuche unternommen, deren Meßergebnisse zueinander in Beziehung zu setzen sind. Dies geschieht im folgenden Kapitel, in dem es zunächst um bivariate Zusammenhänge und die Überprüfung entsprechender Hypothesen geht.

2.5.3 Hypothesenüberprüfung

Im folgenden werden zunächst Annahmen über Zusammenhänge zwischen einzelnen abhängigen und unabhängigen Variablen formuliert und überprüft.

Die Umwelt- und Personenfaktoren werden jeweils sowohl zum Ausmaß des Interesses an Weiterbildung als auch zu den inhaltlichen Interessen in Beziehung gesetzt. Allerdings referieren wir hier nicht mechanisch Hypothesen zu allen Einzelvariablen. Insbesondere in bezug auf einige berufsstatistische Merkmale (wie z.B. Konfession, Verbandszugehörigkeit, Geschlecht, Familienstand) gibt es beim bisherigen Kenntnisstand kaum Anhaltspunkte für eine theoretisch begründete Herleitung. Wir haben uns deshalb in diesen Fällen darauf beschränkt, bedeutsame Zusammenhänge in tabellarischer Zusammenfassung im Anhang (vgl.S.317ff.) mitzuteilen. Damit möchten wir dem Leser die frustrierende Lektüre einer vollständigen Aufzählung von uns geprüfter und falsifizierter Hypothesen ersparen. Dies heißt allerdings nicht im Umkehrschluß, daß wir lediglich die Ergebnisse referieren, die unsere theoretischen Annahmen bestätigen. Immer dann, wenn die aufgrund unserer theoretischen Überlegungen formulierten Hypothesen einer empirischen Prüfung nicht standhalten, werden wir dies offenlegen, nach Erklärungen hierfür suchen und ggf. weitere Auswertungsschritte vornehmen bzw. Perspektiven für weitere Forschungen skizzieren.

Im Interesse des Lesers hielten wir es für vorteilhafter, die Begründung und Ergebnisdarstellung zu den einzelnen Hypothesen sowie auch erste Interpretationen im Zusammenhang darzustellen, statt dies in voneinander getrennten Kapiteln zu tun. Auf diese Weise ist eher ein thematisch geschlossener Argumentationsgang möglich. Allerdings wird es auch hierbei zur Vermeidung von Wiederholungen zuweilen nötig sein, auf die in Kapitel 3.3 bereits formulierten Annahmen zu verweisen.

2.5.3.1 Zusammenhänge zwischen berufsstatistischen Merkmalen und Weiterbildungsmotivation

1. Hypothese: Mit zunehmender zeitlicher Berufspraxis unterscheiden sich Sozialarbeiter/Sozialpädagogen nach Inhalt und Ausmaß ihres Interesses an Weiterbildung.

Dieser Hypothese legen wir die Annahme zugrunde, daß die zeitliche Dauer der Berufspraxis von Sozialarbeitern/ Sozialpädagogen Einfluß auf den Inhalt und das Ausmaß ihres Interesses an Weiterbildung nimmt. Grundgedanke dieser Überlegung ist, daß dieses Interesse von Bedingungen der beruflichen Sozialisation bestimmt wird und diese Bedingungen mit zunehmender zeitlicher Dauer unterschiedliche Bedeutung gewinnen. Konkret ist damit gemeint, daß z.B. die Phase des Berufseintrittes mit einer Verunsicherung einhergeht. Als Weiterbildungsinteressen könnten sich hieraus z.B. ergeben, daß solche Inhalte gewünscht werden, die die Reflexion der Berufsrolle zum Gegenstand haben. Wir haben diese Hypothese ungerichtet formuliert, weil uns keine Erfahrung darüber vorliegt, ob die Nachfrage nach Weiterbildung zu Beginn einer Berufstätigkeit größer ist als nach einer längeren Berufstätigkeit. Plausibilitätsannahmen ließen sich für beide Richtungen finden. So könnte man etwa davon ausgehen, daß die in der anfänglichen Berufspraxis erlebten Mängel der Ausbildung mit Weiterbildung kompensiert werden sollen; man könnte aber auch annehmen, daß Berufspraktiker mit einer längeren Berufspraxis den Verfall von Wissen auffangen wollen und im Austausch mit Kollegen neue Arbeitsformen kennenlernen möchten.

Zur Prüfung der ersten Hypothese haben wir die Variable 129 'Anzahl der Berufsjahre nach der staatlichen Anerkennung' in Beziehung gesetzt zur Skala 'Ausmaß des Interesses an Weiterbildung' und stellten dabei fest, daß das Ausmaß des Interesses an Weiterbildung in den ersten sechs Berufsjahren höher ist als in den nachfolgenden (r = .22).[1]

---

1) Alle im folgenden mitgeteilten Korrelationskoeffizienten sind mindestens auf dem 5 %-Niveau von Null verschieden, d.h. die Zusammenhänge sind statistisch nachweisbar vorhanden. Die Ergebnisse können nicht aufgrund von Zufallsantworten zustande gekommen sein.

Der Unterschied zwischen den Mittelwerten der einzelnen Gruppen ist allerdings nicht signifikant. Damit ist noch nicht gesagt, daß die Dauer der Berufstätigkeit ohne Einfluß auf die Weiterbildungsmotivation ist. Wir vermuten nämlich, daß sie vermittelt über berufsspezifische und soziale Orientierungen wirksam wird. Sie steigt von Beginn der Berufstätigkeit bis zu einem Berufsalter von drei Jahren, ist dann etwa gleichbleibend bis zum sechsten Berufsjahr, um anschließend zu sinken.

Um Unterschiede in den inhaltlichen Weiterbildungsinteressen zwischen Befragten mit verschieden langer Berufspraxis deutlich herauszuarbeiten, haben wir die Variable 129 'Anzahl der Berufsjahre nach der staatlichen Anerkennung' dichotom differenziert in die Gruppe der Befragten bis einschließlich sechs und in sieben und mehr Berufsjahre nach der staatlichen Anerkennung. Dabei waren zwei Überlegungen maßgebend für diese Entscheidung: Einerseits greifen wir damit das Ergebnis auf, daß das Ausmaß des Weiterbildungsinteresses bis einschließlich des sechsten Berufsjahres höher ist; zum anderen beziehen wir uns mit der Gruppe der Befragten bis zu sechs Berufsjahren explizit auf Fachhochschulabsolventen. Wir unterscheiden damit Berufspraktiker mit einer Fachhochschulausbildung und einer bis zu sechsjährigen Berufstätigkeit von Berufspraktikern mit einer Ausbildung an ehemaligen 'höheren Fachschulen' und einer Berufspraxis von sieben und mehr Jahren. Die Konfundierung beider Merkmale wird in dieser Untersuchung konstant durchgehalten, da beide Merkmale immer nur gemeinsam auftreten und es nicht vorkommen kann, daß eine Person einmal in der einen oder anderen Gruppe berücksichtigt wird. Diese Klassifikation hat darüber hinaus den Vorteil, zwei zahlenmäßig etwa gleich große Gruppen miteinander vergleichen zu können. [1)]

In der folgenden Tabelle 7 werden beide Gruppen in Hinblick auf die Beurteilung der von uns vorgegebenen Liste von Studieninhalten und Weiterbildungsangeboten miteinander verglichen. Die Angabe des Mittelwertes (x) zeigt die durchschnittliche Bewertung,

---

1) Es kann allerdings nicht völlig ausgeschlossen werden, daß in der Gruppe der Sozialarbeiter/Sozialpädagogen, die bis einschließlich sechs Jahre Berufserfahrung haben, einige Befragte sind, die an einer 'Höheren Fachschule' ihr Examen ablegten und danach einige Jahre nicht berufstätig waren. Diese Möglichkeit wollen wir jedoch unberücksichtigt lassen.

welche beiden Gruppen den einzelnen Inhalten zuschreiben; die Differenz der Mittelwerte (Diff. x) zeigt das Ausmaß des Unterschiedes. Zur Veranschaulichung sei auf das Interessenprofil (Tabelle 8) verwiesen.

Tabelle 7: Vergleich der themen- und fachbezogenen Interessen von Berufspraktikern mit bis einschließlich sechs und mit sieben und mehr Berufsjahren - Vergleich der Mittelwertdifferenzen ($\bar{x}$)

Item	Aussage	bis zu 6 Berufsj.	7 und mehr Berufsj.	Diff. $\bar{x}$	
060	Weiterbildung sollte das Erlernen und Anwenden empirischer Verfahren (z.B. Befragung meiner Klienten) ermöglichen	3,24	3,67	0,43	s.
055	Weiterbildung sollte Gesprächsführung üben	4,43	4,18	0,25	n.s.
061	Weiterbildung sollte therapeutische Verfahren (z.B. Verhaltenstherapie u. Gesprächstherapie) schulen und üben	4,30	4,06	0,24	n.s.
057	Weiterbildung sollte die Methoden der Sozialarbeit/Sozialpädagogik vertiefen u. weiterentwickeln	4,14	4,31	0,17	n.s.
056	Weiterbildung sollte Verwaltungskenntnisse vermitteln	3,26	3,41	0,15	n.s.
051	Weiterbildung sollte meine Rechtskenntnisse erweitern	3,54	3,65	0,11	n.s.
052	Weiterbildung sollte die gesellschaftspolitischen Zusammenhänge meiner beruflichen Tätigkeit behandeln	3,79	3,68	0,11	n.s.
054	Weiterbildung sollte Informationen über die Entstehung bestimmter abweichender Verhaltensweisen, z.B. über Alkoholismus, vermitteln	4,01	4,09	0,08	n.s.
059	Weiterbildung sollte über die 'Sozialen Sicherungen' unseres Staates (z.B. Renten-, Kranken- u. Arbeitslosenvers.) inform.	3,22	3,29	0,07	n.s.
058	Weiterbildung sollte Fragen zur Struktur Sozialer Dienste (z.B. Sozialstation, Jugendhilfeplan) zum Inhalt haben	3,69	3,73	0,04	n.s.
053	Weiterbildung sollte Kenntnisse über Diagnostik vermitteln, um das Verhalten von Klienten besser beurteilen zu können	3,98	3,98	0,00	n.s.

Tabelle 8: Vergleich der themen- und fachbezogenen Interessen von Berufspraktikern mit bis einschließlich sechs und mit sieben und mehr Berufsjahren - Vergleich der Mittelwertdifferenzen ($\bar{x}$)

Item	Aussage
060	Weiterbildung sollte das Erlernen und Anwenden empirischer Verfahren (z.B. Befragung meiner Klienten) ermöglichen
055	Weiterbildung sollte Gesprächsführung üben
061	Weiterbildung sollte therapeutische Verfahren (z.B. Verhaltenstherapie u. Gesprächstherapie) schulen und üben
057	Weiterbildung sollte die Methoden der Sozialarbeit/Sozialpädagogik vertiefen u. weiterentwickeln
056	Weiterbildung sollte Verwaltungskenntnisse vermitteln
051	Weiterbildung sollte meine Rechtskenntnisse erweitern
052	Weiterbildung sollte die gesellschaftspolitischen Zusammenhänge meiner beruflichen Tätigkeit behandeln
054	Weiterbildung sollte Informationen über die Entstehung bestimmter abweichender Verhaltensweisen, z.B. Alkoholismus, vermitteln
059	Weiterbildung sollte über die 'Sozialen Sicherungen' unseres Staates (z.B. Renten-, Kranken- u. Arbeitslosenvers.) informieren
058	Weiterbildung sollte Fragen zur Struktur Sozialer Dienste (z.B. Sozialstation, Jugendhilfeplan) zum Inhalt haben
053	Weiterbildung sollte Kenntnisse über Diagnostik vermitteln, um das Verhalten von Klienten besser beurteilen zu können

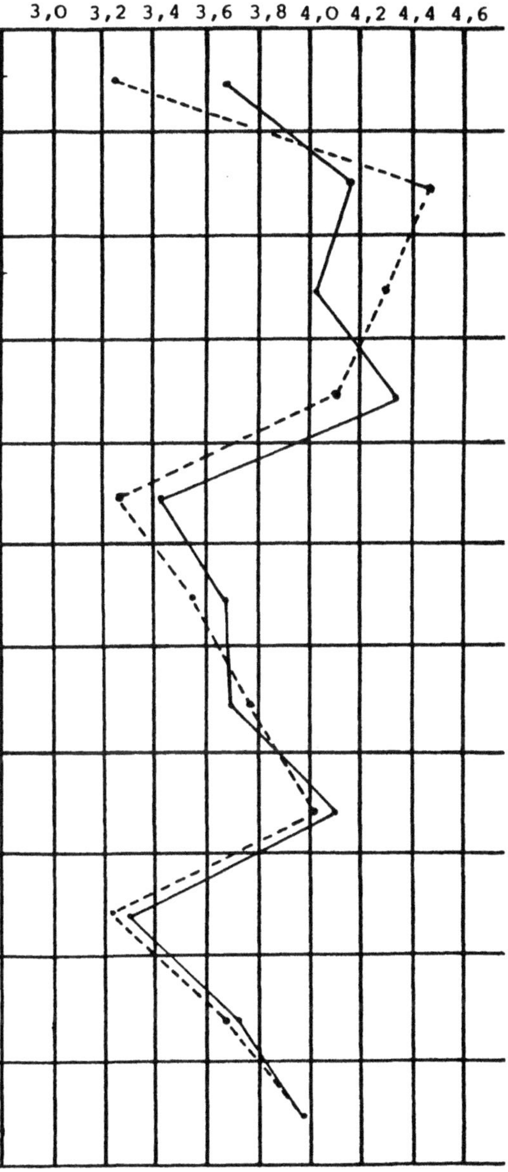

------- bis einschl. sechs Berufsjahre

———— sieben und mehr Berufsjahre

Um die Mittelwertdifferenzen auf Signifikanz prüfen zu können, war zunächst zu entscheiden, ob dieses mit Hilfe parametrischer oder nicht-parametrischer Verfahren zu geschehen hat, d.h. zu überprüfen, ob die Items aus einer normal verteilten oder nicht-normal verteilten Grundgesamtheit stammen. Wir haben den Kolmogorov-Smirnov-Test angewandt und stellten fest, daß die Voraussetzung einer Normalverteilung nicht gegeben ist. Wir haben daher den nicht-parametrischen Mann-Whitney U-Test angewandt und stellten fest, daß sich die beiden Vergleichsgruppen nur hinsichtlich der Bewertung der Variablen 060 (Erwerb empirischer Qualifkationen, Gesprächsführung) signifikant unterscheiden. Deutliche, wenn auch im statistischen Sinne nicht signifikante Differenzen zeigen sich zwischen den Variablen 055 und 061.[1] Das Interesse, im Rahmen von Weiterbildung die eigene Gesprächsführung zu schulen und zu üben (Variable 055), ist bei Befragten mit einer bis einschließlich sechsjährigen Berufstätigkeit deutlich höher (Mittelwertdifferenz von 0,25) als bei Berufspraktikern mit einer sieben- und mehrjährigen Berufserfahrung. Wir haben das Item 'Gesprächsführung schulen und üben' (055) bewußt abgegrenzt von dem Interesse 'die Methoden der Sozialarbeit/Sozialpädagogik zu vertiefen und weiter zu entwickeln' (057). Dieses Item wird mit einer Differenz von 0,17 von den Befragten mit einer längeren Berufserfahrung positiver bewertet.

Bei der nun folgenden Interpretation ist die Konfundierung der Merkmale Ausbildung und Anzahl der Berufsjahre nach der staatlichen Anerkennung zu berücksichtigen. Wir vermuten, daß das Interesse der Befragten mit der kürzeren Berufspraxis nach therapeutischen Inhalten und psychologischen Verfahren im wesentlichen mit der noch nicht so weit zurückliegenden Fachhochschulausbildung korrespondiert, in die in zunehmendem Maße psychologische und psychotherapeutische Gesprächs- und Behandlungsformen integriert wurden. Berufspraktiker mit einer sieben- und mehrjährigen Berufserfahrung und einer Ausbildung an den damaligen 'höheren Fachschulen' wählen mit den 'Methoden der Sozialarbeit/Sozialpädagogik' ebenfalls einen Inhalt, der ihnen aus der Ausbildung bekannt ist.

---

1) Als signifikant (im statistischen Sinne) interpretieren wir ein Ergebnis, das auf einem Signifikanzniveau von $\alpha = 5$ % bestätigt wird. Als deutlich wollen wir eine Mittelwertdifferenz benennen, wenn sie dieses Ziel annähernd erreicht ($\alpha = 10$ %).

Mit einer ähnlichen Begründung kann die Mittelwertdifferenz der Variablen 061 'Weiterbildung sollte therapeutische Verfahren (z.B. Verhaltenstherapie und Gesprächsführung) schulen und üben' erklärt werden. Die Abwendung der Befragten mit der geringeren Berufserfahrung von den klassischen 'Methoden der Sozialarbeit/ Sozialpädagogik' und Hinwendung zu psychologischen, psychotherapeutischen Verfahren erscheint mit der wachsenden Kritik an den Methoden der Sozialarbeit/Sozialpädagogik ebenso verbunden wie mit der zunehmenden Integration psychologischer Interventionsformen in die Ausbildung zum Sozialarbeiter/Sozialpädagogen.

Auffällig ist, daß die Notwendigkeit von Kenntnissen der empirischen Sozialforschung (VAR 060) vor allen Dingen von einer Berufsgruppe gesehen wird, die auf sieben und mehr Berufsjahre zurückgreifen kann. Eine Interpretation kann hier nur sehr vorsichtig angedeutet werden, da gerade in bezug auf diesen Themenbereich zu klären wäre, welche spezifischen Erwartungen die Befürworter dieser Inhalte an entsprechende Weiterbildungsveranstaltungen herantragen. Denkbar wäre es, daß im Anfang der Berufstätigkeit zunächst der Handlungsdruck der Praxis das Bedürfnis nach konkreter Unterstützung in Form von Handlungsanleitung, Erweiterung des methodischen Rüstzeugs, um daraus Verhaltenssicherheit zu gewinnen, vielleicht auch die mehr oder weniger reale Hoffnung auf "sichere Rezepte" in besonderer Weise hervorruft. Mit zunehmender Erfahrung - und vermutlich im Zuge mancher enttäuschter Erwartung, die aus dem Bemühen um den jeweils neuesten methodischen Trend häufig resultiert - tritt dagegen möglicherweise der Wunsch nach direkter Anleitung zurück. Stattdessen könnte dann der Wunsch nach verbesserten Möglichkeiten treten, das eigene Handlungsfeld systematisch analysieren und daran anknüpfend verändern zu können. Dies ist jedoch zunächst eine Interpretation, die in unseren Daten nicht zu verankern ist, sondern eher spekulativen Charakter hat. Dies erscheint aber vertretbar, da wir ausdrücklich darauf hinweisen und die hier angestellten Überlegungen nicht als "Tatsachen" hinstellen wollen. Spekulation ist hier vielmehr als Motor für weitere theoretische und empirische Bemühungen zu sehen.

2. Hypothese: Es besteht ein Zusammenhang zwischen Erfahrungen mit Weiterbildung und zukünftigen Interessen an Weiterbildung.

Bei der Begründung der Auswahl von zu erhebenden berufsstatistischen Merkmalen (vgl. S.100) haben wir bereits ausgeführt, daß wir der Frage nachgehen wollen, ob von dem Vorhandensein von Weiterbildungserfahrungen eher ein motivierender Einfluß ausgeht oder ob im Gegenteil die Erfahrung mit früheren Weiterbildungsveranstaltungen die Motivation der Praktiker eher bremst. Wir haben unsere Hypothese ungerichtet formuliert, weil wir nicht zwischen positiven und negativen Weiterbildungserfahrungen unterscheiden, sondern zunächst lediglich das Spektrum vorliegender Erfahrungen mit Weiterbildung in unterschiedlichen Themenbereichen erfassen (vgl. dazu Tab. 2, S.124). Dieses haben wir korreliert mit dem Ausmaß des Interesses an Weiterbildung und fanden dabei einen deutlich positiven Zusammenhang (r = .46). Das bedeutet: Je vielfältiger die Weiterbildungserfahrungen sind, desto stärker ist das Ausmaß des Interesses an Weiterbildung ausgeprägt. Daraus läßt sich vorsichtig schließen, daß die vergangenen Erfahrungen überwiegend positiv gewesen sein dürften. Zwar könnte man hiergegen argumentieren, daß Sozialarbeiter/Sozialpädagogen nach dem "Prinzip Hoffnung" auch nach vielfacher Frustration nicht nachlassen, Weiterbildung prinzipiell zu befürworten, um wenigstens die Möglichkeit offenzulassen, eines Tages positive Arten von Weiterbildung kennenzulernen. Plausibler erscheint jedoch die Annahme, die wir bei der Vorstellung unseres Handlungsmodells bereits entfaltet haben: Es werden die Mittel eingesetzt, die sich als brauchbar zur Zielerreichung erwiesen haben, insbesondere wenn sie sich bereits mehrfach bewährt haben. Die Tatsache, daß diejenigen, die über ein breites Spektrum an Weiterbildungserfahrung verfügen, Weiterbildung auch positiv bewerten und weiterhin daran interessiert sind, spricht demnach dafür, daß sie in irgendeiner Weise Nutzen daraus gezogen haben. Worin dieser Nutzen bestand, können wir mit Hilfe dieser Untersuchung nicht hinreichend klären - er kann in besserer Praxisbewältigung bestanden haben, zum beruflichen Fortkommen beigetragen haben oder auch in gegenseitiger kollegialer Stabilisierung. Dies wäre genau zu überprüfen, in der Unterscheidung zwischen gebrauchs- und tauschwertorientiertem Modell ist dies auch schon angelegt. In unserem ersten empirischen Zugriff ging es aber zunächst darum, beide am Zustandekommen von Weiterbildungsmotivation beteiligten Aspekte zu erfassen, nicht sie zu differenzieren. Festzuhalten ist an dieser Stelle, daß das Vorliegen von Weiterbildungserfahrungen offensichtlich mit einem höheren Maß an Weiterbildungsinteresse einhergeht. Diesen Zusammenhang werden wir bei der Überprüfung eines komplexeren Modells wieder aufgreifen.

Um zu prüfen, ob zwischen bisher besuchten und weiter gewünschten Weiterbildungsmaßnahmen auch ein inhaltlicher Zusammenhang besteht, haben wir die angegebenen Weiterbildungsgebiete mit den am häufigsten genannten Wünschen nach Weiterbildungsinhalten verglichen. Wir haben dazu die Inhalte besuchter Weiterbildungsveranstaltungen (VAR 014 bis VAR 024) und die inhaltlichen Wünsche zukünftiger Weiterbildung (VAR 051 bis VAR 061) zu folgenden Kategorien zusammengefaßt:

a) Interventionsformen (VAR 014, VAR 021, VAR 023, VAR 024/ VAR 055, VAR 057, VAR 061)

b) analytische Kompetenz (VAR 016, VAR 019, VAR 020/VAR 052 bis VAR 054, VAR 058, VAR 060)

c) praxisbezogenes Fachwissen (VAR 015, VAR 017, VAR 018, VAR 022/VAR 051, VAR 056, VAR 059)

Für alle drei untersuchten Bereiche konnte festgestellt werden, daß der Wunsch nach Weiterbildung in dem ausgewählten Bereich größer ist, wenn der Befragte auf Weiterbildungserfahrungen in diesem Bereich bereits zurückgreifen kann. Wir können nach Durchführung des Mann-Withney U-Tests zwar keine statistisch signifikanten Zusammenhänge aufzeigen, daß im Sinne eines Kontinuitätsinteresses der Wunsch nach einer inhaltlichen Vertiefung besuchter Weiterbildungsveranstaltungen die Auswahl gewünschter Weiterbildung bestimmt, doch zeigen unsere Ergebnisse eine Tendenz in diese Richtung. Daraus könnte man - in aller Vorsicht - folgern, daß punktuelle Angebote von Weiterbildung weniger Anziehungskraft auf Interessenten ausüben als eine kontinuierliche Form. Auch diese Schlußfolgerung muß jedoch in weiterer Forschung aufgegriffen und überprüft werden.

3. Hypothese: Die Weiterbildungsinteressen von Sozialarbeitern einerseits und Sozialpädagogen andererseits unterscheiden sich weder im Ausmaß noch im Inhalt.

Grundgedanke dieser Hypothese ist die Frage, ob die berufsdifferenzierende Primärausbildung in die Berufsrichtung Sozialarbeit bzw. Sozialpädagogik einen Einfluß auf den Inhalt und das Ausmaß des Interesses an Weiterbildung hat.

Wir gehen dabei von der Annahme aus, daß sich beide Ausbildungsrichtungen in den Grundstrukturen so ähnlich sind, daß sich die sozialisatorischen Einflüsse beider Studiengänge weitgehend gleichen dürften. Wir erwarten daher kaum unterschiedliche berufsspezifische und soziale Orientierungen und somit auch keine Unterschiede im Ausmaß der Weiterbildungsmotivation.

Bezüglich der inhaltlichen Interessen gehen wir davon aus, daß beide Berufsrichtungen sehr heterogene Tätigkeitsbereiche umfassen, die jeweils spezifische Kenntnisse und Fähigkeiten erfordern. Für die Besetzung von Stellen im sozialen Bereich dürfte es eher ausschlaggebend sein, ob Bewerber über einschlägige Kenntnisse verfügen. Die Frage, über welchen Berufsabschluß - Sozialarbeiter oder -pädagoge - sie verfügen, dürfte dabei nachrangig sein. Zwar werden Sozialarbeiter eher in Bereichen von Verwaltung anzutreffen sein, Sozialpädagogen dagegen eher in stärker pädagogisch orientierten Arbeitsfeldern; aber dennoch überlappen sich die Einsatzbereiche beider Richtungen (noch) sehr stark. Wir gehen davon aus, daß die inhaltlichen Weiterbildungsinteressen sehr viel enger mit den konkret ausgeübten Tätigkeiten zusammenhängen, als mit der Zugehörigkeit zur Gruppe der Sozialarbeiter bzw. Sozialpädagogen. Damit sprechen wir bereits einen Zusammenhang an, der nach unserem Gliederungsprinzip in den Bereich der Umweltfaktoren gehört; den Einfluß des Arbeitsbereiches.

Die Überprüfung dieser Hypothese soll deshalb in zwei Schritten geschehen: Erstens soll geprüft werden, ob sich Unterschiede zwischen Sozialarbeitern und Sozialpädagogen zeigen, wenn die konkrete berufliche Situation unberücksichtigt bleibt. Zweitens soll dann im folgenden Abschnitt festgehalten werden, ob sich Sozialarbeiter und Sozialpädagogen in Ausmaß und Inhalten ihres Weiterbildungsinteresses unterscheiden, sofern sie im gleichen Arbeitsbereich tätig sind.

Zunächst geht es hier also um die allgemeine Frage: Gibt es Unterschiede zwischen Sozialarbeitern und Sozialpädagogen? Wir erwarten solche Unterschiede nicht.

Aus Tabelle 9, S.150 geht hervor, daß sich unsere Aussage in der vorliegenden Form nicht aufrecht erhalten läßt. Zunächst einmal ist festzustellen, daß Sozialarbeiter höher motiviert sind. Die Mittelwertdifferenz erwies sich als signifikant auf dem 5 %-Niveau. Außerdem zeigen sich zwei signifikante Unterschiede bezogen auf Weiterbildungsinhalte:

- Sozialarbeiter betonen stärker ihr Interesse an diagnostischen Kenntnissen als Sozialpädagogen,
- Sozialarbeiter verlangen ebenfalls stärker nach therapeutisch orientierter Weiterbildung.

Bevor wir aufgrund dieses Ergebnisses zu einer Modifizierung unserer Annahme kommen, soll zunächst der zweite bereits angekündigte Prüfungsschritt erfolgen. Damit leiten wir gleichzeitig über zu unserem nächsten Kapitel.

Tabelle 9: Unterschiede im Inhalt und Ausmaß des Interesses an Weiterbildung zwischen Sozialarbeitern und Sozialpädagogen ohne Zugrundelegung einer gleichen (arbeitsbereichsbezogenen) Berufssituation (n = 154)

Item	Aussage	n= 124 SA	n = 30 SP	Diff.	sign.
053	Weiterbildung sollte Kenntnisse über Diagnostik vermitteln, um das Verhalten von Klienten besser beurteilen zu können	4,10	3,62	0,48	s.
061	Weiterbildung sollte therapeutische Verfahren (z.B. Verhaltenstherapie u. Gesprächstherapie) schulen und üben	4,29	3,86	0,43	s.
059	Weiterbildung sollte über die 'Sozialen Sicherungen' unseres Staates (z.B. Renten-, Kranken- u. Arbeitslosenvers.) informieren	3,35	3,07	0,28	n.s.
060	Weiterbildung sollte das Erlernen und Anwenden empirischer Verfahren (z.B. Befragung meiner Klienten) ermöglichen	3,53	3,24	0,29	n.s.
051	Weiterbildung sollte meine Rechtskenntnisse erweitern	3,64	3,43	0,21	n.s.
054	Weiterbildung sollte Informationen über die Entstehung bestimmter abweichender Verhaltensweisen, z.B. über Alkoholismus, vermitteln	4,11	3,90	0,21	n.s.
052	Weiterbildung sollte die gesellschaftspolitischen Zusammenhänge meiner beruflichen Tätigkeit behandeln	3,72	3,90	0,18	n.s.
057	Weiterbildung sollte die Methoden der Sozialarbeit/Sozialpädagogik vertiefen und weiterentwickeln	4,27	4,10	0,17	n.s.
058	Weiterbildung sollte Fragen zur Struktur Sozialer Dienste (z.B. Sozialstation, Jugendhilfeplan) zum Inhalt haben	3,72	3,77	0,06	n.s.
056	Weiterbildung sollte Verwaltungskenntnisse vermitteln	3,37	3,31	0,06	n.s.
055	Weiterbildung sollte Gesprächsführung üben	4,33	4,31	0,02	n.s.
'Ausmaß des Interesses an Weiterbildung'		62,0	55,5	6,5	s.

Die Frage nach der Berufsbezeichnung (VAR 001) wurde von zwei Befragten nicht beantwortet (n = 154).

2.5.3.2 Zusammenhänge zwischen Merkmalen der Arbeitssituation und Weiterbildungsmotivation

In diesem zweiten Teil der Überprüfung unserer 3. Hypothese geht es nicht mehr nur um bivariate Zusammenhänge wie bisher, sondern hier wird ein drittes Merkmal kontrolliert, indem es konstant gehalten wird - die Zugehörigkeit zum Arbeitsbereich.

Das Berufsfeld der Sozialarbeiter/Sozialpädagogen ist durch die verschiedenen Arbeitsbereiche sehr heterogen. Die unterschiedlichen Arbeitsbereiche stellen je spezifische Handlungsfelder dar, in denen unterschiedliche Kompetenzen mit je spezifischen Erfahrungen erforderlich sind. Es ist anzunehmen, daß sich dies in unterschiedlichen Weiterbildungsinteressen niederschlägt.

Wenn die unerwarteten Unterschiede zwischen Sozialarbeitern/ Sozialpädagogen dadurch verursacht sind, daß sie möglicherweise doch in sehr unterschiedlichen Arbeitsbereichen tätig sind, dann müßten diese Unterschiede verschwinden, wenn man nur Sozialarbeiter und Sozialpädagogen aus demselben Tätigkeitsfeld betrachtet.

Wir vergleichen im folgenden deshalb nur solche Sozialarbeiter und Sozialpädagogen miteinander, die im Arbeitsbereich Jugend- und Erwachsenenbildung beschäftigt sind. Dieses Vorgehen ist zunächst kurz zu begründen.

Um Unterschiede zwischen verschiedenen Arbeitsbereichen der Sozialarbeit/Sozialpädagogik differenzieren zu können, hatten wir den Befragten eine Liste von 23 Arbeitsbereichen (in Anlehnung an KUNOW 1977) vorgelegt und sie aufgefordert, bis max. drei Bereiche zu benennen, auf die sich die eigene konkrete Berufstätigkeit bezieht. Die Möglichkeit, Mehrfachnennungen zuzulassen, erschien uns notwendig, da die Tätigkeit von Sozialarbeitern und Sozialpädagogen sich oftmals auf verschiedene Tätigkeitsbereiche bezieht, die sich zudem noch in Abhängigkeit von der Trägerschaft inhaltlich unterscheiden (vgl. BLINKERT 1976). Exemplarisch sei dieses für den Bereich des Sozialen Dienstes (oft auch als Familienfürsorge benannt) charakterisiert, der im wesentlichen die Tätigkeitsbereiche Sozialhilfe, Jugend- und Familienfürsorge umfaßt, darüber hinaus aber nach dem Grad der vom Träger vorgenommenen Spezialisierung oft noch weitere Bereiche sozialarbeiterischer/sozialpädagogischer Tätigkeit wie die Gesundheitsfürsorge, Jugendhilfe oder Obdachlosenbetreuung umfaßt.

Die von uns vorgenommene starke Differenzierung erwies sich angesichts der geringen Zahl der Befragten als unzweckmäßig, da viele Arbeitsbereiche für eine statistische Auswertung zu gering besetzt waren. Wir haben nach unseren konzeptionellen Überlegungen und einer faktorenanalytischen Überprüfung eine Zusammenfassung der folgenden Arbeitsbereiche vorgenommen:

- Sozialer Dienst

  bestehend aus den Arbeitsbereichen Jugendfürsorge und Familienfürsorge,

- Jugend- und Erwachsenenbildung

  bestehend aus den Arbeitsbereichen Jugendpflege, Erwachsenenbildung und Freizeitpädagogik.[1)]

---

1) Die übrigen Arbeitsbereiche wurden für diese Differenzierung nicht berücksichtigt, weil sie kaum genannt wurden (vgl. Anhang, S.317ff.).

Wir haben uns bei der Bearbeitung dieser Hypothese auf den Arbeitsbereich Jugend- und Erwachsenenbildung beschränkt, weil in diesem Bereich beide Vergleichsgruppen zahlenmäßig annähernd gleich stark vertreten sind (13 Sozialpädagogen und 19 Sozialarbeiter). Im Arbeitsbereich Sozialer Dienst sind fast ausschließlich Sozialarbeiter tätig, so daß ein Vergleich hier nicht möglich war.

Tabelle 10 auf der folgenden Seite zeigt die Ergebnisse dieses Vergleichs, die in bezug gesetzt werden müssen zu Tabelle 9 (vgl.S.150). Wie dort zeigt sich auch hier wieder, daß Sozialarbeiter im Mittel stärker weiterbildungsmotiviert sind als Sozialpädagogen. Der Unterschied ist sogar noch größer als in Tabelle 9; auch hier ergab der Mann-Withney-U-Test eine Signifikanz auf dem 5 %-Niveau.

Bei den inhaltlichen Weiterbildungsinteressen zeigt sich zwar erwartungsgemäß,daß die arbeitsbereichsübergreifend ermittelten deutlichen Unterschiede bezogen auf Diagnostikkenntnisse und therapeutische Verfahren nivelliert werden, dafür tritt aber - für uns überraschend und momentan nicht zu erklären - ein vorher nicht vorhandener signifikanter Unterschied auf. Sozialpädagogen zeigen im Vergleich zu den im gleichen Arbeitsbereich tätigen Sozialarbeitern ein wesentlich höheres Interesse daran, Gesprächsführung zu üben. Eine zu überprüfende Vermutung wäre die Annahme, daß Studenten der Sozialpädagogik in ihrer Erstausbildung bereits mehr als Sozialarbeitsstudenten Gelegenheit hatten, den Nutzen solcher Übungen kennenzulernen und dies deshalb auch berufsbegleitend in Weiterbildungsveranstaltungen weiterführen möchten. Denkbar wäre ferner, daß aufgrund solcher grundlegenden Kenntnisse Sozialpädagogen selbstkritischer ihre eigenen Fähigkeiten zur Gesprächsführung betrachten und deshalb weiteres Training beanspruchen möchten. In solche Überlegungen paßt z.B. auch die Beobachtung, daß Sozialpädagogen im Durchschnitt dem Item "Die wirksamste Form sozialarbeiterischer/sozialpädagogischer Hilfe ist das Einzelgespräch" weniger zustimmen als Sozialarbeiter. Allerdings ist dieser Unterschied nicht signifikant.

Tabelle 10: Arbeitsbereichsbezogene Unterschiede im Inhalt und Ausmaß des Interesses an Weiterbildung zwischen Sozialarbeitern und Sozialpädagogen im kategorisierten Bereich 'Jugend- und Erwachsenenbildung' (n = 32)

Item	Aussage	SA n=19 $\bar{x}$	n=13 SP $\bar{x}$	Diff. $\bar{x}$
055	Weiterbildung sollte Gesprächsführung üben	4,00	4,39	0,39 s.
059	Weiterbildung sollte über die 'Sozialen Sicherungen' unseres Staates (z.B. Renten-, Kranken- u. Arbeitslosenvers.) informieren	2,90	3,08	0,18 n.s.
061	Weiterbildung sollte therapeutische Verfahren (z.B. Verhaltenstherapie u. Gesprächstherapie) schulen u. üben	4,00	3,85	0,15 n.s.
054	Weiterbildung sollte Informationen über die Entstehung bestimmter abweichender Verhaltensweisen, z.B. über Alkoholismus, vermitteln	3,95	4,08	0,13 n.s.
052	Weiterbildung sollte die gesellschaftspolitischen Zusammenhänge meiner beruflichen Tätigkeit behandeln	3,95	3,85	0,10 n.s.
051	Weiterbildung sollte meine Rechtskenntnisse erweitern	3,11	3,01	0,10 n.s.
060	Weiterbildung sollte das Erlernen und Anwenden empirischer Verfahren (z.B. Befragung meiner Klienten) ermöglichen	3,32	3,42	0,10 n.s.
053	Weiterbildung sollte Kenntnisse über Diagnostik vermitteln, um das Verhalten von Klienten besser beurteilen zu können	3,53	3,62	0,09 n.s.
058	Weiterbildung sollte Fragen zur Struktur Sozialer Dienste (z.B. Sozialstation, Jugendhilfeplan) zum Inhalt haben	3,79	3,85	0,06 n.s.
057	Weiterbildung sollte die Methoden der Sozialarbeit/Sozialpädagogik vertiefen und weiterentwickeln	4,11	4,15	0,04 n.s.
056	Weiterbildung sollte Verwaltungskenntnisse vermitteln	3,00	3,00	0,00 n.s.
'Ausmaß des Interesses an Weiterbildung'		63,1	54,6	8,5 s.

Festzuhalten bleibt jedoch, daß die Differenzen zwischen Sozialarbeitern und Sozialpädagogen in der Beurteilung von Weiterbildungsinhalten in derselben konkreten Berufssituation zahlenmäßig geringer sind als bei der unspezifischen arbeitsbereichsübergreifenden Betrachtung.

Um nun zu prüfen, von welchen Faktoren die verbleibenden Unterschiede mitbestimmt werden, untersuchen wir im folgenden die Verteilung einiger sozial- und berufsstatistischer Merkmale, und zwar sowohl in der gesamten Stichprobe als auch in den beiden zu vergleichenden Gruppen: Sozialarbeiter in der Jugendarbeit einerseits; Sozialpädagogen in der Jugendarbeit andererseits.

Tabelle 11: Verteilung einiger sozial- und berufsstatistischen merkmale in der untersuchten Stichprobe

	alle Befragten		Befragte im Bereich Jugend- und Erwachsenenbildung	
	Sozialarbeiter n = 12	Sozialpäd. n = 30	Sozialarbeiter n = 19	Sozialpäd. n = 13
Geschlecht:				
männlich	64	7	13	2
weiblich	60	22	6	11
Alter	39,4	29,8	36,8	29,8
Anzahl der Berufsjahre n.d. staatl. Anerkennung	12,2	3,6	8,5	2,8
Dauer der Tätigkeit i.derzeitigen Arb.-Ber. in Jahren	6,6	2,4	4,3	2,7

Die Tabelle läßt deutliche Unterschiede in den Sozial- und Berufsdaten erkennen, die - wie wir noch zeigen werden - den Unterschied zwischen Sozialarbeitern und Sozialpädagogen im Ausmaß ihres Interesses an Weiterbildung beeinflussen.

- Arbeitsbereichsübergreifend sind in der Sozialarbeit/Sozialpädagogik nach unserer Stichprobe etwa gleich viel Männer (n = 64) und Frauen (n = 60) berufstätig.
  Arbeitsbereichsbezogen zeigt sich dagegen ein Unterschied, denn in dem kategorisierten Arbeitsbereichen 'Jugend- und Erwachsenenbildung' sind deutlich mehr Männer (n = 13) als Frauen (n = 6) tätig.

- Arbeitsbereichsübergreifend sind von den in unserer Stichprobe erfaßten Sozialpädagogen 22 weiblich und 7 männlich. Diese Tatsache tritt in dem Arbeitsbereich 'Jugend- und Erwachsenenbildung' noch deutlicher hervor, denn von den hier befragten 13 Sozialpädagogen sind 11 Frauen und 2 Männer.

- In der Altersstruktur unterscheiden sich ebenfalls Sozialarbeiter deutlich von Sozialpädagogen. Während das Durchschnittsalter der Sozialarbeiter arbeitsbereichsübergreifend 39 und arbeitsbereichsbezogen 37 Jahre beträgt, ist das durchschnittliche Lebensalter der befragten Sozialpädagogen mit 30 Jahren (sowohl arbeitsbereichsübergreifend als auch bezogen auf den kategorisierten Bereich) deutlich geringer als das der befragten Sozialarbeiter.

- Die Dauer der Berufstätigkeit nach der staatlichen Anerkennung differiert ebenfalls deutlich zwischen Sozialarbeitern und Sozialpädagogen, denn Sozialarbeiter sind arbeitsbereichsübergreifend durchschnittlich 12 und arbeitsbereichsbezogen durchschnittlich 9 Berufsjahre berufstätig. Dagegen haben Sozialpädagogen arbeitsbereichsübergreifend mit 4 und arbeitsbereichsbezogen mit 3 Berufsjahren eine deutlich geringere Berufspraxis aufzuweisen.

- Der Vergleich der Berufsjahre nach der staatlichen Anerkennung korrespondiert mit dem Vergleich der Dauer der Tätigkeit im derzeitigen Arbeitsbereich.

Wollte man Vertreter der beiden untersuchten Gruppen idealtypisch kennzeichnen, so käme man zu der Aussage: Der "typische Sozialarbeiter" ist männlich, im Schnitt älter als die Sozialpädagogenkolleginnen, hat dementsprechend auch eine längere Berufserfahrung, und zwar sowohl insgesamt als auch im jeweiligen derzeitigen Arbeitsbereich. Dagegen ist die "typische Sozialpädagogin" weiblich, jünger als die Sozialarbeiterkollegen und verfügt demgemäß über weniger Berufserfahrung. Im Arbeitsbereich Jugend- und Erwachsenenbildung zeigt sich diese Differenzierung besonders stark.

Wir haben deshalb die gefundenen Mittelwertdifferenzen $\bar{x}$ im Ausmaß des Weiterbildungsinteresses zwischen Sozialarbeitern und Sozialpädagogen nochmals überprüft. Hierzu haben wir Signifikanztests mehrfach unter Anwendung von Auswahlverfahren wiederholt, indem wir nur Befragte miteinander verglichen, die durch gleiche sozial- und berufsstatistische Merkmale gekennzeichnet waren. Dabei wurde deutlich, daß sich bei zunehmender Anzahl gleicher sozial- und berufsstatistischer Merkmale die Anzahl signifikanter Unterschiede sowohl in der Beurteilung der Gesamtskala als auch der Subskalen verringert. D.h. wenn wir die Befragten gleichen Alters und Geschlechts mit etwa der gleichen Anzahl von Berufsjahren in der gleichen Berufssituation miteinander vergleichen, vermindern sich die Unterschiede im Ausmaß des Interesses bis zur Zufälligkeit.

Wir meinen, daß diese Ergebnisse in zweifacher Weise unsere konzeptionellen Überlegungen zur Gestaltung eines berufsbezogenen Weiterbildungsstudiums stützen können. Zum einen weisen sie auf den bedeutenden Einfluß der Merkmale hin, die wir unter dem Titel berufsstatistische Merkmale als Schnittstellen sozialisatorischer Bedingungen gekennzeichnet haben. Hier gilt es, die unterschiedlichen Sozialisationserfahrungen der an Weiterbildung interessierten und beteiligten Sozialarbeiter/Sozialpädagogen aufzunehmen und ihre Auswirkungen auf die eigene Arbeit der Reflexion zugänglich zu machen.

Zum anderen sprechen sie für ein Angebot, das sich an Praktiker innerhalb eines eingrenz- und beschreibbaren Arbeitsbereiches richtet, da in diesem Fall mit relativ homogenen inhaltlichen Interessen gerechnet werden kann. Der Berufsfeldbezug sollte in der Curriculumentwicklung demnach so spezifisch wie möglich berücksichtigt werden.

Um diese Schlußfolgerung zur Dominanz des Arbeitsbereichseinflusses auf die Weiterbildungsinteressen nochmals zu überprüfen, haben wir eine weitere Hypothese formuliert, in der ein spezifischer Arbeitsbereich mit allen anderen verglichen wird.

<u>4. Hypothese:</u> An Fachhochschulen lehrende Sozialarbeiter und Sozialpädagogen unterscheiden sich von Kollegen, die in der Berufspraxis stehen, nach ihrem Ausmaß und Inhalt des Interesses an Weiterbildung.

Mit der oben formulierten Hypothese untersuchen wir einen speziellen Arbeitsbereich von Sozialarbeitern/Sozialpädagogen.

Die Weiterbildungsinteressen der 'Lehrenden Sozialarbeiter/Sozialpädagogen' sind deshalb besonders untersucht worden, weil sie als eine Pilotgruppe für das von uns anzubietende Weiterbildungsstudium vorgesehen waren. Nach dem bisherigen Ergebnis unterscheiden sich lehrende und berufspraktisch tätige Sozialarbeiter und Sozialpädagogen mit einer Mittelwertdifferenz von sechs Punkten in ihrem Ausmaß des Interesses an Weiterbildung. Dies ist nicht signifikant.

Das unterschiedliche <u>inhaltliche Interesse</u> beider Vergleichsgruppen zeigt sich in der Gegenüberstellung der nachgefragten Weiterbildungsinhalte in der Tabelle 12.

Die Mittelwertdifferenzen beider Vergleichsgruppen zwischen den Variablen 051, 052, 053, 055, 056, 059 und 061 sind nach Durchführung des nicht-parametischen Mann-Withney U-Tests signifikant, die der Variablen 058 deutlich unterschiedlich. Es zeigt sich damit, daß die Wünsche der Berufspraktiker eher auf die Inhalte Rechtskunde, Diagnostik, Gesprächsführung, Soziale Sicherung und Therapie gerichtet sind, während die lehrenden Sozialarbeiter/ Sozialpädagogen Gesellschaftspolitik bevorzugen. Die übrigen Inhalte werden etwa gleich bewertet.

Vergleicht man die vertikalen Mittelwertdifferenzen der Tabelle 7 (Einfluß der Dauer der Berufstätigkeit auf Weiterbildungsinteressen) mit denen der Tabelle 12 (Einfluß der Berufssituation auf Weiterbildungsinteressen) zeigt sich deutlich, daß die Auswahl der Inhalte von Weiterbildung eher durch den Berufsfeldeinfluß als durch die Anzahl der Berufsjahre bestimmt wird. Während die Unterschiede in der Bewertung von Weiterbildungsinhalten zwischen den Befragten mit dem unterschiedlichen Berufsalter (bis sechs Berufsjahre; sieben und mehr Berufsjahre nach der staatlichen Anerkennung) nur einmal signifikant und zweimal deutlich sind, ergeben sich zwischen den hier unterschiedenen Arbeitsbereichen (lehrende und berufspraktisch tätige Sozialarbeiter/Sozialpädagogen) sieben signifikante und eine deutliche Mittelwertdifferenz. Wir schließen auch aus diesem Ergebnis, daß die Zugehörigkeit zum Arbeitsbereich die Auswahl von Weiterbildungsinhalten stärker bestimmt als die Dauer der Berufstätigkeit.

Tabelle 12: Vergleich der themen- und fachbezogenen Interessen von 'lehrenden' und 'berufspraktisch tätigen' Sozialarbeitern und Sozialpädagogen sowie ihres 'Ausmaßes des Interesses an Weiterbildung'

Item	Aussage	lehrende SA/SP n=125 $\bar{x}$ =	berufspraktisch tätige SA/SP n=23 $\bar{x}$ =	Diff. $\bar{x}$	sig.
051	Weiterbildung sollte meine Rechtskenntnisse erweitern	2,96	3,71	0,75	s.
055	Weiterbildung sollte Gesprächsführung üben	3,78	4,42	0,64	s.
059	Weiterbildung sollte über die 'Sozialen Sicherungen' unseres Staates (z.B. Renten-, Kranken- u. Arbeitslosenvers.) inform.	2,75	3,37	0,62	s.
061	Weiterbildung sollte therapeutische Verfahren (z.B. Verhaltenstherapie) schulen u. üben	3,70	4,29	0,59	s.
053	Weiterbildung sollte Kenntnisse über Diagnostik vermitteln, um das Verhalten von Klienten besser beurteilen zu können	3,61	4,07	0,46	s.
052	Weiterbildung sollte die gesellschaftspolitischen Zusammenhänge meiner beruflichen Tätigkeit behandeln	4,09	3,69	0,40	s.
056	Weiterbildung sollte Verwaltungskenntnisse vermitteln	3,04	3,40	0,36	–
058	Weiterbildung sollte Fragen zur Struktur Sozialer Dienste (z.B. Sozialstation, Jugendhilfeplan) zum Inhalt haben	4,00	3,67	0,33	–
057	Weiterbildung sollte die Methoden der Sozialarbeit/Sozialpädagogik vertiefen u. weiterentwickeln	4,42	4,20	0,22	–
054	Weiterbildung sollte Informationen über die Entstehung bestimmter abweichender Verhaltensweisen, z.B. über Alkoholismus, vermitteln	3,96	4,09	0,13	–
060	Weiterbildung sollte das Erlernen u. Anwenden empirischer Verfahren (z.B. Befragung meiner Klienten) ermöglichen	3,54	3,45	0,09	–

Wir haben in der bisherigen Darstellung zwei Interpretationen vorgeschlagen, die im folgenden nochmals einer Prüfung unterzogen werden sollen. Beide Aussagen

- daß Weiterbildungsinhalte, die sozialarbeiterische /sozialpädagogische Interventionsformen vermitteln und vertiefen, gegenüber anderen Inhalten präferiert werden,

- daß Weiterbildungsinhalte durch die Zugehörigkeit zum Arbeitsbereich bestimmt werden,

sollen nochmals in dem Vergleich zweier kategorisierter Arbeitsbereiche differenzierter betrachtet werden.

Das von uns gewählte Kategorisierungsverfahren haben wir bereits beschrieben und begründet (vgl. S.152). Wir vergleichen im Zuge der Überprüfung unserer 5. Hypothese die in den Bereichen 'Sozialer Dienst' und 'Jugend- und Erwachsenenbildung' beschäftigen Sozialarbeiter und Sozialpädagogen miteinander.

5. Hypothese: In unterschiedlichen Arbeitsbereichen unterscheiden sich Sozialarbeiter/Sozialpädagogen nach Ausmaß und Inhalt ihres Weiterbildungsinteresses.

Tabelle 13 auf der folgenden Seite zeigt die Ergebnisse.

Tabelle 13: Vergleich zwischen Sozialarbeitern und Sozialpädagogen in den kategorisierten Arbeitsbereichen 'Sozialer Dienst (Fafü)' und 'Jugend- und Erwachsenenbildung' nach Ausmaß und Inhalt ihres Weiterbildungsinteresses

Item	Aussage	n=23 Sozialer Dienst $\bar{x}$ =	n=33 Jugend- u. Erwachsenenb. $\bar{x}$ =	Diff. $\bar{x}$	sig
051	Weiterbildung sollte meine Rechtskenntnisse erweitern	4,14	3,19	0,95	s.
059	Weiterbildung sollte über die 'Sozialen Sicherungen' unseres Staates (z.B. Renten-, Kranken- u. Arbeitslosenvers.) inform.	3,82	2,97	0,85	s.
053	Weiterbildung sollte Kenntnisse über Diagnostik vermitteln, um das Verhalten von Klienten besser beurteilen zu können	4,27	3,61	0,66	s.
061	Weiterbildung sollte therapeutische Verfahren (z.B. Verhaltenstherapie und Gesprächstherapie) schulen u. üben	4,55	3,98	0,57	s.
056	Weiterbildung sollte Verwaltungskenntnisse vermitteln	3,55	3,12	0,43	s.
055	Weiterbildung sollte Gesprächsführung üben	4,54	4,18	0,36	s.
057	Weiterbildung sollte die Methoden der Sozialarbeit/Sozialpädagogik vertiefen u. weiterentwickeln	4,46	4,12	0,34	s.
060	Weiterbildung sollte das Erlernen und Anwendung empirischer Verfahren (z.B. Befragung meiner Klienten) ermöglichen	3,64	3,38	0,26	–
054	Weiterbildung sollte Informationen über die Entstehung bestimmter abweichender Verhaltensweisen, z.B. über Alkoholismus, vermitteln	4,28	4,03	0,25	–
052	Weiterbildung sollte die gesellschaftspolitischen Zusammenhänge meiner beruflichen Tätigkeit behandeln	3,65	3,88	0,23	–
058	Weiterbildung sollte Fragen zur Struktur Sozialer Dienste (z.B. Sozialstation, Jugendhilfeplan) zum Inhalt haben	3,91	3,82	0,09	–

Wir haben den Mann-Withney U-Test durchgeführt, um die Signifikanz der Mittelwertdifferenzen zwischen beiden hier verglichenen Gruppen im Ausmaß des Interesses an Weiterbildung und in der Bewertung der vorgegebenen Inhalte zu überprüfen. Die empirisch ermittelte Differenz von 0,3 Punkten ist zu gering zur Bestätigung der aufgestellten Hypothese, daß sich Sozialarbeiter und Sozialpädagogen in den unterschiedenen Arbeitsbereichen hinsichtlich ihres Ausmaßes des Interesses an Weiterbildung unterscheiden.

Deutliche Differenzen lassen sich dagegen bei dem Vergleich favorisierter Inhalte erkennen. Dabei wird deutlich, daß Befragte aus dem Arbeitsbereich 'Sozialer Dienst' den vorgelegten Inhalten insgesamt höhere Bedeutung beimessen als Befragte des Arbeitsbereiches 'Jugend- und Erwachsenenbildung'. Nur bei dem Item 052 'Weiterbildung sollte die gesellschaftspolitischen Zusammenhänge meiner beruflichen Tätigkeit behandeln' zeigt sich ein größeres Interesse der befragten Sozialarbeiter/Sozialpädagogen aus dem Bereich der Jugend- und Erwachsenenbildung. Die Differenz ist jedoch nicht signifikant.

Signifikante Differenzen lassen sich jedoch in der unterschiedlichen Beurteilung der Items 051, 053, 055 bis 057, 059 und 061 feststellen, d.h. in der Beurteilung von Inhalten, die sozialarbeiterische/sozialpädagogische Interventionsformen und Rechts- und Verwaltungskenntnisse vermitteln und vertiefen. Nicht signifikante Differenzen zeigen sich zwischen beiden Vergleichsgruppen in der Beurteilung von Inhalten, deren Intention eher in der Vermittlung und Erweiterung analytischer Kompetenzen liegt (Empirische Sozialforschung (VAR 060), Gesellschaftspolitik (VAR 052),Struktur Sozialer Dienste (VAR 058) und deren konkreter Bezug zur eigenen Berufstätigkeit nicht gesehen wird.

Der Soziale Dienst unterliegt in stärkerem Maße als die Jugend- und Erwachsenenbildung der Erwartung, sich an Rechts- und Verwaltungsnormen zu orientieren, Diagnosen zu erstellen und therapeutische Interventionen zu vermitteln oder selbst durchzuführen. Es dokumentiert sich hier (in Anlehnung an die zuvor durchgeführten Vergleiche), daß als Grundlage zur Auswahl von Weiterbildungsinhalten konkrete Berufssituationen herangezogen werden.

Mitteilenswert erscheint uns ferner, daß die bei Freien Trägern beschäftigten Sozialarbeiter/Sozialpädagogen signifikant höher weiterbildungsmotiviert sind als die bei staatlichen Trägern tätigen. Außerdem zeigen besonders diejenigen hohe Motivation, die ihre eigene Arbeitsautonomie hoch einschätzen. Diese beiden Merkmale sind nicht unabhängig voneinander: Die bei Freien Trägern tätigen Sozialarbeiter/Sozialpädagogen schätzen ihre Autonomie signifikant höher ein. Wir sehen hierin eine Bestätigung unserer weiter vorn (vgl.S.103f.)abgeleiteten Erwartung, daß ein hohes Maß an subjektiv empfundener Arbeitsautonomie eine günstige Bedingung für die Entwicklung von Weiterbildungsmotivation darstellt.

Um einen ersten Überblick über die Zusammenhänge der von uns erhobenen berufsspezifischen und sozialen Orientierung und dem Ausmaß des Interesses an Weiterbildung zu geben, stellen wir in Tabelle 14 zunächst alle Korrelationskoeffizienten vor:

Tabelle 14: Zusammenhänge zwischen berufsspezifischen Orientierungen und Ausmaß des Interesses an Weiterbildung

(n = 156)

Merkmal	r =	Signifikanz
Berufliche Zufriedenheit	+ .23	sss
Berufliches Konflikterleben	- .35	ss
Resignation	- .37	sss
Autonomie	+ .27	
Selbsteinschätzung d.Berufsprestiges	+ .05	
Einschätzung d. politischen Gehalts von Sozialarbeitern/Sozialpädagogen	+ .08	n.s.
Beziehungsorientierungen	- .08	n.s.
Anpassungsneigung	+ .13	n.s.
Beurteilung der Sozialarbeiter-Klient-Beziehung	- .15	s

In einem weiteren Schritt soll nun geprüft werden, ob die von uns in Kapitel 2.3.1 bereits angedeuteten Annahmen über den Zusammenhang zwischen Weiterbildungsmotivation und Zufriedenheit bzw. Unzufriedenheit zutreffen. Wir sind davon ausgegangen, daß Zufriedenheit eine günstige Bedingung für das Auftreten von Weiterbildungsmotivation ist (vgl. S. 87), Unzufriedenheit (in unserer Begrifflichkeit: Berufliches Konflikterleben) dagegen eine ungünstige (vgl. S. 88 ff.)[1].

6. Hypothese:

6.1 Ein hohes Maß beruflicher Zufriedenheit geht mit einem hohen Ausmaß des Interesses an Weiterbildung einher.

6.2 Ein niedriges Maß beruflichen Konflikterlebens dagegen mit einem hohen Ausmaß des Interesses an Weiterbildung.
Wie der Tab. 15 zur Hypothese 6.1 zu entnehmen ist, ergibt sich zwar eine Tendenz in die angenommene Richtung; ein signifikanter Zusammenhang konnte jedoch nicht festgestellt werden. Es bleibt zu prüfen, ob bei verbesserten Meßinstrumenten der sich abzeichnende Zusammenhang deutlicher, und d. h. signifikant würde.

Wie aus der Tab. 16 zu entnehmen ist, wurde die Hypothese 6.2 bestätigt: Niedriges berufliches Konflikterleben ist eine günstige Voraussetzung für hohe Weiterbildungsmotivation. Je niedriger das berufliche Konflikterleben, desto höher ist die Weiterbildungsmotivation.

1) Wir haben dort bereits darauf hingewiesen, daß diese Aussage nicht für 'Konstruktive Arbeitszufriedenheit' gilt. Diese haben wir in unserer Untersuchung jedoch nicht erhoben, so daß wir darüber keine empirisch fundierten Aussagen treffen können.

Tabelle 15: Weiterbildungsmotivation und berufliche Zufriedenheit

	Weiterbildungsmotivation niedrig	Weiterbildungsmotivation hoch	gesamt
Berufliche Zufriedenheit niedrig	44	39	83
Berufliche Zufriedenheit hoch	31	42	73
gesamt	75	84	156

chi^2 = 1.3; nicht signifikant

Tabelle 16: Weiterbildungsmotivation und berufliches Konflikterleben

	Weiterbildungsmotivation niedrig	Weiterbildungsmotivation hoch	gesamt
Konflikterleben niedrig	25	58	83
Konflikterleben hoch	50	23	73
gesamt	75	81	156

chi^2 = 21.4; = 1 % (sss); phi = .38

Dies bedeutet jedoch keineswegs, daß berufliches Konflikterleben in jedem Falle hinderlich für Weiterbildungsmotivation wäre.

Da sich ein Zusammenhang zwischen beruflicher Zufriedenheit und Weiterbildungsmotivation nicht nachweisen ließ, gleichzeitig aber ein niedriges Konflikterleben noch weiterbildungsmotivierend ist, vermuten wir sogar eher, daß für Weiterbildungsmotivation ein gewisses Maß beruflicher Konflikte sogar förderlich ist.

Um eine obere Grenze des Konflikterlebens zu markieren, die für die Weiterbildungsmotivation nicht mehr förderlich ist, haben wir die Dimension 'Berufliches Konflikterleben' nochmals differenzierter betrachtet. Dazu haben wir einmal den Index 'Resignation' gebildet, um hierdurch eine Position zu erfassen, die etwa der von BRUGGEMANN et al. als 'fixierte Unzufriedenheit' skizzierten Haltung entspricht: Die Lage wird als äußerst unbefriedigend erlebt, neue Problemlösungsversuche werden nicht mehr unternommen. Dementsprechend sind wir davon ausgegangen, daß auch Weiterbildung nicht als Mittel zur Verbesserung der eigenen Lage betrachtet wird. Wir erwarteten also eine negative Beziehung zwischen Resignation und Weiterbildungsmotivation. Aus Tabelle 14 geht hervor, daß in der Tat dieser Zusammenhang besteht: Hohe Werte im Bereich Resignation treten gleichzeitig mit niedrigen Motivationswerten auf ($r = -.37$). Der betrübliche Aspekt dieser Erkenntnis liegt darin, daß man die in der Auseinandersetzung mit den Anforderungen der Praxis resignierenden Sozialarbeiter/Sozialpädagogen auch über Weiterbildungsmaßnahmen nicht erreicht, weil sie sich daran vermutlich kaum beteiligen. Positiv gewendet bedeutet es aber auch, daß die an Weiterbildungsveranstaltungen teilnehmenden Sozialarbeiter/Sozialpädagogen eben (noch) nicht zu denjenigen gehören, die ohnehin keine Veränderungsmöglichkeiten sehen, sondern eher nach konstruktiven Wegen der Problembewältigung suchen.

Zum zweiten haben wir als einen spezifischen Aspekt von Unzufriedenheit die Selbsteinschätzung des eigenen Berufsprestiges in ihrer Auswirkung auf Weiterbildungsmotivation untersucht. Dabei waren wir davon ausgegangen, daß die bei Sozialarbeitern/ Sozialpädagogen vermutlich auftretende Unzufriedenheit mit dem eigenen Image durchaus motivierenden Einfluß auf Weiterbildungsaktivitäten haben könnte (vgl. S.95). Diese Vermutung hat sich nicht bestätigt. Es besteht kein Zusammenhang zwischen beiden Variablen. Auch hier greift offenbar die allgemeine Regel: Unzufriedenheit ist eine schlechte Ausgangsbedingung für Weiterbildungsmotivation.

Schließlich hatten wir einen hemmenden Einfluß der Anpassungsneigung auf die Weiterbildungsmotivation angenommen (vgl. S.96).

Auch diese Vermutung hat sich jedoch nicht bestätigt, es besteht ebenfalls kein Zusammenhang zwischen beiden Variablen.

Bei den übrigen Dimensionen hatten wir keine direkten Bezüge zur Weiterbildungsmotivation angenommen, sondern lediglich zum vermittelten Konstrukt der Arbeitszufriedenheit. Die Ergebnisse hierzu werden im Kapitel 2.5.3.4 Zusammenhänge zwischen unterschiedlichen berufsspezifischen und sozialen Orientierungen mitgeteilt. Im folgenden geht es nun zunächst um das Verhältnis von inhaltlichen Weiterbildungsinteressen und beruflichen Orientierungen.

2.5.3.3.2 Einfluß berufsspezifischer und sozialer Orientierungen auf die Bewertung von Weiterbildungsinhalten

Zur Untersuchung des Einflusses berufsspezifischer und sozialer Orientierungen gehen wir von der Vermutung aus, daß sich unterschiedliche berufsspezifische und soziale Orientierungen von Sozialarbeitern und Sozialpädagogen nicht nur im Ausmaß des Interesses an Weiterbildung, sondern auch in der Auswahl und Bewertung von Weiterbildungsinhalten niederschlagen. Zur Überprüfung dieser Vermutung haben wir zwei Vergleichsgruppen gebildet, indem wir die Gruppe der Befragten, die den konstruierten Indizes und ausgewählten Variablen einen hohen Punktwert zugeordnet hat, getrennt haben von der Gruppe der Befragten, die durch die Zuordnung niedriger Punktwerte diesen Indizes und Variablen eine geringe Bedeutung zuspricht. Die Trennung erfolgt jeweils bei dem Median der Verteilung, d.h. wir unterscheiden die ca. 50 % Befragten mit einer eher positiven Bewertung der Konstrukte von den ca. 50 % Befragten, die auf den konstruierten Indizes einen niedrigeren Punktwert erhielten; bei den ausgewählten Variablen trennen wir die Gruppe der Befragten, die den Items zustimmen (Werte 4,5) von der Gruppe von Befragten, die sie ablehnen (Werte 1,2). Beide Gruppen wollen wir in der Bewertung der vorgelegten Weiterbildungsinhalte miteinander vergleichen. Zur Signifikanzprüfung haben wir wieder den nicht-parametrischen Mann-Withney U-Test angewandt, da die Voraussetzung einer normal verteilten Grundgesamtheit (nach Durchführung eines Kolmogorov-Smirnov-Tests) nicht angenommen werden kann. Das Signifikanzniveau beträgt (wenn nicht anders angegeben) 5 %.
In der folgenden Übersicht listen wir zunächst einmal vollständig auf, welche Zusammenhangshypothesen wir überprüft haben (vgl. S. 172-174).

gruppenbildendes Merkmal Index/Variable	Differenzen im Weiterbildungs- inhalt Item	signifikante Differenzen in der Beurteilung folgender Studien- und Weiterbildungs- inhalte
Image des SA/SP		keine signifikanten Differenzen
Resignation*	053	Weiterbildung sollte Kenntnisse über Diagnostik vermitteln, um das Verhalten von Klienten besser beurteilen zu können
	055	Weiterbildung sollte Gesprächsführung schulen und üben
	057	Weiterbildung sollte die Methoden der Sozialarbeit/Sozialpädagogik vertiefen und weiterentwickeln
Politischer Gehalt	051	Weiterbildung sollte meine Rechtskenntnisse erweitern
	052	Weiterbildung sollte die gesellschaftspolitischen Zusammenhänge meiner beruflichen Tätigkeit behandeln
	057	Weiterbildung sollte die Methoden der Sozialarbeit/Sozialpädagogik vertiefen und weiterentwickeln
	058	Weiterbildung sollte Fragen zur Struktur sozialer Dienste (z.B. Sozialstation, Jugendhilfeplan) zum Inhalt haben
Anpassungsneigung		keine signifikanten Differenzen
Autonomie		keine signifikanten Differenzen

* das Signifikanzniveau ist α = 10 %

gruppenbildendes Merkmal Index/Variable	Differenzen im Weiterbildungsinhalt Item	signifikante Differenzen in der Beurteilung folgender Studien- und Weiterbildungsinhalte
Störung der Sozialarbeiter-Klientbeziehung	051	Weiterbildung sollte meine Rechtskenntnisse erweitern
	053	Weiterbildung sollte Kenntnisse über Diagnostik vermitteln, um das Verhalten von Klienten besser beurteilen zu können
	054	Weiterbildung sollte Informationen über die Entstehung bestimmter abweichender Verhaltensweisen(z.B. über Alkoholismus)vermitteln
	055	Weiterbildung sollte Gesprächsführung schulen und üben
	061	Weiterbildung sollte das Erlernen und Anwenden empirischer Verfahren (z.B. Befragung meiner Klienten) ermöglichen
VAR 090 die wirksamste Form sozialarbeiterischer/ sozialpädagogischer Hilfe ist das Einzelgespräch	051	Weiterbildung sollte meine Rechtskenntnisse erweitern
	052	Weiterbildung sollte die gesellschaftspolitischen Zusammenhänge meiner beruflichen Tätigkeit behandeln
	053	Weiterbildung sollte Kenntnisse über Diagnostik vermitteln, um das Verhalten von Klienten besser beurteilen zu können

gruppenbildendes Merkmal Index/Variable	Differenzen im Weiterbildungsinhalt Item	signifikante Differenzen in der Beurteilung folgender Studien- und Weiterbildungsinhalte
VAR 090 die wirksamste Form sozialarbeiterischer/sozialpädagogischer Hilfe ist das Einzelgespräch	059	Weiterbildung sollte über die 'Sozialen Sicherungen' unseres Staates (z.B. Renten-, Kranken- u. Arbeitslosenversicherung) informieren
VAR 100 wenn ich mir meine Bemühungen um die Durchsetzung von Neuerungen in meiner Institution rückblickend betrachte, kann ich feststellen, daß ich eher Anlaß zur Zufriedenheit als zur Resignation habe		keine signifikanten Differenzen
VAR 108 Sozialarbeit hilft, gesellschaftliche Spannungen zu reduzieren		keine signifikanten Differenzen
VAR 115 die psychischen Belastungen meiner Tätigkeit übertragen sich in mein Privatleben		keine signifikanten Differenzen

Wie der vorstehenden Übersicht zu entnehmen ist, lassen sich unsere Vermutungen über Zusammenhänge zwischen berufsspezifischen und sozialen Orientierungen einerseits mit der Bewertung spezifischer Weiterbildungsinhalte andererseits nur zum Teil bestätigen:

1.) Signifikante Differenzen lassen sich in der Beurteilung der Weiterbildungsinhalte lediglich aufgrund der unterschiedlichen berufsspezifischen und sozialen Orientierungen 'Resignation', 'politische Funktion der Sozialarbeit/Sozialpädagogik', 'Bewußtsein einer problematischen Sozialarbeiter-Klient-Beziehung' sowie der Variablen 090 'Einzelhilfe ist die wirksamste Form der Hilfe' zeigen.

2.) Befragte mit Unterschieden in den berufsspezifischen Orientierungen 'Image des Sozialarbeiters/Sozialpädagogen', 'Anpassungsneigung' und 'Grad beruflicher Autonomie' unterscheiden sich in keinem der vorgelegten Inhalte. Das gleiche gilt für Befragte, die sich in der Beurteilung der Variablen 100, 108 und 115 - entsprechend der o.a. Form - unterscheiden.

In den Tabellen 17-19 sind die berufsspezifischen und sozialen Orientierungen noch einmal differenzierter dargestellt, bei denen signifikante Unterschiede auf dem 5 %-Niveau hinsichtlich bestimmter Weiterbildungsinhalte festgestellt werden konnten.

Tabelle 17: Vergleich der themen- und fachbezogenen Weiterbildungsinteressen von Befragten, die dem Index 'Sozialarbeit/Sozialpädagogik hat eine hohe politische Bedeutung' eine große bzw. geringe Bedeutung beimessen (Vergleich der Mittelwerte $\bar{x}$)

Item	Aussage	geringe Bedeutung	große Bedeutung	Diff. $\bar{x}$	sig.*
051	Weiterbildung sollte meine Rechtskenntnisse erweitern	3,75	3,39	.36	s
052	Weiterbildung sollte die gesellschaftspolitischen Zusammenhänge meiner beruflichen Tätigkeit behandeln	3,53	4,00	.47	ss
053	Weiterbildung sollte Kenntnisse über Diagnostik vermitteln, um das Verhalten von Klienten besser beurteilen zu können	4,09	3,90	.16	-
054	Weiterbildung sollte Informationen über die Entstehung bestimmter abweichender Verhaltensweisen, z.B. über Alkoholismus, vermitteln	4,01	4,15	.14	-
055	Weiterbildung sollte Gesprächsführung üben	4,34	4,33	.01	-
056	Weiterbildung sollte Verwaltungskenntnisse vermitteln	3,50	3,20	.30	-
057	Weiterbildung sollte die Methoden der Sozialarbeit/Sozialpädagogik vertiefen und weiterentwickeln	4,14	4,34	.20	s
058	Weiterbildung sollte Fragen zur Struktur Sozialer Dienst (z.B. Sozialstation, Jugendhilfeplan) zum Inhalt haben	3,56	3,91	.35	s
059	Weiterbildung sollte über die 'Sozialen Sicherungen' unseres Staates (z.B. Renten-, Kranken- u. Arbeitslosenvers.) inform.	3,40	3,13	.27	-
060	Weiterbildung sollte das Erlernen und Anwenden empirischer Verfahren (z.B. Befragung meiner Klienten) ermöglichen	3,39	3,57	.22	-
061	Weiterbildung sollte therapeutische Verfahren (z.B. Verhaltenstherapie u. Gesprächstherapie) schulen und üben	4,14	4,27	.13	-

*s= α= 5 %, ss= α = 1 %, -=nicht signifikant

Bei der Analyse der signifikanten Unterschiede zwischen beiden Vergleichsgruppen wird sichtbar, daß die Gruppe der Befragten, die der Sozialarbeit/Sozialpädagogik eine hohe politische Bedeutung zumessen, solche Weiterbildungsinhalte präferieren ($\bar{x}$ ist signifikant höher), die sich mit den Arbeitsformen und Strukturen sozialarbeiterischer/sozialpädagogischer Tätigkeit befassen und ihre gesellschaftspolitischen Implikationen hinterfragen (VAR 052, VAR 057, VAR 058). Die Gruppe der Befragten mit einem geringeren politischen Anspruch an die Sozialarbeit/Sozialpädagogik präferiert dagegen einen Inhalt, der mit der Vermittlung von Rechtskenntnissen (VAR 051) eher auf die unmittelbare Sicherung (im Sinne eines 'besseren Ausfüllens') ihrer Tätigkeit ausgerichtet ist.

Tabelle 18: Weiterbildungsinteressen und Störung der Sozialarbeiter/Klient-Beziehung
Vergleich der themen- und fachbezogenen Weiterbildungsinteressen von Befragten, die den Index ablehnen bzw. ihm zustimmen
(Vergleich der Mittelwerte $\bar{x}$)

Item	Aussage	Ablehnung	Zustimmung	Diff. $\bar{x}$	sig.*
051	Weiterbildung sollte meine Rechtskenntnisse erweitern	3,77	3,47	.30	s
052	Weiterbildung sollte die gesellschaftspolitischen Zusammenhänge meiner beruflichen Tätigkeit behandeln	3,63	3,82	.19	-
053	Weiterbildung sollte Kenntnisse über Diagnostik vermitteln, um das Verhalten von Klienten besser beurteilen zu können	4,20	3,85	.35	s
054	Weiterbildung sollte Informationen über die Entstehung bestimmter abweichender Verhaltensweisen, z.B. über Alkoholismus, vermitteln	4,21	3,95	.26	s
055	Weiterbildung sollte Gesprächsführung üben	4,51	4,19	.32	s
056	Weiterbildung sollte Verwaltungskenntnisse vermitteln	3,43	3,29	.14	-
057	Weiterbildung sollte die Methoden der Sozialarbeit/Sozialpädagogik vertiefen und weiterentwickeln	4,38	4,13	.25	-
058	Weiterbildung sollte Fragen zur Struktur Sozialer Dienst (z.B. Sozialstation, Jugendhilfeplan) zum Inhalt haben	3,67	3,77	.10	-
059	Weiterbildung sollte über die 'Sozialen Sicherungen' unseres Staates (z.B. Renten-, Kranken- u. Arbeitslosenvers.) inform.	3,35	3,23	.12	-
060	Weiterbildung sollte das Erlernen und Anwenden empirischer Verfahren (z.B. Befragung meiner Klienten) ermöglichen	3,55	3,39	.16	-
061	Weiterbildung sollte therapeutische Verfahren (z.B. Verhaltenstherapie u. Gesprächstherapie) schulen und üben	4,41	4,06	.35	ss

*s = α = 5%, ss = α = 1%, - = nicht signifikant

Der Vergleich signifikanter Differenzen in den präferierten Weiterbildungsinhalten zwischen den genannten Vergleichsgruppen zeigt, daß die Gruppen der Befragten, die eine Störung der Sozialarbeiter-Klient-Beziehung nicht unterstellt, in noch stärkerem Maße die Inhalte Rechtskunde, Diagnostik, abweichendes Verhalten, Gesprächsführung und Therapie-Theorien für wichtig halten als die Gruppe derer, die die Beziehung als gestört empfinden. Sozialarbeiter/Sozialpädagogen, die die Sozialarbeiter-Klient-Beziehung nicht als problematisch empfinden, sind danach verstärkt daran interessiert, über Handlungstechniken die Qualität ihrer Arbeit zu verbessern.

Die alternative Annahme, daß 'Befragte, die die Sozialarbeiter-Klient-Beziehung problematisieren' Inhalte präferieren, die eine kritische Reflexion dieser Beziehung und der Situation der Sozialarbeit/Sozialpädagogik zum Gegenstand haben, läßt sich aufgrund fehlender signifikanter Differenzen jedoch nicht belegen.

Tabelle 19: Weiterbildungsinteressen und Bewertung des Einzelgespräches als sozialarbeiterischer Methode

Vergleich der themen- und fachbezogenen Weiterbildungsinteressen von Befragten, die dem Item 090 'die wirksamste Form sozialarbeiterischer/sozialpädagogischer Hilfe ist das Einzelgespräch einen überdurchschnittlich hohen bzw. niedrigen Punktwert zuordnen (Vergleich der Mittelwerte $\bar{x}$)

Item	Aussage	Zustimmung	Ablehnung	Diff. x	sig.
051	Weiterbildung sollte meine Rechtskenntnisse erweitern	3,89	3,19	.70	ss
052	Weiterbildung sollte die gesellschaftspolitischen Zusammenhänge meiner beruflichen Tätigkeit behandeln	3,39	3,92	.53	ss
053	Weiterbildung sollte Kenntnisse über Diagnostik vermitteln, um das Verhalten von Klienten besser beurteilen zu können	4,22	3,69	.53	ss
054	Weiterbildung sollte Informationen über die Entstehung bestimmter abweichender Verhaltensweisen, z.B. über Alkoholismus, vermitteln	4,02	4,00	.02	-
055	Weiterbildung sollte Gesprächsführung üben	4,49	4,19	.30	-
056	Weiterbildung sollte Verwaltungskenntnisse vermitteln	3,48	3,17	.31	-
057	Weiterbildung sollte die Methoden der Sozialarbeit/Sozialpädagogik vertiefen und weiterentwickeln	4,20	3,95	.25	-
058	Weiterbildung sollte Fragen zur Struktur Sozialer Dienst (z.B. Sozialstation, Jugendhilfeplan) zum Inhalt haben	3,61	3,66	.05	-
059	Weiterbildung sollte über die 'Sozialen Sicherungen' unseres Staates (z.B. Renten-, Kranken- u. Arbeitslosenvers.) inform.	3,44	2,83	.61	s
060	Weiterbildung sollte das Erlernen und Anwenden empirischer Verfahren (z.B. Befragung meiner Klienten) ermöglichen	3,56	3,36	.20	-
061	Weiterbildung sollte therapeutische Verfahren (z.B. Verhaltenstherapie u. Gesprachstherapie) schulen und üben	4,24	4,11	.13	-

*s= α= 5 %, ss= α =1 %, - = nicht signifikant

Signifikante Differenzen zwischen beiden Vergleichsgruppen zeigen sich in der Beurteilung der Studien- und Weiterbildungsinhalte: Rechtskunde, Gesellschaftspolitik, Diagnostik und Soziale Sicherung. Dabei ist die Richtung der Bewertung der Inhalte Rechtskunde, Diagnostik und Soziale Sicherung gegenläufig zur Bewertung des Inhaltes Gesellschaftspolitik. Das heißt, Befragte, die die soziale Einzelhilfe als das wirksamste Mittel sozialarbeiterischer/sozialpädagogischer Intervention ansehen, bevorzugen gegenüber Befragten, die dieses verneinen, signifikant die Inhalte Rechtskunde, Diagnostik und Soziale Sicherung, während sie den Stellenwert des Inhaltes Gesellschaftspolitik als gering bewerten. Wir vermuten, daß die Einschätzung der Wirksamkeit sozialer Einzelhilfe korrespondiert mit der positiven Bewertung der Inhalte (Rechtskunde, Diagnostik, Soziale Sicherung), die flankierend sozialarbeiterische/sozialpädagogische Hilfen unterstützen. In dieses Konzept der 'Helfenden Sozialarbeit' läßt sich der Inhalt Gesellschaftspolitik (dem diese Gruppe ablehnend gegenübersteht) nicht integrieren, da er möglicherweise dem eigenen theoretischen Verständnis sozialarbeiterischen/sozialpädagogischen Handelns widerspricht.

2.5.3.4 Zusammenhänge zwischen unterschiedlichen berufsspezifischen und sozialen Orientierungen

Wir haben bisher die Beziehung zwischen den berufsspezifischen und sozialen Orientierungen einerseits und dem Ausmaß und den Inhalten des Weiterbildungsinteresses andererseits betrachtet. Im folgenden soll nun dargestellt werden, welche Zusammenhänge zwischen den von uns erhobenen Dimensionen bestehen. Einige Annahmen hierzu haben wir in Kapitel 2.3.1 (vgl.S.85ff.) formuliert.Diese gilt es zunächst zu überprüfen.

Die Dimension "Berufliches Konflikterleben" haben wir noch einmal differenzierter betrachtet, indem wir sie zerlegt haben in zwei Indizes: RESIGNATION als Ausdruck der Kapitulation vor einem Übermaß an Konflikten und einen weiteren Index, der als Konfliktanlässe

mangelnde Anerkennung durch andere benennt, sowohl materieller Art als auch hinsichtlich des beruflichen Prestiges. Diesen Index haben wir kurz IMAGE genannt[1].
Wir waren davon ausgegangen, daß ein Zusammenhang zwischen Zufriedenheit und der Einschätzung des Berufsprestiges bestehen müßte. Diese Annahme hat sich nicht bestätigt, wie aus der nachstehenden Tabelle hervorgeht.

Tabelle 20: Berufliche Zufriedenheit und Einfluß des Berufsprestiges

Zufrie / Image	niedrig	hoch	Gesamt
niedrig	47	32	79
hoch	36	41	77
Gesamt	83	73	156

chi^2 = 2.1 = n.s.

Tabelle 21: Berufliches Konflikterleben und Einfluß des Berufsprestiges

konfer / Image	niedrig	hoch	Gesamt
niedrig	62	25	77
hoch	21	58	79
Gesamt	73	83	156

chi^2 = 24.6; = 0,1 % (sss): phi = .41

1) Beide Indizes lassen sich nicht statistisch in Beziehung zur Dimension Konflikterleben setzen, da wir sonst teilweise Items mit sich selbst korrelieren und dadurch künstilich hohe Korrelationen produzieren würden, die aber lediglich tautologische Aussagen darstellen könnten.

Wie sich aus der Tabelle 21 ablesen läßt, besteht aber ein signifikanter Zusammenhang zwischen der Einschätzung des Berufsprestiges und dem beruflichen Konflikterleben: Ein hohes Berufsprestige korrespondiert mit einem hohen Konflikterleben; die Einschätzung eines niedrigen Berufsprestiges korrespondiert mit einem niedrigen Konflikterleben (Tabelle 21). Interpretierend läßt sich vermuten, daß Sozialarbeiter/Sozialpädagogen mit hoher Einschätzung ihres Berufsprestiges ihr Berufshandeln notwendig als besonders konfliktreich erfahren, weil die institutionellen und rechtlichen Vorgaben ihres Handlungskontextes als Fremdbestimmung und damit auch als Prestigebedrohung empfungen werden. Der Konflikt entsteht also dadurch, daß das hohe Prestige, das Sozialarbeiter/Sozialpädagogen ihrer Meinung nach in der Öffentlichkeit haben, im Widerspruch steht zu den konkreten bürokratisch-hierarchischen Abhängigkeitsverhältnissen ihren häufig fachfremden Vorgesetzten und Anstellungsträgern gegenüber.

Komplementär dazu läßt sich aus unseren Daten ein weiterer Zusammenhang entnehmen: Diejenigen Sozialarbeiter/Sozialpädagogen, die ihr berufliches Image hoch einschätzen, sind gleichzeitig signifikant anpassungsbereiter als die Kollegen, die ihr Image vergleichsweise niedrig einschätzen. Dies erscheint plausibel, wenn man bedenkt, daß über Anpassungsbereitschaft möglicherweise eher ein höherer beruflicher Status und damit verbundenes Ansehen erreichbar ist.

Ferner hatten wir angenommen, daß Unzufriedenheit mit dem Ansehen der eigenen Berufsgruppe bei Sozialarbeitern/Sozialpädagogen zu kompensatorischen Bemühungen führen könnte, durch Erwerb methodischer Spezialkenntnisse dieses Ansehen zu heben. Diese Vermutung wurde nicht bestätigt.

Bei der Beurteilung der Sozialarbeiter-Klient-Beziehung waren wir davon ausgegangen, daß die Konfrontation mit häufigen Beziehungsstörungen zu höherem Konflikterleben, also Unzufriedenheit führen müßte. Umgekehrt müßte dann gelten, daß diejenigen Sozialarbeiter, die die Beziehung zu ihren Klienten als relativ konfliktfrei erleben, höhere Zufriedenheit äußern. Diese Annahme findet in unseren Daten keine Unterstützung. Diese Tatsache hat uns umso mehr verwundert, als wir davon ausgegangen waren, daß in der traditionellen Ausbildung die Bedeutung der "helfenden Beziehung" so stark betont wird, daß das häufige Scheitern an einer so zentralen Arbeitsaufgabe zwangsläufig zu Insuffizienzgefühlen und damit zu Unzufriedenheit führen müßte. Um eine Erklärung für das Fehlen dieses von uns postulierten Zusammenhangs zu finden, haben wir die Gruppe der Sozialarbeiter/Sozialpädagogen, die die Sozialarbeiter-Klienten-Beziehung als wenig gestört empfanden, verglichen mit der Gruppe, die diese Beziehung als stark gestört betrachtet. Tabelle 22 zeigt die Ergebnisse des Mittelwertvergleichs.

Tab. 22 : Unterschiede in berufsspezifischen Orientierungen in Abhängigkeit von der Beurteilung der Sozialarbeiter-Klient-Beziehung

Berufsspezifische Orientierungen	Beziehung wenig gestört $\bar{x}$ (N =71)	Beziehung stark gestört $\bar{x}$ (N = 85)	Sign.
Einschätzung des politischen Gehalts von Sozialarbeit/Sozialpädagogik	9,7	10,6	ss
Anpassungsneigung	9,1	8,1	ss
Beziehungsorientierung	3,4	2,9	ss

Daraus geht hervor, daß diejenigen Sozialarbeiter, die ihre Beziehung zu den Klienten als stark gestört empfinden, einerseits den politischen Gehalt von Sozialarbeit stärker betonen, andererseits weniger anpassungsbereit und beziehungsorientiert sind. Dies könnte man in aller Vorsicht so interpretieren, daß diese Gruppe den ihr angesonnenen Arbeitsinhalt - nämlich vorrangig helfende Beziehungen aufbauen zu sollen - weniger akzeptiert, sondern stattdessen eine eigene Definition sozialarbeiterischer Aufgaben vertritt. Auf die Diskussion um konkurrierende Standards haben wir bereits verwiesen (vgl. S.97ff.).Danach erscheint es dann durchaus verständlich, daß die - durchaus registrierten - Probleme auf der Beziehungsebene in einer Weise verarbeitet werden, die nicht unbedingt zu Unzufriedenheit führt. Gerade im Zusammenhang unserer Fragestellung wäre es eine wichtige Aufgabe, solche Verarbeitungsstrategien nachzuzeichnen, um sie als einen wichtigen Inhalt von Weiterbildungsprozessen der Reflexion zugänglich zu machen.

Bezogen auf die Anpassungsneigung hatten wir angenommen, daß sie zu einer Reduzierung von Konflikten und als Mittel zur Erreichung von Zufriedenheit dienen könnte. Für den Fall, daß dieses Mittel versagt, hatten wir Resignation als Folge vermutet.

Tabelle 23: Anpassungsneigung und berufliches Konflikterleben

Konflikterleben \ Anpassungsneigung	niedrig	hoch	Gesamt
niedrig	49	34	83
hoch	50	23	73
Gesamt	99	57	156

chi^2 = 1.1 = ns.

Tabelle 24: Anpassungsneigung und berufliche Zufriedenheit

berufliche Zufriedenheit \ Anpassungsneigung	niedrig	hoch	Gesamt
niedrig	53	30	83
hoch	46	27	73
Gesamt	99	57	156

chi^2 = 0.0 = ns.

Diese Zusammenhänge haben sich in unserer Stichprobe nicht nachweisen lassen. Es zeigten sich allein die aus Tabelle 25 zu ersehenden Regelhaftigkeiten. Sozialarbeiter/Sozialpädagogen mit geringer Anpassungsneigung betonen stärker den politischen Gehalt ihrer Tätigkeit, empfinden ihre Autonomie in höherem Maße als eingeschränkt, registrieren eher Störungen in der Beziehung zu den Klienten und betrachten das Einzelgespräch weniger als wirksamste Form sozialarbeiterischer Hilfe. Interpretationsbedürftig ist die Beobachtung, daß die Gruppe der höher angepaßten Sozialarbeiter/Sozialpädagogen den Grad der eigenen Autonomie höher einschätzt. Dieser Sachverhalt läßt unterschiedliche Erklärungsmöglichkeiten zu:

Einerseits wäre es denkbar, daß Anpassungsbereitschaft die Voraussetzung dafür ist, in Positionen aufzusteigen, die tatsächlich einen weiteren Handlungsspielraum gewähren. Andererseits ist aber auch denkbar, daß hoch anpassungsbereite Sozialarbeiter/Sozialpädagogen weniger sensibel auf äußere Kontrollen reagieren bzw. diese so verinnerlicht haben, daß sie sie nicht mehr als äußere erkennen. Zwischen diesen Interpretationen kann auf der Grundlage dieser Untersuchung nicht entschieden werden. Hierzu wären Beobachtungen notwendig, die mit den subjektiven Einschätzungen der Befragten konfrontiert werden müßten.

Tabelle 25: Unterschiede in den berufsspezifischen Orientierungen in Abhängigkeit von der Anpassungsneigung

	Anpassungsneigung hoch	niedrig	Sign.
Berufsspezifische Orientierungen	N = 80 $\bar{x}$	N = 76 $\bar{x}$	
Selbsteinschätzung des Berufsprestiges	11,2	10,3	s
Einschätzung des politischen Gehalts von Sozialarbeit/Sozialpädagogik	10,7	9,5	s
Einschätzung eigener Autonomie	12,8	14,7	sss
Beurteilung der Sozialarbeiter-Klient-Beziehung als gestört	9,2	7,8	sss
Beziehungsorientierung	2,8	3,6	sss

Wir haben bereits darauf hingewiesen, daß der von uns vermutete Zusammenhang von Resignation und Anpassungsneigung sich nicht nachweisen ließ. Es zeigte sich allerdings, daß diejenigen Sozialarbeiter/Sozialpädagogen, die hohe Resignation äußern, gleichzeitig stärker beziehungsorientiert sind, also die Einzelhilfe als wirksamste Form der Intervention betrachten. Dies ließe sich möglicherweise als Hinweis auf einen resignativen Rückzug auf das in der Ausbildung vermittelte methodische Rüstzeug deuten, mit dessen Hilfe man sich im günstigen Fall zumindest die emotionale Bestätigung des Akzeptiertwerdens verschaffen kann.

Vergleicht man die Gruppe derjenigen Sozialarbeiter/Sozialpädagogen, die den politischen Gehalt ihrer Tätigkeit hoch einschätzen, mit der Gruppe derer, die ihn vergleichsweise niedrig betonen, so bestätigen sich nochmals die schon berichteten Zusammenhänge: Die Gruppe, die den politischen Gehalt stärker betont, zeigt gleichzeitig weniger Anpassungsneigung, empfindet Störungen in der Beziehung zu Klienten deutlicher und ist auch weniger beziehungsorientiert im Sinne von Einzelfallhilfe.

Tabelle 26: Unterschiede in berufsspezifischen Orientierungen in Abhängigkeit von der Betonung des politischen Gehalts von Sozialarbeitern/Sozialpädagogen

Berufsspezifische Orientierungen	Politischer Gehalt hoch N = 73 $\bar{x}$	 niedrig N = 83 $\bar{x}$	Sign.
Anpassungsneigung	9,2	7,8	sss
Beurteilung der Sozialarbeiter-Klient-Beziehung als gestört	8,2	9,2	s
Beziehungsorientierung	3,4	2,7	sss

Mit der Darstellung von Bezügen zwischen den verschiedenen berufsspezifischen und sozialen Orientierungen der in der Praxis tätigen Sozialarbeiter/Sozialpädagogen sollte lediglich angedeutet werden, daß spezifische Kombinationen von Einstellungskomplexen aufweisbar sind. Sie sind einerseits im Hinblick auf ihre Auswirkungen auf die Motivation potentieller Weiterbildungsadressaten zu untersuchen, darüber hinaus sind sie aber auch aus dem Blickwinkel curricularer Überlegungen interessant. Die Kenntnis eben dieser subjektiven Voraussetzungen der Teilnehmer ist die Voraussetzung für die Konstruktion eines auf reflexive Verarbeitung eigener beruflicher Sozialisation ausgerichteten Weiterbildungspogramms.

2.5.3.5 Zusammenhänge zwischen berufsstatistischen Merkmalen und berufsspezifischen und sozialen Orientierungen

Wir haben bereits bei der Begründung der Aufnahme der berufsstatistischen Merkmale darauf hingewiesen, daß diese nicht in erster Linie als Tatsachen für sich interessant erscheinen, sondern als Verweis auf die mit ihnen verbundenen sozialisatorischen Erfahrungen. Ihr Einfluß wurde insbesondere bei der Erklärung von Motivationsunterschieden zwischen den von uns befragten Sozialarbeitern und den Sozialpädagogen in unserer Stichprobe schon aufgezeigt (vgl. S. 139 ff.). Ergänzend sollen im folgenden noch die statistisch signifikanten Unterschiede in den beruflichen Orientierungen dargestellt werden, die sich ergeben, wenn man Vergleiche zwischen Gruppen zieht, die sich jeweils in der Ausprägung eines berufsstatistischen Merkmals unterscheiden.

Es hat sich gezeigt, daß Sozialpädagogen stärker als Sozialarbeiter den politischen Gehalt ihrer Tätigkeit betonen und gleichfalls stärker die Beziehung zu den Klienten als gestört empfinden.[1)] Hierbei ist wichtig, die bereits dargestellte Konfundierung mit den Variablen Alter und Berufserfahrung zu beachten. Die von uns befragten Sozialpädagogen sind im Schnitt jünger und haben ihre Ausbildung in einer Zeit erfahren, in der die weiter vorn skizzierte inhaltliche Debatte um die Funktion von Sozialarbeit bereits voll entfaltet war. Dies schlägt sich offenbar in den aufgeführten Unterschieden nieder.

Besonders interessant erscheint uns der aus Tabelle 27 auf der folgenden Seite ersichtliche Sachverhalt: Das berufsstatistische Merkmal, das bei weitem die meisten Unterschiede in den berufsspezifischen Orientierungen

---

1) Ein Mittelwertvergleich der Dimension POGE ergab für Sozialarbeiter: $\bar{x}$ = 10,0; für Sozialpädagogen 11,0. Auf der Dimension BEZIEH betrug der Wert für Sozialarbeiter: $\bar{x}$ = 8,4; für Sozialpädagogen: $\bar{x}$ = 9,7. Beide Unterschiede sind signifikant auf dem 5 %-Niveau.

erkennen läßt, ist die Geschlechtszugehörigkeit. Es zeigt sich, daß Männer stärker Resignation äußern als Frauen, gleichzeitig stärker den Politischen Gehalt ihrer Tätigkeit und auch die Gestörtheit der Beziehung zu Klienten betonen, weniger beziehungsorientiert und auch weniger angepaßt sind.

Tabelle 27: Unterschiede in berufsspezifischen Orientierungen in Abhängigkeit von der Geschlechtszugehörigkeit[1)]

Berufsspezifische Orientierungen	männlich $\bar{x}$ (N =73)	weiblich $\bar{x}$ (N =82)	Sign.
RESIGNATION	11,7	11,0	s
Einschätzung des politischen Gehalts von Sozialarbeit/ Sozialpädagogik	10,7	9,8	s
Gestörtheit der Beziehung zu Klienten	9,2	9,2	s
Beziehungsorientierung	2,9	3,3	s
Anpassungsneigung	8,2	8,9	s

Diese Unterschiede lassen sich sinnvoll erklären, wenn man bedenkt, daß Frauen in unserer Gesellschaft ein 'spezifisch weibliches Arbeitsvermögen' (OSTNER 1979) ausbilden, das insbesondere auf die materielle und psychische Reproduktion anderer ausgerichtet ist. Wir wollen an dieser Stelle die Diskussion hierzu nicht aufnehmen. Wichtig ist uns an dem beschriebenen Sachverhalt, daß gerade die aufgewiesenen Zusammenhänge einen Beleg für unsere Behauptung der Wichtigkeit sozialisatorischer Erfahrung darstellen; denn wenn man nicht zu biologistischen und ideologischen Erklärungen von 'weiblicher Natur' greifen will, wird man die dargestellten Unterschiede kaum anders als über geschlechtsspezifische Sozialisationsprozesse erklären können.

Wir schließen die Darstellung bivariater Zusammenhänge hier ab. Es dürfte inzwischen deutlich geworden sein, daß die Analyse motivationaler Prozesse darüber hinaus eine komplexere Betrachtungsweise erfordert. Dieser wollen wir uns in einem ersten Zugang im folgenden Kapitel nähern.

---

1) Ein Befragter hat seine Geschlechtszugehörigkeit nicht angegeben.

2.5.4 Pfadanalytisches Modell zur Erklärung der Motivation zum Weiterbildungsstudium

In der bisherigen Darstellung haben wir einzelne Variablen und bivariate Zusammenhänge beschrieben, deren Kenntnis uns wichtig erschien, wenn Aussagen über die Weiterbildungsmotivation der hier angesprochenen Adressatengruppe getroffen werden sollen. Hierzu wurden Hypothesen aufgestellt und überprüft. Um darüber hinaus die Komplexität des Zusammenhanges zwischen der Weiterbildungsmotivation der von uns befragten Sozialarbeiter/Sozialpädagogen und den sie beeinflussenden Faktoren beschreiben und erklären zu können, ist nun ein weiterer methodischer Schritt notwendig: Es soll versucht werden, ein Modell zu entwickeln, das die verschiedenen Einflußfaktoren auf die Weiterbildungsmotivation umfaßt und gewichtet berücksichtigt. Ein wesentlicher Vorteil der Modellmethode besteht also darin, daß nicht nur Zusammenhänge zwischen zwei Variablen in den Blick genommen werden, sondern ein komplexer Wirkungszusammenhang.

Dieses Modell ist zunächst theoretisch zu entwickeln. Hierzu müssen sowohl die einzelnen Parameter benannt und begründet werden als auch die zwischen ihnen angenommenen Verknüpfungen. Anschließend wird das solchermaßen konstruierte Modell mit den erhobenen Daten konfrontiert. Auf der Grundlage dieser empirischen Überprüfung mit Hilfe der Pfadanalyse ist zu entscheiden, ob sich das Modell bewährt hat, d.h. ob es verträglich mit den Daten ist oder ob es zu verwerfen ist, weil die zu überprüfenden Modellhypothesen sich als nicht haltbar erwiesen haben.

Bevor diese beiden Schritte der Modellentwicklung und -überprüfung im folgenden dargestellt werden, sollen zunächst noch in aller Kürze die Vorteile eines solchen Vorgehens skizziert werden. Ziel einer Modellkonstruktion ist es, das Wesentliche eines komplexen Sachverhaltes in knapper - wenn auch vereinfachender - Weise darzustellen. Ein Modell ist also nicht die Sache selbst, sondern die vereinfachte Abbildung davon. Es repräsentiert einen komplexen Sachverhalt (vgl. HEIPCKE 1970, S. 255). Damit ist bereits klar, daß es Ergebnis einer Abstraktion ist, die theoretisch geleitet erfolgt und die im Forschungsprozeß offenzulegen ist.

Unser hierzu entwickelndes Modell hat die Aufgabe, inhaltliche Annahmen zu präzisieren und an Daten optimal testbar zu machen. Wenn sich bei der Betrachtung des Datenmaterials herausstellt, daß die Modellannahmen im Widerspruch zu den Daten stehen, ist es zu revidieren: Die inhaltlichen Annahmen müssen theoretisch begründet verändert und - selbstverständlich an neuen Daten - erneut überprüft werden. Mit anderen Worten: Im Laufe des Forschungsprozesses erfolgt eine immer weitergehende Angleichung des Modells an die empirischen Beobachtungen. WOTTAWA bezeichnet einen solchen Modelltyp als 'funktionales Modell' und weist auf seinen heuristischen Wert hin:

> "Verwendet man keine Modelle, so werden die aus der Hypothese abgeleiteten Vorhersagen bezüglich der Daten meist nur eine grobe Struktur haben. So kann man etwa sagen, daß aufgrund der Hypothese sich Mittelwerte unterscheiden sollten, daß zwischen den Daten ein bestimmter Zusammenhang auftreten soll und dergleichen mehr. Aussagen dieser Art sind eigentlich nur sehr grobe Folgerungen aus den Annahmen. (...) Möchte man ein mathematisches Modell verwenden, so ist eine genaue Festlegung der theoretischen Annahmen erforderlich. Dies hat einerseits den Vorteil, daß man vor Beginn der Überprüfung einer Theorie diese sehr sorgfältig überdenkt und in klaren, präzisen Aussagen formuliert. Andererseits tritt der Nachteil auf, daß man für manche Sachverhalte noch keine ausreichend genauen inhaltlichen Vorstellungen hat. (...) Für manche Problemstellungen ist es jedoch unklar, wie ein entsprechend hoher Entwicklungsstand (theoretischer Annahmen, Anm. d. Verf.) ohne den versuchsweisen Ansatz von theoretisch wenig begründeten, aber präzisen Aussagen erreicht werden soll. In diesen Fällen empfiehlt es sich, in Voruntersuchungen versuchsweise präzise formulierte formale Modelle anzuwenden und nachzusehen, in welcher Weise diese Modelle von den Daten abweichen. (...) Werden mathematische Ansätze in dieser Form verwendet, so leisten sie einen sehr wichtigen Beitrag zu einer exakteren Theorienformulierung, die mit statistischen Verfahren allein kaum erreicht werden könnte."
>
> (WOTTAWA 1977, S. 170 f.)

Wir haben in unserer Untersuchung sowohl Verfahren der klassischen Neyman-Pearson-Testtheorie als auch die Modellmethode eingesetzt, um aus dieser Koppelung den größtmöglichen Nutzen zu ziehen. Zunächst haben wir in der dem relativ wenig entwickelten Forschungsstand angemessenen Art und Weise inhaltliche Annahmen beschrieben und mit Hilfe statistischer Verfahren überprüft (vgl. Kap. 3.5.3). Auf der Grundlage dieser Erkenntnisse haben wir uns sodann bemüht, unsere theoretischen Annahmen zu präzisieren und in die Entwicklung eines Modells einfließen zu lassen, das anhand der erhobenen Daten empirisch zu überprüfen ist. Diese Schritte sollen im folgenden beschrieben werden.

2.5.4.1 Modellkonstruktion

Die Ableitung der einzelnen Modellparameter muß an dieser Stelle nicht ausführlich geschehen, da sie im wesentlichen aus den theoretischen Überlegungen in Kapitel 3.3 und den Begründungen für die von uns geprüften Hypothesen hervorgeht. Hier ist daher hauptsächlich anzugeben, welche Kriterien die Auswahl derjenigen Variablen bestimmt haben, die in die Modellkonstruktion eingeflossen sind.

Diese Kriterien liegen auf zwei Ebenen. Einmal sind sie inhaltlicher, zum anderen sind sie methodischer Art:

a) Welche Variablen haben sich als besonders aufschlußreich erwiesen und sind daher als Parameter in das Modell aufzunehmen?

b) Welche Variablen erfüllen die meßtheoretischen Anforderungen, die zur empirischen Überprüfung des Modells erfüllt sein müssen?

Dabei richten sich die meßtheoretischen Voraussetzungen, die erfüllt sein müssen, nach der Art und Weise der Modellüberprüfung. Da wir die Methode der Pfadanalyse einsetzen wollen, müssen die Voraussetzungen für die Anwendung des allgemeinen linearen Modells gegeben sein.
a) Zunächst ist zu klären, welcher Aspekt der Motivation zur Weiterbildung mit Hilfe eines formalen Modells geklärt werden kann. Wir haben einen qualitativen und einen quantitativen Aspekt unterschieden: der qualitative bezieht sich auf die gewünschten Inhalte der Weiterbildung, der quantitative auf das Ausmaß des Interesses an Weiterbildung. Als zu erklärender Sachverhalt soll in unser Modell der quantitative Aspekt - das Ausmaß des Interesses an Weiterbildung - eingehen. Das inhaltliche Interesse ist aus meßtheoretischen Gründen nicht einbeziehbar. Dies soll weiter hinten begründet werden.

Aus den vorangegangenen Kapiteln geht hervor, daß deutliche korrelative Zusammenhänge zwischen den Variablen 'Ausmaß des Interesses an Weiterbildung' und den Variablen 'Weiterbildungserfahrung', 'Konflikterleben', 'Zufriedenheit' und 'Dauer der Berufstätigkeit' bestehen. Wir nehmen daher an, daß diese Faktoren in direkter oder indirekter Weise Einfluß auf das Ausmaß des Weiterbildungsinteresses ausüben. Diese Variablen sind deshalb als Parameter in das Modell aufzunehmen. Unsere Annahmen über die Art und Weise der sie verknüpfenden Beziehungen sollen weiter hinten spezifiziert werden.

Eine zentrale Annahme unserer theoretischen Überlegungen zu einem Weiterbildungskonzept besteht darin, daß Sozialarbeiter in Abhängigkeit von ihren je konkreten Arbeitsbereichen über spezifische Handlungskompetenzen verfügen, die sie in Ausbildung und beruflicher Praxis erworben haben und die in Weiterbildungsmaßnahmen auszubauen sind. Nachdem deutliche Unterschiede zwischen den in zwei verschiedenen Arbeitsbereichen (Jugendarbeit bzw. Sozialer Dienst) tätigen Sozial-

arbeitern/Sozialpädagogen in bezug auf Inhalte und Ausmaß der Weiterbildungsinteressen aufgezeigt werden konnten, soll hier geprüft werden, ob auch bei einer komplexen Betrachtung empirischer Belege für den Einfluß der Arbeitsbereichszugehörigkeit zu finden sind. Auch diese Variable ist daher in das Modell aufzunehmen.
b) die meßtheoretischen Anforderungen, die für die Einbeziehung der Variablen in ein Pfadmodell erfüllt sein müssen, sind nach OPP/SCHMIDT (1976):

aa) Die Beziehungen zwischen den Variablen müssen linear sein.

bb) Die Variablen müssen intervallskaliert oder dichotom gemessen sein.

cc) Das Kausalmodell muß rekursiv sein, d.h. es dürfen keine direkten oder indirekten Rückwirkungen vorliegen.

aa) Die Anforderung der Linearität ist bei den hier vorliegenden Daten zwar nicht gegeben, wir folgen jedoch HOLM, der darauf verweist, daß diese Verletzung der Anforderungen in Kauf genommen werden kann:

> "Trotzdem jedoch ist eine lineare Regressionsanalyse möglich. Wir zwingen in diesem Falle einen nichtlinearen Zusammenhang in eine lineare mathematische Funktion - mit der Folge, daß der prognostische bzw. erklärende Wert graduell reduziert wird, präzise formuliert: mit der Folge, daß der Anteil der erklärten Varianz (...) reduziert wird."
>
> (HOLM 1977, S. 71)

Bei der Interpretation der Ergebnisse der Modellüberprüfung ist dies zu berücksichtigen. Die aufgezeigten Einflüsse werden in der Realität eher noch höher sein.

bb) Die Variablen 'Ausmaß des Interesses an Weiterbildung', 'Weiterbildungserfahrung', 'Konflikterleben' und 'Zufriedenheit' sind mit Intervallskalen gemessen worden, die Variable 'Berufspraxis' ist ebenfalls intervallskaliert. Sie wurde aus inhaltlichen Gründen dichotomisiert (vgl. S.140). Ein hoher Wert bedeutet eine mehr als sechsjährige Berufspraxis, ein niedriger Wert steht für eine Berufserfahrung, die unterhalb dieser Schwelle liegt. Die Variable 'Arbeitsbereichseinfluß' haben wir zur Einbeziehung in das Modell in der bereits auf Seite 152 beschriebenen Weise dichotomisiert. Hier bedeutet ein hoher Wert Zugehörigkeit zur Gruppe der in der Jugendarbeit tätigen Sozialarbeiter bzw. -pädagogen, während ein niedriger Wert Zugehörigkeit zum Sozialen Dienst kennzeichnet.

Eine Einbeziehung der Variable 'Inhaltliches Interesse an Weiterbildung' in das Modell ließ sich nicht vornehmen, da hier eine Messung auf Nominalniveau vorliegt, die keine sinnvolle Dichotomisierung zuläßt.

cc) Die dritte Anforderung ist eine theoretische Setzung, die sich auf die Beziehungen zwischen den genannten Parametern bezieht. Es wird davon ausgegangen, daß die Variablen in einer Kette hintereinander gereiht sind und daß jede Variable von allen vor ihr stehenden Variablen kausal bestimmt wird; Rückwirkungen werden nicht angenommen. HOLM nennt ein solches Modell ein volles rekursives System (vgl. HOLM 1977, S. 15). Hier wird die weiter vorn bereits skizzierte Reduktion von Komplexität deutlich. Wir können aufgrund des hier entwickelten Modells durchaus nicht ausschließen, daß solche Rückwirkungen in der Wirklichkeit vorliegen. In dem hier konstruierten Modell wird aber von ihrer Existenz abstrahiert. Quantitative Schätzwerte für die Abhängigkeiten zwischen den Variablen können in unserem Modell nur für eine Richtung angegeben werden.

Der auf die Bestimmung der Parameter folgende Schritt der Modellentwicklung besteht nun in der Bestimmung der Reihenfolge der Variablen. Diese Festlegung erfolgt unter Berücksichtigung des zum Gegenstandsbereich vorliegenden theoretischen und empirischen Wissens.

Wir haben bereits verschiedentlich darauf hingewiesen, daß der Forschungsstand zu unserem Objektbereich wenig entwickelt ist. Gerade aus diesem Grunde erscheint ja der heuristische Einsatz der Modellmethode sinnvoll. Für die Formulierung von Hypothesen über die Beziehungen der einzelnen Parameter untereinander bedeutet dies, daß wir weitgehend auf Plausibilitätsargumentationen zurückgreifen müssen. Gerade deshalb halten wir - der Argumentation von HOLM folgend - die volle rekursive Pfadanalyse für ein angemessenes Verfahren. Sie erlaubt es, mit relativ schwachen hypothetischen Annahmen über die Kausalstruktur Verknüpfungen zu untersuchen. Wir müssen nicht eine ganz bestimmte Kausalstruktur postulieren, sondern die "Pfadanalyse übernimmt es für uns - nachdem wir eine bestimmte Reihenfolge festgelegt haben - die präzise Kausalstruktur auszuarbeiten" (HOLM 1977, S. 18).

Für unser Modell unterstellen wir folgende Einflüsse und nehmen deshalb zunächst folgende Reihung an: Die Dauer der Berufspraxis und die Zugehörigkeit zum Arbeitsfeld betrachten wir als exogene Variablen, d.h. als Variablen, auf die keine andere Variable wirkt. Ihre Reihenfolge ist daher untereinander beliebig, beide müssen am Anfang stehen. Sie sind die unabhängigen Variablen, die auf die abhängigen - auch endogene Variablen genannt - direkt oder indirekt wirken können. Wir nehmen an, daß beide - Berufspraxis und Arbeitsbereichszugehörigkeit - einen direkten Einfluß ausüben auf das Ausmaß der Weiterbildungserfahrung, operationalisiert als Anzahl der unterschiedlichen Gebiete, in denen Weiterbildungsveranstaltungen besucht werden. Es erscheint plausibel, daß die bereits länger in der Praxis tätigen Sozialarbeiter über mehr Weiterbildungserfahrungen verfügen als die Kollegen mit kürzerer Berufspraxis. Bezogen auf die Zugehörigkeit zum Arbeitsbereich nehmen wir an, daß ein Einfluß vorliegt, ohne jedoch hypothetisch benennen zu können, in welchem Tätigkeitsbereich mehr Erfahrungen auftreten. Plausible Gründe lassen sich für unterschiedliche Hypothesen denken: So könnte man etwa davon ausgehen, daß für den Sozialen Dienst mit seinen vielfältigen Aufgaben ein sehr breit gefächertes Angebot unterschiedlicher Weiterbildungsschwerpunkte vorliegt. Andererseits könnte man auch davon ausgehen, daß die derzeitige Problemlage der Jugendlichen (Jugendarbeitslosigkeit, Suchtproblematik, Jugendunruhen usw.) ein erhöhtes Weiterbildungsangebot für die mit diesen Problemen konfrontierten Sozialarbeiter im Bereich der Offenen Jugendarbeit provoziert und dieses auch verstärkt wahrgenommen wird. Zwischen diesen unterschiedlichen Möglichkeiten kann lediglich empirisch entschieden werden. Wir können daher hier nur eine ungerichtete Hypothese formulieren.

Alle drei bisher genannten Variablen (Dauer der Berufstätigkeit, Zugehörigkeit zum Arbeitsbereich, Weiterbildungserfahrung) können Einfluß auf die Variable 'Konflikterleben' haben. Dabei nehmen wir an, daß Konflikte besonders stark in der ersten Zeit der Berufstätigkeit erlebt werden, weil die Konfrontation mit der Praxis im Anschluß an die Fachhochschulausbildung vermutlich Diskrepanzen zwischen theoretischem Anspruch und Selbstverständnis des Sozialarbeiters/Sozialpädagogen einerseits und den institutionell vorgegebenen Handlungserwartungen andererseits aufdeckt. Wir vermuten, daß je stärker die Arbeitsbereiche hierarchisch strukturiert und bürokratisch organisiert sind, desto häufiger Konflikte auftreten werden. Da wir davon ausgehen, daß in der Einschätzung von Sozialarbeitern/Sozialpädagogen der Arbeitsbereich 'Offene Jugendarbeit' im Vergleich zum Arbeitsbereich 'Sozialer Dienst' größere Freiräume für die dort Beschäftigten bietet und weniger bürokratischen Regelungen unterliegt (vgl. dazu BLINKERT 1976), vermuten wir, daß die Zugehörigkeit zum Arbeitsbereich 'Jugend- und Erwachsenenbildung' zu einem vergleichsweise geringeren Konflikterleben führt. Wir erwarten also einen negativen Einfluß der beiden endogenen Variablen (Dauer der Berufstätigkeit und Arbeitsbereichszugehörigkeit) auf das Konflikterleben.[1)] Von der Weiterbildungserfahrung erwarten wir keinen Effekt auf das Ausmaß des Konflikterlebens, wir schließen ihn jedoch nicht aus. Falls sich in unserer Stichprobe ein solcher Effekt einstellen sollte, wäre er in unser Modell aufzunehmen.

Die vier Variablen 'Dauer der Berufstätigkeit', 'Arbeitsbereichszugehörigkeit', 'Weiterbildungserfahrung' und 'Konflikterleben' können jeweils Einfluß auf die Variable 'Berufszufriedenheit' nehmen. Dabei nehmen wir wiederum nicht an, daß ein solcher Effekt von den Weiterbildungserfahrungen auf das Ausmaß der Zufriedenheit vorliegt, schließen ihn aber auch hier aufgrund des vorn erläuterten methodischen Prinzips nicht aus. Einen starken negativen Einfluß auf die Zufriedenheit erwarten wir vom Ausmaß des Konflikterlebens. Es erscheint plausibel, daß die Zufriedenheit sinkt, wenn Sozialarbeiter häufig Konflikte

---

1) Negativ ist hier im statistischen Sinn gemeint: ein positiver Einfluß bedeutet, daß hohe Werte der einen Variablen mit hohen Werten der anderen einhergehen; ein negativer Einfluß liegt vor, wenn hohe Werte der einen Variablen mit niedrigen der anderen gleichzeitig auftreten.

in ihrem Berufsalltag erleben. Ein Einfluß ist auch von der Dauer der Berufspraxis zu erwarten. Auch hier können wir jedoch nur eine ungerichtete Hypothese aufstellen, da sich sowohl plausibel annehmen läßt, daß mit zunehmender Praxis die Zufriedenheit steigt - z.B. aufgrund subjektiver Erfolgserlebnisse - als auch der umgekehrte Fall.

Alle fünf Variablen können nunmehr Einfluß nehmen auf die letztlich zu erklärende Variable - das Ausmaß des Interesses an Weiterbildung. Einen positiven Einfluß erwarten wir nach den Ergebnissen der Hypothesenüberprüfung vom Ausmaß der bisherigen Weiterbildungserfahrung. In Gesprächen mit Sozialarbeitern erhielten wir im allgemeinen positive Aussagen über die in unterschiedlichen Feldern gesammelten Erfahrungen in Weiterbildungsveranstaltungen. Wir gehen deshalb davon aus, daß ein solcher Eindruck dazu führt, daß die Praktiker verstärkt versuchen werden, an weiteren Maßnahmen teilzunehmen. Auch von der Berufszufriedenheit erwarten wir einen positiven Einfluß. Gerade diejenigen, die sich in ihrem Berufsalltag wohl fühlen, werden vermutlich daran interessiert sein, eigene Qualifikationen auszubauen, Erfahrungen mit Kollegen auszutausen usw. Dagegen erwarten wir einen negativen Effekt vom Ausmaß des Konflikterlebens. Wir nehmen an, daß die Bewältigung der Konflikte Zeit und psychische Energie bindet, so daß weniger Interesse an Weiterbildungsmaßnahmen zu erwarten ist. Die Ergebnisse der Überprüfung der Hypothese (vgl. S.167 ff.) stützen diese Erwartungen. Auch von der Zugehörigkeit zum Arbeitsbereich erwarten wir in diesem Fall einen positiven Einfluß. Wir gehen davon aus, daß in der Jugendarbeit tätige Sozialarbeiter in der Regel relativ junge und engagierte Kollegen sind, die mangelnde berufliche Erfahrung durch verstärkte Weiterbildungsmaßnahmen zu kompensieren trachten, zumal gerade in ihrem Berufsfeld eine Fülle aktueller Probleme anliegt. Zwar hat die Überprüfung der Hypothese 5 ergeben, daß bei einem Vergleich der beiden Arbeitsbereiche Jugendarbeit und Sozialer Dienst die im sozialen Dienst tätigen Sozialarbeiter/Sozialpädagogen höher weiterbildungsmotiviert sind. Es ist nunmehr zu prüfen, ob sich das Bild bei einer komplexeren Betrachtung ändert. Wir halten daher an unserer Hypothese fest und überprüfen, ob bei dem Zusammenwirken mehrerer Variablen Jugendarbeit nachweisen läßt.

Zunehmende Berufspraxis dürfte sich negativ auf das Ausmaß des Interesses an Weiterbildung auswirken, da vermutlich die subjektive Einschätzung der Notwendigkeit abnimmt, weil man auf einen zunehmend größeren Fundus berufspraktischen Wissens zurückgreifen kann.

Stellt man die hier formulierten Annahmen graphisch dar, dann ergibt sich das aus Abb. 7 hervorgehende Bild. Die darin eingezeichneten Pfeile symbolisieren die hier verbalisierten Einflüsse. Positive Einflüsse werden mit einem '+' bezeichnet, negative Einflüsse mit einem '-'. Diejenigen Einflüsse, bei denen wir keine bestimmte Richtung annehmen konnten, sind ohne Kennzeichnung.

2.5.4.2 Modellüberprüfung

Übersetzt man die Aussagen in ein Gleichungssystem, so erhält man quantitative Schätzwerte für die Stärke der von uns angenommenen Beziehungen. Auf die mathematischen Grundlagen des hier verwandten Verfahrens gehen wir an dieser Stelle nicht ein, sondern verweisen lediglich auf die einschlägige Fachliteratur, die unser Vorgehen angeleitet hat (OPP/SCHMIDT 1976, HOLM 1977). Die ermittelten Pfadkoeffizienten gehen aus Tabelle 28 hervor.

In der graphischen Darstellung der Zusammenhänge in der Analysestichprobe haben wir lediglich die Beziehung aufgenommen, deren Schätzwert mindesten .10 beträgt. Damit folgen wir der Empfehlung von OPP/SCHMIDT (1976, S. 251), die ein solches Verfahren anstelle einer Signifikanzprüfung vorschlagen. Koeffizienten, deren Wert über dieser als Konvention vorgeschlagenen Wertgrenze liegen, dürften nicht durch Zufall zustande gekommen sein und sind daher interpretierbar.

Bevor die in Tabelle 28 dargestellten Ergebnisse der Überprüfung unserer Hypothesen diskutiert werden, erscheint ein Hinweis auf die Möglichkeiten angebracht, die das Verfahren der Pfadanalyse bietet. HOLM weist darauf hin, daß die Pfadanalyse ein geeignetes Instrument zum Aufweis kausaler Zusammenhänge ist. Sie liefert Informationen darüber, ob direkte Zusammenhänge feststellbar sind und wie stark diese sind. Allerdings müssen hier zu bestimmende Ursache-Wirkungs-Relationen zunächst behauptet werden (vgl. HOLM 1977, S. 10). Um solche Behauptungen sinnvoll aufstellen zu können, müssen nach MÜLLER vor allem zwei Voraussetzungen gegeben sein:

- Es muß genügend Klarheit über die "kausale Ordnung" der Variablen bestehen.

- Es muß mit einiger Sicherheit davon ausgegangen werden können, daß die wichtigsten unabhängigen Variablen in das zu prüfende Modell eingehen.

(vgl. MÜLLER 1976, S. 293)

Wir haben bereits mehrfach darauf hingewiesen, daß wir uns erst

Tabelle 28: standardisierte Effektparameter[1] des vollständigen Pfadmodells

	Dauer der Berufstätigkeit	Arbeitsbereich	Weiterbildungserfahrung	Konflikterleben	Berufliche Zufriedenheit	Ausmaß des Interesses an Weiterbildung
Dauer der Berufstätigkeit	r=(1)					
Arbeitsbereich	.25	(1)				
Weiterbildungserfahrung	p=.48	.10	(1)			
Konflikterleben	-.08	-.02	-.33	(1)		
Berufliche Zufriedenheit	-.10	-.26	.00	-.50	(1)	
Ausmaß des Interesses an Weiterbildung	-.08	-.10	.46	-.38	.12	(1)

1) die Pfadkoeffizienten (p) sind ein Maß für die Veränderung, die eine kausal vorgeordnete in einer kausal nachgeordneten Variablen direkt und unabhängig von anderen Variablen bewirkt. Bei dem von uns gewählten Vorgehen sind sie identisch mit den standardisierten Regressionskoeffizienten und variieren zwischen -1 und +1. Im oberen Teil der Tabelle geben wir den Korrelationskoeffizienten der beiden exogenen Variablen an.

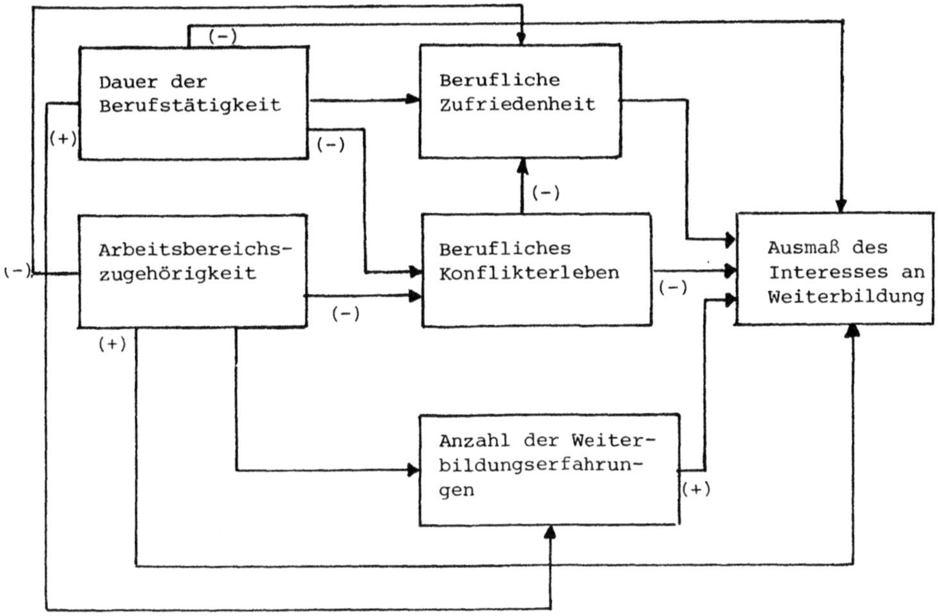

Abbildung 7 : Theoretisches Modell des Zusammenwirkens unterschiedlicher Einflußfaktoren auf das Ausmaß des Weiterbildungsinteresses

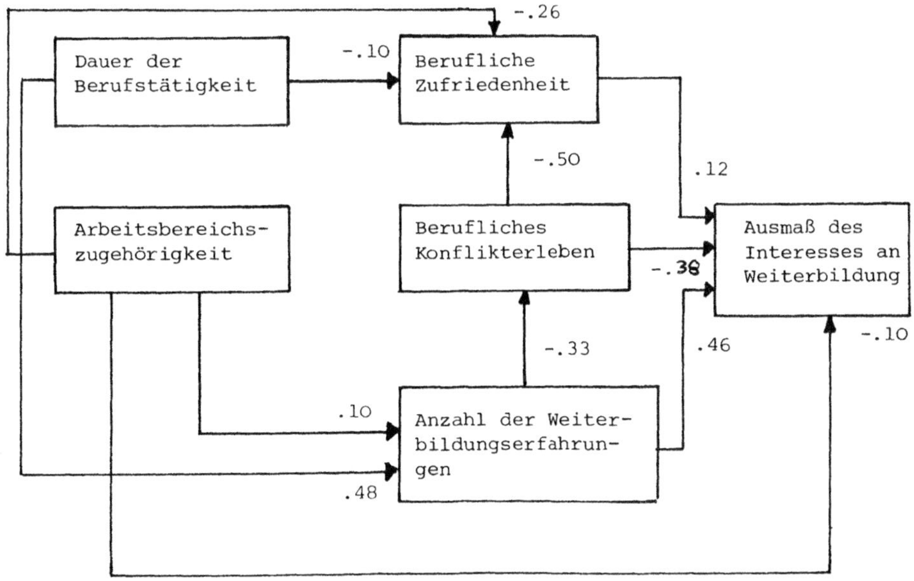

Abbildung 8 : Zusammenhänge in der Analysestichprobe

auf relativ wenig gesicherte Erkenntnisse beziehen können und der Einsatz der Pfadanalyse hier vor allem aus heuristischen Gründen erfolgt. Das Modell hat in erster Linie den Zweck, die von uns aufgestellten Hypothesen zu überprüfen, um daraus forschungsmethodische Konsequenzen für die Anlage weiterer Untersuchungen abzuleiten. Wir gehen keineswegs davon aus, hier bereits ein befriedigendes Erklärungsmodell für das Zustandekommen von Weiterbildungsmotivation vorlegen zu können.

Betrachtet man nun das in Abbildung 8 graphisch dargestellte Ergebnis unserer Untersuchung, so fällt zunächst auf, daß im Vergleich zu unseren hypothetischen Annahmen bis auf eine Ausnahme alle Einflüsse auf das Ausmaß des Weiterbildungsinteresses vorliegen. Den deutlichsten Effekt hat dabei die bisherige Weiterbildungserfahrung. Sie beeinflußt die Motivation sehr stark positiv (p = .46). Rechnet man noch den indirekten Effekt hinzu, der über die Variable Konflikterleben vermittelt wird (-.33 x -.38 = .13), so ergibt sich ein totaler kausaler Effekt von p = .59[1]. Damit stellt sich die Weiterbildungserfahrung als der zentrale Erklärungsfaktor für das Ausmaß des Interesses an Weiterbildung dar.

Ein hoher negativer Einfluß (p = -.38) geht - wie erwartet - von der Variable Konflikterleben aus. Rechnet man noch den über die Variable Berufliche Zufriedenheit vermittelten indirekten Effekt hinzu, ergibt sich ein totaler kausaler Effekt von p = -.42. Offensichtlich dämpft das Ausmaß subjektiv erlebter Konflikte erheblich das Bedürfnis nach Weiterbildung. Diesem Zusammenhang wird insbesondere in unserer qualitativen Forschung verstärkt Beachtung geschenkt werden müssen.
Der erwartete Einfluß der Beruflichen Zufriedenheit ist mit .12 niedriger als wir erwartet hatten. Allerdings haben wir bereits weiter vorn darauf hingewiesen, daß gerade hier meßtechnische Verbesserungen vorzunehmen sind. Insbesondere erscheint es uns vielversprechend, die von BRUGGEMANN et al. unterschiedenen Formen der Arbeitszufriedenheit differenzierter zu erfassen als es uns in einem ersten Versuch möglich war und in ihren Auswirkungen auf Weiterbildungsmotivation zu suchen. Zumindest konnte hier aber aufgezeigt werden, daß ein positiver Einfluß vorliegt.

---
1) zur Berechnung totaler kausaler Effekte vgl. OPP/SCHMIDT 1976

Ein vergleichsweise schwacher direkter Effekt geht von der Arbeitsbereichszugehörigkeit aus ($p = -.10$). Allerdings führt im Gegensatz zu unserer Hypothese die Tätigkeit im Bereich der Jugendarbeit eher zu einer niedrigeren Motivation zur Weiterbildung.

Damit bestätigt sich noch einmal das Ergebnis der einfachen Hypothesenprüfung (vgl. S. 149). Als zusätzliche Erkenntnis aus der Modellüberprüfung ist zu entnehmen, daß sich unsere Annahme nicht bestätigt hat, die Zugehörigkeit zum Arbeitsbereich Jugend- und Erwachsenenbildung führe zu einem geringeren Konflikterleben. Bergründet hatten wir diese Annahme unter Bezug auf vorliegende Forschungsergebnisse von BLINKERT (1976) mit der Überlegung, daß in vergleichsweise weniger bürokratisch organisierten Arbeitsfeldern höhere Freiräume und damit weniger Konfliktanlässe für sozialarbeiterische Tätigkeiten bestehen. Ein Vergleich der beiden Arbeitsbereiche ergab auch einen leichten Unterschied in der Autonomiedimension: In der Jugendarbeit Beschäftigte empfinden weniger Kontrolle und mehr Möglichkeiten zur eigenverantwortlichen Nutzung ihres Handlungsspielraumes als ihre Kollegen im Sozialen Dienst. Signifikant ist dieser Unterschied jedoch nicht. Außerdem ergab sich ein weiterer - allerdings ebenfalls nicht-signifikanter - Unterschied, der möglicherweise komplementäre Wirkung hat: Die Anpassungsneigung der in der Jugendarbeit Tätigen ist etwas weniger ausgeprägt. Man könnte also von der These ausgehen, daß im Bereich von Jugendarbeit zwar weniger durch Bürokratie und Reglementierung verursachte Konfliktanlässe auftreten, daß aber gleichzeitig die dort eingesetzten Sozialarbeiter/Sozialpädagogen solchen Konflikten weniger aus dem Wege gehen. Im Ergebnis unterscheidet sich dann das Ausmaß subjektiven Konflikterlebens in beiden Arbeitsbereichen nicht. Gestützt wird diese Interpretation durch den hohen negativen Einfluß, der von der Arbeitsbereichszugehörigkeit auf die Berufliche Zufriedenheit ausgeht. In der Jugendarbeit Tätige äußern geringe berufliche Zufriedenheit. Gerade bei dieser Berufsgruppe ist davon auszugehen, daß ungünstige Arbeitsbedingungen Zufriedenheit verhindern. Besonders die Arbeitszeiten an den Abenden und auch an Wochenenden stellen eine Belastung dar, die gerade für Weiterbildungsmotivation von Bedeutung ist. Fortbildungsveranstaltungen finden im allgemeinen ebenfalls zu diesen Zeiten statt. Insbesondere eine kontinuierliche Teilnahme ist deshalb mit größeren Schwierigkeiten (Organisation von Vertretung etc.) verbunden. Außerdem klagen die in diesem Bereich Beschäftigten über Schwierigkeiten im Bereich privater Kommunikation. Ihre Arbeitszeit beginnt, wenn Familie und Freunde Feierabend haben. Gemeinsame Freizeitmöglichkeiten sind stark eingeschränkt. Es erscheint daher nicht verwunderlich, wenn die knappe verbleibende Zeit nicht für Weiterbildungsveranstaltungen geopfert wird.

Berücksichtigt man allerdings auch noch die indirekten Einflüsse, die von der Arbeitsbereichszugehörigkeit über die vermittelnden Variablen auf das Ausmaß des Interesses an Weiterbildung wirken, dann vermindert sich der totale kausale Effekt auf -.07. Diese Relativierung ist insbesondere dem Einfluß der Weiterbildungserfahrung zu verdanken. Nach dem von uns gewählten Kriterium kann der Einfluß der Arbeitsbereichszugehörigkeit hiernach auf das Ausmaß des Interesses an Weiterbildung als weniger bedeutsam betrachtet werden. Wesentlich für die inhaltlichen Interessen an Weiterbildung ist dagegen die Art und Weise, in der er in spezifischen beruflichen Orientierungen gebrochen wird.

Ein direkter Einfluß der Dauer der Berufstätigkeit auf das Ausmaß des Interesses an Weiterbildung war in der von uns untersuchten Stichprobe nicht festzustellen. Allerdings liegt ein über die intervenierenden Variablen Weiterbildungserfahrung, Konflikterleben und Zufriedenheit vermittelter positiver Effekt von insgesamt $p = .28$ vor. Dieser Sachverhalt bestätigt noch einmal die Bedeutung der bisherigen Weiterbildungserfahrung, der über diese Variable vermittelte Einfluß ist mit .22 besonders deutlich.

Wir müssen danach unsere Annahme revidieren, daß Weiterbildungsmotivation mit zunehmender Erfahrung und daraus vermutlich gewonnener Verhaltenssicherheit abnimmt. Allerdings ist zu berücksichtigen, daß die von uns untersuchte Stichprobe relativ jung ist. Bei Praktikern, die bereits 20 oder mehr Jahre in der Sozialarbeit tätig sind, mag sich das anders darstellen. Festzuhalten ist jedoch, daß die an Weiterbildung besonders Interessierten im allgemeinen bereits über einige Jahre Berufserfahrung verfügen.

Maria-Eleonora Karsten

Argumente zum Verhältnis von Biographie- und Berufsfeldbezug als Ansatzpunkt des Weiterbildungsstudiums zur beruflichen Sozialisation von Sozialarbeitern

Einleitung

Wir sind davon ausgegangen, daß
ein auf kritische Reflexion und Weiterentwicklung der eigenen Berufspraxis ausgerichtetes Weiterbildungsstudium zum Bezugspunkt und Inhalt die Identifizierung von Erfahrungen der beruflichen und vorberuflichen Sozialisation in der Interpretationsweise des Sozialarbeiters selbst haben muß, um mittels wissenschaftlicher Methoden ein theoretisch-systematisches Bild der empirischen Wirklichkeit ihrer Berufspraxis entwerfen zu können. Diese empirische Wirklichkeit, so haben wir weiter argumentiert, ist über den Prozeß der beruflichen Sozialisation mit der Ausbildung von Berufsroutinen, Rechtfertigungs- und Immunisierungsstrategien, für einen unmittelbaren selbstreflexiven Zugriff verstellt, insofern es gerade diese durchaus handlungsentlastenden Routinisierungen sind, die sich der Tendenz nach gleichzeitig sperren gegen eine kritische Aufarbeitung von Erfahrungen und die beruflichen Handlungsprozesse steuernden Orientierungen. Dieses Alltagswissen, diese Erfahrungen der eigenen Berufspraxis und der eigenen Handlungsmöglichkeiten, der Routinen und der damit verbundenen Wirklichkeitsauffassungen sind dabei in Wissensbeständen und -elementen aufzufinden und von hier aus rekonstruierbar. Da es in unserer Analyse jedoch nicht um den allgemeinen Prozeß der Ausbildung von gesundem Menschenverstand und Alltagsroutine geht, sondern um den besonderen Beitrag der beruflichen Sozialisation zur Ausbildung der Identität des Sozialarbeiters, da handlungssichernde Routinen über Prozesse der personalen und sozialen Erfahrung immer neu verinnerlicht werden und diese Berufsalltagsroutinen ihre Stabilisierung in wiederkehrendem beruflichen Handeln erfahren, stellt sich die Frage, welche Bedingungen des Berufsalltags es sind, die den Prozeß der Ausbildung von Berufsroutinen insbesondere hervortreiben und welche Bedingungen des Berufsalltags eine Ausbildung von Routinisierungen verhindern. Beides ist in bezug auf eine Theorie - oder genauer - Ansätze einer Theorie der Sozialarbeit als

Objektbereich der beruflichen Sozialisation zu entfalten, da dies den inhaltlichen Bezug der konkreten Erfahrungssituationen darstellt. Da, wie schon mehrfach betont, auf eine entwickelte Theorie der Sozialarbeit nicht rekurriert werden kann, müssen die vorhandenen Ansätze und Argumentationsstränge in ihrer Reichweite eingeschätzt werden, sie sind also nicht als bereits abgesicherte Argumente zu verstehen, sondern als argumentative Annäherungen an den Konstitutionsprozeß von sozialarbeiterischer Identität in und durch den Beruf.

Wenn es richtig ist, daß sozialpädagogische und sozialarbeiterische Handlungskonzepte Ausdruck der subjektiven Verarbeitungsformen objektiver Bedingungen sind, wobei diese als sozialisations- und situationsbezogenes Interaktionsprodukt gefaßt werden können, und dies für funktionale und extrafunktionale Qualifikationen gilt, dann ist nach den Konstitutionsbedingungen des subjektiven und objektiven Sinns im sozialpädagogischen Bereich zu fragen. Oder anders: es ist nach den "Deutungsmustern"(S. 19 ff.) zu fragen, die quasi verborgen, hinter dem sozialpädagogischen Handeln aufscheinen und dem Prozeß der Integration inkonsistenter objektiver gesellschaftlicher Gegebenheiten im Handlungsfeld der Sozialarbeit zu einem konsistenten Sinnzusammenhang unterstützen oder sogar erst ermöglichen. Dieser wissenssoziologisch fundierte Zusammenhang von Subjektivität und Objektivität und seiner Realisierung im Handeln von Sozialarbeitern und Sozialpädagogen meint unter der Fragestellung nach den Konstitutionsbedingungen von Wissen und Handeln das besondere Verhältnis von Individuum und Gesellschaft und die Wirkweise gesellschaftlicher Bedingungen auf die Ausbildung von Subjektivität im Prozeß der Aneignung gesellschaftlicher Tatbestände durch das Individuum. Dieser Prozeß könnte somit als Sozialisationsprozeß gefaßt werden (GEULEN 1977), der für Sozialarbeiter in ihrem Beruf, konkret in ihrem aktuellen Tätigkeitsfeld, hier der Offenen Tür, stattfindet. Nach den Konstitutionsbedingungen von Wissen und Handeln zu fragen, läßt in sozialisationstheoretischer Perspektive zu, die konkreten Bedingungen der Berufstätigkeit zu diskutieren, da diese gleichzeitig Bedingung und Möglichkeit von Aneignung und Erfahrungsbildung durch den Sozialarbeiter und Sozialpädagogen sind. Der Prozeß der Sozialisation, gefaßt als Erfahrungs- und Aneignungsprozeß, basiert auf einem aktiven Auseinandersetzungsprozeß, in den vorberufliche Erfahrungen ebenso als Folie eingehen wie die im aktuellen Beruf anzutreffenden Handlungsvorgaben, Handlungsabsichten und Handlungsziele, die gleichzeitig sich als erfahrungsbildend und erfahrungsverkümmernd auswirken können.

Diese Sichtweise auf den Beruf unterstellt mit Bezug zu handlungstheoretischen Entwürfen ein planvoll handelndes Subjekt wie es vorne diskutiert wurde und weist, und dies ist wiederum für die hier vorgestellten Überlegungen entscheidend, dem beruflichen Sozialisationsprozeß eine besondere Bedeutung zu. Obschon im lebensgeschichtlichen Prozeß zeitlich nachgeordnet dem familiären, schulischen und ausbildungsmäßigen, für Sozialarbeiter hochschulischen Sozialisationsprozeß, die - so die verbreitete und traditionelle Argumentation - aufeinander aufbauen und sich überlagern (vgl. die Organisation des Handbuches HURRELMANN 1981), bekommt die berufliche Sozialisation dann den entscheidenden Stellenwert für die Persönlichkeitsentwicklung und die Ausbildung von Handlungsfähigkeit, wenn man berücksichtigt, daß nur die im Kontext der Berufstätigkeit stattfindende Sozialisation diejenige ist, in deren Prozeß das Individuum gleichzeitig die Sicherung seiner eigenen Existenz vornimmt oder - anders herum formuliert -: nur im Prozeß von Arbeit/Berufstätigkeit realisiert das Subjekt selbst die Handlungen und Tätigkeiten, deren gesellschaftliche Organisation,mehr oder weniger vermittelt,immer schon seinen lebensgeschichtlichen biographisch-individuellen Sozialisationsprozeß beeinflußt haben, denn die Lebensorganisation des überwiegenden Teils der Mitglieder einer Tauschgesellschaft organisiert sich nach dem vom Produktions/Arbeitsprozeß abgeleiteten Kriterien. Arbeits- und Freizeitorganisation ebenso wie Kinderaufzucht und familiale Lebensorganisation sind in ihren Regulierungsformen Resultat der Gesellschaftsformation, die sich im Kontext der Entwicklung des Kapitalismus herausgebildet hat. Selbst die Orientierung, Perspektive und das Ziel von Sozialisation ist die Ausbildung solcher Dispositionen, Kompetenzen und Qualifikationen, die es dem Subjekt prinzipiell gestatten, sich selbst, wie auch immer - entfremdet oder selbstbestimmt- zu erhalten. Arbeit ist also Grundbedingung menschlicher Existenz und die Notwendigkeit zur

Reproduktion über Arbeit weist dieser Tätigkeit, trotz aller aktuellen Diskussionen über strukturelle Arbeitslosigkeit, ihre hervorragende Bedeutung für den Sozialisationsprozeß zu. Da selbst Arbeitslosigkeit nur die Abwesenheit von Realisierungsmöglichkeiten über Arbeit als Subsistenzform bedeutet, bleibt auch unter den Bedingungen von Arbeitslosigkeit dies der Orientierungspunkt und kann weiterhin als Regulationsinstanz der Lebensorganisation gelten (WACKER 1979).

Wenn somit, der Argumentation GROSSKURTH's (1979, S.16) folgend, die Arbeit oder Berufstätigkeit der Eltern, weil sie Regulationsmechanismus ihres Lebens ist, die auch ihre sozialen Beziehungen und die über Arbeit konstituierten Verkehrsformen strukturiert, und über die aus dem Arbeitsprozeß abgeleiteten Organisationsprinzipien auch entscheidenden Einfluß auf Inhalt und Form des privaten frühkindlichen Sozialisationsprozesses nimmt, dann ist es plausibel, für eine Analyse der Konstitutionsbedingungen von Handeln und Wissen - bei Sozialarbeitern und Sozialpädagogen - die Konstitutionsbedingungen beruflicher Sozialisationsprozesse heranzuziehen, da in dieser Analyse die biographische Dimension des lebensgeschichtlichen Aufbaus ihrer Erfahrungen eingeht, ebenso wie z. B. schulische oder in der Ausbildung hergestellte Kompetenzen als Ort ihrer Realisierung den Beruf und die konkrete Berufstätigkeit haben.

Denn es kann als durchgängige Erfahrungen von Kindern und Erwachsenen angesehen werden, daß nahezu alle Lebensprozesse in Abhängigkeit von Regulierungsformen des Arbeitsprozesses gestaltet werden. Die Analyse beruflicher Sozialisationsbedingungen setzt also an an Bedingungen, die mehr oder weniger direkt, immer schon regulierend oder gestaltend die Organisation von Sozialisationsprozessen beeinflußt haben.

Damit ist jedoch noch nicht unterstellt, daß der Sozialarbeiter oder Sozialpädagoge, um den es hier geht, allgemeiner das Subjekt, keine außerberuflichen Realisierungsmöglichkeiten seiner Person oder Kompetenzen hätte. Für die Ausbildung von sozialer Identität bleibt in einer auf Tauschformen basierenden Gesellschaft der Beruf aber in ganz besonderer Weise bedeutsam, denn Fremd- und Selbstdefinition werden über den Beruf, berufliche Attribute und berufsbezogene Kompetenzen vorrangig bestimmt. BECK/BRATER (1976) haben die Bedeutung des Berufes für die Ausbildung sozialer Identität ausführlich diskutiert; sie bezeichnen den Beruf als "Filter, durch den die Umwelt die Person wahrnimmt, sie beurteilt und ihr begegnet. ... Der Beruf bildet heute einen, wenn nicht sogar den wesentlichen Kristallisationskern der sozialen Identität" (1976, S. 40).

Wenn, wie im ersten Teil der Analyse, Weiterbildungsinteressen festgemacht werden und empirisch überprüft werden an Fragestellungen zur Arbeitszufriedenheit, dann ist damit schon unterstellt, daß Sozialarbeit Arbeit ist und daß die berufliche Tätigkeit des Sozialarbeiters zumindest der Möglichkeit nach Anlaß gibt, Weiterbildungsmotivationen auszubilden. Unter berufssozialisationsspezifischer Fragestellung erhebt sich auf dem Hintergrund der Ausführungen eine da noch vorgelagerte Fragestellung: wie ist die Berufssituation im Bereich Sozialarbeit selbst beschaffen, wie konstituiert sich das Arbeitsfeld und welche der Bedingungen des Arbeitsfeldes können als berufssozialisationsrelevant bezeichnet werden und sind somit Inhalt und Ziel der weiterbildenden Studien? Denn "wie jemand erlebt, denkt und sich verhält, hängt wesentlich von seiner beruflichen Stellung in einer ganz bestimmten historisch gewordenen Gesellschaft ab" (VOLPERT 1979, S. 22).

Wie also ein Sozialarbeiter Erfahrungen macht, denkt und sich verhält, hängt von seiner Tätigkeit im Berufsfeld der Sozialarbeit in einer konkreten historischen Situation ab und seine vorberuflichen Erfahrungen, die immer schon beeinflußt worden sind von den Orientierungsprinzipien dieser Gesellschaft, können über die Analyse der beruflichen Sozialisation rekonstruiert werden.

Die Analyse des Berufsfeldes erfolgt dabei in methodisch aufeinander bezogenen Schritten: In der Diskussion berufssozialisations-relevanter Aspekte des Berufsalltages, die konfrontiert und in Beziehung gesetzt werden mit exemplarischen Ausschnitten eines Interviews, das mit einem Sozialarbeiter durchgeführt wurde und das durch ebenso exemplarische Situationsbeobachtungen ergänzt wird. Die theoretische Entwicklung und Betrachtung von sozialisationsbedeutsamen Bedingungen und Strukturen des Alltags in der Sozialarbeit wird also illustriert durch die Beschreibung und Interpretation von konkretem Material, in Anlehnung an interpretative Forschungsmethoden. Dem Material selbst kann dabei nicht mehr als illustrativer Charakter zugewiesen werden, weil angesichts des Projektzeitraumes und der vorhandenen Personalkapazitäten nicht mehr als ein punktuelles Hineingehen ins Feld möglich war. Eine Verallgemeinerung der konkreten Erfahrungen, die dargestellt werden, geschieht also immer im Rückgriff auf bereits publizierte andere Praxiserfahrungen und/oder über ihre theoretische Aufbereitung. Dieses Vorgehen erscheint uns dennoch legitim, weil es nichts anderes bedeutet, als das "Prinzip des Exemplarischen" (NEGT, 1975) auf den wissenschaftlichen Arbeitsprozeß anzuwenden und andererseits es ein Essential der hier verwandten sozialwissenschaftlich-hermeneutischen Verfahren ist, aus subjektiv artikulierten Situationsdarstellungen (Interview) und/oder beobachteten Situationen (Beobachtung), die ihnen zugrunde liegenden objektiven Strukturen sowie ihre situationsbezogenen Sinnstrukturen für die Handelnden zu erschließen (KLUSEMANN/HEINZE 1980).

Es muß aber auch für diese Argumentationen darauf aufmerksam gemacht werden, daß nur einzelne Aspekte der beruflichen Sozialisation beleuchtet werden und eine weitergehende umfassende Analyse des Berufsfeldes Sozialarbeit als Sozialisationsinstanz beruflicher Sozialisation des Sozialarbeiters in und durch den Beruf noch aussteht. Angesichts der "Sektorierung, Parzellierung und Zersplitterung ihrer Tätigkeitsfelder" (BENEKE/ZANDER 1980, S. 392) ist die Begrenzung des Materials auf dem Bereich der Sozialarbeit als Jugendarbeit in einer 'Offenen Tür' eine Beschränkung, die begründet werden muß.

Wir sind bei der Auswahl des Konkretisierungsbereiches der qualitativen Analyse davon ausgegangen, daß es sinnvoll ist, einen Tätigkeitsbereich aus dem sehr differenzierten Berufsfeld der Sozialarbeit auszuwählen, der folgende Merkmale aufweist:

1. das Arbeitsfeld der Sozialarbeiter sollte zu den 'klassischen' Bereichen der Sozialarbeit und Sozialpädagogik gehören,
2. die berufsstatistischen Merkmale der Befragung sollten in diesem Feld anzutreffen sein,
3. es sollte kein ganz 'neues' Aufgabenfeld der Sozialarbeit sein, sondern es sollte die Möglichkeit bestehen, langjährige berufserfahrene Sozialarbeiter zu befragen und zu beobachten,
4. das Berufsfeld sollte in staatlicher und freier Trägerschaft existieren,
5. das Berufsfeld sollte einen möglichst unbeeinträchtigten Zugang für die Projektgruppe zulassen,
6. die in diesem Berufsfeld tätigen Sozialarbeiter und Sozialpädagogen sollten aus vorliegenden Erfahrungen prinzipiell weiterbildungsinteressiert sein und als potentielle Adressaten eines Weiterbildungsstudiengangs gelten können,
7. über dieses Berufsfeld sollten Erfahrungen und Vorarbeiten der Projektgruppenmitglieder vorliegen,
8. dieses Berufsfeld sollte als Konkretisierungsbereich in der Pilotphase für eine Erprobung des Weiterbildungsstudiengangs gewählt werden können und eine differenzierte inhaltliche Bezugnahme gestatten.

Diese Merkmale wurden gewählt, um einerseits so konkret wie möglich von der Materialseite her argumentieren zu können, andererseits die Komplexität der Berufssituation nicht unzulässig zu reduzieren. Die Arbeitsfelder im Bereich der Jugendarbeit in einer 'Offenen Tür', Jugendfreizeitarbeit, erfüllen diese Kriterien, letztlich ist es aber als eine pragmatische Entscheidung zu werten, daß dieser Bereich ausgewählt wurde.

Diese Eingrenzung auf einen Konkretisierungsbereich aber ist dann unproblematisch, wenn man berücksichtigt, daß dies allein eine empirische Begrenzung der konkreten Erscheinungen und Erfahrungen bedeutet, die Diskussion der sozialisationsbedingenden Strukturen für die Arbeit der Sozialarbeiter aber über diesen Bereich der Sozialarbeit hinausweist; eine Konkretisierung für andere Bereiche wäre auf der Basis dieser Untersuchung möglich und notwendig, kann und soll aber in diesem Projektkontext nicht geleistet werden, da es den Rahmen sprengen würde. Es wäre sicher sinnvoll, in einer Ausweitung eines empirisch orientierten weiteren Forschungsvorhabens, eine Erweiterung auf Bereiche der Kinder-, Erwachsenenarbeit oder/und der Sozialarbeitsberufsfelder, die direkt in der Verwaltung (Sozialadministration) verankert sind, vorzunehmen, um in der wissenschaftlichen Be- und Erarbeitung die Parzellierung und gegenseitige Abgrenzung der Arbeitsbereiche in der Sozialarbeit nicht zusätzlich durch eine Akzentsetzung zu unterstützen.

1. Zum methodischen Vorgehen der qualitativen Forschungsarbeit im Projekt "Weiterbildungsstudium für Sozialarbeiter und Sozialpädagogen"

Die Berufsfeldanalysen des Projektes zur Ermittlung von Qualifikationsmerkmalen und zur Diskussion Beruflicher Sozialisationsprozesse der Sozialarbeiter und Sozialpädagogen erfolgen mit unterschiedlichen methodischen Zugriffsweisen. Zur Ergänzung der quantitativen empirischen Berufsfeldanalyse erfolgt die nähere Durchleuchtung ausgewählter Arbeitsbereiche mit Methoden interpretativer Forschung. Ziel dieses Teils des Forschungsvorhabens ist, einen Zugang zu erhalten zu den Sozialisationsbedingungen und sich in Handlungsprozessen äußernden Qualifikationsmerkmalen sozialarbeiterischer und sozialpädagogischer Praxis, hier am Beispiel des Bereiches "Offene Jugendarbeit".

Unter Sozialisationsbedingungen verstehen wir:
- die konkreten Arbeitsbedingungen,
- die Strukturen der bürokratischen Organisation der Sozialarbeit, die in dem Tätigkeitsfeld der Offenen Jugendarbeit zum tragen kommen,
- die gesellschaftlichen Definitionen, die sich in sozialpolitischer Programmatik und (pädagogischen) Arbeitskonzepten niederschlagen,
- die berufliche Selbsteinschätzung als Integration von gesellschaftlicher und individueller Definitionen des Berufes.

Unter Qualifikationsmerkmalen der Praxis verstehen wir:
- die in der Debatte um Professionalisierungsbestrebungen diskutierte Kompetenz, und zwar im Bereich der kommunikativen Kompetenz und der Kompetenz im Verwaltungs- und Planungshandeln sowie der pädagogischen Kompetenz,
- Routinehandeln als positiv zu bewertende routinisierte Handlungsabläufe, die dazu angetan sind, den Berufsalltag zu bewältigen,
- Routinehandeln im Sinne von unreflektiertem Handeln, und Innovationen und Veränderungen behindernde Handlungsabläufe,
- diejenigen Aspekte von Qualifikation, die sich auf die

berufliche Identitätsbildung beziehen und nicht zu trennen sind von bislang vollzogener Identitätsentwicklung in anderen Lebenszusammenhängen.

Die Entwicklung dieser Qualifikationsmerkmale im Kontext beruflicher Sozialisation, die in der konkreten beruflichen Situation zum Tragen kommen, vollzieht sich im Interaktionsgefüge, das zwischen dem Sozialarbeiter und den Klienten einerseits und dem Sozialarbeiter und den in gesellschaftlichen Bedingungen sich widerspiegelnden institutionellen Gegebenheiten andererseits besteht und ihren beruflichen Sozialisationsprozeß ausmacht.

Die Kenntnis der Qualifikationsmerkmale ist in mehrfacher Hinsicht erforderlich: Zum einen muß im Rahmen des Projektes zur Einlösung des Postulates ein berufsbezogenes Weiterbildungsstudium für praktisch tätige Sozialarbeiter und Sozialpädagogen zu konzipieren, Kenntnis des Berufsbereiches erworben werden. Zum anderen ist die Studiengangs- und Curriculumentwicklung an diese Forschungsergebnisse anzulehnen. Gemäß der methodologischen Implikationen des theoretischen Konzeptes, auf die sich das Projekt stützt, werden Verfahren deskriptiver und objektiver Hermeneutik verwendet ebenso wie ethnomethodologische Forschungsmethoden in Anwendung gebracht werden. Zu diesem Zweck wurden mit Berufspraktikern im Bereich der Offenen Jugendarbeit Interviews durchgeführt. Die qualitativen Interviews wurden dabei auf der Basis des Konzeptes kommunikativer Sozialforschung (Arbeitsgruppe Bielefelder Soziologen 1976) und der "Technik narrativer Interviews in Interaktionsfeldstudien" (SCHÜTZE 1977) durchgeführt. Im Rahmen der Erstellung der Interviews führte die Projektgruppe zunächst fünf Interviews durch, die mittels Tonbandbändern protokolliert und anschließend transkribiert wurden. Da im weiteren Entwicklungsprozeß des Projektes - wie vorne schon dargestellt - es unter methodischen Überlegungen als sinnvoll erschien, objektive Rahmenbedingungen des Handelns und der beruflichen Situation in die Überlegungen mit einzubeziehen und den Interviews im Kontext der Berufsfeldanalyse vorrangig illustrativer Charakter zugewiesen wurde, wählten wir eines der Interviews exemplarisch, um die Berufssituation eines Sozialarbeiters durch Beobachtungen der Rahmenbedingungen seines Berufsalltages als objektiver Ebene seiner Handlungsvorgaben zu ergänzen, ebenso objektive Daten seiner Tätigkeitssituation zu befragen und (pädagogische) Konzepte seiner Arbeit zur Analyse mit heranzuziehen. Als Beispiel der Interpretation auf der Basis des Interviews wird nachstehend der Interpretationsvorgang an einem ausgewählten Interviewausschnitt exemplarisch vorgenommen.

1.1. Überlegungen zur Auswahl von Interpretationssitiationen

Auf dem Wege der Bestimmung von Sozialisationsbedingungen und des Erschließens von Qualifikationsmerkmalen im Arbeitsbereich "Offene Jugendarbeit" geht es zunächst darum, ausgewählte Ereigniszusammenhänge, die dieser befragte Sozialarbeiter im Rahmen seines Interviews rekonstruiert, interpretierend zu beschreiben. Bei dieser Arbeit der Interpretation ist es zunächst unerheblich, ob die Interpretation sich auf eigene Beobachtungen und ihre Beschreibung bezieht oder ob sie sich auf bereits vorhandene Berichte derjenigen stützt, deren Sinnwelten es zu erschließen gilt. Methodologisch ist der erste Schritt dieser Interpretation der Versuch einer sozialwissenschaftlichen Paraphrase wie sie in dem Konzept "deskriptiver Hermeneutik" (HEINZE/KLUSEMANN 1979) entwickelt wurde.

Der Anspruch, Sinnstrukturen eines bestimmten Sozialarbeiters in einer ausgewählten Situation zu erschließen, hat zur Voraussetzung, daß sich die jeweiligen Untersuchungen in die Wirklichkeitszusammenhänge dieses Sozialarbeiters hineinversetzen, d.h. die Sichtweisen des Interviewten virtuell übernehmen. Den an diesem interpretativen Prozeß Beteiligten wird also zur Aufgabe gemacht, die zu erschließenden Wissensbestände, Handlungsvollzüge, Situationsdefinitionen und Sinnstrukturen quasi durch "die Augen des Sozialarbeiters" zu betrachten. Dieser Prozeß der Interpretationsleistung setzt ein relativ hohes Maß an Einfühlsamkeit voraus und erfordert gleichzeitig einen permanenten Akt gegenseitiger Abstimmung des postulierten Konsens der Interpreten über jeweilige Elemente der vom Interviewten geleisteten Äußerung, deren Verständnis und Interpretation. Die interpretierende Beschreibung eines Interviewausschnittes vollzieht sich auf der Basis der methodologischen Aspekte in

Form eines kommunikativen Prozesses zwischen den Interpreten. Die sich auf diese Weise entwickelnden Interpretationen haben zunächst zum Inhalt, die verschiedenen Situationen systematisch im Hinblick auf ihren möglichen Bedeutungsgehalt zu durchleuchten. Die Tatsache, daß mehrere Interpreten an diesem kommunikativen Prozeß teilhaben, birgt die Möglichkeit in sich, die dargestellten Bedeutungsgehalte systematisch zu hinterfragen. Dies meint im Unterschied zur Kommunikation im Alltag, daß diese Vorgehensweise dadurch gekennzeichnet ist, daß der Interpret von seinem Vorverständnis einer Situation ausgeht, dieses Vorverständnis aber offenlegt und kritisch betrachtet. Das systematische Mißtrauen gegenüber der eigenen Interpretation bestimmt im Kommunikationsprozeß ihre Vorläufigkeit und damit auch ihre potentielle Verwerfung. In das Vorverständnis der Interpreten einer Situation gehen dabei ein:

- persönliche Erfahrungen aus dem Berufsbereich und anderen Lebenszusammenhängen,
- Alltagswissen,
- Kenntnisse des Arbeitsbereiches der Interviewten und der Interviewer,
- Fragmente wissenschaftlicher Theorien.

Durch die Anführung dieser gerade beschriebenen, in die Interpretation eingehende Elemente wird deutlich, daß die darauf beruhende Interpretation sich zunächst auf der Ebene der Beschreibung von Phänomenen bewegt. Damit wird schon deutlich, daß es sich hierbei um eine notwendige Vorstufe auf dem Weg zu einem höheren Interpretationstyp handelt, der sich von der vorher beschriebenen dadurch unterscheidet, daß er unter Zuhilfenahme wissenschaftlicher Theorien als erklärender Interpretationen vorgenommen wird.

Die Rekonstruktion der handlungsbezogenen Sinnstrukturen von Sozialarbeitern und Sozialpädagogen haben wir durch die Analyse von Erzählausschnitten situativer Prozesse vorgenommen. Die ausgewählten Situationen dienen der Illustration,weil sich an Beispielen gut transparent machen läßt wie die Aufdeckung von charakteristischen Wissensbeständen,

Handlungsvollzügen, Situationsdefinitionen und sinngebenden Strukturen beim Interviewten konkret vor sich gehen.

Ziel der sozialwissenschaftlichen Paraphrasierung von Handlungssituationen ist es u.a., die in einer solchen Situation vorgenommenen, zu einer spezifischen Handlung führenden Sinnstrukturen dieser Situation zu erkennen und sie zu rekonstruieren. Das bedeutet, es sind in die vom Sozialarbeiter oder Sozialpädagogen interpretierten Interaktionen Wahrnehmungen, Deutungen, Interessen und Bedürfnisse, die in diese Interaktionen eingegangen sind, zu ermitteln.

Die Situationen, über die wir eine sozialwissenschaftliche Paraphrasierung der im Interview ausschnittweise dargebotenen Arbeitsbereichs-Wirklichkeit des Sozialarbeiters versuchen, haben wir Konfliktsituationen genannt, denn in Konfliktsituationen ist es dem Interpreten möglich, in besonderer Weise Zugang zu den Qualifikationsmerkmalen und Bedingungen des Handelns, die unser Forschungsinteresse ausmachen, zu gewinnen, da:

- bisher erworbene Kompetenzen und Verhaltensweisen im Konflikt aktualisiert werden,
- Kompetenzen, die einer Konfliktlösung hinderlich sind oder förderlich sein könnten, sich herauskristallisieren,
- routinisiertes berufliches Handeln durch die Konfliktsituationen in Frage gestellt wird,
- der Prozeß der beruflichen Identitätsfindung unterbrochen wird und deswegen eine Reflexion der identitätsbildenden Aspekte des beruflichen Arbeitsfeldes verdeutlichen läßt,
- möglicherweise der Sozialarbeiter selbst durch den Konflikt veranlaßt wird, berufliche Anforderungen im Sinne von Qualifikationsmerkmalen oder Anlässe zur Auseinandersetzung mit Berufsbedingungen zu begreifen.

Die Schilderung einer Konfliktsituation ermöglicht den Zugang zu den o.a. Interpretationsschritten des Sozialarbeiters insofern, als eine Interpretation und Handlungen selbst in der Situation gleichzeitig Gegenstand der Beschreibung sind. In einer solchen Schilderung werden die wechselseitigen Beziehungen der an (in) der Situation Beteiligten mit den jeweiligen vorhandenen

Widersprüchen, Interessen, Motivationen, Betroffenheiten und Handlungen im Rahmen einer Problemstellung oder Situationskonstellation thematisiert.

Die Schilderung einer Konfliktsituation beinhaltet also die Möglichkeit der Reflektion der zum Konflikt führenden Momente mit dem Ziel, den Konflikt so zu bearbeiten, daß eine Lösung des Konfliktes sich abzeichnen könnte. Bezogen auf die eigene Person beinhaltet die Reflexion eines Konfliktes, die Verarbeitung der eigenen, im Konflikt aktualisierten Vorstellungen, Wünsche, Bedürfnisse, Haltungen, Einstellungen und die Möglichkeit der Analyse der aktualisierten Handlungen als Auswahl des im Sozialisationsprozeß erworbenen eigenen Handlungsspektrums/bzw. Handlungsrepertoirs. In Abgrenzung zu Alltagssituationen sind Konfliktsituationen dadurch gekennzeichnet, daß sie noch nicht durch routinehaft eingeschliffene kognitive Prozesse und daraus ableitbare Handlungsfolgen gekennzeichnet sind. Sie stellen sich dem jeweils vom Konflikt Betroffenen als relativ offene, noch veränderbare und vorläufige Situationen dar.

Konfliktsituationen sind für die Analyse beruflicher Sozialisationsprozesse als Begründung und Bezugspunkt von Weiterbildungsmotivationen zudem deswegen besonders bedeutsam, weil sie als Konfliktsituationen auch Konflikterleben des Sozialarbeiters bedeuten. Konflikterleben aber begründet, wenn es nicht als ausweglos eingeschätzt wird, in hohem Maße Weiterbildungsmotivationen, wie in der Befragung deutlich wurde. Wir können also davon ausgehen, daß in Erzählungen oder Interviews dargestellte Konfliktsituationen auch solche sind, die ein Sozialarbeiter über Weiterbildung besser zu lösen trachtet.

Ein weiteres Kriterium zur Auswahl von Konfliktsituationen ist die Detaillierung der Schilderung, die daraus resultiert, daß die Betroffenheit durch den Konflikt eine ausführliche Darstellung durch den Interviewten herausfordert. Wir gehen von der Annahme aus, daß eine je detaillierte Darstellung einer Situation eine umso zutreffendere Paraphrasierung der jeweiligen Wirklichkeitsverhältnisse zuläßt. Gleichermaßen von Bedeutung bei der Auswahl ist nach unserer Meinung die relative Geschlossenheit der Erzählung im Sinne ihrer räumlich-zeitlichen Abfolge und inhaltlichen Vollständigkeit. Bei der konkreten Suche nach Situationen, die die vorgenannten Kriterien zu erfüllen scheinen, haben wir Darstellungen von solchen Konflikten in den Interviews aufgefunden, deren "Legitimität" innerhalb der Jugendarbeit sich der Sozialarbeiter sicher sein kann; so sind von dem Sozialarbeiter ausführlich z.B. folgende als "typisch" erachtete Situationen beschrieben worden: "Aggressivität der Jugendlichen und Arbeit mit ausländischen Jugendlichen." Diese Kriterien bei der Auswahl von Situationen scheinen uns für die Demonstration des interpretativen Verfahrens als angemessen. Im Rahmen der Untersuchung wird im folgenden eine Paraphrasierung einer Konfliktsituation vorgenommen.

1.2 Sozialwissenschaftliche Paraphrasierung der ausgewählten Situation

Die exemplarische Situation, die wir zur Interpretation herangezogen haben, hat folgenden Inhalt:

> Ein Jugendlicher hat mit einer Billardkugel eine Fensterscheibe eingeschlagen. Der Sozialarbeiter schildert uns diese Situation mit ihren Gegebenheiten und Bedingungen wie sie sich ihm darstellen; er liefert uns Hintergrunderklärungen über die seines Erachtens mutmaßlichen Aggressionsauslöser; und er berichtet über die in dieser Lage konkret zur Anwendung gekommenen Lösungsstrategien zur Behebung des nun einmal tatsächlich angerichteten Schadens. In seiner Schilderung gibt der Sozialarbeiter auch deutlich zu erkennen, was "normalerweise" in einem Haus der Offenen Tür geschieht in einem solchen Fall: "..., wenn hier jemand ne Scheibe einschlägt, ..., den am Kragen zu packen und vor die Tür zu setzen und ne Anzeige wegen Sachbeschädigung aufzugeben, sondern ..." (Interviewtranskription Seite 14).

Wahrscheinlich ist damit auch die reguläre Art und Weise des Vorgehens beschrieben, die von seiten des Jugendamtes per Vorschriften postuliert wird. Unterstützt wird diese Annahme dadurch, daß der Sozialarbeiter sich in dem gerade vorgegebenen Satz darüber äußert, welches die Kritikpunkte des Jugendamtes im Anfang der Dienstzeit an seinem Berufsverhalten waren, nämlich: "...mir ist also zu Anfang in der Probezeit ein halbes Jahr lang vorgeworfen worden, ich könnte mich a) nicht durchsetzen, b) ich wäre zu weich, c) ich hätte keine Perspektive und der Laden würde vergammeln und was weiß ich nicht alles, eben weil ich zum Beispiel ganz das nicht so gemacht habe, ..." (Interviewtranskription Seite 14). Er bezieht hier insoweit recht klar Position, indem er sich von der Haltung des Jugendamtes offensichtlich nach wie vor distanziert. Die Vorwürfe des Jugendamtes an ihm werden allerdings vom Sozialarbeiter in der Schilderung nicht auf reales Verhalten bezogen, sondern er stellt sie lediglich in den Raum. Es ist jedenfalls nicht eindeutig ersichtlich, ob die Kritik des Jugendamtes an die daran anschließende Verfahrensweise des Sozialarbeiters anknüpft. Auffallend ist unseres Erachtens nur, daß er trotz des recht langen Zeitraumes von einem (vergangenen) Jahr die Kritik des Jugendamtes noch sehr genau in Erinnerung hat. Dies ist sicherlich ein Hinweis darauf, daß der Anpassungsprozeß an die geforderten Verhaltensweisen des Jugendamtes noch nicht gelungen ist oder zumindest der Sozialarbeiter gegenüber diesen Verhaltensanforderungen immer wieder Konflikte verspürt.

Seine Vorgehensweise, den Schadensfall zu lösen, die er im Gegensatz zum Jugendamt sieht, schildert er recht souverän: "...sondern mir den gekrallt hab und gesagt hab, hier biste versichert, wie regeln wir das? Die meisten Leute sind ja versichert. Dann haben wir nen Schrieb aufgesetzt" (Interviewtranskription Seite 14). Durch diese Art der Lösung, nämlich auf der einen Seite natürlich dem Jugendlichen hilfreich unter die Arme zu greifen - andererseits jedoch die eigene Person freizuhalten erlaubt von Angriffs- und Kritikansätzen durch das Jugendamt, zeichnet sich eine heftige Ambivalenz dieser Situation ab. Zur Verdeutlichung: Seiner Pflicht entsprechend, hätte der Sozialarbeiter den Vorfall als Schadensfall dem Jugendamt weitermelden müssen, schriftlich oder in persönlicher Form. Auf jeden Fall wäre seine Person mit diesem Schaden in Verbindung gebracht worden und sie hätte als z.B. "vernachlässigte Aufsichtspflicht" (mit Schadensfolge) interpretiert werden können oder als "pädagogische Unzulänglichkeit", weil sein Verhalten die Aggressionen der Jugendlichen hatte nicht abwehren können. Ebenso denkbar ist eine Einordnung in die vorher geannten expliziten Vorwürfe, die das Jugendamt augenscheinlich schon öfter gegenüber dem Sozialarbeiter vorgebracht hat. Durch sein tatsächliches Handeln umgeht er diese zu erwartenden Unannehmlichkeiten mit seiner dienstvorgesetzten Behörde, er braucht sich nicht auseinanderzusetzen, zu erklären, wird nicht zur Rechenschaft gezogen, braucht sich nicht zu verantworten.

Stellen wir nun die Frage, welche Bedeutung diese Lösung der

Situation für den Jugendlichen, und damit wieder rückwirkend für den Sozialarbeiter selbst hat - denn schließlich macht der Sozialarbeiter ja Jugendarbeit - so ergibt sich, ganz vorläufig formuliert, das folgende Bild: Aggression wird nur in bestimmten, nicht Sachen beschädigenden Äußerungsformen geduldet und die vorgenannt beschriebene Form, eine Fensterscheibe einzuschmeißen, gehört nicht dazu, d.h. der Sozialarbeiter konfrontiert die Jugendlichen mit den Grenzen seiner Definition von geduldeter Aggression. Der Sozialarbeiter setzt also eine Handlungsnorm gegenüber den Jugendlichen und mit dieser Tatsache geht einher, daß die Vermittlung der Norm als seine Arbeitsaufgabe begriffen wird und dies, obschon er die Norm selbst - wenn sie verbunden ist mit den verwaltungsgemäßen Auflagen seiner Dienststelle - kritisiert. Er versucht, in dem Prozeß und mit der Lösung, den Jugendlichen gleichzeitig beizubringen, daß eine Normverletzung nicht unbedingt immer die gleichen, unangenehmen Sanktionen nach sich ziehen muß, nämlich die üblichen Formen einer Reaktion wie z.B. Hausverweis, Bekanntgabe an das Jugendamt, gerichtliches Verfahren, Schadensersatzforderung, sondern daß es Möglichkeiten gibt, sich der Strafe zu entziehen, trotzdem aber die Regulierung der Normverletzung zu erreichen und das unter den Bedingungen der Wahrung einer möglichst geringen Berührtheit der eigenen Person und ihrer Interessen und/oder nahestehender Personen. Er zeigt ihnen damit, daß ein "sich Widersetzen" gegen vorgegebene Sanktionen, die nicht direkt einsehbar sind, unter Wahrung der Regeln eines (Versicherungsfallablaufes) durchaus realisiert werden kann. Damit, nämlich Widerstand irgendwelcher Art zu leisten, kommt er den Gefühlen der Jugendlichen sehr entgegen, zumal dies auch noch durch seine Person als Sozialarbeiter legitimiert wird. Es ist zu vermuten, daß diese Haltung ihm zumindest die Sympathie der Jugendlichen verschafft, wahrscheinlich sogar die Anerkennung durch sie. Zusätzlich kann der Sozialarbeiter so also etwas schaffen - und den Anspruch hat er ja - wie den Aufbau von Aspekten oder Momenten emotionaler Geborgenheit, Sicherheit und Vertrauen, mindestens den Versuch einer solidarischen Lösung des Konfliktfalles. Indem er nicht nach dem Motto vorgeht "ihr macht mutwillig irgendwas oder alles kaputt", sondern versucht, für das vordergründige Verhalten der Aggression Verständnis zu entwickeln "...und dann hab ich versucht, mit dem

Betreffenden zu reden, weshalb er denn auf die verrückte Idee gekommen ist, ..., was das sollte" (Interviewtranskription Seite 14), erzeugt er bei den Jugendlichen ein Gefühl des Akzeptiertwerdens - ein Gefühl der Solidarität mit ihnen, wenn er ihnen zugesteht, daß sie grundsätzlich das Recht auf Aggressionsäußerungen haben, daß sie wohl auch Gründe für diese Aggression haben und nicht einfach nur aus Langeweile destruktiv sind, denn nur aus Langeweile destruktiv werden, würde wiederum seinem Normensystem widersprechen. Der Sozialarbeiter betont in der weiteren Beschreibung ausdrücklich, daß er die Ansicht vertritt, die Jugendlichen würden zwar ihre Aggression berechtigterweise äußern, jedoch schränkt er insofern seine Aussage erheblich ein, als es das Ziel und nicht das eigentlich gemeinte Objekt betrifft, denn er kritisiert die Zielungerichtetheit bzw. den Verlust des Bezuges zur Ursache der aggressionsauslösenden Verhaltensweisen auf der Seite der Jugendlichen. Eine ausführlichere Interpretation, warum die Jugendlichen zielungerichtet aggressiv sind, findet sich in dem Interview selbst nicht.

Dem Sozialarbeiter ist nicht bewußt, daß die Feststellung, Aggressionen könnten im Haus der Offenen Tür nicht geäußert werden, eine persönliche Entscheidung darstellt. Er stellt den Sachverhalt so dar, als würde diese Entscheidung durch institutionelle Gegebenheiten vorweggenommen. Er zieht nicht einmal die Möglichkeit seiner Einflußnahme in Erwägung. Zugleich sieht er nicht, daß auch sein Verhalten, sich aus diesem Vorgang auszuklammern, Konsequenzen bei den Jugendlichen haben kann. Der Umgang mit Aggressionen der Jugendlichen wird von dem interviewten Sozialarbeiter als "persönlicher Konflikt" geschildert. "... und das ist auch so n ganz persönlicher Konflikt, in dem ich eben stehe ..., aber es gibt so viele Sachen, die ich hier mache, wo ich eigentlich weiß, das bringt`s im Grunde überhaupt nicht, das kann man einfach nicht so machen" (Interviewtranskription Seite 16). Der Sozialarbeiter zweifelt hier seine eigenen Handlungen und Lösungsstrategien an. Er lehnt bewußtseinsmäßig, d.h. in der Konfrontation mit seinen Vorstellungen und Zielen, diese Handlungen und Lösungsstrategien ab ohne aber in der Lage zu sein, alternative Möglichkeiten zur Konfliktlösung auf seine eigene berufliche Situation zu übertragen.

"...ich find das auch beschissen, ich find`s auch beschissen wie ich mich da inzwischen verhalte, aber ich weiß nichts Besseres ..." (Interviewtranskription Seite 15).

Im nächsten Schritt der Interpretation geht es darum, offenzulegen und zu diskutieren, was den Sozialarbeiter veranlaßt haben könnte, sein Verhalten in dieser vorgestellten Weise auszurichten. Im Verlaufe des Interpretationsprozesses hat sich die Erkenntnis verdichtet, daß in dieser Situation charakteristische Handlungszüge des Sozialarbeiters repräsentiert sind. Folglich haben wir versucht, die in der Situation wiederzufindenden Handlungszüge herauszukristallisieren und darzustellen. Wir wollen hierbei verschiedene situative Handlungen und ihnen zugrunde liegende Handlungsmomente zu erfassen versuchen. Diese Rekonstruktion kann sich nicht länger nur auf die Deskription der Ereignisse selbst stützen wie es vorgängig getan wurde und also die tatsächlichen Handlungszusammenhänge beschreiben, sondern muß sich vielmehr darüber hinaus auch beziehen auf die Bedeutungszuschreibungen, die der Sozialarbeiter im jeweiligen Kontext vorgenommen hat. Bei diesem Vorgehen ist die wechselseitige Bedingtheit von Handlungszusammenhängen und Bedeutungszuschreibungen in Betracht zu ziehen. Es wird an dieser Stelle deutlich, daß der Sozialarbeiter in den verschiedenen Situationen, hier konkret in der einen Situation, Bedeutungszuschreibungen nach hierarchischen Ordnungskriterien vornimmt, d.h.: der Prozeß seiner selektiven Wahrnehmung des Ereignisses und der diesem Ereignis zugeschriebenen Bedeutungen durch den Sozialarbeiter verläuft nach einem für seine Person charakteristischen hierarchischen System, das man wie folgt beschreiben kann:

An ausschlaggebender Stelle dieser Hierarchie steht ein ständiges Bemühen, sein "berufliches Selbstverständnis" in der konkreten Arbeit mit Jugendlichen adäquat umzusetzen. Unter "beruflichem Selbstverständnis" des Sozialarbeiters verstehen wir das subjektive Konzept seiner beruflichen Identität, das jeweilig in den Zwischendimensionen zwischen konkretem Handeln und seiner Bedeutungszuschreibungen aufscheint. Berufliches Selbstverständnis ist ein Konstrukt, das auf der subjektiven Interpretation der objektiven Bedingungen gesellschaftlicher Wirklichkeit beruht, in diesem Zusammenhang insbesondere der Wirklichkeit des Berufsalltags. Wir finden es naheliegend, daß der Sozialarbeiter mehr oder weniger bewußt die Intention hat, in das Interview ein bestimmtes Bild seines beruflichen Selbstverständnisses zu vermitteln. Ebenso finden wir es selbstverständlich, daß er anstrebt, sich im Handeln und bei der Schilderung darüber in Übereinstimmung mit der Vorstellung zu befinden, die er von seinem eigenen beruflichen Selbstverständnis im Prozeß seiner beruflichen Sozialisation herausgebildet hat. Das berufliche Selbstverständnis ist für den Betrachter dabei nicht in seiner gesamten Ausprägung anzutreffen, sondern lediglich über Fragmente zu rekonstruieren. Diese fragmentarisch anzutreffenden Anteile des beruflichen Selbstverständnisses bezeichnen wir als Elemente des beruflichen Handelns. Diese Elemente haben den Charakter von Prinzipien und Leitmotiven, die als Resultate beruflicher Sozialisation das aktuelle berufliche Handeln einer Situation bestimmen.

Durch eine situationsübergreifende Betrachtung kristallisiert sich heraus, daß sich der Sozialarbeiter in der vorher dargestellten Situation bei seinen Bestrebungen in einem scheinbar unauflösbaren Widerspruch zwischen Solidarität und Konformität befindet. Unter dem Begriff Solidarität fassen wir jenes Verhalten des Sozialarbeiters, dem das Vertreten der Interessen der Jugendlichen zugrunde liegt wie er es für sein eigenes Handeln beansprucht. Unter Konformität verstehen wir die Verhaltenstendenz des Sozialarbeiters, Normierungen und Verhaltenserwartungen, die für ihn in irgendeiner Form Autoritätscharakter besitzten, soweit wie möglich zu entsprechen. Die in dem Interviewausschnitt aufgetretenen Normierungen und Verhaltenserwartungen resultieren aus dem Verhältnis des Berufsalltages zu seiner übergeordneten Organisationsinstanz, dem Amt. Schließlich ist das Handeln des Sozialarbeiters vom Prinzip der Plausibilität geprägt, die ihm erlauben soll, die Inkonsistenzen seines Handelns in der Darstellung im Interview konsistent zu argumentieren.

Angesichts des oben angeführten Widerspruchs trachtet der Sozialarbeiter nach einem unterstützenden, richtungsweisenden Bezugspunkt für sein konkretes Wissen und Verhalten. Bei der Suche nach einer Leitlinie richtet er seine Handlungen nach einer bereits antizipatorisch getroffenen Einschätzung seines Handlungsspielraumes und der möglichen Handlungskonsequenzen aus. Seine Handlungen vollziehen sich als permanenter, sich auf die jeweiligen Situationselemente beziehender Balanceakt zwischen den Handlungsvorgaben und seinen antizipierten Handlungsmöglichkeiten. Letztendlich wird in seinem konkreten Verhalten offensichtlich, daß er sich dem vermeintlichen Überhang an Restriktionen bzw. Konformitäts- und Abhängigkeitsdruck im Arbeitsbereich anpaßt und seine Lösungsstrategien immer auf dem Hintergrund dieser Anpassungsnotwendigkeit entwickelt. Aus dieser Einschätzung läßt sich seine Tendenz nach Ordnung der Geschehnisse in der Offenen Tür und Kontrolle dieser Ordnung unter Wahrung der Ansprüche auf der Vermittlung der Ansprüche von Konformität, Solidarität und Plausibilität erklären; deutlich wird aber auch, daß die dominante Regulationsebene seines Handelns nicht die Wünsche und Ansprüche, die er selbst an sein Verhalten gegenüber den Jugendlichen artikuliert, sondern daß die davorgeschaltete dominante Ebene seiner Überlegungen aus dem Verhältnis zur Organisation seines Arbeitsbereiches resultieren.

Bei der Interpretation dieses Zusammenhangs ist in Rechnung zu stellen, daß der Beschreibung des Sozialarbeiters die Neigung unterliegt, das eigene Handeln, die eigene Sinngebung des Handelns, sich selbst und den Betrachter mit dem Anspruch der Plausibilität darzustellen,und das heißt immer auch, unbewußt zu verzerren. Da wesentliches Merkmal unseres methodischen Vorgehens zunächst das Ausgehen von den und sich beziehen auf die Beschreibungen des Sozialarbeiters ist, sind Abweichungen und/oder sogar Widersprüche zu dieser augenscheinlich plausiblen Beschreibung in unserer Darstellung denkbar.

In der Weiterführung der interpretativen Analyse dieser Situation wird deutlich, daß der Sozialarbeiter die beabsichtigte Solidarität zu den Jugendlichen nur soweit realisiert wie sie seine Anpassungs- und Konformitätsbestrebungen gegenüber dem Jugendamt nicht tangieren. Seine Interpretationsversuche und die Verzerrungen seiner Selbstwahrnehmung erfolgen in der Richtung, zu begründen, warum es notwendig ist, daß er sich den vorherrschenden Regulierungen in der dargestellten Weise anpaßt. Diese Aussage soll exemplarisch anhand einer Stelle der dargestellten Situation verdeutlicht werden: Der Sozialarbeiter macht dem Jugendlichen bei der Zerstörung der Fensterscheibe das "Angebot", den Schaden nicht dem Jugendamt zu melden und ihn von dieser Stelle beheben zu lassen, sondern durch die Haftpflichtversicherung des betreffenden Jugendlichen. Diese Verhaltensweise des Sozialarbeiters stellt sich uns als charakteristische Haltung dar, die daraus resultiert, daß er wünscht, daß wir sein Verhalten auf eine solidarische Handlungsweise zurückführen, denn in der Tat ist die Art der vorgeschlagenen Schadensregulierung eine solche, mit der der Sozialarbeiter den Jugendlichen vor einer eventuellen Sanktionierung von seiten des Jugendamtes und/oder der Erziehungsberechtigten bewahrt. Bei näherer Betrachtung des Handlungs- und Interaktionsgefüges der Situation kann jedoch festgestellt werden, daß die Schadensregulierung eine Aufgabe ist, die zwischen dem Sozialarbeiter und dem Jugendamt erfolgen müßte, denn das Jugendamt ist Träger der Einrichtung. Der Sozialarbeiter ist jedoch in der Vergangenheit bei ähnlichen Situationen - wie er angedeutet hat - in ihn belastende Auseinandersetzungen mit dem Jugendamt geraten. Sein in der Situation aktuelles Verhalten und sein jetziges Vorgehen dient also dazu, ihn von einer solchen möglichen unangenehmen Auseinandersetzung zu entlasten und verhindert so, daß er eine Aktualisierung von Kritik und eine Wiederauflage arbeitsbeeinträchtigender Auseinandersetzung auf sich nehmen muß. Zugleich verschafft er sich das für ihn sicher angenehme Gefühl, sich zu den Jugendlichen solidarisch zu verhalten, da ja die von ihm gewählte Lösung objektiv auch Vorteile für die Jugendlichen enthält. Diese Momente seiner Handlungen kommen seinem beruflichen Selbstverständnis entgegen. Seine Verhaltens- und Verfahrensweisen dem Jugendlichen gegenüber, den er durch den Tipp mit der Versicherung vor einer unangenehmen Situation bewahrt, verspricht, ihm nicht nur die Solidarität dieses Jugendlichen einzubringen, sondern zusätzlich auch die Solidarität oder das Wohlwollen anderer Jugendlicher, was ihn wiederum in Erfüllung seiner Arbeitsaufgaben erleichtern dürfte, Ruhe und Ordnung im Haus herzustellen und zu erhalten.

Weder den zu erwartenden restriktiven Druck von seiten des Jugendamtes und seine Anpassungsneigung diesem Druck gegenüber noch in bezug auf seine selbstauferlegten Ansprüche der Solidarität zu den Jugendlichen verhält sich der Sozialarbeiter offen oder legt die Abweichungen von diesen Prinzipien im Interview offen, sondern er reguliert zwischen diesen Prinzipien seines Handelns soweit, daß seine Identität relativ balanciert, unangetastet bleibt und weder die eine noch die andere Seite zu einer ausführlichen Auseinandersetzung über diese Situation herausgefordert werden muß.

Unter Sozialisationsgesichtspunkten können zwei Bereiche als besonders sozialisationsrelevant herausgestellt werden, die in dieser Situation aufscheinen. Zum einen die Erfahrungen, die von seiten dieses Sozialarbeiters mit der Organisation seiner Arbeit, den Abhängigkeiten und den Vordefinitionen von seiten seiner vorgesetzten Dienstbehörde - des Jugendamtes - gemacht wurden gegenüber zum anderen den Ansprüchen und Erwartungen seines artikulierten beruflichen Selbstverständnisses, wobei diese beiden Ebenen konfligieren. Es bleibt aber auch festzuhalten, daß letztendlich handlungsregulierend und das Handeln gegenüber den Jugendlichen strukturierend, nicht das berufliche Selbstbild oder die berufliche Selbsteinschätzung, die Wünsche oder die Hilflosigkeit diesem gegenüber ist, sondern,daß diesem vorgelagert,die Anpassungszwänge von seiten der Institution zu sehen sind, auf deren Hintergrund erst überlegt wird, wie einerseits dem Jugendlichen zu helfen, andererseits die eigene Arbeitssituation möglichst konfliktfrei gestaltet werden kann.

Eine nächste Ebene der Interpretation würde notwendig machen, alle in diesem Interviewausschnitt zutage tretenden Meinungen, Aspekte, Handlungsorientierungen und Einschätzungen von seiten des Sozialarbeiters mit Bezug zu wissenschaftlichen Theorien des Objektbereiches der Sozialarbeit und Sozialpädagogik zu hinterfragen,und dies einer Reinterpretation mit dem Sozialarbeiter zugänglich zu machen.

Bei dem Versuch, diese Ebene des Interpretationsprozesses auszuargumentieren, sind wir auf die Grenzen des vorliegenden Interviewtextes gestoßen, insofern der Text in seinen Aussagen eine genaue Darstellung und Einschätzung des Kontextes, in dem die geschilderten Situationen stattfinden, nicht zuläßt. Der Sozialarbeiter setzt die Kenntnis der Bedingungen seines Handelns und Interagierens, sowie seiner Kognitionen darüber, weil sie ihm bekannt sind, voraus, und da sie im Interview selbst auch nicht explizit erfragt wurden, finden sich sehr ungenaue Angaben.

Gerade aber der Handlungskontext ist für eine Analyse der beruflichen Sozialisation besonders bedeutsam, weil die (institutionelle) Verfaßtheit des Arbeitsplatzes kaum ohne Folgen für das berufspraktische Handeln bleibt. Erst diese Analyse macht es möglich, die methodologischen Postulate einzulösen: objektive Strukturen auf ihre subjektive Verarbeitung hin zu interpretieren. Wir sind deswegen dazu übergegangen, einerseits aus dem Interviewtext solche Konfliktebenen herauszuarbeiten, die Hinweise auf den Kontext geben und andererseits diese in den Zusammenhang von Beschreibungen und Beobachtungen des Handelns des Sozialarbeiters einzustellen, die es erlauben, den Kontext der Handlungssituationen und darin begründeter Kognitionen zu rekonstruieren, denn erst dieser Schritt ermöglicht die Rekonstruktion von Deutungsmustern. Darüber hinaus kann so die bürokratische Verfaßtheit von sozialer Arbeit und ihr Einfluß auf berufliches Handeln von Sozialarbeitern und Sozialpädagogen beschrieben werden.

1.3. Konfliktebenen sozialarbeiterischen Handelns in der interpretierten Situation

Betrachtet man die Interpretation der ausgewählten Konfliktsituation daraufhin, welche handlungsleitenden Regeln den Ausschlag für das konkrete Handeln des Sozialarbeiters darstellten, welche also besonders berufsrelevant sind, so wird deutlich, daß der Konflikt, der vom Sozialarbeiter selbst als Konflikt mit den Jugendlichen, also im Interaktionsprozeß und in seiner Bewertung der Handlung dieser Jugendlichen angesiedelt wird, in seiner Lösung letztlich nach den Anforderungen und Ansprüchen der Kontrollinstanz des Sozialarbeiters, nämlich des Jugendamtes, ausgerichtet wird. Auf der Basis von eigenen Erfahrungen, im Interesse von "Berufszufriedenheit", antizipiert der Sozialarbeiter also Probleme, die er selbst dann bekommen könnte, wenn er den normalen Weg der Regulierung des Schadens (wie vorher dargestellt) wählen würde; um diesen antizipierten Beeinträchtigungen aus dem Weg zu gehen, realisiert er den in der Situation verankerten Balanceakt so, daß weder von seiten der konfliktauslösenden Seite der Jugendlichen noch von seiten der Instanz seiner Kontrolle seine eigene Berufszufriedenheit tangiert wird. Damit erscheint die Lösung der dargestellten Konfliktsituation als das gelungene Produkt eines beruflichen Sozialisationsprozesses in und unter die Bedingungen eines Jugendhauses als Institution der Sozialbürokratie.

Erfahrung und Routine im Umgang mit dem Jugendamt führen zu einem Handeln, das "scheinbar", und auch real, beide Seiten - die Jugendlichen und auch den Sozialarbeiter - "heil" aus der Situation herauskommen läßt. Daß der Sozialarbeiter selbst aber in dieser Situation demonstriert, daß er die Anpassung an die Handlungsregeln sozialer Bürokratien wie er sie für sich realisiert und sieht beherrscht, sie sogar über Antizipation und Verweis auf Erfahrungen legitimiert, wird ihm so lange nicht zum Problem wie sie keine Situationseinschränkung oder Einschränkung der Realisierung seiner beruflichen Tätigkeit bedeuten. Daß er damit aber eine den bürokratischen Regeln konforme Situationsbewältigung vorgenommen hat, bleibt ihm verborgen, er hat diese Regeln eingehalten, ohne Rückfrage und Reflexion, was dies an impliziten Aussagen beinhaltet.

Indem er das Jugendamt aus der Situation herausläßt, hat er eine individuelle Lösung angestrebt und erreicht, obschon für die Regulierung von Schäden nicht nur eine solche individualisierende Lösung möglich ist und sogar von seiten des Jugendamtes eine andere gefordert wird. Er hat die individuelle Lösung über die Haftpflichtversicherung des Jugendlichen dem verregelten Meldeverfahren vorgezogen - durchaus im Interesse der Jugendlichen - und hat damit den Jugendlichen, neben der Solidarität, die er demonstrieren konnte, gleichzeitig vermittelt, daß individuelle Lösungen gegenüber der Organisation, dem Träger des Jugendhauses, nicht nur möglich, sondern auch sinnvoll, weil weniger aufwendig und bedrohlich sind. Dies entspricht einer Verhaltensweise, die unter dem Stichwort "Reiz der Meisterschaft" (HORNEY) als bürokratiekonforme Gegenreaktion auf Verhaltenszumutung eines bürokratisch regulierten Handlungszusammenhangs eingeschätzt werden können. Der Sozialarbeiter hat sich also in der vorliegenden Situation selbst bestätigt, daß er mit den Regelvorgaben seines Anstellungsträgers umgehen kann, das "geheime" Lernergebnis für die beteiligten Jugendlichen und ihn selbst aber ist auch, daß nicht die Frage von "Zerstören von Gegenständen" im Mittelpunkt steht, sondern die Regulierung von Schäden. "Was" man tut wird nicht zum Problem gemacht, sondern "wie" man die Folgen des Problems umgeht.

In dieser Situation wird deutlich, daß die eigentliche Konfliktebene für das Handeln des Sozialarbeiters nicht die ist, die aus dem Interaktionsverhältnis mit den Jugendlichen resultiert und aus deren Handeln, sondern aus seinem Verhältnis zu seinem Anstellungsträger. Dieser wird als "Gegner" erfahren und "bekämpft", indem er ausgetrixt wird. Das erworbene Alltagwissen, die Routine im Umgang mit der Organisation, das Deutungswissen der Situation aus der antizipierten Sicht des Jugendamtes gebietet dem Sozialarbeiter, sich so zu verhalten. Anders formuliert: der Sozialarbeiter hat seinen Handlungsspielraum auf der Basis beruflich erworbenen Erfahrungswissens genutzt und dabei gleichzeitig die Bürokratie entlastet, sich mit der Tatsache von Aggression von Jugendlichen auseinanderzusetzen.

Damit aber ist neben der regulierenden Bedeutung des Organisationswissen gleichzeitig auch die Abhängigkeit der Jugendlichen vom Handeln und von diesem Wissen des Sozialarbeiters nicht nur weiterhin erhalten, sondern sogar stabilisiert, denn der Sozialarbeiter hätte sich in der vorliegenden Situation auch dazu entscheiden können, den offiziellen Meldeweg des Schadens zu gehen und die Regulierungen der Handlungsfolgen der nächstübergeordneten Instanz, nämlich dem Jugendamt, zu überlassen. Dies wäre im Rahmen seiner Tätigkeit legitim gewesen, hätte aber sein berufliches Selbstverständnis tangiert und seine berufliche Zufriedenheit beeinträchtigen können. Die Abhängigkeit der Jugendlichen ist also nur dadurch im Sinne einer solidarischen Lösung des Konfliktes positiv ausgegangen, weil es für den Sozialarbeiter möglich war, das eine Resultat beruflicher Sozialisation und pädagogischer Erfahrung, nämlich daß es bedeutsam für Jugendarbeit ist, Verständnis zu haben, in Einklang zu bringen war mit dem ebenfalls aufgrund beruflicher Erfahrung ausgebildeten Wissen, daß die institutionenkonforme Regulierung des Konfliktes sich arbeitserschwerend für ihn auswirken könnte. Die Definitionsmacht und das über diese Definitionsmacht konstituierte Gewaltverhältnis in der Interaktion von Sozialarbeiter gegenüber den Jugendlichen ist also erhalten und in dieser Situation sogar bestätigt, die Regeln des beruflichen Alltagshandelns haben trotzdem zu einem insgesamt positiven Ausgang geführt.

Typisch für die Interaktionssituation von Sozialarbeitern und Jugendlichen ist, daß die Regeln, die dem Handeln des Sozialarbeiters unterliegen, nicht expliziert werden, sondern implizit in den Routinen und Berichten darüber enthalten sind. Der Sozialarbeiter selbst ist dabei durchaus der Ansicht, daß er auf der Basis von Reflexion und Abwägen der "sinnvollsten" Verhaltensweisen gehandelt hat, sich aber des Begründungskontextes, der hinter seinem alltäglichen Handlen liegt und den geheimen Lehrplan seiner beruflichen Sozialisation bildet, dabei unthematisiert läßt.

In dem vorstehenden Beispiel der Interpretation einer Situation wird deutlich, daß mehrere Ebenen der Handlungsregulierung für den Sozialarbeiter zum Tragen gekommen sind:

1. die Ebene, die sich aus dem Verhältnis von Sozialarbeiter und seinem Anstellungsträger ergibt, die institutionell organisatorischen Ebene seines Handelns.

2. die Ebene, die sich aus dem Verhältnis Sozialarbeiter zu seiner "beruflichen Identität", also den "Resultaten" seiner beruflichen Sozialisation ergibt, die Ebene der beruflichen Sozialisation,

3. die Ebene, die sich aus dem Verhältnis Sozialarbeiter/Jugendlicher, also aus dem pädagogischen Verhältnis ergibt,

4. die Ebene, die sich aus dem Verhältnis des Sozialarbeiters zu von ihm erworbene Methoden, Theorien und Konzeptionen der Jugendarbeit ergibt, also die Ebene des Berufswissens.

Alle vier Ebenen sind zusammengeschmolzen zu Regeln, die die Bewältigung des Berufsalltages situativ gestalten und sie werden in diesem Berufsalltag wiederholt,bestätigt, verworfen oder stabilisiert, werden zu Alltagswissen oder Routinen.

Insbesondere die erste Ebene ist für die Analyse der Kontextbedingungen bedeutsam, weil in der institutionell-organisatorischen Verfaßtheit der Bedingungen seines Handelns, Handlungsvorgaben und Handlungsgrenzen formulierbar sind und Kognitionen, Antizipationen und Phantasien des Sozialarbeiters über seine Handlungsmöglichkeiten interpretiert werden können.

Wir haben im folgenden den institutionell-organisatorischen Kontext beschrieben und als Resultat rechtlicher und sozialplanerischer Konkretisierungen bestimmt. In die Kontextbestimmung gehen dabei Aspekte der Arbeitsplatzbestimmung des Sozialarbeiters in die Analyse ein.

1.4. Rechtliche und organisatorische Bedingungen als Kontextbestimmungen des Handelns in der offenen Jugendarbeit

Die rechtlichen Vorgaben im Bereich der offenen Jugendarbeit richten sich zur Erfüllung der sozialpolitischen Funktionen an die Organisation insgesamt - hier an die Organisationen und Institutionen des Jugendhilfebereiches - über das JWG, wobei das Verhältnis Organisation zu Sozialarbeiter über Tätigkeitsmerkmale und arbeitsrechtlich relevante Absprachen in Dienstverträgen konkretisiert wird. Der Arbeitsplatz des Sozialarbeiters unterliegt also einer ganz bestimmten Form in der staatlichen Verwaltung zur Bearbeitung sozialpolitisch formulierter Probleme: der Sozialadministration, und hier konkretisiert im Jugendhilfebereich.

Unter Sozialadministration wird in allgemeinster Formulierung "die Organisation der Entscheidungsvorbereitung, Entscheidungsfindung und des Entscheidungsvollzugs über alle Leistungen und Verpflichtungen im System der sozialen Sicherheit und daseits Vorsorge (FICHTNER 1980, S.386) verstanden. Im Rahmen der vertikalen Gliederung von Bund über Länder, Länder und Kommunalverbände, Gemeine- und Gemeindeverbänden als örtlicher Träger in Verbindung mit einer horizontalen Gliederung von Gebiets- oder Selbstverwaltungskörperschaften ist das Jugendamt als Leistungsträger und Ausführungsbehörde und örtlicher Träger von Jugendhäusern eingebunden in die Sozialadministration, die in der Regel bürokratisch tätig wird, d.h. die gesetzlichen Vorgaben des JWG werden innerhalb hierarchisch vorgegebener Zuständigkeiten, festgelegter Verfahrensregeln, auf der Basis einer Verwaltungsordnung umgesetzt und ihre Erfüllung über Dienst und Fachaufsicht kontrolliert.

Zu den festgelegten Verfahrensregeln gehört dabei auch, daß die Mittel, die finanziell und personell für die Realisierung sozialer Leistungen, hier Jugendarbeit, aufgewendet werden, nach Maßgabe von Bundes-, Landes- und Gemeindehaushaltsordnungen berechnet und abgerechnet werden. Konkretisiert bedeutet dies, daß das Verhältnis Institution zu Sozialarbeiter als bürokratisches Verhältnis bezeichnet werden kann, weil das Jugendhaus eine, im Sinne der Admunistration formuliert, "nachgeordnete Vollzugseinheit" (GRAF 1980) darstellt.

Für den Sozialarbeiter direkter erfahrbar ist diese Situation in der Gestaltung des Verhältnisses von Jugendhaus und übergeordneter Instanz, dem Jugendamt vor Ort. Zur Verdeutlichung der Bedingungen auf dieser Ebene beleuchten wir im nächsten Schritt die Situation innerhalb einer Gemeinde.

Im Rahmen des JWG nehmen die Gemeinden, Kommunen und freien Träger die gesetzlich fixierten sozialen Leistungen in der Form Sozialer Dienste wahr, die sich in Planung und Realisierung als Ausführung "gesellschaftspolitischer Leitbilder/Programme" (KGST 19, 1978, S. 10) verstehen, für die im Kontext der Gesamtentwicklungsplanung einer Kommune jeweilig Fachämter in einzelnen Bereichen zuständig sind. Für Jugendeinrichtungen ist das Jugendamt mit seinen Ressourcen zuständig.

Der Arbeitsplatz des einzelnen Sozialarbeiters in einem Jugendhaus oder einem Haus der Offenen Tür ist also im Rahmen der organisatorisch-verwaltungsmäßigen Gestaltung sozialer Leistungen/Dienste zu sehen und hier als nachgeordnete abhängige Vollzugseinheit zu identifizieren. "Die Aufgabe 'Jugendarbeit' ist nach dem in der der Kommunalverwaltung geltenden Prinzip der Zusammenfassung artgleicher und artverwandter Aufgaben, der Aufgabengruppe 51 - Jugendhilfe - und damit dem Jugendamt zuzuordnen" (KGST Nr. 1, 1977, S. 11). Je nach Größe, kann die organisatorische Einbindung der Jugendarbeit innerhalb des Jugendamtes als Abteilung, Sachgebiet oder Arbeitseinheit auf Sachbearbeiterebene gestaltet werden.

Mit der Identifizierung des Arbeitsplatzes des Sozialarbeiters in einem Jugendhaus als nachgeordnete abhängige Vollzugseinheit der kommunalen Verwaltung kann der Arbeitsplatz für den Sozialarbeiter als das Erfüllen seines Amtsgeschäftes bezeichnet werden, als Erbringen eines vorgegebenen - sozialen - Verwaltungsdienstes.

Während Sozialarbeiter und auch der in unserem Beispiel befragte Sozialarbeiter selbst, stärker dahin tendieren, sich in ihrem Arbeitsplatz aus dem pädagogischen Verhältnis zu den Adressaten seiner Arbeit - hier den Jugendlichen - zu definieren und Erfolg oder Mißerfolg ihrer Arbeit an pädagogischen Kriterien zu bemessen, wäre es sinnvoll und notwendig, den Arbeitsplatz im Rahmen dieser verwaltungsmäßigen Vorgaben zu bestimmen. Wie wenig diese Sichtweise im Bewußtsein der Sozialarbeiter verankert ist wird daran deutlich, daß er selbst den verwaltungsmäßigen Anteil seiner Arbeit nur gering einschätzt und ihm einen geringen Stellenwert zumißt. Diese geringe Bewertung mag darin begründet liegen, daß die äußere Form von Sozialarbeit, unter den Bedingungen eines Jugendhauses, die durch die unmittelbare Erfahrung und den unmittelbaren Kontakt zu den Jugendlichen gekennzeichnet ist, durch scheinbar weitgehend selbständiges Arbeiten, durch starke eigenständige Planungs- und Realisierungsmöglichkeiten, dem Sozialarbeiter selbst als gegenüber Verwaltungshandeln unterschiedliche Qualität des Handels im Rahmen eines Jugendamtes erscheint. Der Unterschied aber, den der Sozialarbeiter scheinbar erfährt, ist eben nur ein scheinbarer, weil auch die adressatenbezogenen Arbeitsformen der Sozialarbeit - so unsere These - überwiegend im Kontext verwaltungsmäßiger Abwicklung von Sozialarbeit als Amtsgeschäft verlaufen und eben durch die Anbingung an das Jugendamt vorbestimmt sind und immer wieder überformt werden.

Die Besonderheit für Sozialarbeiter und Sozialpädagogen liegt wohl darin, daß sich diese Formbestimmtheit ihres Arbeitsplatzes und damit die Bedingungen ihrer eigenen Sozialisation ihnen nicht unmittelbar erfahrungsnah offen erschließen, sie also ihre eigenen Sozialisations- und Handlungsbedingungen nicht aus der eigenen und direkten Erfahrung ungebrochen analysieren und verstehen können, sondern diese ihnen quasi verdeckt gegenübertreten und erst auf dem Hintergrund einer Erklärung der institutionellen Prozesse genauer eingeschätzt werden können.

Für unser Beispiel verdeutlicht sich dies in der Konkretisierung der Tatsache, daß der Sozialarbeiter von sich aus den Anteil seiner Verwaltungstätigkeit im Interview nicht thematisiert, ihn damit für seine Selbsteinschätzung als unbedeutend klassifiziert und dies, obschon mehr als ein Drittel seiner Arbeitszeit für diese Tätigkeit verwendet wird, wie wir später noch zeigen.

Gegenüber diesen, für den Sozialarbeiter verdeckten Formen der verwaltungsmäßigen Gestaltung seines Arbeitsplatzes, stellt sich für den Sozialarbeiter, der selbst im Jugendamt oder bei der Kommune mit der Planung und Organisation von Jugendeinrichtungen gemäß der Verwaltungsrichtlinien beauftragt ist, diese verwaltungsmäßige Bestimmung sehr viel offener dar. Dennoch treffen diese Bestimmungen für den Arbeitsplatz des Sozialarbeiters in einem Jugendhaus gleichermaßen zu. Die Offensichtlichkeit oder die Nichtoffensichtlichkeit der Erfahrung der Bestimmung des eigenen Arbeitsplatzes mag ein Grund dafür sein, daß in der Befragung Sozialarbeiter im Amt und Sozialarbeiter in Offenen Arbeitsformen der Sozialarbeit sich hinsichtlich der Relevanz der Bestimmung ihres Arbeitsplatzes für Weiterbildungsmotivationen unterscheiden. Die Freie Trägerschaft ändert an der grundsätzlichen Bestimmung einer verwaltungsmäßigen Definition des Arbeitsplatzes nichts, da auch die Einrichtungen Freier Träger selbst eingebunden sind in die verwaltungsgemäße Organisation kirchlicher sozialer Dienste, die zudem in enger Abstimmung mit den kommunalen Angeboten geplant und realisiert werden und auch für diese Arbeitsplätze selbst bei ideologisch unterschiedlicher Ausrichtung dennoch die grundsätzliche Bestimmung weiterhin erhalten bleibt. Es gilt also im nächsten Schritt zu fragen, wie noch konkreter die Arbeitssituation des Sozialarbeiters als Sozialisationssituation bestimmt werden kann und was es bedeutet, daß diese Arbeitssituation entsprechend bürokratischer Regulierungsmechanismen abläuft.

Standort, Entscheidungs- und Organisationsstrukturen für ein Jugendhaus als Einrichtung der Jugendarbeit und Aufgabenbeschreibung der Tätigkeit des Sozialarbeiters aus der Sicht der sozialadministrativen Vorgaben werden nachstehend ausgeführt. Dabei orientieren sich diese Überlegungen an den Organisationsempfehlungen und Verwaltungsablaufbestimmungen der "Kommunalen Gemeinschaftsstelle für Verwaltungsvereinfachung"(KGST). Diese werden von Kommunen zur Basis für ihre eigene Planung verwendet und stellen auf dem Hintergrund einer Analyse der bestehenden Situation Organisationsempfehlungen zur Optimierung und Effektivierung der Verwaltungsabläufe in den Kommunen dar. In den einzelnen Kommissionen, die die Materialien erarbeitet und den Kommunen vorgelegt haben, sind jeweilig Vertreter der einzelnen Fach- und Sachbereiche der kommunalen Planungsarbeit vertreten, so daß auf dem Hintergrund dieser Materialien der wohl weitest entwickelte Stand organisatorischer Vorbestimmung der Verwaltungsabläufe bestimmt und beschrieben werden kann. Selbst wenn noch nicht jede kommunale Jugendarbeit nach Maßgabe dieser Richtlinien vollständig durchorganisiert ist, so geben diese Empfehlungen doch den Rahmen der Orientierung ab und deswegen wird im folgenden auf ihrer Basis argumentiert.

Eine Jugendeinrichtung oder ein Haus der Offenen Tür ist als Einrichtung einer Einheit des Jugendamtes, mit der dieses seine sozialen Leistungen realisiert. Existierende und zu planende Einrichtungen richten sich dabei nach dem Bedarf, der im Rahmen von kommunalen Planungsprozessen ermittelt wird. Kriterien der Bedarfs- und Bestandsermittlungen sind "Nutzung, Besucherzahl, Öffnungszeiten und Benutzerstruktur" (KGST 19, 1978, S.39). Es ist unschwer vorzustellen, daß diese Kriterien, die zur Planung für Einrichtungen herangezogen werden, auch zur Bewertung und Beurteilung bestehender Angebote benutzt werden. Im Sinne der verwaltungsmäßigen Gestaltung der Arbeitsverteilung wird unterschieden,in bezug auf Einrichtungen der Jugendhilfe, die Bereiche: Einrichtungen schaffen, Einrichtungen betreiben und Wirtschaftsdienste betreiben. In dem Sachbereich: Einrichtungen schaffen und Einrichtungen betreiben liegt die Zuständigkeit für pädagogische Aufgaben bei einem Sozialarbeiter/Sozialpädagogen oder sozialpädagogischen Sachbearbeiter im Jugendamt.

Er ist dabei zuständig für "die Mitwirkung an der Bedarfsplanung, die Klärung der Trägerschaft, die Standortfestlegung, die Bauplanungsdurchführung einschließlich der Rahmenkonzeption, die Festlegung der Erstausstattung, die Mitwirkung bei der Personaleinstellung, die Vorbereitung der Öffentlichkeitsarbeit und die Prüfung von Zuschußanträgen Freier Träger" (KGST 15, 1979, S. 14). Die nichtpädagogischen Aufgaben werden im Rahmen des Jugendamtes durch Verwaltungsfachkräfte wahrgenommen, wobei diese Verwaltungsfachkräfte entweder regionale Zuständigkeit haben oder örtlich differenzierte Zuständigkeit, je nach Größe des Einzugsbereiches. Das Betreiben einer Einrichtung, das in bezug auf die pädagogischen Aufgaben in der Zuständigkeit des Jugendamtes liegt, sieht für die Einrichtung selbst, und hierbei insbesondere für den Leiter, folgende Aufgaben vor: "Der Leiter hat Öffentlichkeitsarbeit zu iniziieren/zu betreiben, Dienstpläne aufzustellen, Mitarbeiter-Praktikanten zu beurteilen, Beschaffungsangelegenheiten im Rahmen der Zuständigkeiten zu leisten, Statistiken und Karteien zu führen, über Aufnahmen zu entscheiden und Ab- und Ummeldungen zu bearbeiten, Inventarverzeichnis zu führen, Maßnahmen der Bauunterhaltung im Rahmen der Zuständigkeit zu veranlassen, Entgelte einzuziehen, die Vorschußkasse zu führen, Lieferungen und Leistungen zu bestätigen und Sachberichte für Anträge und Nachweise von Zuschußmitteln anzufertigen" (KGST 15, 1979, S. 15). Der Leiter hat dabei die Möglichkeit, einzelne dieser Aufgaben auf Mitarbeiter der jeweiligen Einrichtung zu deligieren.

Die Teilnahme an Besprechungen, Fortbildungsveranstaltungen und einrichtungsübergreifenden Überlegungen sind dabei ebenfalls zu berücksichtigen, weil verpflichtend und als Dienstzugehörigkeit festgelegt. Als weitere Aufgaben werden in der Konkretisierung benannt, daß zu den jeweiligen Mitteln Abrechnungen anzufertigen sind, Anträge zu formulieren sind und Sachberichte zu fertigen sind. Einzig im Bereich der pädagogischen Konzeption, wobei auch diese von dem Jugendamt als Rahmenkonzeption vorgegeben ist, wird vorgesehen, daß im Rahmen der Einrichtungen die "pädagogische Arbeitskonzeption reflektiert und fortgeschrieben gegebenenfalls konkretisiert, erweitert oder festgelegt wird, so weit dies nicht zentral geschehen ist. Die Leiter oder die Gruppe der Mitarbeiter einer Einrichtung haben dann einen Arbeitsplan (Veranstaltungs-

und Angebotsplan) aufzustellen, in dem sich die pädagogische Konzeption umsetzt".

Unter verwaltungsmäßigen Gesichtspunkten geschieht diese Umsetzung des pädagogischen Konzeptes so, daß "Veranstaltungen und Angebote innerhalb und außerhalb der Einrichtung durchgeführt werden, Jugendliche und Erwachsene zur Mitwirkung motiviert werden und einzelne Jugendliche betreut und in Gruppen zusammengeführt werden (Einzelbetreuung, Gruppenarbeit) einschließlich Vor- und Nachbereitung der Arbeit und gegebenenfalls intensivere Hilfe durch andere Soziale Dienste zu vermitteln" (ebenda S. 43).

Dies bedeutet also, daß der Gesamtaufgabenbereich der Arbeitseinteilung nach verwaltungsmäßigen Kriterien vorgenommen wird, wobei nur der Bereich der pädagogischen Aufgaben und die Ableistung nicht-pädagogischer Verwaltungsaufgaben im Haus selbst als Aufgaben des Leiters oder der Mitarbeiter eines Jugendhauses definiert sind, dies jedoch nicht in Eigenverantwortung, sondern immer als vorbereitende oder zu überprüfende, zu inizierende Aufgaben, die an anderer Stelle der Verwaltung entschieden werden.

Die Ableistung der Verwaltungsaufgaben wird dabei reguliert nach einem Organisations- und Entscheidungsplan, in dem der Sozialarbeiter vorbereitende iniziierende, kontrollierende und unterstützende Tätigkeiten ausführen darf, jedoch nicht entscheidungsbefugt ist, dies gilt auch für die Leiter der Einrichtungen.

Die Arbeit in diesem Bereich ist also eine auf die Verwaltung des Jugendamtes bezogene abhängige Arbeit, wobei hinzukommt, daß die Entscheidungen zudem an einem anderen Ort im Jugendamt, personell vom Stadtjugendpfleger oder von einer Verwaltungsfachkraft getroffen werden. Das bedeutet, daß die Grundlage der Entscheidung eher Verwaltungsgesichtspunkte sein werden, als pädagogische, die sich auf Inhalt und Form der Entscheidung dann auswirken können.

Die pädagogische Arbeit des Umsetzens der Konzeption, also die praktische Arbeit mit Jugendlichen, stellt von der Planung her den einzigen Bereich der Arbeit dar, die in etwa als eigenständig organisiert betrachtet werden kann, sofern diese Konzeption nicht auch noch vorgegeben ist und die Selbständigkeit des Sozialarbeiters reduziert wird auf den unmittelbaren Kontakt mit den Adressaten, also auf die direkte Interaktion mit den Jugendlichen.

Die verwaltungsgemäße Gestaltung und die Auswirkungen der Organisations- und Entscheidungsstruktur als Sozialisationsbedingungen des einzelnen Sozialarbeiters, werden besonders dann deutlich, wenn man sich die Vorgaben für die Organisation der Jugendarbeit im einzelnen genauer besieht: "Die Zielgruppe der Jugendarbeit, in erster Linie die sechs- bis achtzehnjährigen darüber hinaus auch die achtzehnjährigen, ist auch Zielgruppe anderer Bereiche des Jugendamtes anderer Einrichtungen der Verwaltung sowie anderer Ämter. Hieraus ergibt sich die Notwendigkeit der Zusammenarbeit und der Abgrenzung der Jugendarbeit zu diesen Bereichen. Zugleich sollte auch unter dem Aspekt der Zweckmäßigkeit und Wirtschaftlichkeit (Unterstreichung des Autors) geprüft werden, ob diese Ämter und Einrichtungen ihre Aktivitäten weiter in eigener Verantwortung wahrnehmen, gemeinsam mit dem Sachgebiet Jugendarbeit ausüben oder ob bestimmte Aktivitäten in die alleinige Verantwortung des Jugendamtes übergehen können" (KGST 1, 1977, S. 8).

Dies bedeutet also, daß entsprechend der Zielformulierung, eine eindeutig verwaltungsgemäße Verplanung der Jugendlichen als Zielgruppe vorgesehen ist. Dies wird noch deutlicher, wenn man das folgende Zitat berücksichtigt: "insbesondere im Verhältnis zu Einrichtungen und Veranstaltungen außerhalb des Jugendamtes hat das Jugendamt eigenständig zu entscheiden, wie Jugendliche im Sinne der obigen Zielsetzung am besten gefördert werden können..." (ebenda, S. 8).

"Als Bestimmung für den Arbeitsplatz ist dabei besonders wichtig: in erster Linie gelten folgende Kriterien der Jugendarbeit

- Persönlichkeitsentwicklung,
- Sozialisation und Ausgleich sozialer Benachteiligungen,
- nicht-kognitives Lernen,
- überwiegend nicht unmittelbar an einzelne Kinder oder Jugendliche gerichtet, sondern an den einzelnen in einer Gruppe,
- Verzicht auf Leistungsdruck (kein Verzicht auf Leistung),
- Freiwilligkeit der Teilnahme"(KGST 1, 1977, S. 8).

Diese Aufzählung von pädagogischen Aufgaben kann als Konkretisierung der sozialpolitischen Funktionsbestimmung der Jugendarbeit in einem pädagogischen Rahmenkonzept eingeschätzt werden. Um dieses zu realisieren wird in der Arbeitsverteilung zwischen Jugendamt und Jugendeinrichtung vorgesehen, daß das Jugendamt nicht nur die Ziele bestimmt, sondern auch wie intensiv Jugendarbeit gestaltet werden soll: "die Zahl der für die Jugendarbeit benötigten Sozialarbeiter hängt entscheidend von der gewünschten Intensität der Jugendarbeit ab" (ebenda S. 11). Nicht die pädagogischen Überlegungen bestimmen die Intensität, sondern die im Jugendamt vorrangig kommunalpolitischen Planungserwägungen.

Die sachgerechte Wahrnehmung der Tätigkeiten unter dem Stichwort Zweckmäßigkeit, Wirtschaftlichkeit und die zweckmäßige Ausstattung des Arbeitsplatzes des Sozialarbeiters umfassen dabei rein äußere Kriterien wie öffentliche Verkehrsmittel, unabhängige Beweglichkeit, Benutzung privateigener PKW's, örtliche Regelungen, um angemessene Handlungsgelder zur Verfügung zu haben, Zugang zu einer zweckmäßigen Ausstattung und die Möglichkeit der Arbeitseinteilung auch außerhalb der normalen Arbeitszeit.

Der Nachweis über die Arbeitszeit ist im Rahmen der Form der Selbstaufschreibung zu erbringen, wobei eine Präsenzpflicht nur einige Stunden vorgesehen wird, da ansonsten eine möglichst den Zeiten der Jugendlichen entsprechende Organisation der Arbeitszeit realisiert werden soll. Dies gilt insbesondere für die Sozialarbeiter im Amt, während, wie noch gezeigt wird, die Sozialarbeiter im Jugendhaus eine festgelegte Arbeitszeit verordnet bekommen.

Sachgerechte Wahrnehmung, die zweckmäßige Ausstattung des Arbeitsplatzes, Intensität der Jugendarbeit und Qualität der Jugendarbeit werden also nach den Bewertungskriterien der quantitativen Nutzung bestimmt.

Dadurch, daß die Intensität der pädagogischen Arbeit dabei abhängt von der quantitativen Intensität der Nutzung der Jugendarbeitsangebote ist verdeutlicht, daß pädagogische Überlegungen bei der Gestaltung des Arbeitsplatzes eines Sozialarbeiters oder Sozialpädagogen, die beide gleichermaßen als qualifiziert für diesen Arbeitsplatz angesehen werden, nur eine nachgeordnete Bedeutung zukommt, daß vielmehr der Arbeitsplatz für Sozialarbeiter vorrangig nach verwaltungsmäßigen Funktionskriterien bestimmt wird, wobei die pädagogische Arbeit nur die inhaltliche Ausfüllung darstellt und als zusätzliches Kriterium gewertet werden kann, jedoch als Kriterium der Bewertung der pädagogischen Arbeit ebenfalls Zweckmäßigkeit, Rentabilität der Arbeit dem pädagogischen Erfolg der Arbeit des Sozialarbeiters nachgeordnet werden. Die pädagogischen Aspekte der Jugendarbeit, wie sie in den Planungsvorgaben formuliert sind, wie z.B. die Forderung der Unterstützung der Persönlichkeitsentwicklung, Angebote an Gruppen zu machen sowie die Realisierung von Einzel- und Gruppenarbeit oder die Realisierung des Verzichtes auf Leistungsdruck sowie die Realisierung der Freiwilligkeit der Teilnahme stellen dabei auf der Basis von Theorieversatzstücken und/oder allgemeinem Verständnis von Sozialarbeit mit Jugendlichen die Rahmenbedingungen der pädagogischen Konzeption dar, in die der Sozialarbeiter seine über erfolgreichen Studienabschluß dokumentier- oder nachweisbaren Berufskompetenzen einbringt, wobei es im Sinne des Ableistens eines Amtsgeschäftes relativ unerheblich ist, welche Qualität oder Ausrichtung diese Kompetenzen haben, solange sie sich im Kontext der vorgegebenen Rahmenkonzeption bewegen.

Die verwaltungsgemäße Organisation der Arbeit findet eine weitergehende Konkretisierung in der Organisations des Arbeitsalltags vor Ort: im Jugendhaus direkt, in Öffnungs- und Angebotszeiten, in der Regulierung der Zuständigkeiten, in der Raum- und Personalorganisation.

Daß bis in den konkreten Arbeitsalltag des Sozialarbeiters in seinem Arbeitsplatz die Regelmechanismen bürokratischer Strukturen nachgezeichnet werden können, ist begründet in der Stellung, die in sozialer Ministration und Sozialverwaltung als bürokratische Organisationen in ihrem Verhältnis zum Staat auszeichnet, sie sind, so argumentiert GRAF , (Bl. S. 80), in einer parlamentarischen Demokratie im Bereich der Exekutive Organisationen, die auf "Ausführung" von Gesetzen bzw. Anordnungen angelegt sind und damit "als Instrument zur Ausübung von Herrschaft verstanden werden müssen" (ebenda S. 28). Dies bedeutet, daß sie in ihrer Regelhaftigkeit übersichtlich und konsequent organisiert sein müssen, damit sie ihrer "Aufgabe sachlich nachkommen können und in erster Linie die Erledigung ohne Ansehen der Person nach berechenbaren Regeln erbringen können" (WEBER 1972, S. 562), zitiert nach GRAF) mit den Bestimmungskomenten: Zweckmäßigkeit, Wirtschaftlichkeit, Hierarchie, Entscheidungs- und Handlungsverregelung des institutionellen Sozialisationskontextes für Sozialarbeiter in einer Sozialbürokratie, die dem Ziel einer effizienten Nutzung staatlicher Investitionen im sozialen Bereich geschuldet sind, kann also die eine Seite des Sozialarrangements gekennzeichnet werden, die, so unsere These, in Konflikt gerät mit der anderen Seite, nämlich dem inhaltlich sozialpolitischen Programm: Sozialisationsarbeit zu leisten, die gegenüber den Adressaten, den Jugendlichen als sinnvoll und nicht allein als Durchsetzung von Macht und Verfügbarmachen der Jugendlichen für ihn eine ihnen äußerliche gesellschaftliche Verwertbarkeit in gesellschaftlichen Tauschprozessen begründet werden muß, so daß im Verhältnis von organisatorischer Verfaßtheit der Institution und inhaltlichem Auftrag das gesellschaftliche Spannungsverhältnis zu gegensätzlichen Anforderungen an die Institution und die in ihr tätigen Sozialarbeiter gerät. Denn Sozialisationsarbeit bedeutet unter den Bedingungen der Institution selbst Widersprüchliches zu leisten: einerseits zu individueller und kollektiver Mündigkeit zur Herausbildung von Subjektivität, Selbstbestimmung und Gleichberechtigung zu erziehen und dabei gleichzeitig die Wende dieser Fähigkeiten zur Kritik einzudämmen, gegebenenfalls durch Kontrolle oder Sanktionen sogar auszuschließen.

Daß sich im Sozialisationsprozeß und in ihrem Handeln Jugendliche ebenso wie in ihren Erfahrungsweisen, ihren Ansprüchen und Erwartungen nicht auf eine, wie vorstehend beschriebene institutionenkonforme Spielart des Handelns ohne weiteres einlassen, kann an den vielfältigen Formen jugendlichen Protestes, an Verweigerungsverhalten gegenüber institutionellen Anforderungen und an Formen des "Aussteigens" illustriert werden. Wobei gleichzeitig zu berücksichtigen ist, daß diese Verhaltensweisen, mit denen Jugendarbeit sich konfrontiert sieht, in anderen Sozialisationsinstanzen in der Gesellschaft hergestellt wurden, und deswegen selbst Ausdruck der gesellschaftlichen Situationen sind, die Sozialarbeit in der sozialpolitischen Aufgabe Sozialisationsarbeit zu leisten, zu bearbeiten hat (HORNSTEIN 1979, Jugendbericht 1980). Sozialisationsarbeit stellt sich gegenüber einer Unterordnung unter einen regelhaften Ablauf als widerständig dar, weil sie auf personenabhängige Kompetenzen rekrutiert, die wie vorstehend dargestellt, in der Ablaufregulierung eines verwaltungsmäßig durchgeplanten Jugendarbeitsangebotes kaum einen Platz finden können.

Die Sozialarbeiter entwickeln Verhaltensstrategien und erwerben im Prozeß der beruflichen Situation Wissen und bilden Routinen aus, die die Bewältigung dieses Alltags erträglich machen über die Herstellung solcher Situationsdefinitionen des Handelns, in denen das objektive Gegeneinander von Kontextbedingungen und Situationserleben zu subjektiver Berufszufriedenheit und subjektiven Berufserfolgserleben umgedeutet wird. Wir wollen die Analyse der Kontextbedingungen für die Aspekte:
- Arbeitszeitorganisation und Raumorganisation in einem Jugendhaus (4.1) und
- Pädagogische Planung und Arbeit in einem Jugendhaus (1.4.2)

weiterführen und wir verstehen dabei die Arbeits- und Raumorganisation als Operationalisierung und Konkretisierung der Bedingungen des Handelns, des Situationskontextes und die pädagogische Planung als Konkretisierung der Handlungsabsichten und Ziele, um zu überprüfen, wie sich ein konkreter Sozialarbeiter gegenüber dem "paradoxen Erwartungszyklus" (GRAF) seiner Arbeitssituation verhält.

Raum- und Zeitorganisation, ebenso wie die personelle Organisation, die in Raum und Zeit stattfindet, stellen entscheidende Dimensionen des Sozialisationsprozesses dar, da Handeln, Entwicklung und Erfahrungsbildung jeweilig in zeitlichen, räumlichen oder personenbezogenen Konstellationen stattfinden. Die Raumdimension umfaßt auf allgemeiner Ebene den historisch-gesellschaftlichen Standort der Personen und Tätigkeiten, konkreter den aktuellen Kontext der Situation, in der gehandelt wird.In einer Sozialisationsinstitution wie einem Jugendhaus ist dies konkretisiert in der unmittelbar erfahrbaren räumlichen,gebäudemäßigen und ausstattungsmäßigen Form.

Die Zeitdimension umfaßt die Verortung des Handlungsprozesses im biographischen Kontext der Lebensgeschichte des Sozialarbeiters, die historische Ausprägung des Tätigkeitsfeldes Jugendarbeit und auf konkreter Ebene die für die Tätigkeit zur Verfügung stehende (Arbeits-)Zeit, die Zeiteinteilung sowie die Zeitintensität, die erfahren oder angeeignet werden kann.

Die Personendimension umfaßt im Rahmen der Raum- und Zeitorganisation das je spezifische Verhältnis des Sozialarbeiters zu Kollegen und den Adressaten, den Jugendlichen.

1.4.1. Arbeitszeitorganisation und Raumorganisation in einem Jugendhaus

Eine umfassende Analyse der institutionellen Rahmenbedingungen des Arbeitsplatzes Sozialarbeit in einem Jugendhaus müßte eine genaue Beschreibung und eine methodische Analyse von Arbeitsabläufen umfassen. Da es uns um die exemplarische Illustration ausgewählter Aspekte der beruflichen Sozialisation geht, konzentrieren wir uns auf exemplarische Kristallisationspunkte, an denen die strukturellen Bedingungen der Institution auf ganz konkreter Ebene deutlich werden, die, so unsere These, gleichzeitig als äußere Bedingungen maßgeblich strukturierende Faktoren für die Inhalte der stattfindenden Arbeit sind und dokumentieren, mit welchen Strategien der Sozialarbeiter seinen Arbeitsplatz und das Verhältnis zu den Jugendlichen gestaltet als Resultat seiner beruflichen Sozialisation. Dabei ist uns deutlich, daß insbesondere in das Interview und die darin dargestellten Situationen persönlichkeitsabhängige Elemente und Interpretationen eingehen, die aber die den Arbeitsplatz strukturiendenden Vorgaben ebenso deutlich werden lassen, wie sie Auskunft geben über die Sichtweise des Sozialarbeiters.

Die Arbeitszeit des Sozialarbeiters ist bestimmt durch die Öffnungszeiten des Jugendhauses für Kinder und Jugendliche. Arbeitszeit gleich Öffnungszeit bildet einen allgemeinen Rahmen der Sozialarbeit/Sozialpädagogik im Jugendhaus. Die Festlegung der Arbeitszeit des Sozialarbeiters und der Öffnungszeiten des Hauses sind vor der dem Sozialarbeiter übergeordneten Dienststelle vorgegeben und unterliegen keinerlei verändernden Einwirkungsmöglichkeiten von seiten des Sozialarbeiters. Selbst also bis in die konkrete Arbeitsplatzgestaltung setzt sich die verwaltungsgemäße Verregelung durch. Das Jugendamt als übergeordnete Dienststelle ist damit Entscheidungsträger dieser äußeren Bedingungen.

Die Einhaltung der Öffnungszeiten wird zudem dadurch kontrolliert, daß nach Beendigung der Öffnungszeit das Jugendhaus vom Hausmeister geschlossen wird; selbst wenn der Sozialarbeiter seine Arbeitszeit und die Öffnungszeit verlängern wollte, findet dieses Vorhaben im Jugendhaus die personelle Grenze des Hausmeisters vor.

Es ist vorstellbar, daß die Begründung von Arbeits- und Öffnungszeiteneinteilung, die generell in Jugendhausern der Offenen Tür anzutreffen sind, zurückzuführen ist auf Fragmente von Theorien, Konzepten und Zielvorstellungen von Jugendarbeit, die davon ausgeht, daß die Arbeitszeit des Sozialarbeiters sich an der außerhalb von Schule und/oder Beruf (Ausbildung) verpflichtbaren Zeit von Kindern und Jugendlichen zu orientieren habe nach einem verallgemeinerten Bild von Jugendlichen, die entweder in Schule oder Beruf einen Teil ihres Tages verbringen. Die Tatsache, daß sich die Arbeitszeit des Sozialarbeiters nicht nur zufällig, sondern gezielt auf die Freizeit der Jugendlichen richtet, hat eine besondere Bedeutung: das Zusammentreffen von Arbeitszeit einerseits und Freizeit andererseits sind hier während der Öffnungszeiten des Jugendhauses miteinander verknüpft, insofern die Freizeit der Jugendlichen Gegenstand und Inhalt der Arbeit des Sozialarbeiters ist.

Hierdurch entsteht eine interessante Situation, deren Widersprüchlichkeit darin besteht, daß Arbeit und Nichtarbeit unterschiedliche Qualitäten zugeschrieben werden. Arbeit wird eher verbunden mit Erfahrungen von Belastung, Emotionslosigkeit, Konkurrenz, Rationalität, Leistungsdruck und Fremdbestimmung. Demgegenüber wird Freizeit, also Nicht-Arbeit eher verbunden mit Qualitäten wie Selbstbestimmung (der Zeit, des Ortes, der Tätigkeit), Befreiung von Zwang und Unterwerfung unter heteronome Ziele, mit Emotionalität, Freude, Liebe, Genuß und Vergnügen. Obschon aufgrund arbeitswissenschaftlicher Erkenntnisse davon ausgegangen werden kann, daß im Bereich der Arbeit erworbene Handlungs-, Denk- und Erlebnisstrukturen generalisiert und auf den Freizeit- und Reproduktionsbereich übertragen werden (GROSSKURTH 1979), richten sich die Erwartungen der Jugendlichen in ihrer Freizeit eher auf Aspekte von Nicht-Arbeit aus: sie fordern Interesse an ihrer Person, Zuwendung, Sensibilität, Beratung, Unterstützung und Engagement (von ILSEMANN, 1980).

Werden nun solche Aspekte von Arbeit und Nichtarbeit auf den Bereich der Sozialarbeit und Sozialpädagogik bezogen sowie auf den exemplarisch betrachteten Bereich der Jugendarbeit, so wird die besondere Problematik dieser Profession in dem konkreten Arbeitsplatz deutlich: Sozialarbeit hat den Reproduktionsbereich zum Inhalt ihrer Arbeit: Momente, wie Emotionalität, menschliche Nähe und Wärme, Zuwendung, Interesse, Zuneigung usw. werden zu einer professionellen Qualifikation.

Hierin aber liegt bereits potentielle Verzerrung, d.h., die zuvor beschriebenen konträren Beziehungsmomente der Bereiche Arbeit und Nichtarbeit fallen in der Sozialarbeit/Sozialpädagogik zusammen.

Arbeit als Einheit von Arbeit und Reproduktion bedeutet für die Sozialarbeiter die Auseinandersetzung mit der Reproduktion anderer Individuen, der Freizeit von Kindern und Jugendlichen, wobei seine eigene Reproduktion notwendigerweise ausgeklammert bleibt. Die Motivation zur Beschäftigung mit der Reproduktion anderer Individuen ist dabei aber nicht ein persönliches Interesse des Sozialarbeiters, sondern Arbeit dient der Sicherung seiner eigenen materiellen Existenz. Betrachten wir diese Situation von der Ebene der Jugendlichen, so erfahren sie die Doppeldeutigkeit dadurch, daß ihre Freizeit durch Arbeit eines Sozialarbeiters gestaltet wird.

An dieser Stelle wird deutlich, daß somit nicht allein Bestimmungsmomente von Nichtarbeit in der Freizeit der Jugendlichen herrschen, sondern daß gerade Bedingungen von Arbeit mit einfließen und sogar zum entscheidenden Bestimmungsfaktor werden, insofern die Definitionsmacht eher beim Sozialarbeiter liegt als in der Hand der Jugendlichen.
Die Erwartungen der Jugendlichen erfahren ihre systematische Grenze an der Grenze der Arbeitszeit des Sozialarbeiters.

Konkretisiert gestaltet sich die Arbeitszeit in dem von uns untersuchten Jugendhaus zwischen der Zeit von 14,00 bis 22,00 Uhr, sie gehört damit zur Schichtarbeit, zusätzlich wird an jedem zweiten Wochenende samstags um die gleiche Zeit gearbeitet, ebenso finden einmal wöchentlich Dienstbesprechungen statt. Wochenendveranstaltungen, die außer der Reihe stattfinden, gehören ebenfalls zur Arbeitszeit des Sozialarbeiters. Nachfolgende Einteilung der Arbeitszeit ist dem Sozialarbeiter vorgegeben und als Regulierungsnorm seiner Arbeitseinteilung formuliert:

14,00 - 15,00 Uhr Büroarbeit,
15,00 - 16,00 Uhr Schularbeitskreis,
16,00 - 18,00 Uhr Kinderarbeit,
18,00 - 18,30 Uhr Pause,
18,30 - 22,00 Uhr Jugendarbeit.

Durch diese Aufteilung des achtstündigen Arbeitsalltags des Sozialarbeiters in vier Arbeitseinheiten und eine Pause wird eine klare Formalregulierung erkennbar. Diese formale Regulierung harmoniert dabei schlecht mit dem notwendigerweise an eine Sozialarbeit im Reproduktionsbereich geknüpften qualitativen Anforderungen Sozialisationsarbeit zu leisten und muß deshalb zwangsläufig für die Umsetzung inhaltlicher Zielvorstellungen erhebliche Folgen haben.
Wir haben bereits auf die Problematik hingewiesen, daß unzweifelbar wichtige Qualitäten professioneller Sozialarbeit wie Nähe, Sympathie, unter Bedingungen vorgegebener Arbeitszeitregelungen eingegrenzt und infragegestellt sind, wenn sie zudem in ein solches starres Arbeitszeitschema eingepaßt werden, das, ähnlich dem Stundentakt der Schule, eine immer gegenwärtige Störung eines Beziehungsverlaufes bedeutet.

In der Reflexion seiner alltäglichen Berufspraxis im Interview entgeht dem Sozialarbeiter die Tatsache der Zerstückelung seines Arbeitstages, durch die ihm ein kurzphasiger Rhythmus von Arbeitseinheiten vorgeschrieben ist. Obschon er selbst die Arbeitszeitregelung als Bedingung seiner Arbeit formuliert, taucht diese nicht als bedeutsamer Aspekt in der Gesamtdarstellung der Bedingungen seiner Arbeit im Interview auf, sondern ihm 'fallen' diese arbeitsnormierenden Vorgaben immer dann ein, wenn es um die Begründung dafür geht daß Aktivitäten mit den Jugendlichen stattfinden oder nicht stattfinden. Erst bei einer inhaltlichen Konfliktdarstellung geraten also die Arbeitsbedingungen mit in den Blick, werden aber nicht für den Konflikt oder dafür, eine bestimmte Arbeit tun zu können oder nicht, verantwortlich gemacht.

Die Gesamtübersicht über die Arbeitszeit läßt deutlich werden, daß der Sozialarbeiter sich lediglich zur Hälfte seines Arbeitsalltages in konkreten Handlungs- und Interaktionssituationen mit Kindern und Jugendlichen befindet.

Die vorne dargestellte Interpretation einer besonderen Situation im Berufsalltag des Sozialarbeiters im Jugendhaus belegt demgegenüber einen Prozeß der Reflexion des Sozialarbeiters, der sich nahezu ausschließlich auf konkrete Interaktions- und Handlungsgeschehnissen mit Kindern und Jugendlichen bezieht.Innerhalb dieses Interviews äußert sich der Sozialarbeiter im Zusammenhang mit dem Programm des Jugendhauses lediglich in Bezug auf bestimmte Programmteile. Nahezu völlig unberücksichtigt bleiben in diesen Überlegungen prozessuale Vorgänge, die der Programmgestaltung vorgeschaltet sind, wie eben diese Zeiteinteilung, die aber die Programmgestaltung, wie noch zu zeigen sein wird, präformieren.

Die andere Hälfte der Arbeitszeit verbringt der Sozialarbeiter mit verwalterischen Tätigkeiten. Obschon die Handlungsanforderungen und Handlungen in diesem Bereich für die Sozialisationsarbeit mit den Kindern bedeutsam sind, da sie die Konkretisierung der formalen Regelung, Antragswesen, Abrechnung, Statistik usw. auf die pädagogische Arbeit bedeutet, bleibt in der Reflexion über seine Arbeit dieser Anteil seines Arbeitstages völlig ausgeblendet.

Dies ist umsomehr erstaunlich, als der Sozialarbeiter nicht nur passiv die Zerstückelung seines Arbeitstages als solche hinnimmt, sondern sie selbst aktiv in seinen Tätigkeiten reproduziert und sie ihm dort zum Problem werden. Über die aktive Reproduktion vorgegebener Regulierungen, in dem er die Handlungsvorgaben ins eigene Handeln übernimmt, entschärft er den Regelungen inhärenten Widerspruch, da es jetzt eine eigene Regelung ist, die nicht länger als vorgegeben und oktroyierte erkannt zu werden braucht. Der Sozialarbeiter verhält sich auf diese Weise zugleich regelkonform, obschon dies im Gegensatz zu seiner Selbstwahrnehmung steht.

Die Aufteilung der Arbeitszeit in unterschiedliche Phasen bedeutet gleichzeitig eine Abgrenzung der jeweilig vorhergehenden Phase zur folgenden; diese Abgrenzungen lassen sich mehrfach bestimmen: passive Übernahme von vorgegebenen Strukturen erfolgt durch das Beibehalten des vorgegebenen Arbeitszeitschemas mit der Folge, daß das Zeitschema in Verbindung mit der Raumordnung zur Trennung der Adressatengruppen in Kinder und Jugendliche und durch eine Funktionszuordnung der Räume z. B. in Büro und Disco führt. Das aktive Nachvollziehen von vorgegebenen Zeitstrukturen wird zudem in Verbindung mit einer nach diesen Zeiten geordneten Raumnutzung verstärkt darüber, daß der Sozialarbeiter über seine Schlüsselgewalt und Hausmacht nicht nur für sich, sondern auch für die Adressaten der Arbeit, die Jugendlichen, diese Regelungen verbindlich macht. Der Sozialarbeiter verfügt nämlich als alleiniger Inhaber der Schlüsselgewalt und Hausmacht als einziger über die Möglichkeit, den Zugang zu Räumen, Gruppen oder Tätigkeiten in von ihm bestimmten Zeitabständen zu schaffen oder zu verweigern.

Zudem wird an dieser Stelle deutlich, daß über den Weg passiver Übernahme von Regulierung bis hin zur eigenen aktiven Reproduktion nicht nur die bereits bestehenden Strukturen und damit seine Definitionsmacht abgebildet und erhalten werden, sondern daß sie - wenn auch nicht bewußt - mit diesen Aktivitäten des Sozialarbeiters neu für das Jugendhaus geschaffen werden. Dies zeigt, daß der Sozialarbeiter sich stringent im Sinne von "bewahren, bewachen, vorbeugen" also stringent im Sinne der Regelstruktur, die sich als Folge der Aufsichtspflicht darstellen läßt, funktioniert und damit diese überwachende, kontrollierende Funktion von Sozialarbeit erfüllt.

Der Teil der Arbeitszeit des Sozialarbeiters, in dem er sich in konkreten Handlungs- und Interaktionszusammenhängen mit Kindern und Jugendlichen befindet, ist nach den Aussagen im Interview als durch drei voneinander getrennte Zeiteinheiten bestimmtes Interaktionsfeld gekennzeichnet, wobei auch die Personengruppen jeweilig voneinander ausgeschlossen sind. Die Bereitstellung nur eines bestimmten Zeitraumes für pädagogische Tätigkeit mit einer bestimmten Gruppe zieht nach sich,daß diese Zuordnung ständig Störungen unterworfen ist, die als Problem erfahren werden, wie der folgende Interviewausschnitt zeigt.

"Und das Problem der Öffnungszeiten liegt halt darin, daß nachmittags um 16,00 Uhr eben auch 'ne ganze Menge Jugendliche vor der Tür stehen, die ins Haus reinmöchten, und daß wir dann immer in ziemlichen Gewissenskonflikten stehen, die Leute rauszusetzen, vor die Tür zu stellen oder reinlassen oder nicht". (Interview S.1) In dieser Beschreibung einer Situation des Handelns und der Interaktion im Jugendhaus wird deutlich, daß der Sozialarbeiter die vorgegebene mehr oder weniger künstliche Trennung der Adressatengruppen grundsätzlich nicht infrage stellt, ein beobachtetes Beispiel illustriert die sogar restriktive Nutzung dieser Regelung gegenüber den Jugendlichen.

> "Um 16,00 Uhr beginnt normalerweise im Jugendhaus die Kinderarbeit. Von 15,45 Uhr an sammeln sich zunehmend Kinder in einer Traube vor dem Haus und warten auf die Öffnung. Die Honorarmitarbeiter und der Sozialarbeiter sind im Haus und können von den Kindern durch die Glastür gesehen werden. Der Sozialarbeiter geht auf dem Flur hin und her, und er verständigt sich mit seinen Honorarmitarbeitern nochmals darüber, daß die Öffnungszeiten eingehalten werden müssen. Sie sehen die Kindergruppe, die draußen steht, aber das Haus wird erst Punkt 16,00 Uhr geöffnet mit der Folge, daß jetzt die draußen stehenden Kinder natürlich in das Haus stürmen, ermahnt werden müssen, ruhig zu gehen und dann eingewiesen werden in die unterschiedlichen Aktivitäten. In dem konkret beobachteten Fall wollten die Kinder in die Disco. Sie mußten also zwei weitere Kontrollinstanzen durchlaufen, und zwar mußten sie zunächst bei dem Sozialarbeiter das Eintrittsgeld bezahlen, worauf sie einen Stempel auf die Hand bekommen. Dieser Stempel wird dann an der Tür zum Discoraum selber kontrolliert und somit ist für die Jugendlichen erst ab dem Moment, wo sie dann in diesen Raum hereinkommen, das Jugendhaus und das Angebot quasi für sie offen".

Es wird an diesem Beispiel deutlich, daß das Prinzip von Ordnung und Einhaltung der Regelungen, Einhaltung der Zeit/Öffnungsnorm, als Problem erst von seiten der Sozialarbeiter und Sozialpädagogen selbst konstituiert, daß also das pädagogische Prinzip dieser Situation, die Regulierung von Kontrollnorm und die Überwachung der Jugendlichen und Kinder ist, im Gegensatz zu einer Freigabe des Hauses für die Selbstbestimmung der Kinder, die der Sozialarbeiter als Anspruch für sich selbst formuliert. Der Sozialarbeiter wird letztendlich zum Rausschmeißer, die abstrakte Regel der Ordnung bezüglich Öffnung und Einlaß in den Discoraum wird eingehalten, wobei aber als Regulierungsprinzip der Arbeitszeit letztendlich die Aufgabe des Sozialarbeiters ist, die Normen einzuhalten und nicht das Zusammenleben mit den Kindern zu gestalten. Die Zeiteinteilung als Kriterium des Ausschluß von Jugendgruppen gegeneinander als Verregelung der

Beziehung des Sozialarbeiters zur jeweilig der Gruppe der Kinder "die dran ist", findet eine weitere Normierung in Verbindung mit der Raumorganisation des Hauses.

Das Jugendhaus ist in einem Gebäude untergebracht, das vor seiner Nutzung als Jugendhaus als Schule genutzt wurde. Seit mehr als 20 Jahren ist es nun ein Jugendhaus. Das Haus liegt im Randbereich des Zentrums einer Stadt. Der ehemals zugewiesenen Funktion als Schule entspricht die bauliche Gestaltung und läßt auch heute noch diesen Zweck der Planung erkennen. Zudem werden bis heute zwei Räume als Klassenräume vormittags genutzt und sind mit dem dementsprechenden funktionalen Mobiliar versehen. Diese Räume sind nur geringfügig am Nachmittag bzw. Abend umzugestalten. Es ist festzustellen, daß die Funktionsbestimmung dieser beiden Räume für schulische Zwecke dominiert. Zwei weitere Räume des Hauses stehen zu üblichen Bürozeiten einer Beratungsstelle für arbeitslose Jugendliche zur Verfügung. Dem Jugendhaus verbleiben zur Nutzung 5 Räume und recht weitläufige Flure. Die Räume sind über drei Etagen verteilt, ein Raum ist für Veranstaltungen mit großer Teilnehmerzahl geeignet, die Funktion eines anderen ist die eines Büros Kindern und Jugendlichen ist grundsätzlich das Betreten des Büros untersagt, was ein weiteres Ausschlußkriterium auf räumlicher Ebene darstellt.

Bedingt durch die Weitläufigkeit der angelegten Flure sind auch die Räume entsprechend weit auseinandergelegen. Die Gestaltung des Hauses hat eine Unübersichtlichkeit der Geschehnisse sowohl für den Sozialarbeiter als auch für die Besucher zur Folge. Die Struktur des Gebäudes bedingt, daß alle anwesenden Personen und alle Aktivitäten an diese Gegegenheiten angepaßt werden müssen. In der tagtäglichen Arbeit bedeutet dies zusätzlich eine Zersplitterung der inhaltlichen Kinder- und Jugendarbeit und eine Abgrenzung zur verwalterischen Tätigkeit, die im Büro stattfindet. Für den Sozialarbeiter hat diese Raumstruktur z.B. die Konsequenz, allein zur Erfüllung seiner Aufsichtspflicht sich nicht konstant in einem Raum aufhalten zu können; da er zudem über die Schlüsselgewalt allein den Zugang zu Arbeits-, Bastel-, Spiel- und Sportmaterial und -geräten ermöglichen kann, führt dies zu einer weiteren Zerrissenheit seiner Arbeit. Das Inventar der den Kindern und Jugendlichen zur Verfügung stehenden Räume besteht aus Stühlen, Tischen, Bar, Billard, Kickertisch, also aus einer üblichen Grundausstattung eines Jugendhauses. Diese Auswahl weist einerseits auf die eingeschränkte Sichtweise von Freizeit und andererseits auf die eingeschränkten Möglichkeiten der Realisierung von pädagogischen Konzepten und pädagogischem Handeln hin. Die strikte Einhaltung der Raumeinteilung und Zuständigkeit wird durch folgende Situationsbeobachtung verdeutlicht: Eine Verbindung von Verwaltungsarbeitszeit und pädagogischer Arbeitszeit mit jeweiligen Räumlichkeiten konnte beobachtet werden. Die Verwaltungsarbeitszeit ist in der Zeit von 14,00 bis 15,00 Uhr im Jugendhaus, und zwar im Büro vorgeschrieben. Diese Arbeitszeit ist festgelegt. Ein anderer Anteil der Verwaltungsarbeitszeit bezieht sich auf die Dienstbesprechung, die außerhalb des Hauses im Jugendamt stattfindet, wobei diese Dienstbesprechung auch außerhalb der Dienstzeit, nämlich morgens, stattfindet. Die Koppelung von Verwaltungsort gleich Büro und Verwaltungsarbeit und Verwaltungsarbeitszeit bringt gleichzeitig eine Abtrennung vom Erfahrungs- und Bewegungsraum der Jugendlichen im Haus mit sich. Verwaltungsarbeit hat demnach schon räumlich nichts mit Jugendarbeit zu tun, wenngleich die Verwaltungsarbeit die Grundlage für die Jugendarbeit darstellt.

Im Rahmen des Interviews hatte der Sozialarbeiter artikuliert, daß die Verwaltungsarbeitszeit eigentlich als Arbeitszeit unbedeutend ist, dadurch, daß er sie nicht thematisierte. Dementsprechend tauchen noch weniger die beobachteten verdeckten Formen von Verwaltungsarbeitszeit, nämlich wie Eintrittsgelder kassieren, Cola ausgeben, Spiele ausgeben, Telefonate realisieren usw., auf.

Dem Sozialarbeiter ist im Rahmen seiner Sozialisation in diesem Haus somit, wie wir deutlich zeigen können, nicht mehr bewußt, daß er mit der Einteilung der Räumlichkeiten und der Einteilung der Zeit eine Bestimmung des pädagogischen Prozesses von der Perspektive der Verwaltung her vornimmt, wenngleich er selbst diese Verwaltungsarbeit als unbedeutend und pheripher für seine pädagogische Arbeit bezeichnet.

Die Pause der Sozialarbeiter und Erzieher findet abgetrennt von den Jugendlichen im Büro statt. Das bedeutet aber, daß der Arbeitsort und der Lebensort des Sozialarbeiters nicht das Jugendhaus mit all seinen Räumlichkeiten ist, sondern daß in dem Moment, wo der Sozialarbeiter von der pädagogischen Arbeit freigestellt wird, er zu dem Verwaltungsort, der ihn von seiner Arbeit mit den Jugendlichen abtrennt, geht. Ein weiteres Moment der Bestimmung über die räumliche Situation ist dadurch gegeben, wie schon kurz angerissen, daß der eigentliche Arbeitsort des Sozialarbeiters die Flure sind, denn aufgrund der räumlichen Organisation des Hauses gehen die einzelnen Räume von langen Fluren ab, die nicht einsehbar sind. Die Einhaltung der Norm in diesen Räumen zu kontrollieren, zu regulieren, und zu wissen, was dort passiert, erfordert also, daß in Einhaltung von Aufsichtspflicht und Realisierung von Schlüsselgewalt der Sozialarbeiter zwischen den einzelnen Räumen hin- und hergehen muß, hier hineinguckt, dort hineinguckt und somit die Flure zu seinem eigentlichen Arbeitsort werden, abgesichert und vorgegeben durch eben die Aufsichtspflicht, die er gegenüber Jugendlichen <u>und</u> Räumlichkeiten und Material wahrzunehmen hat.

Bei Zuwiderhandlung gegenüber der Raum- und Zeitorganisation, die von seiten des Sozialarbeiters überwacht und im Rahmen seiner Aufsichtspflicht kontrolliert wird, drohen den Jugendlichen Restriktionen wie folgendes Beispiel demonstriert:

> Schild vor dem Büro: Auf diesem Schild werden die Öffnungszeiten genannt und es wird deutlich gemacht, daß die Öffnungszeiten strikt von seiten der Jugendlichen einzuhalten sind, daß sie kontrolliert werden und daß sich niemand im Haus befinden darf ohne die Anwesenheit des Sozialarbeiters. Gleichzeitig wird auf diesem Schild darauf aufmerksam gemacht, daß bei Zuwiderhandlung (man bemerke diesen Begriff) auch Hausverbote von ihm ausgesprochen werden können.

Dieses Schild zeigt also, daß die Machtausübung von seiten des Sozialarbeiters ganz offen gelegt wird und daß alle pädagogischen Verbrämungen und alle pädagogischen Zielvorstellungen die im Rahmen des Interviews zum Tragen kommen, "ich würde ja gerne mehr mich um die einzelnen Jugendlichen kümmern, aber die ganzen anderen Jugendlichen erwarten von mir auch, daß ich mich ihnen widme", gegenüber dieser verwaltungsmäßigen Abwicklung des zur Verfügungstellen des Raumes treten.

Zur Arbeitsorganisation in diesem Haus gehört eine neben Raum- und Zeitorganisation, aber damit eng verknüpfte Personalorganisation und Finanzsituation. Entsprechend der schon angedeuteten Realisierung der Schlüsselgewalt seitens des Leiters und seiner alleinigen Zuständigkeit aller Aktivitäten im Haus, gestaltet sich das Verhältnis der Mitarbeiter zueinander streng hierarchisch, ist also durch Über- und Unterordnung gekennzeichnet. Im Jugendhaus arbeiten der Sozialpädagoge als Leiter, ein Erzieher, und zur Durchführung der konzeptionellen Vorstellungen sind an der inhaltlichen Arbeit Honorarkräfte beteiligt, die sich aus ehemaligen oder älteren Jugendhausbesuchern rekrutieren. Die hierarchische Struktur der bürokratischen Institution, in die das Jugendhaus eingebettet ist, setzt sich innerhalb des Hauses geradezu ungebrochen in der Personalstruktur fort. Die Mitarbeiter nehmen unterschiedlich festgelegte Positionen ein, die mit unterschiedlichen beruflichen Qualifikationen und der dementsprechenden Vergütung begründet werden. Die hauptamtlich tätigen Mitarbeiter sind nicht mit denselben Kompetenzen von seiten des Amtes ausgestattet (Zeichnungsberechtigung, Hausmacht), versuchen jedoch, ihrer Aussage nach, bei der inhaltlichen Arbeit kooperativ vorzugehen; die Honorarkräfte aus den Reihen der Jugendlichen genießen von den hauptamtlichen Mitarbeitern festgelegte Vorrechte gegenüber den anderen Jugendlichen, sind aber wiederum gegenüber den hauptamtlichen Mitarbeitern abgesetzt und von ihnen abhängig. Das kooperative Vorgehen in der Arbeit mit den Jugendlichen ist dabei ein Anspruch, der in konkreten Situationen im gegenteiligen Verhalten eingelöst wird:

> Beispiel: Zwei Mädchen kommen ins Büro und wollen ein Spiel haben, was, weil der Sozialarbeiter im Büro, also seinem Verwaltungsort sitzt, ohne Begründung verweigert wird. Sie wenden sich an einen anderen Mitarbeiter, der im Raum ist, und der den Sozialarbeiter dahingehend unterstützt, daß auch er die Gewährung dieses Spiels verweigert. Nachdem die Jugendlichen den Raum verlassen haben, begründet der Sozialarbeiter auf Nachfrage seine Ablehnung damit, daß er sowieso noch etwas mit den Jugendlichen zu besprechen hätte, ohne konkrete Angaben über den Gesprächsinhalt zu machen.

Auch das Andeuten, daß er mit den Jugendlichen noch zu sprechen hätte auf dem Flur, ändert an dieser Situation nicht, daß der Sozialarbeiter im Rahmen seiner Räumlichkeiten seine Macht ganz direkt ausübt und gegenüber den Jugendlichen unbegründet realisiert. Obschon also der Anspruch kooperativer Arbeit besteht, wird dieser im Handeln nicht realisiert.

Ein anderes Beispiel für diesen Zusammenhang, der durch Ordnungsregeln bestimmt ist, in denen auch das kooperative Verhältnis der Mitarbeiter untereinander als Fiktion sich entlarvt, ist:

> In dem Raum mit dem Billardtisch spielt der Sozialarbeiter mit den Jugendlichen mit. Entsprechend der Regulierungsnorm, daß er Schlüsselgewalt hat und diese Schlüsselgewalt auch nicht aus der Hand gibt, auch nicht an seine Kollegen, wird der Sozialarbeiter bei seinem Spiel ständig unterbrochen, es wird von Kooperation gesprochen, sie wird aber auch in der Interaktion mit Jugendlichen oder während dieser Zeit nicht eingelöst.

Er wird also über die Realisierung seiner Schlüsselgewalt und das nicht kooperative Verhältnis, weil er diesen Schlüssel auch an seine Kollegen nicht weitergibt, permanent aus dem Arbeitszusammenhang und aus dem direkten Interaktionszusammenhang mit den Jugendlichen herausgerissen. Die Schlüsselgewalt aufzugeben würde bedeuten, den Verwaltungsablauf in die Hand des Kollegen oder jugendlicher Mitarbeiter geben zu müssen. Die Schlüsselgewalt zu haben, gehört aber zum Kompetenzbereich des Sozialarbeiters als Leiter und wird von ihm quasi als Persönlichkeitsattribut gehandelt, was verhindert, daß dieses Persönlichkeitsattribut von anderen auch wahrgenommen werden könnte. Die Schlüsselgewalt über die Nutzung des Schlüssels ist also nicht mehr diskussionsfähig, sondern wird bereits zum Repertoire, zum Ritual des Sozialarbeiters, wobei dadurch die vorhandene personale Hierarchie zwischen dem Sozialarbeiter, seinem Mitarbeiter, den Honorarmitarbeitern und den Jugendlichen erhalten bleibt und nicht offengelegt wird. Es scheint, so in den Selbstdarstellungen des Sozialarbeiters, daß keine solche Schwerpunktbildung stattgefunden hat und Sozialarbeiter und Erzieher gleichberechtigt miteinander handeln, dem Anspruch nach. Defacto sind jedoch Unterschiede darin festzustellen, nicht nur in der Wahrnehmung der Schlüsselgewalt, sondern auch darin, daß der Sozialarbeiter Dienstbesprechungen besucht, während der andere Sozialarbeiter an den Dienstbesprechungen nicht beteiligt ist.
Ein weiteres Moment für den Nachweis der hierarchischen Aufgliederung, die noch nicht überwunden ist, ist darin zu suchen, daß der Sozialarbeiter als Leiter der Einrichtung nicht oder nur in geringem Maße bei Angeboten inhaltlich mitmacht und dies obschon er die personenbezogene pädagogische Arbeit höher wertet, spielt er aber defacto die Verwaltungsarbeiten gegenüber dieser personenbezogenen Arbeit der Erzieher und der Honorarmitarbeiter, die die inhaltliche Arbeit machen, aus. Sie bieten Kurse an, führen Filme vor, sind für die Jugendlichen da.

Obschon der Widerspruch zwischen Anspruch und Realität dem Sozialarbeiter deutlich ist, ist es ihm nicht möglich, sich mit den Kollegen konzeptionell zusammenzufinden und zu kooperieren oder tatsächlich gleichberechtigt die Kollegen an der Verwaltungsarbeit zu beteiligen.
Die implizite Arbeitsteilung stellt eine Unterstützung der hierarchischen Struktur dar. Wo Kooperation überhaupt vorhanden ist, findet sie also über gegenseitige Unterstützung auf inhaltsleerer Ebene statt, wie das erste Beispiel zeigte, die Abhängigkeit untereinander, die Definitionsmacht gegenüber Kollegen und Jugendlichen von seiten des Sozialarbeiters bleibt aber unangetastet und stellt somit eine "Verlängerung" der Hierarchievorgaben "nach unten" in die konkrete Arbeit dar. Die Abhängigkeit in einer solchen Amtshierarchie wird in Bezug auf die Finanzierungsregelungen noch einmal bestätigt. Die Finanzierung des Jugendhauses erfolgt jeweils zur Hälfte durch den örtlichen und überörtlichen Träger der Jugendhilfe. Vom Gesamtetat ist die Hälfte entsprechend der Anweisung der Träger für Honorare zu verwenden. Der Restetat scheint dem Sozialarbeiter frei verfügbar, defacto sind aber lediglich Auslagen in einer relativ geringen Höhe ohne Beantragung und Genehmigung von ihm, jedoch auch nicht in bar, zu tätigen. Materialbeschaffung und andere Kosten sind nur über Genehmigung durch den Amtsleiter möglich. Das bedeutet also, daß durch jede finanzielle Aufwendung die Erfahrung von Abhängigkeit von unten gegenüber dem Sozialarbeiter und von seiten des Sozialarbeiters gegenüber dem Amt verstärkt wird, wenn dies, wie vorne dargestellt, nur zum "normalen" Regelablauf einer Organisation gehört.
Betrachtet man zusammenfassend diese Aspekte der Arbeitszeit-, Raum- und Personalorganisation so wird darin deutlich,

- daß der konkrete Sozialarbeiter nicht nur in Ansätzen, sondern geradezu gradlinig die Regeln der Organisation in sein Handeln übernimmt,
- daß er diese Übernahme so bruchlos über Identifikation und Integration in sein Handeln vollzieht, daß die grundsätzliche "Krisenhaftigkeit" solchen Handelns und "Widersprüchlichkeit" ihm selbst nicht (oder nicht mehr) zum Problem wird,
- daß er quasi über Selbstverpflichtung auf die organisatorische Struktur gar keine anderen Handlungsziele oder -möglichkeiten (mehr) zulässt,

- daß die Struktur so vollständig sein Handeln bestimmt, daß unter berufssozialisatorischen Gesichtspunkten nur von "vollständiger Anpassung" gesprochen werden kann.

Der Sozialarbeiter selbst führt diese Anpassungsform darauf zurück, daß nach längerer Zeit der Erfahrung die berufliche Situation "nur noch schematisch gelöst werden kann" (Interview S. 18). Obschon er die Bedeutung von Engagement für die Arbeit mit den Jugendlichen thematisiert, stellt er bei sich selbst die vorgenannten Anpassungstendenzen als Gefahr fest. Daß er selbst sie längst, entgegen seiner Absicht und seiner Selbsteinschätzung handelt, schließt er aus, das Thematisieren wird zur Abwehrstrategie, das Wissen um die Gefahr zur Reflexionsschranke.

Die Konfliktebenen, die er selbst thematisiert, beziehen sich nicht auf die interne Arbeits-Zeit-Organisation, sondern auf das Verhältnis der Anordnung der Arbeitszeit in seinem Tagesablauf, daß nämlich die vorgegebene Sozialarbeitszeit, die weit in den Abend hereinreicht, zweierlei nach sich ziehe:

- Probleme in der Wahrnehmung privater Beziehungen, da deren Arbeits- und Freizeitrhythmus sich nach einem anderen als dem eigenen Tagesarbeitszeitrhythmus gestaltet, was der Tendenz nach zur Isolierung und privaten Schwierigkeiten führt,
- Probleme, "abzuschalten", sich von den Inhalten und der Arbeit zu befreien, "mit den Erwartungen von seiten der Jugendlichen fertig zu werden".

Insbesondere der letzte Punkt könnte dahingehend interpretiert werden, daß die scheinbare und auch dokumentierte, bruchlose Realisierung der Vorgaben mindestens im Verhältnis zu den Jugendlichen, also in der pädagogischen Arbeit der Tendenz nach erschüttert wird, ein Konflikterleben vorliegt, dieses Konflikterleben aber diffus bleibt und über den Mechanismus der Übernahme der Handlungsvorgaben als eigene Handlungsprinzipien für eine (selbst) kritische Reflexion versperrt wird. Die Probleme mit den Erwartungen der Jugendlichen treten an ihre Stelle und bilden den 'selbstzugelassenen' Rahmen das 'Belastende' der Arbeitssituation zu thematisieren; da diese Erwartungen aber für den Sozialarbeiter nicht direkt veränderbar sind, sind sie zugleich auch Entlastung über Veränderung überhaupt nachdenken zu müssen.

1.4.2. Pädagogische Planung und Arbeit im Jugendhaus

Die Darstellung der pädagogischen Arbeit bezieht sich vorrangig auf die schriftlich vorliegenden Materialien, das Programm, das auf das "verborgene" pädagogische Konzept hin interpretiert wurde, sowie auf beobachtete Situationen im Haus und Äußerungen im Interview.

Vom Anspruch her formuliert der Sozialarbeiter sein Konzept damit, daß er keine "Beschäftigungstherapie" (Interview S. 12) machen wolle sondern"irgendwelche Aktivitäten anbieten und Raum für Aktivitäten" (Interview S. 13) zulassen wolle. Demgegenüber gestaltet sich entsprechend der Form der Arbeitszeit und Raumeinteilung das pädagogische Programm als Arragement von Inhalten in Raum- und Zeiteinheiten in einem Wochenplan:

- Termine werden vorgegeben (Billard, Musik, Spiele),
- Personen werden vorgegeben (Mitarbeiternamensnennung),
- Angebote werden vorgegeben (Schularbeitenhilfe u.a.),
- Angebote werden von Mitarbeitern vor- oder nachdefiniert als gut, interessant oder schlecht in Berichten und Ankündigungen,
- Regelungen werden verordnet (wir werden das so und so machen),
- Preise werden festgesetzt (oder'kostenlos'eingesetzt oder kostet nur so und soviel ,als wichtiges Kriterium der Bedeutung einer Veranstaltung),
- es ist kein Ort, Termin, Zeit, für eigene Tätigkeit freigehalten, da die gesamte Öffnungszeit des Jugendhauses durch Termine, Personen, Regelungen und Angeboten verplant ist.

Es werden dabei für die einzelnen Angebote keine Begründungen gegeben, keine Möglichkeit der Einflußnahme von seiten der Jugendlichen eröffnet und keine Ansatzpunkte für gemeinsame Aktivitäten gegeben. Das Programm folgt einem Konzept, das Ankündigung, Termine und Inhalte so formuliert, daß die Zuordnungsmöglichkeit von seiten der Jugendlichen gegeben ist, gleichzeitig dies aber auf der Basis von Titeln und Ettiketten erfolgt, ohne inhaltliche Differenzierung, die Qualität der Angebote steht nicht zur Diskussion, sondern ihre"Verortung". Implizit wird damit das Verhältnis zu den Jugendlichen zu Einzelkontakten verkürzt, die im Rahmen vorgegebener Angebot entstehen können, das pädagogische Programm wird zur Hausordnung, zum Verteilungsinstrument, zum inhaltlichen Äquivalent einer Ordnungsregel, die schon bei der Einhaltung von Zeit und Raumzuordnung zugrunde gelegt werden konnte.

Indem in diesem Programm in Form einer als "offener Brief" aufgemachten Darstellung das Verhalten eines "besonders problematischen Jugendlichen" angeprangert wird und dies als "mieseste Leistung" identifiziert wird (insbesondere, weil der Sozialarbeiter nicht dahinter gekommen ist, wer der Schuldige war), wird das Programm dann dazu genutzt, aus der Negativdarstellung eines Verhaltens das gewünschte positive Verhalten als Norm zu formulieren und möglichst in den Köpfen der Jugendlichen zu verankern. Da diese Norm immer wieder durchbrochen wird, muß sie kontrolliert werden, wie auch nachfolgende Szene verdeutlicht:

> Der Sozialarbeiter spielt Billard und wird von einem Jugendlichen von der Tür her nach einem Knall, der zu hören war, angesprochen: "He, da haut einer den Getränkeautomaten kaputt!" Der Sozialarbeiter ist sich unsicher, ob er, ob der Einhaltung seiner Ordnungsregeln nunmehr unmittelbar reagieren soll oder nicht, er tut so, als wenn er darauf nicht reagierte, handelt aber sehr schnell und kontrolliert die Situation, in dem er sich selbst davon überzeugt, ob der Automat noch intakt ist.

Dies verdeutlicht, daß die Jugendlichen die vorgegebenen Ordnungsnormen bereits kennen und sogar versuchen, ihn über diese Ordnungsnormen hochzunehmen, und daß von seiten des Sozialarbeiters her seine Arbeit, nämlich mit den Jugendlichen Billard zu spielen, durch andere Aktivitäten, die die Ordnung bedrohen, sofort gestört werden kann. Die Verunsicherung des Sozialarbeiters könnte andererseits auch dahingehend interpretiert werden, daß er die Erfahrung gemacht hat, daß die Jugendlichen ihn abtesten, und er in der vorliegenden Situation nicht sicher entscheiden kann, um welche Verhaltensweise der Jugendlichen es sich wirklich handelt.

Der Sozialarbeiter und der Erzieher begründen ihr Bestehen auf dem Einhalten der Ordnungsnormen mit der Innenstadtlage der Einrichtung, die zu häufigen Besuchen von Jugendamtsmitarbeitern führe, die als Kontrolle aufgefaßt werden müßten und die es herausforderten, eine strikte und rigide Einhaltung der Regeln zu gewährleisten und zu demonstrieren.

Implizit wird sowohl mit der "Ordnungswohlverhaltensnormformulierung" als auch mit ihrer Kontrolle die Definitionsmacht des Sozialarbeiters dokumentiert: wie sich Jugendliche im Rahmen der pädagogischen Arbeit oder überhaupt im Haus zu verhalten haben, bestimmt der Sozialarbeiter.

Die Hausordnung, die durch das pädagogische Programm durchscheint, steht dem artikulierten Selbstverständnis des Sozialarbeiters und seiner pädagogischen Arbeit entgegen.

Wie auch die nachfolgenden Beispiele zeigen, bestimmt diese Hausordnung das eigentliche pädagogische Konzept. An Schnittstellen von pädagogischem Handeln und Hausordnung finden wir in den nachfolgend beschriebenen Beispielen, daß das Handeln im Sinne der Hausordnung eindeutig Vorrang hat.

1. "Als ich hier anfing, gabs hier noch Alkohol im Haus, das wurde also richtig verkauft hier vorne, in den kleinen Räumchen, und wir hatten da zu Anfang unheimlich starke Probleme, weil die Leute, oder ein Teil der Leute, jeden Abend betrunken war und weil sie nicht aus dem Grunde, weil uns das die Arbeit unheimlich erschwert hat, sondern auch aus Gründen, Jugendalkoholismus und so was, absolut dagegen waren und das nicht gut fanden. Das hat dann einen ziemlichen Krach mit den Jugendlichen gegeben und unter anderem mit dem Hausmeister, der den Alkohol eben verkauft hat auf seine Rechnung. Wir haben es aber geschafft, das dann rauszudrücken aus dem Haus. Es gibt also hier keinen Alkohol mehr, und die Jugendlichen trinken, aber das weiß ich ziemlich genau, außerhalb des Hauses immer noch relativ maßlos, wenn sie mal was trinken" (Interview S. 3).

2. "Ich muß also z. B. weniger hier so den großen Mann markieren, der die Leute in die Schranken weist und rausschmeißt, sondern ich kann viel eher auf die zugehen und denen erklären: 'Hör mal..., ja ein Beispiel: Du weißt genau, Du bist 15 und wirst 16 in einem Monat und weißt auch, daß das schwierig ist, daß ich nicht so genau weiß, ob ich Dich nachmittags reinlassen darf, dann tu mir wenigstens den Gefallen, und rauch nicht im Haus. Wenn Du rauchen willst, dann kannst Du Dich ja vor die Tür stellen! Und das läuft einigermaßen, jedenfalls" (Interview S. 8).

3. ..."dadurch, daß ich versuche, Entscheidungen zu begründen, das so aussieht, daß inzwischen einige der Jugendlichen ein bischen darauf achten, was hier so im Hause läuft. Also auch so, daß, wenn jemand hier eine Schlägerei anzetteln will, Jugendliche dahingehen und sagen: 'Komm jetzt, reiß Dich zusammen, nicht hier im Haus, geh raus auf die Wiese,'was früher nicht der Fall gewesen ist, sondern da lief das eben hier drin

und dann ging's halt manchmal so weit, das habe ich dann auch von den Jugendlichen erfahren, daß meine Vorgänger dann eben zum Telefon gingen und die grünen Jungens anrufen mußten, um hier irgendwie wieder Ordnung reinzukriegen" (Interview S.16).

In allen drei Situationsbeschreibungen, die der Sozialarbeiter mit der Intention vorgenommen hatte, den Interviewern den Versuch der Umsetzung seines pädagogischen Verständnisses zu verdeutlichen, sticht hervor, daß sowohl zur Vermeidung von Jugendalkoholismus, zur Mitteilung und zum Transparentmachen von Entscheidungen und zur Vermittlung von Normen an die Jugendlichen den Regeln entsprechende Überlegungen oder Antizipationen der Regeln zugrunde gelegt werden, denn, das Alkoholproblem wird verschoben, um die Ordnungsnorm einzulösen und die Aufsichtspflicht zu erleichtern, das Einteilungsproblem nach Alter wird verschoben durch Überredung, ebenfalls um die Ordnungs- und Aufsichtspflichtsnormen einzuhalten, was sich auch im dritten Beispiel wiederholt. Die Probleme werden also nicht als wirkliche Probleme innerhalb des Jugendhauses und als Inhalte der pädagogischen Arbeit aufgenommen, sondern aus dem Haus heraus selegiert und auf diese Weise als unbedeutend für die pädagogische Arbeit klassifiziert, obwohl gerade sie Ansatzpunkt und Ziel der pädagogischen Arbeit sein könnten. Da der Sozialarbeiter selbst die institutionellen Normen internalisiert hat, will er sie gegenüber den Jugendlichen durchsetzen, um auf diese Weise sein berufliches Selbstverständnis in Übereinstimmung zu bringen mit den Verhaltensweisen und normativen Orientierungen der Jugendlichen.

In der Umsetzung seines pädagogischen Verständnisses in den gewählten Situationen verhält sich der Sozialarbeiter nahezu gegensätzlich zu seinen artikulierten Vorstellungen. Wieweit seine Vorstellungen überhaupt bei den Jugendlichen realisiert werden können wird nicht thematisiert und entzieht sich in der Darstellung vollständig. Die Handlungsabsichten und Handlungserwartungen an den Sozialarbeiter, nämlich Sozialisationsarbeit zu leisten, die gerade an Punkten wie Jugendalkoholismus, Interesse der Jugendlichen, im Haus zu sein, körperliche Abreaktion, beginnen könnten, geraten unter den Bedingungen der vorher dargestellten Situationen zur Erfüllung der Hausordnung, das geheime pädagogische Konzept ist die Weitervermittlung der in diesen Haus-Ordnungsnormen liegenden Handlungsorientierungen an die Jugendlichen.

Daß der konkrete Sozialarbeiter, aufgefordert von seiten des Amtes an einer "neuen" Konzeption für die kommunale Jugendarbeit mitzuwirken, als entscheidendes Novum formuliert: "Veränderung der Öffnungszeiten" mag als Pointe einer durch sehr desillisionierenden Darstellungen des'wirklichen Standortes'offener Jugendarbeitspraxis gelten, da hierin das nahezu vollständige Aufgehen in den institutionellen Vorgaben dokumentiert: Pädagogische Arbeit ist die sachberechte Wahrnehmung des Amtsgeschäftes Sozialisationsarbeit mit Jugendlichen.

Ohne daß hier alle Situationen des Berufsalltags bestimmt werden können, und ohne daß unterstellt werden muß, daß im konkreten Handeln des Sozialarbeiters nur die hier beschriebenen Situationen auftreten, kann dennoch gesagt werden, daß mit der vollständigen Ausblendung seines realen Handelns als Ebene der Reflexion einerseits und daß mit der Thematisierung, sprich rationalisierten Darstellung von Konflikten andererseits, es dem Sozialarbeiter gelingt, die Fiktion pädagogischer Arbeit im Interesse der Jugendlichen aufrechtzuerhalten, bei gleichzeitiger Anpassung und Umsetzung an den institutionell vorgegebenen Bedingungen. Es lassen sich weder im Interview, noch in den dargestellten Situationen überhaupt auch nur rudimentäre Elemente einer pädagogischen Theoriebildung als Hintergrund für das Verhalten gegenüber den Jugendlichen erkennen. Vielmehr ist die pädagogische Situation neben dem Ableisten des Amtsgeschäftes bestimmt durch den heimlichen Lehrplan, nämlich die Hausordnung, die Raum-, Zeit- und Arbeitsorganisations-Einteilung. Dem konkret analysierten Sozialarbeiter kann dabei noch nicht einmal unterstellt werden, daß er nicht engagiert und interessiert an der Reflexion seines Arbeitsplatzes wäre. Da er sich bereitgefunden hat, das Interview mitzumachen und auch im Rahmen seiner Arbeit im Jugendhaus gestattet hat, sein Handeln zu beobachten, hat er gleichzeitig dokumentiert, daß er bereit zur Reflexion ist. Diese Bereitschaft zur Reflexion bedeutet aber nicht, daß damit die seinem Handeln zugrunde liegenden Muster in diesem Fall bürokratischen Muster schon auch nur angetastet werden, vielmehr zeigt sich für diesen konkreten Fall, daß vielweniger als durch die großen Widersprüche, die die Arbeitssituation ausmachen, die tagtäglichen Erfahrungen der unmittelbaren Arbeitssituation sich auf die Ausbildung von Handlungsweisen auswirken. Pädagogische Theorien oder Kognitionen über das Berufsfeld und berufliches Selbstverständnis geraten dazu in Widerspruch, haben aber auf die tatsächlich stattfinden Handlungsabläufe nahezu keine regulierende Funktion.

Dies bedeutet, daß die in der Befragung der Weiterbildungsinteressen rekonstruierten Bedingungen und Variablen für die Ausprägung von Weiterbildungsmotivationen sowie die inhaltlichen Weiterbildungswünsche in einem weiteren Argumentationsschritt daraufhin befragt werden müssen, ob sie überhaupt als Resultat beruflicher Sozialisation unter den Bedingungen bürokratischer Institutionen verstanden werden können oder ob sie lediglich Ausdruck der Reaktion auf eine Fiktion, die der Sozialarbeiter über das Berufsbild ausbildet, zu verstehen sind. Dies würde bedeuten, daß die Inhalte eines weiterbildenden Studiums, wenn sie auf Veränderung der Handlungskompetenz im Arbeitsfeld ausgerichtet sind, auf einer sehr konkreten Ebene ansetzen müßten, und diese konkrete Erfahrungsebene einer systematischen, theoretischen Bestimmung zuführen müßten, einschließlich der Reflexion der Wirkweise der kleinen alltäglichen, den Arbeitsplatz determinierenden Vorgaben, die,so scheint die Analyse der konkreten Situation zu belegen, wesentlich stärker handlungsorientierend sich auswirken als alle Kognitionen, die von seiten der Sozialarbeiter selbst formuliert werden.

2. Perspektiven der Analyse beruflicher Sozialisation von Sozialarbeitern und Sozialpädagogen

In der sozialwissenschaftlichen Literatur zur Jugendarbeit, die sich um eine Theoriebildung in der beruflichen Sozialarbeit/Sozialpädagogik bemüht, herrscht insoweit Konsens, als Sozialarbeit und Sozialpädagogik gekennzeichnet wird durch die sozialpolitische Funktion zunehmender Vergesellschaftung von Sozialisation, d. h. Sozialisationsprozesse für tendenziell alle Kinder und Jugendlichen zu leisten. (BLANKE/SACHSE 1979)

In dieser Diskussion wurde bisher weitestgehend übersehen, daß Sozialarbeit und Sozialpädagogik als beruflicher Sozialisationsprozeß unter den gleichen Kontextbedingungen stattfindet, wie sie in Bezug auf die Handlungsadressaten, die Jugendlichen, diskutiert und kritisiert werden: Sozialarbeit sei hierarchisch, bürokratisch und unpersönlich.

Wie in den ersten Interpretationsversuchen des Interviews herausgearbeitet werden konnte, beinhalten die Sozialisationsbedingungen in Jugendeinrichtungen für den Sozialarbeiter und Sozialpädagogen die Erfahrung, daß er fremdbestimmt, abhängig, ohne Entscheidungsbefugnis handelt, im Rahmen einer von ihm kaum beeinflußbaren vorgegebenen Organisation, die zudem Kontroll- und Planungsinstanz ist und sich der Kompetenzen des Sozialarbeiters bedient und ihm dabei gerade soviel Handlungsspielraum einräumt, wie er zur Ableistung seiner pädagogischen Arbeit benötigt oder aber sogar seine Kompetenzen in die Veränderung der pädagogischen Konzeption einzieht, ohne daß er darüber entscheiden dürfte. Das Ableisten des Amtsgeschäftes impliziert dabei die Erfahrung von unpersönlicher Hierarchie, Arbeitszerstückelung, Arbeitsteilung und Abhängigkeit der Arbeit nach den Kriterien des Jugendamtes.

Die Kritik, die JORDAN (1980) unter Berufung auf zusammenfassende Studien (BÖNISCH/SCHEFFOLD 1975) dahingehend formuliert, daß die Wirklichkeit von Jugendarbeit in den theoretischen

Konzeptionen nicht diskutiert wird, sie vielmehr vorrangig der Begründung und Projektion einer gesellschaftlich gewünschten Realisierungsform der Funktion von Jugendarbeit dienen und somit sogar zur Ausgrenzung der institutionellen und organisatorischen Wirklichkeit und ihrer Rahmenbedingungen beitragen, "denn in dieser Diskussion wird nicht der reale Standort der Jugendarbeit verhandelt, sondern eine gesellschaftliche Funktion der Jugendarbeit, wie sie aus den gesellschafts- und erziehungspolitischen Prämissen folgt, in die Zukunft projiziert. Hieraus folgt, daß die heute gegebenen strukturellen und/oder organisatorischen Rahmenbedingungen für die Praxis der Jugendarbeit vernachläßigt, zumindest aber den Transformationsproblemen zu wenig Beachtung geschenkt wurde". (JORDAN: in KRAFT/MILENZ 1980, S. 238), kann somit um das Argument der Ausblendung der Sozialisationsbedingungen für Sozialarbeiter/Sozialpädagogen erweitert werden.

Daß Sozialarbeiter/Sozialpädagogen sich gegenüber der Reflexion ihrer Sozialisationsbedingungen sperren oder aber diese ohne durchgängige Kritik aus- und erhalten, ist entsprechend unserer Analyse damit zu begründen, daß im Berufsvollzug pädagogische Theorien so umformuliert werden, daß sie zur Begründung und Legitimation des Handelns des Sozialarbeiters/Sozialpädagogen herangezogen werden können, gleichzeitig werden die Erfahrungen der Sozialisations-/Praxisbedingungen des Sozialarbeiters/Sozialpädagogen unter Zuhilfenahme pädagogischer Theorien "im Kopf" so umgestaltet, daß sie mit erworbenen Kompetenzen und Wissensbeständen bearbeitet werden können. Daß gleichzeitig auch die sozialwissenschaftlichen Theorien die Bedingungen der Sozialisation kaum berücksichtigen, unterstützt eine Tendenz, die als "Blindheit gegenüber dem Handlungskontext" bezeichnet werden kann. Diese Blindheit gegenüber den eigenen Handlungsbedingungen wird bei einer Reinterpretation des Interviewausschnittes deutlich: Betrachtet man die Ausgangssituation unter Einbeziehung der Kontextbedingungen in räumlicher, zeitlicher und personeller Hinsicht sowie unter Einbeziehung der davon beeinflußten Realisierung der pädagogischen Planung, so kann gesagt werden: Im Rahmen dieser Arbeitsbedingungen, die sich durch Verregelung, räumliche Zerstückelung und zeitliche Parzellierung, personelle Über- und Unterordnung im Rahmen vorgegebener Entscheidungs- und Kontrollstrukturen gestalten, ist es für den Sozialarbeiter konsequent zu versuchen,in einem'Schadensfall' die äußere Ruhe und Ordnung zu erhalten zu trachten. Der Versuch dabei das Verhältnis zu den Jugendlichen durch Verständnissignale nicht gänzlich in Frage zu stellen, ist der Abwehr eines Widerspruchserlebens geschuldet, das durch die Unterwerfung unter die vorgegebenen Regeln bei gleichzeitiger Aufrechterhaltung des Selbstbildes seine Art pädagogischer Arbeit zu leisten entsteht und von ihm wahrgenommen wird. Theoretisches Leitmotiv seines Handelns sind dabei Versatzstücke pädagogischer Theorien, die es erlauben, das Widerspruchserleben zu Konflikterleben umzudefinieren, wobei der Konflikt als veränderbar und lösbar über individuelles-pädagogisches Handeln klassifiziert wird. Dadurch ist aber die Unterwerfung unter die formalen Regeln nicht aufgehoben, der pädagogische Anspruch wird vielmehr zum Vehikel und Mittel,diesen Unterwerfungsprozeß abzuschwächen, wird zur pädagogisch verbrämten Selbstblindheit.

Unter der Überschrift der pädagogischen Arbeit als Einhaltung von Ordnungsnormen, als Einhaltung des Arrangements von Inhalten in Raum und Zeit im Jugendhaus ist der Sozialarbeiter nahezu gezwungen, eine individuelle Lösung des Konfliktes zu wählen, weil jede andere offensive Form einer Konfliktlösung den Nachweis der zweckmäßigen und sachgerechten Wahrnehmung seines Amtsgeschäftes Jugendarbeit gefährden würde, so daß er mit negativen Sanktionen, zumindest aber mit Kritik seines Arbeitgebers zu rechnen hätte.

Die Umformulierung und Funktionalisierung seiner pädagogischen "Theorie" unter die Bedingungen seines Arbeitsplatzes hat dabei zweifache Wirkung: einerseits dient sie der Legitimation seines Handelns, andererseits, weil selbst nicht kritisch hinterfragt, bildet sie den unangetasteten Filter durch den eine Kritik und Veränderungsbemühungen der Bedingungen seines Handelns hindurchfallen und ihre Thematisierung und Reflexion unnötig erscheint.

Zur weitergehenden Reinterpretation wäre es notwendig, die vorstehenden Argumentationen dem befragten Sozialarbeiter zugänglich zu machen und mit ihm in den Reflexionsprozeß einzutreten, um so zu einer weiteren Stufe der Interpretation vorzustoßen.

Dies wäre das Arbeitsprinzip, das in einer biographie- und berufsfeldbezogenen Weiterbildung angewendet werden sollte.

Zur Weiterführung der Analyse, die hier nur der Richtung nach angesprochen, jedoch nicht geleistet werden kann, geht es auf dem Hintergrund unseres Materials um die qualitative Bestimmung der Arbeitsbedingungen als Sozialisationsbedingungen von Sozialarbeitern und Sozialpädagogen unter zwei Fragestellungen:

- o Einerseits geht es um die Erklärung der Sozialisationsbedingungen im Kontext der Entwicklung einer Theorie der Sozialarbeit,
- o andererseits geht es um die Ausarbeitung sozialisationstheoretischer Ansätze, die berücksichtigen, wie der Interaktionskontext sozialpädagogischer Tätigkeit konstituiert wird und an den Bedingungen bürokratischer Regeln gebrochen wird.

<u>Die erste Linie dieser Analyse</u> müßte berücksichtigen, daß die Arbeitsbedingungen im Berufsfeld der Sozialarbeit und damit die Sozialisationsbedingungen der Sozialarbeiter und Sozialpädagogen ein Resultat der Tatsache sind, daß Sozialarbeit als Sozialpolitik eine staatliche Veranstaltung ist, die in bestimmten Organisationsformen von Erziehungsinstitutionen realisiert wird, wobei die institutionellen Realisierungsbedingungen gleichzeitig den Arbeitsplatz und das Berufsfeld des Sozialarbeiters ausmachen (Verhältnis Staat: Organisation). Konkretisiert bedeutet dies, daß die sozialpolitische Programmatik und institutionelle Organisation der Jugendarbeit implizit und explizit Definitionen darüber beinhalten, wie die berufliche Tätigkeit und damit die berufliche Sozialisation der Sozialarbeiter gestaltet sein soll (Verhältnis Organisation: Sozialarbeiter).

Dabei ist zu berücksichtigen, daß die Organisationen, mit denen staatliche Funktionen eingelöst werden sollen, in der prinzipiellen Schwierigkeit stehen, keine gradlinige Umsetzung von Funktionsbestimmung in - hier pädagogisches - Handeln einer staatlichen Organisation - hier Jugendhaus im Kontext einer Jugendhilfeorganisation - leisten zu können, sondern in einem Spannungsverhältnis stehen zwischen Vorgaben, die für die Organisation über rechtliche, organisationsspezifische Anforderungsbestimmungen und direkte Verpflichtungen der in der Institution Angestellten formuliert werden und denen gegenüber sich die situativen Bedingungen der Arbeit mit Jugendlichen in der Institution direkt qualitativ anders gestalten. Th. LAU (1979) hat in Auseinandersetzung mit staatstheoretischen Argumentationen darauf hingewiesen, daß es unerheblich ist, wie die Staatsform inhaltlich bestimmt werden kann, da jeder Staat "die Schwierigkeit der Übersetzung/Verwirklichung/Anwendung seiner Funktionsbestimmung mit Hilfe staatlicher Organisationen und in staatlichen Arbeitssituationen" lösen muß."... Mit der Folge, daß dieser Transformationsprozeß - so die Behauptung - von oben her nicht vollständig bestimmbar ist, sondern immer Funktionslücken und damit Organisationsspielräume enthält" (LAU 1979, S. 17,18).

Eine zweite Richtung der Argumentation müßte sich auf erste, noch kaum diskutierte Ansätze und Überlegungen zur Bestimmung von Arbeitsplätzen in sozialadministrativen Institutionen von GRAF (1980) und LAU (1979) beziehen.

Festgelegt auf den bürokratischen Charakter ihres Arbeitsplatzes in der Institution und die Übernahme des "entpersönlichten" Handlungsprinzips, das möglichst alle, in der Arbeit mit Jugendlichen eigentlich normalen Unwägbarkeiten ausschaltet, und Handlungsziele, Handlungsabsichten und das Handeln den formal geltenden Regeln der bürokratischen Institution unterwirft, wird der Sozialarbeiter diesen Ansätzen zufolge über die Aufnahme der Arbeit in einer nach den vorstehend beschriebenen Regeln eines formalen Systems organisierten Einrichtung der Sozialadministration. Er wird zum Mitglied und erkennt damit die Bedingungen dieses formalen Systems an. "Die Mitgliedsregel ist eine doppelte, invariant gesetzte Grenze, die Gründe für den Eintritt und Austritt festlegt. Mit dem Eintritt in das System verpflichtet sich das Individuum pauschal, die an es gestellten Erwartungen als für sich verbindlich geltend zu akzeptieren". (GRAFF, S. 36) Mit der Mitgliedschaft ist in staatlichen Institutionen nicht nur die Unterwerfung unter die formalen Regeln gegeben, sondern auch die "Loyalitäts- und Verschwiegenheitspflicht" verbunden. Damit ist zu erklären, daß es in der Regel unerheblich ist, welche Qualität die Arbeit hat aus der Sicht der Verwaltung, denn die Formalisierung des Arbeits- und Organisationszusammenhangs erlaubt es, "von natürlichen Personen zu abstrahieren" und sie als im Regelzusammenhang der Organisation zu verstehende Personal- oder Sachmittelausstattung zu verhandeln.

Das bedeutet allerdings nicht, daß damit keine Leistung innerhalb der Erfüllung der Dienstzeit gefordert würde und erbracht werden müßte, die Art der Leistung jedoch eher dadurch bestimmt werden kann, daß sie darin besteht, die widersprüchlichen Anforderungen des Arbeitsplatzes auszuhalten und entsprechend internalisierter Regeln zu realisieren; die inhaltliche Seite des Arbeitsprozesses, z.B. Sozialarbeit mit Jugendlichen, tritt zurück, zum wirklichen Inhalt wird die Erhaltung des organisatorischen Systems, das als Freihalten des Ablaufs von Störungen, die Entschärfung von Widersprüchen bezeichnet werden kann. LAU 1979 hat dies als Zusammenhang von Anforderungen an den Arbeitsplatz bestimmt, die für Staatsangestellte dadurch gekennzeichnet sind, daß er sich gleichzeitig "identifizieren <u>und</u> gleichgültig verhalten soll" (LAU 1979, S. 40) und beide Haltungen dabei in den Kontext von Effizienz einstellen muß. Identifikation bedeutet in seiner Argumentation, sich "ganz und ungeteilt" zur Verfügung zu stellen bei gleichzeitiger Bereitschaft, instrumentelle und innovatorische Qualifikationen in den Dienst einzubringen, wobei aber z. B. "Innovationsbereitschaft durch eine Mäßigungs- und Zurückhaltungspflicht bei politischer Betätigung parziell zurückgenommen" (S. 38) wird und effizient im Sinne der Institution dann bedeutet, inwieweit es ihr über die Arbeit der Mitarbeiter gelingt, zwischen den gegensätzlichen Bestimmungsmomenten des Arbeitsfeldes zu vermitteln, die eigentlich gegeneinanderstehen und unvereinbar sind.

Das Absehen von natürlichen Personen, ihren Bedürfnissen und Handlungen im Rahmen eines formalen Systems ist einer der Gründe, aus denen das Verhältnis von Leistungs- und Mitgliedsmotivation gedeutet werden kann. Nicht die erbrachte Leistung, sondern das Realisieren der Mitgliedsregeln, die Einhaltung von Treue und Loyalitätsverpflichtung, die insbesondere für Beamte, leicht abgeschwächt ebenso für Angestellte im öffentlichen Dienst, wie z.B. Sozialarbeiter gilt (der graduelle Unterschied wird durch das Eintrittsritual: "Eid" und "geloben" dokumentiert), wird honoriert und durch ein System von Vergünstigungen gratifiziert.

Eingebunden in Verwaltungshandeln und "zum Funktionär" und zur "Un-Persönlichkeit" (GRAF) gemacht, muß sich der Sozialarbeiter selbst zurücknehmen, er muß das Menschenbild der "Bürokratie" mit und in sein berufliches Selbstbild integrieren und es dabei mit seinen vorberuflichen Erfahrungen vermitteln. Dies bedeutet nach LUHMANN, daß alle Aspekte des Handelns unter die Rationalität des sozialen Systems und der sozialen Organisation, dessen Mitglied die Person ist,fallen: "Soweit das Handeln des Menschen in die Organisation hineingezogen wird, dient es nicht mehr ohne weiteres seiner Selbstdarstellung. Der Mensch muß auf die Rationalisierung des sozialen Systems mit eigenen Formen der Selbstrationalisierung und Selbstabstraktion, mit Vertagung von Gefühlen und Ausdrucksbedürfnissen variiert durch neuartige Strategien des Selbstbewußtseins und vielleicht durch eine neuartige Ethik antworten, die mit 'mehrfachen Systemreferenzen' zu rechnen lernt und kompliziertere Formen der Koordination von bewußten Systeminteressen der Personen und der Sozialsysteme benötigt". (ebenda S. 26)

Da damit nicht die Wirklichkeit und die realen Personen oder faktisches Verhalten einer Person oder in einer sozialen Organisation verhandelt werden, sind die Erwartungen an die Person ebenfalls keine realen, sondern fiktive Konstrukte, die aus der gegenseitigen Interpretation der Regelvorgaben in (Selbst)Rationalisierungen resultieren. Die Internalisierung solcher fiktiven Erwartungen, die das "Menschenbild der Bürokratie" ausmachen, richtet sich dabei ebenso nach außen, zur Rechtfertigung der Mitgliedschaft wie auch nach innen als interne Orientierung, an der sich die Vorstellung des eigenen Handelns orientiert, da

die externen Orientierungen sich rückwirkend als implizite Handlungsorientierungen des Organisationsmitgliedes, also des Sozialleiters, auswirken.
Als Beispiel für diesen Mechanismus kann der vorne im Kontext des Interviews diskutierte Plausibilitätszwang und die Tendenz des Sozialarbeiters, die faktische Situation mit seinen Ansprüchen und dem formulierten beruflichen Selbstbild in Einklang zu bringen gelten, die als Folge der Antizipation möglicher Kritik und/oder unter dem Außendarstellungszwang seiner eigenen Arbeit zur vorgestellten Argumentation führten.

Dieser formalen Organisationen, also bürokratischen Organisationen, unterliegende Zwang, sich nach innen und außen über Fiktionen abzusichern und alle Faktoren, Verhaltensweisen und Tatbestände, die nicht unterordenbar sind, als "Störung von außen" zu begreifen letztlich aber das idealisierte Selbstbild unbeeinflußt und unerschüttert lassen, ist eine besondere sozialisationsrelevante Bedingung. Als "Struktur des Sollens" in der Verriegelung korrespondiert auf individueller Ebene damit eine "Tyrannei des Sollens" (HORNEY), die internalisiert, das Muster der bürokratiekonformen Identitäts- und Bewußtseinsbildung darstellt und so bei dem Menschen,Sozialarbeiter,dazu führt, Fehler, Schwierigkeiten und Widersprüche nicht in den Regelungen, in der bürokratischen Verfaßtheit der Institution und seines Arbeitsplatzes in der Organisation zu suchen, sondern in seiner Person.

Die Ergebnisse der empirischen Jugendhilfeforschung, daß Sozialarbeiter Perfektionsansprüche ausbilden, ihre Handlungen in routinemäßiger Selbstbeschränkung pragmatisch absichern und eine normative Dissonanz artikulieren, wären in diesem Kontext als Resultat der Tatsache zu interpretieren, daß einerseits die Fiktion der Bürokratie sich in den Beobachtungen des Handelns und Verhaltens widerspiegeln und andererseits die Widersprüchlichkeit des Arbeitsfeldes über solche internalisierte Handlungsweisen eingedämmt, heruntergespielt oder abgewertet wird.

Im Interesse einer Veränderung des Berufsfeldes und einer Erklärung der Veränderungsmöglichkeiten wäre eine wie hier nur angedeutete Analyse voranzutreiben und empirisch zu fundieren, um ein differenziertes Verständnis dafür zu gewinnen, wie sich dieser "Zwangscharakter" der Institution auf das Handeln und Wissen der Sozialarbeiter durchsetzt. Denn die Arbeits- und Handlungsbedingungen der Sozialarbeiter sind gleichzeitig die Bedingungen ihrer beruflichen Sozialisation und der Sozialisation ihrer Adressaten. Das heißt also, alle Fortschritte, die in der Bestimmung der beruflichen Sozialisation von Sozialarbeitern/Sozialpädagogen gemacht werden, bilden gleichzeitig die Basis für die Entwicklung von Perspektiven in ihrer Arbeit mit Kindern, Jugendlichen oder Erwachsenen.

Der Weiterführung der Diskussion der inhaltlichen Folgen von Arbeit in bürokratischen Organisationen für die dort Arbeitenden würden demnach vorbereitende, ergänzende und richtungsweisende Bedeutung bekommen können für eine Analyse des gesellschaftlichen Prozesses, der heute unter dem Stichwort "Kolonialisierung der Lebenswelt" (NARR 1979, S.245) diskutiert wird und die zunehmende Überformung aller Lebens- und damit Sozialisationsbereiche durch technische und administrativ-bürokratische Rationalisierungsformen meint.

Im Interesse der weitergehenden qualitativen Bestimmung des Berufsfeldes ist die Weiterführung dieser Duskussion deswegen notwendig, weil bis heute nur beschrieben worden ist, daß Sozialarbeit im Kontext sozialer Bürokratien stattfindet, daß die sozialen Bürokratien selbst Veränderungsprozessen unterworfen sind und/oder, daß sie ob des Problematischwerdens ihrer Funktionalität und Funktionstüchtigkeit im System sozialer Leistungen zur Formulierung von Modellen zur "Neuorganisation" (JAPP/OLK, 1979/80) Anlaß geben.

Wenn es richtig ist, daß, wie HEGENER (1980) als Trend aus der Analyse von 'Sozialarbeit als Verwaltungshandeln' entwickelt, sich eine Veränderungstendenz des Berufsfeldes dahingehend abzeichnet, daß "die fachlichen Komponenten der Sozialarbeit gegenüber den administrativ an Gewicht gewinnen" (ebenda S. 5), so muß aufgrund unserer Erhebungen und Analyse doch einige Skepsis formuliert werden, ob dieser Trend sich im

Handeln der Sozialarbeiter in ihrem Berufsfeld wird realisieren können. Denn, obschon die in der oben genannten Untersuchung befragten Sozialarbeiter im allgemeinen Sozialen Dienst, in der Gesundheitsfürsorge und im psychiatrischen Dienst, ebenso wie die Sozialarbeiter und Sozialpädagogen in unserer Untersuchung in ihrer Selbstwahrnehmung und Selbstdarstellung den Anteil ihrer administrativen Tätigkeiten gegenüber ihren klientenbezogenen Tätigkeiten vom Umfang her gering veranschlagen und für Berufsfelder in der offenen Arbeit sogar als zu vernachlässigen und unbedeutsam einschätzen, so besagt dies noch nicht, daß Muster bürokratiekonformen Handelns nicht über den zeitlichen Rahmen direkt - administrativer Tätigkeiten hinaus, handlungsregulierend wirken. Die Ergebnisse sind vielmehr ein Beleg dafür, daß nur das Handeln, das unmittelbar einsehbar als administrativ oder bürokratisches identifiziert werden kann, auch als solches wahrgenommen wird, während das Regelwerk der Bürokratie, weil eher verborgen, unreflektiert bleibt und zu einer 'Blindheit' gegenüber den Regulationsmechanismen des eigenen Handelns führt.

Diese 'Blindheit' könnte als Erklärung dafür herangezogen werden, daß eher gegenüber der Administration unpersönliche Distanz oder Kritik in der Form bloßer Ablehnung und Negation (Feindbild) realisiert wird, als eine wirkliche Kritik, die eine aus der Kritik zu entwickelnde Perspektive der Veränderung umfaßt. Gerade aber die Veränderung und damit die konstruktive Überwindung der "Blindheit gegenüber dem Regelwerk des eigenen Handelns" ist Inhalt und Ziel des Weiterbildungsstudiums.

Maria-Eleonora Karsten/Hans-Werner Klusemann

Konsequenzen für die Weiterbildung von Sozialarbeitern und Sozialpädagogen

Wir können als Ergebnis der vorangegangenen Untersuchungen feststellen, daß artikulierte Weiterbildungsinteressen von seiten der Sozialarbeiter/Sozialpädagogen einerseits ebenso wie Weiterbildungsinhaltswünsche zwar den Ausgangspunkt von Weiterbildungsmaßnahmen darstellen können, zur Begründung einer inhaltlich curricularen Struktur eines Studienganges allein jedoch nicht ausreichen.

Die Beschreibungen von Weiterbildungsmotivationen im Kontext der Ausarbeitung einer Theorie der Weiterbildung - z. B. ermöglicht das Wissen um das Verhältnis von beruflichem Konflikterleben und Weiterbildungsmotivation differenziertere Analysen über die Inhalte beruflicher Konflikte, die motivationsfördernd sind,sind für die Studienorganisation und Studienstruktur insofern von Bedeutung, als sie eine Typisierung spezifischer Weiterbildungsinteressen erlauben. Diese Typisierungen sind Vorbedingung für die Entwicklung differenzierterer Hypothesen.Curricular sind diese Weiterbildungsinteressen insofern relevant, als sie den Ausgangspunkt von Weiterbildungsmaßnahmen darstellen. An ihnen anknüpfend ist der Rekonstruktionsprozeß beruflicher Erfahrung und Sozialisation möglich. Über die Weiterbildungsinteressen sind die Bedingungen des Berufsfeldes zum Gegenstand der Reflexion zu machen; diese sind das generative Thema, an dem die Weiterbildung ansetzt: die Rekonstruktion professioneller Muster und d. h. die Rekonstruktion der subjektiven Verarbeitung objektiver Bedingungen des Berufsalltags.

Die hier vorgelegten Untersuchungen geben erste theoretische Hinweise darüber, welche Kognitionen und normativen Orientierungen von unterschiedlichen Gruppen der Sozialarbeiter/Sozialpädagogen ausgebildet werden,und erlauben, aus der Interpretation Hypothesen zu formulieren, die sich im zweiten Teil der Untersuchung konkretisieren lassen: Das Handeln, das Selbstbild und die Weiterbildungsmotivationen sind der Ausdruck der Sozialisation unter den je spezifischen Bedingungen ihres Berufsalltags. Die Sozialisationseffekte stellen sich für die Sozialarbeiter selbst und in ihrer Außendarstellung unterschiedlich dar, sind letztlich aber nur das verschieden erscheinende Resultat ihrer Arbeit unter den Bedingungen bürokratischen Handlungsvorgaben. Die gleichen Sozialisationsbedingungen können dabei zu unterschiedlichen Ergebnissen führen und der äußeren Form nach unterschiedliche Sozialisationsbedingungen können aufgrund ihrer strukturellen Gleichheit zu gleichen Weiterbildungsmotivationen führen.

Mit diesen skizzierten Prinzipien der curricularen Gestaltung des Studiums ist noch nicht gewährleistet, daß die Analyse beruflicher Sozialisation mit Hilfe wissenschaftlicher Methoden und Theorien geschieht. Um dieses zu leisten, ist eine weitere Ebene der curricularen Gestaltung zu berücksichtigen: es bedarf eines curricularen Konstruktionsprinzips, daß wissenschaftliche Theorien und Methoden einerseits den Erfahrungen und Bedingungen der beruflichen Sozialisation andererseits vermittelt.

Als Beispiel für diesen Vermittlungsprozeß, der darüber hinaus die konkreten Bedingungen einer Hochschule mitreflektiert, stellen wir das Konzept eines weiterbildenden Studienganges für Sozialarbeiter/Sozialpädagogen an der Fernuniversität dar. Diese Ausführungen orientieren sich zwar an den Rahmenbedingungen der Fernuniversität, sind als curriculares Konzept jedoch nicht hierauf festgelegt.

1. Möglichkeiten berufsbezogener Weiterbildung unter den Rahmenbedingungen der Fernuniversität

Der Studienbetrieb der ersten Fernuniversität in der Bundesrepublik Deutschland wurde am 26. September 1975 aufgenommen. Träger dieser als Gesamthochschule konzipierten Universität ist das Land Nordrhein-Westfalen; vergleichbar mit jeder anderen Universität ist auch die Fernuniversität eine Selbstverwaltungskörperschaft des Öffentlichen Rechts mit den dabei üblichen Selbstverwaltungsorganen.

Die bildungspolitischen Ziele der Fernuniversität wurden bei ihrer Gründung mit den beiden Stichworten "Abbau des Numerus-clausus" und "Verwirklichung universitärer Weiterbildung" umschrieben. Bedeutsam ist das Stichwort "Numerus-clausus" für ein Weiterbildungsstudium insoweit, als die Fernuniversität mit ihrer auf große Studentenzahlen angelegten Studienorganisation besser in der Lage schien, kursbezogene, d.h. thematisch begrenzte Weiterbildungsangebote anzubieten, als es klassische Hochschulen sind und waren, weil sie traditionellerweise Studenten auf einen ersten akademischen Abschluß vorbereiten, denn diese Angebotsform ist nur schwer mit Weiterbildungsangeboten im allgemeinen und spezieller Form zu vermitteln. Diese Fernuniversität stellt damit Studienkapazitäten bereit, die sich bei anderen Hochschulen als Abbau des Numerus-clausus auswirken sollten; solche Wirkungen lassen sich aber auch durch die z.Zt. noch geringe Fächerauswahl und die in der Regel anderen Studententypen (berufstätige Erwachsene) kaum nachweisen. Angesichts vielfältiger Begründungen für die Einrichtung der Fernuniversität[1] sind insbesondere die Forderungen des Bildungsrates (1972, S. 209 und 202, 204), des Wissenschaftsrates (1970, Band 1, S. 77/78) sowie die Forderungen der Bundesregierung im Bildungsbericht 70 (S. 116 ff.) zu nennen,die die Fernuniversität in besonderer Weise in die Pflicht nehmen, Weiterbildungsstudiengänge zu entwickeln. Voraussetzung dafür ist allerdings, daß die Fernuniversität sich nicht in einem um Gemeinsamkeiten streitenden Konkurrenzkampf mit den traditionellen Hochschulen verliert, d.h. selbst kaum grundständige Studiengänge anbieten sollte, weil sie damit in der Gefahr stünde, ihre besonderen Möglichkeiten auf dem Gebiet der Weiterbildung zu vernachlässigen.

Wenn man die Überlegungen zur Begründung berufsbezogener Weiterbildung für Sozialarbeiter und Sozialpädagogen nun in den konkreten institutionellen Zusammenhang der Ausbildungsstätte stellt, so ist festzustellen, daß die Fernuniversität den mit

---

1) in der Diskussion um den Ausbau der Fernuniversität werden darüber hinaus folgende Hoffnungen formuliert:
- Verwirklichung eines Aspektes von Chancengleichheit, um auch jenen zu einer Hochschulausbildung zu verhelfen, die aus bestimmten Gründen bisher gehindert waren, ein Studium aufzunehmen (z.B. Hausfrauen mit kleinen Kindern, Berufstätige, die aus finanziellen Gründen gezwungen sind, neben dem Beruf zu studieren),
- hochschulpolitische Entsprechungen der Forderung in der Bildungsreformdiskussion: Verwirklichung des Prinzips vom "lebenslangen Lernen",
- Anpassung des Bildungssystems an die Qualifizierungserfordernisse und Tätigkeitsanforderungen der Berufspraxis durch Einrichtung von Fortbildungsmaßnahmen.

Auf das besondere Verhältnis zwischen Fernuniversität-Studienreform und Erwachsenenstudium-Weiterbildung geht PETERS in seinem Bericht über die "Fernuniversität - das erste Jahr" ein. Er begründet ausführlich, daß gerade die Fernuniversität die in der insgesamt verebbten bildungspolitischen Diskussion entwickelte Reformvisionen vom "life long learning" und "recurrent-education" beleben und zumindest punktuell realisieren könnten (vgl. PETERS 1976, S. 166 ff.).

berufsbezogener Weiterbildung in diesem Berufsfeld verbundenen Anforderungen inhaltlich und organisatorisch Rechnung tragen muß. Diese Diskussion verdient deshalb besondere Aufmerksamkeit, weil die Fernuniversität in der Regel mit schriftlichem Lehrmaterial arbeitet, also Wissen in einem Kontext vermittelt, der der beruflichen Tätigkeit von Sozialarbeitern und Sozialpädagogen von der äußeren Form her extrem widerspricht. Dieser Widerspruch liegt konkret darin, daß die Fernuniversität ihr Studium bisher vorwiegend schriftlich und nicht kommunikativ anbietet, die berufliche Tätigkeit von Sozialarbeitern/Sozialpädagogen jedoch gerade auf Kommunikation verwiesen ist und überwiegend in kommunikativen Kontexten stattfindet.

2. Die didaktische Struktur der Fernuniversität in ihrer Bedeutung für ein weiterbildendes Studium für Sozialarbeiter/ Sozialpädagogen

Mit der Gründung einer Fernuniversität als eigenständiger Bildungseinrichtung setzte die Landesregierung und das Landesparlament in Nordrhein-Westfalen einen vorläufigen Schlußstrich unter die seit 1967 geführte Kontroverse, ob ein Fernstudium als "Studium im Medienverbund" (SIM) oder als "Fernstudium im Medienverbund" (FIM) durchgeführt werden soll bzw. zunächst modellhaft zu erproben sei. Mit der Einrichtung einer Universität als Fernuniversität entschied sich das Land Nordrhein-Westfalen für das Prinzip einer organisatorischen Trennung von Fern- und Präsenzhochschule im wesentlichen aus Gründen der Kostenersparnis und aus konkurrenzspezifischen Erwägungen, d.h. um der Gefahr vorzubeugen, daß sich bei Eingliederung des Fernstudiums an eine Präsenzhochschule mit konventioneller Lehr- und Lernorganisation die traditionelle Form der Hochschullehre, "das Herkömmliche sich gegenüber dem Neuartigen durchsetzt" (Rau 1974, S. 56).

Gelöst ist damit die Kontroverse der FIM/SIM-Diskussion keineswegs, denn welche Bedeutung die Präsenzphasen in der Hochschulsozialisation haben, welchen Stellenwert kommunikative Phasen für die Aneignung und Reproduktion von Wissen haben, darüber wurden weder bei der Gründung der Fernuniversität ausführlich diskutiert noch wird dieses Problem heute ausreichend reflektiert. Deutlich wurde mit dieser Kontroverse allerdings, daß Präsenzphasen im Fernstudium nicht von vornherein ausgeschlossen werden sollen. Wenn also an der Fernuniversität Sozialarbeiter/Sozialpädagogen aus- bzw. weitergebildet werden sollen, dannsteht die hier unterstellte Notwendigkeit personaler Kommunikation zwischen Studenten untereinander einerseits und zwischen Studenten und Mitarbeitern der Fernuniversität andererseits mit der Studienorganisation einer Fernuniversität nicht notwendig in Widerspruch, sie kann aber in diesen Widerspruch geraten, wenn die Präsenzphasen keine Neukonzipierung erfahren sollten.

Wenn nun der Anspruch eingelöst werden soll, mittels Weiterbildung einen umfassenden Einfluß auf die Qualität berufspraktischen Handelns von Sozialarbeitern/Sozialpädagogen zu nehmen, muß davon ausgegangen werden, daß die Beschränkung des Studiums auf Lernen per Studienbriefe allein nicht zu einer konkreten Hilfe für die praktische Berufsarbeit führt. Soll wissenschaftliche Qualifizierung überhaupt einen Beitrag zur besseren Bewältigung von beruflicher Praxis haben, dann müssen die institutionellen Bedingungen der Berufspraxis und die Subjektivität des Sozialarbeiters/Sozialpädagogen berücksichtigt werden und dabei die Umsetzung ihrer wissenschaftlichen Beschreibungen und Erklärungen in berufliches Handeln kommunikativ bewältigt werden können. Wenn nämlich angestrebt werden soll, eine wissenschaftlich geleitete Auswertung und Planung von beruflicher Praxis im Studium zu lernen und zu realisieren und für diesen Zweck Wissen und Reflexionsvermögen vermittelt werden soll, dann wäre es - wie im theoretischen Teil dieser Arbeit bereits dargestellt worden ist - verkürzt anzunehmen, daß neu erworbenes Wissen direkt und ungebrochen in veränderte Handlungen umgesetzt werden könne. Wenn es überhaupt gelingen kann, zu einer Verknüpfung von wissenschaftlichem Studium und Berufspraxis beizutragen, dann muß während des Studiums sichergestellt werden, daß die Wünsche, Motive, Erwartungen, Verhaltensweisen, Verklemmungen, Ängste kurz: die Identität und die Berufserfahrung des Sozialarbeiters/Sozialpädagogen und auch die Theorienbildung darüber Gegenstand des Studiums selber sein können.

Didaktisch bedeutet das für die Weiterbildung von Sozialarbeitern und Sozialpädagogen an der Fernuniversität zunächst, daß ein Lehr-/Lernverbund eingerichtet werden sollte, bei dem sich Lernen über Studienbriefe, Ton-, Film- oder Fersehkassetten und audio-visuelle Mittel mit sozialem Lernen in Präsenzphasen sinnvoll - und d.h. hier, bezogen auf die besonderen fachlichen Bedingungen unter Berücksichtigung individueller Lerngewohnheiten ergänzt.

Als durchaus angemessen erscheint die didaktische Struktur der Fernuniversität für ein Weiterbildungsstudium, weil die Studenten die Möglichkeit haben, zu wählen, ob sie 10, 20, 30 oder 40 Wochenstunden belegen. Es ist also möglich, abschlußorientierter Voll- oder Teilzeitstudent zu sein oder als Kursstudent an dem Studienangebot gleichzeitig teilzunehmen. Für die Weiterbildung von Sozialarbeitern/Sozialpädagogen sind sowohl der Status als Teilzeit- als auch der Status als Kursstudent, allerdings mit individuell wählbarer Wochenstunden-Studienzeit, vorgegeben. Damit bietet sich die Chance, das Curriculum nicht nur in thematischer, sondern auch in zeitlicher Hinsicht den individuellen Lernerfordernissen der Studierenden anzupassen.

Voraussetzung dafür ist allerdings, daß das bisherige Versandsystem nach dem Prinzip des "starren Takts" [1] - zumindest für dieses Modell - zugunsten eines flexiblen Takts aufgegeben wird. Dieses Erfordernis ergibt sich jedoch nicht primär aus dem Postulat des "mündigen Lernens", wie es GRAFF/HOLMBERG/SCHUEMER/WILMERSDOERFER (1977) idealistisch verlangen, sondern aus der Notwendigkeit, bezogen auf die berufliche Tätigkeit des Studierenden, ein individuelles Curriculum zusammenzustellen, und zwar sowohl in zeitlicher als auch in thematischer Hinsicht. Konkret bedeutet dies etwa, daß ein Student, je nach Bedarf, viel, wenig oder kein Studienmaterial anfordert, je nach beruflicher und privater Belastung, je nach praktischer Erfahrung über den Umgang mit den Lernmaterialien, je nach Absprache mit dem Mentor und/oder seiner Arbeitsgruppe im Studienzentrum.

Dieses Konzept einer "flexiblen Taktung" impliziert, daß ein bisher vertretener didaktischer Grundsatz der Fernuniversität im Projekt "WBS" probeweise aufgegeben werden müßte, der Grundsatz nämlich, daß das Studienmaterial "selbstinstruierend" sein soll. Da nämlich die Einpassung des Studienmaterials in die berufliche Praxis der Studenten der besondere Bezugspunkt dieser Weiterbildung ist, kommt der beruflichen Tätigkeit des Studenten und der Praxis-Beratungstätigkeit des Mentors eine besondere Bedeutung zu.

1) wesentlichste Argumente für den "starren Takt" waren: 1. "motivierender" Zwang zu kontinuierlicher Arbeit, 2. Lerngruppen sind effektiver, wenn alle Teilnehmer den gleichen Stoff bearbeiten.

Die besondere Schwierigkeit - oder besser - ein Novum, das gegenüber der bisherigen Fernstudienpraxis eintritt und zu bewältigen ist, ist die Tatsache, daß die Studenten eines Kurses das Studienmaterial, d.h. die Folge der einzelnen Kurseinheiten, nicht mehr zur gleichen Zeit erhalten und darüber hinaus sich selbst verschiedene Kurseinheiten zusammenstellen können oder aber aus einem Gesamtpaket sukzessive Studienmaterialen im Kontext der Präsenzphasen oder Beratung durch den Mentor wählen.

Während damit gleichzeitig zwar die Hoffnung aufgegeben werden muß, Rundfunk und Fernsehen in die didaktische Struktur dieser Weiterbildung einzubeziehen (weil diese Sendungen nur zu einem bestimmten Zeitpunkt ausgestrahlt werden können), könnten diese Medien jedoch ersetzt werden durch andere audio-visuelle Mittel, z.B. Tonbandkassetten und Video-Bänder. Dieser Einsatz empfiehlt sich umso mehr, je näher die Weiterbildung an der beruflichen Praxis der Studenten einsetzen soll. So können etwa, mit Einverständnis der Betroffenen, Bandaufnahmen als praktische Beispiele für berufsbezogenes Lernen aufgenommen, geschnitten, kopiert und Kommilitonen oder späteren Studentengenerationen zur Verfügung gestellt werden.

Im Rahmen der Beleginformationen ist vorgesehen, den Studenten aus der Konzeption des Studiengangs begründete Vorschläge für Kombinationsmöglichkeiten der Kurseinheiten vorzulegen. Allen Studenten wird zudem eine Einführungskurseinheit übersandt, in der der systematische Zusammenhang der Studienmaterialien dargestellt ist.

Im ersten Durchgang des Weiterbildungsangebotes sollen die empfohlenen und von den Studenten gewählten Kursmaterialkombinationen daraufhin überprüft werden, inwieweit sie zu Studiengangsprofilen entwickelt werden können, die thematisch und/oder berufsfeldspezifisch organisiert werden.

Oberster Grundsatz sollte die Anforderung des Lernmaterials durch den Studenten sein. Die mit diesem Prinzip erforderliche intensive Beratung der Studenten, welches Studienmaterial zu welchem Zeitpunkt angefordert werden solle, unterstellt die Notwendigkeit und Besonderheit der Praxis- und Studienberatung der Studenten, die von Mentoren wahrgenommen werden sollte. Die inhaltliche Ausgestaltung der Präsenzphasen im Fernstudium, d.h. konkret, die jeweiligen Studienanteile, die kommunikativ organisiert sind, bekommen damit ein ganz besonderes Gewicht. Inhaltliches Konzept für die Präsenzphasen soll das Konzept der berufsbezogenen Selbsterfahrung und Beratung als soziales Lernen sein.

3. Inhaltliche Bedingungen für ein Weiterbildungsstudium für Sozialarbeiter und Sozialpädagogen an der Fernuniversität

Der Modellcharakter und die inhaltliche Besonderheit dieses Studienkonzeptes - vergleicht man es mit der bisherigen Fernstudienpraxis - erfordert drei Spezifika:
1. eine den Erfahrungsbezug von Berufspraktikern sichernde Qualität von Fernstudienbriefen,
2. eine erfahrungsorientierte, inhaltliche und auf die Identität und Sozialisation des Studenten bezogene Form mentorieller Betreuung und
3. eine Studenten, Mentoren, Autoren und Fernuniversitätsangehörige einbeziehende Kooperationsform der Studiengangsentwicklung und Studiengangsüberprüfung.

Sofern diese inhaltlichen, ferstudiendidaktischen und studienorganisatorischen Spezifika für das Konzept berufsbezogener Weiterbildung eingelöst werden, hat die Fernuniversität durchaus besondere Möglichkeiten, ein an qualitativ-professionellen Standards orientiertes Studium zu entwickeln, wie es von anderen Hochschulen kaum wahrgenommen werden kann. Dies deshalb, weil die für die Vermittlung von Sozialisationserfahrungen und kognitivem Lernen erforderlichen Kompetenzen das für die Mentoren dieses Studiengangs typische Qualifikationsprofil sind, d.h. von den Mentoren werden solche Qualifikationen verlangt wie sie von Hochschullehrern erst nach hochschuldidaktischer Weiterbildung erwartet werden könnten. Konkret liegen die besonderen Möglichkeiten der Fernuniversität neben einem inhaltlich und kooperativ abgestimmten Lehrangebot darin, Bücherwissen, Praxisberichte und wissenschaftliche Theorien als Hintergrundwissen in Studienbriefen allgemein oder für berufspraktische Situationen aufbereitet zur Verfügung zu stellen und im Rahmen mentorieller Betreuung die jeweiligen Problemdefinitionen der Berufs- bzw. Arbeitssituation der Sozialarbeiter/Sozialpädagogen kommunikativ, unter Berücksichtigung der institutionellen und subjektiven Besonderheiten des Berufsfeldes der Studenten vorzunehmen. Eine Innovation versprechende Funktion haben die Studienbriefe aber nur dann, wenn der inhaltliche Einstieg in das Studium aufgrund einer Problemdefinition (in der Regel die Weiterbildungsinteressen der Studierenden) vorgenommen werden kann und wenn im Studium eine kommunikative Auseinandersetzung mit den Studienbriefinhalten unter besonderer Berücksichtigung der subjektiven Sichtweisen und Betroffenheiten der Studenten erfolgt. Konkret heißt das, daß Studenten und Mentor einen Diskussions- und Arbeitszusammenhang entwickeln müssen, der die Nahtstelle zwischen der Vermittlung inhaltlicher bzw. reflektorischer Qualifikationen und der selektions- bzw. identitätsbezogenen Form erfahrungsorientierten Lernens ist.

Dadurch, daß die Studenten aus inhaltich und berufsbezogen begründeten Erfahrungsunterschieden die Möglichkeit erhalten müssen, ihre Studienzeit in einem variablen Arbeitsrhytmus individuell zu wählen, bietet sich die Chance, das Curriculum sowohl in thematischer als auch in zeitlicher Hinsicht den individuellen Lernerfordernissen der Studenten anzupassen.

4. Curriculare und studienorganisatorische Konsequenzen

Als Konsequenzen aus bzw. Konkretisierungen zu den vorgenannten Überlegungen soll nun versucht werden, curriculare und organisatorische Aspekte der Gestaltung des Studiums zu entwickeln.

1. Zur Entwicklung eines Vertiefungs- und Orientierungsstudiums:

Unter einem Vertiefungs- und Orientierungsstudium verstehen wir einen ein Jahr dauernden Qualifizierungsabschnitt. Während dieses Studiums sollen die Studenten eigene Berufserfahrungen zu reflektieren lernen, und neue, wissenschaftlich begründete Formen berufspraktischen Handelns erwerben. Ziel des Orientierungsstudiums ist es dabei gleichzeitig, daß Studenten die individuellen Möglichkeiten und Bedingungen für ein Langzeitstudium mit Diplom-Abschluß überprüfen bzw. die inhaltlichen Voraussetzungen für ein Fernstudium erwerben sollen.

Wesentliche Bezugspunkte des Vertiefungs- und Orientierungsstudiums sollen die Wissensbestände und Handlungskonzepte der Sozialarbeiter/Sozialpädagogen in spezifischen Arbeitsbereichen sein. Die herausgearbeiteten qualifikatorischen Fragestellungen wie Einübung in Forschung, Vermittlung von Wissen, Vermittlung wissenssoziologischer bzw. wissenschaftssoziologischer Kompetenzen sollen an den Wissensbeständen und Handlungskonzepten der Sozialarbeiter/Sozialpädagogen anknüpfen. Um an den Situationsdefinitionen und den ihnen zugrunde liegenden Handlungs- und Wissensmuster der Sozialarbeiter/Sozialpädagogen anknüpfen zu können, ist es als ersten Schritt erforderlich, "Sinn-rekonstruierende"Forschungsmethoden zu vermitteln.
Konstitutiv für dieses Weiterbildungskonzept ist darüber hinaus die Mitwirkung an der Entwicklung einer Theorie des Objektbereiches, für den weiterqualifiziert werden soll. Damit ist unterstellt, daß erst die Kenntnis, wie es in der Handlungspraxis von Sozialarbeitern/Sozialpädagogen konkret und tagtäglich aussieht, die begründete Möglichkeit eröffnet, Handlungsziele zu überprüfen und zu korrigieren. Dabei ist zu berücksichtigen, daß es sich bei der Entwicklung, z.B. einer Theorie der Jugendarbeit, weder um eine normative noch um eine analytisch-elaborierte und im traditionellen Sinne wissenschaftliche Theorie handeln darf, sondern um den Versuch, in der Sprache der Alltags-

konzepte von Sozialarbeitern/Sozialpädagogen konkrete Aussagen darüber zu machen, was Jugendarbeit ist. Die Explikation einer "Theorie der Jugendarbeit" muß deshalb so konkret sein, weil sie sonst kaum in den Alltag von Sozialarbeitern/Sozialpädagogen integriert werden könnte. Nur dadurch aber, daß diese konkreten "Theorien" in die Alltagspraxis adaptiert werden bzw. sie bisherige Alltagstheorien und Handlungsmuster ersetzen, kann das Postulat einer berufspraxisbezogenen Weiterbildung handlungsrelevant eingelöst werden.

Für den Versuch, Alltagskompetenz und wissenschaftliche Kompetenz zu erweitern, soll - auch entsprechend den strukturell durchaus ähnlichen Operationen des Alltagshandelns mit wissenschaftlichem Handeln - von folgender heuristischer Konzeption ausgegangen werden:

- sowohl für Alltagshandeln als auch für wissenschaftliches Handeln sind methodische Qualifikationen konstitutiv; Interpretationen, Befragungen und Experimente sind im Alltag allerdings nicht systematisch reflexiv;
- sowohl im Alltag als auch in der wissenschaftlichen Praxis erfolgt Handeln theoriegeleitet; die Objekttheorien des Alltags sind allerdings in der Regel nicht expliziert, dienen der Rechtfertigung des Handelns und haben unkritischen Plausibilitätswert;
- sowohl Alltagshandeln als auch wissenschaftliches Handeln konkretisiert sich in Arbeitsformen; Alltagshandeln in komplexen Situationen konkreter Wirklichkeit mit unmittelbarem Handlungsdruck. Für wissenschaftliches Handeln ist Selbstreflexivität konstitutiv.

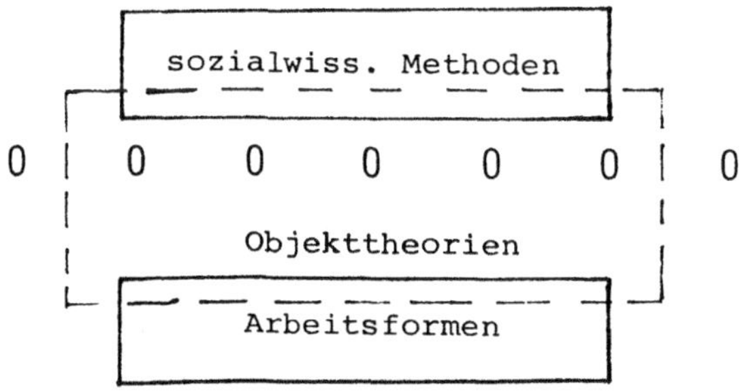

Zusammengefaßt bedeutet das, daß die den Arbeitsformen von Sozialarbeitern/Sozialpädagogen (z. B. Durchführung von Discothekveranstaltungen, Durchführung von Beratungsgesprächen usw.) zugrunde liegenden Objekttheorien und Methoden des Alltagshandelns, d. h. ihre ungeprüften Annahmen und verkürzten Reflexionen mittels wissenschaftlicher Methoden bzw. wissenssoziologisch zu reflektieren und durch konkrete Theorien des Objektbereiches zu ersetzen sind.

Konstitutives Prinzip für das Vertiefungs- und Orientierungsstudium soll nun sein, daß verschiedene Studienbriefe, bezogen auf die curricularen Elemente "sozialwissenschaftliche Methoden, Objekttheorien und Arbeitsformen" konzipiert werden. Dies bedeutet, daß der curriculare Schwerpunkt eines Studienbriefes aus einem dieser Elemente heraus entwickelt werden soll. Der Komplexität sozialarbeiterischen/sozialpädagogischen Handelns soll dadurch Rechnung getragen werden, daß die Studienbriefe inhaltlich zunächst an Beispielen, später an Typen konkreter Berufspraxissituationen konkretisiert werden. Die Erhaltung der Komplexität soll gleichzeitig dadurch sichergestellt werden, daß die Wechselbeziehungen zwischen den curricularen Elementen herausgearbeitet werden, so wie sie für konkretes Handeln in konkreten oder typischen Situationen relevant sind.

Die Vermittlung wissenssoziologischer Qualifikationen soll z. T. in speziellen Studienbriefen, z. T. aber auch in den den curricularen Elementen zugeordneten Studienbriefen, unter weitestgehender Absenz abstrakter Diskussion erfolgen, d. h. im wesentlichen durch Begründungen, die der Thematik der Studienbriefe immanent sind. Wissenschaftstheoretische Probleme können im Orientierungsstudium allenfalls angedeutet werden; erörtert werden sollen sie erst in Studienbriefeinheiten, die für das Kursstudium bzw. für ein Diplomstudium bestimmt sind.

Die thematischen Schwerpunkte der Studienbriefe wurden im Anschluß an Expertengespräche unter Zugrundelegung wie vor genannter Überlegungen festgelegt. Die ersten Studienbriefe sollen für die Weiterbildung von Sozialarbeitern/Sozialpädagogen eingesetzt werden, die in der Jugendarbeit tätig sind sowie für lehrende Sozialarbeiter/Sozialpädagogen an Fachhochschulen.

Bei der Konzeption der Studienbriefe ist insbesondere berücksichtigt, daß sie nicht "althergebrachte" Studiensystematiken und Fragestellungen aufgreifen, sondern die kritische Diskussion jüngster Zeit fortschreiben. Die Prinzipien der Berufs- und Situationsbezogenheit der Weiterbildung sowie die Berücksichtigung individueller Interessen implizieren ein Studienangebot, das Wahrmöglichkeiten zuläßt. Nach diesen Gesichtspunkten wurden bisher folgende Studienbriefe festgelegt und den curricularen Elementen wie folgt zugeordnet:

1. Sozialwissenschaftliche Methoden

- Die Bedeutung sozialwissenschaftlicher Forschung für die Praxis sozialer Arbeit
- Das soziale Umfeld einer offenen Jugendarbeit - methodische Ansätze zu einer Arbeitsfeldanalyse
- Bedingungen und Möglichkeiten sozialpädagogischer Innovationen - strukturierende Merkmale sozialpädagogischer Situationen am Beispiel der offenen Jugendarbeit
- Sozialforschung als Aktionsforschung
- Methodische Reflexion sozialarbeiterischer Arbeitsformen - zum Verhältnis von Alltagsbedürfnissen und pädagogischen Konzepten am Beispiel einer Discothek in der offenen Jugendarbeit
- Biographiekonstruktion und -rekonstruktion - Biographieanalysen im Kontext der Sozialarbeit/Sozialpädagogik
- Interaktionsszene Discothek in der offenen Jugendarbeit - Konversationsanalyse als Interaktionsanalyse

2. Objekttheorien

- Zur Kritik der Professionalisierungstendenzen in der Sozialarbeit/Sozialpädagogik
- Die Rolle der Frau in der Sozialarbeit/Sozialpädagogik
- Straßensozialisation - die Bedeutung der Straße als Lernort für Jugendliche
- Berufspolitische Aspekte sozialarbeiterischer/sozialpädagogischer Arbeit in der offenen Jugendarbeit

3. Arbeitsformen

- Jugendhilfeplanung
- Methodische Reflexion sozialarbeiterischer Arbeitsformen - zum Verhältnis von Alltagsbedürfnissen und pädagogischen Konzepten am Beispiel einer Discothek in der offenen Jugendarbeit

- Soziale Therapie
- Jugendarbeit als Gemeinwesenarbeit
- Interaktionsszene Discothek in der offenen Jugendarbeit - Konversationsanalyse als Interaktionsanalyse
- Das soziale Umfeld einer offenen Jugendarbeit - methodische Ansätze zu einer Arbeitsfeldanalyse
- Straßensozialisation - die Bedeutung der Straße als Lernort für Jugendliche

4. Wissenssoziologische Aspekte

- Bedingungen und Möglichkeiten sozialpädagogischer Innovation - strukturierende Merkmale sozialpädagogischer Situationen am Beispiel der offenen Jugendarbeit
- Die Bedeutung sozialwissenschaftlicher Forschung für die Praxis sozialer Arbeit
- Sozialarbeitswissenschaft als technologische Disziplin
- Zur Kritik der Professionalisierungstendenzen in der Sozialarbeit/Sozialpädagogik

Die Auswahl der Studienbriefautoren erfolgte unter dem Kriterium der wissenschaftlichen Einschlägigkeit und berufspraktischen Erfahrung. Da die Sozialarbeit/Sozialpädagogik als wissenschaftliche Disziplin bisher kaum entwickelt ist, ist es erforderlich, zum Teil auf Studienbriefautoren zurückzugreifen, die nicht Hochschullehrer sind, von denen aber aufgrund von Erfahrung erwartet werden kann, daß sie die z. T. für die Praxis völlig neuartigen Ansätze kreativ in Studienmaterial umsetzen werden.

Das mit Studienbriefautoren bisher verabredete Studienmaterial ist nicht etwa mit einem Standardprogramm des Weiterbildungsstudienganges zu verwechseln; vorgenannte Studienbriefe sind vielmehr ein erstes Studienangebot, das noch vervollständigt werden muß und auch noch weiterer Differenzierungen bedarf. Eine Differenzierung des bisher vereinbarten Studienmaterials ist insbesondere im Hinblick auf die besonderen Erfordernisse der Studiengänge notwendig. Darüber hinaus ist die Ausweitung des Studienangebotes auf andere Arbeitsfelder vorgesehen.

Das Orientierungsstudium soll zunächst als Pilotstudium beginnen; es dauert ein Jahr. Später ist ein regelmäßig wiederkehrendes Angebot mit zunehmender Differenzierung vorgesehen. Als wöchentliche Studienbelastung ist eine durchschnittliche Arbeitszeit von 10 Stunden vorgesehen. In diesen 10 Stunden sind 3 Stunden für mentorielle Betreuung eingerechnet. Bezogen auf das gesamte Studienjahr von 31 Wochen ergibt sich eine Bearbeitungsheit von mindestens 9 Kurseinheiten je Student. Dazu kommen 4 Studientage an Wochenenden. Für die Pilotphase ist eine Zahl von zunächst nur insgesamt 50 Studenten vorgesehen; davon werden etwa 20 lehrende Sozialarbeiter/Sozialpädagogen an Fachhochschulen sein. Die Weiterbildung dieser Adressatengruppe ist besonders wichtig und geeignet, eine Verknüpfung von Aus- und Weiterbildung entsprechend der vorgenannten Prinzipien zu gewährleisten.

2. Das Diplomstudium

Die Einrichtung des Diplomstudiengangs ist als Ergänzungsstudiengang vorgesehen. Bis dahin werden die Erfahrungen der Pilotphasen des Weiterbildungsstudiengangs sowie weitere Forschungsarbeiten Hinweise über die Konkretisierung der Inhalte des Curriculums geben. Im Hinblick auf die Einrichtung des Ergänzungsstudiengangs soll also eine Evaluation der Studienbriefe des Orientierungsstudiums vorgenommen werden. Bei der Breite des in dem Orientierungsstudium eingesetzten Studienmaterials muß davon ausgegangen werden, daß nicht alle der vorgenannten Studienbriefe auch im Diplomstudium Verwendung finden können; einige der Studienbriefe werden für die Herstellung eines Berufsfeldbezuges exemplarischen Charakter haben, neue Studienbriefe werden dazukommen müssen.

Entsprechend der im vorgenannten Konzept entwickelten Überlegungen sind für diesen Studiengang die Einübung in Forschung, wissenssoziologische und wissenschaftssoziologische Qualifikationen sowie objekttheoretisches Wissen zu vermitteln. Darüber hinaus sind arbeitsbereichsübergreifende Konzepte einschließlich ihrer wissenschaftstheoretischen Implikationen zu entwickeln.

Unter diesen Prämissen könnte - in Erweiterung des Orientierungsstudiums und ohne auf seinen berufsbezogenen Ansatz verzichten zu müssen - die formale Struktur des Curriculums wie folgt aussehen:

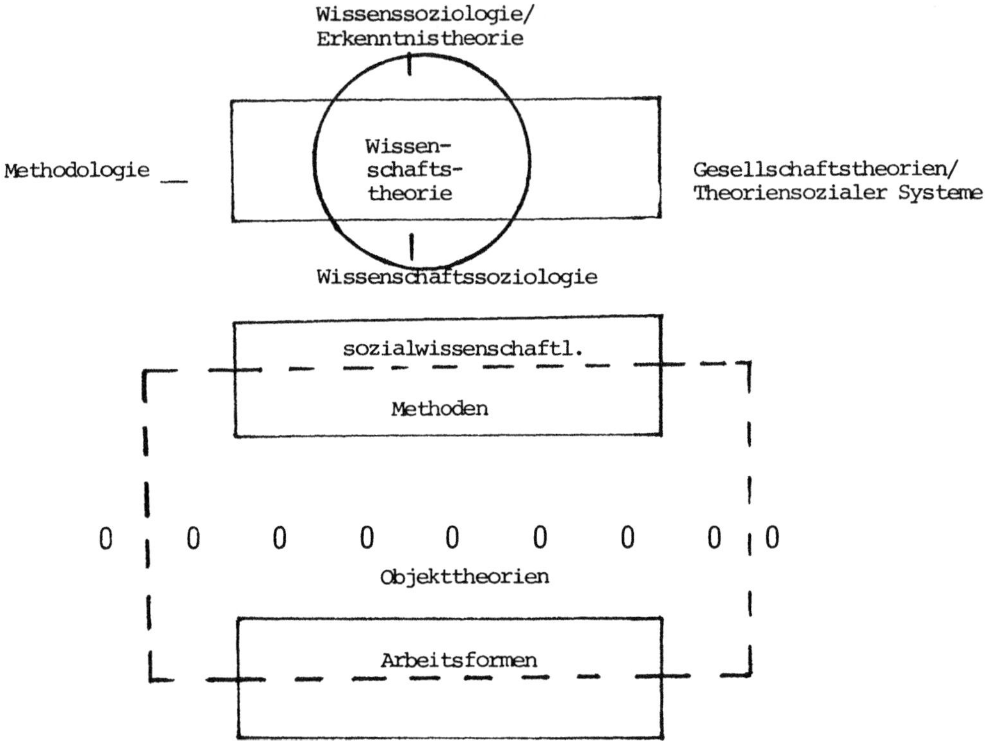

Differenzierte Themen und Aspekte, die in diesem Studium zu studieren sind, sowie die hochschuldidaktische Konzeption sind Gegenstand weiterer Forschungsarbeiten.

3. Das Kursstudium

Im Rahmen des Kursstudiums werden alle Studienbriefe allen an Fragestellungen der Sozialarbeiter/Sozialpädagogen Interessierten angeboten.

Voraussetzung für die unter bestimmten Fragestellungen und Annahmen zu kombinierenden Studienbriefe ist die Entwicklung theoretischer Folien, unter denen die Studienbriefe kombiniert werden bzw. auf die hin Studienbriefe zu ergänzen sind oder erst geschrieben werden müssen. Für diese Art Kursstudium ist zwar auch eine inhaltliche Begründung jeweiliger Fernstudienbriefe erforderlich, d. h. warum diese und nicht jene Inhalte für eine je unterstellte Annahme relevant sind; da diese Art Kursstudium allerdings nicht dem Anspruch genügen soll, mit Weiterbildung auf die beruflichen Erfahrungen Bezug zu nehmen bzw. die Qualifikationserfahrung in das berufliche Alltagshandeln einzubringen, ist für dieses Curriculum keine Studienstruktur konstitutiv, die eine an die Handlungs- und Wissensmuster anknüpfende Konkretheit erfordert. Dies bedeutet, daß die Entscheidung, was in der Alltagspraxis des Sozialarbeiters künftig gemacht werden soll bzw. die Entscheidung darüber, welche Qualifikationen künftig in der Alltagsprayis geeignet sind, berücksichtigt werden und an die Teilnehmer der Weiterbildung delegiert wird. Die Funktion dieses Kursstudiums reduziert sich im Vergleich zum Orientierungsstudium auf die theoretisch begründete technische Bereitstellung von Wissen, Methoden und Ressourcen. Konkret bedeutet das z. B. auch, daß das Konzept der mentoriellen Betreuung ohne die Qualifikationsziele der angesprochenen berufsbezogenen Selbsterfahrung auskäme. Für die Pilotphase des Projektes ist diese Art Weiterbildung insbesondere für die lehrenden Sozialarbeiter/Sozialpädagogen an Fachhochschulen geeignet.

5. Ausländersozialarbeit: ein Beispiel der Konkretisierung

Im folgenden wird versucht, die curricularen und studienorganisatorischen Konsequenzen für ein inhaltliches Problemfeld: Ausländerarbeit zu konkretisieren. Die Auswahl dieses Beispiels basiert auf folgenden Überlegungen:

1. Ausländerarbeit, also die Sozialarbeit mit Kindern und Jugendlichen der, sowie den ausländischen Arbeitnehmern selbst stellt eine Veränderung der Adressatengruppe von Sozialarbeit dar, die eine grundlegende Umstrukturierung und Aufgabenbestimmung der traditionellen Sozialarbeit in Form und Inhalt zur Folge hat.

   Wir können davon ausgehen, daß sich den Sozialarbeitern durch die Ausländerarbeit neue Aufgaben stellen, die mit vorhandenen Kompetenzen nicht ohne weiteres bearbeitet werden können.

   Ausländerarbeit ist, so die allgemeine Einschätzung, nicht ein Problem eines Teil-Berufsfeldes der Sozialarbeit/Sozialpädagogik, sondern stellt sich in nahezu allen Arbeitsfeldern als Problem, von der Sozialadministration bis zu offenen Formen der Sozialarbeit, wie z. B. der Jugendarbeit.

   Wir können also davon ausgehen, daß der Weiterbildungsbedarf bezogen auf Ausländersozialarbeit als verbreitet und hoch einzuschätzen ist.

2. Durch die Tatsache, daß Ausländersozialarbeit einen Einzelaspekt verschiedener Berufsfelder der Sozialarbeit darstellt, gleichzeitig als Aufgabenstellung einen arbeitsfeldübergreifenden Inhalt bedeutet, besteht die Möglichkeit, berufsfeldbezogene Elemente des Curriculums zu entwickeln, ohne

Einzelcurricula bezogen auf die spezifsche Berufsfeldsituation ausarbeiten zu müssen. Die enge Begrenzung von Einzelcurricula kann also an diesem Beispiel überwunden werden, der arbeitsfeldübergreifende Inhalt erlaubt die Ausarbeitung übergreifender Curriculumelemente unter Einbeziehung der konkreten Berufsfeldbedingungen der verschiedenartigen Berufsbereiche der Sozialarbeit.

3. Aufgrund der Interpretation der Ergebnisse der Befragung und des Interviews, daß Sozialarbeiter/Sozialpädagogen dann besonders weiterbildungsmotiviert sind, wenn Unsicherheit, berufliches Konflikterleben und die Erfahrung existiert, daß berufliches Wissen und vorhandene Kompetenzen gegenüber gestellten Aufgaben als unzureichend erfahren werden und sich erweisen,also eine Erschütterung der beruflichen Routinen vorliegt, kann angenommen werden, daß dies für Sozialarbeiter/Sozialpädagogen dann zutrifft, wenn sie mit Ausländern und der Aufgabe Ausländerarbeit zu machen, konfrontiert werden.

Ein in einem offenen Interview befragter Sozialarbeiter z.B.sah sich artikulierten Vorurteilen von deutschen Jugendlichen gegenüber ausländischen Jugendlichen erstaunt und hilflos gegenüber und wußte mit dem 'offenen Rassismus' nicht umzugehen.

Wir können somit davon ausgehen, daß durch die Konfrontation mit Ausländern, dem über sie nationalitätenspezifisch repräsentierten Kulturkreis, der Verschiedenartigkeit ihrer Lebensorganisation und ihres Verhaltens, sowie ihrer besonderen Probleme, die unter den Bedingungen von Migration entstehen und der Reaktionen von Deutschen auf Ausländer für Sozialarbeiter/Sozialpädagogen Verunsicherungen und Irritationen sich entwickeln, die zu Konflikterfahrungen führen, die ihrerseits zur Grundlage individueller Weiterbildungsmotivation führen können. Als Konflikterfahrung kann beispielhaft benannt werden, daß Sozialarbeiter/Sozialpädagogen mit ihren erworbenen Vorstellungen von Verhalten das konkrete Verhalten ausländischer Kinder oder Jugendlicher nicht erklären können.

Bei der skizzierten Darstellung der inhaltlichen Konkretisierung von curricularen Elementen am Problembereich Ausländersozialarbeit beziehen wir uns insbesondere auf das Verhältnis von sozialwissenschaftlichen Methoden zu Objekttheorien und Arbeitsformen sowie auf die Realisierung des Weiterbildungsstudiums im Rahmen mentorieller Betreuung und Beratung.

Entsprechend der Differenzierung des Studienangebotes in Orientierungs-, Ergänzungs- und Diplomstudiengang ist dem Problembereich und den Fragestellungen zur Ausländersozialarbeit eine unterschiedliche Bedeutung im Studiengang zuzuweisen:

- im Orientierungs- und Ergänzungsstudium stellt der Problembereich Ausländersozialarbeit die vom Studenten gewählte Fragestellung dar, die an Hand von Studienmaterial und im Kontext mentorieller Beratung als unmittelbares Praxisproblem bearbeitet wird. Es geht dabei um die Erarbeitung und Reflexion berufspraktischer Erfahrungen vor dem Hintergrund einer konkreten Theorie der Ausländersozialarbeit.
- im Diplomstudiengang würde demgegenüber das Problemfeld Ausländersozialarbeit und die hierzu zu entwickelnden curricularen Elemente einen konkreten Ausgangspunkt der Studien darstellen von dem aus sich der Student die unterschiedlichen Ebenen wissenschaftlicher Reflexion erschließt. Ausländersozialarbeit hat hier als Objektbereich den Charakter des Beispiels, von dem aus und bezogen auf den z. B. Problem- und Situationsdeutungen erarbeitet werden. Im Rahmen der mentoriellen Betreuung würde an diesem Beispiel exemplarisch gearbeitet werden können.

Problemskizze zur Ausländersozialarbeit und Fragestellungen für das Weiterbildungsstudium.

Ausländersozialarbeit stellt,trotz bildungs- und sozialpolitischer Bemühungen und Programmatik ein nahezu unentwickeltes Feld sozialer Arbeit in der Bundesrepublik dar und dies obschon nahezu jeder Bereich der Sozialadministration und Jugendhilfe mit diesem Problem befaßt ist und die eigens für die Betreuung von ausländischen Arbeitnehmern und ihren Familien eingerichtete Instanz der Sozialberatung in ihrer Kapazität begrenzt eingeschätzt werden muß.

Um hier die Komplexität und Vielschichtigkeit sozialer Probleme ausländischer Arbeitnehmer und ihrer Familien, insbesondere der Kinder nicht unzulässig zu verkürzen, verweisen wir auf die Darstellung der Situation im Memorandum des Bundesbeauftragten für Ausländerfragen (Bonn 1980), ohne hier jede Problembeschreibung erneut aufzulisten. Rechtliche, politische, Verhaltens- und Identitätsprobleme der ausländischen Familien selbst, gegenüber Deutschen ebenso wie von Deutschen gegenüber Ausländern und Ausländern verschiedener Nationalitäten untereinander werden dabei ebenso benannt wie Wohn- und Arbeitsprobleme, die im Kontext der gesellschaftlichen und wirtschaftlichen Entwicklung der Bundesrepublik gesehen werden. Diese Aspekte erfahren eine zusätzliche Dimension wenn die individuellen, kulturellen und gesellschaftlichen Bedingungen des Lebens in der Bundesrepublik in ein Verhältnis zur je unterschiedlichen Situation der Herkunftländer gestellt werden. Als soziales Problem ist also die Lebenssituation ausländischer Familien auf diesen verschiedenen Ebenen zu bestimmen, die zusammengeschmolzen die Problematik ihres Lebens ausmachen. Demgegenüber steht in der Bundesrepublik ein gegliedertes und differenziertes System sozialer Administrationen und sozialer Dienste, die je unterschiedliche Einzelaspekte der Ausländerlebenssituation oder anders, des Ausländerproblems, bearbeiten. Ihnen ist gemeinsam, daß sie im Rahmen ihrer Dienstobliegenheiten und im Rahmen ihrer Arbeit zunächst nicht auf dieses "neue" Problem eingerichtet und vorbereitet sind. Dies bedeutet, daß Sozialarbeit, ob im Bereich materieller Hilfen oder im Bereich der Beratung oder pädagogischen Arbeit von der Kinderkrippe bis zur Altenbetreuung, von der Familienfürsorge bis zur Gerichtshilfe, von schulvorbereitenden bis zu arbeitsbegleitenden Angeboten sich auf Adressaten einlassen muß, denen sie mit den vorherrschenden Mustern der Einschätzung nicht oder zumindest nur unzureichend gerecht werden kann. Das Wissen über Normalität und den Beitrag von Sozialarbeit zur (Wieder)Herstellung von Normalität im Verhalten oder in den Lebensbedingungen findet dort seine Grenze, wo die Normalitätsstandards des bundesrepublikanischen Lebens auf ausländische Familien nur partiell oder sogar gar nicht übertragen werden können, gleichzeitig in der Verschiedenartigkeit der Definition von Normalität ein 'systematisches Mißverständnis' zwischen Sozialarbeit und ihren Adressaten - den ausländischen Familien - angelegt ist.
Anders als im Bildungsbereich, wo das systematische 'Mißverstehen' von schulischen Angeboten in ihrem verbreiteten und offensichtlichen

Scheitern (kaum 40 % ausländischer Schüler erreichen einen Schulabschluß) nachweisbar geworden ist, mit der Folge, daß schulorganisatorische, inhaltlich-lehrplanmäßige und Lehrerqualifikations-Konsequenzen bereits gezogen wurden und, insbesondere im Bereich der Lehrerausbildung, ausgeweitet werden, konnte für den sozialpolitischen Bereich der Sozialarbeit das systematische "Mißverstehen" entsprechend der Parzellierung der Arbeitsfelder, als Scheitern einzelner Arbeitsbereiche eingeschätzt werden.

Erst langsam breitet sich das Bewußtsein aus, daß es auch für die Sozialarbeit und die Sozialarbeiter und Sozialpädagogen insgesamt bedeutsam ist, im Rahmen ihrer Ausbildung für die spezifischen Problemfelder der Ausländersozialarbeit vorbereitet zu werden oder im Rahmen von Weiterbildungsstudien für diese Arbeit zu qualifizieren. Da die Studienmaterialien gleichzeitig berufsfeldübergreifend und berufsfeldbezogen konzipiert sind, bieten Sie sich an für einen Einsatz in der allgemeinen Weiterbildung zur Ausländerfrage, sie sind also durchaus auch für andere Studienadressatengruppen verwendbar.

Entsprechend unserem Ansatz der Entwicklung berufsfeldbezogener Curriculumelemente für ein Weiterbildungsstudium konkretisieren wir mögliche inhaltliche Fragestellungen nachstehend für die Bereiche:

- Sozialwissenschaftliche Methoden
- Objekttheorie: Ausländersozialarbeit
- Arbeitsformen.

Im Bereich sozialwissenschaftlicher Methoden lassen sich die Fragestellungen für curriculare Elemente auf der Basis der vorstehenden Problemskizze in folgendem Rahmen konkretisieren:

- Problematisierung sozialwissenschaftlicher Forschung und Forschungsergebnisse in ihrer Reichweite für die Erklärung der Ausländersozialarbeit und/oder interkultureller Arbeit in multinationalen Gruppen. Hierbei ist insbesondere an den Bereich der Sozialisationsforschung gedacht, an die Entwicklung eines kategorialen Rahmens zur Bestimmung und Einschätzung von Sozialisation "Zwischen Kulturen" unter den Bedingungen der Migration, sowie eine Überprüfung der vornehmlich über Erfahrungswerte begründeten Einschätzungen der Sozialisationseffekte bei ausländischen Arbeitnehmern und ihren Kindern.

- Problematisierung der Veränderungen, die sich in Arbeitsfeldern der Sozialarbeit zeigen aufgrund der Tatsache, daß die vormals nationalitätenunspezifischen Arbeitsbereiche zunehmend als multinational von den Adressaten her gefaßt werden müssen: Arbeitsfeldanalysen in sich verändernden Arbeitsfeldern der Sozialpädagogik/Sozialarbeit.

- Reflexion und Problematisierung sozialarbeiterischer Arbeitsformen, insbesondere der Bedeutung/Fragwürdigkeit von Arbeitskonzepten wie "empanzipatorischer kritischer Sozialarbeit oder bedürfnisorientierter Ansätze", die angesichts der verbreiteten Arbeitslosigkeit von ausländischen Jugendlichen, von Arbeitsplatzproblem von Männern und Frauen, ihrer Perspektivlosigkeit oder zumindest Perspektivunsicherheit bezüglich ihrer Lebensorganisation, der Schwierigkeiten von Kindern und Jugendlichen in Schule und Ausbildung, daraufhin hinterfragt werden, ob formulierte Ziele wie Bedürfnisrealisierung oder Emanzipation auf ausländische Erwachsene, Jugendliche und Kinder übertragen werden können.

- Rekonstruktion von Migrationsbiographien, "Migrationsschicksalen" und Reflexion der sozialadministrativ, über Ausländerpolitik und Arbeitsmarktpolitik "hergestellten" Bilder von Ausländern, ihrer Lebensorganisation, ihrer Lebensweise und ihrem Verhalten.

- Problematisierung von Interaktionskonflikten, die aus je unterschiedlichen Sozialisations- und Lebensbedingungen begründet im Bereich der Sozialarbeit auftreten und Rekonstruktion kulturell bedingter Muster der Interaktion, die eine Konfliktregulierung zwischen Ausländern und Deutschen oder Ausländern unterschiedlicher Nationalität beeinträchtigen können.

- Information, Problematisierung und Reflexion kultureller, ethischer Normen und Traditionen in ihrer handlungsleitenden Bedeutung für ausländische Familien sowie daraus notwendig resultierender "Mißverständnisse" gegenüber den Angeboten der Sozialarbeit/Sozialpädagogik.

- Problematisierung der Bedeutung von "Sprache" im Bereich der Sozialarbeit/Sozialpädagogik.

Im Bereich der Objekttheorien lassen sich die Fragestellungen im folgenden Rahmen konkretisieren:

- Problematisierung der historischen Entwicklung von Arbeits-Migration und ihrer ökonomischen, wirtschaftlichen, politischen und individuellen Begründungen in der nachkolonialen Zeit.

- Problematisierung europäischer Migrationsbewegungen seit Anfang der 60ger Jahre, konkretisiert für die Entwicklung der Migration in der Bundesrepublik: politische Programmatik, arbeitsmarktpolitische Notwendigkeiten,sozialpolitische Implikationen, rechtliche Konsequenzen (Rechtsstatus)

- Problematisierung von Arbeitsmigration in ihrem Verhältnis zu kultureller Migration: Der "historische Sprung" der Organisation des Lebens nach Prinzipien industrieller/verstädterter Gesellschaft im Gegensatz zur Entwicklung der Lebensorganisation des Herkunftlandes.

- Problematisierung der Lebenssituation ausländischer Arbeitnehmer und ihrer Familien in ihrer Widersprüchlichkeit bezogen auf Lebensperspektive, Sozialisation und Lebensorganisation

- Problematisierung von Konzepten, die Sozialarbeit und Sozialpädagogik realisieren beziehungsweise unterstützen sollen: Integration, Rotation,Seggregation, Remigration.

- Einstellungen und Vorurteile zu Ausländern und Ausländersozialarbeit: 'eine Sammlung von vielen Nationalitäten bringt noch keine multinationale Gesellschaft hervor'.

- Problematisierung und vergleichende Reflexion des Verhältnisses von Arbeit: Familie, Freizeitgestaltung bei ausländischen und deutschen Familien.

Im Bereich sozialpädagogischer/sozialarbeiterischer Arbeitsformen lassen sich Fragestellungen im folgenden Rahmen konkretisieren:

- Planung/Organisation und Realisierung von Ausländersozialarbeit: das System der Sozialberatung, der sozialpädagogischen Sondermaßnahmen, der Sonderbetreuung im Verhältnis zu Jugendhilfeplanung

- Ausländersozialarbeit als multinationale Arbeit im Stadtteil

- Ausländersozialarbeit/Frauenarbeit: zur besonderen Situation ausländischer Frauen

- Sozialarbeit als Sozialisationsarbeit im Ghetto oder als offene gemeinwesenorientierte Sozialisationsarbeit im Wohnbereich

- Ausländersozialarbeit = Sozialarbeit mit oder für Ausländer: Probleme der Kooperation von Deutschen und Ausländern im Team

Dieser grob skizzierte Rahmen von Problem- und Fragestellungen wäre im Kontext der Entwicklung von Studienmaterialien zu entfalten, dabei wären quer zu diesem Katalog stehende Probleme zu thematisieren, wie z. B. Vorurteilsbildung und -äußerung in der Form von offenem oder verstecktem Rassismus, oder die expliziten oder impliziten Germanisierungsbestrebungen die ebenso als Verständigungsbarrieren sich auswirken können, wie eine gegenseitige Idealisierung und Ideologisierung der Bundesrepublikanischen- oder Herkunftländerlebenssituation.

6. Die mentorielle Betreuung

Kennzeichnend für das Konzept des hier entwickelten Weiterbildungsstudiengangs für im Berufsfeld tätige Sozialarbeiter/Sozialpädagogen ist die sozialwissenschaftliche Reflexion und theoriegeleitete Selbstreflexion des (eigenen) Berufsfeldes mit dem Ziel der Qualifizierung in und für dieses Berufsfeld; die über die schriftliche Form der Studienmaterialien erforderliche besondere Form der Eigenarbeit bedarf in der mentoriellen Betreuung einer wesentlichen Unterstützung, um die kommunikativ und diskursiv zu erschließende Reflexion des Berufsfeldes inhaltlich sicherstellen zu können. Unter der mentoriellen Betreuung im hier gemeinten Sinn werden drei Aspekte kommunikativer Betreuung verstanden:

1. Die organisatorische Gestaltung von Präsenzphasen in Gruppen zusammengefaßter Studenten einer Region in Studienzentren, die in möglichst unmittelbarer Nähe des Arbeitsortes der Studenten liegen sollten. Didaktisch ist die mentorielle Betreuung als Gruppenarbeit vorgesehen, wobei die Gruppen regional an die verschiedenen Studienzentren der Fernuniversität angegliedert werden sollen. Dies muß nicht bedeuten, daß die Treffen ausschließlich in den Studienzentren stattfinden, sondern nur, daß die Gruppen Zugriff auf die Ressourcen eines Studienzentrums haben müßten. Dauer, Intensität, Gruppengröße und Fragestellungen sind unter organisatorischen Gesichtspunkten nach Studiengangsprofilen zu differenzieren, so daß die jeweiligen Gruppen parallel zu bestimmten Kurskombinationen aufgebaut werden und hier ihre inhaltliche Verankerung finden sollten. Da die in einer Pilotphase von Studenten gewünschten und gewählten Studienmaterialkombinationen noch nicht bekannt sind, wird eine Erprobung des Studienmaterials notwendig sein. Dazu soll in ausgewählten Studienzentren mit den Mentoren das Wahlverhalten der Studenten erfragt werden und die Bildung von Arbeitsgruppen vor Ort geplant und begleitet werden. Dabei sollte berücksichtigt werden, daß die Befragung der Studenten bezüglich ihres Wahlverhaltens gegenüber dem Studienmaterial, die Bildung von Arbeitsgruppen und die Dokumentation des Arbeitsgruppenverlaufes, die Vor-

bedingung für die begründete Entwicklung von Studiengangsprofilen sind, im Stundendeputat der Mentoren einzuplanen sind.

2. Die mentorielle Betreuung umfaßt die inhaltliche Gestaltung der Präsenzphasen. Dabei geht es bei der mentoriellen Betreuung um die Entwicklung von diskussionsanregenden und herausfordernden Frage- und Problemstellungen, die aus der Praxis der Studenten begründet, auf das Studienmaterial bezogen werden und diese mit dem Studienmaterial aufgearbeitet auf die Praxis hin reflektiert werden. Der Mentor hat somit die Aufgabe, die Berufsfelder der Studenten zu erfragen, besondere Problemstellungen, die z. B. Anlaß für die Aufnahme des Weiterbildungsstudiums gewesen sind, herauszuarbeiten und die Studienmaterialien hierauf zu beziehen. Die Be- und Erarbeitung der Kurse sollte dabei ergänzt werden durch praxiserfahrungsinitiierte studienmaterialübergreifende Fragestellungen. Die Studienerfahrungen sollen dokumentiert werden, um daraus gegebenenfalls neue Studienmaterialien entwickeln zu können oder Weiterentwicklungen der vorliegenden Studienmaterialien vornehmen zu können. Gleichzeitig sollte der Mentor in den Studienzentren Ansprech- und Kommunikationspartner bei der Erstellung von Praxisberichten der Studenten sein, die Einsendeaufgaben reflektieren und kontrollieren sowie für die Einbeziehung und/oder Erstellung anderer, z. B. audio-visueller Materialien aus/für den Berufsfeldkontext zuständig sein.

3. Die mentorielle Arbeit erfordert eine permanente Zusammenarbeit der Mentoren ausgewählter Studienzentren mit der Projektgruppe: Durch diese Zusammenarbeit soll sichergestellt werden, daß die Rückkopplung der Erfahrungen im Umgang mit Studienmaterial sowie Erfahrungen aus der Arbeit der mentoriellen Betreuung zur Fortschreibung oder Revision des Studienkonzeptes und seiner Inhalte beiträgt.

Mit der Integration der organisatorischen und inhaltlichen und der rückkoppelnden Arbeit soll der Versuch unternommen werden, im Prozeß der Implementation und Evaluation des Studiengangs die Entwicklungsarbeit von Studienmaterial, seine Rezeption durch die Studenten und die Überprüfung seiner Relevanz für die Reflektion der Praxis als Bestandteile eines Weiterbildungsprozesses zu begreifen und zu konstituieren. Die organisatorische Gestaltung der Präsenzphasen, die inhaltlichen Problemstellungen und die Reflexion des Studienmaterials stehen dabei im Kontext eines Konzeptes von Beratung, das jeder Mentor in seiner Arbeit konkretisieren sollte. Beratung als umfassender Prozeß der sozialwissenschaftlich fundierten Analyse und Reflexion meint eine systematische Darstellung, Beschreibung und das Hinterfragen der Arbeits- und Berufssituation eines jeden Studenten, das begründete Einbeziehen seiner/ihrer Weiterbildungsmotivation und Qualifikationsabsichten sowie die diskursive Planung eines auf diese Situation abgestimmten Curriculums (Studiengangsprofile),in das die Studienbriefe problembezogen integriert werden.

Die besondere Bedeutung sozialwissenschaftlicher Beratung durch Mentoren der Fernuniversität im Weiterbildungsstudium liegt darin begründet, daß sie, obschon sie von Inhalt und Aufgabenstellung das Berufsfeld des Studenten mit dem Studenten thematisieren, selbst nicht in der Institution oder im direkten Arbeitsfeld des Studenten tätig sind und somit ohne aktuellen Handlungs-, Effektivierungs- oder Optimierungsdruck der Anstellungsträger der Studenten ihre Beratung gestalten können. Dies ist grundlegend verschieden von all den Formen von Beratung, die, im institutionellen Kontext verankert wie z. B. die Supervisionsangebote der Träger Sozialer Dienste, selbst den institutionellen Prozessen unterworfen sind, die den Beratungsprozeß präformieren, zumindest aber mitbestimmen. Beratung auf der Basis von institutionenanalytischen Überlegungen am Beispiel des Berufsalltags des Studenten meint aber die im Beratungsprozeß praktisch werdende Kritik der Institutionen, der Resultate (beruflicher) Sozialisation und die reflektive Aus- und Neugestaltung von Handlungsmöglichkeiten. Dies kann nur in einem permanenten Prozeß einer sozialwissenschaftlich geleiteten, phantasievollen und angstfreien Situation geschehen,denn jede Form der Beratung von Institutionen in Institutionen unterliegt den institutionellen

Machtstrukturen, und diese wirken sich auf den zu beratenden beratend-analytischen Prozeß verändernd aus (vgl. OECHSLER 1980).

Die mentorielle Betreuung des Weiterbildungsstudiengangs für Sozialarbeiter/Sozialpädagogen als sozialwissenschaftliche Beratung setzt neben einer besonderen organisatorischen Form, der Bereitstellung von Studienzeit als Präsenzphasen für Studenten eine spezifische mentorielle Qualifikation voraus. Die für die mentorielle Betreuung in besonderer Weise erforderlichen analytischen und kommunikativen Kompetenzen können in Zusammenarbeit mit dem HPA in Bochum entwickelt und in Seminaren mit den Mentoren problematisiert und verändert werden. Mit den an diesem Projekt interessierten Mentoren ausgewählter Studienzentren wäre von seiten der Fernuniversität eine Kooperationsvereinbarung zu treffen, die diese vorgenannten Aufgaben umfaßt.

Die Präsenzphasen für die Studenten in den regionalen Studienzentren sollten mindestens zwei Stunden wöchentlich umfassen. Sie sollten im Wochenverlaufsplan von Mentoren und der studentischen Gruppe gemeinsam geplant werden. Diese wöchentliche Präsenzzeit kann organisatorisch zusammengefaßt werden in einer Ganztagsveranstaltung im Monat. Darüber hinaus sollten pro Studienjahr ein- bis dreitägige Kompaktveranstaltungen durchgeführt werden, in denen der Student die Möglichkeiten hat, zusammenhängende Problemkomplexe seines Berufsfeldes mit den Mentoren und Kommilitonen ohne konkreten Handlungsdruck zu diskutieren und zu erarbeiten.

Eine mehrtägige Veranstaltung ist sinnvollerweise an das Ende des ersten Semesters zu stellen, um gleichzeitig bei diesem Termin die Erfahrungen des ersten Studienhalbjahres aufarbeiten zu können und in der Arbeitsgruppe eine gemeinsame Planung des zweiten Studienhalbjahres vorzunehmen. Die andere mehrtägige Veranstaltung wäre sinnvollerweise in der Mitte des Sommersemesters zu planen, um einen reflektierenden Rückblick, mögliche weitere Studien/Kursteilnahmeplanung erarbeiten zu können und eine gezielte Vorbereitung der Zertifikatsvoraussetzungen: Klausur, Hausarbeit, Praxisbericht oder ähnliches zu leisten.

Da die mehrtägigen Präsenzphasen Bestandteil des Studiengangs sind, ist es eine Aufgabe der Mentoren, gemeinsam mit den Studenten und den Projektmitarbeitern die Anstellungsträger der Studenten zu informieren und ihnen die Bedeutung der Präsenzphasen für die Weiterbildung und die Qualifizierung der Studenten argumentativ zu erläutern. Als Perspektive der Verhandlung mit den Trägern der Sozialarbeit und Sozialpädagogik ist dabei anzustreben, daß die Sozialarbeiter und Sozialpädagogen für diese Präsenzphasen in ihrer Dienstzeit freigestellt werden.

Die damit formulierten Rahmenbedingungen für eine Umsetzung, Evaluation und Weiterentwicklung des Weiterbildungsstudiengangs sind als Mindestvoraussetzungen eines wissenschaftlichen Weiterbildungsstudiums zu verstehen; mit ihrer Einlösung bietet sich die Chance, den qualitativen Anforderungen der Adressaten und den impliziten Versprechen ihrer wissenschaftlichen Qualifizierung nachzukommen. Jede Restriktion in bezug auf die Organisationsform des Weiterbildungsstudiums würde zu gravierenden Begrenzungen und Einschränkungen des inhaltlichen Anspruchs führen müssen. Angesichts des immensen Zuwachses sozialer Problemlagen und der ihnen gegenüber zunehmenden Hilflosigkeit der meisten Sozialarbeiter und Sozialpädagogen sollten die innovativen und qualifikatorischen Impulse, die von diesem Weiterbildungsstudiengang ausgehen können, unterstützt werden.

Literaturverzeichnis:

AKADEMIE Remscheid für musische Bildung und Medienerziehung: Fortbildung '81

ALBRECHT, G., u.a.: Vorausschätzung und Entwicklung des Angebots und Bedarfs an Sozialarbeitern und Sozialpädagogen, Bonn 1979 (Schriftenreihe "Materialien für Bildungsplanung" des Bundesministers für Bildung und Wissenschaft, Heft 7)

ALHEIT, P., u.a.: Zur Situation der Fort- und Weiterbildung im Bereich der Sozialarbeit. Eine mehrstufige Untersuchung im Auftrag des Modellversuchs "Soziale Studiengänge" an der Gesamthochschule Kassel (Materialien 13), Kassel 1978

ALLERT, T.: Legitimation und gesellschaftliche Deutungsmuster, in EBBINGHAUSEN, R.: Bürgerlicher Staat und politische Legitimation, Frankfurt/M. 1976

ARBEITSGRUPPE Bielefelder Soziologen (Hrsg.): Alltagswissen, Interaktion und gesellschaftliche Wriklichkeit, Bd. 1 und 2, Reinbek 1973

ARBEITSGRUPPE Bielefelder Soziologen (Hrsg.): Kommunikative Sozialforschung, München 1976

ATTESLANDER, P.: Methoden der empirischen Sozialforschung, 4. Aufl., Berlin, New York 1975

BARABAS, F., u.a.: Jahrbuch der Sozialarbeit 1978, Reinbek 1977

BÄUERLE, W.: Fortbildung von Sozialarbeitern ohne Fortbildung ihrer Institutionen?, in: Theorie und Praxis der sozialen Arbeit, Heft 4/1976

BECK, U.,u.a.: Beruf, Herrschaft und Identität, in: Soziale Welt, Heft 1/1976

BENEKE, E.: Selbstverständnis und Handlungsrealität von Sozialarbeitern. - Eine Fallstudie über Funktion und Praxis einer kommunalen Dienststelle, Weinheim 1979

BERGER, P./LUCKMANN, T.: Die gesellschaftliche Konstruktion der Wirklichkeit, Frankfurt/M. 1972

BIRKE, P./HÜPPAUF, H./FUNKE, D./BENEKE, E./KASAKOS, G.: Jugendhilfeforschung. Ansätze, Prozesse, Erfahrungen, München 1975

BLANKE, Th./SACHSSE,Chr.: Theorie der Sozialarbeit, in: GAERTNER, A./SACHSSE, Chr.: Politische Produktivität der Sozialarbeit, Frankfurt 1978

BLINKERT, B.,u.a.: Berufskrisen in der Sozialarbeit, Weinheim und Basel 1976

BLINKERT, B.: Methodische Realitätskonstruktionen oder soziale Tatbestände?, in: Soziale Welt 3/1978

BLÜM, A./FRENZEL, O.: Quantitative und qualitative Vorausschau auf den Arbeitsmarkt der Bundesrepublik Deutschland, Nürnberg 1975

BOHLE, H./GRUNOW, D.: Verberuflichung sozialer Arbeit, Expertise zum Symposion der DGfE, Berlin 1980

BÖHNISCH, L./SCHEFOLD, W.: Sozialisation in Institutionen der psychosozialen Versorgung, in: HURRELMANN, K./ULICH, D.: Handbuch der Sozialisationsforschung, Weinheim und Basel 1980

BRATER, M.: Die Aufgaben beruflicher Weiterbildung. - Zur Konzeption einer "subjektorientierten" Weiterbildung, in: WEYMANN, A. (Hrsg.): Handbuch für die Soziologie der Weiterbildung, Darmstadt und Neuwied 1980

BRUGGEMANN, A.,u.a.: Arbeitszufriedenheit. Frankfurt/M. 1973

BRUGGEMANN, A.: Erfahrungen mit wichtigen Variablen und einigen Effekten beruflicher Sozialisation in einem Projekt zur "Humanisierung des Arbeitslebens", in: GROSKURTH, P. (Hrsg.): Arbeit und Persönlichkeit. Reinbek 1979

BUSCH, D./HOMMERICH, Ch.: Probleme der Berufseinmündung von diplomierten Sozialarbeitern/Sozialpädagogen. Expertise zum Symposium "Berufsfeldanalysen in der Sozialarbeit/Sozialpädagogik", Berlin September 1980

CRONBACH, L.J./MEEHL, P.E.: Construct validity and psycholigical Tests. Psychol. Bull 52 (1955)

DANKWERTS, D.: Grundriß einer Soziologie sozialer Arbeit und Erziehung, Weinheim und Basel 1978

DER BUNDESMINISTER für Bildung und Wissenschaft: Bildungsbericht '70, Bonn 1970

DEUTSCHER BILDUNGSRAT: Strukturplan für das Bildungswesen, Bonn 1970

DEUTSCHER BILDUNGSRAT: Zur Neuordnung der Sekundarstufe II. Konzept für eine Verbindung von allgemeinem und beruflichem Lernen, Bonn 1974

DEUTSCHER VEREIN für öffentliche und private Fürsorge (Hrsg.): Fachlexikon der Sozialen Arbeit, Frankfurt 1980

DEUTSCHER VEREIN für öffentliche und private Fürsorge: Programm '81 des Fortbildungswerks für Sozialarbeiter und Verwaltungsfachkräfte sowie des Fortbildungswerks für sozialpädagogische Fachkräfte. Fachkräfteschwerpunkt: Elementarbereich

DEWE, B./OTTO,H.U.:Über den Zusammenhang von Handlungspraxis und Wissensstrukturen in der öffentlichen Sozialarbeit, in: Neue Praxis, 10. Jhg. Heft 2/1980

DEWE, B./OTTO, H.U.: Symbolische Funktion und Wirkweise institutionalisierter Problemdeutungen und Legitimationsmuster, Bielefeld 1981

EDDING, F.,u.a.(Hrsg.): Internationales Seminar über Bildungsplanung, Berlin 1976

FALTIN, G./HERZ, O. (Hrsg.): Berufsforschung und Hochschuldidaktik, Blickpunkt Hochschuldidaktik 32, Hamburg 1974

FICHTNER, O.: Sozialadministration, in: KREFT/D./MIELENZ, I. (Hrsg.): Wörterbuch soziale Arbeit, Weinheim und Basel 1980

FRIEDLÄNDER,W.A./PFAFFENBERGER, H. (Hrsg.): Grundbegriffe und Methoden der Sozialarbeit. Neuwied, Berlin 1966

FRIEDRICHS, H.: Methoden empirischer Sozialforschung, Reinbek 1973

FÜNFTER JUGENDBERICHT der Bundesregierung, Bonn 1980

GARFINKEL, H.: Studies in ethnomethodologie, Englewood Cliffs 1966

GARFINKEL, H./SACKS, H.: Zum Phänomen der Indexikalität, in: Arbeitsgruppe Bielefelder Soziologen (Hrsg.): Alltagswissen, Interaktion und gesellschaftliche Wirklichkeit, Bd. 1, Reinbek 1973

GARFINKEL, H./SACKS, H.: Über formale Strukturen praktischer Handlungen, in: WEINGARTEN, E./SACK, F./SCHENKEIN, J.: Ethnomethodologie. Beiträge zu einer Soziologie des Alltagshandelns, Frankfurt/M. 1976

GILDEMEISTER, R.: Berufliche Sozialisation, Berufsfeldanalyse und Projektarbeit. Eine alternative Konzeption für die Weiterbildung von Sozialarbeitern und Sozialpädagogen in: KREUTZ, H./LANDWEHR, R. (Hrsg.): Studienführer für Sozialarbeiter/Sozialpädagogen, Neuwied und Darmstadt 1977

GILDEMEISTER, R.: Regionalisierung der Sozialarbeitsforschung - Projektarbeit und Lernprozeß, in: GAERTNER, A./HERING, S. (Hrsg.): Regionale Sozialforschung, Kassel 1978

GILDEMEISTER, R.: Berufliche Identität als Bezugspunkt sozialwissenschaftlicher Kompetenz, unveröffentlichtes Arbeitspapier 1979

GILDEMEISTER, R./ROBERT, G.: Weiterbildung in sozialen Berufen, unveröff. 1979; erscheint im Handbuch der Sozialarbeit/ Sozialpädagogik, Neuwied und Darmstadt

GILDEMEISTER, R./ROBERT, G.: Widersprüche in der Berufsrolle und Probleme der Weiterbildung in sozialen Berufen, in: WEYMANN, A.: Handbuch für die Soziologie der Weiterbildung, Darmstadt und Neuwied 1980

GRAF, D.: Bürokratische Erziehung, Strukturen, Funktionen und Folgen, unveröff. Diplomarbeit, Berlin 1980

GROSKURTH, P./VOLPERT, W.: Lohnarbeitspsychologie, Frankfurt/M.1975

GEULEN, D.: Das vergesellschaftete Subjekt. Zur Grundlegung der Sozialisationstheorie, Frankfurt 1977

HACKER, W.: Allgemeine Arbeits- und Ingenieurpsychologie. Bern, Stuttgart, Wien 1978

HARTING, D.,u.a.: Tätigkeitsfeld und Praxisbezug. Blickpunkt Hochschuldidaktik 34, Hamburg 1974

HASELOFF, O., u.a.: Kleines Lehrbuch der Statistik, 4. Aufl., Berlin 1970

HEINDLMEIER,P./HEINE, O./MÖBES/H.-J./RIESE, H.: Die Integration von Ausbildungsgängen in den Hochschulbereich in der Bundesrepublik Deutschland bis 1991, in: HEINDLMEIER,P.,u.a.: Berufsausbildung und Hochschulbereich. Eine quantitative Analyse für die Bundesrepublik Deutschland 1973

HEINSOHN, G./KNIEPER, B.: Theorie des Kindergartens und der Spielpädagogik, Frankfurt 1975

HEINSOHN, G./KNIEPER, B.: Kann Wissenschaft Praxis anleiten? in: Sozialmagazin, Heft 4/1977

HEINZE, Th.,u.a.: Projekt Studierverhalten, unveröff. Hagen 1977

HEINZE, Th./KLUSEMANN, H.W./SOEFFNER, H.G. (Hrsg.), Interpretationen einer Bildungsgeschichte. Überlegungen zur sozialwissenschaftlichen Hermeneutik, Bensheim 1980

HEINZE, Th./KLUSEMANN, H.W.: Versuch einer Sozialwissenschaftlichen Paraphrasierung am Beispiel des Ausschnittes einer Bildungsgeschichte, in: HEINZE, Th./KLUSEMANN, H.-W./SOEFFNER, H.-G.: Interpretationen einer Bildungsgeschichte, Bensheim 1980

HEIPCKE, K.: Wissenschaftstheoretische Grundlagen der Unterrichtsforschung, in: INGENKAMP, K. (Hrsg.): Handbuch der Unterrichtsforschung, Teil I, Weinheim 1970

HEGNER, F.: Sozialarbeit als Verwaltungshandeln, Expertise zum Symposion der DGfE, Berlin 1980

HEMMER, K.-P./ZIMMER, J.: Der Bezug zur Lebenssituation in der didaktischen Diskussion, in: FREY, K.,u.a. (Hrsg.): Curriculum-Handbuch (Bd.2), München 1975

HERZ, O. (Hrsg.): Praxisbezug im Studium, Blickpunkt Hochschuldidaktik 35, Hamburg 1977

HOLM, K.: Die Befragung, Band 1 - 6, München 1976

HOLLSTEIN, W.: Sozialarbeit im Kapitalismus. Themen und Probleme. in: HOLLSTEIN, W./MEINHOLD, M.: Sozialarbeit unter kapitalistischen Produktionsbedingungen. Frankfurt/M. 1973

HOMANS, G.C.: Social behavior: Its elementars forms. New York 1961, Deutsche Übersetzung: Elementarformen sozialen Verhaltens. Köln/Opladen 1968

HOPF, A.: Lehrbewußtsein im Wandel, Düsseldorf 1974

HURRELMANN, K./ ULICH,D. : Handbuch der Sozialisationsforschung, Weinheim und Basel 1980

ILSEMANN, V. (Hrsg.): Jugend zwischen Anpassung und Ausstieg. Jugendwerk der Deutschen Shell, Hamburg 1980

JAPP, K./OLK, Th.: Identitätswandel und soziale Dienstleistungsproduktion, Thesen zur Reorganisation behördlicher Sozialarbeit, unveröff., Bielefeld 1980

JAPP, K./OLK, Th.: Zur Problematik der Neuorganisation sozialer Dienste. Expertise im Rahmen des Symposium zum Berufsfeld von an Fachhochschulen und Hochschulen ausgebildeten Sozialpädagogen und Sozialarbeitern. DGfE, 22.-24.9.1980 in Berlin

JUNGBLUT, H.-J./SCHREIBER, W.: Zur Notwendigkeit alltagsweltorientierter Methoden in der Sozialarbeit/Sozialpädagogik, in: Neue Praxis, 10. Jhg. Heft 2/1980

KAMINSKI, G.: Verhaltenstheorie und Verhaltensmodifikation, Stuttgart 1980

KARSTEN, M.E./KLUSEMANN, H.W.: Funktionswandel der Sozialarbeit oder Formwandel unter Beibehaltung der politischen Funktion, unveröff., Hagen 1980

KLUGE, K.J.: Verhaltensauffälligkeiten in Grundschulen. in: Heilpädagogische Forschung 1974, Bd. 5, S. 1-36

KGST, Bericht Nr. 1, Organisation der Jugendarbeit (Jugendpflege), Köln 1977

KGST, Bericht 19, Organisation der kommunalen Sozialplanung, Köln 1978

KGST Bericht Nr. 15, Einrichtungen der Jugendhilfe, Köln 1979

KLÜVER, J.: Wissenschaftsdidaktik als Wissenschaftskritik, Hamburg 1979

KOCH, H.R.: Berufsausbildung und Berufschancen: Die Bedeutung des Theorie-Praxis-Bezuges für die Berufsperspektive von Diplompädagogen, in: MÜLLER, C.W.: Begleitforschung in der Sozialpädagogik, Weinheim und Basel 1978

KOHLER, R.-M./LAMBERTS, W.: Ungleichgewichte auf den Berufsmärkten und optimale Umschulungswege 1970-1980, Mitteilungen des Rheinisch-Westfälischen Instituts für Wirtschaftsforschung, 27. Jhg. 1976

KOSIK, K.: Dialektik des Konkreten, Frankfurt/M. 1967

KRAFFT, A./SANDERS, H./STRAUMANN, P.R.: Hochqualifizierte Arbeitskräfte in der Bundesrepublik Deutschland bis 1980, sozioökonomische Analyse und Prognose, Bergisch-Gladbach 1971

KRAFFT, A.: Substitution und Flexibilität in Analysen des Bedarfs an qualifizierten Arbeitskräften, in: STRAUMANN, P.R.: Neue Konzepte der Bildungsplanung, Reinbek 1974

KRAPPMANN, L.: Soziologische Dimensionen der Identität, Stuttgart 1971

KRIZ, J.: Datenverarbeitung für Sozialwissenschaftler, Hamburg 1973

KRIZ, J.: Statistik in den Sozialwissenschaften, Hamburg 1975

KREFT, D./MIELENZ, I. (Hrsg.): Wörterbuch sozialer Arbeit, Weinheim 1980

KUNOW, J.: Berufsbezogene Einstellungen angehender Sozialarbeiter und Sozialpädagogen, Deutsches Institut für wissenschaftliche Pädagogik, Münster 1977

KUNSTREICH, T.: Höhere Handlungskompetenz und höherer Status = Profession?, unveröffentlichtes Arbeitspapier 1979

LANDWEHR, R.: Der Bedarf an Sozialarbeitern und Sozialpädagogen bis 1980, in: KREUTZ, H./LANDWEHR, R.: Studienführer für Sozialarbeiter/Sozialpädagogen, Neuwied und Darmstadt 1977

LANDWEHR, R.: Der Bedarf an graduierten Sozialarbeitern und Sozialpädagogen in der Bundesrepublik Deutschland, DIP-Information Nr. 13, Münster 1977a

LAU, T.: Wie macht man Verwaltungsarbeit - Ein allgemeiner Bezugsrahmen zur Untersuchung administrativer Prozesse im öffentlichen Dienst, in: WOLFF, S.,u.a.: Arbeitssituationen in der öffentlichen Verwaltung, Frankfurt 1979, S.9-60

LAUCKEN, U.: Naive Verhaltenstheorie, Stuttgart 1974

LEFEBRE, H .: Kritik des Alltagslebens, 3 Bde., München 1974-75

LEITHÄUSER, Th.u.a.: Entwurf zu einer Theorie des Alltagsbewußtseins, Frankfurt/M. 1977

LIENERT, G.A.: Testaufbau und Testanalyse, Weinheim, Berlin, Basel 1969

LOIBL, M./GROSS, S./FINKENSTAEDT, T.: Bedarf an Absolventen der Fachhochschulen, Fachhochschulen, Fachrichtung Sozialwesen in Bayern, München 1975

LUCKMANN, Th./SPRONDEL, W.M.: Berufssoziologie, Köln 1972

LUHMANN, N.: Funktion und Folgen formaler Organisation, Berlin 1976

MARZAHN, Ch.,u.a.: Konflikt im Jugendhaus, Reinbek 1975

MARZAHN, Ch.: Was bedeutet die Selbstorganisation von Adressaten für die professionelle Sozialarbeit/Sozialpädagogik, unveröffentlichtes Arbeitspapier 1979

MARZAHN, Ch.: Bericht der Kommission Sozialpädagogik, in: DGfE Arbeitsberichte des Vorstandes und der Kommissionen, Tübingen 1980

MAYNTZ, R.: Soziologie der Organisation, Reinbek 1963

MAYNTZ, R.,u.a.: Einführung in die Methoden der empirischen Soziologie, 4. Aufl., Opladen 1974

MERZ, J.: Berufszufriedenheit von Lehrern, Weinheim/Basel 1979

MILLER/GALANTER/PRIBRAM: Strategien des Handelns, Stuttgart 1973

MOLLENHAUER, K./RITTELMEYER, Ch.: Methoden der Erziehungswissenschaften, München 1977

MÜLLER, W.: Bildung und Mobilitätsprozeß - Eine Anwendung der Pfadanalyse, in: HUMMEL/ZIEGLER (Hrsg.), Korrelation und Kausalität, Band 3, Köln 1976

MÜNCHMEIER, R.: Sozialpädagogik als Beruf, in: b:1, 12. Jhg. Heft 9/1979

NEGT, O.: Soziologische Phantasie und exemplarisches Lernen, Frankfurt 1975

NEGT, O.: Marxismus und Arbeiterbildung - Kritische Anmerkungen zu meinen Kritiken, in: BROCK/MÜLLER/NEGT (Hrsg.): Arbeiterbildung - Soziologische Phantasie und exemplarisches Lernen in Theorie, Kritik und Praxis, Reinbek 1978

NEUBERGER, O.: Theorien der Arbeitszufriedenheit, Stuttgart 1974

NIE, N.: Statistik - Programm -System für die Sozialwissenschaften (vers. 7), 2. Aufl., Stuttgart 1978

OEVERMANN, U.,u.a.: Die Methodologie einer "objektiven Hermeneutik" und ihre allgemeine forschungslogische Bedingung in den Sozialwissenschaften, in: SOEFFNER, H.-G. (Hrsg.): Interpretative Verfahren in den Sozial- und Textwissenschaften, Stuttgart 1979

OFFE, C.: Leistungsprinzip und industrielle Arbeit. Mechanismen der Statusverteilung in Arbeitsorganisationen der industriellen "Leistungsgesellschaft", Frankfurt/Main 1970

OFFE, C.: Bildungssystem, Beschäftigungssystem und Bildungspolitik - Ansätze zu einer gesamtgesellschaftlichen Funktionsbestimmung des Bildungssystems, in: Deutscher Bildungsrat (Hrsg.): Bildungsforschung. Probleme - Perspektiven - Prioritäten, Stuttgart 1975

OPP, K.-D. /SCHMIDT, P.: Einführung in die Mehrvariablenanalyse, Reinbek 1976

OTTO, H.-U./UTERMANN, K.: Sozialarbeit als Beruf. Auf dem Weg zur Professionalisierung?, München 1973, 2. Aufl.

PETZOLD, H.J./SPEICHERT, H.: Handbuch pädagogischer und sozialpädagogischer Praxisbegriffe, Hamburg 1981

RITSERT, J.: Inhaltsanalyse und Ideologiekritik, Frankfurt/M. 1972

ROBINSOHN, S.B.: Bildungsreform als Revision des Curriculums, Neuwied und Berlin 1973, 4. Aufl.

SACHSSE, Ch.: Über den Zusammenhang von Sozialisation und Recht. Einige Anmerkungen zur gesellschaftlichen Entwicklung der Sozialarbeit, in: Neue Praxis/1979, S. 7-21

SOEFFNER, H.G.: Interaktion und Interpretation. Überlegungen zu Prämissen des Interpretierens in der Sozial- und Literaturwissenschaft, in: Ders. (Hrsg.): Interpretative Verfahren in den Sozial- und Textwissenschaften, Stuttgart 1979

SCHERPNER, M.: Konzeptionelle Aspekte der Arbeit der Abteilung Fort- und Weiterbildung, in: Nachrichtendienst des Deutschen Vereins für öffentliche und private Fürsorge, 59. Jahrgang, Heft 9/1979, S. 234/235

SCHUMAN, H.: The Random Probe: A. Technique for Evaluating the Validity of Closed Questions. ASR 31/1966

SCHÜLEIN, J.-A.: Subjektive als objektive Probleme - am Beispiel sozialwissenschaftlicher Studiengänge, in: GAERTNER, A./SACHSSE, Ch. (Hrsg.): Politische Produktivität der Sozialarbeit, Frankfurt/M. 1978

SCHÜTZ, A.: Das Problem der Relevanz, Frankfurt/M. 1971

STRATMANN, G./WURR, R.: Bedarf und Angebot an graduierten Sozialpädagogen und Erziehern im Zeitraum 1975-1980 in Schleswig-Holstein, Kiel 1976

STRAUMANN, P.-R.: Neue Konzepte der Bildungsplanung, Reinbek 1974

THIERSCH, H.: Alltagshandeln und Sozialpädagogik, in: Neue Praxis, 8. Jhg. Heft 1/1978

THOMAS, W.I./THOMAS, D.S.: Die Definition der Situation, in: STEINERT, H. (Hrsg.): Symbolische Interaktion, Stuttgart 1973

ULICH, E.,u.a.: Neue Formen der Arbeitsgestaltung, Frankfurt/M. 1973

VOLPERT, W.: Die Lohnarbeitswissenschaft und die Psychologie der Arbeitstätigkeit, in: GROSKURTH, P./VOLPERT, W.: Lohnarbeitspsychologie, Frankfurt/M. 1975

VOLPERT, W.: Der Zusammenhang von Arbeit und Persönlichkeit aus handlungspsychologischer Sicht, in: GROSKURTH, P. (Hrsg.): Arbeit und Persönlichkeit, Reinbek 1979

VROOM, V.H.: Work and motivation, New York 1964

WACKER, A.: Arbeitslosigkeit, Frankfurt/M. 1979

WEYMANN, A. (Hrsg.): Handbuch für die Soziologie der Weiterbildung, Darmstadt und Neuwied 1980

WOTTAWA, H.: Psychologische Methodenlehre, München 1977

ZENTRUM für Wissenschaft und berufliche Praxis an der Universität Bielefeld: Wissenschaft und berufliche Praxis in der Universität Bielefeld, Abschlußbericht, Bielefeld 1977

ZENTRUM für Wissenschaft und berufliche Praxis an der Universität Bielefeld: Berufliche Ausbildung, Berufsfeld und Berufspraxis der Sozialarbeit, Zusammenfassung ausgewählter Materialien, Bielefeld 1977a

ZIMMER, I.,u.a.: Curriculumentwicklung im Vorschulbereich, Bd. 1, München 1973

Anhang

Häufigkeitsverteilungen

Anhang 1: Verteilung der Stichprobe nach Arbeitsbereichen

Arbeitsbereich	absolut	%
Altenhilfe	8	5,1
Beratung Rauschmittelabhängiger	11	7,1
Adoptions- und Pflegekinderwesen	9	5,8
Jugendfürsorge (FE und FEH)	22	14,1
Jugendpflege	14	9,0
Jugendgerichtshilfe	22	9,0
Arbeit mit Strafgefangenen	7	4,5
Bewährungshilfe und Strafentlassenenhilfe	9	5,8
Berufsberatung	2	1,3
Erziehungsberatung	15	9,6
Erwachsenenbildung	23	14,7
Gesundheits- und Krankenhausfürsorge	6	3,8
Familienfürsorge	42	26,9
Heimerziehung von Kindern und Jugendlichen	11	7,1
Psychiatrie	6	3,8
Behindertenhilfe	7	4,5
Vorschulerziehung	4	2,6
Obdachlosenberatung	15	9,6
Schulsozialarbeit	1	0,6
Sozialhilfe	17	10,9
Betriebssozialarbeit	2	1,3
Arbeit freier Wohlfahrtsverbände	12	7,7
Freizeitbereich	17	10,9

Anhang 2: Differenzen zwischen Befragten mit unterschiedlichen berufs- und sozialstatistischen Merkmalen in ihrem Ausmaß des Interesses an Weiterbildung

	$\bar{x}$	$\bar{x}$	sig.*
Arbeitsbereichszugehörigkeit (Soz.D./ Jug. und Erwachsenenbildung	61,7	49,4	n.s.
Dauer der Berufstätigkeit (6/ 7)	59,6	63,6	n.s.
Berufspraktiker SA/SP	59,3	65,3	n.s.
Sozialarbeiter/Sozialpädagogen	62,0	53,5	s
Zugehörigkeit zu berufsständischen Vertretungen (DBS/DGB)	63,0	57,5	s
Besoldung (BAT IVb/ IVa)	59,1	65,1	ss
Trägerschaft (freie/staatl. Träger)	63,5	58,8	s
Geschlecht (w./M.)	58,3	62,8	s
Konfessionszugehörigkeit (ev./kath.)	58,8	62,4	n.s.
Familienstand (led./verh.)	59,2	61,3	n.s.

*s = α = 5 %; ss = α = 1 % ns = nicht signifikant

Anhang 3: Differenzen zwischen Befragten mit unterschiedlichen berufsspezifischen und sozialen Orientierungen in ihrem Ausmaß des Interesses an Weiterbildung

	niedrig	hoch	sig.*
Einschätzung des Berufsprestiges	59,62	61,97	n.s.
Grad der Selbstverwirklichung im Beruf	57,28	63,14	s
Grad der beruflichen Resignation	64,59	56,43	ss
Einschätzung der Bedeutung des politischen Gehaltes in der SA/SP	59,48	62,03	n.s.
Einschätzung der beruflichen Autonomie	59,10	63,10	s
Grad der Anpassungsneigung	59,80	62,56	n.s.
	gestört	nicht gestört	
Einschätzung der SA-Klient-Beziehung	61,02	60,11	n.s.

* s = α = 5 %; ss = α = 1%; ns = nicht signifikant

Anhang 4: Unterschiede in der Bewertung von Weiterbildungsinhalten zwischen SA/SP, die den unterschiedlichen berufsständigen Vertretungen angehören.

Item	Aussage	DBS (2) n = 74 $\bar{x}$ =	DGB (6) n - 35 $\bar{x}$ =	Diff. $\bar{x}$ =	s*
051	Rechtskenntnisse	3.67	3.58	.09	-
052	Gesellschaftspol.	3.56	4.03	.47	ss
053	Diagnostik	4.19	3.68	.51	ss
054	Abweichendes Verhalten	4.07	4.00	.07	-
055	Gesprächsführung	4.40	4.11	.29	-
056	Verwaltungskunde	3.37	3.44	.07	-
057	Methoden der SA/SP	4.20	4.21	.01	-
058	Struktur sozialer Dienste	3.63	4.06	.43	s
059	Soziale Sicherung	3.39	3.21	.18	-
060	Empirische Sozialforschung	3.49	3.51	.02	-
061	Therapie	4.35	3.85	.50	ss

s = α = 5%; ss = α = 1 %; - = nicht signifikant

Anhang 5: Unterschiede in der Bewertung von Weiterbildungsinhalten zwischen Befragten mit den Besoldungsgruppen BAT 5b, 4b und 4a bis 2a bzw. entsprechende Gruppen gem. der Beamtenbesoldung

Item	Aussage	(1)=5b,4b n= 94 $\bar{x}$ =	(2)=4a-2a n= 48 $\bar{x}$ =	Diff. $\bar{x}$ =	s*
051	Rechtskenntnisse	3.82	3.30	.52	ss
052	Gesellschaftspol.	3.68	3.89	.21	-
053	Diagnostik	4.05	3.87	.18	-
054	Abweichendes Verhalten	4.07	4.00	.07	-
055	Gesprächsführung	4.42	4.04	.38	s
056	Verwaltungskunde	3.37	3.30	.07	-
057	Methoden der SA/SP	4.22	4.29	.07	-
058	Struktur sozialer Dienste	3.75	3.81	.06	-
059	Soziale Sicherung	3.36	3.17	.19	-
060	Empirische Sozialforschung	3.36	3.60	.24	-
061	Therapie	4.30	4.04	.26	-

s = α = 5 %; ss = α = 1 %; - = nicht signifikant

Anhang 6: Unterschiede in der Bewertung von Weiterbildungsinhalte zwischen männlichen und weiblichen SA/SP

Item	Aussage	(1)weibl. n = 82 $\bar{x}$ =	(2)männl. n = 73 $\bar{x}$ =	Diff. $\bar{x}$	s*
051	Rechtskenntnisse	3.73	3.45	.28	s
052	Gesellschaftspol.	3.68	3.81	.13	-
053	Diagnostik	4.20	3.82	.38	ss
054	Abweichendes Verhalten	4.07	4.08	.01	-
055	Gesprächsführung	4.47	4.19	.28	-
056	Verwaltungskunde	3.40	3.30	.10	-
057	Methoden der SA/SP	4.28	4.19	.09	-
058	Struktur sozialer Dienste	3.72	3.72	.00	-
059	Sozial Sicherung	3.42	3.11	.31	-
060	Empirische Sozialforschung	3.44	3.51	.07	-
061	Therapie	4.30	4.11	.19	-

*s = α = 5 % ; ss = α = 1 % ; - = nicht signifikant

Anhang 7: Unterschiede in der Bewertung von Weiterbildungsinhalten zwischen verheirateten und nicht verheirateten SA/SP

Item	Aussage	(1) ledig n = 60 $\bar{x}$ =	(2) verheiratet n = 91 $\bar{x}$ =	Diff. $\bar{x}$ =	s*
051	Rechtskenntnisse	3.86	3.43	.43	s
052	Gesellschaftspol.	3.75	3.74	.01	-
053	Diagnostik	4.30	3.82	.52	ss
054	Abweichendes Verhalten	4.19	4.00	.19	-
055	Gesprächsführung	4.50	4.23	.27	s
056	Verwaltungskunde	3.46	3.30	.16	-
057	Methoden der SA/SP	4.41	4.16	.25	s
058	Struktur sozialer Dienste	3.88	3.64	.24	-
059	Soziale Sicherung	3.68	3.03	.65	ss
060	Empirische Sozialforschung	3.54	3.45	.09	-
061	Therapie	4.39	4.10	.29	s

* s = α = 5 %; ss = α = 1 %; - = nicht signifikant

Anhang 8: Unterschiede in der Beurteilung von Weiterbildungsinhalten zwischen ausgewählten Arbeitsbereichen

Item	Aussage	(1) n=23 Sozialer Dienst $\bar{x}$ =	(2) n=33 Jugendarbeit $\bar{x}$ =	Diff. $\bar{x}$ =	s*
051	Rechtskenntnisse	4.41	3.19	.95	ss
052	Gesellschaftspol.	3.65	3.88	.23	-
053	Diagnostik	4.27	3.61	.66	ss
054	Abweichendes Verh.	4.27	4.03	.24	-
055	Gesprächsführung	4.55	4.18	.37	-
056	Verwaltungskunde	3.54	3.12	.42	-
057	Methoden der SA/SP	4.46	4.12	.34	-
058	Struktur sozialer Dienste	3.91	3.82	.09	-
059	Soziale Sicherung	3.82	2.97	.85	ss
060	Empirische Sozialforschung	3.64	3.38	.26	-
061	Therapie	4.54	3.97	.57	s

* s = α = 5 %; ss = α = 1 %; - = nicht signifikant

Anhang 9: Unterschiede in der Bewertung von Weiterbildungsinhalten zwischen Sozialarbeitern und Sozialpädagogen

Item	Aussage	(1)SA n = 124 $\bar{x}$ =	(2) SP n = 30 $\bar{x}$ =	Diff. $\bar{x}$ =	s*
051	Rechtskenntnisse	3.65	3.43	.22	-
052	Gesellschaftspol.	3.72	3.90	.18	-
053	Diagnostik	4.09	3.62	.47	ss
054	Abweichendes Verhalten	4.11	3.90	.21	-
055	Gesprächsführung	4.33	4.31	.02	-
056	Verwaltungskunde	3.37	3.31	.06	-
057	Methoden der SA/SP	4.27	4.10	.17	-
058	Struktur sozialer Dienste	3.72	3.76	.04	-
059	Soziale Sicherung	3.35	3.07	.28	-
060	Empirische Sozialforschung	3.53	3.24	.29	-
061	Therapie	4.29	3.86	.43	ss

*s = α = 5 %; ss = α = 1 %; - = nicht signifikant

Anhang 10: Unterschiede in der Bewertung von Weiterbildungsinhalten zwischen 8lehrenden' und 'berufspraktisch' tätigen SA/SP

Item	Aussage	Berufsprak-tiker n = 125 $\bar{x}$ =	lehrende SA/SP n = 23 $\bar{x}$ =	Diff. $\bar{x}$ =	s*
051	Rechtskenntnisse	3.71	2.96	.75	ss
052	Gesellschaftspol.	3.69	4.09	.78	s
053	Diagnostik	4.07	3.61	.46	s
054	Abweichendes Verhalten	4.09	4.00	.09	-
055	Gesprächsführung	4.42	3.78	.64	ss
056	Verwaltungskunde	3.40	3.04	.36	-
057	Methoden der SA/SP	4.20	4.41	.21	-
058	Struktur sozialer Dienste	3.67	4.00	.33	-
059	Soziale Sicherung	3.37	2.75	.62	s
060	Empirische Sozial-forschung	3.45	3.54	.09	-
061	Therapie	4.29	3.70	.59	ss

* s = α'= 5 %; ss = α = 1 %; - = nicht signifikant

Anhang 11: Fragebogen

Anleitung zur Bearbeitung des Fragebogens

Der Fragebogen ist in fünf Spalten aufgeteilt. Die ersten zwei Spalten dienen der maschinentechnischen Auswertung und brauchen von Ihnen nicht beachtet zu werden.
Bitte konzentrieren Sie sich auf die Fragen und die dazugehörigen Antworten. Geben Sie bitte durch Umkreisen der Codeziffer Ihre Antwort.

Beispiel: Die Frage-Nr. 003 lautet:
'Die Ausbildungsstätte war in Trägerschaft der ...

Wenn Ihre Ausbildungsstätte z.B. in Trägerschaft der kath. Kirche war, umkreisen Sie in der Spalte 'Code' den Wert (2)

	Frage-Nr.	Fragen	Antworten	Code
	3	Die Ausbildungsstätte war in Trägerschaft der	ev. Kirche	1
			kath. Kirche	(2)
			staatl. Träger	3
			sonstige Träger	8
			weiß nicht	9

Fragen-Nr.		Fragen	Antworten	Code
5	1	Sind Sie Sozialarbeiter (grad.) oder Sozialpädagoge (grad.)?	Sozialarbeiter (grad.) Sozialpädagoge (grad.)	1 2
6-7	2	Wann haben Sie Ihre Ausbildung (ohne Berufspraktikum) abgeschlossen	im Jahr 19	[_][_]
8	3	Die Ausbildungsstätte war in Trägerschaft der	ev. Kirche	1
			kath. Kirche	2
			staatliche Träger	3
			sonstige Träger	8
			weiß nicht	9
			keine Antwort	0
9-16	4	Welche praxisbezogenen Schwerpunkte hatten Sie in Ihrer Ausbildung gesetzt? (Max. 4 Nennungen möglich)	keine Schwerpunkte	77
			Adoptions- und Pflegekinderwesen	01
			Jugendfürsorge (FE u. FEH)	02
			Jugendpflege	03
			Jugendgerichtshilfe	04
			Arbeit mit Strafgefangenen	05
			Bewährungshilfe und Strafentlassenenhilfe	06
			Berufsberatung	07
			Erziehungsberatung	08
		nächste Seite weiter	Erwachsenenbildung	09

Fragen-Nr.		Fragen	Antworten	Code
			Gesundheits- und Krankenhausfürsorge	10
			Familienfürsorge	11
			Heimerziehung von Kindern und Jugendl.	12
			Psychiatrie	13
			Behindertenhilfe	14
			Kindergarten/Vorschulerziehung	15
			Schulsozialarbeit	16
			Sozialhilfe	17
			Betriebssozialarbeit	18
			Arbeit freier Wohlfahrtsverbände	19
			Altenhilfe	20
			Beratung Rauschmittelabhängiger	21
			Obdachlosenberatung	22
			sonstiger Schwerpunkt	88
			weiß nicht	99
			keine Antwort	00

Fragen-Nr.		Fragen	Antworten	Code
17	5	Welche Bedeutung haben diese Schwerpunkte für Ihre heutige Berufstätigkeit? Bitte geben Sie Stichpunkte an		
18-25	6	Welche Fächer Ihrer Ausbildung geben Ihnen in der jetzigen Berufstätigkeit die konkreteste **Hilfe?** (Max. 4 Nennungen möglich)	Gesundheitslehre/ Sozialmedizin	01
			unterrichtsbegleitendes Praktikum	02
			Psychologie	03
			Pädagogik	04
			Soziologie	05
			Rechtskunde, Sozialhilferecht	06
			soziale Einzelfallhilfe	07
			soziale Gruppenarbeit	08
			Gemeinwesenarbeit	09
			Verwaltungskunde, Planung u. Administration	10
		nächste Seite weiter	Sozialpolitik	11

Fragen-Nr.		Fragen	Antworten	Code
			Sozialethik	12
			empirische Sozialforschung	13
			Gestaltung, Medienkunde, ästhetische Kommunikation u.ähnl. Fächer	14
			kein Fach	77
			weiß nicht	99
			keine Antwort	00
26-31	7	In welchen Bereichen sozialer Arbeit sind Sie jetzt berufstätig? (Umkreisen Sie max. 3 Arbeitsbereiche)	Altenhilfe	01
			Beratung Rauschmittelabhängiger	02
			Adoptions- und Pflegekinderwesen	03
			Jugendfürsorge (FE u. FEH)	04
			Jugendpflege	05
			Jugendgerichtshilfe	06
			Arbeit mit Strafgefangenen	07
			Bewährungshilfe und Strafentlassenenhilfe	08
			Berufsberatung	09
		nächste Seite weiter	Erziehungsberatung	10

Fragen-Nr.		Fragen	Antworten	Code
			Erwachsenenbildung	11
			Gesundheits- und Krankenhausfürsorge	12
			Familienfürsorge	13
			Heimerziehung von Kindern u. Jugendlichen	14
			Psychiatrie	15
			Behindertenhilfe	16
			Vorschulerziehung	17
			Obdachlosenberatung	18
			Schulsozialarbeit	19
			Sozialhilfe	20
			Betriebssozialarbeit	21
			Arbeit freier Wohlfahrtsverbände	22
			Freizeitbereich	23
			sonstiger Arbeitsbereich	88
			keine Antwort	00
32-39	8	Warum haben Sie sich für Ihren jetzigen Arbeitsbereich entschieden? (Max. 4 Nennungen möglich)	in diesem Bereich kann ich mein Wissen und meine Erfahrungen einsetzen	01

nächste Seite weiter

Fragen-Nr.		Fragen	Antworten	Code
			meine weltanschaulichen Ziele kann ich hier verwirklichen	02
			auf die Klientengruppe kann ich mich gut einstellen	03
			Ortsgebundenheit	04
			knappes Stellenangebot	05
			Prestige	06
			in diesem Bereich gibt es interessante Weiterbildungsmöglichkeiten	07
			eigenständige Tätigkeit	08
			für mich günstige Arbeitszeit	09
			Freude und Befriedigung in der Arbeit	10
			Aufstiegsmöglichkeiten	11
			persönliche Gründe	12
			Möglichkeiten der Teamarbeit	13
			Trägerschaft	14
			Bezahlung	15
			Sonstiges	88

Fragen-Nr.		Fragen	Antworten	Code
		In Ihrer Ausbildung als Sozialarbeiter/Sozialpädagoge haben Sie sich u.a. wesentlich mit den 'Methoden der Sozialarbeit/Sozialpädagogik' auseinandergesetzt. Wenn Sie jetzt Ihre konkrete Berufssituation betrachten, welche dieser Methoden wenden Sie an?		
40	9	Einzelhilfe	häufig	1
			gelegentlich	2
			selten	3
			nie	4
			weiß nicht	9
			keine Antwort	0
41	10	Gruppenarbeit	häufig	1
			gelegentlich	2
			selten	3
			nie	4
			weiß nicht	9
			keine Antwort	0
42	11	Gemeinwesenarbeit	häufig	1
			gelegentlich	2
			selten	3
			nie	4
			weiß nicht	9
			keine Antwort	0

Frager-Nr.		Fragen	Antworten	Code
43	12	Welche Bedeutung haben die 'Methoden der Sozialarbeit/ Sozialpädagogik' in Ihrer jetzigen Berufstätigkeit? Bitte geben Sie Stichpunkte an		
44	13	Was haben Sie an Weiterbildungsveranstaltungen besucht und welche Inhalte hatten diese? Umkreisen Sie bitte die für Sie infrage kommenden Bereiche. Falls Sie keine Erfahrungen mit Weiterbildung haben, bitte weiter bei Frage-Nr. 38		1
45	14		gruppendynamische Verfahren	1
46	15		aktuelle rechtliche Fragestellungen	1
47	16		sozialpolitische Fragestellungen	1
48	17		berufspolitische Fragestellungen	1
49	18		Fragen zum Verwaltungsrecht	1
50	19	nächste Seite weiter	aktuelle gesellschaftliche Probleme	1

Fragen-Nr.		Fragen	Antworten	Code
51	20		Situation der Sozialarbeit/Sozialpädagogik	1
52	21		Klientenberatung	1
53	22		Bildungsarbeit	1
54	23		Supervision/Praktikantenanleitung	1
55	24		therapeutische Verfahren	1
56	25		sonstige Weiterbildung	1
57	26		weiß nicht	1
58	27	Welche Bedeutung hat Weiterbildung ganz allgemein für Ihre berufliche Praxis? Bitte geben Sie Stichpunkte an		

In dem folgenden Teil des Fragebogens bitten wir Sie um die Beurteilung von Aussagen. Wir wollen für diese Aussagen den Grad Ihrer Zustimmung oder Ablehnung erfahren.
Umkreisen Sie bitte die Ziffer, die Ihre Meinung zu der Aussage wiedergibt

1	2	3	4	5
lehne stark ab	lehne ab	teils/ teils	stimme zu	stimme stark zu

Beispiel zur gleich folgenden Aussage 28
zu Ihren Erfahrungen mit Weiterbildung:

- sie gibt mir konkrete Hilfe zur besseren Bewältigung meiner Berufspraxis

Wenn Sie diese Aussage 'stark ablehnen', umkreisen Sie bitte in der Spalte '(Code)' die Ziffer '1'

Fragen-Nr.		Aussagen	Code
59	28	- sie gibt mir konkrete Hilfe zur besseren Bewältigung meiner Berufspraxis	(1) 2 3 4 5

Fragen-Nr.		Aussagen	Code
		Welche Erfahrungen haben Sie mit Weiterbildung gemacht?	
59	28	- sie gibt mir konkrete Hilfe zur besseren Bewältigung meiner Berufspraxis	1 2 3 4 5
60	29	- sie zeigt mir meine persönlichen Möglichkeiten und Grenzen im Umgang mit Klienten	1 2 3 4 5
61	30	- sie hat die Klärung einiger wichtiger Sachfragen bewirkt	1 2 3 4 5
62	31	- sie hilft, die Defizite der Sozialarbeiter- und Sozialpädagogenausbildung aufzuarbeiten	1 2 3 4 5
63	32	- sie hat mich eher verunsichert als meine Kompetenz erweitert	1 2 3 4 5
64	33	- der Lernaufwand für therapeutische Verfahren lohnt sich nicht, da diese nur selten in der Praxis angewendet werden können	1 2 3 4 5
65	34	- sie bildet eine günstige Gelegenheit zum Meinungs- und Erfahrungsaustausch unter Kollegen	1 2 3 4 5
66	35	- sie zeigt zwar die Mängel der Praxis, bietet aber wenig Lösungsstrategien	1 2 3 4 5
67	36	- bei der Umsetzung und Anwendung des Erlernten in meine Berufspraxis fehlt mir konkrete Unterstützung	1 2 3 4 5
68	37	- Weiterbildung hilft, Probleme der Zeit zu erkennen und ihnen mit nenen Methoden zu begegnen	1 2 3 4 5

Fragen-Nr.		Aussagen	Code
		Weiterbildung von Sozialarbeitern und Sozialpädagogen sollte nach meinen Vorstellungen folgendes berücksichtigen:	
69	38	Wenn Sie kein Interesse an Weiterbildung haben, überschlagen Sie bitte die Fragen-Nr. 38 - 77	
70	39	- durch Weiterbildung im Kollegenkreis läßt sich das Gelernte im Praxisfeld leichter anwenden	1 2 3 4 5
71	40	- Weiterbildung im Kollegenkreis wird behindert durch dienstliche Konflikte	1 2 3 4 5
72	41	- Weiterbildung ist nur dann eine Bereicherung für meine Praxis, wenn sie kontinuierlich über einen längeren Zeitraum stattfindet	1 2 3 4 5
73	42	- Weiterbildung sollte sich an den konkreten Problemen der Klienten orientieren	1 2 3 4 5
74	43	- Weiterbildung sollte wichtige soziale Probleme unserer Zeit behandeln (z.B. Jugendarbeitslosigkeit, § 218)	1 2 3 4, 5
75	44	- Weiterbildung sollte Kenntnisse über andere Arbeitsbereiche der Sozialarbeit/Sozialpädagogik vermitteln	1 2 3 4 5
76	45	- Weiterbildung sollte praktisches Handeln theoretisch fundieren	1 2 3 4 5
5	46	- Weiterbildung muß praxisorientiert sein	1 2 3 4 5
[illegible]	47	- Weiterbildung sollte konkrete Berufspraxis reflektieren	1 2 3 4 5
7	48	- Weiterbildung sollte Erfahrungsaustausch mit Kollegen ermöglichen	1 2 3 4 5

nächste Seite weiter

Fragen-Nr.		Aussagen	Code
8	49	- Weiterbildung soll sich ausschließlich auf meinen Arbeitsbereich beziehen	1 2 3 4 5
9	50	- die Umsetzung des Erlernten in die Praxis sollte auch Gegenstand der Weiterbildung sein	1 2 3 4 5
10	51	- Weiterbildung sollte meine Rechtskenntnisse erweitern	1 2 3 4 5
11	52	- Weiterbildung sollte die gesellschaftspolitischen Zusammenhänge meiner beruflichen Tätigkeit behandeln	1 2 3 4 5
12	53	- Weiterbildung sollte Kenntnisse über Diagnostik vermitteln, um das Verhalten von Klienten besser beurteilen zu können	1 2 3 4 5
13	54	- Weiterbildung sollte Informationen über die Entstehung bestimmter abweichender Verhaltensweisen z.B. über Alkoholismus vermitteln	1 2 3 4 5
14	55	- Weiterbildung sollte Gesprächsführung schulen und üben	1 2 3 4 5
15	56	- Weiterbildung sollte Verwaltungskenntnisse vermitteln	1 2 3 4 5
16	57	- Weiterbildung sollte die Methoden der Sozialarbeit/Sozialpädagogik vertiefen und weiterentwickeln	1 2 3 4 5
17	58	- Weiterbildung sollte Fragen zur Struktur sozialer Dienste (z.B. Sozialstation, Jugendhilfeplan) zum Inhalt haben	1 2 3 4 5
18	59	- Weiterbildung sollte über die 'Sozialen Sicherungen' unseres Staates (z.B. Renten-, Kranken- u. Arbeitslosenversicherung) informieren	1 2 3 4 5

nächste Seite weiter

	Fragen-Nr.	Aussagen	Code
19	60	- Weiterbildung sollte das Erlernen und Anwenden empirischer Verfahren (z.B. Befragung meiner Klienten) ermöglichen	1 2 3 4 5
20	61	- Weiterbildung sollte therapeutische Verfahren (z.B. Verhaltenstherapie und Gesprächstherapie) schulen und üben	1 2 3 4 5
21	62	- Weiterbildung gehört notwendigerweise zur Berufstätigkeit	1 2 3 4 5
22	63	- zur Weiterbildung sollte eine Entlastung oder Freistellung vom Dienst erfolgen	1 2 3 4 5
23	64	- Weiterbildung darf nicht den Privat- oder Freizeitbereich einschränken	1 2 3 4 5
24	65	- die inhaltlichen Anforderungen der Weiterbildung dürfen nicht zur Belastung werden	1 2 3 4 5
25	66	- Nutzen aus der Weiterbildung sollte man bereits ohne großen Arbeitsaufwand ziehen können	1 2 3 4 5
26	67	- Weiterbildung erhöht die Sicherheit in der Praxis	1 2 3 4 5
27	68	- Weiterbildung erhöht berufliche Mobilität	1 2 3 4 5
28	69	- Weiterbildung ermöglicht Aufstiegschancen	1 2 3 4 5
29	70	- durch Weiterbildung kann man sich besser gegen die Konkurrenz von Kollegen wehren	1 2 3 4 5
30	71	- mit der Teilnahme an Weiterbildung entspricht man den Erwartungen des Arbeitgebers	1 2 3 4 5

Fragen-Nr.		Aussagen
31	72	Wie kann man Weiterbildung - unabhängig von den Inhalten - auf Ihre Bedürfnisse hin organisieren? Bitte geben Sie Stichpunkte an
32	73	Wieviel Entlastung/Freistellung vom Dienst, glauben Sie, wird Ihnen Ihr Arbeitgeber max. gewähren? Bitte geben Sie Stichpunkte an

Fragen-Nr.		Fragen	Antworten	Code
33-34	74	Wieviel Fahrzeit sollte max. (eine Strecke in Min.) zwischen Wohnung und Veranstaltungsort liegen?	Minuten:	☐☐
35	75	Wieviel Zeit (wöchentlich) außerhalb des Dienstes könnte eine kontinuierliche längerfristige Weiterbildung Ihrer Meinung nach erfordern?	Anzahl der Stunden:	☐☐
36	76	Würden Sie an einer Weiterbildungsveranstaltung auch teilnehmen, wenn sie an einem Wochenende stattfindet?	ist vom Thema abhängig	1
			aus familiären Gründen nicht möglich	2
			gelegentlich	3
			selten	4
			nie	5
37-39	77	Falls notwendig, wie hoch dürften die Kosten für langfristige Weiterbildung (monatlich) max. sein?	DM:	☐☐☐

Fragen-Nr.		Aussagen	Code
		Wir wollen uns ein Bild von der Berufssituation und Berufstätigkeit von Sozialarbeitern und Sozialpädagogen (SA/SP) machen. Wir legen Ihnen jetzt eine Reihe Aussagen vor, welche die Sozialarbeiter-Klient-Beziehung zu erfassen versuchen. Bitte beurteilen Sie durch Vergabe der nachfolgenden Bewertung die einzelnen Aussagen: 1 lehne stark ab · 2 lehne ab · 3 teils/teils · 4 stimme zu · 5 stimme stark zu	
40	78	- Klienten sind vom SA/SP abhängig	1 2 3 4 5
41	79	- es gelingt selten, eine gute Beziehung zu den Klienten aufzubauen	1 2 3 4 5
42	80	- der amtliche z. T. hoheitsrechtliche Auftrag von SA/SP behindert das Zustandekommen einer helfenden Beziehung	1 2 3 4 5
43	81	- die Klienten sind von SA/SP enttäuscht, da ihrem Wunsch, sich mit ihnen zu solidarisieren, aus beruflichen Gründen nicht entsprochen werden kann	1 2 3 4 5
44	82	- durch ihr Handeln erwecken SA/SP bei den Klienten oft den Eindruck, ihnen Hilfe leisten zu können. Sie enttäuschen sie aber häufig, da SA/SP allein nicht in der Lage sind, ihren Problemen wirkungsvoll zu begegnen	1 2 3 4 5
45	83	- die Klienten sehen nicht die Abhängigkeit der SA/SP von der Institution, den Vorgesetzten, gesetzlichen Bestimmungen und gesellschaftlichen Erwartungen	1 2 3 4 5

nächste Seite weiter

Fragen-Nr.		Aussagen	Code
46	84	- die Probleme der Klienten können nur selten gelöst werden, da der Handlungsspielraum von SA/SP zu gering ist	1 2 3 4 5
47	85	- die Klienten können ihre Probleme selbst nicht erkennen, benennen und lösen. Hierbei können SA/SP sinnvolle Hilfe leisten	1 2 3 4 5
48	86	- die Klienten erwarten keine Hilfe, sondern stehen SA/SP zumeist mit ablehnender Haltung gegenüber	1 2 3 4 5
49	87	- die meisten Klienten haben Vorurteile gegenüber SA/SP; ändern ihre Einstellung aber im Verlauf des Kontaktes	1 2 3 4 5
50	88	- durch eine arbeitsmäßige Überlastung können SA/SP nur wenige Klienten intensiv und damit hilfreich betreuen	1 2 3 4 5
51	89	- SA/SP haben vielen Klienten bei der Bewältigung schwerer persönlicher Krisen helfen können	1 2 3 4 5
52	90	- die wirksamste Form sozialarbeiterischer/ sozialpädagogischer Hilfe ist das Einzelgespräch	1 2 3 4 5
		Im folgenden finden Sie 15 Aussagen zur Beziehung zwischen Ihnen und Ihrer Dienststelle. Bitte beurteilen Sie diese in gleicher Form, wie Sie es zuvor getan haben.	
53	91	- in meiner Dienststelle wird Teamarbeit geleistet	1 2 3 4 5
		nächste Seite weiter	

Fragen-Nr.		Aussagen	Code
54	92	- die Zuständigkeit für Bezirke, Referate, Buchstaben- oder Fallgruppen ermöglicht eine gute Abgrenzung der Kompetenzen und Verantwortungen	1 2 3 4 5
55	93	- in meiner Dienststelle dominieren Konkurrenzdruck und Kontrolle über Kollegialität	1 2 3 4 5
56	94	- die Stellung meines Vorgesetzten ist durch seine fachliche Kompetenz gerechtfertigt	1 2 3 4 5
57	95	- Kontrolle meiner Arbeit wird von meinen Vorgesetzten höher bewertet, als Hilfe bei ihrer Bewältigung	1 2 3 4 5
58	96	- Vorgesetzte hat jeder und es wird sie immer geben. Von daher sollte man sich mit ihnen arrangieren	1 2 3 4 5
59	97	- die weltanschaulichen Wertvorstellungen meines Anstellungsträgers (seine politischen und religiösen Motivationen und Zielsetzungen) akzeptiere ich und vertrete sie in meiner Tätigkeit	1 2 3 4 5
60	98	- meine Institution läßt mir einen großen Handlungsspielraum, so daß es mir möglich ist, meinen Berufsauftrag durch eigene Ideen zu erweitern	1 2 3 4 5
61	99	- den Mitarbeitern ein großes Maß an Mitbestimmung und Mitgestaltung institutioneller Sozialarbeit zu geben, ist ein wesentliches Ziel meines Anstellungsträgers	1 2 3 4 5
62	100	- wenn ich mir meine Bemühungen um die Durchsetzung von Neuerungen in meiner Institution rückblickend betrachte, kann ich feststellen, daß ich eher Anlaß zur Zufriedenheit als zur Resignation habe nächste Seite weiter	1 2 3 4 5

Fragen-Nr.		Aussagen	Code
63	101	- **pluralistische Hilfsangebote unterschiedlicher Träger sind eine wichtige Voraussetzung wirksamer Sozialarbeit/Sozialpädagogik**	1 2 3 4 5
64	102	- Zusammenarbeit beschränkt sich darauf, Klienten über Hilfsangebote anderer Träger zu informieren, ggf. Kontakte zu vermitteln	1 2 3 4 5
65	103	- die Institutionen sozialer Arbeit sind in Bezug auf Ziele, Methoden und Aufgabenstellung so verschieden, daß eine intensive Zusammenarbeit nicht möglich ist	1 2 3 4 5
66	104	- ich finde wenig Ruhe, um konzentriert arbeiten zu können	1 2 3 4 5
67	105	- die Atmosphäre in meiner Dienststelle ist eher anregend als öde	1 2 3 4 5
68	106	- die Arbeitssituation in meiner Dienststelle (Ausstattung, fehlendes Einzelzimmer u.ä.) wirkt sich negativ auf Beratung und Betreuung aus	1 2 3 4 5
		Es folgen jetzt einige Aussagen zu der Beziehung zwischen sozialarbeiterischem Handeln und den gesellschaftlichen Bedingungen, in denen sich dieses vollzieht. Daneben erscheint uns die Wechselbeziehung zur Privatsphäre wichtig. Beurteilen Sie bitte auch diese Aussagen	
69	107	- bestimmte Auffälligkeiten der Klienten, wie Alkoholismus und Kriminalität, werden nur als Einzelfall nicht aber als Massenerscheinung bewertet und behandelt	1 2 3 4 5
70	108	- Sozialarbeit hilft, gesellschaftliche Spannungen zu reduzieren nächste Seite weiter	1 2 3 4 5

Fragen-Nr.		Aussagen	Code
71	109	- Sozialarbeit allein ist unzureichend, um gesellschaftliche Konflikte zu regulieren	1 2 3 4 5
72	110	- meine politische Einstellung geht indirekt in mein berufliches Handeln ein	1 2 3 4 5
73	111	- die von der Gesellschaft der Sozialarbeit zugeschriebene Kontroll- und Verwaltungsfunktion widerspricht dem Anspruch der Klienten, vom Staat Hilfe in Not und Problemsituationen zu erhalten	1 2 3 4 5
74	112	- Sozialarbeit/Sozialpädagogik sollte nicht nur der Behebung individueller Probleme dienen, sondern sich stärker der Veränderung der gesellschaftlichen Bedingungen widmen, welche diese Probleme hervorgerufen hat	1 2 3 4 5
75	113	- das Image als Sozialarbeiter wird allgemein zu gering bewertet	1 2 3 4 5
76	114	- Besoldung und Aufstiegsmöglichkeiten sind, gemessen an anderen Fachhochschulausbildungen, zu gering	1 2 3 4 5
77	115	- die psychischen Belastungen meiner Tätigkeit übertragen sich in mein Privatleben	1 2 3 4 5
5	116	- es macht mich froh, daß ich durch meinen Beruf einen positiven Beitrag zur Entwicklung Einzelner und der Gesellschaft leiste	1 2 3 4 5
6	117	- meine Familie gibt mir Unterstützung und Sicherheit für meinen Beruf	1 2 3 4 5
7	118	- meine Berufstätigkeit hat mir geholfen, meine Persönlichkeit weiterzuentwickeln	1 2 3 4 5

Fragen-Nr.		Aussagen	Code
		Mit den nachfolgenden Aussagen möchten wir Sie bitten, Ihre allgemeine Berufssituation zu kommentieren. Verwenden Sie bitte wieder folgendes Bewertungssystem: 1 lehne stark ab – 2 lehne ab – 3 teils/teils – 4 stimme zu – 5 stimme stark zu Bei meiner beruflichen Tätigkeit stelle ich fest:	
8	119	- daß ich ohne Weiterbildung eigentlich nicht so recht weiterkomme	1 2 3 4 5
9	120	- daß ich aus der Sozialarbeit aussteigen sollte	1 2 3 4 5
10	121	- daß ich mich von anderen Berufsgruppen nicht akzeptiert fühle	1 2 3 4 5
11	122	- daß Sozialarbeit es mir ermöglicht, politisch tätig zu werden	1 2 3 4 5
12	123	- daß ich nur noch Sozialarbeit mache, um Geld zu verdienen	1 2 3 4 5
13	124	- daß ich das Gefühl habe, für einige meiner Klienten unersetzbar geworden zu sein	1 2 3 4 5
14	125	- wirklich gute Arbeit geleistet zu haben	1 2 3 4 5
15	126	- daß mir meine Tätigkeit Freude und Zufriedenheit gibt	1 2 3 4 5
16	127	- daß ich überfordert bin	1 2 3 4 5
17	128	- daß mir meine Zusatzausbildung in meiner beruflichen Tätigkeit entscheidend geholfen hat	1 2 3 4 5

Fragen-Nr.		Fragen	Antworten	Code
		BERUFSDATEN		
18-19	129	Anzahl der Berufsjahre nach der staatlichen Anerkennung	Jahre:	☐☐
20-21	130	Dauer der Tätigkeit im derzeitigen Arbeitsbereich	Angabe in Jahren:	
22	131	Besoldung nach	BAT A	1
			Vb 9	2
			IVb 10	3
			IVa 11	4
			III 12	5
			IIb/a 13	6
			Sonstiges	7
23-24	132	Bei welchem Träger sind Sie z. Z. beschäftigt?	Caritas/kath. Kirche	1
			Diakonisches Werk/ evangelische Kirche	2
			Träger anderer Bekenntnissse	3
			DPWV	4
			AWO	5
			DRK	6
			Kommunal- und Kreisverwaltung	7
			Justizverwaltung	8
			sonstige staatliche Träger	9
			sonstige freie Träger	10
			private Träger und Initiativen	11

nächste Seite weiter

Fragen-Nr.		Fragen	Antworten	Code
25	133	Gehören Sie einer Gewerkschaft oder einem Berufsverband an?	nein	1
			Deutscher Berufsverb. d. Sozialarbeiter und Sozialpädagogen	2
			Beamtenbund/Komba	3
			Arbeitsgemeinschaft der Bewährungshelfer	4
			Verband der Praxisberater und Supervisoren	5
			Gewerkschaften	6
			anderer Spezialverband	7
26	134	Sind Sie Mitglied von Organisationen?	nein	0
			Bürgerinitiative	1
			Verein/Verband	2
			Partei	3
			kirchl. Organisationen	4
			sonst. Organisationen	5
27	135	Geschlecht	weiblich	1
			männlich	2
28-19	136	Wie alt sind Sie?	Alter in Jahren:	☐☐
30	137	Konfession	evangelisch	1
			katholisch	2
			sonstige Konfession	3
			ohne Bekenntnis	4
			keine Antwort	0
31	138	Familienstand	ledig	1
			verheiratet	2
			verwitwet	3
			geschieden	4
			keine Antwort	5

GPSR Compliance

The European Union's (EU) General Product Safety Regulation (GPSR) is a set of rules that requires consumer products to be safe and our obligations to ensure this.

If you have any concerns about our products, you can contact us on ProductSafety@springernature.com

In case Publisher is established outside the EU, the EU authorized representative is:

Springer Nature Customer Service Center GmbH
Europaplatz 3
69115 Heidelberg, Germany

Batch number: 10809636

Printed by Printforce, the Netherlands

Die Rechtsgrundsätze

des

Königlich Preußischen

Ober-Verwaltungsgerichts.

Begründet von **K. Parey.**

Dritte, gänzlich neu bearbeitete u. bis zur Gegenwart ergänzte Auflage

herausgegeben

von

Fr. Kunze,
Wirkl. Geheimer Ober-Regierungsrat.

und

Dr. **G. Kautz,**
Geheimer Regierungsrat u. Vortragender Rat im Reichsamt des Innern.

Ergänzungs-Band 1904.

Berlin 1904.
J. Guttentag, Verlagsbuchhandlung,
G. m. b. H.

Vorwort.

Der „Ergänzungsband 1904“ berücksichtigt die Rechtsprechung des Königl. Oberverwaltungsgerichtes seit dem Erscheinen des „Ergänzungsbandes 1903“ bis zum April des Jahres 1904.

Es sind wiedergegeben die Entscheidungen aus Bd. XXXXII u. XXXXIII und aus Bd. XI in Steuersachen der offiziellen Sammlung, die in der angegebenen Zeit im Pr. Verwaltungsblatt und im Zentralblatt der Unterrichtsverwaltung veröffentlichten, sowie ungedruckte Entscheidungen wichtigeren Inhaltes.

Auf klare, scharfe Systematisierung, leicht verständliche Darstellung und, wo erforderlich, ausgiebige Beigebung von Tatbeständen und Gründen zu den Rechtsgrundsätzen ist wie bisher besonderer Wert gelegt worden.

Grunewald,
Charlottenburg, im Dezember 1904.

Fr. Kunze. **Dr. G. Kautz.**

Verzeichnis der Abkürzungen.

a. a. O. = am angeführten Orte.
Abs. = Absatz.
A.-H. = Abgeordnetenhaus.
A.-L.-R. = Preuß. Allgem. Landrecht.
Allg. Verf. = Allgemeine Verfügung.
Anm. = Anmerkung.
Art. = Artikel.
Aufl. = Auflage.
Ausf.-Anw. = Ausführungsanweisung.
Ausf.-Ges. = Ausführungsgesetz.
Ausf.-Instr. = Ausführungsinstruktion.
Bd. = Band.
Dot.-Ges. = Dotationsgesetz.
Eink.-St.-Ges. = Einkommensteuergesetz.
Entsch. = Entscheidung.
E.-O.-V. = Entsch. d. Ob. Verwaltungsgerichts.
Erk. = Erkenntnis.
Ges. = Gesetz.
G.-S. = Gesetz-Sammlung d. Pr. Staat.
Gew.-Ordn. = Gewerbeordnung.
H.-H. = Herrenhaus.
Kab.-Ord. = Kabinettsordre.
Komm.-B. = Kommissionsbericht.
Komm. = Kommentar.
Komm.-Abg.-Ges. — Kommunalabgabengesetz v. 14. Juli 1893.
K.-V.-G. = Krankenversicherungsgesetz.
Kr.-Ordn. = Kreisordnung.
L.-V.-G. = Landes-Verwaltungsgesetz.
M.-Bl. = Pr. Ministerialblatt f. d. ges. innere Verwaltung.
Min.-Erl. = Ministerial-Erlaß.
Min.-Inst. = Ministerial-Instruktion.
O.-Trib. = Obertribunal.
O.-V.-G. = Oberverwaltungsgericht.
Pr. Ausf.-Ges. = Pr. Ausführungs-Gesetz.
Prov.-Verb. = Provinzialverband.
Prov.-Ordn. = Provinzialordnung.
R.-G. = Reichsgesetz.
R.-G.-Bl. = Reichs-Gesetzblatt.
R.-Ger. = Reichsgericht.
R.-Gew.-Ordn. = Reichsgewerbeordnung.
R.-Str.-G.-B. = Reichsstrafgesetzbuch.
R.-T. = Reichstag.
Reskr. = Reskript.
S. = Seite.
St.-Ordn. = Städte-Ordnung.
Sten.-Ber. = Stenographischer Bericht.
U.-V.-G. = Unfallversicherungsgesetz.
Urt. = Urteil.
Verf. = Verfügung.
Vd. = Verordnung.
Zust.-Ges. = Zuständigkeitsgesetz vom 1. August 1883.
Zirk.-Reskr. = Zirkular-Reskript.

Inhaltsverzeichnis.

Erste Abteilung.

Angelegenheiten der Kommunalverbände.

Zweite Abteilung.

Kultus, Schule, Zwangserziehung, Personenstand und Staatsangehörigkeit.

Dritte Abteilung.

Polizeiliche Angelegenheiten.

I. Besondere polizeiliche Angelegenheiten.

Vierte Abteilung.

Anderweitige Zuständigkeiten der Verwaltungsgerichte.

Fünfte Abteilung.

Sechste Abteilung.

Entscheidungen in Steuersachen.

Erste Abteilung.

Angelegenheiten der Kommunalverbände.

II.

Kreise.

Literatur: Graf Hue de Grais, Handbuch der Verfassung und Verwaltung in Preußen und im Deutschen Reiche, 16. Aufl., Berlin 1904. Illing-Kautz, Handbuch für preußische Verwaltungsbeamte, 8. Aufl., Berlin 1903/4. Mahraun, Verwaltungsvorschriften für preußische Gemeinde-, Polizei- und Kreisbehörden; Sammlung zentralbehördlicher Erlasse aus den Jahren 1799—1902, Berlin 1903.

A. Auseinandersetzung bei Veränderung der Kreisgrenzen und Bildung neuer Kreise.

Nr. 1. Entsch. Bd. XXXXII S. 1 v. 7. II. 02 II B 25/01 und **Entsch. Bd. XXXXII S. 6** i. d. Anm. v. 7. II. 02 II B 26/01.

Hann. Kr.-Ordn. v. 6. V. 84 (G.-S. S. 181) § 3 Abs. 2.

1. Handelt es sich um eine Kreisgrenzenveränderung, die als Folge der Veränderung einer Gemeindegrenze ohne weiteres eingetreten ist, so findet das Auseinandersetzungsverfahren gemäß § 3 Abs. 2 der Hann. Kreisordn. Anwendung. (Vgl. E.-O.-V. Bd. XXXX S. 18 ff.)

2. Das Auseinandersetzungsverfahren des Abs. 2 § 3 a. a. O. tritt ein, wenn eine Auseinandersetzung infolge der Veränderung einer Kreisgrenze notwendig wird, hat also eine bereits vorgenommene Veränderung der Kreisgrenze zur Voraussetzung. Hier ist die Veränderung der Kreisgrenze eingetreten mit der Veränderung der Gemeindegrenze. Die Veränderung von Gemeindegrenzen erfolgt durch Beschluß des Bezirksausschusses und wird wirksam, wenn der Beschluß des Bezirksausschusses unanfechtbar geworden ist oder wenn auf eine gegen den Beschluß erhobene Beschwerde die Beschwerdeinstanz — der Provinzialrat — entschieden hat.

3. Die Verbindung des Auseinandersetzungsverfahrens mit dem Umgemeindungsverfahren und des Auseinandersetzungsbeschlusses mit dem Umgemeindungsbeschlusse ist deshalb nicht zulässig. Ist aber ein Auseinandersetzungsbeschluß unzulässigerweise erlassen, ehe er erlassen werden durfte, so unterliegt er auch in diesem Falle der Klage, die dann aber nur darauf abzielen kann, den Beschluß, der noch nicht gefaßt werden durfte, schlechthin zu beseitigen.

4. Dem Bezirksausschusse steht die Befugnis nicht zu, in einem Umgemeindungsbeschlusse Bestimmungen zu treffen, die von den beteiligten Gemeinden oder Kreisen aus Anlaß der Grenzveränderung zu erfüllen sind. Derartige Bestimmungen sind vielmehr von den Beteiligten zu vereinbaren, und zwar durch Abreden, die je nach dem Gegenstande höherer Genehmigung unterliegen oder ohne eine solche wirksam sind, während die Aufsichtsbehörde diejenigen Anordnungen zu treffen hat, die zufolge der beschlossenen Änderung erforderlich werden.

B. Kreisabgaben.

Nr. 1. Entsch. v. 18. IV. 02 Nr. II 682.

Ges. v. 1. IV. 02 (G.-S. S. 65), betr. die Heranziehung zu den Kreisabgaben. Komm.-Abg.-Ges. v. 14. VII. 93 (G.-S. S. 152) §§ 33, 36.

1. Das Einkommen, welches ein Gesellschafter einer Gesellschaft mit beschränkter Haftung aus seiner Beteiligung an der Gesellschaft erzielt, ist für die Kommunalbesteuerung als Einkommen aus Gewerbebetrieb anzusehen. Allerdings liegt hierin insofern eine Anomalie, als das gedachte Einkommen seinem Wesen nach Einkommen aus Kapitalvermögen ist. Aber diese Anomalie ist vom Gesetzgeber gewollt, was sich schon daraus ergibt, daß andernfalls jenes Einkommen nur in der Wohnsitzgemeinde des Gesellschafters steuerpflichtig sein könnte. Weil es der Gesetzgeber der Betriebsgemeinde zur Besteuerung überlassen wollte, ohne die Gesellschaft selbst für steuerpflichtig zu erklären, hat er zu der Fiktion gegriffen, daß der Gewerbebetrieb ein solcher nicht der Gesellschaft, sondern der Gesellschafter sei.

2. Eine Bestätigung findet diese Auffassung in der Vorschrift des Ges. vom 1. IV. 1902, betreffend die Heranziehung zu den Kreisabgaben, nach welcher auch die nicht im Kreise wohnenden Gesellschafter einer Gesellschaft mit beschränkter Haftung zu denjenigen Kreisabgaben beitragen sollen, die auf den Grundbesitz, das Gewerbe, den Bergbau und das aus diesen Quellen fließende Einkommen gelegt werden; da es sich bei dem Einkommen der Gesellschafter aus der Beteiligung an einer Gesellschaft m. b. H., welche Handel und Gewerbe betreibt, nicht um Einkommen aus Grundbesitz oder um solches aus dem Bergbau handeln kann, so bleibt nur die Auffassung möglich, daß jenes Einkommen auch im Sinne des gedachten Gesetzes als Einkommen aus Handel und Gewerbe anzusehen ist.

3. Ist aber das Einkommen der Gesellschafter aus ihrer Beteiligung an der Gesellschaft in Ansehung der Gemeindebesteuerung als gewerbliches Einkommen aufzufassen, so ist die notwendige Folge dieser Fiktion, daß der Gewinn der Gesellschaft der Gemeindebesteuerung nicht nur insoweit unterliegt, als er als Dividende unter die Gesellschafter verteilt wird, sondern in demselben Umfange, wie er der Besteuerung unterliegen würde, wenn nicht die Gesellschaft, sondern die Gesellschafter die Gewerbetreibenden wären. Steuerpflichtig ist also der gesamte Gewinn, den die Gesellschaft erzielt.

Nr. 2. Entsch. v. 25. IV. 02 Nr. II 738 (Pr.-V.-Bl. Bd. XXIV S. 487).

Komm.-Abg.-Ges. v. 14. VII. 93 (G.-S. S. 152) §§ 49, 51, 91, 92.

1. Der § 49 Komm.-Abg.-Ges. handelt von der Verpflichtung der Wohnsitzgemeinden, das forensale Einkommen der Steuerpflichtigen ganz oder zum Teil steuerfrei zu lassen, und bestimmt insbesondere im

zweiten Abs., daß die Wohnsitzgemeinde dann, wenn das steuerpflichtige Einkommen weniger als ein Viertel des Gesamteinkommens beträgt, berechtigt ist, durch Gemeindebeschluß ein volles Viertel des Gemeindeeinkommens unter entsprechender Verkürzung des einer oder mehreren Forensalgemeinden zur Besteuerung zufallenden Einkommens für sich zur Besteuerung in Anspruch zu nehmen. Da im vorliegenden Falle lediglich von den Wohnsitzgemeinden und von einem Gemeindebeschlusse die Rede ist, läßt sich die Anwendung des § 49 Abs. 2 auf den vorliegenden Fall nur damit erklären, daß der Vorderrichter angenommen hat, ein die Quart reservierender Gemeindebeschluß der Stadt P. als der Wohnsitzgemeinde könne auch gegenüber der Besteuerung durch einen Forensalkreis, den Landkreis T., seine Wirkung ausüben. Indessen ist der § 49 seinem Wortlaute nach ausschließlich auf das Verhältnis von Gemeinde zu Gemeinde beschränkt. Auch gehört er nicht zu denjenigen Vorschriften, die durch den § 91 Abs. 1 Nr. 4 Komm.-Abg.-Ges. auf die Aufbringung von Kreissteuern für anwendbar erklärt worden sind. Denn diese Bestimmung bezieht sich nicht auf den Inhalt des Besteuerungsrechts, sondern überträgt nur gewisse Veranlagungsgrundsätze der Gemeinde-Einkommensteuer auf die Kreisbesteuerung, zu denen jene Vorschrift nicht gehört. Daher können bezüglich der Besteuerung der sogenannten Quart nur Gemeinden mit Gemeinden konkurrieren. Dabei sei noch bemerkt, daß die Stadt P. in ihrer Eigenschaft als Stadtkreis nicht in Betracht kommt (§ 169 der Kreisordnung, E.-O.-V. Bd. XXXIV S. 1).

2. § 51 Komm.-Abg.-Ges. bezeichnet als seine Voraussetzung, daß das nach seinen Teilen in mehreren Gemeinden, — also nach der den § 51 auf die Kreisbesteuerung übertragenden Vorschrift des § 92 in mehreren Kreisen — steuerpflichtige Einkommen als Gesamteinkommen der Staatseinkommensteuer unterliege, d. h. daß das kommunalsteuerpflichtige Einkommen sich mit dem staatssteuerpflichtigen decke, während im vorliegenden Falle das dem einen oder den mehreren Kreisen pflichtige Einkommen nicht dem staatlich veranlagten Gesamteinkommen gleich ist. Der innere Grund der §§ 51 und 92 ist aber gegenüber dem Wortlaute der, daß niemand, dessen ganzes Einkommen der staatlichen Besteuerung unterliegt, im Höchstmaß über die vom Staate ermittelte Steuerstufe hinaus in den Gemeinden einerseits und in den Kreisen andererseits mit Steuern belastet werden soll. Infolgedessen ist von dem O.-V.-G. bereits in einer Entsch. v. 27. IV. 98 (II C. 30/97) ausgesprochen worden, der § 51 Abs. 1 habe zwar seinem Wortlaute nach zur Voraussetzung, daß das der Staatseinkommensteuer unterliegende Einkommen nach seinen Teilen in mehreren Gemeinden steuerpflichtig sei, müsse aber auch dann Anwendung finden, wenn das Einkommen nur in einer Gemeinde steuerpflichtig sei.

Nr. 3. Entsch. Bd. XXXXII S. 10 v. 9. V. 02 II C 197/01.

Hann. Wegeges. v. $\frac{\text{28. Juli 1851 (Hann. G.-S. Abt. I S. 141)}}{\text{24. Mai 1894 (G.-S. S. 82)}}$ §§ 14, 31, 37.
Hann. Kr.-Ordn. v. 6. V. 84 (G.-S. S. 181) §§ 11, 13.

1. Wie bereits in einem Urteile des I. Sen. v. 2. VI. 99 dargelegt ist, haben diejenigen Abgaben, die zur Deckung der nach § 31 des Ges. über Gemeindewege und Landstraßen vom $\frac{\text{28. Juli 1851}}{\text{24. Mai 1894}}$ vom Kreistag alljährlich oder für mehrere Jahre im voraus zum Neubau und zur Unterhaltung der Landstraßen zu bewilligenden Mittel bestimmt sind, die recht-

liche Natur der Kreissteuern. Hinsichtlich des Voraus, daß die Gemeinden und Gutsbezirke behufs Anlegung und Unterhaltung der Landstraßen innerhalb ihres Bezirkes nach § 37 a. a. O. zu entrichten haben, ist in jener Entsch. angenommen, daß dieses Voraus jedenfalls insoweit die Eigenschaft der Kreissteuern teile, als seine Veranlagung nach § 11 der Hann. Kr.-Ordn. stattzufinden habe. Das Urteil läßt es aber dahingestellt, ob das Voraus die rechtliche Natur der Kreissteuern in allen Beziehungen teilt und, wie diese, von den Kreissteuerpflichtigen der von Landstraßen berührten Gemeinden und Gutsbezirke aufzubringen ist, oder ob sie jenen Gemeinden und Gutsbezirken als örtlichen Kommunalverbänden unmittelbar obliegt. Nach Ansicht des jetzt erkennenden Senats ist das Voraus, wie die übrigen Landstraßenbeiträge von den einzelnen Angehörigen der beteiligten Gemeinde zu entrichten. Denn ein innerer Grund für eine abweichende Behandlung ist nicht erkennbar, insbesondere nicht nach der Richtung, daß im Gegensatze zu den übrigen Kreisabgaben, bei denen die Kreisangehörigen als die Verpflichteten erscheinen, als die zur Zahlung des Voraus Verpflichteten die Gemeinden selbst angesehen werden müßten. Wenn der § 37 a. a. O. die Gemeinden und selbständigen Gutsbezirke als zur Zahlung des Voraus Verpflichteten bezeichnet, so beruht das nur auf einer Ungenauigkeit des Ausdrucks.

2. Ist demnach auch das Voraus als eine Kreisabgabe anzusehen, die von den einzelnen Mitgliedern der Gemeinde, auf die das Voraus entfällt, zu entrichten ist, und muß weiter angenommen werden, daß auch die Verfügung des Vorsitzenden des Kreisausschusses im vorliegenden Falle, da sie sich ausdrücklich als einen Akt der Veranlagung zu Kreisabgaben bezeichnet, die einzelnen Angehörigen der Samtgemeinde als die zur Zahlung des Voraus Verpflichteten ansieht, so entsteht die Frage, ob die Samtgemeinde als solche zur Erhebung des Einspruchs und der Klage gegen jene Verfügung berechtigt war.

Der Senat ist der Ansicht, daß die Frage zu bejahen ist, obgleich die Kreisabgaben weder von der Samtgemeinde noch von den ihr zugehörigen Einzelgemeinden auf den Gemeindeetat übernommen worden sind. Allerdings ist in früheren Entscheidungen des Gerichtshofs zum Ausdrucke gekommen, daß, sofern eine Übernahme der Kreisabgaben auf den Gemeindeetat nicht stattgefunden habe, die Gemeinde zur Erhebung des Einspruchs und der Klage nicht befugt sei, wenn und sofern den einzelnen Pflichtigen das Einspruchs- und Klagerecht zustehe. Jene Entscheidungen bezogen sich indes auf Fälle, in denen es sich darum handelte, ob hinsichtlich einzelner Personen Kreisabgaben von der Gemeinde an den Kreis abzuführen seien, oder ob eine solche Verpflichtung aus besonderen, nur jene Personen berührenden Gründen nicht vorliege. Hier wird dagegen geltend gemacht, daß die sämtlichen Angehörigen der Samtgemeinde aus demselben Grunde mit Unrecht zur Zahlung der geforderten Abgabe veranlagt seien, weil nämlich ein Voraus überhaupt nicht gefordert werden könne und, wenn es gefordert werden könne, nicht die sämtlichen Eingesessenen der Samtgemeinde wegen der Zugehörigkeit zu der Samtgemeinde, sondern mit Rücksicht auf deren rechtliche Stellung nur die Angehörigen der Gemeinde V. herangezogen werden durften. Es werden also aus den Verhältnissen der gemäß § 11 der Kr.-Ordn. angegangenen Samtgemeinde Gründe hergeleitet, die, wenn sie zutreffen, die Überweisung auf Grund des § 11 überhaupt als unzulässig erscheinen lassen. Unter solchen Umständen muß der Gemeinde jedenfalls dann, wenn sie nicht die Unterverteilung vorgenommen hat, das Recht zustehen, sich gegen die ihr angesonnene Verpflichtung zur Abführung im Ganzen zu verteidigen, indem sie ihrerseits gegen die Ausschreibung Einspruch und nötigenfalls Klage erhebt.

3. Wenn mehrere Gemeinden sich für bestimmte Zwecke zu einer Samtgemeinde verbinden, so können nur Gemeindelasten, d. h. Lasten, die den Gemeinden selbst obliegen, zu Lasten der Samtgemeinde erklärt werden. Dagegen sind die Gemeinden, die sich zu einer Samtgemeinde vereinigen, nicht befugt, hinsichtlich solcher Lasten, die den einzelnen Gemeindeangehörigen gegenüber Dritten obliegen, irgend eine Verfügung zu treffen; insbesondere kann nicht bestimmt werden, daß Lasten, die gesetzlich den Angehörigen einer der zur Samtgemeinde vereinigten Einzelgemeinden einem Dritten gegenüber obliegen, von den Angehörigen sämtlicher Einzelgemeinden getragen werden sollen. Die Zulässigkeit eines derartigen Eingriffs in fremde Rechtssphären würde nur dann angenommen werden dürfen, wenn sie vom Gesetz ausdrücklich anerkannt wäre. An einer derartigen gesetzlichen Bestimmung fehlt es jedoch. Handelt es sich aber, wie dargelegt, bei den Landstraßenbeiträgen und insbesondere bei dem Voraus um Kreisabgaben, die von den einzelnen Angehörigen des Kreises oder derjenigen Gemeinde, wegen deren das Voraus zu entrichten ist, gezahlt werden müssen, so kann die Bildung einer Samtgemeinde nicht dazu führen, daß es zulässig wäre, das Voraus nicht nur von den Angehörigen der beteiligten Einzelgemeinde, sondern auch von den Angehörigen der übrigen Einzelgemeinden, die sich mit jener zur Samtgemeinde vereinigt haben, zu fordern.

Nr. 4. Entsch. v. 6. VI. 02 Nr. II 1005.

Kr.-Ordn. v. $\frac{\text{13. XII. 72}}{\text{19. III. 81}}$ (G.-S. 1881 S. 179) §§ 9 ff., 18, 70.

Komm.-Abg.-Ges. v. 14. VII. 93 (G.-S. S. 152) § 91.

1. Eine Stadtgemeinde, die ihren Anteil an den Kreisabgaben auf den Gemeindehaushalt übernommen hatte, wurde mit ihrer Klage gegen die Heranziehung aus folgenden Gründen zurückgewiesen:

Die zu I von der Klägerin zu ihren Gunsten angezogene Stelle des Kreistagsbeschlusses von 1874 lautet:

„Der vorgeschlagene Repartitionsmodus wird mit der Erweiterung einstimmig angenommen, daß die Beiträge nach Maßgabe des Staatssteuersolls der einzelnen Gemeinden auf dieselben umgelegt und von denselben in folle getragen werden. Die Steuersätze der Beamten, welche von Kreisabgaben befreit bleiben, werden vorher in Abrechnung gebracht."

Wollte man annehmen, daß nach dem letzten Satze die Steuerbeträge der Beamten allgemein bei der Berechnung des Kreisabgabensolls hätten außer Betracht bleiben sollen, so würde eine dahin gehende Absicht des Kreistages mit dem Gesetze nicht vereinbar gewesen sein, da er gegen die Vorschrift der §§ 9 ff. der Kr.-Ordn. nicht eine Klasse von Kreisangehörigen, hier die gemäß § 18 a. a. O. pflichtigen Beamten, von der Kreisabgabenpflicht befreien darf. Schon dieserhalb konnte dahingestellt bleiben, was der Kreistag oder einzelne Antragsteller bei der Beschlußfassung im Jahre 1874 gedacht haben mögen, und wie der Beschluß bis zum Jahre 1899 ausgelegt worden ist. Übrigens ist jener letzte Satz mit dem § 18 der Kr.-Ordn. wohl vereinbar, wenn man das Wort „welche" auf „Steuersätze" und nicht auf „Beamte" bezieht. Richtig ist es aber, mit dem Beschlusse von 1874 überhaupt nicht mehr zu rechnen, sondern als maßgebend für die hier streitige Besteuerung des Rechnungsjahres 1900 nur die Kreistagsbeschlüsse von 1895 und 1899 anzusehen. Mit dem Inkrafttreten des Komm.-Abg.-Ges. hatten die Kreise gemäß

§ 91 Nr. 2 über die Maßstäbe für die Verteilung der Kreisabgaben Beschluß zu fassen (cfr. auch E.-O.-V., Bd. XXVIII S. 1 ff., und Verf. v. 31. XII. 97, Min.-Bl. 1898 S. 8), und dieser Vorschrift ist der Kreistag von L. im Jahre 1895 nachgekommen. An Stelle der damals beschlossenen gleichmäßigen Belastung der Realsteuern und der Einkommensteuer, welche der Regel des § 91 Ziffer 2 cit. entsprach, hat er dann 1899 mit Genehmigung des Bezirksausschusses die Realsteuern mit dem zulässigen Anderthalbfachen des Prozentsatzes der Einkommensteuer belastet. Durch diese Beschlüsse ist die Aufbringung der Kreissteuern vollständig geregelt worden und deshalb für die Einstellung der Steuersätze der Beamten in das Abgabensoll lediglich § 18 der Kr.-Ordn. bestimmend. Über die Berechnung der Beamtenbeiträge enthalten E.-O.-V. Bd. I S. 27 und Bd. VIII S. 34 eingehende Belehrung.

2. Anlangend die bemängelte Verwendung der dem Kreise nach § 70 der Kr.-Ordn. und den Ges. v. 30. IV. 73 und v. 8. VII. 75 zufließenden Fonds zu den Kosten der Kreis- und Amtsverwaltung, so hat der Kreistag darüber zu befinden, in welcher Reihenfolge diese Kosten aus den empfangenen Beträgen gedeckt werden sollen. Mangels gefaßter besonderer Beschlüsse gibt eine angebliche 25jährige Praxis, wonach seit 1874 die Beträge zunächst zur Deckung der Kosten der Kreisausschußverwaltung, dann der Amtsverwaltungen verbraucht sein sollen, keiner Gemeinde einen Rechtsanspruch auf Beibehaltung jener Übung. Glaubt die Klägerin, der Kreisausschuß habe einen Beschluß des Kreistages betreffs Verwendung der Dotationen unbeachtet gelassen, oder der Kreistag habe neuerdings in den von ihm festgestellten Etat — § 127 der Kr.-Ordn. — Ausgaben aufgenommen, welche an sich nicht eine Last des Kreises, sondern der Ämter gemäß § 70 Abs. 4 der Kr.-Ordn. bildeten, so kann sie damit nach den zutreffenden Ausführungen des Vorderrichters in dem Streitverfahren über Kreisabgaben nicht gehört werden; sie mag sich dieserhalb an die Aufsichtsbehörde wenden.

Übrigens handelte der Beklagte nur folgerichtig, wenn er die mit Zustimmung des Kreistages (§ 127 Abs. 1 a. a. O.) auf den Kreisetat übernommenen Beträge für die Amtsverwaltungen auf alle Kreisangehörigen verteilte und keine Ausnahme zu Gunsten der Städte machte.

Nr. 5. Entsch. Bd. XXXXIII S. 6 v. 16. XII. 02 II C 127/02.

Kr.-Ordn. v. $\frac{13.\ XII.\ 72}{19.\ III.\ 81}$ (G.-S. 1881 S. 179) §§ 6—9, 14.

Komm.-Abg.-Ges. v. 14. VII. 93 (G.-S. S. 152) § 33 Nr. 1, § 91 Nr. 4.

Reichsges. v. 13. V. 70 (B.-G.-Bl. S. 119) wegen Beseitigung der Doppelbesteuerung, § 1 Abs. 2.

Eink.-St.-Ges. v. 24. VI. 91 (G.-S. S. 175) § 1.

1. Die über den Begriff des Wohnsitzes hinsichtlich der Gemeinde-Einkommensteuerpflicht geltenden Vorschriften (§ 33 Nr. 1 Komm.-Abg.-Ges. in Verbindung mit § 1 Eink.-St.-Ges. und § 1 Abs. 2 des R.-G. wegen Beseitigung der Doppelbesteuerung v. 13. V. 70) sind auf das Gebiet der Kreisbesteuerung nicht übertragbar, namentlich auch nicht etwa nach § 91 Nr. 4 Komm.-Abg.-Ges. Denn hier werden nur in gewissen Grenzen die Veranlagungsvorschriften des Komm.-Abg.-Ges. auf die Kreisbesteuerung übertragen. Die Übertragung der Begriffsbestimmung des Wohnsitzes, wie sie für das Steuerrecht der Gemeinden maßgebend ist, auf das Gebiet der Kreisbesteuerung würde aber in die Regelung der subjektiven Kreissteuerpflicht eingreifen. Für die subjektive Kreissteuerpflicht kommt der Wohnsitz überhaupt nur mittelbar in betracht; denn

sie ist, abgesehen von den Fällen des § 14 der Kr.-Ordn., nach § 9 daselbst abhängig von der Kreisangehörigkeit, und diese wiederum ist nach § 6 bedingt durch einen Wohnsitz innerhalb des Kreises. Hier aber ist ohne Frage nur der Wohnsitz im Sinne des bürgerlichen Rechtes, nicht des besonderen Steuerrechts gemeint. Eine Heranziehung der steuerrechtlichen Bestimmung ist ausgeschlossen, zumal die Kreisangehörigkeit nicht nur auf steuerlichem Gebiete von Bedeutung ist, sondern auch die Voraussetzung für andere politische Rechte und Pflichten bildet (vgl. §§ 7, 8 der Kr.-Ordn.).

2. Im vorliegenden Falle waren zwei geisteskranke Geschwister seit langen Jahren in der Provinzialirrenanstalt zu E. untergebracht. Diese hatten dort einen Wohnsitz im Sinne des bürgerlichen Rechtes und durch ihn die Kreisangehörigkeit im Kreise Oberbarnim erworben. Denn ihr Vormund selbst hatte seit der Übernahme der Vormundschaft stets das Vorhandensein eines Wohnsitzes in E. angenommen und noch vor einigen Jahren gegenüber der Provinzialverwaltung erklärt, daß, wenn die Absicht, einen Wohnsitz für die Kläger in E. zu begründen, bisher noch nicht bestanden habe oder zum Ausdrucke gelangt sei, er sie hiermit als die seinige kund tun wolle. Damit ist, da die Kläger durch ihren Vormund im Willen vertreten werden, das eine Erfordernis für die Begründung des Wohnsitzes gegeben, nämlich der Wille, E. als Mittelpunkt der wirtschaftlichen Existenz zu haben, sich dort ständig niederzulassen. Auch das zweite Erfordernis, die tatsächliche Ausführung jenes Willens ist vorhanden. Für die Begründung des bürgerlichen Wohnsitzes bedarf es nicht des Besitzes einer eigenen Wohnung, sondern nur eines Unterkommens und ein solches besitzen die Kläger. Der Umstand, daß ihre Aufnahme in die Irrenanstalt von der Provinzialverwaltung vielleicht widerrufen werden kann, steht der Begründung eines Wohnsitzes nicht entgegen. Eine Niederlassung hört nicht schon um deswillen auf, ständig zu sein, weil ihr Aufgeben entgegen dem eigenen Willen des sich Niederlassenden demnächst einmal notwendig werden kann.

Nr. 6. Entsch. Bd. XXXXIII S. 1 v. 18. XI. 02 II C 396/01.

Kr.-Ordn. v. $\frac{13.\ XII.\ 72}{19.\ III.\ 81}$ (G.-S. 1881 S. 179) § 11.

1. Organ des Kreisausschusses bei Ausführung der ihm nach § 11 der Kr.-Ordn. obliegenden Aufgabe ist, soweit es sich um selbständige Gutsbezirke handelt, nicht der Gutsbesitzer oder ein zu dessen vermögensrechtlicher Vertretung bestellter Bevollmächtigter, sondern der Gutsvorsteher. An ihn hat sich der Kreisausschuß behufs Überweisung des auf den Gutsbezirk entfallenden Kreisabgabensolls zu wenden, nicht aber ist es Sache des Gutsbesitzers, die Ausschreibung der Kreisabgaben entgegenzunehmen und seinerseits den stellvertretenden Gutsvorsteher mit der Unterverteilung zu beauftragen.

2. Auf den Gutsherrn als den Vertreter des Gutsbezirkes kann, in vermögensrechtlicher Hinsicht erst zurückgegriffen werden, wenn und soweit die Unterverteilung und Einziehung durch den Gutsvorsteher als das Organ des Kreisausschusses vergebens versucht worden ist. Die Inanspruchnahme des Gutsbezirkes kann nicht durch eine Heranziehung seines Besitzers erfolgen (vgl. E.-O.-V. Bd. XVI. S. 20).

3. Die an sich nicht durchaus unzulässige, wenn auch fehlerhafte, Heranziehung eines Pflichtigen unmittelbar durch den Kreisausschuß

beschränken sich nicht auf die Forderung einer Summe, sondern hat die verlangten Beträge gesondert nach den Steuerarten anzugeben.

Nr. 7. Entsch. Bd. XXXXIII S. 10 v. 23. I. 03 II C 339/01.

Kr.-Ordn. v. $\frac{13.\ XII.\ 72}{19.\ III.\ 81}$ (G.-S. 1881 S. 179) §§ 11, 14, 19.

1. Die einzelnen Kreisabgabenpflichtigen werden durch Überweisung des Kreisabgabensolls an die Gemeinden und Gutsbezirke zur Unterverteilung noch nicht herangezogen; vielmehr wird die Heranziehung erst dadurch bewirkt, daß dem einzelnen Pflichtigen eine bestimmte Steuerleistung angesonnen wird. Letzteres geschieht bei vorschriftsmäßigem Verfahren dadurch, daß die als Organe des Kreisausschusses handelnden Gemeinde- oder Gutsvorsteher den einzelnen Pflichtigen das Ergebnis der Unterverteilung eröffnen.

2. Im vorliegenden Falle hatte der stellvertretende Gutsvorsteher von D., der für die Besitzerin das Gut verwaltete, weder die Unterverteilung bewirkt, noch in seiner Eigenschaft als Ortsobrigkeit und Organ des Kreisausschusses irgend einen Schritt getan, um die Zensiten für die ausgeschriebenen Beiträge in Anspruch zu nehmen, vielmehr hat er in der Meinung, daß die Zahlung der letzteren obliege, ohne weiteres in der Eigenschaft als Verwalter der Klägerin Zahlung geleistet, und die letztere hatte demnächst von dieser Zahlung nicht anders als von sonstigen Ausgaben der Gutswirtschaft Kenntnis erhalten. Das genügt nicht, um den Tatbestand einer Heranziehung zu schaffen. Wenn auch für die Heranziehung kein bestimmter Formalakt verlangt werden kann, und wenn beispielsweise in Fällen, wo die rechnerische Unterverteilung schon stattgefunden hat, oder wo andere Zensiten als der Gutsbesitzer nicht vorhanden sind, die bloße Kenntnisnahme des Gutsbesitzers von den auf ihn entfallenden Beträgen vielleicht ausreichen mag, so kann doch hier mit einer Heranziehung der Klägerin nicht gerechnet werden, weil der Gutsvorsteher in keiner Weise als Organ des Kreisausschusses in Tätigkeit getreten ist, und weil die Klägerin Kenntnis genommen hat nur von Ansprüchen des Kreises, die zunächst nicht sie, sondern den Gutsbezirk angingen und auch mittelbar mit ihren ungetrennten Summen sich nicht gegen sie allein, sondern noch gegen eine Anzahl anderer Zensiten richteten.

E. Beihilfe der Kreise an die Ortsarmenverbände.

Nr. 1. Entsch. v. 12. XII. 02 Nr. I 1605.

Ges. v. 12. III 94 (R.-G.-Bl. S. 259) betr. die Abänderung des Reichsges. über den Unterstützungswohnsitz, § 32a.
Pr. Ausf.-Ges. v. 11. VII. 91 (G.-S. S. 300) §§ 31a, 31c.

Der Anspruch auf teilweise Erstattung der durch die Anstaltspflege dem Landarmenverbande erwachsenen Kosten kann nur von dem Landarmenverbande gegenüber dem Ortsarmenverbande im Wege der Klage im Verwaltungsstreitverfahren auf Grund der Vorschrift des § 32a des Ges. betr. die Abänderung des R.-G. über den Unterstützungswohnsitz, v. 12. III. 94 geltend gemacht werden, aber weder von dem Landarmenverband gegenüber dem Kreise, noch von dem Kreise gegenüber dem Ortsarmenverband. Dem Kreise fällt nach § 31a des Ges. v. 11. VII. 91 hierbei nur eine vermittelnde Tätigkeit zu. Ebensowenig kann zwischen dem Ortsarmenverband und dem Kreis ein Streitverfahren darüber stattfinden, ob ein hilfsbedürftiger Idiot in eine Anstalt des Landarmenverbandes aufzunehmen war oder nicht (vgl. E.-O.-V., Bd. XXVI S. 19). Hält der Ortsarmenverband sich nicht für verpflichtet, den verlangten Anteil an den Anstaltspflegekosten zu zahlen, so kann er eine Feststellung seiner Nichtverpflichtung im Wege des Verwaltungsstreitverfahrens nicht verlangen. Verhält er sich den vom Landarmenverbande oder dem Kreise gegen ihn erhobenen Ansprüchen gegenüber ablehnend, so würde der Landarmenverband gegen ihn auf Zahlung im Verwaltungsstreitverfahren gemäß § 32a des R.-G. v. 12. III. 94 klagen können. Sollte der Kreis die von dem Ortsarmenverband zu leistenden Beiträge für diesen verauslagt haben, so würde er Erstattung im Wege des Verwaltungsstreitverfahrens nicht beanspruchen können. Er würde dann nur eine Klage im Zivilprozesse aus der ungerechtfertigten Bereicherung (§§ 812 bis 822 BGB.) entweder gegen den Landarmenverband oder den Ortsarmenverband anstellen können (vgl. E.-O.-V., Bd. XXVIII S. 141ff.)

Nr. 2. Entsch. v. 24. IV. 03 Nr. I 684.

Pr. Ausf.-Ges. zum Unterst.-Wohns.-Ges. in der Fassung der Nov. v. 11. VII. 91 (G.-S. S. 300) § 31c.

In einem Streitverfahren aus § 31c des Ges. v. 11. VII. 91 gegen den die Beihilfe weigernden Kreisverband unterliegt auch die Frage, ob und in welchem Umfange die Armenpflege notwendig gewesen ist, der Prüfung der Verwaltungsgerichte, da der Kreisverband nach § 31a des bezeichneten Ges. eine Beihilfe nur zu den vom Ortsarmenverband aufzubringenden Kosten zu leisten hat, also nur zu den Kosten, zu deren Aufbringung der Ortsarmenverband verpflichtet ist.

H. Beschlüsse des Kreisausschusses und Kreistages.

Nr. 1. Entsch. v. 18. IV. 02 Nr. II 683.

1. Der Kläger nahm für seine Stellung als Kreissparkassenkontrolleur die Beamteneigenschaft in Anspruch. Der Vorsitzende des Kreisausschusses, von dem Vorderrichter um eine Äußerung darüber ersucht, wer den Kläger angestellt habe, unter welchen Bedingungen und in welcher Form es geschehen sei, ob die Absicht des Anstellenden ging auf Anstellung als Beamter mit Begründung eines öffentlich-rechtlichen Gewaltverhältnisses oder auf Eingehung eines rein privaten Dienstvertrages, überreichte darauf mit dem Bemerken, daß andere Akten über K. nicht vorhanden seien, eine Kreistagsverhandlung v. 18. XII. 97, inhalts deren der Kreistag einstimmig beschlossen hatte, „den Kassengehilfen K. zum Kreissparkassenkontrolleur zu ernennen und die von demselben zu hinterlegende Kaution auf 500 Mk. festzusetzen", sowie Abschrift eines an den Kläger gerichteten Schreibens vom 12. IX. 98 mit folgendem Wortlaut:

„Groß-W., dem 12. September 1898.

Der Vorsitzende
des Kreis-Sparkassenkuratoriums,
Königl. Landrat.

Euer Wohlgeboren benachrichtige ich hiermit ergebenst, daß der am 18. Dezember 1897 versammelt gewesene Kreistag Sie zum Kontrolleur der Kreissparkasse des Kreises Groß-W. mit einem jährlichen Gehalt von 500 Mk. gegen eine beiderseitig zustehende Kündigung von vier Wochen ernannt hat.

J. V.

Ferner legte der Vorsitzende des Kreisausschusses ein Exemplar der Kreistagsverhandlung v. 29. III. 1900 vor, die in Ausführung des Kommunalbeamtenges. v. 30. VII. 99 die Anstellung und Versorgung der Kommunalbeamten des Kreises regelt und als Personen, die mit Beamteneigenschaft anzustellen sind, nur den Kreisausschußsekretär, den Kreisbaumeister und die Kreischausseeaufseher benennt. Dazu bemerkte der Vorsitzende, daß der Kreissparkassenkontrolleur, weil er in jenem Beschlusse nicht aufgeführt sei, auch nicht als Beamter im Sinne des erwähnten Ges. gelten könne.

2. Die Vorentscheidung hatte die Klage aus Gründen abgewiesen, die sich als unhaltbar erweisen. Das Ges. betr. die Anstellung und Versorgung von Kommunalbeamten v. 30. VII. 99 kommt nicht in Betracht, weil die Berufung des Klägers in die Stelle des Kreissparkassenkontrolleurs schon vor seinem Inkrafttreten erfolgt ist (E.-O.-V. Bd. XXXV S. 59 Anm.); ferner stehen die Umstände, daß der Kläger keine Anstellungsurkunde erhalten habe, auf vierwöchentliche Kündigung angestellt sei und die Stelle nur nebenamtlich inne habe, dem Besitze der Beamteneigenschaft nicht entgegen (E.-O.-V. Bd. XI S. 71). Es ist aber auch nicht ersichtlich, worauf sich die Annahme stützt, daß von den beiden gleich hoch bezahlten Beschäftigungen des Klägers gerade diejenige bei der Sparkasse eine Nebenbeschäftigung sein soll. Nicht minder entbehrt der aktenmäßigen Unterlage die Ansicht, daß der Kläger nur zu vorübergehender Hilfeleistung angenommen sei.

3. Bei freier Beurteilung war die Sache nicht spruchreif. Das Statut v. 21. X. 90, unter dessen Herrschaft der Kläger angestellt war, behandelte unter dem Titel „Verwaltung" a) das Kuratorium, das die Verwaltung führen und die Kreissparkasse bei allen gerichtlichen und außergerichtlichen Geschäften vertreten soll, und b) den Rendanten und Kontrolleur; von diesen heißt es im § 8:

> „Die Kassengeschäfte besorgt ein Rendant nach Anleitung des Statuts und der ihm vom Kuratorium zu erteilenden Anweisung. Der Rendant nimmt die Einlagen der Sparer, die Zinsen für die ausgeliehenen Kapitalien, die Geldbeträge für Zinsscheine, sowie die Kündigung von Spareinlagen entgegen und leistet Rückzahlung von Spareinlagen ohne besondere Anweisung des Kuratoriums. Einer solchen Anweisung bedarf er jedoch zu weiteren Vereinnahmungen oder Zahlungen, insbesondere auch zur Erhebung ausgeliehener Kapitalien. Dem Rendanten steht ein Kontrolleur zur Seite, welcher über die Spareinlagen und Rückzahlungen ein Gegenbuch führt.
>
> Auch der Kontrolleur erhält seine Instruktion vom Kuratorium.
>
> Der Rendant und der Kontrolleur werden auf Vorschlag des Kuratoriums durch den Kreistag ernannt. Die Besoldung, die zu bestellende Kaution und die sonstigen Anstellungsbedingungen setzt der Kreistag fest. Die Namen der Kuratoren, des Rendanten und des Kontrolleurs werden öffentlich bekannt gemacht (§ 34).
>
> Die Festsetzungen der Gehälter und der übrigen Verwaltungskosten bedürfen der Genehmigung des Regierungspräsidenten.
>
> Für die Rechnungs- und die Schreibhilfe hat das Kuratorium zu sorgen."

Bis auf weiteres möchte anzunehmen sein, daß hier in den dauernd eingerichteten Stellen des Redanten und des Kontrolleurs zwei mit amtlichem Charakter versehene Stellen geschaffen sind; dafür spricht vor allem die Einführung einer förmlichen „Ernennung", und zwar einer Ernennung durch den Kreistag, der schwerlich mit der Angelegenheit befaßt worden wäre, wenn es sich nur um ein vertragsmäßiges Engagement von Mietspersonal handelte. Unterstützt wird die Annahme noch durch einige Einzelheiten, wie den Gebrauch des Ausdruckes „Besoldung" und „Gehalt" für die Bezüge der Personen, die Vorschriften des § 10 über die Rechnungslegung und die Bezeichnung der Geschäftszeit der Sparkasse als „Dienststunden" (§ 11); besonders fällt auch die Erwägung ins Gewicht, daß es sicher nicht den Gepflogenheiten der preußischen öffentlichen Verwaltungen und wahrscheinlich nicht den Absichten der Aufsichtsbehörden entspräche, wenn man für derartig wichtige und verantwortungsreiche Stellen auf die Garantie einer Verwaltung durch Beamte verzichten wollte. Zugunsten des Klägers kann auch noch der Umstand angeführt werden, daß der Kreistag bei der Ernennung des Klägers dessen Kaution einseitig festgesetzt hat. Nicht entgegen steht jener Annahme der § 134 ³ der Kr.-Ordn., inhalts dessen die Beamten des Kreises durch den Kreisausschuß zu ernennen sind; denn wenn der § 8 des Statutes die Ernennung dem Kreistage überträgt, so steht ihm der

§ 18 des Regulativs v. 12. XII. 38 (G.-S. 1839 S. 5) zur Seite, der eine derartige autonome Regelung zuläßt (vergl. E.-O.-V Bd. XXI S. 30 ff.). Gleichwohl hat der Gerichtshof eine nochmalige Verhandlung der Sache für geboten erachtet, weil möglicherweise bei der Festsetzung des Statutes oder bei der Berufung des Klägers Umstände vorgekommen sein können, die eine andere Auffassung rechtfertigen. Dazu mag aber hervorgehoben werden, daß das Fehlen einer Beeidigung nicht ausschlaggebend ist.

III.

Amtsverbände in den Provinzen Ost- u. Westpreußen, Brandenburg, Pommern, Schlesien, Sachsen und Schleswig-Holstein.

Literatur: Graf Hue de Grais, Handbuch der Verfassung und Verwaltung im Deutschen Reiche, 16. Aufl., Berlin 1904. Illing-Kautz, Handbuch für preußische Verwaltungsbeamte, 8. Aufl., Berlin 1903/4. Mahraun, Verwaltungsvorschriften für preußische Gemeinde-, Polizei- und Kreisbehörden; Sammlung zentralbehördlicher Erlasse aus den Jahren 1799—1902, Berlin 1903.

B. Organe der Amtsbezirke und ihre Befugnisse.

Nr. 1. Entsch. v. 18. III. 02 Nr. I 447 (Pr.-V.-Bl. Bd. XXIV S. 278).

Kr.-Ordn. v. $\frac{13.\ \text{XII.}\ 72}{19.\ \text{III.}\ 81}$ (G.-S. 1881 S. 179) § 57 Abs. 5.

§ 57 Abs. 5 der Kr.-Ordn. schließt es aus, daß ein Amtsvorsteher in Angelegenheiten, wo ein persönliches Interesse in Frage kommt, amtlich handelt.

Bei der Prüfung, ob persönliche Beteiligung im Sinne des § 57 Abs. 5 der Kreisordnung vorliegt, kommt es nicht darauf an, ob die Maßnahme des Beamten sachlich gerechtfertigt war — dies ist erst zu erörtern, wenn feststeht, daß er sich der Erledigung des Amtsgeschäftes unterziehen durfte —, sondern darauf, ob nach sachlichen Gesichtspunkten eine Befangenheit des Beamten möglich erschien.

Der Rechtsbegriff der persönlichen Beteiligung des Amtsvorstehers ist im Gesetze nicht näher bestimmt, läßt sich aber dahin feststellen daß er persönliche Beziehungen bedeutet, die geeignet sind, den Verdacht aufkommen zu lassen, das Urteil des Beamten könne kein ganz ungetrübtes, kein völlig objektives sein. Der Sinn des Gesetzes geht dahin, daß kein Amtsvorsteher in solchen Angelegenheiten, wo überhaupt sein eigenes Interesse in Frage kommt, amtlich handeln solle, damit die erforderliche objektive Stellung von ihm unter allen Umständen gewahrt und jeder Vorwurf der Befangenheit von vornherein abgewehrt werde. Ein eigenes Interesse liegt nicht bloß dann vor, wenn der Amtsvorsteher seines persönlichen Vorteils wegen die Angelegenheit, auf die sich seine Amtshandlung bezieht, in einer bestimmten Weise geregelt zu sehen wünschen muß, sondern schon dann, wenn ein von dem allgemeinen Interesse verschiedenes besonderes Privatinteresse durch die Amtshandlung gefördert werden würde. (E.-O.-V. Bd. VI S. 359.) Dieses braucht nicht in einem Vermögensvorteil zu bestehen.

Nr. 2. Entsch. Bd. XXXXII S. 84 v. 16. XII. 02 II C 23/02.

Ges. v. 2. IV. 87 (G.-S. S. 105), betr. die durch ein Auseinandersetzungsverfahren begründeten gemeinschaftlichen Angelegenheiten, §§ 1, 6.

Das Ges. v. 2. IV 87 beabsichtigt nicht, durch die Einführung einer Verwaltung für die durch eine Auseinandersetzung begründeten gemeinschaftlichen Angelegenheiten eine Veränderung in der anderweit geordneten Zuständigkeit für die Verwaltung öffentlicher Angelegenheiten herbeizuführen: Insbesondere liegt es ihm fern, der durch andere Gesetze zur Fürsorge für die öffentlichen Wege berufenen Polizeibehörde ihre Befugnisse zu entziehen oder neben ihr den Verwalter der gemeinschaftlichen Angelegenheiten mit jener Fürsorge zu befassen. Die diesem Verwalter durch das Gesetz zugedachten Obliegenheiten sind vielmehr, soweit es sich um Wegeunterhaltung handelt, auf die nicht öffentlichen sogenannten Interessentenwege beschränkt.

IV.

Städte.

Literatur: Graf Hue de Grais, Handbuch der Verfassung und Verwaltung im Deutschen Reiche, 16. Aufl. Berlin 1904. Illing-Kautz, Handbuch für preußische Verwaltungsbeamte, 8. Aufl. Berlin 1903/4. Krüger, Städteordnung für die sieben östlichen Provinzen, 2. Aufl., Berlin 1903; derselbe, Städteordnung für Westfalen, Berlin 1903; derselbe, Städteordnung für die Rheinprovinz, Berlin 1903. Zelle, die Städteordnung von 1853 in ihrer heutigen Gestalt, 4. Aufl., Berlin 1903. Mahraun, Verwaltungsvorschriften für preußische Gemeinde-, Polizei- und Kreisbehörden; Sammlung zentralbehördlicher Erlasse aus den Jahren 1799—1902, Berlin 1903.

A. Grundlagen der städtischen Verfassung, Ortsrecht. Bürgerrecht. Bürgerrechtsgeld.

Nr. 1. Entsch. v. 3. I. 02 Nr. II 10.

St.-Ordn. v. 30. V. 53 (G.-S. S. 261) § 5.

R.-Gew.-Ordn. § 13.

Ges. v. 14. V. 60 (G.-S. S. 237), betr. das städtische Einzugs-, Bürgerrechts- und Einkaufsgeld.

1. Die Bestimmung des § 5 der St.-Ordn. v. 30. V. 53, wonach jeder selbständige Preuße das Bürgerrecht erwirbt, wenn er seit einem Jahre — neben Erfüllung der unter 1 bis 3 gedachten Voraussetzungen — ein stehendes Gewerbe selbständig betreibt, ist aufgehoben durch § 13 R.-Gew.-Ordn. v. 21. VI. 69, der bestimmt, daß der Gewerbetreibende nach Ablauf von drei Jahren seit Beginn des Gewerbebetriebes das Bürgerrecht auf Verlangen der Gemeindebehörde erwerben muß, ohne daß aber das sonst zu erlegende Bürgerrechtsgeld von ihm zu entrichten ist (vgl. E.-O.-V. Bd. XIII S. 83 ff.).

2. Nach dem Ges. v. 14. V. 60 ist den Gemeinden nur die Befugnis erteilt, die Entrichtung von Bürgerrechtsgeld bei Erwerb des Bürgerrechts anzuordnen. Ein Ortsstatut, das vorschreibt, daß das Statut auch auf Personen Anwendung findet, die schon vor dem Inkrafttreten desselben das Bürgerrecht erlangt haben, unterwirft hinsichtlich dieser Personen nicht den

Erwerb, sondern den Besitz des Bürgerrechts einer Abgabe und entbehrt deshalb insoweit der rechtlichen Gültigkeit.

Nr. 2. Entsch. Bd. XXXXII S. 52 v. 24. X. 02 II C 100/02.

Ges. v. 14. V. 60 (G.=S. 237), betr. das städtische Einkaufs=, Bürgerrechts= und Einzugsgeld, §§ 5^3, 7.

Die Divisionsküster gehören zu den unteren Militärbeamten und damit zu den Staatsbeamten, die nach § 5 Nr. 3 und § 7 des Ges., betr. das städtische Einzugs=, Bürgerrechts- und Einkaufsgeld v. 14. V. 60 von der Entrichtung des Bürgerrechtsgeldes befreit sind.

(Folgt eingehende Begründung aus der Gesetzgebung pp. nach Angaben des Kriegsministeriums.)

B. Stadtverordnetenversammlung.

1. Wahlangelegenheiten.

Literatur: Kappelmann, die Wahlhandlung bei Stadtverordnetenwahlen, Berlin 1903.

Nr. 1. Entsch. v. 7. II. 02 Nr. II 240.

St.=Ordn. v. 30. V. 53 (G.=S. S. 261) § 17^6.
Land=Gem.=Ordn. v. 3. VII. 91 (G.=S. S. 233) § 53^4.
Zust.=Ges. §§ 11, 21.

1. Der Stadtverordnetenvorsteher ist, falls die Stadtverordnetenversammlung nicht einen besonderen Vertreter gemäß § 21 Abs. 2 Zust.=Ges. bestellt hat, das zur Vertretung der Versammlung nach außen berufene Organ, selbst unter Umständen, wo ihm ein Auftrag nicht zu teil geworden ist. Ein den Absichten der Versammlung zuwiderlaufendes Auftreten desselben würde nur zu einer Beschwerde oder einem Regresse Anlaß geben können. Auch ist es nicht richtig, daß der Stadtverordnetenvorsteher — infolge der durch die Vorentscheidung ausgesprochenen Ungültigkeit seiner Wahl — im Streitverfahren wegen der Wahl nicht mehr zu fungieren berechtigt gewesen sei. Denn die Klage auf Ungültigkeitserklärung hat nach § 11 Zust.=Ges. keine aufschiebende Wirkung, sondern die Ungültigkeit tritt erst mit der Rechtskraft des sie aussprechenden Urteils ein. (Vgl. E.-O.-V. Bd. XXXI S. 108.)

2. **Amtsvorsteher** sind zu Stadtverordneten nicht wählbar, da sie zu den Ortspolizeibeamten im Sinne des Ges. v. 11. III. 50 gehören. Nach § 17 Nr. 6 der St.-Ordn. können die Polizeibeamten nicht Stadtverordnete sein und es ist dabei kein Unterschied gemacht, ob sie innerhalb der Gemeinde oder außerhalb derselben angestellt worden, ob sie besoldet sind oder im Ehrenamte fungieren. Auch kann ihr Ablehnungsrecht nicht mehr in Frage kommen, nachdem sie das Amt angenommen haben. Wenn in einzelnen Fällen trotzdem gesetzliche Bestimmungen ein gleichzeitiges Wirken in polizeilichen und gemeindlichen Stellungen zulassen, so können solche Ausnahmefälle nicht zu einer Beseitigung der strikten Vorschrift in § 17^6 a. a. O. führen. Insbesondere ist das Gegenteil nicht aus § 53^4 der Land-Gem.-Ordn. v. 3. VII. 91 zu entnehmen, da dort die Abänderung des Wortes Polizeibeamte in Polizei-Exekutivbeamte gerade in bewußter Abweichung von der allgemeinen Ausschließung aller Polizeibeamten in den Städten beschlossen worden ist.

Nr. 2. Entsch. v. 26. IX. 02 Nr. II 1536 (Pr.-V.-Bl. Bd. XXIV S. 603).

St.-Ordn. v. 30. V. 53 (G.-S. S. 261) § 16.
Zust.-Ges. § 10.
B.-G.-B. §§ 1363, 1383.

1. Nach § 10 des Zust.-Ges. ist die Gemeindevertretung nicht befugt, über die Gültigkeit einer Stadtverordnetenwahl wiederholte Beschlüsse ergehen zu lassen, sondern sie hat nur einmal darüber zu beschließen; mit dem Ausspruche ist ihre Funktion beendet. Ein zweiter Beschluß ist nicht rechtsbeständig und bedarf keiner Anfechtung; es kann ihm gegenüber also auch von einer Fristversäumnis nicht die Rede sein.

2. Über das Recht des Ehemannes an dem Vermögen seiner Ehefrau entscheidet nicht mehr das zur Zeit der im Jahre 1895 zu Berlin geschlossenen Ehe gültig gewesene Märkische Provinzialrecht, sondern das B.-G.-B. Nach dem Ausf.-Ges. z. B.-G.-B. v. 20. IX. 99 (GS. S. 187) treten für den Güterstand der zur Zeit des Inkrafttretens dieses Gesetzbuchs, also am 1. I. 1900, bestehenden Ehen, wenn die Ehegatten zu der bezeichneten Zeit in Preußen ihren Wohnsitz hatten, von dieser Zeit an die Vorschriften des B.-G.-B. und insbesondere an die Stelle des Märkischen Provinzialrechts — nach Art. 46 daselbst — die Vorschriften über das gesetzliche Güterrecht. Grundsätzlich wird gemäß § 1363 des B.-G.-B. das Vermögen der Frau durch die Eheschließung der Verwaltung und Nutznießung des Mannes unterworfen (eingebrachtes Gut) und zu dem eingebrachten Gut gehört auch das Vermögen, das die Frau während der Ehe erwirbt. Die Nutzungen des eingebrachten Gutes erwirbt der Mann — nach § 1383 daselbst — in derselben Weise und in demselben Umfange wie ein Nießbraucher. Einer Eintragung bedarf es nur für den rechtsgeschäftlichen, nicht aber für den gesetzlichen Nießbrauch. Mithin ist der Ehemann im Sinne des § 16 der St.-Ordn. ein in die Klasse der Hausbesitzer zu zählender Nießbraucher, falls seine Ehefrau das Eigentum an einem Hause nachweisen kann.

Nr. 3. Entsch. Bd. XXXXIII S. 98 v. 16. XII. 02 II B 38/02.

Westf. St.-Ordn. v. 19. III. 56 (G.-S. S. 237) §§ 14, 21, 27.

1. Eine Wahl wird nicht erst ungültig, wenn durch sie ein gesetzwidriger Zustand tatsächlich eingetreten ist, sondern ist schon ungültig, wenn sie sich nach einem Reglement vollzogen hat, das zur Zeit der Wahl der rechtlichen Gültigkeit entbehrte.

2. Rechtsunwirksam ist ein Reglement, das mit den Vorschriften in §§ 14 und 21 der Westf. St.-Ordn. unverträglich ist. Denn wenn unter Geltung des Reglements jedenfalls später Wahlbezirke der dritten Abteilung Ergänzungswahlen für Stadtverordnete, die in andern Bezirken derselben Abteilung gewählt sind, vorzunehmen haben würden, so müßte das mit der Vorschrift des § 21 Abs. 3 a. a. O. in Widerspruch stehen, wonach alle Ergänzungswahlen von denselben Wahlbezirken vorzunehmen sind, von denen der Ausgeschiedene gewählt war. Nach § 14 a. a. O. hat ferner der Magistrat die Anzahl und die Grenzen der Wahlbezirke sowie die Anzahl der von einem jeden derselben zu wählenden Stadtverordneten, nach Maßgabe der Zahl der stimmfähigen Bürger festzusetzen. Mithin darf die Zahl der in den einzelnen Wahlbezirken zu wählenden Stadtverordneten keine schwankende sein, sie muß vielmehr stets die nämliche bleiben. Diesen Erfordernissen entspricht ein Reglement nicht, wenn nach ihm die Zahl der von den einzelnen Bezirken zu wählenden Stadtverordneten stets wechselnd und von der Zahl der stimmfähigen Bürger unabhängig ist.

Nr. 4. Entsch. Bd. XXXXIII S. 94 v. 5. XII. 02 II B 51/02.

St.-Ordn. v. 30. V. 53 (G.-S. S. 261) § 26.

1. Die Vorschrift in § 26 Abs. 3 der St.-Ordn. v. 30. V. 53 ist dahin zu verstehen, daß das Gesetz zur Ausführung der Stichwahl die Aufstellung der doppelten Zahl geeigneter Kandidaten erfordert, so daß, wenn Hausbesitzer in Frage kommen, unter den in die Stichwahl zu bringenden Personen sich mindestens doppelt so viele Hausbesitzer befinden müssen, als Hausbesitzer zu wählen sind.

Die Auswahl ist nach der Vorschrift des Abs. 3 a. a. O. unter denjenigen Personen, die nächst den Gewählten die meisten Stimmen erhalten haben, nach der Reihenfolge der Stimmenzahl in der Art zu treffen, daß ungeeignete Personen fortgelassen werden. Sind z. B. vier Personen, und unter ihnen zwei Hausbesitzer zu wählen, und besitzen die vier Personen, die in der Liste der meist Genannten obenan stehen, kein Haus, so müssen sie gleichwohl zur Wahl gestellt werden; dagegen sind bei Aufführung der anderen vier Kandidaten alle Nichthausbesitzer zu übergehen. Anders läge die Sache, wenn in der Reihenfolge der zunächst mit der größten Stimmenzahl benannten Personen unter den ersten acht Namen sich solche von mindestens vier Hausbesitzern befänden. In diesem Falle wäre niemand zu übergehen, sondern die Reihenfolge der Liste innezuhalten. Es würde hiernach auch dann zu verfahren sein, wenn die acht Personen sämtlich Hausbesitzer wären, da das Gesetz nur vorschreibt, daß die Hälfte der von jeder Abteilung zu wählenden Stadtverordneten aus Hausbesitzern bestehen muß, aber eine Überschreitung dieser Zahl nicht verbietet, so daß auch mehr als die Hälfte der zu Wählenden Hausbesitzer sein dürfen.

2. Einspruchs- und Streitverfahren sind nur gegeben hinsichtlich derjenigen Personen, die der Wahlvorstand als gewählt erklärt hat; nicht aber ist es der Gemeindevertretung oder dem Verwaltungsrichter gestattet, anstelle derjenigen Personen, deren Wahl sie für ungültig erachten, andere Personen als gewählt zu bezeichnen. Vielmehr hat nach rechtskräftiger Verwerfung einer Wahl eine Neuwahl stattzufinden.

Nr. 5. Entsch. Bd. XXXXIII S. 102 v. 2. I. 03 II B 43/02.

Zust.-Ges. § 10 Nr. 2.

1. Das O.-V.-G. hat in feststehender Rechtsprechung den Grundsatz vertreten, daß ein in öffentlicher Sitzung verkündetes Endurteil auch vor der Zustellung von den Parteien angefochten werden kann, da es durch seine Verkündung nach außen hin erkennbar geworden ist und nicht mehr zurückgenommen werden kann. Für Vorbescheide trifft dasselbe insofern nicht zu, als diese nicht wie jene in öffentlicher Sitzung verkündet werden, sich vielmehr nach außen hin erst in dem Augenblicke kenntlich machen, wo sie den Beteiligten zugestellt werden. Bei dem Vorhandensein mehrerer Streitgenossen besteht diesen allen gegenüber ein Vorbescheid schon dann rechtlich, wenn seine Zustellung auch nur an einen der Streitgenossen vorschriftsmäßig stattgefunden hat, weil er von dem Gerichte nicht mehr zurückgenommen werden kann. Eine Unterlassung der Zustellung an die übrigen Streitgenossen hindert diese nicht, den nur ihrem Streitgenossen zugestellten Vorbescheid schon von dem Tage dieser Zustellung ab durch das zulässige Rechtsmittel anzufechten.

2. Einsprüche gegen die Gültigkeit von Wahlen zur Stadtverordnetenversammlung dürfen an keine Bedingung geknüpft werden; ist dies dennoch geschehen, so ist der Einspruch als nicht angebracht anzusehen.

2. Amtsgeschäfte.

Nr. 1. Entsch. v. 21. I. 02 Nr. II 127 (Pr.-V.-Bl. Bd. XXIV S. 295).

1. Die Gemeindevertretung kann nur solche Beschlüsse des Magistrats im Verwaltungsstreitverfahren anfechten, die eine Beanstandung enthalten.

Eine Magistratsverfügung ist als Beanstandung eines Stadtverordneten-Beschlusses anzusehen, wenn aus dem Inhalt der Verfügung sich die Absicht der Beanstandung ergibt. Es ist nicht notwendig, daß das Wort „Beanstandung" gebraucht ist.

2. Die Ausführbarkeit eines Stadtverordneten-Beschlusses ist unerläßliche Voraussetzung für seine Beanstandung.

C. Magistrat, Gemeindebeamte, städtische Deputationen.

Nr. 1. Entsch. Bd. XXXXIII S. 106 v. 12. XII 02 II B 50/02.

Kommunalbeamtenges. v. 30. VII. 99 (G.-S. S. 141) § 7.

1. Der § 7 des Kommunalbeamtenges. v. 30. VII. 99 schließt sich an die §§ 20 Abs. 4 und 36 Abs. 3 an. Die Vorschrift, daß der Bezirksausschuß über streitige Pensionsansprüche zu beschließen hat, und daß gegen den Beschluß, soweit er sich auf die Frage erstreckt, welcher Teil des Diensteinkommens bei Feststellung der Pensionsansprüche als Gehalt anzusehen ist, den Beteiligten innerhalb zwei Wochen die Klage bei dem Bezirksausschusse zusteht, entspricht dem früheren Rechtszustande. Hiernach ist, was die streitigen Pensionsansprüche anlangt, auch gegenwärtig genau auseinanderzuhalten, worüber der Bezirksausschuß zu beschließen, und worüber er, wenn er in seiner Eigenschaft als Verwaltungsrichter angerufen wird, zu erkennen hat. Bei der Beschlußfassung kommt nicht allein die Frage in betracht, welcher Teil des Diensteinkommens bei Feststellung des Pensionsanspruchs als Gehalt anzusehen ist, sondern auch die Feststellung des Pensionsanspruchs selbst, der sich nicht nur nach dem Betrage des pensionsfähigen Gehalts, sondern auch nach der Dauer der Dienstzeit richtet.

2. Die Rechtsbehelfe des § 7 gestalten sich verschieden, je nachdem es sich dabei um die Frage handelt, welcher Teil des Diensteinkommens bei Feststellung des Pensionsanspruchs als Gehalt anzusehen ist, oder sonstige die Höhe der Pension beeinflussende Umstände zu berücksichtigen sind. In Fällen der ersteren Art findet das Verwaltungsstreitverfahren statt, während im übrigen — abgesehen von dem Beschwerdewege, der nicht durchgeführt zu werden braucht — der Rechtsweg gegeben ist. Es könnte im Hinblick auf diese Ausgestaltung des Verfahrens fraglich scheinen, ob für den Klageweg im Streitverfahren ein Beschluß vorausgesetzt werden müsse, der zugleich genau zum Ausdrucke bringe, welcher Teil des Diensteinkommens bei Feststellung des Pensionsanspruchs als Gehalt anzusehen sei. Allein die Frage ist zu verneinen, da das Gesetz nach seinem klaren Wortlaute der Beschlußbehörde nur ganz allgemein die Aufgabe zuweist, über den Pensionsanspruch zu beschließen. Etwaigen Zweifeln darüber, ob und inwieweit der vorliegende Beschluß denjenigen Teil des Diensteinkommens, der als Gehalt anzusehen ist, ausreichend bezeichnet, braucht daher nicht nachgegangen zu werden. Selbst wenn sich in Hinsicht hierauf auch kein Anhalt aus dem Beschluß ergeben sollte, würde der Beschluß gleichwohl dem Gesetz entsprechen, da dieses die Beschlußbehörde schlechthin damit beauftragt hat, über einen ihr unterbreiteten Pensionsanspruch zu befinden. Es mag sein, daß einem Beschlusse gegenüber, der nicht klar zum

Ausdrucke bringt, welcher Teil des Diensteinkommens als Gehalt anzusehen sei, dem Pensionsberechtigten gewisse Schwierigkeiten hinsichtlich seiner weiteren Schritte erwachsen können. Dieser Gesichtspunkt aber kann im Hinblick auf die Absichten des Gesetzgebers, wie sie sich, abgesehen von dem Wortlaute, aus dem Aufbau des Gesetzes unschwer erkennen lassen, nicht von entscheidender Bedeutung sein.

Nr. 2. Entsch. v. 17. II. 03 Nr. II 346.

Kommunalbeamtengeſ. v. 30. VII. 99 (G.-S. S. 141) § 7. Zust.-Ges. § 20.

Ein streitiger Pensionsanspruch im Sinne des § 7 des Kommunalbeamtenges. ist erst dann gegeben, wenn die Pensionierung des Beamten ausgesprochen ist. Nicht aber sind die Verwaltungsgerichte dazu berufen, dergleichen Fragen, wie sie bei Eintritt der Pensionierung entstehen können, vorweg und unabhängig von dieser Voraussetzung zu entscheiden.

Der § 20 Zust.-Ges. bestimmt im 4. Abs.:

„Über streitige Pensionsansprüche der besoldeten Gemeindebeamten beschließt, soweit nach den Gemeindeverfassungsgesetzen die Beschlußfassung der Aufsichtsbehörde zusteht, der Bezirksausschuß, und zwar, soweit der Beschluß sich darauf erstreckt, welcher Teil des Diensteinkommens bei Feststellung der Pensionsansprüche als Gehalt anzusehen ist, vorbehaltlich der den Beteiligten gegeneinander zustehenden Klage im Verwaltungsstreitverfahren, im übrigen vorbehaltlich des ordentlichen Rechtsweges. Der Beschluß ist vorläufig vollstreckbar."

Diese Gesetzesvorschrift schließt sich an die im § 65 im 3. Abs. der St.-Ordn. v. 30. V. 53 und in den übrigen älteren Städteordnungen enthaltene Vorschrift auf das engste an, so daß etwaige Zweifel über die Tragweite des § 20 a. a. O. nur im Anschluß an die grundlegenden Vorschriften der Städteordnungen zutreffend erledigt werden können. Im 3. Abs. des § 65 heißt es:

„Über die Pensionsansprüche der Bürgermeister, der besoldeten Magistratsmitglieder und übrigen besoldeten Gemeindebeamten entscheidet in streitigen Fällen die Regierung. Gegen den Beschluß der Regierung, soweit derselbe sich nicht auf die Tatsache der Dienstunfähigkeit oder darauf bezieht, welcher Teil des Diensteinkommens als Gehalt anzusehen sei, findet die Berufung auf richterliche Entscheidung statt. Ungeachtet der Berufung sind die festgesetzten Beträge vorläufig zu zahlen."

Aus dem Schlußsatze „Ungeachtet der Berufung sind die festgesetzten Beträge vorläufig zu zahlen" ergibt sich deutlich, daß der Gesetzgeber des § 65 a. a. O. nicht daran gedacht haben kann, eine Feststellung von Pensionsansprüchen, ohne daß der Pensionsfall eingetreten, gewissermaßen in thesi zuzulassen. Es kann daher kein Zweifel darüber obwalten, daß sich die Vorschriften des § 65 a. a. O. nur auf solche Fälle beziehen, in denen es sich darum handelt, für einen Kommunalbeamten an Stelle des bisher bezogenen Diensteinkommens die Pension festzusetzen. Der § 20 Zust.-Ges. bezieht sich nur auf die besoldeten Gemeindebeamten und hat im übrigen an dem früheren Rechtszustande nur geändert, daß an Stelle der früher zur Beschlußfassung berufenen Aufsichtsbehörden die Bezirksausschüsse treten sollten und der ordentliche Rechtsweg über die Frage, welcher Teil des Diensteinkommens bei Feststellung der Pensionsansprüche als Gehalt anzusehen sei, ferner nicht mehr offen stehen, sondern hierüber der Verwaltungsrichter im Streitverfahren befinden solle. An die Stelle des § 20 Zust.-Ges. ist — abgesehen von § 14 des Ges. v. 30. VII. 99 — der § 7 dieses Ges. getreten und dort ist vorgeschrieben:

„Der Bezirksausschuß beschließt über streitige vermögensrechtliche Ansprüche der Kommunalbeamten einschließlich der in § 2 Abs. 1 erwähnten Beamten aus ihrem Dienstverhältnisse, insbesondere über Ansprüche auf Besoldung, Reisekostenentschädigung, Pension, sowie über streitige Ansprüche der Hinterbliebenen der Beamten auf Gnadenbezüge oder Witwen- und Waisengeld. Die Beschlußfassung erfolgt, soweit sie sich auf die Frage erstreckt, welcher Teil des Diensteinkommens bei Feststellung der Pensionsansprüche als Gehalt anzusehen ist, vorbehaltlich der den Beteiligten innerhalb zwei Wochen bei dem Bezirksausschuß gegeneinander zustehenden Klage im Verwaltungsstreitverfahren. Im übrigen findet gegen den in erster oder auf Beschwerde in zweiter Instanz ergangenen Beschluß binnen einer Ausschlußfrist von sechs Monaten nach Zustellung desselben die Klage im ordentlichen Rechtswege statt. Die Beschlüsse sind vorläufig vollstreckbar."

Allerdings ist hiermit, wie die Materialien des Gesetzes ergeben, eine wesentliche Änderung des bisherigen Rechtszustandes ausgesprochen worden. Allein in Beziehung auf die hier entscheidende Frage sind keine Änderungen beabsichtigt gewesen oder eingetreten. Vielmehr besteht der Unterschied zwischen dem Zuständigkeits- und dem Kommunalbeamtenges. darin, daß, während dort nur von streitigen Pensionsansprüchen der besoldeten Gemeindebeamten die Rede ist, der § 7 des neuen Ges. alle streitigen vermögensrechtlichen Ansprüche der Kommunalbeamten aus ihrem Dienstverhältnis, insbesondere auch die Ansprüche auf Besoldung, Tagegelder, Reisekosten und Pension, sowie die streitigen Ansprüche der Hinterbliebenen der Beamten auf Gnadenbezüge, Witwen- und Waisengeld umfaßt. Von der Möglichkeit aber, abgesehen von dem Falle einer tatsächlich ausgesprochenen Pensionierung, eine Frage, wie die vorliegende, theoretisch zum Austrage zu bringen, sagt das Gesetz nichts.

Nr. 3. Entsch. Bd. XXXXIII S. 85 v. 6. II. 03 II B 41/01.

St.-Ordn. v. 30. V. 53 (G.-S. S. 261) §§ 37, 38, 48, 81.

1. Die Frage, ob die Stadtverordnetenversammlung befugt ist, außer Ausschüssen, die sie auf Grund des § 37 der St.-Ordn. ernennen darf, auch sonstige Ausschüsse (Kommissionen) und zu anderen Zwecken einzusetzen, ist zu bejahen. Weder die St.-Ordn. von 1853 noch irgend eine andere gesetzliche Bestimmung schließt eine solche Befugnis ausdrücklich aus. Den Stadtverordneten ist nach § 48 der St.-Ordn. überlassen, eine Geschäftsordnung abzufassen, und der Minister des Innern hat in der auf Grund des § 81 a. a. O. erlassenen Ausf.-Instr. v. 20. VI. 53 (M.-Bl. S. 138) bestimmt, daß, insoweit die St.-Ordn. keine entgegenstehenden, ausdrücklichen Bestimmungen enthält, bei diesen Geschäftsordnungen für die Stadtverordnetenversammlungen die als Anlage zur St.-Ordn. v. 19. XI. 08 oder die als Anhang zur rev. St.-Ordn. v. 17. III. 31 erlassenen Instruktionen als Grundlage zu benutzen sind. In der Instr. zur St.-Ordn. von 1808 werden in den Nummern 20 bis 30 und in der Instr. von 1831 in den §§ 19 bis 27 die Bildung, die Tätigkeit u. s. w. vorübergehender und ständiger Deputationen aus der Mitte der Stadtverordnetenversammlung geregelt, so daß jedenfalls die Ausf.-Instr. v. Jahre 1853 da, wo die Stadtverordnetenversammlung eine Geschäftsordnung abfaßt, die Einsetzung von vorberatenden Kommissionen neben den Ausschüssen des § 37 der St.-Ordn. vorsieht und zuläßt.

2. Das dem Magistrate nach Maßgabe der St.-Ordn. von 1853 zustehende Recht der Beteiligung an den Vollversammlungen der Stadtverordneten erstreckt sich auch auf die Sitzungen solcher Ausschüsse (Kommissionen u. s. w.), die die Stadtverordnetenversammlung zu anderen als den sich aus § 37 der St.-Ordn. von 1853 ergebenden Zwecken einsetzt.

(Folgt eingehende Begründung aus der Gesetzgebung.)

Die Beteiligung des Magistrats an den Sitzungen vorberatender Kommissionen kann zur Förderung der Geschäfte durch Herbeiführung von Aufklärungen und Verständigungen nur beitragen.

E. Gemeindehaushalt und Zwangsetatisierung.

Nr. 1. Entsch. v. 25. III. 02 Nr. I 492 (Pr.-V.-Bl. Bd. XXIV S. 236).

Ges. v. 20. IV. 92 (G.-S. S. 87) betr. die Kosten Kgl. Polizeiverwaltungen in Stadtgemeinden, § 2.

Kosten, die der Polizei durch den Transport hilfloser, auf der Straße gefundener Personen, sowie durch Leistung der ersten Hilfe zur Abwendung der ihrem Leben oder ihrer Gesundheit drohenden Gefahr entstehen, gehören zu den unmittelbaren Polizeikosten im Sinne des § 2 des Ges. v. 20. IV. 92. Es gehört zu den Aufgaben der Polizei hülflose Personen gegen die ihnen auf der Straße drohenden Gefahren zu schützen und betrunkene Personen, wenn deren eigener Schutz oder die Aufrechterhaltung der öffentlichen Sittlichkeit, Sicherheit und Ruhe es dringend erfordern, in polizeiliche Verwahrung zu nehmen. Die Fortschaffung der hilflosen oder betrunkenen Personen von der Straße erfolgt im wesentlichen entweder zu ihrem eigenen Schutze vor Gefahren oder zur Aufrechterhaltung der öffentlichen Ruhe und Ordnung, aber nicht zur Herstellung eines polizeimäßigen Zustandes der Straße und nicht in Ausführung einer zu diesem Zwecke an den Verpflichteten erlassenen Anordnung. Sie liegt der Polizei unmittelbar, als eine von ihr mit ihren Kräften und Hilfsmitteln auszuführende Amtshandlung ob, unbeschadet ihres Rechtes, von demjenigen, in dessen Interesse sie dabei Kosten aufgewendet hat oder der durch sein Verhalten die Kosten verursacht hat, Erstattung zu verlangen, wenn er zahlungsfähig ist, und unbeschadet ihrer Befugnis, das Eintreten der öffentlichen Armenpflege herbeizuführen, wenn sie sich als erforderlich erweist. Zur Abwendung der Gefahren, die einem Hilflosen an öffentlichen Orten, insbesondere auf der Straße drohen, bedarf es aber in der Regel nicht der Hilfe des Ortsarmenverbandes und zur Verwahrung eines Betrunkenen bis zu seiner Ernüchterung nicht der Unterbringung an einem anderen Orte, als dem Polizeigefängnis. Die Kosten der Hinschaffung in das Polizeigefängnis haben alsdann keine andere rechtliche Eigenschaft als die Kosten des Aufenthaltes daselbst. Dabei macht es auch keinen Unterschied, ob der Transport lediglich durch Polizeibeamte mit den der Kgl. Polizeiverwaltung gehörigen Transportmitteln (Polizeiwagen) ausgeführt worden ist, oder ob von den Polizeibeamten Hilfskräfte oder Transportmittel gemietet worden sind. Entscheidend ist vielmehr nur, zu welchem Zwecke der Transport erfolgt ist.

Nr. 2. Entsch. Bd. XXXXII S. 77 v. 10. X. 02 I A 38/02.

Ges. v. 20. IV. 92 (G.-S. S. 87) betr. die Kosten Kgl. Polizeiverwaltungen in Stadtgemeinden § 2.

1. Die Kosten für die Wegschaffung hilfloser Menschen von den Straßen, die durch den Transport von Personen nach dem Polizeigefängnis oder nach einem Krankenhaus oder nach ihrer Wohnung entstehen, die auf der Straße durch Trunkenheit, Krankheit oder einen Unglücksfall hilflos geworden sind, sowie die Kosten der vorläufigen Unterbringung an einem jener Orte, nicht aber auch Kosten, die durch ihren weiteren Aufenthalt daselbst, namentlich durch Kur- und Verpflegung entstehen, sind unmittelbare Kosten der Polizeiverwaltung und daher in Städten mit Kgl. Polizeiverwaltung vom Staate zu tragen.

„Die Fortschaffung der hilflosen oder betrunkenen Personen von der Straße erfolgt im wesentlichen entweder zu ihrem eigenen Schutze vor Gefahr oder zur Aufrechterhaltung der öffentlichen Ruhe und Ordnung, aber nicht zur Herstellung eines polizeimäßigen Zustandes der Straße und nicht in Ausführung einer zu diesem Zwecke an den Verpflichteten erlassenen Anordnung. Sie liegt der Polizei unmittelbar, als eine von ihr mit ihren Kräften und Hilfsmitteln auszuführende Amtshandlung ob, unbeschadet ihres Rechtes, von demjenigen, in dessen Interesse sie dabei Kosten aufgewendet hat oder der durch sein Verhalten die Kosten verursacht hat, Erstattung zu verlangen, wenn er zahlungsfähig ist, und unbeschadet ihrer Befugnis, das Eintreten der öffentlichen Armenpflege herbeizuführen, wenn sie sich als erforderlich erweist. Zur Abwendung der Gefahren, die einem Hilflosen an öffentlichen Orten, insbesondere auf der Straße drohen, bedarf es aber in der Regel nicht der Hilfe des Ortsarmenverbandes und zur Verwahrung eines Betrunkenen bis zu seiner Ernüchterung nicht der Unterbringung an einem anderen Orte, als im Polizeigefängnis. Die Kosten der Hinschaffung in das Polizeigefängnis haben alsdann keine andere rechtliche Eigenschaft als die Kosten des Aufenthalts daselbst. Wie diese gehören sie zu den unmittelbaren Kosten der örtlichen Polizeiverwaltung, die nach § 2 des Ges. v. 20. IV. 92 in Städten mit Kgl. Polizeiverwaltung vom Staate zu tragen sind. Dabei macht es auch keinen Unterschied, ob der Transport lediglich durch Polizeibeamte mit den der Kgl. Polizeiverwaltung gehörigen Transportmitteln (Polizeiwagen) ausgeführt worden ist oder ob von den Polizeibeamten Hilfskräfte oder Transportmittel gemietet worden sind. Entscheidend ist allein, zu welchem Zwecke der Transport erfolgt ist.

2. Hiermit steht auch die bisherige Rechtsprechung des O.-V.-G. im Einklange. In E.-O.-V. Bd. XXXV S. 97ff. findet sich keineswegs der Ausspruch, daß die Transportkosten nur dann unmittelbare Polizeiverwaltungskosten darstellen, wenn der Transport des Hilflosen in eine Krankenanstalt zum Zwecke der Information der Polizei über die Notwendigkeit weiterer Maßnahmen erfolgt sei. Vielmehr ist dort ausgeführt, die Fortschaffung hilfloser Personen von der Straße diene ebenso wie die weitere Maßregel des Transports nach einer Beobachtungsstation und die Unterbringung und Verpflegung daselbst „in der Hauptsache der Fürsorge für die hilflos aufgefundene Person selbst“ (a. a. O. S. 100). Die polizeilichen Interessen der öffentlichen Ordnung und Sicherheit und des Verkehrs auf den Straßen, denen schon durch die Fortschaffung des Hilflosen von der Straße selbst genügt werde, träten hinter den Interessen der Fürsorge für den Hilflosen soweit zurück, daß sie für die Frage, wem die durch den Transport verursachten Kosten zur Last fallen, gar nicht in Betracht kommen könnten. Weiter heißt es in der früheren Entscheidung wörtlich: „Der Transport in ein Hospital zur Abwendung der dem Hilflosen drohenden Gefahren und nicht minder seine dortige Unterbringung zum Zwecke der Information der Polizei über die Notwendigkeit weiterer Maßnahmen sind eine unmittelbare Tätigkeit der Polizeibeamten, die zur Erfüllung einer der Polizei selbst obliegenden Aufgabe, aber nicht zur Herstellung eines von ihr angeordneten Zustandes an Stelle eines hierzu verpflichteten Dritten oder in Ermangelung eines solchen erfolgt!“ Es wird also in jener Entscheidung die Information der Polizei nur als ein Zweck des Transportes hingestellt, der neben dem Hauptzwecke, der Fürsorge für den Hilfsbedürftigen, namentlich bei dessen Unterbringung in ein Krankenhaus, in betracht kommen könne, aber „nicht minder“

wie dieser Hauptzweck die polizeiliche Maßnahme als eine der Polizei unmittelbar obliegende Tätigkeit erscheinen lasse.

Mit dieser Auffassung steht es auch nicht in Widerspruch, daß in E.-O.-V. Bd. XXXVIII S. 153 die Kosten für Beschaffung eines Fuhrwerkes zum Transport eines gemeingefährlichen Geisteskranken nach einer Irrenanstalt den mittelbaren Polizeiverwaltungskosten, die der Gemeinde zur Last fallen, beigezählt sind, und daß nach E.-O.-V. Bd. XXXX S. 131 dieselbe Eigenschaft auch den Kosten für den Transport einer Prostituierten in ein Krankenhaus zum Zwecke ihrer Zwangsheilung zukommt. In beiden Fällen wurde die Unterbringung der Kranken in eine Anstalt zum Zwecke der Abwendung der ihnen und anderen Personen infolge ihres kranken Zustandes drohenden Gefahren als die Herstellung eines polizeimäßigen Zustandes bezeichnet. Das Unterscheidende zwischen den früher abgeurteilten und solchen Fällen, wie die jetzt streitig gewordenen, besteht darin, daß in den ersteren der Zustand, zu dessen Herbeiführung der Transport gedient hatte, nicht von den Polizeibeamten und ihren Hilfskräften, sondern auf Anordnung der Polizei durch dritte Personen, das Personal der Anstalt, hergestellt werden sollte, während in den letzteren Fällen die Polizei die augenblickliche Hilflosigkeit mit ihren eigenen Kräften und Hilfsmitteln selbsttätig in Erfüllung einer ihr gesetzlich obliegenden Aufgabe beseitigt hat und also die zu diesem Zwecke erforderlichen Personen, Räume und Hilfsmittel nach § 2 des Ges. v. 20. IV. 92 aus Staatsmitteln beschaffen muß, wenn eine Kgl. Behörde die örtliche Polizeiverwaltung führt."

3. Das Gleiche gilt von den Kosten für die Beseitigung herrenlos umherstreifender Hunde von den Straßen und öffentlichen Plätzen der Stadt Hannover. Auch hier handelt es sich nicht darum, die Straßen in einen polizeimäßigen Zustand zu versetzen, nicht um die Leichtigkeit des Verkehrs auf den Straßen, sondern entweder um die Beseitigung einer für das Publikum durch bissige Hunde herbeigeführten Gefahr oder um die Anwendung unmittelbaren Zwanges gegenüber den Eigentümern der Hunde, die diese verbotswidrig auf den Straßen umherlaufen lassen. In beiden Fällen erfüllt die Polizeiverwaltung durch die Fortschaffung der Hunde eine Aufgabe, die in das Gebiet ihrer verwaltenden Tätigkeit, ihres Dienstbetriebs, fällt. Die ihr daraus erwachsenden Kosten, einschließlich der durch die Annahme von Hilfskräften (der Hundefänger) und die Beschaffung sowie Unterhaltung von Geräten (der Hundewagen) entstehenden, stellen nach der in E.-O.-V. Bd. XXVII S. 62 getroffenen Begriffsbestimmung „unmittelbare Kosten der Polizeiverwaltung" dar, die in den Städten mit Königlicher Polizeiverwaltung nach dem Ges. v. 20. IV. 92 dem Staate zur Last fallen. Die Polizei beseitigt die Hunde von der Straße nicht in Ausführung einer den Eigentümern obliegenden Verpflichtung, sondern in Ausübung einer durch die Polizeiverordnung ihr beigelegten Befugnis, Hunde, die vorschriftswidrig (ohne Maulkorb oder nicht an der Leine geführt) auf der Straße umherlaufen, zu töten. Auch die vorläufige Aufbewahrung der Hunde anstelle sofortiger Tötung geschieht nicht zur Herstellung eines polizeimäßigen Zustandes, sondern im Interesse der Eigentümer, um diesen Gelegenheit zur Wiedererlangung ihrer Hunde gegen Zahlung der Kosten zu gewähren.

Nr. 3. Entsch. Bd. XXXXIII S. 417 v. 22. V. 03 I A 169/02.

Kab.-Ord. v. 20. VI. 30 (G.-S. S. 113) die Erhaltung der Stadtmauern betr.
St.-Ordn. für die Provinz Schleswig-Holstein v. 14. IV. 69 (G.-S. S. 589) §§ 60 [4], 71.
Zust.-Ges. § 16.

1. Zwischen den städtischen Kollegien zu Fl. bestand Meinungsverschiedenheit darüber, ob das dortige „Nordertor" zu erhalten oder abzubrechen sei. Ein Antrag der städtischen Baukommission, das Tor gründlich zu „renovieren", stieß bei dem Stadtverordnetenkollegium auf Widerspruch. Darauf ließ der Magistrat einen mit 2400 Mk. abschließenden Kostenanschlag über die zur „Erhaltung" des Nordertors erforderlichen Arbeiten aufstellen, aber die Bewilligung dieser Summe, die bezeichnet war als erforderlich „zur Verhinderung des weiteren Verfalls und zur Herstellung eines den sicherheitspolizeilichen Anforderungen entsprechenden Zustandes" wurde vom Stadtverordnetenkollegium abgelehnt. Nunmehr regte der Magistrat bei dem Regierungspräsidenten den Erlaß einer Zwangsetatisierungsverfügung an. Der Regierungspräsident stellte zunächst durch Verf. v. 21. IV. 1902 die Notwendigkeit der in dem Kostenanschlage vorgesehenen baulichen Maßnahmen fest. Als auch dem gegenüber das Stadtverordnetenkollegium bei seiner ablehnenden Haltung verblieb, ordnete er an, daß die 2400 Mk. in den städtischen Haushaltsplan einzutragen seien. Die hiergegen seitens des Stadtverordnetenkollegiums erhobene Klage wurde abgewiesen.

2. Da die *Eintragung in den Etat vom Regierungspräsidenten nur in dessen Eigenschaft als Kommunalaufsichtsbehörde* angeordnet werden kann, ist anzunehmen, daß er in derselben Eigenschaft die vorbereitende Feststellung hat treffen wollen. Nach dem Inhalte der Verf. vom 21. IV. 1902 sollen die baulichen Maßnahmen den Verfall des als ein wertvolles geschichtliches Denkmal angesehenen Tores verhindern und außerdem zur Herstellung eines den sicherheitspolizeilichen Anforderungen entsprechenden Zustandes des Tores dienen. *Die Erhaltung von Sachen und ihres historischen Wertes liegt außerhalb der polizeilichen Aufgaben.* Allerdings sollten die baulichen Maßnahmen nicht nur den Verfall des Tores verhindern, sondern sie bezweckten auch die Herstellung eines den sicherheitspolizeilichen Anforderungen entsprechenden Zustandes. Aber *sicherheitspolizeiliche Anforderungen* hat nicht die Landespolizeibehörde, sondern die *Ortspolizeibehörde* zu stellen.

3. Muß hiernach die Rechtmäßigkeit der Verf. v. 21. IV. 1902 im gegenwärtigen Verfahren geprüft werden, so fragt es sich, *ob der Regierungspräsident als Kommunalaufsichtsbehörde von einer Stadtgemeinde Aufwendungen zur Erhaltung eines geschichtlich wertvollen Bauwerkes fordern darf.* Die Kab.-Ord. v. 20. VI. 30, die Erhaltung der Stadtmauern usw. betr., *gilt nicht in der Provinz Schleswig-Holstein* und muß auch darum hier außer Betracht bleiben, weil sie nur von Toren handelt, die zum Verschlusse dienen, was beim Nordertor unstreitig nicht mehr der Fall ist. Nach § 71 Nr. 2 der St.-Ordn. für die Provinz Schleswig-Holstein v. 14. IV. 69 und § 16 Zust.-Ges. bedürfen aber Gemeindebeschlüsse, wenn sie die Veräußerung oder wesentliche Veränderung von Sachen betreffen, welche einen besonderen wissenschaftlichen, historischen oder Kunstwert haben, zu ihrer Wirksamkeit der Genehmigung des Regierungspräsidenten. *Die Verpflichtung zur Erhaltung derartiger Gegenstände* ist den Gemeinden zwar nicht ausdrücklich auferlegt, *ergibt sich* aber *aus der Absicht des Gesetzes.* Denn die gesetzliche Beschränkung hinsichtlich der Veräußerung und wesentlichen Veränderung bezweckt zweifellos die *Erhaltung* der Gegenstände. Brauchte die Gemeinde nur für einen den *sicherheitspolizeilichen Anforderungen* entsprechenden Zustand zu sorgen, so würde sie Gegenstände von besonderem wissenschaftlichen, historischem oder Kunstwerte verfallen lassen dürfen, wenn und soweit nur keine Gefahr damit verbunden ist. Ohne Verpflichtung der Gemeinde zur Erhaltung würde der Staat die Erhaltung auch nicht einmal unter Übernahme der Kosten gegen den Willen der

Gemeinde durchsetzen können. Daher ist aus der Absicht des Gesetzes zu schließen, daß den Gemeinden die Erhaltung der Gegenstände, deren Veräußerung oder wesentliche Veränderung wegen ihres besonderen wissenschaftlichen, geschichtlichen oder künstlerischen Wertes untersagt ist, hat zur Pflicht gemacht werden sollen.

4. Zu dem gleichen Ergebnisse gelangt man durch die Erwägung, daß die Gemeinden als öffentlich-rechtliche Korporationen die allgemeine öffentlich-rechtliche Pflicht haben, ihr Eigentum zweckentsprechend zu verwalten. Freilich hängen die dieserhalb zu ergreifenden Maßnahmen regelmäßig vom freien Ermessen der Korporationen als Selbstverwaltungskörper ab. Aber bei Sachen von besonderem wissenschaftlichen, geschichtlichem oder künstlerischem Werte sind sie dadurch beschränkt, daß deren Veräußerung oder wesentliche Veränderung nicht ohne Genehmigung der Aufsichtsbehörde geschehen darf. Aus der allgemeinen Pflicht zur zweckentsprechenden Verwaltung des städtischen Eigentums in Verbindung mit der Unzulässigkeit der Veräußerung oder wesentlichen Veränderung von wissenschaftlich, geschichtlich oder künstlerisch wertvollen Sachen folgt die Pflicht zur Erhaltung derartiger Sachen in ihrem bisherigen Bestande. Die zu öffentlicher Verwaltung berufenen Korporationen dürfen wegen dieser ihrer Aufgabe ihnen gehörige Sachen, die nach dem Ausspruche der zuständigen Aufsichtsbehörde wegen ihres bleibenden Wertes nicht veräußert oder wesentlich verändert werden sollen, auch nicht einfach verfallen lassen. Das wäre unvereinbar mit einer venünftigen Verwaltung. Die Erhaltung gehört zu den öffentlich-rechtlichen Pflichten der Korporation, zu ihrer Selbstverwaltungslast. Nun ist aber der Magistrat dasjenige Verwaltungsorgan, welchem das Gesetz die Aufgabe zugewiesen hat, das Eigentum der Stadtgemeinde zu erhalten. Der Magistrat würde daher offenbar pflichtwidrig handeln, wenn er Gegenstände, deren Veräußerung oder wesentliche Veränderung wegen ihres bleibenden Wertes untersagt ist, verfallen ließe. Anderseits würde der Magistrat der Pflicht zur Erhaltung beim Widerspruche des Stadtverordnetenkollegiums nicht genügen können, wenn die Stadtgemeinde nicht die Verpflichtung hätte, die dazu nötigen Kosten zu bestreiten. Im Wesen der Gemeinden liegt es nicht, daß sie nur wirtschaftliche Aufgaben zu erfüllen hätten; sie können auch die Pflege idealer Interessen übernehmen oder dazu durch Gesetz verpflichtet werden (E.-O.-V. Bd. XIV S. 86 ff.). Letzteres ist hinsichtlich der Pflege der den Gemeinden gehörigen wissenschaftlich, geschichtlich oder künstlerisch wertvollen Gegenstände durch das Verbot der Veräußerung oder wesentlichen Veränderung geschehen.

5. Hat die Stadtgemeinde die öffentlich-rechtliche Verpflichtung zur Erhaltung des Tores, so darf sie auch von der Kommunalaufsichtsbehörde zu deren Erfüllung angehalten werden. Zu dem Zwecke kann die Kommunalaufsichtsbehörde nach ihrem Ermessen die zur Erhaltung erforderlichen baulichen Maßnahmen bestimmen. Eine Nachprüfung der Notwendigkeit und Angemessenheit der für erforderlich erachteten baulichen Maßnahmen und der dafür veranschlagten Kosten findet in dem gegen die Zwangsetatisierungsverfügung eröffneten, nur eine Rechtskontrolle gewährenden Verwaltungsstreitverfahren nicht statt. Nach dieser Richtung hin ist in eine Nachprüfung der im Kostenanschlag aufgeführten baulichen Arbeiten, die an sich nicht außerhalb des Rahmens der zur Erhaltung eines derartigen Bauwerkes dienlichen Arbeiten liegen, hier nicht einzutreten, und ebensowenig hat das betreffs der Höhe der veranschlagten Preise zu geschehen.

Nr. 4. Entsch. Bd. XXXXIII S. 111 v. 22. V. 03 I A 4/03.

Kommunalbeamtenges. v. 30. VII. 99 (G.-S. S. 141) § 11.

1. Durch Beschluß des Bezirksausschusses gemäß § 11 des Kommunalbeamtengesetzes waren die von der Stadtgemeinde L. ihrem Stadtsekretär Fr. gewährten Besoldungsbeträge anderweit festgesetzt worden. Infolge Beschwerde der Stadt ermäßigte der Provinzialrat die Höhe der Zulagen, ließ es aber im übrigen bei den Feststellungen des Bezirksausschusses bewenden. Als gleichwohl die städtischen Behörden sich weigerten, Mittel zur Zahlung der erhöhten Bezüge flüssig zu machen, ordnete der Regierungspräsident an, daß „die bezeichneten Beträge in den Etat der Kämmereikasse für das laufende Rechnungsjahr und die ferneren Jahre unter Berücksichtigung der angegebenen Steigerungssätze einzutragen" seien. Auf die Klage der Stadtgemeinde wurde die Zwangsetatisierung außer Kraft gesetzt. Das O.-V.-G. verwarf zwar, unter Hinweis auf E.-O.-V. Bd. XXXXI S. 154 den Klagegrund, daß die Erhöhung der mit einer Beamtenstelle verbundenen Bezüge nur vor der Besetzung der Stelle von der Aufsichtsbehörde gefordert werden könne, gelangte aber aus anderen rechtlichen Gesichtspunkten zu dem Ergebnisse, daß die angefochtene Zwangsetatisierung unhaltbar sei. Die Entsch. enthielt folgende Rechtsgrundsätze.

2. Beschlüsse der Beschlußbehörden über Besoldungserhöhungen für die Kommunalbeamten dürfen sich rückwirkende Kraft nicht beilegen.

3. Bei jeder Zwangsetatisierung von Besoldungsbeträgen auf die Dauer müssen sowohl die für das laufende Rechnungsjahr als auch die demnächst für die folgenden Jahre zu übernehmenden Leistungen ziffermäßig ausreichend bestimmt werden. Dazu genügt bei Dienstalterszulagen eines bereits angestellten Beamten die bloße Bezeichnung periodisch eintretender Steigerungssätze nicht; es bedarf außerdem einer Feststellung des Besoldungsdienstalters des Stelleninhabers, aus der sich die Höhe der ihm jeweilig zu gewährenden Zulagen ergibt. Die vorliegende Anordnung des Regierungspräsidenten enthält keine Festsetzung des anzurechnenden Dienstalters und entbehrt daher der erforderlichen Bestimmtheit. Dies ist um so wesentlicher, wenn, wie hier, das Dienstalter überhaupt streitig ist.

V.

Landgemeinden und Gutsbezirke.

Literatur: Graf Hue de Grais, Handbuch der Verfassung und Verwaltung im Deutschen Reiche, 16. Aufl., Berlin 1904. Illing-Kautz, Handbuch für preußische Verwaltungsbeamte, 8. Aufl., Berlin 1903/4. Mahraun, Verwaltungsvorschriften für preußische Gemeinde-, Polizei- und Kreisbehörden; Sammlung zentralbehördlicher Erlasse aus den Jahren 1799—1902, Berlin 1903.

Materialien: Ges. v. 20. Mai 1902 (G.-S. S. 143); Abg.-Haus, Session 1902, Drucks. Nr. 140 und 161; stenogr. Berichte Bd. IV S. 5009, 5068. Herrenhaus, Session 1902, Drucks. Nr. 60 und 72; stenogr. Berichte S. 110.

A. Rechtliche Stellung der Landgemeinden und Gutsbezirke. Kommunale Eigenschaft. Änderung der Bezirksgrenzen. Auseinandersetzungen.

Nr. 1. Entsch. v. 28. I. 02 Nr. I 167.

1. Die zur Regelung der gutsherrlich-bäuerlichen Auseinandersetzung berufenen Generalkommissionen sind zwar berechtigt und verpflichtet, das

Interesse der bei der Auseinandersetzung beteiligten öffentlich-rechtlichen Korporationen wahrzunehmen und das Verhältnis der Teilnehmer an der Auseinandersetzung zu öffentlich-rechtlichen Sozietäten und Korporationen zu regeln (§§ 3, 4, 7 und 43 Nr. 4 der Vd. v. 20. VII. 17). Durch keine gesetzliche Bestimmung sind dagegen die Generalkommissionen ermächtigt, neue öffentlich-rechtliche Korporationen, insbesondere neue Gemeinden und Gutsbezirke zu bilden. Ihre Tätigkeit beschränkt sich vielmehr auf die Regelung der Beziehungen der Teilnehmer an der Auseinandersetzung zu den bestehenden Gemeinden und Gutsbezirken. In dieser Beziehung kann eine gutsherrlich-bäuerliche Auseinandersetzung bewirken, daß sich die Grenzen bestehender Kommunalbezirke ändern. Was dem Gutsherrn als Entgelt für seinen herrschaftlichen Besitz und seine Berechtigungen gegenüber den bäuerlichen Besitzern überwiesen wurde, ging in den Gutsbezirk über, sofern der Rezeß nicht abweichende Bestimmungen traf (vgl. E.-O.-V. Bd. V S. 149 ff.), während die Landabfindung der bäuerlichen Wirte anstelle der bisher von ihnen genutzten Grundstücke trat und den räumlichen Bezirk der Dorfgemeinde bildete, die sich aus den Besitzern der bäuerlichen in dem Dorfe oder seiner Feldmark belegenen Grundstücke zusammensetzte (§ 18 Titel 7 Teil II A.-L.-R.).

2. Wenn daher der Vorderrichter feststellt, daß die Besitzer der beiden von dem Vorgänger des Klägers im zweiten Jahrzehnt des vorigen Jahrhunderts erworbenen Höfe im Regulierungsprozeß unter den bäuerlichen Wirten aufgeführt sind, denen der Rezeß die Kommunallasten auferlegt, so rechtfertigt sich daraus seine Schlußfolgerung, daß diese Höfe rechtlich auch heute noch zum Gemeindebezirke gehören, sofern nicht eine Bezirksveränderung später eingetreten ist. Jedoch waren weder die Zuschreibung der beiden Bauerhöfe auf dem Grundbuchblatte des Ritterguts, noch die Eintragung ihrer Liegenschaften in das Grundsteuerkataster des Gutsbezirkes, noch auch der Umstand, daß ein Widerspruch gegen die Eintragung weder damals noch später erfolgte, geeignet, eine Änderung ihrer kommunalen Zugehörigkeit zu bewirken. Die Eintragung im Grundbuch und die Aufnahme in das Grundsteuerkataster sind nicht die Formen und Akte, in denen sich die Veränderung der Grenzen von Landgemeinden und Gutsbezirken vollzieht, sie haben nicht einmal den Wert einer Beurkundung der bestehenden kommunalen Zugehörigkeit. Daran ändert sich auch nichts, wenn die Aufnahme in das Grundsteuerkataster seiner Zeit ohne Widerspruch bewirkt und seitdem nicht angefochten ist. Daraus könnte höchstens entnommen werden, daß die beiden Bauerhöfe tatsächlich als Bestandteile des Gutsbezirks behandelt worden seien, und dies allein würde ihre rechtliche Vereinigung mit dem Gutsbezirke weder nach dem jetzt geltenden, noch nach dem älteren Rechte zur Folge gehabt haben. Hierzu wäre vielmehr ein staatshoheitlicher Akt erforderlich gewesen, zu dessen Vornahme vor Erlaß des Ges., betr. die Landgemeindeverfassungen in den östlichen Provinzen v. 14. IV. 56 die Regierungen, später die Oberpräsidenten, und seit Einführung der Kr.-Ordn. v. 13. XII. 72 die Kreisausschüsse regelmäßig zuständig waren.

3. Eine gütliche Vereinbarung über das Ausscheiden der beiden Bauerhöfe aus dem Gemeindeverbande zwischen den Beteiligten konnte öffentlich-rechtliche Wirkungen erst durch das Hinzutreten der Bestätigung durch die zuständige Behörde erlangen. Zu deren Erteilung war zwar auch die Generalkommission, aber nur im Rahmen eines von ihr geleiteten Regulierungs- oder Gemeinheitsteilungsverfahrens befugt.

Nr. 2. Entsch. v. 6. VI. 02 Nr. I 924 (Pr.-V.-Bl. Bd. XXIV S. 568).

1. Das Gut M.-H. war ursprünglich Eigentum des Stifts „Unserer lieben Frauen zu Breslau auf dem Sande“ gewesen und in der Mitte des siebenzehnten Jahrhunderts, wenn nicht schon früher, von diesem Stifte zu Erbzinsrecht veräußert worden, wobei dem Stifte mit dem Obereigentum die Gutsherrlichkeit verblieb. Als infolge des Ed. v. 30. X. 10, betr. die Einziehung der geistlichen Stifte und Klöster, der Preußische Fiskus Rechtsnachfolger des bezeichneten Stiftes geworden war, wurde er auch als Eigentümer des Gutes M.-H. im Hypothekenbuche dieses Dominiums im April 1813 eingetragen, während ein anderes Hypothekenblatt, das im März 1752 für das zu Erbzinsrecht verliehene, „Freigut“ genannte Grundstück angelegt worden war, dessen Besitzverhältnisse nachwies. Die Besitzerin des Freiguts löste durch einen mit dem Fiskus am 20. VII. 13 geschlossenen Reluitionsvertrag die auf dem Freigute lastenden Natural- und Geldzinsen an das Dominium gegen Kapitalzahlung ab, so daß nur noch eine Verpflichtung zur Zahlung eines laudemium bei Besitzveränderungen bestehen blieb. Durch Kaufvertrag v. 21. VII. 13 erwarb dann dieselbe Besitzerin vom Fiskus „das freie Dominial- und Rittergut M.-H.“ derart, daß dem Fiskus die Gerichtsbarkeit, das Patronat und das Lehrerberufungsrecht vorbehalten blieben, die Erwerberin aber hinsichtlich der ständischen und im Vertrage nicht ausdrücklich anders bestimmten übrigen Verhältnisse „*in die Kategorie adliger Gutsbesitzer*“ trat. Bemerkt wurde in dem Kaufvertrage, daß zu M.-H. weder ein Dominialvorwerk noch Dominialäcker, Wiesen oder Forstgrundstücke gehörten, sondern daß nur Rechte und Genußbarkeiten, nämlich die Jagd auf der dortigen Feldflur und die Fischereigerechtigkeit „sowie die Zinsen von den im Orte befindlichen 12 Freigärtnerstellen“, Gegenstand des Verkaufs seien.

Das O.-V.-G. entschied, daß das „Freigut“ ein selbständiger Gutsbezirk sei.

2. Eine Stellungnahme der Generalkommission dem Ablösungsrezesse (vom Jahre 1826) gegenüber wäre allerdings grundsätzlich ohne Belang. Allerdings hatten die *Generalkommissionen* die Befugnis, die *Grenzen der beteiligten Kommunalbezirke* bei einer Regulierung der gutsherrlich-bäuerlichen Verhältnisse oder sonstigen Auseinandersetzung *festzusetzen und hierbei auch die bisherigen Grenzzüge abzuändern* (vgl. E.-O.-V. Bd. VII S. 193, Bd. VIII S. 113). Sie waren aber *weder befugt, neue Gutsbezirke oder Gemeindebezirke* zu schaffen, *noch* bei Gelegenheit einer Auseinandersetzung eine *Entscheidung über eine streitige Gemeindezugehörigkeit* zu treffen. Die Generalkommission zu Breslau hätte daher weder das Freigut M.-H. zu einem selbständigen Gutsbezirk erheben können, wenn es einem solchen nicht bereits angehörte, noch eine Entscheidung dahin treffen können, daß es ein solcher war.

Die Generalkommission hat aber im vorliegenden Falle gar nicht beabsichtigt, an der kommunalen Eigenschaft des „Freiguts“ etwas zu ändern.

3. Die Haupt-Säkularisationskommission zu Breslau hat bei Abschluß des Kaufvertrages im Jahre 1813 nicht ein zu einem Gemeindebezirke gehöriges Grundstück von diesem abtrennen und es zu einem Rittergute umwandeln, sondern *lediglich einen Wechsel in der Person des Gutsherrn über ein bestehendes herrschaftliches Gut* (Dominium) herbeiführen wollen. Vereinigte sich in der Hand der Besitzerin des *nutzbaren Eigentums an dem Freigut* infolge des Kaufvertrages *dieses Eigentum mit dem Obereigentum und dem in ihm enthaltenen herrschaftlichen Rechte*, so wurde dadurch die Käuferin *Gutsherr über ihr Freigut.*

Dieses wurde, wenn es sich außerhalb eines Gemeindebezirks befand, wieder zu einem herrschaftlichen Besitze seines nunmehr vollen Eigentümers, wie es ein solcher Besitz vor der unter Vorbehalt der Grundherrlichkeit und Gutsherrschaft geschehenen Verleihung zu Erbzinsrecht ehemals gewesen war. Die Generalkommission und die Hypothekenbehörde durften dann auch ohne weiteres das ehemalige Freigut als ein Rittergut und seinen Besitzer als Gutsherrn ansehen. Ob die erwähnten Voraussetzungen tatsächlich vorgelegen haben, wird in folgendem erörtert werden.

4. Das Verhältnis der Gutsherren zu den Untertanen und der Gegensatz des herrschaftlichen zu dem bäuerlichen Grundbesitze bildet die Grundlage, auf der die Gutsbezirke in kommunaler Hinsicht entstanden sind. Wurden Teile des gutsherrlichen Gebiets von den Grundherrn verkauft oder nach Erbzinsrecht, zu Erbpacht oder in den sonstigen Formen des bäuerlichen Besitzrechts ausgetan, so konnte hierdurch ihre kommunale Stellung eine Änderung erfahren. Eine solche trat dann ein, wenn aus ihnen eine bäuerliche Gemeinde geschaffen wurde oder wenn sie der Feldmark einer bereits bestehenden bäuerlichen Gemeinde zugelegt wurden, oder wenn aus ihnen neue selbständige Güter entstanden, mit deren Besitze herrschaftliche Rechte verknüpft waren. Lag keiner dieser Fälle vor, so verblieben die veräußerten Grundstücke in kommunaler Hinsicht Bestandteile des Herrschaftsgebietes, dem sie bisher angehört hatten. Dasselbe gilt auch, wenn vom Staatsfiskus, Stadtgemeinden oder Stiftern ganze herrschaftliche Güter unter Vorbehalt der gutsherrlichen Rechte veräußert oder zu einer der bäuerlichen Besitzformen ausgetan wurden. Der Erwerber verblieb dann mit seinem Grundbesitze kommunalrechtlich in demselben Bezirke, den das Gut bisher gebildet hatte, in dem gutsherrlichen Territorium, das die spätere Gesetzgebung als Gutsbezirk bezeichnet (vgl. E.-O.-V. Bd. X S. 89 ff.). Kam ein ohne Mitübertragung der Gutsherrschaft veräußertes herrschaftliches Gut nach der Veräußerung durch Zerschlagung in die Hände mehrerer Erwerber, so konnte sich aus ihm ebenfalls eine Landgemeinde bilden. Geschah dies nicht, so blieben die Trennstücksbesitzer ohne Rücksicht auf ihre Anzahl Anwohner auf gutsherrlichem Grund und Boden außerhalb eines Gemeindebezirkes. Ebenso verhielt es sich, wenn von dem bäuerlichen Erwerber eines Gutes, der herrschaftliche Rechte darüber nicht besaß, Ansiedler oder Gärtner auf seinem Grundstück angesetzt wurden; auch dadurch entstand nicht ohne weiteres ein neuer Gutsbezirk oder eine Landgemeinde; vielmehr traten die Ansiedler unter die Gutsherrlichkeit des alten Gutsherrn, während ihre Grundstücke Bestandteile des alten Gutsbezirks verblieben (vgl. E.-O.-V. Bd. XVI S. 231). Unerheblich war es für diese Rechtsverhältnisse, ob der Gutsherr in seinem herrschaftlichen Gebiete für sich Grundbesitz zurückbehalten hatte, oder ob ihm dort nur noch öffentliche Rechte und Pflichten und Ansprüche auf Zinsen, Renten oder andere Leistungen zustanden.

5. Aus der Geschichte des Freiguts M.-H., die eingehend erörtert wird, ergibt sich nicht, daß das Freigut jemals einer Landgemeinde M.-H. angehört hat. Nach Einführung des L.-R. setzte die Entstehung einer Landgemeinde eine landesherrliche Anordnung voraus, während ländliche Ortschaften, die bereits vorher ein Gemeindeleben geführt hatten, als Landgemeinden durch §§ 18 und 19 Tit. 7 T. II A.-L.-R. anerkannt worden sind. Aus letzteren Vorschriften kann aber keineswegs gefolgert werden, daß jeder bäuerliche Grundbesitz unter allen Umständen den Bezirk einer Landgemeinde darstelle oder zu einem solchen gehören müsse. Vielmehr bedarf es für das vorlandrechtliche Bestehen einer Landgemeinde entweder des Nachweises, daß eine

bäuerliche Feldmark mit bäuerlichen Besitzern — die regelmäßige Grundlage einer Landgemeinde — bestanden habe, oder, beim Fehlen dieser Grundlage, des Nachweises, daß die Bewohner der Ortschaft tatsächlich als Gemeinde organisiert gewesen sind und ein Gemeindeleben geführt haben. Im vorliegenden Falle kann von dem Vorhandensein der regelmäßigen Grundlage einer Landgemeinde zur Zeit der Einführung des A.-L.-R. keine Rede sein. Damals bestand in M.-H. keine Genossenschaft bäuerlicher Besitzer, die eine gemeinschaftliche Feldmark besaßen, sondern nur ein einziges bäuerliches Grundstück, das Freigut, auf dem oder neben dem sich eine Anzahl Gärtnerfamilien niedergelassen hatte. Diese besaßen keinen Acker, sondern nur ihre Hausgrundstücke mit den dazu gehörigen Gärten und die Hutungsbefugnis für Kühe, Schweine und Gänse auf dem Acker des Freiguts. Eine Mehrzahl spannfähiger bäuerlicher Nahrungen gab es in M.-H. nicht. Dafür, daß die Bewohner der Ortschaft, obwohl sie keine Bauern waren, doch als Landgemeinde organisiert gewesen seien, fehlt bisher jeder Anhalt. Sollte aber eine solche Organisation unter den zwölf Besitzern der Gärtnerstellen bestanden haben und diese nicht lediglich Anwohner auf herrschaftlichem Grunde gewesen sein, so würde es doch immer des Nachweises bedürfen, daß auch der Besitzer des von den Gärtnerstellen an Größe und Bedeutung ganz verschiedenen Freiguts jener organisierten Genossenschaft vor dem Jahre 1813 angehört hat. Die Wahrscheinlichkeit spricht gegen eine solche Annahme und vielmehr dafür, daß die Freigärtner und Dreschgärtner von dem Besitzer des Freiguts auf dessen Grund und Boden, wenn auch unter Mitwirkung des Gutsherrn, im wirtschaftlichen Interesse des Freiguts angesetzt worden sind, worauf auch der Umstand hindeutet, daß sie auf diesem eine Hutungsberechtigung nach ihren Kaufbriefen ausüben durften, und daß ebenso die Dienste der Gärtner hauptsächlich auf dem Freigute zu leisten waren, während die Geld- und Naturalzinsen an das Sandstift entrichtet werden mußten. Stand aber der Besitzer des Freiguts im Jahre 1813 außerhalb eines Gemeindeverbandes und unmittelbar unter der Gutsherrschaft des Staatsfiskus, und bildete sein Grundbesitz, sei es neben einem Gemeindebezirke M.-H., sei es zusammen mit den Gärtnerstellen, ein selbständiges Dominialgebiet, so hatte sein Erwerb der Gutsherrschaft in diesem Dominialgebiet zur notwendigen Folge, daß das Freigut, das damit der Sitz der Gutsherrschaft wurde, Rittergutseigenschaft erlangte.

Es ist auch nicht zu bezweifeln, daß dies die Wirkung des Kaufvertrages vom Jahre 1813 gewesen ist. Das Dominium M.-H., von dem das dortige Freigut abveräußert worden war, stellte in der Hand des Sandstifts, und ebenso später in der des Fiskus, ein selbständiges herrschaftliches Gebiet dar. Als ein solches ging es auch im Jahre 1813 auf die Rechtsvorgängerin der Kläger über, obwohl der Fiskus mit Rücksicht auf die Kab.-Ordn. v. 9. I. und 20. II. 12 die Gerichtsbarkeit, das Patronat und das Lehrerberufungsrecht sich vorbehielt. Denn diese Rechte waren zwar häufige, aber nicht wesentliche Bestandteile der Gutsherrschaft, die auch ohne sie vorhanden sein konnte (vgl. E.-O.-V. Bd. I S. 110, Bd. VIII S. 84, Bd. X S. 90). Durch die Bestimmung des Kaufvertrags, daß der Erwerber in die Kategorie der Rittergutsbesitzer treten solle, wurde ihm die Gutsherrlichkeit über das ganze Gebiet des ehemals herrschaftlichen Besitzes in M.-H., einschließlich der Grundstücke der zwölf Stellenbesitzer, mochten diese eine Landgemeinde bilden oder nicht, übertragen. Der dort außerhalb eines Gemeindebezirks belegene Grund und Boden, das bisherige Freigut, wurde hierdurch ein Rittergut des Erwerbers, der Gutsherrlichkeit, während es ohne diesen Erwerb trotz der Ablösung des Erbzinses im Obereigentum des Fiskus verblieben sein würde.

Nr. 3. Entsch. Bd. XXXXII S. 7 v. 21. II. 02 II C 139/01.

Ges. v. 14. IV. 56 (G.-S. S. 359), betr. die Landgemeindeverfassungen in den sechs östlichen Provinzen der Monarchie, § 1.
Zust.-Ges. § 9 Abs. 1, § 26 Abs. 1.
Land-Gem.-Ordn. v. 3. VII. 91 (G.-S. S. 233) § 4 Abs. 1.

Die Regel, daß die Verwaltungsgerichte im Steuerreklamationsprozesse unter Umständen incidenter auch über die kommunale Eigenschaft gewisser Gebietsteile zu befinden haben, erleidet eine Ausnahme in dem Falle, daß die ehedem zur Entscheidung über derartige Fragen berufenen Behörden bereits eine solche Entscheidung getroffen haben und diese Entscheidung im Wege des Streitverfahrens eine anderweitige und endgültige Regelung nicht erfahren hat.

Nach dem Rechtszustande der Jahre 1869/70 waren die Aufsichtsbehörden für die Regelung jener Verhältnisse zuständig, insbesondere war es Sache des Oberpräsidenten, über Zweifel und Streitigkeiten wegen der Zugehörigkeit eines Grundstücks zu einem Guts- oder Gemeindebezirke sowie wegen der Eigenschaft eines Grundstückskomplexes als eines selbständigen Gutsbezirkes Entscheidung zu treffen. Diese Entscheidung hatte allerdings keine konstitutive Wirkung und der Oberpräsident war nicht gehindert, sie von Amts wegen oder auf Antrag wieder abzuändern, wenn die Frage für sich allein oder als Inzidentpunkt nochmals an ihn herantrat und er seine frühere Stellungnahme als unhaltbar erkannte. Aber solange er das nicht getan, blieb seine Entscheidung maßgebend. Inzwischen ist die Zuständigkeit des Oberpräsidenten auf andere Behörden übergegangen, so daß er jetzt nicht mehr zu der Abänderung einer früher getroffenen Entscheidung berufen sein würde, eine solche Änderung vielmehr nur im Wege des Verwaltungsstreitverfahrens durch eine die Streitigkeit endgültig regelnde Entscheidung erfolgen könnte.

Nr. 4. Entsch. Bd. XXXXII S. 86 v. 24. X. 02 I C 40/42.

Land-Gem.-Ordn. v. 3. VII. 91 (G.-S. S. 233) §§ 2, 3.

1. Bei einer Auseinandersetzung gemäß § 3 der Land-Gem.-Ordn. vom 3. VII. 91 hat eine Ausgleichung der öffentlichen Interessen der Beteiligten durch Leistungen des einen von ihnen an den anderen nur dann zu erfolgen, wenn besondere Gründe sie erforderlich machen.

2. Der Umstand, daß eine Gemeinde in Erfüllung ihrer kommunalen Aufgaben einem dauernden Bedürfnis eines demnächst von ihrem Bezirk abgetrennten Ortsteils durch Herstellung von Anlagen genügt hat, begründet für sie keinen Anspruch auf Entschädigung für ihre Aufwendungen durch diejenige Gemeinde, mit der der Ortsteil später vereinigt worden ist. Umgekehrt würde das Fehlen notwendiger Anlagen möglicherweise geeignet sein, einen Entschädigungsanspruch der letzteren Gemeinde zu begründen, wenn sie Versäumtes ihrerseits nachholen müßte und dadurch Gefahr liefe, mit Ausgaben übermäßig belastet zu werden. (Vgl. E.-O.-V. Bd. XXXX, 158, 159.)

3. Anders könnte das Rechtsverhältnis zu beurteilen sein, wenn die Leistungen nicht aus dem Vermögen oder den laufenden Einnahmen der Gemeinde gedeckt, sondern durch Aufnahme eines Darlehns ermöglicht

werden wären. Alsdann würden sich die Zahlung der Zinsen und die Tilgung des Darlehns in der Zeit nach der Ausgemeindung wirtschaftlich als Leistungen darstellen, die auch dem Bedürfnis des ausgemeindeten Ortsteils dienen. Eine Entschädigung hierfür durch die Gemeinde, mit der dieser Ortsteil vereinigt worden ist, würde namentlich gerechtfertigt sein, wenn die alleinige Belastung der durch die Ausgemeindung verkleinerten Gemeinde übermäßig und unbillig erschiene.

4. Die Klage gegen einen auf Grund des § 3 der Land-Gem.-Ordn. gefaßten Beschluß des Kreisausschusses darf nur innerhalb einer Frist von zwei Wochen erhoben werden, und wird diese Frist nur durch Einreichung der Klage bei dem für die Entscheidung zuständigen Gerichte, dem Kreisausschusse, gewahrt (E.-O.-V. Bd. XXXIII S. 139).

5. Ein Beschluß auf Grund des § 3 der Land-Gem.-Ordn. kann Rechte oder Pflichten nur für die bei der Bezirksveränderung „Beteiligten“ begründen. Hierunter sind in erster Reihe die Gemeinde- oder Gutsbezirke zu verstehen, deren Grenzen geändert worden sind, wobei für die Gutsbezirke als Träger ihrer Rechte und Pflichten der Gutsbesitzer im öffentlich-rechtlichen Sinne einzutreten hat, und zwar auch noch, nachdem der Gutsbezirk mit einer Gemeinde vereinigt oder in eine Gemeinde umgewandelt worden ist (E.-O.-V. Bd. XXXVI S. 145). Außerdem können aber für eine nach § 3 Abs. 2 a. a. O. erforderliche Ausgleichung der öffentlichen Interessen auch innerhalb eines Gemeindeverbandes Beteiligte sich gegenüberstehen, die durch die Bezirksveränderung zu einer Gemeinde vereinigt worden sind, während sie vorher verschiedenen Gemeinden oder Gutsbezirken angehörten. Für diesen Fall bestimmt § 3 a. a. O. folgendes:

> „Insbesondere können einzelne Beteiligte im Verhältnis zu anderen Beteiligten, welche für gewisse kommunale Zwecke bereits vor der Vereinigung für sich allein Fürsorge getroffen haben, oder solche Beteiligte, welche vorwiegend Lasten in die neue Gemeinschaft bringen, zu Vorausleistungen verpflichtet werden.“

„Vor der Vereinigung“ kann nun Fürsorge für kommunale Zwecke nur von den kommunalen Korporationen als solchen, aber nicht von den einzelnen Grundbesitzern getroffen worden sein; und nicht letztere, sondern nur die bisher selbständig gewesenen Bezirke oder von anderen Bezirken abgetrennten Teile können also „Lasten in die neue Gemeinschaft“, d. h. in die neue Gemeinde bringen, mit der oder zu der sie vereinigt worden sind. Wie daraus folgt, sind unter den „Beteiligten“ im Sinne jener Gesetzesvorschrift nicht bestimmte Personen, insbesondere auch nicht bestimmte Grundbesitzer innerhalb einer Gemeinde, sondern immer nur Teile des neuen Gemeindebezirkes (Ortsteile, Bezirksteile) zu verstehen. Innerhalb dieser räumlich begrenzten Teile, im Umkreise der Grundstücke, auf die sich die Bezirksveränderung im Sinne des § 2 der Land=Gem.-Ordn. erstreckt hat, können die Gemeindeabgabenpflichtigen „zu Vorleistungen“ vor den anderen Abgabenpflichtigen in dem neuen Gemeindebezirke verpflichtet werden. Andere Bestimmungen als eine verhältnismäßige größere Abgabenpflicht innerhalb eines Teiles des Bezirkes der neuen (oder vergrößerten) Gemeinde dürfen zum Zwecke der Ausgleichung zwischen mehreren Beteiligten innerhalb desselben Gemeindebezirkes nicht getroffen werden. Es ist daher auch ausgeschlossen, daß den Abgabenpflichtigen des einen Ortsteils Zahlungen an die eines anderen Ortsteils auferlegt werden. Als Forderungsberechtigter steht den Abgabenpflichtigen in allen Ortsteilen nur die Gemeinde als solche gegenüber. Deren Forderungsrecht kann einem Teile ihrer Abgabenpflichtigen gegenüber durch einen Beschluß auf Grund des § 3 a. a. O. ausgedehnt werden, der sie mit Vorausleistungen vor den übrigen Abgabenpflichtigen belastet. Den Gegenstand eines hieran sich anschließenden Streitverfahrens bildet jedoch nur der Anspruch auf Festsetzung einer Verpflichtung, die alle Personen trifft, die in einem bestimmten, räumlich abbegrenzten Ortsteile Wohnsitz oder Grundbesitz haben oder ein Gewerbe betreiben und daher gemeindeabgabenpflichtig sind. Eine derartige Festsetzung legt nicht bestimmten einzelnen Personen Verpflichtungen auf oder Rechte bei, sondern sie schafft objektives Ortsrecht, das für alle Personen, die zur Zeit dort abgabenpflichtig sind oder es in Zukunft werden, gleichmäßige Geltung hat. Bei der Festsetzung einer Verpflichtung zu Vorausleistungen handelt es sich sonach nicht um subjektive Rechte oder Pflichten bestimmter Personen, die deren Verfügung im Streitverfahren unterliegen. Sie hat vielmehr die Natur einer allgemein verbindlichen Norm.

Nr. 5. Entsch. v. 19. XII. 02 Nr. I 1997.

St.-Ordn. v. 30. V. 53 (G.-S. S. 261) § 2.
Land-Gem.-Verf.-Ges. v. 14. IV. 56 (G.-S. S. 359) § 1.
Zust.-Ges. §§ 8, 25.
Land-Gem.-Ordn. v. 3. VII. 91 (G.-S. S. 233) § 3.

1. Das Recht der Gemeinden und Gutsbezirke auf Wahrung der örtlichen Grenzen ihres Bereichs ist kein unbedingtes, sondern besteht nur mit der Beschränkung, daß die Begrenzung jederzeit der Änderung durch staatshoheitlichen Akt nach Maßgabe der gesetzlich vorgeschriebenen Regeln unterliegen. In einem staatshoheitlichen Akt, der die Grenzen eines Gemeinde- oder Gutsbezirks ändert, erweitert oder einschränkt, ist daher kein Eingriff in bestehende Rechte, sondern nur der Gebrauch einer in der beschränkten Natur des Rechts der Gutsbezirke und Gemeinden begründeten Befugnis zu finden. Aus den allgemeinen Regeln über die Unverletzlichkeit bestehender Rechte kann also der Rechtssatz, daß die den Beteiligten infolge einer Bezirksveränderung erwachsenen Nachteile einen Anspruch auf Ausgleichung gegen andere, dadurch bevorzugte Beteiligte begründen, nicht hergeleitet werden, er widerstreitet vielmehr dem Wesen der Bezirksveränderung, insbesondere auch dem der Abtrennung einzelner Teile von einem Gemeinde- oder Gutsbezirke und deren Vereinigung mit einem anderen Gemeinde- oder Gutsbezirke. In diesem Wesen ist es begründet, daß die Verbindlichkeit, für den Bereich der umgelegten Teile diejenigen Pflichten und Leistungen zu erfüllen, die den Gemeinden für den Bereich ihres Gemeindebezirks im öffentlichen Interesse gesetzlich obliegen, den Träger wechselt, der bisherige Träger frei wird und an seine Stelle diejenige Rechtspersönlichkeit tritt, die jene Verbindlichkeit für den Bereich des Gemeinde- oder Gutsbezirks zu erfüllen hat, dem die umgelegten Teile zugeschlagen sind. Nicht minder aber ist es in diesem Wesen begründet, daß die den umgelegten Teilen angehörigen Einwohner, Grundbesitzer und Gewerbetreibenden von ihren Pflichten gegen den Gemeinde- oder Gutsbezirk, dem sie bisher angehörten, frei werden und in dieselben Rechtsverhältnisse eintreten, wie die sonstigen Einwohner, Grundbesitzer und Gewerbetreibenden des Gemeinde- oder Gutsbezirks, dem sie hinzugetreten sind. Aus diesen Rechtsfolgen der Bezirksveränderung aber ergibt sich, daß eine Ausgleichung der für einzelne Beteiligte erwachsenen Nachteile gegen die Vorteile anderer, die im wesentlichen darin bestehen würde, daß die Folgen der Änderung durch besondere Bestimmungen beseitigt werden, nur insoweit gefordert werden kann, als sie in positiven gesetzlichen Be-

stimmungen oder in besonderen Rechtstiteln, namentlich in den bei der Verhandlung über die Bezirksveränderung geschlossenen Vereinbarungen eine Stütze findet. Positive Bestimmungen dieser Art waren im Jahre 1880 in den damals in der Provinz Posen noch unverändert geltenden Vorschriften der §§ 2 Abs. 6 der St.-Ordn. v. 30. V. 53 und 1 Abs. 5 des Land-Gem.-Verf.-Ges. v. 14. IV. 56 nicht enthalten. Die in beiden Gesetzen getroffene Bestimmung, daß Auseinandersetzungen, die infolge einer Bezirksveränderung notwendig werden, im Verwaltungsverfahren zu bewirken sind, sollte keineswegs ein Verfahren zum Zwecke der Ausgleichung der durch eine Bezirksveränderung berührten öffentlich-rechtlichen Interessen der Beteiligten eröffnen, sondern für den zwar nicht immer, aber doch häufig eintretenden Fall Vorsorge treffen, daß infolge einer Bezirksveränderung eine Gemeinschaft zwischen den daran beteiligten Guts- und Gemeindebezirken entstand, und ihre Aufhebung, sowie die Verteilung der in der Gemeinschaft begriffenen Rechte und Pflichten unter die Beteiligten regeln. An diesem Rechtszustande hat auch das in die Provinz Posen erst durch das Ges. v. 19. V. 89 eingeführte Zust.-Ges. nichts geändert, da die Vorschriften in §§ 8 und 25 nur die Zuständigkeit der zum Beschluß auf die Auseinandersetzung berufenen Behörden und das Verfahren, in dem diese zu erfolgen hat, betreffen, aber den Gegenstand der Auseinandersetzung nicht berühren. Erst durch die Vorschrift im § 3 Abs. 2 der Land-Gem.-Ordn. v. 3. VII. 91, wonach im Falle einer Auseinandersetzung zwischen den an einer Bezirksveränderung Beteiligten erforderlichenfalls Bestimmungen zur Ausgleichung ihrer öffentlich-rechtlichen Interessen zu treffen sind, ist den Beteiligten ein gesetzlicher Anspruch auf Ausgleichung gegeben und zugleich der Gegenstand der Auseinandersetzung auf Feststellung derartiger Ansprüche ausgedehnt worden. Damit ist, wie schon in E.-O.-V. Bd. XXVI S. 93 ff. dargelegt ist, auch für diejenigen, die an einer vor dem 1. IV. 93 erfolgten Bezirksveränderung beteiligt waren, die rechtliche Möglichkeit eröffnet, Ansprüche auf Ausgleichung öffentlich-rechtlicher Interessen im Auseinandersetzungsverfahren geltend zu machen, aber es ist die Frage, inwieweit solche Ansprüche sachlich begründet sind, nicht nach den Vorschriften der Land-Gem.-Ordn., sondern nach denen des älteren zur Zeit der Bezirksveränderung geltenden Rechts zu beantworten.

2. Hiernach ist der Annahme des Vorderrichters, daß der Anspruch eines Gutsbesitzers, von dessen Gutsbezirk ein Trennstück einer Stadtgemeinde zugeschlagen worden ist, auf Befreiung von der Belastung mit städtischen Steuern und sonstigen städtischen Gemeindelasten im bestehenden Gesetzesrecht nicht begründet sei, nur beizutreten. Wenn Kläger diejenigen Beziehungen, die zwischen der beklagten Stadtgemeinde und ihm als Eigentümer von in dem umgemeindeten Gebiet belegenem Grundbesitz und auf diesem befindlichen gewerblichen Anlagen entstanden sind, als eine Gemeinschaft bezeichnet, die der Auseinandersetzung nach § 2 Abs. 6 der St.-Ordn. vom 30. V. 53 fähig ist, und ausführt, daß die Frage, ob eine solche als „erforderlich" im Sinne der angeführten Gesetzesstelle anzusehen sei, nach Rücksichten der Billigkeit beurteilt werden müsse, so beruht dies auf einem Verkennen des Wesens der Auseinandersetzung. Ihr Gegenstand kann nur eine Gemeinschaft zwischen den an Bezirksveränderungen beteiligten Gemeinden und Gutsbezirken sein, und eine solche steht hier nicht in Frage. Wenn auch Kläger als Gutsherr Träger der kommunalen Lasten im Gutsbezirk L. ist, so stehen doch die Beziehungen, in die er als Forense zur Stadtgemeinde tritt, mit dieser seiner Eigenschaft in keinerlei Verbindung und können deshalb auch nicht in eine Auseinandersetzung auf Grund des § 2 der St.-Ordn.

einbezogen werden. Mit dem Fehlen eines auf dem Gesetz beruhenden Anspruchs auf ein im Wege der Auseinandersetzung festzustellendes Steuervorrecht aber erledigen sich auch die Ausführungen der Berufungsschrift, die in der Auffassung gipfeln, daß Kläger nach dem Gange der Verhandlungen über die Bezirksveränderungen weder Veranlassung noch Möglichkeit gehabt habe, auf eine der Billigkeit und dem Rechte entsprechende Regelung seiner Beziehungen zu der Stadtgemeinde hinzuwirken, und daß es also nicht von ihm, sondern von den mit Leitung der Verhandlungen beauftragten Behörden verschuldet sei, wenn entsprechende Vereinbarungen unterblieben seien; denn der Mangel eines Verschuldens kann zwar vor dem Verlust eines bereits erworbenen Rechts schützen, aber niemals ein noch nicht begründetes zur Entstehung bringen.

3. Das gleiche gilt von dem Anspruche des Klägers auf Befreiung von den Leistungen des städtischen Feuerlöschdienstes. Soweit der Kläger die Einräumung einer Ausnahmestellung im Wege der Auseinandersetzung beansprucht, war der Antrag aus den bereits bei Beurteilung des Anspruchs auf Befreiung von den Gemeindesteuern angeführten Erwägungen für nicht begründet zu erachten. Soweit aber die Feststellung verlangt wird, daß der Kläger als Forense zur Leistung von Feuerlöschdiensten oder einem an ihrer Stelle zu entrichtenden Geldäquivalente nicht herangezogen werden dürfe, war der Antrag als unzulässig anzusehen. Denn im Auseinandersetzungsverfahren ist immer nur darüber zu befinden, ob dem Beteiligten ein im geltenden Ortssteuerrecht an sich nicht begründeter Vorzug eingeräumt werden kann, aber niemals darüber, zu welchen Leistungen er nach der geltenden Ortsverfassung verpflichtet ist. Über diese Frage kann vielmehr immer nur in dem durch die §§ 69 und 70 des Komm.-Abg.-Ges. v. 14. VII. 93 geordneten Wege entschieden werden.

4. Außerhalb des Rahmens des Auseinandersetzungsverfahrens liegt endlich auch der Antrag, die Stadtgemeinde zur Übernahme der Unterhaltung des Straßendamms und der in seinem Zuge belegenen drei Brücken zu verurteilen. Soweit eine Bezirksveränderung überhaupt einen Übergang öffentlich-rechtlicher Pflichten von einem der beteiligten kommunalen Verbände auf den andern nach sich zieht, tritt dieser als unmittelbare Rechtsfolge und, ohne daß es eines besonderen Überweisungsakts bedarf, von selbst ein. Die Auffassung des Klägers, daß die Bezirksveränderung seine auf dem Besitz der Zollgerechtigkeit ruhende Wege- und Brückenbaupflicht nicht berührt, wohl aber einen im Wege der Auseinandersetzung verfolgbaren Anspruch auf Übernahme dieser Pflicht durch die beklagte Stadtgemeinde begründet habe, enthält daher einen Widerspruch in sich und ist dahin richtig zu stellen, daß entweder die streitige Last mit dem Eintritt der Bezirksveränderung auf die Beklagte übergegangen oder die Rechtslage unverändert geblieben und ein Anspruch auf ihre Übernahme nicht entstanden ist. Welche von beiden Alternativen im gegebenen Falle zutrifft, ist jedoch nicht zu entscheiden; denn die Auseinandersetzung hat nicht den Zweck, die von selbst eintretenden rechtlichen Folgen einer Eingemeindung festzustellen oder gar anders zu bestimmen, als aus dem Gesetze sich ergibt (vgl. E.-O.-V. Bd. XXXIII S. 155). Ist die Wegebaulast auf die Beklagte von selbst übergegangen, so ist der Anspruch des Klägers auf ihre Übernahme durch sie gegenstandslos, im entgegengesetzten Falle aber unbegründet. Daran ändert auch der Umstand nichts, daß die beklagte Stadtgemeinde oder die ihr angehörigen Grundbesitzer an der Unterhaltung der im umgemeindeten Gebiet belegenen Brücken durch Leistung von Naturaldiensten beteiligt waren. Denn Gegenstand der Auseinandersetzung

kann nur eine Gemeinschaft sein, die infolge der Bezirksveränderung entstanden ist, nicht aber eine solche, die schon vor ihr bestanden hat und auf einer andern Grundlage beruht. Raum für eine Auseinandersetzung im Sinne des § 2 Abs. 6 der St.-Ordn. würde daher nur dann sein, wenn eine gemeinschaftliche Pflicht zur streitigen Unterhaltungslast infolge der Bezirksveränderung für den Kläger, als Inhaber des Gutsbezirks L., einerseits und die Beklagte andererseits entstanden wäre. Das hat der Kläger freilich behauptet, indem er ausführt, daß die Stadtgemeinde, als die nach den gesetzlichen Regeln zur Unterhaltung der Wege und Brücken innerhalb ihres Bezirks Verpflichtete, wenn sie auch nicht an seine Stelle getreten sein sollte, doch mindestens neben ihm verpflichtet sei, allein mit Unrecht; denn die Pflicht des Inhabers einer Zollgerechtigkeit, die Straßen, Wege und Brücken innerhalb „des ihm angewiesenen Distrikts" auf eigene Kosten im sicheren und tauglichen Stande zu erhalten, ist eine ausschließliche. Soweit sie noch besteht, ist also eine Mitverpflichtung der beklagten Stadtgemeinde und damit die Entstehung einer Gemeinschaft nicht denkbar.

Nr. 6. Entsch. Bd. XXXXII S. 95 v. 20. I. 03 I C 32/02.

Hann. Ges. v. 28. IV. 59 (Hann. G.-S. S. 393), betr. die Landgemeinden, §§ 18, 41, 42. Hann. Landesverfassungsges. v. 6. VIII. 40 (Hann. G.-S. S. 141) §§ 45, 47, 54 mit Nov. v. 5. IX. 48 (das. S. 261) § 12 und v. 28. IV. 59 (das. S. 389).

1. Eine Grenzveränderung begründet Ansprüche zwischen den beteiligten kommunalen Körperschaften auf Ausgleichung wegen Mehrbelastung mit kommunalen Pflichten oder Schmälerung der Steuerkraft nicht schon nach allgemeinen Rechtsgrundsätzen, sondern nur insoweit, als das Gesetz die Geltendmachung derartiger Ansprüche ausdrücklich zugelassen hat.

2. In der Hann. Gesetzgebung fehlt es an Bestimmungen, wonach die infolge einer Bezirksveränderung erforderliche Auseinandersetzung zwischen den daran beteiligten Gemeinden im Verwaltungswege zu bewirken ist, auf welchen derartige Angelegenheiten schon in der Rh. Gem.-Ordn. v. 23. VII. 45 § 10, in dem Ges. über die Verfassung der Landgemeinden in den östlichen Provinzen v. 14. VII. 56 § 1 Abs. 5 und in der Westf. Landgem.-Ordn. v. 19. III. 56 § 9 gewiesen waren. Für das Hann. Rechtsgebiet ist also die rechtliche Möglichkeit einer solchen Auseinandersetzung erst mit der Einführung des Zust.-Ges. gegeben worden, dessen § 25 Abs. 4 bestimmt:

> „Über die infolge einer Veränderung der Grenzen der Landgemeinden notwendig werdende Auseinandersetzung zwischen den Beteiligten beschließt der Kreisausschuß, vorbehaltlich der den letzteren gegeneinander zustehenden Klage im Verwaltungsstreitverfahren."

Danach können Gegenstand und Ziel einer im Verwaltungswege zu bewirkenden Auseinandersetzung zwischen den an einer Bezirksveränderung beteiligten Gemeinden auch in der Provinz Hannover keine anderen sein und nicht weiterreichen, als es in den östlichen Provinzen vor dem Inkrafttreten der Landgem.-Ordn. v. 3. VII. 91 der Fall war. Für diese Zeit ist bereits in E.-O.-V. Bd. XIII S. 200 nachgewiesen, daß einer Auseinandersetzung nur die Aufhebung der, nicht notwendig aber doch unter gewissen Voraussetzungen, entstehenden Gemeinsamkeit an Rechten und Pflichten und die Verteilung der in ihr begriffenen Berechtigungen und Verbindlichkeiten unter die Teilnehmer der Gemeinsamkeit, d. h. die an der Bezirksveränderung beteiligten kommunalen Verbände, Gutsbezirke oder Gemeinden zum Gegenstande haben, dagegen nicht sich zugleich auf die Feststellung einer Entschädigung oder Ausgleichung **für eine infolge der Bezirksveränderung eintretende Mehrbelastung mit kommunalen Pflichten oder eine durch sie herbeigeführte Schmälerung der Steuerkraft** erstrecken kann.

3. Ein **Entschädigungs- oder Ausgleichungsanspruch** kann auch **keineswegs aus allgemeinen Rechtsgrundsätzen** hergeleitet werden; denn das Recht der Gemeinden auf Wahrung der örtlichen Grenzen ihres Bezirkes ist kein unbedingtes, dem privatrechtlichen Eigentume gleichartiges, sondern besteht nur mit der Beschränkung, daß die Grenzen durch staatshoheitlichen Akt verändert werden können. **Wird durch staatshoheitlichen Akt eine Bezirksveränderung** angeordnet, so liegt darin nicht ein Eingriff in bestehende Rechte, sondern **nur die Ausübung einer Befugnis**, die in der beschränkten Natur des Rechtes der Gemeinden auf Wahrung der örtlichen Grenzen ihres Bezirkes begründet ist. Daher kann auch auf die allgemeinen Grundsätze über die Unverletzlichkeit erworbener Rechte eine Gemeinde, die sich durch die Bezirksveränderung für benachteiligt erachtet, nicht den Anspruch stützen, daß ihr von der vermeintlich zu ihrem Schaden bereicherten Gemeinde eine Entschädigung gewährt werde.

4. Der Vorderrichter geht davon aus, daß **nur die Verteilung der gemeinsam gewordenen Armenlast** zum Gegenstande der Auseinandersetzung nach § 25 Abs. 4 des Zust.-Ges. gemacht werden könne, und hält es für unzulässig, das Aktiv- oder Passivvermögen der beteiligten Gemeinden in das Auseinandersetzungsverfahren einzubeziehen. Ein derartiger Rechtssatz besteht nicht. In der Rechtsprechung des O.-V.-G. ist vielmehr, wo es sich um Auseinandersetzungen zwischen Kreisen auf Grund des § 3 Abs. 2 der Kr.-Ordn. v. 13. XII. 72 handelte, stets **die Zulässigkeit einer Ausdehnung des Auseinandersetzungsverfahrens auf das Aktiv- und Passivvermögen der Kreise** anerkannt worden, obwohl hier ebenfalls der Grundsatz an die Spitze gestellt wurde, daß jeder Teil eines Kommunalverbandes durch Exkommunalisierung ohne weiteres aus allen Rechten und Pflichten, die ihm auf Grund der bisherigen kommunalen Zugehörigkeit zustanden und oblagen, mit der Wirkung ausscheidet, daß ein gegenseitiger Anspruch auf Entschädigung nicht stattfindet. Von diesem Standpunkt aus hat der Gerichtshof die Entscheidung darüber, ob der infolge einer Veränderung der Kreisgrenzen vergrößerte Kreis an den Schulden des verkleinerten zu beteiligen sei, jedesmal von der besonderen Gestaltung der Verhältnisse im einzelnen Falle, der Bedeutung des abgezweigten Kreisteils im Verhältnisse zu dem ganzen Kreise und dem Entstehungsgrunde der Schulden abhängig gemacht (vgl. E.-O.-V. Bd. II S. 1 ff.). **Nicht anders ist die Rechtslage bei der Auseinandersetzung zwischen Gemeinden**, die an einer Bezirksveränderung beteiligt sind, denn der Begriff der Auseinandersetzung ist in beiden Fällen derselbe.

C. Gemeinderecht und Gemeindewahlen.

Nr. 1. Entsch. Bd. XXXXII S. 125 v. 17. I. 02 II C 228/01.

Rh. Gem.-Ordn. v. 23. VII. 45 (G.-S. S. 523) §§ 46, 47, 49.
Rh. Gem.-Verf.-Ges. v. 15. V. 56 (G.-S. S. 435) Art. 11.
Ges. v. 29. VI. 93 (G.-S. S. 105), betr. die Änderung des Wahlverfahrens.
Ges. v. 14. VII. 93 (G.-S. S. 119) § 5.

1. **Die Aushändigung der Wählerlisten zur Entnahme einer Abschrift**, sei es im Amtslokale, sei es außerhalb, **kann niemand ver-**

langen, auch wenn einem andern mit Unrecht eine Abschrift der Liste zugänglich gemacht worden sein sollte (vgl. E.-O.-V. Bd. XXVII S. 20).

2. § 46 der Rh. Gem.-Ordn., wonach die Meistbegüterten von der Wählbarkeit ausgeschlossen sind, besteht noch zu Recht. Nach der Rh. Gem.-Ordn. v. 23. VII. 45 gab nur die Grundsteuer ein Wahlrecht. Diejenigen, welche hiervon mindestens 150 Mk. bezahlten, sind nach § 46 a. a. O. ohne weiteres Mitglieder des Gemeinderats. Sie sollten deshalb nach § 49 a. a. O. auch ausgeschlossen sein von der Wahl der übrigen Mitglieder, die unter Ausschluß der im § 46 erwähnten meistbegüterten Grundeigentümer von den, zur Ausübung des Gemeinderechts befähigten Gemeindegliedern aus ihrer Mitte zu wählen waren. Als später nach Art. 11 des Ges. v. 15. V. 56 auch die persönlichen Steuern ein Wahlrecht begründeten, erschien es folgerichtig, daß nach Maßgabe der von ihnen zu entrichtenden persönlichen Steuern auch die Meistbegüterten als aktiv wahlberechtigt anerkannt wurden, was durch § 4 der Instr. des Min. d. J. v. 18. VI. 56 geschehen ist. Dadurch wurde ihnen aber die Eigenschaft der Meistbegüterten und die hierdurch begründete Zugehörigkeit zum Gemeinderate nicht genommen. Dies geschah auch dann nicht, als durch das Ges. v. 29. VI. 93, betreffend die Änderung des Wahlverfahrens, die sämtlichen zu entrichtenden Steuern in Ansehung des aktiven Wahlrechts auch bei Gemeindewahlen für maßgebend erklärt wurden. Es handelt sich deshalb darum, ob die Meistbegüterten, trotzdem sie als solche nach wie vor Mitglieder des Gemeinderats sind, gleichwohl infolge des ihnen zu teil gewordenen aktiven Wahlrechts in den Gemeinderat auch noch gewählt werden können. Wäre dies der Fall, so würden die in den Gemeinderat gewählten Meistbegüterten, weil sie nach § 25 der Rh. Kr.-Ordn. v. 30. V. 87 (G.-S. S. 209) die Wahl nur aus den im § 8 daselbst vorgesehenen Gründen ablehnen dürfen, aber auch nicht in doppelter Eigenschaft Mitglieder des Gemeinderats sein können, ihre Eigenschaft als geborene Mitglieder für die Zeit verlieren, während deren sie dem Gemeinderat auf Grund der Wahl angehören. Schon hieraus erhellt, daß die Frage zu verneinen ist. Außerdem aber ist Folgendes zu beachten. Wenn auch der § 49 Rh. Gem.-Ordn. bestimmt, daß die zur Ausübung des Gemeinderechts befähigten Gemeindeglieder die Gemeindeverordneten aus ihrer Mitte zu wählen haben, und wenn ferner auf Grund des Art. 11 des Ges. v. 15. V. 56 auch die Meistbegüterten zur Ausübung des Gemeindewahlrechts befähigt sind, so hat doch neben diesen Bestimmungen der das Recht der Meistbegüterten begründende § 46 der Land-Gem.-Ordn. seine selbständige und die hier entscheidende Bedeutung. Der § 46 bestimmt aber, daß zum Gemeinderat außer den gewählten Verordneten auch die im Gemeindebezirke mit einem Wohnhaus angesessenen meistbegüterten Grundeigentümer gehören, die von ihrem im Gemeindebezirke belegenen Grundbesitze mindestens 150 Mk. Grund- und Gebäudesteuer jährlich zahlen. Mit dieser Vorschrift, nach der die Meistbegüterten den gewählten Verordneten hinzutreten, also die im § 47 a. a. O. festgesetzte Zahl von Verordneten vermehren sollen, ist die Wählbarkeit der Meistbegüterten unvereinbar, da ihre Wahl zur Folge haben würde, daß, soweit ihre Person in betracht kommt, die Meistbegüterten dem Gemeinderate nicht angehören würden.

3. Die Frage, ob der Betrag der besonderen Gemeinde-Grund- und Gebäudesteuer oder derjenige der staatlich veranlagten Grund- und Gebäudesteuer maßgebend sei, ist in letzterem Sinne zu beantworten. Der § 46 a. a. O. bezieht sich auf diejenige Steuer, die zur

Zeit des Erlasses der Rh. Gem.-Ordn. vom Staate erhoben wurde, da nur sie eine gleichmäßige und feste Norm abgab. An ihre Stelle ist nach § 5 des Ges. v. 14. VII. 93 wegen Aufhebung direkter Staatssteuern die staatlich veranlagte Steuer getreten.

Nr. 2. Entsch. Bd. XXXXII S. 120 v. 17. X. 02 I C 71/02.

Land-Gem.-Ordn. v. 3. VII. 91 (G.-S. S. 233) § 62.
B.-G.-B. §§ 167, 168, 172.

1. Nach § 167 B.-G.-B. erfolgt die Erteilung einer Vollmacht durch Erklärung gegenüber dem zu Bevollmächtigenden oder dem Dritten, dem gegenüber die Vertretung stattfinden soll. In derselben Weise muß nach § 168 Satz 3 a. a. O. der Widerruf erklärt werden. Die Erteilung einer Vollmacht an eine zweite Person enthält einen Widerruf der früher dem ersten Bevollmächtigten erteilten Vollmacht nicht. Abgesehen von dem Falle des Widerrufs bestimmt sich das Erlöschen der Vollmacht nach dem ihrer Erteilung zu Grunde liegenden Rechtsverhältnisse (Satz 1 a. a. O.). Mangels Widerrufs bleibt die Vertretungsmacht nach § 172 Abs. 2 B.-G.-B. bestehen, bis die Vollmachtsurkunde dem Vollmachtgeber zurückgegeben oder gemäß § 176 durch eine öffentliche Bekanntmachung für kraftlos erklärt wird.

2. Mehrere durch schriftliche Vollmacht legitimierte Vertreter desselben Stimmberechtigten müssen sich untereinander über die Person des zu Wählenden einigen und das Ergebnis durch einen von ihnen dem Wahlvorstand erklären.

3. Nimmt von mehreren Bevollmächtigten ein jeder die Vertretungsbefugnis für sich allein in Anspruch und mangelt es an zuverlässigem Anhalte zu einer Entscheidung darüber, wer von ihnen mit Ausschließung der anderen das Stimmrecht für den Machtgeber nach dessen Willensmeinung ausüben soll, so hat der Wahlvorstand sie sämtlich von der Stimmabgabe zurückzuweisen.

Nr. 3. Entsch. Bd. XXXXII S. 130 v. 4. II. 02 II C 314/01.

Rh. Gem.-Ordn. v. 23. VII. 45 (G.-S. S. 523) §§ 35, 46, 49.
Ges. v. 15. V. 56 (G.-S. S. 435) betr. die Gemeindeverfassung in der Rheinprovinz.
Ges. v. 29. VI. 93 (G.-S. S. 103) betr. die Änderung des Wahlverfahrens.

1. Denjenigen Meistbegüterten, die nicht in der Gemeinde wohnen, steht auch unter Berücksichtigung der Änderungen, die der § 49 Rh. Gem.-Ordn. durch das Ges. v. 15. V. 56 und weiter durch das Ges. v. 29. VI. 93 erlitten hat, ein aktives Gemeindewahlrecht nicht zu.

2. Wenn der Grundbesitz, mit dem die in § 46 Rh. Gem.-Ordn. näher bezeichneten Rechte verbunden sind, mehreren Personen gemeinschaftlich gehört, so stehen ihnen diese Rechte auch gemeinschaftlich zu. Sie sind deshalb sämtlich Meistbegüterte im Sinne des Gesetzes, obschon zeitweilig immer nur einer jene Rechte ausüben darf. In erster Linie entscheidet über die Ausübung die jederzeit widerrufliche gütliche Vereinbarung. Durch eine solche Vereinbarung wird aber die den mehreren Personen zukommende Eigenschaft der Meistbegüterten nicht berührt; insbesondere kann keine von ihnen hierdurch die den Meistbegüterten nur unter der Voraussetzung des Wohnsitzes in der Gemeinde zustehende aktive Wahlfähigkeit erlangen.

Nr. 4. Entsch. Bd. XXXXII S. 134 v. 30. V. 02 II C 55/02.

Rh. Gem.-Ordn. v. 23. VII. 45 (G.-S. S. 523) §§ 54—56.
Rh. Gem.-Verf.-Ges. v. 15. V. 56 (G.-S. S. 435) Art. 14.

Ergibt sich bei den Wahlen zum Rhein. Gemeinderate die Notwendigkeit einer engeren Wahl, so hat die Stichwahl sich unmittelbar an die erste Wahl anzuschließen. Die Anberaumung eines neuen Wahltermins zur Vornahme der engeren Wahl ist gegen das Gesetz und hat die Ungültigkeit der Wahlen zur Folge.

Die Vorschriften anderer Gemeindeverfassungsgesetze über die Anberaumung eines Termins zur engeren Wahl, namentlich diejenige des § 25 Rh. St.-Ordn. v. 15. V. 56 mittels sinngemäßer Anwendung auf das Geltungsgebiet der Gemeindeordnung für die Rheinprovinz zu übertragen, ist nicht angängig.

D. Gemeinde- und Gutsvorsteher. Gemeindebeamte.

Nr. 1. Entsch. Bd. XXXXII S. 112 v. 4. VII. 02 II C 294/01.

Ges. v. 2. IV. 87 (G.-S. S. 105), betr. die durch ein Auseinandersetzungsverfahren begründeten gemeinschaftlichen Angelegenheiten, §§ 2, 6, 9.

Nach § 6 Abs. 1 des Ges. v. 2. IV. 87 finden, insoweit dem Gemeindevorstand auch die Verwaltung der bei einer Auseinandersetzung gemeinsam gebliebenen Angelegenheiten übertragen ist, die Vorschriften, die für die Gemeindeangelegenheiten bezüglich der Verwaltung, der Aufsicht des Staates und der den Mitgliedern zustehenden Rechtsmittel gelten, sinngemäße Anwendung. In Gemeindeangelegenheiten beschränkt sich aber die Verwaltung des Vorstandes nicht auf diejenigen Maßnahmen, die er selbst angeordnet hat, sondern sie umfaßt alles, was begrifflich zur Verwaltung gehört, mag es aus der Zeit vor oder nach dem Diensteintritte des jeweiligen Amtsinhabers herrühren. Mit der Annahme der Bestallung tritt der von der Auseinandersetzungsbehörde Berufene an die Stelle der Teilungsinteressenten. Diese können Dritten gegenüber die gemeinsame Angelegenheit, für die ein Vertreter bestellt ist, ferner nicht mehr selbst betreiben; auch kann der Dritte, der in einer solchen Angelegenheit mit den Beteiligten in rechtliche Beziehungen getreten war, nicht den inzwischen bestellten Vertreter übergehen und wie vordem die Beteiligten unmittelbar in Anspruch nehmen. Anderenfalls würde unter Umständen dieselbe Angelegenheit, z. B. die Unterhaltung eines Weges, teils von den Genossen der Gemeinschaft, teils von ihrem Vertreter zu leiten sein, und etwaige Streitigkeiten darüber würden bald vor den Zivilrichter bald vor den Verwaltungsrichter gehören. Das Gesetz verfolgt gerade den Zweck, die oft mit vielfachen Unzuträglichkeiten verbundene Mitwirkung der einzelnen Beteiligten zu beseitigen und da, wo ein Verwalter bestellt worden ist, diesen nach außen und nach innen zu dem allein berufenen Leiter der Angelegenheit zu machen. Das Interesse der Teilhaber soll durch die Mitwirkung der Behörden gewahrt werden; zudem sind dem einzelnen gegen die Anforderung von Beiträgen durch den Verwalter dieselben Rechtsbehelfe, wie hinsichtlich der Gemeindelasten gegeben. (Vgl. E.-O.-V. Bd. XXI S. 143 und Bd. XXIII S. 68).

F. Gemeindevermögen und Gemeindegliedervermögen. Teilnahme an den Gemeindenutzungen.

Nr. 1. Entsch. v. 4. II. 02 Nr. II 217.

1. Seit dem Entstehen eines Gemeindelebens, namentlich auch in der Grafschaft Hohenzollern, ist stets zwischen Gemeindegut, Gemeindevermögen und Bürgergemeindegliedervermögen, Allmandgut unterschieden worden. Zwar stehen beide im Eigentum der Gemeinde, aber der Unterschied zwischen beiden ist gleichwohl uralt. Während — um mit den in den hohenzollernschen Landen üblichen Ausdrücken zu sprechen — das Gemeindegut für die Bedürfnisse der Kommune bestimmt war, war das Allmandgut von jeher für den Genuß der Bürger bestimmt und auf ihm beruhte der sogenannte Bürgernutzen. Der Ertrag des Waldes wurde unter die Bürger verteilt, die Weide gemeinschaftlich benutzt und der Acker zur Einzelbenutzung ausgegeben. Und wenn es in der Stadtordnung für Hechingen v. 15. I. 1835 im § 81 heißt:

> „Da alles liegende und fahrende Vermögen der Stadtgemeinde, ersteres mag Gemeinde- oder Allmandgut sein, das Eigentum der Gemeinde als Gesamtheit ist, so sind die zur Zeit lebenden und zum Genuß berechtigten Bürger nicht als Eigentümer, sondern nur als Nutznießer und Verwalter dieses Vermögens zu betrachten, welches seiner Bestimmung nie entzogen werden darf,“

so liegt hierin nur eine Bestätigung des hervorgehobenen Unterschieds. Das Eigentum der Gesamtheit erschöpft sich in der Befugnis, die Art und Weise der Ausübung der Gemeindenutzungsrechte zu regeln, und schließt nicht das Recht in sich, die Wirkungen, welche das Nutzungsrecht für den einzelnen hat, ganz oder teilweise zu beseitigen. Von einem gleichwertigen Rechte der Gesamtheit neben dem des einzelnen kann also nicht gesprochen werden.

2. Abgesehen hiervon kommt im vorliegenden Falle folgendes in Betracht. Die Kläger behaupten und der Beklagte gesteht zu, daß von jeher, von Alters, abgesehen von den Holzlieferungen für Schule und Rathaus, der gesamte Ertrag des Gemeindewaldes an die Bürger verteilt worden sei, die Gemeinde als solche aber zur Deckung der Gemeindebedürfnisse niemals das Recht in Anspruch genommen habe, auf die Einkünfte aus den Waldungen der Allmande zurückzugreifen. Damit ist die eine Voraussetzung eines Herkommens, nämlich die langjährige tatsächliche Übung dargetan. Die zweite Voraussetzung aber, daß diese Übung auf einer allgemeinen Rechtsansicht beruht habe, ergibt sich daraus, daß trotz der wiederholten Versuche der Aufsichtsbehörden, den Bürgernutzen einzuschränken, mit Erfolg an der bisherigen Übung festgehalten ist. Danach kann nicht gezweifelt werden, daß den Ansprüchen der Kläger auch die allgemeine Rechtsüberzeugung innerhalb der Gemeinde zur Seite steht. Es muß daher anerkannt werden, daß ein Herkommen mit dem von den Klägern behaupteten Inhalte in der Tat und rechtswirksam besteht. Allerdings kann ein geschriebenes Gesetz der Bildung eines solchen Herkommens entgegenstehen. Hier aber wird in dieser Richtung zunächst auf § 74 der Gemeindeordnung für Hohenzollern-Hechingen v. 19. X. 33 verwiesen. Wenn es aber dort (Sammlung der neueren deutschen Gemeindegesetze S. 464) heißt:

> „Der Ortsvorstand und das gesamte Gericht haben unablässig auf das Gewissenhafteste dafür zu sorgen, daß die Gemeinde in jeder Beziehung und in allen Vorkommenheiten vor Nachteil und Schaden möglichst verwahrt bleibe, daß sie von der auf ihr haftenden Schuldenlast befreit und ihr Vermögen so viel immer möglich vermehrt und verbessert werde, damit sie desto eher in den

Stand komme, die nötigen Gemeindeausgaben für Erhaltung der Wege und Stege, Herstellung der Rathaus- und Schulgebäude, der Feuerlöschungsgeräte, der Brunnen- und Wasserleitungen und überhaupt alle Gemeindeanstalten und Bedürfnisse aus dem Gemeindeeinkommen zu bestreiten, ohne dieser wegen besondere Umlagen oder Steuern von den einzelnen Bürgern einziehen zu müssen,"

so ist damit doch nicht angedeutet, daß der Gemeinde ein Rückgriff auf den Bürgernutzen gestattet sein solle, um dadurch die Ausschreibung besonderer Umlagen oder Steuern zu vermeiden. Vielmehr liegt darin nur die allgemeine Weisung, bei Verwaltung des Gemeindeeinkommens, zu dem der Bürgernutzen nicht gehört, nach den Pflichten eines sorgsamen Hausvaters zu verfahren. Auch aus dem Ges. v. 25. IX. 48 (Bd.- und Anzeigeblatt für das Fürstentum Hohenzollern-Hechingen — Jahrgang 1848 S. 348) ist ein anderes nicht zu entnehmen.

Nr. 2. Entsch. Bd. XXXXII S. 139 v. 18. IV. 02 II C 119/01.

Westf. Land-Gem.-Ordn. v. 31. X. 41 (G.-S. S. 297) §§ 22–24.
Westf. Land-Gem.-Ordn. v. 19. III. 56 (G.-S. S. 265) §§ 51, 52.

1. Beim Mangel positiver Satzungen über die Grundsätze, nach denen sich die Rechte der Einzelnen am Gemeindegliedervermögen (in Landgemeinden des westf. Reg.-Bez. Minden) und dessen Erträgen richten, ist nicht auf die subsidiären Bestimmungen im A.-L.-R. II 7 zurückzugehen. Vielmehr entscheidet, da die Westf. Landgem.-Ordn. von 1856 in dieser Hinsicht auf die „bestehenden Rechtsverhältnisse" verweist, insoweit das durch die Landgem.-Ordn. von 1841 als objektive Rechtsnorm anerkannte Herkommen.

(Folgt sehr eingehende Begründung aus den gesetzgeberischen Verhandlungen.)

2. Der Bildung eines Herkommens steht der Umstand nicht entgegen, daß die Erträge des Gemeindegliedervermögens für Rechnung der Beteiligten zur Gemeindekasse vereinnahmt werden.

Nr. 3. Entsch. v. 9. V. 02 Nr. II 827 (Pr.-V.-Bl. Bd. XXIV S. 571).

Rh. Gem.-Ordn. v. 23. VII. 45 (G.-S. S. 523) §§ 17, 18 und Instr. dazu v. 15. XI. 47 (M.-Bl. S. 310); Zust.-Ges. § 34.

1. Das Statut einer rheinischen Landgemeinde enthält folgende Vorschrift:

„Außer der in § 3 bestimmten Zahlung für das Einkaufsgeld hat jeder Nutzungsberechtigte die üblichen Abgaben und die Wald- bezw. Kulturarbeiten zu leisten,"

und der beklagte Bürgermeister glaubte es hiermit rechtfertigen zu können, daß der Kläger um Ostern 1899 aufgefordert worden war, „im Distrikt Boden 28a Kiefergestrüpp zu hauen und fortzuschaffen", während der Kläger die Meinung vertrat, daß er durch Zahlung des statutenmäßigen Einkaufsgeldes das Recht auf den Gemeindenutzen ohne irgend welche Beschränkung erworben habe, so daß insbesondere dieserhalb keine Dienste mehr von ihm gefordert werden könnten. Ein solcher Streit fällt unter § 34 Nr. 1 Zust.Ges. Denn die dort gewährte Rechtshilfe ist, ebenso wie diejenige des § 18 Nr. 1 daselbst, auch da gegeben, wo zwar nicht die Mitbenutzung als solche streitig gemacht, wohl aber darüber gestritten wird, ob gewisse, für das Mitbenutzungsrecht aufgestellte Bedingungen oder sonstige Modalitäten, wie besondere Erschwernisse, Leistungen usw. berechtigt sind oder nicht (vgl. E.-O.-V. Bd. XXXVIII S. 58ff.).

2. Eine derartige, an eine Frist nicht gebundene Beschwerde liegt hier vor und es muß anerkannt werden, daß sie der Begründung nicht entbehrt. Denn nach § 18 der Rh. Gem.-Ordn. v. 23. VII. 45 ist es den Gemeinden nur gestattet, für die Teilnahme an den Gemeindenutzungen eine jährliche Abgabe oder ein sogenanntes Einkaufsgeld oder beides zugleich festzusetzen. Dagegen fehlt es im Gesetze, wie nicht minder in der dazu erlassenen Instr. v. 15. XI. 47 an der Ermächtigung, den Nutzungsberechtigten auch Dienste aufzuerlegen. Es bleibt daher — und die vorerwähnte Instr. enthält hierfür in §§ 19 Nr. 3 und 21 sogar positive Anhaltepunkte — in derartigen Fällen regelmäßig nur übrig, etwaige, erforderlich werdende Dienste gleich sonstigen Betriebsausgaben zu behandeln und den dafür notwendigen Kostenaufwand aus dem Ertrage der Nutzungen zu decken, bevor dieser zur Verteilung gelangt.

G. Gemeindehaushalt. Staatsaufsicht, insbesondere Zwangsetatisierung.

Nr. 1. Entsch. Bd. XXXXIII S. 136 v. 3. III. 03 I B 24/02.

Kirchenverfassungsges. v. 3. VI. 76 (G.-S. S. 125) Art. 23.
A.-L.-R. II 11 § 709.

1. Wenn auch die einstweiligen Entscheidungen der Regierungen in streitigen Kirchen-, Pfarr- und Küstereibausachen einen „Titel administrativer Zwangsvollstreckung" bilden und die Regierungen selbst die zur Vollstreckung zuständigen Behörden sind, so darf doch hieraus die Unzulässigkeit einer Zwangsetatisierung der in Beschlüssen der Regierungen festgestellten Leistungen nicht gefolgert werden. Hätte freilich die zwangsweise Eintragung einer Leistung in den Haushaltsvoranschlag der in Anspruch genommenen Gemeinde nur die rechtliche Bedeutung einer Vorbedingung für die Vollstreckung in das Gemeindevermögen nach Maßgabe der Vd. betr. das Verwaltungszwangsverfahren wegen Beitreibung von Geldbeträgen, v. 15. XI. 99 (G.-S. S. 545), so wäre zuzugeben, daß sie da, wo schon die Feststellung der Leistung durch die zuständige Behörde eine Befugnis zur Zwangsvollstreckung gibt, eine wert- und zwecklose Maßregel sein würde. Allein die Voraussetzung, daß sich die Bedeutung der Zwangsetatisierung in jener Wirkung erschöpfe, trifft nicht zu. Durch die Zwangsetatisierung wird für die Durchführung der Feststellung ein Weg eröffnet, der von der Zwangsvollstreckung in das Vermögen der Gemeinde verschieden ist und unter Umständen der allein zum Ziele führende sein kann, nämlich dann, wenn die Zwangsvollstreckung wegen Mangels an Vermögensstücken, die zu ihrem Gegenstande gemacht werden könnten, versagt. Abweichendes ist auch in E.-O.-V. Bd. XVIII S. 139ff. nicht enthalten.

2. Ebensowenig ist die Unzulässigkeit einer Zwangsetatisierung der durch einstweilige Entscheidungen der Regierungen in kirchlichen Bausachen festgestellten Leistungen mit der besonderen Eigenart solcher Entscheidungen zu rechtfertigen.

Aus den Bestimmungen in Art. 23 Ziff. 2 des Kirchenverfassungsges. vom 3. VI. 76 und Art. IV der Ausf.-Vd. v. 9. IX. 76 (G.-S. S. 395) ergibt sich allerdings, daß den Staatsbehörden und insbesondere den Regierungen nicht nur die Regelung der streitigen Kirchen-, Pfarr-, und Küstereibausachen, sondern auch die Vollstreckung ihrer in derartigen Sachen getroffenen „einstweiligen Entscheidungen" verblieben ist. Daraus folgt aber nicht einmal, daß die Zwangsetatisierung der durch Regierungsbeschluß festgestellten Leistungen gegenüber Kirchengemeinden ausgeschlossen sei; denn auch diesen gegenüber bleibt die Zwangsetatisierung ein Akt der Staatsgewalt, wenn auch den kirchenregimentlichen Behörden eine Mitwirkung dabei eingeräumt ist.

(Folgt eingehende Begründung unter Vergleichung mit der Hann. kirchl. Gesetzgebung; s. E.-O.-V. Bd. XXV S. 168ff., Bd. XXVII S. 127ff.)

3. Dürften aber selbst die durch einstweilige Entscheidungen streitiger kirchlicher Bausachen festgestellten Leistungen gegenüber Kirchengemeinden nicht zwangsetatisiert werden, so würde daraus doch nicht folgen, daß dasselbe auch von der Zwangsetatisierung gegenüber politischen Gemeinden gelte, Drittverpflichtete in Anspruch genommen sind, da bei ihnen die Zwangsetatisierung nur den Staatsbehörden zusteht. Das Gegenteil folgt auch aus § 48 Zust.-Ges. nicht. Dort ist die Zwangsetatisierung gegen Schulverbände besonders und abweichend von der gegen Gemeinden, Gutsbezirke und weitere Kommunalverbände (Kreise, Provinzen usw.) geordnet, indem nach der Schlußbestimmung des zweiten Abs. die Klage gegen die Zwangsetatisierungsverfügung, soweit der in Anspruch genommene Schulverband zu der ihm angesonnenen Leistung an seiner Statt einen anderen auf Grund öffentlichen Rechtes für verpflichtet erachtet, auch gegen diesen zu richten ist, — eine Bestimmung, die sonst nirgends wiederkehrt. Schon dieser Umstand beweist, daß die Vorschrift im ersten Abs., wonach die Zwangsetatisierung nur in anderen als den im § 47 Abs. 1 bezeichneten Fällen, d. i. nicht zur Erzwingung von Bauleistungen, stattfindet, eine die Zwangsetatisierung gegen Schulverbände einschränkende Sonderbestimmung enthält und sich nicht etwa als Ausdruck oder Anwendung eines allgemeinen Grundsatzes kennzeichnet, von dem die Zwangsetatisierung auf Grund von Beschlüssen der Schulaufsichtsbehörde gemäß § 47 Abs. 1 beherrscht würde. Für das Gegenteil bieten weder der Wortlaut noch die Stellung der Vorschrift noch ihre Entstehungsgeschichte irgend welchen Anhalt dar. Ist demnach die Beschränkung des Zwangsetatisierungsverfahrens gegenüber „Schulverbänden" nicht der Ausdruck eines allgemein gültigen Grundsatzes, der übrigens auch auf Beschlüsse der Regierungen in kirchlichen Bausachen nur sinngemäß anwendbar sein würde, so kann sie unmöglich auf die Zwangsetatisierung gegen Landgemeinden übertragen werden. Gemäß dem für diese maßgebenden § 141 der Land-Gem.-Ordn. v. 3. VII. 91 kann jede gesetzlich einer Landgemeinde obliegende und durch die zuständige Behörde festgestellte Leistung zwangsetatisiert werden; daher muß auch die Zwangsetatisierung von Leistungen zu Neu- oder Reparaturbauten kirchlicher Gebäude, wenn sie einer Landgemeinde gesetzlich, d. h. nach öffentlichem Rechte obliegen und durch Beschluß der Regierung auf Grund des § 709 Tit. 11 T. II A.-L.-R. in Verbindung mit Art. 23 Ziffer 2 des Ges. v. 3. VI. 76 festgestellt sind, grundsätzlich für zulässig erachtet werden.

4. Der zur Entscheidung auf die Klage gegen eine Zwangsetatisierungsverfügung berufene Verwaltungsrichter hat die Feststellungsverfügung, die der Zwangsetatisierung zu Grunde liegt, niemals auf ihre Notwendigkeit oder Angemessenheit zu prüfen, die Beantwortung der Frage aber, ob eine Leistung die Fähigkeit des rechtlich dazu Verpflichteten übersteigt, berührt immer nur die Notwendigkeit und Angemessenheit der Feststellungsverfügung, nicht ihre Rechtmäßigkeit. Im vorliegenden Falle ist es dem Verwaltungsrichter in-

dessen auch versagt, über die **Rechtmäßigkeit der Zwangsetatisierung** und der ihr voraufgehenden Feststellung, d. i. darüber zu befinden, ob die Zahlung des zwangsetatisierten Baukostenanteils der betr. Landgemeinde gesetzlich obliegt; denn bei den Beschlüssen der Regierungen über die Regelung streitiger Kirchenbausachen behält es insoweit, als sie die Verteilung der Baukosten betreffen, nach § 709 Tit. 11 T. II A.-L.-R. „inzwischen", d. h. bis zur rechtlichen Entscheidung des Streites durch die ordentlichen Gerichte sein Bewenden; sie sind demnach auch für den Verwaltungsrichter verbindlich (E.-O.-V. Bd. XXV S. 170 und 171). Mit Rücksicht hierauf bedurfte es keiner Erörterung, ob bei der Verteilung der Baukosten die Heranziehung der Besitzer von Trennstücken des Ritterguts W. zu den nach Märkischem Provinzialrechte dem Patron obliegenden Leistungen unterbleiben durfte, und ob und inwieweit die Land- oder Stadtgemeinden innerhalb des Sprengels einer evangelischen Kirche anstatt der Eingepfarrten oder neben ihnen zu Bauleistungen provinzialrechtlich verpflichtet sind.

Nr. 2. Entsch. v. 17. III. 03 Nr. I 471.

Reichsges. v. 30. VI. 00 (R.-G.-Bl. S. 306), betr. die Bekämpfung gemeingefährlicher Krankheiten, § 35. Zust.-Ges. § 35.

1. Auf Anordnung des Regierungspräsidenten wies der Landrat zu M. am 11. II. 1902 den Ehrenbürgermeister zu K. an, durch eine ortspolizeiliche Verfügung den Gemeinderat daselbst aufzufordern, daß er die Kosten für Aufstellung eines Entwurfs für die Anlegung einer Wasserleitung in K. bewillige. In der Verfügung wurde unter Hinweisung auf die nach den kreisärztlichen Feststellungen in den Jahren 1875—1898 in K. vorgekommenen Typhusfälle, unter Betonung des starken Verkehrs mit dem benachbarten Truppen-Übungslager E. und unter Wiedergabe eines von dem Regierungs- und Medizinalrat erstatteten Gutachtens über die Wasserversorgung des Dorfes ausgeführt, daß die Gemeinde K. nach § 35 des Reichsges., betr. die Bekämpfung gemeingefährlicher Krankheiten, v. 30. VI. 1900 verpflichtet sei, für die Beseitigung der in dem Gutachten festgestellten gesundheitsgefährlichen Mißstände Sorge zu tragen. Dann hieß es in der Verfügung weiter:

> „Die Anlage einer solchen Leitung ist ausführbar, und überschreiten auch die Kosten nicht die Leistungsfähigkeit der Gemeinde. Als zuständige Ortspolizeibehörde fordere ich daher hierdurch die Gemeinde K. zur Beseitigung der Mißstände bei der Trinkwasserversorgung K.s auf Grund des vorerwähnten § 35 auf und verlange von dem Gemeinderate zunächst die Bewilligung der Kosten behufs Aufstellung des Entwurfs für Anlage einer Wasserleitung. Diese Beschlußfassung hat binnen zwei Wochen von Zustellung dieser meiner Verfügung an den Gemeinderat ab zu erfolgen. Die Ortspolizeibehörde."

Der Ehrenbürgermeister unterzeichnete nach anfänglicher Weigerung diese Verfügung und stellte sie am 10. IV. 1902 dem Gemeinderate zu. Durch Beschluß vom 20. desf. Mts. wurde die Bewilligung der Kosten für den Entwurf abgelehnt und gegen die Aufforderung „Beschwerde bezw. Klage" erhoben; der Gemeinderat begründete dies damit, daß die Kosten einer Wasserleitung bei der Lage des Ortes sehr erheblich sein und die Leistungsfähigkeit der Gemeinde sowie die Steuerkraft der Einsassen übersteigen würden, bestritt aber auch das Bedürfnis zu der Anlage und meinte, daß etwaige Mißstände bei den vorhandenen Brunnenanlagen durch weniger kostspielige Maßnahmen beseitigt werden könnten. Der Landrat, dem Ausfertigung des Beschlusses am 20. VI. überreicht wurde, wies die Beschwerde durch Bescheid vom 27. V. als unbegründet zurück und verfügte an demselben Tage auf Grund des § 35 Zust.-Ges. die Feststellung der außerordentlichen, durch Anfertigung eines Plans für Anlage einer Wasserleitung entstehenden Ausgabe, deren Betrag er auf vorläufig 1500 Mk. festsetzte. Nachdem der Beschwerdebescheid und die Feststellungsverfügung am 2. VI. 1902 dem Gemeinderate zugestellt waren, legte er am 5. desf. Mts. gegen ersteren weitere Beschwerde ein und erhob gegen letzteren Klage bei dem Bezirksausschuß. Am 14. X. 1902 wies der Regierungspräsident auch die weitere Beschwerde zurück. Die gegen diesen Bescheid gerichtete Klage der Gemeinde erkannte das O.-V.-G. als begründet an.

2. Unhaltbar ist allerdings die Meinung, es liege eine im Verwaltungsstreitverfahren anfechtbare polizeiliche Verfügung deshalb nicht vor, weil der

Bürgermeister sie nicht aus eigener Entschließung, sondern auf Weisung der ihm vorgesetzten Behörden erlassen und dabei seinen widersprechenden Standpunkt dargelegt habe. Von einer in Ausübung der Polizeigewalt erlassenen Verfügung kann zwar dann nicht die Rede sein, wenn die Polizei, ohne in eigene sachliche Prüfung und Entscheidung eingetreten zu sein, lediglich die Anordnungen oder Aufträge anderer Behörden zur Ausführung bringt. (Vgl. E.-O.-V. Bd. VI S. 355 und Bd. XII S. 412.) Dagegen ist es für die Frage, ob eine polizeiliche Verfügung vorliegt, nach der ständigen Rechtsprechung des Gerichtshofs (E.-O.-V. Bd. IV S. 347, Bd. V S. 358, Bd. VIII S. 249, 382, Bd. IX S. 344) ohne Belang, ob die Polizeibehörde aus eigener Entschließung oder auf Anweisung oder Ermächtigung einer vorgesetzten Behörde gehandelt hat. Wesentlich allein ist, daß die Verfügung von der Polizeiverwaltung in Ausübung der ihr zustehenden Polizeigewalt erlassen ist. Das hat der Ehrenbürgermeister zu erkennen gegeben, indem er die Verfügung unter der Unterschrift „die Ortspolizeibehörde" vollzog und im vorletzten Satz ausdrücklich die Forderung „als zuständige Ortspolizeibehörde" stellte. Es ist deshalb unerheblich, daß er erst nach Androhung und Festsetzung von Ordnungsstrafen durch den Landrat sich zum Erlasse der Verfügung verstand und auch später immer wieder betonte, er sei mit deren Inhalte persönlich nicht einverstanden. Die persönliche Anschauung des Polizeiverwalters ist gegenüber dem Standpunkt, den er in der Verfügung als Behörde vertreten hat, im Streitverfahren nicht zu berücksichtigen.

3. Dagegen erweist sich die Außerkraftsetzung des Bescheides des Beklagten und der Verfügung des Ehrenbürgermeisters aus anderen Gründen als geboten.

Nach der Verf. v. 11. II. 1902 ist der klagenden Gemeinde eine zweifache Auflage gemacht; sie soll 1. die Mißstände bei der Trinkwasserversorgung des Ortes beseitigen und 2. die Kosten für die Aufstellung eines Entwurfs zu einer Wasserleitungsanlage bewilligen. In dem ersten Teil ist die der Gemeinde gebotene Handlung derartig allgemein bezeichnet, daß nicht erkannt werden kann, was eigentlich die Gemeinde ausführen soll. Die Verfügung entbehrt also des wesentlichen Erfordernisses der Bestimmtheit (vgl. E.-O.-V. Bd. IX S. 231, Bd. XX S. 278, 283, Bd. XXIII S. 341). Nach der Begründung der gestellten Forderung soll die Beseitigung der im gesundheitspolizeilichen Interesse angeblich nicht mehr zu duldenden Wasserversorgungsverhältnisse durch Anlage einer Trinkwasserleitung erfolgen. Wenn es statthaft wäre, diese Begründung zur Ergänzung der Auflage heranzuziehen, so würde letztere doch noch nicht bestimmt genug; denn es steht über die Art und die Kosten der bezeichneten Anlage schlechterdings nichts fest, ja es ist noch nicht einmal die technische Möglichkeit dafür von einem Sachverständigen bestätigt. Dies ergibt neben dem Inhalte der vorgelegten Akten die Verfügung selbst in ihrem zweiten Teile, in dem die Kosten für die Vorarbeiten zur Aufstellung eines Planes und eines Anschlags gefordert werden; mit diesen noch erst vorzunehmenden Arbeiten soll die Unterlage zu einem Urteil darüber gewonnen werden, ob und wie den bisherigen Übelständen der Wasserversorgung abgeholfen werden könne. Die Gemeinde vermag unter diesen Umständen gegenwärtig aus der Verfügung nicht zu ersehen, was für eine Anlage nach Art und ungefähr zu schätzendem Kostenbetrag sie herstellen soll, um die gerügten Mißstände zu beseitigen. Die Verfügung war deshalb in ihrem ersten Teile schon wegen Unbestimmtheit der gestellten Forderung außer Kraft zu setzen.

4. Was den zweiten Teil der Auflage, die Bewilligung der Kosten für den Entwurf, anbelangt, so hat unzweifelhaft der Ehrenbürgermeister auch diese

Anordnung in Ausübung seiner Polizeigewalt zu erlassen beabsichtigt; dafür spricht, daß er sie mit der Unterschrift „die Ortspolizeibehörde" versah und die Aufforderung „als zuständige Ortspolizeibehörde" erließ; er kam damit der Anordnung des Regierungspräsidenten nach, der verfügt hatte, daß eine „polizeiliche Zwangsverfügung" des Inhalts, wie ihn die Verfügung vom 11. II. aufweist, erlassen werden sollte. Die Eigenschaft als eine polizeiliche Anordnung wird der Verfügung auch nicht dadurch genommen, daß die Zahlung von Kosten verlangt ist (vgl. E.-O.-V. Bd. XXXI S. 310, Bd. XXXIX S. 377, Bd. XXXXI S. 440). Allein der Ehrenbürgermeister war nicht befugt, von der Klägerin im Wege einer polizeilichen Anordnung die Beschaffung der Geldmittel zu verlangen, die zur Erfüllung einer polizeilichen Aufgabe erforderlich sind. Vielmehr war hierzu nur die Polizei- und Kommunalaufsichtsbehörde gemäß § 4 des Ges. v. 11. III. 50 berechtigt (vgl. E.-O.-V. Bd. XVIII S. 146). Der zweite Teil der Verfügung war deshalb wegen Unzuständigkeit des Bürgermeisters außer Kraft zu setzen. Es bedurfte hiernach keines Eingehens auf die Frage, ob denn die Klägerin überhaupt verpflichtet gewesen sein würde, die geforderten Kosten aufzubringen. Da die Polizeiverwaltung auf Grund der Vorarbeiten, die durch die Kosten ermöglicht werden sollen, erst später entscheiden wollte, was von der Gemeinde im polizeilichen Interesse mit Rücksicht auf ihre Leistungsfähigkeit zu fordern sei, würde in Frage kommen, ob nicht die Kosten für die Aufstellung eines Entwurfs für eine Wasserleitung Kosten des unmittelbaren Dienstbetriebes der Polizeibehörde seien und darum nicht der Klägerin, sondern der Bürgermeisterei zur Last fallen würden (vgl. E.-O.-V. Bd. XXVIII S. 110, Bd. XXXIX S. 36/37 und 41).

Nr. 3. Entsch. v. 31. III. 03 Nr. I 570.

Hess.-Nass. Land-Gem.-Ordn. v. 4. VIII. 97 (G.-S. S. 301) §§ 63, 64, 113, 116.
Ges. v. 30. VI. 00 (R.-G.-Bl. S. 306) betr. die Bekämpfung gemeingefährlicher Krankheiten §§ 35, 37.

1. Voraussetzung der Zwangsetatisierungsverfügung ist, daß die Leistung von der zuständigen Behörde als eine der Gemeinde gesetzlich obliegende festgestellt worden ist. Ob dies geschehen, muß der Verwaltungsrichter in dem gegen die Zwangsetatisierungsverfügung gerichteten Verfahren prüfen. Im vorliegenden Falle hatte ein Landrat die Gemeinde R. für verpflichtet erklärt, eine Trinkwasserleitung einzurichten. Die Verfügung stützt sich auf § 35 des Ges. betr. die Bekämpfung gemeingefährlicher Krankheiten v. 30. VI. 1900, wonach die Gemeinden verpflichtet sind, für die Beseitigung der in Bezug auf die Versorgung mit Trink- und Wirtschaftswasser vorhandenen gesundheitsgefährlichen Mißstände zu sorgen, und wonach sie zur Herstellung von Einrichtungen für Versorgung mit Trink- und Wirtschaftswasser zum Schutze gegen übertragbare Krankheiten angehalten werden können. Die zuständige Behörde wird im Reichsgesetze nicht bezeichnet, sondern bestimmt sich nach dem Landesrecht (§ 37 Abs. 2 a. a. O.). Da es sich um eine Maßregel zur Beseitigung einer Gesundheitsgefahr handelt, kann nur die Polizeibehörde zuständig sein und zwar beim Vorherrschen des örtlichen Interesses die Ortspolizeibehörde (vgl. E.-O.-V. Bd. XXIX S. 104, vgl. auch Bd. XXVI S. 87 ff., Bd. XXXVI. S. 9). Der Landrat hat zwar nach § 26 der Hess. Nass. Kr.-Ordn. v. 7. VI. 85 die gesamte Polizeiverwaltung im Kreise und in dessen einzelnen Gemeinden zu überwachen, aber die Handhabung der Ortspolizei ist, abgesehen von hier nicht in Betracht kommenden Ausnahmefällen (vgl. §§ 28 und 29 Kr.-Ordn. sowie § 64 Land-Gem.-Ordn.), nach § 63 I Nr. 1 Land-Gem.-Ordn. Sache

des Bürgermeisters. Daher hätte die Anordnung vom Bürgermeister als Ortspolizeibehörde gegen die Gemeinde erlassen werden müssen. Der Landrat durfte zwar den Bürgermeister mit entsprechender Anweisung versehen (E.-O.-V. Bd. XXXI S. 433), aber er durfte nicht selbst eine ortspolizeiliche Verfügung erlassen (E.-O.-V. Bd. II S. 424, Bd. X S. 361, Bd. XXIII S. 209ff., 214). Eine Vorschrift wie im § 2 Abs. 1 des Ausf.-Ges. zum Viehseuchenges. v. 12. III. 81 (G.-S. S. 128), wonach der Landrat die Amtsverrichtungen der Ortspolizeibehörde für den einzelnen Seuchenfall übernehmen darf, fehlt vorläufig für den Fall des § 35 des Ges. v. 30. VI. 1900. Es läßt sich aber auch nicht annehmen, daß der Landrat dadurch, daß er die Gemeinde zur Einrichtung einer Trinkwasserleitung für verpflichtet erklärt hat, statt der zuständigen Ortspolizeibehörde eine polizeiliche Verfügung — ein polizeiliches Gebot — hat erlassen wollen. Vielmehr ist anzunehmen, daß der Landrat lediglich in seiner Eigenschaft als Aufsichtsbehörde — sei es als Polizei- oder als Kommunalaufsichtsbehörde — die zur Zwangsetatisierung erforderliche vorgängige Feststellung hat treffen wollen. Dazu war aber die Aufsichtsbehörde nicht zuständig. Dies ist bezüglich der Kommunalaufsichtsbehörde in E.-O.-V. Bd. XVIII S. 144ff. näher ausgeführt worden und ergibt sich hinsichtlich der Polizeiaufsichtsbehörde aus E.-O.-V. Bd. XX S. 71ff. und Bd. XXVIII S. 96, wo ausgesprochen ist, daß die Verpflichtung der Gemeinde zu einer Handlung behufs Herstellung eines polizeimäßigen Zustands nur durch die Ortspolizeibehörde festgestellt werden könne, während die Aufsichtsbehörde zuständig sei, wenn die Gemeinde nur zur Leistung polizeilicher Ausgaben angehalten werden solle (vgl. E.-O.-V. Bd. XXV S. 140, Bd. XXVII S. 64ff.). Hiernach muß die Zuständigkeit des Landrats zur Feststellung der Verpflichtung der Gemeinde, eine Trinkwasserleitung einzurichten, verneint werden.

2. Da die Verfügung des Landrats nicht als eine polizeiliche im Sinne des vierten Tit. d. L.-V.-G. betrachtet werden kann, sind auch nicht die dort zugelassenen Rechtsmittel dagegen gegeben gewesen und es kann also auch nicht aus dem Ablaufe der Frist zu deren Einlegung gefolgert werden, daß die Feststellungsverfügung keiner weiteren Nachprüfung unterworfen wäre. War gegen die Feststellungsverfügung bloß eine formlose Beschwerde an die höhere Aufsichtsinstanz zulässig, so ist darum doch nicht die Gesetzmäßigkeit der Feststellung einer Nachprüfung in dem gegen die Zwangsetatisierungsverfügung gerichteten Verfahren entzogen (vgl. E.-O.-V. Bd. XXVII S. 80, Bd. XXXXI S. 152).

3. Abgesehen von der fehlenden Zuständigkeit des Landrats zur Feststellung der Leistung ermangelt hier die vorhergegangene Feststellung auch der ziffernmäßigen Bestimmtheit. Die Verpflichtung zur Einrichtung einer Wasserleitung kann nicht ohne weiteres als außerordentliche Ausgabe festgestellt oder verfügbar gemacht werden (vgl. E.-O.-V. Bd. XXXXI S. 191). Gegenstand der Zwangsetatisierung war eine Summe von 90000 Mk. Die Feststellung dieses Betrags ist aber erst in der Zwangsetatisierungsverfügung selbst erfolgt, obgleich die Feststellung der Leistung der Feststellung der außerordentlichen Ausgabe vorhergehen muß, weil die Gemeinde in der Lage gewesen sein muß, freiwillig die festgestellte Leistung auf den Voranschlag zu bringen oder außerordentlich zu genehmigen (E.-O.-V. Bd. XVI S. 219, Bd. XX S. 66ff., Bd. XXXXI S. 191, 192).

VI.

Kommunalabgabenrecht.

A. Allgemeines. Begriff der Gemeindelasten. Observanzen. Abgabenregulierungspläne. Schlesische Urbarien. Abgabepflicht der „Wüsten Hufen". Unterhaltung der Bürgersteige.

Nr. 1. Bescheid v. 27. V. 02 Nr. I 817 und
Entsch. v. 30. IX. 02 Nr. I 1480.

Komm.-Abg.-Ges. v. 14. VII. 93 (G.-S. S. 152) §§ 1—3, 6, 69, 91 ff.

Das Komm.-Abg.-Ges. v. 14. VII. 93 bezieht sich, wie schon die allgemeinen Bestimmungen in den §§ 1 bis 3 ergeben, im wesentlichen auf die Erhebung der Abgaben durch die politischen Gemeinden, die Stadt- und Landgemeinden, und trifft nur in einzelnen Vorschriften Bestimmungen, die sich auch auf andere Verbände beziehen, so im § 6 über die Erhebung von Gebühren durch Ämter, Amtsbezirke und Landbürgermeistereien, im § 69 Abs. 4 über die Rechtsbehelfe gegen die Heranziehung zu den Lasten der Gutsbezirke, in §§ 91 ff. über die Kreis- und Provinzialsteuern; es enthält aber an keiner Stelle eine Vorschrift, daß seine Regeln ganz oder teilweise auf die Besteuerung durch alle anderen vom Staate zur Hebung von Abgaben ermächtigten öffentlich-rechtlichen Korporationen oder doch wenigstens auf die Schulverbände oder Schulsozietäten Anwendung fänden.

Hiernach hat sich die Rechtslage durch den Erlaß des Komm.-Abg.-Ges. nicht geändert. Seine Bestimmungen über die Vermeidung der Doppelbesteuerung bleiben bei der Heranziehung zu Schulabgaben ebenso außer Anwendung wie diejenigen des Ges. betr. die Abänderung und Ergänzung einiger Bestimmungen über Erhebung der auf das Einkommen gelegten direkten Kommunalabgaben, v. 27. VII. 85 (G.-S. S. 327).

Nr. 2. Entsch. v. 26. IX. 02 Nr. II 1352 (Pr.-V.-Bl. Bd. XXIV S. 602).

Komm.-Abg.-Ges. v. 14. VII. 93 (G.-S. S. 152) §§ 1, 91.

Kr.-Ordn. v. $\frac{13.\ \text{XII.}\ 72}{19.\ \text{III.}\ 81}$ (G.-S. 1881 S. 179) § 11.

Eine unzulässige Doppelbesteuerung liegt nicht darin, daß ein Eigentümer eines selbständigen Gutsbezirkes, der als solcher nach seinem gesamten Einkommen zur Kreissteuer herangezogen ist, wegen Grundbesitzes in einer Landgemeinde, die das Kreisabgabensoll auf ihren Haushalt übernommen hat, zur Gemeinde-Einkommensteuer in dieser Landgemeinde veranlagt wird.

Zufolge § 91 des Komm.-Abg.-Ges. ist nach dessen Inkrafttreten und für die Gebietsteile der Preußischen Monarchie, für die es Gültigkeit hat, wie in den Städten, so nunmehr auch allgemein den Landgemeinden die Beschlußfassung darüber vorbehalten, in welcher Weise ihre Anteile an den Kreissteuern aufgebracht werden sollen. Beschließt eine Gemeinde die Kreissteuern auf ihren Haushalt zu nehmen, so bedeutet ein solcher Beschluß, daß der Betrag der durch das Bedürfnis und die Verpflichtungen der Gemeinde erforderten Geldmittel um den Betrag des Kreissteuersolls erhöht wird. Ferner steht der Gemeinde, soweit die Einnahmen aus dem Gemeindevermögen nicht hinreichen, die Befugnis zu, die Aufbringung der diesergestalt erforderlich gewordenen Geldmittel durch direkte oder indirekte Gemeindeabgaben herbeizuführen. Zu diesem Behufe ist sie — soweit erforderlich, unter Genehmigung der Aufsichtsbehörden — berechtigt, nach Maßgabe des Komm.-Abg.-Ges. auch Gemeinde-Einkommensteuer zu erheben. Hat sie dies beschlossen, so darf sie nicht nur, sondern sie muß diese Steuer von allen denjenigen Personen erheben, denen gegenüber ihr ein Besteuerungsrecht zusteht, und das ist der Fall auch denjenigen Personen gegenüber, die, ohne in der Gemeinde einen Wohnsitz zu haben, aus einem in der Gemeinde liegenden Grundbesitz Einkommen beziehen, ähnlich wie die Rechtslage bei diesen Personen sich gestaltet, wenn die Belegenheitsgemeinde beschließt, die Lasten der in ihr befindlichen Schulsozietäten auf ihren Haushalt zu nehmen, was dann zur Folge hat, daß die auswärts wohnenden Gemeinde-Einkommensteuerpflichtigen hinsichtlich jener Schullasten mitbelastet werden. Eine Berücksichtigung des Umstandes, daß gegen sie auch einem anderen Steuergläubiger wegen desselben Einkommens ein Besteuerungsrecht zusteht, würde nur in den Fällen eintreten dürfen, in denen dies durch positive Gesetzesvorschriften angeordnet ist. (Vgl. E.-O.-V. Bd. III S. 102.) An solcher Vorschrift fehlt es aber hier.

Nr. 3. Entsch. v. 5. XII. 02 Nr. II 1973.

Komm.-Abg.-Ges. v. 14. VII. 93 (G.-S. S. 152) § 21.

1. Durch das Ges., betr. die Erweiterung der Stadtgemeinde und des Stadtkreises Kiel v. 26. III. 93 (G.-S. S. 59) ist die Landgemeinde Wik v. 1. IV. 93 ab mit der Stadtgemeinde und dem Stadtkreise Kiel vereinigt worden. Dieser Vereinigung liegt ein Regulativ zu Grunde, das durch übereinstimmende Beschlüsse der Gemeindeversammlung der Gemeinde Wik und der Stadtkollegien der Stadt Kiel festgestellt worden war. Zu jenem Zeitpunkte galt in Kiel ein Regulativ für die städtische Haussteuer v. $\frac{21.}{27.}$ X. 73, das mit einer gewissen Modifikation in Wik eingeführt, aber im Jahre 1894 zum 1. IV. 95 außer Anwendung gesetzt wurde. Nachdem sodann bis zum Jahre 1899 Zuschläge zur staatlich veranlagten Grund- und Gebäudesteuer in Kiel erhoben waren, erging die Ordnung v. 18. XII. 99/$\frac{1.}{28.}$ III. 1900, die eine besondere jährliche Steuer nach dem gemeinen Wert der Grundstücke einführt. Die auf Grund dieser Ordnung herangezogenen Kläger beantragten Ermäßigung, indem sie als speziellen Befreiungsgrund den § 4 des Eingemeindungs-Regulativs für sich geltend machten. Das O.-V.-G. entschied gegen sie.

2. Zwar können die *Bestimmungen eines Eingemeindungsvertrags einen besonderen Befreiungstitel* im Sinne des § 21 des Komm.-Abg.-Ges. abgeben. (Vgl. E.-O.-V. Bd. XXX S. 35.) Auch bedurfte nach § 26 der St.-Ordn. für Schleswig-Holstein v. 14. IV. 69 Abs. 3 eine *temporäre Ermäßigung von Gemeindelasten*, im Falle einer Erweiterung des Stadtbezirks, *nur eines Kommunalbeschlusses*, wie er hier vorliegt, im Gegensatze zu dem, in einem Falle des Abs. 1 daselbst angeordneten Statute, das der Genehmigung der Aufsichtsbehörde unterliegen mußte. Indessen steht den Klägern der von ihnen angerufene Inhalt des § 4 im Eingemeindungs-Regulativ nicht zur Seite.

Derselbe lautet:

„Mit der Vereinigung tritt in dem bisherigen Landbezirk dieselbe Kommunalbesteuerung ein, welche in der Stadt Kiel besteht.

Nur soll bei der Veranlagung zur städtischen Haussteuer während der ersten zwölf Jahre nach der Eingemeindung die Abgabe von den bis zum 1. IV. 93 in Benutzung genommenen in dem eingemeindeten Teil von Wik belegenen Gebäuden ohne Unterschied der Benutzungsart auf $^1/_8$ vom Hundert des Bauwerts bemessen und insoweit der § 5 des Regulativs für diese Steuer v. $\frac{21.}{27.}$ X. 73 vorläufig nicht zur vollen Durchführung gebracht werden."

Hier ist in erster Linie bestimmt, daß die Landgemeinde Wik der Steuerautonomie der Stadt Kiel unterworfen werden soll; keineswegs aber wird die Stadt bezüglich ihrer kümftigen Steuergesetzgebung eingeschränkt. Darauf folgt eine Bestimmung, die nur die Art betrifft, in welcher die bestehende Haussteuer modifiziert werden soll. Nur für die Zeit des Bestehens dieser Haussteuer kann ihre Modifikation in Betracht kommen. Die Stadt Kiel hat kein Versprechen abgegeben, daß sie die Haussteuer in Wik zwölf Jahre lang erheben und von jeder anderen Grundsteuer absehen wolle, sondern nur für den Fall der Forterhebung dieser Steuer innerhalb der nächsten zwölf Jahre eine Bevorzugung der Hausbesitzer in Wik vor denen in Kiel eintreten zu lassen sich verpflichtet. Es mag sein, daß die Hausbesitzer in Wik auf ein zwölfjähriges Fortbestehen der Steuer gerechnet haben und daß man auch in Kiel zunächst nicht an einen Wegfall der schon seit 1873 bestehenden Haussteuer gedacht hat. Aber in dem § 4 des Regulativs ist es nicht zum Ausdruck gelangt, daß jenen Hausbesitzern die, für die Haussteuer allein vereinbarte, Minderbelastung auch nach Abschaffung der Haussteuer unter allen Umständen als Steuerprivilegium gewährleistet bleiben solle. In Ermangelung einer derartigen Festlegung tritt die gleichmäßige Besteuerung der Gebäude samt Grund und Boden gemäß der Ordn. v. 18. XII. 99 im gesamten Stadtbezirke ein.

Nr. 4. Entsch. v. 12. VI. 03 Nr. I 998.

Ges. v. 14. VII. 63 (Ges. u. M.-Bl. für die Herzogtümer Holstein und Lauenburg S. 164) § 9. Komm.-Abg.-Ges. v. 14. VII. 93 (G.-S. S. 152) § 20.

1. Der in A. wohnhafte Kläger ist von dem Magistrate der dortigen Stadtgemeinde, die ortsverfassungsmäßig das evangelisch-lutherische Volksschulwesen, aber nicht auch das katholische und jüdische auf ihren Etat übernommen hat, zur Gemeindeeinkommensteuer herangezogen worden. Für dasselbe Jahr hat er, weil er als Katholik dem Verbande der katholischen Schule zu A. angehört, zu deren Unterhaltung auf Erfordern des katholischen Schulvorstandes 59 Mk. beitragen müssen. Mit Rücksicht hierauf erachtet er sich nach Provinzialrecht und zur Vermeidung einer Doppelbesteuerung nur insoweit für gemeindeeinkommensteuerpflichtig, als nicht das Steueraufkommen für das städtische lutherische Schulwesen verwendet oder mitverwendet werde. Das O.-V.-G. gab ihm nicht recht.

2. In erster Linie leitet der Kläger seinen Anspruch aus dem Ges. vom 14. VII. 63 her, das im § 9 folgende Bestimmung enthält:

> „Jede autorisierte Gemeinde ist befugt, innerhalb ihres Gemeindebezirks besondere Schulen einzurichten. Die Mitglieder einer solchen Schulkommune sind von der Abhaltung persönlicher Schullasten für andere öffentliche Ortsschulen befreit, haben aber auch nur innerhalb ihrer eigenen Schulkommune Rechte auszuüben.
>
> Die Schulen stehen unter Aufsicht des Staates. Gleichfalls findet die allgemeine Schulgesetzgebung auf dieselben Anwendung . . ."

Nach dem Erlasse dieses Ges. mag zunächst die katholische Schule zu A. eine kirchliche Veranstaltung in ähnlicher Art geblieben sein, wie es auch sonst in deutschen Landen die Kirch- und Pfarrschulen als annexa der Kirche ehedem gewesen sind. Es kommt hierauf indes nicht an. Gegenwärtig ist die katholische Schule zweifelsohne eine öffentliche Volksschule (vgl. Bd. v. 8. VIII. 98 Ziffer 37 b, — G.-S. S. 298). Dem Kläger als Mitgliede des katholischen Schulverbandes, in dem die Unterhaltungslast subsidiär auf den glaubensverwandten Hausvätern ruht, würde daher, wenn von den Bestimmungen in § 9 des Ges. v. 14. VII. 63 ausgegangen wird, Exemtion von persönlichen Schullasten für andere öffentliche Ortsschulen an sich zustehen. In Fällen von der Art des vorliegenden ist jedoch für die in dem Gesetze vorgesehene Exemtion kein Raum. Ihrem Wortlaute nach erstreckt sich freilich die Exemtion auf alle öffentlichen Ortsschulen ohne Unterschied, wem die

Last der Unterhaltung obliegt. Wie indes ein Rückblick auf den Rechtszustand in Holstein zur Zeit der Entstehung des Gesetzes lehrt, können unter den daselbst genannten „anderen öffentlichen Ortsschulen" nur Schulen der Schulkommunen im Sinne der allgemeinen Schulordnung für die Herzogtümer Schleswig und Holstein v. 24. VIII. 14 (Chron. Samml. der Bd. u. s. w. S. 112) sowie die Schulen autorisierter nicht lutherischer Kirchengemeinden, dagegen nicht auch Schulen verstanden werden, die von politischen Gemeinden als Kommunalanstalten unterhalten werden.

(Folgt eingehende Begründung.)

3. Sowenig wie in dem Holst. Ges. v. 63 findet irgendwo sonst im Gesetze der Anspruch des Klägers eine haltbare Stütze. Es liegt — unbeschadet des staatlichen Aufsichtsrechts — in den Befugnissen der politischen Gemeinden, Schulen zu errichten, zu übernehmen, zu unterstützen und Lasten ihrer Angehörigen für die Schule auf sich zu nehmen. Der Kläger meint jedoch: die politische Gemeinde sei dabei an die Voraussetzung gebunden, daß sich ihr Bezirk mit dem der Schule decke, und dies treffe in A. zwar räumlich, aber nicht „ideell" zu, weil die Stadt nur die lutherische, nicht auch die katholische Schule kommunalisiert, mithin die Katholiken „in Bezug auf ihren Schulverband gewissermaßen als exkommunalisiert betrachtet" habe. Diese Ausführungen sind verfehlt. Sie richten sich einmal gar nicht gegen das Besteuerungsrecht, in dessen Wahrnehmung der Magistrat den Kläger zur Gemeindeeinkommensteuer herangezogen hat, sondern gegen das Etatsrecht der Stadtgemeinde, gegen die materiell-rechtliche Verbindlichkeit der autonomen Entschließungen, die von den städtischen Kollegien über die Bewilligung von Ausgaben für das lutherische Schulbedürfnis gefaßt worden sind. Mit derartigen Angriffen eine Kontrolle über die Grundlagen des städtischen Haushalts zu üben, ist dem einzelnen Zensiten versagt. Abgesehen hiervon irrt aber auch der Kläger mit seiner Annahme, daß die politische Gemeinde für die Schullasten nur eintreten dürfe, wenn ihr Bezirk mit dem der Schule zusammenfällt. Für eine solche Einschränkung bietet das Gesetz nicht den mindesten Anhalt dar. (Vgl. E.-O.-V. Bd. VII S. 224, Bd. XII S. 202, Bd. XIX S. 170/75, Bd. XXIV S. 128/36, Bd. XXVII S. 116.) Nicht minder hat der Gerichtshof oftmals anerkannt, daß die politische Gemeinde Lasten zur Unterhaltung einer am Orte befindlichen Schule auch dann übernehmen darf, wenn ein Teil der Gemeindeglieder zu einer anderen konfessionellen Schule an demselben Orte gewiesen ist. In Fällen der gedachten Art kann nur die Frage entstehen, ob kraft des Grundsatzes der Parität die politischen Gemeinden verpflichtet sind, die Angehörigen der anderen Konfession entsprechend, sei es durch Übernahme auch ihrer Schule, sei es durch Gewährung ausreichender Zuschüsse zu den Unterhaltungskosten, zu entlasten (E.-O.-V. Bd. XXVIII S. 182). Allein auf eine diesen Erfolg sicherstellende Umgestaltung der Ortsverfassung hinzuwirken, bleibt lediglich der staatlichen Aufsichtsbehörde vorbehalten. Es kann deshalb unerörtert bleiben, ob und auf Grund welcher gesetzlicher Vorschriften die Staatsbehörde, sei es von Kommunal- oder von Schulaufsichtswegen etwa in der Lage sein würde, zwangsweise entweder hierauf abzielende Maßnahmen oder wenigstens Anordnungen dahin durchzusetzen, daß die Stadt mittels Gewährung von Zuschüssen in ausgiebigerer Weise als es zur Zeit geschieht, auf Ausgleichung der Unbilligkeit Bedacht nimmt, die unverkennbar darin liegt, daß die Katholiken durch die Gemeindeeinkommensteuer nach denselben Normen wie die übrigen Gemeindeangehörigen für die lutherische Kommunalschule und außerdem noch mit Schulverbandsbeiträgen für ihre konfessionelle Sonderschule belastet werden. So

lange nach dem einmal zustande gekommenen Ortsrecht eine politische Gemeinde die Schullast nur in einem räumlichen Teile ihres Gebiets oder nur für eine Konfession trägt, hat sie das unbestreitbare Recht, die dazu erforderlichen Mittel gemäß § 20 Abs. 1 Komm.-Abg.-Ges. durch Besteuerung aller ihr steuerpflichtigen Gemeindeglieder zu beschaffen.

4. An zweiter Stelle macht der Kläger für seinen Ermäßigungsanspruch die vermeintlich grundsätzliche Unstatthaftigkeit einer mehrfachen Belastung desselben Einkommens mit Personalschulsteuern geltend. Die auf ihn von dem Magistrat ausgeschriebene Gemeindeeinkommensteuer stellte aber, gleichviel in welcher Höhe das etatmäßige Steuersoll zur Unterhaltung der lutherischen Schule bestimmt gewesen ist oder Verwendung gefunden hat, eine Schulsteuer nicht dar. Es gibt keine positiven Vorschriften, durch welche die Zulässigkeit der Doppelbesteuerung eines und desselben Einkommens für Zwecke des Volksschulwesens in ähnlicher Weise ausgeschlossen wäre, wie es auf anderen Gebieten des Abgabenwesens durch Gesetz geschehen ist; die hierher gehörigen Vorschriften betreffen nur die staatliche Einkommensteuer und konkurrierende Besteuerungsrechte einer Mehrzahl von politischen Gemeinden untereinander und sind anerkanntermaßen der Ausdehnung auf Schulbeiträge im Schulgemeindeverbande nicht fähig.

5. Eine dem Art. 12 der Verf.-Urk. zuwiderlaufende Verkümmerung bürgerlicher oder staatsbürgerlicher Rechte um seines religiösen Bekenntnisses willen erleidet der Kläger durch die strittige Steuerauflage nicht, da von der Gemeindeeinkommensteuer alle Gemeindeglieder ohne jede Rücksicht auf ihre Religion oder Konfession betroffen werden. Ebensowenig verstößt die Übernahme der Schule nur einer der beiden, heute auch in Schleswig-Holstein als Glieder der Landeskirche gleichberechtigten Konfessionen auf den Kommunaletat der Stadt A. irgendwie gegen den Grundsatz in Art. 14 der Verfassung, wonach bei den mit der Religionsübung in Zusammenhang stehenden Einrichtungen des Staates die christliche Religion zu Grunde gelegt wird.

Nr. 5. Entsch. v. 14. XI. 02 Nr. I 1759.

Komm.-Abg.-Ges. v. 14. VII. 93 (G.-S. S. 152) § 70.
Land-Gem.-Ordn. v. 3. VII. 91 (G.-S. S. 233) §§ 38, 146.

Die Annahme, daß eine Landgemeinde nicht befugt sei, Gemeindeabgaben von einem Pflichtigen im Wege der Klage zu verlangen, sondern daß der Pflichtige zur Entrichtung der Abgabe, soweit nicht etwa Gemeindeabgaben von „wüsten Hufen" gemäß § 28 der Landgemeindeordnung gefordert werden sollen, nur gemäß §§ 61 ff. Komm.-Abg.-Ges. veranlagt und herangezogen werden könne, entspricht dem bestehenden Rechte. Unzutreffend jedoch ist, daß Gemeindeabgabepflichtige, die durch die Freilassung eines Gemeindeabgabepflichtigen mit Gemeindeabgaben überbürdet zu sein glauben, gegen diesen keine Klage auf Ersatz erheben können. Die Vorschrift im Absatz 3 des § 70 Komm.-Abg.-Ges., wonach Streitigkeiten zwischen Beteiligten über ihre in dem öffentlichen Recht begründete Verpflichtung zu Gemeindesteuern der Entscheidung im Verwaltungsstreitverfahren unterliegen, gibt das Recht, das bereits vor dem Komm.-Abg.-Ges. bestand, wieder und bezieht sich ebenso wie die entsprechende Vorschrift des durch sie ersetzten § 38 der Land-Gem.-Ordn. und des durch § 146 des letzteren Ges. aufgehobenen § 34 Zust.-Ges. auch auf Streitigkeiten der bezeichneten Art. Zu den „Beteiligten" kann hierbei auch der Besitzer eines Ritterguts gehören, sofern er nur nach der Behauptung der Kläger der Beitragspflicht zu den Gemeindelasten unterworfen ist und zu diesen vom Gemeindevorsteher herangezogen werden kann.

Nr. 6. Entsch. Bd. XXXXIII S. 123 v. 30. I. 03 II C 189/02.

Komm.-Abg.-Ges. v. 14. VII. 93 (G.-S. S. 152) §§ 21, 33, 40, 96.

1. Der Gemeinderat zu Asbach zog das Herzoglich Sachsen-Gothaische Gesamthaus wegen seines in der dortigen Gemeinde belegenen Forensalbesitzes zur Gemeinde-Einkommensteuer heran. Dieser Forensalbesitz bildet einen Teil der in der vormals Kurh. Herrschaft Schmalkalden gelegenen Staatsforsten, die der König von Preußen durch Vertrag v. 14. IX. 66 an den Herzog von Sachsen-Coburg-Gotha „in der Eigenschaft eines integrierenden Bestandteils des Domänenguts in den Herzogtümern Coburg und Gotha, mithin als fideikommissarisches Privateigentum des Herzoglich Sachsen-Gothaischen Gesamthauses" abgetreten hat. In Art. I Abs. 4 dieses Vertrages heißt es wörtlich:

> „In Betreff der Besteuerung unterliegen die Schmalkalder Domänenforsten den für die Forsten des Königlichen Hausfideikommisses geltenden Bestimmungen. Die Bewirtschaftung derselben ist einer Staatsaufsicht nicht unterworfen."

Auf Grund dieser Bestimmung glaubte das Herzogliche Gesamthaus seine völlige Freistellung von der geforderten Gemeindesteuer beanspruchen zu dürfen, wurde aber abgewiesen."

2. Ob und in welchen Grenzen den Gemeinden ein Steuerrecht zusteht, richtet sich gegenwärtig lediglich nach dem diese Materie erschöpfend regelnden Komm.-Abg.-Ges., da § 96 Abs. 5 daselbst ausdrücklich bestimmt, daß mit Inkrafttreten dieses Gesetzes alle ihm entgegenstehenden gesetzlichen Bestimmungen außer Kraft treten sollen. Nach § 33 Abs. 1 Nr. 2 a. a. O. sind diejenigen Personen, die in der Gemeinde, ohne dort einen Wohnsitz zu haben, Grundvermögen besitzen, hinsichtlich des ihnen aus dieser Quelle in der Gemeinde zufließenden Einkommens der Gemeinde-Einkommensteuer unterworfen. Das Herzogliche Gesamthaus unterliegt also nach dieser allgemeinen Bestimmung mit seinem Einkommen aus dem in dem Gemeindebezirk Asbach belegenen Grundbesitze der Besteuerung dieser Gemeinde. Zu den nach § 40 a. a. O. von der Gemeinde-Einkommensteuer befreiten Personen gehört das Herzogliche Gesamthaus nicht. Der Befreiungsanspruch wird vielmehr allein auf die Bestimmung des § 21 a. a. O. gestützt, demzufolge die auf besonderem Rechtstitel beruhenden Befreiungen einzelner Grundstücke von Gemeindesteuern in ihrem bisherigen Umfange fortbestehen sollen. Einen solchen besonderen Rechtstitel erblickt das Herzogliche Gesamthaus in dem Vertrage v. 14. IX. 66, dessen Art. I Abs. 4 ihm seines Erachtens die Befreiung von der Gemeinde-Einkommensteuer zugesichert habe. Diese Ansicht ist rechtsirrtümlich. Es kann dahin gestellt bleiben, ob der vorliegende Vertrag ein besonderer Rechtstitel im Sinne des § 21 a. a. O. ist; denn, wenn dies auch anzuerkennen und in dem Vertrage die Befreiung von allen Gemeindesteuern zugesichert wäre, so würde ihr Fortbestand bezüglich der Gemeinde-Einkommensteuer aus § 21 a. a. O. doch nicht hergeleitet werden können. Denn hiernach sind nur die Befreiungen einzelner Grundstücke aufrecht erhalten worden, und der Gerichtshof hat schon in E.-O.-V. Bd. XXXVI S. 47 ff. näher dargelegt, daß, da ein Grundstück nicht mit einer Einkommensteuer belegt werden könne, unter den im § 21 bezeichneten Gemeindesteuern nur die auf den Grundbesitz gelegten Realsteuern zu verstehen seien, daß dagegen die Einkommensteuer gemäß § 33 a. a. O., soweit nicht eine von dem Komm.-Abg.-Ges. bewilligte Exemtion vorliege, von allen Pflichtigen zu entrichten sei. Hieran ist auch für den vorliegenden Fall festzuhalten. Wäre also auch anzuerkennen, daß der Vertrag v. 14. IX. 66 das Privilegium nicht bloß für die Staatssteuern, sondern auch für alle Gemeindesteuern geschaffen habe, so würde es doch bezüglich der Gemeinde-Einkommensteuer weder durch den § 21 noch durch sonstige Bestimmungen des Komm.-Abg.-Ges. aufrecht erhalten worden sein. Sind aber

alle Bestimmungen, die den Vorschriften des Komm.-Abg.-Ges. zuwiderlaufen, durch dieses Gesetz aufgehoben, so ist eine Prüfung darüber ausgeschlossen, ob in der Tat dem Vertrage v. 14. IX. 66 die Kraft eines Privilegiums mit der Wirkung beiwohnte, daß es durch ein später ergangenes Gesetz nicht aufgehoben werden durfte. Denn, vgl. E.-O.-V. Bd. VI S. 99, Bd. XVIII S. 79, die Frage, ob dem Erlasse des anzuwendenden Gesetzes eine Zusicherung der bezeichneten Art entgegengestanden und das Gesetz daher in der geschehenen Ausdehnung nicht habe ergehen dürfen, ist der richterlichen Prüfung entzogen. — Die Prüfung des Richters erstreckt sich nur auf die Frage, ob das Gesetz in der vorgeschriebenen Form erlassen ist, und ob es nicht anderen, nach besonderer gesetzlicher Vorschrift ihm vorgehenden Gesetzen, wie beispielsweise den den Landesgesetzen vorgehenden Reichsgesetzen, widerspricht; in allen anderen Fällen dagegen ist der Richter an die Bestimmungen des Gesetzes derart gebunden, daß, wenn dieses ein bisheriges Gesetz oder eine ihm in seiner rechtlichen Bedeutung gleichartige sonstige Vorschrift aufhebt, der so zum Ausdrucke gebrachte gesetzgeberische Wille seiner Kritik entzogen ist.

B. Gebühren und Beiträge.

1. Im Allgemeinen.

Nr. 1. Entsch. v. 24. I. 02 Nr. II 95.

Komm.-Abg.-Ges. v. 14. VII. 93 (G.-S. S. 152) §§ 7, 9.

1. Die Klägerin, eine Brauerei-Aktiengesellschaft, ist Eigentümerin eines mit Gebäuden besetzten Grundstückskomplexes in der Landgemeinde Wehlheiden, die durch Ges. v. 25. III. 99 (G.-S. S. 67) mit dem 1. IV. 99 in die Stadt Cassel eingemeindet worden ist. Der Grundbesitz grenzt mit der Hauptfront an die Wilhelmshöher Allee und seitlich an die A.-Straße; er reicht auf der dieser entgegengesetzten Seite bis in die Gegend einer alten Wehlheidener Straße, ohne an diese anzugrenzen. Die Brauereigebäude der Klägerin entwässerten auf Grund eines mit der Stadt Cassel abgeschlossenen Vertrages nach dem Südkanal der Stadt Cassel ihre Schmutzwässer, wobei der Stadt die Berechtigung zugestanden wurde, die Anlegung eines Gitterverschlusses im Ablagerungsbassin zu verlangen; dagegen übernahm die Klägerin die Verpflichtung, einen Beitrag von 12000 Mk. zu den Baukosten des weiter zu führenden Südkanals zu zahlen. Ferner gestattete die Klägerin durch Vertrag vom 24./31. März 1891 der Stadt Cassel die Anlegung eines neuen Kanals durch die auf ihrem Terrain belegene neue A.-Straße, wogegen ihr der kostenfreie Anschluß der das Terrain berührenden Gebäude zur Abführung der Schmutzwässer im bisherigen Umfange gewährt wurde. Neuerdings hat die Gemeinde Wehlheiden in der Z.-Straße einen neuen Kanal angelegt, von welchem sich ein Schachtloch auf klägerischem Terrain befindet. An diesen Z.-Straßen-Kanal sind Gebäude der Klägerin mittels eines das Zwischengrundstück durchquerenden Privatabstichkanals am 6. Oktober 1899 angeschlossen worden.

Mit Rücksicht auf diesen Anschluß ist die Klägerin für die schon früher kanalisierten Frontlängen zu einem Kanalbaukostenbeitrage herangezogen worden, jedoch aus folgenden Gründen freigestellt worden.

2. Das Statut betr. die Kanalkostenbeiträge für die Landgemeinde Wehlheiden v. 27. V. 98 ist durch Eingemeindungsvertrag mit der Stadt Cassel im bisherigen Bezirke in Kraft erhalten. Das Statut erklärt in seinem Eingange,

daß es auf Grund des § 9 des Komm.-Abg.-Ges. erlassen werde. Könnte die darin festgesetzte Abgabe nur unter dem Gesichtspunkte des § 9 betrachtet werden, so würde dem Freistellungsantrage der Klägerin ohne weiteres stattzugeben gewesen sein. Denn die Gemeinde Wehlheiden hat die Formvorschriften des genannten Paragraphen nicht beachtet, nämlich weder einen Plan der Veranstaltung noch einen Nachweis der Kosten in ortsüblicher Weise vier Wochen lang zur Einsicht zwecks Erhebung von Einwänden offengelegt. Die Formvorschriften des § 9 aber haben nicht bloß instruktionelle Bedeutung, sondern die Rechtmäßigkeit der Erhebung von Beiträgen ist durch die Beachtung dieser Vorschriften bedingt.

3. Indessen fällt die Abgabe nicht unter den § 9 des Komm.-Abg.-Ges., dessen irrige Bezugnahme im Statut unschädlich ist. Sie hat vielmehr das Wesen einer — gemäß § 7 des Komm.-Abg.-Ges. im voraus nach festen Normen und Sätzen zu bestimmenden — Gebühr, für die das Komm.-Abg.-Ges. solche Formenvorschriften, wie im § 9 vorgesehen sind, nicht erlassen hat. Denn die Abgabe soll nach § 1 der Ordnung ein Entgelt für die Benutzung des Kanals bilden. Sie ist nur dann zu zahlen, wenn das Grundstück mit dem Kanal in Verbindung gebracht werden soll — also nach der Bestimmung des Eigentümers — oder muß — sei es infolge einer allgemeinen polizeilichen Anordnung, sei es zufolge einer besonderen in einem einzelnen Falle. — Wenn sie auch vor Beginn des Anschlusses, also, ehe die Benutzung stattfindet, gezahlt werden soll, so verlangt doch der § 10 ein Gesuch des Besitzers um Gestattung des Anschlusses, so daß dieser der Stadt gegenüber es in der Hand hat, den Anschluß und damit die Benutzung zu bewirken, oder, falls er nicht zahlen will, die letztere zu unterlassen. In weiterer Ausführung hiervon wird in § 10 der Ordnung bestimmt, daß erst, wenn ein Gesuch um Gestattung des Anschlusses eingegangen ist und etwaige technische Bedenken gehoben sind, der Kanalbaukostenbeitrag berechnet und mitgeteilt, sowie dann erst nach erfolgter Zahlung bezw. Sicherstellung die Genehmigung zum Anschluß erteilt wird. Außerdem wird ein Unterschied in der Höhe der Gebühr nach dem Umfange der Benutzung gemacht, je nachdem sie nämlich voll in Anspruch genommen wird oder aber nur in beschränkter Weise, wenn die Einführuug von Fäkalien nicht angängig ist. Ferner ist in § 2 als beitragspflichtiges Grundstück nur diejenige Fläche bezeichnet, die im Zusammenhang mit dem zu entwässernden Gebäude benutzt wird. In diesem allen ist die Wechselwirkung zwischen Leistung und Gegenleistung zum deutlichen Ausdruck gekommen. Für den Begriff der Gebühr ist es aber entscheidend, daß die Abgabe ein Entgelt für die Benutzung einer Gemeindeeinrichtung darstellt, daß die Beziehung zu einer individuellen Leistung nicht fehlt (vgl. E.-O.-V. Bd. XIII S. 231, Bd. XVIII S. 28, Bd. XX S. 52). Der § 4 des Komm.-Abg.-Ges. bezeichnet daher die Gebühren als Vergütungen, die „für die Benutzung der von den Gemeinden im öffentlichen Interesse unterhaltenen Veranstaltungen" erhoben werden. Hervorzuheben ist hierbei, daß die Ordn. v. 26./27. V. 99, kurz vor der Eingemeindung von Wehlheiden in Cassel, in möglichst wörtlichem Anschlusse an das damalige Casseler Gebührenstatut vom $\frac{7.\ \text{VIII}.\ 93}{9.\ \text{III}.\ 94}$ beschlossen worden ist. Letzteres aber beruht auf einem früheren Statut, das sich schon in der Aufschrift als Statut betreffend die für Benutzung städtischer Kanäle zu zahlenden Beiträge bezeichnet und in seinem Kontext vom 1. IX. 82 die Abgabe ausdrücklich von demjenigen erfordert, welcher den Kanal benutzen will. Auch diese meist wörtliche Übereinstimmung der Vorschriften des Wehlheidener Statutes mit den-

jenigen des vor dem Komm.-Abg.-Ges. erlassenen Casseler Status bezeugt, daß, wie in Cassel, so auch in Wehlheiden lediglich eine Gebühr hat eingeführt werden sollen.

4. Wenn in dem Statut die Abgabe als einmaliger Beitrag zu den Gesamtbaukosten des Kanals bezeichnet wird, so ist dies unerheblich, da § 4 Abs. 2 letzter Satz des Komm.-Abg.-Ges. die Gebühren auch als Mittel zur Tilgung des Anlagekapitals der betreffenden Veranstaltungen anerkennt. Dasselbe gilt von der Bestimmung, daß die betreffende Gegenleistung für die Benutzung in einer einmaligen Summe gezahlt werden soll, und von dem Umstande, daß neben dieser einmaligen Zahlung sowohl in Cassel 1894, als auch in Wehlheiden 1898 eine fortlaufende Gebühr eingeführt worden ist, die in einem Prozentsatz der Grund- und Gebäudesteuer besteht und zur Deckung der Betriebskosten bestimmt ist. Denn das Entscheidende für den Gebührencharakter sind nicht die Modalitäten der Zahlung, sondern ihre Beziehung zu der individuellen Leistung. Ob und inwiefern nun die Klägerin von der in der vorliegenden Gebührenordnung aufgestellten Regel getroffen wird, kann dahingestellt bleiben, wenn eine Ausnahmebestimmung auf sie Anwendung findet. In dieser Hinsicht kommt der § 8 zur Sprache, welcher unter anderem bestimmt:

> „Befreit von der Beitragspflicht sind alle Grundstücke . . . ., welche zur Zeit des Inkrafttretens dieses Statutes bereits an einen Straßenkanal der Stadt Cassel angeschlossen sind und Kanalanschlußkosten bereits gezahlt haben, jedoch nur insoweit, als sie nicht künftighin von neuen kanalisierten Straßen und Plätzen begrenzt und in die neuen Kanäle entwässert werden . . . . .“

Dieser Befreiungsgrund trifft aber für die Klägerin zu. Denn zunächst ist das Grundstück an einen Straßenkanal der Stadt Cassel, nämlich den südlichen Hauptkanal, schon im Jahre 1880, und außerdem an den in der A.-Straße gelegten Kanal im Jahre 1891 angeschlossen worden. Beide Kanäle sind von der Stadt Cassel angelegt und gehören zu dem einheitlich für Cassel und Wehlheiden geplanten Kanalnetz, das inzwischen auf Grund der Eingemeindung auch zur gemeinsamen Gemeinde-Einrichtung geworden ist, so daß die zwei Gemeindeanstalten in wechselseitiger Beziehung zu einander stehen.

Für den Kanalanschluß sind bereits laut der Verträge 12 000 Mk. Anschlußkosten entrichtet. Diese sind an die Stadt Cassel gezahlt worden, die ihren Kanal auch auf Wehlheidener Gebiet angelegt hat. Allerdings ist dies nur auf Grund eines Privatvertrages geschehen. Aber der § 8 hat auch solche Kosten treffen wollen, weil die Stadt Cassel gegenüber Wehlheidener Grundstücken keine öffentlich-rechtlichen Ansprüche erheben konnte.

5. Trotzdem würde aber nach dem obigen Text des § 8 das Grundstück der Klägerin für den Anschluß an den Z.-Straßenkanal gemäß dem — übrigens in seiner Verbindung mit § 1 sehr dunklen — § 6 des Statuts, lautend:

> „Wird ein Grundstück an einen Kanal der Gemeinde nicht unmittelbar nach der vorbeiführenden Straße hin, sondern in der Weise angeschlossen, daß für die Zuleitung neben- oder zwischenliegende Grundstücke benutzt werden, so hat der Eigentümer des Grundstücks, von welchem die Abflüsse der Kanalisation zugeführt werden sollen, einen Beitrag zu zahlen, welcher gemäß den Bestimmungen dieses Statuts so berechnet wird, als ob die Zuleitung direkt in einen längs der Hauptfront des Grundstücks herlaufenden Straßenkanal erfolgen sollte.“

pflichtig gemacht werden können, wenn es jetzt „von neuen kanalisierten Straßen und Plätzen begrenzt und in die neuen Kanäle entwässert“ würde. Dieser Passus des § 8 ist zufolge seiner Fassung und insbesondere der Stellung der

Worte „nicht künftighin" nicht etwa dahin zu verstehen, daß zur Aufrechthaltung der Befreiung der Nichteintritt zweier verschiedenen Tatbestände verlangt werde, nämlich einmal der Nichteintritt des Grenzens an gewisse Straßen oder Plätze und ferner der Nichteintritt des Entwässerns in gewisse Kanäle, daß also schon der Eintritt eines der beiden Fälle die Befreiung beseitigen soll. Es ist vielmehr mit einem einheitlichen Tatbestande zu rechnen, dem Grenzen an gewisse Straßen oder Plätze, in deren neue Kanäle entwässert wird. Tritt nach Erlaß des Statuts ein solcher Tatbestand ein, so soll die Befreiung wegfallen; bis dahin bleibt sie bestehen.

Da unstreitig die neue Kanalisation in der von dem hier fraglichen Grundstück durch ein anderes Grundstück getrennten Z.-Straße vorgenommen worden ist, fehlt es jedenfalls an der einen Vorbedingung für die Gebührenpflicht, an der Begrenzung durch die besonders qualifizierten Straßen und Plätze des § 8 und es kann dahingestellt bleiben, ob dort unter „neuen kanalisierten Straßen", nur neue Straßen oder auch solche alte Straßen, welche nur neu kanalisiert sind, verstanden werden müssen. Damit fällt die Ausnahme von der Befreiung weg; diese selbst bleibt also bestehen.

Danach erübrigt eine Untersuchung nach der Richtung, ob die Gebührenordnung auch den materiellen Anforderungen des Komm.-Abg.-Ges. z. B. der der Gleichmäßigkeit entspricht, wenn in ihr für bestimmte Straßen, wie in § 1 Abs. 3 geschehen, geringere Sätze, als sonst, normiert werden (vgl. E.-O.-V. Bd. XXXIV S. 74, 70 und Bd. XXXVI S. 92).

Nr. 2. Entsch. v. 21. III. 02 Nr. II 531.

Komm.-Abg.-Ges. v. 14. VII. 93 (G.-S. S. 152) § 9.

1. Ein Ortsstatut über die Heranziehung von Grundeigentümern zu den Kosten für den Ausbau des Straßennetzes enthielt folgende hier in Betracht kommende Bestimmungen:

> § 1. „Zur Deckung der Kosten für Regulierung und Pflasterung aller Straßen innerhalb des Gemeindebezirkes, auf welche das in Gemäßheit des § 15 des Baufluchtliniengeſ. v. 2. VII. 75 erlassene Ortsstatut keine Anwendung findet (sogenannte historische Straßen):
> 1. Der Breitenstraße.
> 2—8. . . . .
> sollen die Eigentümer der an die betreffenden Straßen bezw. Plätze grenzenden Grundstücke zu Beiträgen herangezogen werden 2c.
>
> § 2. Die nach § 1 zu erhebenden Beiträge der Grundeigentümer werden auferlegt nach den besonderen wirtschaftlichen Vorteilen, welche den Grundeigentümern durch den Ausbau der Straßen bezw. Straßenstrecken und Plätze erwachsen. In keinem Falle sollen diese Beiträge aber 50% der Gesamtkosten übersteigen.
>
> Mit Rücksicht auf die Verschiedenheit dieser wirtschaftlichen Vorteile bei den einzelnen Straßen bezw. Straßenstrecken werden die Beiträge in jedem Einzelfalle durch die Gemeindevertretung nach den Vorschriften des § 9 des Komm.-Abg.-Ges. festgestellt."

2. Das O.-V.-G. erklärte das Statut für rechtsgültig.

a) Es ist kein Mangel des Statutes, daß es nicht schon festsetzt, in welcher Höhe die Anlieger zu den Beiträgen herangezogen werden sollen; das O.-V.-G. hat es wiederholt für zulässig erklärt, daß die von ihm geforderte Gleichmäßigkeit in der Behandlung der Straßenanlieger (E.-O.-V. Bd. XXXII S. 122 ff.) durch einen allgemeinen, die Beitragspflicht in abstracto begründenden Beschluß gesichert werde, und daß die nähere Regelung für jeden Einzelfall in Ausführung der allgemeinen Vorschrift durch besonderen

Beschluß erfolge. Dabei ist ausdrücklich anerkannt worden, daß der allgemeine Beschluß den besonderen weiten Spielraum lassen könne, namentlich Festsetzungen über die Berechnung der Beiträge im Einzelfalle nicht zu enthalten brauche, da solches angesichts der durch das Gesetz gebotenen Abstufung der Beiträge nach den Vorteilen in vielen Fällen kaum möglich sei (E.-O.-V. Bd. XXXVI S. 100).

b) Nicht minder ungerechtfertigt ist der Vorwurf, daß das Statut die Beitragspflicht nicht von dem Vorhandensein wirtschaftlicher Vorteile abhängig mache, sondern sie in seinem § 1 jedem Angrenzer auferlege: Denn die in § 2 getroffene Bestimmung, daß die Beiträge nach den besonderen wirtschaftlichen Vorteilen auferlegt werden sollen, sichert bei richtiger Handhabung denjenigen Anliegern, die keine Vorteile haben, Freiheit von der Abgabe zu. Der Vorbehalt zum Schutze der nicht von den Vorteilen betroffenen Grundbesitzer wäre vielleicht dann am Platze gewesen, wenn das Statut schon einen Maßstab für die Berechnung der Beiträge festgesetzt hätte; aber auch dann hätte er nur ausgereicht, die aller Vorteile Entbehrenden gänzlich zu befreien, nicht aber hätte er die Abstufung nach Maßgabe des größeren oder geringeren Vorteiles gesichert.

c) Richtig verfährt das Statut auch darin, daß es diejenigen Straßen, die unter den § 15 des Baufluchtges. fallen, von seinem Wirkungskreise ausschließt: Denn diese Straßen dürfen nur nach den Vorschriften des genannten Ges. und nicht nach denen des § 9 Komm.-Abg.-Ges. behandelt werden. Es ist allerdings eine Ungenauigkeit, wenn das Statut diese Straßen, einem vielfach verbreiteten Gebrauche folgend, kurzweg als „historische" bezeichnet; den Bestimmungen des § 15 a. a. O. und der in seiner Ausführung ergangenen Ortsstatute sind nicht nur die „historischen", d. h. die zur kritischen Zeit bereits ein vollwertiges Glied des inneren Straßennetzes bildenden Verkehrswege, sondern auch diejenigen Straßen entzogen, die zwar jenen vollwertigen Gliedern nicht gleichstanden, aber doch in ihren wesentlichen Teilen „bereits vorhanden" und bebaut waren, und es hat das Ortsstatut ohne Frage alle bebauten vorhandenen Straßen treffen wollen (vgl. E.-O.-V. Bd. XXXVIII S. 147).

d) Unschädlich würde auch die Unrichtigkeit der Aufzählung der einzelnen Straßen im § 1 sein. Diese Aufzählung will nicht eine Änderung der in den vorhergehenden Worten ausgesprochenen Wirksamkeit des Statuts für alle „historischen" Straßen bewirken, vielmehr ist mit ihr nur eine Erläuterung in dem Sinne beabsichtigt, daß nach der Meinung der Verfasser des Ortsrechtes alle die genannten Straßen und nur sie historische seien. Demnach würde nichts im Wege stehen, daß die Anlieger einer jener Straßen gegenüber einer Heranziehung zu Beiträgen auf Grund des Statuts den Nachweis versuchten, daß die Straße dem § 15 des Ges. v. 2. VII. 75 unterliege, also nicht von der dispositiven Bestimmung des § 1 getroffen werde (angesichts des § 15 des Baufluchtges. in Verbindung mit §§ 9 und 10 des Komm.-Abg.-Ges. auch nicht getroffen werden dürfe), sowie daß umgekehrt die Aufsichtsbehörde auf der Anwendung des Statuts auch gegenüber anderen als den genannten Straßen bestehen könnte, sofern es sich herausstellen sollte, daß vor dem Inkrafttreten des Ges. v. 2. VII. 75 noch andere bebaute Straßen in Sch. vorhanden waren.

e) Auch darin liegt keine Gesetzwidrigkeit, daß das Ortsstatut die Beitragspflicht der Anlieger nicht auf den Fall der ersten Neupflasterung beschränkt; denn es besteht keine gesetzliche Vorschrift, welche die Gemeinden verpflichtete, die nach § 9 des Komm.-Abg.-Ges. ergehenden Beschlüsse in der gedachten Weise zu begrenzen.

f) Erfolglos bleiben mußte endlich auch die Behauptung des Klägers, daß die Anlieger der Breitenstraße von deren Neupflasterung überhaupt keine wirtschaftlichen Vorteile hätten. Die Entscheidung über derartige Einwendungen erfolgt in dem durch § 9 Komm.-Abg.-Ges. geordneten Beschlußverfahren; dem Verwaltungsrichter steht eine Prüfung darüber, ob die angenommenen Vorteile vorhanden sind, nicht zu; seine Zuständigkeit beschränkt sich auf die Frage, ob, der Forderung des Gesetzes entsprechend, bei Verteilung der Beiträge das Verhältnis der Vorteile als das allein maßgebende angesehen ist. Das aber ist hier geschehen; die Gemeindebehörden haben die Heranziehung der Anlieger nach Maßgabe ihrer Vorteile beschlossen und die Beschlußbehörden haben ihre Zurückweisung der Einwendungen auf die ohne Zweifel zutreffende Erwägung gegründet, daß entgegen der Behauptung der Beschwerdeführer den Anliegern Vorteile erwüchsen. Daß etwa die Bemessung der Beiträge für die einzelnen Anlieger den Vorteilen derselben nicht entspräche, war nicht behauptet worden; vielmehr war nur allgemein die Gültigkeit des Beschlusses wegen des angeblichen Fehlens seiner gesetzlichen Voraussetzung, nämlich einer Bevorteilung der Anlieger im allgemeinen, bestritten worden. Darum brauchten die Beschlußbehörden sich mit der Verteilung der Last auf die einzelnen Pflichtigen nicht zu befassen, sondern konnten sich, wie geschehen, auf die als richtig anzuerkennende Feststellung beschränken, daß im allgemeinen die Pflasterung der Straße besondere wirtschaftliche Vorteile für die Anlieger im Gefolge habe.

Nach allem hat der Vorderrichter das Ortsrecht als gültig anwenden dürfen, und da auch sonst in seinen Ausführungen kein Rechtsirrtum und in seinem Verfahren kein wesentlicher Mangel erkennbar war, so mußte seine Entscheidung bestätigt werden.

Nr. 3. Entsch. v. 11. IV. 02 Nr. II 645.

Komm.-Abg.-Ges. v. 14. VII. 93 (G.-S. S. 152) § 9.

Beiträge der Adjazenten zu den Kosten des Bürgersteigs können nur erhoben werden, wenn sämtliche für die Erhebung gesetzlich und statutarisch vorgeschriebene Bedingungen erfüllt sind. Insbesondere muß der nach § 9 Abs. 3 Komm.-Abg.-Ges. erforderliche Beschluß zu den Kosten des Bürgersteigs Beiträge zu erheben, in ortsüblicher Weise bekannt gemacht worden sein unter der Angabe, wo und während welcher Zeit Plan nebst Kostennachweis zur Einsicht offen liege und mit dem Bemerken, daß Einwendungen gegen den Beschluß binnen einer bestimmt zu bezeichnenden Frist von mindestens 4 Wochen bei dem Gemeindevorstand anzubringen seien.

Nr. 4. Entsch. v. 25. IV. 02 Nr. II 680.

Komm.-Abg.-Ges. v. 14. VII. 93 (G.-S. S. 152) §§ 4, 7, 9, 95.

1. Die Landgemeinde X hat hauptsächlich aus Rücksichten der Gesundheitspflege und im Hinblick auf den Badeverkehr, die Fäkalienabfuhr in den

Kreis ihrer Gemeindeangelegenheiten gezogen und beschlossen, einen Teil der dadurch entstehenden Kosten auf die Gemeinde und die Badekasse zu übernehmen (§ 2 der Gebühren-Ordnung). Es ist weiter beschlossen worden, einen Abfuhr-Unternehmer seitens des Gemeindeausschusses anzunehmen (§ 3 daselbst). Mit einem solchen Unternehmer ist ein Abkommen getroffen, wonach dieser die Beseitigung der Fäkalien nach Anordnung des Gemeindevorstandes auf das Kalenderjahr 1900 für 1250 Mk. übernommen hat. Damit tritt den Pflichtigen nicht ein selbständiger Unternehmer gegenüber (wie in E.-O.-V. Bd. XXIX S. 58), sondern ein Organ der Gemeinde. Auf diese Weise hat die Gemeinde im Interesse der reinigungspflichtigen Hausbesitzer eine öffentliche Veranstaltung getroffen und für deren Benutzung zur Verfügung gestellt. Damit ist die Aufgabe der Gemeinde erledigt und sie hatte die Berechtigung — wo nicht die Verpflichtung — erlangt, gemäß § 4 Komm.-Abg.-Ges. eine öffentlich-rechtliche Gebühr zu Lasten derer einzuführen, die diese Einrichtung benutzen würden.

2. In Übereinstimmung mit der Einrichtung steht auch die damalige Polizei-Vd. v. 11. VI. 99, deren § 1 bestimmte, daß die Abfuhr der Fäkalien einem Unternehmer übertragen werde, und daß dieser zu deren rechtzeitiger und ordnungsmäßiger Besorgung verpflichtet sei. Wenn auch hiermit die Hausbesitzer seitens der Polizei sollten gezwungen werden können, sich des von der Gemeinde bestellten Unternehmers für die ihnen obliegende Fortschaffung der Fäkalien zu bedienen, so wird dadurch doch hinsichtlich der Benutzung der Gemeinde gegenüber der Charakter der Freiwilligkeit, der der Gebühr wesentlich ist, nicht berührt. Denn die Gemeinde kann und darf einen derartigen Zwang nicht ausüben; sie stellt ihre Veranstaltung den Hauswirten nur zur Verfügung, wenn und soweit diese — sei es völlig aus freien Stücken, sei es zufolge eines seitens der Polizeibehörde ihnen gegenüber ausgeübten Zwangs — sich der Einrichtung bedienen. Hieraus ergibt sich zugleich, daß die im § 3 der Gebührenordnung („zum Vergleich") angezogene Polizei-Vd. nicht noch neben dem allein grundlegenden § 4 Komm.-Abg.-Ges. derart wesentlich sein kann, daß die Gebühr mit dieser Vd. steht und fällt; ganz abgesehen davon, daß die Erwähnung der Gebühr überhaupt nicht in die Polizei-Vd. gehörte, daß auch die bereits vor der Heranziehung des Klägers ergangene neue Polizei-Vd. v. 30. IV. 1900 bis auf einige für die Gebührenforderung unerhebliche Punkte mit der Vd. v. 11. VI. 99 übereinstimmte und sogar die Ausnahmebestimmung in deren § 1 beseitigte. Endlich ist auch die Anrufung des § 9 im Eingange der Gebühren-Ordn. zwar unrichtig, aber, weil nur ein Citat, unschädlich. Auch darin ist dem Revisionskläger nicht beizustimmen, daß es einer Verkündigung der Gebühren-Ordn. bedurft hätte. Gegen diese Annahme treffen, bei der übereinstimmenden Grundlage eines Gemeindebeschlusses, die Gründe, die in E.-O.-V. Bd. XXXVIII, S. 100 für die Steuer-Ordn. entwickelt sind, auch für die Gebühren-Ordn. zu. Insbesondere wird hierbei bereits durch die ordnungsmäßige Schaffung der Gebühren-Ordn. der Vorschrift des § 7 Komm.-Abg.-Ges. genügt, daß die Gebühren durch die objektive Norm im voraus bestimmt sein müssen, und es bleibt die Sache desjenigen, der von der Gemeindeanstalt Gebrauch machen will, sich vorher von der Höhe der Gebühr zu vergewissern.

3. Die Veranlagung des Klägers ist aber aus einem ferneren Grunde nicht rechtsbeständig.

Die Ordnung führt in § 1 für die Benutzung der Abfuhrveranstaltung ein Jahrespauschquantum von 0_{50} Mk. beziehungsweise 0_{75} Mk. und 1 Mk. — je nach der Größe der Zimmer — ein. Dieses Pauschquantum läßt sich keinesfalls in Monats- oder sonstige Zeit-Raten zerteilen. Denn, da die Abfuhr nicht nach einzelnen Dienstleistungen tarifiert ist, bleibt nur die Annahme übrig, daß die letzteren in ihrer Gesamtheit durch eine einzige einheitliche Jahresabgabe abgegolten werden sollen. Die Gemeinde würde es sonst in die Willkür des Reinigungspflichtigen gelegt haben, für den geringen Monats- oder wohl gar Wochen- oder Tagespreis die umfangreichsten Dienste in der schwierigsten Periode sich zu verschaffen, dagegen das auf Dauer berechnete Institut die ganze übrige Zeit unbenutzt zu lassen und die Gebühr beliebig zu sparen. Dies erscheint namentlich in Berücksichtigung der großen Verschiedenheit in der Frequenz des Badeortes untunlich. Jedenfalls hat die hierfür allein zuständige Aufsichtsbehörde den Einheitssatz von einer halben bis zu einer Mark für das ganze Jahr als Gebühr genehmigt.

Nun ist die Gebühren-Ordn. nach ihrem Eingange nur für das Jahr 1900 erlassen und tritt nach § 4 mit dem 1. I. 1900 in Kraft. Auch der Unternehmervertrag ist auf das Kalenderjahr 1900 geschlossen.

Jene Fassung der Gebühren-Ordn., wie ihre Handhabung im streitigen Jahre ergeben als zweifellos, daß die Gemeinde vom Kläger $8_{,50}$ Mk. Gebühr auf die Zeit vom 1. I. 1900 bis 31. XII. 1900 beansprucht hat. Eine solche Veranlagung ist gesetzwidrig. Die Gemeinde darf nach § 95 Komm.-Abg.-Ges. für ihre öffentlichen Jahresabgaben keine andere Rechnung wählen, als die vom 1. IV. bis zum 31. III., da dort auch den Landgemeinden nichts mehr als eine Periode von mehreren Rechnungsjahren freigegeben ist. Da das Pauschquantum für eine andere als die gesetzmäßige Zeit gefordert ist, ist es nicht nur für das außerhalb des Etatsjahres liegende Vierteljahr, sondern überhaupt in allen seinen Teilen zu Unrecht erfordert.

Nr. 5. Entsch. Bd. XXXXII S. 20 v. 23. V. 02 II C 3/02.

Komm.-Abg.-Ges. v. 14. VII. 93 (G.-S. S. 152) § 9.

1. Die städtischen Behörden zu Königsberg i. Pr. haben die Straßenreinigungspflicht als Veranstaltung im Sinne des § 9 des Komm.-Abg.-Ges. unter den hier vorgeschriebenen Förmlichkeiten übernommen. Die zu laufenden Beiträgen herangezogene Albertus-Universität erstritt auf Klage ein freistellendes Urteil, weil sie von der Veranstaltung keinen besonderen wirtschaftlichen Vorteil habe. Denn ihr habe nicht, wie den mit Grundbesitz an der Straße angesessenen Privatpersonen, die Reinigung vor der Übernahme durch die Stadt observanzmäßig obgelegen; das betr. Statut beziehe sich nur auf diejenige Reinigung von Straßen, die von der Stadt den früher verpflichteten Anliegern abgenommen worden sei. Das O.-V.-G. erklärte die Universität aus folgenden Gründen für beitragspflichtig.

2. Dem Vorderrichter ist soviel zuzugeben, daß der Wortlaut des Statuts Zweifel darüber zuläßt, ob die Beitragspflicht sich auch auf diejenigen Grundstücke erstrecken soll, die der die Anlieger im allgemeinen belastenden Observanz ausnahmsweise nicht unterlagen, vor denen vielmehr schon von jeher die Stadt zu reinigen hatte; denn, nachdem im § 1 ausgesprochen ist, daß die Stadt „die den Grundstücksbesitzern nach den geltenden Ortsgewohnheiten und Polizeivorschriften obliegende Reinigung ..... übernimmt", und in den folgenden Paragraphen der Umfang dieser Pflicht eine Umgrenzung erfahren hat, heißt es im § 7 wörtlich:

> „Die Kosten der nach diesem Statute von der Stadtgemeinde bewirkten Straßenreinigung werden — unbeschadet der der Stadt als Grundbesitzerin oder als Selbstverpflichtete auf Grund bestehenden Rechtes oder auf Grund der

Kabinetts-Ordre v. 8. VI. 34 oder privater Rechtstitel obliegenden Pflicht zur Straßenreinigung — zu ihrem dritten Teile nach Maßgabe der nachfolgenden Bestimmungen von den im jeweiligen Geltungsbereiche dieses Statuts belegenen Grundstücken aufgebracht, im übrigen aber auf den Stadthaushaltsetat übernommen.

Der hiernach von den Grundstücken aufzubringende Betrag wird alljährlich durch Beiträge gemäß § 9 des Komm.-Abg.-Ges. erhoben, deren Jahressatz in Prozenten des nach Maßgabe der Grundbesitz-Steuerordnung v. 15. V. 95 veranlagten Gebäudesteuer-Nutzungswerts berechnet wird. Bei realsteuerfreien Grundstücken tritt an Stelle dieses Nutzungswerts der gemäß § 7 der Kanalgebührenordnung v. 25. VI. 95 zu ermittelnde Gebäudenutzungswert.

Die Beiträge werden von allen beitragspflichtigen Grundstücken gleichmäßig jedoch mit der Maßgabe aufgebracht, daß der Jahresbeitrag bei keinem Grundstück ein Drittel Prozent des Gebäudesteuer-Nutzungswerts übersteigen darf."

Man könnte versucht sein, in dem Zwischensatze des Abs. 1 eine ausdrückliche Befreiung derjenigen Grundstücke zu sehen, vor denen die Stadt schon bisher zu reinigen hatte. Das aber wäre unrichtig; die wenig glücklich gefaßte und an falscher Stelle angebrachte Bestimmung soll sich nicht auf die Beitragspflicht, sondern nur auf die Reinigungspflicht beziehen und nur hinsichtlich ihrer das bestehende Recht für den Fall einer Aufhebung des Statuts aufrecht erhalten. Weiter geben die Eingangsworte des ersten Absatzes, in denen nur von den Kosten „der nach diesem Statute von der Stadtgemeinde bewirkten Reinigung" die Rede ist, dem oben angedeuteten Zweifel einen gewissen Anhalt, doch ist der Gerichtshof auf Grund der Entwickelung, welche die Angelegenheit genommen, zu der Ansicht gelangt, daß die städtischen Behörden beabsichtigt haben, die mehrfach erwähnten Grundstücke, wie sie an den Vorteilen einer systematischen, einheitlichen und mit verbesserten Mitteln betriebenen Reinigung teilnehmen, so auch an deren Kosten teilnehmen zu lassen. Für diese Absicht spricht auch der Umstand, daß im Abs. 2 des § 7 der Teilnahmemaßstab für die realsteuerfreien Grundstücke — und das sind vorzugsweise die inbetracht kommenden — besonders bestimmt wird. Unter der „nach diesem Statute von der Stadtgemeinde bewirkten Reinigung" ist demnach nicht etwa nur die darin übernommene, sondern die einheitlich betriebene Reinigung zu verstehen.

3. Ebensowenig kann dem Vorderrichter zugegeben werden, daß es für die bis dahin von der Reinigungspflicht befreiten Grundstücke an jedem besonderen Vorteile fehle. Es ist eine wesentliche Verbesserung des Reinigungswesens, wenn an die Stelle der von den Einzelnen und stellenweise von der Stadt mit unvollkommenen Mitteln betriebenen Reinigung, deren Unzulänglichkeit seit langer Zeit von den Aufsichtsbehörden gerügt war, eine einheitliche, den Anforderungen der Gegenwart entsprechende tritt; die Anlieger haben von einer derartigen städtischen Einrichtung einen besonderen Vorteil in ähnlicher Weise wie von einer guten Unterhaltung des Straßenbaues, und zwar ist dieser Vorteil verschieden von demjenigen, der ihnen durch die Abnahme ihrer bisherigen Reinigungspflicht erwächst. Die befreit gewesenen Grundstücke nehmen hieran, auch wenn vor ihnen selbst die Reinigung nicht mehr verbessert würde, schon deshalb teil, weil ihnen auch die verbesserte Reinigung der Nachbarschaft zugute kommt. Ob allerdings ihr Vorteil, namentlich im Hinblick auf die bei ihnen fehlende Entlastung von der Reinigungspflicht, ebenso groß ist, wie derjenige der anderen Grundstücke, mag bezweifelt werden dürfen. Aber aus diesem Bedenken würde sich die Ungültigkeit der Beitragsbemessung nur dann ergeben, wenn erhellte, daß bei ihr die Verschiedenheit der Vorteile überhaupt unberücksichtigt geblieben wäre; denn dann entspräche sie nicht der Forderung des

Gesetzes. Solange jedoch davon ausgegangen werden darf, daß dem Gesetz entsprechend die Größe der dem Einzelnen erwachsenden Vorteile den Maßstab für die Höhe seiner Beiträge abgeben sollte, solange kann aus der Festsetzung des Maßstabs kein Einwand gegen die Gültigkeit des Beschlusses entnommen werden. Ob bei Anwendung der richtigen Grundsätze auch überall das Richtige getroffen, die Größe des Vorteils im Einzelfalle zutreffend ermittelt und danach die Höhe des Beitrags richtig festgesetzt worden ist, darüber steht dem Verwaltungsrichter keine Nachprüfung zu; vielmehr ist die Frage der Angemessenheit in dem durch § 9 des Komm.-Abg.-Ges. geordneten Beschlußverfahren zu erledigen, nötigenfalls im Wege der daselbst zugelassenen „Einwendung" und „Beschwerde".

4. Einer Beteiligung der befreit gewesenen Grundstücke an den Reinigungskosten stand deren Freiheit von der Reinigungspflicht auch nicht etwa in dem Sinne entgegen, daß sie einen besonderen Rechtstitel — vorausgesetzt, daß es auf einen solchen bei der Anwendung des § 9 des Komm.-Abg.-Ges. ankommen sollte — für die Freilassung besessen hätten. Nach Lage der Akten steht nur soviel fest, daß die Observanz, die die übrigen Anlieger zu der Reinigung verpflichtete, sich auf gewisse Grundstücke, wie namentlich die öffentlichen Gebäude, nicht erstreckte, daß demnach für sie keine öffentlich-rechtliche Verpflichtung (gegenüber der Polizeibehörde) zu der Reinigung bestand, und daß diese mangels eines anderen Verpflichteten nach § 3 des Ges. betr. die Polizeiverwaltung, v. 11. III. 50 der Gemeinde oblag, die eine Pflicht also nur gegenüber der Polizeibehörde, nicht aber gegenüber den Besitzern der befreiten Grundstücke erfüllte. Es ist daher nicht ersichtlich, warum die Stadt jene Grundstücke hätte freilassen müssen, wenn sie durch Eintreten in die Reinigungspflicht der übrigen Grundstücke für diese denselben Zustand schuf, der für die befreiten bereits bestand, und dann die Kosten der Einrichtung, die nunmehr allen Grundstücken, zwar nicht gleichmäßig, aber doch gleichartig, zu gute kam, durch eine gleichartige Abgabe von allen Grundstücken teilweise decken ließ.

5. Gewichtiger war ein Bedenken, das sich bei selbständiger Prüfung ergab. Der § 14 des Statuts lautet:

> „Die ortsrechtliche Verpflichtung der Grundstücksbesitzer zur Straßenreinigung wird durch dieses Statut nicht aufgehoben.
> Die städtischen Behörden sind vielmehr jederzeit berechtigt, dasselbe aufzuheben und die Straßenreinigung wieder auf die Grundstückseigentümer zu übertragen."

Angesichts dieser Bestimmung drängt sich die Frage auf, ob denn die Stadt die öffentlich-rechtliche Reinigungspflicht übernommen und nicht etwa — in unzulässiger Weise zwischen die Verpflichteten und die Polizeibehörde sich eindrängend — nur die Ausführung der Reinigung ohne Befreiung der Grundbesitzer an sich gezogen hat; das Bedenken konnte aber fallen gelassen werden, da aus den Verhandlungen, die über den Gegenstand im Schoße der städtischen Kollegien und mit den staatlichen Behörden gepflogen worden sind, hervorgeht, daß unter Zustimmung der letzteren die Stadt in die öffentliche Reinigungspflicht auch da, wo sie ihr noch nicht oblag, eintreten sollte und wollte. Die Bestimmungen des § 14 haben daher lediglich die Bedeutung eines Vorbehalts nach der Richtung hin, daß der Eintritt nur bis auf weiteres und unbeschadet der Observanz erfolgen sollte. Die Gültigkeit und rechtliche Wirksamkeit des Vorbehalts braucht nicht erörtert zu werden; es genügt, festzustellen, daß trotz des Vorbehalts jedenfalls für die Gültigkeitsdauer des Statuts die öffentlich-rechtliche Reinigungspflicht auf die Stadt übergegangen ist.

Nr. 6. Entsch. v. 18. XI. 02 Nr. II 1847.

1. Ein Gymnasium in Ch. klagte gegen den Magistrat daselbst wegen seiner Heranziehung zu Kanalisationsbeiträgen auf Grund des Gebäudenutzungswertes, weil Gymnasialklassen einen solchen Wert nicht besäßen. Das O.-V.-G. trat dem nicht bei aus folgenden Gründen:

2. Die Ch.er Kanalisationsordnung übernimmt mit den Grundsätzen der staatlichen Gebäudesteuerveranlagung den von den Veranlagungsbegriffen untrennbaren des Gebäudenutzungswertes, wie er im Geb.-St.-Ges. und dessen Ausf.-Anw. festgelegt ist.

Dies ist derjenige allgemeine in der Form einer Rente ausgedrückte wirtschaftliche Wert, den ein Gebäude dadurch erhält, daß es einer wirtschaftlichen „Nutzung" unterworfen, d. h. zu der Erzielung eines materiellen, geldwerten Nutzens, zur Ziehung von sogenannten fructus naturales oder civiles in erlaubter und nicht unsittlicher Weise verwendet wird. Von diesen Anschauungen ausgehend hat das O.-V.-G. in einer Entsch. v. 26. I. 98 das Vorhandensein eines Nutzungswertes für das Gebäude der Kaiser Wilhelm-Gedächtniskirche, das nichts als eine evangelische Kirche enthält, verneint, weil die materielle Nutzung einer „Kirche" wegen ihrer eigentümlichen Rechtsstellung unzulässig, rechtlich unmöglich, sei; andererseits aber ist schon damals ausgesprochen, daß die (durch das Vorhandensein eines Nutzungswertes bedingte) Steuerpflicht (nur) da begründet werden könne, wo eine materielle Nutzung möglich und zulässig sei. Die Klage irrt, wenn sie meint, daß das Gymnasium, soweit es nur den Unterrichtszwecken diene, einer Kirche gleichzustellen sei; denn die Kirchen erhalten ihr eigenartiges Wesen durch besondere Umstände, insbesondere durch die sogenannte Widmung, durch die sie „dauernd einer besonderen gottesdienstlichen Bestimmung übergeben und der profanen Benutzung entzogen werden, so daß ein nichtgottesdienstlicher Gebrauch überhaupt unzulässig ist, es sei denn, daß er weder die Benutzung des Gebäudes zum Gottesdienste äußerlich behindert oder schädigt, noch der Bestimmung desselben innerlich durch einen profanierenden weltlichen Charakter widerstreitet" (E.-O.-V. vom 10. VI. 92, Pr.-V.-Bl. Bd. XIV S. 133). Das trifft bei Gymnasien nicht zu, namentlich kann der Überweisung des Gebäudes für Unterrichtszwecke nicht dieselbe Wirkung beigelegt werden, welche die „Widmung" für ein Kirchengebäude hat. Es steht nichts entgegen, daß die zuständige Stelle das Gymnasialgebäude zu einem Nutzungsobjekte macht, sei es, daß sie seine Bestimmung für Unterrichtszwecke zurückzieht oder einschränkt oder die wirtschaftlichen Zwecke neben ihnen verfolgt, z. B. die Räume für die Zeiten, wo kein Gymnasialunterricht stattfindet, an private Schulunternehmer vermietet, während etwas Ähnliches bei einer Kirche durch ihren sakralen Charakter ausgeschlossen ist. Ist hiernach eine materielle Nutzung der Klassenräume des Gymnasiums möglich, so haben sie auch einen Nutzungswert im Sinne des Gebäudesteuergesetzes und der Ch.er Kanalisationsordn.

Nr. 7. Entsch. v. 7. X. 02 Nr. II 1587 (Pr.-V.-Bl. Bd. XXIV S. 618).

Eine Wasserleitung kann auch bei dem Fehlen eines Anschlußzwanges eine dem öffentlichen Interesse dienende Gemeindeanstalt sein. Derartige öffentliche Anstalten ohne irgendwelchen Anschlußzwang sind nicht nur denkbar, sondern tatsächlich in großer Anzahl vorhanden. Da, wo eine Wasserleitung als öffentliche Gemeindeanstalt und mit Anschlußzwang eingerichtet ist, dürfen für ihre Benutzung „Gebühren“ nur dann erhoben werden, wenn ihre Erhebung in rechtsförmlicher Weise beschlossen worden ist. Im vorliegenden Falle hatten die Gemeindebehörden in unzweideutiger Weise erklärt, daß das „Wassergeld“ nicht den Charakter einer Gebühr, sondern den einer vertraglichen Vergütung, die „Bedingungen“ der Benutzung nicht die Eigenschaft einer Gebührenordnung, sondern die einer Vertragsofferte haben sollten. Diese Erklärung ist zwar nicht allein entscheidend, indem es nicht auf die Benennung, sondern auf die Gestaltung der Sache ankommt. Aber wenn auch die „Bedingungen“ mancherlei enthalten, was als vertragsmäßige Abmachung kaum aufrecht zu erhalten wäre und eher in eine Gebührenordnung paßte, so läßt sich doch nicht mit Bestimmtheit sagen, daß das Wassergeld tatsächlich zu einer Gebühr ausgestaltet sei, und daß jene Erklärung als eine protestatio facto contraria keine Bedeutung habe.

Wollte also die Gemeinde mit ihren „Bedingungen“ privatrechtliche Verhältnisse ordnen, so hat sie in ihnen eine Gebührenordnung nicht geschaffen.

Nr. 8. Entsch. Bd. XXXXII S. 150 v. 18. XI. 02 I A 33/00.
Komm.-Abg.-Ges. v. 14. VII. 93 (G.-S. S. 152) §§ 4, 8, 78.

1. Wenn in einer Gemeinde eine den Vorschriften des Komm.-Abg.-Ges. zuwiderlaufende Ordnung über die Aufbringung von Gebühren, Beiträgen, indirekten, direkten Steuern oder Diensten besteht oder durch Gemeindebeschluß festgesetzt wird, ist nach § 78 Abs. 1 des Ges. die Aufsichtsbehörde befugt, deren Abänderung oder Ergänzung unter Angabe der Gründe anzuordnen. Gegen die Anordnung findet nach Abs. 4 a. a. O. innerhalb vier Wochen „nach Ablauf der in derselben gestellten Frist“ die Klage im Verwaltungsstreitverfahren, für Stadtgemeinden bei dem O.-V.-G. statt. Es bedarf daher in allen Fällen der Bestimmung einer Frist durch die Aufsichtsbehörde, innerhalb welcher die Gemeinde der Anordnung zu entsprechen hat, und sodann steht — nach Ablauf dieser Frist für die verlangte Beschlußfassung — der Gemeinde noch eine weitere vierwöchige Frist zur Anbringung der Klage offen. Erst wenn innerhalb der letzteren Frist Klage nicht erhoben wird, ist die Aufsichtsbehörde befugt, die in Ansehung der Aufbringung der Gebühren u. s. w. erforderliche Ordnung auf Grundlage der erlassenen Verfügung selbst festzustellen.

2. Durch die Vorschrift im § 4 des Komm.-Abg.-Ges., wonach für den Besuch kommunaler höherer Lehranstalten und Fachschulen ein angemessenes Schulgeld erhoben werden muß, ist dem Schulgeld insoweit die rechtliche Natur einer Gemeindeabgabe beigelegt worden.

3. Daneben hält jedoch das Ges. im § 8 Abs. 2 das Erfordernis der Genehmigung des Schulgeldes durch die Schulaufsichtsbehörde aufrecht. Wie daraus hervorgeht, ist die Kommunalaufsichtsbehörde bei ihrem Vorgehen gegen eine Gemeinde zu dem Zwecke, sie zur Erhebung eines angemessenen Schulgeldes für den Besuch kommunaler höherer Lehranstalten anzuhalten, an die Zustimmung der Schulaufsichtsbehörde gebunden, ähnlich wie der Regierungspräsident an die des Konsistoriums, wo es sich um die Zwangsetatisierung gegenüber einer Kirchengemeinde handelt (vgl. beispielsweise Art. 27 Abs. 2 des Kirchenverfassungsges. für die acht älteren Provinzen v. 3. VI. 76 — G.-S. S. 125). Niemals darf daher die Kommunalaufsichtsbehörde ein höheres oder ein geringeres als das von der Schulaufsichtsbehörde angemessen befundene Schulgeld vorschreiben. Nach wie vor ist ferner die Schulaufsichtsbehörde bei ihrer Stellungnahme zu

der Frage, welche Schuldgeldsätze im Einzelfall angemessen seien, in keiner Weise beschränkt. Ihr steht es wie bisher völlig frei, dabei alle Gesichtspunkte, die sie irgend für erheblich erachtet, darunter auch auf Rücksichten der Parität zwischen den christlichen Konfessionen beruhende, wie die im vorliegenden Falle von der Regierungsschulabteilung betonten, in Betracht zu ziehen. Jede Nachprüfung der für die Schulaufsichtsbehörde bestimmend gewesenen Erwägungen ist dem Verwaltungsrichter entzogen. Anders verhält es sich damit bei der Kommunalaufsichtsbehörde, sofern sie auf dem durch § 78 des Komm.-Abg.-Ges. geordneten Wege einschreitet, um die Änderung eines für eine höhere Schule bestehenden oder beschlossenen Schulgeldtarifs, dessen Sätze sie im Einvernehmen mit der Schulaufsichtsbehörde für nicht angemessen hält, durchzusetzen. Alsdann hat auf Klage der Gemeinde gegen die darauf abzielende Anordnung der Verwaltungsrichter, um deshalb, weil von der Kommunalaufsichtsbehörde die Gesetzwidrigkeit der Schulgeld-(Gebühren-)ordnung in ihrer Unangemessenheit erblickt wird, diese und die Angemessenheit der geforderten Sätze nachzuprüfen, jedoch nur im Rahmen der kommunalen Rechte und Interessen, welche bei Bemessung von Schulgeldgebühren ausschlaggebend ins Gewicht fallen. Seinerseits Schulgeldsätze festzusetzen, gehört nicht zu den Aufgaben, die dem Verwaltungsrichter gestellt sind. Unzulässig würde es deshalb sein, eine Anordnung der Kommunalaufsichtsbehörde, wie die hier streitige, durch die Bestimmung anderer als der darin begehrten Schulgeldsätze abzuändern. Die Entscheidung kann vielmehr immer nur, je nachdem die angeordneten Sätze vom kommunalrechtlichen Standpunkt aus als angemessen anzuerkennen sind oder nicht, auf Abweisung der Klage oder auf Außerkraftsetzung der Anordnung lauten.

4. In den §§ 4 Abs. 4 und 8 a. a. O. beschränkt sich der Gesetzestext darauf, die Erhebung eines „angemessenen" Schulgeldes als obligatorisch hinzustellen und es bei dem bisherigen Erfordernisse der Genehmigung des Schulgeldes durch die Schulaufsichtsbehörde zu belassen. Ausweislich der Materialien aber hat der Kommunalaufsichtsbehörde weder zur Pflicht gemacht noch auch nur die Befugnis eingeräumt werden sollen, jeden Schulgeldtarif, den die Schulaufsichtsbehörde in dem ihr anvertrauten Interesse des Unterrichts und der Erziehung zweckdienlich findet, ohne weiteres anzuordnen und bei Widerspruch der Gemeinde in dem Verfahren gemäß § 78 a. a. O. zu erzwingen. Der Kommunalaufsichtsbehörde liegt vielmehr eine eigene causae cognitio dergestalt ob, daß sie der Schulaufsichtsbehörde ihre Mitwirkung zur Änderung von Schulgeldordnungen nur leihen darf, falls und insoweit nicht die von dieser befürworteten Tarife der gebotenen Rücksicht auf das Recht und das Interesse der Gemeinden zuwiderlaufen. Hierbei hat sie sich in erster Linie gegenwärtig zu halten, daß höhere Lehranstalten und Fachschulen regelmäßig Kosten verursachen, die nicht ausschließlich aus den Erträgen des Schulgeldes gedeckt werden können.

5. Die §§ 4, 8 des Komm.-Abg.-Ges. verstehen unter höheren Lehranstalten und (höheren) Fachschulen alle nicht der allgemeinen Schulpflicht dienenden Schulen mit Ausschluß nur der Fortbildungs-, Näh-, Haushaltungs- und ähnlichen Schulen niederer Art, die überwiegend von der Jugend aus den minder bemittelten Bevölkerungskreisen besucht zu werden pflegen. Eine Lateinschule, die gleich den unter dem Namen von Bürger-, Rektoren-, gehobenen Stadtschulen und ähnlichen Bezeichnungen vielfach vorhandenen Unterrichtsanstalten versucht, ihren Schülern eine höhere Bildung zu geben,

als es in mehrklassigen Volksschulen geschehen kann, und zugleich die Aufgabe verfolgt, ihre Schüler, soweit sie später eine auswärtige höhere Schule in der gemeingewöhnlichen Bedeutung des Wortes zu besuchen vorhaben, für die unteren und mittleren Klassen einer solchen (d. h. eines Gymnasiums, einer Realschule u. dergl. m.) vorzubereiten, ist den höheren Lehranstalten im Sinne des Komm.-Abg.-Ges. beizuzählen.

Nr. 9. Entsch. Bd. XXXXIII S. 33 v. 23. XII. 02 II C 56/02.

Ges. v. 18. III. 68 (G.-S. S. 277) / 9. III. 81 (G.-S. S. 273) betr. die Errichtung öffentlicher Schlachthäuser §§ 1—6.
Komm.-Abg.-Ges. v. 14. VII. 93 (G.-S. S. 152) §§ 4, 9, 11.

1. Nach dem Ges., betr. die Errichtung öffentlicher, ausschließlich zu benutzender Schlachthäuser, v. 18. III. 68 genügt ein Gemeindebeschluß für die Festsetzung des Gebührentarifs, und zwar sowohl für die Benutzung des Schlachthauses als für die Untersuchung der Tiere im Schlachthause. Wenn nun auch bei diesen beiden Gebühren ein verschiedener gesetzlicher Maßstab zu Grunde gelegt werden muß und deshalb eine einheitliche Normierung unzulässig ist (vgl. E.-O.-V. Bd. XXXIV S. 64), so ist doch unrichtig, daß nur das Schlachten und namentlich die mit dem Schlachten in unmittelbarem Zusammenhange stehenden Verrichtungen in das Schlachthaus gehörten und daß nur sie von einer Gebühr getroffen werden dürften.

2. Zu der Gemeindeanstalt eines Schlachthauses gehören begriffsmäßig nicht nur die Schlachtstätten im engsten Sinne, sondern alle dem örtlichen Bedürfnis entsprechenden, dem Schlachthausbetriebe dienlichen Einrichtungen.

Der Begriff des öffentlichen Schlachthauses wird im § 1 des Ges. v. 18. III. 68 dahin erläutert, daß darunter zu verstehen ist: eine „Gemeindeanstalt zum Schlachten von Vieh." Es wird ferner davon ausgegangen, daß die Schlachtstätten ein Teil des Schlachthauses sind, in dem sie sich befinden. Auch im § 3 werden „andere als die im öffentlichen Schlachthause befindlichen Schlachtstätten" erwähnt. Daraus ergibt sich, daß ein Schlachthaus etwas anderes und mehr ist, als die bloße Schlachtstätte. Daß auch andere Verrichtungen, als das bloße Schlachten, in das Schlachthaus gehören, beweist das zur Abänderung und Ergänzung des Ges. v. 18. III. 68 erlassene Ges. v. 9. III. 81; denn nach dessen § 2 kann durch Gemeindebeschluß angeordnet werden:

> „daß alles in das Schlachthaus gelangende Schlachtvieh zur Feststellung seines Gesundheitszustandes sowohl vor als nach dem Schlachten einer Untersuchung durch Sachverständige zu unterwerfen ist."

Dies läßt sich, da die Tierärzte neben den Schlächtern und in demselben Raume ihre Untersuchungen füglich nicht vornehmen können, nur ausführen, wenn der Schlachthausraum nicht ganz und gar auf das Schlachten eingeschränkt und nur dafür hergerichtet wird. Es ist auch nicht angängig, das Schlachthaus anzulegen, ohne daß auf die Unterbringung von Personal zur Bewachung und Beaufsichtigung Rücksicht genommen wird, zumal die Beaufsichtigung besonderer Gesetzeszweck ist. Wenn auch immerhin die Schlachtstätte im engsten Wortverstande den Raum bedeutet, in dem die Tiere getötet werden, so müssen doch auch Einrichtungen geschaffen werden, die den Transport zu und von der Schlachtbank betreffen. Auch werden bei größerem Andrange Warteräume und Stallungen sowie Vorrichtungen zum Hin- und Herschaffen unentbehrlich sein. Ferner können auch die Schlachtstätten nicht so knapp bemessen werden, daß sie nur gerade dem zur Zeit der Errichtung bestehenden Bedürfnis entsprechen, vielmehr liegt es auf der Hand, daß auf das natürliche Wachstum der Bevölkerung und auf den hierdurch oder durch andere Gründe gesteigerten Bedarf Rücksicht genommen werden muß. Auch ist der Gesamtraum auf alle Gattungen von Schlächtern und Schlachtarten zu berechnen, auf den Großviehhändler wie auf den sogenannten Kopfschlächter. Der Schlachtakt im gemeingewöhnlichen Sinne umfaßt nicht nur das Töten, sondern auch noch das Ausweiden und Beseitigen der Eingeweide. Ebenso ist keine Grenze gezogen, die erkennen ließe, wo die Herstellung der Schlachtware endet und wo die Vorbereitung der Ware für den Handel beginnt. Das Ges. begnügt sich deshalb nicht mit dem Begriffe der Schlachtstätte, sondern spricht von der ganzen Anstalt zum Schlachten (§§ 1, 4—6). Insbesondere aber hat es auch dem örtlichen Bedürfnisse Rechnung tragen wollen. Der § 4 ordnet an:

„Die Gemeinde ist verpflichtet, das öffentliche, ausschließlich zu benutzende Schlachthaus den örtlichen Bedürfnissen entsprechend einzurichten und zu erhalten."

Es wird also nicht ein unwandelbarer und abstrakter Begriff der Schlachtanstalt zu Grunde gelegt, sondern von vornherein mit den verschiedenartigen klein- oder großstädtischen oder ländlichen Verhältnissen einer solchen Anstalt gerechnet. Die Würdigung dieser Verhältnisse liegt den Gemeindebehörden ob, wenn auch vorbehaltlich des konkurrierenden Rechtes der Aufsichtsinstanzen. Obwohl auch der Verwaltungsrichter unter Umständen zu einer Inzident-Entscheidung auf diesem Gebiete gelangen kann, so muß doch in erster Reihe dem Urteile jener Stellen hinsichtlich der Frage des örtlichen Bedürfnisses Gewicht und Bedeutung beigelegt werden. Soweit technische Fragen und Gutachten hierüber in Betracht kommen, kann nicht etwa ein ideales Schlachthaus der Zukunft die Norm abgeben, sondern der derzeitige Stand der Technik unter Berücksichtigung möglicher und wahrscheinlicher Weiterentwickelung. Es wird darüber gestritten, ob für den Schlachthausbetrieb außer der Schlachtstätte noch ein Kühlhaus erforderlich ist und ferner einerseits behauptet, daß im vorliegenden Falle die Schlachtstätte, wenn sie groß genug angelegt worden wäre und deshalb für das Aushängen alles gleichzeitig geschlachteten Großviehs ausreichte, des Vorkühlraumes entbehren könne, während andererseits auf technische Mißstände solchen Aushängens im Dampfe des Schlachtraums, insbesondere auf die dadurch entstehende Luftverderbnis hingewiesen wird.

Wenn an die städtischen Behörden die Notwendigkeit herantritt, ein öffentliches Schlachthaus zu schaffen, so muß ihnen ein gewisser Spielraum für ihren Entschluß gewährt werden. Selbst wenn sie beim Widerstreite der Fachmänner nicht das objektiv beste Projekt finden sollten, so müssen die Metzger, so gut wie die sonstigen Einwohner der Stadt, etwaige Fehler hinnehmen, die bei der Errichtung der öffentlichen Anlage begangen werden und sich schließlich auch in der Gebühr geltend machen. Wenn der Kläger nur diejenigen Verrichtungen im Schlachthause vorgenommen wissen will, die nach dem Statut unter allen Umständen nur in dem Schlachthause stattfinden dürfen, so übersieht er, daß dort lediglich verboten ist, solche Verrichtungen außerhalb des Schlachthauses vorzunehmen, aber durchaus nicht angeordnet wird, daß keine weiteren Verrichtungen auf dem Schlachthofe vorgenommen werden sollen.

3. Weiter bestimmt der § 5 des Ges. v. 18. III. 68 in Verbindung mit § 11 des Komm.-Abg.-Ges., daß die Gebühren für die Schlachthausbenutzung

den zur Unterhaltung der Anlagen für die Betriebskosten sowie zur Verzinsung und allmählichen Amortisation des Anlagekapitals und der etwa gezahlten Entschädigungssumme erforderlichen Betrag nicht übersteigen dürfen. Hierbei darf der Betrag von 6 Prozent des Anlagekapitals gemäß § 5 des ersteren Ges. nicht überschritten, dagegen nach § 11 des Komm.-Abg.-Ges. ein Betrag in Höhe von 8 Prozent erhoben werden. Der Kläger behauptet, daß diese gesetzliche Grundlage der Gebühr überschritten werde, da die Anlage zu luxuriös eingerichtet, insbesondere die Anlage des Kühlhauses mit $1^1/_2$ Millionen Mark nicht erforderlich, sondern der Zweck der Vorkühlung mit einem Anlagekapital von höchstens 80000 Mk. erreichbar gewesen sei. Diese Frage unterliegt jemals nicht der Kognition des Verwaltungsrichters. Die Ausf.-Anw. zum Komm.-Abg.-Ges. v. 10. V. 94 versteht unter dem Anlagekapital doch im Sinne des § 11 des Ges. die vollen zur Anlage verwendeten Mittel (Art. 5 Nr. 5). In anderen Fällen, z. B. bei den Gebühren in § 4 Abs. 2 und bei den Beiträgen des § 9 Abs. 2, spricht das Komm.-Abg.-Ges. selbst von den Ausgaben für die Verzinsung und Tilgung des aufgewendeten Kapitals. Anders kann auch das Anlagekapital nicht verstanden werden, nicht ob es geschickt oder ungeschickt, sparsam oder verschwenderisch ausgegeben ist, entscheidet über den Begriff des Anlagekapitals, sondern, ob es für die Anlage ausgegeben ist. Scheitert schon hieran der Anspruch auf Aussonderung eines Teiles der Anlagekosten aus dem für die Anlage verwendeten Gesamtkapitale, so widerstrebt es überhaupt der Einrichtung des städtischen Etatswesens, wenn der Abgabenpflichtige das Recht beansprucht, bei einzelnen Posten geltend zu machen, daß sie unrichtig bemessen oder unnötiger Weise angesetzt seien. Wie in E.-O.-V. Bd. XXX S. 94 ausgeführt ist, würde eine derartige Untersuchung auf das Verlangen einer Rechtfertigung der Ordnung des Etatswesens hinauslaufen, auf die der einzelne kein Recht hat, da die städtischen Kollegien zur Regelung der städtischen Angelegenheit — vorbehaltlich der durch das Ges. der Aufsichtsbehörde zugewiesenen Rechte — allein zuständig sind. Nach vorstehenden Ausführungen ist die Kühlanlage nicht auszuschalten, denn die Gemeinde ist nicht auf Veranstaltungen beschränkt, die für das bloße Schlachten der Tiere bestimmt sind, die öffentliche Gemeindeanstalt darf vielmehr auch sonstige für angemessen zu erachtende Verrichtungen umfassen und das Anlagekapital für solche voll in Anrechnung gebracht werden. Die Gemeinde ist demgemäß auch nicht behindert, von denjenigen, die diese besonderen Veranstaltungen benutzen wollen, besondere Vergütungen zu fordern, wie hier von denen geschieht, die den Vorkühlraum oder die Zellen benutzen, während der Kläger, der davon keinen Gebrauch machen will, auch die betreffenden Vergütungen nicht entrichtet.

2. Anliegerbeiträge.

Nr. 1. Entsch. Bd. XXXXII S. 102 v. 2. X. 02 IV C 118/01.

Fluchtliniengeſ. v. 2. VII. 75 (G.-S. S. 561) § 15.

Die aus nachbarlichen Gemeinden und selbständigen Gutsbezirken zu gemeinsamer Wahrnehmung kommunaler Angelegenheiten gebildeten Verbände sind nicht befugt, gemäß § 15 des Ges. v. 2. VII. 75 Beiträge zu den Straßenherstellungskosten von den einzelnen Anliegern zu erheben.

§ 15 verleiht keineswegs einem jeden Rechtssubjekte, das öffentliche Straßen zum Anbau, sei es in Erfüllung einer öffentlichen Wegebaupflicht, sei es ohne solche Verpflichtung, herstellt, das Recht, durch Erlaß eines Ortsstatuts die bauenden Straßenanlieger zur anteiligen Erstattung der aufgewendeten Straßenbaukosten zu verpflichten. Die Beiträge, deren Einziehung die nach § 15 a. a. O. ergehenden Ortsstatute regeln, haben die rechtliche Natur der öffentlichen Abgaben, deren Erhebung ein Besteuerungsrecht voraussetzt. Dies Recht ist aber durch kein Ges. einem Kommunalverbande, wie dem vorbezeichneten, den einzelnen Gliedern der verbundenen kommunalen Körperschaften gegenüber allgemein oder bezüglich der Anliegerbeiträge verliehen worden.

Nr. 2. Entsch. v. 27. V. 02 Nr. II 938.

Baufluchtliniengeſ. v. 2. VII. 75 (G.-S. S. 561) § 15.
Komm.-Abg.-Geſ. v. 14. VII. 93 (G.-S. S. 152) §§ 10, 70 Abſ. 3.

1. Einem wegen Zahlung von Pflasterkosten (Straßenbaubeiträgen) herangezogenen Grundbesitzer steht gegen seinen Vorbesitzer eine Klage im Verwaltungsstreitverfahren nicht zu. Der Kläger kann insoweit, als er seinen Anspruch auf die mit dem Beklagten gepflogenen Verkaufsverhandlungen stützt, in diesem Verfahren überhaupt nicht gehört werden, weil das Gesetz dem Verwaltungsrichter nur die Frage zur Entscheidung zuweist, ob nach öffentlichem Rechte der Beklagte anstatt des Klägers einzutreten hat. Die Meinung, als ob über die Tragweite jener rein zivilrechtlichen Vereinbarungen von dem Verwaltungsrichter deswegen mit zu entscheiden sei, weil sie neben den geltend gemachten öffentlich-rechtlichen Gesichtspunkten „mit in Betracht kämen", geht fehl. Allerdings hat der Verwaltungsrichter auch über zivilrechtliche Fragen unter Umständen zu befinden, namentlich dann, wenn sie für einen ihm unterbreiteten öffentlich-rechtlichen Fall von Bedeutung sind, und einen solchen Fall behandelt das vom Kläger angezogene Urteil des Reichsgerichts v. 17. II. 94 (Entsch. des R.-G. Bd. XXXII S. 346). Dort stand im Vordergrunde der dem öffentlichen Rechte angehörende Streit darüber, ob ein Gemeinschuldner zur Zahlung von Straßenbaukosten verpflichtet gewesen sei, und es handelte sich wegen der Legitimation des klagenden und jene Zahlungspflicht bestreitenden Hypothekengläubigers auch um die zivilistische Frage, ob der Hypothekengläubiger ein Rückforderungsrecht des Gemeinschuldners für sich gegenüber der Gemeinde geltend machen könne. Beide Punkte standen also in untrennbarem Zusammenhange. Hier aber sind die vertraglichen Abmachungen nur äußerlich in eine Verbindung mit dem öffentlich-rechtlichen Klagegrunde gebracht; sie haben nur insofern etwas mit ihm zu tun, als die privatrechtlichen Abmachungen nur dann Wirksamkeit äußern würden, wenn nach öffentlichem Rechte die Abgabenpflicht des Klägers besteht, und darum ist es nicht verständlich, wie Kläger sie gegen das Bestehen dieser Pflicht verwerten zu können glaubt.

2. Wenn sodann der Kläger bei seiner Berufung auf das öffentliche Recht, nämlich auf das betr. Regulativ, behauptet, der Beklagte habe anstatt seiner die Beitragslast zu tragen, so kann das nur dahin verstanden werden, daß das Regulativ den Beklagten und nicht ihn verpflichte; anderenfalls hätte das Verlangen, den Beklagten an seiner Stelle für pflichtig zu erklären, überhaupt keinen Sinn. So aufgefaßt bildet aber jene Behauptung des Klägers einen vollkommenen Widerspruch zu seiner weiteren Angabe, daß er mit Recht herangezogen sei und darum habe Zahlung leisten, bezw. Stundung erbitten müssen. Ein Unterschied zwischen „formeller" und „materieller" Verpflichtung, wie ihn Kläger machen will, existiert nicht. Ist ihm nach dem Regulativ der Beitrag mit Recht abverlangt, so ist nicht er-

sichtlich, wie nach demselben Regulativ statt seiner der Beklagte in Anspruch genommen werden könnte.

Nr. 3. Entsch. Bd. XXXXII S. 107 v. 9. X. 02 IV C 55/02.

Fluchtliniengeſ. v. 2. VII. 75 (G.-S. S. 561) § 15.
Zuſt.-Geſ. §§ 18, 34.
Komm.-Abg.-Geſ. v. 14. VII 93 (G.-S. S. 152) § 70.

1. Wird die Heranziehung zu einem Straßenkostenbeitrage nach Erhebung der Klage zurückgenommen, so ist das Verwaltungsstreitverfahren erledigt und weder darüber, ob die Heranziehung zu der Zeit, als sie erlassen wurde, rechtmäßig war, noch über die Verpflichtung zur Zahlung von Anliegerbeiträgen im allgemeinen eine Entscheidung zulässig.

Auf dem Gebiete des Kommunalabgabenwesens gibt es der Gemeinde gegenüber keine negativen Feststellungsklagen; kein Beteiligter darf Klage erheben, daß er nicht verpflichtet sei, Abgaben einer bestimmten Art, hier also Anliegerbeiträge, zu zahlen. Das Gesetz kennt die Klage nur gegen eine einzelne Heranziehung zu den Beiträgen, und daraus folgt, daß, wenn im Laufe des Streitverfahrens die Heranziehung vom Beklagten zurückgenommen worden ist, das ganze Streitverfahren gegenstandslos wird.

2. Wenn die Kläger sich demgegenüber auf E.-O.-V. Bd. XXVIII S. 343 berufen, so übersehen sie, daß sich dieses Erkenntnis nicht auf das kommunale Abgabenwesen, sondern auf die Angriffe gegen polizeiliche Verfügungen bezieht. Auf diesem Gebiet ist eine Klage mit dem Ziele, daß die Verfügung als zur Zeit ihres Erlasses rechtswidrig ergangen aufgehoben werden solle, zugelassen worden, aber nur mit Rücksicht auf die besonderen Vorschriften der §§ 127, 131 L.-V.-G. und des § 6 des Ges. über die Zulässigkeit des Rechtsweges in Beziehung auf polizeiliche Verfügungen, vom 11. V. 42 (G.-S. S. 192). Die Bestimmungen in §§ 18, 34 Zust.-Ges. und § 70 Komm.-Abg.-Ges. geben keinen Anlaß, jene Auffassung auch auf das Gebiet der kommunalen Abgaben auszudehnen.

3. Unerheblich ist es, ob der Beklagte bei oder nach der Zurücknahme der Heranziehung erklärt hat, er sei trotzdem zur Forderung des Beitrags berechtigt und behalte sich vor, unter Umständen eine neue Heranziehungsverfügung zu erlassen. Trotz des Vorbehalts bleibt die erste Heranziehung vollständig erledigt, und damit auch das Streitverfahren, das nicht die Verpflichtung an sich, sondern nur die erste Heranziehung betraf. Die Kläger müssen abwarten, ob später eine neue Heranziehung erfolgt, und haben dagegen dann die gesetzlichen Rechtsmittel.

Nr. 4. Entsch. Bd. XXXXII S. 44 v. 12. I. 03 IV C 113/02.

Fluchtliniengeſ. v. 2. VII. 75 (G.-S. S. 561) § 15.

Gegenüber öffentlich-rechtlichen Ansprüchen im Verwaltungsstreitverfahren privatrechtliche Abmachungen vorzubringen ist nicht unbedingt unstatthaft. So ist auch bei der Heranziehung zu Anliegerbeiträgen zulässig, daß über die Tilgung oder den Erlaß eines einzelnen Anliegerbeitrags — und zwar bereits vor der Entstehung der Verpflichtung und zu Gunsten der Rechtsnachfolger im Besitze des Grundstücks — eine im Verwaltungsstreitverfahren geltend zu machende Vereinbarung getroffen wird. Dagegen ist es rechtlich unzulässig und nicht bindend, wenn eine Gemeinde nicht nur über Tilgung oder Erlaß einer einzelnen Abgabenforderung eine Vereinbarung trifft, sondern im voraus auf die Regelung oder Handhabung der Gemeindeabgabenverfassung ganz oder teilweise verzichtet. (Vgl. E.-O.-V. Bd. XXXIII S. 106ff., Bd. XXXVII S. 32, Bd. XXXVIII S. 146ff.)

Nr. 5. Entsch. Bd. XXXXII S. 30 v. 2. X. 02 IV C 33/02.

Fluchtliniengeſ. v. 2. VII. 75 (G.-S. S. 561) § 15.

1. Die Bestimmung eines Ortsstatuts, betr. die Heranziehung zu Anliegerbeiträgen, wonach Einwendungen gegen die Angemessenheit oder gegen die Höhe der geleisteten Ausgaben unzulässig sind, steht nur insoweit mit dem Gesetz in Einklang, als die Gemeindebehörde nicht Geschäftsführerin der Ersatzpflichtigen ist und daher die Art und Weise, wie die Straßenanlage ausgeführt worden ist, von den Pflichtigen nicht angefochten werden darf. Wohl aber können sie geltend machen, daß bei der Bemessung der Höhe des Beitrags die Bestimmungen des Gesetzes oder des Ortsstatuts verletzt worden seien.

2. Erstreckt sich die statutarische Beitragspflicht nur auf die „nach Erlaß des Statuts verwendeten Kosten", so ist es durchaus zutreffend, wenn man diese Bestimmung dahin auslegt, daß nur der Wert desjenigen Grund und Bodens, der bereits vor Erlaß des Ortsstatuts zu einem später als Straße ausgebauten Wege verwendet worden ist, den Straßenkosten nicht zugerechnet werden dürfe.

Der Wortlaut der Vorschrift steht dieser Auffassung allerdings entgegen, trotzdem ist ihr aber beizupflichten. Bei wörtlicher Auslegung würde auch für Pflasterungsmaterial, das zufällig schon vor Erlaß des Statuts auf Vorrat angeschafft und bezahlt worden ist, auch ohne daß es gerade von vornherein für den betreffenden Straßenausbau bestimmt gewesen wäre, kein Ersatz gefordert werden dürfen; denn auch diese Kosten sind vor Erlaß des Statuts „verwendet". Der Ausdruck ist aber überhaupt schief: Nicht Kosten werden eigentlich auf die Straßenanlage verwendet, sondern die Materialien u. s. w., deren Anschaffung die Kosten veranlaßt hat. Damit steht auch im Einklang, daß nach § 3 Abs. 2 des Statuts der Wert solchen städtischen Geländes, das bisher nicht schon als Weg benutzt worden ist, erstattet werden muß, ohne daß hier vorgeschrieben wäre, daß es nicht schon vor Erlaß des Ortsstatuts erworben und bezahlt sein dürfe.

Die Pflastersteine, die nicht zu dem streitigen Wege gehörten, welche die Gemeinde vielmehr aus ihren sonstigen Beständen entnommen hat, kann sie unter Anwendung der für das Wegegelände maßgebenden Grundsätze erstattet verlangen, und zwar nach dem Werte zur Zeit der Verwendung.

3. Erstattet werden muß der Wert des Grundstücks zur Zeit des Erwerbes, also einschließlich der Baulichkeiten, die damals vorhanden waren. Spätere Veränderungen des Wertes kommen nicht in Betracht.

4. Bei der Ermittelung des von der Gemeinde für den Straßenausbau verwendeten und deshalb erstattungsfähigen Betrages, in dem Falle, wo ein derartiges Grundstück nur zum Teil für die Anlegung der Straße in Anspruch genommen worden ist, ist nicht immer die Verteilung nach der für die Straße verwendeten Fläche maßgebend. Die gleichmäßige Verteilung nach der Fläche tritt nicht ein, wenn die Partei, die daran ein Interesse hat, beweist, daß das zur Straße bestimmte Stück einen wesentlich anderen — höheren oder niedrigeren — Wert gehabt hat, als das nicht zur Straße verwendete Stück. Restgrundstücke haben oft einen geringen Wert. Wenn nun die Gemeinde gezwungen ist, mehr als sie zur Straße braucht zu erwerben,

so stellt der Gesamtkaufpreis abzüglich des Preises, zu dem das Restgrundstück zur Zeit des Ankaufs wieder hätte veräußert werden können, den Betrag dar, den die Gemeinde für den Straßenausbau verwendet hat und der mithin erstattungsfähig ist.

5. Werden die Anliegerbeiträge nicht für die ganze Straße, sondern für einen selbständigen Straßenteil eingezogen, so sind die für dessen Herstellung entstandenen Kosten gesondert zu berechnen und nur von den an den Straßenteil grenzenden Anliegern einzufordern.

Nr. 6. Entsch. Bd. XXXXII S. 26 v. 27. XI. 02 IV C 78/02.

Fluchtliniengeſ. v. 2. VII. 75 (G.-S. S. 561) § 15.

1. § 15 des Fluchtliniengeſ. gestattet ortsstatutarische Bestimmungen, die vorschreiben, daß schon vor vollständiger Fertigstellung der Straße die Kosten, die durch die einzelnen zum Straßenausbau erforderlichen Leistungen entstanden sind, nach Ausführung jeder dieser Leistungen für sich allein zusammengerechnet und unabhängig von den Kosten der übrigen Leistungen auf die Pflichtigen umgelegt werden können. Die Rechtsgültigkeit einer derartigen statutarischen Spaltung der Kosten ist aber notwendig dadurch bedingt, daß im Statute bestimmt vorgeschrieben werde, für welche einzelnen Leistungen die besondere Beitragsforderung zulässig sein solle. Das Statut darf die Spaltung nicht dem Belieben der städtischen Behörden überlassen, sondern muß objektive, für die Behörden wie für die Anlieger maßgebende Normen aufstellen, nach denen die Spaltung bewirkt werden soll.

2. Ist eine solche Kostenspaltung nicht zulässig, so können Teilforderungen nicht erhoben werden. Dagegen würde an und für sich eine frühere Heranziehung, z. B. des Vorbesitzers, eine spätere Nachforderung keineswegs ausschließen (E.-O.-V. Bd. XXXVII S. 46, 49), falls nicht etwa ein Verzicht der Gemeinde vorläge.

3. Die Gemeinde kann nur diejenigen Kosten für die Anlage der Straße berechnen, die sie tatsächlich aus eigenen Mitteln hat aufwenden müssen. Daraus folgt einmal, daß die Gemeinde für die zur Straße verwendeten Teile öffentlicher Wege keine Kosten berechnen darf, und sodann weiter, daß sie alle Beträge, die ihr durch Verwertung der nicht zur Straße erforderlichen Wegeflächen zugeflossen sind, von den Gesamtkosten der Straße absetzen muß. Denn die Straßenanlage muß in ihren Gesamtwirkungen betrachtet, mithin auch die Einnahme berücksichtigt werden, die die Gemeinde durch die Straßenanlage gehabt hat. Darauf, ob sich unter Umständen schwer feststellen läßt, bei welcher von mehreren neu angelegten Straßen jene Einnahme anzusetzen ist, kann es nicht ankommen.

Nr. 7. Entsch. Bd. XXXXIII S. 20 v. 16. III. 03 IV C 11/03.

Fluchtliniengeſ. v. 2. VII. 75 (G.-S. S. 561) § 15.

1. Der Anlieger, der zu Beiträgen für die Straßenherstellung herangezogen wird, hat keinen Anspruch auf Fertigstellung der Straße. Mithin ist auch bei noch unfertigen Straßen eine Heranziehung zu den der Gemeinde durch die Herstellung einzelner Teile der Einrichtung (Pflasterung, Entwässerung, Freilegung) entstandenen Kosten zulässig, wenn die Gemeinde auf die Erstattung der künftig bei der Fertigstellung der Straße entstehenden Kosten verzichtet. Es ist aber selbstverständlich, daß ein derartiger Verzicht nur dann in Betracht kommen kann, wenn er in rechtswirksamer Weise erklärt und dadurch dem Anlieger die

rechtliche Sicherheit gegeben ist, daß er sich gegenüber einer etwaigen späteren Heranziehung zu den weiteren Kosten auf den Verzicht berufen kann.

2. Der Verwaltungsrichter hat ev. die Rechtsgültigkeit des Verzichts zu prüfen. Haben nach dem Ortsstatut die Anlieger die vollen, von der Gemeinde zur Herstellung der Straße aufgewendeten Kosten zu tragen und sollen, davon abweichend, für eine bestimmte Straße die Anlieger nur zu den Kosten der Pflasterung des Fahrdamms herangezogen, dagegen die übrigen Kosten, insbesondere die der Freilegung, auf die Stadtgemeinde übernommen werden, so bedarf es dazu eines Beschlusses der Stadtverordnetenversammlung und der Zustimmung des Magistrats (§§ 35, 56 der St.-Ordn. v. 30. V. 53).

Nr. 8. **Entsch. Bd. XXXXIII S. 24** v. 20. IV. 03 IV C 28/03.

Fluchtliniengeſ. v. 2. VII. 75 (G.-S. S. 561) § 15.

1. Dadurch, daß eine Gemeinde in einem Fluchtlinienplane die Verschmälerung eines bestehenden Weges in Aussicht nimmt und den außerhalb der Fluchtlinie liegenden Geländestreifen tatsächlich von der als Straße dienenden Fläche abtrennt, hören die anstoßenden Grundstücke nicht auf, an die Straße zu grenzen, und verliert der abgetrennte Streifen nicht die rechtliche Eigenschaft von Straßenland. Er behält sie vielmehr jedenfalls so lange, als nicht das Einverständnis der Wege-Polizeibehörde erklärt ist, die dafür zu sorgen hat, daß die Zugänglichkeit der angrenzenden Grundstücke gewahrt werde.

2. Im vorliegenden Falle handelt es sich um eine frühere Provinzial-Chaussee, die auf beiden Seiten mit Gräben versehen war. Der Magistrat einer Stadt hatte nach Erwerb eines Teiles der Chaussee die Gräben zuwerfen und als Fußwege benutzen lassen. Unzweifelhaft blieben sie dadurch Teile der Straße, wie früher als Gräben der Chaussee. Auch durch eine Fluchtlinienfestsetzung konnten die dadurch von der Straße abgeschnittenen Streifen ihre Eigenschaft als Straße nicht verlieren, ohne daß die Wegepolizei ausdrücklich oder stillschweigend zustimmte.

Nr. 9. **Entsch. Bd. XXXXIII S. 26** i. d. Anm. v. 21. IX. 03 IV B 54/03.

Fluchtliniengeſ. v. 2. VII. 75 (G.-S. S. 561) § 15.
Zuſt.-Geſ. § 57.

Der Ausführung, daß die Einziehung oder Verlegung einer Straße auch durch einen Bebauungsplan bewirkt werden könne und dann der § 57 Zust.-Ges. nicht anwendbar sei, kann nicht beigetreten werden. Der Fluchtlinienplan gibt nur die Norm für die künftige Anlegung oder Veränderung der öffentlichen Straße. Aber die Feststellung des Planes hat keinen unmittelbaren Einfluß auf die Zugehörigkeit von Parzellen zur Straße; sie verlieren durch die Feststellung des Planes noch nicht die Eigenschaft als Straßenland, bleiben vielmehr Teil der öffentlichen Straße, bis ihnen demnächst etwa diese Eigenschaft in rechtswirksamer Weise entzogen werden sollte.

Nr. 10. **Entsch. Bd. XXXXIII S. 13** v. 9. II. 03 IV C 129/02.

Fluchtliniengeſ. v. 2. VII. 75 (G.-S. S. 561) §§ 11, 15.
Komm.-Abg.-Geſ. v. 14. VII. 93 (G.-S. S. 152) § 87.

1. Allerdings hat die Beitragspflicht der Anlieger zwei Voraussetzungen, einmal den Ausbau der Straße durch die Gemeinde und die Möglichkeit, die Kosten des Ausbaues zu berechnen, und zweitens die Errichtung eines Gebäudes an der Straße. Aber in E.-O.-V.

Bd. XXXXI S. 107 ist dargelegt, daß schon mit dem Eintritte dieser beiden Voraussetzungen das Forderungsrecht der Gemeinde zur Entstehung gelangt, nicht erst mit der Heranziehung. Die Heranziehung macht die Beitragsforderung fällig, zahlbar, aber das Forderungsrecht besteht schon vor seiner Geltendmachung, und Inhalt und Umfang der Forderung richten sich nach dem Zeitpunkte der Entstehung, nicht nach dem der Geltendmachung. Ist also das Forderungsrecht durch Errichten eines Gebäudes an der ausgebauten Straße einmal entstanden, so wird es durch den späteren Abbruch des Gebäudes nicht wieder aufgehoben, die Gemeinde bleibt vielmehr berechtigt, den Anlieger innerhalb des durch § 87 Nr. 2 Komm.-Abg.-Ges. begrenzten Zeitraums trotz der Beseitigung des Gebäudes zu dem Betrage heranzuziehen. Durch das zum Gemeindebezirke gehörige Grundstück bleibt der Eigentümer dem Steuerrechte der Gemeinde unterworfen; denn kraft der Dinglichkeit der Beitragsforderung haftet ihr der jeweilige Eigentümer, insbesondere der, welcher bei der Heranziehung Eigentümer ist (vgl. E.-O.-V. Bd. XXXIII S. 125 ff.). Sie kann deshalb gegen ihn das einmal entstandene Recht, den Beitrag zu fordern, durch Heranziehung auch dann noch geltend machen, wenn inzwischen das Gebäude wieder beseitigt ist.

2. Unzutreffend ist, daß das Gebäude, weil es auf Vorgartenland und damit auf einer zur Straße gehörigen und nach § 11 des Fluchtliniengeſ. v. 2. VII. 75 unbebaubaren Fläche errichtet worden, für eine Beitragspflicht aus § 15 a. a. O. nicht in Betracht kommen könne. Der Vorgarten gehört nicht zur Straße, sondern zu dem angrenzenden Baugrundstücke. Auch kommt es für die Verpflichtung aus § 15 a. a. O. nicht darauf an, ob das Gebäude mit den Vorschriften des öffentlichen Rechts überall im Einklange steht. Maßgebend ist vielmehr die tatsächliche Errichtung. Hier hatte überdies die Polizei die Errichtung genehmigt, wozu sie auch nach § 11 a. a. O. befugt war. Ob die Polizei die Berechtigung hatte, ihre Genehmigung jederzeit zu widerrufen, das Gebäude also nur einen provisorischen Charakter besaß, ist unerheblich, da auch Gebäude, die nur zu einem vorübergehenden Zwecke errichtet sind, nach Gesetz und Statut die Beitragspflicht begründen.

3. Die Kläger heben weiter hervor, daß nicht die Eigentümer des Grundstücks, sondern ein Mitinhaber der Firma F. Z. & Sohn das Gebäude errichtet und die Kläger, sobald sie davon Kenntnis erhalten, die Beseitigung des Gebäudes gefordert hätten. Es mag sein, daß eine Verpflichtung für den Eigentümer nicht entsteht, wenn das Gebäude ganz ohne sein Wissen und Wollen errichtet wird. Hier ist aber diese Voraussetzung jedenfalls nicht gegeben. Denn die Eigentümer haben das Grundstück der Firma F. Z. & Sohn vermietet; in dem mündlichen Vertrage soll zwar nicht ausdrücklich die Errichtung von Gebäuden auf dem Platze gestattet, aber auch nicht besonders verboten worden sein. Erwägt man nun, daß der Platz zu dem Geschäftsbetriebe der Firma gemietet war, also um ihn auch als Lagerplatz für Holz, Kohlen, Steine zu benutzen, so liegt die Annahme sehr nahe, daß der Mieterin durch den Vertrag selbst stillschweigend auch die Erlaubnis erteilt wurde, die für eine derartige Benutzung gewöhnlich erforderlichen Bauten — Schuppen, Wärterhaus, Portierhaus — zu errichten. Wollten das die Eigentümer nicht, so hätten sie es ausdrücklich in dem Vertrag untersagen müssen. Dazu kommt, daß hier zwischen der Firma und den Eigentümern des Grundstücks noch ganz besonders nahe Beziehungen bestehen, weil der Miteigentümer E. Z. und einer der Erben des A. Z. zugleich Mitinhaber der Firma sind. Bei derartig engen Beziehungen

muß um so mehr gefolgert werden, daß die Eigentümer in der Benutzung des gemieteten Grundstücks der Firma ganz freie Hand lassen wollten, daß es mithin ihrem Willen keineswegs widersprach, wenn die Firma auf dem Grundstück ein dem Mietszweck entsprechendes Gebäude errichtete. Dem steht auch nicht entgegen, daß Eigentümer und Firma die Beseitigung des Gebäudes veranlaßten, als sich zeigte, welche Folgen es für eine Beitragspflicht der Eigentümer haben konnte. Ist sonach das Gebäude nicht gegen den Willen der Eigentümer errichtet, so begründete es auch ihre Beitragspflicht.

4. Von mehreren Miteigentümern des Grundstücks kann jeder einzeln für den vollen Beitrag in Anspruch genommen werden.

Nr. 11. Entsch. Bd. XXXXIII S. 18 v. 19. II. 03 IV C 4/03.
Fluchtliniengeſ. v. 2. VII. 75 (G.-S. S. 561) § 15.

Die Veränderung eines vorhandenen Gebäudes steht der Errichtung eines Gebäudes im Sinne des § 15 des Gef. v. 1. VII. 75 in der Regel nur dann gleich, wenn dabei die Bebauung einer bisher unbebauten Fläche, nicht nur eine Vergrößerung des kubischen Inhalts stattfindet.

Allerdings sind Ausnahmen von diesem Grundsatz denkbar, insbesondere dann, wenn ein Gebäude ganz oder zum größten Teile abgerissen und auf dem bisherigen Bauplatz ein neues Gebäude aufgeführt oder wenn etwa eine Scheune unter teilweiser Benutzung der alten Wände zu einem Wohnhaus umgebaut wird. Eine derartige Ausnahme liegt aber nicht vor, wenn die Klägerin ein zweites Obergeschoß aufgesetzt und durch Verlegung einer Treppe im Erdgeschoß ein Zimmer gewonnen und die Kellerräume vermehrt hat.

Nr. 12. Entsch. Bd. XXXXIII S. 30 v. 27. IV. 03 IV C 184/02.
Fluchtliniengeſ. v. 2. VII. 75 (G.-S. S. 561) § 15.

Die Zugänglichkeit eines Gebäudes von einer Straße ist das bedeutsamste Merkmal der Adjazenz an dieser Straße, wenn auch nicht als ausnahmslose Regel aufgestellt werden kann, daß jedes auf dem Grundstücke befindliche Gebäude, weil es einen Zugang von der Straße hat, an dieser liege. Daß aber allgemein schon dann die Adjazenz verneint werden müsse, wenn ein Haus auf dem Grundstücke nicht innerhalb eines Raumes sich befindet, der durch in den Straßengrenzen errichtete Senkrechte begrenzt wird, ist eine Annahme, die jedes Anhalts entbehrt. Eine solche Abgrenzungslinie ist willkürlich und würde offenbar schon dann zu den seltsamsten Ergebnissen führen, wenn die Straßenfront nicht in einer geraden, sondern in einer bogenförmigen oder gebrochenen Linie verliefe. Das O.-V.-G. ist vielmehr stets davon ausgegangen, daß je nach Lage des Falles zu entscheiden sei, ob ein Gebäude unter Berücksichtigung seiner Zugänglichkeit, seiner Verkehrsbeziehungen und der örtlichen Stelle, die es auf dem Grundstück einnimmt, als an der Straße errichtet anzusehen und daß es rechtsgrundsätzlich nicht ausgeschlossen sei, die Adjazenz anzunehmen, wenn das Gebäude seitlich hinter der Grundstücksstraßenfront sich befindet.

Nr. 13. Entsch. Bd. XXXXII S. 37 v. 27. XI. 02 IV C 12/02.
Fluchtliniengeſ. v. 2. VII. 75 (G.-S. S. 561) § 15.
A.-L.-R. II 11 §§ 170, 183, 185, 681.

1. Bei den Erbbegräbnissen bleibt das Eigentum des Grund und Bodens der Kirchengemeinde, die den Zwecken der Erbbegräbnisse

dienenden baulichen Anlagen aber — mögen sie Gebäude im Sinne des § 15 des Fluchtliniengeſ. ſein oder nicht — treten nach dem A.-L.-R. nicht in das Eigentum der Kirchengemeinde, ſondern werden Eigentum derjenigen, die das Erbbegräbnisrecht, ein dingliches Recht an dem Kirchhofgrundſtück, erworben haben (vgl. Kab.-Ord. v. 17. X. 22, Erl. vom 19. II. 23 (v. Kamptz Ann. Bd. VII S. 84, 85), v. 7. XII. 41 (Juſt.-Min.-Bl. 42 S. 7), v. 28. IV. 45 (M.-Bl. S. 160). Dasſelbe gilt nach dem heutigen Rechte, da einmal nach Art. 133 Einf.-Geſ. z. B.-G.-B. die landesgeſetzlichen Vorſchriften über das Recht zur Benutzung eines Platzes auf einer öffentlichen Begräbnisſtätte unberührt geblieben ſind, andererſeits nach § 95 B.-G.-B. Gebäude oder andere Werke, die in Ausübung eines Rechtes an einem fremden Grundſtücke von dem Berechtigten mit dem Grundſtücke verbunden worden ſind, nicht zu den Beſtandteilen des Grundſtücks gehören. Eigentümer der Erbbegräbnisbauten iſt alſo nicht der Grundſtückseigentümer, ſondern der Berechtigte. Trotzdem wird, wenn durch Errichtung einer derartigen Baulichkeit überhaupt eine Beitragsforderung gemäß § 15 des Geſ. v. 2. VII. 75 entſteht, pflichtig allein der Grundſtückseigentümer, nicht der ſuperfiziariſch Berechtigte, der mit Zuſtimmung des Grundſtückseigentümers den Bau ausgeführt hat.

2. Dagegen kommt das beſondere Eigentum des Berechtigten an den auf den Erbbegräbnisgrundſtücken errichteten Baulichkeiten für den Umfang der Beitragspflicht in Betracht. Nach § 15 a. a. O. ſind die Straßenbaukoſten den Eigentümern der Grundſtücke nach Verhältnis der Länge ihrer die Straße berührenden Grenze zur Laſt zu legen. Dabei iſt jedes Grundſtück abgeſondert für ſich zu behandeln, nicht der etwa mehrere ſelbſtändige Grundſtücke umfaſſende Geſamtgrundbeſitz des Eigentümers an der Straße zuſammen zu faſſen. Unter welchen Vorausſetzungen bei nebeneinanderliegenden Flächen das Vorhandenſein eines ſelbſtändigen Grundſtücks anzuerkennen iſt, läßt ſich nicht allgemein ſagen, iſt vielmehr für jeden einzelnen Fall aus der Geſamtheit aller tatſächlichen und rechtlichen Verhältniſſe heraus zu prüfen und feſtzuſtellen. Es liegt nun auf der Hand, daß dieſe Verhältniſſe bei einem, anderen Zwecken als er Bebauung dienenden, überwiegend öffentlich-rechtlichen Normen unterworfenen Kirchhofe ganz eigenartig ſind und ſich von denen der gewöhnlichen, der Befriedigung privatwirtſchaftlicher Bedürfniſſe gewidmeten Baugrundſtücke erheblich unterſcheiden.

3. Allerdings iſt in E.-O.-V. v. 5. IV. 95 (Pr.-V.-Bl. Bd. XVII S. 83) angenommen, daß durch die Errichtung eines Wohnhauſes für den Totengräber und einer Kapelle nebſt Leichenhalle auf einem Kirchhof eine nach der geſamten die Straße berührenden Grenze des letzteren zu berechnende Beitragsforderung entſtanden ſei, da beide Gebäude keinen anderen Zweck hätten, als zu ermöglichen, daß das geſamte Grundſtück zum Begräbnisplatze benutzt werde, daß es mithin rechtlich und wirtſchaftlich ein einheitliches Ganzes bilde. Das war für jenen Fall umſoweniger bedenklich, als die Gebäude von dem Eigentümer des Kirchhofs errichtet worden waren. Ganz anders liegt jedoch der gegenwärtig zu entſcheidende Fall. Die Erbbegräbnisbauten gehören nicht dem Eigentümer des Kirchhofs, ſie dienen nicht dazu, die Benutzung des geſamten Grundſtücks als Kirchhof zu ermöglichen, ſondern nur zur Erreichung des Zweckes des Erbbegräbnisgrundſtücks ſelbſt, welches durch die Einräumung des dinglichen Rechtes und durch die Errichtung einer im Eigentume des Berechtigten ſtehenden Baulichkeit von dem Geſamtkirchhof ausgeſondert wird und dadurch eine gewiſſe Selbſtändigkeit erlangt. Daraus, daß das Erbbegräbnis ebenſo wie der übrige

Teil des Kirchhofs für die Leichenbestattung bestimmt ist, ergibt sich nur, daß ihr Zweck gleichartig, nicht aber daß er ein gemeinsamer ist.

Der Selbständigkeit der Erbbegräbnisse steht auch der Umstand, daß ihre Benutzung durch die für den Gesamtkirchhof maßgebenden Ordnungen beschränkt wird, schon darum nicht entgegen, weil derartige Ordnungen auch für mehrere ganz selbständige Kirchhöfe gemeinsam erlassen werden können. Keinen anderen, als dem Berechtigten, steht die Benutzung des Erbbegräbnisses zu, und umgekehrt benutzt der Erbbegräbnisberechtigte den übrigen Kirchhof nicht. Die einzige tatsächliche Beziehung besteht darin, daß die Erbbegräbnisse der Regel nach keinen besonderen Zugang haben, vielmehr, um sie zu erreichen, Teile des übrigen Kirchhofs betreten werden müssen. Allein abgesehen davon, daß hieraus höchstens ein Zusammenhang mit der für die Zugänglichkeit in Betracht kommenden Wegefläche, nicht aber mit dem ganzen Kirchhofe folgen würde, und daß der Zusammenhang bei Erbbegräbnissen an der Straße, um die es sich hier handelt, kein notwendiger ist, da auch ein unmittelbarer Ausgang nach der Straße hergestellt werden könnte, stehen die Wege, welche auf den Kirchhöfen zu den einzelnen Grabstellen führen, auch wenn sie keine öffentlichen sondern Privatwege sind, doch den gewöhnlichen Privatwegen insofern nicht gleich, als sie ihrem Begriff und Zwecke nach für den Gebrauch eines großen, nicht fest abgegrenzten Teiles des Publikums bestimmt sind. Auf ihre Mitbenutzung für die Zwecke eines Erbbegräbnisses kann daher die Annahme, daß dieses mit dem Gesamtkirchhofe zusammen nur ein Grundstück im Sinne des § 15 a. a. O. bilde, nicht gestützt werden; man kann nicht sagen, daß *durch die Errichtung einer Baulichkeit auf einem Erbbegräbnisgrundstücke der ganze Kirchhof bebaut, zu einem bebauten Grundstücke* werde.

4. Das *Gegenteil* könnte vielleicht *unter besonderen Umständen* angenommen werden, z. B. wenn die Satzungen der Kirchengemeinde die Selbständigkeit der Erbbegräbnisgrundstücke abschwächten, etwa das Eigentum an den Baulichkeiten der Gemeinde zuwiesen.

5. *In der Fluchtlinie errichtete Gebäude sind in der Regel als an der Straße liegend* zu betrachten, auch wenn sie nach der Straße *keine Öffnungen* haben und mit ihr *nicht in wirtschaftlicher Beziehung* stehen.

6. Für den *Begriff des Gebäudes* kommt es *nicht nur auf Material und Gestaltung der baulichen Anlage* an, sondern *auch auf den Zweck*, dem sie zu dienen bestimmt ist. Solche Zwecke sind: *Aufenthalt von Menschen oder Vieh oder Aufbewahrung beweglicher Gegenstände.* Danach ist ein *Denkmal an sich kein Gebäude* und wird es auch nicht dadurch allein, daß es Räume umschließt, die zum Aufenthalte von Menschen dienen können und dienen, wenn solche Räume, wie z. B. bei der Siegessäule zu Berlin, ganz nebensächlich sind und die Denkmalsform des Ganzen überwiegt.

Ferner ist ein *ausgemauertes Grab kein Gebäude* im Sinne des § 15 a. a. O., da sein Zweck, *die Bestattung menschlicher Leichname*, nicht dem der „Aufbewahrung beweglicher Gegenstände" gleichzuachten ist, wobei dahingestellt bleiben kann, ob unter Umständen *auch unter der Erde* errichtete Bauwerke, z. B. Keller, unter den Gebäudebegriff fallen möchten. Daher sind auch solche Baulichkeiten, die nur eine über die Erdoberfläche hinausragende Ausgestaltung des Grabgewölbes darstellen, indem sie z. B. ebenso wie dieses, wenn auch nebensächlich der Aufenthalt von Menschen oder die Aufbewahrung beweglicher Gegenstände möglich sein oder stattfinden mag, doch im wesentlichen zur Aufstellung von Särgen, mithin als Bestattungsort, dienen oder den Zugang zu der Grabkammer umschließen oder als architektonischer Abschluß derselben ohne selbständigen Gebrauchszweck erscheinen, nicht als Gebäude anzusehen. Das Gegenteil aber wird anzunehmen sein, wenn diese Voraussetzungen nicht zutreffen, es sich vielmehr um eine bauliche Anlage über der Erde handelt, welche nicht lediglich als Denkmal oder als Grabstätte gelten kann, vielmehr darüber hinausgehend nach Form und Bestimmung den für den Gebäudebegriff maßgebenden Merkmalen entspricht, z. B. dazu dienen soll, den Leidtragenden und Besuchern der Gräber Aufenthalt zu gewähren oder Gottesdienst, Begräbnis- oder Erinnerungs-Feiern abzuhalten.

Nr. 14. Entsch. v. 27. IV. 03 Nr. IV 772 (Pr.-V.-Bl. Bd. XXV S. 132).
Baufluchtliniengeſ. v. 2. VII. 75 (G.-S. S. 561) § 15.

1. Die Beitragspflicht aus § 15 des Baufluchtliniengeſ. erstreckt sich nicht auf Straßen, die bei Erlaß des Ortsstatuts schon als städtische Straßen vorhanden, wenn auch vielleicht nicht in allen Beziehungen den polizeilichen Anforderungen entsprechend waren. Denn es kommt für die Frage der Beitragspflicht aus § 15 gar nicht darauf an, ob die Straße bei Erlaß des Statuts „fertig" war, den polizeilichen Anforderungen überall entsprach, sondern nur, ob sie als eine städtische Straße „vorhanden" war (vgl. E.-O.-V. Bd. XXXIII S. 94, 96). Für den Gegensatz von neuen und vorhandenen Straßen kommt der Zeitpunkt, in welchem das Ortsstatut erlassen wurde, in Betracht.

2. § 2 eines Ortsstatuts bestimmte:

„Ist das Straßenland zum Teil unentgeltlich von angrenzenden Grundstücken abgetreten worden, so wird behufs Feststellung des auf die einzelnen adjazierenden Grundstücke entfallenden Anteils an den Grunderwerbskosten das unentgeltlich abgetretene Terrain mit dem vom Magistrat, unter Berücksichtigung des Preises des entgeltlich erworbenen Terrains, festgestellten Werte bei der Ermittelung der Gesamtkosten in Rechnung gestellt, demnächst aber denjenigen Adjazenten auf ihren Beitrag zu den Gesamtkosten in Abzug gebracht, von deren Grundstücken das Straßenland unentgeltlich abgetreten ist."

Unter dem unentgeltlich abgetretenen Straßenland im Sinne von § 2 ist nicht solches zu verstehen, das schenkungsweise, unter Verzicht auf jede Gegenleistung abgetreten ist, sondern Straßenland, das abgetreten ist, ohne das vorher ein Entgelt bedungen wurde (E.-O.-V. v. 10. VII. 97 Nr. II 1265). Die Unentgeltlichkeit der Abtretung schließt also die Anrechnung nicht aus, sondern bildet vielmehr ihre Voraussetzung, falls nicht etwa Kläger auf die im Statut für unentgeltliche Abtretungen gewährten Rechte verzichtet hat. Auch ist es für sein Recht unerheblich, daß die unentgeltliche Abtretung im Baukonsens gefordert war, und daß das Trennstück schon früher zur Straße tatsächlich verwendet war und diese Verwendung etwa mit Zustimmung des Vorbesitzers des Klägers erfolgte (E.-O.-V. Bd. XXXVI S. 75, 76). Bestehen bleibt in allen Fällen, daß eine unentgeltliche Abtretung im Sinne von § 2 des Ortsstatuts vorliegt, Kläger also berechtigt ist, die Anrechnung des Werts dieses Terrains zu verlangen. Ob der Magistrat bei dem Feststellungsbeschluß diese Abtretung nicht beachtet hat, und ob daraus etwa der Gemeinde Nachteile entstehen möchten, kann das Recht des Klägers offenbar nicht beseitigen.

3. Jede Errichtung eines Gebäudes an einer neuen Straße läßt die Beitragspflicht zu den Straßenbaukosten neu entstehen, bis die Verpflichtung durch Zahlung getilgt ist. (Vgl. E.-O.-V. XL S. 98.)

Nr. 15. Entsch. Bd. XXXXIII S. 28 v. 4. V. 03 IV C 172/02.

Fluchtliniengeſ. v. 2. VII. 75 (G.-S. S. 561) § 15.

1. Der hann. Provinzialverband hatte in H. ein Muſeum auf einem dreieckigen, im Weſten von der B.ſtraße, im Nordoſten von der L.ſtraße und im Südoſten von der P.ſtraße begrenzten Grundſtück errichtet. Nach Vollendung des Gebäudes zog der Magiſtrat den Provinzialverband außer zu den Koſten der B.ſtraße, an der die Hauptfront und der Haupteingang des Gebäudes liegen, auch zu den Koſten der L.ſtraße gemäß § 15 des Geſ. v. 2. VII. 75 mit einem Beitrage heran. Das O.-V.-G. billigte dies.

2. Bei Beantwortung der Frage, ob das Provinzialmuſeum an der L.ſtraße errichtet worden iſt, war davon auszugehen, daß der im Norden des Gebäudes durch die Gartenanlagen führende Fußweg ebenſo wie die Zufahrten, *die die beiden Ausgänge an der Oſtſeite unmittelbar mit der P.ſtraße, alſo mittelbar mit der L.ſtraße*, verbinden, zu dem Muſeumsgrundſtücke gehörende Privatwege der Provinzialverwaltung ſind, daß alſo das *Grundſtück des Muſeums zweifellos bis an die L.ſtraße herangeht. Aber auch das Gebäude muß als an der L.ſtraße errichtet betrachtet werden.* Freilich hat es unmittelbar nach der L.ſtraße *keinen Ausgang*, und die Entfernung von ihr ſteigt von 10 m auf 56,8 m; auch mag es ſein, daß der vorhandene Zwiſchenraum für die *Zuführung von Licht zu den Fenſtern der Nordſeite* genügen würde, ſo daß das Gebäude in dieſer Beziehung *auf die L.ſtraße nicht geradezu angewieſen* iſt. Allein es handelt ſich um ein monumentales Gebäude mit vier ausgebildeten Fronten von etwa 85 m Breite und etwa 65 m Tiefe, welches derart auf einem von drei Straßen eingeſchloſſenen, einheitlichen Bauplatz errichtet worden iſt, daß es *an einer von ihnen mit der Hauptfront liegt und an die beiden anderen bis auf 10 m heranreicht*; es hat auch nach den Seitenſtraßen hin Fenſter, die von den Straßen, wenn nicht durch Licht-, ſo doch durch Luftzufuhr offenbar Vorteil haben, es iſt von ihnen durch keine Einfriedigung getrennt, die Zwiſchenräume ſind vielmehr durch Gartenanlagen ausgefüllt, und die ſie durchziehenden, nicht öffentlichen, ſondern die zu dem Grundſtücke gehörenden Fußwege und Einfahrten ſind von den Seitenſtraßen her zugänglich. Der dreieckige Bauplatz iſt hier durch das Muſeumsgebäude dem Plane entſprechend vollkommen ausgenutzt, eine Bebauung der ihm zugekehrten Seite der L.ſtraße ſteht nicht mehr bevor, hat vielmehr durch das Muſeumsgebäude bereits in vollem Umfange ſtattgefunden. Demgegenüber iſt es unerheblich, wenn bei der Wahl des Bauplatzes und der architektoniſchen Geſtaltung des Gebäudes auf die L.-ſtraße keine Rückſicht genommen und die *Front an der B.ſtraße als Hauptfront* ausgebildet worden iſt, auch die der L.ſtraße zugekehrte Seite des Gebäudes für den Beſchauer wenig zu Geltung kommen mag.

Ähnlich **Entsch. Bd. XXXXIII S. 30** i. d. Anm. v. 6. VII. 03. IV C. 181/02.

Dem Vorderrichter iſt darin beizutreten, daß das Gebäude des Klägers als an der J.ſtraße errichtet gelten muß. Freilich wendet es ſeine Hauptfront der K.ſtraße zu, auch ſteht die der J.ſtraße zugekehrte Giebelwand etwa 8 m von der Straßenfluchtlinie und etwa 5 m von der Baufluchtlinie entfernt. Aber die dort befindliche, durch drei Stockwerke gehende Glasveranda tritt noch etwa 3 m nach den Fluchtlinien vor, ihr Abſtand von der Straße iſt alſo ganz geringfügig, und ſie hat durch die Straße weſentliche Vorteile in der Licht- und Luftzuführung. Bei dieſen Beziehungen des Gebäudes zur Straße liegt es *auch* an der J.ſtraße.

Nr. 16. Entsch. Bd. XXXXIII S. 32 v. 18. V. 03 IV C 185/02.

Fluchtliniengeſ. v. 2. VII. 75 (G.-S. S. 561) § 15.

Es iſt *rechtlich* ſehr wohl *angängig*, ein *Nebengebäude* und einen *Anbau des Hauptgebäudes als an der Straße errichtet* zu betrachten, an der das Hauptgebäude liegt. Die Nebengebäude und die Anbauten erhalten dann die notwendigen wirtschaftlichen Beziehungen zur Straße eben dadurch, daß die für das Hauptgebäude bestehenden Beziehungen sich auch auf die Neben- und Anbauten erstrecken, mögen letztere auch an der von der Straße abgekehrten Front des Hauptgebäudes liegen oder das Grundstück an mehrere Straßen stoßen. Im letzteren Falle haben die Neben- und Anbauten als an beiden Straßen errichtet zu gelten.

C. Indirekte Gemeindesteuern.

2. Lustbarkeitssteuern.

Nr. 1. Entsch. Bd. XXXXIII S. 53 v. 9. I. 03 II C 209/02.

Komm.-Abg.-Ges. v. 14. VII. 93 (G.-S. S. 152) § 15.

Die Frage, ob schon das bloße Halten eines automatischen Orchestrions schlechthin, ohne Rücksicht auf seine Benutzung, eine Steuerpflicht des Besitzers begründen kann, ist zu verneinen. Das Komm.-Abg.-Ges. hat das Steuerrecht der Gemeinden umfassend geregelt und dieses kann durch Ortsgesetze, die über seinen Rahmen hinausgehen, nicht erweitert werden. Wenn also in § 15 des Ges. „die Besteuerung von Lustbarkeiten einschließlich musikalischer und deklamatorischer Vorträge, sowie von Schaustellungen umherziehender Künstler" den Gemeinden gestattet wird, so muß es als eine unerläßliche Voraussetzung des Steuerrechts bezeichnet werden, das die Lustbarkeiten u. s. w., die durch eine Steuerordnung betroffen werden sollen, auch tatsächlich stattgefunden haben. Die bloße Bereithaltung von Musikinstrumenten, die bei der Ausführung der Lustbarkeit Verwendung finden sollen, stellt noch keine Lustbarkeit dar, sondern dient nur ihrer Vorbereitung; die Lustbarkeit selbst gelangt erst zur Entstehung, wenn die Musikinstrumente benutzt, die Vorträge gehalten werden. Eine Steuerordnung, die das verkennt, würde ungültig sein.

3. Umsatzsteuern.

Nr. 1. Entsch. v. 10. I. 02 Nr. II 55.

Hand.-G.-B. § 306, B.-G.-B. §§ 21 ff.

Wenn eine Aktiengesellschaft durch ihre berufenen Vertreter, die Liquidatoren, ein Grundstück an einen eingetragenen Verein — dessen Zweck auf Geselligkeit, also nicht auf einen wirtschaftlichen Geschäftsbetrieb gerichtet ist — somit nach §§ 21 ff. B.-G.-B. an eine juristische Person übereignet hat, und zwar mittels freier Entschließung: so liegt, gleichviel welche physische Personen die Inhaber der Aktien oder die Vereinsmitglieder sein mögen, ein Eigentumserwerb mittels freiwilliger Veräußerung seitens eines Rechtssubjekts an ein anderes vor, der umsatzsteuerpflichtig ist. Der Einwand, daß infolge der Verwertung des Gesellschaftsvermögens durch Veräußerung des Vermögens im ganzen der Eigentumsübergang im Wege der Gesamtrechtsnachfolge, wie bei der Fusion von Aktiengesellschaften, sich vollzogen habe, und daß die Auflassung nur zum Zwecke der Grundbuchberichtigung erklärt worden sei, ist unzutreffend. Eine Fusion mit derartiger Wirkung liegt nicht vor, und eine Ausdehnung des Instituts der Gesamtrechtsnachfolge über die im Gesetze vorgesehenen Fälle ist unzulässig. Die Fusion ist nur für den Fall besonders geregelt, daß das Vermögen einer Aktiengesellschaft — als Ganzes — an eine andere Aktiengesellschaft oder an eine Kommanditgesellschaft auf Aktien übertragen wird, und hat zur unerläßlichen Voraussetzung, daß die Übertragung gegen Gewährung von Aktien der übernehmenden Gesellschaft erfolgt. Nur in einem solchen Falle kann davon die Rede sein, daß die aufgenommene Gesellschaft sofort vollständig untergehe und ihr Vermögen auf die andere Gesellschaft übertragen werde, so daß also die Gläubiger an Stelle des bisherigen Schuldners einen neuen Schuldner erhalten, welcher dann nur das Vermögen des bisherigen Rechtssubjekts getrennt weiter zu verwalten hat. Derartige Wirkungen kann offenbar das Gesetz nur selbst in dem von ihm vorgesehenen Falle schaffen; nicht aber darf solche Gesamtrechtsnachfolge auch ohne Gewährung von Aktien bei der Gesamtvermögensübertragung auf noch andere Rechtssubjekte, wie einen registrierten Verein, angenommen werden, und zwar weder sofort, noch nach Ablauf des Sperrjahrs. Vielmehr hat in einem wie im anderen Zeitpunkte neben der obligatorischen Verpflichtung erst noch eine Übertragung der einzelnen zu dem Vermögen gehörenden Gegenstände durch die Liquidatoren der aufgelösten Gesellschaft nach den gewöhnlichen Regeln zu erfolgen (vgl. § 311 des B.-G.-B., Motive Bd. II S. 187).

Nr. 2. Entsch. v. 18. XI. 02 Nr. II 1849.

Wenn eine Steuerordnung den auf Grund einer freiwilligen Veräußerung erfolgenden Eigentumserwerb der Umsatzsteuer unterwirft, müssen zwei Voraussetzungen vorliegen, damit die Steuerpflicht eintritt: es muß zum Übergang des Eigentums eine Auflassung erforderlich und es muß diese erforderliche Auflassung tatsächlich vorgenommen sein. Die Auflassung ist nach §§ 925, 873 B.-G.-B. der vor dem Grundbuchamte bei gleichzeitiger Anwesenheit beider Teile von diesen erklärte, auf Übertragung des Eigentums gerichtete dingliche Vertrag. Eine rechtsgeschäftliche Erklärung der Einigung des Veräußerers und des Erwerbers aber kann nicht gefunden werden in der Bezugnahme auf eine notarielle Verhandlung, selbst wenn diese der Auflassung inhaltlich entsprechende Erklärungen enthalten und wenn die Bezugnahme diesen Teil jener Verhandlung ergreifen sollte. Denn die Bezugnahme auf einen rechtsgeschäftlichen Akt ist nicht dieser selbst. Noch weniger aber liegt eine Auflassung in dem Antrage „den darin (nämlich in der notariellen Verhandlung) gestellten Anträgen stattzugeben".

Der Umstand, daß die Kläger als Miteigentümer zu je $^1/_4$ in das Grundbuch eingetragen worden sind, kann allein die Steuerpflicht nicht begründen. Zunächst dann nicht, wenn eine freiwillige Veräußerung hier überhaupt nicht vorliegen sollte und also die Eintragungen lediglich zur Berichtigung des Grundbuchs erfolgt sind. Ebenso aber auch dann nicht, wenn es sich um eine freiwillige Veräußerung handeln sollte, die eine Auflassung erfordert; in einem solchen Falle vermag die ohne Auflassung — vielleicht in der irrtümlichen Annahme, es habe eine solche stattgefunden — vorgenommene Eintragung des Eigentumsübergangs den Eigentumserwerb, an den die Steuerordnung die Steuerpflicht knüpft, nicht zu bewirken.

Nr. 3. Entsch. v. 28. XI. 02 Nr. II 1923 (Pr.-V.-Bl. Bd. XXIV S. 732).

Die Ordnung für die Erhebung einer Gemeindesteuer beim Erwerb von Grundstücken im Gebiete der Stadt Cöln vom $\frac{4.\ X.\ 94}{21.\ III.\ 95}$

hatte die Erwerbungen im Zwangsversteigerungsverfahren allgemein von der Steuer freigelassen. Diese allgemeine Befreiung ist später aufgehoben und die Besteuerung dahin geregelt worden, daß sie ausnahmsweise nicht eintritt, wenn ein Hypothekengläubiger nachweislich in der Weise beteiligt ist, daß er nur durch den Ankauf Verluste abwenden kann. Diese, durch die Aufsichtsinstanzen gebilligte Bestimmung muß als Ausnahmebestimmung eng ausgelegt werden.

Nach dem Wortlaute entscheidet über die Befreiung nicht die Absicht des Erstehers, vielmehr ist allein maßgebend der objektive Tatbestand der Deckung seiner Hypothek. Es ist nun allerdings für den Hypothekengläubiger schwierig, die Zinsen und Kosten, die für die Vorhypothekare entstanden sind und die bis zu dem, noch nicht bekannten Termine zur Verteilung des Versteigerungserlöses entstehen werden, zu berechnen. Andererseits werden aber in dem Versteigerungstermine die Ansprüche der das Verfahren betreibenden Gläubiger und die erfolgten Anmeldungen bekannt gemacht (§§ 66 des Ges. v. 20. V. 98 über die Zwangsversteigerung). Wenn daher auch nach § 3 der Ordn. nicht ein Gebot verstanden werden darf, das den Verlust des Gläubigers auch nicht um einen Pfennig übersteigt, so kommt es doch auf die Verhältnisse im Bietungstermine an, ob sie nämlich im Augenblicke des Bietens objektiv so lagen, daß angenommen werden mußte, der Gläubiger werde bei dem von dem Vorbieter abgegebenen Gebote noch an seiner Hypothek verlieren, und daß er deshalb noch notwendig weiter bieten mußte, um nicht in Verlust zu geraten.

Nr. 4. Entsch. v. 5. XII. 02 Nr. II 1979 (Pr.-V.-Bl. Bd. XXIV S. 714).
Stempelsteuerges. v. 31. VII. 95 (G.-S. S. 413) § 4 e.

Die Umsatzsteuerpflicht wird durch den Umstand, daß das freiwillig veräußerte Grundstück voraussichtlich in späterer Zeit z. B. für Eisenbahnzwecke hätte enteignet werden müssen, nicht ausgeschlossen. Ein Befreiungsgrund nach § 4e des Stempelsteuerges. liegt nur vor, wenn schon zur Zeit der Veräußerung eine gesetzliche Verpflichtung zur Abtretung des Grundstücks vorhanden ist.

Nr. 5. Entsch. v. 27. III. 03 Nr. II 604 (Pr.-V.-Bl. Bd. XXV S. 217).

1. Am 1. XII. 96 stellte der Besitzer Friedrich T. zu Sch. seine Grundstücke schriftlich der . . . Bank auf die Dauer von vier Jahren, also bis zum 1. XII. 1900 dergestalt an, daß die Bank, beziehungsweise eine von ihr zu benennende Rechtspersönlichkeit berechtigt sein sollte, den Grundbesitz jederzeit gegen einen Kaufpreis von 18000 M. für den Morgen zu erwerben und daß T. verpflichtet sein sollte, ihn an die Bank oder den zu bezeichnenden Dritten aufzulassen. Für die Einräumung des Optionsrechts zahlte die Bank an T. 17000 M. Dem Besitzer blieb die landwirtschaftliche Benutzung des Geländes vorbehalten.

2. Ein solcher sog. Offertvertrag ist kein umsatzsteuerpflichtiges Veräußerungsgeschäft. Letzteres liegt erst dann vor, wenn aus dem Vertrage die Auflassung des Grundstücks als unmittelbarer Gegenstand der Vertragserfüllung gefordert werden könnte.

3. Als Veräußerungsgeschäft ist ebensowenig noch ein Vertrag anzusehen, durch den das Recht auf Abschluß eines Veräußerungsgeschäfts übertragen wird.

4. Durch Abschluß zulässiger Rechtsgeschäfte eine Besteuerung zu vermeiden, ist nicht verboten.

Nr. 6. Entsch. v. 23. V. 02 Nr. II 916.

1. § 2 einer Umsatzsteuerordnung lautete:

„Als „unbebaute" Grundstücke im Sinne des § 1 zu a gelten Liegenschaften auch dann, wenn nur Schuppen, Baracken, Stallungen und ähnliche Baulichkeiten, namentlich auch solche, welche der einstweiligen Benutzung oder anderen vorübergehenden Zwecken dienen, darauf errichtet sind; ebenso Grundstücksteile, welche bis zum Eintritt des Eigentumswechsels als Hofräume, Lagerplätze, Gärten, Äcker oder zu vorwiegend ländlichen Wohnzwecken benutzt worden sind."

Gemäß § 1 waren unbebaute Grundstücke mit 1 %, bebaute nur mit $^1/_2$ % des Grundstückwertes steuerpflichtig. Das O.-V.-G. gab dem § 2 folgende Auslegung:

2. Nach § 2 der Steuerordnung wird der Charakter eines Grundstückes als eines unbebauten durch ein auf ihm befindliches Stallgebäude und einen auf ihm befindlichen Schuppen nicht ausgeschlossen; auch dann nicht, wenn diese Gebäude dauernden Zwecken dienen. Diesen Gebäuden gleichgestellt sind „ähnliche Baulichkeiten, namentlich auch solche, welche der einstweiligen Benutzung oder anderen vorübergehenden Zwecken dienen." Es ist also bezüglich dieser anderen Kategorie von Baulichkeiten nicht unbedingt erforderlich, daß sie der einstweiligen Benutzung oder vorübergehenden Zwecken dienen; es genügt vielmehr, daß sie den vorher aufgeführten Gebäuden ähnlich sind, und die vorübergehenden Zwecken dienenden sind nur besonders als solche hervorgehoben, welche als ähnliche anzusehen sind. Daß im vorliegenden Falle die Scheune als ein den in der Steuerordnung aufgeführten Gebäuden (Schuppen, Stallungen 2c.) ähnliches anzusehen ist, kann um so weniger bezweifelt werden, als Scheuer und Stallgebäude ein einziges Gebäude bilden. Es handelt sich deshalb nur noch darum, ob das auf dem Grundstücke befindliche Wohngebäude jenem die Eigenschaft eines unbebauten nimmt. Aber in dieser Hinsicht kommt die Bestimmung der Steuerordnung in betracht, wonach als unbebaut auch solche Grundstücke angesehen werden sollen, die bis zum Eintritt des Eigentumswechsels zu vorwiegend ländlichen Wohnzwecken benutzt worden sind. Das ist hier der Fall. Denn wenn der Vorbesitzer des Klägers auf dem Grundstücke Landwirtschaft betrieben hat und während dieser Zeit in dem Wohngebäude gewohnt hat, ja, wohnen mußte, um die Wirtschaft ordnungsmäßig führen zu können, so hat das Wohngebäude nicht städtischen, sondern ländlichen Zwecken gedient. Es ist nun keineswegs erforderlich, um das Grundstück als unbebautes im Sinne der Steuerordnung erscheinen zu lassen, daß es mit dem Eigentumswechsel aufgehört habe, zu ländlichen Zwecken benutzt zu werden. Die Steuerordnung verlangt nur, daß es bis zum Eigentumswechsel, verlangt aber nicht, daß es nur bis zum Eigentumswechsel ländlichen Zwecken gedient habe. Dieser mit dem Wortlaute der Steuerordnung im Einklang stehenden Auffassung kann auch nicht die ratio des Lokalgesetzes entgegengehalten werden. Allerdings soll mit der erhöhten Steuer der Spekulationsgewinn getroffen werden. Aber als Gegenstand der Spekulation sieht die Steuerordnung allgemein auch diejenigen im Stadtbezirke liegenden Grundstücke an, die, obwohl bebaut, zu ländlichen Zwecken dienen. Darauf, ob im einzelnen Falle der Erwerb tatsächlich aus Rücksichten der Spekulation erfolgt, kommt es bei diesen Grundstücken ebensowenig an, wie bei wirklich unbebauten Grundstücken.

Nr. 7. Entsch. Bd. XXXXIII S. 49 v. 20. I. 03 II C 101/02.

B.-G.-B. §§ 93, 96; Einf.-Ges. z. B.-G.-B. Art. 74, 181; Ausf.-Ges. z. B.-G.-B. Art. 40.

1. Nach dem früheren Rechtszustand unterlag ein Apothekenprivilegium aus der Zeit vor dem Ed. v. 2. XI. 10 (G.-S. S. 79), gleichviel ob es einem Grundstück als Pertinenz zugeschrieben worden oder ob dafür ein besonderes Grundbuchblatt angelegt war, nicht der auf den Erwerb von Grundstücken gelegten Umsatzsteuer. Denn derartige Gerechtigkeiten waren zwar buchungsfähig, aber sie gehörten nicht zu den Grundstücken (vgl. E.-O.-V. Bd. XXXI S. 47). Dieser Rechtszustand hat mit der Einführung des B.-G.-B. für die nach dem 1. I. 1900 eintretenden Erwerbsfälle eine teilweise Änderung erfahren.

2. Einerseits nämlich sind allerdings nach Art. 74 Einf.-Ges. zum B.-G.-B. die landesgesetzlichen Vorschriften über Realgewerbeberechtigungen — also auch über die vererb- und veräußerlichen pharmazeutischen Gewerbsprivilegien (Beilage zur Verf. v. 19. III. 40 — J.-Min.-Bl. S. 113) — unberührt geblieben, und in Übereinstimmung damit erklärt weiterhin Art. 40 Ausf.-Ges. zum B.-G.-B. für die den Grundstücken in Ansehung der Eintragung und Verpfändung gleichstehenden selbständigen Gerechtigkeiten die Vorschriften des B.-G.-B., die sich auf Grundstücke, den Erwerb des Eigentums und die Ansprüche daraus beziehen, als anwendbar, wenn die Gerechtigkeit ein Grundbuchblatt erhalten hat. Aber dies gilt nur für solche Gerechtigkeiten, die nicht einem Grundstück als solchem zustehen, sondern die nur subjektiv persönlicher Natur sind. Sie unterliegen nach wie vor einer Ordnung, die die Umsatzsteuer nur für den Erwerb von Grundstücken einführt, nicht, und zwar auch dann nicht, wenn für sie ein besonderes Grundbuchblatt angelegt worden ist oder angelegt wird.

3. Anders dagegen ist es seit dem 1. I. 1900 mit denjenigen in der Zeit vor dem Ed. von 1810 verliehenen Apothekenprivilegien geworden, die mit dem Eigentum an einem Grundstücke verbunden, subjektiv dinglicher Natur sind. Für sie hat der § 96 des B.-G.-B. eine Änderung herbeigeführt. Es heißt dort:

> „Rechte, die mit dem Eigentum an einem Grundstücke verbunden sind, gelten als Bestandteile des Grundstücks."

Als Rechte, die mit dem Eigentum an einem Grundstücke verbunden sein können, dergestalt, daß sie dem jeweiligen Eigentümer des Grundstücks zustehen, werden in den Motiven neben öffentlich-rechtlichen, wie dem Patronat, aus dem Gebiete des Privatrechts das dingliche Verkaufsrecht, die Grunddienstbarkeiten, die Reallasten hervorgehoben und in Anm. 4 wird auf § 30 des Ges. über den Eigentumserwerb v. 5. V. 72 sowie auf §§ 3 bis 5 der Grundbuchordnung, die auch von Gerechtigkeiten handeln, hingewiesen. Derartigen Rechten sollte fortan nicht mehr die Eigenschaft bloßer Zubehörstücke zugeschrieben werden, da sie, solange sie mit dem Eigentum am Grundstücke verbunden sind, begriffsmäßig dem Grundstücke folgen und von allen das Grundstück betreffenden Verfügungen mitergriffen werden. Sie sollten deshalb fortan vielmehr als Grundstücks-Bestandteile gelten. Diese Bestimmung des § 96 kommt nach Art. 181 Einf.-Ges. auch für die aus früherer Zeit bestehenden Gerechtigkeiten zur Anwendung, da sie den Inhalt des Eigentumsrechts begrenzt, und solche Vorschriften auf das zur Zeit des Inkrafttretens des B.-G.-B. bestehende Eigentum von dieser Zeit ab Anwendung finden. Nach dem B.-G.-B. sind also die Apothekenberechtigungen, die mit dem Eigentum an einem Grundstücke verbunden sind, rechtlich als Bestandteile des Grundstücks zu betrachten, wenn auch nicht als wesentliche und daher nach § 93 daselbst nicht als untrennbare Bestandteile. Sie gehen mit dem Grundstücke zugleich auf den Erwerber über und verbleiben ihm dauernd. Sie werden also als Objekt des Grundstückserwerbes behandelt und ihr Preis oder Wert bildet einen Teil des Grundstückspreises oder -wertes. Danach ist das dem Werte einer solchen Apothekenberechtigung entsprechende Mehr dem Werte des Grundstücks zuzurechnen, und beide Werte zusammen kommen bei der auf den Grundstückserwerb gelegten Umsatzsteuer in Betracht.

D. Direkte Gemeindesteuern.

1. Realsteuern.

a) Vom Grundbesitze.

Nr. 1. Entsch. v. 28. I. 02 Nr. I 167.

A.-L.-R. II 7 §§ 43 ff.

Komm.-Abg.-Ges. v. 14. VII. 93 (G.-S. S. 152) § 24.

1. Den Landgemeinden ist die Berechtigung, Gemeindesteuern vom Grundbesitz zu erheben, nicht erst durch das Komm.-Abg.-Ges. und das damit in Verbindung stehende Ges. wegen Aufhebung direkter Staatssteuern vom gleichen Tage verliehen worden, sie hat vielmehr schon von jeher bestanden, was schon aus §§ 43 ff. A.-L.-R. II 7 hervorgeht. Aber der Nichtgebrauch dieser Berechtigung konnte eine Befreiung von der Steuerpflicht nicht begründen. Dazu wäre vielmehr die Ersitzung eines besonderen Rechtes auf Befreiung von den Gemeindeabgaben erforderlich, die sich nur in der Weise vollziehen kann, daß der Pflichtige der Heranziehung mit Erfolg widersprach und die Gemeinde sich bei seiner Weigerung während rechtsverjährter Zeit beruhigte.

2. Die Erhebung prozentualer Zuschläge zur staatlich veranlagten Grundsteuer darf nicht auf Grund eines „fingierten" Prinzipalsteuersatzes erfolgen, sondern setzt die wirklich erfolgte Veranlagung des besteuerten Grundstückes zur staatlichen Grundsteuer voraus. Daß das Ergebnis der Veranlagung zweier Bauerhöfe zur Grundsteuer nicht in der Grundsteuermutterrolle des Gemeindebezirkes, sondern in der des Gutsbezirkes eingetragen ist, und für diejenigen Stücke des besteuerten Grundbesitzes, die nicht aus ganzen Flächenabschnitten bestehen, sondern nur Teile von solchen umfassen, nicht unmittelbar aus der Grundsteuermutterrolle ersichtlich ist, sondern erst durch eine Verteilung der für den ganzen Flächenabschnitt eingetragenen Grundsteuer ermittelt werden muß, berührt das Steuerrecht der Gemeinde in keiner Weise.

Nr. 2. Entsch. v. 8. IV. 02 Nr. II 624.

Komm.-Abg.-Ges. v. 14. VII. 93 (G.-S. S. 152) § 24.

1. Das Komm.-Abg.-Ges. macht zwar die Steuerfreiheit in seinem § 24 unter c von einem „Bestimmtsein für öffentlichen Dienst oder Gebrauch", unter i von einer unmittelbaren Benutzung für die Zwecke der unter f, g, h aufgeführten Anstalten und Körperschaften abhängig; aber es hat nicht beabsichtigt, mit den verschiedenen Ausdrücken in der hier fraglichen Hinsicht etwas Verschiedenes zu bezeichnen. Die unter c erwähnte Befreiung ist aus den älteren Grundsteuergesetzen übernommen, und dabei ist der Ausdruck

dieser Gesetze beibehalten, um nicht durch eine Veränderung desselben die Meinung zu erwecken, als sei eine sachliche Änderung beabsichtigt.

Bei Anwendung jener älteren Gesetze aber ist das O.-V.-G. stets davon ausgegangen, daß eine Bestimmung zu einem öffentlichen Dienste oder Gebrauche nur dann gegeben sei, wenn das Grundstück derjenigen Benutzung zu öffentlichen Zwecken, der es gewidmet sein solle, auch wirklich schon überwiesen, dem unmittelbaren öffentlichen Dienste oder Gebrauche übergeben sei (vgl. E.-O.-V. Bd. XI S. 64). Dabei ist die Unmittelbarkeit der Benutzung stets besonders betont worden, und von einer solchen kann nicht die Rede sein bei einem Grundstücke, das erst mit dem Gebäude besetzt wird, in dessen Benutzung der öffentliche Dienst oder Gebrauch liegen soll. Wohl hat das O.-V.-G. mit der Begründung, daß das Bestimmtsein auch bei Unzweckmäßigkeit oder Überflüssigkeit der Bestimmung genüge, die Meinung zurückgewiesen, daß die Benutzung des Grundstückes für die Zwecke des öffentlichen Dienstes oder Gebrauches auch notwendig oder wenigstens förderlich sein müsse; aber es hat stets einen wirklich sich vollziehenden (wenn auch vielleicht zeitweise unterbrochenen) Dienst oder Gebrauch verlangt, und eine Verwirklichung des Dienstes und Gebrauches niemals schon in der Ausführung derjenigen Einrichtungen gesehen, an welchen und mittels deren der Dienst und Gebrauch geübt werden soll.

2. Der öffentliche Dienst und Gebrauch nun, dessen unmittelbare Ausübung die Befreiung von Grundstücken des Reichspostfiskus herbeiführt, besteht in dem inneren und äußeren Getriebe der Post- und Telegraphenverwaltung, und zu diesem Dienste und Gebrauche wird ein Baugrundstück unmittelbar nicht eher benutzt, als bis es dem Postverkehre oder dem inneren Postbetriebe übergeben ist.

Nr. 3. Entsch. v. 2. V. 02 Nr. II 778.

Komm.-Abg.-Ges. v. 14. VII. 93 (G.-S. S. 152) § 24.

1. Der Kläger (Reichsmilitärfiskus) ist Eigentümer des zu Berlin in der Straße Alt-Moabit 117/118 gelegenen Grundstückes, auf dem sich u. a. die dem kommandierenden General des Gardekorps überwiesene Wohnung befindet; er ist wegen dieses Grundstückes vom Beklagten (Magistrat zu Berlin) zur Gemeinde-Grundsteuer und zu einem Sublevationsbeitrage herangezogen.

Der Vorderrichter hat dem Beklagten jegliche Berechtigung zur Heranziehung aberkannt. Dabei hat er übersehen, daß von dem Grundstücke ein feststehender Beitrag sowohl an Grundsteuer, wie auch zum Sublevationsbeitrage gemäß der Kab.-Ord. v. 8. VI. 34 zu entrichten ist, von welchem freigestellt zu werden in der Klage jedenfalls nicht verlangt worden ist. Nach der Vorentscheidung soll der Beklagte auch nicht berechtigt sein, diese feststehenden Beiträge zu erheben; sie ist daher wegen Nichtanwendung der eben genannten Kab.-Ord. und, weil über den Antrag des Klägers hinaus zu dessen Gunsten entschieden worden ist, aufzuheben.

2. Bei freier Beurteilung war zuächst davon auszugehen, daß durch die Bestimmung des § 24 Abs. 2 Komm.-Abg.-Ges. auch die Befreiung von Gemeindesteuern vom Grundbesitz bei solchen Grundstücken, die dem Reichsmilitärfiskus eigentümlich gehören, hinsichtlich der auf oder in ihnen befindlichen Wohnungen, die an Offiziere als Dienstwohnungen überwiesen sind, insoweit aufgehoben ist, als sie nicht auf einem besonderen Rechtstitel beruht oder nicht aus dem Abs. 1 a. a. O. sich ergibt.

Kläger geht nun davon aus, daß ihm hinsichtlich der Dienstwohnung des kommandierenden Generals des Gardekorps die Steuerfreiheit aus dem Grunde zustehe, weil jene Wohnung dem Inhaber zu dem Zwecke überwiesen sei, damit er imstande wäre, die mit seinem Dienst verbundenen Aufgaben sach- und ordnungsmäßig zu erfüllen; dadurch sei die Wohnung zu einem öffentlichen Dienste und Gebrauche bestimmt, was — wenn es zutreffen sollte — dann allerdings die durch Abs. 1 c a. a. O. bestimmte Befreiung zur Folge haben müßte. In dieser Hinsicht ist vorweg zu bemerken, daß die Wohnung, soweit sie Repräsentationszwecken dient, von der Heranziehung seitens des Beklagten nicht getroffen wird.

3. Was den sonstigen Teil des Grundstücks anlangt, so kommt es darauf an, festzustellen, ob das Grundstück oder die Wohnung zu einem öffentlichen Dienste oder Gebrauche unmittelbar bestimmt ist, nicht etwa nur dazu, was immerhin mittelbar im dienstlichen Interesse liegen mag, das Wohnbedürfnis des Inhabers zu befriedigen. In dieser Beziehung kann eine Bescheinigung des Kriegsministeriums sehr wohl geeignet sein, die Frage in tatsächlicher Beziehung in der Art klar zu stellen, daß sie im bejahenden Sinne zu beantworten ist. Eine solche Bescheinigung ist nicht als eine Parteierklärung aufzufassen. Denn das Kriegsministerium ist um deswillen, weil der Rechtsstreit einen Gegenstand des ihm überwiesenen Geschäftskreises betrifft und die ihn führende Behörde ihm unterstellt ist, noch nicht Partei geworden und ist weiter nicht in dem Maße als interessiert anzusehen, daß die Glaubwürdigkeit der von ihm als einer öffentlichen Behörde abgegebenen amtlichen Erklärung zu Zweifeln Anlaß geben könnte. Eine solche Bescheinigung ist daher ausschlaggebend erachtet worden, sofern keine Tatsachen feststehen, aus denen sich ergibt, daß eine unmittelbare Bestimmung zu einem öffentlichen Dienste oder Gebrauch dennoch nicht vorliegt.

Der Beklagte hat nun allerdings einen solchen Gegenbeweis anzutreten beabsichtigt. In dieser Hinsicht kommt folgendes in betracht: Während bei früheren Entscheidungen über ähnliche Streitigkeiten der öffentliche Dienst oder Gebrauch, zu welchem das Grundstück oder die Wohnung bestimmt war, sich auf oder in ihnen, oder doch in ihrer unmittelbaren Nachbarschaft vollzog, liegt hier unstreitig die dem kommandierenden General des Gardekorps zugewiesene Wohnung — Alt-Moabit 117/118 — räumlich getrennt von den Diensträumen des Generalkommandos. Das Kriegsministerium bescheinigt ferner, daß sich auf dem Grundstücke Alt-Moabit 117/118 außer den Wohn- und Repräsentationsräumen keine anderen Räume befinden, die ausschließlich oder in der Hauptsache für dienstliche Zwecke Verwendung finden. Durch die Bescheinigung, daß das gedachte Grundstück mit den Geschäftsräumen des Generalkommandos durch Telegraph und Fernsprecher verbunden ist, wird der Nachweis noch nicht erbracht, daß die dem Generale überwiesene Wohnung unmittelbar zu einem öffentlichen Dienste bestimmt sei, noch daß sie einen solchen tatsächlich fördere, vielmehr spricht der Umstand, daß eine gleiche Verbindung zwischen jenen Diensträumen und jedem anderen, in gleicher oder näherer Entfernung liegenden Grundstücke unschwer hergestellt werden kann, dafür, daß es für den öffentlichen Dienst gleichgültig zu sein scheint, wo etwa im Stadtbezirke die Wohnung des kommandierenden Generals des Gardekorps liegt. Wäre dies zutreffend, so würde die Überweisung der Wohnung nur dem Zwecke entsprechen, das Wohnungsbedürfnis des jetzigen und eines jeden nachfolgenden Inhabers zu befriedigen, und es wäre dann bei der kriegsministeriellen Auskunft insofern ein Irrtum untergelaufen, als das Vorhandensein eines dienstlichen Interesses mit dem Begriffe der Bestimmung zu einem öffentlichen Dienste verwechselt sein würde.

Nr. 4. Entsch. Bd. XXXXIII S. 120 v. 23. I. 03 II C 11/02.

Komm.-Abg.-Ges. v. 14. VII. 93 (G.-S. S. 152) § 24.

1. Der für die Befreiungen von der Grundsteuer geltende Satz, daß, wenn ein Grundstück oder Gebäude nur teilweise zu einem öffentlichen Dienste oder Gebrauche bestimmt ist, die Befreiung sich nur auf diesen letzteren Teil erstreckt, kann nicht dazu führen, eine Teilung nach ideellen Größen zuzulassen; vielmehr bezieht er sich nur auf eine räumliche Teilung.

2. Nach feststehender Rechtsprechung des O.-V.-G. sind Grundstücke als zu einem öffentlichen Dienste oder Gebrauche bestimmt, insbesondere den Zwecken eines Irrenhauses unmittelbar dienend, dann nicht zu betrachten, wenn für die Art ihrer Benutzung nicht die Rücksicht auf die zweckmäßige Unterbringung und Pflege der Kranken, sondern der wirtschaftliche Zweck bestimmend ist.

3. Im vorliegenden Falle scheint es, als ob auf dem Vorwerk ein landwirtschaftlicher Betrieb eingeführt wäre, der zur Beschäftigung von Kranken verhältnismäßig wenig Gelegenheit gibt; denn der bei weitem größte Teil der von den Kranken geleisteten Arbeitstage beschränkt sich anscheinend auf die Zeit der Ernte, nämlich auf das Ausnehmen von Kartoffeln und Rüben, während das Säen und Pflanzen und die Pflege der Früchte, sogar das Verziehen und Jäten der Rüben in der Hauptsache von fremden Personen bewirkt werden soll. Auch soll ein großer Teil der verwendeten Kranken nicht auf dem Vorwerke gewohnt haben, sondern in der Erntezeit der Rüben und Kartoffeln täglich von der Hauptanstalt aus dorthin gefahren worden sein. Dieser Teil der Kranken hätte danach des heilsamen Lebens und Wirkens in und mit der Natur meistens entbehrt, und darum liegt der Zweifel nahe, ob die Verwendung der Kranken in der Landwirtschaft überhaupt als so heilsam betrachtet worden ist, um als Grund für die Einrichtung des landwirtschaftlichen Betriebs enscheidend ins Gewicht zu fallen.

Wenn hier der möglicherweise vorliegenden Unzweckmäßigkeit der Einrichtungen eine Bedeutung beigelegt wird, so geschieht dies nur in dem Sinne, daß aus der Art der Einrichtung auf den mit ihr verfolgten Zweck geschlossen werden kann. Steht einmal fest, daß eine Irrenanstalt mit ihrer Landwirtschaft hauptsächlich das Wohl der Kranken fördern will, so ist es ohne Belang, ob die Einrichtungen unzweckmäßig, übermäßig ausgedehnt oder gleichzeitig auf die Erzielung eines möglichst hohen Ertrags gerichtet sind. Aber bei der Untersuchung, ob in der Tat der sanitäre oder aber der wirtschaftliche Zweck überwiegt, ergibt sich ein gewichtiges, gegen die Annahme des sanitären Zweckes sprechendes Kennzeichen, wenn offensichtlich bei der Einrichtung des landwirtschaftlichen Betriebs der Hauptwert auf einträgliche Kulturen gelegt wird, die die Beschäftigung von Kranken in der ihnen besonders heilsamen Art nicht oder nur in geringem Umfange zulassen.

Nr. 5. Entsch. v. 8. X. 01 Nr. I 1603.

Komm.-Abg.-Ges. v. 14. VII. 93 (G.-S. S. 152) § 24.

Kab.-Ord. v. 8. VI. 34 (G.-S. S. 87) betr. die Heranziehung der dort bezeichneten Grundstücke zur Kommunalsteuer.

1. Nach § 24 litt. c des Komm.-Abg.-Ges. sind die dem Staate gehörigen Grundstücke, sofern sie einem öffentlichen Dienste oder Gebrauche gewidmet sind,

von der Gemeindesteuer befreit. Das Gleiche gilt nach litt. d auch von schiffbaren Kanälen, die mit Genehmigung des Staats zum öffentlichen Gebrauche angelegt sind. Da der Nord-Ostsee-Kanal vom Reiche selbst für Schifffahrtszwecke angelegt ist und im Eigentum des Reichs steht, das Reich aber für seinen Grundbesitz hinsichtlich der Befreiung von Steuern und sonstigen dinglichen Lasten dieselben Vorrechte genießt, wie der Staat (§ 1 Abs. 2 des Reichsges. v. 25. V. 73), so treffen beide Bestimmungen auf den Kanal zu. Zu diesem gehört aber nicht nur die Wasserrinne nebst ihren Böschungen (vgl. E.-O.-V. Bd. III S. 25ff., insbes. S. 31), sondern auch der Schutzstreifen. Mag dieser auch nur erworben sein, um Entschädigungsforderungen der anliegenden Grundbesitzer wegen Beschädigung ihrer Grundstücke durch Rutschung der Böschungen zuvorzukommen und, wie wohl hinzugesetzt werden muß, dem Eigentümer des Kanals die Bewegungsfreiheit bei Ausbesserung solcher Rutschungen zu sichern, so bleibt der Schutzstreifen doch immer Zubehör des Kanals, auf das die allgemeinen Bestimmungen über dessen Befreiung von Gemeindesteuern Anwendung finden. Daran ändert auch der Umstand nichts, daß die Schutzstreifen einen gewissen Ertrag abwerfen, was übrigens auch bei den Böschungen des Kanals zutrifft; denn entscheidend für die Beantwortung der Frage, ob der Anspruch auf Steuerbefreiung begründet ist, fällt die Hauptbestimmung der ganzen Kanalanlage ins Gewicht (E.-O.-E. Bd. II S. 23ff., namentlich S. 30 und Bd. III S. 25ff., namentlich S. 30 und 31).

2. Dagegen kann die Befreiung von der Gemeindesteuer denjenigen Grundstücken nicht zugestanden werden, die mit Rücksicht auf die Möglichkeit des Bedürfnisses einer künftigen Verbreiterung des Kanals erworben sind. Denn diese Grundstücke sind noch nicht zum Kanal oder seinen Zubehörungen verwendet und dienen noch nicht einem öffentlichen Gebrauche; es ist vielmehr nur ihre zukünftige Verwendung dazu in Aussicht genommen.

Insoweit unterliegt also der Reichsfiskus der Gemeindebesteuerung vom Grundbesitz und kann auch nach dem System der Erhebung von Gemeindesteuerzuschlägen zu den staatlich veranlagten Realsteuern herangezogen werden, sobald eine staatliche Veranlagung zur Grundsteuer stattgefunden hat.

3. Was dagegen denjenigen Teil des Grundbesitzes betrifft, auf den nach den vorstehenden Darlegungen § 24 litt. c und d des Komm.-Abg.-Ges. Anwendung findet, so ist allerdings eine Beschränkung des Steuervorrechts durch die Bestimmung der Kab.-Ord. v. 8. VI. 34 rechtlich möglich, indes unter den obwaltenden Umständen niemals mit dem Ergebnis, daß die Grundstücke der letztbezeichneten Art gemäß den örtlich geltenden Regeln für die Umlegung der Gemeindesteuer vom Grundbesitz heranzuziehen wären. Die angeführte Kab.-Ord. unterscheidet nämlich zwischen dem Falle einer erst unter ihrer Herrschaft erfolgten Erwerbung und Verwendung zu öffentlichen oder gemeinnützigen Zwecken und dem einer schon vor ihrem Inkrafttreten bereits vollzogenen. Für den ersteren Fall, dem auch die zur Zeit des Inkrafttretens schon eingetretenen, aber noch unerledigten Fälle beigezählt sind, trifft sie die im zweiten Satze gegebenen Vorschriften. Für den anderen Fall einer vor ihrem Inkrafttreten abgeschlossenen Erwerbung und Verwendung zu öffentlichen oder gemeinnützigen Zwecken setzt die Kab.-Ord. ganz allgemein, mithin auch in bezug auf unbebaute Grundstücke fest, daß der gegenwärtige, d. i. der bei ihrem Inkrafttreten bestehende, Zustand beibehalten werden soll, und fügt erläuternd hinzu: „Woselbst also dergleichen Grundstücke von Kommunallasten entbunden sind, hat es dabei sein Bewenden, woselbst sie dazu beizutragen haben, verbleibt es bei dem Anteil, der bisher stattgefunden hat.“ Unter „dem Anteil aber, der bisher stattgefunden hat“, ist der Beitragssatz zu verstehen, der beim Inkrafttreten der

Kab.-Ord. geleistet worden ist. Sollten daher selbst die hier in Betracht kommenden Grundstücke schon vor der Einführung der Kab.-Ord. v. 8. VI. 34 in die Provinz Schleswig-Holstein, die durch § 26 Land-Gem.-Ordn. v. 4. VII. 92 erfolgt ist, also schon vor dem 1. IV. 93, zu Teilen eines der öffentlichen Schiffahrt gewidmeten und bereits für diese eröffneten Kanals geworden sein, und sollte ferner auch der Ausnahmefall nicht vorliegen, daß die Entscheidung über den Anspruch auf Befreiung von der Gemeindesteuer nicht zu den unerledigten Fällen gehörte, auf die der zweite zwischen bebauten und unbebauten Grundstücken unterscheidende Satz Anwendung findet, so würde dennoch der Beklagte den Kläger nicht über das Maß des vor dem 1. IV. 93 entrichteten Beitragssatzes zu der Gemeindesteuer vom Grundbesitz heranziehen dürfen.

Nr. 6. Entsch. Bd. XXXXIII S. 71 v. 16. I. 03 II C 240/02.

Komm.-Abg.-Ges. v. 14. VII. 93 (G.-S. S. 152) § 24.

1. Das Adlige Fräulein-Kloster zu B. wurde von dem Magistrate daselbst für das Rechnungsjahr 1901 zu Gemeindeabgaben herangezogen und erhob dagegen nach fruchtlosem Einspruche Klage mit dem Antrag auf völlige Freistellung. Das O.-V.-G. erkannte demgemäß.

2. Das Kloster ist eine evangelisch-lutherische Stiftung zur Aufnahme von unvermählten Töchtern adliger Rittergutsbesitzer, verfolgt also wohltätige Zwecke und ist daher als eine „milde Stiftung" im Sinne des § 24 Abs. 1 litt. h Komm.-Abg.-Ges. anzusehen. Es kann sich daher gemäß §§ 24 Abs. 1 litt. i, 34 a. a. O. nur um Entscheidung der Frage handeln, ob das hier in betracht kommende, dem Kloster gehörige Grundstück für dessen Zwecke unmittelbar benutzt wird. Allerdings ist nur eine solche Benutzung, die an und für sich selbst und ohne Hinzutritt weiterer begleitender Umstände als eine Förderung der Stiftungszwecke erscheint, eine „unmittelbare", und diese Begriffsbestimmung läßt es nicht zu, in einer lediglich zur Erzielung von Einnahmen für die Stiftung bestimmten Benutzung, wie beispielsweise in der von der Stiftungsverwaltung zu diesem Zwecke vorgenommenen Verpachtung eines Grundstücks, eine unmittelbare Benutzung für die Zwecke der Stiftung zu erblicken. Im gegebenen Falle liegen aber Umstände vor, die es untunlich erscheinen lassen, der tatsächlich ins Werk gesetzten Verpachtung die Bedeutung beizulegen, daß nunmehr eine unmittelbare Benutzung des Grundstücks für die Zwecke des Klosters nicht mehr stattfinde. Das Grundstück hatte früher den Konventualinnen als Kuhweide gedient; denn jede Konventualin hatte satzungsgemäß Anspruch auf freie Weide für eine Kuh. Hierin trat eine Änderung durch die jetzt gültige Klosterordnung vom Jahre 1882 ein, die in § 20 bestimmt, daß jede Konventualin freie Weide für eine Kuh oder statt dessen den ihr gebührenden Anteil an dem Pachtzinse für das Grundstück je nach der Bestimmung der Kuratoren beziehen soll. Von der freien Weide war schon seit Mitte des vorigen Jahrhunderts abgesehen worden, und es bezogen und beziehen auch gegenwärtig die Konventualinnen regelmäßig nur den durch die Verpachtung des Grundstücks erzielten Ertrag, der unter sie verteilt wird. Die Priorin verpachtet das Grundstück unter Genehmigung des geschäftsführenden Kurators, zieht das Pachtgeld ein und verteilt es unter die Konventualinnen. Dies alles ist unstreitig. Danach fließen die Erträge des Grundstücks nicht in das zu Stiftungszwecken bestimmte Vermögen des Klosters, sondern das Grundstück ist den Konventualinnen zur eigenen Nutzung überwiesen, und seine Erträge bilden ein Vermögensobjekt, dessen Nutzung allein den Konventualinnen zusteht. Der Zweck der Stiftung ist die Versorgung der Aufgenommenen durch Gewährung von Wohnung und bestimmten im Etat festgesetzten Präbenden.

Diesem Zwecke dient auch die Überweisung des Grundstücks an die Konventualinnen und deshalb handelt es sich um eine unmittelbare Benutzung des Grundstücks für die Zwecke des Klosters. Auf welchem Wege das überwiesene Grundstück für die berechtigten nutzbar gemacht wird, insbesondere ob es von ihnen wirklich als Weide benutzt, oder ob es für ihre Rechnung verpachtet wird, ist für die vorliegende Frage ohne Bedeutung. Ebensowenig kommt es darauf an, wer die Verpachtung anzuordnen und auszuführen hat; denn, wenn dazu auch nur die Stiftsverwaltung oder in deren Auftrage die Priorin berufen sein sollte, so vollzieht sich die Verpachtung doch nur für die Konventualinnen, deren Geschäfte in diesem Falle nicht von ihnen selbst, sondern von der Stiftungsverwaltung wahrgenommen werden.

Nr. 7. Entsch. Bd. XXXXIII S. 45 v. 6. III. 03 II C 244/02.

Wenn auch für die Ermittelung des Wertzuwachses der mit der Bauplatzsteuer zu belastenden Liegenschaften die Vergleichung mit den bei ähnlichen Grundstücken erzielten Kaufpreisen vorzugsweise in Betracht zu ziehen ist, so kann doch der Wertzuwachs auch in anderer Weise festgestellt werden, und es ist rechtsirrig, beim Fehlen geeigneter Vergleichungsobjekte lediglich aus diesem Grunde die Steuerpflicht zu verneinen.

Die Feststellung der Höhe des Wertzuwachses ist in der Weise zu finden, daß zunächst die Werte ermittelt werden, die die Grundstücke zur Zeit der Veranlagung ohne das Vorhandensein der Fluchtlinienfestsetzungen gehabt haben würden und die sie mit und infolge der Fluchtlinienfestsetzungen hatten. Fehlt es an Vergleichungsobjekten, so mag zwar die Wertermittelung bei der Natur der Bauplatzsteuer Schwierigkeiten bereiten; unmöglich ist sie aber nicht und es ist deshalb in erster Linie die Aufgabe des Richters selbst, den nach seinem Ermessen erforderlichen Beweis zu erheben. In dieser Beziehung wird die Anhörung geeigneter Sachverständiger in Frage kommen.

b) Vom Gewerbebetriebe.

Nr. 1. Entsch. Bd. XXXXII S. 58 v. 9. V. 02 II C 388/01.

Gew.-St.-Ges. v. 24. VI. 91 (G.-S. S. 205) § 3 Nr. 4 b.
Komm.-Abg.-Ges. v. 14. VII. 93 (G.-S. S. 152) § 28 Abs. 2.

1. Ein Gemeinde-Wasserwerk, das Wasser an andere Gemeinden gewerbsmäßig abgab und daher gewerbesteuerpflichtig war, wurde der herrschenden Steuerordnung gemäß nach der Kopfzahl der in der betr. Gemeinde beschäftigten Arbeiter veranlagt. Zum Begriffe der in dem Betriebe eines Wasserwerkes beschäftigten Arbeiter fällte das O.-V.-G. folgende Entsch:

2. Zur Erweiterung eines bestehenden Wasserwerkes unternommene Bauten gehören zu diesem Werke erst dann, wenn sie mit ihm verbunden sind. Daher können Arbeiter, die nur vor diesem Zeitpunkte bei den Erweiterungsbauten beschäftigt waren, nicht als im Betriebe des die Steuerpflicht begründenden Wasserwerkes beschäftigt angesehen werden.

3. Gemeindeeinkommensteuer.

d) Einkommen aus Handel und Gewerbe.

Nr. 1. Entsch. v. 9. I. 03 Nr. II 62 (Pr.-V.-Bl. Bd. XXV S. 9).

In Ansehung des Gewerbebetriebes einer Gesellschaft m. b. H. gelten für die Kommunalbesteuerung die Gesellschafter, und nicht die Gesellschaft, als Gewerbebetreibende. Daraus folgt, daß die Erwägungen, die für die Staatseinkommensteuer in Betracht kommen (vgl. E.-O.-V. in St. Bd. VIII S. 388), für die Gemeinde-Einkommensteuer nicht passen. Für die letztere müssen vielmehr die Mitglieder einer Gesellschaft m. b. H. in derselben Weise behandelt werden, als wären sie Gesellschafter einer offenen Handelsgesellschaft. Es müssen deshalb im vorliegenden Falle dieselben Erwägungen Platz greifen, auf denen die Entsch. v. 16. X. 1900 (Kunze und Kautz, Erg.-Bd. 1902 S. 113) beruht. Nach dieser bildet die einem Gesellschafter für seine Geschäftsführung zugesicherte Vergütung selbst dann Einkommen aus Gewerbebetrieb, wenn sie ohne Rücksicht auf eine Gewinnerzielung der Gesellschaft zu gewähren ist.

Nr. 2. Entsch. v. 9. I. 03 Nr. II 56 (Pr.-V.-Bl. Bd. XXV S. 161).

Hand-G.-B. § 1 Nr. 5 Eink.-St.-Ges. §§ 9, 14.
Komm.-Abg.-Ges. v. 14. VII. 93 (G.-S. S. 152) §§ 36, 46.

Ein Kreisverband ist wegen der von ihm betriebenen Kleinbahn gewerbsmäßiger Frachtführer und als solcher Kaufmann — Vollkaufmann nach dem Handelsgesetzbuche. Für die Ermittlung des steuerpflichtigen Geschäftsgewinns des Kaufmanns ist § 14 des Eink.-St.-Ges. maßgebend. Die in Abs. 1 das. erwähnten „Abschreibungen" sind verschieden von den „Absetzungen" des § 9 Nr. 5 das.; es hat der Vollkaufmann, wenn er, was er soll, ordentliche Bücher führt, das gewerbliche Einkommen nach den handelsrechtlichen Vorschriften und den kaufmännischen Gebräuchen zu berechnen. Hieran ist auch für die Gewinnberechnung aus einem Kleinbahnbetriebe, mag er von einer physischen Person oder einem kommunalen Verbande betrieben werden, durch die Ausf.-Anw. zum Kleinbahnges. v. 13. VIII. 98 (Eisenbahn-Vd.-Bl. S. 225 ff.), nichts geändert. Nach § 40 des Kleinbahnges. sollten die Kleinbahnen bezüglich der Kommunalbesteuerung als Privateisenbahnunternehmungen im Sinne des § 4 des Komm.-Abg.-Notges. v. 27. VII. 85 nicht angesehen werden. Diese Bestimmung hat § 46 Abs. 2 Komm.-Abg.-Ges. wiederholt; die Kleinbahnen unterliegen daher den allgemeinen Veranlagungsgrundsätzen, ihr Einkommen ist in den Forensalgemeinden (Kreisen) nach § 36 Abs. 2 Komm.-Abg.-Ges. zu ermitteln.

Die Anw. v. 98 verfolgt keine steuerlichen Gesichtspunkte; sie will in Anlehnung an die §§ 5, 11, 12 des Kleinbahnges. die dauernde Aufrechterhaltung des ordnungsmäßigen Betriebes auch durch Ansammlung von Fonds sichern, und läßt betreffs der letzteren Unterschiede je nach der Person des Unternehmers zu (vgl. z. B. Pos. VI zu § 11 der Anw.). Ist das, was sie unter anderem über den Erneuerungsfonds bestimmt, auch bei der Frage über die zulässige Höhe der steuerlichen Abschreibungen zu würdigen, so kommt ihr doch keine bindende Kraft für die Veranlagungen in den Gemeinden und Kreisen zu.

i) Die Steuerpflicht der Beamten.

Nr. 1. Entsch. Bd. XXXXII S. 17 v. 16. V. 02 II C 302/01.

Vd. v. 23. IX. 67 (G.-S. S. 1648), betr. die Heranziehung der Staatsdiener zu den Gemeindelasten, § 2. Komm.-Abg.-Ges. v. 14. VII. 93 (G.-S. S. 152) § 41.

Die zu dem Personale des großen Militärwaisenhauses in Potsdam gehörenden Beamten sind als mittelbare Staatsdiener öffentliche Beamte im Sinne der Vd. v. 23. IX. 67.

Nach dem Inhalte der Stiftungsurkunde v. 16. X. 1734 hat der König Friedrich Wilhelm I. die Fürsorge für die Militärwaisen in den von ihm bezeichneten Grenzen zu einer Aufgabe des damals durch ihn allein repräsentierten Staates gemacht. Daher besteht heute das große Militärwaisenhaus als eine Anstalt, die aus Gründen der sogenannten „Staatsraison" in den Organismus des Staates aufgenommen ist. Dementsprechend sind denn auch ihre Einrichtungen gestaltet und in den engsten Zusammenhang mit staatlichen Organisationen gebracht. Zum Beweise dessen sei auf folgendes verwiesen. Das Direktorium, dessen Stellen mit hohen Staatsämtern organisch verbunden sind, untersteht unmittelbar dem König und zwar dem Könige nicht etwa als dem Protektor der Anstalt, sondern als dem Landesherrn, zu den wichtigsten Obliegenheiten sind unmittelbare Staatsdiener (Offiziere usw.) berufen, die Stellen der Verwaltungsbeamten und der Unterbeamten sind ausschließlich zivilversorgungsberechtigten Personen vorbehalten (§ 9 Nr. 3 der Militärwaisenhaus-Ordn.), die Jahresrechnung endlich wird von der Oberrechnungskammer geprüft (§§ 96, 97 a. a. O.). Ist nach alledem das große Militärwaisenhaus eine dem Staate eingegliederte Korporation, so sind seine Beamten mittelbare Staatsdiener.

Nr. 2. Entsch. Bd. XXXXII S. 60 v. 24. VI. 02 II C 20/02.

Vd. v. 23. IX. 67 (G.-S. S. 1648) betr. die Heranziehung der Staatsdiener zu den Gemeindelasten, § 2. Komm.-Abg.-Ges. v. 14. VII. 93 (G.-S. S. 152) § 41. Inv.-Vers.-Ges. v. 13. VII. 99 (R.-G.-Bl. S. 393; 463) § 98.

Die bei den preußischen Landesversicherungsanstalten des Invalidenversicherungsgesetzes und ihrer Organe im Hauptamte beschäftigten Bureau-, Kanzlei- und Unterbeamten haben seit dem 1. I. 1900 die Rechte und Pflichten der Kommunalbeamten, insbesondere also auch das Kommunalsteuervorrecht dieser Beamten gemäß der Vd. v. 23. IX. 67. (Vgl. E.-O.-V. Bd. XXIV S. 69, E.-O.-V. in St. Bd. X S. 166).

Maßgebend ist hierbei die Bestimmung des § 98 des Inv.-Vers.-Ges. Es heißt dort:

> „Den bei der Versicherungsanstalt und ihren Organen im Hauptamte beschäftigten Bureau-, Kanzlei- und Unterbeamten sind, soweit sie nicht nach dem für sie geltenden Landesrecht als Staats- oder Kommunalbeamte anzusehen sind, nach näherer Bestimmung der Landesregierung die Rechte und Pflichten von Staats- oder Kommunalbeamten zu übertragen."

Hieraus ergibt sich ohne weiteres, daß die in der Gesetzesvorschrift erwähnten Beamten nicht Staats- oder Kommunalbeamte werden sollen; denn das Ges. besagt nur, daß ihnen die Rechte und Pflichten dieser Beamtengattungen zu übertragen sind; sie bleiben mithin, was sie bisher gewesen sind, nämlich Beamte der Versicherungsanstalt und deren Organe, werden also auch nicht Kommunal- (oder Staats-) Beamte.

Wenn demgegenüber ausgeführt wird, daß den Beamten der Versicherungsanstalt nicht schon durch die Vorschrift des § 98 a. a. O. von selbst die Rechte und Pflichten der Staats- und Kommunalbeamten übertragen seien, sondern, wie aus dem Wortlaute des § 98 a. a. O. seines Erachtens hervorgehe, ihnen diese Rechte erst noch zu übertragen seien, d. h. daß die Übertragung durch einen Akt der Landesregierung erfolgen müßte, so kann gegenwärtig dahingestellt bleiben, inwieweit das richtig ist; denn jedenfalls ist ein solcher Akt der Preußischen Landesregierung, der die durch das R.-G. angeordnete Übertragung wirksam macht, vorhanden und in dem Min.-Erl. v. 30. XI. 99 gegeben.

(Folgt weitere Beweisführung, insbes. aus den Motiven zum Ges. v. 17. Juni 1900 G.-S. S. 251, betr. die Dienstvergehen der Beamten der Landesversicherungsanstalten. Vgl. auch die Bestimmungen über die dienstlichen Verhältnisse dieser Beamten v. $\frac{28.\ \mathrm{XI.}\ 1900}{12.\ \mathrm{I.}\ 1901}$ (Hand.-M.-Bl. 1901 S. 123).

Nr. 3. Entsch. Bd. XXXXII S. 66 v. 8. VII. 02 II C 353/01.

Vd. v. 23. IX. 67 (G.-S. S. 1648), betr. die Heranziehung der Staatsdiener zu den Gemeindelasten, § 2. Komm.-Abg.-Ges. v. 14. VII. 93 (G.-S. S. 152) § 41. A.-L.-R. II 10 § 69.

Soweit die Dampfkesselüberwachungsvereine sich nicht den Begriffsbestimmungen des § 69 Tit. 10 T. II A.-L.-R. und des § 2 der Vd. v. 23. IX. 67 unterordnen lassen, können die bei ihnen angestellten Ingenieure die Eigenschaft der mittelbaren Staatsbeamten nicht in Anspruch nehmen.

Die mittelbaren Staatsdiener im Sinne des § 2 der Vd. v. 23. IX. 67 sind diejenigen, die im Dienste der dem Staate untergeordneten Obrigkeiten, Kollegien, kommunalen und ständischen Korporationen stehen. Es kommt daher in erster Reihe darauf an, ob die Merkmale des § 69 a. a. O. dem Ingenieur gegenüber zutreffen. Der § 69 a. a. O. versteht unter mittelbaren Staatsdienern solche, die in den Diensten gewisser, dem Staate untergeordneter Kollegien, Korporationen und Gemeinden stehen. Sonach entscheidet zunächst der besondere Charakter der Gemeinschaft, der der Kläger angehört, und erst, wenn diese Vorfrage zu seinen Gunsten beantwortet ist, kommt weiter in betracht, ob jene Gemeinschaft in denjenigen besonderen Beziehungen zum Staatsorganismus steht, die der § 69 a. a. O. voraussetzt (vgl. E.-O.-V. Bd. XVI S. 154; Bd. XIX S. 66, 69; Bd XX S. 39). Der H.er Dampfkesselüberwachungsverein ist aber zunächst keine Korporation, sondern lediglich ein Verein mit idealen Zwecken, der durch Eintragung in das Vereinsregister des zuständigen Amtsgerichts (vgl. § 21 B.-G.-B.) die Rechtsfähigkeit erlangt hat. Wesentlich hiervon verschieden sind die Korporationen (Körperschaften) des öffentlichen Rechtes (vgl. § 89 B.-G.-B.), die der Regel nach ohne einen konstitutiven Akt der Staatsgewalt nicht ins Leben treten können. Ebensowenig ist der Verein ein Kollegium, geschweige eine Gemeinde im Sinne des § 69 Tit. 10 T. II A. L.-R. Unter diesen Umständen ist nicht weiter zu fragen, inwieweit die Dampfkesselüberwachungsvereine und unter ihnen auch derjenige zu H. von den Staatsbehörden zur Erfüllung der ihnen bei Anlegung und Überwachung von Dampfkesseln obliegenden Aufgaben herangezogen zu werden pflegen.

Nr. 4. Entsch. Bd. XXXXII S. 68 v. 21. X. 02 II C 394/01.

Vd. v. 23. IX. 67 (G.-S. S. 1648), betr. die Heranziehung der Staatsdiener zu den Gemeindelasten, § 2. Komm.-Abg.-Ges. v. 14. VII. 93 (G.-S. S. 152) § 41. Komm.-Beamtenges. v. 30. VII. 99 (G.-S. S. 141) § 1.

1. Gemäß § 1 des Komm.-Beamtenges. v. 30. VII. 99 erfolgt fortan die Anstellung der Kommunalbeamten durch Aushändigung einer Anstellungsurkunde. Diese Bestimmung hat die Bedeutung, daß die Anstellungsurkunde keineswegs nur als eines der Erkenntnismittel für die Beamteneigenschaft in betracht kommt, sondern die „essentielle“ Voraussetzung für das

Beamtenverhältnis bildet. Das Kommunalbeamtengesetz knüpft an die Übergabe der Anstellungsurkunde „konstitutive" Wirkung und schließt für die Zukunft die Annahme einer stillschweigenden, aus „konkludenten" Handlungen hergeleiteten Anstellung vollkommen aus.

2. Irrig ist die Auffassung, jemand könne Beamter im Sinne der Steuergesetze sein, ohne daß ihm die Eigenschaft eines Beamten im Sinne des Komm.-Beamten-Ges. beiwohne. Denn die Vd. v. 23. IX. 67 bestimmt nicht, wann eine Person öffentlicher Beamter sei, sondern sie trifft Verf. über die Besteuerung solcher Personen, die nach den geltenden Vorschriften zu den Beamten gehören.

Nr. 5. Entsch. Bd. XXXXII S. 71 v. 28. XI. 02 II C 39/02.

Vd. v. 23. IX. 67 (G.-S. S. 1648), betr. die Heranziehung der Staatsdiener zu den Gemeindelasten, § 2. Komm.-Abg.-Ges. v. 14. VII. 93 (G.-S. S. 152) § 41. Ges. v. 30. VI. 94 (G.-S. S. 126), betr. die Landwirtschaftskammern §§ 1, 2, 17, 19—22.

Die Beamten der Landwirtschaftskammern sind mittelbare Staatsbeamte im Sinne des § 2 der Vd. v. 23. IX. 67. Dabei bedeutet es keinen Unterschied, ob ein Beamter unmittelbar bei der Landwirtschaftskammer beschäftigt wird, oder ob er bei einem der Kammer organisch angegliederten, ebenfalls dem öffentlichen Interesse gewidmeten Institute, wie z. B. einer agrikulturchemischen Versuchsstation Dienst tut. Die Stellung der Beamten letzterer Gattung unterliegt mithin derselben Beurteilung, wie die der Landwirtschaftskammer unmittelbar dienender Beamten.

Was die publizistische Stellung der Landwirtschaftskammern, wie sie das Ges. v. 30. VI. 94 ins Leben gerufen hat, anlangt, so ist anzuerkennen, daß sie zu den in § 69 Tit. 10 T. II A. L.-R. erwähnten, dem Staate untergeordneten Kollegien oder Korporationen gehören. Nach den Grundsätzen in E.-O.-V. Bd. XVI S. 154 ff. sind darunter Korporationen zu verstehen, die als Behörden organisch in die Verfassung des Staates eingreifen oder doch Zwecke zu erfüllen haben, die in direkter Beziehung zu den Aufgaben des Staates stehen, und diese Voraussetzungen liegen bei den durch die neuere Gesetzgebung geschaffenen Landwirtschaftskammern vor.

(Folgt Begründung aus dem Ges. und seiner Entstehungsgeschichte mit folgender Schlußfolgerung.)

Nach alledem ist nicht zu bezweifeln, daß sich der Staat in den Landwirtschaftskammern nicht nur ein Organ geschaffen hat, das ihn in der Fürsorge für das Gedeihen des land- und forstwirtschaftlichen Berufszweiges unterstützen soll, sondern ihnen auch Befugnisse und Pflichten übertragen hat, die sonst nur durch Behörden ausgeübt werden. Die Landwirtschaftskammern besitzen eine ihnen vom Staate übertragene Autorität mit amtlichem Charakter. Auf denselben Standpunkt haben sich auch die Minister des Innern und für Landwirtschaft, Domänen und Forsten gestellt (vgl. Erl. v. 3. XI. 98 und 5. VII. 1902).

Nr. 6. Entsch. Bd. XXXXIII S. 79 v. 2. I. 03 II C 400/01.

Vd. v. 23. IX. 67 (G.-S. S. 1648) betr. die Heranziehung der Staatsdiener zu den Kommunalauflagen pp. § 2. Komm.-Abg.-Ges. v. 14. VII. 93 (G.-S. S. 152) § 41.

1. Der Bergassessor Oskar F. zu G. wurde für das Steuerjahr 1901 von dem Bürgermeister daselbst zur Gemeinde-Einkommensteuer nach dem seinem ganzen Einkommen entsprechenden Steuersatze herangezogen. Da er glaubte, daß er als Beamter nur die Hälfte seines lediglich aus Diensteinkommen bestehenden Einkommens zu versteuern habe, beschritt er nach fruchtlosem Einspruche den Weg der Klage, wurde jedoch abgewiesen.

2. Zweifellos war der Kläger als Bergassessor unmittelbarer Staatsbeamter. Aber als solcher hat er ein Diensteinkommen weder aus einer fiskalischen noch aus einer sonstigen Kasse bezogen, vielmehr hat er sein Einkommen in der Eigenschaft als Angestellter der Westfälischen Berggewerkschaftskasse zu B. erhalten. Daß er in dieser Eigenschaft kein unmittelbarer Staatsbeamter ist, liegt auf der Hand. In Frage steht nur, ob ihm seine Dienststellung bei der Westfälischen Berggewerkschaftskasse den Charakter eines mittelbaren Staatsbeamten verleiht. Für diese Frage ist entscheidend, ob die Berggewerkschaftskasse zu den dem Staate untergeordneten Korporationen (§ 69 Tit. 10 T. II A.-L.-R.) gehört. Dies würde dann der Fall sein, wenn die Berggewerkschaftskasse eine in die Verfassung des Staates organisch eingreifende Korporation, d. h. eine Korporation wäre, die staatliche Aufgaben zu erfüllen hat. Diese Voraussetzung ist nicht schon damit gegeben, daß die Kasse unter der Aufsicht des Staates steht und der Förderung des Bergbaues dient. Indem sie den Bergbau fördert, verfolgt sie zweifellos gemeinnützige Zwecke, aber sie erfüllt damit noch nicht die Aufgaben des Staates, auch wenn die Förderung des Bergbaues, weil sie dem allgemeinen Wohle zugute kommt, zu den staatlichen Aufgaben gezählt wird. Denn staatliche Aufgaben erfüllt nicht schon derjenige, der sich an der Lösung von Aufgaben, die dem Staate obliegen, beteiligt, sondern nur derjenige, der sich ihnen an Stelle des Staates — auf Grund eines ausdrücklichen oder stillschweigenden Auftrags — widmet. Andernfalls würde jede Privatperson, deren Streben z. B. auf Hebung der Landwirtschaft oder des Handels gerichtet ist, deren Förderung dem Staate nicht minder als diejenige des Bergbaues obliegt, staatliche Aufgaben erfüllen. Es läßt sich aber deshalb, weil das Gesetz die Förderung des Bergbaues als Aufgabe der Bergbauhilfskassen bezeichnet, noch nicht sagen, daß der Staat sich diese Kassen für die Erfüllung der ihm in bezug auf den Bergbau obliegenden Pflichten organisch eingegliedert habe. Es wäre dies nur dann der Fall, wenn den Kassen bestimmte, an sich dem Staate obliegende Geschäfte übertragen wären. Das ist nicht geschehen und kann insbesondere auch daraus noch nicht entnommen werden, daß Bergschulen, wie sie die Westfälische Berggewerkschaftskasse in B. eingerichtet hat, an anderen Orten vom Staate selbst gehalten werden. Denn wenn auch im allgemeinen die Förderung des Bergbaues zu den Aufgaben des Staates gehört, so darf zu ihnen doch nicht die Einrichtung von Bergschulen gezählt werden, mag auch immerhin der Staat da, wo es ihm zweckmäßig erscheint, solche Schulen errichten, um sich ihrer als Mittel zur Erfüllung der ihm obliegenden Aufgaben zu bedienen.

Nr. 7. Entsch. Bd. XXXXIII S. 82 v. 3. II. 03 II C 215/02.

Vd. v. 23. IX. 67 (G.-S. S. 1648), betr. die Heranziehung der Staatsdiener zu den Kommunalauflagen pp. § 4. Komm.-Abg.-Ges. v. 14. VII. 93 (G.-S. S. 152) § 41.

1. Der Kläger, der nach Übergang der Cöln-Mindener Eisenbahngesellschaft auf den Preußischen Staat als unmittelbarer Beamter des Preußischen Staates angestellt worden war, trat am 1. IV. 95 wegen Dienstunfähigkeit in den Ruhestand und bezieht seit dieser Zeit eine nach der Dienstzeit im Staatsdienst und dem bisherigen Diensteinkommen berechnete Staatspension von jährlich 900 Mk. Die Staatspension ist gemäß § 41 Komm.-Abg.-Ges. und § 4 der Vd. v. 23. IX. 67 bei der Kommunalbesteuerung von dem Beklagten nur zur Hälfte mit 450 Mk. als Einkommen des Klägers veranlagt worden. Das Verlangen des Klägers, daß auch die Bezüge von 1198,32 Mk., die ihm als Mitglied der früheren Pensions- und Unterstützungskasse der Cöln-Mindener Eisenbahngesellschaft gegenwärtig aus staatlichen Fonds gewährt würden, bei der Kommunalbesteuerung nur zur Hälfte veranlagt werden sollten, ist rechtlich unbegründet.

2. Denn der Grundsatz, daß unmittelbare Staatsbeamte nicht schon um deswillen von den Wohltaten des Ges. v. 11. VII. 22 oder der Vd. vom

23. IX. 67 ausgeschlossen sind, weil sie ihre Gehälter aus anderen als Staatskassen beziehen, muß auch für den umgekehrten Fall gelten, daß gewisse Bezüge dem Berechtigten zwar aus Staatsfonds zufließen, nach ihrem Rechtsgrund aber auf Verpflichtungen eines dritten beruhen, die der Staat vertragsmäßig an Stelle des bisherigen Schuldners übernommen hat. Auch in solchen Fällen ist daran festzuhalten, daß es über die Anwendbarkeit des Beamtenvorrechts ohne Bedeutung ist, auf welche Kasse der Beamte mit seinen Bezügen angewiesen ist.

m) Vermeiden der Doppelbesteuerung.

Nr. 1. Entsch. v. 14. II. 02 Nr. II 268 (Pr.-V.-Bl. Bd. XXIV S. 265).

Komm.-Abg.-Ges. v. 14. VII. 93 (G.-S. S. 152) §§ 47, 71.

Es ist Sache der tatsächlichen Würdigung, ob mehrere untereinander (z. B. durch eine Rohrleitung) verbundene industrielle Werke als mehrere oder nur als eine einzige Betriebsstätte anzusehen sind. Die Beurteilung hierüber ist insoweit dem Rechtsmittel der Revision entzogen.

Im vorliegenden Falle handelte es sich um 3 Schwefelsäure-, bezw. Sodafabriken, die untereinander durch unterirdische Rohrleitungen (zum Transport der Säuren) verbunden waren. Der Vorderrichter hatte auf Grund von Sachverständigen-Gutachten das Bestehen von drei verschiedenen Betriebsstätten angenommen. Das O.-V.-G. sah sich nicht in der Lage, an diesen tatsächlichen Feststellungen etwas zu ändern.

Nr. 2. Entsch. v. 21. XI. 02 Nr. II 1871.

Komm.-Abg.-Ges. v. 14. VII. 93 (G.-S. S. 152) §§ 49, 50.

Die Vorschriften der §§ 49 und 50 Komm.-Abg.-Ges., die sogenannte Quarta betreffend, beziehen sich nur auf die Besteuerung physischer Personen. (Vgl. E.-O.-V. Bd. XXXVI S. 53.)

Nr. 3. Entsch. v. 10. VI. 02 Nr. II 1029 (Pr.-V.-Bl. Bd. XXV S. 27).

Komm.-Abg.-Ges. v. 14. VII. 93 (G.-S. S. 152) §§ 36, 49, 50.

Das Gesamteinkommen, das der Berechnung des Steuerbetrages für die Wohnsitzgemeinde zu Grunde zu legen ist, umfaßt nicht bloß die im Inlande, sondern auch die im Auslande erzielten Reineinnahmen, während die Staatssteuerveranlagung nicht das in einem deutschen Bundesstaate erwachsene Einkommen ergreift. Deshalb muß gemäß § 36 Komm.-Abg.-Ges. das Gesamteinkommen nach den für die Veranlagung der Staatseinkommensteuer geltenden Vorschriften ermittelt werden. Es ergibt sich aus der Summe der preußischen und außerpreußischen Brutto-Einnahmen nach Abzug sämtlicher Lasten, welche auf dem gesamten Vermögen oder auf einzelnen Teilen desselben ruhen (vgl. E.-O.-V. Bd. XXXVI S. 34).

Nr. 4. Entsch. Bd. XXXXIII S. 62 v. 13. II. 03 II C 84/02.

Komm.-Abg.-Ges. v. 14. VII. 93 (G.-S. S. 152) §§ 33, 49, 50, 51.

1. Was das Verhältnis der Wohnsitzgemeinde zu den Forensalgemeinden bei der Besteuerung des Einkommens einer (physischen) Person anlangt, so wird zunächst im § 33 Abs. 1 Nr. 1 Komm.-Abg.-Ges. (vgl. auch § 49 Abs. 1) bestimmt, daß in der ersteren das gesamte Einkommen, insoweit es nicht von der Besteuerung freigelassen werden muß, steuerpflichtig ist. Das gesamte Einkommen ist aber das Roheinkommen nach Abrechnung der zulässigen Abzüge. Wenn das Gesamteinkommen aus

mehreren Quellen fließt, so kommen diese bei der Ermittelung des Gesamteinkommens zunächst in der Art in betracht, daß die Gesamtsumme aller Quellenreinerträge zusammenzurechnen ist, um das Gesamtroheinkommen festzustellen; da das Gesamtreineinkommen sich aber erst ergibt, nachdem das Gesamtroheinkommen um die dieses, also nicht eine einzelne Quelle belastenden Abzüge gekürzt ist, so folgt daraus von selbst, daß die einzelne Quelle nur in der Art bei der Bildung des steuerpflichtigen Gesamteinkommens beteiligt ist, daß ihr Reineinkommen erst noch um einen dem Verhältnis ihres Ertrags zu dem Gesamt-(Roh-)Einkommen entsprechenden Teil der allgemeinen Lasten verringert wird. Ist daher der Betrag eines Einkommens aus einer solchen Quelle bei der Besteuerung des gesamten Einkommens als ein Teil davon in einer Gemeinde freizulassen, wie in §§ 49, 50 vorgeschrieben ist, und andererseits gemäß § 33 Abs. 1 Nr. 2 Komm.-Abg.-Ges. in einer anderen Gemeinde steuerpflichtig, so kann das nur in dem Umfange gemeint sein, mit welchem das ausscheidende Quelleneinkommen bei der Bildung des steuerpflichtigen Gesamteinkommens beteiligt ist.

2. Daß im § 51 Komm.-Abg.-Ges. unter der im ersten Abs. gebrauchten Bezeichnung „eines Steuerpflichtigen", einer Bezeichnung, die dem Wortlaute nach zwar physische und nichtphysische Personen trifft, gleichwohl nicht jedes Subjekt zu verstehen ist, das der Gemeinde-Einkommensteuerpflicht unterliegt, ergibt sich daraus, daß bei den zur Staatseinkommensteuer veranlagten nichtphysischen Personen nach § 33 Abs. 1 Nr. 3 die Gemeinde-Einkommensteuer nur das staatlich veranlagte Einkommen erfaßt und bei den zur Staatseinkommensteuer nicht veranlagten nichtphysischen Personen § 51 Abs. 1 ohne weiteres ausscheidet; daher kann die Vorschrift dieses Abs. in Wahrheit nur auf physische Personen Anwendung finden.

3. Dagegen bezieht sich die Regelvorschrift in § 51 Abs. 2 dahingehend, daß, wenn der Steuerpflichtige in einer Gemeinde verschiedene Quellen von Einkommen besitzt, diese Quellen für die Besteuerung in der Gemeinde als ein Ganzes zu erachten sind, d. h. also, daß der Fehlbetrag einer Quelle von dem Ertrag anderer in derselben Gemeinde fließender Quellen abgesetzt werden muß und nur ein etwaiger Restertrag in dieser Gemeinde der Besteuerung unterliegt, trotz ihrer allgemeinen Fassung nicht auf die Besteuerung des Einkommens physischer Personen.

Die Vergünstigung des Abs. 2 erweist sich bei denjenigen Steuerpflichtigen als überflüssig, deren Veranlagung nach dem Gesamteinkommen zu erfolgen hat, da bei ihnen der Fehlbetrag einer Quelle das gesamte Einkommen mindert, gleichgültig, ob es dem Steuerpflichtigen nur in einer oder in mehreren Gemeinden, ob es als sogenanntes radiziertes oder als nicht radiziertes Einkommen erwächst. Wenn nun der Abs. 2 lediglich für einen besonderen Fall verschiedene Quellen von Einkommen als ein Ganzes erklärt, so schafft er dadurch nicht etwa ein eigentliches Gesamteinkommen; denn er will die Quellen dann nicht als ein Ganzes erachten, wenn sie in mehreren Gemeinden besessen werden. Da aber nach dem bei den physischen Personen und den staatssteuerpflichtigen juristischen Personen mit einem Gesamteinkommen und den sich aus diesem Begriff ergebenden Folgen zu rechnen ist, da also bei diesen Personen die verschiedenen Quellen auch dann als ein Ganzes erachtet werden, wenn sie in verschiedenen Gemeinden fließen, so ergibt sich, daß der Abs. 2 auf physische Personen, die nach wie vor dem Komm.-Abg.-Ges. gemäß nach ihrem gesamten Einkommen zu veranlagen sind, keine Anwendung findet.

4. Verpflichtung der Betriebsgemeinden zur Leistung von Zuschüssen.

Nr. 1. Entsch. v. 8. IV. 02 Nr. II 622.

Komm.-Abg.-Ges. v. 14. VII. 93 (G.-S. S. 152) § 53.

1. Die Betriebsgemeinde kann der einen Zuschuß auf Grund des § 53 Komm.-Abg.-Ges. fordernden Arbeiterwohnsitzgemeinde gegenüber nicht den Einwand erheben, daß diese ihr Steuersystem unzweckmäßig gestaltet habe, wohl aber mit Erfolg einwenden, daß die behauptete Überbürdung sich von der Freilassung der Einkommen herschreibe, die nach den gesetzlichen Vorschriften zu versteuern sind. Denn es wird allerdings bei der Frage nach der Überbürdung und ihrer Höhe das ganze Finanzsystem der Gemeinde ins Auge gefaßt werden müssen, und zwar schon deswegen, weil die Höhe einer Steuer (z. B. der Zuschläge zu der Einkommensteuer und der Grundsteuer) in ganz verschiedenem Lichte erscheint, je nachdem neben ihr noch andere Abgaben (z. B. Biersteuern, Wassergebühren, Umsatzsteuern, Kanalgebühren, Straßenkostenbeiträge usw.) erhoben werden oder nicht. Jedoch kann die Zweckmäßigkeit des Steuersystems einer Gemeinde bei einem Streite der vorliegenden Art nicht in betracht kommen. Dagegen spricht eine Freilassung der niedrigen Einkommen, die nach den Vorschriften des Gesetzes regelmäßig herangezogen werden sollen, zunächst gewiß gegen eine Überbürdung; immerhin aber muß hier der Nachweis zugelassen werden, daß auch bei einer Besteuerung jener Einkommen eine Überbürdung bestehen bliebe. Dabei wäre zu ermitteln, wie hoch die Mehrausgabe für Schulzwecke und die durch sie herbeigeführte Überbürdung sich stellten, wenn eine Besteuerung der niedrigen Einkommen stattfände und der aus ihr nach Abzug der Unkosten und Ausfälle sich ergebende Betrag bei jener Ermittelung berücksichtigt werden würde. Das würde dann bei Bemessung des Zuschusses zu einer entsprechenden Kürzung desselben führen (E.-O.-V. Bd. XXXV S. 124/125).

2. Der Zuschuß ist „angemessen", d. h. in solcher Höhe zu bestimmen, daß er die Überbürdung beseitigt. Dabei aber sind die Vorteile zu berücksichtigen, die der Wohngemeinde durch die benachbarten Betriebe nachweisbar erwachsen. Der hier vom Gesetze erforderte Nachweis liegt der Betriebsgemeinde ob; d. h. eine Berücksichtigung von Vorteilen zu ihren Gunsten darf nicht erfolgen, wenn deren Vorhandensein nicht festgestellt werden kann. In Betracht kommen zunächst die Gemeindesteuern derjenigen Arbeiter und sonstigen Personen, welche wegen des Vorhandenseins der Fabriken in der Betriebsgemeinde in der Wohngemeinde wohnen, und zwar ohne Unterschied, ob sie Kinder in die Schule der Wohngemeinde schicken oder nicht. Aus diesen Steuern erwächst jedoch letzterer ein ihre „Mehrausgaben" für Schulzwecke mindernder und darum anzurechnender Vorteil nur insoweit, als sie für die Schulausgaben Verwendung finden, und dabei fällt ins Gewicht, daß die Arbeiterbevölkerung auf gewissen Gebieten, so z. B. im Meldewesen und sonstigen Polizeiangelegenheiten, der Gemeindeverwaltung größere Arbeit zu verursachen pflegt, als die sonstigen Einwohner einer Landgemeinde, und daß darum von der Steuersumme der Arbeiter auf andere als Schulausgaben in der Regel mindestens der Prozentsatz zu rechnen sein wird, welcher sich aus einer Vergleichung der gesamten Gemeindeausgaben mit den Schulausgaben ergibt. Ob einer Arbeiterwohngemeinde aus dem Vorhandensein der benachbarten Betriebe sonstige Vorteile erwachsen, ist nicht sicher und bedarf des näheren Nachweises. Dazu reicht der Umstand allein, daß die Arbeiter ihren Verdienst großenteils in der Wohngemeinde ausgeben, namentlich da nicht

aus, wo die Wohngemeinde unmittelbar mit der größeren Betriebsgemeinde zusammenhängt. Denn erfahrungsmäßig pflegen die Arbeiter einen großen Teil ihrer Bedürfnisse in dem größeren Orte, zumal wenn dort Warenhäuser und Konsumvereine vorhanden sind, zu befriedigen und besonders dort die sogenannten Luxusausgaben zu machen, so daß die Gewerbetreibenden, welche in der Hoffnung auf Verdienst von der Arbeiterschaft in der Wohngemeinde zuziehen, häufig nur einen sehr dürftigen Erwerb finden und selbst die Last der Gemeinde vermehren. Auch die Vermehrung der Steuerkraft durch die Entstehung von Arbeiterwohnungen darf nicht überschätzt werden, da deren Erbauung vielfach mit unzureichenden Mitteln erfolgt und dann den Unternehmern wie der Gemeinde wenig Nutzen bringt. Anders liegt die Sache z. B. dann, falls um eine Stadt blühende Industrien auf dem Lande erwachsen, und im Anschlusse daran in der Stadt lukrative Gewerbe (Bankiergeschäfte, Hotels, Warenhäuser und sonstige kaufmännische Geschäfte und Handwerksbetriebe) entstehen.

3. Wenn endlich das Ges. von einem „Zuschusse" spricht, so meint es damit nicht etwa einen Zuschuß zu den „Mehrausgaben", sondern einen solchen zu den Deckungsmitteln des Gemeindehaushalts. Er darf darum, sofern solches zur Beseitigung der Überbürdung nötig erscheint, die ganze Höhe der Mehrausgaben abzüglich der Vorteile erreichen.

Nr. 2. Entsch. Bd. XXXXII S. 116 v. 17. X. 02 II C 144/01.

Komm.-Abg.-Ges. v. 14. VII. 93 (G.-S. S. 152) § 53.

1. Das Verfahren, in dem Ansprüche auf Zuschußleistungen zu verfolgen sind, ist durch den § 53 des Komm.-Abg.-Ges. in der Weise geordnet, daß zunächst der Kreisausschuß oder der Bezirksausschuß zu beschließen hat, und daß gegen diesen Beschluß der Weg des Verwaltungsstreitverfahrens beschritten werden kann. Die Klage ist nicht nur dann begründet, wenn der Beschluß durch seinen Inhalt die klagende Gemeinde beschwert, sondern auch dann, wenn die Beschlußbehörde nicht zuständig war, ihr die streitige Auflage zu machen oder das behauptete Recht abzusprechen.

2. Der Abs. 3 des § 53 bestimmt, daß über den Anspruch der Kreisausschuß und, soweit Stadtgemeinden beteiligt sind, der Bezirksausschuß beschließen soll. Welcher Kreis- oder Bezirksausschuß hier gemeint ist, wird nicht gesagt. Hätte der Gesetzgeber für alle Fälle diejenige Behörde im Auge gehabt, in deren Bereiche die in Anspruch genommene Gemeinde belegen ist, so würde er schwerlich überall da, wo eine Stadtgemeinde, wenn auch als Zuschuß verlangende Wohngemeinde gegenüber einer ländlichen Betriebsgemeinde beteiligt ist, die Beschlußfassung dem Bezirksausschuß übertragen haben; denn es ist nicht abzusehen, warum die Verhältnisse der in Anspruch genommenen Gemeinde wohl für die örtliche, nicht aber auch für die sachliche (die instanzliche) Zuständigkeit entscheidend sein sollten. Zwar trifft es zu, daß mangels einer ausdrücklichen Vorschrift die allgemeinen Bestimmungen des L.-V.-G. Anwendung finden müssen. Doch ist nur für das Verwaltungsstreitverfahren im § 57 L.-V.-G. angeordnet, daß die Behörde desjenigen Bezirkes zuständig ist, „in welchem die Person wohnt oder die Korporation bezw. öffentliche Behörde ihren Sitz hat, welche im Verwaltungsstreitverfahren in Anspruch genommen wird". Für das Beschlußverfahren dagegen wird die Zuständigkeit durch den Wohnsitz derjenigen Person oder den Sitz derjenigen Korporation oder Behörde bestimmt, „auf deren Angelegenheit sich die Beschlußfassung bezieht". Handelt es sich aber um eine Angelegenheit mehrerer Personen oder Korporationen, so ist nach der Vorschrift des § 58 Abs. 2 a. a. O. zu verfahren, d. h. es ist die Beschlußbehörde zu bestimmen. Der Anspruch auf Zuschuß nach § 53 ist

nun offenbar nicht nur eine Angelegenheit der Betriebsgemeinde, gegen welche er erhoben wird, sondern in nicht minderem Grade eine Angelegenheit der Wohnsitzgemeinde; denn deren Verhältnisse kommen bei der Beschlußfassung sogar in höherem Maße in betracht als diejenigen der Betriebsgemeinde. Es wäre daher nicht einmal zweckmäßig, dem mit den Verhältnissen der Wohngemeinden am besten vertrauten Kreisausschusse grundsätzlich die Beschlußfassung zu entziehen. Handelt es sich aber bei dem Anspruch um eine gemeinschaftliche Angelegenheit sowohl der Wohn- wie der Betriebsgemeinde, so muß, wenn die Gemeinden in verschiedenen Bezirken liegen, der § 58 L.-V.-G. Anwendung finden, d. h. der zuständige Kreis- oder Bezirksausschuß muß bestimmt werden, und zwar gegebenen Falles nach der besonderen Vorschrift des § 53 Abs. 4 Komm.-Abg.-Ges. durch den Minister des Innern.

Nr. 3. Entsch. v. 2. XII. 02 II C 62/02.

Komm.-Abg.-Ges. v. 14. VII. 93 (G.-S. S. 152) § 53.

1. Der § 53 Komm.-Abg.-Ges. knüpft die Zuschußpflicht der Arbeiterbetriebsgemeinden an eine ganze Reihe von Voraussetzungen, die sämtlich dargetan sein müssen, wenn eine Verurteilung der Arbeiterbetriebsgemeinde ergehen soll. Es erhellt daher von vornherein, daß alle weiteren Untersuchungen und Erörterungen über einen Anspruch der Arbeiterwohngemeinde entbehrlich sind, sobald klar ist, daß es auch nur an einer der vom Gesetzgeber geforderten Voraussetzungen fehlt.

2. Für die Anwendung des § 53 ist es nicht erforderlich, daß sowohl die Mehrausgaben für Zwecke des öffentlichen Volksschulwesens als auch diejenigen der öffentlichen Armenpflege einen erheblichen Umfang erreichen, um einen Anspruch auf Zuschußleistung begründen zu können. Eine solche Auslegung des Gesetzes scheint mit der Absicht, die der Gesetzgeber mit dem § 53 verfolgt hat, füglich nicht vereinbar und wird auch durch den Wortlaut keineswegs geboten. Vielmehr ist sowohl nach den Worten des Gesetzes als nach dem es beherrschenden Grundgedanken anzunehmen, daß der Tatbestand des Gesetzes auch in dem Falle gegeben ist, wo die Mehrausgaben für Volksschulwesen und Armenpflege zusammengenommen einen erheblichen Umfang erreichen.

Nr. 4. Entsch. Bd. XXXXIII S. 130 v. 19. XII. 02 II B 22/02.

Komm.-Abg.-Ges. v. 14. VII. 93 (G.-S. S. 152) § 53.

Soweit bei der Anwendung des § 53 Komm.-Abg.-Ges. die durch die Betriebsgemeinde verursachte Belastung in Betracht kommt, stehen mehrere Betriebsgemeinden der Wohngemeinde in gewissem Sinne als eine Einheit gegenüber. Wenn sie zusammen die Überbürdung verursachen, muß jede einzelne von ihnen nach Verhältnis der von ihr verursachten Mehrausgaben zur Beseitigung der Überbürdung beitragen.

Nr. 5. Entsch. Bd. XXXXIII S. 132 v. 21. IV. 03 II B 49/02.

Komm.-Abg.-Ges. v. 14. VII. 93 (G.-S. S. 152) § 53.

1. Ein ursächlicher Zusammenhang zwischen den Betrieben in G. und den behaupteten Mehrausgaben in N. ergibt sich nicht schon daraus, daß eine Anzahl von Arbeitern, die in N. wohnen, in Fabrikbetrieben der Stadt G. beschäftigt sind. Vielmehr muß, und zwar, soweit im Verwaltungsstreitverfahren von einer Beweislast die Rede sein kann, von der Arbeiterwohngemeinde der Nachweis erbracht werden, daß eine Anzahl

von Arbeitern, die bei Betrieben in G. beschäftigt sind, ihre Wohnung in N. nur aus dem Grunde genommen oder beibehalten habe, um in G. Beschäftigung und Verdienst zu finden. Jedoch kann für jede zur Begründung des Anspruchs dienende Einzelheit ein strenger Beweis nicht gefordert werden (vgl. E.-O.-V. Bd. XXXIV S. 124, Bd. XXXV S. 121). Spricht schon die Vermutung für den ursächlichen Zusammenhang zwischen dem Vorhandensein der Betriebe in G. und dem Wohnen der Arbeiter in N., so ist die Gemeinde G. nicht in der Lage, die entscheidende Vorfrage einfach zu verneinen, sondern genötigt, ihrerseits entgegenstehende positive Angaben zu machen. Der Verwaltungsrichter, der nach seiner freien, aus dem ganzen Inbegriffe der Verhandlungen und Beweise geschöpften Überzeugung zu entscheiden hat, braucht keinen Beweis zu erheben, sofern er seine Überzeugung bereits anderweit gewonnen hat.

2. Die Anwendung des § 53 Komm.-Abg.-Ges. setzt voraus, daß die Mehrausgaben für Zwecke des öffentlichen Volksschulwesens oder der öffentlichen Armenpflege durch den in einer anderen Gemeinde stattfindenden Betrieb von Berg-, Hütten- oder Salzwerken, Fabriken oder Eisenbahnen erwachsen. Das Gesetz zieht also bestimmte Grenzen für die zu berücksichtigenden Betriebe, und es ist nach seiner Entstehungsgeschichte nicht zweifelhaft, daß dies in bewußter Absicht geschehen ist und eine Erweiterung so wenig wie eine Einengung jener Grenzen dem Verwaltungsrichter gestattet sein soll. Daher ist es jedenfalls unzulässig, eine „Fabrik“ auch dann als vorhanden anzunehmen, wenn es an einem in der Gesetzgebung, Rechtsprechung und Wissenschaft übereinstimmend als wesentlich anerkannten Erfordernisse fehlt und nur durch die Konstruktion eines neuen Begriffs „fabrikähnlicher Betrieb“ geholfen werden kann. In Frage kommen in dieser Beziehung die größeren Baugeschäfte, die der Vorderrichter deshalb zu „fabrikähnlichen Betrieben“ rechnet, weil in ihnen maschinelle Kräfte Verwendung finden. Dieser Umstand kann indessen den Betrieb schon um deswillen nicht zu einem Fabrikbetriebe machen, weil sonst alle größeren Kaufgeschäfte, in denen zur Sortierung und Umstapelung der Waren oder zu sonstigen Zwecken, wie bei Kohlen- und Kornverkaufsgeschäften, Maschinen verwendet werden, lediglich aus diesem Grunde zu den Fabriken gerechnet werden müßten. Bei den größeren Bau- und ähnlichen Geschäften ist vielmehr festzustellen, ob eine Trennung des eigentlichen Baugeschäfts von dem Holzbearbeitungs- oder sonst maschinell betriebenen Geschäfte möglich ist, und wenn diese Möglichkeit nicht besteht, ist der Begriff zu bestimmen, je nachdem die maschinelle oder die nicht maschinelle Herstellung oder Bearbeitung von Waren überwiegt oder nicht. Ein Baugeschäft, das die mit maschineller Kraft bearbeiteten Gegenstände allein oder vorzugsweise bei den eigenen Bauten verwendet, wird schwerlich als Fabrik gelten können.

3. Arbeiter, die von der Betriebsleitung außerhalb des Fabrikorts beschäftigt werden, sind den in der Fabrik selbst beschäftigten Arbeitern gleichzustellen und kommen deshalb bei der Feststellung des Kreises der zu berücksichtigenden Arbeiter mit in betracht. Der Ort der jeweiligen Beschäftigung ist nicht entscheidend, solange die Arbeiter von der Betriebsleitung des Hauptbetriebs angenommen sind und dieser Hauptbetrieb sich als ein Fabrikbetrieb darstellt.

4. Dasselbe gilt von den im Eisenbahnbetriebe beschäftigten Arbeitern. Es macht keinen Unterschied, ob die ihnen übertragenen Arbeiten auf der Station, in der das Arbeitsverhältnis begründet ist, oder außerhalb der Station ausgeführt werden. In beiden Fällen handelt es sich um Arbeiter in dem Betriebe derjenigen Station, die sie angenommen hat und

von der sie ihren Arbeitslohn beziehen. Es unterliegt hiernach keinem Bedenken, auch diejenigen Arbeiter, die zu Arbeiten außerhalb der eigentlichen Station verwendet werden, dem maßgebenden Personenkreise hinzuzurechnen.

E. Naturaldienste.

Nr. 1. Entsch. v. 8. X. 01 Nr. I 1603 (Pr.-V.-Bl. Bd. XXIV S. 215).
Komm.-Abg.-Ges. v. 14. VII. 93 (G.-S. S. 152) §§ 68, 77.

1. § 68 Abs. 2 des Komm.-Abg.-Ges., wonach die Handdienste von sämtlichen Gmeindesteuerpflichtigen gleichheitlich zu leisten sind, enthält kein zwingendes Recht. Daher ist auch eine Verteilung der Handdienste nach dem Maßstabe der Staatssteuern mit Genehmigung der zuständigen Beschlußbehörde gesetzlich zulässig.

2. Eine statutarische Anordnung über die Heranziehung zu Hand- und Spanndiensten bestimmte, daß die Gemeindesteuerpflichtigen zwar nach Maßgabe der gesetzlichen Bestimmungen zu Naturaldiensten herangezogen werden, die Leistungen aber ihnen nach dem Geldwerte entweder durch Anrechnung oder durch Barzahlung vergütet werden sollten. Die Mittel dazu seien durch eine von sämtlichen Steuerpflichtigen aufzubringende Umlage zu beschaffen. Die Berechtigung zur Ausschreibung derartiger Umlagen kann nicht aus den Vorschriften des § 68 des Komm.-Abg.-Ges. hergeleitet werden. Denn die angeführte Gesetzesstelle ermächtigt zwar in Abs. 4 die Gemeinde, zu gestatten, daß die Hand- und Spanndienstpflichtigen an Stelle der Naturaldienste angemessene Geldbeiträge leisten, aber sie enthält keine Bestimmung, wonach die Gemeinde berechtigt wäre, anstatt der Naturaldienste Geldbeiträge zu fordern. Eine Berechtigung hierzu kann vielmehr nur aus der Befugnis zur Erhebung von Gemeindesteuern hergeleitet werden. Jedoch ist fraglich, ob die Einführung von Gemeindesteuern zum Zwecke der Vergütung von Leistungen, auf deren unentgeltliche Erfüllung die Gemeinde ein Recht hat, überhaupt zulässig ist. Jedenfalls kennzeichnet sich eine nach den Vorschriften der statutarischen Anordnung aufzubringende Steuer als eine besondere direkte Gemeindesteuer, zu deren Einführung außer der Genehmigung des Kreisausschusses die Zustimmung des Regierungspräsidenten erforderlich ist.

Nr. 2. Entsch. v. 14. I. 02 Nr. I 72.
Komm.-Abg.-Ges. v. 14. VII. 93 (G.-S. S. 152) §§ 68, 96.
Land-Gem.-Ordn. v. 3. VII. 91 (G.-S. S. 233) §§ 6, 18, 147.

1. Nach § 68 Abs. 1 des Komm.-Abg.-Ges. hat die Gemeinde das unbedingte, von keinen weiteren Voraussetzungen abhängige Recht, von den Gemeindesteuerpflichtigen die unentgeltliche Leistung von Naturaldiensten zu fordern. Daher überschreitet die Gemeinde keineswegs die Grenzen ihres Rechts auf Naturaldienste, wenn sie deren Leistung gegen ein von ihr selbst bestimmtes Entgelt fordert; damit verlangt sie weder ein mehreres oder ein anderes, sondern nur ein minderes als die unentgeltliche Leistung. Den zur Leistung von Naturaldiensten verpflichteten Personen als solchen gereicht also ein Beschluß, der ihnen die Verbindlichkeit auferlegt, derartige Dienste gegen ein bestimmtes, von der Gemeinde einseitig festgesetztes Entgelt zu leisten, nicht zur Beschwerde.

2. Daran ändert sich auch nichts, wenn dieses Entgelt durch Erhebung von Steuern aufgebracht wird. Freilich ist es nicht unzweifelhaft, ob die Erhebung von Gemeindesteuern zum Zwecke der Vergütung von Leistungen, auf

deren unentgeltliche Erfüllung die Gemeinde ein Recht hat, überhaupt zulässig ist, allein aus ihrer Unzulässigkeit würde immer nur folgen, daß die Gemeinde mit der Aufnahme jener Vergütigung in den Gemeindesteuerbedarf ihr Besteuerungsrecht überschritten habe, dagegen nicht, daß sie über die Grenzen ihrer von jenem zu unterscheidenden Berechtigung, zur Deckung ihrer Bedürfnisse Naturaldienste zu fordern, hinausgegangen sei. Der zur Leistung von Naturaldiensten Herangezogene kann daher auch aus dem Umstande, daß er als Gemeindesteuerpflichtiger an der Aufbringung des durch Einstellung der Vergütigung erhöhten Steuerbedarfs teilnimmt, nicht das Recht herleiten, die Heranziehung zu Naturaldiensten anzufechten, sondern höchstens nur die Veranlagung zu Gemeindesteuern zum Gegenstande von Einspruch und Klage machen. Der § 147 Abs. 1 der Land-Gem.-Ordn. v. 3. VII. 91 hat zwar die bei seinem Inkrafttreten bestehenden Observanzen auf längstens drei Jahre, also bis zum 1. April 1895 aufrecht erhalten, aber nur insoweit als das Gesetz ortsstatutarische Regelung zuläßt, also nur insofern, als sie sich auf Angelegenheiten beziehen, hinsichtlich deren entweder ausdrücklich auf ortsstatutarische Regelung verwiesen ist, oder doch Verschiedenheiten gestattet sind (§ 6 a. a. O.). Zu diesen Angelegenheiten gehört der Maßstab für die Aufbringung der Naturaldienste durch die Gemeindeabgabenpflichtigen nicht; denn über ihn gibt das Gesetz im § 18 Abs. 3 Vorschriften, die zwingendes Recht enthalten. (E.-O.-V. Bd. XXIX S. 123 ff.) War also auch vor dem Inkrafttreten der Land-Gem.-Ordn. v. 3. VII. 91 eine Observanz über die Heranziehung zu Naturaldiensten zustande gekommen, so ist sie doch durch deren § 18 beseitigt worden und also bei dem Inkrafttreten des Komm.-Abg.-Ges. nicht mehr in Geltung gewesen, konnte mithin durch § 96 des letzteren Ges. nicht mehr aufrecht erhalten werden.

3. Die Zugehörigkeit zur Klasse der spanndienstpflichtigen Grundbesitzer befreit von der Verpflichtung zur Leistung von Handdiensten ohne weiteres noch nicht, sie kommt vielmehr erst dafür in betracht, ob und inwieweit die Anrechnung von Spanndiensten auf das Maß der Handdienste verlangt werden kann. Insoweit verweist das Gesetz auf das in vertragsmäßigen oder statutarischen Festsetzungen oder dem Herkommen begründete Ortsrecht. Hat sich das örtliche Herkommen in Übereinstimmung mit der im Zweifelsfalle zu vermutenden Regel dahin entwickelt, daß die zu Spanndiensten verpflichteten Grundbesitzer bei denjenigen Gemeindearbeiten, bei denen auch Spanndienste vorkommen, von Handdiensten befreit sind, so folgt daraus nicht nur, daß Hand- und Spanndienste nicht nebeneinander von demselben Pflichtigen gefordert werden dürfen, sondern auch, daß ein zu Spanndiensten Verpflichteter nicht zu Handdiensten anstatt der Spanndienste herangezogen werden darf; denn die Verrichtung von Handdiensten ist nicht etwa eine geringere Leistung als die von Spanndiensten, sondern ihrer Art nach davon völlig verschieden.

Nr. 3. Entsch. Bd. XXXXIII S. 115 v. 3. II. 03 I C 52/02.

Komm.-Abg.-Ges. v. 14. VII. 93 (G.-S. S. 152) §§ 68, 90.

1. Versäumt oder verweigert ein Pflichtiger, den zu Recht von ihm geforderten Naturaldienst zu leisten, so kann der Gemeindevorsteher die Leistung nur in der gesetzlich vorgeschriebenen Weise erzwingen, d. h. er ist dann nach § 90 Abs. 2 Komm.-Abg.-Ges. befugt, die Dienste durch dritte leisten und die entstehenden Kosten von den Verpflichteten im Verwaltungszwangsverfahren beitreiben zu lassen. Unbekannt ist dagegen dem Gesetze eine Be-

fugnis des Gemeindevorstehers, abweichend hiervon den Wert des nicht geleisteten Naturaldienstes für die Gemeinde einzufordern.

2. Der Regelung durch Gemeindebeschluß ist die Art der Erzwingung von Naturaldiensten entzogen. Gesetzwidrig ist daher eine Umlageordnung, die für den Fall der Säumnis die Entrichtung eines Geldbetrags als Strafe androht. Gegen die Festsetzung einer solchen Strafe durch den Gemeindevorsteher findet jedoch Einspruch mit nachfolgender Klage nicht statt.

3. Dagegen könnte das Vorliegen einer im Streitverfahren anfechtbaren Heranziehung zu den Gemeindeabgaben in Frage kommen, wenn unter der Herrschaft einer Umlageordnung, die — in gesetzlich zulässiger Weise — den Pflichtigen die Zahlung bestimmter Geldbeiträge anstelle zu leistender Dienste gestattet, der Gemeindevorsteher höhere als die verfassungsmäßig festgesetzten Geldbeträge fordert und von deren Entrichtung die Abstandnahme von der Erzwingung nicht geleisteter Dienste abhängig macht.

(Das O.=V.=G. geht aber näher auf diese Frage nicht ein.)

F. Veranlagung und Erhebung.

Nr. 1. Entsch. v. 8. X. 01 Nr. I 1603 (Pr.=V.=Bl. Bd. XXIV S. 214).

1. Entbehrt eine Norm, auf der die Verpflichtung zu bestimmten Leistungen an die Gemeinde beruhen soll, der formellen oder materiellen Gültigkeit, so fehlt der Heranziehung zu dieser Leistung die rechtliche Grundlage. Die Heranziehung ist also außer Kraft zu setzen, wenn und soweit sie durch Einspruch und Klage angefochten wird. Das Gleiche muß geschehen, wenn die Norm zwar zu Recht besteht, aber auf den streitigen Fall nicht anwendbar ist. Das trifft bei dem reinen System der Gemeindesteuerzuschläge zu staatlich veranlagten Steuern schon zu, wenn es an einer staatlichen Veranlagung zu den Prinzipalsteuern fehlt, nicht erst dann, wenn das Grundstück überhaupt nicht zu der Prinzipalsteuer veranlagt werden darf.

2. Bei der Klage gegen die Heranziehung zur Teilnahme an einer Gemeindelast beschränkt sich die Aufgabe des Verwaltungsrichters auf die Prüfung, ob die angefochtene Heranziehung zu Recht erfolgt ist; er hat nicht zu untersuchen, ob sie durch eine Veranlagung auf einer anderen Grundlage ersetzt werden kann.

Ziel und Gegenstand der Klage ist lediglich die Anfechtung bestimmter zur Hebung gestellter, auf Entrichtung von Geldabgaben oder Leistung von Naturaldiensten gerichteter Forderungen.

Nr. 2. Entsch. Bd. XXXXII S. 47 v. 3. X. 02 II C 201/01.
Komm.=Abg.=Ges. v. 14. VII. 93 (G.=S. S. 152) §§ 20, 95.

Wenn in § 20 des Komm.=Abg.=Ges. eine Mehr- oder Minderbelastung eines Teiles des Gemeindebezirkes oder einer Klasse von Gemeindeangehörigen als Ausnahme zugelassen wird, so ist die Anwendung dieser Bestimmung zunächst an die notwendige Voraussetzung geknüpft, daß eine andere Belastung allgemein alle der Steuer unterworfenen Personen oder Grundstücke trifft. An dieser Voraussetzung fehlt es zwar nicht, wenn von der Mehrbelastung ein Teil sämtlicher grund- und gebäudesteuerpflichtiger Grundstücke in der Weise getroffen wird, daß in diesem Teile außer dem nach festen und gleichmäßigen Grundsätzen auf ihn fallenden Steuerbetrage noch ein Mehr der Steuer auferlegt wird. Die enge Verbindung einer Steuer mit der bei ihr vorgesehenen Mehr- oder Minderbelastung macht es aber notwendig, daß beide auch in ihrer zeitlichen Begrenzung sich decken, daß also die Ausnahme von der sonst fest und gleichmäßig sich vollziehenden Besteuerung nur für denjenigen Zeitabschnitt einzutreten hat, für den die Erhebung dieser Steuer, deren Höhe für ein oder mehrere Steuerjahre festgesetzt, die Mehr- oder Minderbelastung aber an einen solchen bestimmten Zeitabschnitt nicht gebunden würde. Macht eine Steuerordnung die Mehrbelastung nicht einmal davon abhängig, daß überhaupt Grund- und Gebäudesteuer erhoben wird, sondern schreibt sie ein für allemal vor, daß sie sich nach den in der Ordnung festgesetzten Sätzen richten soll, gleichviel, ob, in welcher Höhe und für welchen Zeitraum die Grund- und Gebäudesteuer erhoben wird, so wird für die Belastung mit dem Mehr der Steuer nicht diejenige zeitliche Grenze innegehalten, die für die Steuer selbst vorgeschrieben ist, und dadurch der gesetzwidrige Zustand geschaffen, daß die für ein oder mehrere Rechnungsjahre (vgl. § 95 Abs. 2 a. a. O.) zur Grund- und Gebäudesteuer veranlagten Pflichten das Mehr dieser Steuer nicht für den gleichen Zeitabschnitt, sondern für alle Zukunft, solange die Steuerordnung überhaupt gilt, zu entrichten haben. Eine solche Abweichung macht die Steuerordnung rechtsungültig und zieht die Freistellung der auf ihrer Grundlage herangezogenen Pflichtigen nach sich.

Nr. 3. Entsch. Bd. XXXXIII S. 56 v. 23. XII. 02 II C 48/02.
Komm.-Abg.-Ges. v. 14. VII. 93 (G.-S. S. 152) §§ 64, 69, 95.

1. Eine Trennung der Veranlagung und Heranziehung ist hinsichtlich der Veranlangung besonderer Realsteuern für mehrere Rechnungsjahre nach § 64 Komm.-Abg.-Ges. gestattet. Es heißt dort:

> „Durch Steuerordnung kann bestimmt werden, daß die Veranlagung besonderer Realsteuern für mehrere aufeinanderfolgende Rechnungsjahre zu erfolgen hat.
> Soweit eine Bestimmung nicht getroffen ist, geschieht die Veranlagung für je ein Rechnungsjahr."

Nach der Begründung zu § 64 Satz 1 des Ges. ist die Bestimmung mit Rücksicht darauf getroffen worden, daß nach der Natur der besonderen Realsteuern sich die Besteuerungsmerkmale nur in größeren Zeitabschnitten verändern. Sie erschien für den bezeichneten Ausnahmefall zweckmäßig, weil auf diese Weise einerseits den Gemeinden der unnötige Aufwand wiederholter Arbeiten, anderseits auch den Steuerpflichtigen eine, nicht notwendige alljährliche Belästigung erspart wird. Bemerkt mag hierbei werden, daß die Ausnahmebestimmung nur bei der Veranlagung für mehrere aufeinanderfolgende Jahre angewendet werden kann, und daß im Falle der Veranlagung und Heranziehung auf ein Jahr eine besondere, von der Heranziehung getrennte Veranlagung nicht zulässig ist, wie denn auch durch ein Verfahren der bezeichneten Art gerade eine Belästigung der Zensiten, die zwei Einsprüche einlegen müßten, herbeigeführt werden würde. Daß nicht nur gegen die Heranziehung, sondern auch gegen die bloße Veranlagung auf mehrere Jahre im Falle des Satzes 1 des § 64 a. a. O. der Einspruch erhoben werden kann und demgemäß auch bei Vermeidung der Ausschließung erhoben werden muß, ergibt sich aus § 69 a. a. O.; denn dort wird im ersten Absatze dem Worte „Heranziehung" parenthetisch das Wort „Veranlagung" hinzugefügt und im letzten Absatze von der „sinngemäßen" Anwendung der zuvor gegebenen Bestimmungen auf Einsprüche wegen Heranziehung oder Veranlagung von Grundbesitzern, Gewerbetreibenden und Einwohnern eines Gutsbezirkes gesprochen. Hiernach sind die Gemeinden in der Lage, die Veranlagung besonderer Realsteuern für mehrere Jahre vorzunehmen, ohne gleichzeitig heranzuziehen, oder auch die Heranziehung, jedoch nur auf das erste Jahr, mit jener Veranlagung zu verbinden, während die Heranziehungen für die folgenden Jahre von den späteren Beschlüssen über die Aufbringung des Steuerbedarfes (vgl. die §§ 54 ff. Komm.-Abg.-Ges.) abhängen. Auch kann die Veranlagung, wie für mehrere Rechnungsjahre, so für mehrere, aus mehreren Rechnungsjahren bestehenden Perioden erfolgen, falls die Gemeinden gemäß § 95 Komm.-Abg.-Ges. den Beschluß fassen, anstelle des Rechnungsjahrs eine Periode von zwei oder drei Rechnungsjahren treten zu lassen.

2. Der Zweck eines jeden Einspruchs geht nun dahin, die angefochtene Verfügung, soweit sie angegriffen ist — sei es eine Heranziehung, sei es eine bloße Veranlagung — zu beseitigen. Deshalb sind Einspruch und Klage, wenn lediglich eine Veranlagung zur Gemeindegrundsteuer stattgefunden hat, nicht nur in Hinsicht auf die Höhe der Wertsumme, sondern auch hinsichtlich der Frage gegeben, ob etwa eine Befreiung gemäß § 24 a. a. O. einzutreten habe. Die letztere Frage ist von präjudizeller Bedeutung; denn es ist nicht abzusehen, weshalb derjenige, der der Gemeinde als steuerpflichtiger Grundbesitzer überhaupt nicht gegenüberzustehen glaubt, mit einer vielleicht langwierigen Ermittelung des Grundstückswerts behelligt werden dürfte, obwohl es hierauf beim Vorliegen eines die Grundsteuerfreiheit bedingenden Tatbestandes nicht ankommen würde.

G. Rechtsmittel.

1. Frist und Form.

Nr. 1. Entsch. v. 15. IV. 02 Nr. I. 597 (Pr.-V.-Bl. Bd. XXIV S. 436).
Komm.-Abg.-Ges. v. 14. VII. 93 (G.-S. S. 152) §§ 69, 70, 90.

1. Ein Anspruch auf Zurückzahlung eines zu Unrecht im Wege der Zwangsvollstreckung auf Grund des § 90 Komm.-Abg.-Ges. beigetriebenen Geldbetrages kann nicht im Wege des Einspruches, der nach § 69 dieses Ges. nur gegen die Heranziehung zu dem Naturaldienste zulässig war, sondern nur mittels Beschwerde bei der Dienstaufsichtsbehörde des Gemeindevorstehers geltend gemacht werden.

2. Als Einspruch im Sinne des § 69 kann eine Weigerung zu zahlen nicht gelten, insbesondere wenn sie nur mündlich erfolgt, von dem Gemeindevorsteher als Einspruch nicht angesehen worden ist und daher eine Beschlußfassung des Gemeindevorstehers nicht zur Folge gehabt hat. Die Annahme, daß es der Erhebung des Einspruchs gegen die Zahlungsaufforderung nicht bedurft habe, weil der Gemeindebeschluß, auf Grund dessen eine Gemeindeabgabe eingefordert wurde, mangels einer Genehmigung rechtsunwirksam gewesen sei, ist verfehlt. Zur endgültigen Begründung der Zahlungspflicht genügt es, daß der Pflichtige in der vom Gesetze vorgeschriebenen Form zur Zahlung einer Gemeindeabgabe herangezogen worden ist und die rechtzeitige Einlegung des hiergegen zulässigen Rechtsmittels unterlassen hat. Die rechtzeitige Erhebung des Einspruchs ist die unerläßliche Voraussetzung der Klage. Fehlt es hieran, so muß die Klage auch dann

zurückgewiesen werden, wenn es sich ergibt, daß die Heranziehung des Klägers zu Unrecht erfolgt ist.

Nr. 2. Entsch. v. 17. X. 02 Nr. I 1587 (Pr.-V.-Bl. Bd. XXIV S. 535).
L.-V.-G. § 112.

1. Das O.-V.-G. hat allerdings wiederholt entschieden, daß der Eingangsvermerk nicht unbedingt und insbesondere dann nicht maßgebend ist, wenn der Behörde, bei der ein die Rechtsmittelfrist zu wahren bestimmtes Schriftstück in Empfang zu nehmen ist, bei der Empfangenahme eine Verzögerung zur Last fällt. Daraus folgt aber nicht, daß die Richtigkeit des Eingangsvermerkes in jedem Falle, wo er die Grundlage zur Feststellung einer Fristversäumnis bildet, von Amts wegen einer weiteren Ermittelung zu unterziehen ist; vielmehr bleibt es Sache der Partei, seine Richtigkeit zu bestreiten oder eine Säumnis der Behörde bei der Empfangnahme des Schriftstücks zu behaupten.

2. Die Abgabe einer an unzuständiger Stelle eingereichten Prozeßschrift an die zuständige Stelle ist nur ein Versuch, die Partei vor den Folgen der von ihr verschuldeten unrichtigen Behandlung der Sache zu bewahren; eine Pflicht für den Erfolg dieses Versuches einzustehen, gibt es nicht. Ein die Wiedereinsetzung in den vorigen Stand rechtfertigender unabweisbarer Zufall im Sinne des § 112 L.-V.-G. kann nicht darin gefunden werden, daß ein an unzuständiger Stelle eingereichter Schriftsatz von dieser nicht rechtzeitig an die zuständige Behörde abgegeben worden ist.

2. Rechtsgrundsätze für das Verfahren.

Nr. 1. Entsch. Bd. XXXXII S. 110 v. 13. VI. 02 II C 258/01.
Komm.-Abg.-Ges. v. 14. VII. 93 (G.-S. S. 152) § 69.

Die Frage, ob die Gemeindebehörde — nachdem sie den Zensiten auf seinen Einspruch gegen die Heranziehung beschieden hat — befugt ist, von diesem Bescheide zum Nachteile des Zensiten wieder abzugehen, ist zu verneinen. Allerdings ist der Einspruchsbescheid keine zwischen zwei Parteien ergehende und der Rechtskraft im eigentlichen Sinne fähige Entscheidung; aber er bildet einen Teil des vom Gesetze geregelten Verfahrens, das bestimmt ist, über die Steuerpflicht des Herangezogenen eine Entscheidung herbeizuführen. Deshalb ist anzunehmen, daß der Einspruchsbescheid, einmal erlassen, von der Gemeindebehörde nicht mehr zum Nachteile des Zensiten außer acht gelassen werden darf; er wird, wie zum Nachteile des Zensiten mit dem Ablaufe der Klagefrist, so zu dessen Gunsten schon mit dem Erlaß unabänderlich.

Nr. 2. Entsch. Bd. XXXXII S. 47 v. 3. X. 02 II C 201/01.
Komm.-Abg.-Ges. v. 14. VII. 93 (G.-S. S. 152) §§ 69, 70.

Ein Rechtsmittel kann nur gegen eine wirklich getroffene, nicht aber gegen eine, wenn auch zu Unrecht unterlassene Entscheidung eingelegt werden. Hat der Instanzrichter über einzelne Parteianträge keinen Spruch gefällt, so bleibt der hierdurch verletzten Partei nur übrig, den Erlaß einer Nachtragsentscheidung zu fordern. Hiergegen stehen dann die üblichen Rechtsmittel zu.

Nr. 3. Entsch. v. 23. I. 03 Nr. I 507 (Pr.-V.-Bl. Bd. XXV S. 111).

1. Wird ein Wegebaupflichtiger zu einer Wegebaulast unter dem Titel einer ihm obliegenden Gemeindelast (zu Unrecht) herangezogen, so ist die Prüfung im Verwaltungsstreitverfahren darauf, ob dies geschehen durfte, zu beschränken. Dagegen ist nicht zu prüfen, ob dieselbe Leistung als eine dem Kläger etwa als Separationsbeteiligten obliegende hätte gefordert werden können. Denn die Aufgabe des zur Entscheidung auf die Reklamationsklage berufenen Verwaltungsrichters beschränkt sich auf die Prüfung, ob die angefochtene Heranziehung rechtmäßig war, sie erstreckt sich aber nicht auf die weitergehende, ob die gleichen Leistungen auf einer anderen rechtlichen Grundlage hätten gefordert werden dürfen. Diese Prüfung würde vielmehr eine erneute Heranziehung zu einer rechtlich von der geforderten verschiedenen Leistung bedeuten, die außerhalb der Zuständigkeit des Verwaltungsrichters liegt (E.-O.-V. Bd. V S. 185 ff.).

2. Gegenstand der Entscheidung in einem Verfahren ist nicht das Bestehen oder der Umfang der Verpflichtung des Klägers, an der Unterhaltung eines Wegs teilzunehmen, sondern nur seine Pflicht zu der einzelnen, damals geforderten und von ihm durch Einspruch und Klage angefochtenen Leistung. In Rechtskraft kann deshalb auch nur der richterliche Spruch, daß Kläger eine Befreiung von jener Leistung nicht beanspruchen könne, übergehen, aber nicht die ihm zugrunde gelegte Begründung und die dort dargelegte Rechtsauffassung über Bestehen und Umfang der Pflicht des Klägers zur Teilnahme an der Unterhaltung des streitigen Weges.

3. Das Verteilungsverfahren gemäß §§ 71 ff. des Komm.-Abg.-Ges.

Nr. 1. Entsch. v. 26. IX. 02 Nr. II 1534.

Komm.-Abg.-Ges. v. 14. VII. 93 (G.-S. S. 152) §§ 65, 71 ff.

1. Der Kläger hat seinen Wohnsitz in Berlin und betreibt in N. die Ziegelfabrikation. Für das Steuerjahr 1900 ist er in Berlin von seinem ganzen Einkommen zur Gemeindesteuer veranlagt worden und hat hierüber eine Benachrichtigung am 18. VI. 1900 erhalten. Für dasselbe Jahr ist er in N. nach einem gewerblichen Einkommen von 10000 Mk. mit 100% des fingierten Satzes von 300 Mk. veranlagt. Über diese forensale Beschatzung erhielt er zunächst keine besondere Mitteilung, vielmehr beschränkte sich der Gemeindevorsteher darauf, den Steuerbetrag in die Hebeliste einzutragen und die letztere in ortsüblicher Weise öffentlich auszulegen. Erst nachträglich, nämlich am 20. IX. 1900, ließ der Vorsteher auf Anregung des inzwischen mit der Sache befaßten Bezirksausschusses dem Kläger noch eine besondere Mitteilung von seiner Veranlagung zugehen. Gegen diese Steuerforderungen von Berlin und N. ist der Kläger in folgender Weise vorgegangen:

Am 21. VII. 1900 begehrte er mittels eines bei dem Magistrat zu Berlin zu Protokoll erklärten Einspruchs Herabsetzung der dortigen Umlage unter dem Vorbringen, daß ihm von seinem Gesamteinkommen von 21012 Mk. ein Teilbetrag von 75 Mk. aus Grundbesitz in R. und ein Betrag von 14234 Mk. aus dem Ziegeleibetrieb in N. zufließe; diesen Einspruch wies der Magistrat als verspätet zurück. Hiergegen ist Klage nicht erhoben worden.

Am $\frac{22.}{23.}$ VII. 1900 richtete er an den Minister des Innern eine Eingabe, lautend:

> „In Sachen meiner Gemeinde-Einkommensteuereinschätzung bitte ich, da ich für Berlin mit dem vollen Betrag der Staatseinkommensteuer, aus dem Gewerbe hier mit einer fingierten Einkommensteuer von 300 Mk. eingeschätzt bin, die Gemeindesteuern auf beide Gemeinden Berlin und N. verteilen zu wollen."

Der von dem Minister als Beschlußbehörde bestimmte Bezirksausschuß zu Potsdam wies den Verteilungsantrag als unzulässig zurück, weil durch den nicht angefochtenen Einspruchsbescheid des Magistrats die Steuerforderung Berlins rechtskräftig geworden und somit zur Zeit der Beschlußfassung nur die Forderung von N. übrig geblieben sei, auf die allein das Verteilungsverfahren nicht angewandt werden könne. Das O.-V.-G. war anderer Ansicht.

2. Bereits in dem Beschlußverfahren hatte der Vorsteher von N. dem Bezirksausschuß angezeigt, daß er dem Kläger die Veranlagung nicht schriftlich mitgeteilt, sondern es auch für ihn bei der ortsüblichen Bekanntmachung der Umlage belassen habe, weil der Kläger sich wöchentlich einige Tage in N. aufhalte und dort gewissermaßen wohne. Sodann hat der Kläger erklärt, daß er am 22. Juli 1900, nachdem er seine Einschätzung in N. erfahren, den Verteilungsantrag gestellt hätte. Diese Angaben sind wesentlich. Konnte auch jene Bekanntmachung die in § 65 Abs. 1 des Komm.-Abg.-Ges. vorgesehene besondere Mitteilung nicht voll ersetzen, insbesondere mit ihr nicht gegen einen Pflichtigen, der auf die besondere Mitteilung nach dem Gesetz rechnen darf, ein Fristenlauf beginnen, so muß doch dem Zensiten die Befugnis zugestanden werden, gegen eine laut Bekanntmachung der Gemeindebehörde ihn treffende Abgabe sich zu verteidigen. Zweifellos hat der beklagte Vorsteher mit Auflegung der Hebeliste den Kläger heranziehen wollen. Diesem stand es deshalb frei, gegen den als Heranziehung zu deutenden dienstlichen und nach außen kundgegebenen Akt des Vorstehers die zulässigen Rechtsmittel zu ergreifen. Als er am 22./23. Juli den Verteilungsantrag wählte und ihn beim Minister des Innern behufs Bestimmung der Beschlußbehörde einreichte, war er von Berlin und N. wegen seines Einkommens herangezogen. Waren aber bei Stellung des Verteilungsantrages von zwei Gemeinden Einkommenssteuerforderungen erhoben, so stand der Zulässigkeit des Antrages auch der Einspruchsbescheid des mitbeklagten Magistrats nicht entgegen, da dieser erst nach Stellung jenes Antrages, am 26. Juli 1900, gefaßt worden ist und infolge der Ersetzung des Einspruchs durch den Verteilungsantrag gemäß § 71 Abs. 2 a. a. O. wirkungslos bleiben mußte. Dabei war es unerheblich, ob der Magistrat bei Abgabe seines Bescheides von der nachgesuchten Verteilung Kenntnis hatte oder nicht. Demnach war der Kläger nicht verpflichtet, jenen Bescheid durch Klage anzugreifen (vgl. E.-O.-V. Bd. XXXIX S. 28).

Nr. 2. Entsch. v. 21. XI. 02 Nr. II 1871.

Komm.-Abg.-Ges. v. 14. VII. 93 (G.-S. S. 152) § 71.

§ 71 Abs. 2 Komm.-Abg.-Ges. greift auch dort Platz, wo seitens einer Gemeinde ein bereits von ihr und anderen Gemeinden zur Steuerzahlung Herangezogener nachträglich noch zu einer weiteren Steuerzahlung herangezogen wird. Denn wenn auch bei der Bestimmung in § 71 Abs. 2 zunächst an den gewöhnlichen Fall zu denken ist, daß ebenso viele Gemeinden herangezogen haben als Heranziehungen erfolgt sind, und nicht daran, daß von einer oder mehreren Gemeinden zwei oder mehrere Heranziehungen für ein und dasselbe Rechnungsjahr veranlaßt worden sind, so ist die zweite Heranziehung einer und derselben Gemeinde dennoch eine weitere Heranziehung im Sinne des Ges., so daß binnen einer Frist von vier Wochen nach dieser Heranziehung noch der Verteilungsantrag gestellt werden kann.

Nr. 3. Entsch. Bd. XXXXIII S. 75 v. 5. XII. 02 II C 253/01.

Komm.-Abg.-Ges. v. 14. VII. 93 (G.-S. S. 152) §§ 71 ff.

Das Verteilungsverfahren erstreckt sich nicht nur auf diejenigen Heranziehungen, gegen die bis zum Verteilungsantrag Einspruch nicht erhoben war und auch zur Zeit des Antrags wegen Ablaufs der Einspruchsfrist nicht mehr mit Erfolg hätte erhoben werden können, sondern auch auf diejenigen früheren Heranziehungen, die zwar durch Einspruch angefochten worden waren, jedoch nach Erlaß eines den Einspruch abweisenden Beschlusses wegen Ablaufs der Klagefrist in sachlicher Beziehung nicht mehr im Verwaltungsstreitverfahren anfechtbar gewesen sein würden. Der § 71 des Komm.-Abg.-Ges. besagt ganz allgemein, daß, wenn mehrere Gemeinden Forderungen von Einkommensteuern erhoben haben, der Herangezogene den Antrag auf Verteilung seines Einkommens zu stellen berechtigt ist und daß dieser Antrag an die Stelle „des Einspruchs“ gegen die Heranziehung in jeder einzelnen der beteiligten Gemeinden tritt. Das Gesetz macht also keine Ausnahme für solche Einsprüche, die zwar erhoben, aber durch einen wegen Ablaufs der Frist nicht mehr mit der Klage anfechtbaren Beschluß des Gemeindevorstandes abgewiesen worden sind. Auch aus der Entstehungsgeschichte des Komm.-Abg.-Ges. ist ein Anhalt für eine solche Unterscheidung nicht zu entnehmen.

H. Aufsicht.

Nr. 1. Entsch. v. 17. I. 02 Nr. II 98 (Pr.-V.-Bl. Bd. XXIV S. 362).

Eine Steuerordnung kann Wirksamkeit keinesfalls für eine frühere als die Zeit äußern, die nach Erfüllung aller für ihr Zustandekommen erforderlichen Bedingungen beginnt; der früheste Zeitpunkt für das Inkrafttreten des vorliegenden Ortsgesetzes (einer Biersteuerordnung) wäre also hier der Tag gewesen, an dem der Oberpräsident seine Zustimmung erteilt hat (hier der 6. XI. 99). Die Zustimmung selbst ist aber an den Vorbehalt geknüpft, daß die Steuerordnung erst am Tage ihrer Veröffentlichung in Kraft treten, d. h. daß sie auf vorherliegende Ereignisse nicht angewendet werden solle. Der Versuch, dem Vorbehalte einen anderen Sinn zu geben, ist bei der feststehenden Bedeutung, die seine Worte in der Rechtssprache haben, verfehlt. Allerdings widerstreitet der Vorbehalt den Bestimmungen der Ordnung, wonach die Abgabe schon vom 1. IV. 99 an erhoben und die Ausfuhrvergütung schon von diesem Tage an gezahlt werden soll; das hat aber nicht zur Folge, daß nun der Vorbehalt der Zustimmungserklärung unbeachtet bleiben dürfe, vielmehr könnte nur in Frage kommen, ob nicht der Widerstreit zwischen den zur Mitwirkung bei der Schaffung des Ortsrechtes berufenen Stellen dessen Zustandekommen überhaupt verhindert habe.

Aber diese Frage erledigt sich dadurch, daß seitens der Stadt kein Versuch zu einer Abänderung des Beschlusses des Oberpräsidenten unternommen, vielmehr die von ihm verlangte Veröffentlichung bewirkt worden ist und daß dieserhalb mit dem Einverständnisse der Stadt gerechnet werden darf. (Vgl. E.-O.-V. Bd. XXXVIII S. 100ff. Umsatzsteuerordnungen betr.)

Nr. 2. Entsch. v. 25. IV. 02 Nr. I 676 (Pr.-V.-Bl. Bd. XXIV S. 483).
Hann. Wegeges. v. 28. VII. 51 (Hann. G.-S. Abt. I S. 141) §§ 26—29.
Komm.-Abg.-Ges. v. 14. VII. 93 (G.-S. S. 152) §§ 54ff., 78, 96.
Zust.-Ges. §§ 24, 31.

1. In der Landgemeinde N. (Bezirk Stade) erfolgt die Verteilung der Gemeindewegelast auf Grund alten Herkommens nach dem Anschußprinzip. Ausgenommen sind jedoch mehrere Fußwege, deren Unterhaltung aus der Gemeindekasse bestritten wird. Durch diese Art der Verteilung fühlten sich mehrere mit ihrem Grundbesitz an öffentliche

Wege anstoßende Gemeindemitglieder beschwert und beantragten, die Verteilung der Gemeindewegelast unter Aufhebung des Anschußprinzips anderweit zu regeln; die Gemeindevertretung lehnte ihren Antrag ab. Hierüber führten die Antragsteller bei dem Kreisausschuß Beschwerde, die zurückgewiesen wurde. Ihrer weiteren Beschwerde gab der Bezirksausschuß zu Stade statt, indem er unter Aufhebung des Beschlusses des Kreisausschusses festsetzte, daß der die Änderung der Verteilung der Gemeindewegelasten ablehnende Beschluß der Gemeindevertretung für „unstattnehmig" zu erklären, und der Gemeindevertretung aufgab, über den Abänderungsantrag anderweit in der Richtung zu beschließen, daß das bestehende Anschußprinzip beseitigt werde.

Das O.-V.-G. setzte im Verwaltungsstreitverfahren den Beschluß des Bezirksausschusses außer Kraft und erkannte, daß die Verteilung der Wegelast nach Pfändern nur durch Gemeindebeschluß, nicht aber durch Anordnung der Aufsichtsbehörde beseitigt werden könne.

Aus den sehr ausführlichen Gründen ist folgendes anzuführen:

2. Die im § 31 Zust.-Ges. begründete Befugnis des Kreisausschusses, in höherer Instanz des Bezirksausschusses, anstelle der Aufsichtsbehörde über die Herbeiführung und erforderlichenfalls Anordnung einer Abänderung oder Ergänzung der in Ansehung der Gemeindelasten bestehenden Ortsverfassung von Landgemeinden zu beschließen, ist insoweit, als es sich um Aufbringung von Gebühren, Beiträgen, indirekten, direkten Steuern oder Naturaldiensten handelt, durch das Komm.-Abg.-Ges. beseitigt. Nach § 78 a. a. O. sind die „Aufsichtsbehörden" befugt, die Abänderung oder Ergänzung von Ordnungen über die Aufbringung von Leistungen der bezeichneten Art anzuordnen, sofern jene Ordnungen den Vorschriften des Gesetzes zuwiderlaufen, und dieselbe Befugnis besteht auch dann, wenn die Abstufungen des Grundbesitzes, nach denen die Umlegung einer Gemeindesteuer vom Grundbesitz erfolgt, wegen wesentlicher Veränderungen in den Besitzverhältnissen nicht mehr zur Grundlage der Besteuerung geeignet sind und ein Antrag auf Abänderung oder Ergänzung von der Mehrheit der einer Steuerstufe angehörigen Steuerpflichtigen gestellt wird. Mit diesen Bestimmungen, deren Handhabung nicht den zur Mitwirkung bei der Staatsaufsicht über die Verwaltung der Gemeindeangelegenheiten berufenen Beschlußbehörden, sondern den Staatsaufsichtsbehörden selbst (bei Landgemeinden nach § 24 Zust.-Ges. dem Landrat als Vorsitzenden des Kreisausschusses) übertragen und unter die Rechtskontrolle des Verwaltungsstreitverfahrens gestellt ist, sind nebenhergehende Befugnisse der Beschlußbehörden, nach freiem Ermessen zu prüfen, ob die bestehenden Ordnungen der Billigkeit entsprechen und insbesondere die Steuerkraft der einzelnen Gemeindemitglieder und ihr Interesse an den betreffenden Gemeindeangelegenheiten ausreichend berücksichtigen (§ 50 Nr. 3 der Ausf.-Bek. zum Ges., betr. die Landgemeinden v. 28. IV. 59), insoweit für aufgehoben zu erachten, als sie sich auf die Aufbringung von Beiträgen, Gebühren, Steuern und Naturaldiensten beziehen (§ 96 Komm.-Abg.-Ges. am Schluß).

Daraus folgt indes nicht, daß die Befugnis der Beschlußbehörden zur Herbeiführung und Anordnung von Änderungen derjenigen Regeln der Ortsverfassung, die sich auf die Verteilung anders gearteter Leistungen beziehen, beseitigt sei. Soweit das auf speziellen Gesetzesvorschriften beruhende Recht der Gemeinde, derartige Leistungen von den ihr angehörigen Personen zu fordern, durch das Komm.-Abg.-Ges. nicht berührt worden ist, muß das gleiche auch von denjenigen Bestimmungen gelten, welche die Befugnis der Aufsichtsbehörden oder der zur Mitwirkung bei der Staatsaufsicht berufenen Beschlußbehörden betreffen, in die Ausübung jener Berechtigung regelnd und ordnend einzugreifen. Diese

Voraussetzung liegt hier vor; denn nach den E.-O.-V. v. 14. XII. 1900 und 12. III. 1901, von denen das erste grundlegende im Pr.-V.-Bl. Bd. XXIII S. 39 ff. abgedruckt ist, sind die besonderen Vorschriften in § 29 des Hann. Wegeges. v. 28. VII. 1851 von dem Komm.-Abg.-Ges. eben deshalb unberührt geblieben, weil sie der Gemeinde das besondere Recht geben, von den ihr angehörigen Grundbesitzern eine von der Entrichtung barer Abgaben (Steuern, Gebühren oder Beiträgen) und von der Verrichtung von Naturaldiensten (operae) völlig verschiedene Art von Leistung, nämlich die Herstellung eines Werkes (opus) zu fordern, und sich demnach auf einem Gebiete bewegen, das im Komm.-Abg.-Ges. nicht geregelt ist. Haben demnach die Aufsichtsbehörden und die an ihre Stelle getretenen Beschlußbehörden überhaupt die Befugnis gehabt, die Abänderung der im § 29 des Wegeges. v. 28. VII. 51 ausdrücklich für zulässig erklärten Verteilungsregeln auf Grund des § 27 Abs. 3 desselben Ges. anzuordnen, so ist sie ihnen auch durch § 78 des Komm.-Abg.-Ges. nicht entzogen worden. Wohl aber ist die Befugnis, vorzuschreiben, daß anstelle der für ungerecht erklärten Verteilungsregel die subsidiarische Vorschrift des § 27 Abs. 3 zu treten hat, d. h. daß die Kosten der Wegebauten durch Umlagen nach dem Landstraßenfuß aufzubringen sind, für beseitigt anzusehen. Zwar würde einer solchen Maßregel die Aufhebung der für das ganze Gebiet der Wegeordnung gegebenen und durch das Ges. v. 12. III. 68 geänderten Vorschriften über den Landstraßenfuß, die im Art. I Nr. 5 des Ges. v. 24. V. 94 (GS. S. 82) ausgesprochen ist, deshalb nicht entgegenstehen, weil an ihre Stelle der durch Art. I Nr. 4 desselben Ges. geänderte § 31 der Wegeordn. treten würde, wonach die zum Neubau und zur Unterhaltung der Landstraßen erforderlichen Mittel nach dem für die Erhebung der Kreissteuern in jedem Kreise geltenden Maßstabe aufzubringen sind. Wohl aber würden die Bestimmungen des Komm.-Abg.-Ges. hinderlich sein; denn diese schreiben vor, daß der Gemeindesteuerbedarf als eine Einheit zu behandeln und als solche auf die verschiedenen Steuerarten zu verteilen ist (§§ 54 ff. a. a. O.), schließen also die Ausschreibung besonderer Steuern zur Deckung bestimmter Ausgaben einer Gemeinde aus. Eine solche würde aber in der Erhebung besonderer Umlagen liegen, die nach den für die Verteilung der Kreisabgaben geltenden Regeln aufzubringen sind. Danach erscheint es, auch abgesehen von der Auslegung der Schlußworte des § 27 der Wegeordnung, unzulässig, daß die Beschlußbehörden bei einer Weigerung der Gemeinden, die Verteilung der Gemeindewegelast nach Pfändern durch Gemeindebeschluß zu beseitigen, Vorschriften darüber treffen, wie die zur Deckung der Kosten für Unterhaltung und Ausbau der Gemeindewege erforderlichen Umlagen aufzubringen sind. Wohl aber würden, wenn anders diejenige Auslegung als richtig anzuerkennen wäre, welche der Beklagte dem § 27 Abs. 3 und insbesondere seinem Schluß zu Teil werden läßt, die Beschlußbehörden als berechtigt zum Erlasse einer Bestimmung anzusehen sein, daß die Kosten durch Umlagen aufzubringen seien. Einen weitergehenden Inhalt aber hat der angegriffene Beschluß nicht.

3. Hiernach hängt die Entscheidung allein davon ab, welche Bedeutung jenen Schlußworten „unbeschadet der Vorschriften im § 29" zukommt. Diese Frage aber war dahin zu beantworten, daß die angeführte Vorschrift da keine Anwendung finde, wo auf Grund des am Schlusse angezogenen § 29 die Pfandwirtschaft das Anschußprinzip in rechtlicher Wirkung besteht. Daraus folgt, daß die Verteilung der Wegelast nach Pfändern, selbst wo sie ungerecht wirken sollte, nur durch Gemeindebeschluß, aber nicht durch Anordnung der Aufsichtsbehörde beseitigt

werden kann. Als Mittel zur Erfüllung der ihnen obliegenden Wegepflicht gibt die Wegeordn. im § 26 den Gemeinden die Berechtigung, ihre Mitglieder behufs Verrichtung der erforderlichen Arbeiten zu Naturaldiensten heranzuziehen und zur Deckung der erwachsenden baren Kosten Umlagen (Beiträge) auszuschreiben. Neben dieser den Regelfall bildenden Art, die Gemeindewegelast zu beschaffen, läßt sie eine davon völlig verschiedene, die Verteilung der Gemeindewegelast nach Pfändern, nämlich die Zuweisung bestimmter räumlich abgegrenzter Wegestrecken, innerhalb deren das einzelne der Gemeinde pflichtige Glied die jener obliegenden Pflichten ihr gegenüber allein zu erfüllen hat, unter gewissen Einschränkungen da, wo sie hergebracht ist, im § 29 zu. Zwischen diese beiden, ganz verschiedene Gegenstände behandelnden Vorschriften aber sind die Bestimmungen der §§ 27 und 28 eingeschoben, wo folgendes behandelt wird:

1. Die Oberverteilung zwischen mehreren, gemäß § 24 Absatz 2 Ziff. 1 zu gemeinsamer Anlegung und Unterhaltung von Gemeindewegen verbundenen Ortsgemeinden (§ 28 Abs. 1);
2. die Unterverteilung innerhalb der einzelnen Ortsgemeinden (§ 27);
3. die Unterverteilung innerhalb der auf Grund des § 24 Abs. 2 Ziff. 2 gebildeten, nur Teile einer Ortsgemeinde umfassenden Unterbezirke (§ 28 Abs. 2).

Daß die Bestimmung im § 28 Abs. 1 auf der Voraussetzung beruht, der aus mehreren Gemeinden bestehende Verband werde seiner Wegepflicht nachkommen, indem er die Beiträge seiner Glieder für die Anlegung und Unterhaltung der Wege verwendet, ergibt sich aus der Natur der Sache. Das gleiche gilt auch für den in § 28 Abs. 2 vorgesehenen Fall der Bildung von Unterbezirken; denn deren Einrichtung kann nur auf die Verbindung der im Unterbezirke belegenen Grundstücke oder vielmehr ihrer Eigentümer zu gemeinsamer Unterhaltung der für ihren Verkehr besonders wichtigen Wege abzielen (zu vgl. § 24 Abs. 2 Ziffer 2) und ist zwecklos, wo die Gemeindewegelast nach Pfändern verteilt ist, also jeder Grundeigentümer eine andere Wegestrecke zu unterhalten hat, worauf auch die Einschaltung der Worte „unbeschadet der Vorschriften in § 29" hinweist. Wenn nun auch der § 27 nach dem Wortlaute des ersten Abs. von der Verteilung der Gemeindewegelast im allgemeinen handelt, so kommt doch dieser weiten Ausdrucksweise gegenüber in betracht, daß seine Vorschriften unmittelbar an die Bestimmungen in § 26 anknüpfen, die sich nur auf die Pflicht der Gemeindeglieder beziehen, zur Anlegung und Unterhaltung der Gemeindewege Naturaldienste zu leisten und Beiträge zu entrichten, und daß darauf andere Bestimmungen folgen, die allein die Aufbringung von Beiträgen an die aus mehreren Gemeinden gebildeten Wegeverbände oder an die, sich als Unterabteilungen der Gemeinde darstellenden Unterbezirke betreffen. Denn diese Stellung des § 27 inmitten von Vorschriften, die lediglich die Beschaffung der Gemeindewegepflicht durch Aufbringung von Diensten und Beiträgen regeln, spricht dafür, daß auch die angeführte Gesetzesstelle sich auf den gleichen Gegenstand, d. i. die Verteilung der nach § 26 von den Gemeindegliedern aufzubringenden Naturaldienste und Beiträge beschränkt, aber dies eigenartige System einer Verteilung der Gemeindewegelast nach Pfändern gar nicht berührt, um so mehr, als im zweiten Absatze des § 27 nicht die gleiche allgemeine Redeweise gebraucht ist, wie im ersten und dritten, und hier nicht von einer Beteiligung oder Teilnahme der bisher Befreiten an der Gemeindewegelast, sondern nur von ihren „Beiträgen" gesprochen wird. Überwiegende Gegengründe gegen diese dem Kläger zur Seite stehenden Erwägungen sind nicht erkennbar.

Zweite Abteilung.

Kultus, Schule, Zwangserziehung, Personenstand und Staatsangehörigkeit.

I.

Die evangelische Kirche.

Literatur: Crisolli und Schultz, die Verwaltungsordnung für das kirchliche Vermögen, Berlin 1904; Illing-Kautz, Handbuch für preußische Verwaltungsbeamte Bd. III 8. Aufl., Berlin 1904. Schön, das evangelische Kirchenrecht in Preußen, Bd. I, Berlin 1903.

A. In den neun älteren Provinzen der Monarchie.

Nr. 1. Entsch. Bd. XXXXIII S. 114 i. d. Anm. v. 5. VII. 01 I A 94/00.

Unstatthaft ist es, Beiträge mehrerer Korporationen zu Besoldungsbeträgen, die sie gemeinschaftlich aufzubringen haben, daher auch Pfarrbesoldungsbeiträge mehrerer unter einem Pfarramte vereinigter Kirchengemeinden, auf die Dauer zwangsweise in den Etat mit der Maßgabe eintragen zu lassen, daß sich der Anteil einer jeden von Jahr zu Jahr nach einem wechselnden oder doch des Wechsels fähigen Verteilungsfuße beispielsweise nach der Seelenzahl oder nach dem Staatssteuersoll ihrer Mitglieder bestimmen.

Nr. 2. Entsch. v. 4. XI. 02 Nr. I 1610.

1. Durch Verf. v. 15. XI. 1901 hatte der Regierungspräsident die Anlegung eines für die evangelische Christuskirchengemeinde in B. bestimmten Begräbnisplatzes auf einem innerhalb des Bezirks der Landgemeinde M. belegenen Gelände von Staatsaufsichtswegen genehmigt. Über die Erteilung der Genehmigung hatte der Gemeindevorstand zu M. bei dem Oberpräsidenten Beschwerde geführt, aber nur den Erfolg erreicht, daß der Christuskirchengemeinde die Verpflichtung auferlegt wurde, denjenigen Teil des von ihr erworbenen Geländes, der in die im Bebauungsplane von M. vorgesehenen Straßen fällt, von Beerdigungen frei zu lassen, während seine weitergehenden Anträge, die Genehmigung ganz zu versagen oder doch an die Bedingung einer Übernahme von weitergehenden, auf den Ausbau der projektierten

Straßen bezüglichen Verpflichtungen zu knüpfen, zurückgewiesen wurden. Gegen diesen Bescheid hatte der Gemeindevorstand geklagt.

2. Nach Form und Inhalt kennzeichnet sich die Verfügung des Regierungspräsidenten als ein Akt der Wahrnehmung der Rechte des Staats gegenüber einer evangelischen Kirchengemeinde auf Grund des Ges., betr. die evangelische Kirchenverfassung in den acht älteren Provinzen der Monarchie, v. 3. VI. 76 (G.-S. S. 125) Art. 24 in Verbindung mit Art. III der Vd. über die Ausübung der Rechte des Staats gegenüber der evangelischen Landeskirche in der acht älteren Provinzen der Monarchie vom 9. IX. 76 (G.-S. S. 395) und der die letztere Bestimmung abändernden und die Zuständigkeit des Regierungspräsidenten auf die bis dahin dem Minister der geistlichen ꝛc. Angelegenheiten vorbehaltene Genehmigung zur Anlegung von Begräbnisplätzen ausdehnenden Vd. v. 30. I. 93 (G.-S. S. 10) Art. I Nr. 2. Maßgebend für die Beurteilung, ob die angestellte Klage für zulässig erachtet werden kann, ist daher allein die besondere Regelung der Rechtsmittel gegen Verfügungen der Regierungspräsidenten in Art. III Abs. 2 der Vd. v. 9. IX. 76. Diese gibt zwar gegen die Verfügung des Regierungspräsidenten das bei dem Oberpräsidenten anzubringende Rechtsmittel der Beschwerde, erklärt aber den auf die Beschwerde erteilten Beschluß für endgültig und schließt damit seine weitere Anfechtung im Wege der Klage bei dem O.-V.-G. aus.

Nr. 3. Entsch. Bd. XXXXIII S. 145 v. 17. II. 03 I A 141/00.

A.-L.-R. II 11 §§ 160, 170, 183, 191, 293 ff.

1. In St. ist von dem Besitzer des dortigen Ritterguts in den ersten Jahrzehnten des 18. Jahrhunderts, anscheinend im Jahre 1723, zum Ersatze für eine räumlich unzureichend gewordene Kapelle, die sich im gutsherrlichen Schlosse befunden hatte, eine Kirche erbaut worden. Der Gutsherr hielt sich für den Patron der Kirche und wird als solcher noch jetzt allgemein anerkannt. Zu der St.er Kirche haben sich seit Menschengedenken stets auch die evangelischen Einwohner des Nachbarorts D. gehalten. Das Pfarramt für St. und D. ist mit dem der Kirchen zu Gr.-L. und Bl. verbunden und wird von letzterem Orte aus, wo der Pfarrer seinen Sitz hat, in der Art verwaltet, daß er an bestimmten Sonn- und Festtagen in der St.er Kirche predigt, nach Bedürfnis die Sakramente spendet, in St. wie in D. die Seelsorge übt und für beide Ortschaften die Kirchenbücher führt. Auch den Kirchhof zu St. hatten von jeher die Einwohner von D. zur Bestattung ihrer Leichen mitbenutzt, bis sie wegen Überfüllung von der Bezirksregierung genötigt wurden, sich einen eigenen Begräbnisplatz anzulegen, wozu ihnen der Patron Beihilfen gewährte. Die Verwaltung der äußeren Angelegenheiten der Kirche lag anfänglich fast ganz in der Hand des Patrons. Dieser, der die Kosten des Kirchenbaues allein getragen haben soll, kam auch für die Unterhaltung des Gebäudes und für die Kultusbedürfnisse, so weit sie nicht in den Erträgen des Klingelbeutels Deckung fanden, aus seinen Mitteln auf, schaffte jedoch im Jahre 1883 den Klingelbeutel ab und stellte zugleich seine bisherigen Leistungen ein oder ließ sich wenigstens fortan nur noch von Fall zu Fall bereit finden, den auf die Gutsbezirkseinsassen entfallenden Kostenanteil zu übernehmen. Nach dem Inkrafttreten der Kirchengemeinde- und Synodalordnung von 1873 fand die Einsetzung von Kirchengemeindeorganen unter Wahlbeteiligung sowohl der Einwohner von St. wie von D. statt; in den Gemeindekirchenrat ist auch der Patron eingetreten.

Das O.-V.-G. hat das rechtliche Bestehen der durch die angefochtene Zwangsetatisierung belasteten Kirchengemeinde St.-D. nach ausführlicher Darlegung aller Verhältnisse aus folgenden Gründen für überzeugend dargetan erachtet.

2. An der Kirche zu St. fungiert seit länger als zwei Jahrhunderten ein Geistlicher der evangelischen Landeskirche, der von dem Patrone zwar ausersehen und berufen, aber von der geistlichen Aufsichtsbehörde bestätigt wird, und zu dessen Amtsverrichtungen Predigt und Spendung der Sakramente sowie die Seelsorge für St. und — seit der Wieder-

herstellung von D. — auch für diese Ortschaft gehört. Die Kirche steht unbestritten nicht etwa nur dem Gutsherrn für sich, seine Familie und seine Hausgenossen, sondern allen Einwohnern beider Ortschaften St. und D. offen. Es unterliegt also nicht dem mindesten Zweifel, daß die Kirche dem öffentlichen Gottesdienste gewidmet ist und daß sie einen räumlich begrenzten Sprengel — wie auch immer es sich mit den kirchlichen Verhältnissen der Einwohner von D. verhält — jedenfalls in dem Gutsbezirke St. hat. Auf das privatrechtliche Eigentum an dem Kirchengebäude, das der Patron für sich in Anspruch nimmt, kommt es dabei nicht ausschlaggebend an. Denn eine begriffsmäßige Voraussetzung für das Bestehen einer Kirchengemeinde ist deren Eigentum an dem Kirchengebäude nicht. Wenn nach der Vorschrift in § 170 Tit. 11 T. II A.-L.-R. „Kirchen und andere dahin gehörige Gebäude ausschließend das Eigentum der ihrer Bestimmung gemäß sie gebrauchenden Kirchengesellschaften" sind, so hat dies nur die Bedeutung, daß dergleichen Gebäude nicht durch Privatwillkür dem Gemeindegebrauche vorenthalten werden dürfen und insoweit dem Verkehr entzogen sind. Dagegen wird das Bestehen einer Kirchengemeinde keineswegs dadurch ausgeschlossen, daß das von ihr gebrauchte Gotteshaus im Eigentum eines dritten steht, — vorausgesetzt nur, daß sie, was hier zutrifft, ein dauerndes, unter den Schutz der kirchlichen Oberen gestelltes kirchliches Recht, nicht etwa nur ein klagbares Privatrecht auf den Gebrauch der Kirche hat.

3. An sämtlichen Einrichtungen, die dem Zwecke des Kirchensystems St. dienen, haben die Einwohner von D. immer teilgenommen und nehmen sie — abgesehen von der ihnen wegen Raummangels nicht mehr gestatteten Mitbenutzung des Begräbnisplatzes — noch gegenwärtig teil. Daß sie gleichwohl nicht vollberechtigte und vollverpflichtete Mitglieder der Kirchengemeinde seien, sondern sich nur als Gastgemeinde zu der Kirche geschlagen hätten, ist eine Annahme, die jedes positiven Anhalts entbehrt und, zumal da Gastverhältnisse die Vermutung nicht für sondern wider sich haben, keine Berücksichtigung verdient. Gastgemeinden sind der Regel nach solche einstmals selbständig gewesene kirchliche Gemeinden, die, ihrer Kirchen und Pfarrämter in den Wirren der Zeit nach der Reformation verlustig gegangen, Befriedigung der religiösen Bedürfnisse in benachbarten Kirchen suchen mußten und dort Aufnahme fanden, aber sich eine korporative Verfassung mit Organen zur Vertretung des kirchlichen Verbandes erhalten haben. Nun soll ja freilich D. vor mehreren Jahrhunderten eine mit Kirchen- und Pfarrländereien ausgestattete Kirche, wenn auch einen Pfarrer nur gemeinschaftlich mit der Kirchengemeinde B. gehabt haben. War jedoch das Dorf mit der Kirche im dreißigjährigen Kriege vollständig zerstört worden und hatte seitdem die Feldmark länger als hundert Jahre wüst gelegen, so kann für diesen Zeitraum von einem Fortbestande der Kirchengemeinde keine Rede sein. Und davon, daß nach der Wiederherstellung des Dorfes im Jahre 1753 — außer kommunalen Einrichtungen, die sich die bäuerliche Gemeinde vielleicht schon damals gegeben haben mag — ihre Einwohner auch zu einem für sich bestehenden kirchlichen Verbande organisiert worden seien, verlautet nicht das geringste.

4. Anderseits konnte sich eine wirkliche Zugehörigkeit der Einwohner von D. zur Kirche in St. daraus, daß sie von dem für diese bestellten Pfarrer mitversorgt wurden, unter Vorwissen und mit stillschweigender Genehmigung der geistlichen Oberen sehr wohl entwickeln. Ähnlich sind in älterer Zeit vielfach kirchliche Verbände von heute

unangezweifeltem rechtlichen Bestand auf dem Boden der gegebenen tatsächlichen Verhältnisse in das Leben getreten. Unter der Herrschaft des A.-L.-R. würde allerdings zur Einpfarrung von D. nach St. ein staatlicher Hoheitsakt unerläßlich gewesen sein. Mit Unrecht vermissen indes die Kläger ein „ausdrückliches" Einpfarrungsdekret. Eine konstitutive staatliche Anordnung hierüber konnte dadurch, daß die zuständige staatliche Behörde die geschehene Parochialveränderung deklaratorisch anerkannte, in ähnlicher Weise ersetzt werden, wie auf dem verwandten Gebiete des Unterrichtswesens das stillschweigende Anerkenntnis von altersher bestehender Schulverbindungen durch die Aufsichtsbehörde der den Regierungen gesetzlich übertragenen Einrichtung von Schulsozietäten gleichsteht. Hier hat der Minister der geistlichen Angelegenheiten unter geordneter Mitwirkung des Evangelischen Oberkirchenrats durch Erl. v. 28. VII. 75 die Einpfarrung von D. nach St. sogar ausdrücklich anerkannt.

5. Immerhin würde der Nachweis unverwehrt gewesen sein, daß das Anerkenntnis der Behörden auf unrichtigen tatsächlichen Voraussetzungen beruht habe, in welchem Falle ihm entscheidende Bedeutung nicht zukommen würde. Dies darzutun, ist nicht gelungen. Das vermeintliche observanzmäßige Recht der Einwohner von D. darauf, daß für sie der Patron die kirchlichen Lasten wie in der Vergangenheit so auch in Zukunft trage, schließt ihre Zugehörigkeit zur Pfarrgemeinschaft der Kirche in St. nicht aus. Sind ferner Realabgaben, die vor Jahrhunderten in dem Parochialverband einer damals vorhanden gewesenen, später aber erloschenen selbständigen Kirchengemeinde D. mit der Kirche in B. wurzelten, noch bis in die neueste Zeit bezahlt worden, so gestattet das doch nicht entfernt einen Rückschluß auf die rechtliche Natur der kirchlichen Beziehungen, in welchen die Einwohner der heutigen, erst in der Mitte des achtzehnten Jahrhunderts wiederhergestellten Ortschaft D. zur Kirche in St. stehen. Belanglos ist endlich, was die Kläger über die Art der Bildung der Kirchengemeindeorgane für St. mit D. beigebracht haben. Wenn bei den kirchlichen Wahlen in St. nicht durchweg den gesetzlichen Vorschriften gemäß verfahren worden ist, so mag das möglicherweise geeignet sein, die Ungültigkeit von Beschlüssen der fehlerhaft zusammengesetzten Körperschaften nach sich zu ziehen. Niemals aber konnte eine Kirchengemeinde der Einwohner von D., wenn sie nicht schon bestand, dadurch geschaffen werden, daß angeblich aus ihrer Mitte allein ein „besonderer" Gemeindekirchenrat für D. gewählt worden ist.

6. Bei dieser Sachlage war mit den beklagten Behörden, das rechtliche Bestehen eines Kirchensystems St. festzustellen, zu dem die Einwohner von D. in einem dauernden festen Einpfarrungsverhältnisse stehen. Daraus aber folgt von selbst, daß die Kläger als vermeintlicher Gemeindekirchenrat von D. nicht befugt waren, die gegen die Korporation der Kirchengemeinde St. mit D. erlassene Zwangsetatisierung namens einer örtlichen Gruppe von Eingepfarrten anzugreifen.

7. Den unterliegenden Klägern, und zwar, da sie einen Gemeindekirchenrat nicht vorstellen, ihnen persönlich, fallen die Kosten zur Last.

Nr. 4. Entsch. Bd. XXXXIII S. 165 v. 27. III. 03 I A 42/01.

A.-L.-R. II 11 §§ 17—24, 39, 96, 174.

1. Der evangelischen und der römisch-katholischen Landeskirche in den älteren Landesteilen steht noch jetzt das ihnen allein gesetzlich verliehene, allen anderen Religionsgesellschaften versagte Vorrecht zu, ihre gottesdienstlichen Gebäude Kirchen zu nennen.

Als das A.-L.-R. eine grundsätzliche und eingehende Ordnung des Verhältnisses von Staat und Kirche unternahm, teilte es dem gemeinen Rechte entsprechend die Kirchengesellschaften in zwei Klassen: die vom Staate ausdrücklich aufgenommenen, die die Rechte privilegierter Korporationen haben sollen und daher als privilegierte oder öffentliche Kirchengesellschaften bezeichnet wurden (§§ 17, 96 A.-L.-R. II), und in geduldete, die einer Genehmigung des Staates bedurften, deren Verhältnisse nach den ihnen erteilten Konzessionen zu beurteilen seien und die im übrigen nur die Befugnisse erlaubter Privatgesellschaften genössen, also keine juristische Person darstellten und in ihrem inneren Verhältnisse nach Gesellschaftsrecht behandelt werden sollen (§§ 20—24 Tit. 11, § 11 Tit. 6 T. II A.-L.-R.). Darüber, welche Kirchengesellschaften zu den aufgenommenen zu rechnen seien, bestimmte das A.-L.-R. nichts, beließ es also bei dem Bestehenden. Hiernach standen in Preußen der (lutherischen und reformierten) evangelischen sowie der katholischen Kirche die bereits bisher geduldeten „Sekten" gegenüber. Während aber das A.-L.-R. den Begriff der Kirchengesellschaften nur auf die Einzelgemeinden in Anwendung bringt, faßte die spätere Gesetzgebung jede der beiden, in Bekenntnis, Kultus, Regiment und paritätischer Unterordnung unter die Staatsgewalt verbundenen großen Religionsgemeinschaften als Ganzes körperschaftlich zusammen. Das Patent v. 30. III. 47 (G.-S. S. 121), die Bildung neuer Religionsgesellschaften betr., unterscheidet die in „Unseren Staaten geschichtlich begründeten und nach Staatsverträgen bevorrechteten Kirchen, welche nach wie vor den kräftigsten landesherrlichen Schutz genießen und in dem Genusse ihrer besonderen Gerechtsame erhalten werden", von den „besonderen Religionsgesellschaften", die bis zur Erteilung der staatlichen Genehmigung bloße Privatgesellschaften bilden, durch die Genehmigung die Rechte einer geduldeten Religionsgesellschaft und demgemäß das Recht zu gemeinschaftlichem Gottesdienst erlangen, deren übrige Rechte aber sich nach der besonderen landesherrlichen Konzession bestimmen. In gleicher Weise stellte Art. 15 der rev. Verf.-Urk. v. 31. I. 50 den beiden Kirchen in formeller Scheidung die anderen Religionsgesellschaften gegenüber. Gleichzeitig gewährte nun freilich Art. 12 der Verf.-Urk. den Staatsangehörigen als staatsbürgerliches Recht die Freiheit der Vereinigung zu Religionsgesellschaften und der gemeinsamen öffentlichen Religionsübung, indem er nur diejenigen formellen und materiellen Schranken vorbehielt, unter welche die Vereinsfreiheit und die Erteilung von Korporationsrechten gestellt ist. Damit verlieh er, im Gegensatze zu den Grundsätzen des A.-L.-R. und des Pat. v. 30. III. 47, allen Religionsgesellschaften im Lande, den überkommenen wie den sich neubildenden, das Recht der öffentlichen Religionsübung. Aber an der geschichtlich begründeten Vorzugsstellung der Kirchen sollte hierdurch nichts geändert werden. Den außerhalb ihres Verbandes stehenden Religionsgesellschaften ist zwar gleichfalls die selbständige Ordnung und Verwaltung ihrer Angelegenheiten gewährleistet. Aber sie befinden sich dem Staate gegenüber in einem Rechtsverhältnisse der Duldung (E.-O.-V. Bd. XIX S. 105, Bd. XXXIII S. 35, Bd. XXXVIII S. 437). Keine von ihnen ist Kirche im Sinne der Verf.-Urk., selbst wenn sie sich selbst in Bekenntnis und Lehre als „Kirche" erklären wollte.

2. Mit der Einführung der Verf.-Urk. in die durch die Ges. v. 20. IX. und 24. XII. 66 mit dem Preußischen Staatsgebiete vereinigten Länder ist die Vorzugsstellung der beiden Kirchen auch dort zu verfassungsmäßiger Geltung gelangt. Auch in der Provinz Schleswig-Holstein, wo bis dahin nur eine Landeskirche, nämlich die evangelisch-lutherische vorhanden gewesen war, gehört nunmehr diese trotz der ihr belassenen prinzipiellen

Selbständigkeit als ein eigenes, in sich abgeschlossenes Ganze zu der evangelischen Kirche des Preußischen Staates. Auch dort ist ihr die römisch-katholische Kirche als Landeskirche — im staatsrechtlichen Sinne — zur Seite getreten und hat aufgehört, eine bloß geduldete Konfession zu sein. Auch in Schleswig-Holstein sind alle außerhalb der beiden Kirchen bestehenden oder neu begründeten Religionsvereine, mögen sie Korporationsrechte besitzen oder nicht, Religionsgesellschaften im Sinne der Verfassungsurkunde.

3. An diesem Rechtszustande hat die durch Ges. v. 18. VI. 75 (G.-S. S. 259) erfolgte Aufhebung der Verfassungsartikel 15, 16 und 18 nichts geändert. Nach wie vor trug vielmehr die Gesetzgebung Sorge, den historischen Gegensatz in der Rechtsstellung der beiden Landeskirchen und der anderen Religionsgesellschaften festzuhalten und nach mannigfachen Richtungen hin weiter zu entwickeln. Reichsrecht und Landesrecht bringen die sonderrechtliche Stellung der rezipierten christlichen Konfessionen durch Wahl einer sie auszeichnenden Benennung sprachlich zum Ausdruck. Worin nun aber im einzelnen die Rechtsvorzüge bestehen, in welchen für den Preußischen Staat der Begriff der Kirche staatsrechtlich hervortritt, darüber gibt die Verf.-Urk. keinen Aufschluß. Inhalt und Umfang der Vorzüge kann nach dem im Art. 109 ausgesprochenen Grundsatze nur den geltenden Gesetzbüchern, einzelnen Gesetzen und Verordnungen entnommen werden, soweit sie der Verfassung nicht zuwiderlaufen.

Auch aus der Entstehungsgeschichte der Verf.-Urk. v. 31. I. 50 ergibt sich, daß die Eigenschaft der Landeskirche verfassungsmäßig nicht von dem Dasein dieses oder jenes Privilegiums abhängig gemacht wird; wie ja auch gerade dasjenige Privilegium, das nach dem geschichtlichen Entwickelungsgange das wichtigste war, nämlich das Recht der öffentlichen Religionsübung, von der Verfassung selbst, wie bemerkt, auf alle außerhalb der Landeskirchen stehende Religionsgesellschaften übertragen worden ist. Entscheidend vielmehr sollte sein das Ganze des Tatbestandes. Die Verf.-Urk. zielt in ihren, das Staatskirchenrecht angehenden Festsetzungen ab auf die historisch überkommene Stellung der Landeskirchen und läßt das besondere Interesse erkennen, das der Staat, der zur Lösung seiner Aufgaben auf zahlreichen Gebieten seiner Tätigkeit ihre Mitwirkung als Pflicht in Anspruch nimmt und als Recht anerkennt, an ihrem Bestande nimmt. Aber es hat dem Staatsgrundgesetze fern gelegen, allen den einzelnen Rechtsvorzügen, mit denen zur Zeit ihres Erlasses die kirchlichen Institutionen und Organe durch das öffentliche, das Privatrecht, die Rechtsschutzanstalten sich ausgestattet fanden, den Charakter verfassungsmäßiger Ausschließlichkeit beizulegen. Die evangelische wie die katholische Glaubensgemeinschaft im Lande sind Kirchen, weil jede von ihnen eine rechtliche, im Laufe der Zeit freilich in manchen Punkten durchlöcherte und verflüchtigte, nicht einem abstrakten Prinzipe, sondern den Vorschriften des positiven Rechtes zu entnehmende Sonderstellung besitzt, die sie aus der Vielheit bestehender Religionsgesellschaften noch immer weit heraushebt.

4. Zweifellos ist nun ein landeskirchliches Vorrecht begründet worden durch die Vorschrift im § 18 Tit. 11 T. II A.-L.-R., wonach die von den öffentlich aufgenommenen Kirchengesellschaften zur Ausübung ihres Gottesdienstes gewidmeten Gebäude Kirchen genannt werden. Dieser Satz begründet ein Recht, das den bloß geduldeten Religionsgesellschaften (§ 23 a. a. O.) nicht zusteht; ein Recht, in dessen Besitze die Gemeinden einer ausdrücklich aufgenommenen Konfession — heute die beiden Landeskirchen als solche — staatlich geschützt werden. Dies ist zum Überfluß auch der Fassung zu entnehmen, die späterhin für jenen Landrechtssatz in

der Anlage zu dem Religionspatente v. 30. III. 47 gewählt wurde. Denn die hier gegebene „Zusammenstellung der in dem A.-L.-R. enthaltenen Bestimmungen über Glaubens- und Religionsfreiheit“, an deren gesetzlicher Geltung nicht zu zweifeln ist, bringt in Nr. 5 unter Verweisung auf § 18 Tit. 11 T. II A.-L.-R. die Vorschrift: Nur die ihnen gehörenden gottesdienstlichen Gebäude werden „Kirchen“ genannt. Dem wird unter Nr. 6 hinzugefügt: „Auf die vorstehend unter Nr. 5 aufgeführten Rechte haben die nur geduldeten Religionsgesellschaften als solche keinen Anspruch.“ Zur Geltung war das Patent von 1847, wie sich aus dessen Abs. 1 und 3 ergibt, für das ganze damalige Staatsgebiet, nicht bloß für diejenigen Landesteile bestimmt, in denen das A.-L.-R. eingeführt worden war. An diesem Rechtszustand ist durch Art. 12 der Verf.-Urk., der allen nicht zur Landeskirche gehörenden Religionsgesellschaften die Freiheit der öffentlichen Religionsübung gewährt, eine Änderung nicht eingetreten. Eine Beschränkung der Religionsübung stellt jene die Gotteshäuser der Landeskirchen auszeichnende Benennung ebensowenig dar, wie deren sonstige Vorrechte. Die Öffentlichkeit der Religionsübung wird dadurch nicht beeinträchtigt, daß sie in Gebäuden stattfindet, denen amtlich und in der Gesetzessprache die Bezeichnung als Kirchen versagt ist.

5. Muß nun aber auch anerkannt werden, daß durch § 18 Tit. 11 T. II A.-L.-R. den Landeskirchen ein noch heute gültiger Rechtsanspruch gewährt wird, der den anderen Religionsgesellschaften versagt ist, so erstreckt sich doch die gesetzliche Geltung des landrechtlichen Privilegs nicht über denjenigen räumlichen Geltungsbereich hinaus, der ihm seiner Zeit durch das Patent v. 30. III. 47 zugewiesen wurde. Die Vorschrift gilt also nur für die älteren Landesteile Preußens. In die mit dem Preußischen Staate im Jahre 1866 vereinigten Gebiete ist weder der Landrechtssatz noch das ihn bestätigende Patent eingeführt worden. Wenn im Gegensatze dazu der beklagte Oberpräsident annimmt, der § 18 Tit. 11 T. II A.-L.-R. gelte auch in Schleswig-Holstein, so kann dieser Annahme nicht beigepflichtet werden. Es fehlt jeder Nachweis dafür, seit welcher Zeit und auf welchem Wege jener Rechtssatz in den Elbherzogtümern geltendes Recht geworden sein sollte.

(Folgt eingehende Begründung).

Sollte aber mit der Bezeichnung der Vorschrift des § 18 a. a. O. als einer verfassungsrechtlichen oder staatsrechtlichen gemeint sein, daß sie bereits durch die preußische Verf.-Urk. zu dem Range eines Verfassungssatzes erhoben und in dieser Eigenschaft in Schleswig-Holstein eingeführt worden sei, so wäre dem, wie dargetan, entgegenzuhalten, daß weder Wort noch Sinn des Art. 15 der Verf.-Urk. es zulassen, der darin aufrechterhaltenen Unterscheidung von Kirchen und anderen Religionsgesellschaften eine solche Tragweite beizumessen.

6. Allerdings aber würde der Umstand, daß die angefochtene Verfügung auf die lediglich in den alten Landesteilen geltenden Bestimmungen des Pat. v. 30. III. 47 nicht gestützt werden kann, noch keineswegs ausreichen, um ihr die Anerkennung der Rechtmäßigkeit zu versagen. Es fragt sich vielmehr weiter, ob das Verbot nicht in besondern, für die Provinz Schleswig-Holstein oder auch nur für das ehemalige Herzogtum Schleswig bestehenden gesetzlichen Vorschriften seine Grundlage findet. Ließe sich der Nachweis erbringen, daß nach dem vorpreußischen Rechte im Herzogtume Schleswig allein die Kultusstätten der lutherischen Landeskirche Kirche genannt worden wären, und daß ein außerhalb der Landeskirche stehender Religionsverein nur im Falle besonderer Verleihung die Befugnis gehabt hätte, sein zu gottesdienstlichen Zwecken bestimmtes Versammlungshaus als Kirche zu

bezeichnen, so würde der fortdauernden Geltung solcher Ausschlußrechte weder die Einverleibung des Landes in Preußen noch die Einführung der Preußischen Verfassung entgegenstehen. Die Bezeichnung würde dort nicht minder als in den alten Provinzen zu jenen landeskirchlichen Vorzugsrechten zu zählen sein, auf welche der Art. 15 der Verf.-Urk. hindeutet.

In den Herzogtümern Schleswig und Holstein fehlt es aber auch an provinzialgesetzlichen Bestimmungen, nach denen für ihre Landeskirchen ein solches Vorrecht begründet wäre.

(Folgt eingehende Begründung).

C. In den im Jahre 1866 einverleibten Gebietsteilen.

Nr. 1. Entsch. Bd. XXXXIII S. 155 v. 13. III. 03 I A 176/01.

1. Bei Ausführung des Kirchenges. v. 2. VII. 98, betr. das Diensteinkommen der Geistlichen der ev.-luth. Kirche der Provinz Hannover (G.-S. S. 243), weigerte sich der Kirchenvorstand zu M. (im Gebiete des vormaligen Herzogtums Kalenberg-Göttingen), den für die Pfarrstelle daselbst zur Alterszulagekasse aufzubringenden Jahresbeitrag zu entrichten, und verharrte hierbei auch, nachdem das Konsistorium zu H. die Verpflichtung der Kirchengemeinde M. zur Leistung des Beitrags festgestellt und der Minister der geistlichen Angelegenheiten auf eine von dem Kirchenvorstand eingelegte Beschwerde ablehnenden Bescheid erteilt hatte. Demzufolge ordnete das Konsistorium im Einvernehmen mit dem Regierungspräsidenten zu H. durch Verf. v. 12. XII. 1901 an, daß von dem erforderten Alterszulagekassenbeitrage der noch rückständige Teil in den Etat der Kirchengemeinde M. für das Jahr 1901 in Einnahme und Ausgabe eingestellt werde. Hiergegen erhob der Kirchenvorstand Klage auf Außerkraftsetzung der Zwangsetatisierung, die er auf die Behauptung stützte, daß eine Kirchengemeinde M. nicht zu Recht bestehe.

2. Das O.-V.-G. stellte letzteres unter sehr eingehender Darlegung der Errichtung evangelischer Pfarrämter und Entwicklung evangelischer Kirchengemeinden bei Durchführung der Reformation auf dem Boden älterer kirchlicher, namentlich klösterlicher Organisationen im Gebiete des vormaligen Königreichs Hannover (Kalenberger Kirchenordnung von 1569) fest.

Angesichts der dargelegten Entwickelung fehlte es in M. nicht an denjenigen rechtlichen Grundlagen, die erforderlich, andererseits aber auch ausreichend waren, um auf ihnen eine autonome Kirchengemeinde im heutigen Sinne zu organisieren, sobald die Eintwickelung der späteren Zeit eine derartige Organisation an Stelle der früheren lokalen Kirchenverfassung erheischte. Für diese Entwickelung ist im Gebiete des vormaligen Königreichs Hannover das Ges. über Kirchen- und Schulvorstände vom 14. X. 48 (Hann. G.-S. Abt. I S. 301) maßgebend gewesen und mit Recht ist daher dieses Gesetz mit den später dazu erlassenen Ergänzungs- und Ausführungs-Verordnungen bisher auf die evangelisch-lutherische Kirchengemeinde M. angewendet worden. Das gleiche gilt von dem Pfarrbesoldungsges. vom 2. VII. 98. Nach den dort gegebenen Vorschriften ist die Kirchengemeinde M. verpflichtet, ihre Pfarrstelle bei der Alterszulagekasse nach Maßgabe der Satzungen dieser Kasse zu versichern (§ 3 Abs. 3 a. a. O.), und zur Erzwingung der hierauf beruhenden gesetzlichen Verpflichtung, über deren Höhe kein Streit besteht, ist die angefochtene Verf. v. 12. XII. 01 gemäß § 5 des Kirchenverfassungsges. v. 6. V. 85 (G.-S. S. 135) mit Recht erlassen worden. Von der durch das Pfarrbesoldungsges. v. 2. VII. 98 begründeten Verpflichtung der Kirchengemeinde sind etwaige, auf besonderen Rechtstiteln beruhende Verpflichtungen dritter unberührt geblieben (§ 6 a. a. O.), und es muß der Kirchengemeinde als der gesetzlichen Verwalterin des Stellenvermögens überlassen bleiben, falls sie glaubt, derartige Ansprüche gegen den Rechtsnachfolger des Jungfrauenklosters zu M. mit Erfolg geltend machen zu können, dies in dem gesetzlich dafür geordneten Verfahren zu tun.

II.

Die katholische Kirche.

Literatur: Illing-Kautz, Handbuch für preußische Verwaltungsbeamte, Bd. III, 8. Aufl., Berlin 1904; Rintelen, Die kirchenpolitischen Gesetze Preußens und des Deutschen Reiches in ihrer gegenwärtigen Gestaltung, Paderborn 1903.

Materialien: Preuß. Ges. v. 29. Mai 1903 (G.-S. S. 179) betr. die Bildung von Gesamtverbänden in der kath. Kirche. Abg.-Haus, Session 1903, Drucks. Nr. 128; stenogr. Berichte Bd. IV S. 4383, 4441. Herrenhaus, Session 1903, Drucks. Nr. 58, 60; stenogr. Berichte S. 191. — Ges. v. 29. Mai 1903 (G.-S. S. 182) betr. Bildung kirchl. Hilfsfonds für neu zu errichtende kath. Pfarrgemeinden. Abg.-Haus, Session 1903, Drucks. Nr. 129, 170; stenogr. Berichte Bd. IV S. 4386, 4441. Herrenhaus, Session 1903, Drucks. Nr. 59, 61; stenogr. Berichte S. 196.

III.

Die Synagogengemeinden.

Nr. 1. Entsch. Bd. XXXXII S. 191 v. 27. VI. 02 II B 3/02.

Nass. Bek. v. 7. I. 52 (Nass. Vd.-Bl. S. 6) betr. die Kultusverhältnisse der Israeliten §§ 5, 7, 8.

1. Auch unverheiratete selbständige Männer und Frauen sind „Familienhäupter" im Sinne der Nassauischen Bek. der Ministerialabteilung des Innern v. 7. I. 52.

Die Bek. enthält unter II § 5 die allgemeine Vorschrift, daß die Vorsteher der israelitischen Kultusgemeinden das Vermögen der Gemeinde nach den für die Vermögensverwaltung der Korporationen im Herzogtum überhaupt bestehenden Vorschriften zu verwalten haben. Die Bestimmungen, welche die in der Begründung des Bezirksausschusses wiedergegebenen Absätze der §§ 7 und 8 über die Festsetzung und Erhebung der Kultussteuern enthalten, schließen sich auf das engste an die ehemalige Nassauische Staats- und Gemeindesteuergesetzgebung an. Sind aber nach dieser auch unverheiratete Personen als „Familienhäupter" anzusehen, so haben sie als solche auch für den Steuerbereich der Kultusgemeinden zu gelten.

(Folgt eingehende Begründung aus der Nass. Gesetzgebung.)

2. Die israelitischen Gemeinden in Nassau sind, die Genehmigung der Aufsichtsbehörde vorausgesetzt, befugt, nicht nur die Realsteuern, sondern auch die Einkommensteuer mit Zuschlägen behufs Aufbringung der Kultusabgaben zu belasten.

Durch die Vd. v. 11. V. 67, betr. die Einführung der preußischen Gesetzgebung in betreff der direkten Steuern in den zum Regierungsbezirke vereinigten Landesteilen (G.-S. S. 593), wurden vom 1. VII. 67 ab (s. §§ 1 und 2) die Nassauische Gebäude- und die Gewerbesteuer aufgehoben und dafür die preußische Gebäudesteuer, die Klassen- und klassifizierte Einkommensteuer, sowie die Gewerbesteuer eingeführt, während die Einführnng der preußischen Grundsteuer bis 1870 hinausgeschoben blieb (s. § 3 und Ges. v. 11. II. 70 (G.-S. S. 85). Daß seit dem Inkrafttreten dieser preußischen Gesetze die bürgerlichen Gemeinden ihren Steuerbedarf durch Zuschläge zu den neuen Staatssteuern decken durften, sowie daß danach auch verfahren worden ist, darf ohne weiteres angenommen werden, und es ist nicht abzusehen, warum es bei den Kultusgemeinden, die den bürgerlichen Gemeinden bezüglich der Steuerhebung längst gleichgestellt waren, hätte anders sein sollen.

IV.

Schulangelegenheiten.

Literatur: Fischer, Schulgesetzsammlung, betr. die Ortsschulaufsicht und die Rechte und Pflichten der Lehrer und Lehrerinnen im Reg.-Bez. Trier, Trier 1903. Friedenthal, Preußisches Volksschulrecht unter besonderer Berücksichtigung des schlesischen Provinzialrechts, Breslau 1903. Illing-Kautz, Handbuch für preußische Verwaltungsbeamte Bd. III, 8. Aufl., Berlin 1904.

C. Heranziehung zu Abgaben und Leistungen die der allgemeinen Schulpflicht dienen.

1. Allgemeine Rechtsgrundsätze, insbesondere für das Verwaltungsstreitverfahren. Begriff der Schulbeiträge, der Beteiligten. Ein- und Ausschulungen.

Nr. 1. Entsch. v. 7. X. 02 Nr. I 1516 (Pr.-V.-Bl. Bd. XXIV S. 557).

Zust.-Ges. §§ 46, 47.

General-Landschulregl. v. 3. XI. 1765 (Kornsche Ed.-Samml. Bd. VIII S. 180) § 13.

1. Im Rahmen des § 46 Zust.-Ges. findet eine Feststellungsklage über die Beitragspflicht im allgemeinen nur im Falle des Abs. 3 d. i. bei Streitigkeiten unter den Beteiligten statt. Zu den Beteiligten ist aber der Schulvorstand nicht zu rechnen, ihm gegenüber steht den Beteiligten eine Feststellungsklage nicht, sondern nur eine Klage gemäß § 46 Abs. 1, 2 gegen die einzelne Heranziehung nach vorangegangenem Einspruche zu. Ist aber auch eine Feststellungsklage gegen den Schulvorstand sowohl für sich allein wie in Verbindung mit einer Reklamationsklage unstatthaft (E.-O.-V. Bd. XXV S. 174), so folgt doch daraus nicht, daß im Falle der Verbindung der einen Klage mit der anderen beide abgewiesen werden müßten. Vielmehr steht nichts entgegen, in der Weise, wie es in täglicher Übung der Verwaltungsgerichte geschieht, unter Abweisung der unzulässigen Feststellungsklage über die zulässige Reklamationsklage materiell zu befinden.

2. Aufwendungen für die Immobiliarfeuerversicherung haben nach E.-O.-V. Bd. XXXVIII S. 187 die rechtliche Natur von Schulbaukosten, weil sie für den Fall eines Brandes zur Wiederherstellung der Substanz des Gebäudes nebst Pertinenzien zu dienen bestimmt sind. In

Ermangelung besonderer, eine abweichende Beurteilung zulassender Umstände von der Art, wie sie in der soeben angezogenen Entscheidung dargelegt sind, überschreitet daher der Schulvorstand seine gesetzlichen Befugnisse zwar nicht schon durch die Anforderung von Immobiliarfeuerversicherungsbeiträgen, wohl aber dadurch, daß er seinerseits den Kläger auf dessen Einspruch aus § 46 Abs. 1 Zust.-Ges. ablehnend bescheidet, anstatt gemäß § 47 ebenda die Entscheidung des entstandenen Streits der zuständigen Schulaufsichtsbehörde zu überlassen.

Anders verhält es sich mit den Anforderungen, die der Schulvorstand zur Mobiliarversicherung des Schulinventars sowie zu den Kosten für Reinigung der Schulschornsteine, der Klassenzimmer und der Aborte gestellt hat. Alle derartige Ausgaben gehören zu den sächlichen Schulbedürfnissen im engeren Sinne. Sie sind gegenüber den Beitragspflichtigen gemäß § 46 Abs. 1, 2 Zust.-Ges. vom Schulvorstand im Wege der Heranziehung und durch Beschluß auf erhobenen Einspruch, vorbehaltlich des Verwaltungsstreitverfahrens, festzustellen.

3. Ihre Aufbringung liegt im Bereiche der Schles. Schulregl. vom 3. XI. 1765 und 18. V. 1801, den zur Schule geschlagenen Gemeinden mit Konkurrenz der Herrschaft ob. In welchem Verhältnisse die beteiligten Gemeinden und Herrschaften die Last der sächlichen Unterhaltung tragen sollen, ist weder in dem älteren Schulregl. von 1765 noch in der Novelle von 1801 gesagt. Das Provinzialgesetz hat es in dieser Beziehung bei dem zur Zeit seiner Verkündung bestehenden Rechtszustande belassen, wonach die Kriegs- und Domänenkammern, deren Stelle jetzt die Regierungen einnehmen, kraft des Staatshoheitsrechts im Streite oder Bedarfsfalle beim Mangel gültiger Vereinbarungen oder rechtsbeständiger Gewohnheiten nach billigem Ermessen festzusetzen hatten, was von jedem Kontribuenten, Gemeinden und Dominien zu leisten war. Das ist in zahlreichen veröffentlichten Entscheidungen des O.-V.-G. (für Baukosten Bd. XII S. 182, 194, Bd. XIII S. 282/3, Bd. XXV S. 200, für Einrichtungsstücke Bd. XV S. 274/76, für Miets- und Heizungskosten Bd. XX S. 182) dargelegt worden und muß auch für die hier in Rede stehenden Kosten der Mobiliarfeuerversicherung und der Schulschornstein-, Klassen- und Abortreinigung gelten. Zu diesen Kosten, deren Verteilung zwischen den Gemeinden und der Herrschaft im Schulverbande nach der unbeanstandet gebliebenen Feststellung der Vorinstanzen auch durch das Ortsrecht nicht geregelt wird, hat der beklagte Schulvorstand das fiskalische Dominium Alth. in Höhe von einem Drittel des Gesamterfordernisses für die drei Jahre 1896, 1897 und 1898 herangezogen. Zu der Zeit aber, als er die Heranziehung ins Werk setzte und den abweisenden Einspruchsbeschluß faßte, war noch keine Anordnung der Schulaufsichtsbehörde ergangen, die ihn zur Anwendung des gewählten Verteilungsmaßstabs ermächtigte. Wie daraus folgt, entbehrte die Inanspruchnahme des Klägers von Anbeginn der rechtlichen Grundlage. Deshalb muß sie notwendig, dem Klageantrag entsprechend, außer kraft gesetzt werden. Daran ändert auch der Umstand nichts, daß der Beklagte, während bereits das Streitverfahren bei dem Kreisausschuß anhängig war, eine Festsetzung der Verteilungsnorm durch die Regierung nachträglich herbeigeführt hat und daß diese mit der von ihm unbefugt angewendeten übereinstimmte. Dadurch konnten nach den Grundsätzen, die — im Gegensatz zu Streitigkeiten unter den Beteiligten — den Steuerprozeß beherrschen, die der Heranziehung anhaftenden, ihre Rechtsverbindlichkeit ausschließenden Mängel nicht hinterher geheilt werden (Pr.-V.-Bl. Jahrg. XX S. 180).

Nr. 2. Entsch. Bd. XXXXII S. 163 v. 21. X. 02 I C 68/02.

Zust.-Ges. §§ 46, 47.

1. Ob eine Volksschule im Sinne der §§ 46 Abs. 4 und 47 Abs. 5 Zust.-Ges. als Stadt- oder als Landschule anzusehen ist, bestimmt sich zunächst nach ihrer örtlichen Lage, dann nach der Eigenschaft der Einwohner, deren Unterrichtsbedürfnissen sie dient, und endlich nach der Person des Trägers der Unterhaltungslast sowie dessen, von dem sie verwaltet wird. Keines dieser Merkmale ist von unbedingt ausschlaggebender Bedeutung; vielmehr muß jedesmal auf die gesamten Umstände Rücksicht genommen werden. Liegt eine Schule im Stadtbezirke, ist sie für die im Stadtbezirke sich aufhaltenden Kinder mit bestimmt und hat sie bisher unter städtischer Verwaltung gestanden, so reichen diese Umstände aus, um ihr die rechtliche Natur einer Stadtschule zu geben, wenngleich auch die Kinder aus dem in kommunalrechtlicher Beziehung unabhängigen Bezirke „Schloß B." zu ihr gewiesen sind. Jede Volksschule muß entweder eine Stadt- oder eine Landschule sein; dadurch, daß eine nach den übrigen Merkmalen städtische Schule gleichzeitig dem Unterrichtsbedürfnisse benachbarter ländlicher Ortschaften dient, büßt sie ihre ursprüngliche Eigenschaft nicht ein.

2. Die Klagefrist wird nur durch Anbringung der Klage bei dem zuständigen Gerichte gewahrt. Vereinbarungen, und zwar sowohl ausdrückliche wie stillschweigende, über die Zuständigkeit der Verwaltungsgerichte sind unwirksam. (Vgl. E.-O.-V. Bd. V S. 469, Bd. XXXVII S. 214.)

Nr. 3. Entsch. v. 7. XI. 02 Nr. I 1729 (Pr.-V.-Bl. Bd. XXIV S. 795).

Zust.-Ges. § 46.

1. Die Verfolgung von Erstattungsansprüchen sächlicher Schulunterhaltungskosten, die eine zum Schulverbande gehörige Gemeinde gegen eine Gutsherrschaft zu haben glaubt, hat im Wege der Kontribuentenklage (§ 46 Abs. 3 Zust.-Ges.) zu geschehen.

2. Die Heranziehung zu sächlichen Schulunterhaltungskosten ist unbegründet, sobald sie auf keinem rechtswirksamen Beschlusse des Schulvorstandes beruht. Zur Fassung eines rechtswirksamen Beschlusses ist die Einladung sämtlicher Mitglieder des Schulvorstandes nötig.

Nr. 4. Entsch. Bd. XXXXII S. 165 v. 2. XII. 02 I C 24/01.

Ges. v. 18. VI. 40 (G.-S. S. 140) über die Verjährungsfristen bei öffentlichen Abgaben, §§ 1, 14.
Zust.-Ges. § 46.

1. Das Ges. v. 18. VI. 40 unterscheidet in seinem, die Reklamation gegen direkte Steuern regelnden § 1, dessen Vorschriften nach § 14 auch auf öffentliche Abgaben zur Unterhaltung der Volksschulen und Volksschullehrer Anwendung finden, 1. die Ausschreibung durch Heberolle oder — bei Auferlegung der Steuer im Laufe des Jahres — durch besondere Benachrichtigung von dem Betrage, 2. diejenigen Fälle, wo eine periodische Veranlagung und Anfertigung von Heberollen nicht stattfindet. Es rechnet also, neben der Veranlagung für ein bestimmtes Jahr oder zu einzelnen bestimmten Leistungen innerhalb eines Jahres, noch ferner mit der Möglichkeit einer auf die Dauer wirksamen Belastung des Zensiten in der Art, daß ihm regelmäßig wiederkehrende Leistungen ein für allemal und bis zu anderweitiger Feststellung auferlegt werden. Ob die Voraussetzungen hierfür zutreffen,

ist bei jeder Art von Abgaben nach dem für sie bestehenden besonderen Rechte zu beurteilen.

2. Dominialbeiträge zum Unterhalte der Lehrer, die in wiederkehrenden Leistungen an Geld und vertretbaren Naturalien und auf dem objektiven örtlichen Rechte beruhen sind steuerartiger Natur, wenn auch ihre Einforderung durch den Schulvorstand nicht eine Umlage darstellt. (Vgl. E.-O.-V. Bd. XXXIII S. 208).

3. Eine dauernde Heranziehung des Gutsherrn zum Lehrerdiensteinkommen liegt auch dann vor, wenn ihm aus Einkommensverzeichnissen (Genußzetteln, Matrikeln) bekannt geworden ist, daß der Schulvorstand eine bestimmte Verteilung der Last zwischen dem Dominium einerseits und der (Schul- oder bürgerlichen) Gemeinde andererseits als die bis auf weiteres beizubehaltende beschlossen oder stillschweigend gebilligt hat.

4. Der gesetzliche Staatsbeitrag zum Lehrerdiensteinkommen mindert zu Gunsten aller Unterhaltungspflichtigen den Gesamtbedarf. Hat der Schulvorstand Beitragsanforderungen ohne Berücksichtigung des Staatsbeitrags gestellt, so darf er sie durch Beschluß auf Einspruch nur insoweit aufrecht erhalten, als nach ihrer verhältnismäßigen Kürzung um einen Anteil am Staatsbeitrage noch eine zu erfüllende Leistung übrig bleibt.

Nr. 5. Entsch. Bd. XXXXIII S. 200 v. 13. II. 03 I C 100/01.

Die Dorfgemeinde Schl. hatte gegen den Fiskus ein Erkenntnis dahin erstritten, daß der Fiskus schuldig, dem Lehrer zu Schl. aus Forsten jährlich 14 1/6 Klafter Klobenweichholz zu gewähren. Durch diese Entscheidung sollte gegenüber der Dorfgemeinde die Pflicht des Fiskus zur Lieferung des Holzes an die Schule grundsätzlich festgestellt werden. Dennoch kann die von den ordentlichen Gerichten in einem Streitverfahren zwischen den Beteiligten getroffene rechtskräftige Feststellung dem Fiskus im vorliegenden Streitverfahren nicht entgegengesetzt werden. Denn sie hatte die Aufbringung des Brennbedarfes für den (damals einzigen) Lehrer im Kreise der Schulunterhaltungspflichtigen zum Gegenstande, während hier eine davon völlig verschiedene Frage zur Entscheidung steht, nämlich die Frage, ob sich die Schule und ihr Vertretungsorgan, der Schulvorstand, auf die dem Fiskus als Mitträger der Schullast angesonnene Brennmaterialienlieferung diejenigen Einkommensbezüge an Holz anrechnen lassen müssen, die der erste Lehrer in dem mit seinem Schulamte verbundenen Kirchenamt als Organist und Küster von der Kirchengemeinde oder den eingepfarrten Hufenwirten, also von dritten Personen, empfängt. Erst wenn diese Bezüge, sei es infolge von Trennung der vereinigten Ämter, sei es aus einem anderen Rechtsgrunde, fortfielen, könnte die frühere rechtskräftige Feststellung für das Verhältnis der Schullastenträger untereinander oder vielleicht auch gegenüber dem berechtigten Schulinstitut überhaupt in betracht kommen.

Nr. 6. Entsch. Bd. XXXXIII S. 184 v. 17. II. 03 I C 58/02.

Ges. v. 18. VI. 40 (G.-S. S. 140) über die Verjährungsfristen bei öffentlichen Abgaben, §§ 5, 6, 14.

1. Die im Gebiete des Schles. Schulregl. v. 18. V. 1801 von Gemeinden und Dominien zur Unterhaltung der öffentlichen Volksschulen wiederkehrend zu leistenden Geldbeiträge haben die Eigenschaft öffentlicher Abgaben im Sinne des § 14 des Ges. v. 18. VI. 40 (E.-O.-V. Bd. IV S. 204 ff., besonders S. 208 und 209).

Das nämliche muß auch von wiederkehrenden Leistungen zu Mietsentschädigungen gelten, die auf Grund der öffentlich-rechtlichen Pflicht zur Deckung der baulichen Bedürfnisse der Schulen von Gemeinden und Gutsbezirken zu entrichten sind, obschon sie die rechtliche Natur von Schulbaukosten teilen. Sie dürfen daher von einem Beitragspflichtigen, der übergangen war, nicht in einem späteren Rechnungsjahre nachgefordert werden.

2. Es ist nicht einzusehen, weshalb nicht eine Übergehung der Gutsherrschaft möglich sein sollte. Werden die Beiträge nur von den übrigen Schulunterhaltungspflichtigen gefordert, nicht aber von der Gutsherrschaft, so ist diese übergangen. Die Möglichkeit einer Übergehung wird durch deren Unzulässigkeit nicht ausgeschlossen; sonst könnte ein Abgabepflichtiger überhaupt nicht übergangen werden, weil die Übergehung eines solchen immer unzulässig ist.

3. Ebensowenig trifft die Erwägung zu, daß, wenn man die nachträgliche Heranziehung des Gutsherrn für unzulässig erachte, die Mittel zur Deckung des Bedürfnisses gar nicht zu beschaffen sein würden. Denn ein aus früherer Zeit stammender Fehlbetrag kann auf die sämtlichen Schulunterhaltungspflichtigen immer noch umgelegt werden (E.-O.-V. Bd. II S. 106, Bd. X S. 115). Ausgeschlossen sind nur die Nachforderungen an einzelne Abgabepflichtige, die früher übergangen waren.

2. Das Geltungsbereich des Allgemeinen Landrechts.

Nr. 1. Entsch. v. 19. IX. 02 Nr. I 1416 (Pr.-V.-Bl. Bd. XXIV S. 374).

A.-L.-R. II 12 §§ 29 ff.

1. Die Freilassung von Hausväterbeiträgen steht jedem Miteigentümer eines Gutes zu, mit dessen Besitz in früherer Zeit die Gutsherrschaft verbunden war. Wie in E.-O.-V. Bd. XXXVII S. 203 ff. nachgewiesen ist, sind in Fällen, wo ein selbständiges Gut mehreren Personen zu ideellen Anteilen gehört, sämtliche Miteigentümer Gutsherren dieses Gutes in den öffentlich-rechtlichen Beziehungen, namentlich auch gegenüber der Schule, die sich im einstmaligen Herrschaftsgebiete des Gutes befindet, gleichviel wem von ihnen die Ausübung der ihnen gemeinschaftlich zustehenden Rechte übertragen worden ist. Nicht um ein sogenanntes Schulpatronat, das dem A.-L.-R. unbekannt ist, sondern um die Gutsherrlichkeit handelt es sich, und diese war keineswegs „mit der Gerichtsherrlichkeit identisch", dergestalt, daß auf ihren Besitz und die Übertragung der mit dem Besitze verbundenen Rechte die Vorschriften über das dingliche Kirchenpatronat anwendbar wären.

Der erweisliche Besitz der Gerichtsbarkeit und der in ihr nach der Auffassung des A.-L.-R. einbegriffenen Polizeigewalt kann zwar als Kennzeichen der Gutsherrschaft des damit beliehenen Gutes, mithin auch als ein Beweismittel für die Eigenschaft dieses Gutes als Gutsbezirk erheblich sein. Andererseits bildete die Gutsherrschaft keineswegs ein Annexum der Gerichtsbarkeit und Polizei. Beide konnten vielmehr getrennt in verschiedenen Händen liegen, — eine rechtliche Möglichkeit, die in dem Ges., betr. die ländlichen Ortsobrigkeiten, v. 14. IV. 56 (G.-S. S. 354) vorausgesetzt wurde. Tatsächlich hat es denn auch vielfach Gutsherrschaften (Gutsbezirke) gegeben, die niemals im Besitze jener Rechte gewesen sind, ohne daß daraus der Mangel der Gutsherrlichkeit gefolgert werden dürfte (E.-O.-V. Bd. VIII S. 84, Bd. XXIII S. 117). Gerade in der Provinz Posen wurde nach ihrer Wiedervereinigung mit dem Preußischen Staate die während der Fremdherrschaft beseitigte Patrimonialgerichtsbarkeit nicht von neuem eingerichtet (§ 22 des Patents v. 9. XI. 16, G.-S. S. 225). Ebensowenig stand dort den Besitzern adliger Güter die polizeiobrigkeitliche Gewalt über die auf ursprünglich gutsherrschaftlichem Grund und Boden angesiedelten Bauern und Landleute zu; diese war vielmehr den staatlich ernannten Woyts übertragen, an deren Stelle später die Distriktskommissare getreten sind (E.-O.-V. Bd. XXXVI S. 153 ff.). Gleichwohl ist es anerkannten Rechtens, daß hinsichtlich des Inhalts und Umfanges der gutsherrlichen Rechte und Pflichten, insbesondere auch in dem Verhältnisse zur Schule, ein Unterschied zwischen der Provinz Posen und den übrigen älteren Landesteilen — abgesehen von den die Lehrerberufung für das Gebiet der Provinzen Posen und Westpreußen regelnden Sonderbestimmungen des Ges. v. 15. VII. 86 (G.-S. S. 185) — überall nicht besteht (Entsch. O.-Trib. Bd. XX S. 385 ff., Bd. XXX S. 286 ff., E.-O.-V. Bd. XXIV S. 139 ff.).

2. Nach §§ 29 ff. A.-L.-R. II 12 muß zwar der Gutsherr des Schulorts zeitweise unvermögende Hintersassen bei Aufbringung ihrer Hausväterbeiträge zur Schulunterhaltung unterstützen und zu Schulbauten abgeblich vorhandene Rohmaterialien unentgeltlich verabfolgen. Darüber hinaus aber darf er, weil für seine Person außerhalb der Schulgemeinde stehend, zu Schulbedürfnissen nicht, und zwar, falls er noch andere als gutsherrschaftliche Grundstücke im Schulbezirke besitzt, auch von diesen nicht herangezogen werden (vgl. E.-O.-V. Bd. IX S. 131 ff.).

Nr. 2. Entsch. v. 3. X. 02 Nr. I 1494.

1. Der für Gemeindeabgaben geltende Grundsatz, daß eine Heranziehung zur Teilnahme an diesen Abgaben nicht mehr zu einer Zeit möglich ist, wo bei dem Herangezogenen die Voraussetzungen, die die materielle Steuerpflicht begründen, fortgefallen sind, gilt auch für die Heranziehung zu Hausväterbeiträgen für Schulzwecke. Die Rechtsgrundsätze in E.-O.-V. Bd. XXIX S. 19 u. Bd. XXXII S. 37 enthalten keine lediglich für die Erhebung von Kommunalabgaben geltenden Besonderheiten. Auch bei Schulgemeinden ist das Recht, von ihren Mitgliedern Steuern in Form von Hausväterbeiträgen zu erheben, lediglich ein Ausfluß der den Schulgemeinden verliehenen Hoheits- und Herrschaftsstellung, ohne welche die Befugnis, Hausväterbeiträge zu erheben, rechtlich nicht zu begründen sein würde. Daran vermag auch der Umstand nichts zu ändern, daß außerdem noch der Etat der Schulgemeinde K. für den in Frage stehenden Zeitraum von der Schulaufsichtsbehörde genehmigt worden ist.

2. Die entgegenstehenden Ausführungen der Revisionsschrift beruhen auf einer unzulässigen Verwechselung zwischen der Schulsteuerpflicht eines Hausvaters im allgemeinen und der Verpflichtung desselben zu einzelnen bestimmten Schulbeiträgen, welche letztere Verpflichtung erst durch die Heranziehung begründet wird, und daher hinsichtlich ihrer Rechtsgültigkeit nach den zur Zeit der Heranziehung vorhandenen Voraussetzungen zu beurteilen ist. Abwegig sind auch die weiteren Ausführungen, daß die Schulsteuerpflicht eines Hausvaters sich nur auf diejenigen Ausgaben erstrecke, die während der Dauer seiner Zugehörigkeit zu der Schulgemeinde zu leisten gewesen seien. Vielmehr sind beitragspflichtig alle zur Zeit der Heranziehung vorhandenen Mit-

glieder der Schulgemeinde zur Deckung der von dieser aufzubringenden Kosten ohne Rücksicht darauf, nach welchem Zeitpunkt die Fälligkeit der hiernach erforderlichen Leistungen der Schulgemeinde an sich zu bestimmen ist.

Nr. 3. Entsch. v. 28. IV. 03 Nr. I 707 (Pr.-V.-Bl. Bd. XXIV S. 680).

A.-L.-R. II 12 §§ 29ff., 36.

1. Übernimmt eine bürgerliche Gemeinde in rechtsgültiger Weise die Unterhaltung der Volksschule, so ist die notwendig eintretende Rechtsfolge die, daß die Beantwortung der Frage, wen sie zu den zur Deckung der Unterhaltungskosten ausgeschriebenen Steuern heranzuziehen berechtigt ist, sich nicht nach den Vorschriften in §§ 29ff. A.-L.-R. II 12, sondern nach denen des Komm.-Abg.-Ges. v. 14. VII. 93 in Verbindung mit den örtlich geltenden Steuerordnungen richtet. Daher hängt die Entscheidung der Frage, ob ein Gutsherr zu dem behufs Deckung der Schulunterhaltungskosten ausgeschriebenen Teile der Gemeindesteuern herangezogen werden kann, nicht von der Prüfung ab, ob er Hausvater ist, sondern von der, ob er Gemeindesteuerpflichtiger ist (vgl. E.-O.-V. Bd. XIX S. 170). Die Grundlage für die Freiheit des Gutsherrn von den Leistungen, die einem zur Ortsschule gewiesenen Hausvater obliegen, besteht nicht in einem auf besonderem Rechtstitel beruhenden, alle öffentlichen Abgaben zu Schulzwecken erfassenden Steuervorrechte, sondern ganz allein in dem Mangel der Eigenschaft eines Hausvaters; er unterscheidet sich deshalb auch nicht von anderen Gemeindesteuerpflichtigen, die nicht zu den zur Schule gewiesenen Hausvätern gehören, und kann einen Anspruch auf Befreiung von den zu Schulzwecken erhobenen Gemeindesteuern ebensowenig geltend machen, wie diese.

2. Bei der Übernahme einer Volksschule seitens der bürgerlichen Gemeinde ist der Vorbehalt zulässig, daß der Gutsherrschaft die Pflichten aus § 36 A.-L.-R. II 12 verbleiben sollen. Allerdings ist darin eine Einschränkung der Übernahme der Schule als Gemeindeanstalt zu finden, allein es ist nicht anzuerkennen, daß diese Einschränkung unzulässig ist. Aus der Befugnis der Landgemeinde, mit Genehmigung des Kreisausschusses den Kreis ihrer Aufgaben zu erweitern, die in der Bestimmung des § 114 der Land-Gem.-Ordn. v. 3. VII. 91, wonach „zur neuen Belastung der Gemeindeangehörigen ohne gesetzliche Verpflichtung" die Genehmigung des Kreisausschusses erforderlich ist, eine erneute, wenn auch nur mittelbare gesetzliche Anerkennung gefunden hat, folgt nicht nur die Berechtigung, Volksschulen in Gemeindeanstalten unter Zustimmung der Schulaufsichtsbehörde umzuwandeln, sondern auch die andere, eine Übernahme der Lasten der Schulsozietät mit oder ohne Befreiung der einzelnen Hausväter von ihrer Verpflichtung zu beschließen.

3. Die Provinzialrechte.

a) Geltungsbereich der Preußischen Schulordnung vom 11. Dezember 1845.

Nr. 1. Entsch. v. 11. II. 02 Nr. I 249 (Pr.-V.-Bl. Bd. XXIV S. 308).

Pr. Schulordn. v. 11. XII. 45 (G.-S. 1846 S. 1) §§ 44, 47.

1. Unter Domänendörfern im Sinne der Pr. Schulordn. sind alle Ortschaften zu verstehen, die sich innerhalb des Bezirkes befinden, auf den sich ehemals die gutsherrliche Gewalt des

Domänenfiskus erstreckte, also die im Dominium des Fiskus belegenen Ortschaften, gleichviel, ob sie jetzt einem fiskalischen Gutsbezirk angehören oder Landgemeinden bilden. Nur der Übergang einer Ortschaft aus der fiskalischen Gutsherrlichkeit in die eines privaten Gutsherrn, der sich jetzt nur durch Einverleibung der Ortschaft in einen Privatgutsbezirk oder durch ihre Erhebung zu einem selbständigen Privatgutsbezirke vollziehen kann, bewirkt ihren Austritt aus dem Dominium des Fiskus. Entsteht auf dessen Gebiet eine neue Landgemeinde, so ist sie ein „Domänendorf", obwohl sie nicht einem fiskalischen Gutsbezirk im Sinne des neuen Kommunalrechts angehört, der nur das gutsherrliche Vorwerksland, aber nicht, wie die Gutsherrschaft im Sinne des älteren Rechts, auch bäuerliche Landgemeinden umfaßt. Daß die gutsherrlichen Pflichten des Domänenfiskus auf dem Gebiete der Schulverwaltung, wie sie in den §§ 44—47 der Pr. Schulordn. geregelt sind, nicht nur gegenüber bei Einführung der Schulordnung bestehenden, sondern auch gegenüber den auf domänenfiskalischem Territorium nach dem Inkrafttreten der Schulordn. und nach Einführung der Kr.-Ordn. v. 13. XII. 72 entstandenen neuen Landgemeinden bestehen, ist in dem Min.-Erl. v. 19. XII. 83 (bei Schneider u. v. Bremen, Das Volksschulwesen, Bd. II S. 331—333) ausdrücklich anerkannt worden.

2. Ein Allerhöchster Erlaß, der bestimmt, daß eine Ortschaft eine Landgemeinde bilden solle, trifft nur über die zukünftige Eigenschaft der Ortschaft Bestimmung. Seine Angabe, daß die Ortschaft bisher ein Gutsbezirk gewesen sei, hat nur die Bedeutung einer geschichtlichen, die Auffassung der Verwaltungsbehörden wiedergebenden Erwähnung, enthält aber keine Entscheidung, die auch insoweit Rechtswirkungen erzeugt.

Nr. 2. Entsch. v. 20. III. 03 Nr. I 501.

Pr. Schulordn. v. 11. XII. 45 (G.-S. 1846 S. 1) § 58.
Zust.-Ges. §. 46.

1. Der Umfang der von den Anwohnern aufzubringenden Leistungen, der nach § 58 der Schulordn. v. 11. XII. 45 von der zuständigen Schulaufsichtsbehörde festgesetzt worden ist, unterliegt nicht der Nachprüfung im Verwaltungsstreitverfahren.

2. Was den Einwand betrifft, daß nämlich zu den streitigen Schulabgaben Anwohner eines Gutes nicht herangezogen seien, die von Schulabgaben nicht befreit seien, so ist der in der E.-O.-V. Bd. XXXI S. 170 ff. ausgesprochene Rechtsgrundsatz, wonach eine Reklamationsklage gegen die Heranziehung zu kommunalen Lasten einschließlich der Schulunterhaltungsbeiträge nicht auf die Behauptung gestützt werden kann, daß das Ortssteuerrecht zu Unrecht nicht gegen andere Zensiten ausgeübt worden sei, in dieser Allgemeinheit in der neueren Rechtsprechung des Gerichtshofes nicht mehr aufrecht erhalten worden. Vielmehr ist in E.-O.-V. v. 30. IX. 02 I. 1476 angenommen, daß, wenn eine Übergehung bezw. mindere Heranziehung anderer Zensiten eine Überbürdung des Reklamanten zur Folge gehabt habe, ein derartiges Verfahren sich als eine unrichtige Anwendung des Ortssteuerrechtes gegen den Reklamanten charakterisiere und insoweit eine Reklamationsklage gemäß § 46 Abs. 2 Zust.-Ges. eröffne.

Nr. 3. Entsch. Bd. XXXXIII S. 200 v. 13. II. 03 I C 100/01.

Pr. Schulordn. v. 11. XII. 45 (G.=S. 1846 S. 1) § 45 Nr. 5.

1. Die gemäß § 45 Nr. 5 der Pr. Schulordn. v. 11. XII. 45 dem Fiskus obliegende Pflicht, für Schulen in Domänendörfern das erforderliche Brennmaterial zu gewähren, fällt bei Kirchschulen in Ansehung der Klassenheizung nicht schon um deswillen fort, weil nach den gesetzlichen Vorschriften der Ermländischen Stolgebührentaxe vom 2. XII. 1729 dem Kirchschullehrer gegenüber der Kirchengemeinde ein Anspruch auf Kalendeholz zusteht; dagegen braucht der Fiskus zum Haus- und Wirtschaftsbedarfe des Kirchschullehrers, soweit er durch den Bezug von Kalendeholz gedeckt wird, Brennmaterial nicht zu liefern.

2. Im vorliegenden Falle befand sich der Lehrer in dieser Lage; nur erhielt er statt des Kalendeholzes angemessene Geldbeträge. Reichen diese oder das kirchliche Kalendeholz für den Haus- und Wirtschaftsbedarf des Kirchschullehrers aus, dann darf der Schulvorstand für ihn nicht noch außerdem Brennmaterial von den Schulunterhaltungspflichtigen fordern. Denn das Einkommen dauernd verbundener Schul- und Kirchenämter stellt sich rechtlich als ein einheitliches dar, ohne Rücksicht auf die Quellen, aus welchen es in seinen einzelnen Bestandteilen fließt. Dieser Grundsatz hat von jeher in anerkannter Geltung gestanden und ist auch in der Gesetzgebung zu positivem Ausdrucke gelangt — einmal in Art. 1 § 4 Abs. 5 des Lehrerpensionsges. v. 6. VII. 85 und wiederholt durch die Vorschrift in § 4 Abs. 1 und 2 des Lehrerbesoldungsges. v. 3. III. 97.

Nr. 4. Entsch. Bd. XXXXIII S. 197 v. 13. II. 03 I C 107/01.

Pr. Schulordn. v. 11. XII. 45 (G.=S. 1846 S. 1) §§ 38, 45 Nr. 5.

1. Die Brennholzlieferungen an die Kirchschullehrer im Bistum Ermland beruhen auf dem regulamen jurium parochialium Episcopatus Varmiensis vom 2. Dezember 1729 (abgedruckt bei Jacobson, Geschichte der Quellen des katholischen Kirchenrechts Bd. I Anh. S. 245), einer vom Bischof erlassenen Stolgebührentaxe, die auch das Einkommen des „ludirectoris ruralis", d. h. des Organisten und Kirchschulhalters auf dem Lande, regelt. Nach den dort gegebenen Vorschriften erhält der Kirchschullehrer — außer Barbezügen und Getreide — von jedem Schulzen, Freien und Bauern jährlich ein Fuder Holz mit der Verpflichtung, davon dem Kaplan, wenn ein solcher bestellt wird, den dritten Teil zu überlassen. Die Holzlieferung stellt sonach auch einen Teil des Einkommens dar, das der zugleich zum Lehrer bestellte Organist von den eingepfarrten bäuerlichen Besitzern auf Grund einer gesetzlichen Vorschrift bezieht. Die Behauptung, die Lieferung von Holz für die erste Schulklasse sei eine Leistung der Kirchengemeinde oder der Eingepfarrten an die Schule und die Schule sei auch nach Einführung der Pr. Schulordn. vom Jahre 1845 gemäß der dort im § 38 gegebenen Vorschrift im Besitze des Rechtes auf die Leistung geblieben, geht daher fehl. Denn nach der bezeichneten Vorschrift sind die Kirchschulen, die Kirch= und Dorfschullehrer im Besitze der Einkünfte und Leistungen, die sie bis dahin aus dem Kirchenvermögen oder von den Eingepfarrten empfangen hatten, nur insoweit geblieben, als sie auf besonderen Stiftungen oder anderen besonderen Rechtstiteln beruhten. Das Gesetz ist aber ebensowenig ein besonderer Rechtstitel, wie das Herkommen (E.-O.-V. Bd. XXXI S. 145).

2. Nicht minder unhaltbar ist die Annahme eines unter der Herrschaft der Schulordnung entstandenen Herkommens, nach welchem „die Kirchengemeinde" oder die „eingepfarrten Hufenwirte" oder „der Küster mit

dem von der Kirchengemeinde empfangenen Holze" das zur Heizung der Schulstube erforderliche Quantum herzugeben hätten und der Fiskus von seiner gesetzlichen Pflicht zu dieser Leistung befreit worden sei. Unzweifelhaft kann allerdings die aus § 45 Nr. 5 der Schulordn. folgende gesetzliche Lieferungsfrist des Fiskus durch ein abweichendes Herkommen beseitigt oder eingeschränkt werden (E.-O.-V. Bd. XXXIX S. 173). Auch besteht an sich die Möglichkeit, daß eine vor Einführung der Schulordnung durch Gesetz begründete Verpflichtung zur Brennholzlieferung sich in eine herkömmliche umwandelt, wenn die Leistung noch nach Fortfall der gesetzlichen Verpflichtung fortgesetzt wird. Allein ein solches Herkommen kann sich nach den Vorschriften der Pr. Schulordn. nur zwischen dem Gutsherrn und seinen Hintersassen, für die er durch die Brennholzlieferung eintritt, oder zwischen mehreren Gutsherren im Schulbezirke bilden, wogegen es in dem Verhältnisse der Gutsherren oder der Schule zu einem dritten, der außerhalb des Kreises jener Mitträger der Schulunterhaltungslast steht, also auch gegenüber der Kirchengemeinde oder der Küsterstelle ausgeschlossen ist.

b) Provinz Schlesien.

α) Katholische Volksschulen.

Nr. 1. Entsch. Bd. XXXXIII S. 184 v. 17. II. 03 I C 58/02.

Schles. General.-Landschulregl. v. 3. XI. 1765 (Korn, Ed.-Samml. Bd. VIII. S. 180) § 13.

Die Leistungsfähigkeit eines beitragspflichtigen Gutsherrn ist nicht lediglich nach dem Ertrage des Gutes zu beurteilen, mit dessen Besitze die Verpflichtung zu gutsherrlichen Leistungen verbunden ist. Denn die Fähigkeit zur Erfüllung kann sich auch aus der ganzen sonstigen Vermögenslage des Verpflichteten ergeben. Wenn der Kläger hervorhebt, das Kapitalvermögen könne belastet oder zur Erfüllung anderweitiger Verpflichtungen verbraucht sein, so versteht es sich von selbst, daß dergleichen Umstände bei Beurteilung der gesamten Vermögenslage mitberücksichtigt werden müssen. Es fehlt aber an einem rechtlichen Grunde, aus dem eine gesetzlich begründete Anforderung an die Gutsherrschaft nur insoweit durchgeführt werden dürfte, als der Ertrag des Gutes es gestattet. Namentlich folgt das nicht aus § 13 des Schulregl. v. 3. XI. 1765, wenn auch dort auf das Interesse der Gutsherrschaft an Erhaltung brauchbarer Untertanen als Grund für die Schulbeitragspflicht der Gutsherrschaft hingewiesen ist.

f) Provinz Hannover.

Nr. 1. Entsch. v. 4. IV. 02 Nr. II 598.

1. Das „Innehaben" einer Wohnung setzt den Besitz einer selbständigen Dispositionsbefugnis und namentlich des Hausrechtes an den bewohnten Räumen voraus (E.-O.-V. in St. Bd. VII S. 213) und, wenn es auch nicht ausgeschlossen sein wird, daß Geisteskranke, gegebenen Falles durch ihre Vertreter, eine derartige Dispositionsbefugnis an Wohnräumen ausüben, so ist doch, zumal in den öffentlichen Irrenanstalten, die gewöhnliche Einrichtung die, daß das Verfügungsrecht an den zur Unterbringung der Kranken benutzten Räumen allein der Anstaltsleitung zusteht: Sie hat in der Regel völlig freie Hand nicht nur hinsichtlich der Auswahl und eines etwaigen Wechsels der den Pfleglingen an-

gewiesenen Räume, sondern, was die Hauptsache ist, auch hinsichtlich ihrer Einrichtung und der Art ihrer Benutzung.

2. Die Schulabgabe hätte der Geisteskranke (Kläger) nach §§ 1, 17 der Best., betr. das evangelische Volksschulwesen v. 5. VIII. 90, nur dann zu tragen, wenn er „Einwohner des Stadtbezirkes" und dadurch Mitglied der Schulgemeinde wäre. Das aber trifft nicht zu. Es ist anerkannten Rechtens, daß die Schulverbandsmitgliedschaft in jenen Teilen der Provinz Hannover „bedingt ist durch Wohnsitz (juristisches Domizil) und Glaubensgemeinschaft" (Konsistorial-Reskr. v. 22. VII. 80, desgl. v. 16. IX. 81, desgl. v. 4. XI. 82, Min.-Reskr. v. 24. XI. 83, mitgeteilt bei Leverkühn, Volksschulen im Konsistorialbezirk Hannover, Bd. II S. 668, 670, 672, Min.-Erl. vom 26. X. 89 und v. 11. XII. 84 mitgeteilt bei Blankenhorn, Gesetze u. s. w. in Schulsachen, Bd. I S. 498, 502). Aus diesem Grunde ist es von Anfang an wenig wahrscheinlich, daß die oben erwähnten „Bestimmungen" unter „Einwohnern des Stadtbezirks" andere, als diejenigen Personen haben verstehen wollen, die in der Stadt ihren juristischen Wohnsitz haben; auch wäre die Zulässigkeit einer Einbeziehung anderer Personen höchst zweifelhaft. Es kann aber unbedenklich angenommen werden, daß die Bestimmungen den Ausdruck in demjenigen Sinne haben gebrauchen wollen, der ihm nach der St.-Ordn. zukommt, und nach dieser — zu vgl. ihre §§ 12, 14, 17, 35 — gehören zu den „Einwohnern" außer den Bürgern nur diejenigen Nichtbürger, die (unter der Herrschaft des früheren Rechtes das Wohnrecht erworben, jetzt seit dem Ausführungsges. v. 8. III. 71 zum Unterst. Wohnf.-Ges. — § 74, 3a —) ihr juristisches Domizil (§ 7 B.-G.-B.) in der Stadt begründet haben. Das hat der Kläger nicht getan; sein Vormund, dessen Wille nach § 8 B.-G.-B. entscheidet, hat L., wo die Angehörigen, der Grundbesitz und das Geschäft des Klägers sich befinden, als alleinige „Niederlassung", d. h. als alleinigen Mittelpunkt der Lebenshaltung des Klägers beibehalten und in H. (dem Orte der Irrenanstalt) keine neue Niederlassung für ihn begründen wollen.

Nr. 2. Entsch. v. 6. I. 03 Nr. I 22 und
Entsch. v. 6. I. 03 Nr. I 23.

Hann. Volksschulges. v. 26. V. 45 (H. G.-S. I S. 465).

Das hann. christliche Volksschulges. v. 26. V. 45 unterscheidet zwischen den einzelnen christlichen Konfessionen insofern nicht, als es in den örtlich festgestellten Verbänden gleichmäßig auf evangelisch-lutherische und reformierte wie katholische Schulen Anwendung findet. Hieraus ist aber nicht zu folgern, daß kraft Gesetzes der örtliche Verband einer Konfessionsschule die christlichen Andersgläubigen überall da mitumfasse, wo nicht die Schulaufsichtsbehörde über deren Schulzuweisung eine abweichende Bestimmung getroffen habe, — daß mithin hier der Kläger, obwohl Katholik, zum evangelisch-lutherischen Schulverbande seines Wohnortes Z. gehöre, da die im Schulbezirke wohnhaften Katholiken durch die Schulaufsichtsbehörde bisher keinem anderen Schulverbande ausdrücklich zugewiesen worden seien. Wie u. a. in E.-O.-V. Bd. XXVI S. 183 ff. und Bd. XXXV S. 178 aus dem Wortlaute und der Entstehungsgeschichte des Volksschulges. v. 26. V. 45 nachgewiesen, schließt der konfessionelle Charakter der hannoverschen Volksschule einerseits nicht aus, daß dem Schulverbande die Bekenner einer anderen als der in ihm vertretenen christlichen Denomination durch die dafür zuständige Schulaufsichtsbehörde zugewiesen werden, andererseits aber äußert er die rechtliche Wirkung, daß ohne eine solche besondere Zuweisung die Schulverbandsmitgliedschaft und demzufolge die Schulbeitragspflicht nicht lediglich vom Wohnsitz innerhalb des Schulbezirkes, sondern außerdem noch von der Konfessionsübereinstimmung abhängt.

Nr. 3. Entsch. v. 13. III. 03 Nr. I 447.

Hann. Volksschulges. v. 26. V. 45 (H.=G.=S. I S. 465) §§ 15, 42.

1. Wie in E.=O.=V. Bd. XIX S. 175 ff. näher ausgeführt ist, dürfen auch im Gebiete des Hann. Volsschulges. v. 26. V. 45 mit Zustimmung der Kommunalaufsichtsbehörde die Schullasten von den politischen Gemeinden übernommen werden. Dem steht namentlich § 15 das. nicht entgegen. Hervorzuheben ist, daß nach § 15 a. a. O. die Verpflichtung, die Bedürfnisse der Volksschule zu bestreiten, den Schulverbänden nur subsidiär insoweit obliegt, als nicht andere Verpflichtete vorhanden sind, und daß nach § 42 Abs. 2 das. die Verpflichtungen der Gemeinden in Beziehung auf Schulen ausdrücklich aufrecht erhalten sind. Daher wird durch das Hann. Volksschulges. keineswegs ausgeschlossen, daß die politischen Gemeinden die Schullasten übernehmen.

2. Der Kläger erachtet dies für unzulässig, falls nicht der Bezirk der politischen Gemeinde mit dem der Schulgemeinde vollständig zusammenfällt. Für eine solche Einschränkung bieten die Gesetze indessen nicht den mindesten Anhalt. Die politischen Gemeinden dürfen nach § 42 Nr. 6 der Hann. Land=Gem.=Ordn. v. 28. IV. 59 mit Genehmigung der Kommunalaufsichtsbehörde bleibende Lasten übernehmen, also auch Schullasten der Gemeindeglieder. Auf den Umfang des Schulverbandes kommt es dabei nicht an. Eine Gewähr dafür, daß nicht durch Übernahme der Lasten die Interessen eines Teils der Gemeindeglieder verletzt werden, liegt in der Notwendigkeit der Genehmigung des Kreisausschusses (vgl. E.=O.=V. Bd. XIX S. 172). Gehören zu einer politischen Gemeinde Angehörige verschiedener Schulverbände, so könnte sich vielleicht fragen, ob die politische Gemeinde, wenn sie die Schullasten für die zu dem einen Schulverbande gehörigen Gemeindeglieder übernommen hat, verpflichtet sei, dasselbe zugunsten ihrer dem anderen Schulverbande angehörigen Gemeindeglieder zu tun (vgl. E.=O.=V. Bd. XXVI S. 171, Bd. XXVIII S. 182).

3. In der Rechtsprechung des O.=V.=G. ist die Zulässigkeit der Übernahme der Schullasten durch die politische Gemeinde auch bereits in Fällen bejaht worden, wo sich der Bezirk der politischen Gemeinde mit dem der Schulgemeinde nicht deckt (vgl. E.=O.=V. Bd. VII S. 224 ff., Bd. XII S. 202 ff., Bd. XIX S. 170 ff., 175 ff., Bd. XXIV S. 128 ff., besonders S. 136, Bd. XXVII S. 116 ff.). Einen solchen Fall betraf gerade die oben erwähnte E.=O.=V. Bd. XIX S. 175, 180). Freilich war damals — ebenso wie im Falle der E.=O.=V. Bd. XXVII S. 116 — den Angehörigen anderer Schulverbände Freilassung von den zur Deckung des Schulkassendefizits bestimmten Gemeindesteuern zugestanden worden. Die politische Gemeinde kann aber die Schulbeiträge ihrer zu anderen Schulverbänden gehörigen Gemeindeglieder mitübernehmen oder erstatten und dann gemäß § 20 Abs. 1 des Komm.=Abg.=Ges. gleichmäßig alle Gemeindeglieder zur Deckung der Ausgaben für Schulzwecke heranziehen.

Dürfte die politische Gemeinde die Beiträge zur Unterhaltung einer am Orte befindlichen Volksschule nicht übernehmen, wenn ein Teil der Gemeindeglieder einem anderen Schulverbande angehört, so würde die Übernahme auch unzulässig sein, wenn ein Teil der Gemeindeglieder einem anderen konfessionellen Schulverbande an demselben Orte angehört. Hierdurch wird aber anerkanntermaßen die Zulässigkeit der Übernahme der Schullasten ebensowenig ausgeschlossen. Werden die Angehörigen der anderen Konfession in gleicher Weise entlastet, so kann bei ihnen von einer unbilligen Benachteiligung durch Heranziehung zu den zur Deckung der Schulkosten erforderlichen Gemeindeabgaben keine Rede sein. Nur hinsichtlich der eine eigene Schule unterhaltenden Juden besteht oder bestand nach dem Hannoverschen Gesetze über die Rechtsverhältnisse der Juden v. 30. IX. 42 die Besonderheit, daß sie zu Gemeindeabgaben, durch welche die Kosten des christlichen Volksschulwesens gedeckt werden sollen, nicht herangezogen werden dürfen (E.-O.-V. XXVI S. 193 ff.).

4. Deshalb weil Zuschüsse aus der Staatskasse entbehrlich werden können, wenn die Schulbeiträge von der politischen Gemeinde übernommen werden, kann doch nicht die Rechtsgültigkeit einer solchen Übernahme in Zweifel gezogen werden. Jedes freiwillige Eintreten eines Dritten für die Verpflichtungen der Mitglieder der Schulgemeinde kann dieselbe Wirkung haben.

g) Provinz Schleswig-Holstein.

Nr. 4. Entsch. v. 25. II. 02 Nr. I 320 (Pr.-V.-Bl. Bd. XXIV S. 340).

Schl.-Holst. Allg. Schulordn. v. 24. VIII. 1814 (chron. Samml. 1814 S. 112) §§ 53, 56, 59, 76, 77.

1. Die Bezirke der Distriktsschulen erstrecken sich auch über die adligen Güter für deren Einwohner die Schule bestimmt oder mitbestimmt ist. Gerade die Immunität, die der § 59 der Allg. Schulordn. v. 1814 den Besitzern adliger Güter zuspricht, hat die Schulzugehörigkeit des gutsherrlichen Territoriums zur begriffsmäßigen Voraussetzung. Da der Gesetzgeber die Gutsbesitzer von der „Schulpflichtigkeit", d i. der Zuweisung zur Schule, und, wie noch ausdrücklich hinzugefügt wird, von „Leistungen" zur Schulunterhaltung ausgenommen hat, muß er notwendig die Gutsbezirke als räumliche Bestandteile des Bezirkes derjenigen Schule angesehen haben, welche für die nicht gleich den Besitzern befreiten Einwohner im Gutsbezirke die Pflichtschule darstellt. Anderenfalls würde die Ausnahmebestimmung überflüssig gewesen sein. Eximiert sind nicht die adligen Güter als solche, sondern die Besitzer persönlich mit Rücksicht auf ihren Besitz. Das Gegenteil läßt sich auch nicht etwa daraus herleiten, daß nach §§ 53, 56 der Allg. Schulordn. die Distriktsschulen „für gewisse Dörfer und Familienstellen" angeordnet und für die sie besuchenden, im Schulbezirke nicht einheimischen Kinder 2 Tlr. jährlich als Fremdenschulgeld erhoben werden sollen. Unter den „Familienstellen" sind auch solche zu verstehen, die auf Hoffeldern gelegen sind; denn nach § 76 sollen alle die Landschulen betreffenden Vorschriften der Schulordn. auch bei den klösterlichen und adligen Schulen zur Ausführung gebracht werden, ohne daß nach irgend einer Richtung, namentlich in Ansehung der regelmäßigen Bildung von Schuldistrikten, eine Ausnahme zum Nachteile der auf Hofstellen wohnhaften Familien gemacht wäre.

2. Macht der Gesetzgeber neben den Besitzern adliger Güter im Schulbezirke deren Familien als ebenfalls eximiert noch besonders namhaft, so mag diese Fassung — was jedoch dahingestellt bleiben kann — dafür sprechen, daß außer der Ehefrau und den Kindern des Besitzers auch andere ihm verwandte oder verschwägerte Personen, sei es unbedingt oder doch, wenn sie mit ihm in häuslicher Gemeinschaft leben, des Mitgenusses der Exemtion teilhaftig sein sollen. Unter keinen Umständen aber berechtigt der Zusatz „und ihre Familien" zu der Schlußfolgerung, als ab auch allen sonst noch auf dem Gute wohnhaften Personen, insonderheit auch einem etwa darunter befindlichen Zeitpächter des Gutes, eine exemte Stellung

gegenüber der Schule habe eingeräumt werden sollen. Ein so weit greifender Sinn ist in der Gesetzessprache mit dem Begriffe der Familie niemals und nirgends verbunden worden. Hätte der Gesetzgeber die gesamte Bewohnerschaft adliger Besitzungen von der Schulpflichtigkeit befreien wollen, so würde er das zweifelsohne deutlich ausgesprochen und nicht, wie es nach den verfehlten Auslegungsversuchen des Klägers geschehen sein soll, lediglich durch den Gebrauch der Mehrzahl Familien angedeutet haben. Dieser Sprachform kann entscheidendes Gewicht nicht beigemessen werden; sie ergab sich ja ohne weiteres als geboten aus der Beziehung des Wortes Familie nicht auf einen, sondern auf „die", nämlich sämtliche adlige (Stammhofs- und Stammparzellen-) Besitzer, die irgendwo in einem ländlichen Schuldistrikt eingesessen sind, bezw. auch wohnen. Wenn ferner im § 59 bei Aufzählung „aller" Schulinteressenten, über welche die Schullasten zu verteilen sind, der Hufner, Käthner, Kolonisten und Insten, Landbesitzer und Handwerker oder Tagelöhner einschließlich der Hauerinsten und Abnehmeleute, aber nicht auch der Zeitpächter Erwähnung geschieht, so erklärt sich dieser Umstand aus der Erwägung, daß es dem Gesetzgeber zur Klarstellung seiner Absicht füglich nur darauf ankommen konnte, die der Regel nach in jedem Schuldistrikt anzutreffenden Gattungen von Interessenten nach Besitzklassen und Berufsarten zu kennzeichnen. Zeitpächter adliger Güter aber gibt es in sehr vielen Schuldistrikten nicht. Weshalb trotzdem ihrer ausdrücklich hätte gedacht werden müssen, ist nicht erfindlich; nimmt in einem Schuldistrikt ein Zeitpächter Wohnsitz, dann gehört er zu den beitragspflichtigen Schulinteressenten genau so, wie andere Gattungen von Einwohnern, beispielsweise die Rentner, von denen die auf Vollständigkeit keinen Anspruch machende Aufzählung im § 59 ebenfalls schweigt. Belanglos ist endlich, daß nach dem Inkrafttreten der allg. Schulordn. v. 1814 unter Bezugnahme auf deren Vorschriften (siehe § 77) einzelne Schulregulative, die schon vorher nach Maßgabe des damals geltenden Rechtes bestätigt waren, durch einen Nachtrag ergänzt worden sind, wonach sich die Pächter und Verwalter von Haupt- und Meierhöfen, wenn sie ihre Kinder zur Schule schicken wollten, mit dem Lehrer besonders abzufinden hätten. Es fehlt an jedem Rechtsgrunde und würde den Regeln über Gesetzesauslegung durchaus zuwiderlaufen, jenen von der Aufsichtsbehörde in Einzelfällen getroffenen Entscheidungen, die Tragweite einer „autentischen Interpretation" der allg. Schulordn. v. 1814 dahin beizumessen, daß die Schulsteuerheranziehung von Pächtern und Verwaltern adliger Höfe grundsätzlich ausgeschlossen sei.

D. Verfahren bei Feststellung von Anforderungen für Volksschulen auf Grund des Gesetzes vom 26. Mai 1887.

Nr. 1. Entsch. v. 18. IX. 03 Nr. VIII 351.

Ges. v. 26. V. 87 (G.-S. S. 175) betr. die Feststellung von Anforderungen für Volksschulen.
Zust.-Ges. § 47.

Im Wege des Anforderungsges. v. 26. V. 87 erlassene endgültige Beschlüsse des Provinzialrats unterliegen, wenn auf ihnen beruhende Ausführungsmaßnahmen der Verwaltungsbehörden, beispielsweise Bauanordnungen der Regierung, oder durch den Schulvorstand bewirkte Beitragsauflagen von den Trägern der Unterhaltungslast im Streitverfahren angefochten werden, einer verwaltungsrichterlichen Nachprüfung nach Gesichtspunkten der Notwendigkeit und Zweckmäßigkeit nicht, sondern nur darauf hin, ob sie etwa den Normen des bestehenden Rechts widerstreiten.

(E.-O.-V. Bd. XXVIII S. 175.) Die Feststellung, daß die Anstellung eines zweiten Lehrers notwendig sei, ist daher für den Verwaltungsrichter bindend und ein Nachweis der Unrichtigkeit der tatsächlichen Voraussetzungen des Beschlusses im Streitverfahren unzulässig.

G. Die Schulbaulast.

1. Zuständigkeit der Aufsichtsbehörden und Verwaltungsgerichte bei Schulbaustreitigkeiten. Begriff der Beteiligten.

Nr. 1. Entsch. v. 14. XI. 02 Nr. I 1759.

A.-L.-R. II 11 §§ 58, 108—111, II 12 §§ 29 ff.

Zust.-Ges. § 47.

Für Streitigkeiten über kirchengemeindliche Lasten unter den Beitragspflichtigen ist aber durch keine gesetzliche Vorschrift das Verwaltungsstreitverfahren eröffnet worden, wie es auch nicht gegenüber der Heranziehung zu Abgaben an die Kirche stattfindet. Die Bezugnahme auf den Schulbaulasten betreffenden § 47 Zust.-Ges. geht fehl. Die Schulgemeinde ist im Geltungsgebiete der §§ 29 ff. A.-L.-R. II 12 die Korporation der zu einer Schule gewiesenen Hausväter, während unter der Kirchengemeinde die Korporation und weltlichen Mitglieder einer Kirchengesellschaft verstanden wird. Organisation und Vertretung beider Korporationen ist auch dann eine verschiedene, wenn ihre Mitglieder dieselben Personen sind. Was für Streitigkeiten über Schulbaubeiträge gesetzlich bestimmt ist, gilt daher nicht auch ohne weiteres für Streitigkeiten über kirchliche Baubeiträge. Hierzu kommt noch, daß auch ein Streit über Schulbaubeiträge nur dann unter § 47 Zust.-Ges. fällt, wenn es sich um die Oberverteilung dieser Beiträge auf Gemeinden, Gutsbezirke, Schulverbände und Dritte handelt, aber nicht, wenn die Unterverteilung innerhalb einer politischen Gemeinde streitig ist. Eine Klage aus § 47 a. a. O. würde daher von den einzelnen Gemeindegliedern gegen einen Gutsherrn oder einen gemeindeabgabepflichtigen Forensen auch dann nicht erhoben werden können, wenn es sich um Schulbaubeiträge handelte.

Nr. 2. Entsch. v. 16. XII. 02 Nr. I 1968.

Zust.-Ges. § 47.

1. Auf Antrag der Regierung, Abteilung für Kirchen- und Schulwesen zu N. war in dem durch das Feststellungsges. v. 26. V. 87 (G.-S. S. 175) geregelten Wege die Schulgemeinde M. durch Beschluß des Provinzialrats für verpflichtet erklärt worden, das jährliche Einkommen für eine neu zu errichtende Lehrerstelle mit gewissen, fest bestimmten Bezügen an Grundgehalt und Alterszulagen sowie freier Dienstwohnung oder entsprechender Mietsentschädigung sicher zu stellen. Hierauf fußend, forderte die Regierung die Schulgemeinde nach Ablauf eines ihr zunächst noch bewilligten Ausstandes auf, diejenigen Schulräume neu herzustellen, deren es bedürfe, um die Besetzung der zweiten Lehrerstelle zu ermöglichen. Die Schulgemeinde lehnte jede bauliche Erweiterung der vorhandenen Einrichtungen ab. Infolge hiervon ordnete die Regierung unter Bezugnahme auf § 47 Zust.-Ges. durch Beschluß an, daß der Schulverband Gemeinde M. in der Bauerschaft B. und zwar in der Nähe des Gehöftes des Schulzen H. eine Schule, bestehend aus einem Schulzimmer, Wohnung für einen verheirateten Lehrer und den erforderlichen Nebengebäuden, zu errichten habe; zugleich setzte die Regierung die Baukosten einschließlich der Grunderwerbskosten auf 13000 Mk. fest. Die hiergegen erhobene Klage hatte keinen Erfolg.

2. Allerdings dürfen Schulbauten, deren Notwendigkeit von der Errichtung einer neuen Lehrerstelle abhängt, erst ange-

ordnet werden, nachdem vorher die Aufbringung des Diensteinkommens für die neue Stelle, sei es durch Einverständnis der Unterhaltungspflichtigen, sei es durch eine im Wege des Ges. v. 26. V. 87 herbeizuführende vollstreckbare Feststellung der Beschlußbehörde gesichert ist. Demgemäß hatte aber auch hier die Regierung zunächst die Beschlußbehörden angerufen. Nachdem daher im Beschlußverfahren der die Errichtung einer neuen ordentlichen Lehrerstelle feststellende endgültige Beschluß des Provinzialrats ergangen war, durfte die Regierung von ihrer aus § 47 Zust.-Ges. folgenden Befugnis, den notwendigen Erweiterungsbau anzuordnen, unter der Voraussetzung Gebrauch machen, daß die Klägerin bei ihrer ablehnenden Haltung beharrte. An dieser Voraussetzung hat es nicht gefehlt. Bedeutungslos ist der Umstand, daß die Regierung nicht alsbald nach der Entscheidung des Provinzialrats die Klägerin zu den notwendigen baulichen Vorkehrungen anhielt, sondern vorerst noch in deren Aufschub willigte. Fand sich die Regierung hierzu durch Zweckmäßigkeitsrücksichten bewogen, so ging sie doch dadurch nicht des Rechtes verlustig, demnächst die Bauausführung gemäß § 47 anzuordnen. Zwar können unanfechtbar gewordene Baubeschlüsse der Schulaufsichtsbehörde zum Gegenstande des Angriffs mit einer Klage, die sich unmittelbar gegen einen ergänzenden Baubeschluß jüngeren Datums richtet, in der Art gemacht werden, daß der Fortfall ihrer tatsächlichen Voraussetzungen behauptet und bewiesen wird (E.-O.-V. Bd. XXV S. 186 ff.). Ob aber dieser Grundsatz auch auf endgültige Feststellungsbeschlüsse der Beschlußbehörden wie den gegen die Klägerin ergangenen des Provinzialrats sinngemäße Anwendung findet dergestalt, daß die in ihnen getroffene Feststellung bei inzwischen eingetretener wesentlicher Änderung der Sachlage nicht ferner einem Baubeschlusse zur rechtlichen Grundlage zu dienen vermag, bedarf hier der Erörterung nicht. Denn die Klägerin hatte in den Vorinstanzen gar nicht behauptet, daß seit dem Erlasse jenes Beschlusses in den daselbst gewürdigten tatsächlichen Verhältnissen eine wesentliche Änderung eingetreten sei, sondern sie hatte sich darauf beschränkt, ihre schon im Beschlußverfahren geltend gemachten und dort verworfenen Einreden zu wiederholen, daß nach der absehbaren künftigen Schulkinderzahl und unter den gegebenen Wegeverbindungen die Anstellung einer neuen Lehrkraft entbehrlich sei. Alle diese Vorbringungen aber sind durch den Beschluß des Provinzialrats, dessen tatsächliche Feststellungen und Zweckmäßigkeitserwägungen einer Nachprüfung im gegenwärtigen Streitverfahren nicht unterliegen, bereits erledigt. Mit ihnen brauchte daher die Regierung nicht mehr zu rechnen, als sie an die Klägerin eine Bauanforderung auf dem Boden des Beschlusses richtete. Und setzte trotzdem die Klägerin der Bauanforderung Widerspruch entgegen, so hatte der nunmehr entstandene Streit recht eigentlich einen Schulbau zum Gegenstande. Indem daher die Regierung den Bau resolutorisch anordnete, bewegte sie sich durchaus in den Grenzen ihrer Befugnisse, wie sie durch § 47 Zust.-Ges. umschrieben sind.

Nr. 3. Entsch. Bd. XXXXIII S. 193 v. 6. II. 03 I C 83/02.

1. Neben der Erstattung von Schulbauleistungen, die ein dritter für den statt seiner nach öffentlichem Rechte Leistungspflichtigen gemacht hat, z. B. des Wertes des von einer Gemeinde für den Fiskus als Gutsherrn zum Schulerweiterungsbau gelieferten Bauholzes, dürfen Zinsen nur gefordert werden, wenn die Voraussetzungen des Verzugs vorliegen. Dazu bedarf es einer nach Eintritt der Fälligkeit erfolgten Aufforderung zur Zahlung. Eines Nachweises der Höhe der Forderung durch den Gläubiger bedarf es zur Begründung des Verzugs im allgemeinen nicht. Es ist vielmehr Sache

des Schuldners, sich über die Richtigkeit der Forderung Gewißheit zu verschaffen. Zur Vorlegung einer Holzpreisbescheinigung war daher die Gemeinde nicht verpflichtet.

2. Die Wirkungen des einmal eingetretenen Verzugs werden erst durch die Zahlung und nicht schon dadurch für die Zukunft beseitigt, daß der Fiskus im Laufe des Verwaltungsstreitverfahrens seine Verpflichtung grundsätzlich anerkannte und eine nähere Prüfung der Höhe der Forderung durch seine Organe veranlaßte.

2. Begriff und Umfang der Schulbaulast.

Nr. 1. Entsch. v. 4. II. 02 Nr. I 209.

Lehrerbesoldungsges. v. 3. III. 97 (G.-S. S. 25) §§ 1, 14.

1. Die Festsetzung der Schulaufsichtsbehörde über die Einrichtung von Dienstwohnungen unterliegen nach § 14 Abs. 2 des Lehrerbesoldungsges. v. 3. III. 97 der Nachprüfung des Verwaltungsrichters, ohne daß dieser dabei an allgemeine Anordnungen der Schulaufsichtsbehörden über die Einrichtung von Dienstwohnungen gebunden wäre. Die Bestimmung im § 49 Abs. 2 Zust.-Ges. über die Verbindlichkeit derartiger Anordnungen ist nach § 14 Abs. 2 des Lehrerbesoldungsges. für das Verwaltungsstreitverfahren gegen die Festsetzungen über Notwendigkeit, Umfang und Einrichtung von Dienstwohnungen nicht mehr maßgebend. (Vgl. E.-O.-V. Bd. XXXIX S. 151.) Dem Verwaltungsrichter steht die Prüfung in demselben Umfange zu wie der Regierung (vgl. E.-O.-V. Bd. XII S. 224, Bd. XXXVI S. 220). Da nach § 14 Abs. 1 des Lehrerbesoldungsges. bei der Anlage und Veränderung von Dienstwohnungen die örtlichen Verhältnisse zu berücksichtigen sind, so muß dies daher auch seitens des Verwaltungsrichters geschehen.

2. Allein es liegt eine Verkennung des Sinnes der Bestimmung über die Berücksichtigung der örtlichen Verhältnisse darin, daß die Schulverbände zur Beschaffung von Öfen und Kochherd nicht verpflichtet sein sollen, weil im Reg.-Bez. Düsseldorf der Rechtsanspruch auf eine Wohnung nicht auch den Anspruch auf Öfen und Herd in sich begreife und diese Gegenstände vom Wohnungsinhaber angeschafft werden müßten. Auf die örtlichen Verhältnisse — Klima, Lebensgewohnheiten u. s. w. — soll bei Abmessung des Bedürfnisses Rücksicht genommen werden. Dabei ist besonders an die Größe der Dienstwohnung gedacht. Freilich kann auch das Bedürfnis hinsichtlich der Wohnungseinrichtung je nach der Verschiedenheit der örtlichen Verhältnisse — z. B. der klimatischen — verschieden sein. Allein Heiz- und Kochvorrichtungen braucht der Wohnungsinhaber der Regel nach überall, in der Rheinprovinz ebenso wie in den übrigen Teilen des Staates. Der Umfang des Bedürfnisses mag durch die örtlichen Verhältnisse beeinflußt werden, das Bedürfnis nach Heiz- und Kochvorrichtungen an sich besteht aber im allgemeinen allerwärts.

Nach § 1 des Lehrerbesoldungsges. besteht das Diensteinkommen der an einer öffentlichen Volksschule angestellten Lehrer neben dem Bargehalte in freier Dienstwohnung oder entsprechender Mietsentschädigung. Damit ist den Trägern der Schullasten die öffentlich-rechtliche Verpflichtung zur Gewährung einer Dienstwohnung oder Zahlung einer Mietsentschädigung auferlegt. Der rechtsbegriffliche Umfang dieser gleichmäßig für das ganze Staatsgebiet begründeten öffentlich-rechtlichen Verpflichtung bestimmt sich nicht nach den verschiedenen Verkehrssitten einzelner Gegenden, sondern kann nur überall derselbe sein. Was nach § 1 des Lehrerbesoldungsges. im Rechtssinne zu einer Dienstwohnung gehört, ist einheitlich zu bestimmen und zwar nach der überwiegend im Staatsgebiete verbreiteten Anschauung, die, wie man annehmen darf, der Gesetzgeber geteilt hat. Nach der im größten Teile des Staatsgebiets herrschenden Anschauung gehört aber ohne Frage das Dasein von Heiz- und Kochvorrichtungen zur Vollständigkeit und Benutzbarkeit einer Wohnung als solcher. Daher erstreckt sich die öffentlich-rechtliche Pflicht zur Beschaffung einer Dienstwohnung für die Lehrer im ganzen Staatsgebiete regelmäßig auf die Lieferung von Heiz- und Kochvorrichtungen. Die abweichende Verkehrssitte in der Rheinprovinz, wonach Heiz- und Kochvorrichtungen vom Wohnungsinhaber beschafft zu werden pflegen, mag für die Beurteilung der dortigen Privatrechtsgeschäfte in Betracht kommen, hat aber keinen Einfluß auf den rechtsbegrifflichen Umfang der durch das Lehrerbesoldungsges. begründeten Pflicht zur Beschaffung einer Dienstwohnung.

3. Der Umstand, daß der Träger der Schulunterhaltungslast die Verpflichtung zur Lieferung der Öfen und des Herdes bisher nicht erfüllt hat und zur Erfüllung der Verpflichtung bisher auch nicht angehalten worden ist, vermag ihn nicht von der Erfüllung dieser Verpflichtung für die Zukunft zu befreien.

Nr. 2. Entsch. Bd. XXXXIII S. 189 v. 30. VI. 03 I C 3/03.

Zust.=Ges. § 47.

Ges. v. 26. V. 87 (G.=S. S. 175) betr. die Feststellung von Anforderungen für Volksschulen.

1. Das Bestehen oder Nichtbestehen eines Rechtes des Wohnungsinhabers, die Herstellung einer Waschküche zu verlangen, ist nicht entscheidend für die Frage, ob eine Waschküche, wenn sie zum Zwecke der Benutzung durch den Wohnungsinhaber hergestellt worden ist, einen Bestandteil der Wohnung bildet. Einer Waschküche kann die Eigenschaft des Zubehörs allerdings nicht zukommen, weil sie keine bewegliche Sache darstellt (§ 97 B.-G.-B.). Dagegen ist eine Waschküche als Bestandteil des Gebäudes anzusehen, in dem sie sich befindet (§§ 93ff. a. a. O.). Ihre Eigenschaft als Teil einer „Wohnung“ bestimmt sich danach, ob sie dem Wohnungsberechtigten vom Eigentümer des Gebäudes ausdrücklich oder stillschweigend zum Gebrauch überlassen worden ist.

2. Die Beschaffung beweglicher Waschkessel für Lehrerdienstwohnungen ist keine bauliche Einrichtung, die unter den Begriff des Schulbaues im Sinne des § 47 Zust.=Ges. fällt. Ebenso wie der Kochherd in einer Lehrerdienstwohnung ist auch ein in dem Wohnhaus oder dem dazu gehörigen Wirtschaftsgebäude hergestellter Waschherd ein Bestandteil des Gebäudes. Ebensowenig aber wie ein Kochkessel oder Kochtopf deshalb, weil ohne ihn der Kochherd zur Speisenbereitung nicht benutzt werden kann, ein Bestandteil oder Zubehör des Gebäudes oder der „Dienstwohnung“ ist, kann auch ein Waschkessel deshalb als solcher angesehen werden, weil ohne ihn der Waschherd nicht benutzbar ist. Er hat die Eigenschaft eines Bestandteils des Gebäudes nur dann, wenn er in dauernde konstruktive Verbindung mit dem Mauerwerke des Waschherdes gebracht, also eingemauert worden ist. Die Eigenschaft eines Zubehörs kommt ihm, obwohl er dem wirtschaftlichen Zwecke des Waschherdes zu dienen bestimmt ist und zu ihm in einem dieser Bestimmung entsprechenden räumlichen Verhältnisse steht, dann nicht zu, wenn er „im Verkehre nicht als Zubehör angesehen wird“ (§ 97 B.-G.-B.). Ob

dies für die Dienstwohnung eines Lehrers zutrifft, ist nicht nach der an dem Schulorte herrschenden, sondern nach der überwiegend im Staatsgebiete verbreiteten Anschauung zu beurteilen, weil der rechtsbegriffliche Umfang der öffentlich-rechtlichen Verpflichtung zur Gewährung einer Dienstwohnung für den Lehrer im ganzen Staatsgebiete der gleiche ist. Nach der hiernach maßgebenden Anschauung gehört aber das Vorhandensein eines Waschkessels nicht zur Vollständigkeit und Benutzbarkeit einer Wohnung als solcher. Mag auch in Mietshäusern, die eine größere Anzahl von Wohnungen enthalten, von dem Vermieter in einer zum gemeinschaftlichen Gebrauche der Mieter bestimmten Waschküche häufig, in größeren Städten vielleicht in der Regel, ein Waschkessel als Zubehör des Waschherdes gewährt werden, so verlangt doch in Einzelwohnungen und in kleineren Ortschaften die Verkehrssitte nicht, daß der Vermieter einer Wohnung, zu der auch eine Waschküche gehört, dem Mieter einen Waschkessel liefere. Dieser gilt hier nicht als Zubehör des Waschherdes, sondern wird von dem Mieter selbst beschafft und bei Beendigung des Mietsverhältnisses entfernt. Demgemäß kann auch in der Dienstwohnung eines Lehrers in einer Landgemeinde ein Waschkessel nicht als Zubehör der Waschküche oder des Waschherdes angesehen werden.

Ist daher nur die Beschaffung eines Waschkessels für die Waschküche angeordnet worden, so steht die Herstellung eines Bestandteils des Gebäudes nicht in Frage. Ebensowenig handelt es sich um die Anschaffung eines beweglichen Gegenstandes, der rechtlich als Zubehör der Dienstwohnung anzusehen wäre. Daher ist die Regierung sachlich nicht zuständig, durch Baubeschluß (§ 47 Zust.-Ges.) über die Beschaffung des Waschkessels zu entscheiden. Erscheint die Anschaffung des Waschkessels aus anderen Gesichtspunkten, als zum Zwecke einer baulichen Verbesserung der Dienstwohnung geboten, so kann die Regierung eine Anforderung an die Schulgemeinde, ihn zu beschaffen, nur gemäß dem Ges. v. 26. V. 87 durchsetzen, nach dessen Vorschriften es eines Feststellungsbeschlusses des Kreisausschusses bedarf.

Nr. 3. Entsch. Bd. XXXXII S. 188 v. 24. X. 02 I B 18/01.

Lehrerbesoldungsges. v. 3. III. 97 (G.-S. S. 25) §§ 1, 14—16.

1. Die Schulaufsichtsbehörden sind nicht nur über die zur Erteilung des Unterrichts erforderlichen, sondern auch über die zur Befriedigung des Wohn- und Wirtschaftsbedürfnisses der Lehrer dienenden Räume Festsetzungen zu treffen befugt.

2. Die Erneuerung unbrauchbar gewordener Tapeten in Räumen der Schule oder der Lehrerdienstwohnungen fällt unter den Begriff der Reparaturbauten oder der baulichen Unterhaltung; denn das Tapezieren der Wände bildet einen Ersatz für deren Anstrich oder Tünchung. Wie das Überziehen des Mauerbewurfes mit Kalktünche als bauliche Herstellung anzusehen ist (E.-O.-V. Bd. XXI S. 215), so muß auch das Tapezieren als solche angesprochen werden. Durch die Befestigung mittels Klebstoffs werden die Tapeten Bestandteile des Gebäudes; sie lassen sich, ohne daß sie zerstört werden, von den Wänden nicht trennen und haben die Bestimmung, letzteren dauernd das Ansehen der Wohlanständigkeit zu geben, sind also nicht nur zu vorübergehendem Zwecke dem Gebäude angefügt (§§ 93, 95 B.-G.-B.).

3. Die Kosten für die Erneuerung der Tapeten liegen gesetzlich dem öffentlich-rechtlichen Träger der Schulbaulast ob. Die Grundsätze über die Reparaturpflicht des Mieters sind auf den Inhaber einer Lehrerdienstwohnung nicht anwendbar, da der Umfang der Schulunterhaltungspflicht sich hier nur nach dem Lehrerbesoldungsges. bestimmt.

Nr. 4. Entsch. v. 18. IX. 03 Nr. VIII 351.

Zust.-Ges. § 47.

Ist auch die Feststellung der Beschlußbehörden hinsichtlich der Notwendigkeit der Anstellung einer zweiten Lehrkraft für das Streitverfahren maßgebend, so hat gleichwohl der Verwaltungsrichter auf die Klage aus § 47 Zust.-Ges., die sich gegen die Bauanordnung der Regierung richtet, völlig frei darüber zu befinden, ob aus der Anstellung eines neuen Lehrers weiter folgt, daß auch ein zweites Klassenzimmer beschafft werden muß. Die Notwendigkeit eines solchen aber läßt sich nicht bezweifeln, sofern der neue Lehrer bei entsprechender Gestaltung des Dienstbetriebes in den vorhandenen Räumen nicht unterrichten kann. In dieser Hinsicht ist auf die Vorschriften der Verf. v. 15. X. 72 über Einrichtung, Aufgabe und Ziel der Volksschule zurückzugehen, deren Rechtsgültigkeit bereits in E.-O.-V. Bd. I S. 179 ff. anerkannt worden ist. Nach den dort gegebenen Weisungen soll, wenn zwei Lehrer an einer Schule angestellt sind, der Unterricht in zwei Klassen erteilt werden. Mit dem Ausdrucke „Klassen" sind nun zwar Gruppen oder Abteilungen von Schülern, nicht Klassenräume gemeint. Wie aber die Verf. unter Ziff. 13 vorschreibt, sind in der mehrklassigen Volksschule in der Mittelstufe 28 und in der Oberstufe 30 Lehrstunden zu erteilen. Es bedarf keiner näheren Ausführung, daß 58 Wochenstunden in einem und demselben Klassenzimmer unmöglich abgehalten werden können. Sonach ist die Notwendigkeit, einen zweiten Klassenraum zu beschaffen, ohne weiteres anzuerkennen.

3. Die Schulbaupflichtigen.

a) Im Geltungsgebiete des Allgemeinen Landrechts.

α) Bei gewöhnlichen Volksschulen.

Nr. 1. Entsch. v. 20. I. 03 Nr. I 89.

A.-L.-R. II 12 § 36.

Zust.-Ges. § 47; L.-V.-G. § 92.

1. Hat die Schulaufsichtsbehörde über die streitig gewordene Aufbringung und Verteilung von Schulbaukosten Beschluß gefaßt, so steht dem in Anspruch genommenen zu dem Zwecke, eine ihm geboten erscheinende Berichtigung durchzusetzen, die Klage gemäß Abs. 2 des § 47 Zust.-Ges. gegen die Behörde und zugleich gegen einen andern offen, den er statt seiner aus Gründen des öffentlichen Rechtes für verpflichtet erachtet; er kann aber auch die Klage entweder gemäß Abs. 3 a. a. O. vor Erfüllung der ihm angesonnenen Leistung oder gemäß Abs. 4 a. a. O. nachher gegen den vermeintlich verpflichteten Dritten allein richten. Hier hatte die Schulgemeinde es unterlassen, die erstbezeichnete Abbürdungsklage in der dafür vorgeschriebenen Frist von zwei Wochen anzubringen. Daraus ergab sich die rechtliche Folge, daß der Beschluß gegenüber der Schulgemeinde vollstreckbar blieb, vorbehaltlich nur ihrer Befugnis, jederzeit den Gutsherrn aus Abs. 3 des § 47 auf Übernahme oder aus Abs. 4 a. a. O. auf Erstattung der Stein- und Kalklieferung zu belangen. Die Schulgemeinde begnügte sich nun in der Klage nicht damit, von dem Gutsherrn Leistungsübernahme oder Erstattung zu fordern, sondern beantragte ausdrücklich, den zweiten Teil des Regierungsbeschlusses, der die Regelung des Beitragsverhältnisses enthielt, außer kraft zu setzen. Der letztere Anspruch erwies sich, weil zur Zeit seiner Geltendmachung die Klagefrist längst

verstrichen war, als unzulässig. Durch seine Abweisung aber, auf die der Kreisausschuß mit Recht erkannt hat, erledigte sich der Streit auch insoweit, als er im Rahmen des § 47 Abs. 2 zwischen der Schulgemeinde und dem Gutsherrn anhängig geworden war. Denn die Klage, die der Abs. 2 gegen die Schulaufsichtsbehörde und zugleich gegen einen vermeintlich Drittverpflichteten gibt, ist (siehe E.-O.-G. Bd. XXV S. 193) einheitlich und unteilbar, dergestalt, daß sich eine materielle Entscheidung über die mit ihr dem Dritten gegenüber verfolgten Ansprüche von selbst verbietet, wenn sie der Behörde gegenüber (gleichviel ob wegen Verspätung oder aus einem anderen Grunde) als unzulässig befunden wird.

2. Bei der erstinstanzlichen Abweisung ihrer Klage gegen den Regierungsbeschluß hatte sich die Schulgemeinde beruhigt. Mit der Berufung unternahm sie es, gegenüber dem Gutsherrn allein den Standpunkt zur Geltung zu bringen, daß er für die Stein- und Kalklieferung oder deren Wert aufzukommen habe. In der Berufungsinstanz stand also eine Klage gemäß Abs. 2 des § 47 des Zuständigkeitsgesetzes überhaupt nicht, sondern lediglich eine unter die Abs. 3 und 4 a. a. O. fallende Klage zur Entscheidung. Ob diese Klage mit der ursprünglich aus Abs. 2 erhobenen hätte verbunden werden dürfen, ob also ein Klageantrag der Schulgemeinde dahin zulässig gewesen sein würde, für den Fall ihres Unterliegens gegenüber der Schulaufsichtsbehörde wenigstens dem Verfahren gegenüber dem Gutsherrn Fortgang zu geben, das mag dahingestellt bleiben. Denn aus der Klageschrift ist in keiner Weise ersichtlich, daß die Schulgemeinde, wie auch immer ihr Antrag auf Außerkraftsetzung des Regierungsbeschlusses beurteilt werden möge, unter allen Umständen ihren Streit mit dem Gutsherrn habe zum Austrag gebracht wissen wollen. Bei dieser Sachlage stellte die Verfolgung des an sich zulässigen Anspruchs gegenüber dem Gutsherrn allein anstelle des unzulässigen Anspruchs gegenüber der Schulaufsichtsbehörde und dem Gutsherrn eine Änderung der Klage dar, die in der Berufungsinstanz unbedingt ausgeschlossen ist.

3. Gemäß § 36 A.-L.-R. II 12 sind bei Bauten und Reparaturen der Schulgebäude die Gutsherrschaften auf dem Lande nur verpflichtet, die auf dem Gute, wo die Schule sich befindet, gewachsenen oder gewonnenen Materialien, soweit solche hinreichend vorhanden und zum Baue notwendig sind, unentgeltlich zu verabfolgen. Darunter fallen nicht Ziegelsteine und Kalk oder Zement, da dies Materialien sind, die aus Bodenerzeugnissen erst künstlich hergestellt werden müssen.

Auch eine Observanz ist ungeeignet, dem Anspruche der Klägerin zur Stütze zu dienen. Observanzen, die den Vorschriften im § 36 zuwiderlaufen, können sich mit rechtlicher Wirkung anerkanntermaßen nicht bilden (siehe E.-O.-V. Bd. XIV S. 236, Bd. XXI S. 185, Bd. XXIII S. 136).

Nr. 2. Entsch. v. 18. IX. 03 Nr. VIII 351.

1. Bei Beurteilung der Leistungsfähigkeit des Gutsherrn kommt es nicht allein auf den Ertrag des Gutes an, sondern die Leistungsfähigkeit des Gutsherrn kann sich auch aus dessen ganzer sonstiger Vermögenslage ergeben.

2. Die gutsherrliche Schulbaulast wird dadurch nicht berührt, daß das Gut die Eigenschaft als Fideikommiß erhält. Namentlich kommt die Bestimmung im § 5 A.-L.-R. II 4 über die Höhe des Ertrages, den ein Fideikommißgut gewähren soll, bei der Pflicht zur Erfüllung der gutsherrlichen Schulbaulast nicht in betracht.

β) Bei Schul- und Küsterhäusern insbesondere.

Nr. 1. Entsch. Bd. XXXXII S. 182 v. 21. X. 02 I C 129/01.

Ges. v. 21. VII. 46 (G.-S. S. 392) betr. den Bau- und die Unterhaltung der Schul- und Küsterhäuser, §§ 3, 6.
A.-L.-R. II 11 § 731, II 12 §§ 29 ff., 37.
Zust.-Ges. § 47.

1. Eine politische Gemeinde kann die Schulbeiträge ihrer Gemeindeangehörigen regelmäßig aus der Gemeindekasse decken, ohne daß sich in den rechtlichen Verhältnissen der einzelnen Gemeindeangehörigen zur Schulgemeinde etwas ändert, und ohne daß die politische Gemeinde gegenüber der Schulgemeinde haftbar wird (E.-O.-V. Bd. XIX S. 172, 173, Bd. XXIV S. 136, Bd. XXVI S. 171). Nur wenn die politische Gemeinde gegenüber der Schulgemeinde haftbar werden will, kann eine solche Haftung entstehen. Hat die politische Gemeinde nicht den darauf gerichteten Willen gehabt und erkennbar zum Ausdruck gebracht, so wird ein unmittelbares rechtliches Verhältnis zwischen ihr und der Schulgemeinde auch nicht durch die Zustimmung der letzteren zusammen mit der Genehmigung der Schulaufsichtsbehörde begründet.

2. Hat aber eine politische Gemeinde freiwillig die Schullasten der ihr angehörigen Hausväter nicht bloß im Verhältnisse zu diesen, sondern mit rechtlicher Wirkung auch gegenüber der Schulgemeinde übernommen, so kann sie innerhalb der Schulgemeinde bei der Unterverteilung der Schulbaukosten durch den Schulvorstand herangezogen werden. (E.-O.-V. Bd. XXIV S. 137, Bd. XXVIII S. 155, 156.) Ebenso wie der Schulvorstand die Hausväter zu den Baukosten heranzuziehen hat, deren Aufbringung der Schulgemeinde obliegt, so auch die politischen Gemeinden, falls diese an Stelle der Hausväter getreten sind.

3. Zu einer solchen Schuldübernahme bedarf es im Bereiche der Land-Gem.-Ord. v. 3. VII. 91 der Genehmigung des Kreisausschusses als der Kommunalaufsichtsbehörde. Protokolle über die mündliche Verhandlung vor dem Kreis- und dem Bezirksausschuß entbehren der Beweiskraft hinsichtlich der beurkundeten Erklärungen, wenn in ihnen, den Vorschriften der Geschäftsregulative zuwider, nicht bemerkt ist, daß sie den Beteiligten vorgelesen oder zur Durchsicht vorgelegt sind und daß die Genehmigung erfolgt sei.

4. Ist durch rechtskräftiges Urteil das Verhältnis der Teilnahme an den Küsterschulbaukosten zwischen dem Patron und den Eingepfarrten grundsätzlich festgestellt worden (beispielsweise dahin, daß nach Maßgabe der — durch Kab.-O. v. 10. XII. 39 [J.-M.-Bl. 1840 S. 308] gesetzlich beseitigten — sogenannten Styloschen Observanz der Patron allein die Barkosten zu tragen habe), so bleibt davon die Pflicht zur Aufbringung von Kosten für Schulerweiterungen und deren Unterhaltung unberührt. Gemäß § 3 des Ges. v. 21. VII. 46 können die Kirchenbaupflichtigen zu den erforderlichen Erweiterungsbauten nicht angehalten, sondern es müssen die Bauten von denen ausgeführt und unterhalten werden, denen in Ermangelung eines Küsterhauses der Bau und die Unterhaltung einer gemeinen Schule obliegen würde. Ein derartiges Urteil begründet daher für die schulbaupflichtigen Hausväter keinen Anspruch auf Befreiung und steht ebensowenig der politischen Gemeinde zur Seite, die nach Ortsrecht für die Schullasten der Hausväter gegenüber der Schulgemeinde einzutreten verbunden ist.

5. Wenn im § 6 des Ges. v. 21. VII. 46 von besonderen Rechtstiteln die Rede ist, so sind die Rechtstitel gemeint, nach denen die Pflicht

zur baulichen Unterhaltung der Schule den Kirchenbaupflichtigen im Gegensatze zu den Schulbaupflichtigen obliegt, nicht aber Rechtstitel über die Teilnahme an der Kirchbaupflicht. Die Kirchbaupflicht ruht übrigens nach den Bestimmungen des A.-L.-R. bei Unzulänglichkeit des Kirchenvermögens auf dem Patron und den Eingepfarrten (§ 731 Tit. 11 T. II a. a. O.). Wird durch richterliches Urteil das Teilnahmeverhältnis zwischen dem Patron und den Eingepfarrten festgestellt, so kann eine solche Feststellung die Schulbaupflicht der Hausväter oder der politischen Gemeinden, die an deren Stelle getreten sind, schon darum nicht berühren, weil die Eingepfarrten, aus denen sich die Kirchengemeinde zusammensetzt, mit den Hausvätern oder der politischen Gemeinde nicht identisch sind.

Nr. 2. Entsch. v. 4. XI. 02 Nr. I 1703 (Pr.-V.-Bl. Bd. XXIV S. 711).

1. Nach märkischem Provinzialrecht hat bei Küstereischulen der Patron die zum Bau nötigen Feldsteine in dem zum Bau geeigneten Zustande zu liefern oder die Kosten für ihre Herrichtung (Spaltung) zu tragen. Darauf ob im Einzelfalle die Steine in regelmäßigen Formen hergerichtet worden sind, kann es für die Frage, ob es sich um „Bausteine" handelt, nicht ankommen; nicht bloß regelmäßig geformte Steine (Quadern), sondern auch unregelmäßig gestaltete (Polygonsteine) sind Bausteine, wenn sie mittels Bindematerials zu Mauern zusammengefügt werden. Freilich werden auch Feldsteine ohne jede Bearbeitung zur Herrichtung von Wänden benutzt; daß dies aber bei dem vorliegenden Bau nicht geschehen, geht aus der Zeichnung und den Rechnungen deutlich hervor. Die Steine wurden in geschlagenem (gespaltenem) Zustande in polygoner Form verwendet, wobei selbstverständlich die glatten Seiten an die Außenfläche gelegt wurden. Der Streit, ob das Schlagen oder Spalten eine handwerksmäßige Fertigkeit oder eine nur rohe Kraft erfordernde Handarbeit ist, hat für die Entscheidung keine Bedeutung. Wesentlich allein ist, daß die Feldsteine als Bausteine (zur Herstellung von Mauerwerk) verwendet sind. Wie in E.-O.-V. Bd. XXVIII S. 160 nachgewiesen ist, fallen die Kosten für Sprengen der Feldsteine in der Mark dem Patron zur Last.

2. Ingleichen hat er die zum Bau nötigen gebrannten Tonröhren (Drainröhren) zu liefern. Der Patron muß nach der Kab.-Ord. v. 11. XII. 1710 (vgl. von Scholtz S. 376), die das Herkommen bestätigte, „alle Materialien an Holz, Steinen, Kalk und dergleichen anschaffen". Die Zweifel, was zu Steinen und Kalk zu rechnen, insbesondere ob der Patron, wenn er keine Ziegelei habe, doch Ziegelsteine zum Bau liefern müsse, und ob er Schiefer und außer Kalk auch Gips zu beschaffen habe, wurden in verschiedenem Sinne von den Gerichten beantwortet. Hierauf erging eine Entsch. der Gesetzkommission v. 24. I. 1789, daß „die Patrone an Materialien nichts weiter als Holz, Steine, Kalk, die Eingepfarrten aber, außer den zu leistenden Hand- und Spanndiensten, Stroh, Rohr und Lehm und das Arbeitslohn nebst den dazu erforderlichen und den darunter begriffenen Zutaten an Eisen, Glas, Blei und Kacheln zum Ofen zu entrichten verbunden" seien. Die Kab.-Ord. vom 2. II. 1789 bestätigte diese Entscheidung. Zur Erläuterung, was zu den vom Patron zu liefernden Hauptmaterialien gehöre, wurde trotzdem auf die Kab.-Ord. v. 11. XII. 1710 zurückgegangen und aus ihren Worten „Holz, Steine, Kalk und dergleichen" gefolgert, daß dem Patron auch obliege, Surrogate der erwähnten Hauptmaterialien, deren Verwendung an Stelle von Holz oder Steinen nötig, zu beschaffen. Insbesondere erkannte das O.-Trib. am 25. IV. 52 (Bd. 21 S. 313) dahin, daß der Patron auch „stein- und kalk-

artige Substanzen und Stoffe, z. B. Ziegelsteine, Gips u. s. w." zu beschaffen habe, und daß diese Pflicht sich ebenso auf die „nach Anordnung . . . zum Bau verwendeten Surrogate der Hauptmaterialien z. B. anstatt des Holzes verbrauchbares Eisen oder statt der Ziegelsteine verwendete Zinkplatten" erstrecke. v. Scholtz nimmt demgemäß an, daß vom Patron „stein- und kalkartige Substanzen, z. B. Schiefer, Ziegelsteine, Gips, Eisen, Steine u. s. w., desgleichen alle Surrogate der Hauptbaumaterialien, namentlich Zink oder Eisen" zu liefern sind. Drainröhren, die mittels einer Presse aus Ton hergestellt und wie Ziegelsteine gebrannt werden, gehören zu den unstreitig vom Patron zu liefernden „stein- und kalkartigen Substanzen", ebenso, wie die Zementplatten, die Dach- und die Firstziegel.

3. Dem Patron wurden im vorliegenden Falle auch die anteiligen Kosten der Ausschreibung des Baues einschließlich der Materiallieferung aus folgenden Gründen zur Last gelegt. Nach dem vorgelegten Aktenmaterial war davon auszugehen, daß diese Kosten durch die öffentliche Ausschreibung des ganzen Baues einschließlich der Materiallieferung entstanden sind. Mit der Ausschreibung wurde für den Patron die ihm obliegende Beschaffung der Hauptmaterialien vorbereitet, die er offenbar selbst zu liefern gar nicht Willens war. Die Bekanntmachungskosten erhöhten die Gesamtbaukosten, aber, insoweit das Ausschreiben der Materialbeschaffung diente, auch den Preis der Hauptmaterialien. So wenig der Patron in Abrede genommen hat, daß er verpflichtet ist, den letzteren zu zahlen, kann er diejenigen Aufwendungen, die gemacht sind, um das Material herbeizuschaffen, zu erstatten verweigern. Daß die Bekanntmachung unnötig oder unzweckmäßig gewesen, behauptet er nicht; gegen die Art der Anteilsberechnung hat er nichts eingewendet; seine Erstattungspflicht war demnach gemäß §§ 258 ff., § 231 A.-L.-R. I 13 zu bejahen. Denn da er es sich hat gefallen lassen, daß die Beschaffung der von ihm zu liefernden Baumaterialien zugleich mit der Verdingung des Baues öffentlich ausgeschrieben wurde, hat er den Vorteil gezogen, die Materialien gut und möglichst billig geliefert zu erhalten, und muß für diesen Vorteil den Geschäftsführer ohne Auftrag schadlos halten. Wenn er fordert, daß die Bekanntmachungskosten als „Nebenleistungen" der Gemeinde zur Last gelegt werden, so übersieht er, daß die Ausgabe für das öffentliche Ausschreiben den von ihr zu zahlenden Materialienpreis erhöhte; er soll also nicht Nebenleistungen übernehmen, sondern den wirklichen Preis der von ihm zu beschaffen gewesenen Materialien bezahlen.

Nr. 3. Entsch. Bd. XXXXIII S. 162 v. 6. III. 03 I C 88/02.

A.-L.-R. II 11 § 728, II 12 § 37.

1. Der Domänenfiskus war als Patron der Mutterkirchen zu W. und L. im Zivilprozesse rechtskräftig verurteilt worden, zu einem Bethause in Neu-L. ein Drittel der baren Baukosten und die Hälfte der Hauptmaterialien beizutragen. Hierauf fußend, hatte die Kirchengemeinde Neu-L. gegen den Fiskus mit dem Verlangen geklagt, anzuerkennen, daß er schuldig sei, dieselben Beiträge auch zu einem Um- und Erweiterungsbau an dem Wohngebäude des Küsterschullehrers zu leisten. Das O.-V.-G. wies die Klage ab.

2. Aus der Pflicht des Patrons einer Mutterkirche, zur Erbauung und Unterhaltung eines Bethauses für eine Tochtergemeinde beizutragen, folgt nicht, daß ihm auch die Leistung von Baubeiträgen für das Küsterschulhaus oder das Wohnhaus des Küsterschullehrers in deren Bezirke gesetzlich obliegt. Nach § 37 Tit. 12 T. II A.-L.-R. regelt sich die Küsterschulbaupflicht wie bei Pfarrbauten. Entscheidend aber ist die Pfarrbaupflicht an dem Orte, wo sich das Küsterwohnhaus befindet oder für den es bestimmt ist, hier also die Pfarrbaupflicht

in Neu-L. Nun ist der Fiskus zwar Patron über die Kirchen in W. und L. und daher verpflichtet, zu Bauten bei den dortigen Pfarrgebäuden beizutragen. Aber aus der Stellung des Fiskus als Patron der Kirchen in W. und L. folgt nicht seine Pfarrbaupflicht für Neu-L., mögen auch die Kirchengemeinden in Neu-L. unter denselben Pfarrern stehen wie die Kirchen in W. und L., zu denen sie geschlagen sind. Die Bestimmung im § 728 Tit. 11 T. II A.-L.-R., auf die sich die Entscheidung der ordentlichen Gerichte in betreff des Bethauses gründet, gilt nur für Kapellen und Bethäuser, aber nicht für Kirchen- und Pfarrgebäude.

b) Nach Provinzialrechten.

α) In Ost- und Westpreußen.

Nr. 1. Entsch. v. 3. VI. 02 Nr. I 905 (Pr.-V.-Bl. Bd. XXIV S. 406).
Pr. Schulordn. v. 11. XII. 45 (G.-S. 1846 S. 1) §§ 44, 47, 54.

1. Durch das Urteil des Ostpr. Tribunals v. 6. X. 74 ist die Gutsherrschaft K. verurteilt worden, ihre Verpflichtung anzuerkennen, zu den Neu- und Reparaturbauten an den Schulgebäuden zu K. das sämtliche Baumaterial in Holz, Steinen, Ziegeln, Kalk, Lehm und Grand unentgeltlich herzugeben. Das Urteil beruht nach dem Inhalte seiner Gründe auf der Annahme, daß sich ein Herkommen gebildet habe, wonach die Gutsherrschaft zu den Schulbauten alle Baumaterialien herzugeben habe. Der Anlaß des damaligen Streites über die Aufbringung von Baukosten war die Notwendigkeit eines Erweiterungsbaues, nämlich des Baues eines zweiklassigen Schulhauses an Stelle des vorher vorhandenen einklassigen. Für den Fall, daß eine Schule wegen Wachsens der Einwohnerzahl erweitert werden muß, schreibt § 54 der Schulordn. v. 11. XII. 45 vor, daß der Gutsherr für das erweiterte Bedürfnis nach den näheren Bestimmungen der §§ 44—47 der Schulordnung zu sorgen hat. Eine abweichende Norm, die sich hinsichtlich der Leistungen des Gutsherrn durch Vertrag oder Herkommen gebildet hat, gilt nicht für eine durch Vermehrung der Einwohnerzahl notwendig gewordene Erweiterung der Schule. Zu einem dadurch notwendig gewordenen Bau hat der Gutsherr daher nach § 44 der Schulordn. nur das Bauholz herzugeben (E.-O.-V. Bd. XIII S. 273 ff.). Überdies ist die rechtliche Möglichkeit der Bildung eines Herkommens, wonach der Gutsherr außer dem Bauholze auch andere Baumaterialien herzugeben hätte, nach E.-O.-V. Bd. XXXIX S. 173 zu verneinen. Ein Herkommen gehört auch nicht zu den besonderen Rechtstiteln im Sinne der §§ 38 und 39 der Pr. Schulordn. Daher bestehen gegen die Richtigkeit der Entscheidung des Ostpr. Tribunals erhebliche Bedenken. Allein die Entscheidung ist rechtskräftig geworden, und es fragt sich daher nur, ob sich ihre Rechtskraft auch auf den jetzt geplanten Neubau erstreckt und, wenn dies der Fall ist, ob die Rechtskraft der Vorentscheidung auch der Schulaufsichtsbehörde gegenüber geltend gemacht werden kann. Beide Fragen sind zu bejahen.

2. In dem entscheidenden Teile des Tribunalsurteils ist zunächst mit keinem Worte darauf hingewiesen, daß sich die Feststellung der Verpflichtung der Gutsherrschaft zur unentgeltlichen Hergabe aller Baumaterialien nur auf den damaligen Baufall bezogen hätte; vielmehr wird dort ganz allgemein von den Neu- und Reparaturbauten an den Schulgebäuden zu K. gesprochen. Der Klageantrag war dahin gegangen, die Gutsherrschaft zu verurteilen, ihre Verpflichtung zur unentgeltlichen Lieferung der „zu Neu- und Reparaturbauten

an den Schulgebäuden in K." erforderlichen Baumaterialen anzuerkennen. In Ermangelung des bestimmten Artikels vor „Neu- und Reparaturbauten" gestattete danach der Klageantrag noch weniger die Auffassung, daß nur die Verpflichtung der Gutsherrschaft in bezug auf den einzelnen Baufall habe festgestellt werden sollen. Das Ostpr. Tribunal hat aber nach dem Schlusse seiner Entscheidungsgründe eine Verurteilung nach dem Klageantrage aussprechen wollen, so daß auch nicht aus der Hinzufügung des Artikels eine Einschränkung gefolgert werden kann. Die Möglichkeit, die Entscheidung nur auf den damaligen Baufall zu beziehen, wird aber dadurch ganz ausgeschlossen, daß von Neu- und Reparaturbauten die Rede ist, während es sich damals ganz allein um einen Neubau handelte, mithin nicht neben Neubauten noch Reparaturbauten hätten erwähnt werden können, wenn man nur den damaligen Baufall im Auge gehabt hätte. Muß man danach annehmen, daß sich die Rechtskraft der Entscheidung des Ostpr. Tribunals über den Baufall hinaus, der Anlaß zu dem Rechtsstreite gab, auf künftige Neu- und Reparaturbauten erstreckt, so ist es offenbar unstatthaft, hiervon Erweiterungsbauten auszunehmen, weil gerade ein Erweiterungsbau den durch das Tribunalsurteil entschiedenen Rechtsstreit veranlaßt hatte.

Zwar sollen für Schulerweiterungen, die durch das Wachsen der Einwohnerzahl notwendig werden, nach § 54 der Pr. Schulordn. ohne Rücksicht auf eine durch Vertrag oder Herkommen gebildete abweichende Norm die Vorschriften der Schulordn. maßgebend sein, aber die Tragweite rechtskräftiger Entscheidungen ist damit nicht eingeschränkt. Liegt also eine rechtskräftige Entscheidung über die Pflicht zur Aufbringung der Baukosten bei Schulerweiterungen vor, so hat diese jedenfalls unter den Beteiligten Geltung.

3. Unter welchen Voraussetzungen eine solche Entscheidung auch für die Schulaufsichtsbehörde bindend ist, bedarf hier keiner näheren Erörterung, weil sich die Regierung in ihrem Baubeschlusse v. 19. III. 1900 auf das Erkenntnis des Ostpr. Tribunals v. 6. X. 74 berufen und sie selbst dies Erkenntnis bei der Baukostenverteilung mit zu grunde gelegt hat. Stellt sich die Schulaufsichtsbehörde selbst auf den Boden einer unter den Interessenten ergangenen früheren gerichtlichen Entscheidung, so erkennt sie an, daß die Entscheidung auch ihr gegenüber gilt, und muß sich daher auch gefallen lassen, daß der Baubeschluß, insoweit als er mit der Entscheidung nicht im Einklange steht, der Entscheidung entsprechend im Verwaltungsstreitverfahren geändert wird.

Nr. 2. Entsch. Bd. XXXXII S. 171 v. 16. I. 03 I C 85/02.

Pr. Schulordn. v. 11. XII. 45 (G.-S. 1846 S. 1) §§ 39, 44, 46, 47, 52, 54.

1. Der gesetzliche Grund für die Verpflichtung der Gutsherren, zur Unterhaltung der Schulen in ihren Gutsbezirken beizutragen, lag in ihrem wirtschaftlichen und obrigkeitlichen Verhältnisse zu ihren Hintersassen, das ihnen eine Fürsorge für deren Bedürfnisse nicht nur in wirtschaftlichen Notfällen, sondern auch auf dem Gebiete der Kindererziehung von jeher zur Pflicht gemacht hatte (vgl. §§ 122 ff. Tit. 7 T. II des A.-L.-R.). Auch in der Pr. Schulordn. sind die gutsherrlichen Verpflichtungen mit Rücksicht auf dieses Verhältnis geregelt. Soweit hierbei die Schulordnung auf das Herkommen in dem Schulbezirke verweist, hat sie die bestehende Rechtsübung zwischen Gutsherren auf der einen und Untertanen auf der anderen Seite, und nicht lediglich die zwischen der Schulanstalt und dem Gutsherrn, im Auge. Das ergibt sich aus § 46 der Schulordn., wo verordnet ist, daß eine herkömmliche Verpflichtung der Privatgutsherren zu Leistungen für die Schule nicht nur für die bestehenden Schulen, sondern auch für neu zu

errichtende gilt, und aus der Vorschrift in § 54 daselbst, wonach es bei dem Herkommen, das sich in einem Schulbezirke gebildet hat, auch für dort neu errichtete Schulen unter gewissen Voraussetzungen sein Bewenden behält. Hatte aber das Herkommen, das demnächst die Schulordn. im § 44 hinsichtlich der Verpflichtung des Gutsherrn zur Hergabe des Schulbauholzes aufrechterhielt, schon vor Einführung dieses Gesetzes seine Grundlage in den Rechtsbeziehungen zwischen dem Gutsherrn und seinen Hintersassen und in der zwischen ihnen entstandenen Rechtsübung, so war seine Geltung nicht an eine bestimmte Schule geknüpft. Auch damals äußerte vielmehr das Herkommen rechtliche Wirkung bei jeder Schule, die für Hintersassen errichtet wurde, denen gegenüber es bestand, und zwar ohne Unterschied zwischen einem den Gutsherrn verpflichtenden Herkommen, und einem Herkommen, das ihn von der gesetzlichen Verpflichtung befreite. Für die Zeit nach Einführung der Schulordnung ist dies in Erk. Ob.-Trib. v. 14. V. 1860 (Entsch. des Ob.-Trib. Bd. XXXXV S. 323) anerkannt worden. Es trifft aber mit Rücksicht auf den Boden, auf dem ein solches Herkommen erwächst, auch für die frühere Zeit zu.

2. Nach der geschichtlichen Rechtsentwickelung sind unter Gutsherren des Schulbezirkes im Sinne der Preuß. Schulordn. die Gutsherrschaften zu verstehen, die zur Zeit der Erbuntertänigkeit des Landvolkes die Ortsobrigkeit der zum Schulbezirke gehörigen Ortschaften gewesen oder gegenwärtig Gutsherren eines zum Schulbezirke gehörigen selbständigen Gutsbezirkes sind. Ohne entscheidende Bedeutung aber für die Frage, ob die Bewohner einer ländlichen Ortschaft Gutsuntertanen eines Gutsherrn gewesen sind, ist ihre etwaige einstmalige Erbuntertänigkeit, die auf dem privatrechtlichen Obereigentume des Gutsherrn an den bäuerlichen Grundstücken in seinem herrschaftlichen Gebiete ruhte. Die Gutsherrlichkeit war ein obrigkeitliches Verhältnis, das sich auf die Hintersassen und ihren Grundbesitz in einem herrschaftlichen Gute auch dann erstreckte, wenn sie nicht zu den Erbuntertanen gehörten und nicht nur Nutzungsrechte an dem Grundeigentume des Gutsherren hatten, sondern persönlich frei waren und volles Grundeigentum besaßen (vgl. E.-O.-V. Bd. XXXVII S. 157). Wie hieraus folgt, ist die Gutsherrlichkeit über eine Landgemeinde auch da nicht beseitigt worden, wo die Bauern Erbpächter des Gutsherrn gewesen waren und dann durch das Ges. v. 2. III. 50 das Eigentum an ihren Grundstücken erhielten, während allerdings der Erbpächter eines selbständigen herrschaftlichen Gutes durch Erlangung des Eigentums auf Grund dieses Gesetzes Gutsherr werden konnte.

3. Irrig ist die Annahme, daß die Gutsherrlichkeit der Stadt Th. in Westpreußen durch die fremdländische Gesetzgebung während der Zugehörigkeit der Stadt Th. zum Herzogtum Warschau untergegangen sei. Das A.-L.-R., das im Jahre 1808 durch die Gesetzgebung des neu errichteten Herzogtums Warschau für dessen Gebiet beseitigt war, ist durch das Patent v. 9. XI. 1816 von neuem mit den zu ihm ergangenen abändernden, ergänzenden und erläuternden Bestimmungen in Kraft getreten. Bereits in der Entsch. des Ob.-Trib. v. 14. VII. 1865 (abgedruckt bei Schneider und von Bremen: Das Volksschulwesen usw. Bd. II Seite 76ff.) und ebenso später in Erk. des O.-V.-G. ist ausgesprochen worden, daß auch während der fremdländischen Zwischenherrschaft die Besitzer der adligen Güter in den bis dahin preußischen Landesteilen „Gutsherren" über die Dorfgemeinden, deren Mitglieder bisher ihre Untertanen gewesen waren, geblieben sind, obwohl es eine bäuerliche Erbuntertänigkeit nicht mehr gab, und daß daher diese Gutsherren die der Gutsherrschaft nach dem wieder eingeführten A.-L.-R. oder nach

Provinzialrecht auf dem Gebiete der Schulunterhaltung obliegenden Verpflichtungen überkommen haben, wenngleich ihnen die Gerichtsbarkeit gar nicht und die Polizeiverwaltung nur im beschränkten Umfange wieder verliehen wurde (vgl. E.-O.-V. v. 4. I. 93 Pr.-V.-Bl. Bd. XIV S. 345, E.-O.-V. Bd. XXXIX S. 194).

4. Irrig ist auch die Annahme, das Herkommen sei für die Verpflichtung der Gutsherren zur Lieferung des Bauholzes erst seit Erlaß der Vd. v. 30. XI. 40 entscheidend, während bis dahin eine von einem Herkommen unabhängige Verpflichtung gemäß § 36 Tit. 12 T. II A.-L.-R. bestanden habe. Vor Erlaß der Pr. Schulordn. v. 11. XII. 45 waren die Vorschriften der §§ 29 ff. Tit. 12 T. II A.-L.-R., darunter die des § 36 über die Hergabe der Baumaterialien, auch in der jetzigen Provinz Westpreußen maßgebend, jedoch nur insoweit nicht das Provinzialrecht etwas anderes bestimmt.

Als Provinzialrecht kamen für die Schulen, deren Patron der Domänenfiskus war oder zu denen neben Domänenortschaften auch Einsassen von Dörfern gewiesen waren, die Privaten oder Kommunen gehörten, die principia regulativa v. 1. VIII. 1736 und später noch die Vd. v. 30. XI. 40 (G.-S. 1841, S. 11) in betracht (vgl. § 62 des Westpr. Provinzialrechts v. 19. IV. 44, G.-S. S. 103), während im übrigen, also auch für die Schulen privaten Patronats, die Verpflichtung des Patrons (Gutsherrn) zu den Schulbauten beizutragen, nach dem Herkommen bei jeder Schule zu beurteilen war (§§ 63 und 66 des Westpr. Provinzialrechts, das hier kein neues Recht geschaffen, sondern nur das bestehende Recht festgestellt hat). Herkömmlich konnte sonach bei einer Landschule die Verpflichtung des Gutsherrn im Schulbezirk entweder weitergehen als die des Gutsherrn über den Schulort nach § 36 Tit. 12 T. II A.-L.-R. oder beschränkter sein. Doch konnte das Herkommen den Gutsherrn nur zur Hergabe von Bauholz, aber nicht von anderen Baumaterialien verpflichten oder ihn von jeder Baulast befreien. Nur wo insoweit ein Herkommen nicht bestand, kam die Vorschrift des § 36 a. a. O. zur Anwendung. Durch die Einführung der Pr. Schulordn. ist die gesetzliche Verpflichtung der Gutsherren auf die Hergabe von Holz zum Schulbau eingeschränkt, dabei jedoch einerseits die Geltung eines die Verpflichtung ganz oder teilweise beseitigenden Herkommens zugelassen, andererseits aber die Verpflichtung zur Bauholzlieferung nicht von dem Besitze des Gutsherrn an Bauholz abhängig gemacht worden. Für die Stadt Th. und ihr Kämmereigebiet blieb daher, nachdem sie im Jahre 1816 mit dem Preußischen Staate wieder vereinigt worden war und gleichzeitig der Wiedereinführung des A.-L.-R. und des in Westpreußen geltenden Provinzialrechts stattgefunden hatte, für die Verpflichtung der Privatgutsherren zur Lieferung des Schulbauholzes in erster Linie das Herkommen maßgebend.

5. Bei der Prüfung, ob ein den Gutsherrn von der Baupflicht befreiendes Herkommen für die Schule in N. besteht, konnte keine entscheidende Bedeutung dem Umstande beigemessen werden, daß ein Herkommen der bezeichneten Art für eine große Anzahl anderer Schulen in der Th.er Stadtniederung und den Bruchländereien, wenn nicht für alle Schulen des Kämmereigebiets, nachgewiesen werden kann. Denn das Herkommen, das nach der Pr. Schulordn. für gewisse Verpflichtungen bei der Schulunterhaltung dem Gesetzesrechte vorgeht, ist kein Gewohnheitsrecht, das in bestimmt begrenzten größeren Landesteilen besteht und dort für alle, in der Vergangenheit errichtete und künftig zu errichtende Schulen Anwendung findet, sondern es ist ein örtliches Recht, das sich nur für die in bestimmten einzelnen Schulbezirken

vorhandenen Gutsherrschaften und Gutsuntertanen entsprechend ihrer besonderen Rechtsübung bei Unterhaltung der Schule, zu der sie gewiesen sind, bilden kann. Demgemäß wird in der Vd. v. 30. XI. 40 auf das Herkommen neben den Verträgen als die Rechtsquelle für die Unterhaltung einzelner Schulen bestimmter Art (§§ 2, 3, 5 und 7) verwiesen. Auch das Westpr. Provinzialrecht v. 19. IV. 44 bestimmt hinsichtlich der Schulbaupflicht im § 66, daß diese „nach dem Herkommen bei jeder Schule zu beurteilen" sei. Ebenso behandelt die Pr. Schulordn. v. 11. XII. 45 das Herkommen neben den Verträgen als eine für bestimmte Gutsherren des Schulbezirkes anzuerkennende Rechtsquelle (siehe §§ 44, 46, 47 und 54). Daher kann ein Herkommen für eine bestimmte Schule nicht schon aus dem Grunde in Anspruch genommen werden, weil es in anderen Schulbezirken derselben Gegend gilt. In diesem Sinne ist eine Übertragung des in anderen Schulverbänden bestehenden Herkommens auf einen neu gegründeten Schulverband vom O.-V.-G. in E.-O.-V. Bd. XIII S. 283, dgl. v. 18. XII. 90 (Pr.-V.-Bl. Bd. XII S. 230ff.) und v. 15. X. 95 (ebenda Bd. XVII S. 217ff.) für nicht zulässig erklärt worden. Verschieden hiervon ist aber das Fortbestehen eines Herkommens, das sich hinsichtlich der Schulunterhaltung zwischen der Gutsherrschaft und ihrem Hintersassen in bestimmten Ortschaften gebildet hatte, bei der Zuweisung dieser Ortschaften an eine andere ältere oder neu errichtete Schule. In einem derartigen Falle bleibt das Herkommen auch in dem neuen Schulbezirk in Geltung, solange es nicht durch eine entgegengesetzte Übung oder durch Vereinbarungen der Beteiligten außer Kraft gesetzt wird.

Dritte Abteilung.

Polizeiliche Angelegenheiten.

I.

Besondere polizeiliche Angelegenheiten.

A. Wasserpolizei und die damit im Zusammenhange stehenden Streitigkeiten der Beteiligten.

a) Wasserpolizeiliche Verfügungen im Sinne des § 66 Zust.-Ges. Räumung von Gräben, Bächen und Wasserläufen (Privatflüssen). Streitigkeiten der Beteiligten.

Nr. 1. Entsch. Bd. XXXXII S. 243 v. 11. XII. 02 III C 27/02.
§ 7 des Privatflußges. v. 28. II. 43.

1. Die Schlick- und Krautungsordnung für die Flüsse Pissa und Kermeß vom 6. Mai 1835 gilt noch.

2. Ununterbrochene Gewohnheiten kommen für die Pflicht zur Räumung eines Privatflusses auch dann in betracht, wenn dieser in ausschließlichem Eigentümer eines einzelnen steht.

Nr. 2. Entsch. v. 2. I. 02 III 9 (Pr.-V.-Bl. Jahrg. XXIII S. 505).
§ 100 I 8 A.-L.-R.

Eine tatsächliche Übung der Räumung eines Flußlaufes, die in der Meinung, eine vertragsmäßige Pflicht zu sein, stattgefunden hat, ist nicht geeignet, eine Observanz zu schaffen (Entsch. des R.-G. in Zivilsachen Bd. II S. 185, Bd. XXI S. 271; E.-O.-V. Bd. XV S. 229, Bd. XXXIX S. 252; Urteil v. 26. VI. 94 I 729).

Nr. 3. Entsch. v. 9. VII. 03 III 1391.
§ 7 Privatflußges. v. 28. II. 1843; § 10 Vorflutges. v. 15. XI. 11.

1. Flüsse und Seen unterliegen im Laufe der Zeit infolge der Einwirkungen des Wassers oder anderer natürlicher Ereignisse immer Veränderungen. Wollte man den Eintritt derartiger Veränderungen grundsätzlich und für das Maß der zulässigen polizeilichen Anforderungen rücksichtlich der Vorflut insbesondere als unwesentlich erachten, so käme dies schließlich darauf hinaus, daß der Urzustand ausschließlich als der normale in betracht käme. Dies führte nicht

allein zu meistens unmöglichen Feststellungen, sondern auch dazu, daß die Grundsätze des bürgerlichen Rechts über den Erwerb entstehender Anlandungen, Inseln usw. im wesentlichen gegenstandslos wären. Ein derartiger Rechtssatz besteht nicht. Als der normale Zustand kommt jeweilig derjenige in betracht, in dem sich Flüsse und Seen zu der Zeit, in der hierüber zu entscheiden ist, tatsächlich seit einer längeren Zeit befinden. Die Möglichkeit, daß sich eine für die Polizeibehörde maßgebende Veränderung der Flüsse und Seen und der Höhenlage ihres Bettes auch deshalb ausbildet, weil die seinerzeit erzwingbar gewesene Forträumung von Anwuchs, Anlandungen u. s. w. nicht rechtzeitig angeordnet worden ist, muß danach anerkannt werden. Hiervon ist von dem O.-V.-G. in Übereinstimmung mit der Rechtsprechung des vormaligen Obertribunals stets ausgegangen (s. E.-O.-V. Bd. XXXV S. 301, des Obertribunals Bd. 43 S. 71, Bd. 53 S. 29, Bd. 70 S. 6).

2. So wenig die Polizeibehörde auf Grund ihrer Befugnisse zur Anordnung einer Räumung die Wiederherstellung eines Grabens erzwingen kann, der tatsächlich nicht neuerlich beseitigt worden ist, sondern eine längere Zeit bereits zugeschüttet oder sonst für die Vorflut geschlossen war (s. E.-O.-V. Bd. II S. 280, Bd. III S. 210, Bd. VIII S. 237), so wenig ist sie zur Anordnung der Herstellung eines neuen Grabens in einer die Vorflut behindernden Weise befugt, wenn diese infolge von Anwuchs oder Anlandung nicht erst neuerlich entstanden ist.

b) Strom-, Schiffahrts- und örtliche Wasserpolizei, öffentliche Flüsse und ihre Schiffbarkeit, Leinpfad, Strombauverwaltungsgesetz, Uferschutzbauten, Fähren, Wasserbauinspektoren, Schaurichter, Schlesisches Hochwassergesetz.

Nr. 1. Entsch. v. 22. XII. 02 III 2153 (Pr.-V.-Bl. Jahrg. XXIV S. 572.

§ 7 Privatflußges. v. 28. II. 43.

Die weiße Elster ist ein Privatfluß im Sinne des Ges. v. 28. II. 43 (vgl. Erk. v. 10. III. 91 Entsch. Bd. XXI S. 233).

Nr. 2. Entsch. Bd. XXXXII S. 233 v. 20. XI. 02 III C 112/02.

1. Ein öffentlicher Strom untersteht der Polizeigewalt des Regierungspräsidenten als desjenigen Organs, das zur Übung der Schiffahrts- und Strompolizei auf den öffentlichen Flüssen seines Bezirkes verfassungsmäßig berufen ist. Ihm steht in dieser Eigenschaft nicht bloß die Fürsorge für die Schiffahrt und die Erhaltung des Stromes in einem dem Bedürfnisse der Schiffahrt entsprechenden Zustande, sondern die gesamte polizeiliche Funktion zu, soweit sie auf dem Strome zu üben ist. Den Ortspolizeibehörden ist es, abgesehen von dem Falle eines dringlichen Notstandes grundsätzlich untersagt, in die dem vorgesetzten Regierungspräsidenten vorbehaltene Polizei über die Ströme einzugreifen (z. B. E.-O.-V. Bd. II S. 285 und Bd. XI S. 239). Soweit auf den Strömen sanitätspolizeiliche Übelstände, welche durch übelriechende Schlammmassen entstehen, abzuhelfen ist, haben die Ortspolizeibehörden sich auf die Anrufung des Regierungspräsidenten oder der höheren Instanz wegen Beseitigung der Übelstände als den regelmäßigen Weg zu beschränken.

2. Ein Nebenarm eines öffentlichen Stromes teilt im allgemeinen diese Eigenschaft des Hauptarmes. Flußteilungen können als besondere Nebenarme im Gegensatze zu dem einheitlichen Flußlaufe und Flußbette nur dann in betracht kommen, wenn ihnen in Rücksicht auf ihre große Ausdehnung die Bedeutung

zuzumessen ist, daß sie besondere Wasserläufe für je besondere Entwässerungsgebiete darstellen.

3. Soweit die Schiffbarkeit eines Flusses besteht, erstreckt sich seine hierdurch bedingte Öffentlichkeit auf die ganze Breite des Flußbettes und nicht etwa nur auf die Rinne im Flusse, die seine Befahrung ermöglicht. Für die von Natur schiffbaren Flüsse ist dies im Sinne des Allgemeinen Landrechts völlig selbstverständlich, indes auch für die künstlich schiffbar gemachten Flüsse kann die Öffentlichkeit auf den Teil, der schiffbar gemacht worden ist, jedenfalls dann nicht beschränkt werden, wenn der Flußlauf durch keine Insel unterbrochen wird, da ein und derselbe Flußlauf füglich nicht zum Teil ein öffentlicher und zum Teil ein privater sein kann. Aber auch wenn ein Fluß mit einer Insel nur längs einer Seite derselben künstlich schiffbar gemacht ist, läßt sich eine anderweitige rechtliche Beurteilung des Flusses auf der anderen Seite der Insel immerhin doch nur dann rechtfertigen, wenn ein ausreichender Anhalt dafür vorliegt, daß nach der Absicht des Staates an der Natur des Privatflusses auf derjenigen Seite der Insel, wo die Schiffbarmachung unterblieben ist, nichts hat geändert werden sollen (s. das Urt. des R.-Ger. in dessen Entsch. in Zivilsachen Bd. XXXXV S. 183).

4. Ein schiffbarer Fluß kann diese Eigenschaft auch infolge des Eintritts natürlicher Hindernisse für die Schiffahrt verlieren. Indes hierzu reicht nicht schon die Tatsache hin, daß ein solches Hindernis eingetreten ist, da dem nichts entgegensteht, daß es von dem Staate oder den sonst Beteiligten behufs Erhaltung der Schiffbarkeit beseitigt wird. Wohl aber kann dem von dem Staate oder den sonst Beteiligten dauernd belassenen Fortbestand eines Hindernisses, das die Ausübung der Schiffahrt tatsächlich unmöglich macht, die Bedeutung beigemessen werden, daß der Fluß, soweit er nicht schiffbar ist, aufhört, ein öffentlicher Fluß zu sein.

Nr. 3. Entsch. v. 4. XII. 02 III 2026 (Pr.-V.-Bl. Jahrg. XXIV S. 619).
§§ 1, 7 Privatflußges. v. 28. II. 43.

1. In dem Urteile des O.-V.-G. v. 17. IV. 90 III C 99/89 ist dem Reichsgerichte (Erk. v. 28. X. 80 Entsch. in Zivilsachen Bd. III S. 245) darin beigetreten, daß eine allgemeine Vermutung für das fiskalische Eigentum an den ostpreußischen Flüssen sich selbst dann nicht rechtfertige, wenn aus der dem Deutschen Orden vom Kaiser Friedrich II. erteilten Verleihungs- und Schenkungsurkunde in Verbindung mit der Eroberung des Landes der Übergang aller Eigentumsrechte an Grund und Boden auf den Orden zu folgern wäre, weil der Orden und die späteren Landesherren das Eigentum an den erworbenen Ländereien nur in verhältnismäßig geringem Umfange behalten und zum bei weitem größeren Teil im Laufe der Zeiten auf andere Personen übertragen haben. Dies läßt sich füglich nicht anders verstehen, und ist auch nicht anders gemeint, als daß die Eroberung einen Titel für den Übergang des Eigentumes auf den Deutschen Orden nur rücksichtlich desjenigen Grund und Bodens darstellt, den der Orden erweislich als sein Eigentum kraft des Eroberungsrechtes in Besitz genommen und behalten hat, und daß das so von dem Orden erworbene Eigentum mangels seiner Übertragung an einen Dritten auf seine Rechtsnachfolger — die späteren Landesherren und jetzt Fiskus — übergegangen ist. An die Ersitzung, die gegenüber einem durch Übergang vollzogenen Eigentumserwerb als Grund dieses Eigentumserwerbes gar nicht in betracht kommen kann, ist damals überhaupt nicht gedacht worden.

2. Auch wenn zur Zeit der Besitznahme des Landes durch den Deutschen Orden Flüsse als ein Gegenstand des Privateigentumes beurteilt sein

sollten, so liegt doch nichts dafür vor, daß der Orden auch dann noch das Eigentum an der Alle sich vorbehalten hat, als die Grundstücke längs des Ufers in den Besitz Dritter übergegangen oder Dritte im Besitz bestätigt waren. Aus der Verleihung der Fischerei mit kleinem Gezeuge an die Einwohner folgt dies nicht, da die Fischerei ebenso wie die Jagd in der Vorzeit, wie bekannt, der Landesherrschaft zumeist vorbehalten war und besonders verliehen wurde. Jedenfalls fehlt es an jedem Anhalt, daß der Orden nach Verleihung der Fischerei noch irgend ein privates Nutzungsrecht an der Alle ausgeübt hat. Für die spätere Zeit war die Rechtsansicht maßgebend, daß Flüsse wie die Alle nicht Gegenstand des Privateigentumes sind, sondern als öffentliche gelten.

3. Daß Fiskus neuerlich das Recht auf die Fischerei und das Schilf in Anspruch genommen, ist für die Eigentumsfrage ganz unerheblich. Soweit die Alle nicht schiffbar, gilt sie nach der jetzt herrschenden Rechtsansicht als Privatfluß und aus dieser ihrer Eigenschaft folgt, daß sie im Sinne des Landrechts wie auch des Privatflußgesetzes vom 28. II. 43 als ein Zubehör der anliegenden Grundstücke dem Nutzungsrechte der Uferbesitzer unterliegt und in diesem Sinne ihr Eigentum ist. Hieran kann Fiskus einseitig nichts ändern.

4. Irrtümlich ist die Annahme, daß auf die Alle insoweit, als sie nicht schiffbar ist, das Privatflußgesetz nicht anwendbar sei, weil sie ihrer Ausdehnung nach und mit Rücksicht auf die Schiffbarkeit unterhalb nicht zu den Bächen oder Fließen gehöre. Daß in § 1 des Ges. v. 28. II. 43 hinter dem Wort „Privatflüssen" in Klammern Quellen, Bäche und Fließe sowie Seen mit einem Abfluß aufgeführt sind, hat nicht die Bedeutung, daß die Anwendbarkeit des Gesetzes auf Quellen, Bäche, Fließe und Seen mit einem Abfluß hat beschränkt werden sollen, sondern soll außer Zweifel stellen, daß der Begriff des Privatflusses sich auch auf Quellen, Bäche u. s. w. erstreckt.

Nr. 4. Entsch. v. 15. I. 03 III 102 (Pr.-V.-Bl. Jahrg. XXIV S. 682).
§ 7 Ges. v. 28. II. 43.

1. Für die Art der Zustellung einer Räumungsverfügung an räumungspflichtige Gemeindemitglieder gelten keine besonderen Vorschriften (von Brauchitsch, Verwaltungsgesetze, Bd. I, 17. Aufl., 6. Bearbeitung, S. 70 Anm. 86 zu § 52 des L.-V.-G., Kunze-Kautz, Rechtsgrundsätze des O.-V.-G., Bd. II S. 447). Es ist daher zulässig, sich bei dieser Zustellung der Vermittelung der Gemeindevorsteher zu bedienen.

2. Gegen Anordnungen, welche die Räumung eines Wasserlaufs betreffen, kann der Klageweg erst beschritten werden, nachdem zuvor der Einspruch eingelegt und verworfen worden ist. Allein die zu früh erhobene Klage darf nicht schlechthin abgewiesen, sondern muß als Einspruch an die Wasserpolizeibehörde abgegeben werden (§ 66 Abs. 1 Satz 2, § 56 Abs. 2 des Zust.-Ges. v. 1. VII. 83, von Brauchitsch a. a. O. S. 380 Anm. 15). Die etwaige Versäumung der Einspruchsfrist steht dem nicht entgegen, weil die Wasserpolizeibehörde in der Lage ist, Wiedereinsetzung in den vorigen Stand zu gewähren.

3. Im Gebiete des A.-L.-R. gibt es bei schiffbaren Flüssen keine polizeilich, namentlich keine auf dem Wege des § 66 des Zust.-Ges. erzwingbare Räumungspflicht (vgl. das Urt. des O.-V.-G. v. 20. II. 93, Entsch. Bd. XXIV S. 250 und das des R.-G. v. 26. V. 99, Pr.-V.-Bl. Jahrg. XXI S. 38).

4. Bei der Frage, ob ein Fluß die Eigenschaft eines öffentlichen Flusses hat, ist von den folgenden, in der Rechtsprechung des O.-V.-G. anerkannten Grundsätzen (von Kamptz Entsch. Bd. III S. 569 ff., Bd. V S. 351 und Kunze-Kautz a. a. O. Bd. II S. 20 ff., Ergänzungsband 1899 S. 161 f.,

Ergänzungsband 1900 S. 167 f., Ergänzungsband 1902 S. 229 f., auch Pr.-V.-Bl. Jahrg. XXII S. 314 und Jahrg. XXIII S. 24/25) auszugehen: Daß der untere Teil eines Wasserlaufs schiffbar ist, begründet noch nicht auch für den oberen Teil die rechtliche Natur als Strom. Ebenso ist unerheblich, daß dieser Teil früher einmal schiffbar gewesen ist; hört ein schiffbarer Fluß dauernd auf, schiffbar zu sein, so ist er auch in der Weise als Privatfluß zu behandeln, daß er gemäß § 7 des Privatflußgesetzes zu räumen ist. Ob die Schiffahrt tatsächlich ausgeübt wird, ist an sich nicht entscheidend, jedoch insofern nicht ohne Bedeutung, als daraus auf seine Schiffbarkeit oder Nichtschiffbarkeit ein Schluß gezogen werden darf. Schiffbarkeit ist nicht schon dann vorhanden, wenn bloß das Befahren mit Flößen oder mit kleinen Kähnen und Nachen, und selbst noch nicht, wenn das mit Kähnen von etwa 8 m Länge, 1,60 m Breite und 40 bis 50 Zentnern Tragfähigkeit möglich ist, sondern sie läßt sich nur dann annehmen, wenn ein solcher Transport von Personen oder Sachen stattfinden kann, daß dadurch der Wasserlauf den Charakter und die volkswirtschaftliche Bedeutung einer Wasserstraße erhält.

Nr. 5. Entsch. v. 11. XII. 02 IV 2277 (Pr.-V.-Bl. Jahrg. XXIV S. 470).

Treidelwege oder Leinpfade sind zur Benutzung für die Schiffer und für die Interessen der Schiffahrt, aber nicht für den allgemeinen Gebrauch bestimmt; sie sind mithin keine öffentlichen Wege im Sinne des Wegerechts. Allerdings können sie zugleich und daneben dem öffentlichen Verkehr gewidmet und damit öffentliche Wege geworden sein (Germershausen, Wegerecht 2. Aufl. Bd. 1 § 1 S. 20; Urt. v. 21. IV. 94 und 17. II. 96 Entsch. Bd. XXIV S. 233, Bd. XXVI S. 287).

Nr. 6. Entsch. v. 5. V. 02 III 795 (Pr.-V.-Bl. Jahrg. XXIV S. 440).
§§ 57, 63 II 15 A.-L.-R.

1. Die Strom- und Schiffahrtspolizei und in gleicher Weise auch die Fürsorge für die Freihaltung des Leinpfades sind landespolizeiliche Angelegenheiten und unterstehen daher der Kompetenz des Regierungspräsidenten (E.-O.-V. Bd. XXX S. 281 ff.). Den Polizeibehörden steht aber die Befugnis zu, sich ihrer Organe für die Übung ihrer Polizeigewalt zu bedienen. Es darf dabei nur nicht im Zweifel bleiben, daß die Organe die Anordnungen nicht im eigenen Namen, sondern in dem der zuständigen Polizeibehörde treffen (zu vgl. Bd. XXX S. 289, 293 a. a. O.). Es ist deshalb zulässig, daß im Auftrage des Regierungspräsidenten ein Wasserbauinspektor eine schiffahrtspolizeiliche Anordnung trifft, wenn er nur in der Verfügung des Auftrags gedenkt. Gegen eine solche Verfügung ist als eine landespolizeiliche Verfügung des Regierungspräsidenten nach § 130 des L.-V.-G. v. 30. VII. 83 direkt die Beschwerde an den Oberpräsidenten gegeben (Bd. XXX S. 293, Bd. XXXI S. 236 a. a. O.), sofern die Partei nicht an den Regierungspräsidenten mit einer Remonstration geht.

2. Die Eigentümer der Ufer öffentlicher Flüsse sind nach den §§ 57 ff. Tit. 15 Teil II des A.-L.-R. zwar verpflichtet, die Benutzung des Leinpfades zu Schiffahrtszwecken zu gestatten, nicht aber den Leinpfad in Bau und Besserung zu erhalten.

3. Was die Anwendung des öffentlich-rechtlichen Grundsatzes über die Verpflichtung des Eigentümers zur Erhaltung seines Eigentums im polizeimäßigen Zustande auf den vorstehenden Fall angeht, so sind diejenigen Ausführungen als maßgebend zu erachten, welche das O.-V.-G. in der Verwaltungsstreitsache der Landesschule Pforta gegen den Oberpräsidenten der Provinz

Sachsen in der Entsch. v. 20. XI. 97 Nr. III 1566 (abgedruckt im Pr.-V.-Bl. Jahrg. XIX S. 271) gemacht hat. Da nach öffentlichem Rechte dem Eigentümer nur auferlegt ist, die Benutzung des vorhandenen Leinpfades zu dulden, ist diese Verpflichtung nicht ausdehnend dahin auszulegen, daß er auch noch den Leinpfad u. s. w. in baulichen Würden zu erhalten habe.

Nr. 7. Entsch. Bd. XXXXIII S. 274 v. 11. V. 03 III A 6/01.

§§ 5, 13 des Strombauverwaltungsges. v. 20. VIII. 83.

1. Das O.-V.-G. hat sich über die Auslegung des § 5 des Strombauverwaltungsgesetzes v. 20. VIII. 83 bereits in dem Urt. v. 9. I. 1902 (Ensch. Bd. XXXXI S. 261) ausgesprochen. Danach findet der § 5 Abs. 2 auch auf solche bei Inkrafttreten des Gesetzes noch nicht reifen Anlandungen Anwendung, die bereits vor dessen Erlaß auf Grund fiskalischer Anlagen entstanden und von dem Ufereigentümer in Besitz genommen worden sind. Und zwar hat der Staat ohne weiteres durch das Gesetz mit dem Tage des Inkrafttretens des Strombauverwaltungsgesetzes den Besitz dieser sämtlichen auf Grund fiskalischer Anlagen entstandenen, noch nicht reifen Anlandungen erlangt, ohne daß es dazu bei der einzelnen Anlandung noch einer Besitzergreifung oder Erklärung irgend welcher Art bedurfte. Anderseits ist das Gesetz auf solche Anlandungen, die bei seinem Inkrafttreten im Sinne des § 5 Abs. 2 bereits reif waren, auch dann nicht anzuwenden, wenn sie auf Grund fiskalischer Anlagen entstanden sind, mag sich auch der Staat bei Inkrafttreten des Gesetzes in ihrem Besitze befunden haben. Daraus folgt, das die Strombauverwaltung zu einer Anordnung gemäß §§ 5 und 13 des Gesetzes gegenüber dem Uferbesitzer nur dann befugt ist, wenn die Anlandung zur Zeit des Inkrafttretens des Gesetzes noch unreif war, daß also ein Streit darüber, welche Rechte der Fiskus auf eine damals bereits reife Anlandung aus dem Grunde geltend machen kann, weil er sie vor Inkrafttreten des Gesetzes in Besitz genommen hatte, nicht im Wege einer Anordnung der Strombauverwaltung nach Maßgabe der §§ 5 und 13 des Gesetzes zum Austrage gebracht werden kann. Eine derartige Anordnung würde vielmehr auf die Klage des Uferbesitzers ohne weiteres aufgehoben werden müssen, weil die Befugnisse der Strombauverwaltung aus § 5 auf solche Anlandungen beschränkt sind, die bei Inkrafttreten des Gesetzes die Reife noch nicht erlangt hatten.

2. Sobald der Strom das Uferland weggerissen und die Stelle, an der es sich befand, zum Flußbette gemacht hatte, ist dieser Teil des Flußbetts, der früher Eigentum des Adjazenten war, nicht anders zu beurteilen wie jeder andere Teil des Bettes. Das Eigentumsrecht an dem früheren Uferlande ist untergegangen, und die Anlandungen, die sich später an derselben Stelle infolge der von der staatlichen Strombauverwaltung erbauten Buhnen bilden, unterliegen genau denselben Bestimmungen, wie alle übrigen infolge staatlicher Anlagen entstandenen Anlandungen.

Nr. 8. Entsch. Bd. XXXXII S. 246 v. 2. VI. 02 III B 36/02.

§§ 1, 2, 3, 6 des Ges., betr. Maßnahme zur Verhütung von Hochwassergefahren in Schlesien v. 3. VII. 00 (G.-S. S. 171); § 1 Deichges. v. 28. I. 48.

1. Der Wortlaut des § 1 des Ges. v. 3. VII. 1900 läßt darüber keinen Zweifel, daß nicht alle Zuflüsse der im Gesetze benannten Flüsse schlechthin und nicht jeder Zufluß in seiner ganzen Ausdehnung, sondern nur diejenigen Zuflüsse, welche in dem Plane für den erstmaligen Bau (§ 3) Berücksichtigung finden, den Vorschriften des Gesetzes unterliegen, d. h. ein Zufluß unterliegt den Vorschriften des Gesetzes nur, wenn und insoweit er in dem Plane Berück-

sichtigung gefunden hat. Der § 26 läßt aber die Zuständigkeit des Landrats nicht allgemein, sondern bloß „bei den den Vorschriften dieses Gesetzes unterliegenden Wasserläufen" eintreten. Die Folge hiervon ist, daß, solange und soweit für einen Zufluß kein Plan vereinbart und festgestellt worden ist, er noch nicht den Vorschriften des Gesetzes unterliegt und für ihn die besondere Zuständigkeit des Landrats nach dem § 26 nicht besteht.

2. Die Zuständigkeit des Regierungspräsidenten nach § 1 des Deichgesetzes v. 28. I. 48 ist durch das Ges. v. 3. VII. 1900 auf den Landrat nicht übergegangen.

c) Wassergenossenschaften.

Nr. 1. Entsch. v. 4. XI. 01 III 1817 (Pr.-V.-Bl. Jahrg. XXIII S. 375).

§ 66 Abs. 2 des Wassergenossenschaftsges. v. 1. IV. 79.

Die Klage aus § 66 Abs. 2 des Ges. v. 1. IV. 79 hat keinen Erfolg, wenn ein Grundbesitzer selbst das Grundstück so gestaltet hat, daß er die Entwässerungsanlagen der Genossenschaft nicht mehr benutzen darf. Gleiches gilt wenn dies der Vorbesitzer getan. Nur wenn die Genossenschaft infolge eines ihr anzurechnenden Ereignisses den Genossenschaftszweck vereitelt (vgl. Urt. v. 7. VII. 97 III B. 70/96 u. v. 23. VI. 1900 Pr.-V.-Bl. Jahrg. XXII S. 167; Entsch. des O.-V.-G. Bd. XXXIII S. 309), findet ein Erlaß der Beiträge statt.

d) Entwässerung, Verschaffung von Vorflut.

Nr. 1. Entsch. v. 2. IV. 03 III 675 (Pr.-V.-Bl. Jahrg. XXV S. 47).

§§ 103 ff. I 8 A.-L.-R.; Art. 65 Einf.-Ges. z. B.-G.-B.

1. Nachdem durch Art. 3 des Ges. v. 11. V. 53 die bestehenden gesetzlichen Vorschriften über Anlegung von Entwässerungsgräben durch fremde Grundstücke auf die Abteilung des Wassers unter der Erde in bedeckten Kanälen oder in Röhren für anwendbar erklärt worden sind, kann es keinem Bedenken unterliegen, daß für die Abteilung des in Drains abfließenden Wassers auch die Anlage neuer und die Erweiterung und Vertiefung bestehender Gräben auf fremdem Besitz gegen Entschädigung in Anspruch genommen werden darf.

2. Das Recht auf Einräumung der Vorflut findet gemäß §§ 103 ff. Tit. 8 T. I A.-L.-R., deren Geltung durch das B.-G.-B. gemäß Art. 65 des Einführungsgesetzes nicht berührt wird, gegen Entschädigung derjenigen, in deren Rechte eingegriffen werden soll, statt, wenn das Wasser durch Veranstaltungen auf eigenem Grund und Boden nicht abgeführt werden kann und wenn dessen weitere Abführung den unterhalb liegenden Besitzern nicht infolge natürlicher Hindernisse unmöglich wird. Als beteiligt an dem Verfahren sind zuzuziehen alle diejenigen, die ihren Widerspruch auf die Behauptung stützen, daß sie in ihren Rechten durch die Entwässerungsanlage geschädigt werden würden, und also nicht bloß diejenigen, die eine Ausführung von Gräben auf ihren Grundstücken dulden oder Land zur Erweiterung von Gräben hergeben sollen, sondern auch diejenigen, deren Gräben in dem Zustand, in dem sie sich befinden, Wasser infolge künstlicher Anlagen neu zugeführt werden soll oder die sonst infolge der neuen Entwässerung in ihren wohlbegründeten Rechten verletzt werden würden (s. Entsch. d. O.-V.-G. Bd. VII S. 278 ff.).

3. Soweit die Beteiligten zu einer gütlichen Vereinbarung nicht gelangen, hat derjenige, der Vorflut beansprucht, behufs Durchführung des Verfahrens nach Maßgabe des Ges. v. 15. XI. 11 durch Vorlage eines Planes erkennbar

zu machen, in welchem Umfange und gegen wen er Rechte erwerben will (s. Ges. v. 23. I. 46). Insbesondere hat er erkennbar zu machen, in welcher Breite und Tiefe er Gräben auf fremdem Besitz neu anlegen und in welchem Umfange er bestehende fremde Gräben vertiefen und verbreitern will, und zwar dies dergestalt, daß ersichtlich wird, was er insoweit gegenüber jedem einzelnen Besitzer in Anspruch nimmt und wieviel er an Land von ihm erwerben will. In dieser Beziehung bedarf es — und dasselbe gilt für die von dem Verwaltungsrichter etwa als geboten erachtete Änderung des Entwässerungsplanes — völlig zuverlässiger Unterlagen, da die Schiedsrichter nicht im Zweifel darüber bleiben dürfen, wer und was zu entschädigen ist (s. Entsch. des O.-V.-G. Bd. VI S. 244 ff. und das Urt. v. 20. VI. 1901, Pr.-V.-Bl. Jahrg. XXIII S. 232). Soweit eine Vertiefung oder Erweiterung bestehender Gräben erforderlich, ist demnach die Feststellung des zeitigen Zustandes und desjenigen, der erreicht werden soll, unerläßlich.

4. Eine Vorschrift, wie sie z. B. in dem Hannoverschen Wasserges. v. 22. VIII. 47 §§ 17 ff. dahin gegeben ist, daß der Zuleitung von Wasser in vorhandene Wasserläufe nicht widersprochen werden darf, findet sich weder in dem A.-L.-R., noch in dem Ges. wegen Verschaffung von Vorflut v. 15. XI. 11 (s. Entsch. des O.-V.-G. Bd. XXVIII S. 195 und Pr.-V.-Bl. Jahrg. XXI S. 259). Das Recht auf künstliche Zuleitung erheblicher Wassermengen in einen fremden Graben, gleichviel, ob er verändert wird oder nicht, ist, wie in der Rechtsprechung des R.-Ger. (s. Bolze Bd. XX S. 23, Jur. Wochenschr. 1896 S. 85, Gruchot, Beiträge Bd. XXX S. 937) anerkannt ist, gegen Entschädigung zu erwerben.

Nr. 2. Entsch. v. 25. V. 03 III 1045 (Pr.-V.-Bl. Jahrg. XXV S. 300).

§§ 16, 17 Vorflutedikt v. 15. XI. 11.

Was das Ges. v. 15. XI. 11 im § 16 für die sachkundigen Kommissarien vorschreibt, daß sie nämlich auszumitteln haben, wodurch die von einem Grundbesitzer beabsichtigte Entledigung seines Besitzes von stehendem Wasser am leichtesten erreicht werden könne und ob hierdurch nicht andere Grundbesitzer leiden, galt auch für die zur Entschließung über die Zulassung der Entwässerung nach §§ 17 ff. zuständigen Polizeibehörden und gilt jetzt für die an ihre Stelle getretenen Verwaltungsgerichte.

e) Wassernutzung, Bewässerung, Uferbesitz, Eigentum an Privatflüssen und am Flußbette.

Nr. 1. Entsch. Bd. XXXXII S. 240 v. 22. IX. 02 III A 40/01.

§ 3 Privatflußges. v. 28. II. 43.

Unter den § 3 des Privatflußges. v. 28. II. 43 fallen gewerbliche Anlagen jeder Art, die das von ihnen benutzte Wasser einem Privatflusse zuleiten. „Ähnliche Anlagen" sind eben solche Anlagen, deren Betrieb in gleicher Weise, wie es bei Färbereien, Gerbereien und Walken der Fall ist, die Benutzung von Wasser und die Ableitung des gebrauchten überschüssigen Wassers mit sich bringt. Ob im übrigen ihre Betriebsweise derjenigen der ausdrücklich im § 3 genannten Anlagen ähnlich ist, ist gleichgültig. Denn es kann dem Gesetzgeber nicht unterstellt werden, daß er die Anwendung einer gegen die Verunreinigung von Flüssen gerichteten Vorschrift von Umständen habe abhängig machen wollen, die für die Tatsache der Verunreinigung ohne jede Bedeutung sind. Der § 3 ist denn auch bisher schon in dem vorerwähnten Sinne ausgelegt und angewendet worden.

f) Stauanlagen für Wasserbetriebswerke, Merkpfahlsetzung.

Nr. 1. Entsch. v. 24. II. 03 III 251 (Pr.-V.-Bl. Jahrg. XXIV S. 812).
§ 1 Vorflutges. v. 15. XI. 11.

Eine Merkpfahlsetzung nach dem Vorflutges. v. 15. XI. 11 kann nur bei solchen Stauwerken in Privatflüssen beantragt werden, die den Stauwerken unmittelbar die Kraft (das Gefälle) hergeben, die eine Mühle treibt; fließt das Wasser aus einem Sammelteiche über das Stauwerk erst in einen Bach und von diesem nach der Mühle, so kommt das Ges. v. 28. II. 43 in Anwendung.

Nr. 2. Entsch. Bd. XXXXIII S. 263 v. 18. V. 03 III C 124/02.
§ 67 Zust.-Ges.; § 38 Pr. Gew.-Ordn.; §§ 23, 25, R.-Gew.-Ord..
§ 10 Ges. v. 1. VII. 61 G.-S. S. 749.

1. In den Urteilen des O.-V.-G. v. 9. VI. 92, 5. XII. 95 und 6. II. 96 (Entsch. Bd. XXIII S. 230 und Bd. XXIX S. 279, 286) ist dargelegt worden, daß ein Verfahren nach § 67 des Zust.-Ges. dann ausgeschlossen ist, wenn die Anlage, für die der höchste zulässige Wasserstand festgesetzt werden soll, nach dem Inkrafttreten des § 27 der Preußischen oder des § 16 der R.-Gew.-Ordn. errichtet worden ist, und daß dieses Verfahren also nur dann stattfindet, wenn die Anlage älter ist und deshalb ohne besondere Genehmigung hat hergestellt werden dürfen. Andernfalls hat nach den Grundsätzen der Gewerbeordnung die für die Genehmigung zuständige Behörde über die zulässige Höhe des Wasserstandes und über die Setzung des Merkpfahls zu beschließen, wobei sie zwar gemäß § 38 der Preußischen und § 23 der R.-Gew.-Ordn. im Geltungsbereiche des Vorflutgesetzes v. 15. XI. 11 an dessen sachliche Bestimmungen, nicht aber auch an seine Verfahrensvorschriften gebunden ist. In Fällen dieser Art findet demnach eine Festsetzung des zulässigen höchsten Wasserstandes und die Setzung eines Merkpfahls durch Kommissarien, wie sie der § 67 des Zust.-Ges. zur Voraussetzung hat, überhaupt nicht statt. Ebendasselbe muß aber für die bei Erlaß der Preußischen und der R.-Gew.-Ordn. bereits vorhandenen Mühlen oder Stauanlagen gelten, wenn nach dem Inkrafttreten dieser Gesetze eine Änderung der Anlage vorgenommen wird, die eine wesentliche Veränderung der Betriebsstätte im Sinne des § 36 der Pr. Gewerbeordnung und des § 10 des Ges. v. 1. VII. 61, betreffend die Errichtung gewerblicher Anlagen, oder des § 25 der R.-Gew.-Ordn. darstellt. Denn es ist dort in übereinstimmender Weise angeordnet worden, daß auch zu wesentlichen Veränderungen der Betriebsstätte die gewerbepolizeiliche Genehmigung der zuständigen Behörde notwendig ist, und es soll diese Bestimmung nach ausdrücklicher Vorschrift (vgl. den § 10 Schlußsatz, und den § 25 Abs. 2) auch auf solche gewerbliche Anlagen angewendet werden, die bereits vor Erlaß der in Rede stehenden Gesetze bestanden haben.

2. Über die Abgrenzung dessen, was zu einer Stauanlage für ein Wassertriebwerk gehört, bestehen in der Praxis wie in der Theorie verschiedene Meinungen. Insbesondere ist es streitig, ob Turbinen Bestandteile der Stauanlage in der Bedeutung des § 16 a. a. O. bilden (vgl. z. B. von Landmann-Rohmer, Kommentar zur Gewerbeordnung, 4. Aufl., Bd. I S. 142 Anm. 36). In dem Erk. des O.-V.-G. v. 17. XII. 83 (Entsch. Bd. X S. 277) ist ausgesprochen worden, daß zu der genehmigungspflichtigen Stauanlage einer Mühle weder die Wasserräder noch die Turbinen gehörten, und daß daher auch der nach Erteilung der Konzession erfolgte Ersatz eines Wasserrades durch eine Turbine nicht als eine der Genehmigung bedürftige Veränderung der Betriebsstätte anzusehen sei. Diese Auffassung, die schon in den Urt. v. 4. XII. 97

und 25. II. 99 (Pr.-V.-Bl. Jahrg. XX S. 34 und S. 400) als nicht unbedenklich bezeichnet worden ist, läßt sich jedoch, weil sie auf einer zu engen Auffassung des Ausdrucks „Stauanlagen für Wassertriebwerke“ beruht und der Absicht des Gesetzgebers nicht gerecht wird, nach erneuter Prüfung nicht aufrecht erhalten. Das O.-V.-G. ist vielmehr zu der Ansicht gelangt, daß auch Einrichtungen des Wassertriebwerkes selbst, welche die Stauanlage beeinflussen, zu der Stauanlage gerechnet werden müssen.

3. Sind somit die Wasserräder und Turbinen Bestandteile der Stauanlage, so kann es auch keinem Zweifel unterliegen, daß die Ersetzung eines Wasserrades durch eine Turbine als eine wesentliche Veränderung der Betriebsstätte im Sinne des § 25 der R.-Gew.-Ordn. angesehen werden muß. Es bedarf dazu nicht des Nachweises, daß durch sie tatsächlich Nachteile, Gefahren oder Belästigungen der im § 16 a. a. O. bezeichneten Art herbeigeführt werden, sondern es genügt, daß die Veränderung ihrer Natur nach solche Übelstände herbeiführen kann (Entsch. Bd. X S. 282, Pr.-V.-Bl. Jahrg. XX S. 34). Das trifft aber bei dem Einbau von Turbinen zu, da diese auf die Größe des Wasserverbrauches, die Höhe des Wasserstandes oberhalb und unterhalb des Triebwerkes sowie auf die Abflußverhältnisse in anderer Weise einwirken als Wasserräder.

Nr. 3. Entsch. v. 23. II. 03 III 391 (Pr.-V.-Bl. Jahrg. XXIV S. 831).
§ 67 Zust.-Ges.; § 4 Vorflutges. v. 15. XI. 11.

Eine Ersitzung der Wasserstandshöhe im Sinne des § 4 des Vorflutgesetzes v. 15. XI. 11 und des § 67 des Zust.-Ges. gibt es nur in betreff einer bestimmt bemessenen, nicht aber in betreff einer ungeregelten Höhe. In dieser Beziehung hat das O.-V.-G. in dem Urteil vom 16. X. 97 Nr. III 1387 (Pr.-V.-Bl. Jahrg. 19 S. 154) folgendes ausgeführt:

> „Einer solchen beliebigen und regellosen Benutzung, welche vor der Setzung des Merkpfahls in den meisten Fällen den regelmäßigen Zustand bilden wird, ist das Merkpfahlsetzungsverfahren gerade bestimmt, ein Ende zu machen. Es würde zwecklos sein oder doch zu einer den Interessen der Antragsteller entsprechenden Regelung der Stauhöhe nur ganz ausnahmsweise führen können, wenn bereits aus der bisherigen beliebigen Ausübung des Staurechts ein Schluß zu gunsten der vom Stauberechtigten in Anspruch genommenen Stauhöhe gezogen werden könnte. Der Vorderrichter durfte dies Moment daher überhaupt zu gunsten des hier in Frage stehenden Verjährungsbeweises nicht verwerten . . .“

Will jemand daraus, daß er durch rechtsverjährte Zeit in der beliebigen Ausübung des Staus nicht behindert worden ist, den Schluß ziehen, daß er nun auch weiter nicht behindert und ihm insbesondere kein Merkpfahl gesetzt werden dürfe, so ist zu bemerken, daß es ein derartiges Recht auf Grund ersitzender Verjährung gesetzlich nicht gibt.

Nr. 4. Entsch. v. 4. XII. 02 III 2025 (Pr.-V.-Bl. Jahrg. XXIV S. 422).
§§ 61, 117 L.-V.-G.; § 1 Vorflutges. v. 15. XI. 11; § 67 Zust.-Ges.

1. Eine gesetzliche Vorschrift, die für die Klage aus § 67 Abs. 2 des Zust.-Ges. eine Frist bestimmte, ist nicht vorhanden. Insbesondere ist aus der Bestimmung des § 51 des L.-V.-G., wie sich aus den Worten: „wo die Gesetze eine andere als eine zweiwöchentliche Frist vorschreiben“ ohne weiteres ergibt, für die Frage nichts zu entnehmen. Hier ist eine andere Frist nirgends bestimmt. Fehlt es aber an einer Vorschrift, die eine Klagefrist festsetzt, so kann

es darauf nicht weiter ankommen, ob der Mangel einer Fristbestimmung praktische Unzuträglichkeiten zur Folge hat. Das berechtigt den Richter nicht, eine Klagefrist, die das Gesetz nicht vorgeschrieben hat, seinerseits anzunehmen. Übrigens steht gesetzlich nichts entgegen, daß die Kommissarien an die beim Mangel rechtsverbindlicher deutlicher Bestimmungen bewirkte Festsetzung des Wasserstandes sofort die Merkpfahlsetzung anschließen. Dies Verfahren ist auch in regelmäßiger Übung. Das O.-V.-G. hat in der Entsch. v. 25. III. 97 (Bd. XXXII S. 270 der Samml.) anerkannt, daß die Klage an eine Frist nicht gebunden ist.

2. Der Vorsitzende des Kreisausschusses ist nicht befugt, auf Grund des § 117 des Landesverwaltungsgesetzes die Ernennung der sachverständigen Kommissarien, die nach § 67 des Zuständigkeitsgesetzes „endgültig durch Beschluß des Kreis-(Stadt-)Ausschusses“ zu erfolgen hat, namens der Behörde seinerseits allein zu bewirken. Der § 117 des L.-O.-G. bezieht sich vielmehr auf den in § 67 Abs. 1 des Zust.-Ges. gedachten Fall überhaupt nicht, wie schon aus dem Wortlaut des Abs. 3 des § 117 hervorgeht. Nach der Vorschrift des Abs. 3 ist „in den auf Grund der vorstehenden Bestimmungen erlassenen Verfügungen und Bescheiden den Beteiligten, sofern deren Anträgen nicht stattgegeben wird, zu eröffnen, daß sie befugt seien, innerhalb zwei Wochen auf Beschlußfassung durch das Kollegium anzutragen oder dasjenige Rechtsmittel einzulegen, welches zulässig wäre, wenn die Verfügung beziehungsweise der Bescheid auf Beschluß des Kollegiums erfolgt wäre“. Es handelt sich danach, wie die Fassung des Abs. 3 ergibt, bei den auf Grund des § 117 Abs. 1 vom Vorsitzenden namens der Behörde zu erlassenden Verfügungen und Bescheiden um solche, welche auf Antrag von Beteiligten zu ergehen haben und deren Inhalt darin besteht, daß dem Parteiantrage stattgegeben oder nicht stattgegeben wird. Die Ernennung der Kommissarien behufs Festsetzung der Höhe des Wasserstandes bei Stauwerken nach Maßgabe des § 67 Abs. 1 des Zust.-Ges. erfolgt aber nicht auf Antrag der Beteiligten. Eines Antrags „derer, die dabei interessiert sind“, bedarf es nach § 1 des Vorflutgesetzes vom 15. XI. 11 zwar zur Einleitung des gesamten Merkpfahlsetzungsverfahrens. Ist aber der Antrag einmal gestellt, so ist seine ordnungsmäßige Durchführung Sache der gesetzlich zuständigen Behörde. Die Ernennung der Kommissarien durch endgültigen Beschluß des Kreisausschusses (§ 67 des Zust.-Ges.) ist ein notwendiger Bestandteil dieses Verfahrens und daher von Amts wegen, nachdem der Antrag auf Einleitung des Verfahrens einmal gestellt ist, auch dann vorzunehmen, wenn der Antragsteller diese Ernennung nicht beantragt hat. Eine Befugnis, bestimmte Personen als Kommissarien vorzuschlagen, gewährt das Gesetz ferner den Beteiligten nicht. Werden daher Kommissarien ernannt, so kann ein solcher Beschluß dem Antrage der Beteiligten auch niemals widersprechen. Den Anträgen des Antragstellers, der das Merkpfahlsetzungsverfahren veranlaßt hat, entspricht der Akt der Ernennung von Kommissarien, ohne den das Verfahren nicht durchgeführt werden kann, vielmehr stets, und den Anträgen des Stauberechtigten kann zwar die Einleitung des Verfahrens überhaupt widersprechen, nicht aber der nur einen Teil dieses Verfahrens bildende Ernennungsbeschluß für sich betrachtet. Gegen die Person der ernannten Kommissarien sind allerdings Einwendungen möglich. Das gilt aber in gleicher Weise auch von Gerichtspersonen (§§ 61 ff. des L.-V.-G.) und hat mit der Frage, ob und welche Rechtsmittel gegen den nach § 67 des Zust.-Ges. ergehenden Ernennungsbeschluß zulässig sind, nichts zu tun. Diese Einwendungen sind, obwohl der Beschluß endgültig ist, durch dessen Unanfechtbarkeit nicht ausgeschlossen. Ein Angriff seitens eines Beteiligten gegen den Ernennungsbeschluß aus dem in § 117 Abs. 3 angeführten Grunde, daß seinen Anträgen nicht stattgegeben wäre, ist daher nach der Art

und dem Inhalte des Beschlusses, wie die vorstehenden Ausführungen ergeben, überhaupt nicht möglich.

3. Die Ernennung von Kommissarien durch den Vorsitzenden, zu der er gesetzlich nicht berufen war, ist rechtsungültig, und damit ist auch die durch diese von der allein zuständigen Behörde nicht berufenen Kommissarien bewirkte Festsetzung der Höhe des Wasserstandes null und nichtig. Hieran kann nach allgemeinen Rechtsgrundsätzen auch der Umstand nichts ändern, daß der Kreisausschuß nachträglich die Ernennung der Kommissarien, die damals die Wasserstandsfestsetzung bereits bewirkt hatten, genehmigt hat. Die von Anfang an nichtige Festsetzung kann durch eine spätere Genehmigung nicht gültig werden.

4. Der Akt der Festsetzung des Wasserstandes, der von der Behörde in den äußeren Formen des Gesetzes vorgenommen ist und seinen für aller Augen wahrnehmbaren Ausdruck in der Merkpfahlssetzung gefunden hat, kann nicht anders als in dem vom § 67 des Zust.-Ges. geordneten Rechtsmittelverfahren durch den Spruch des Verwaltungsrichters mit voller Wirkung inter omnes in seiner Nichtigkeit erwiesen und dadurch auch in seinen Wirkungen kraftlos gemacht werden. Dem Stauberechtigten ist durch das Gesetz keinerlei anderes Mittel gegeben, sich gegen die Folgen des, wenn auch nichtigen, so doch in seiner äußeren Erscheinung fortbestehenden Aktes der Behörde zu schützen, als durch die in § 67 Abs. 2 a. a. O. vorgeschriebene Klage. Wird in dem auf die Klage eingeleiteten Verfahren die Nichtigkeit des Aktes erwiesen, so würde es dem Wesen des öffentlichen Rechtes widersprechen, die Klage abzuweisen und den mit der Nichtigkeit behafteten Akt der Behörde, da die Gründe der Entscheidung nicht rechtskräftig werden, statt ihn durch den Tenor der ergehenden Entscheidung als rechtsunwirksam aus der Welt zu schaffen, in seiner äußeren Erscheinung fortbestehen zu lassen.

g) Hannoversches Wasserrecht.

Nr. 1. Entsch. Bd. XXXXII S. 250 v. 24. III. 02 III C 22/01.

§§ 13, 14 des Hannov. Ges. v. 22. VIII. 47; §§ 11ff. Vorflutges. v. 15. XI. 11. § 57 Abs. 2 L.-V.-G.

1. Nach dem Ges. v. 22. VIII. 47 ist eine unbedingte Pflicht zur Gestattung der Vorflut vorbehaltlich des Entschädigungsanspruchs vorhanden, soweit nicht ein förmliches Widerspruchsrecht ausdrücklich eingeräumt ist (Entsch. Bd. 28 S. 295), und ein solches Widerspruchsrecht steht nur denen zu, deren Grundstücke für die Entwässerungsanlage unmittelbar in Anspruch genommen werden sollen (Urt. v. 6. V. 99, Pr.-V.-Bl. Jahrg. XXI S. 95).

2. Die Vorschrift des § 14 Ziff. 3 des Ges. v. 22. VIII. 47 darf nicht buchstäblich dahin ausgelegt werden, daß ein Widerspruchsrecht schon geltend gemacht werden könne, wenn die Entwässerung durch die eigenen Grundstücke des Unternehmers überhaupt nur auf irgend eine Weise ausführbar sei. Die Bestimmung ist vielmehr dahin zu verstehen, daß die Entwässerung durch die eigenen Grundstücke dann nicht vollständig geschehen kann, wenn sie einen ganz unverhältnismäßig höheren Kostenaufwand notwendig macht. Es wohnt ihr also dieselbe Bedeutung bei, wie den §§ 11ff. des Gesetzes wegen des Wasserstauens bei Mühlen und Verschaffung der Vorflut v. 15. XI. 11, bei dessen Anwendung des O.-V.-G. stets davon ausgegangen ist, daß für einen Grundbesitzer im allgemeinen die Berechtigung der Wasserabführung über

fremdes Eigentum schon unter der Voraussetzung bestehe, daß es für ihn nicht tunlich sei, das Wasser durch Veranstaltungen auf eigenem Grund und Boden abzuführen, sei es, daß dies in technischen Schwierigkeiten, sei es, daß es in einem ganz unverhältnismäßigen Kostenaufwand oder in sonst hervortretenden Nachteilen seinen Grund habe (Urt. v. 28. XI. 81 — Entsch. Bd. VIII S. 218 — und v. 22. X. 88 — Pr.-V.-Bl. Jahrg. XI S. 198).

3. Der Kreisausschuß der belegenen Sache (§ 57 Abs. 2 L.-V.-G.) ist zuständig, wenn die zu entwässernde Fläche und die in Anspruch genommenen Flächen in seinem Bezirke liegen. (Wie der Fall liegt, wenn die letzteren Flächen in einem anderen Kreise lägen, spricht sich das Erk. nicht aus.)

Nr. 2. Entsch. Bd. XXXXII S. 257 v. 20. X. 02 III A 14/02.

§§ 88, 89, 91, 98, 110 des Hannov. Ges. v. 22. VIII. 47; §§ 83, 84 Zust.-Ges.; § 121 L.-V.-G.

1. Nach §§ 88, 89 des Hannoverschen Ges. v. 22. VIII. 47 über Ent- und Bewässerung der Grundstücke sowie über Stauanlagen soll der Stauberechtigte die erforderliche veränderte Einrichtung oder auch die gänzliche Wegräumung seiner Stauanlage gegen Entschädigung sich gefallen lassen, wenn durch vermehrte natürliche Zuflüsse oder durch künstliche Zuleitung die Wassermasse so groß geworden ist, daß die den Stauberechtigten zu Gebote stehenden Mittel, ein Aufstauen über das Stauziel zu verhindern, nicht mehr ausreichen, oder wenn sie durch andere Ereignisse, die bei der Anlage der Regelung des Staues nicht vorausgesehen sind, nötig wird und auf andere Weise, besonders durch Umleitung, nicht geholfen werden kann. Nach § 91 kann auf Antrag der Beteiligten und, wenn das öffentliche Interesse in Frage kommt, auch ohne solchen Antrag die Änderung oder Wegräumung einer Stauanlage von der zuständigen Behörde verfügt werden. Hierfür war nach §§ 94, 110, weil es an der Voraussetzung für die Zuständigkeit der Landdrostei nach § 99 fehlte, die Zuständigkeit der Obrigkeit gegeben, in deren Bezirke die Anlage sich befindet, also für das platte Land des Amtmanns, an dessen Stelle der Landrat getreten ist. An der Zuständigkeit des letzteren hat das Zust.-Ges. v. 1. VIII. 83 nichts geändert. In den §§ 83, 84 Nr. 1 daselbst, die allein in betracht kommen, ist § 91 des Hannoverschen Ges. v. 22. VIII. 47 nicht angezogen; es war dies auch nach der Art der Angelegenheiten, für die hier die Zuständigkeit geregelt worden ist, ausgeschlossen.

2. Nach § 83 beschließt der Bezirksausschuß an Stelle der Landdrostei und der Kreis-(Stadt-)Ausschuß an Stelle der Obrigkeit über die diesen Behörden in dem Ges. v. 22. VIII. 47 vorbehaltene Genehmigung für die Vorrichtung einer Entwässerungs-, Bewässerungs- und Stauanlage, sowie für deren Änderung und Aufhebung. Nach § 84 Nr. 1 beschließt der Kreis-(Stadt-)Ausschuß über Anträge auf Zulassung oder Änderung oder Wegräumung solcher Anlagen gegen den Widerspruch Beteiligter. Beschlüsse nach § 83 sind, da nicht ein anderes bestimmt worden ist, gemäß § 121 des Gesetzes über die allgemeine Landesverwaltung v. 30. VII. 83 mit der Beschwerde an den Provinzialrat oder den Bezirksausschuß anfechtbar, Beschlüsse nach § 84 Nr. 1 dagegen mit dem Antrag auf mündliche Verhandlung im Verwaltungsstreitverfahren.

3. Der § 84 bezieht sich indes nicht nur auf Anlagen, deren Errichtung, Änderung oder Wegschaffung einer Genehmigung nicht bedarf. Mit derartigen Anlagen befaßt sich das Ges. v. 22. VIII. 47 nur insoweit, als es die Voraussetzungen (§§ 4, 53, 74) bestimmt, unter denen solche Anlagen ohne Mitwirkung der Behörden statthaft sind, nicht aber auch damit, wie der Unternehmer etwaige Widersprüche dritter beseitigen kann. Letzteres geschieht nur hinsichtlich solcher Anlagen, für deren Errichtung, Änderung oder Weg-

räumung das Gesetz eine Mitwirkung der Behörde vorgesehen hat (§§ 95, 97). Demgemäß beziehen sich auch die §§ 83, 84 Nr. 1 des Zust.-Ges. nur auf Anlagen, für deren Errichtung, Änderung oder Wegschaffung der hierzu geneigte Unternehmer der Genehmigung bedarf, und sie regeln die Zuständigkeit dahin, daß, soweit Widersprüche dritter gegen das Unternehmen geltend gemacht werden, hierüber unabhängig von der gemäß § 83 zu erledigenden Genehmigung nach § 84 Nr. 1 zwischen dem Unternehmer und den Widersprechenden zu beschließen und auf Anträge im Verwaltungsstreitverfahren zu entscheiden ist. Zu berücksichtigen sind aber, wie vom O.-V.-G. angenommen worden ist, nur auf besonderen Rechtstiteln beruhende Widerspruchsrechte (Entsch. Bd. XXVIII S. 295 ff., Bd. XXXIV S. 298 ff.).

Nr. 3. Entsch. v. 16. X. 02 III 1709 (Pr.-V.-Bl. Jahrg. XXIV S. 747).

1. Das Hannov. Ges. v. 22. VIII. 47 findet auf Räumung von Flüssen, die Ebbe und Flut haben, keine Anwendung. Da entscheidet Observanz, die sich bei Erlaß des Gesetzes ausgebildet haben oder auch später entstanden sein konnte.

2. Für Gräben besteht keine Räumungspflicht (Entsch. Bd. XIX S. 302, Bd. XXVIII S. 270) im Gebiete der Provinz Hannover, wo das A.-L.-R. nicht gilt.

h) Schleswig-Holsteinisches und Lauenburgisches Wasserrecht.

Nr. 1. Entsch. Bd. XXXXIII S. 267 v. 5. III. 03 III C 85/02.

§ 17 der Prov.-Verf. für die Großdistrikte des Herzogtums Schleswig v. 6. IX. 63 (Chronol. Samml. S. 232); § 81 Zust.-Ges.

1. An einer klaren Vorschrift, ob und auf welchem Wege eine Anfechtung der nach § 9 der Provisorischen Verfügung von den Wasserlösungskommissionen für jeden größeren Wasserlauf auszufertigenden Regulative durch die Beteiligten zulässig sein soll, fehlt es zwar in der Provisorischen Verfügung und im § 81 des Zust.-Ges., über dessen Vorgeschichte und das im Abs. 3 enthaltene unrichtige Allegat (§ 17 a. a. O. statt § 16 a. a. O.) des O.-V.-G. sich in dem Bd. XXV S. 294 seiner Entscheidungen abgedruckten Urt. v. 25. IX. 93 näher ausgesprochen hat. Nach den für den Geltungsbereich der Wasserlösungsordnung für die Geestdistrikte des Herzogtums Holstein v. 16. VII. 57 und für das Herzogtum Lauenburg v. 22. V. 57 im § 82 Abs. 3—5 des Zust.-Ges. getroffenen Vorschriften kann es aber nicht zweifelhaft sein, daß der Gesetzgeber von der Auffassung ausgegangen ist, daß die im § 81 Abs. 1 gegen die Anordnungen, Festsetzungen und Erkenntnisse der Wasserlösungskommissionen ganz allgemein zugelassene Klage beim Kreisausschuß auch zum Zwecke der Anfechtung der Bestimmungen der von den Wasserlösungskommissionen zu erlassenden Regulative gegeben sein sollte. Denn die Rechtslage in Beziehung auf Erlaß, Inhalt und Tragweite der Regulative ist in Holstein abgesehen davon, daß sie hier nicht von der Wasserlösungskommission, sondern nach § 9 der Holsteinschen Wasserlösungsordnung von „der administrativen Polizei" und nunmehr nach § 82 Abs. 3 des Zust.-Ges. vom Kreisausschusse zu erlassen sind, und daß daher die Regelung der Zuständigkeitsfrage für Holstein im § 82 — anders als für Schleswig im § 81 — schon aus diesem Grunde besondere Vorschriften erforderte, im wesentlichen dieselbe wie für Schleswig. Es muß daher ohne weiteres angenommen werden, daß das Zust.-Ges. auch für Schleswig,

ebenso wie dies für Holstein durch die ausdrückliche Vorschrift des § 82 Abs. 5 geschehen ist, die Anfechtung der Vorschriften der Regulative im Verwaltungsstreitverfahren zulassen wollte, und zwar um so mehr, als im § 15 der Provisorischen Verfügung auch des Erlasses von Regulativen speziell für den Fall gedacht ist, daß ein größerer Wasserlauf zugleich Distrikte in Schleswig und in Holstein berührt. Demgemäß ist davon auszugehen, daß die in Beziehung auf das Regulativ streitigen Fragen von der Wasserlösungskommission nach Maßgabe des § 20 der Provisorischen Verfügung durch Erkenntnis zu erledigen sind, und daß gegen dieses Erkenntnis nach § 81 Abs. 1 des Zust.-Ges. die Klage beim Kreisausschusse gegen die Wasserlösungskommission zulässig ist.

2. Unter die Ländereien und den Grundbesitz des § 17 der Prov.-Verf. v. 6. IX. 63 fallen auch Deiche.

3. Bei der Anwendung des § 17 a. a. O. können Herkommen und rechtskräftige Erkenntnisse mit berücksichtigt werden.

i) Kurhessisches Wasserrecht.

B. Deichpolizei.

Nr. 1. Entsch. Bd. XXXXIII S. 262 v. 2. X. 02 III A 5/02.
§ 1 Deichges. v. 28. I. 48 (G.-S. S. 54).

1. Der Gesetzgeber hat die gesamte auf dem Gebiete der Land- und Forstwirtschaft sowie des Gartenbaues liegende und für die Erfüllung der Zwecke dieser Betriebe auch unentbehrliche Bodenbebauung nicht unter den § 1 Deichges. v. 28. I. 48 stellen wollen und nach der Fassung der gesetzlichen Bestimmung auch nicht gestellt.

2. Das O.-V.-G. hat bereits in der Entscheidung vom 24. III. 92 Pr.-V.-Bl. Jahrg. XIII S. 432/3 ausgesprochen, daß das Gesetz über das Deichwesen v. 28. I. 48 auf Anpflanzungen keine Anwendung finde. Da sonach die land- und forstwirtschaftliche sowie die gartenmäßige Bodenbenutzung von dem Gesetzgeber den Beschränkungen des Deichgesetzes nicht unterworfen worden sind, kommt es auf die Frage, ob die infolge dieser Benutzung vorhandenen Pflanzungen deichähnlich wirken, überhaupt nicht weiter an. Diese Frage kann vielmehr nur bei solchen Erhöhungen der Erdoberfläche aufgeworfen werden, die nicht die Folge der Bebauung des Bodens zur Hervorbringung von Pflanzen und somit den Bestimmungen des § 1 nicht von vornherein entzogen sind.

Nr. 2. Entsch. Bd. XXXXII S. 276 v. 15. I. 03 III C 118/02.
§ 1 Deichges. v. 28. I. 48; § 10 II 17 A.-L.-R.

1. Als eine deichartige Erhöhung im Sinne des Deichges. kann begrifflich nur die Erhöhung der Erdoberfläche oder die Errichtung einer Anlage in betracht kommen, die mit der Erdoberfläche in eine feste Verbindung gebracht wird und sich deshalb gleich einem Deiche oder Damme als eine Erhöhung der Erdoberfläche beurteilen läßt. Dies trifft für die Auflagerung von Stoffen aller Art nicht zu, die behufs ihrer anderweitigen Verwendung einstweilen niedergelegt werden. Das O.-V.-G. hat deshalb in dem Urt. vom 16. I. 1902 (Entsch. Bd. XXXXI S. 275) der Ablagerung von Ziegelsteinen die Bedeutung einer deichartigen Erhöhung der Erdoberfläche abgesprochen; gleiches trifft hinsichtlich der Ablagerung von Hölzern zu.

2. Nachdem die gesetzliche Regelung auf den Erlaß des Deichgesetzes beschränkt, hier aber die Genehmigungspflicht neben den Deichen auch für die Errichtung

deichartiger Erhöhungen und also von Anlagen erstreckt worden ist, die dem Deichschutze zu dienen nicht bestimmt sind, muß dem die Bedeutung beigemessen werden, daß Anlagen, die begrifflich nicht unter die Deiche oder die deichartigen Erhöhungen fallen, einer obrigkeitlichen Genehmigung nicht bedürfen, auch wenn sie den Abfluß des aus den Ufern tretenden Wassers zu hindern vermögen, sofern die Genehmigungspflicht sich nicht etwa aus einem anderen Gesetz ergibt. Andrerseits kann die Errichtung von Anlagen und die Benutzung von Grundstücken überhaupt, für die es der obrigkeitlichen Genehmigung nach den Gesetzen nicht bedarf, von den Behörden und den Polizeibehörden insbesondere doch nur dann verboten werden, wenn sich das auf Grund eines besonderen Gesetzes oder ihrer gesetzlich abgegrenzten Zuständigkeit rechtfertigt. Ein hiervon abweichender Standpunkt ist auch in dem Urt. v. 10. I. 99 (Pr.-V.-Bl. Jahrg. XXI S. 86) nicht vertreten. Es ist hier zwar ausgeführt, daß das Deichgesetz weitergehende Beschränkungen, als sie in ihm selbst vorgesehen sind, nicht ausschließt, indes deren Zulässigkeit ebenfalls von anderen in betracht kommenden Gesetzen, wie z. B. dem § 10 Tit. 17 T. II A.-L.-R., abhängig macht.

3. Unter der Voraussetzung, daß eine Lagerung von Hölzern mit denjenigen Rücksichten unvereinbar ist, deren Wahrung den Polizeibehörden nach § 10 Tit. 17 T. II A.-L.-R. obliegt, ist eine Anordnung der Polizeibehörde, im Überschwemmungsgebiete lagerndes Holz zu entfernen, nicht schon deshalb zu beanstanden, weil die Gefährdung jener Rücksichten nicht eine unmittelbare Folge der Lagerung der Hölzer, vielmehr nur bei Eintritt von Hochwasser, also eines von dem Willen und der Handlung des Besitzers der Hölzer unabhängigen Ereignisses, zu befürchten ist. Denn trifft letzteres zu, so stellt die Lagerung der Hölzer, obschon sie an sich erlaubt ist, gleichwohl einen polizeiwidrigen Zustand dar, und für die Befugnis und die Pflicht der Polizei zur Beseitigung dieses Zustandes ist es grundsätzlich ganz unerheblich, ob der Besitzer ihn unmittelbar oder nur mittelbar verursacht hat.

C. Fischerei.

D. Die Jagd.

a) Jagdscheine.

b) Jagdpolizeiliche Verfügungen. Gemeinschaftliche und Einzeljagdbezirke, Beteiligte, isolierte Höfe, Waldenklaven, Jagdaufkünfte und deren Verteilung, mit Ausschluß des hannoverschen und kurhessischen Jagdrechtes.

Nr. 1. Entsch. Bd. XXXXIII S. 284 v. 16. III. 03 III B 65/02.

§ 10 Tit. 17 Teil II A.-L.-R.

1. Der Landrat eines Kreises der Provinz Schleswig-Holstein untersagte einem Hofbesitzer, der im Wattenmeere von einem Boote aus mittels eines darin befindlichen Geschützes wilde Enten in größerer Zahl erlegte, „die Jagd auf Enten mit Geschützen, die auf massenweise Erlegung derselben eingerichtet seien". Das O.-V.-G. hob die Verf. auf, weil die beanstandete Ausübung der Jagd auf wilde Enten mit einem Geschütze weder im ursprünglichen Geltungsbereiche des Jagdpolizeiges. v. 7. III. 50 noch in der Provinz Schleswig-Holstein unzulässig, auch sonst von dem Hofbesitzer die öffentliche Sicherheit nicht gefährdet oder die öffentliche Ordnung verletzt sei.

2. Aus dem Erkenntnisse ist noch folgende Ausführung bemerkenswert: „Das O.-V.-G. geht in Übereinstimmung mit den Verwaltungsbehörden (vgl. den Erl. des Oberpräsidenten der Provinz Schleswig-Holstein v. 25. III. 82 J.-Nr. O. P. 1168 an die Regierung in Schleswig und den darin angezogenen Erlaß des Ministers des Innern vom 11. III. 82 in den Akten der Regierung zu Schleswig, betreffend kommunale Zugehörigkeit der Binnen- und Küstengewässer vol. I Tit. IV Litt. D Nr. 8 Bl. 106 ff.) davon aus, daß die zwischen dem Festland und den vorgelagerten Inseln befindlichen, unter der Bezeichnung Wattenmeer begriffenen Teile des Meeres nicht nur der Territorialhoheit des betreffenden Staates unterworfen, sondern als zum Staatsgebiete gehörig zu betrachten sind."

3. Nach jetzt bestehenden gesetzlichen Bestimmungen ist die Jagdpolizeibehörde zu einem Einschreiten gegen bestimmte Arten der Jagdausübung nur insoweit berechtigt, als sie sich dabei auf besondere gesetzliche Verbotsbestimmungen stützen kann (vgl. Urt. des O.-Trib. v. 7. XII. 53, Präjudizien des Senats für Strafsachen Nr. 67, Entsch. des O.-Trib. Bd. XXVI S. 646, wo die Zulässigkeit des früher verbotenen Abschießens von Ricken auf die §§ 3, 4 und 8 des Ges. v. 31. X. 48 gestützt worden ist, und ferner in dem Urt. vom 6. IX. 55, Präjudizien des Senats für Strafsachen Nr. 166 Entsch. des O.-Trib. Bd. XXXI S. 314, das mit der Überschrift versehen ist: „Jagdpolizeiliche, vor Publikation des Ges. v. 31. X. 48 ergangene Vorschriften, welche das Jagen mit Bracken verbieten, sind durch jenes Gesetz aufgehoben und durch das Jagdpolizeiges. v. 7. III. 50 nicht wieder hergestellt. Eine infolge des Ges. über die Polizeiverwaltung v. 11. III. 50 erlassene Polizeivorschrift, welche das Jagen mit Bracken verbietet und unter Strafe stellt, steht mit den Gesetzen in Widerspruch.")

Nr. 2. Entsch. v. 13. XI. 02 III 1896.

§ 4 Ges. v. 31. X. 48 (G.-S. S. 343).

Eine Polizeiverordnung, welche vorschreibt, daß zum Giftlegen polizeiliche Genehmigung erforderlich ist, ist gültig. Sie will vor den Gefahren schützen, welche dem Leben und der Gesundheit von Menschen durch das Auslegen gewisser vergifteter Gegenstände an zugänglichen Orten drohen. Die Polizeiverordnung bindet auch den Jagdberechtigten. Es kann dahingestellt bleiben, ob und inwieweit das Recht zur Ausübung der Jagd die Befugnis zur Auslegung von Giftbrocken mitumfaßt (vgl. z. B. Stelling, Hannovers Jagdrecht S. 122 und Dickel, Das Deutsche bürgerliche Recht für Forstmänner S. 176 Anm. 19). Denn selbst wenn es der Fall ist, unterliegt der Jagdberechtigte in ähnlicher Weise, wie es bei der Befugnis zum Betriebe eines Gewerbes oder zum Bebauen eines Grundstücks anerkannten Rechts ist, doch den allgemeinen sicherheitspolizeilichen Vorschriften, also auch denen, welche das Auslegen vergifteter Gegenstände an die Notwendigkeit einer polizeilichen Genehmigung knüpfen. Dies ist im § 4 des Gesetzes v. 31. X. 48, betreffend die Aufhebung des Jagdrechts auf fremdem Grund und Boden, ausdrücklich anerkannt. Denn hier ist ausgesprochen, daß die Grundbesitzer in der Ausübung der Jagd nur durch die allgemeinen und die besonderen jagdpolizeilichen Vorschriften beschränkt sind, welche den Schutz der öffentlichen Sicherheit . . . . bezwecken, also zwar einerseits jede hierüber hinausgehende Beschränkung unwirksam ist (Entsch. des O.-Trib. Bd. XXXI S. 314), andererseits eine sich innerhalb der Grenze haltende Verordnung aber Wirkung gegenüber dem Grundbesitzer und infolge hiervon auch gegenüber einem anderen Jagdberechtigten hat.

Nr. 3. Entsch. v. 8. VI. 03 III 1141 (Pr.-V.-Bl. Jahrg. XXV S. 162).
§ 2 Jagdpolizeiges. v. 7. III. 50.

1. Besitzt jemand 300 Morgen, die land- oder forstwirtschaftlich benutzt werden, so ist er zur eigenen Ausübung der Jagd befugt, auch wenn die so benutzten Flächen durch andere eigne Flächen, die sich zur landwirtschaftlichen Nutzung nicht eignen, verbunden sind. Die Gesamtfläche bildet einen eigenen Jagdbezirk.

2. Es genügt für den Zusammenhang, wenn kein fremdes Grundstück betreten zu werden braucht (Erk. v. 17. XII. 1901 III 1665), um von dem einen Grundstücke auf das andere zu gelangen.

Nr. 4. Entsch. Bd. XXXXIII S. 296 v. 9. II. 03 III C 136/02.
§ 106 Zust.-Ges.

1. Das O.-V.-G. hat in dem Urt. v. 6. I. 87 (Entsch. Bd. XIV S. 312 ff.) die in § 106 des Zuständigkeitsgesetzes für die Verwaltungsgerichte begründete Zuständigkeit als dahin begrenzt erachtet, daß sie sich nicht darauf erstreckt, was die Gemeindebehörde an Erträgen der Jagd hat verteilen können und müssen. Damit ist klar erkennbar gemacht, daß sich die Zuständigkeit der Verwaltungsgerichte nur darauf erstreckt, ob die Gemeindebehörde bei Ausführung einer Verteilung richtig verfahren ist, oder ob sie den Besitzer, der von der Klage nach Ablehnung seiner Beschwerde oder seines Einspruchs Gebrauch macht, zu Unrecht übergegangen oder ihn nicht nach Gebühr berücksichtigt hat (vgl. Erk. des R.-Ger. v. 9. XII. 97 Entsch. in Zivilsachen Bd. 40 S. 268).

2. Die Zuständigkeit der Verwaltungsgerichte für eine Nötigung der Gemeindebehörde zu der ihr kraft ihres Amtes obliegenden Verteilung der Erträge der gemeinschaftlichen Jagdnutzung oder gar für einen Ersatzanspruch wegen pflichtwidrig unterlassener Nutzbarmachung der Jagd würde aus dem Rahmen herausfallen, innerhalb dessen sich die Abgrenzung ihrer Zuständigkeit sonst hält.

Nr. 5. Entsch. v. 9. III. 03 III 509.
§§ 1, 2, 10, 11 Jagdpolizeiges. v. 7. III. 50.

Das Wort „Besitzer" im § 11 des Jagdpolizeigesetzes v. 7. III. 50 bedeutet zweifellos ebendasselbe, wie in den sonstigen Paragraphen des Jagdpolizeigesetzes, die es anwenden. Es kann ihm namentlich hier nicht eine andere Bedeutung unterstellt werden als in den §§ 1 und 2. Denn das Recht zur eigenen Ausübung der Jagd und das Recht auf einen Anteil an den Jagdpachtgeldern entsprechen einander derart, daß insoweit jede Verschiedenheit ausgeschlossen ist. Im § 2 aber ist anerkanntermaßen unter „Besitzer" grundsätzlich nur der Eigentümer zu verstehen (vgl. das Endurteil v. 11. XII. 92, Entsch. Bd. IX S. 149), also im Falle der freiwilligen Veräußerung (Übertragung) von Grundeigentum nur der auf Grund einer Auflassung im Grundbuch eingetragene Eigentümer (Gesetz über den Eigentumserwerb u. s. w. vom 5. V. 72 § 1; B.-G.-B. § 873). Es gibt zwar Rechte, die, wie z. B. der Lehnsbesitz, der Fideikommißbesitz und das dem Inhaber der Schulstelle am Schullande zustehende Nießbrauchrecht (s. E.-O.-V. Bd. XXVIII S. 319) in der hier fraglichen Beziehung dem Eigentum gleichzustellen sind. Es würde jedoch zu einer völligen Beseitigung des obigen Grundsatzes, daß nur der Eigentümer als „Besitzer" anzusehen ist, führen, wenn man dasjenige Recht ebenso behandeln wollte, das der Erwerber eines Grundstücks seinem Veräußerer gegenüber deswegen hat, weil der letztere es ihm veräußert und bereits übergeben hat. Denn Eigentümer ist hier der Erwerber wegen der fehlenden Auflassung noch nicht.

c) Hannoversches Jagdrecht.

Nr. 1. Entsch. v. 29. VI. 03 III 1316 (Pr.-V.-Bl. Jahrg. XXV S. 149).

1. In der Provinz Hannover vertritt der Jagdvorstand die Feldmarksgenossen vor dem Verwaltungsrichter (Erk. v. 20. IV. 98 Entsch. Bd. XXXIII S. 338).

2. Der Pächter der Feldmarksjagd verliert das Recht zur eignen Ausübung der Jagd auf solchen Grundstücken, deren Eigentümer in den Besitz einer zusammenhängenden Fläche von über 300 hannoverschen Morgen kommt. (Entsch. Bd. XXVIII S. 316; Erk. des R.-Ger. v. 4. VII. 1902 Bd. 52 S. 126, v. 10. X. 1902 Jurist. Wochensch. Jahrg. 31 S. 598, v. 17. III. 1903 ebend. Jahrg. 32 S. 192).

Nr. 2. Entsch. Bd. XXXXIII S. 281 v. 26. II. 03 III C 152/02.

§ 2 Hannov. Jagdord. v. 11. III. 59; § 2 Jagdpolizeiges. v. 7. III. 50.

1. In § 2 Abs. 1 der Jagdordn. v. 11. III. 59 ist, wie in § 2 Buchstabe a des Jagdpolizeiges. v. 7. III. 50, von Wegen schlechthin die Rede. Für die einschränkende Auffassung, daß hierunter nur öffentliche und solche Wege zu verstehen seien, zu deren Benutzung außer dem Eigentümer auch andere Personen auf Grund eines öffentlich-rechtlichen Titels befugt sind, findet sich kein Anhalt. Ebensowenig ist ein solcher Grundsatz in der Rechtsprechung zur Geltung gelangt; insbesondere ist er in dem Urt. des O.-V.-G. v. 20. IV. 96 (Entsch. Bd. XXIX S. 294), wo das auf privatrechtlichem Titel beruhende Wegebenutzungsrecht ausdrücklich vorbehalten ist, nicht ausgesprochen.

2. Wege, auf welche das Ges. v. 2. IV. 87 (G.-S. S. 105) Anwendung findet, das sind gemeinschaftliche Wege der Separationsinteressenten, sind unbedenklich den in § 2 Abs. 1 der Jagdordn. v. 11. III. 59 sowie in § 2 Buchstabe a des Jagdpolizeiges. v. 7. III. 50 bezeichneten Wegen zuzuzählen.

d) Kurhessisches Jagdrecht.

e) Wildschaden.

Nr. 1. Entsch. Bd. XXXXII S. 269 v. 17. XI. 02 III C 82/02.

§§ 254, 835 B.-G.-B.; Art. 70 Einf.-Ges. z. B.-G.-B.; § 4 Wildschadenges. v. 11. VII. 91.

1. Die Ersatzpflicht für die Beschädigung eines Grundstücks durch Rehwild, gleichviel ob das Grundstück einer land- oder einer forstwirtschaftlichen Nutzung dient (vgl. Mugdan, Materialien zum B.-G.-B. Bd. II S. 1269), regelt sich, wenn seinem Eigentümer das Jagdrecht nicht zusteht, nach § 835 B.-G.-B., soweit nicht landesgesetzlich innerhalb der durch Art. 70 ff. E.-G. zum B.-G.-B. begründeten Zuständigkeit eine weitergehende oder einschränkende Regelung getroffen worden ist. Insbesondere darf nach Art. 72 Nr. 4 landesgesetzlich die Ersatzpflicht für Wildschaden an Gärten, Obstgärten, Weinbergen, Baumschulen und einzelstehenden Bäumen ausgeschlossen werden, wenn die Herstellung von Schutzvorrichtungen unterblieben ist, die unter gewöhnlichen Umständen zur Abwendung des Schadens ausreichen.

2. Aus dieser reichsgesetzlichen Regelung folgt zwar nicht, daß die Ersatzpflicht, wenn Gärten usw. nicht in Frage sind oder wenn sie in Frage sind, aber rücksichtlich ihrer landesgesetzlich, wie dies für Preußen zutrifft, von der Ermächtigung kein Gebrauch gemacht worden ist, unbedingt auch bei unterlassener Herstellung von Schutzvorrichtungen besteht. Für § 835 sind ebenfalls die allgemeinen Grundsätze des B.-G.-B. über den Schadensersatz und also dessen § 254 maßgebend, wonach im Falle eines dem Beschädigten den Umständen nach anzurechnenden Verschuldens bei Entstehung des Schadens die Ersatzpflicht ganz oder zum Teil verneint werden darf. Soviel ergibt aber die reichsgesetzliche Regelung, daß mit einer allgemein begründeten Pflicht zur Herstellung von Schutzvorrichtungen behufs Verhütung von Wildschaden bei Anlagen, die nicht unter die Gärten usw. fallen, überhaupt nicht und bei Gärten usw. so lange nicht zu rechnen ist, als ein entsprechendes Landesges. nicht ergangen ist (vgl. die Materialien bei Haidlen, B.-G.-B. Bd. IV S. 482). Soll gleichwohl im Sinne des § 254 auf die unterlassene Herstellung von Schutzvorrichtungen ein Verschulden des Ersatzberechtigten bei Entstehung des Wildschadens gegründet werden, so kann sich dies doch nur unter der Voraussetzung rechtfertigen, daß die Geltendmachung des Ersatzanspruchs trotz unterlassener Herstellung von Schutzvorrichtungen nach den besonderen Umständen des einzelnen Falles wider Treu und Glauben verstoßen würde (vgl. Planck, Kommentar zum § 835 Bd. II S. 632). Das trifft zu, sobald die Unterlassung von Schutzvorrichtungen auf die Absicht, Schadensersatz zu erzielen, zurückzuführen ist, wie dies im § 4 des Wildschadenges. v. 11. VII. 91 vorgesehen war, und es mag zutreffen, wenn ohne eine solche Absicht besonders wertvolle Hölzer gezogen werden, obschon sie dem Wildschaden ausgesetzt sind, und wohl auch in anderen Fällen, namentlich dann, wenn der Ersatzberechtigte die von dem Ersatzverpflichteten angebotene Herstellung von Schutzvorrichtungen ablehnt.

3. Wie ein Forstgrundstück wirtschaftlich auszunutzen ist, hängt vom Ermessen des Eigentümers ab. Entschließt er sich wegen des möglichen höheren Ertrags oder um baldmöglichst in den Genuß der Früchte zu treten, gegen die übliche auf Gewinnung von Klein- und Starkholz abzielende Betriebsart und für die Verwertung von Fichten nach erlangter Reife als Zier- oder Weihnachtsbäume, so ist dies für die Ermittelung seines Schadens maßgebend, gleichviel ob die Beschädigung auf Menschenhand oder auf Wild zurückzuführen ist. Er hat zwar darauf Anspruch, daß der Schaden unter Berücksichtigung des Nutzens ermittelt wird, der von ihm aus den beschädigten Bäumen zu erzielen gewesen sein würde, wenn der Schaden bis zum Eintritte der Reife zu ihrer Verwertung als Klein- oder Starkholz nicht entstanden wäre, aber eine Nötigung hierzu besteht für ihn nicht.

4. Nach § 252 B.-G.-B. umfaßt der zu ersetzende Schaden auch den entgangenen Gewinn, welcher nach dem gewöhnlichen Laufe der Dinge oder nach den besonderen Umständen, insbesondere nach den getroffenen Anstalten und Vorkehrungen, mit Wahrscheinlichkeit erwartet werden kann.

5. Vgl. Urt. des R.-Ger. v. 24. X. 1902, Entsch. in Zivilsachen Bd. 52 S. 349 ff.

E. Schutzwaldungen und Waldgenossenschaften.

F. Ansiedelungen und Kolonien, Errichtung von Feuerstellen in der Nähe von Waldungen.

a) Ansiedelungen und Kolonien (Ges. v. 25. VIII. 76).

Nr. 1. Entsch. Bd. XXXXII S. 374 v. 17. XI. 02 IV C 116/02.

§§ 15, 16 Ansied.-Ges. v. 25. VIII. 76.

Allerdings sind unter benachbarten Grundstücken im Sinne der §§ 15, 16 des Ansiedl.-Ges. v. 25. VIII. 76 nicht nur die zunächst und unmittelbar angrenzenden, sondern alle diejenigen in der Nähe liegenden Grundstücke zu verstehen, deren Nutzungen einer Beeinträchtigung ausgesetzt sind (vgl. die bei von Kamptz, Ansiedl.-Ges. Anm. 3 zu § 15 angezogene Begründung der Gesetzesvorlage, A.-H.-Akten Nr. 47 S. 498 und Urt. des O.-V.-G. v. 1. III. 82 Entsch. Bd. VIII. S. 349 ff., 351). Aber nach § 15 zum Einspruche berechtigt sind nicht die Vorsteher der benachbarten Gemeinde- und Gutsbezirke, sondern außer dem Vorsteher des Gemeinde-(Guts-)Bezirkes, zu welchem das zu besiedelnde Grundstück gehört, die Vorsteher derjenigen Bezirke, an welche dasselbe — nämlich das zu besiedelnde Grundstück — grenzt, nicht etwa derjenigen Bezirke, an welche der Bezirk grenzt, zu dem das zu besiedelnde Grundstück gehört. Diese Bestimmung ist so unzweideutig, daß sie eine ausdehnende Auslegung nicht zuläßt. Ferner sind nach dem Wortlaute des § 16 „vor Erteilung der Ansiedelungsgenehmigung die beteiligten Gemeinde-(Guts-)Vorsteher (§ 15) von dem Antrag in Kenntnis zu setzen". Durch den Hinweis auf § 15 sind hier als beteiligt diejenigen Gemeinde-(Guts-)Vorsteher bezeichnet, die im § 15 erwähnt werden, nicht die Gemeinde-(Guts-)Vorsteher, zu deren Bezirken benachbarte Grundstücke gehören, wie sie im § 15 vorkommen, die aber selbst in dem in bezug genommenen § 15 gar nicht genannt sind. Es ist nichts dagegen einzuwenden und wird oft zweckmäßig sein, wenn das Vorhaben auch in den letzterwähnten Bezirken bekannt gemacht wird; denn auch in ihnen können benachbarte Grundstücke liegen. Allein die Unterlassung der Bekanntmachung in derartigen Bezirken stellt keinen Verstoß gegen § 16 dar, und ihre Vorsteher haben kein Einspruchsrecht nach § 15.

Nr. 2. Entsch. Bd. XXXXII S. 379 v. 1. XII. 02 IV C 163/02.

§ 15 Ansied.-Ges. v. 25. VIII. 76.

1. Wenn ein Amtsvorsteher ein Baugesuch abgelehnt hat, weil eine Ansiedelungsgenehmigung erforderlich sei und darauf die erbetene Ansiedelungsgenehmigung auf Grund des § 15 des Ansiedelungsgesetzes versagt worden ist, bedeutet die Versagung, daß das zu erwartende Bauerlaubnisgesuch des Antragstellers abgewiesen werden müsse, weil ihm die nach Ansicht der Polizeibehörde erforderliche Ansiedelungsgenehmigung nicht ausgehändigt worden (§ 13 a. a. O.). Die Verfügung greift daher in das Recht der Baufreiheit ein, denn die letztere wird durch die gesetzlichen Beschränkungen der Ansiedelungsfreiheit nicht berührt. Eine solche Versagung muß durch Klage außer Kraft gesetzt werden.

2. Der Fall im Urt. v. 19. IX. 81 Entsch. Bd. VIII S. 311 lag anders. Dort war gesagt, daß die Versagung eines nicht erforderlichen Konsenses in die rechtlich geschützten Interessen des Unternehmers nicht eingreife (vgl. Urt. v. 20. XII. 1900 Entsch. Bd. XXXVIII S. 353). Diese Voraussetzung trifft jedoch dann nicht zu, wenn, was die Regel bilden wird, in der Versagung einer Genehmigung ein Verbot des Unternehmens liegt. Alsdann ist der Unternehmer, wenn er gegen den ihm kundgegebenen Willen der Polizeibehörde sein Vorhaben verwirklicht, der Gefahr ausgesetzt, daß

polizeilich gegen ihn eingeschritten wird, nachdem er vielleicht erhebliche Vermögensaufwendungen gemacht hat.

Nr. 3. Entsch. Bd. XXXXII S. 381 v. 5. I. 03 IV C 177/02.
§§ 13, 14 Ansied.-Ges. v. 25. VIII. 76; § 25 Ges. v. 3. I. 45 (G.-S. S. 25);
§ 2 Ansied.-Ges. für Hessen-Nassau v. 11. VI. 90 (G.-S. S. 771).

1. Die Freiheit der im Zusammenhange mit einem bewohnten Gebäude errichteten oder eingerichteten Wohnhäuser von der Genehmigungspflicht hat zur notwendigen Voraussetzung, daß für das bewohnte Gebäude selbst die Ansiedelungsgenehmigung bereits erteilt worden oder nicht erforderlich ist.

2. Der im Gesetze geforderte Zusammenhang des neuen Wohnhauses mit dem bereits bewohnten Gebäude liegt nur dann vor, wenn das erstere zum wirtschaftlichen Gebrauche des letzteren selbst bestimmt ist (vgl. Urt. vom 30. IV. 84 und v. 12. II. 1900 Entsch. Bd. XI S. 364, Bd. XXXVI S. 423).

3. Nach § 25 des Ges., betreffend die Zerteilung von Grundstücken und die Gründung neuer Ansiedelungen, v. 3. I. 45 mußten, wenn auf einem unbewohnten Grundstücke, welches nicht zu einem anderen bereits bewohnten Grundstücke gehörte, Wohngebäude errichtet werden sollten, nach Anhörung der Beteiligten auch diejenigen Verhältnisse festgestellt werden, welche aus der Gründung einer neuen Ansiedelung in Beziehung auf die Gerichts- und Polizeiobrigkeit, den Gemeinde-, Kirchen- und Schulverband oder andere dergleichen Verbände entspringen. Die Regulierung mußte der Aushändigung des Baukonsenses vorausgehen. Über die Gestattung oder Versagung der neuen Ansiedelung bedurfte es nach § 29 in Verbindung mit § 8 a. a. O. einer Entschließung, die vom Landrate auszugehen hatte. Ein von der Ortspolizeibehörde erteilter Baukonsens konnte die auf Grund einer der Aushändigung des Baukonsenses vorausgehenden Regulierung der bezeichneten Verhältnisse vom Landrate zu erlassende Entscheidung nicht ersetzen. Ebensowenig war nach dem Gesetze die Genehmigung des Landrats — wie übrigens auch jetzt die der Ortspolizeibehörde — für den Fall entbehrlich, daß die Bewohnung des Gebäudes nur für eine bestimmte Zeit geplant war.

4. Verfehlt ist die Ansicht, daß das Gesetz einen Fußweg überhaupt nicht als einen jederzeit offenen Weg anerkenne, sondern einen Fahrweg verlange. Das Ansiedelungsgesetz von 1876 gibt für diese Annahme keinen Anhalt. Wenn das für Hessen-Nassau erlassene Ansiedelungsges. v. 11. VI. 90 im § 2 Zugänglichkeit durch einen „fahrbaren" jederzeit offenen Weg verlangt, so fügt es, was schon in dem Urt. v. 10. V. 97 (Entsch. Bd. XXXI S. 408) hervorgehoben ist, den im Ges. v. 25. VIII. 76 verlangten Voraussetzungen eine neue hinzu. Aber selbst das Gesetz von 1890 stellt die Fahrbarkeit des Weges nur als ein regelmäßiges Erfordernis hin, indem es im § 2 Abs. 2 ausdrücklich hinzufügt: „Von der Bedingung der Zugänglichkeit durch einen fahrbaren Weg kann unter besonderen Umständen abgesehen werden." Das Gesetz von 1876 verlangt danach nur, wie das O.-V.-G. stets angenommen hat, daß der Ansiedler auf den Weg das „Recht jederzeitiger Benutzung für alle seine Bedürfnisse", „die rechtliche Möglichkeit für jede Art von Verkehr, wie er bei Ansiedelungen, d. h. bei menschlichen Wohnstätten, in betracht kommt, habe" (vgl. Urt. v. 19. II. 1900 und v. 12. VII. 97 Entsch. Bd. XXXVII S. 419, Bd. XXXII S. 379 ff.). Dazu ist aber nicht unter allen Umständen ein Fahrweg nötig. Es wird bei der Beurteilung im einzelnen Falle wesentlich darauf ankommen, ob der Weg den Verkehrsbedürfnissen des Ansiedlers, des Postboten, der Schulkinder, der Kirchgänger (Entsch. Bd. XXXII S. 381), den Zwecken

polizeilicher Kontrolle und für den Fall einer Feuersgefahr (vgl. Urt. vom 10. V. 97 Entsch. Bd. XXXI S. 408) genügt. Dabei ist selbstverständlich die Breite des Weges von erheblicher Bedeutung.

Nr. 4. Entsch. Bd. XXXXIII S. 399 v. 9. III. 03 IV C 10/03.
§§ 18 Ansied.-Ges. v. 25. VIII. 76.

1. Nach der Rechtsprechung des O.-V.-G. ist der Begriff der Kolonieanlegung dann gegeben, wenn eine größere Anzahl von Ansiedelungen sei es von einem Unternehmer nach einem einheitlichen Plane oder aber von mehreren Rechtssubjekten in der Art angelegt werden soll, daß es sich dabei nicht nur um eine gewisse Gleichheit und Gemeinsamkeit von Interessen, sondern um Beziehungen zwischen den mehreren Anbauern unter sich oder zwischen diesen und einer dritten Person, von welcher sie zur Durchführung ihres Kolonisationsplans benutzt worden, handelt, die einen Unternehmer des Kolonisationsplans, das Unternehmen als ein einheitliches ersichtlich machen (vgl. Urt. v. 15. XI. 92 Entsch. Bd. XXIV S. 389 ff.).

2. Nach § 18 des Ansied.-Ges. v. 25. VIII. 76 hat, wer außerhalb einer im Zusammenhange gebauten Ortschaft eine Kolonie anlegen will, dazu die Genehmigung unter Vorlegung eines Planes über die Ordnung der Gemeinde-, Kirchen- und Schulverhältnisse zu beantragen. Es muß also jemand vorhanden sein, der die Absicht der Anlegung einer Kolonie, der Errichtung einer größeren Anzahl von Ansiedelungen, hat.

Nr. 5. Entsch. Bd. XXXXIII S. 404 v. 13. VII. 03 IV C 201/01.
§§ 18, 20 Ansied.-Ges. v. 25. VIII. 76.

Es beziehen sich die Vorschriften der §§ 13 ff. d. Ansied.-Ges. v. 25. VIII. 76 und insbesondere die daselbst vorgesehene Ansiedelungs- oder Koloniegenehmigung auf die Gründung neuer Ansiedelungen, also auf die Errichtung menschlicher Wohnstätten an einer Stelle, wo bisher solche nicht bestanden haben (Bescheid v. 12. III. 1900 Entsch. Bd. XXXVII S. 422, 423). Dem steht es aber völlig gleich, und eine solche Gründung einer neuen Ansiedelung liegt auch dann vor, wenn die Bebauung des Grundstücks, die an die Stelle eines früheren Gebäudes tritt, unter so wesentlich anderen Umständen erfolgt, daß sie sich von vornherein als eine selbständige anderweitige Besiedelung des Grundstücks darstellt. Bestand z. B. das frühere Gebäude in einem ländlichen Wirtshauskruge, das lediglich eine Wohnung für den Krugwirt enthielt und wird dies Gebäude völlig beseitigt und das Grundstück mit einer gewerblichen Betriebsstätte besetzt, deren Baulichkeiten zahlreiche Wohnungen für die Arbeiter und die Angestellten des Unternehmens enthalten, so handelt es sich nicht mehr um einen Ersatz für das frühere Gebäude, sondern um eine neue Ansiedelung auch im Sinne des mehrgenannten Ansiedelungsgesetzes.

Nr. 6. Entsch. Bd. XXXXIII S. 394 v. 9. II. 03 IV C 158/02.
§§ 13 Abs. 2, 18 ff., 20 Ansied.-Ges. v. 25. VIII. 76.

1. Niemand, der eine Ansiedelung oder eine Kolonie ohne die erforderliche Genehmigung angelegt hat, kann unmittelbar gezwungen werden, den bestehenden ungesetzlichen Zustand durch Nachsuchung und Erwirkung der Genehmigung in einen gesetzlichen zu verwandeln (vgl. Urt. v. 5. I. 81 Entsch. Bd. VII S. 333). Nur mittelbar kann ein solcher Zwang dadurch ausgeübt werden, daß die Polizeibehörde die aus dem Mangel der Genehmigung

sich ergebenden Folgerungen zieht, d. h. gemäß § 20 des Ges. v. 25. VIII. 76 vorgeht.

2. Das Oberverwaltungsgericht hat wiederholt Verfügungen für zulässig erklärt, in denen dem Unternehmer einer Ansiedelung oder Kolonie aufgegeben wurde, binnen einer bestimmten Frist die erforderliche Genehmigung nachzusuchen oder die errichteten Anlagen wegzuschaffen. Gegenstand einer derartigen Anordnung ist aber nicht das Nachsuchen der Genehmigung, sondern nur das Wegschaffen der Anlagen (Räumung der Wohnungen oder auch Beseitigung der zur Benutzung als Wohnungen erforderlichen Einrichtungen), welchem der Unternehmer durch Erwirkung der Genehmigung vorbeugen kann (vgl. Urt. v. 5. I. 81 Entsch. Bd. VII S. 335, und v. 19. II. 92, daselbst Bd. XXII S. 381 ff., 388).

3. Dies Verfahren kann aber nur eingeschlagen werden, wenn der Unternehmer zugleich Eigentümer des Gebäudes ist; denn nur dem letzteren gegenüber ist die Anordnung der Räumung zulässig und durchführbar.

4. Die Vorschrift des § 13 Abs. 2 des Ansiedelungsgesetzes, wonach für Wohnhäuser, welche in den Grenzen eines nach dem Gesetze v. 2. VII. 75 festgestellten Bebauungsplans errichtet werden sollen, eine Ansiedelungsgenehmigung nicht erforderlich ist, gilt auch für Wohnhäuser, die zusammen eine Kolonie darstellen (Urt. v. 30. I. 1902 Entsch. Bd. XXXX S. 409 ff.). Fragt es sich, ob, wenn der Bebauungsplan bereits festgestellt ist, wegen der vorher errichteten Wohnhäuser ein Verfahren gemäß §§ 13 ff. oder 18 ff. des Ansiedelungsgesetzes überhaupt noch eingeleitet werden kann, und ob, falls dies zu verneinen sein sollte, damit nicht die Anwendbarkeit des § 20 a. a. O. auf derartige Wohnhäuser ausgeschlossen sein würde, so liegt die Sache ebenso, als wenn Wohnhäuser, die zu Unrecht ohne Ansiedelungs- oder Koloniegenehmigung außerhalb einer im Zusammenhange gebauten Ortschaft errichtet worden sind, später infolge des Fortschreitens der Bebauung vollständig innerhalb der geschlossenen Ortslage zu liegen kommen. Es müßte in hohem Grade bedenklich erscheinen, in einem derartigen Falle die nachträgliche Einleitung eines Genehmigungsverfahrens für notwendig oder auch nur für zulässig und beim Mangel der Genehmigung den § 20 a. a. O. für anwendbar zu erachten.

b) Errichtung von Feuerstellen in der Nähe von Waldungen (§ 49 Ges. v. 1. IV. 80).

c) Ansiedelungen und Kolonien in den Provinzen Hannover und Hessen-Nassau.

Nr. 1. Entsch. Bd. XXXXIII S. 408 v. 13. VII. 03 IV B 51/03.

§§ 1, 2, 3 Ansied.-Ges. v. 11. VI. 90.

1. Nach § 2 des Ges. v. 11. VI. 90 ist die Ansiedelungsgenehmigung u. a. dann zu versagen, wenn nicht nachgewiesen ist, daß der Platz, auf welchem die Ansiedelung gegründet werden soll, durch einen in der Regel fahrbaren, jederzeit offenen Weg zugänglich oder daß die Beschaffung eines solchen Weges gesichert ist. Nach § 3 a. a. O. kann die Ansiedelungsgenehmigung versagt werden, wenn gegen die Ansiedelung von gewissen Beteiligten auf Grund näher bezeichneter Tatsachen Einspruch erhoben wird. In beiden Fällen steht die Entschließung bei der Behörde, welche nach § 1 über die Erteilung der Ansiedelungsgenehmigung zu befinden hat, dem Landrat, in Stadtkreisen der Ortspolizeibehörde. Aber während die in § 3 aufgestellten Gründe für die Versagung der Ansiedelungsgenehmigung von der Behörde nicht von Amts wegen, sondern nur,

wenn von den dazu durch das Gesetz Berufenen Einspruch erhoben ist, berücksichtigt werden dürfen (vgl. Urt. v. 29. X. 1900 Entsch. Bd. XXXVIII S. 391), können die in § 2 a. a. O. genannten Gründe, also auch das Fehlen eines jederzeit offenen Weges, nur von Amts wegen durch die Behörde geltend gemacht werden; weder die im § 3 a. a. O. aufgeführten Beteiligten noch andere Personen haben das Recht, durch Einspruch und durch Klage im Verwaltungsstreitverfahren zu erwirken, daß die Behörde von dieser Befugnis Gebrauch mache.

2. Dies steht mit den in der Rechtsprechung des Oberverwaltungsgerichts stets festgehaltenen allgemeinen Grundsätzen in Einklang. Danach kennt das preußische Recht, abgesehen von einzelnen in den Gesetzen, z. B. in § 3 a. a. O., ausdrücklich vorgesehenen Ausnahmen, keine Berechtigung jedes Mitglieds des Publikums, eine Polizeibehörde, die sich weigert, gegen einen anderen einzuschreiten oder ihm eine nachgesuchte Genehmigung zu versagen, durch Klage im Verwaltungsstreitverfahren zu der abgelehnten Maßregel zu zwingen (vgl. Urt. v. 18. VI. 89 E.-O.-V. Bd. XVIII S. 248 sowie die dort angeführten älteren Erkenntnisse, auch Urt. v. 30. IV. 77, daselbst Bd. II S. 354).

3. Weiter steht allerdings die Klage gegen eine polizeiliche Verfügung nicht nur demjenigen zu, an den sie ergangen ist, und dem darin ein bestimmtes Tun oder Unterlassen aufgegeben wird, sondern auch dem, dessen Rechte die Ausführung der Verfügung durch denjenigen, an den sie ergeht, verletzt (Urt. v. 29. XII. 83 Entsch. Bd. X S. 199). Dagegen ist eine Klage nicht gegeben, wenn die Polizeibehörde nicht die Vornahme einer Handlung anordnet, sondern ein Unternehmen nur erlaubt oder duldet; denn dadurch greift sie selbst nicht in die Rechtssphäre desjenigen ein, gegen den sich etwa das Tun des Unternehmers richtet. Nur der Unternehmer würde in einem derartigen Falle die angeblichen Rechte des dritten verletzen, dieser würde sich also auch nur auf dem gesetzlich gegebenen Wege gegen den Unternehmer wenden können (Urt. v. 25. X. 1900 Entsch. Bd. XXXVIII S. 367, 368).

4. Die Ansiedelungsgenehmigung besagt nur, daß nach Ansicht der Behörde dem Unternehmen keine Bedenken entgegenstehen, ergeht aber, wie dies auch bei Baukonsensen der Fall ist, unbeschadet der Rechte dritter (Urt. v. 16. XII. 97, Pr.-V.-Bl. Jahrg. XIX S. 334, Balz, Baupolizeirecht, 2. Aufl., S. 53 Anm. 3).

5. Unter solchen Umständen ist auch der Verwaltungsrichter nicht befugt, die Polizeibehörde zur Versagung der Ansiedelungsgenehmigung wegen Fehlens eines jederzeit offenen Weges zu nötigen. Die Frage der Zugänglichkeit durch einen derartigen Weg kann nur in einem Verfahren zwischen dem Antragsteller einerseits und der Polizeibehörde anderseits, nicht in einem solchen zwischen einem Einspruchserheber einerseits, der Polizeibehörde und dem Antragsteller anderseits vom Verwaltungsrichter entschieden werden.

G. Dismembrationssachen.

H. Baupolizei.

Nr. 1. Entsch. Bd. XXXXII S. 353 v. 19. I. 03 IV B 106/02.

1. Die Aufgabe der Baupolizei beschränkt sich darauf, das öffentliche Baurecht zu gestalten und anzuwenden. Sie kann hierbei weder durch polizeiliche Verfügung noch auch im Wege der Polizeiverordnung neue Lasten oder

Verpflichtungen schaffen, sondern nur die Erfüllung solcher Verbindlichkeiten regeln, welche auf anderweitigen rechtlichen Grundlagen beruhen (Urt. v. 4. XI. 97 und v. 26. XI. 81, Entsch. Bd. XXXII S. 427, Bd. VIII S. 356). Nun entspricht es zwar dem bestehenden öffentlichen Rechte, wenn die Polizei bei der Bebauung von Grundstücken die Innehaltung gewisser Abstände zwischen Bauten, sei es auf demselben Grundstücke, sei es auf benachbarten Grundstücken, vorschreibt, wie denn fast jede Bauordnung Bestimmungen dieser Art enthält. Aber dabei handelt es sich um Beschränkungen, die unbeschadet zulässiger Ausnahmen allgemein allen Grundstücken gleichmäßig auferlegt werden und ihren Zweck wie ihre Berechtigung in der Sicherung der dem Schutze der Polizei anvertrauten Gemeininteressen finden.

2. Die Baupolizei ist nicht befugt, die Baufreiheit zum Schutze rein privater Interessen des Nachbars einzuschränken, auch nicht zur Erhaltung des Nachbargrundstücks in einem polizeigemäßen Zustande. Jeder Eigentümer ist zwar verpflichtet, das einzelne Grundstück in einem den polizeilichen Anforderungen entsprechenden Zustande zu erhalten, und die Polizei ist berechtigt, über das Bestehen dieses Zustandes zu wachen. Sie kann aber nicht verlangen, daß der Eigentümer in seinen aus dem Eigentume folgenden Befugnissen Einschränkungen erdulde, damit ein anderes, wirtschaftlich getrenntes und selbständiges Grundstück in einem polizeimäßigen Zustande bleibe. Für die Wahrung dieses Zustandes hat nur der Eigentümer des anderen Grundstücks zu sorgen, an ihn muß sich die Polizei halten (Erk. v. 21. III. 98 Entsch. Bd. XXXIII S. 413).

3. Die beanstandete Bestimmung einer Baupolizeiordnung hatte gelautet:

„Besitzt ein vorhandener, vor dem Inkrafttreten dieser Bauordnung genehmigter, nachbarlicher Bau Tür- und Fensteröffnungen, die nach dem Baugrundstücke belegen sind, so darf der Neubau nicht näher als 3 m an den nachbarlichen Bau herangeführt werden, sofern für ihn durch ein näheres Heranrücken eine erhebliche Schädigung eintreten würde."

Nr. 2. Entsch. Bd. XXXXII S. 361 v. 17. XI. 02 IV B 86/02.

1. Ein Verbot aller Fabriken in bestimmten Teilen eines Gemeindebezirkes ist rechtlich zulässig, weil es sich dabei, wie das O.-V.-G. wiederholt ausgeführt, um die Sorge für Leben und Gesundheit des Publikums und für die Sicherheit und Leichtigkeit des Verkehrs auf öffentlichen Straßen im Sinne von § 6b und f des Ges. über die Polizeiverwaltung v. 11. III. 50 und der Vd. über die Polizeiverwaltung in den neu erworbenen Landesteilen v. 20. IX. 67 handelt, und bei Fabriken eine derartige Gefährdung und Belästigung als Regel vorausgesetzt werden darf (vgl. Urt. v. 13. I. 94 und vom 3. XI. 98 Entsch. Bd. XXVI S. 329, Bd. XXXIV S. 395).

2. Sind Fabriken verboten, so können auch Brauereien unter das Verbot fallen.

Nr. 3. Entsch. v. 24. XI. 02 IV 2158.

§ 10 II 17 A.-L.-R.

1. In Hildesheim steht dem Magistrate die Baupolizei zu.

2. Der Charakter einer Anordnung als einer baupolizeilichen kann nicht um deswillen angezweifelt werden, weil ihr ein gesundheitspolizeiliches oder sicherheitspolizeiliches Motiv zu grunde liegt (Erk. v. 14. XI. 54 Entsch. Bd. XXVII S. 391).

3. Wenn es sich nicht um Beeinträchtigung des Straßenverkehrs handelt, gehört die Fernhaltung bloßer Belästigungen u. s. w. durch Unrat nicht zu den Aufgaben der Polizei.

Nr. 4. Entsch. Bd. XXXXII S. 357 v. 29. XII. 02 IV A 62/02.

Wenn in einer Polizeiverordnung bestimmt ist, daß Dachabfallröhren an den Straßenfronten unmittelbar an die Straßen- oder Anschlußkanäle angeschlossen werden müssen, so ist diese Bestimmung auch auf solche Privatstraßen und Privatplätze anwendbar, die mit Genehmigung des Eigentümers und unter polizeilicher Billigung dem Anbau dienen.

Nr. 5. Entsch. v. 22. I. 03 IV 155 (Pr.-V.-Bl. Jahrg. XXV S. 29).

Es ist Sache der Feuerpolizei dafür zu sorgen, daß Hausdurchfahrten frei von Hindernissen sind, damit im Falle eines Feuers sowohl die Durchfahrten als Zugangsweg für die Löschmannschaft und Löschgeräte als auch als Ausgang für die im Hause befindlichen Personen dienen.

Nr. 6. Entsch. v. 18. V. 03 IV 912 (Pr.-V.-Bl. Jahrg. XXV S. 10).
§ 149 II 8 A.-L.-R.

1. Ist für die Bewilligung eines Neubaues eine gewisse Größe des Hofraumes vorgeschrieben, so darf diese Größe in der Folge nicht verkleinert werden. Dem kann die Polizei entgegentreten.

2. Die Vorschrift in § 149 II 8 A.-L.-R. enthält nur Privatrecht, keine Bestimmung des öffentlichen Rechts, welche die Polizei bindet.

Nr. 7. Entsch. Bd. XXXXIII S. 379 v. 8. VI. 03 IV B 33/03.

1. Die Bauordnung für Königsberg v. 10. III. 87 schreibt im § 54 vor:

> „Mauern, welche an des Nachbars Grenze stehen oder gegenüber dieser Grenze weniger als 5 m von derselben entfernt sind, dürfen keine Öffnungen erhalten."

Im Sinne einer solchen Vorschrift ist eine öffentliche Straße nicht als nachbarliches Grundstück anzusehen. Denn einerseits ist es im Wesen und in der Bestimmung einer städtischen Straße begründet, daß die sie begrenzenden Grundstücke mit Häusern besetzt sind oder werden, und anderseits hat die Straße in erster Reihe die Aufgabe, für die daran gebauten Häuser als notwendiges Kommunikationsmittel zu dienen und für die Befriedigung des Bedürfnisses der Bewohner an Licht und Luft den nötigen Raum zu schaffen. Davon ist das O.-V.-G. in ständiger Rechtsprechung ausgegangen (Urt. vom 23. II. 80, v. 1. IV. 80, v. 22. X. 83 und v. 14. III. 89 Entsch. Bd. VI S. 301, 310, Bd. X S. 305, 306, 308, Pr.-V.-Bl. Jahrg. X S. 524). Weiter sind aber deshalb auch Privatstraßen, die zwar noch im Eigentum und in Unterhaltung von Privatpersonen stehen, aber unter polizeilicher Billigung für den Anbau bestimmt sind, als Nachbargrundstücke im Sinne der für Brandmauern gegebenen Vorschriften nicht erachtet worden (Urt. v. 13. VII. 99 Entsch. Bd. XXXVI S. 411).

2. Der Schloßteich zu Königsberg ist im Sinne des § 54 a. a. O. ein Nachbargrundstück. Er ist lediglich eine kommunale Anstalt, die die Gemeinde, wie einen städtischen Park, der Benutzung durch das Publikum freigibt.

Nr. 8. Entsch. Bd. XXXXIII S. 383 v. 18. VI. 03 IV B 20/02.

Ein von einem Bauunternehmer im Auftrage des Hausbesitzers ausgeführter Bau zeigte Mängel (eine Giebelwand hatte zu geringe Stärke), deren Abstellung die Baupolizeibehörde dem Bauunternehmer und nicht dem Eigentümer aufgab. Das O.-V.-G. hob die Verfügung auf, weil sich die Polizei nur an den Eigentümer hätte halten dürfen. In dem Erk. heißt es: Allerdings haftet im allgemeinen für die Beseitigung eines polizeiwidrigen Zustandes auf einem Grundstücke neben dem Eigentümer auch derjenige, welcher diesen Zustand herbeigeführt hat, und die Polizei kann sich nach ihrer Wahl ebenso an den dritten wie an den Eigentümer halten. Indessen kann in der Regel von der Anwendung dieses Grundsatzes da nicht füglich die Rede sein, wo der dritte, wie hier, ohne selbständige eigene Verfügungsgewalt und Entschließung im Auftrag und mit Zustimmung des Eigentümers als dessen Organ auf dem Grundstücke bauliche Arbeiten ausgeführt hat, welche der Polizei Anlaß zum Einschreiten bieten. So wenig der einzelne Bauhandwerker für die Beseitigung oder Umänderung eines von ihm unsachgemäß ausgeführten Bauteils der Polizei aufzukommen hat, ebensowenig trifft dies, wenigstens der Regel nach, bei dem Bauunternehmer zu, der lediglich in Erfüllung des ihm vom Eigentümer erteilten Auftrags gehandelt hat, zumal wenn, wie hier, der Eigentümer mit der Ausführung vollständig einverstanden ist. In einem derartigen Falle kann sich die Polizei wegen Beseitigung des von ihr gerügten Mißstandes lediglich an den Grundstückseigentümer halten.

Nr. 9. Entsch. Bd. XXXXIII S. 376 v. 9. II. 03 IV A 103/02.

§ 127 L.-V.-G.

1. Wenn die Baupolizei die Zustimmung zu einem Bauvorhaben grundsätzlich versagt, ohne nähere Prüfung der Einzelheiten, so liegt eine polizeiliche Verfügung vor, gegen die die Rechtsbehelfe aus den §§ 127 ff. L.-V.-G. gegeben sind.

2. Versagt die Polizei die Genehmigung eines Baues (z. B. eines Speichers), weil durch dessen Gebrauch die Nachbarschaft nur belästigt werden kann, so unterliegt die Verf. der Aufhebung (Erk. v. 27. III. 99 Entsch. Bd. XXXV S. 384).

Nr. 10. Entsch. Bd. XXXXII S. 365 v. 22. I. 03 IV B 99/02.

§ 12 Baufluchtges. v. 2. VII. 75.

1. Unter Straßenteil versteht man nur solche Abschnitte einer Straße, die für sich genommen äußerlich eine Straße darstellen können (Friedrichs, Baufluchtges. IV. Aufl. Bem. 6 zu § 12 S. 118, Bem. 2 zu § 15 S. 161, Bem. 9 zu § 15 S. 207).

2. Läßt eine Gemeindebehörde die fertiggestellten Straßen in ein Verzeichnis aufnehmen, das den gemäß § 12 Baufluchtges. erlassenen baupolizeilichen Bestimmungen über die an fertige Straßen zu stellenden Anforderungen beigefügt ist, so kann einer in der Tat nicht fertigen Straße durch die Aufnahme in das Verzeichnis nicht die Eigenschaft einer fertigen verliehen werden, ebensowenig umgekehrt.

Nr. 11. Entsch. v. 25. IV. 98 IV 771.

§ 11 Baufluchtges. v. 2. VII. 75.

1. Die Handhabung des im § 11 des Baufluchtges. aufgestellten Bauverbots ist ausschließlich der Baupolizei überlassen (Entsch. Bd. VII. S. 331, Bd. XXV S. 381, s. auch Pr.-V.-Bl. Jahrg. XIX S. 277 ff. 305 ff.).

2. Der Verwaltungsrichter muß sich darauf beschränken, die polizeiliche Verfügung, durch welche ein Baukonsens versagt ist, außer Kraft zu setzen, wofern er die Gründe, auf welche die Versagung gestützt ist, für rechts- oder sachwidrig erachtet (§§ 127 ff. des L.-V.-G.). Er kann aber nicht seinerseits den Baukonsens erteilen oder die Polizeibehörde zur Erteilung des Konsenses verurteilen. Diese Erteilung bleibt vielmehr immer Aufgabe der Polizeibehörde selbst, der Verwaltungsrichter hat nur über die Aufrechterhaltung oder Aufhebung der bestimmten polizeilichen Verf. zu entscheiden, die allein den Gegenstand des Streitverfahrens bilden kann. Allerdings darf die Polizei bei der erneuten Prüfung des Baugesuches auf die von dem Verwaltungsrichter für rechts- oder sachwidrig erklärten Versagungsgründe nicht wieder zurückgreifen, aber es bleibt ihr unbenommen, das Gesuch eintretendenfalls aus anderen Gründen abzuweisen.

J. Wegepolizei.

a) Popularklagen; Beteiligte in verschiedenen Polizeibezirken, Amtsvorsteher als ordentliche Wegepolizei; Wegepolizei auf Deichen, persönlich beteiligte Amtsvorsteher, Nachbarhilfe; interimistische Entscheidung des Kreisausschusses; Verkehrsbedürfnis; Guts- und Gemeindevorsteher.

Nr. 1. Entsch. Bd. XXXXIII S. 209 v. 9. III. 03 IV A 105/02.

§ 6 Ges. über die Polizeiverw. v. 11. III. 50; § 1 Gew.-Ordn.

1. Die Bestimmung des § 1 der R.-Gew.-Ordn., wonach „der Betrieb eines Gewerbes jedermann gestattet ist, soweit nicht durch das Gesetz Ausnahmen oder Beschränkungen vorgeschrieben oder zugelassen sind“, bezieht sich, worüber in der Rechtsprechung kein Zweifel besteht, nur auf die persönliche Zulassung zum Gewerbebetriebe, nicht auf die Art der Ausübung. Die Gewerbetreibenden sind vielmehr bei der Ausübung ihres Betriebes allen Anordnungen unterworfen, welche die Polizei kraft ihrer allgemeinen, nach den Landesgesetzen sich bestimmenden Zuständigkeit im Interesse der Feuer-, Gesundheits-, Sicherheits-, Sitten- und Verkehrspolizei zu treffen befugt ist (vgl. Urt. v. 21. X. 89 Entsch. Bd. XVIII S. 308 ff., von Brauchitsch, Pr.-Verw.-Ges. Bd. V S. 7 ff. Anm. 1 zu § 1 der Gew.-Ordn.). Unterliegt also der Straßenhandel zwar nicht dem § 37 der Gew.-Ordn., da er nicht zu den dort der Regelung durch die Ortspolizei unterworfenen Straßengewerben gehört, so ist die Ortspolizei doch befugt, für die Ausübung des Straßenhandels nach § 6 des Ges. über die Polizeiverwaltung v. 11. III. 50 allgemeine Vorschriften zu treffen.

2. Über diese Befugnisse geht auch der § 68 der für Rixdorf erlassenen Polizei-Vd. v. 5. XII. 1901, der in Abs. 3 bestimmt:

> „Auf den öffentlichen Straßen und Plätzen ist es untersagt, den Straßenhandel unter Zuhilfenahme von Fuhrwerk aller Art (einschließlich Handwagen, Hundewagen und Schubkarren) auszuüben. Behältnisse (Körbe, Kasten u. s. w.), die daselbst zur Ausübung des Straßenhandels benutzt werden, dürfen nur so groß sein, daß sie von einer Person bequem getragen werden können.“

nicht hinaus, er findet vielmehr im § 6b des Ges. v. 11. III. 50 seine rechtliche Stütze; denn danach gehört zu den Gegenständen ortspolizeilicher Vorschriften die Sorge für die Ordnung, Sicherheit und Leichtigkeit des Verkehrs auf öffentlichen Straßen und Plätzen. Damit unterliegt auch der sich auf öffentlichen Straßen bewegende Handelsbetrieb der Regelung durch die Polizei. Ferner ist es klar, daß durch den Straßenhandel unter Benutzung von Fuhrwerken die Ordnung, Sicherheit und Leichtigkeit des Verkehrs gestört werden können, da ein solcher Handel notwendig dahin führt, die Fuhrwerke an den verschiedensten Stellen der Straßen und Plätze, insbesondere auch an den Straßenecken und Übergängen, aufzustellen, um das Publikum zu veranlassen, an die Fuhrwerke heranzutreten und zur Besichtigung der Waren sowie zum Abschlusse der Kaufgeschäfte stehen zu bleiben.

Nr. 2. Entsch. Bd. XXXXII S. 199 v. 27. XI. 02 IV B 95/02.

§ 1 Ges., betr. die Geschäftssprache u. s. w., v. 28. VIII. 76 (G.=S. S. 389).

1. Die Wegweiser sind Zubehörungen der öffentlichen Wege; sie dienen der Ordnung, Sicherheit und Leichtigkeit des Verkehrs auf diesen Wegen. Sie sind mithin, wie die öffentlichen Wege selbst, polizeiliche Einrichtungen, unterstehen sowohl hinsichtlich der Stellen, an denen sie zu errichten sind, wie hinsichtlich ihrer Beschaffenheit und ihrer Aufschriften lediglich den Anordnungen der Wegepolizeibehörde. Deshalb enthalten auch die Wegeordnungen vielfach nähere Bestimmungen über die Aufstellung, Beschaffenheit und über die Aufschrift (vgl. die Zusammenstellung bei von Rönne, Wegepolizei S. 473 ff.). Sind also die Wegweiser an öffentlichen Wegen polizeiliche Anstalten, so muß auch die Aufschrift der Wegweiser als eine Erklärung der Wegepolizeibehörde angesehen werden. Die Aufschrift bleibt eine Erklärung der Polizeibehörde, auch wenn sie nur stillschweigend die von dem Wegebaupflichtigen hergestellten Aufschriften billigt.

2. Daraus folgt die Notwendigkeit, daß die Aufschriften der Wegweiser an öffentlichen Wegen unter die Bestimmung in § 1 des Ges. v. 28. VIII. 76 fallen. Da aber nach dieser Bestimmung für alle Behörden in Preußen die deutsche Sprache die ausschließliche Geschäftssprache sein soll, dürfen die Aufschriften, welche Erklärungen, Bekanntmachungen der Wegepolizeibehörde in ihrem amtlichen Geschäftskreise darstellen, in Preußen überall nur in deutscher Sprache abgefaßt sein.

b) Rechtsmittel gegen Anordnungen der Wegepolizeibehörde und Streitigkeiten der Beteiligten (§§ 55 und 56 Zust.=Ges.).

Nr. 1. Entsch. Bd. XXXXII S. 231 v. 13. X. 02 IV C 40/02.

§ 56 Zust.=Ges.

Wenn im Laufe eines Streitverfahrens gegen einen wegebaupolizeilichen Beschluß die Person der Wegebaupflichtigen sich ändert (z. B. durch Verkauf des Gutes), so wird die Parteistellung des Klägers (§ 56 Abs. 4 des Zust.-Ges.) dadurch nicht berührt. Solange die Klage weder zurückgenommen noch der Rechtsnachfolger in rechtlich zulässiger Weise in den Streit anstatt seiner eingetreten ist, liegt ein prozessualer Grund für die Beendigung der Parteirolle nicht vor.

Nr. 2. Entsch. v. 1. XII. 02 IV 2214 (Pr.-V.-Bl. Jahrg. XXIV S. 537).

§ 56 Abs. 6 Zust.=Ges.

Wird auf Grund des § 56 Abs. 6 des Zust.-Ges. die Erstattungsklage erhoben, so kann der Beklagte mit Erfolg den Einwand erheben, der Kläger sei ihm gegenüber zur Leistung privatrechtlich verpflichtet gewesen (Erk. vom 18. XI. 1901 Entsch. Bd. XXXX S. 237).

Nr. 3. Entsch. Bd. XXXXIII S. 219 v. 19. III. 03 IV C 36/02.

§ 56 Abs. 5 u. 6 Zust.-Ges.

1. Wenn die Verpflichtung zur Unterhaltung eines öffentlichen Weges demnächst aufhört, so ist doch eine Klage auf Erstattung des Geleisteten gegen den Verpflichteten aus der Vergangenheit zulässig (Erk. v. 26. I. 1903 und 13. X. 1902 Entsch. Bd. XXXXII S. 226, 230, 233).

2. Führt ein Dritter bei Ausbesserung eines Weges ein aus dem Rahmen der Erfüllung der Unterhaltungspflicht gänzlich heraustretendes, selbständiges und anders geartetes Unternehmen aus (indem er z. B. aus einem Kommunikationswege eine Chaussee macht), so ist der Träger der Wegebaulast nicht verpflichtet, die Kosten zu erstatten (Erk. v. 28. XI. 99 Entsch. Bd. XXXVI S. 250).

Nr. 4. Entsch. Bd. XXXXIII S. 231 v. 22. VI. 03 IV C 166/02.

§ 56 Abs. 5 u. 6 Zust.-Ges.

1. Erstattungsansprüche gemäß § 56 Abs. 5 und 6 des Zust.-Ges. verjähren erst in dreißig Jahren.

2. Wird zu Ungunsten einer Landgemeinde die Wegebaulast im Wege eines Abkommens geändert, so ist hierzu die Genehmigung des Kreisausschusses erforderlich.

c) Entwässerung von Wegen; ihre polizeimäßige Reinigung; Bürgersteige.

Nr. 1. Entsch. v. 4. IV. 98 IV 626.

Unzweifelhaft können neben den Chausseen und in räumlicher Verbindung mit denselben Bürgersteige, namentlich in den Städten, als ihrer Bestimmung, ihrer Benutzung, ihrer Bauart und ihren Rechtsverhältnissen nach von den Chausseen durchaus verschiedene Verkehrsmittel bestehen, wie auch in Dörfern vielfach neben Chausseen besondere öffentliche Fußsteige herlaufen. Bezüglich solcher Bürgersteige ist in dem Erk. des O.-V.-G. vom 1. XII. 88, das im Jahrg. X S. 545 ff. des Pr.-V.-Bl. veröffentlicht ist, folgendes ausgeführt worden:

> „Wo ein solcher Bürgersteig neben der Chaussee besteht, aber dem wachsenden Verkehr nicht mehr entspricht, liegt die Fürsorge dafür, daß dem vermehrten Bedürfnisse Genüge geschieht, dem zur Unterhaltung dieses selbständigen Kommunikationsmittels, nicht dem zur Unterhaltung der Chaussee Verpflichteten ob, gleichviel ob die Steigerung des Bedürfnisses in dem Durchgangs- oder in dem örtlichen Verkehr ihren Grund hat. Nur dies ist in der diesseitigen Entsch. v. 16. III. 87 ausgesprochen, welche — wie der Sachverhalt Band XIV Seite 273 ergibt — auf der unstreitigen tatsächlichen Unterlage erging, daß der zu erbreiternde Fußweg Bürgersteig und somit kein Teil der Chaussee war. Wie hiernach der Bürgersteig einzelne der durch die Chaussee erstrebten Zwecke zu erfüllen, insbesondere das Fußgängerbankett zu ersetzen vermag, so kann auch umgekehrt das letztere einzelne der durch den Bürgersteig zu deckenden Bedürfnisse befriedigen, und die Anlage eines solchen als eines selbständigen Kommunikationsmittels entbehrlich machen. Denn wie das Fußgängerbankett zugleich mit der Chaussee, deren Bestandteil es ist, dem Verkehr von Ort zu Ort und nebensächlich dem innerhalb der Orte dient, so darf auch der Bürgersteig der Benutzung seitens durchgehender Passanten nicht entzogen und muß dem-

entsprechend eingerichtet werden, obwohl es seine hauptsächliche Bestimmung ist, den Verkehr der Fußgänger von Haus zu Haus zu vermitteln, den Zugang zu den einzelnen Häusern und bebauungsfähigen Grundstücken zu bilden (Entsch. des O.-Trib. Bd. 62 S. 373, des R.-Ger. bei Gruchot, Beiträge Bd. XXIV S. 505), überhaupt dem privaten Bedürfnisse der Hausbesitzer in der Benutzung ihrer Grundstücke, z. B. durch das Aufstellen von Gegenständen, durch das Anbringen von Treppen, Erkern, Kellerhälsen u. s. w. soweit, als das öffentliche Interesse dies zuläßt, dienstbar zu bleiben (§§ 78—81 Titel 8 Teil I des A.-L.-R.). Gerade diese, auf die besondere Benutzung seitens der Adjazenten gerichtete Bestimmung ist ein wesentliches Merkmal für die Unterscheidung der Bürgersteige von den sonstigen, dem öffentlichen Fußverkehr gewidmeten Wegen, weshalb solche Fußwege innerhalb einer Stadt, welche jene Bestimmung nicht zu erfüllen vermögen, z. B. weil sie einen Platz kreuzen, durch öffentliche Gartenanlagen führen u. s. w., als Bürgersteige nicht anzusprechen sind."

Die Sätze beziehen sich zwar zunächst auf das Geltungsgebiet des A.-L.-R., sie finden aber auch anderweit volle Anwendung, da sie mit einer Begriffsbestimmung der Bürgersteige rechnen, die allgemein gültig ist und bezüglich deren u. A. für Kurhessen keinerlei Abweichungen erhellen.

Nr. 2. Entsch. v. 15. XII. 02 IV 2304 (Pr.-V.-Bl. Jahrg. XXIV S. 395).

Im Gebiete des Rheinischen Rechts sind die Gemeinden zur Straßenreinigung verpflichtet, es müßte denn observanzmäßig den Anliegern diese Verpflichtung obliegen.

Nr. 3. Entsch. v. 3. XI. 02 IV 2001 (Pr.-V.-Bl. Jahrg. XXIV S. 423).

Wegegräben und Straßenrinnsteine sind in der Regel nicht dazu bestimmt, zur Beschaffung der Vorflut für die angrenzenden Grundstücke und zur Aufnahme der auf diesen Grundstücken sich sammelnden Abwässer zu dienen, sondern nur zur Entwässerung der Wege und Straßen. Wenn auch tatsächlich eine Benutzung der Rinnsteine zur Abwässerung der anliegenden Grundstücke stattfindet, so kann dies ein Recht der Anlieger auf diese Entwässerung nicht begründen, selbst wenn zur Regelung derselben polizeiliche Vorschriften ergangen sind oder wenn diese Art der Entwässerung als die allgemeinübliche und polizeilich zulässig vorausgesetzt wird (Entsch. Bd. XXVII S. 387). Die Polizei kann immer einschreiten, wenn polizeilich zu schützende Interessen verletzt werden (Pr.-V.-Bl. Jahrg. XVI S. 331, XX S. 313, 389).

d) Land- und Heerstraßen.

Nr. 1. Entsch. Bd. XXXXII S. 226 v. 26. I. 03 IV C 127/02.

Besitzt ein Weg die Eigenschaft als Landstraße zur Zeit der Fällung des Urteils nicht mehr, besaß er sie aber zur Zeit des Erlasses der wegebaupolizeilichen Verfügung und des auf Einspruch ergangenen Beschlusses, so ist der Beschluß nicht außer Kraft zu setzen. Denn wenn der Fiskus damals zu der sogleich fälligen Leistung verpflichtet war, so wird er dadurch, daß die Unterhaltungspflicht später aufhörte, von ihr nicht befreit (Erk. v. 19. I. 1903 IV C. 103/02 Entsch. Bd. 42 S. 230).

Nr. 2. Entsch. Bd. XXXXII S. 219 v. 2. X. 02 IV C 47/02.

§ 4 Tit. 15 Teil II A.-L.-R.

1. Es ist unzutreffend, daß der Staat die Verlegung einer Landstraße (§ 4 Tit. 15 T. II A.-L.-R.) nur in der Weise ausführen könne, daß er selbst an die Stelle der bestehenden eine andere Landstraße setzt. Der § 4 macht die Berechtigung zur Verlegung der Landstraßen nicht davon abhängig, daß der Staat sie auf seine Kosten selbst vornimmt, sondern hat nur zur Voraussetzung, daß die Verlegung im Einklange mit den Zwecken des Staates unter staatlicher Autorität und Billigung durch einen anderen Verband, z. B. einen Kreiskommunalverband, ausgeführt wird (Urt. v. 7. IV. 91 Entsch. Bd. XXI S. 263), ja die angeführte Bestimmung gibt der Landespolizeibehörde sogar die Befugnis Landstraßen gänzlich einzuziehen, nicht nur sie zu verlegen (Urt. vom 1. V. 99 Entsch. Bd. XXXV S. 257 ff.).

2. Richtig ist, daß die Landespolizeibehörde ohne verpflichtet zu sein, die Beteiligten zu hören, die Verlegung vornehmen kann, wie sie es zum gemeinen Besten dienlich findet, daß dann die bisherige Landstraße, wenn sie nicht als öffentlicher Weg vollständig eingezogen wird, von selbst in die Klasse der gewöhnlichen Kommunikationswege übergeht und der Unterhaltungspflicht des Trägers der ordentlichen Wegebaulast anheimfällt, daß die Verlegung nicht nur durch ausdrücklichen Ausspruch sondern auch stillschweigend durch sogenannte konkludente Handlungen der Landespolizeibehörde bewirkt werden kann, was insbesondere dann angenommen werden darf, wenn aus den Umständen erkennbar ist, daß der Staat die Landstraße auf eine Kreischaussee zu verlegen die Absicht hatte oder zu der Verlegung seine Zustimmung gegeben hat, endlich daß es, wenn dies erkennbar ist, nicht darauf ankommt, ob nach der Verlegung auf der Straße noch ein landstraßenmäßiger Verkehr fortbesteht (Urt. v. 11. XII. 95 Entsch. Bd. XXIX S. 210 ff., 213, 214 und die daselbst angeführten älteren Erkenntnisse).

3. Wenn die Landespolizeibehörde eine Landstraßenverlegung ausdrücklich ausspricht, so kann der Ausspruch offenbar nur rechtliche Wirkung äußern, wenn er nicht in den Akten verborgen bleibt, sondern bekannt wird, entweder der Allgemeinheit oder doch wenigstens denen, die es angeht, insbesondere den ordentlichen Wegeunterhaltungspflichtigen, auf welche die Wegebaulast durch die Verlegung übergehen würde. Ebenso müssen die Handlungen, aus denen die Absicht der Landstraßenverlegung mit Zuverlässigkeit geschlossen werden kann, und die daher für eine stillschweigende Willensäußerung anzusehen sind, der Allgemeinheit oder doch den beteiligten Wegebaupflichtigen bekannt geworden sein (vgl. das im Pr.-V.-Bl. Jahrg. XIX S. 414 abgedruckte Urt. v. 28. VI. 97).

Nr. 3. Entsch. Bd. XXXXII S. 224 v. 19. I. 03 IV C 103/02.

§ 4 Tit. 15 Teil II A.-L.-R.; §§ 8 Abs. 8, 21 Ziff. 9 Regierungsinstruktion v. 23. X. 1817.

1. Wenn auch verlangt werden muß, daß eine die Deklassierung einer Landstraße aussprechende Verfügung, um rechtswirksam zu werden, zur Kenntnis derjenigen, die infolge der veränderten Rechtslage wegebaupflichtig werden, kommen muß, so kann doch, wenn eine die Deklassierung zurücknehmende Verfügung vorliegt, deren Rechtswirksamkeit nicht davon abhängig gemacht werden, daß durch die Bekanntmachung die von der Wegebaulast Befreiten Mitteilung erhalten, es muß vielmehr genügen, wenn eine solche Verfügung nicht lediglich in den Akten der Regierung verbleibt, sondern z. B. an den Landrat hinausgeht, damit er wisse, daß fortan der Fiskus die Unterhaltung habe, und der Wegepolizeibehörde weitere Kenntnis gebe.

2. Daß die nach § 4 Tit. 15 T. II A.-L.-R. dem Staate beiwohnende Berechtigung, die Land- und Heerstraßen, so wie er es zum gemeinen Besten dienlich findet, zu verändern und zu verlegen, von der Landespolizeibehörde — im Gegensatze zur Ortspolizeibehörde — auszuüben ist, steht nach der Rechtsprechung des O.-V.-G., die sich insoweit mit der Verwaltungspraxis im Einklange befindet, fest. Dafür, daß die Landespolizeibehörde dabei an die Genehmigung der Zentralinstanz gebunden sei, könnten, soviel ersichtlich, nur die §§ 8 Abs. 8 und 21 Ziff. 9 der Regierungsinstruktion v. 23. X. 17 in betracht kommen. Darin kann jedoch eine Beschränkung der Regierung in ihrer Eigenschaft als Landespolizeibehörde nicht gefunden werden.

e) Chausseen, Chausseegelderhebung.

Nr. 1. Entsch. Bd. XXXXIII S. 370 v. 5. II. 03 IV C 151/02.

§§ 127 ff. L.-V.-G.; § 59 Kr.-Ordn.

1. Das Erk. begründet den Satz, daß die Baupolizei auch bei Bauten an Chausseen der Ortspolizei zustehe, jedoch der Landrat mitzureden habe, soweit chausseepolizeiliche Interessen in betracht kommen. Es heißt da: „In dem Urt. v. 27. VI. 84 (Entsch. Bd. XI S. 374 ff.) ist die Zuständigkeit des Landrats, die Beseitigung eines Stalles zu verlangen, welcher dem § 33 der am 1. XI. 62 für den Regierungsbezirk Liegnitz erlassenen Baupolizei-Ordn. widersprach, nicht beanstandet, mithin stillschweigend bejaht worden. Ferner ist in dem Urt. v. 25. XI. 89 (Entsch. Bd. XVIII S. 390 ff.) ausgeführt, daß § 5c der Baupolizei-Ordn. für den Reg.-Bez. Breslau v. 13. X. 62, wonach bei Bauten an Chausseen die Erteilung der Bauerlaubnis durch den Landrat stattfindet, mit § 59 der Kr.-Ordn. v. 13. XII. 72, der die Baupolizei dem Amtsvorsteher zuweist, insofern in Widerspruch stehe, als der Landrat bei Bauten an Chausseen auch über die lediglich bau-, d. h. ortspolizeilichen Rücksichten befinden solle. In jenem Falle hat nämlich der Landrat den Baukonsens zur Errichtung eines Wohnhauses 3,13 m von der Chaussee versagt, da der Baugrund nicht tragfähig sei. Weiter führte das Erk. aus, die Einwirkung des Landrats solle beim Bau an Chausseen nicht ausgeschlossen werden. Es sei nicht nötig, die Prüfung von Baugesuchen in einem einheitlichen Verfahren zu erledigen, vielmehr stehe nichts im Wege, die Erteilung der Baukonsense, welche als ein Akt der Baupolizei an sich gemäß § 59 der Kr.-Ordn. dem Amtsvorsteher zufalle, auch bei Bauten an Chausseen dem Amtsvorsteher in der Hauptsache zu belassen und die Mitwirkung des Landrats dabei auf die selbständige Wahrung der ihm anvertrauten chausseepolizeilichen Interessen zu beschränken. Wie dies Verfahren im einzelnen am zweckmäßigsten zu ordnen sei, bleibe der Landespolizei- und Aufsichtsbehörde überlassen. Diese Ausführungen gaben zu dem Runderlasse der Minister der öffentlichen Arbeiten und des Innern v. 4. IV. 90 (M.-Bl. d. i. V. S. 64) Veranlassung, worin angeordnet wurde, die Erteilung der Bauerlaubnis für Bauten an Chausseen bleibe hinfort den Amtsvorstehern überlassen, die Amtsvorsteher hätten den Antrag zunächst den Landräten vorzulegen, welche durch Verfügung an den Amtsvorsteher über die vom Standpunkte der chausseepolizeilichen Interessen zu stellenden Bedingungen zu befinden hätten. Dem Baulustigen sei unter Berücksichtigung dieser Verfügung von dem Amtsvorsteher ein Bescheid zu erteilen, der keinen Zweifel darüber lasse, von welcher Stelle die der Verweigerung oder Einschränkung der Bauerlaubnis zur Unterlage dienende polizeiliche Verfügung ausgehe. Mit diesen Grundsätzen stehen die Ausführungen des Urt. v. 7. IV. 97 (Entsch.

Bd. XXXII S. 338 ff.) im Einklange. Danach ist es, wenn der Baulustige behauptet, das zu bebauende Gelände sei nicht Teil eines öffentlichen Weges, sondern stehe in seinem unbeschränkten Privateigentum, und somit die Versagung des Konsenses die Inanspruchnahme des Bauplatzes für den öffentlichen Verkehr darstellt, die Baupolizeibehörde aber nicht zugleich die Wegepolizei zu verwalten hat, der gewiesene Weg, daß erstere der letzteren das Baugesuch mitteilt. Will die Wegepolizeibehörde den Platz für den öffentlichen Verkehr in Anspruch nehmen, so kann sie entweder selbst auf Grund des § 56 des Zust.-Ges. an den Baulustigen verfügen, oder im Einverständnisse mit ihr kann nunmehr die Baupolizeibehörde den Konsens versagen; sie darf aber dem Baulustigen keinen Zweifel darüber lassen, daß die Konsensverweigerung auf einer Verfügung der Wegepolizeibehörde beruht."

2. Es ist zu beachten, daß die vorstehenden Ausführungen nur Geltung haben unter der Voraussetzung, daß der Ortspolizeibehörde nicht auch die Chausseepolizei (mit Ausnahme der Chausseebaupolizei) zusteht (Erk. vom 14. III. 98 Entsch. Bd. XXXIII S. 279).

Nr. 2. Entsch. Bd. XXXXII S. 203 v. 17. XI. 02 IV B 67/02.

§ 56 Abs. 4 Zust.-Ges.

1. Wird eine Brücke über einen öffentlichen Fluß, die im Zuge einer Chaussee (Provinzialchaussee) liegt, verlegt, so liegt nicht dem Fiskus, sondern dem Träger der Wegebaulast ob, die erforderlichen Veränderungen am Chausseekörper herzustellen.

2. Die Chausseeunterhaltungspflicht beschränkt sich nicht unabänderlich auf das bei der Übernahme einer Chaussee vorhanden gewesene Chausseegelände, sondern umfaßt auch die notwendig werdende Verbreiterung (vgl. Urt. v. 18. XI. 1901, Entsch. Bd. XXXX S. 240, 241) und ebenso eine durch die Umstände gebotene Veränderung des Chausseezuges. Auch kommt es nicht in betracht, ob dabei Grund und Boden zur Chaussee hinzugenommen werden muß, der vorher noch nicht Chaussee war (vgl. Erk. vom 17. V. 1900 Entsch. Bd. XXXVII S. 274).

3. Der Fiskus ist in seinen Entschließungen, wohin er eine neue Brücke über einen öffentlichen Fluß legen will, ganz unabhängig (Erk. v. 26. IX. 89 Entsch. Bd. XVIII S. 226).

4. Die neuen Anrampungen sind nicht Zubehör der Brücke, sondern der Chaussee (Entsch. Bd. XXXIII S. 268, Bd. XXXV S. 294, Bd. XXXX S. 276), auch vom Wegebaupflichtigen zu unterhalten.

5. Hat die Ortspolizei hinsichtlich einer Chaussee jemandem Auflagen gemacht, die nicht dieser, sondern ein anderer, und zwar ein Chausseebaupflichtiger als solcher, zu leisten hat, so muß bei einer Klage des ersteren (§ 56 Abs. 4 Zust.-Ges.) die Verfügung lediglich aufgehoben, es kann ihm nicht der Chausseebaupflichtige substituiert werden, weil die Ortspolizeibehörde für die Auflage nicht zuständig war.

Nr. 3. Entsch. Bd. XXXXII S. 213 v. 17. XI. 02 IV B 88/01.

§ 56 Abs. 4 Zust.-Ges.

Handelt es sich bei einer Klage gegen die Chausseebaupolizei um die Unterhaltung einer Chaussee, so ist zu prüfen, ob der von der Polizei in Anspruch Genommene der Verpflichtete ist. Seine gegen die Polizei allein gerichtete Klage darf also nicht schon deshalb abgewiesen werden, weil er keinen anderen Verpflichteten nachgewiesen hat (vgl. das Nähere, Erk. v. 17. IV. 99 Entsch. Bd. XXXVI S. 256).

f) Fähren in wegepolizeilicher Hinsicht, Brücken.

g) Eisenbahnpolizei, Zufuhrwege zu Eisenbahnanlagen; öffentliche Wege, die der Eisenbahnunternehmer zu unterhalten hat.

Nr. 1. Entsch. Bd. XXXXII S. 215 v. 18. XII. 02 IV B 69/01.

§ 4 des Ges. über die Eisenbahnunternehmungen v. 3. XI. 38; § 56 Zust.-Ges.

1. Ist es erforderlich, daß ein öffentlicher Weg, der unterhalb einer Eisenbahnanlage durchgeht, dergestalt verbreitert wird, daß ein Teil der Eisenbahnanlage dazu genommen werden muß, so ist der Eisenbahnunternehmer nur dann verpflichtet, die Verbreiterung auf seine Kosten auszuführen, wenn ihm diese Pflicht kraft besonderen öffentlichrechtlichen Titels (Konzessionsurkunde) auferlegt worden. Im anderen Falle trifft die Pflicht denjenigen, der die ordentliche Wegeunterhaltung hat.

2. Stellt sich eine wegebaupolizeiliche Anordnung als so unbestimmt dar, daß sie den Verpflichteten keinen auch nur einigermaßen sicheren Anhalt für den Umfang der geforderten Leistung gewährt, so ist sie außer Kraft zu setzen (Germershausen, Wegerecht, Bd. I § 42 2. Aufl. S. 425).

Nr. 2. Entsch. Bd. XXXXIII S. 227 v. 11. V. 03 IV B 83/02.

§ 56 Zust.-Ges.

1. Will eine Wegepolizeibehörde polizeilich eine Verbreiterung eines öffentlichen Weges anordnen, durch welche in eine Eisenbahnanlage eingegriffen wird, so muß vor Erlaß der Verfügung die Zustimmung des Ministers der öffentlichen Arbeiten eingeholt werden.

2. Handelt es sich um einen Streit, wer jene Verbreiterung vorzunehmen hat, so ist hierüber der Verwaltungsrichter zuständig, indem gegen die mit Zustimmung des Ministers erlassene Verfügung die Rechtsmittel aus § 56 des Zust.-Ges. zulässig sind.

h) Inanspruchnahme von Wegen für den öffentlichen Verkehr (§ 56 Zust.-Ges.); Privatrechte an öffentlichen Wegen.

i) Einziehung und Verlegung öffentlicher Wege (§ 57 Zust.-Ges.).

k) Heranziehung der Fabriken, Bergwerke und ähnlichen Unternehmungen zur Vorausleistung für den Wegebau.

Nr. 1. Entsch. v. 6. X. 02 IV 1818.

§ 1 Ges. v. 8. III. 97 (G.-S. S. 95).

Das O.-V.-G. hat wiederholt dargelegt, daß die Mehrbelastung im Sinne des § 1 des Ges. v. 8. III. 97 aus dem einfachen Verhältnis zwischen dem Umfang des gesamten, auf dem Wege stattgehabten Fuhrwerksverkehrs entnommen werden kann, weil regelmäßig davon auszugehen ist, daß die Abnutzung des Weges in demselben Verhältnis steigt, wie die Vermehrung des Fuhrwerksverkehrs. Das Verhältnis zwischen Gesamt- und Spezialvekturanz ist nicht nur für die Erheblichkeit der Abnutzung, sondern auch für das Maß der Mehrbelastung bestimmend (vgl. Germershausen, Wegerecht, 2. Aufl. Bd. I S. 339 und die dort angeführten Entscheidungen, insbesondere Bd. XXVII S. 255). Der Betrag des Unternehmers bemißt sich dann nach dem Teil der Unterhaltungskosten, welcher dem Anteil der Spezialvekturanz an der Gesamtvekturanz entspricht.

l) Provinzialrechte.

Nr. 1. Entsch. Bd. XXXXIII S. 231 v. 22. VI. 03 IV C 166/02.
§§ 17, 43 Wegeordn. v. 11. VII. 91.

1. Der Grundsatz, daß im Bereiche eines Gutsbezirks nicht der Gutsbezirk als solcher, sondern der Besitzer des Gutes Träger der Wegebaulast ist, gilt auch für die Wege-Ordn. für die Provinz Sachsen v. 11. VII. 91.

2. Nach § 43 der Wege-Ordn. v. 11. VII. 91 bleiben die vor ihrem Inkrafttreten in Beziehung auf den Wegebau begründeten Rechte und Verbindlichkeiten nur insoweit in Kraft, als sie in besonderen Titeln, nicht bloß nach den bisherigen allgemeinen oder besonderen gesetzlichen Vorschriften, Ordnungen, Gewohnheitsrechten und Observanzen anerkannt oder festgestellt sind. Dabei gilt für die gutsherrlich-bäuerlichen Regulierungsrezesse und die Gemeinheitsteilungsrezesse die Vermutung, daß in ihnen nur eine derartige Anerkennung oder Feststellung des bisherigen Rechtszustandes stattgefunden hat. (Erk. v. 14. XII. 95 Entsch. Bd. XXX S. 264).

3. Der § 43 verweist auf die Regelung der Unterhaltung von Grenzwegen in § 17 der Wege-Ordn. Dort ist bestimmt, daß, soweit ein Weg die Grenze zwischen verschiedenen Gemeinden bildet, die Baulast diesen gemeinschaftlich zu gleichen Teilen obliegt, falls nicht nachweislich die Grenze längs der einen Seite des Weges hinläuft. Über die gemeinschaftliche Unterhaltung derartiger Grenzwege soll eine Vereinbarung unter den Beteiligten getroffen werden, die der Bestätigung durch den Kreisausschuß bedarf, und in Ermangelung einer Vereinbarung hat der Kreisausschuß die Unterhaltung zu regeln. Das O.-V.-G. hat diese Bestimmungen des § 17 stets dahin ausgelegt, daß die Vereinbarung oder die Regelung durch den Kreisausschuß nur die Art der Unterhaltung betrifft, und daß Vereinbarung und Regelung erst dann eintreten können, wenn feststeht, wem die Unterhaltungspflicht obliegt, wenn also Übereinstimmung darüber herrscht, ob überhaupt die Voraussetzungen des § 17 gegeben sind, daß ein Grenzweg vorliegt und daß an der Unterhaltung mehrere Gemeinden und welche beteiligt sind. Über diese Voraussetzungen hat im Streitfalle lediglich der Verwaltungsrichter zu entscheiden (vgl. Urt. v. 23. VI. 98, Entsch. Bd. XXXIV S. 260, 261). Ganz analog ist der § 43 Abs. 2, 3 aufzufassen. Auch in diesem Falle liegt die Entsch. über die Voraussetzungen der Vereinbarung oder der Regelung dem Verwaltungsrichter ob. Er hat also zu prüfen, ob in der Tat eine „örtlich vermischte Lage" oder eine „nicht sichere Abgrenzung von Gemeindebezirken" vorliegt. Verneint er das, so können die Bestimmungen des Rezesses nicht weiter zur Anwendung kommen; bejaht er es, so bleiben die Rezeßbestimmungen in Kraft, bis die Vereinbarung der Beteiligten oder die Regelung durch den Kreisausschuß stattgefunden hat.

Nr. 2. Entsch. Bd. XXXXIII S. 248 v. 6. IV. 03 IV C 51/03.
§ 13 Verord. v. 31. X. 59 (G.-S. 1860 S. 21); § 14 Wegeordn. v. 11. VII. 91.

Das O.-V.-G. hat bereits in dem Urt. v. 14. III. 1901 (Entsch. Bd. XXXIX S. 234 ff.) ausgesprochen, daß die Pflichten, welche der Drömlingskorporation hinsichtlich der Unterhaltung von Wegen und Brücken durch das Reglement wegen Unterhaltung der Drömlings-Meliorationswerke v. 13. IV. 1805 auferlegt waren, durch § 42 der Wege-Ordn. v. 11. VII. 91 nicht aufgehoben worden sind. Dasselbe muß von denjenigen Pflichten gelten, welche der Korporation durch die Vd. v. 31. X. 59 auferlegt worden sind, die nur eine Erweiterung der Drömlingskorporation bezweckte und das Reglement v. 13. IV. 1805 ergänzte (vgl. § 14 der Vd.). Das O.-V.-G. hat auch bei erneuter Prüfung daran festgehalten, daß der § 42 der Wege-Ordn., der „alle bisherigen allgemeinen und besonderen gesetzlichen Vorschriften, Ordnungen, Gewohnheitsrechte und Observanzen in Beziehung auf die Wegebaulast" aufhebt, damit nur alle diejenigen Vorschriften hat beseitigen wollen, welche sich auf das öffentliche Wegerecht als solches beziehen. Wie die neuen Vorschriften der Wege-Ordn. sich nur auf das Wegerecht als solches beziehen, so kann auch die Beseitigung der alten Vorschriften in § 42 nur die gleiche Bedeutung haben. Es fehlt an jedem Anhalte dafür, daß der Gesetzgeber alle diejenigen Vorschriften ebenfalls habe beseitigen wollen, welche bei der Regelung ganz anderer Rechtsverhältnisse nebenher auch Bestimmungen über Wegeunterhaltung getroffen haben, die sich lediglich aus jener Regelung anderer Rechtsverhältnisse ergeben und mit ihnen in untrennbarem Zusammenhange stehen.

Nr. 3. Entsch. Bd. XXXXIII S. 204 v. 28. V. 03 IV C 169/02.

§ 17 Wegeordn. v. 11. VII. 91; Patent v. 15. XI. 1816 (G.-S. S. 233) § 1.

1. Am 1. März 1817 wurde das A.-L.-R. im Kreise Querfurt eingeführt (Patent v. 15. XI. 16). Dort konnten Landgemeinden existieren, die keine normalen Landgemeinden insofern sind, als sie nicht aus Besitzern bäuerlicher Grundstücke (§ 18 Tit. 7 T. II A.-L.-R.) bestanden, sondern aus Tagelöhnern, Fronarbeitern, die nur Hausgrundstücke mit Gärten, aber mit keinem Ackerland besaßen. Dies war rechtlich möglich. Denn für das Gebiet des A.-L.-R. konnten sich Landgemeinden ausnahmsweise auf anderer Grundlage, als auf der der Genossenschaft der bäuerlichen Feldmark bilden, wobei aber der Nachweis einer gemeindlichen Organisation und Wirksamkeit geführt werden muß (Urt. v. 2. XII. 82 Entsch. Bd. IX S. 92). Hatte eine Ortschaft schon bei Einführung des A.-L.-R. eine Gemeindeverfassung, so galt sie von diesem Zeitpunkt an ohne weiteres als eine mit Korporationsrechten ausgestattete Landgemeinde (Urt. v. 8. I. 1901 Entsch. Bd. XXXIX S. 123).

2. In dem Urt. v. 20. II. 84 (Entsch. Bd. X S. 231 ff.) hat das O.-V.-G. ausgeführt, daß in der Regel die Grenzen der Feldmarken, welche zugleich die des Gemeindebezirkes bilden, auch die Grenzen der Wegebaulast sind, daß die innerhalb jener Grenzen gelegenen öffentlichen Wege, mögen sie als bäuerliches Land bezeichnet werden können oder nicht, zum Gemeindebezirke gehören. Auch wird bemerkt, daß öffentliche Wege bei In- und Exkommunalisierungen vielfach nicht besonders berücksichtigt, vielmehr häufig als Objekte angesehen werden, die selbstverständlich die kommunale Zugehörigkeit ihrer Umgebung teilen sollen, was unter Umständen für die Auslegung von Inkommunalisierungsverfügungen von Bedeutung sein könne (a. a. O. S. 233). Allein dabei wird das Vorhandensein einer bäuerlichen Feldmark neben der gutsherrlichen vorausgesetzt; die Bauern einerseits und die Gutsherrschaft anderseits haben an den Wegen ein gleichartiges Interesse und sind in der Regel durch Verf. über Gespanne und Handarbeiter zur Wegeunterhaltung in der Lage. Derartige Umstände sind in alter Zeit für die Entstehung der wegebaurechtlichen Normen von Bedeutung gewesen. Darum ist auch bei den Verhandlungen über die Grenzen der bäuerlichen und gutsherrlichen Feldfluren die Annahme gerechtfertigt, daß die Wege selbstverständlich die kommunale Zugehörigkeit ihrer Umgebung teilen sollen.

3. Anders liegt die Sache bei einer Gemeinde, die niemals eine eigentliche Feldflur gehabt hat und jetzt nicht hat, wo sich der Gutsherr darauf beschränkt hat, einzelne Parzellen zu Wohnzwecken, Gärten an seine Fronarbeiter auszugeben. In solchem Falle gehört selbst die Dorfstraße zur Feldmark des Gutsbesitzers und ist von diesem zu unterhalten.

Nr. 4. Entsch. Bd. XXXXIII S. 251 v. 8. VI. 03 IV C 191/02.

§ 11 Tit. 15 Teil II A.-L.-R.; Edikt v. 10. IX. 1735 (Schlüter, Provinzialrecht der Prov. Westfalen Bd. II S. 117); Dorfordnung v. 7. II 1755 (Schlüter a. a. O. S. 158).

1. In dem Urt. v. 4. II. 1901 in Sachen der Gemeinde G. wider den Königlichen Oberpräsidenten der Provinz Westfalen, welches insoweit wörtlich mit dem Bd. XXXIX S. 200 ff., 204 der E.-O.-V. abgedruckten Erkenntnisse von demselben Tage übereinstimmt, hat das O.-V.-G. ausgeführt, für die Beantwortung der Frage, ob infolge der Deklassierung der Landstrecken die öffentlich-rechtliche Pflicht zu ihrer Unterhaltung von dem Fiskus auf die Belegenheitsgemeinden übergegangen sei, komme es wesentlich in betracht, ob die bisherige Verpflichtung des Fiskus auf den §§ 11 ff. Tit. 15 T. II A.-L.-R. oder etwa nach dem Wegerechte des Fürstentums Minden auf einer anderen rechtlichen Grundlage beruhe. Hierbei war auf das Urt. des O.-V.-G. v. 30. XI. 99 (Entsch. Bd. XXXVI S. 276 ff., 278, 279) hingewiesen. Damals kamen die für das Fürstentum Halberstadt erlassenen besonderen Wegeordnungen zur Anwendung, die nicht zwischen Landstraßen und Kommunikationswegen unterscheiden, vielmehr die Unterhaltung bei beiden Arten von Wegen gleichmäßig ordnen. Es konnte mithin nicht davon die Rede sein, daß ein vom Staate durch Verlegung ersetzter Teil einer Landstraße in bezug auf die Unterhaltung aus der Verpflichtung des Fiskus, falls dieser bisher die Unterhaltung habe bewirken müssen, herausgenommen werde und die Unterhaltung einem anderen zufalle. Der Grund, auf dem in jenem Falle die Unterhaltungspflicht des Fiskus beruhte, sei — so wurde weiter ausgeführt — wie bei den Kommunikationswegen das Herkommen, das in den Wegeordnungen Anerkennung gefunden habe, während die landrechtliche Landstraßenbaupflicht nur der gesetzlichen Bestimmung des § 11 Tit. 15 T. II A.-L.-R. folge, durch die Errichtung der Landstraße entstanden sei und daher mit der Beseitigung der Straße als Landstraße auch wegfalle.

2. Das im Fürstentume Minden geltende Wegebaurecht entspricht im wesentlichen dem des Fürstentums Halberstadt. Auch hier wird die Unterhaltung von Landstraßen und Kommunikationswegen gleichmäßig geordnet. In der Einleitung des Edikts, die Wegebesserung in dem Fürstentum Minden und denen Grafschaften Ravensberg, Tecklenburg und Lingen betreffend, vom 10. IX. 1735 (Schlüter, Provinzialrecht der Provinz Westfalen Bd. II S. 117 ff.; von Rönne, Wegerecht S. 604; Germershausen, Wegerecht, 2. Aufl., Bd. II S. 195) ist von Landstraßen und gemeinen Wegen gleichmäßig die Rede, und ebenso bestimmt die Dorfordnung für das Fürstentum Minden, Grafschaft Ravensberg, Tecklenburg und Lingen v. 7. II. 1755 (Schlüter a. a. O. S. 158 ff.) in § 34: „die Gemeinden sollen die Wege und Landstraßen nach Maßgabe des Edicti v. 10. IX. 1735 . . . . . ausbessern“. Auch in § 6 daselbst wird der Besserung der gemeinen Brücken und Fußsteige, auch der Landstraßen, Erwähnung getan. Ferner richtet sich im Fürstentume Minden die Wegebaulast in erster Linie danach, „wer von Alters her und itzo die Wege zu unterhalten schuldig“ (§ 7 des Edikts v. 10. IX. 1735), eventuell sind die „Städte, Freiheiten, Kirchspiele, Dörfer oder Bauerschaften“ verpflichtet (§ 5); von einer Verpflichtung des Fiskus zur Unterhaltung der Landstraßen ist nicht die Rede.

3. Dieser Rechtszustand ist durch die Einführung des A.-L.-R. im Jahre 1794 nicht geändert worden, da es wegen der gewöhnlichen Kommunikationswege nichts bestimmt und bezüglich der Landstraßen in § 15 Tit. 15 T. II die besonderen Wegeordnungen aufrecht erhält. Daß hierin unter der Fremdherrschaft und durch die Wiedereinführung des A.-L.-R. gemäß § 2 des Patents v. 9. IX. 14 (G.-S. S. 89) keine Änderung eingetreten ist,

hat für das frühere Oberemsdepartement des französischen Kaiserreichs das vormalige Kgl. O.-Trib. in dem Urt. v. 21. X. 45 (Entsch. Bd. XII S. 454 ff., 461), dem Präjudiz v. 5. VI. 48 (daselbst Bd. XVI S. 76 ff., 83) und gerade für die früher zu dem gedachten Departement gehörig gewesenen Dorfschaften des Fürstentums Minden, zu denen G. zählt, in dem Urt. v. 2. II. 55 (Strietshorst, Archiv Bd. 20 S. 6 ff.) anerkannt.

4. Wenn der Fiskus durch rechtskräftiges Urteil zur Unterhaltung einer Wegestrecke gemäß Tit. 15 Teil. II A.-L.-R. über Landstraßenunterhaltung verurteilt worden ist, so verliert das Urteil seine Wirkung durch die Deklassierung der Landstraßen.

Nr. 5. Entsch. Bd. XXXXIII S. 213 v. 25. V. 03 IV C 35/03.

§ 56 Abs. 5 Zust.-Ges.; § 7 des Hannov. Wegeges. v. 28. VII. 51 in der Fassung des Ges. v. 24. V. 94.

1. Der Umstand, daß auf einem Deiche ein öffentlicher Weg läuft, bewirkt, wie in dem Urt. v. 23. II. 80 (Entsch. Bd. VI S. 299, 302, vgl. auch Bd. XVII S. 308, Urt. v. 26. IX. 88) ausgeführt ist, noch nicht, daß auch die Dossierungen ihre Eigenschaft als Deichbestandteil verlieren und fortan zu der der Wegepolizei unterstehenden Verkehrsanlage zu rechnen sind.

2. Der Charakter einer Klage aus Abs. 5 des § 56 Zust.-Ges. wird nicht dadurch verändert, daß der Beklagte die behauptete Öffentlichkeit des Weges bestreitet, der Verwaltungsrichter hat vielmehr über diese Zwischenfrage mit zu entscheiden. Dem steht auch der § 7 des Hannov. Wegegesetzes vom 28. VII. 51 in der Fassung des Ges. v. 24. V. 94 nicht entgegen; denn er enthält lediglich die Bestimmung, daß beim Streite über die Öffentlichkeit eines Weges die Inanspruchnahme des Weges für den öffentlichen Verkehr immer nur von der Wegepolizeibehörde ausgehen kann, und daß gegen eine derartige Verfügung der Wegepolizei die Rechtsmittel des § 56 des Zust.-Ges. stattfinden (Urt. v. 18. VI. 89, Entsch. Bd. XVIII S. 247 ff.); er schließt aber keineswegs aus, daß bei den sonstigen Klagen aus § 56 Abs. 1, 5, 6 des Zust.-Ges. die Frage der Öffentlichkeit des Weges als Zwischenfrage zur Entscheidung kommen kann, wobei hervorgehoben werden mag, daß eine solche Zwischenentscheidung selbstverständlich keine bindende Kraft über den Rahmen des einzelnen Streitfalls hinaus äußern kann (Urt. v. 15. V. 99, Entsch. Bd. XXXV S. 285).

3. Ergibt sich, daß ein Fußsteig ein öffentlicher Weg und damit ein öffentlicher Gemeindeweg ist, so wird seine Unterhaltung nach § 24 Abs. 1 des Wegegesetzes vom 28. VII. 51 die Gemeinde treffen. Die gesetzliche Pflicht der Gemeinde gegenüber der Wegepolizei wird auch nicht dadurch berührt, ob der Weg bisher etwa nach dem sogenannten Anschußprinzipe von den Anliegern unterhalten worden ist; denn nach § 29 des Wegegesetzes handelt es sich dabei nur um eine Verteilung der Gemeindewegelast auf die Mitglieder der Gemeinde. Die Mitglieder haften dann der Gemeinde, aber nicht der Wegepolizeibehörde; dieser gegenüber ist lediglich die Gemeinde selbst wegebaupflichtig (Entsch. Bd. XX S. 275, Bd. XXV S. 106).

Nr. 6. Entsch. v. 2. III. 03 IV 406 (Pr.-V.-Bl. Jahrg. XXV S. 80).

§ 34 des Nassauischen Gemeindeges. v. 26. VII. 54.

1. Handelt es sich um einen Vizinalweg, so liegt seine Unterhaltung nach dem im ehemaligen Herzogtum Nassau geltenden Rechte der Gemeinde ob (vgl. § 34 des Nassauischen Gemeindegesetzes v. 26. VII. 54, § 17 der Dienstinstruktion für Bürgermeister und Gemeinderat v. 31. III. 62, § 13 des Gesetzes,

die Erbauung chaussierter Verbindungsstraßen betreffend, v. 2. X. 62; Bertram, Nassauische Gemeindegesetzgebung S. 21 und 70). Sache der Wegeunterhaltungspflichtigen ist auch die Sicherung des sich auf dem Vizinalwege bewegenden Verkehrs gegen Gefahren, und diese Verpflichtung umfaßt im Bedarfsfalle auch die Ausstattung der Wege auf hohen Dämmen, an steilen Abhängen oder abschüssigen Stellen und dergleichen mit Geländern, Barrieren und sonstigen nach Lage der Verhältnisse notwendigen Sicherheitsvorkehrungen.

2. Wenn ein Vizinalweg zugleich Leinpfad ist, die Sicherung des Verkehrs aber lediglich den Zwecken des Vizinalweges dienen soll, so kann sie nur von der Gemeinde, nicht vom Fiskus als verpflichtet zur Sicherung des Leinpfades gefordert werden.

3. Die Wegepolizeibehörde kann über öffentliches Wegeterrain im Verkehrsinteresse ohne Rücksicht auf das Eigentumsrecht Dritter verfügen.

4. Der Wegebaupflichtige ist gehalten, Gefahren, die für den Weg aus der Beschaffenheit eines Nachbargrundstücks erwachsen, im Falle zwingender Notwendigkeit auch durch Vorkehrungen auf fremdem Grund und Boden zu beseitigen.

K. Gewerbepolizei.

a) Allgemeines, Gewerbefreiheit, Zulassung zum Gewerbebetriebe, Ausübung desselben.

Nr. 1. Entsch. v. 26. I. 03 III 183 (Pr.-V.-Bl. Jahrg. XXIV S. 631).
§ 15 Abs. 2 Gew.-Ordn.

1. Der Grundsatz, daß eine polizeiliche Verfügung nicht bloß nach den tatsächlichen und rechtlichen Gesichtspunkten, die sich aus ihr selbst ergeben oder in dem durch ihre Anfechtung veranlaßten Verfahren für sie von der Polizeibehörde geltend gemacht worden sind, zu prüfen und auch dann aufrecht zu erhalten ist, wenn sich sonst ihre Rechtmäßigkeit ergibt, kann nicht gelten, sobald die Polizeibehörde ausdrücklich abgelehnt hat, ihr Vorgehen auf einen gewissen Grund stützen zu wollen und auch nichts dafür erhellt, daß die für diesen Grund in betracht kommenden Verhältnisse vorhanden sind.

2. Wegen unbefugten Schankwirtschaftsbetriebes eines Vereins darf, abgesehen von der Herbeiführung einer Bestrafung, polizeilich nur dadurch eingeschritten werden, daß nach § 15 Abs. 2 der R.-Gew.-Ordn. der Betrieb gehindert wird. Dazu gehört die Einforderung eines Mitgliederverzeichnisses nicht. Diese ist für die Verhinderung des Betriebs nicht bloß ein mehr oder weniger nicht zweckmäßiges, sondern ein ganz ungeeignetes Mittel, dessen Anwendung deshalb durch die Pflicht zum Schutze der gewerbepolizeilichen Interessen noch nicht gerechtfertigt wird.

3. Anlangend das Recht der Polizei auf Erteilung von Auskunft, so steht fest, daß es kein allgemeines und unbedingtes ist und nur soweit besteht, als die Polizei der Auskunft zur Erfüllung ihrer Aufgaben bedarf (von Brauchitsch, Verwaltungsges., Bd. I, 17. Aufl., 6. Bearb., S. 161).

b) Gast- und Schankwirtschaft, Kleinhandel mit Branntwein, Spiritus und Bier, Stellvertretung in diesen Gewerben, Verlust und Entziehung der Konzession, Polizeiliches Einschreiten, Polizeistunde, die in den §§ 33a, 33b und 33c aufgeführten Gewerbe, Lustbarkeiten u. s. w.

Nr. 1. Entsch. Bd. XXXXII S. 295 v. 16. X. 02 III C 38/02.

§§ 33, 53 R.-Gew.-Ordn.

Der Magistrat zu Wilhelmshaven ist zur Erhebung der Klage auf Zurücknahme der Schankerlaubnis zuständig.

Nr. 2. Entsch. Bd. XXXXII S. 279 v. 20. X. 02 III A 15/02.

§ 33 Abs. 5 u. 6 R.-Gew.-Ordn.

1. Geschlossene Gesellschaften und Vereine, die in einer gewöhnlichen Schankwirtschaft einen Raum für sich benutzen, indem sie ihn dem öffentlichen Verkehre entziehen, sind der Polizeistunde nicht unterworfen (Erl. v. 13. V. 92 M.-Bl. S. 228).

2. Daran wird nichts geändert, daß die geschlossenen Gesellschaften und Vereine jetzt der Schankkonzessionspflicht unterliegen.

3. Die Festsetzung einer Polizeistunde kann immer nur für einen gesetzmäßigen Wirtschaftsbetrieb eingeführt werden.

Nr. 3. Entsch. v. 5. II. 03 III 253 (Pr.-V.-Bl. Jahrg. XXIV S. 553).

§§ 33, 53 R.-Gew.-Ordn.

1. Es geht fehl, wenn behauptet wird, daß der Begriff der Völlerei im Restaurationsgewerbe sich auf das Verhalten der Gäste beschränke und sich nicht auf das zur Bedienung der Gäste vorhandene Personal erstrecken könne. Ein Mißbrauch des Gewerbes zur Förderung der Völlerei im Sinne der §§ 33, 53 der R.-Gew.-Ordn. liegt vielmehr auch dann vor, wenn der Konzessionsinhaber den übermäßigen Genuß von Speisen oder Getränken seitens seines Personals in seinem Gewerbebetriebe veranlaßt oder auch nur duldet. Denn gerade sein Verhalten in dieser Beziehung seinem Personal gegenüber steht in engster Beziehung zu seinem Gewerbebetriebe, da seine Angestellten ihm als dem Herrn dieses Betriebes untergeben sind und von den Einrichtungen und Anordnungen, die er trifft, zumeist unmittelbar berührt werden. Gestaltet daher der Konzessionsinhaber seinen Betrieb in der Weise, daß die Engagementsbedingungen des Personals einen Anreiz für dasselbe zur Völlerei bilden, so ist er für die sich daraus ergebenden Folgen verantwortlich.

2. Es liegt auf der Hand, daß Kellnerinnen, die sich für ihren Verdienst ausschließlich auf die Freigebigkeit der Gäste angewiesen sehen, vertraulichen Annäherungen und unsittlichen Zumutungen eine ausreichende Widerstandskraft entgegenzusetzen nur schwer in der Lage sein werden. Der Konzessionsinhaber muß sich daher bewußt sein, daß er ein Gegengewicht gegen die von ihm selbst geschaffene Gefahr unsittlichen Verhaltens zwischen Gästen und Kellnerinnen nur dadurch schaffen kann, daß er den Verkehr zwischen ihnen entweder selbst oder durch einen zuverlässigen Vertreter fortgesetzt überwacht.

Nr. 4. Entsch. v. 16. X. 02 III 1708 (Pr.-V.-Bl. Jahrg. XXIV S. 537).

§§ 53, 46 R.-Gew.-Ordn.

Wird einer Witwe eines Konzessionärs die Konzession entzogen, so werden dadurch die Rechte der minderjährigen Erben des Konzessionärs nicht berührt (Entsch. Bd. XIV S. 319, Bd. XXXIV S. 311).

Nr. 5. Entsch. v. 6. IV. 03 III 704.

§ 49 Abs. 3 R.-Gew.-Ordn.

1. Der § 49 Abs. 3 der R.-Gew.-Ordn. knüpft das Erlöschen der daselbst bezeichneten Genehmigung ohne jede Einschränkung an die bloße Tatsache, daß der Inhaber der Genehmigung seinen Gewerbebetrieb während eines Zeitraums von drei Jahren eingestellt hat, ohne eine Fristung nachgesucht und erhalten zu haben, also daran, daß er den Gewerbebetrieb tatsächlich weder selbst noch für sich durch einen Stellvertreter ausgeübt hat. Liegt dies vor, so kommt es auf den Grund für die Nichtausübung und auf die Ansichten und Absichten der Beteiligten dabei nicht weiter an; namentlich wird der Verlust der Konzession dadurch nicht ausgeschlossen, daß ihr Inhaber durch dasjenige, was er seinerseits getan hat, sich die Konzession noch erhalten zu können glaubte und sie sich gerade erhalten wollte. Es trifft nicht zu, daß die Einstellung eine gewollte oder doch mindestens dem Konzessionär bewußte Handlung oder ein dementsprechender Zustand sein müsse. Selbst wenn der Inhaber der Genehmigung durch einen von seinem Willen ganz unabhängigen Umstand verhindert war, das Gewerbe zu betreiben, z. B. infolge von Krankheit oder weil die dem Betriebe dienenden Räume durch Brand zerstört worden sind und noch nicht wiederhergestellt werden konnten, tritt der Verlust ein (Urt. des O.-V.-G. v. 17. I. 1900 im Pr.-V.-Bl. Jahrg. XXI S. 341). Während bei den in den §§ 16ff. der R.-Gew.-Ordn. genannten gewerblichen Anlagen jeder, der sie erwirbt und ohne Veränderung weiterbetreibt, damit zugleich Inhaber der erteilten Genehmigung wird (§ 25 daselbst), bedarf bei den persönlichen Konzessionen insbesondere der zum Betriebe der Gastwirtschaft u. s. w. (§ 33 ebenda), wenn das Unternehmen veräußert oder verpachtet wird, der Erwerber einer neuen Erlaubnis, und sein Betrieb ist nicht hinreichend, um für den Veräußerer oder Verpächter, der allein der Konzessionär geblieben ist, die Frist des § 49 Abs. 3 zu wahren (Komm. zur Gew.-Ordn. von Kayser-Steiniger, 3. Aufl. S. 151 Anm. 8 und von v. Landmann-Rohmer, 4. Aufl. Bd. I S. 409 Anm. 2 und S. 411 Anm. 5, je zum § 49 sowie die Zitate daselbst.

2. Ein Schankwirt übt das Schankgewerbe nicht aus, wenn er unter dem Scheine einer Stellvertretung die Wirtschaft an einen andern verpachtet hat.

Nr. 6. Entsch. Bd. XXXXIII S. 304 v. 11. V. 03 III A 68/02.

§§ 33a, 33b R.-Gew.-Ordn.

1. Die Vorführung eines Kinematographen ist keine „Schaustellung von Personen“ (§ 33a R.-Gew.-Ordn.), sondern fällt unter den Begriff der Darbietung von „Schaustellungen und sonstigen Lustbarkeiten“ im § 33b a. a. O.

2. Ein von Gebäuden umschlossenes, dem öffentlichen Gebrauche nicht freistehendes Grundstück ist nicht als öffentlicher Platz im Sinne des § 33b a. a. O. anzusehen (Entsch. Bd. XXIX S. 314, 315).

c) Gewerbliche Einrichtungen, gewerbliche Anlagen, geräuschvolle Anlagen, gefährliche Gewerbebetriebe, Abdeckereien, Enteignung von gewerblichen Anlagen, Lehrlinge.

Nr. 1. Entsch. v. 20. X. 02 III 1737 (Pr.-V.-Bl. Jahrg. XXIV S. 696).

§ 25 R.-Gew.-Ordn.

1. Die gesetzliche Vorschrift des § 25 der R.-Gew.-Ordn., wonach Veränderungen der Betriebsstätte der gewerbepolizeilichen Genehmigung bedürfen, kann offenbar durch die auf rechtsirrtümlicher Annahme beruhende Erteilung einer Bauerlaubnis nicht außer Geltung gesetzt werden. Daraus folgt aber zugleich, daß der Amtsvorsteher, sofern es sich um einen unter § 25 fallenden Bau handelt, die seinerseits erteilte Bauerlaubnis, da sie dem geltenden Recht widerspricht und deshalb unwirksam ist, widerrufen kann.

2. Es kommt bei Anwendung des § 25 nur darauf an, daß eine wesentliche Änderung der Betriebsstätte stattfindet.

3. Unter Betriebsstätte ist nicht bloß der Raum, in dem sich die Maschinen u. s. w. befinden und die Herstellung von Fabrikaten stattfindet, sondren der gesamte, zur Ausübung des Gewerbes benutzte Raum mit allem Zubehör zu verstehen (Erk. v. 23. IX. 99 III A. 13).

Nr. 2. Entsch. Bd. XXXXII S. 276 v. 20. XI. 02 III A 29/02.

§ 16 R.-Gew.-Ordn.

1. Daß Lagerräume für Stoffe, die in Anlagen der in § 16 der R.-Gew.-Ordn. aufgeführten Betriebe verarbeitet oder hergestellt werden, selbst dann der Genehmigung nicht bedürfen, wenn sie ihrer Lage und Beschaffenheit nach als ein Bestandteil der Anlagen zu beurteilen sind, läßt sich weder allgemein noch insbesondere für Anlagen zum Einsalzen ungegerbter Tierfelle anerkennen. Von dem Gegenteil ist das O.-V.-G. für Anlagen zum Einsalzen von Tierfellen bereits in dem Urt. v. 5. XI. 94 (Pr.-V.-Bl. Jahrg. XVI S. 209) ausgegangen.

2. Für die Einführung der Pflicht zur Einholung der Genehmigung ist, wie die dem Reichstage vorgelegte Begründung (Verhandlungen des R.-T. 1888/89 Anlagebd. I S. 167) ergibt, die Erfahrung maßgebend gewesen, daß üble Ausdünstungen nicht bloß während des Einsalzens, sondern auch während der notwendigen mehrtägigen Pökelung und der dann noch andauernden Lagerung entstehen, und daß während dieser Zeit in den Abgängen an austretendem Blutwasser, Salzlauge und sonstigen flüssigen Zersetzungsprodukten ein günstiger Nährboden für Infektionskeime gegeben ist.

Nr. 3. Entsch. v. 28. V. 03 III 1074 (Pr.-V.-Bl. Jahrg. XXIV S. 130).

§ 10 II 17 A.-L.-R.

1. Es unterliegt keinem Zweifel, daß Anlagen, welche durch Verbreitung schädlicher Dünste, durch Erregung störenden Geräusches u. s. w. Gefahren für das Leben oder die Gesundheit des Publikums zur Folge haben oder die Sicherheit und Leichtigkeit des Verkehrs auf öffentlichen Wegen beeinträchtigen, von bestimmten Teilen eines Kommunalbezirks durch Polizeiverordnungen ausgeschlossen werden können. Unzulässig ist dagegen, den Ausschluß auch auf solche Anlagen auszudehnen, welche nicht sowohl Gefahren, als vielmehr nur Nachteile oder Belästigungen für das Publikum herbeizuführen geeignet sind.

2. Wie das O.-V.-G. wiederholt ausgesprochen hat (zu vgl. Bd. XXI S. 324 der veröffentlichten Entsch. und von Brauchitsch, Verw.-Ges. Bd. I 18 Aufl. S. 184 Anm. 261 zu § 132 des L.-V.-G.) ist es unzulässig, für jeden Tag oder jeden sonstigen Zeitabschnitt der fortgesetzten Nichtausführung einer gebotenen Handlung oder Ausführung einer verbotenen Handlung eine besondere Strafe anzudrohen.

d) Straßengewerbe, Auktionatoren und Fleischbeschauer, Geschäftsvermittler, Schwimm- und Tanzlehrer, Winkelkonsulenten, Trödler, Pfandleiher, Auswandererunternehmer, Hufschmiede, Feldmesser, Losehändler, Hofprädikate.

Nr. 1. Entsch. Bd. XXXXII S. 287 v. 15. V. 02 III B 106/01.

§ 37 R.-Gew.-Ordn.

1. In der Stadt Hannover hat der Magistrat, nicht die Polizeidirektion, einem Droschkenbesitzer den Fahrschein zu entziehen.

2. Wenn auch diejenigen Personen, die auf öffentlichen Straßen und Plätzen Wagen zu jedermanns Gebrauche bereit halten, ein Gewerbe betreiben, wie sich aus dem § 37 der R.-Gew.-Ordn. ergibt, und wenn auch insofern die den Polizeibehörden diesen Gewerbetreibenden gegenüber zustehenden Befugnisse als ein Teil der Gewerbepolizei bezeichnet werden können und bezeichnet worden sind (vgl. z. B. die Begründung des § 6 des Entwurfes eines Gesetzes, betreffend die Kosten Königlicher Polizeiverwaltungen in Stadtgemeinden, S. 23 — Drucksachen des Hauses der Abgeordneten, 17. Legislaturperiode, IV. Session, 1892 —), so hat doch der § 37 R.-Gew.-Ordn. die sogenannten Straßengewerbe gerade im Interesse der Ordnung und Sicherheit des öffentlichen Verkehrs der Regelung durch die Ortspolizeibehörde unterworfen (siehe die in dem Urt. des O.-V.-G. v. 21. II. 1900 Bd. XXXVII S. 338 der Entsch. erörterte Entstehungsgeschichte des § 37, die Anweisung zur Ausführung der Gew.-Ordn. für den Norddeutschen Bund vom 21. VI. 69 (M.-Bl. S. 202 Nr. 14 und den Erlaß des Ministers des Innern v. 19. III. 73, M.-Bl. S. 123). Aus diesem Grunde ist eine Verfügung der Polizei, die einen Fahrschein entzieht, als verkehrpolizeiliche Verfügung anzusehen.

Nr. 2. Entsch. Bd. XXXXII S. 293 v. 2. X. 02 III 59/02.

§§ 73, 78, 79 R.-Gew.-Ordn.

1. § 79 der Gew.-Ordn. lautet:

„Die in den §§ 73 bis 78 genannten Gewerbetreibenden sind berechtigt, die festgestellten Preise und Taxen zu ermäßigen."

Dieser Paragraph beruht auf einem bei der Beratung der Gew.-Ordn. in der Sitzung des Reichstags des Norddeutschen Bundes v. 20. IV. 69 gestellten Antrage der Abgeordneten Miquel und Runge, zu dessen Begründung der Abgeordnete Miquel folgendes ausgeführt hat: „Wir wollen damit nur ausdrücken, daß die Taxen nur Minimalsätze enthalten sollen. Das ist ja offenbar der Zweck bei den Bäckern und Gastwirten, — dann wollen wir es ihnen überlassen, unter die Taxe herabzugehen." Der Paragraph wurde, nachdem der Präsident des Bundeskanzleramts erklärt hatte, er habe gegen das Amendement nichts einzuwenden, ohne weitere Debatte vom Reichstag in der Fassung der Antragsteller angenommen und hat auch durch die späteren zur Gew.-Ordn. erlassenen Novellen keine Abänderung erfahren (vgl. Reichstagsverhandlungen von 1869, Sten.-Ber. S. 481). Danach kann nicht zweifelhaft sein, daß nach der Absicht des Gesetzgebers die in den §§ 73—78 erwähnten Taxen nur Maximalsätze sind, unter welche herabzugehen den Gewerbetreibenden unbenommen bleibt. Das ist auch in Theorie und Praxis allseitig anerkannt (vgl. z. B. von Rohrscheidt, Polizeitaxen S. 113, Kayser-Steiniger, Gew.-Ordn., 3. Aufl., S. 225, Entsch. des O.-V.-G. v. 16. IV. 94, Bd. XXVI S. 292).

2. Ist ein Fleischbeschauer unter die öffentlichen Taxen heruntergegangen, so kann ihm dies nicht als eine Verfehlung nachgetragen und er als unzuverlässig erachtet werden.

Nr. 3. Entsch. Bd. XXXXIII S. 305 v. 29. I. 03 III A 6/02.

§ 15a R.-Gew.-Ordn.

1. Der gesetzliche Zwang, an einem offenen Laden die Firma anzubringen, kann nicht dahin aufgefaßt werden, daß durch ihn dem Ladenbesitzer das Recht gegeben würde, seine Firma auch dann anzubringen, wenn sie gesetzlichen Bestimmungen zuwiderläuft und deshalb der Polizeibehörde die Befugnis zusteht, den Gebrauch der Firma zu verbieten. In einem solchen Falle ist vielmehr eine Pflichtenkollision vorhanden, und es muß das Firmenrecht gegenüber dem Rechte der Polizei zur Wahrung der öffentlichen Ordnung zurückstehen, wie dies das O.-V.-G. in einem anderen Falle bezüglich der gewerblichen Ordnung bereits in seinem Urt. v. 12. III. 98 (Entsch. Bd. XXXIII S. 350ff.) ausgesprochen hat. Was den § 15a der R.-Gew.-Ordn. angeht, so ergibt sich ein Gleiches aus dem Urt. v. 18. VI. 1901 (Entsch. Bd. XXXIX S. 403ff.) in Verbindung mit dem Beschlusse des Kammergerichts v. 5. V. 1902 (Jahrbuch für Entsch. desselben in Sachen der freiwilligen Gerichtsbarkeit Bd. XXIV Neue Folge V. Bd. S. A 163ff.).

2. Wenn das Hofprädikat „Hofbuchdrucker" jemandem verliehen ist und zwar für seine Person, so erlischt mit dem Ausscheiden des Beliehenen aus dem Geschäfte das Hofprädikat und es ist unzulässig, das Geschäft mit „Hofbuchdruckerei" weiter zu bezeichnen.

e) Wandergewerbescheine, Legitimationsscheine, Legitimationskarten, Genehmigung zum Feilbieten von Druckschriften.

f) Privat-, Kranken-, Entbindungs- und Irrenanstalten.

g) Apotheker, Ärzte, Drogenhändler, Handel mit Gift, Zahnärzte, Genfer Kreuz, Kaiserlicher Adler, Wappen, Impfzwang.

h) Hebammen.

i) Innungen.

k) Marktverkehr.

l) Maße und Gewichte, Taxen.

m) Zwangs- und Bannrechte.

n) Schauspielunternehmer.

Nr. 1. Entsch. v. 24. X. 02 I 1638 (Pr.-V.-Bl. Jahrg. XXIV S. 829).

§ 21 B.-G.-B.

1. Ein Verein, der keine Rechtsfähigkeit besitzt (§ 21 B.-G.-B.), kann als solcher nicht klagen.

2. Ein besonderes Gesetz, das die Polizei zur Übung der Theaterpolizei (Theaterzensur) ermächtigte, gibt es nicht. In § 10 II 17 A.-L.-R.

liegt aber die rechtliche Grundlage dafür. Der darin enthaltene Rechtssatz gilt auch im Gebiete des Gemeinen Rechts (Hannover), weil er sich aus dem Wesen der Polizei ergibt.

Nr. 2. Entsch. v. 29. V. 03 I 901 (Pr.-V.-Bl. Jahrg. XXV S. 267).
§ 10 II 17 A.-L.-R.

Die Entscheidung betrifft das Verbot der Polizeibehörde, das „verlorene Paradies" von Ludwig Fulda durch einen Rezitator zur Verlesung zu bringen. Das O.-V.-G. hob das Verbot auf und führte aus: „Für die Beantwortung der Frage, ob die Vorlesung eines Schauspiels für die öffentliche Ruhe, Sicherheit und Ordnung gefährlich ist, kommt nicht die Absicht des Verfassers, die Wirkung, die er mit seinem Werk hat erzielen wollen, sondern vielmehr die Wirkung in betracht, die das Werk unter bestimmten Verhältnissen tatsächlich auf die Hörer oder Zuschauer auszuüben geeignet ist. Würde der Inhalt eines Schauspiels von diesen voraussichtlich dahin verstanden worden sein, daß die bestehende staatliche oder gesellschaftliche Ordnung und die herrschenden sittlichen Anschauungen verwerflich seien und daher beseitigt werden müßten, und würde nach Lage der Umstände angenommen werden können, daß die Zuschauer oder Zuhörer durch die Aufführung oder Vorlesung des Schauspiels in ihren sittlichen Anschauungen irre gemacht und zu Handlungen oder Unterlassungen verleitet werden würden, die eine Gefahr für die öffentliche Ruhe, Sicherheit oder Ordnung darstellen, so würde ein polizeiliches Verbot der Aufführung oder Vorlesung des Schauspiels auf Grund des § 10 Tit. 17 T. II des A.-L.-R. zulässig und geboten gewesen sein, sofern sich ein Hindernis gegen ein solches Verbot aus den Vorschriften des Vereinsgesetzes nicht ergab. Eine solche Wirkung des erwähnten Fuldaschen Schauspiels ist aber von seinem Inhalt auch nicht bei Zuhörern zu erwarten, deren Fassungsvermögen für die Bedeutung der im Schauspiel dargestellten Vorgänge ein beschränktes ist."

Nr. 3. Entsch. Bd. XXXXIII S. 300 v. 19. I. 03 III B 136/02.
§ 10 II 17 A.-L.-R.

1. Richtig ist, daß Bestimmungen bestehen, durch welche verboten wird, Begebenheiten der biblischen Geschichte auf die Bühne zu bringen (Opet, Deutsches Theaterrecht S. 144). Für Preußen sind es folgende: Die Zirkulare des Königlichen Ministeriums des Innern wegen Darstellung biblischer Geschichten durch Marionettenspieler und des Königlichen Polizei-Ministeriums, die Darstellung biblischer Geschichten durch Schau- und Marionettenspieler betreffend, v. 29. VII. und 8. IX. 17 (von Kamptz, Annalen der Preußischen inneren Staatsverwaltung Bd. I Heft 3 S. 175, 176), der Erlaß der Ministerien der Finanzen und des Innern v. 31. XII. 66, die Nichterteilung von Gewerbescheinen zu Passionsspielen betreffend (M.-Bl. d. i. V. 1867 S. 22), die Verfügung des Finanzministers und des Ministers des Innern v. 8. X. 75, die Untersagung von öffentlichen Darstellungen aus der biblischen Geschichte des Alten und Neuen Testaments betreffend (daselbst 1875 S. 271), der Runderlaß der Minister der geistlichen, Unterrichts- und Medizinal-Angelegenheiten und des Innern v. 30. XI. 97, betreffend die öffentliche Aufführung von Theaterstücken, welche Gegenstände aus der biblischen Geschichte behandeln (ebenda 1897 S. 265) und die Verfügung derselben Minister v. 19. IV. 1901, betreffend öffentliche Darstellungen aus der biblischen Geschichte des Alten und Neuen Testaments (a. a. O. 1901 S. 132). Eine Kabinettsordre, wie sie bei dem Verbote theatralischer Vorstellungen von Stücken, in denen verstorbene Mitglieder

des Königlichen Hauses die Szene betreten, vorhanden (vgl. Min.-Erl. vom 28. VII. 84, M.-Bl. d. i. V. 1884 S. 210, Opet a. a. O. S. 143, 144, von Rohrscheidt, Gew.-Ordn. für das Deutsche Reich S. 125, 126), ist sonach nicht erlassen worden. Es handelt sich deshalb zweifellos überall nur um Verwaltungsanweisungen. Hiermit erledigt sich bereits ohne Rücksicht darauf, daß das in diesen Anweisungen ausgesprochene Verbot kein unbedingtes ist, die Frage, ob bei Darstellungen aus der biblischen Geschichte ein Verbot in weiterem Umfange zulässig ist, als der § 10 Tit. 17 T. II A.-L.-R. gestattet. Es muß vielmehr auch hierbei die Grenze des § 10 innegehalten und, wenn dies nicht geschehen ist, das erlassene polizeiliche Verbot auf die dagegen gerichtete Verwaltungsklage außer Kraft gesetzt, im anderen Falle aber der Klage der Erfolg versagt werden. Die Ansicht, daß es grundsätzlich zulässig sei, die Darstellung von Stoffen, die den Inhalt der Bibel bilden, auf der Bühne zu untersagen, und daß der Verwaltungsrichter ein solches Verbot als berechtigt anzuerkennen habe, ohne prüfen zu dürfen, ob eine Ausnahme hätte gemacht werden sollen und ob die Voraussetzungen des § 10 a. a. O. vorhanden sind, ist demgemäß abzulehnen.

2. In dem Erkenntnisse handelte es sich um das Verbot der Aufführung des Dramas von Paul Heyse „Maria von Magdala". Das O.-V.-G. hielt das Verbot aufrecht und führte aus: „In dem verbotenen Drama ist nun das, was den christlich-religiösen Sinn am tiefsten ergreift und auch nach christlicher Lehre die Grundlage der gesamten christlichen Religion bildet, nämlich die Leidensgeschichte Christi und die Erlösung der Menschheit durch ihn, nicht bloß mit vielem dichterischen, frei erfundenen Beiwerk überwuchernd umgeben, sondern sogar mit den niedrigsten und verwerflichsten menschlichen Trieben in enge Verbindung gebracht. Die sündige Maria glaubt durch ihre Schönheit Eindruck auf Christus machen, der Hohepriester ihn durch Marias Reize verführen zu können. Das Liebesverhältnis zwischen Judas Ischarioth und Maria und des ersteren Eifersucht tragen dazu bei, daß der Heiland verraten und gekreuzigt wird. Der sinnliche Flavius und die schon bekehrte Maria halten es für möglich, daß Christus auf den Plan zu seiner Befreiung eingehen und durch das unrechte Handeln des einen und eine neue Sünde der andern vor dem Tode bewahrt werden könne, und dem Zuschauer wird so der Gedanke an eine Abhängigkeit des Erlösungswerkes von den Entschließungen anderer, namentlich denen der früheren großen Sünderin Maria, nahe gelegt. Ein Stück, dessen Aufführung einen derartigen Eindruck auf den Zuschauer machen muß, stellt sich als ein Angriff auf die christliche Religion dar. Diese aber bildet im Preußischen Staate nach seiner geschichtlichen und verfassungsmäßigen Gestaltung einen Teil der öffentlichen Ordnung im Sinne des § 10 Tit. 17 T. II A.-L.-R. Ihr Schutz fällt daher unter den § 10."

o) Gewerbegerichte.

p) Feuer-Versicherungen, Versicherungsanstalten im allgemeinen, staatliche Aufsicht über Privatgesellschaften.

L. Vereine, geschlossene Gesellschaften, Gebrauch der deutschen Sprache, Prozessionen, Religionsunterricht, Freimaurerorden, Erwerbs- und Wirtschaftsgenossenschaften, sozialdemokratische Vereine.

Nr. 1. Entsch. Bd. XXXXIII S. 432 v. 20. III. 03 I A 103/02.

§ 10 II 17 A.-L.-R.; §§ 1, 4, 5 des Vereinsges. v. 11. III. 50.

1. Es ist anerkannten Rechtens (vgl. Urt. v. 21. V. 97 Entsch. Bd. XXXII S. 393), daß die allgemeine Befugnis der Polizei, gegen Gefährdung der öffentlichen Ruhe, Sicherheit und Ordnung Anordnungen zu treffen, für das Vereins- und Versammlungswesen durch das Vereinsgesetz v. 11. III. 50 näher geregelt worden ist. Nur nach Maßgabe und in den Grenzen dieses Gesetzes hat die Überwachung der Versammlungen, soweit sie sich auf Abwendung der aus der Übung des Versammlungsrechts zu befürchtenden Gefahren richtet, zu erfolgen. Die Polizeibehörde ist nicht berechtigt, die ihr in dem Gesetz eröffneten Zuständigkeiten durch Berufung auf allgemeine polizeiliche Aufgaben zu ergänzen und zu erweitern. Freilich kann durch polizeiliche Anordnungen, die in Wahrnehmung anderweitiger, von dem Vereinsgesetze nicht berührter öffentlicher Interessen gemäß § 10 Tit. 17 T. II A.-L.-R. ergehen, tatsächlich auch in das Vereins- und Versammlungsleben eingegriffen werden, denn das öffentliche Vereinsrecht gewährt den Teilnehmern an einer Versammlung keine Ausnahmestellung gegenüber den allgemeinen und für alle geltenden Gesetzen. Aber die in sicherheitspolizeilichem Interesse der Polizei obliegende Überwachung der Vereine und Versammlungen hat ihre Regelung durch das Vereinsgesetz erhalten. Demnach ist die Frage, ob der überwachende Polizeibeamte zum Zwecke der Kenntnisnahme von den Verhandlungen zu dem Verlangen berechtigt ist, daß sie in einer ihm verständlichen Sprache geführt werde, und ob er, weil diesem Verlangen nicht entsprochen wird, die Versammlung auflösen darf, als eine vereinspolizeiliche lediglich nach Maßgabe des Vereinsgesetzes zu entscheiden.

2. Das O.-V.-G. hat zu dieser Angelegenheit in den übereinstimmenden Urteilen v. 26. IX. 76 (Entsch. Bd. I S. 347), v. 5. X. 97 (Bd. XXXII S. 395) und v. 21. XI. 99 (Pr.-V.-Bl. Jahrg. XXI S. 264) Stellung genommen. Die Beurteilung, die diesen Entscheidungen in der Öffentlichkeit zu teil geworden ist, hat das O.-V.-G. nicht veranlaßt, den in ständiger Rechtsprechung festgehaltenen Standpunkt aufzugeben.

Nr. 2. Entsch. Bd. XXXXIII S. 444 v. 12. VI. 03 I A 106/02.

§ 8 Abs. 3 Vereinsges. v. 11. III. 50.

Das Oberverwaltungsgericht hat in ständiger Rechtsprechung angenommen, daß nach § 8 Abs. 3 des Vereinsgesetzes v. 11. III. 50 Frauen auch solchen Versammlungen eines politischen Vereins, in denen weder politische Gegenstände noch überhaupt öffentliche Angelegenheiten erörtert oder beraten werden sollen, z. B. Tanzfestlichkeiten oder sonstigen Lustbarkeiten des Vereins, nicht beiwohnen dürfen. An dieser in dem Urt. v. 1. X. 90 (Bd. XX S. 432 ff. der Sammlung) näher begründeten Ansicht muß festgehalten werden, obgleich ihr das Kammergericht in einem Erk. v. 22. V. 1902 (Jahrbuch für Entsch. des Kammergerichts, Bd. XXIV Abt. C. S. 64 ff.) entgegengetreten ist. Das Kammergericht führt namentlich aus, daß sich das der Ortspolizeibehörde eingeräumte Recht, Abgeordnete in die Versammlungen zu entsenden, nach § 4 des Vereinsgesetzes nur auf Versammlungen beziehe, in denen öffentliche Angelegenheiten erörtert oder beraten werden sollen, also nicht auch für andere Versammlungen politischer Vereine gelte. Das ist zuzugeben, auch schon vom O.-V.-G. ausgesprochen worden (Urt. v. 9. VII. 92, Bd. XXIII S. 405 ff. der Sammlung), beweist aber nicht, daß das Verbot der Anwesenheit von Frauen nur für derartige Versammlungen politischer Vereine gegeben wäre. Die Anwesenheit von Frauen kann vielmehr verboten sein, ohne daß die Polizei das Recht hätte, Abgeordnete in die Versammlung zu senden (Entsch. vom 21. I. 1902 im Pr.-V.-Bl. Jahrg. XXIV S. 231). Aus der Erwähnung „des anwesenden Abgeordneten der Obrigkeit" im § 8 Abs. 3 des Vereinsgesetzes ist somit nicht zu schließen, daß nur Versammlungen gemeint seien, in welche die Obrigkeit Abgeordnete entsenden darf.

Nr. 3. Entsch. Bd. XXXXII S. 419 v. 30. I. 03 I A 148/02.

§§ 1, 9, Vereinsges. v. 11. III. 50; Art. 29, 30 Verf.-Urk. v. 31. I. 50; § 10 Tit. 17 Teil II A.-L.-R.

1. Wenn ein polizeiliches Verbot einer angemeldeten Versammlung **lediglich** auf die Befürchtung gestützt ist, daß die Erörterungen, die in der Versammlung voraussichtlich stattfinden würden, mit Rücksicht auf den **Gegenstand der Erörterung**, auf die von den bezeichneten Rednern zu erwartende Art seiner Behandlung und auf die bereits in der Bevölkerung verbreitete Erregung zu Störungen der öffentlichen Ruhe und Sicherheit führen würden, denen zu begegnen nach § 10 Tit. 17 T. II A.-L.-R. Aufgabe der Polizei sei, so ist das Verbot rechtswidrig. Denn die Befugnis der Polizei, auf Grund jener gesetzlichen Vorschrift die zur Erhaltung der öffentlichen Ruhe, Sicherheit und Ordnung und zur Abwendung von Gefahren nötigen Anstalten zu treffen, ist (vgl. das Urt. v. 3. IV. 94 Entsch. Bd. XXVI S. 403) durch Art. 29, 30 der Pr. Verf.-Urk. und das Vereinsges. v. 11. III. 50 gegenüber den **Versammlungen**, in welchen **öffentliche Angelegenheiten** erörtert oder beraten werden sollen, **enger begrenzt** worden. Nach den dort getroffenen Bestimmungen kann die Polizei ihr Einschreiten gegen eine Versammlung, mag es in einem Verbot oder in einer Auflösung der Versammlung bestehen, falls es lediglich aus dem Grunde stattfindet, weil durch die beabsichtigte oder erfolgte Ausübung des Versammlungsrechts, also durch das Zusammentreten mehrerer Personen zu einer Versammlung zum Zwecke der Erörterung öffentlicher Angelegenheiten in ihr, Gefahren für die öffentliche Ordnung oder Sicherheit herbeigeführt werden, nur auf das **Vereinsges.** v. 11. III. 50 stützen, so daß es nur in den **hier vorgesehenen** Fällen zulässig ist. Handelt es sich dagegen um die **Abwendung von Gefahren**, die von den zur Versammlung zusammentretenden Personen nicht durch die Ausübung ihres Versammlungsrechts, nicht durch die Erörterung öffentlicher Angelegenheiten, und die Umstände, unter denen, sowie die Art, in der sie geschieht, sondern durch andere Ursachen herbeigeführt werden, so ist die Polizei auf Grund des § 10 Tit. 17 T. II A.-L.-R. zum Einschreiten auch den Personen gegenüber befugt, die zu einer **Versammlung zusammengetreten** sind oder zusammentreten wollen. Soweit nach dieser Vorschrift polizeiliche Maßnahmen zulässig oder geboten sind gegen eine **Mehrheit von Personen** oder gegen einzelne Personen zum Schutze anderer der Polizei anvertrauter Interessen, als der Abwendung von Gefahren der öffentlichen Ruhe und Sicherheit, die durch Erörterungen in der Versammlung herbeigeführt werden, insbesondere solcher Gefahren, die für die **Versammelten selbst** durch die Beschaffenheit des Versammlungsraums, durch Ansteckungsgefahr bei herrschenden Epidemien oder ähnliche Umstände verursacht werden, wird das Einschreiten der Polizei dadurch nicht rechtswidrig, daß jene Personen mittels ihres Zusammentretens ihr verfassungsmäßiges

Versammlungsrecht ausüben wollen. Auch die zu diesem Zwecke zusammentretenden Personen bleiben allen polizeilichen Beschränkungen unterworfen, die allgemein für das Zusammentreten von Menschen mit Rücksicht auf Ort oder Zeit der Zusammenkunft bestehen oder angeordnet werden können, wie z. B. denen, die sich auf das Bestehen einer Polizeistunde für das zu einer öffentlichen Versammlung benutzte Schanklokal oder auf den Schutz der Sonntags- und Feiertagsruhe beziehen.

2. Gefahren, die aus der Abhaltung einer Versammlung für die öffentliche Sicherheit oder Ordnung zu befürchten sind, rechtfertigen nach dem Vereinsges. die Versagung der Genehmigung für eine Versammlung nur dann, wenn sie unter freiem Himmel stattfinden soll (§ 9 daselbst).

Nr. 4. Entsch. Bd. XXXXII S. 386 v. 30. I. 03 I C 95/02.

§§ 127 ff. L.-V.-G.

1. Eine Polizeibehörde hatte einem Vereine, der öffentlich Theaterstücke aufführen wollte u. s. w., eröffnet, daß die Abhaltung der Lustbarkeit in der Weise, wie beantragt, nicht genehmigt würde, doch daß, wenn verschiedene Änderungen des Programms vorgenommen würden, die Genehmigung erfolgen könne. Der Verein erklärte sich dazu bereit und beantragte, mit der Modifikation die Genehmigung zu erteilen. Dies geschah. Darauf klagten einzelne Mitglieder des Vereins mit dem Antrage, die polizeiliche Verfügung aufzuheben, durch welche der erste Antrag abgelehnt worden.

2. Das O.-V.-G. gab dem Antrage statt und sprach aus: „Der Bescheid enthielt ein Verbot der geplanten Festlichkeit insofern, als die Behörde zu erkennen gab, daß sie die Genehmigung für die Veranstaltung in der beabsichtigten Weise nicht erteile; gleichzeitig wurde den Antragstellern mitgeteilt, daß die aus den Bedingungen ersichtliche Umgestaltung der Festlichkeit zur Gewährung der nachgesuchten Genehmigung führen werde. In dem zweiten Teile wurde somit nur in Aussicht gestellt, daß die Polizei einem Antrag auf Genehmigung stattgeben wolle, falls das Vereinsfest den Bedingungen entsprechend gestaltet würde; darin lag eine polizeiliche Verf. im Sinne des § 127 des L.-V.-G. allerdings nicht. Wohl aber stellte die Versagung der Genehmigung im ersten Teile des Bescheids eine Polizeiverfügung dar. Brachten die Vorstandsmitglieder infolge der ihnen gemachten Eröffnung einen Antrag auf Genehmigung eines anders als das ursprüngliche gestalteten Festes an, so erklärten sie damit weder eine Zurücknahme des ersten Antrags noch einen Verzicht auf die Einlegung der Rechtsmittel, die ihnen gegen die Versagung der Genehmigung des ursprünglich beabsichtigten Vergnügens zustanden."

3. Wenn auch eine polizeiliche Verfügung aufrecht zu erhalten ist, sobald sie aus irgend einem Grunde gerechtfertigt ist, mag dieser Grund den Beteiligten mitgeteilt sein oder nicht (Urt. v. 10. IV. 80 Entsch. Bd. VI S. 366), so kann doch der Verwaltungsrichter nicht anstelle der Polizeibehörde ein Ermessen eintreten lassen, an dem es bei der Polizeibehörde gänzlich gefehlt hat.

Nr. 5. Entsch. Bd. XXXXII S. 414 v. 16. I. 03 I B 42/02.

§ 1 Vereinsges. v. 11. III. 50.

1. Hat ein Verein den Zweck, auf die Gesetzgebung oder auf die Grundsätze der Verwaltung des Staates einzuwirken, so verfolgt er einen politischen Zweck (Erk. v. 1. III. 1901 Entsch. Bd. 39 S. 446). Daher ist auch der Zweck einer Einwirkung auf die Gesetzgebung oder die Grundsätze der Verwaltung des Staates über die Vivisektion politisch, insbesondere wenn er sich nach seinen Satzungen zur Aufgabe macht, einen Akt der Staats-

gewalt herbeizuführen, durch den die Vivisektion verboten oder eingeschränkt werde. Es genügt zur Kennzeichnung eines Vereins als eines politischen, wenn er auch nur mittelbar einem politischen Zwecke dient.

2. Ein gemeinnütziger Verein verfolgt nicht schon dann einen politischen Zweck, wenn er Behörden um finanzielle Unterstützung angeht.

Nr. 6. Entsch. Bd. XXXXII S. 404 v. 8. VII. 02 I A 51/02.

§ 1 Vereinsges. v. 11. III. 50.

1. Der im Vereinsgesetze nicht näher bestimmte Begriff des Vereins ist für das Gebiet des öffentlichen Rechtes in der Rechtsprechung dahin festgestellt, daß „Verein" ein auf einem Vertrage beruhendes Rechtsverhältnis bedeutet, durch das eine Mehrheit von Personen behufs eines ihnen gemeinsamen Zweckes mittels Unterordnung unter eine organisierte Willensmacht nach außen hin zu einer Einheit zusammengeschlossen wird (Urt. v. 24. I. 99 Entsch. Bd. XXXIV S. 439).

2. Für die Frage, ob ein Agitationskomitee ein Verein im Sinne des öffentlichen Rechtes ist, bleibt es ohne Belang, ob die Mitglieder aus Wahlen hervorgehen und immer nur auf ein Jahr in Tätigkeit treten. Die Wahl durch einen Parteitag oder die Parteigenossen an einem bestimmten Orte enthält für die Gewählten nur die Aufforderung, zusammenzutreten, während der Zusammentritt selbst dadurch erfolgt, daß die Gewählten die Wahl annehmen und der an sie gerichteten Aufforderung Folge leisten; wenn die Annahme oder Ablehnung in ihrem freien Willen liegt, unterscheidet sich der Zusammenschluß der Mitglieder nicht von dem Zustandekommen solcher Vereine, deren Mitglieder aus Wahlen nicht hervorgehen. Der durch die Wahlperioden bedingte Wechsel im Personalbestande eines Komitees beeinträchtigt dessen Vereinsnatur nicht, weil Stetigkeit der Mitgliedschaft nirgends erfordert ist. Auch in anderen Vereinen wechseln die Mitglieder; von einer gewissen Dauer muß nur der Zweck sein, der sie vereinigt.

Nr. 7. Entsch. Bd. XXXXII S. 411 v. 23. I. 03 I A 99/02.

§§ 1, 2 Vereinsges. v. 11. III. 50; Art. 12, 29 Verf.-Urk. v. 31. I. 50; § 10 Tit. 17 Teil II A.-L.-R.

Eine Versammlung zu gottesdienstlichen Zwecken ist allerdings gemäß § 1 des Vereinsgesetzes v. 11. III. 50 der Polizeibehörde vorher anzumelden, wenn der Verein nicht Korporationsrechte besitzt (§ 2 Abs. 3 a. a. O. und Rechtsprechung des O.-Trib. in Strafsachen Bd. XVII S. 14 ff., vgl. auch die weiteren, bei Delius, Vereins- und Versammlungsrecht, 2. Aufl. S. 21, 43 ff. zusammengestellten Entscheidungen). Daraus folgt aber nicht, daß die Zulassung einer Versammlung, die nach Art. 18 und 29 der Verfassungsurkunde v. 31. I. 50 gestattet ist, von der Genehmigung des Amtsvorstehers abhängig sei. Dieser hat vielmehr nach § 1 Abs. 1 des Vereinsgesetzes unter allen Umständen eine Bescheinigung über die Anmeldung der Versammlung zu erteilen. Nun schließt zwar die Gewährleistung und Regelung des Versammlungsrechts nicht aus, daß die Polizei zum Schutze gegen Gefahren, die sich aus anderen Verhältnissen ohne Rücksicht auf die Ausübung des Versammlungsrechts ergeben, auf Grund des § 10 Tit. 17 T. II A.-L.-R. auch gegen Versammlungen einschreitet (Entsch. Bd. VI S. 373, Bd. IX S. 412, Bd. XI S. 384, Bd. XXXII S. 393, Bd. XXXV S. 426). So darf insbesondere die Polizei eine Versammlung, ebenso wie Publikum, das nicht zu einer Versammlung zusammengetreten ist, von einem baufälligen Lokale fernhalten. In dem Urt. v. 26. VI. 80 (Entsch. VI S. 373) hat ferner das O.-V.-G. es für rechtlich zulässig erklärt, daß die Polizeibehörde dem Unternehmer einer Versammlung die äußerste Zahl von Teilnehmern angebe, wenn wegen des besonderen baulichen Zustandes des Lokals die Ansammlung so vieler Personen, als darin Platz finden könnten, für die Versammlung gefahrbringend sein würde. Wie die Polizei den Aufenthalt in einem Hause zu anderen Zwecken gestattet, muß sie ihn auch zwecks Abhaltung einer gottesdienstlichen Versammlung ebenda dulden. Ist freilich nach dem baulichen Zustande des für eine öffentliche Versammlung in Aussicht genommenen Gebäudes die Zulassung so vieler Personen, wie die Räume fassen können, gefährlich, so mag es gerechtfertigt sein, daß die Polizei im voraus ein Verbot der Ansammlung von Personen in dem Hause über eine bestimmte Zahl hinaus erläßt. Dagegen darf sie nicht die Abhaltung einer Versammlung in einem Hause wegen dessen baulicher Beschaffenheit gänzlich verbieten, wenn sie den Aufenthalt von Menschen daselbst zu anderen Zwecken gestattet (vgl. auch Urt. v. 21. V. 97 Entsch. Bd. XXXII S. 393 ff.).

Nr. 8. Entsch. Bd. XXXXII S. 398 v. 4. VII. 02 I A 91/01.

§ 2 Vereinsges. v. 11. III. 50.

1. Bei einem Vereine im Sinne des § 2 des Vereinsges. v. 11. III. 50 haben die Vorsteher die Pflicht, ohne besondere Aufforderung die Statuten und das Mitgliederverzeichnis binnen drei Tagen nach Stiftung des Vereins einzureichen und jede Änderung in den Statuten oder im Bestande der Mitglieder binnen drei Tagen, nachdem sie eingetreten, der Ortspolizeibehörde anzuzeigen. Allerdings braucht die Einreichung eines Verzeichnisses der Mitglieder sowie die jedesmalige Anzeige von Veränderungen ihres Bestandes zur Erfüllung der gesetzlichen Vorschrift an sich nur einmal zu geschehen, aber daraus folgt nicht, daß nicht die Ortspolizeibehörde unter Umständen auch eine nochmalige Einreichung des Mitgliederverzeichnisses verlangen darf. Da vielmehr der Ortspolizeibehörde nach der ausdrücklichen Vorschrift im § 2 Abs. 1 des Vereinsgesetzes jede auf den Verein und dessen Mitglieder bezügliche Auskunft auf Erfordern zu erteilen ist, so muß ihr auch, wenn sie es aus besonderem Grunde verlangt, nochmals Auskunft über die Personen der Mitglieder durch Einreichung eines Verzeichnisses erteilt werden. Im Laufe der Zeit können trotz Einreichung des Verzeichnisses der ursprünglichen Mitglieder und trotz späterer Veränderungsanzeigen bei der Ortspolizeibehörde Zweifel über die gegenwärtige Zusammensetzung des Vereins entstehen, namentlich wenn sie Veranlassung hat, zu vermuten, daß nicht alle Änderungen im Bestande der Vereinsmitglieder regelmäßig zu ihrer Kenntnis gebracht worden sind.

2. Übrigens genügt die Bezugnahme auf die früher überreichten, genau bezeichneten Mitgliederverzeichnisse und Ergänzungsanzeigen, falls diese nicht etwa abhanden gekommen oder unbenutzbar geworden sind, in Verbindung mit der Versicherung, daß sich daraus auch der gegenwärtige Bestand vollständig und richtig ergebe.

Nr. 9. Entsch. Bd. XXXXII S. 401 v. 30. IX. 02 I A 85/61.

§ 2 Vereinsges. v. 11. III. 50.

1. Wie in dem Urt. des Kammergerichts v. 10. II. 1902 zutreffend ausgeführt ist, gehört die Angabe des Geburtstags der Vereinsmitglieder nicht zur Vollständigkeit des Verzeichnisses, zu dessen Einreichung die Vereinsvorsteher nach § 2 des Vereinsgesetzes verpflichtet sind. Wenngleich der Ortspolizeibehörde nach § 2 daselbst jede auf das Mitgliederverzeichnis bezügliche Auskunft zu erteilen ist, darf sie doch nicht durch ein allgemeines Gebot über die Art der Aufstellung des Mitgliederverzeichnisses den Umfang

der gesetzlichen Verpflichtung erweitern. Unbedenklich kann sie genauere Mitteilungen über einzelne Vereinsmitglieder fordern, wenn Zweifel an der Identität oder gegen die Richtigkeit der namentlichen Bezeichnung obwalten.

2. Unter Umständen hat die Ortspolizeibehörde das Recht, die nochmalige Einreichung des Verzeichnisses der Mitglieder zu verlangen, besonders wenn das frühere abhanden gekommen oder unbrauchbar geworden. Ein bestimmtes Schema darf nicht vorgeschrieben werden.

Nr. 10. Entsch. v. 29. V. 03 I 907.

§ 2 Vereinsges. v. 11. III. 50.

Die Polizeibehörde hatte von dem Vorsitzenden eines Arbeiterverbandes die Einreichung eines Mitgliederverzeichnisses, das so zusammengestellt sei, daß die einzelnen Zahlstellen des Verbandes alphabetisch, bei jeder die ihr zugehörigen Mitglieder alphabetisch und am Schlusse die keiner Zahlstelle angehörigen Mitglieder auch in alphabetischer Reihenfolge aufgeführt würden. Das O.-V.-G. hob die Verfügung auf und führte aus: „Nach § 2 des Vereinsgesetzes v. 11. III. 50 haben die Vorsteher von Vereinen, welche eine Einwirkung auf öffentliche Angelegenheiten bezwecken, die Verpflichtung, der Ortspolizeibehörde das Verzeichnis der Mitglieder einzureichen und auf Erfordern jede darauf bezügliche Auskunft zu erteilen. Zur genügenden Bezeichnung der Mitglieder gehört im allgemeinen die Angabe des Namens, Vornamens, Standes oder Gewerbes und Wohnorts. Über die Art der Aufstellung des Mitgliederverzeichnisses bestehen jedoch sonst keine besonderen Vorschriften. Die Vorsteher sind also nicht zu einer bestimmten Gruppierung oder zur Beachtung einer bestimmten Reihenfolge verpflichtet. Da aber der Umfang ihrer Verpflichtungen im § 2 des Vereinsgesetzes geregelt ist, darf die Ortspolizeibehörde auch nicht durch eine Vorschrift über die Art der Aufstellung des Mitgliederverzeichnisses eine weitergehende Anforderung stellen. Aus dem Rechte der Ortspolizeibehörde auf Erteilung einer jeden auf das Mitgliederverzeichnis bezüglichen Auskunft läßt sich nicht folgern, daß sie auch Vorschriften über Art und Form des ihr einzureichenden Mitgliederverzeichnisses machen darf. Da sich die Verpflichtung der Vorsteher des Verbands zur Einreichung eines Verzeichnisses der Mitglieder auf die Angehörigen der verschiedenen Zahlstellen nur darum erstreckt, weil diese zugleich Mitglieder des Gesamtvereins sind, braucht auch nicht das von den Vorstehern des Gesamtvereins einzureichende Verzeichnis die Mitglieder nach Zahlstellen zu gruppieren. Die Beobachtung einer alphabetischen Reihenfolge mag die Übersicht erleichtern, aber ein aus Begriff und Zweck des Mitgliederverzeichnisses von selbst folgendes Erfordernis eines solchen ist sie nicht."

Nr. 11. Entsch. v. 6. III. 03 I 408 (Pr.-V.-Bl. Jahrg. XXV S. 284).

§ 2 Vereinsges. v. 11. III. 50.

1. Ein Verein, der die Interessen einer ganzen Berufsklasse fördern will, um die wirtschaftliche und gesellschaftliche Stellung dieser Klasse im Gegensatze zu einer anderen z. B. der Arbeitgeber zu heben und zu stärken, bezweckt damit eine Einwirkung auf öffentliche Angelegenheiten; denn dazu gehört das Verhältnis der verschiedenen Gesellschaftsklassen zu einander (Erk. v. 27. III. 1900 Entsch. Bd. XXXVIII S. 405).

2. Die Ansicht, daß nach Ablauf der im § 2 des Vereinsgesetzes bezeichneten dreitägigen Frist ein Mitgliederverzeichnis überhaupt nicht mehr verlangt werden dürfe, auch wenn die Einreichung vorher unterblieben war, ist unrichtig. Nach der Rechtsprechung des Kammergerichts hört zwar die gesetzliche Ver-

pflichtung, bei Strafe unaufgefordert ein Mitgliederverzeichnis einzureichen, mit Ablauf der Frist auf (Entsch. des K.-G. Bd. XXIV C S. 69 ff., vgl. auch Bd. XVII S. 418 ff.); aber die Ortspolizeibehörde darf ohne Zweifel noch nachträglich die vorher unterbliebene Einreichung des Mitgliederverzeichnisses fordern (Entsch. des K.-G. Bd. XXIV C S. 70).

3. Zu einer mehrmaligen Einreichung eines Mitgliederverzeichnisses dürfen die Vereinsvorsteher nicht ohne besonderen Anlaß genötigt werden (Entsch. des K.-G. Bd. XXIII C S. 105 ff.). Wenn aber das früher eingereichte Mitgliederverzeichnis nicht mehr der gegenwärtigen Zusammensetzung des Vereins entspricht, darf die Ortspolizeibehörde verlangen, daß ihr Auskunft über die gegenwärtige Zusammensetzung des Vereins durch Einreichung eines neuen Mitgliederverzeichnisses erteilt werde, wobei eine Bezugnahme auf das früher eingereichte Verzeichnis unter dessen gleichzeitiger Berichtigung und Vervollständigung nicht ausgeschlossen ist.

4. Ebenso ist das Verlangen hinsichtlich der Einreichung eines Verzeichnisses der Vorstandsmitglieder gerechtfertigt. Selbst wenn sich das Recht der Polizei auf Erteilung einer Auskunft über die Zusammensetzung des Vorstandes nicht unmittelbar aus § 2 des Vereinsgesetzes ergibt, wie das Kammergericht neuerdings angenommen hat (Entsch. des K.-G. Bd. XXIV C S. 71), so folgt dies Recht doch daraus, daß die Polizei im allgemeinen jede zur sachgemäßen Handhabung der Polizeigewalt erforderliche Auskunft verlangen darf (E.-O.-V. Bd. XV S. 423, Bd. XXVI S. 401, Bd. XXXVII S. 428). Die Ortspolizeibehörde bedarf aber einer Kenntnis der Personen der Vereinsvorsteher mit Rücksicht auf die den Vorstehern durch das Vereinsgesetz auferlegten besonderen Verpflichtungen (vgl. § 2 und § 13 des Vereinsgesetzes), über deren Erfüllung die Ortspolizeibehörde zu wachen hat.

Nr. 12. Entsch. v. 23. I. 03 I 110 (Pr.-V.-Bl. Jahrg. XXV S. 180).
§ 8 Vereinsges. v. 11. III. 50.

1. Nach der ständigen Rechtsprechung des O.-V.-G. gehört zu einem V e r e i n e im Sinne des Vereinsgesetzes eine Mehrheit physischer Personen. An diesem Erfordernisse fehlte es in dem Falle des Erk. v. 11. II. 1901 (Entsch. Bd. XXXIX S. 427 ff.), wo ausgesprochen worden ist, das ins Leben getretene G e w e r k s c h a f t s k a r t e l l zur Wahrung der Interessen der Gewerkschaften Berlins und Umgegend sei k e i n V e r e i n. Aus dem Regulativ für das Berliner Gewerkschaftskartell ergab sich damals, daß weder die D e l e g i e r t e n der einzelnen Gewerkschaften, noch die Mitglieder des Ausschusses, noch die sämtlichen einzelnen Mitglieder der vereinigten Gewerkschaften als Mitglieder des Kartells anzusehen waren. Auch bei dem Harburger Gewerkschaftskartell, auf daß sich die Entsch. des Kammergerichts v. 16. XI. 99 (Johowsche Sammlung Bd. XIX S. 295/6) bezieht, waren nicht die Personen der Delegierten, sondern die ö r t l i c h e n F i l i a l e n und Sektionen gewerkschaftlicher Zentralverbände und Lokalorganisationen im Kartell vereinigt.

2. Bezweckt ein G e w e r k s c h a f t s k a r t e l l, dessen Mitglieder die von den Gewerkschaften delegierten p h y s i s c h e n Personen sind, eine Einwendung auf die Wahlen zu den Gewerbegerichten, so fällt es unter den § 8 des Vereinsgesetzes.

Nr. 13. Entsch. v. 20. III. 03 I 504.

Wenn eine Polizeiverordnung vorschreibt, daß Räume, welche zu Theatern, Abhaltung größerer Versammlungen u. s. w. gebraucht werden, gewissen Erfordernissen entsprechen müssen (z. B. daß die Türen nach außen aufschlagen), so kann die Polizei die Abhaltung öffentlicher Versammlungen verbieten, wenn die Räume den gestellten Anforderungen nicht entsprechen.

Nr. 14. Entsch. v. 16. I. 03 I 68 (Pr.-V.-Bl. Jahrg. XXIV S. 781).

Wenn mehrere Gewerkschaften, die zwar an einem Orte ihren Sitz haben, aber durch ein Gewerkschaftskartell nicht verbunden sind, einen Ball veranstalten, zu dem alle zu einer der Gewerkschaften gehörigen Personen Zutritt haben, so ist der Ball als eine öffentliche Lustbarkeit anzusehen, denn der Begriff der Öffentlichkeit erleidet dadurch keine Einschränkung, daß der Zutritt von der Erfüllung bestimmter Bedingungen, bei der Zugehörigkeit zu einer Gewerkschaft, abhängig gemacht wird (Entsch. Bd. XXII S. 415, XXIII S. 403).

M. Gesindepolizei, auch Streitigkeiten zwischen Meister und Gesellen.

Nr. 1. Entsch. Bd. XXXXII S. 314 v. 23. X. 02 III C 74/02.

§ 617 B.-G.-B.; § 26 Gesindeordn. für die Rheinprovinz v. 19. VIII. 1844 (G.-S. S. 410). § 95 Einf.-Ges. z. B.-G.-B.; § 27 Unf.-Vers.-Ges. v. 30. VI. 00 R.-G.-Bl. S. 641.

1. Der § 26 der Gesinde-Ordn. für die Rheinprovinz v. 19. VIII. 44 und der § 617 B.-G.-B. stimmen darin überein, daß sie die Pflicht der Dienstherrschaft zur Unterstützung des erkrankten Gesindes auf die Dauer der Dienstzeit beschränken. Sie weichen aber insofern ab, als die Unterstützung nach dem Landesgesetze dem ohne eigenes Verschulden im Dienste erkrankten Gesinde für vier Wochen, wenn auch freilich unter Ausschluß der Anrechnung der Kosten der Verpflegung, nicht auch der Heilkosten, nach dem R.-G. für sechs Wochen unter Zulassung der Anrechnung der Kosten der Verpflegung und der Heilbehandlung auf den Lohn zu gewähren ist, vorausgesetzt, daß die Erkrankung nicht etwa durch grobe Fahrlässigkeit oder gar vorsätzlich von dem Gesinde herbeigeführt worden ist. Für den Fall einer Abweichung der reichs- und landesgesetzlichen Regelung bestimmt Art. 95 E.-G. zum B.-G.-B., daß § 617 insoweit nicht anwendbar ist, als die Landesgesetze dem Gesinde weitergehende Ansprüche gewähren.

2. Der § 617 B.-G.-B. ist durch § 27 des U.-V.-G. für Land- und Forstwirtschaft in der Fassung der Novelle v. 30. VI. 1900 keineswegs abgeändert worden. Der Inhalt des § 27 deckt sich im wesentlichen mit § 10 des Gesetzes in seiner ursprünglichen Fassung (R.-G.-Bl. 86 S. 132). Beide Vorschriften begründen für die Gemeinde die öffentlich-rechtliche Pflicht zur Gewährung der Heilbehandlung an das infolge eines Unfalls im land- und forstwirtschaftlichen Betrieb erkrankte Gesinde nur für den Fall, daß sich dieser Pflicht die hierzu nach Reichs- oder Landesges. zunächst Verpflichteten entziehen, und vorbehaltlich ihres Rückgriffs an diese Verpflichteten. Ersatzpflichtig sind im Sinne beider Paragraphen insbesondere auch die Dienstherrschaften, soweit für sie gesetzlich eine privatrechtliche Pflicht zur Fürsorge für das erkrankte Gesinde begründet war und noch begründet ist. Dies bringt § 617 B.-G.-B. dadurch zum völlig zweifelsfreien Ausdrucke, daß hier die Pflicht der Dienstherrschaft zur Fürsorge für das erkrankte Gesinde nur dann ausgeschlossen ist, wenn für dessen Verpflegung und ärztliche Behandlung durch eine Versicherung oder durch Einrichtung der öffentlichen Krankenpflege Vorsorge getroffen ist. Was die Gemeinden nach dem Unfallversicherungsgesetze vorschußweise zu leisten haben, fällt selbstverständlich nicht unter die Versicherung oder

die öffentliche Krankenpflege im Sinne des § 617. Für die Fassung des § 27 des Unfallversicherungsgesetzes ist eine Änderung des § 617 nicht in Frage gekommen, und sie konnte auch nach dem erörterten Ziele beider Vorschriften gar nicht in Frage kommen.

3. Wenn man sich an den Wortlaut des Art. 95 hält, so kommt es darauf an, ob das Landesgesetz unmittelbar und ohne Rücksicht auf die Höhe des Lohnes und der Kosten für die Heilbehandlung und Verpflegung dem Gesinde einen weitergehenden Anspruch gewährt. Berücksichtigt man das Ziel des § 617, durch die Verpflichtung der Herrschaft vorbehaltlich der Verrechnung auf den Lohn die gehörige Verpflegung und Heilbehandlung des erkrankten Gesindes für die Zeit bis zu sechs Wochen auf alle Fälle und ohne Rücksicht auf die Höhe des Lohnes sicher zu stellen, so gilt als weiterreichend zweifellos nicht ein Landesgesetz, das die Herrschaft nur für einen geringeren Zeitraum und auch nur für einen Teil dieser Leistungen verpflichtet.

Nr. 2. Entsch. Bd. XXXXII S. 318 v. 27. XI. 02 III C 105/02.

§ 617 B.-G.-B.; Art. 95 Abs. 2 Einf.-Ges. z. B.-G.-B.; §§ 77, 78 Schl.-Holst. Armenordn. v. 29. XII. 41 (Chronol. Samml. S. 267); Schl.-Holst. Gesindeordn. v. 25. II. 40 (Chronol. Samml. S. 35); § 6 Abs. 1, § 27 Abs. 1, 19 Abs. 2 Kr.-Vers.-Ges.

1. Zu § 617 B.-G.-B. ist im Art. 95 Abs. 2 E.-G. zum B.-G.-B., nachdem im Abs. 1 die fortdauernde Geltung der landesgesetzlichen Vorschriften, welche dem Gesinderecht angehören, grundsätzlich verordnet ist, bestimmt, daß jedoch gewisse Vorschriften des B.-G.-B., darunter die §§ 617 bis 619, Anwendung finden, die Vorschriften des § 617 aber nur insoweit, als die Landesgesetze dem Gesinde nicht weitergehende Ansprüche gewähren. Wenn der Dienstverpflichtete zum Gesinde gehört, bedarf es daher, um überhaupt zu einer Anwendung des § 617 gelangen zu können, einer Vergleichung der Verpflichtungen, die der § 617 dem Dienstberechtigten auferlegt, mit denjenigen, welche nach dem maßgebenden Landesgesetze schon bisher dem Dienstherrn oblagen, und der Feststellung, daß die letzteren Verpflichtungen nicht zu gunsten des erkrankten Gesindes weiter gingen. Bei dieser Vergleichung kommt es lediglich auf die gesetzlichen Bestimmungen als solche und nicht darauf an, wie sie bei dem einzelnen Dienstverhältnisse nach den dafür über die Höhe der Vergütung der Dienste u. dergl. getroffenen besonderen Vereinbarungen wirken.

2. Die Gesinde-Ordn. für die Herzogtümer Schleswig und Holstein v. 25. II. 40 selbst enthält keine Bestimmungen über die Rechte der Dienstboten gegen die Dienstherrschaft im Falle einer Erkrankung. Sie wird aber in dieser Beziehung ergänzt durch die §§ 77 und 78 der Armen-Ordn. für die beiden Herzogtümer v. 29. XII. 41. Die §§ 77 und 78 gewähren dem kranken Dienstverpflichteten keine weiter gehenden Ansprüche an den Dienstberechtigten, als der § 617. Denn wenn auch der Inhalt der Verpflichtungen des Dienstberechtigten im wesentlichen gleich ist — dort: Versorgung des Gesindes, hier: erforderliche Verpflegung und ärztliche Behandlung —, so ist doch die Dauer der landesgesetzlichen Verpflichtungen erheblich kürzer — bloß die ersten vier Wochen der Krankheit statt sechs Wochen —. Der hierdurch begründete bedeutend größere Vorteil für den Dienstberechtigten nach dem Reichsrechte wird auch dadurch noch nicht ausgeglichen, daß nach dem § 78 nicht, wie nach dem § 617, die ganzen Kosten der erforderlichen Verpflegung und ärztlichen Behandlung, sondern bloß die der Kur, Arzneien und besonderen Wartung von dem Dienstverpflichteten zu erstatten sind. Der Ausgleich wird um so weniger bewirkt, als der Dienstverpflichtete für jene Kosten mit seinem

ganzen Vermögen, für diese dagegen nur mit der ihm für die Zeit der Erkrankung zustehenden Vergütung seiner Dienstleistung haftet. Es geht also der § 617 vor (übereinstimmend die Begründung zu Art. 14 des Entwurfes des preußischen Ausf.-Ges. v. 20. IX. 99, G.-S. S. 177 — Nr. 34 der Drucksachen des A.-H. S. 21, Heymannsche Ausgabe dieses Gesetzes nebst Materialien S. 79 — sowie Arb.-Vers. Jahrg. XVII S. 79 Antwort zu 2 Abs. 2, zum Teil abweichend Gerhard, Die geltenden preußischen Gesindeordnungen Bd. II S. 123, 124).

3. Daß der § 617 B.-G.-B. zu den im § 27 Abs. 1 Satz 2 des landwirtschaftlichen Unfallversicherungsgesetzes genannten gesetzlichen Bestimmungen, auf Grund deren die Beschäftigungsgemeinde Ersatz der von ihr gewährten Kosten des Heilverfahrens — nach § 29 Abs. 2 daselbst im Wege des Verwaltungsstreitverfahrens — verlangen kann (Satz 4 des Abs. 1), gehört, unterliegt keinem Zweifel. In der erforderlichen Verpflegung und ärztlichen Behandlung, die nach dem § 617 Abs. 1 der Dienstberechtigte dem Verpflichteten im Falle der Erkrankung zu gewähren hat, ist alles begriffen, was nach dem § 6 Abs. 1 Ziff. 1 des Krankenversicherungsgesetzes zu leisten ist, und der Abs. 2 des § 617 schließt die Ersatzpflicht gegenüber der Gemeinde nicht aus, die nach dem § 27 Abs. 1 Satz 2 und 3 nur aushilfsweise einzutreten hat, und deren Eintreten niemals die Folge einer Versicherung oder Ausfluß einer Einrichtung der öffentlichen Krankenpflege ist (vgl. über die Anwendbarkeit des § 617 z. B. von Brauchitsch, Verwaltungsgesetze VI. Bd., 3. Aufl., 2. Bearbeitung S. 422 Anm. 6 zu § 27 und S. 44 Anm. 2 zu § 4 des Krankenversicherungsgesetzes sowie den an der ersteren Stelle angezogenen Bericht der Reichstagskommission v. 28. IV. 1900, Drucksachen des R.-T., 10. Legislaturperiode I. Session 1898/1900, Nr. 703b, S. 37, wo es zum § 10 des Ges. v. 5. V. 86 heißt: „Im Abs. 1 wurde in der 7. Zeile vor dem Worte „landesgesetzlicher" der Teil „landes" gestrichen, da auch reichsgesetzliche Bestimmungen, z. B. § 617 des B.-G.-B., in betracht kommen könnten", ferner Laß und Hoffmann im Pr.-V.-Bl. Jahrg. XXIII S. 17ff. und S. 219).

Nr. 3. Entsch. Bd. XXXXII S. 395 v. 21. I. 02 I A 140/01.

Kab.-Ord. v. 8. VIII. 37 (v. Kamptz Annalen Bd. 21 S. 710).

Die Kab.-Ord. v. 8. VIII. 37 hat auch nicht durch das Inkrafttreten des B.-G.-B. ihre Geltung verloren, weil die Vorschrift über das polizeiliche Einschreiten gegen das Gesinde öffentlich-rechtlicher Natur ist (vgl. Art. 55 des Einführungsgesetzes zum B.-G.-B., Art. 89 Nr. 1 des Pr. Ausf.-Ges. v. 20. IX. 99). Nach der Kab.-Ord. haben im Interesse der Landwirtschaft die Polizeibehörden bei Streitigkeiten zwischen den Dienstherrschaften und den Instleuten in den Provinzen Ost- und Westpreußen über das An- und Abziehen der Instleute und über die Erfüllung vertragsmäßiger Verbindlichkeiten während des bestehenden Dienstverhältnisses ebenso wie bei eigentlichen Gesindesachen die vorläufigen Bestimmungen zu erlassen.

Nr. 4. Entsch. Bd. XXXXII S. 396 v. 21. X. 02 I C 62/02.

Kab.-Ord. v. 8. VIII. 37; § 2c Ges. v. 24. IV. 54 (G.-S. S. 214).

Was unter „Instleuten" zu verstehen sei, sagt weder die Kab.-Ord. v. 8. VIII. 37 noch sonst ein Gesetz ausdrücklich; jedoch ist aus § 2c des Gesetzes, betreffend die Verletzungen der Dienstpflichten des Gesindes und der ländlichen Arbeiter, v. 24. IV. 54 zu entnehmen, daß es „Dienstleute" des Besitzers eines Landguts oder einer anderen Acker- oder Forstwirtschaft sind, „welche gegen Gewährung einer Wohnung in den auf dem Gute befindlichen

Gebäuden und gegen einen im voraus bestimmten Lohn behufs der Bewirtschaftung angenommen sind." Ein Unterschied nach der Art der zu leistenden Arbeiten wird nicht gemacht; vorausgesetzt ist immer nur, daß es sich um die Übernahme von Arbeiten oder Diensten behufs der Bewirtschaftung eines Acker- oder Forstguts handelt. Die Bedeutung des Wortes „Instmann" in der Kab.-Ord. kann nur eine für ihr ganzes Geltungsgebiet einheitliche sein.

Nr. 5. Entsch. Bd. XXXXIII S. 428 v. 13. III. 03 I A 173/02.

Kab.-Ord. v. 8. VIII. 37; § 55 Einf.-Ges. v. 18. VIII. 96; §§ 51, 11, 12 Gesindeordn. v. 8. XI. 1810.

1. Die Kab.-Ord. v. 8. VIII. 37 (vgl. Entsch. Bd. XXXXII S. 395) hat anerkannt, daß das Verhältnis der Instleute zur Dienstherrschaft in Preußen ein anderes ist als das des Gesindes, aber im Interesse der Landwirtschaft dennoch angeordnet, daß bei Streitigkeiten zwischen den Dienstherrschaften und Instleuten über den An- und Abzug und über die Erfüllung vertragsmäßig übernommener Verbindlichkeiten während des bestehenden Dienstverhältnisses die Polizeibehörde auf dieselbe Weise, wie es für eigentliche Gesindesachen gesetzlich vorgeschrieben ist, die vorläufigen Bestimmungen zu erlassen und, mit Vorbehalt des beiden Teilen zustehenden Antrags auf gerichtliche Entscheidung, zur Ausführung zu bringen hat. Diese Bestimmung gehört dem öffentlichen Rechte an und ist daher durch das B.-G.-B. nicht außer Kraft gesetzt worden (Art. 55 des Einf.-Ges. v. 18. VIII. 96).

2. Hat sich jemand als Instmann vermietet und verweigert er den Anzug, so liegt eine unter die Kab.-Ord. fallende Streitigkeit vor; der Amtsvorsteher ist dann befugt, in derselben Weise, als wenn der Instmann zum eigentlichen Gesinde gehört, vorbehaltlich des Rechtswegs zu entscheiden und seine Entscheidung durchzuführen: insbesondere darf er den Instmann hierzu gemäß § 51 der Gesinde-Ordn. v. 8. XI. 10 zwangsweise anhalten. Das Zwangsmittel bestimmt sich nach § 132 des L.-V.-G. und kann nach Nr. 3 auch in unmittelbarem Zwange bestehen, das heißt der Instmann darf von dem Orte, wo er sich gerade befindet, zwangsweise dem Dienstherrn zugeführt werden.

3. Nur Zwangsmittel gegen das Gesinde (und den ihm insoweit durch die Kab.-Ord. von 1837 gleichgestellten Instmann) sind es, die der Polizeibehörde zu Gebote stehen. Weder § 51 noch eine andere Bestimmung der Gesinde-Ordn. oder sonstige gesetzliche Vorschriften bieten eine Handhabe dafür, daß der dritte, bei dem das sich weigernde Gesinde sich aufhält, durch polizeilichen Zwang veranlaßt werden könnte, rechtliche Beziehungen zu lösen, aus denen er einen Anspruch auf das Verbleiben des Gesindes in seinem Hause, seiner Wirtschaft oder Beschäftigung herleitet.

4. Wie in der Rechtsprechung des O.-V.-G. wiederholt dargelegt ist (Urt. v. 26. III. 81 und 26. X. 89, Entsch. Bd. VII S. 375, Bd. XVIII S. 418), gehören die Gesindedienstverträge dem Gebiete des Privatrechts an, unterliegen daher in Ansehung der Beurteilung ihrer Rechtswirksamkeit der bürgerlichen Gerichtsbarkeit und sind den Einwirkungen der Polizeibehörden nur soweit unterstellt, als dies durch besondere gesetzliche Bestimmungen gerechtfertigt ist. Zu letzteren ist der § 12 der Gesinde-Ordn. niemals gezählt worden und nicht zu zählen, vielmehr hat das O.-V.-G. ausdrücklich ausgesprochen (a. a. O. Bd. XVIII S. 420), daß die Befugnis, bestehende Gesindeverträge aufzulösen, der Polizei nicht übertragen worden ist.

Nr. 6. Entsch. Bd. XXXXII S. 392 v. 6. I. 03 I C 81/02.

§§ 1707, 1631 B.-G.-B.

1. Die Polizei kann dem Gesinde nicht die Rückkehr in den verlassenen Dienst aufgeben, wenn der Dienstherr keinen Rechtsanspruch auf die Dienste hat.

2. Bei einem minderjährigen, unehelichen Dienstboten muß der Vertrag von dem Vormunde, nicht von der unehelichen Mutter geschlossen werden.

Nr. 7. Entsch. Bd. XXXXIII S. 424 v. 3. III. 03 I A 97/02.

§ 113 B.-G.-B.; Art. 95 Einf.-Ges. z. B.-G.-B.

1. Eine Minderjährige bedarf zum Abschlusse eines Gesindedienstvertrages nach § 113 B.-G.-B. (vgl. Art. 95 des Einf.-Ges. zum B.-G.-B.) der Ermächtigung ihres Vaters als ihres gesetzlichen Vertreters, und diesem steht es nach Abs. 2 daselbst frei, seine Ermächtigung einzuschränken. Eine solche Einschränkung kann sich sowohl auf die Person des Dienstherrn, mit dem ein Dienstvertrag eingegangen werden darf, als auch auf die Zeitdauer des Dienstverhältnisses und auf den sonstigen Inhalt des Dienstvertrags beziehen. Ist dem Minderjährigen die Ermächtigung zum Abschluß eines Mietvertrags nur eingeschränkt erteilt worden, so entbehrt, wenn nicht der ganze Vertrag (§ 139 B.-G.-B.), so doch mindestens die Bestimmung in ihm, welche der Einschränkung zuwiderläuft, der Rechtsgültigkeit. Unerheblich ist es, ob der Minderjährige bei Abschluß des Vertrags über die erteilte Ermächtigung und deren Einschränkung der Dienstherrschaft gegenüber unrichtige Angaben gemacht hat; das läßt die Befugnis des gesetzlichen Vertreters, Einschränkungen seiner Ermächtigung hinzuzufügen, unberührt und kann nur eine Verpflichtung zum Schadensersatze begründen (§§ 826, 828 B.-G.-B.).

2. Fehlt es für die Rechtswirksamkeit der Willenserklärung des Minderjährigen an der erforderlichen Einwilligung seines gesetzlichen Vertreters (§§ 106, 107 a. a. O.), so hängt die Wirksamkeit des von ihm geschlossenen Vertrags von der nachträglichen Genehmigung des Vertreters ab. Die Dienstherrschaft kann ihn zu einer Erklärung hierüber auffordern (§ 108 a. a. O.).

N. Polizeiliche Verfügungen vermischten Inhalts.

Nr. 1. Entsch. v. 5. XII. 02 I 92 (Pr.-V.-Bl. Jahrg. XXIV S. 648).

§ 10 II 17 A.-L.-R.

Auf Grund des § 10 II 17 A.-L.-R. kann die Polizei einen Brunnen schließen, wenn das gesundheitsschädliche Wasser nicht nur dem Eigentümer des Brunnens, sondern auch andern Personen zugänglich ist; ob der Brunnen im Privateigentume steht oder ein öffentlicher ist, ist für das Vorgehen der Polizei gleichgültig.

Nr. 2. Entsch. v. 20. I. 03 I 90 (Pr.-V.-Bl. Jahrg. XXV S. 93).

§ 10 II 17 A.-L.-R.

Wie das O.-V.-G. wiederholt, insbesondere auch in dem Urt. v. 19. VI. 96 (Bd. XXX S. 422 ff., der amtlichen Sammlung) ausgeführt hat, findet eine polizeiliche Anordnung, durch die im sanitätspolizeilichen Interesse die Anlage einer Entnahmestelle für einwandfreies Wasser zur Benutzung für die Bewohner eines Grundstücks verlangt wird, ihre ausreichende Stütze in der Vorschrift des § 6 Buchstabe f des Pol.-Verw.-Ges. v. 11. III. 50 und der ihm entsprechenden für die neuen Provinzen erlassenen Vd. v. 20. IX. 67, wonach der Polizeibehörde „die Sorge für Leben und Gesundheit" obliegt. Wie dort ebenfalls dargelegt worden ist, kann die Auflage, eine solche Wasser-Entnahmestelle anzulegen, erforderlichenfalls dem Eigentümer desjenigen Grundstücks gemacht werden, für dessen Bewohner das Bedürfnis hierzu besteht.

Nr. 3. Entsch. Bd. XXXXIII S. 414 v. 31. III. 03 I A 178/02.
§ 10 II 17 A.=L.=R.

Die Polizeibehörde kann, wenn sie Veranlassung hat anzunehmen, daß ein polizeiwidriger Zustand auf einem Grundstücke besteht, anordnen, daß der Grundstückseigentümer sich die Besichtigung durch einen Beamten gefallen lasse, wie die Polizei berechtigt ist, zur Erforschung polizeiwidriger Zustände Personen vorzuladen und von ihr Auskunft zu verlangen.

Nr. 4. Entsch. v. 23. IV. 03 III 809 (Pr.=V.=Bl. Jahrg. XXV S. 28).
§ 10 II 17 A.=L.=R.; §§ 16 ff. Gew.=Ordn.

1. Die Polizei hatte einer Gesellschaft aufgegeben, den Gang ihrer Maschinen so einzurichten, daß jede Gesundheitsgefahr der in demselben Gebäude sich aufhaltenden Personen beseitigt werde, oder andere Vorkehrungen zur Abhilfe zu treffen. Das O.-V.-G. wies die Klage ab und führte aus, zunächst in Auslegung des § 10 II 17 A.-L.-R.: „Mitglieder des Publikums sind auch diejenigen Personen, die in dem Stockwerke unter der von der Klägerin gemieteten Etage ihr Gewerbe betreiben oder als Arbeiter und Bedienstete dort beschäftigt sind oder aus anderen Gründen, z. B. als Kunden des Geschäfts, dort verkehren. Es ist auch gleichgültig, ob diese Personen oder einzelne derselben sich im Wege des Zivilrechts gegen die von dem Geräusch erzeugte Gesundheitsgefahr Schutz zu verschaffen vermögen. Denn das Recht und die Pflicht der Polizei, auf Grund des § 10 Tit. 17 T. II die nötigen Anstalten zur Abwendung der dem Publiko oder einzelnen Mitgliedern desselben bevorstehenden Gefahr zu treffen, wurzelt im öffentlichen Rechte und ist daher durchaus unabhängig davon, ob die Vorschriften des Privatrechts den von der Gefahr betroffenen Personen auch den Zivilrechtsweg zur Abwendung dieser Gefahr gewähren, und ob diese Personen im einzelnen Falle gewillt und imstande sind, von dieser Befugnis Gebrauch zu machen. Die Beseitigung solcher Gefahren unabhängig von den etwaigen Entschließungen der betroffenen Einzelpersonen ist im Interesse der Gesundheiterhaltung des Volksganzen geboten und daher in die Hand der Polizeibehörde gelegt. Das Einschreiten der Polizei ist deshalb auch dann zulässig, wenn die Gefahr durch das Verhalten der Mitbewohner eines und desselben Hauses gegeneinander hervorgerufen wird, und es ist unabhängig davon, in welchem Privatrechtsverhältnis diese Personen zueinander oder zum Eigentümer des Hauses stehen. Selbst darauf kommt es, da es sich um ein öffentliches Interesse handelt, nicht entscheidend an, ob die von der Gefahr betroffenen Personen in Kenntnis dieser Gefahr das Haus bezogen haben."

2. Dann heißt es weiter: „Es handelt sich in Beziehung auf den Betrieb der Klägerin nicht um eine nach Maßgabe des § 16 der R.-Gew.-Ordn. genehmigungspflichtige und von der zuständigen Behörde genehmigte Anlage. Ihr Betrieb genießt daher auch nicht den diesen konzessionierten Anlagen gesetzlich zustehenden Schutz gegen nachträgliche Auflagen. Sie muß sich daher jederzeit diejenigen Beschränkungen gefallen lassen, die nach Maßgabe der gesetzlichen Bestimmungen, insbesondere des § 10 Tit. 17 T. II A.=L.-R. zum Schutze des Publikums gegen Gefahren geboten sind und, wenn sie den bezüglichen Auflagen nicht anders nachzukommen vermag, den Betrieb an diesem Orte — unbeschadet der Wiederaufnahme an anderer Stelle, wo gleiche Gefahren nicht bestehen — aufgeben. Das bleibt immer möglich, und es bedarf daher auch nicht einer

Untersuchung darüber, ob nicht, wie die Polizeibehörde und die Sachverständigen annehmen, andere Maßnahmen — Umstellung der Maschinen, Beschaffung geräuschmindernder Unterlagen und dergleichen — zur Beseitigung der Gefahr möglich sind. Die Klägerin hat nicht das Recht, ihren Betrieb auf Kosten der Gesundheit der in der unteren Etage beschäftigten Personen ungestört fortzusetzen. Sie kann auch nicht den Anspruch erheben, daß die Polizeibehörde statt gegen sie gegen die Mieter der unteren Etage einschreite und diesen die Räumung der Wohnung aufgebe. Denn jedenfalls steht der Polizei, auch wenn sie zu der gedachten Maßnahme an sich berechtigt wäre, die Wahl zu, welche der beiden an sich zur Beseitigung der Gefahr möglichen Anordnungen sie treffen will. Das Einschreiten gegen die Klägerin als die Urheberin der Gefahr bleibt immer zulässig."

Nr. 5. Entsch. v. 11. V. 03 III 943 (Pr.-V.-Bl. Jahrg. XXV S. 161).

§ 10 II 17 A.-L.-R.

1. Der Polizeipräsident zu Berlin hatte einem Löwenbändiger, der eine Anzahl Löwen in einem 4 Meter hohen Gitter in einem Zirkus dem Publikum vorführen wollte, dies untersagt. Die Verfügung wurde aufgehoben. Dabei wurde folgendes ausgesprochen:

2. „§ 10 II 17 A.-L.-R. ist nicht so zu verstehen, daß die Ortspolizei denjenigen, die sich einer Lebensgefahr aussetzen wollen, dies im voraus verbieten darf. Ein soweit eingehender Eingriff steht ihr, worin dem Ersten Senat des O.-V.-G. (vgl. dessen Urt. in den Entsch. des O.-V.-G. Bd. XXXIX S. 391 ff.) beizutreten ist, nicht zu, wenn auch unbeschadet ihrer Befugnis, eintretenden Falles das Erforderliche zur Vorbeugung einer unmittelbar bevorstehenden Lebensgefahr anzuordnen. Vollends ist sie nicht befugt, diejenigen, die sich einer Erwerbsgelegenheit unter Gefährdung ihrer Gesundheit oder ihres Lebens aussetzen mögen, hieran zu hindern".

3. „Die Berechtigung des Verbotes läßt sich nur anerkennen, wenn die Schaustellung die Gesundheit oder das Leben anderer Menschen und des Publikums insbesondere, das ihr beiwohnt, gefährdet. Unter einer bevorstehenden Gefahr im Sinne des § 10 a. a. O. kann jedoch, wie des O.-V.-G. in ständiger Rechtsprechung angenommen hat, nur eine solche verstanden werden, für deren Eintritt eine gewisse Wahrscheinlichkeit besteht. Die bloße Möglichkeit in dem Sinne, daß die Unmöglichkeit des Eintritts einer Gefahr nicht feststeht, reicht hierfür nicht aus; die Gefahr, der die Polizeibehörde begegnen will, muß bei Abwägung der hierfür in betracht kommenden Umstände nach verständigem Ermessen zu gewärtigen sein (vgl. hierfür u. a. die Zusammenstellung der Rechtsprechung des Gerichtshofes bei Biermann, Privatrecht und Polizei S. 17 ff.). Ob diese Voraussetzung im einzelnen Falle gegeben ist, dafür ist die Überzeugung der Polizeibehörde nicht maßgebend. Es ist dies von dem Verwaltungsrichter frei zu prüfen. Eine Beschränkung tritt für ihn auf Grund des § 127 des Gesetzes über die allgemeine Landesverwaltung nur insofern ein, als die Notwendigkeit und Zweckmäßigkeit eines polizeilichen Verbots von ihm nicht nachzuprüfen ist, wenn das Vorhandensein einer Gefahr im angegebenen Sinne und damit die gesetzliche Voraussetzung für das polizeiliche Verbot anerkannt wird."

II.

Allgemeines über polizeiliche Verfügungen.

A. Allgemeines. Inhalt der Verfügungen, ihre Rechtsbeständigkeit, persönliche Beteiligung u. s. w.

Nr. 1. Entsch. v. 7. X. 02 I 1517.

§ 127 L.-V.-G.

Wie in dem Endurt. v. 11. IV. 93 (Entsch. des O.-V.-G. Bd. XXIV S. 385) dargelegt ist, muß bei einer polizeilichen Auflage nicht nur berücksichtigt werden, ob das Verfügte tatsächlich ausgeführt werden kann, sondern auch erwogen werden, ob die Ausführung der Anordnung rechtlich möglich ist. Erweist sich die Auflage aus rechtlichen Gründen als unausführbar, so ist sie ebenso außer Kraft zu setzen, wie in dem Falle, wo die Polizei etwas tatsächlich unmögliches verlangt hat.

Nr. 2. Entsch. v. 19. III. 03 IV 501.

§§ 127, 129 L.-V.-G.

Zum Rechtsbegriff der Beschwerde gehört mehr als der bloße Ausdruck der Unzufriedenheit mit einer polizeilichen Verfügung, und zum mindesten muß der bestimmte Wille erkennbar sein, eine höhere Instanz zur Entscheidung anrufen zu wollen. Es kann ganz dahingestellt bleiben, inwieweit es im allgemeinen zulässig erscheinen mag, auch mündlich bei den Behörden Beschwerden einzulegen. Wenn aber für die Anbringung der Beschwerde gegen polizeiliche Verfügungen der § 129 Abs. 1 und 2 des L.-V.-G. vorschreibt, die Beschwerde sei bei derjenigen Behörde anzubringen, gegen deren Verfügung sie gerichtet ist, und die Behörde, bei welcher die Beschwerde angebracht ist, habe dieselbe an diejenige Behörde abzugeben, welche darüber zu beschließen oder zu entscheiden hat, so ist es ausgeschlossen, daß solche den Polizeibehörden, gegen deren Verfügungen sie erhoben werden, nur mündlich vorgetragen werden könnten. Selbst wenn daher der Beschwerdeführer deutlich zum Ausdruck bringt, daß er sich beschweren wolle, so darf er sich nicht hiermit begnügen, sondern er hat entweder den Beamten zu bitten, seine Beschwerde zu Protokoll zu nehmen, oder wenn er von der Protokollaufnahme absieht, muß er nachträglich innerhalb der gesetzlichen Frist die Beschwerde schriftlich einreichen.

Nr. 3. Entsch. v. 15. XII. 02 IV 2302.

§§ 127 ff. L.-V.-G.

Die Polizei darf nach § 10 II 17 A.-L.-R. nicht mehr verlangen, als die „nötige Anstalt“; ob aber diese Maßnahmen „den angestrebten Effekt mehr oder minder vollständig erreichen werden“, ist vom Verwaltungsrichter nicht zu untersuchen. Es ist dies eine Frage der Notwendigkeit und der Zweckmäßigkeit, welche dem Gebiet der reinen Verwaltung angehört und, wie vom O.-V.-G. in gleichmäßiger Rechtsprechung anerkannt ist, sich der Beurteilung des Richters im Streitverfahren entzieht (Entsch. Bd. XI S. 371, vgl. auch Bd. IV S. 373, Bd. VI S. 354); oder, wie in einer anderen Entscheidung gesagt ist: „Allerdings darf die Polizei nicht mehr verlangen, als zur Beseitigung der Gefahr nötig ist. Soweit es sich aber bei der Bestimmung des Maßes des Erforderlichen bloß um eine Frage der Zweckmäßigkeit handelt, findet eine Nachprüfung des Verwaltungsrichters nicht statt.“

Nr. 4. Entsch. v. 13. XI. 02 III 1896.

§ 57 Abs. 5 Kr.-Ordn.

Wie anerkannt ist, sind die persönliche Beteiligung und die dadurch begründete Unzuständigkeit nicht erst dann vorhanden, wenn sich der Amtsvorsteher von seinem eigenen Interesse, d. h. einem von dem allgemeinen verschiedenen Interesse, wirklich beeinflussen und zu der Verfügung bestimmen ließ und so die Amtsgewalt zur Wahrnehmung seiner eigenen Angelegenheiten pflichtwidrig gemißbraucht hat, sondern es kommt lediglich darauf an, ob tatsächlich die Verhältnisse so liegen, daß ein persönliches Interesse des Amtsvorstehers berührt wird, und ob die Verfügung durch das Privatinteresse beeinflußt werden konnte (vgl. z. B. die Urt. des O.-V.-G. v. 17. X. 98 und 25. III. 99 in Kunze-Kautz, Rechtsgrundsätze Erg.-Bd. 1900 S. 258, sowie v. 1. X. 1900 in den Entsch. Bd. XXXVIII S. 223/225, 226). In einer feindseligen Gesinnung kann ebenfalls eine persönliche Beteiligung gefunden werden (Urt. des O.-V.-G. v. 13. XII. 83 im Pr.-V.-Bl. Jahrg. V S. 149 und bei von Kamptz, Rechtsprechung Bd. I S. 341).

Nr. 5. Entsch. Bd. XXXXII S. 423 v. 3. XI. 02 IV C 207/01.

§ 57 Abs. 5 Kr.-Ordn.

1. Wenn nach der Vorschrift der Kr.-Ordn. (§ 57 Abs. 5) in solchen Amtsbezirken, welche nur aus einer Gemeinde bestehen, der Gemeindevorsteher zugleich Amtsvorsteher ist, so stellt sich zwar für den Amtsvorsteher bei polizeilichem Vorgehen gegen die Gemeinde die Behinderung heraus, die der Gemeinde zustehende Verteidigung seinerseits wahrzunehmen; diesem Umstande kann jedoch dadurch Rechnung getragen werden, daß der Stellvertreter des Gemeindevorstehers für die Gemeinde eintritt.

2. Die Vorschrift in § 57 Abs. 5 Kr.-Ordn. ist in erster Linie nicht für den Fall gegeben, daß der Amtsvorsteher zugleich Gemeindevorsteher ist und eine polizeiliche Verfügung an die Gemeinde erlassen will; in besonders gearteten Fällen kann jedoch die Bestellung eines benachbarten Amtsvorstehers durch den Kreisausschuß erfolgen, z. B. wenn sich der Amtsvorsteher selbst als befangen ansieht und dies dem Kreisausschusse anzeigt.

B. Polizeiliche Zwangsmittel.

Nr. 1. Entsch. Bd. XXXXII S. 240 v. 22. IX. 02 III A 40/01.

§ 132 L.-V.-G.

1. Die Polizei darf eine Strafe nicht für jeden Tag der Zuwiderhandlung, sondern nur für jeden Fall der Zuwiderhandlung androhen.

2. Gegen eine Gesellschaft mit beschränkter Haftung ist die Androhung einer Haftstrafe für den Fall des Unvermögens nicht statthaft.

C. Polizeiverordnungen.

Nr. 1. Entsch. Bd. XXXXII S. 425 v. 12. I. 03 IV B 80/02.

§ 127 L.-V.-G.

Wenn in einer Polizeiverordnung zum Schutze der Ordnung, Sicherheit und Leichtigkeit des Verkehrs auf öffentlichen Straßen bestimmt ist, daß zum Aushängen und Ausstellen von Gegenständen nach der Straße sowie zum Anbringen von Schaukästen, Schildern und andern Ankündigungsmitteln, die von der Straße aus sichtbar sind, die polizeiliche Genehmigung erforderlich sei, so ist diese Vorschrift nicht gesetzwidrig.

Vierte Abteilung.

Anderweitige Zuständigkeiten der Verwaltungsgerichte.

I.

Eingeschriebene Hilfskassen.

II.

Kranken-, Unfall-, Invaliditäts- und Altersversicherung.

Nr. 1. Entsch. Bd. XXXXII S. 297 v. 25. IX. 02 III C 16/02.

§ 1 Kr.-Vers.-Ges. §§ 1367, 1405, 1452 B.-G.-B.; § 11 Gew.-Ordn.

1. Das Reichs-Versicherungsamt ist auf dem Gebiete der Unfallversicherungsgesetzgebung in gleichmäßiger Rechtsprechung von der Auffassung ausgegangen, daß es den über die Ehe bestehenden grundsätzlichen Anschauungen nicht entspreche, die Beziehung von Arbeitgeber und Arbeitnehmer als zwischen Ehegatten rechtlich möglich anzuerkennen. (Vgl. z. B. die Amtlichen Nachrichten des Reichs-Versicherungsamts 1885 S. 3 Nr. 10 und S. 160 Nr. 6, 1887 S. 142 Nr. 341, 1888 S. 18 Nr. 8 und Rekurs-Entsch. v. 18. VI. 88 S. 314 das.). Dementsprechend ist denn auch in der Anleitung des Reichs-Versicherungsamts, betreffend den Kreis der nach dem Invaliditäts- und Altersversicherungsgesetze versicherten Personen, v. 31. X. 90 (M.-Bl. S. 243) unter IX ausdrücklich ausgesprochen worden, daß Eheleute in ihrem Verhältnis untereinander den Vorschriften des Gesetzes nicht unterliegen, „da zwischen ihnen nach dem Wesen der Ehe niemals eines der für die Begründung der Versicherung erforderlichen Abhängigkeitsverhältnisse bestehen kann". Damit stimmt auch die neue Anleitung v. 19. XII. 99 unter Nr. 18b überein.

2. Dieser Rechtsprechung des Reichs-Versicherungsamts hat sich bisher auch das Oberverwaltungsgericht angeschlossen, das sich mit der Frage zunächst auf dem Gebiete der Unfallversicherungsgesetzgebung zu befassen hatte. In dem Urt. v. 23. XII. 89 (Entsch. Bd. XIX S. 355) hat es im Anschluß an eine Wiedergabe der vom Reichs-Versicherungsamte für seine Ansicht

angeführten, oben mitgeteilten Gründe ausgesprochen (S. 362): „Von dieser Auffassung des Reichs-Versicherungsamts wird auch bei Entscheidung der dem Verwaltungsstreitverfahren überwiesenen, sich auf dem Gebiete der Unfallversicherungsgesetzgebung bewegenden Streitigkeiten auszugehen sein."

3. Den der Rechtsprechung des Reichs-Versicherungsamts entgegengesetzten Standpunkt vertreten Rosin (Recht der Arbeiterversicherung Bd. I S. 168ff.) und Hahn (Das K.-V.-G., 2. Aufl., S. 18 Anm. 1d zu § 1 und ferner im Verwaltungsarchiv 1901 Bd. IX S. 140).

4. Das O.-V.-G., das zu der streitigen Rechtsfrage anläßlich einer auf dem Gebiete der Krankenversicherungsgesetzgebung liegenden Streitsache erneute Stellung zu nehmen hatte, ist zu dem Ergebnisse gelangt, daß sie abweichend von der Rechtsprechung des Reichs-Versicherungsamts in Übereinstimmung mit der von Rosin und Hahn vertretenen Auffassung zu beantworten ist, und daß demgemäß auch an der auf dem Gebiete der Unfallversicherungsgesetzgebung getroffenen Entsch. v. 23. XII. 89 (Bd. XIX S. 362) in künftigen Fällen nicht festzuhalten sein wird. Nach der im B.-G.-B. zur Geltung gelangten, vielfach auch in der bisherigen Partikulargesetzgebung bereits herrschenden Rechtsauffassung kann, wie in Übereinstimmung mit den Hahnschen Ausführungen anerkannt werden muß, ein Beschäftigungsverhältnis des einen Ehegatten bei dem anderen auch „gegen Gehalt oder Lohn" (§ 1 des Krankenversicherungsgesetzes) als rechtlich unzulässig nicht erachtet werden. Diese Rechtsauffassung entspricht den wirklichen Gestaltungen des Lebens, wie sie sich unter dem Drucke vielfach schwieriger Erwerbsverhältnisse bei den minder begüterten Volksklassen tatsächlich herausgebildet haben.

Nr. 2. Entsch. v. 20. X. 02 III 1738 (Pr.-V.-Bl. Jahrg. XXIV S. 733).
§ 1 Abs. 5 Kr.-Vers.-Ges.; §§ 63, 59 H.-G.-B.

Wie im § 59 des Handelsgesetzbuchs unter dem „Entgelt" und der „Vergütung" auch eine Provision zu verstehen ist (z. B. Lehmann-Ring, Handelsgesetzbuch Band I S. 151 Anm. 1c und S. 155 Anm. 4c), so umfaßt auch im § 63 der Ausdruck „Gehalt" die Provision mit (daselbst S. 163 Anm. 4). Es gilt daher der § 63 auch für den bloß mit Provision angestellten Handlungsgehilfen. In welcher Weise hierbei der Anspruch seinem Betrage nach zu berechnen ist, ist nicht zu entscheiden, vgl. jedoch darüber Staub, Handelsgesetzbuch, 6. und 7. Aufl., Bd. I S. 261 Anm. 5. Weiter ist nach dem klaren Wortlaute des § 1 Abs. 4 des K.-V.-G. zur Begründung der nur ausnahmsweise eintretenden Krankenversicherungspflicht der Handlungsgehilfen erforderlich, daß besonders durch Vertrag die ihnen nach Art. 60 des deutschen Handelsgesetzbuchs, § 63 des jetzigen Handelsgesetzbuchs, zustehenden Rechte aufgehoben oder beschränkt sind; der bloße Mangel einer dahingehenden Vereinbarung genügt nicht.

Nr. 3. Entsch. v. 23. II. 03 III 393.
§§ 6, 6a, 21 Kr.-Vers.-Ges.

Es ist anerkannten Rechtens, daß für Personen, die nach der Natur ihrer Dienstverrichtungen auch an Sonntagen und Feiertagen zu beschäftigen sind oder doch wenigstens zu Dienstleistungen sich bereit halten müssen, auch der Sonn- und Feiertag ein „Arbeitstag" im Sinne des § 6 Abs. 1 Ziffer 2 des Krankenversicherungsgesetzes ist und daß ihnen mithin in Krankheitsfällen das Krankengeld — selbst ohne eine entsprechende Bestimmung gemäß § 6a oder § 21 — auch für Sonn- und Feiertage zu zahlen ist. In diesem Sinne hat insbesondere auch das O.-V.-G. das Wort „Arbeitstag" in § 6 des Krankenversicherungsgesetzes bereits in seinem Endurteil vom 24. IX. 94

(Pr.-V.-Bl. Jahrg. XVI S. 183, Keidel-Fuchsberger, 2. Aufl., S. 191) ausgelegt, woselbst u. a. ausgeführt worden ist, daß unter dem „Arbeitstag" nur ein solcher verstanden werden könne, an dem der Erkrankte nach der allgemeinen Regel des Gewerbes, des Betriebes, überhaupt der Art seiner versicherungspflichtigen Beschäftigung gearbeitet haben würde, und daß unter dieser Voraussetzung auch der Sonn- und Feiertag, wie bei den Kellnern und Dienstboten, unter den Begriff des Arbeitstages falle (vgl. im übrigen die Erklärung der verbündeten Regierungen im Jahre 1891 in der Reichstagskommission bei Beratung des Entwurfs einer Novelle zum Krankenversicherungsgesetz, Aktenstück Nr. 381 S. 2338 zu § 21; von Woedtke, 5. Aufl., S. 147 Anm. 10; von Schicker, 2. Aufl., S. 71 Anm. 11; Reger, Kommentar, 5. Aufl., S. 5; die Urteile des Bayerischen Verwaltungsgerichtshofs v. 4. XII. 99 u. vom 7. X. 1901).

Nr. 4. Entsch. Bd. XXXXII S. 303 v. 6. X. 02 III C 34/02.
§§ 19, 57 b, 58 Abs. 2 Kr.-Vers.-Ges.

1. Die Bestimmung im § 58 Abs. 2 des Krankenversicherungsgesetzes, nach welcher Streitigkeiten zwischen Gemeindekrankenversicherungen und Krankenkassen über den Ersatz irrtümlich geleisteter Unterstützungen im Verwaltungsstreitverfahren entschieden werden, gilt, wie für die Streitigkeiten zwischen Gemeindekrankenversicherungen untereinander so auch für die zwischen Ortskrankenkassen untereinander (vgl. z. B. Fuchsberger-Keidel, Entsch. d. R.-Ger., IX. Teil: K.-V.-G., 2. Aufl., S. 122, 486, 487).

2. Vor dem Gesetze v. 10. IV. 92 über die Abänderung des Gesetzes, betreffend die Krankenversicherung der Arbeiter, v. 15. VI. 83, waren die in einem sog. gemischten Betriebe beschäftigten Arbeiter, sobald für die vereinigten Gewerbszweige mehrere Krankenkassen bestanden, stets je nach dem Gewerbszweige, dem sie angehörten, bei verschiedenen Kassen versichert. Das hatte sich als „sowohl für die Kassen wie für die Beteiligten unzweckmäßig" erwiesen. Um die Unzweckmäßigkeit zu beseitigen, wurde zwischen den bisherigen Absätzen 3 und 4 des § 19 der jetzige Abs. 4 eingeschoben (Begründung zum Gesetze v. 10. IV. 92, Drucksachen des Reichstags, 8. Legislaturperiode I. Session 1890 Nr. 151 S. 43). Es läßt sich nun allerdings nicht verkennen, daß dieser Zweck, falls der neue Absatz in der vorstehenden Weise und nicht dahin zu verstehen ist, daß sein erster Satz bloß eine Richtschnur für die Beteiligten und die nach dem zweiten Satze im Zweifel zur Entscheidung berufene höhere Verwaltungsbehörde bilde, nur sehr unvollkommen erreicht ist. Hierbei kommt namentlich in betracht, daß die dann für die Kassenmitgliedschaft ohne weiteres maßgebende Mehrzahl oft unsicher und wechselnd sein kann, insbesondere, wenn, was nicht selten der Fall ist, Arbeiter desselben Betriebs bald in dem einen, bald in dem anderen der mehreren zu ihm vereinigten Gewerbszweige oder gleichzeitig in mehr als einem Gewerbszweige beschäftigt werden, und daß für die Geltendmachung der bei einem Verstoße gegen den Abs. 4 des § 19 begründeten Ersatzansprüche nicht wie für die des Anspruchs auf Eintrittsgelder und Beiträge (§ 55 Abs. 1 des Krankenversicherungsgesetzes) eine Frist gesetzt ist, also viele Jahre lang zurückgegriffen werden darf. Dennoch muß dem Abs. 4 die Bedeutung beigelegt werden, daß die Bestimmung ohne weiteres wirkt, wenn die darin aufgestellten Voraussetzungen erfüllt sind; die Mitgliedschaft bei der Kasse tritt für den Gewerbszweig, in dem die Mehrzahl der Personen beschäftigt ist, sofort von selbst ein. Bereits der Wortlaut nötigt hierzu. Denn die Worte „gehören an" und „Im Zweifel" bringen klar zum Ausdrucke, daß die Mitgliedschaft bei

„derjenigen Ortskrankenkasse, welche für den Gewerbszweig oder die Betriebsart errichtet ist, in denen die Mehrzahl der Personen beschäftigt ist", kraft Gesetzes und nicht erst als Folge einer Entscheidung eintritt, und daß die höhere Verwaltungsbehörde nur zu entscheiden hat, wenn die Anwendung der im Satz 1 ausgesprochenen Regel auf den einzelnen Fall zum Zweifel Anlaß gibt (Erk. vom 20. X. 1900 P.-V.-Bl. Jahrg. XXII S. 181 u. Arb.-Vers. Jahrg. XVIII S. 114, siehe ferner Arb.-Vers. Jahrg. XI S. 129 Nr. 6).

3. Die Vorschrift in § 19 Abs. 4 K.-V.-G. geht der allgemeinen in § 57⁶ in der Weise vor, daß die letztere nur zur Anwendung kommt, wenn für die Anwendung der ersteren kein Raum ist (vgl. Hahn in der Arb.-Vers. Jahrg. XI S. 130, ferner siehe Arb.-Vers. Jahrg. XII S. 208 u. XV S. 486 ff.).

Nr. 5. Entsch. v. 23. X. 02 III 1762 (Pr.-V.-Bl. Jahrg. XXXIV S. 797).
§§ 21 IV 5, 57 Abs. 5, 6 Abs. 1 Ziff. 1 Kr.-Vers.-Ges.

1. Die Frage, ob ein Armenverband, wenn er den Familienangehörigen des Mitglieds einer Krankenkasse, welchen diese nach ihrem Statut Unterstützung zu gewähren hatte, Armenpflege zuteil werden ließ, einen Ersatzanspruch gegenüber der Kasse hat, wird von der herrschenden Ansicht bejaht (vgl. z. B. Unger in der Arb.-Vers. Jahrg. XVIII S. 433); es hat dies namentlich das O.-V.-G. in gleichmäßiger Rechtsprechung getan (siehe aus der letzten Zeit die Urt. in den Entsch. dess. Bd. XXXVIII S. 337, 338 Anm. und in der Arb.-Vers. Jahrg. XVIII S. 291, 292, Jahrg. XIX S. 288, 392). Es ist verfehlt, wenn die gegenteilige Meinung dann, wenn es sich um eine freiwillige Mehrleistung der Kasse handelt, glaubt annehmen zu sollen, daß das Kassenmitglied keinen Anspruch auf die Unterstützung seiner Angehörigen gegenüber der Kasse habe. Allerdings hängt es von dem Belieben der Kasse ab, ob sie von der Ermächtigung des § 21 Nr. 5 des K.-V.-G. Gebrauch machen will oder nicht. Wählt sie das erstere und tut sie dies in der Weise, daß die Unterstützung stets für die Angehörigen gewährt wird, so ist damit für die Mitglieder ein fester Anspruch begründet worden. Das gilt, wenngleich besondere Beiträge für die Angehörigenunterstützung nicht erhoben werden.

2. Der Pauschsatz des § 57 Absatz 5 des K.-V.-G. tritt nur an die Stelle der im § 6 Abs. 1 Ziffer 1 bezeichneten Leistungen schlechthin d. h. aller dieser Leistungen. Leistet die Kasse nur freie ärztliche Behandlung und Arznei, also nicht Brillen, Bruchbänder und ähnliche Heilmittel, so ist der Abs. 5 nicht anwendbar. Das O.-V.-G. hat hierauf bereits bei einer früheren Gelegenheit hingewiesen, ohne damals selbst zu der Frage Stellung zu nehmen (Entsch. Bd. XXXVIII S. 341). Es läßt sich nicht verkennen, daß für die gegenteilige Ansicht Zweckmäßigkeitsgründe sprechen. Allein diese können gegenüber der positiven Bestimmung des Abs. 5, die die Gewährung aller im § 6 Abs. 1 Ziffer 1 bezeichneten Leistungen fordert, nicht entscheidend sein. Sie fallen um so weniger ausschlaggebend ins Gewicht, als dann die Grenze dafür, ob der Pauschsatz noch eintritt oder nicht, ganz unsicher werden würde. Es muß somit an dem im Abs. 5 zum Ausdrucke gelangten Grundsatz streng festgehalten werden, und hierfür hat sich denn das O.-V.-G. auch schon in dem Urteile vom 20. VI. 1901 (Arb.-Vers. Jahrg. XVIII S. 585, Pr.-V.-Bl. Jahrg. XXIII S. 299) ausgesprochen (vgl. auch das Urt. v. 16. XII. 1901 in der Arb.-Vers. Jahrg. XIX S. 288).

Nr. 6. Entsch. v. 15. VI. 03 III 1207 (Pr.-V.-Bl. Jahrg. XXV S. 235).
§ 24 Kr.-Vers.-Ges.

Wenn der Bezirksausschuß ein Statut mit der Maßgabe genehmigt, daß in dem Statute gewisse Änderungen noch vorgenommen werden, so enthält dieser Beschluß die Nicht-Genehmigung des Statuts so wie es vorgelegt worden mit der Erklärung, daß, wenn die Generalversammlung die vorgeschlagenen Änderungen beschlossen haben werde, der Bezirksausschuß diese und die abgelehnten Bestimmungen voraussichtlich genehmigen werde.

Nr. 7. Entsch. v. 26. II. 03 III 421 (Pr.-V.-Bl. Jahrg. XXIV S. 633).
§ 24 Abs. 1 u. 2 Kr.-Vers.-Ges.

1. Nach dem § 24 Abs. 1 und 2 des K.-V.-G. darf die Genehmigung zur Abänderung eines Kassenstatuts nur versagt werden, wenn die neue Bestimmung den Anforderungen des Krankenversicherungsgesetzes nicht genügt, oder wenn die Bestimmung über die Klassen von Personen, welche der Kasse angehören sollen, mit den Bestimmungen des Statuts einer anderen Kasse im Widerspruche steht. Nach der ersten Vorschrift ist es für die Erteilung oder Versagung der Genehmigung unerheblich, ob die bisherigen Bestimmungen des Statuts und seiner Nachträge sich bewährt haben und deshalb kein Anlaß besteht, sie zu ändern, oder gar es dem Besten der Kasse mehr dienen würde, es bei ihnen zu belassen. Ebensowenig kann entscheidend sein, ob die alten oder die neuen Bestimmungen der schlechten Vermögenslage der Kasse besser, namentlich schneller abzuhelfen geeignet, also welche von ihnen zweckmäßiger sind. Selbst das vermag noch nicht ohne weiteres die Versagung der Genehmigung zu begründen, daß die in Aussicht genommenen Bestimmungen die Kassenmitglieder schädigen könnten.

2. Es braucht eine Krankenkasse, wenn sie von der Befugnis, ein eigenes Krankenhaus zu errichten (von Brauchitsch, Verwaltungsgesetze Bd. VI, 3. Aufl. 2. Bearbeitung, S. 74 Anm. 1 zu § 25), Gebrauch gemacht hat, jedenfalls zu dessen Verwaltung kein besonderes Kuratorium zu bestellen, sondern kann diese Verwaltung wie die der sonstigen Angelegenheiten und Einrichtungen der Kasse in der gewöhnlichen Art durch den Vorstand und die Generalversammlung wahrnehmen lassen.

Nr. 8. Entsch. v. 23. III. 03 III 606 (Pr.-V.-Bl. Jahrg. XXV S. 148.
§§ 27 Abs. 3, 28, 26a Kr.-Vers.-Ges.

1. Die Krankenkassen sind zu statutarischen Satzungen rücksichlich des Maßes ihrer Leistungen nur insoweit ermächtigt, als das Krankenversicherungsgesetz dies zuläßt.

2. Dem Armenverbande, der gesetzlich zur Gewährung der Heilbehandlung verpflichtet ist, kann im Falle einer Ersatzklage nicht entgegengehalten werden, daß die Krankenkasse den Erkankten hätte billiger unterhalten und behandeln lassen können.

Nr. 9. Entsch. Bd. XXXXII S. 308 v. 9. VI. 02 III C 22/02.
§§ 28, 54a, 6a, 26a, Nr. 2 u. 3 Kr.-Vers.-Ges.

1. Der § 54a regelt die Beziehungen der während der Mitgliedschaft bei einer Krankenkasse erkrankten Personen dahin, daß sie im Falle der Erwerbsunfähigkeit für die Dauer der Krankenunterstützung Beiträge nicht zu entrichten haben, ihre Mitgliedschaft während des Bezugs von Krankenunterstützung aber gleichwohl fortdauert. Der § 28 befaßt sich mit den wegen

Erwerbslosigkeit aus der Kasse ausgeschiedenen und damit ihrer Mitgliedschaft bei der Kasse verlustig gegangenen Personen, für die eine Pflicht zur Entrichtung von Beiträgen überhaupt nicht besteht, und für die auch eine Fortdauer der Mitgliedschaft während des Bezugs von Krankenunterstützung nicht in Frage kommen kann, weil die Mitgliedschaft schon vorher verloren gegangen und ihnen der Anspruch auf Krankenunterstützung nur aus Billigkeitsrücksichten zugestanden worden ist.

2. Das O.-V.-G. hat den in dem Krankenversicherungsgesetze nicht erläuterten Begriff der Krankheit im Sinne dieses Gesetzes in dem Urt. v. 10. X. 89 (Entsch. Bd. XVIII S. 356) und demnächst fortgesetzt (siehe die Urteile bei Fuchsberger, Entsch. d. R.-Ger. Bd. IX, 2. Aufl., S. 18, 19, 115, 187, 304) als einen anormalen körperlichen oder geistigen Zustand beurteilt, der die Notwendigkeit einer Heilbehandlung oder die Erwerbsunfähigkeit zur Folge hat. Demgemäß ist während der Dauer dieses Zustandes mit dem Fortbestand einer Krankheit im Sinne des Gesetzes gerechnet, auch wenn es der Heilbehandlung bei obwaltender Erwerbsunfähigkeit nicht oder nicht mehr bedarf, und andererseits nach dem Fortfalle der Notwendigkeit der Heilbehandlung und der Erwerbsunfähigkeit das Vorhandensein einer Krankheit im Sinne des Gesetzes verneint, auch wenn die nach den Grundsätzen der medizinischen Wissenschaft in betracht kommende Krankheitsart nicht gänzlich beseitigt ist. Die von neuem hervorgetretene Notwendigkeit der Heilbehandlung oder der Einstellung der Erwerbstätigkeit ist als der Eintritt einer neuen Krankheit im Sinne des Gesetzes angesehen, der das Recht auf Krankenunterstützung neu begründet. Hiermit übereinstimmend ist die Rechtsprechung der Verwaltungsgerichtshöfe von Bayern, Baden usw. wie auch der ordentlichen Gerichte (siehe Fuchsberger a. a. O.), und in dem gleichen Sinne hat gelegentlich der Beratung der Novelle im Reichstag auf Anfrage ein Regierungsvertreter den Begriff Krankheit erläutert, ohne Widerspruch zu finden (Stenographische Berichte 1892 S. 4765).

3. Welche Krankheitsart nach der medizinischen Wissenschaft vorliegt, ob eine oder mehrere Krankheitsarten in betracht kommen, und worauf sich ihre Entstehung zurückführen läßt, ist danach für das Recht auf die Krankenunterstützung unwesentlich, soweit das Gesetz nicht ein anderes bestimmt. In letzterer Beziehung bedarf es allerdings gegenüber Kassen, die statutarisch von der in §§ 6a und 26a Nr. 2 und 3 zugestandenen Befugnis zur Versagung oder Beschränkung der Krankenunterstützung Gebrauch gemacht haben, im Streitfalle der Feststellung, ob der Versicherte sich die Krankheit durch eine der in Nr. 2 angegebenen Ursachen zugezogen hat, oder ob es sich bei einem neuen Unterstützungsfall um dieselbe Krankheit im medizinischen Sinne handelt, für die schon vorher die Krankenunterstützung in dem zu Nr. 3 angegebenen Umfange gewährt worden ist. Ebenso kommt es für den Anspruch auf Sterbegeld, wenn der Tod erst nach Beendigung der Krankenunterstützung eintritt, darauf an, ob der Tod eine Folge derselben Krankheit im medizinischen Sinne ist, die den Anlaß zu der letzten Krankenunterstützung und zu der bis zum Tode andauernden Erwerbsunfähigkeit hat (§ 20 Abs. 3).

4. Aus dem im Sinne des Krankenversicherungsgesetzes gegebenen Begriffe der Krankheit als eines die Heilbehandlung oder die Erwerbsunfähigkeit bedingenden Zustandes folgt, wie Hahn in der Arb.-Vers. Jahrg. XIII S. 1 ff. zutreffend ausführt, daß es sich auf Grund eines solchen Zustandes um denselben Unterstützungsfall dann noch handelt, wenn zu der diesen Zustand verursachenden Krankheitsart, bevor die Notwendigkeit der Heilbehandlung fortgefallen oder die Erwerbsfähigkeit wiedererlangt ist, während der Dauer der Unterstützungszeit eine andere, ebenfalls die Heilbehandlung oder die

Erwerbsunfähigkeit bedingende Krankheitsart hinzugetreten ist, die sich nach den Grundsätzen der medizinischen Wissenschaft als eine von der ersteren völlig verschiedene und auch von ihr unabhängig entstandene Krankheit darstellt. Insbesondere läßt sich für den § 28 des Krankenversicherungsgesetzes zu einer abweichenden Bestimmung der Begriffe „Krankheit" und „Unterstützungsfall" nicht schon um deswillen gelangen, weil hier die Entstehung des Unterstützungsanspruchs an den Eintritt des Unterstützungsfalls binnen drei Wochen nach dem durch Erwerbslosigkeit bedingten Ausscheiden aus der Kasse gebunden ist. Worauf es für die Anwendung dieser Vorschrift allein ankommt, ist, daß das Kranksein binnen drei Wochen nach dem Ausscheiden aus der Kasse begonnen hat.

Nr. 10. Entsch. Bd. XXXXIII S. 323 v. 28. V. 03 III C 163/02.

§ 57 Kr.-Vers.-Ges.

Es handelt sich darum, wie sich in dem Falle, daß ein Krankenkassenmitglied von einem vorläufig verpflichteten Armenverband unterstützt worden ist, dem letzteren der endgültig verpflichtete Armenverband teilweise Ersatz geleistet hat und der Betrag des Unterstützungsanspruchs an die Krankenkasse zur vollen Befriedigung der beiden Armenverbände nicht ausreicht, die Rechtsverhältnisse zwischen diesen und der Kasse gestalten. Das O.-V.-G. und das Bundesamt für das Heimatwesen sind bisher verschiedener Ansicht gewesen. Die Meinungsverschiedenheit zwischen den beiden Gerichtshöfen und überhaupt die große Abweichung der in Theorie und Praxis zum Ausdrucke gelangten Ansichten über die streitige Frage sind zu ersehen aus den Kommentaren zum Krankenversicherungsgesetze § 57 und zum Gesetz über den Unterstützungswohnsitz § 62 besonders bei Fuchsberger-Keidel, Entsch. auf dem Gebiete der Krankenversicherung, 2. Aufl., S. 419 ff., Arb.-Vers. Jahrg. XVIII S. 95, Pr.-V.-Bl. Jahrg. XIII S. 164, 324, Jahrg. XV S. 50, Entsch. des Bundesamts für das Heimatwesen Bd. XXV S. 121, siehe ferner Wielandt, Rechtsprechung des Großherzoglich Badischen Verwaltungsgerichtshofs II. Teil S. 244, 247, Schultzenstein im Verwaltungsarchiv Bd. II S. 211 ff. und in der Arb.-Vers. Jahrg. XI S. 85 ff. und Hahn im Verwaltungsarchiv Bd. IV S. 489 ff. Bei erneuter Prüfung ist das O.-V.-G. zu dem Ergebnisse gelangt, daß sich seine Rechtsprechung, soweit sie von der des Bundesamts abweicht, nicht mehr festhalten läßt. Das Oberverwaltungsgericht und das Bundesamt haben bereits stets darin übereingestimmt, daß ein doppelter Anspruchsübergang stattfindet. Erst bei den hieraus zu ziehenden Folgen trennten sie sich, indem das Oberverwaltungsgericht das Recht keines der beiden Armenverbände für stärker hielt und deshalb zu einer Teilung des Anspruchs nach dem Verhältnisse der Anteile an den gesamten Armenpflegekosten gelangte, das Bundesamt dagegen dem vorläufig verpflichteten Armenverband ein Recht auf volle Befriedigung zuspricht und ihn zu einer Teilung mit dem endgültig verpflichteten Armenverbande nicht für verbunden erachtet. Das O.-V.-G. muß nunmehr auch hinsichtlich der letzteren Annahme dem Bundesamte zustimmen. Sie erscheint als dem Geiste und der Absicht sowohl des Gesetzes über den Unterstützungswohnsitz wie des Krankenversicherungsgesetzes mehr entsprechend und empfiehlt sich außerdem dadurch, daß sie für die praktische Anwendung brauchbarer ist als die einer verhältnismäßigen Teilung des Betrags des Anspruchs, den das Kassenmitglied an die Krankenkasse hat. Es ist also mit dem Bundesamte dem vorläufig verpflichteten Armenverbande die Befugnis zuzugestehen, daß er diesen Betrag in Höhe seiner Aufwendungen ganz für sich in Anspruch nimmt und den dadurch etwa noch nicht gedeckten Rest überdies bis zu dem tarifmäßigen Betrage von dem endgültig verpflichteten Armenverbande fordert. Der endgültig verpflichtete Armenverband hat hiernach in der Regel keinen Anspruch gegenüber der Kasse. Nur soweit der vorläufig verpflichtete Armenverband nach dem Vorstehenden den Betrag des Unterstützungsanspruchs des Kassenmitglieds an die Kasse nicht für sich von der Kasse verlangen darf, hat auch der endgültig verpflichtete Armenverband wegen dessen, was er durch die Erstattung an den vorläufig verpflichteten Armenverband zu den Gesamtkosten der Armenpflege beigetragen hat, bis zur Höhe des Restes dieses Betrags einen Anspruch an die Kasse, für welchen Anspruch dann gleichfalls das Verwaltungsstreitverfahren eröffnet ist.

Nr. 11. Entsch. Bd. XXXXII S. 312 v. 12. VI. 02 III C 55/02.

§ 57 Kr.-Vers.-Ges.

In der nachträglichen Übernahme der Kosten der durch einen Dritten bewirkten Heilbehandlung eines Kassenmitgliedes seitens eines Armenverbandes liegt die Gewährung einer armenrechtlichen Unterstützung nur dann, wenn der Dritte die Leistungen im Namen oder im Auftrage des Armenverbandes (z. B. die Polizei, Erk. v. 22. VI. 96 Entsch. Bd. XXX S. 358) bewirkt hatte (Wohlers-Krech, R.-G. über den Unterstützungswohnsitz 9. Aufl. S. 88).

Nr. 12. Entsch. Bd. XXXXIII S. 327 v. 19. I. 03 III C 91/02.

§ 57 Kr.-Vers.-Ges.; §§ 407, 408 B.-G.-B.

1. In Theorie und Praxis besteht Meinungsverschiedenheit darüber, in welchem Umfange dem Armenverbande, wenn er gemäß § 57 Krankenversicherungsgesetzes von einer Gemeindekrankenversicherung oder Krankenkasse Ersatz fordert, Einwendungen aus dem Verhalten der von dem Armenverband unterstützten Person sowie dem der Gemeindekrankenversicherung oder Krankenkasse aus der Zeit, nach dem sich der Übergang vollzogen hat, entgegengesetzt werden dürfen. Es ist derjenigen Ansicht beizutreten, wonach alle Handlungen und Unterlassungen, wie Zahlungen und Vergleiche, soweit sie überhaupt mit Wirksamkeit zu gunsten der Gemeindekrankenversicherung oder Krankenkasse stattfinden können, diese Wirkung auch dem Armenverbande gegenüber haben, wenn die Gemeindekrankenversicherung oder Krankenkasse zu der Zeit, wo sie stattfanden, noch in gutem Glauben war, d. h. ihr die den Übergang begründeten Tatsachen noch nicht in glaubhafter Weise bekannt geworden sind. Sie folgt insbesondere aus dem Wesen des Rechtsüberganges, der notwendigen Rücksicht auf Treu und Glauben, dem Verkehrsbedürfnis und der entsprechenden Anwendung der bei der Übertragung dem Übergange von privatrechtlichen Forderungen maßgebenden Bestimmungen (§§ 407, 408 Abs. 2 B.-G.-B.).

2. Die weitere Folge hiervon ist, daß auch ein zwischen dem vom Armenverband Unterstützten und der gutgläubigen Gemeindekrankenversicherung oder Krankenkasse anhängig gewesener und rechtskräftig entschiedener Rechtsstreit über den Anspruch auf Krankenunterstützung dem Armenverbande gegenüber Bedeutung hat; dieser muß das rechtskräftige Urteil gegen sich gelten lassen (§ 407 Abs. 2 B.-G.-B.).

Nr. 13. Entsch. Bd. XXXXIII S. 329 v. 29. I. 03 III C 137/02.

§ 57a, 58 Kr.-Vers.-Ges.

1. Im Verwaltungsstreitverfahren sind nach § 58 Abs. 2 K.-V.-G. zu entscheiden: Streitigkeiten über Erstattungsansprüche aus § 57a und Streitigkeiten zwischen Gemeinde-Krankenversicherungen und Krankenkassen über den Ersatz irrtümlich geleisteter Unterstützungen. Unter einem Erstattungs-

anspruch aus § 57a kann nur ein Anspruch wegen einer Leistung verstanden werden, die unter den vorliegenden tatsächlichen Umständen von der ersatzberechtigten Kasse gemäß § 57a für Rechnung der ersatzpflichtigen Kasse übernommen werden mußte. Weshalb aber eine durch Irrtum über das Vorhandensein der Voraussetzungen des § 57a beeinflußte Leistung dessen, was eine andere Kasse zu gewähren hatte, nicht unter die „irrtümlich geleisteten Unterstützungen" fällt, für die beim Streite zwischen den Kassen die Zuständigkeit der Verwaltungsgerichte allgemein besteht, läßt sich nicht absehen. Der Wortlaut nötigt nicht, diese Zuständigkeit auf die Fälle zu beschränken, wenn die ersatzberechtigte Kasse die der ersatzpflichtigen Kasse obliegende Leistung erfüllt hat, weil sie irrtümlich ihre Pflicht zur Gewährung der Krankenunterstützung für gegeben hielt. Das Wort „irrtümlich" ist überhaupt nicht wörtlich zu nehmen. Was zum Ausdrucke hat gebracht werden sollen, geht, wie die Begründung zur Novelle v. 10. IV. 92 ergibt, dahin, daß Streitigkeiten zwischen Gemeinde-Krankenversicherungen und Krankenkassen im Verwaltungsstreitverfahren dann zu entscheiden sind, wenn sie den Ersatz auf Grund der Bereicherung betreffen (Entsch. Bd. XXVII S. 383 ff., Urt. v. 17. I. 95). Diesem Ziele entspricht es nicht, das Verwaltungsstreitverfahren lediglich deshalb für unzulässig zu erachten, weil der Leistung dessen, was eine andere Kasse zu gewähren hatte, ein irrtümlich erteilter und angenommener Auftrag vorausgegangen ist. Hierfür ist es auch unerheblich, ob sich der Umfang des Ersatzanspruchs mit Rücksicht auf den irrtümlich erteilten Auftrag nach den Vorschriften des bürgerlichen Rechtes über Auftrag oder über Geschäftsführung ohne Auftrag oder über Bereicherung bestimmt.

2. Der Begriff des „Wohnorts" im Sinne des § 57a Abs. 1 ist zweifellos auch bei dem Orte gegeben, an dem ein Versicherter seinen Wohnsitz im Rechtssinne hat. Er geht aber insofern weiter, als der Wohnsitz im Rechtssinne keine notwendige Voraussetzung und als ein Wohnort im Sinne dieser Vorschrift auch schon der Ort ist, wo der Versicherte seinen ständigen Aufenthalt hat und also tatsächlich wohnt (siehe Fuchsberger-Keidel, Entsch. auf dem Gebiete der Krankenversicherung, 2. Aufl., S. 453).

3. Wie es im Falle eines mehrfachen Wohnorts zu halten sei, darauf ist weder in der Begründung noch in den Verhandlungen, die vor der Feststellung des § 57a stattgefunden haben, eingegangen, vermutlich, weil man sich diese Möglichkeit nicht gegenwärtig gehalten hat. Es liegt also jedenfalls nichts dafür vor, daß den Kassen, die ihren Mitgliedern die Ausheilung von einer Krankheit an dem außerhalb des Kassenbezirkes belegenen Orte, wo sie mit der Familie wohnen, gestatten, grundsätzlich die Befugnis hat abgesprochen werden sollen, hierfür die Kassen des Wohnorts in Anspruch zu nehmen. Eine solche Regelung würde auch zu Härten führen gegenüber den Kassenmitgliedern, die im allgemeinen, soweit sich eine Krankenhauspflege nicht als notwendig oder förderlich erweist, geneigt sind, ihre Krankheit bei der Familie zu überstehen, und hierfür kann die Rücksicht darauf füglich nicht maßgebend sein, daß der ersuchten Kasse durch die Gewährung der Heilbehandlung ein über die Hälfte des Krankengeldes hinausgehender Aufwand in einzelnen Fällen und namentlich dann entstehen kann, wenn am Wohnorte kein Arzt seinen Sitz hat. Der Wortlaut des § 57a Abs. 1 zwingt nicht zu einer derartig beschränkten Auslegung, wie sie von dem Bayerischen Verwaltungsgerichtshof und auch sonst vertreten worden ist (siehe Arb.-Vers. Jahrg. XIX S. 33, Fuchsberger-Keidel a. a. O. S. 446/49 und Fischer, Zeitschrift für Praxis u. s. w. Bd. XX S. 222 ff.). Das O.-V.-G. entscheidet sich für die gegenteilige Auslegung, die, soviel erkennbar, von dem Sächs. O.-V.-G. ebenfalls angenommen wird (siehe dessen Urt. in der Arb.-Vers. Jahrg. XIX S. 372 ff. und 438 ff.).

Nr. 14. Entsch. Bd. XXXXIII S. 335 v. 29. I. 03 III C 104/02.

§ 57a Abs. 1 u. 2 Kr.-Vers.-Ges.

1. Weder der Wortlaut der Vorschrift des § 57a Abs. 1 und 2 des K.-V.-G. noch der gesetzgeberische Grund für ihre Einfügung in die Novelle vom 10. IV. 92 (vgl. z. B. von Woedtke, Krankenversicherungsgesetz, 5. Aufl., S. 381 ff.) nötigen zu der Annahme, daß sie auf solche Fälle zu beschränken sei, in denen der Versicherte erst an seinem außerhalb des Kassenbezirkes belegenen Wohnort erkrankt (siehe die Entsch. und Verf. des Königl. Sächs. Min. d. J. vom 1. VI. und 23. III. 98, sowie vom 6. II. und 5. III. 1900 in Fischer, Zeitschrift für Praxis und Gesetzgebung der Verwaltung Bd. XX S. 220, 222 und Bd. XXI S. 283, 284, die Urt. des Sächs. O.-V.-G. vom 8. und 19. III. 1902 in der Arbeiter-Versorgung Jahrg. XIX S. 372 und 438, Mayer daselbst Jahrg. XVII S. 465 ff., — anderer Meinung u. a. das Badische Ministerium des Innern in seiner bei Fuchsberger-Keidel, Entsch. auf dem Gebiete der Krankenversicherung, 2. Aufl., S. 446 abgedruckten Entsch. vom 20. I. 1899 und der Bayerische Verwaltungsgerichtshof in seinem Urt. vom 25. II. 1901, Arb.-Vers. Jahrg. XIX S. 33).

2. Unter „Wohnen" und „Wohnort" im Sinne des Krankenversicherungsgesetzes ist nicht ein Wohnort in der Bedeutung des juristischen Wohnsitzes, sondern des tatsächlichen Wohnens, des ständigen Aufenthalts im Gegensatze zum vorübergehenden Aufenthalte zu verstehen (vgl. z. B. von Woedtke a. a. O. S. 383 Anm. 4 und das Urteil des Bayerischen Verwaltungsgerichtshofs v. 25. II. 1901 a. a. O. nebst den dortigen Zitaten).

3. Wenn eine Ortskrankenkasse oder Gemeinde-Krankenversicherung in der irrtümlichen Annahme, daß die Voraussetzungen des Abs. 1 § 57a K.-V.-G. gegeben seien, auf Grund dieser Bestimmung ein Ersuchen um Gewährung der Krankenunterstützung stellt, so müssen, wenn die ersuchte Kasse ihm nachkommt und mit der Verpflegung des Versicherten beginnt, der Antrag der ersuchenden Kasse und die ihm entsprechend übernommene Krankenfürsorge als etwas Einheitliches angesehen werden. Es ist dann nicht zulässig, in solchen Fällen, in denen ein ursprünglich transportfähiger Kranker nachträglich infolge einer Verschlimmerung seiner Krankheit transportunfähig wird, so daß eine Überführung nach seinem Wohnorte nicht erfolgen kann, zwischen einem Zeitraume der Transportfähigkeit und einem solchen der Transportunfähigkeit zu unterscheiden und vom Eintritte der letzteren ab das Sach- und Rechtsverhältnis nach dem Abs. 2 zu beurteilen.

Nr. 15. Entsch. Bd. XXXXIII S. 339 v. 11. XII. 02 II C 103/02.

§§ 58 Abs. 2, 57a Abs. 1c, 2, 4 Kr.-Vers.-Ges.

Es liegt der Bestimmung des § 58 Abs. 2 des K.-V.-G., wonach Streitigkeiten zwischen Gemeindekrankenversicherungen und Krankenkassen über den Ersatz irrtümlich geleisteter Unterstützungen im Verwaltungsstreitverfahren zu entscheiden sind, unverkennbar der den sozialpolitischen Zwecken des ganzen Gesetzes entsprechende Gedanke zu grunde, daß der danach — mit der Bereicherungsklage — zu verfolgende Ersatzanspruch den dort genannten Kassen in allen Fällen, wo sie die einer anderen Kasse obliegenden Unterstützungen tatsächlich geleistet haben, in gleicher Weise zustehen soll, wie es der § 57a Abs. 1 und 2 des Gesetzes in den hier vorgesehenen Fällen vorschreibt, so daß nur der Abs. 4 des § 57a keine Anwendung findet.

Nr. 16. Entsch. Bd. XXXXIII S. 360 v. 12. II. 03 III C 162/02.

§ 12 Abs. 2 Ges. v. V. 5. 86 (R.-G.-Bl. S. 132); § 29 Abs. 2 Unf.-Vers.-Ges. für Land- und Forstwirtschaft v. 30. VI. 00 (R.-G.-Bl. S. 641).

1. Auch ein Hauskind kann ein Arbeiter sein. Das entscheidende Merkmal für die Eigenschaft als Arbeiter ist die Aufgabe der Selbständigkeit in gewissem Grade für die Zeit der Tätigkeit, das Eintreten in die abhängige Stellung eines Arbeiters gegenüber dem anderen als dem Arbeitgeber, welches Merkmal beim Mangel einer zweifelsfreien Abrede aus den gesamten tatsächlichen Umständen des einzelnen Falles, insbesondere auch unter Mitberücksichtigung der wirtschaftlichen und sozialen Verhältnisse sowohl desjenigen, der die Tätigkeit übernommen hat.

2. Ebensowenig hindert sonstige Verwandtschaft die Begründung eines Arbeiterverhältnisses.

3. Es muß bei der weiten Fassung des § 12 Abs. 2 Ges. vom 5. V. 86 und des § 29 Abs. 2 Unf.-Vers.-Ges. für Land- und Forstwirtschaft v. 30. VI. 1900 („Streitigkeiten über Ersatzansprüche, welche aus den Bestimmungen des . . . entstehen") das Verwaltungsstreitverfahren für eröffnet erachtet werden auch zu dem Zwecke, um einen bisher nur außerhalb des Verwaltungsstreitverfahrens mittels eines Mahnzettels geltend gemachten Anspruch durch eine negative Feststellungsklage von sich abzuwehren. Hierbei wechseln allerdings die Parteirollen. Während dort der Ersatzberechtigte Kläger und der Ersatzverpflichtete Beklagter ist, wird hier der Ersatzverpflichtete zum Kläger und der Ersatzberechtigte zum Beklagten. Der Streitgegenstand aber bleibt derselbe, und das Verwaltungsstreitverfahren ist hinsichtlich dieses Gegenstandes ohne jede Beschränkung gegeben. Für den § 50 Abs. 3 des Invalidenversicherungsgesetzes, dessen Wortlaut ähnlich allgemein ist („Streitigkeiten, welche zwischen den Beteiligten über den Anspruch auf Überweisung von Entschädigungsbeträgen entstehen"), hat das O.-V.-G. am 17. III. 1902 (Entsch. Bd. XXXXII S. 327, Arb.-Vers. Jahrg. XIX S. 442) angenommen, daß nach ihm das Verwaltungsstreitverfahren auch stattfinde, wenn es sich nicht um die Geltendmachung des Anspruchs eines Armenverbandes auf Überweisung von Invalidenrente, sondern um ein Bestreiten der Rechtmäßigkeit der bereits erfolgten Überweisung einer Rente als dem Betrage nach zu hoch und die Zurückforderung des betreffenden Teiles der schon gezahlten Rente durch den Rentenberechtigten handle (Urt. v. 20. X. 1902, Arb.-Vers. Jahrg. XX S. 86).

4. Allerdings sind dem Verwaltungsstreitverfahren bloße Feststellungsklagen in der Regel fremd (von Brauchitsch, Verwaltungsgesetze Bd. I, 11. Aufl., 6. Bearb., S. 24 Anm. 10 Abs. 2). Die Regel erleidet aber für Feststellungsklagen überhaupt und insbesondere auch für negative Feststellungsklagen eine Ausnahme, wo das Gesetz diese Klagen gibt (vgl. das Urt. v. 20. III. 95 in dessen Entsch. Bd. XXVIII S. 208). Eine solche Ausnahme begründete früher der § 12 Abs. 2 des Ges. v. 5. V. 86 und begründet jetzt der § 29 Abs. 2 des Ges. v. 30. VI. 1900 wegen ihrer allgemeinen Fassung.

Nr. 17. Entsch. Bd. XXXXIII S. 355 v. 25. VI. 03 III C 43/03.

§ 27 Unf.-Vers.-Ges. für Land- und Forstwirtschaft v. 30. VI. 00 (R.-G.-Bl. S. 641).

1. Es ist außer Zweifel und vom Oberverwaltungsgerichte schon oft ausgesprochen worden (z. B. Entsch. Bd. XIX S. 355, Bd. XXXV S. 380, Kunze-Kautz, Rechtsgrundsätze Ergänzungs-Bd. 1902 S. 348, Pr.-V.-Bl. Jahrg. XXIII S. 184, Jahrg. XXIV S. 102, Arb.-Vers. Jahrg. XIX S. 191), daß auch Kinder, die im land- oder forstwirtschaftlichen

Betrieb ihrer Eltern beschäftigt sind, Arbeiter sein können, und zwar selbst, wenn sie ihre Dienste ohne Lohn oder Gehalt verrichten. Die Eigenschaft als Arbeiter erfordert ferner kein bestimmtes Alter.

2. Wenn in dem Urteile des Oberverwaltungsgerichts v. 10. VI. 99 (Entsch. Bd. XXXV S. 378) ausgeführt worden ist (S. 380): „Das Merkmal eines Arbeiters im Sinne des § 10 des Gesetzes, betreffend die Unfall- und Krankenversicherung der in land- und forstwirtschaftlichen Betrieben beschäftigten Personen, v. 5. V. 86 — jetzt also des § 27 des Unfallversicherungsgesetzes für Land- und Forstwirtschaft — könne, wovon das Oberverwaltungsgericht stets ausgegangen sei, nicht schon darin gefunden werden, daß es sich um eine Tätigkeit handle, die Arbeiter zu leisten pflegen, sondern nur darin, daß derjenige, der eine solche Tätigkeit für einen dritten übernehme, sich dem letzteren gegenüber für die Dauer seiner Tätigkeit seiner Selbständigkeit begebe und damit zu dem dritten als seinem Arbeitgeber in das abhängige Verhältnis eines Arbeiters trete," so steht dies ebensowenig entgegen wie die Bemerkung in dem Urt. v. 23. XII. 89 (Entsch. Bd. XIX S. 355/361), es seien die in der Land- oder Forstwirtschaft des Familienhaupts beschäftigten Familienangehörigen nicht unter allen Umständen, sondern nur dann unfallversicherungspflichtig und zum Bezuge der im § 10 Abs. 1 des Ges. v. 5. V. 86 vorgesehenen Leistungen der Gemeinden berechtigt, wenn sie „Arbeiter" im Sinne des § 1 a. a. O. seien. Das erstere Urteil betraf einen Fall, in welchem darüber zu entscheiden war, ob jemand, der sich sonst in einer wirtschaftlich selbständigen Stellung befand, den Unfall während einer Beschäftigung als Arbeiter oder als Unternehmer oder in einer anderen Eigenschaft erlitten hatte. Jene Ausführung hat daher nicht die allgemeine Tragweite, die ihr mitunter gegeben worden ist (siehe z. B. v. Brauchitsch a. a. O. S. 402 Anm. 4 zu § 1). Sie gilt nicht, wo, wie bei einem Hauskinde, keine Selbständigkeit, der man sich begeben könnte, besteht und der Arbeitgeber bereits wegen seiner elterlichen Gewalt die Befugnisse hat, die er dadurch, daß ein anderer zu ihm als seinem Arbeitgeber in das abhängige Verhältnis eines Arbeiters tritt, erlangen würde. Was aber die Bemerkung in dem Urt. v. 23. XII. 89 anbetrifft, so wird ein Hauskind nicht schon deshalb zum Bezuge der im § 27 Abs. 1 vorgesehenen Leistungen für berechtigt gehalten, wenn er im land- oder forstwirtschaftlichen Betriebe seines Vaters beschäftigt ist, sondern wenn er dabei die Eigenschaft eines Arbeiters hat.

Nr. 18. Entsch. v. 20. IV. 03 III 769 (Pr.-V.-Bl. Jahrg. XXV S. 218).

§§ 25, 26 Gew.-Unf.-Vers.-Ges. v. 5. VII. 00.

Nach Abs. 2 § 26 Ges. v. 5. VII. 1900 findet das Verwaltungsstreitverfahren nur statt zur Entscheidung von Streitigkeiten, welche aus den Bestimmungen des § 25 Abs. 2 bis 5 zwischen den Beteiligten über den Anspruch auf Überweisung von Rentenbeträgen entstehen. Der Abs. 1 des § 25 ist nicht in bezug genommen.

Nr. 19. Entsch. Bd. XXXXIII S. 350 v. 23. IV. 03 III B 120/03.

§§ 12, 14 Gew.-Unf.-Vers.-Ges. v. 30. VI. 00 (R.-G.-Bl. S. 585).
§ 58 Abs. 1 Kr.-Vers.-Ges.

Die Verwaltungsgerichte sind nicht zuständig für Entscheidung von Streitigkeiten der Armenverbände gegen Betriebsunternehmer, die ihren Arbeitern die im § 12 des Gew.-Unf.-Vers.-Ges. v. 30. VI. 1900 ausgesetzte Unterstützung nicht gewähren. Nach § 12 Abs. 2 Gew.-Unf.-Vers.-Ges. hat der Unternehmer dem in seinem Betriebe verunglückten, bei einer Krankenkasse nicht versicherten Arbeiter allerdings für die ersten dreizehn Wochen die Krankenunterstützung nach Maßgabe der §§ 6, 7 des Krankenversicherungsgesetzes einschließlich des im § 12 Abs. 1 des ersteren Gesetzes bestimmten Zuschusses zu gewähren. Im Falle eines hierüber zwischen dem Arbeiter und dem Unternehmer entstehenden Streites erfolgt aber auf Antrag die Entscheidung gemäß § 14 des Gewerbeunfallversicherungsgesetzes nach § 58 Abs. 1 des Krankenversicherungsgesetzes, d. h. durch die Aufsichtsbehörde vorbehaltlich des ordentlichen Rechtswegs, sofern solche Streitigkeiten landesgesetzlich dem Verwaltungsstreitverfahren nicht überwiesen worden sind, wie dies für Preußen zur Zeit zutrifft.

Nr. 20. Entsch. Bd. XXXXIII S. 342 v. 6. IV. 03 III C 178/02.

§§ 25, 26, 27, 96 Gew.-Unf.-Vers.-Ges. in der Fassung v. 30. VI. 00 (R.-G.-Bl. S. 335); § 8 Unf.-Vers.-Ges. v. 6. VII. 84; § 49 Inv.-Vers.-Ges. in der Fassung v. 13. VII. 99 (R.-G.-Bl. S. 463).

1. Nach allgemeinen Grundsätzen haben neue Gesetze, insbesondere soweit sie gegenüber den bisherigen Gesetzen die Rechte dritter abweichend und gar einschränkend regeln, rückwirkende Kraft nur dann, wenn sie ihnen erkennbar beigelegt worden ist. In dem Abänderungsgesetze vom 30. VI. 1900 ist dies nicht nur nicht ausdrücklich geschehen, sondern die gegenteilige Absicht ist dem § 27 zu entnehmen. Denn dafür, daß es für erforderlich erachtet worden ist, hier die Anwendbarkeit der für die Berechtigten günstigeren Vorschriften des neuen Gesetzes für die erste noch nicht rechtskräftig entschiedene Feststellung von Entschädigungsansprüchen aus Unfällen, die sich vor seinem Inkrafttreten ereignet haben, auszusprechen, kann füglich nur die Überzeugung bestimmend gewesen sein, daß mangels einer solchen Vorschrift das alte Gesetz maßgebend sein würde. Obschon § 25 rücksichtlich des Maßes, in dem die Rente von den Armenverbänden in Anspruch genommen werden darf, für die Berechtigten günstigere Vorschriften enthält, fällt er zweifellos nicht unter die günstigeren Vorschriften im Sinne des § 27. Für ihn bewendet es danach bei der die rückwirkende Kraft ausschließende Regel ebenso, wie es für den § 49 des Invalidenversicherungsgesetzes in der Fassung des Gesetzes vom 13. VII. 99 (R.-G.-Bl. S. 463) zutrifft (s. hierfür das Urt. v. 13. V. 1901 in der Arb.-Verf. Jahrg. XVIII S. 419).

2. Nach § 8 des U.-V.-G. v. 6. VII. 84 ist die Rente für die Unterstützungszeit soweit, als es zur Deckung erforderlich ist, auf den Armenverband übergegangen, ohne daß es noch einer förmlichen Überweisung bedarf. Für Streitigkeiten darüber, ob und in welcher Höhe ein solcher Übergang sich vollzogen hat, war die Zuständigkeit der Verwaltungsgerichte durch ein Gesetz nicht begründet. Es verblieb deshalb bei der Zuständigkeit der ordentlichen Gerichte, und hierbei hat es das Ges. v. 30. VI. 1900 belassen. Die indessen § 26 für die Verwaltungsgerichte begründete Zuständigkeit bezieht sich insbesondere lediglich auf Streitigkeiten nach § 25 darüber, ob und in welcher Höhe sich der Anspruch der Kassen usw. auf Überweisung von Rente wegen Leistungen an den Rentenempfänger rechtfertigt, die ihm für die Zeit nach dem Inkrafttreten des § 25 und also nach dem 1. I. 1902 gewährt worden sind.

3. Der Antrag auf Überweisung von Rentenbeträgen ist nach § 26 des Gewerbe-Unfallversicherungsgesetzes von dem Ersatzberechtigten bei der Berufsgenossenschaft anzumelden. Die Befugnis, über die Berechtigung des Ersatzanspruchs mit Übergehung des Rentenempfängers und für ihn verbindlich zu befinden, ist ihr nicht zugestanden und also daran nichts geändert, daß hierüber der Rentenempfänger, zu dessen Vermögen die fällig gewordene

Rente gehört und dessen Verfügungsrecht auch in § 96 grundsätzlich anerkannt worden ist, zu entscheiden hat. Die Berufsgenossenschaft als Anmelde- und Zahlstelle darf sich darauf beschränken, entweder den Ersatzberechtigten den Nachweis der Zustimmung des Rentenempfängers zu überlassen oder den Rentenempfänger unmittelbar hierüber zu hören. Zu den Beteiligten, unter denen im Falle der Weigerung des Rentenempfängers der Streit über die Überweisung von Rentenbeträgen zum Austrage zu bringen ist, gehören im Sinne des § 26 der Ersatzberechtigte und der Rentenempfänger. Die zwischen ihnen ergehenden Urteile der Verwaltungsgerichte bilden die Unterlage, auf Grund deren die Zahlung aus der Rente an den Ersatzberechtigten für den Rentenempfänger verbindlich erfolgen darf.

4. Für den § 8 des U.-V.-G. v. 6. VII. 84 ist das Reichs-Versicherungsamt (s. Handbuch der Unfallversicherung, 2. Aufl., S. 189/90) davon ausgegangen, daß hier den eingeschriebenen Hilfskassen sowie den sonstigen Kranken-, Sterbe-, Invaliden- und anderen Unterstützungskassen, wie auch den Gemeinden und Armenverbänden ein Ersatzanspruch aus der Rente nur wegen solcher Unterstützungen zugestanden worden ist, welche in ursächlichem Zusammenhange mit dem Unfalle stehen, der zur Bewilligung der Rente den Anlaß gegeben. Ob sich dies für die Ersatzansprüche der Gemeinden und Armenverbände rechtfertigt, kann dahingestellt bleiben; für die Ersatzansprüche der genannten Kassen ist dem in Übereinstimmung mit dem Reichsgerichte (s. Entsch. in Zivilsachen Bd. XXV S. 121ff.) beizutreten. Insoweit ist schon der Wortlaut zweifelsfrei.

5. Was für § 8 gilt, muß bei gleichem Wortlaute auch für § 25 des Gesetzes in der neuen Fassung gelten. Ganz unerheblich ist, daß hier von „Unfällen" und nicht von „Betriebsunfällen" die Rede ist.

Nr. 21. Entsch. Bd. XXXXIII S. 348 v. 23. IV. 03 III C 173/02.

§§ 9, 15, 93, 25 Abs. 2 bis 5 Gew.-Unf.-Vers.-Ges. v. 30. VI. 00 (R.-G.-Bl. S. 585); Art. I Nr. IX Abs. 4 Ges. v. 25. V. 03 (R.-G.-Bl. S. 233).

1. Unter die „Rente", deren Überweisung nach § 25 Abs. 2 bis 5 des Gew.-Unf.-Vers.-Ges. v. 30. VI. 1900 von den ersatzberechtigten Kassen zur Deckung ihrer Forderungen in dem näher bestimmten Umfange gefordert werden darf, fällt begrifflich das Sterbegeld nicht. Das Gesetz unterscheidet zwischen Rente und Sterbegeld (§§ 9, 15, 93). Die Rente ist derjenige Schadensersatz, der dem durch einen Unfall in seiner Erwerbsfähigkeit beschränkten Arbeiter usw. in Höhe eines Teiles des Jahresarbeitsverdienstes für die Dauer der Erwerbsunfähigkeit und im Falle seiner Tötung den Hinterbliebenen zu gewähren ist. Das Sterbegeld ist derjenige Schadensersatz, der im Falle der Tötung eines gegen Unfall versicherten Arbeiters als Beitrag zu den Kosten seiner Beerdigung seinen Hinterbliebenen neben der ihnen zustehenden Rente zu zahlen ist.

2. Schon aus dieser Rücksicht verbietet es sich, unter der Überweisung von Rentenbeträgen diejenige von Sterbegeld mitzubegreifen. Aber auch die Unterscheidung zwischen vorübergehender und fortlaufender Unterstützung, nach der sich das zulässige Maß der Rentenüberweisung regelt, ist auf Sterbegeld unanwendbar. Schließlich könnte der Rückgriff, da der Getötete die Rente im voraus bezogen hat, auch nur auf die Rente seiner Hinterbliebenen eröffnet sein. Der Ersatzanspruch wäre dann davon abhängig gemacht, ob zum Bezuge von Rente berechtigte Hinterbliebene vorhanden sind, was füglich nicht unterstellt werden kann.

3. Unter dieſen Umſtänden kann es ſich, wenn der gleichzeitige Bezug des Sterbegeldes von Krankenkaſſen und Berufsgenoſſenſchaften in der Tat unzuläſſig iſt, immer nur um den Rückgriff auf das Sterbegeld handeln, das die Berufsgenoſſenſchaft zu gewähren hat. Hierfür läßt ſich die Zuſtändigkeit der Verwaltungsgerichte weder aus § 26 noch aus einer anderen Vorſchrift herleiten.

Nr. 22. Entſch. v. 9. IV. 03 III 702.

§§ 25, 26 Gew.-Unf.-Verſ.-Geſ. v. 30. VI. 00; § 8 Unf.-Verſ.-Geſ. v. 6. VII. 84. § 49 Inv.-Verſ.-Geſ. v. 19. VII. 99.

1. Nach allgemeinen Grundſätzen haben neue Geſetze, insbeſondere ſoweit ſie gegenüber den bisherigen Geſetzen die Rechte Dritter abweichend und gar einſchränkend regeln, rückwirkende Kraft nur dann, wenn ſie ihnen erkennbar beigelegt worden iſt. In dem Abänderungsgeſetz v. 30. VI. 1900 iſt dies nicht nur nicht ausdrücklich geſchehen, ſondern die gegenteilige Abſicht iſt dem § 27 zu entnehmen. Denn dafür, daß es für erforderlich erachtet worden iſt, hier die Anwendbarkeit der für die Berechtigten günſtigeren Vorſchriften des neuen Geſetzes für die erſte noch nicht rechtskräftig entſchiedene Feſtſtellung von Entſchädigungsanſprüchen aus Unfällen, die ſich vor ſeinem Inkrafttreten ereignet haben, auszuſprechen, kann füglich nur die Überzeugung beſtimmend geweſen ſein, daß mangels einer ſolchen Vorſchrift das alte Geſetz maßgebend ſein würde. Obſchon § 25 rückſichtlich des Maßes, in dem die Rente von den Armenverbänden in Anſpruch genommen werden darf, für die Berechtigten günſtigere Vorſchriften enthält, fällt er zweifellos nicht unter die günſtigeren Vorſchriften im Sinne des § 27. Für ihn bewendet es danach bei der die rückwirkende Kraft ausſchließenden Regel ebenſo, wie es für den § 49 des Invalidenverſicherungsgeſetzes in der Faſſung des Geſ. v. 19. VII. 99 zutrifft (ſ. hierfür das Urt. v. 13. V. 1901 in der Arb.-Verſ. Jahrg. 18 S. 419).

2. Nach § 8 des Gewerbe-Unfallverſicherungsgeſetzes in ſeiner urſprünglichen Faſſung iſt die Rente für die Unterſtützungszeit ſoweit, als es zur Deckung erforderlich iſt, auf den Armenverband übergegangen, ohne daß es einer förmlichen Überweiſung noch bedarf. Für Streitigkeiten darüber, ob und in welcher Höhe ein ſolcher Übergang ſich vollzogen hat, war die Zuſtändigkeit der Verwaltungsgerichte durch ein Geſetz nicht begründet. Es verblieb deshalb bei der Zuſtändigkeit der ordentlichen Gerichte, und hierbei hat das Geſ. v. 30. VI. 1900 es belaſſen. Die hier in § 26 für die Verwaltungsgerichte begründete Zuſtändigkeit bezieht ſich insbeſondere lediglich auf Streitigkeiten nach § 25 darüber, ob und in welcher Höhe der Anſpruch der Kaſſen uſw. auf Überweiſung von Rente wegen Leiſtungen an den Rentenempfänger ſich rechtfertigt, die ihm für die Zeit nach dem Inkrafttreten des § 25 und alſo nach dem 1. I. 1902 gewährt worden ſind.

3. Der Antrag auf Überweiſung von Rentenbeträgen iſt nach § 26 des Gewerbe-Unfallverſicherungsgeſetzes ſeitens der Erſatzberechtigten bei der Berufsgenoſſenſchaft anzumelden. Die Befugnis, über die Berechtigung des Erſatzanſpruches mit Übergehung des Rentenempfängers und für ihn verbindlich zu befinden, iſt ihr nicht zugeſtanden und alſo daran nichts geändert, daß hierüber der Rentenempfänger, zu deſſen Vermögen die fällig gewordene Rente gehört und deſſen Verfügungsrecht auch in § 9b ſeine grundſätzliche Anerkennung gefunden hat, zu entſcheiden hat. Die Berufsgenoſſenſchaft als Anmelde- und Zahlſtelle darf ſich darauf beſchränken, entweder den Erſatzberechtigten den Nachweis der Zuſtimmung des Rentenempfängers zu überlaſſen oder den Rentenempfänger unmittelbar hierüber zu hören. Zu den Beteiligten, unter denen im Falle der Weigerung des Rentenempfängers der

Streit über die Überweisung von Rentenbeträgen zum Austrage zu bringen ist, gehören im Sinne des § 26 der Ersatzberechtigte und der Rentenempfänger. Die zwischen ihnen ergehenden Urteile der Verwaltungsgerichte bilden die Unterlage, auf Grund deren die Zahlung aus der Rente an den Ersatzberechtigten für den Rentenempfänger verbindlich erfolgen darf.

4. Für den § 8 des Gewerbe-Unfallversicherungsgesetzes in seiner ursprünglichen Fassung ist das Reichsversicherungsamt (s. Handbuch der Unfallversicherung, 2. Aufl., S. 189/190) davon ausgegangen, daß hier den eingeschriebenen Hilfskassen, sowie den sonstigen Kranken-, Sterbe-, Invaliden- und anderen Unterstützungskassen, wie auch den Gemeinden und Armenverbänden ein Ersatzanspruch aus der Rente nur wegen solcher Unterstützungen zugestanden worden ist, die in ursächlichem Zusammenhang mit dem Unfall stehen, der zur Bewilligung der Rente den Anlaß gegeben hat. Ob sich dies für die Ersatzansprüche der Gemeinden und Armenverbände rechtfertigt, kann dahingestellt bleiben; für die Ersatzansprüche der genannten Kassen ist dem in Übereinstimmung mit dem R.-Ger. (s. Entsch. in Zivilsachen Bd. 25 S. 121 ff.) beizutreten. Insoweit ist schon der Wortlaut zweifelsfrei. Denn wenn hier vorbehaltlich des Ersatzanspruches aus der Rente die Verpflichtung der Kassen, den von Betriebsunfällen betroffenen Arbeitern und Betriebsbeamten sowie deren Angehörigen und Hinterbliebenen Unterstützungen zu gewähren, aufrecht erhalten worden ist, so kann dies füglich nur auf Unterstützungen bezogen werden, zu deren Gewährung für die Kassen die Verpflichtung nach den für sie maßgebenden Gesetzen und Statuten infolge des durch einen Unfall hervorgerufenen Zustandes ihrer Mitglieder entstanden ist. Was ausgeschlossen werden sollte, war der mehrfache Bezug der durch einen Unfall bedingten Unterstützungen von der Berufsgenossenschaft und den Kassen. Nichts liegt aber dafür vor, daß dem Rentenempfänger, der gegen Zahlung von Beiträgen die Mitgliedschaft bei Kassen fortsetzen und auch neu erwerben darf, zu letzterem bei Eintritt in eine versicherungspflichtige Beschäftigung sogar verpflichtet ist, der Bezug der gegen Entgelt erworbenen Kassenleistungen nur gegen einen Ersatzanspruch der Kassen aus seiner Rente hat zugestanden werden sollen. Dies wäre offenbar eine Unbilligkeit, deren beabsichtigte Einführung ohne bestimmten Anhalt nicht unterstellt werden kann. Was für § 8 gilt, muß bei gleichem Wortlaut auch für § 25 des Gesetzes in der neuen Fassung gelten. Ganz unerheblich ist, daß hier von „Unfällen" und nicht von „Betriebsunfällen" die Rede ist.

Nr. 23. Entsch. Bd. XXXXII S. 326 v. 17. III. 02 III C 15/02.
§ 50 Abs. 3 Inv.-Vers.-Ges.; § 57 Abs. 2, § 58 Abs. 2 Kr.-Vers.-Ges.

Für den § 58 Abs. 2 in Verbindung mit dem § 57 Abs. 2 des K.-V.-G. hat das O.-V.-G. in den Entsch. v. 7. VII. 1900 (Arb.-Vers. Jahrg. XVII S. 618 und Regers Entsch., 2. Ergänzungsbd. S. 50) und v. 23. I. 1902 (Arb.-Vers. Jahrg. XVIII S. 411) angenommen, daß zwar für den Anspruch des Armenverbandes gegen eine Krankenkasse, weil der Unterstützungsanspruch des Kassenmitglieds auf ihn übergegangen sei, nicht auch für den der Krankenkasse gegen den Armenverband, weil sie diesem ohne Rechtsgrund, aus Irrtum oder dgl., Zahlung geleistet habe, das Verwaltungsstreitverfahren stattfinde. Indessen ist dies bereits unter Berufung auf das Urt. des R.-Ger. v. 20. I. 90 (Entsch. desselben in Zivilsachen Bd. XXV S. 302) beanstandet worden (an den zuerst angeführten Orten in den Anmerkungen). Es kann aber auf sich beruhen bleiben, ob das erhobene Bedenken zutrifft, oder ob nicht vielmehr der vom Reichsgericht auch keineswegs als ausnahmslose Regel aufgestellte Satz, daß das Verfahren, in dem die Pflicht zu einer Zahlung geltend zu machen sei, auch für die Geltendmachung der Pflicht zur Zurückzahlung des aus Irrtum Gezahlten gegeben sei, wegen des Wortlauts und Zweckes der maßgebenden Vorschriften des K.-V.-G. ausgeschlossen ist (vgl. auch zu dem Erk. des R.-Ger. das Urt. des O.-V.-G. v. 18. XI. 91 in den Entsch. des letzteren Bd. XXIII S. 131). Denn auch wenn an den für das K.-V.-G. ergangenen Entsch. festzuhalten ist, folgt aus ihnen noch nichts gegen die Zulässigkeit des Verwaltungsstreitverfahrens in dem Falle, daß die Rechtmäßigkeit einer bereits erfolgten Überweisung einer Invalidenrente als dem Betrage noch zu hoch bestritten und der bessere Teil der schon gezahlten Rente vom Rentenberechtigten zurückgefordert wird, da die Fassung des Gesetzes und die Sachlage einerseits bei den §§ 57 Abs. 2 und 58 Abs. 2 des Krankenversicherungsgesetzes, andererseits bei dem § 50 Abs. 3 des Invalidenversicherungsgesetzes nicht gleich sind. Die Worte an der letzteren Stelle: „Streitigkeiten, welche zwischen den Beteiligten über den Anspruch auf Überweisung von Entschädigungsbeträgen entstehen", sind weiterreichend als die an jener Stelle: „Streitigkeiten über die im § 57 Abs. 2 und 3 bezeichneten Ansprüche", d. h. über die auf den Armenverband u. s. w. als den Gläubiger übergegangenen Unterstützungsansprüche an die Krankenkasse als die Schuldnerin. Außerdem kann die Krankenkasse alle Einwendungen, die sie zu haben glaubt, in dem Verfahren gegen sie als Beklagte vorbringen und das von ihr Geleistete nur auf Grund eines besonderen Rechtsfundaments, eines Irrtums, eines gültigen Vorbehalts bei der Zahlung u. dgl., zurückfordern.

Nr. 24. Entsch. Bd. XXXXII S. 331 v. 7. VII. 02 III C 64/02.

§ 49 Abs. 2, § 50 Abs. 3 Inv.-Vers.-Ges.

Nach § 49 Abs. 2 des Invalidenversicherungsgesetzes ist den Gemeinden oder Armenverbänden, von denen an hilfsbedürftige Personen Unterstützungen für einen Zeitraum geleistet werden, für welchen diesen Personen ein Anspruch auf Invalidenrente zustand oder noch zusteht, durch Überweisung von Rentenbeträgen Ersatz zu leisten. Im Anschluß hieran bestimmt der § 50 ebendaselbst im Abs. 1, daß der Antrag auf Überweisung bei einer der im § 112 Abs. 1 des Gesetzes bezeichneten Behörden anzumelden ist, und im Abs. 3, daß Streitigkeiten, welche zwischen den „Beteiligten" über den Anspruch auf Überweisung von Entschädigungsbeträgen entstehen, im Verwaltungsstreitverfahren oder, wo ein solches nicht besteht, durch die dem Ersatzberechtigten vorgesetzte Aufsichtsbehörde entschieden werden. Schon der Wortlaut dieser Bestimmungen läßt kaum einen Zweifel darüber aufkommen, daß die im § 49 mitaufgeführten Versicherten („Personen, denen ein Anspruch auf Invaliden- oder Altersrente zustand oder noch zusteht") gegebenen Falles zu den Beteiligten des § 50 Abs. 3 gehören (also im Verwaltungsstreitverfahren Parteien sind). Es wäre auch völlig unverständlich, wenn in einem Falle, wo der Versicherte der Überweisung der Rente widerspricht, das Verwaltungsstreitverfahren ohne seine als des zunächst Rentenberechtigten Beteiligung zwischen dem ersatzberechtigten Armenverband und der Versicherungsanstalt allein zur Durchführung gelangen sollte. Daß der Gesetzgeber den Versicherten als einen Beteiligten im Sinne des § 50 Abs. 3 angesehen hat, ergibt sich denn auch aufs klarste aus der Begründnng des in dem hier maßgebenden Teile unverändert angenommenen Gesetzentwurfs (Nr. 93 der Drucksachen des Reichstags, 10. Legislaturperiode, I. Session 1898/99, S. 279). Hiernach ist, wie dies auch das O.-V.-G. bereits in seinem Endurt. v. 26. IX. 1901 (Arb.-Vers. Jahrg. XIX S. 99) angenommen hat, gegenüber dem Ersatzberechtigten im Sinne des § 50 Abs. 3 nicht nur die zur Ersatzleistung durch Überweisung der Rente verpflichtete Versicherungsanstalt, sondern auch (im Falle seines Widerspruchs) der Versicherte als der zunächst Rentenberechtigte beteiligt (vgl. auch Gebhard und Düttmann, Das Invalidenversicherungsgesetz vom 13. VII. 99 S. 361 Anm. 8).

Nr. 25. Entsch. Bd. XXXXII S. 334 v. 16. X. 02 III C 59/02.

§§ 50, 112 Abs. 1 Inv.-Vers.-Ges.

Der Antrag auf Überweisung von Rentenbeträgen ist nach § 50 des Invalidenversicherungsgesetzes von den Armenverbänden bei der in § 112 Abs. 1 genannten Behörde — untere Verwaltungsbehörde oder Rentenstelle — anzumelden. Diese hat, wie in der Begründung zu dem Gesetzentwurfe S. 279 erläuternd bemerkt worden ist, die Zustimmung des Rentenempfängers zu der beanspruchten Überweisung herbeizuführen und alsdann die Überweisung der Rentenbeträge bei dem Anstaltsvorstande zu veranlassen, während bei Widerspruch des Rentenempfängers das Streitverfahren einzuleiten ist. Danach kann mit Übergehung des Rentenempfängers die Überweisung der Rente für ihn verbindlich nicht erfolgen.

Nr. 26. Entsch. Bd. XXXXII S. 336 v. 30. X. 02 III C 89/02.

§§ 49, 50 Inv.-Vers.-Ges.

1. In dem Urt. v. 17. III. 1902 (Arb.-Vers. Jahrg. XIX S. 442, Entsch. Bd. 42 S. 326) hat das O.-V.-G. ausgesprochen, daß zu den Streitigkeiten, die in dem Abs. 3 § 50 des Inv.-Vers.-Ges. genannt sind, auch ein Streit über die Rechtmäßigkeit der Überweisung einer Rente als dem Betrage nach zu hoch und über die Zurückzahlung des betreffenden Teiles der schon gezahlten Rente durch den Rentenberechtigten gehöre. Noch mehr als hiernach für die Zurückforderung bereits gezahlter Rente ist für die Forderung nochmals zu zahlender Rente, d. i. einer Zahlung an den Armenverband trotz der schon erfolgten Zahlung an den Rentenberechtigten, die Anwendbarkeit des Abs. 3 anzunehmen.

2. Nach dem Urt. des O.-V.-G. v. 20. II. 1902 (Pr.-V.-Bl. Jahrg. XXIII S. 600) ist der Rentenberechtigte, der der Überweisung der Rente widerspricht, ein Beteiligter.

3. Nach §§ 49 ff. Inv.-Vers.-Ges. kann die Versicherungsanstalt die Überweisung einer Invalidenrente nur vornehmen, wenn der Rentenberechtigte hiermit einverstanden ist.

Nr. 27. Entsch. Bd. XXXXII S. 339 v. 1. XII. 02 III C 111/02.

§§ 38, 49, 50 Inv.-Vers.-Ges. v. 13. VII. 99.

1. Allerdings kann § 38 des Inv.-Vers.-Ges., wonach für denjenigen Kalendermonat, in welchem die den Wegfall oder das Ruhen des Rentenanspruchs bewirkende Tatsache eintritt, der gezahlte Monatsbetrag zu belassen ist, nicht anders verstanden werden, als daß damit die Pflicht des Rentenempfängers oder seiner Erben zur Rückzahlung desjenigen Betrags hat ausgeschlossen werden sollen, der infolge der durch das Gesetz angeordneten Vorauszahlung tatsächlich mit Rücksicht auf das spätere den Wegfall oder das Ruhen des Rentenanspruchs bedingende Ereignis zu Unrecht erhoben worden ist. In dieser Hinsicht bietet der Wortlaut zu einem Zweifel keinen Anlaß, und die Begründung zu dem Entwurfe des Gesetzes bestätigt, daß eine andere Absicht nicht vorgewaltet hat. Aus dem lediglich das Rechtsverhältnis zwischen der Versicherungsanstalt und dem Rentenempfänger oder seinen Erben regelnden § 38 läßt sich demnach nichts dafür entnehmen, ob der Armenverband oder die Gemeinde die im voraus für einen bestimmten Zeitraum erhobene Rente behalten darf oder anteilmäßig zurückzahlen muß, wenn die Armenpflege vor Ablauf dieses Zeitraums aufhört. Nach all-

gemeinen Grundsätzen kann aber ein Ersatzanspruch — und um einen solchen handelt es sich bei dem Anspruche des unterstützenden Armenverbandes und der Gemeinde — nur in Höhe der tatsächlich gemachten Aufwendung, für die Ersatz begehrt wird, geltend gemacht werden. Und das ist auch der Standpunkt des § 49 des Gesetzes nicht bloß rücksichtlich des Ersatzanspruchs für eine vorübergehende, sondern auch für eine fortlaufende Unterstützung, indem auch hinsichtlich der letzteren hier zum Ausdrucke gebracht worden ist, daß die fortlaufende Überweisung der Rente, deren Zahlung monatlich im voraus an den Ersatzberechtigten nicht einmal ausdrücklich angeordnet worden ist, in dem zur Ersatzleistung erforderlichen Betrage stattfindet.

2. Den Betrag, den der Armenverband überhoben und zu erstatten hat, kann jedoch die Versicherungsanstalt für sich nicht in Anspruch nehmen. Was sie im voraus gezahlt hat, gehört dem Rentenempfänger, gleichviel, ob die Zahlung an ihn unmittelbar oder mittelbar zu Händen des Armenverbandes oder einer Gemeinde, welche Unterstützung gewähren, stattgefunden hat. Da das Gesetz nichts anderes bestimmt, ist die Versicherungsanstalt nicht ermächtigt, für sich oder den Rentenempfänger oder dessen Erben den Ersatzanspruch zu verfolgen. Für sie kann mehr als eine entsprechende Aufklärung des Rentenempfängers oder der Erben über dasjenige, was der Armenverband zuviel erhoben hat, nicht in Frage kommen.

Nr. 28. Entsch. Bd. XXXXII S. 341 v. 15. XII. 02 VI C 49/02.

§ 50 Abs. 3 Inv.-Vers.-Ges.

Gegenüber dem Ersatzberechtigten im Sinne des § 50 Abs. 3 des Inv.-Vers.-Ges. ist nicht nur die zur Ersatzleistung durch Überweisung der Rente verpflichtete Versicherungsanstalt, sondern der Versicherte als der zunächst zur Rente Berechtigte beteiligt, wenn er Widerspruch erhebt, d. h. er ist als Partei im Verwaltungsstreitverfahren zuzuziehen. Die Beiladung genügt nicht.

Nr. 29. Entsch. v. 26. II. 03 III 423 (Pr.-V.-Bl. Jahrg. XXIV S. 697).

§§ 18 23 Inv.-Vers.-Ges.; Verordn. v. 23. VIII. 99.

Nach dem § 23 des Invalidenversicherungsgesetzes und der Verordnung v. 23. VIII. 99 ist das Verwaltungsstreitverfahren nur für die Streitigkeiten eröffnet, welche aus den Bestimmungen des § 18 des Gesetzes unmittelbar entstehen. Danach aber hat die Krankenkasse der Versicherungsanstalt bloß dann Ersatz zu leisten, wenn der Erkrankte der Kasse gegenüber Anspruch auf Krankengeld während der Dauer des Heilverfahrens hatte, und letzteres ist allein der Fall, sofern er in dieser Zeit erwerbsunfähig im Sinne des Krankenversicherungsgesetzes gewesen ist (Urt. des O.-V.-G. v. 17. X. 1901, Entsch. Bd. XXXX S. 359, und 17. IV. 1902, Arb.-Vers. Jahrg. XIX S. 621).

Nr. 30. Entsch. Bd. XXXXII S. 345 v. 15. XII. 02 III C 109/02.

§ 50 Inv.-Vers.-Ges. § 1 Verordn. v. 23. VIII. 99 (G.-S. S. 166).

Wenn Streit darüber herrscht, ob dem Rentenberechtigten oder dem Armenverbande, der ihn unterstützt hat, oder, sofern zwei unterstützende Armenverbände in Frage kommen, welchem von diesen beiden ein Anspruch auf die dem Versicherten auf Grund des Invalidenversicherungsgesetzes vom 13. VII. 99 von der Versicherungsanstalt zu gewährende Rente zusteht, so kann dieser Streit vor den nach § 50 Abs. 2 a. a. O. und § 1 der Verordnung vom 23. VIII. 99 zuständigen Verwaltungsgerichten nur in der Weise zum Austrage gebracht werden, daß alle Beteiligten, sofern sie nicht mit dem

Ergebnisse des Verfahrens von vornherein sich einverstanden erklärt haben, zu dem Streitverfahren als Partei zugezogen werden.

Nr. 31. Entsch. Bd. XXXXII S. 346 v. 8. I. 03 III C 131/02.
§§ 49, 50 Inv.-Vers.-Ges.; Art. I § 31a Ges. v. 11. VII. 91 (G.-S. S. 300).

1. Bereits in dem Urt. v. 26. IX. 1901 (Arb.-Vers. Jahrg. XIX S. 99) ist die Beteiligung des Versicherten am Verfahren nur im Falle seines Widerspruchs als erforderlich bezeichnet worden. Dieser Fall ist allerdings nicht bloß gegeben, wenn ausdrücklich Widerspruch erhoben war, sondern nur dann als ausgeschlossen anzusehen, wenn Einverständnis bestand.

2. Für die Frage, ob und in welcher Weise im Falle des Art. I § 31a des Ges. v. 11. VI. 91 eine Invalidenrente des Hilfsbedürftigen von dem Landarmenverbande, dem Ortsarmenverband und dem Kreise in Anspruch genommen werden darf, ist noch nicht entscheidend, wie die Frage zu beantworten ist, in welcher Weise ein vorläufig zur Unterstützung verpflichteter Armenverband und der endgültig verpflichtete Armenverband, der diesem Ersatz geleistet hat, gemäß § 57 Abs. 2 des Krankenversicherungsgesetzes den zur vollen Befriedigung der beiden Armenverbände nicht ausreichenden Krankenunterstützungsanspruch des Hilfsbedürftigen erwerben (vgl. von Brauchitsch, Verwaltungsgesetze Bd. VI, 3. Aufl. 2. Bearbeitung, S. 124). Maßgebend sind vielmehr die Bestimmungen des Ges. v. 11. VII. 91 und des Inv.-Vers.-Ges. v. 13. VII. 99 selbst. Nach diesen aber ist der Landarmenverband allein derjenige Armenverband, welcher wegen der Kosten der sog. außerordentlichen Armenlast nach § 49 des Invalidenversicherungsgesetzes die Überweisung von Rentenbeträgen beanspruchen kann.

3. Wenn der § 49 im Abs. 2 bestimmt, daß einem Armenverbande, von welchem an hilfsbedürftige Personen Unterstützungen für einen Zeitraum geleistet werden, für welchen diesen Personen ein Anspruch auf Invaliden- oder Altersrente zustand oder noch zusteht, hierfür durch Überweisung von Rentenbeträgen Ersatz zu leisten sei, so ist das dahin zu verstehen, daß nur derjenige Armenverband den Anspruch auf Überweisung hat, von welchem dem Rentenberechtigten selbst etwas gewährt ist, nicht auch derjenige, von welchem dem Rentenberechtigten unmittelbar gar nichts gegeben, sondern bloß dem Armenverbande, der dies allein getan hat, Ersatz zu leisten oder bereits geleistet worden ist.

4. Daß die Leistungen, die Landarmenverbänden nach dem Ges. vom 11. VII. 91 obliegen, in Übung von Armenpflege erfolgen und zu den in § 49 Abs. 2 des Invalidenversicherungsgesetzes bezeichneten Unterstützungen an hilfsbedürftige Personen gehören kann keinem Bedenken unterliegen (vgl. im § 31, § 31a und § 31d die Hervorhebung der Hilfsbedürftigkeit). Der Landarmenverband ist es aber andererseits auch allein, von dem im Sinne des § 49 Abs. 2 Unterstützungen geleistet werden. Denn er hat ausschließlich und unmittelbar zu bestimmen, ob und wie die außerordentliche Armenpflege einzutreten hat, und erscheint deshalb nach außen hin allein als derjenige, der diese Armenpflege übt. Auch ist er nicht in der Lage, die Übernahme des Hilfsbedürftigen vom Ortsarmenverband oder vom Kreise zu fordern, sondern muß fortdauernd die Fürsorge selbst bewirken, solange das Bedürfnis für sie anhält (Wohlers-Krech, Reichsgesetz über den Unterstützungswohnsitz, 9. Aufl., S. 183 unter a). Der Ortsarmenverband und der Kreis gewähren dem Hilfsbedürftigen selbst gar nichts, sondern erstatten nur dem Landarmenverband einen Teil seiner Aufwendungen für den Hilfsbedürftigen. Diese Erstattung

braucht sogar der Landarmenverband nicht einmal zu fordern, er kann sie nur fordern und wenn er sie nicht fordert, erhält er keinen Ersatz, trägt vielmehr die Armenpflegekosten vollständig allein. Daß dem so ist, ergibt sich unzweideutig aus der Fassung des Satzes 2 („ist berechtigt"), die statt der im Entwurfe des Gesetzes: „Die sonstigen Kosten hat dem Landarmenverbande, sofern es sich um einen nichtlandarmen Hilfsbedürftigen handelt, vorbehaltlich anderweitiger Vereinbarung, der . . . . . . zu erstatten" gewählt worden ist, um dem Landarmenverbande zu ermöglichen, daß er die ganzen Kosten übernehme (s. z. B. Verhandlungen des Abgeordnetenhauses, 17. Legislaturperiode, III. Session 1890/91 S. 2557, Rede des Abgeordneten von Rauchhaupt).

Nr. 32. Entsch. Bd. XXXXII S. 352 v. 22. I. 03 III C 135/02.
§§ 26, 96 Gew.-Unf.-Vers.-Ges. v. 30. VI. 00 (R.-G.-Bl. S. 589); §§ 49, 50 Inv.-Vers.-Ges.

Nach § 26 des Gewerbe-Unfallversicherungsgesetzes in der Fassung des Gesetzes v. 30. VI. 1900 ist der Antrag auf Überweisung von Rentenbeträgen zwar bei der Berufsgenossenschaft anzumelden, es ist jedoch nicht bestimmt, daß die Berufsgenossenschaft über die Überweisung kraft eigenen Rechtes zu befinden habe. Dies hätte aber, zumal das Verfügungsrecht des Rentenempfängers in § 96 eine grundsätzliche Anerkennung gefunden hat, bestimmt werden müssen, wenn die Zuständigkeit der Berufsgenossenschaft nicht bloß dafür gegeben werden sollte, auf die eingehende Anmeldung des Ersatzanspruchs den Rentenempfänger über seine Zustimmung zur Abtretung der Rente zu hören, falls der Ersatzberechtigte die zustimmende Erklärung nicht beigebracht hat, und im Falle der Zustimmung die Überweisung zu bewirken, anderenfalls aber den Ersatzberechtigten auf das in § 26 geregelte Streitverfahren gegen den Rentenempfänger behufs Beseitigung seines Widerspruchs zu verweisen. Insoweit ist die Rechtslage die gleiche, wie sie für Ersatzansprüche auf Grund der §§ 49, 50 des Invalidenversicherungsgesetzes in der neuen Fassung gegeben ist.

III.

Verfahren in Disziplinarsachen.

Nr. 1. Entsch. Bd. XXXXII S. 429 v. 8. VII. 02 I A 43/02.
§§ 2, 20, 32 Diszipl.-Ges. v. 21. VII. 52.

1. Das Gesetz hat ein materielles Disziplinarrecht nicht aufgestellt; ob eine Handlung oder Unterlassung eines Beamten eine Pflichtverletzung enthält, kann nur nach Lage des einzelnen Falles entschieden werden. In dem Begriffe der Unterordnung liegt es von vornherein, daß jeder Vorgesetzte von dem ihm oder seiner Aufsicht unterstellten Beamten über jeden Teil seiner dienstlichen Tätigkeit und über sein außeramtliches Verhalten, soweit das dienstliche Interesse es erfordert, jederzeit Auskunft zu verlangen berechtigt ist. Nur dieses Recht und die ihm entsprechende Pflicht zur Erteilung wahrheitsgetreuer Antwort schließen die Gewähr dafür ein, daß jeder Beamte seiner Bestimmung, die Sicherheit, die gute Ordnung und den Wohlstand des Staates zu unterhalten und befördern zu helfen (§ 1 Tit. 10 T. II A.-L.-R.), je nach der Bedeutung seines Amtes für das Staatswesen gerecht wird. Alle für die Erhaltung eines tüchtigen Beamten-

standes unerläßlichen Kontrollen, Revisionen, Rechenschaftslegungen usw. haben ihre Grundlage in der der Unterordnung entspringenden Berechtigung, Auskunft zu verlangen, und der Verpflichtung jedes Beamten, Auskunft zu geben. Dabei kann es grundsätzlich keinen Unterschied machen, ob die Auskunft gefordert wird in der Annahme, der Beamte habe seiner Pflicht nicht genügt, oder ob es in der Erwartung geschieht, die Antwort werde die Ordnungsmäßigkeit der Handlungsweise des Beamten ergeben. Der Beamte, der die Pflichtmäßigkeit seines Tuns und Lassens im Amte und außerhalb des Amtes dem Vorgesetzten gegenüber jeden Augenblick zu verantworten hat, kann daraus, daß eine „verantwortliche" Vernehmung an die Stelle der Auskunftserteilung tritt, keinen Grund zur Verweigerung der Auskunft herleiten. Ebensowenig darf in die besprochenen Rechte und Pflichten eine Unterscheidung nach dem Gegenstande, über den die Auskunft begehrt wird, hineingetragen werden. Die Aufrechterhaltung der Disziplin wäre undurchführbar, wenn dem zur Antwort (Verantwortung) aufgeforderten Beamten zustehen solle, die Abgabe einer Erklärung davon abhängig zu machen, ob ihm seiner eigenen Meinung nach mit oder ohne Recht irgend Verschuldung zur Last gelegt werde. Die Disziplin ist nur zu wahren, wenn Dienstvergehen verfolgt und geahndet werden; da sich diese nach § 2 des Ges. v. 21. VII. 52 teils als Verletzungen der durch das Amt auferlegten Pflichten, teils als Zuwiderhandlungen gegen das dem Beamten zur Erhaltung der Achtung, des Ansehens und des Vertrauens gebotene außerdienstliche Verhalten darstellen, müssen die Dienstvorgesetzten befugt sein, nach beiden Richtungen hin Auskunft von Beamten zu verlangen. Hiernach ist anzuerkennen, daß der Beamte über alles, was unter den Begriff des Dienstvergehens fällt, auf Erfordern des Vorgesetzten Rede und Antwort zu stehen hat. Bei der Formlosigkeit des Ermittelungsverfahrens bleibt es dem Ermessen des Dienstvorgesetzten anheimgestellt, in welcher Weise er den Beamten zur Äußerung veranlassen will, ob durch Aufforderung zur schriftlichen oder mündlichen Erklärung, ob durch Anberaumung eines Vernehmungstermins oder sonstwie. Allen Maßnahmen dieser Art ist der Beamte in demselben Umfange Folge zu leisten verpflichtet, in welchem er überhaupt zum Gehorsam verbunden ist.

2. Auch ein mittelbarer Staatsbeamter muß allen Inhabern öffentlicher Ämter im Dienste eine außer dem Dienste rücksichtsvolle Achtung zu teil werden lassen; dies folgt für alle Beamte aus dem Umstande, daß sie infolge der Berufung zu ihrem Amte, die auf einen Auftrag des Landesherren zurückzuführen ist, durch das gemeinschaftliche Band der Pflicht zu besonderer Treue und besonderem Gehorsam miteinander verbunden sind.

IV.

Kleinbahnen und Privatanschlußbahnen.

Nr. 1. Entsch. Bd. XXXXII S. 371 v. 24. XI. 02 IV A 45/02.

§ 22 Gesetz über die Kleinbahnen v. 28. VII. 92 (G.-S. S. 225).

1. Die Erfüllung einer Genehmigungsbedigung (Kleinbahn) kann nicht die Ortspolizeibehörde, sondern nur die Genehmigungsbehörde erzwingen (Erk. v. 15. X. 1900 Entsch. Bd. XXXVIII S. 359).

2. Ist die Verpflichtung zur Beleuchtung einer Strecke, die über einen öffentlichen Weg geht, in der Genehmigungsurkunde der Kleinbahn nicht auferlegt, so besteht aus dem Betriebe der Bahn keine öffentlichrechtliche Verpflichtung die Strecke zu beleuchten. Die Kleinbahn steht rechtlich nicht anders, wie jeder sonstige Gewerbetreibende, der durch zahlreiche Fuhrwerke den Verkehr auf der Straße erheblich vermehrt.

Nr. 2. Entsch. Bd. XXXXIII S. 390 v. 18. VI. 03 IV B 31/03.

§ 22 Ges. v. 28. VII. 1892 (G.-S. S. 225).

1. Nach § 22 des Ges. v. 28. VII. 92 sind die Kleinbahnen „rücksichtlich der Erfüllung der Genehmigungsbedingungen und der Vorschriften dieses Gesetzes" der Aufsicht der Genehmigungsbehörden unterworfen. Neben dieser besonderen Aufsicht unterliegen die Kleinbahnen allerdings auch der allgemeinen polizeilichen Überwachung durch die Ortspolizeibehörden, aber die Ortspolizei darf an die Kleinbahn keine Anordnungen erlassen, welche dem Gebiete der nach dem Gesetze den Genehmigungsbehörden vorbehaltenen Aufsicht angehören.

2. Die Anlage und die ordnungsmäßige Unterhaltung der „Bahn", und dazu gehört auch die Gleisanlage mit der Unterbettung der Schienen, stehen lediglich unter der Aufsicht der Genehmigungsbehörden, insbesondere nach Satz 2 des § 22 der für die eisenbahntechnische Aufsicht bei Bahnen mit Maschinenbetrieb — zu denen auch die elektrischen Bahnen gehören (Urt. v. 14. II. 98, Entsch. Bd. XXXIII S. 434) — allein zuständigen Eisenbahnbehörde.

Nr. 3. Entsch. Bd. XXXXIII S. 387 v. 2. III. 03 IV B 4/02.

Ein Hausbesitzer hatte ein Urteil gegen eine Straßenbahn erstritten, daß von dieser die an seinem Hause angebrachten Rosetten, die die Spanndrähte halten, abgenommen werden. Auf Antrag der Straßenbahn wurde das Enteignungsverfahren gegen den Hausbesitzer eingeleitet. Inzwischen untersagte die Polizei demselben die Entfernung der Rosetten aus verkehrs- und sicherheitspolizeilichen Gründen; die von ihm eingelegte Klage wies das O.-V.-G. ab aus folgenden Gründen: „Die elektrische Straßenbahn und ihr Betrieb dienen dem Verkehre des Publikums in den öffentlichen Straßen und stehen unter polizeilicher Aufsicht und polizeilichem Schutze. Die an den Hausfronten angebrachten, die Spanndrähte der Kontaktleitung tragenden Rosetten bilden einen Bestandteil der Anlage, ihre Beseitigung greift unmittelbar in den Betrieb der Bahn ein. Indem der Kläger erlaubte, daß die Rosetten an seinem Hause angebracht wurden, willigte er darin ein, daß sein Haus insoweit in die Anlage der in der polizeilichen Fürsorge stehenden öffentlichen Verkehrsanstalt der Straßenbahn einbezogen wurde. Daraus folgt von selbst, daß die Privatrechte des Klägers, mögen sie nun aus seinem Eigentum am Hause oder aus seinem der Straßenbahngesellschaft gegenüber bestehenden Vertragsverhältnisse hervorgehen, dann und insoweit zurückstehen müssen, als ihre Ausübung mit der Erfüllung der der Polizeibehörde in bezug auf die Verkehrsanstalt der Straßenbahn zugewiesenen Aufgaben unverträglich ist. Das würde aber der Fall sein, wenn der Kläger die Beseitigung der Rosetten herbeiführte, ohne daß die Polizeibehörde in der Lage gewesen wäre, die ihr anvertrauten Verkehrsinteressen und die ihr obliegende Aufsicht über den Straßenbahnbetrieb wahrzunehmen. Die Polizeibehörde hat darum das Recht, zu verlangen, daß die zur Zeit dem Bahnbetriebe dienende

Einrichtung so lange erhalten bleibe, bis auf andere Weise Ersatz geschaffen und der öffentlichen Ordnung und Sicherheit in bezug auf den Straßenbahnverkehr genügt wird."

V.

Handelskammern, Kaufmännische Korporationen und Börsen.

Nr. 1. Entsch. Bd. XXXXIII S. 316 v. 29. I. 03 III C 62/02.

§ 3 Handelskammerges. v. $\frac{24.\ II.\ 70.}{19.\ VIII.\ 97.}$

1. Unter den § 3 Abs. 2 Nr. 2 des Handelskammergesetzes („Handelsgewerbe treibende Gesellschaften und Genossenschaften") können auch Vorschuß- und Kreditvereine fallen, es müßte bei ihnen denn jede Gewinn- oder Handelsabsicht und damit der Betrieb eines Handelsgewerbes ausgeschlossen sein.

2. Ein Vorschußverein fällt z. B. unter § 3 Abs. 2 Nr. 2, wenn er den Genossen Darlehen auf Wechsel gegen Unterpfand gibt und Sparkassengelder zu einem niedrigeren Zinsfuße annimmt.

Nr. 2. Entsch. Bd. XXXXIII S. 308 v. 14. V. 03 III C 8/03.

§§ 12, 14, 10 Gesetz über die Handelskammern v. $\frac{24.\ II.\ 70}{19.\ VIII.\ 97}$ (G.-S. 1897 S. 355).

1. Der I. und II. Senat des O.-V.-G. haben in mehrfachen Entscheidungen (vgl. das im Pr.-V.-Bl. Jahrg. XXII S. 324 veröffentlichte Urt. v. 21. XII. 1900) näher dargelegt, daß und weshalb in Wahlsachen zu Ungunsten des Gewählten nicht vor dessen Beiladung erkannt werden darf. Danach stellt die Unterlassung der Beiladung jedenfalls dann einen wesentlichen Mangel des Verfahrens dar, wenn das Gericht zu dem Ergebnisse gelangt, daß eine Wahl für ungültig zu erklären sei, und nicht etwa aus Äußerungen des Gewählten erhellt, daß er selbst für die Ungültigkeit seiner Wahl eintritt. Dieser auf ganz allgemeinen Erwägungen beruhende Grundsatz muß auch auf die Wahlen zur Handelskammer Anwendung finden.

2. Die Beiladung in der Revisionsinstanz ist nicht zulässig (vgl. Entsch. Bd. XIII S. 246).

3. Obwohl in Berlin eine kaufmännische Korporation vorhanden ist, ist es doch zulässig, eine Handelskammer zu errichten.

4. Das Handelskammergesetz betrachtet in den §§ 10 ff. die Wahlhandlung als eine einheitliche Handlung. Ob es damit unvereinbar sein würde, die Wahlen auf mehrere Tage auszudehnen, kann dahin gestellt bleiben; eine Nötigung hierzu liegt übrigens trotz einer großen Zahl der Wahlberechtigten nicht vor, weil der § 10 die Bildung engerer Wahlbezirke vorsieht. Aus der Einheitlichkeit der Wahlhandlung folgt nun jedenfalls, daß die Ermittelung des Wahlergebnisses — die überdies, damit sich die Wähler von deren Ordnungsmäßigkeit überzeugen können, in demselben Sinne wie die Wahlhandlung selbst öffentlich stattfinden muß — erst am Schlusse des Wahlakts vorgenommen werden darf. Es ist unzulässig, am Schlusse jeden Tages zu ermitteln, wie bis dahin gewählt worden ist.

VI.

Feuerlöschwesen.

VII.

Konflikte.

Nr. 1. Entsch. Bd. XXXXII S. 436 v. 14. XI. 02 I A 162/00.

Verordn. v. 17. III. 39 (G.-S. S. 80); Kab.-Ord. v. 12. IV. 40 (G.-S. S. 108). Ges. v. 20. VI. 87 §§ 7, 10 (G.-S. S. 301).

1. Ortspolizeiliche Exekutionsbeamte sind befugt, Last- und Frachtfuhrwerke hinsichtlich ihres Ladegewichts auf Chausseen zu kontrollieren.

2. Ohne besonderen Auftrag der Chausseepolizeibehörde können sie die Führer der Fuhrwerke zwingen, sich der Kontrolle zu unterwerfen.

3. Sie können das Fuhrwerk behufs Feststellung des Gewichts nach dem nächsten in der Fahrrichtung liegenden Orte schaffen, um dort die alsbaldige Ermittelung des Gewichts vorzunehmen.

Nr. 2. Entsch. Bd. XXXXIII S. 450 v. 26. V. 03 I A 25/03.

§ 3 Ges. v. 13. II. 54; § 11 Nr. 2 Einf.-Ges. z. deutsch. Ger.-Verf.-Ges.

1. Da die Schulzucht das Erziehungsrecht in sich begreift, hat der Lehrer die Pflicht, über das sittliche Verhalten der Schulkinder auch außer der Schulzeit und außer dem Schulzimmer zu wachen. Er ist daher berechtigt, Ausschreitungen seiner Schüler auch außerhalb der Zeit und des Ortes des Unterrichts zu rügen und durch Züchtigung zu strafen.

2. Hat ein Lehrer den Schüler gezüchtigt, um in einer Privatangelegenheit Vergeltung zu üben, so ist die Erhebung des Konflikts unzulässig.

3. Der Konfliktsrichter darf den Rechtsweg gegen einen Beamten gemäß § 3 des Ges. v. 13. II. 54 und § 11 Nr. 2 des Einführungsgesetzes zum Deutschen Gerichtsverfassungsgesetze nur dann für unzulässig erklären, wenn er festzustellen vermag, daß der Beamte bei der ihm zur Last gelegten Tat innerhalb seiner Befugnisse gehandelt und diese nicht überschritten hat.

Nr. 3. Entsch. v. 18. XI. 02 I 1785 (Pr.-V.-Bl. Jahrg. XXIV S. 743).

§§ 24, 50 Schulordn. für Schlesw.-Holst. v. 24. VIII. 14 (Chronol. Samml. S. 11). §§ 1631, 1686 B.-G.-B.; Kab.-Ord. v. 14. V. 35 (G.-S. S. 149). § 11 Einf.-Ges. z. Ger.-Verf.-Ges. v. 27. I. 77.

1. Nach allgemeinen Rechtsgrundsätzen, mit denen sich die §§ 24, 50 der Schulordnung für die Herzogtümer Schleswig und Holstein v. 24. VIII. 14 in Einklang befinden, steht den Lehrern und Lehrerinnen ein Züchtigungsrecht in demselben Umfange zu, wie es die Eltern zur Ausübung einer zweckmäßigen Erziehung haben (vgl. § 1631 Abs. 2, § 1686 des Bürgerlichen Gesetzbuchs). Begriffsmäßig ist mithin dem Züchtigungsrechte die Grenze gezogen, daß — um mit den Worten der für die altländischen Provinzen erlassenen Kab.-Ord. v. 14. V. 25 zu reden — die Schulzucht

niemals zu Mißhandlungen ausgedehnt werden darf, „die der Gesundheit des Kindes auch nur auf entfernte Art schädlich werden können“.

2. Im Wege der Reichsjustizgesetzgebung hat das frühere Verfahren eine Änderung dadurch erfahren, daß die Vorschrift in § 3 des Ges. vom 13. II. 54 beseitigt worden ist, wonach auf den Konflikt darüber zu entscheiden war, ob dem Beamten eine „zur gerichtlichen Verfolgung geeignete“ Amtspflichtverletzung zur Last fiel. Nach § 11 des Einf.-Ges. z. Ger.-Verf.-Ges. v. 27. I. 77 ist die Entscheidung des Konfliktsrichters lediglich auf die Feststellung beschränkt, „ob sich der Beamte einer Überschreitung seiner Amtsbefugnisse oder der Unterlassung einer ihm obliegenden Amtshandlung schuldig gemacht habe“. Eine Amtsüberschreitung aber bei der Züchtigung eines Schulkindes begeht der Lehrer nur dann, wenn er — sei es aus Vorsatz, sei es aus Fahrlässigkeit — die Schranken außer acht läßt, welche der Schulzucht gesetzlich, d. i. im Sinne der Kab.-Ord. v. 14. V. 25, oder durch verbindliche Anweisungen der Schulaufsichtsbehörde, gezogen sind (Urt. v. 22. X. 87 und 17. X. 88, Entsch. d. O.-V.-G. Bd. XV S. 443 ff., Bd. XVI S. 412 ff.).

VIII.

Angelegenheiten der Landwirtschaftskammern.

Nr. 1. Entsch. v. 21. XI. 01 1926 (Pr.-V.-Bl. Jahrg. XXIII S. 376).
§§ 6, 18 Gesetz über die Landwirtschaftskammern v. 30. VI. 94.

1. Nach § 18 Abs. 1 des Gesetzes über die Landwirtschaftskammern vom 30. VI. 94 werden die Kosten der Landwirtschaftskammer, soweit sie nicht durch anderweitige Einnahmen gedeckt werden, auf diejenigen Besitzungen, welche den im § 6 Ziffer 1 enthaltenen Bedingungen entsprechen, nach dem Maßstabe ihres mit Wegfall der Talerbruchteile abzurundenden Grundsteuerreinertrages verteilt. Die „im § 6 Ziffer 1 enthaltenen Bedingungen“ — (für die Wählbarkeit zu Mitgliedern der Landwirtschaftskammern) — gehen dahin, daß der Grundbesitz im Bezirke der Landwirtschaftskammer wenigstens den Umfang einer selbständigen Ackernahrung hat oder für den Fall rein forstwirthschaftlicher Benutzung zu einem jährlichen Grundsteuerreinertrage von mindestens 150 Mark veranlagt ist. Ferner bestimmt der § 4 desselben Gesetzes unter Ziffer 2, daß die Satzungen der Landwirtschaftskammern Bestimmungen enthalten müssen

über das nach dem Grundsteuerreinertrage anzugebende Mindestmaß des zum passiven Wahlrecht berechtigten Grundbesitzes.

Endlich knüpfen die durch Bd. v. 15. III. 99 genehmigten Satzungen der Landwirtschaftskammer für die Rheinprovinz (G.-S. S. 36) in § 3 die Wählbarkeit zu Mitgliedern der Landwirtschaftskammer an Eigentum oder Nutzung eines Grundbesitzers im Bezirke der Landwirtschaftskammer, der zu einem Grundsteuerreinertrage von 50 Talern oder mehr veranlagt ist.

2. Nach diesen Gesetzesvorschriften sollen diejenigen Besitzungen, mit denen die Wählbarkeit verbunden ist, zugleich auch beitragspflichtig sein; die Voraussetzungen der Wählbarkeit und der Beitragspflicht sind also — soweit es sich um die Eigenschaft des Grundbesitzes handelt, — die gleichen. (Vgl. Entsch. des

O.-V.-G. Bd. XXXII S. 310 bis 312; Bd. XXXIII S. 369; Bd. XXXV S. 363).

Das Gesetz hat mit den Worten „selbständige Ackernahrung“ einen bestimmten und bekannten Begriff verbunden. Nach der Vorschrift in § 4 Ziffer 2 des Gesetzes müssen die Satzungen der Landwirtschaftskammern über das nach dem Grundsteuerreinertrage anzugebende Mindestmaß des zum passiven Wahlrechte berechtigenden Grundbesitzes Bestimmung treffen. Das Gesetz selbst hat es also unterlassen, jene Grenze für den ganzen Umfang der Monarchie ziffermäßig festzustellen. Der Grund dafür ist offenbar in der Ungleichartigkeit der Verhältnisse in den einzelnen Provinzen zu finden. Dagegen gibt der § 6 a. a. O. durch die Aufstellung des Begriffs der „selbständigen Ackernahrung“ die gesetzliche Direktive für die nach § 4 Ziffer 2 a. a. O. in den Satzungen zu treffende Feststellung. Das Ergebnis dieser Feststellung hängt von den Voraussetzungen ab, die in den einzelnen Provinzen für die Annahme einer selbständigen Ackernahrung bestehen. Tatsächlich bewegen sich die Mindestsätze des Grundsteuerreinertrages, an welche in den Satzungen der einzelnen Landwirtschaftskammern das passive Wahlrecht geknüpft ist, zwischen 20 und 50 Talern.

Fünfte Abteilung.

Verwaltungsstreitverfahren.

Nr. 1. Entsch. Bd. XXXXII S. 181 v. 21. X. 02 I C 129/01.

§ 12 Regulativ v. 28. II. 84 M.-Bl. S. 37, 41.

Wenn in einem Protokolle des Kreis- oder Bezirksausschusses der Vermerk fehlt, daß es den Beteiligten vorgelesen oder zur Durchsicht vorgelegt worden und daß die Genehmigung erfolgt sei, so entbehrt es der Beweiskraft.

Nr. 2. Entsch. v. 12. VI. 03 II 1085 (Pr.-V.-Bl. Jahrg. XXV S. 318).

§§ 33 L.-V.-G.

Wenn aus dem Protokolle über die mündliche Verhandlung des Bezirksausschusses, an der sechs Mitglieder teilgenommen haben, nicht ersichtlich gemacht ist, ob überhaupt und welches der sechs Mitglieder bei der Abstimmung ausgeschieden ist, so liegt darin ein wesentlicher Mangel des Verfahrens und eine Verletzung des § 33 L.-V.-G.

Nr. 3. Entsch. Bd. XXXXII S. 226 v. 26. I. 03 IV C 127/02.

§§ 59, 70 L.-V.-G.

1. Der § 59 L.-V.-G. ist nur anwendbar, wenn die Kreiskorporation als Partei beteiligt ist oder es sich wenigstens um ihre Beiladung gemäß § 70 a. a. O. handelt (Verf. v. 17. X. 87 und Beschluß v. 24. VI. 1901 Entsch. Bd. XVI S. 423 und Bd. XXXIX S. 449, 452).

2. Die Regel des § 59 erleidet eine Ausnahme, wenn ein Kreisausschuß dadurch beteiligt wird, daß eine Klage gemäß § 56 Abs. 4 des Zust.-Ges. gegen ihn gerichtet wird; denn dann ist gemäß Abs. 7 a. a. O. der Bezirksausschuß von selbst zuständig und für ein Verfahren gemäß § 59 des L.-V.-G. bleibt kein Raum (Erk. v. 1. VII. 1901 Entsch. Bd. XXXX S. 262). Dasselbe gilt, wenn ein Antrag auf Beiladung der durch den örtlich zuständigen Kreisausschuß vertretenen Kreiskorporationen gestellt wird. Durch die Beiladung wird im Sinne des § 56 Abs. 7 Zust.-Ges. eine Kreiskorporation beteiligt. Über den Antrag auf Beiladung hat der Bezirksausschuß zu beschließen.

Nr. 4. Entsch. Bd. XXXXII S. 163 v. 21. X. 02 I C 68/02.
§ 63 L.-V.-G.

1. Das Verwaltungsstreitverfahren kennt keine ausdrückliche und keine stillschweigende Vereinbarung über den Gerichtsstand (Erk. v. 23. VI. 76 und 16. III. 1900 Entsch. Bd. V S. 469 und Bd. 37 S. 214).

2. Wird die Klageschrift bei einem unzuständigen Gerichte eingereicht, gelangt sie innerhalb der vorgeschriebenen Frist nicht an das zuständige Gericht, so geht das Klagerecht verloren.

Nr. 5. Entsch. v. 26. III. 03 IV 600.
§ 63 L.-V.-G.; Edikt v. 28. I. 1773 (Rabe, Bd. I Abtl. 5 S. 1).; § 193 B.-G.-B.

1. Welcher Tag als ein allgemeiner Feiertag zu gelten hat, ist reichsgesetzlich nicht geregelt und bestimmt sich nach den Landesgesetzen. Daran hat auch das B.-G.-B. (vgl. § 193) nichts geändert.

2. Das für den damaligen Umfang der Monarchie erlassene Edikt vom 28. I. 1773 (Rabesche Sammlung preußischer Gesetze Bd. I Abt. 5 S. 1) bestimmt in § 1, daß der dritte Feiertag von den sogenannten hohen Festen, Weihnachten, Ostern, Pfingsten, gänzlich abgeschafft und als ein Arbeitstag betrachtet, folglich nur der erste und zweite Tag gefeiert werden soll. Auch in der Folge ist hieran festgehalten. In allen preußischen Landesteilen, einerlei ob mit überwiegend evangelischer oder überwiegend katholischer Bevölkerung, und es ist nicht ersichtlich, daß es in den neuen Landesteilen anders gehalten worden, gelten gesetzlich nur der erste und zweite Tag der drei hohen Feste als allgemeine Feiertage, d. h. nur an diesen Tagen tritt ein, daß gesetzlich der Geschäftsverkehr allgemein sowohl bei den Behörden wie im bürgerlichen Leben und ohne Beschränkung auf die Angehörigen einer Konfession ruht (vgl. § 35 Tit. 11 Teil 2 A.-L.-R.).

3. Für die rechtzeitige Anbringung der Klage ist dasjenige Recht maßgebend, welches an dem Orte gilt, wo die in Frage stehende prozessualische Handlung vorgenommen werden soll (vgl. Sarwey, Zivilprozeßordnung Anm. 3 zu § 200, vgl. auch das Urt. des I. Straffenats des R.-Ger. v. 27. VI. 98, Entsch. Bd. XXXI S. 224).

Nr. 6. Entsch. v. 2. IV. 03 IV 633.
§ 70 L.-V.-G.

Wenn ein von der Wegepolizeibehörde zur Offenhaltung eines Weges angehaltener Privater gegen die Wegepolizeibehörde auf Aufhebung der Verfügung klagt und der Instanzrichter die Gemeinde beiladet, so hat diese nicht die Berechtigung ein Rechtsmittel einzuleiten, weil sie durch die Entscheidung in keinem ihrer Verfügung unterliegenden, im Verwaltungsstreitverfahren verfolgbaren öffentlichen Rechte berührt wird.

Nr. 7. Entsch. v. 23. IV. 03 III 809 (Pr.-V.-Bl. Jahrg. XXV S. 28).
§ 79 L.-V.-G.

Das Verwaltungsgericht ist an bestimmte Beweisregeln nicht gebunden; es kann auch von der Vereidigung der Zeugen absehen und polizeiliche Aussagen berücksichtigen. Voraussetzung ist nur, daß den Parteien vor der Entscheidung Gelegenheit gegeben wird, die Aussagen kennen zu lernen und ihre Einwendungen dagegen vorzubringen.

Nr. 8. Entsch. v. 17. X. 02 I 1587 (Pr.-V.-Bl. Jahrg. XXIV S. 535).
§§ 52, 86, 95, 112 L.-V.-G.

1. Die Revision ist bei Verlust des Rechtsmittels binnen einer zweiwöchigen Frist nach erfolgter Zustellung des Berufungsurteils bei demjenigen Gerichte, welches in erster Instanz entschieden hat, schriftlich anzumelden und zu rechtfertigen (§§ 95, 86, 52 des L.-V.-G.). Nicht mit der Abfassung und Absendung der Revisionsschrift, sondern erst mit deren Eingang bei dem zuständigen Gericht erster Instanz ist die Einlegung des Rechtsmittels erfolgt.

2. Die Abgabe einer an zuständiger Stelle eingereichten Prozeßschrift an die zuständige Stelle ist nur ein Versuch, die Partei vor den Folgen der von ihr verschuldeten unrichtigen Behandlung der Sache zu bewahren; eine Pflicht für den Erfolg dieses Versuches einzustehen, gibt es nicht. Wie in dem Urt. des O.-V.-G. v. 24. XI. 94 (Pr.-V.-Bl. Jahrg. XVI S. 335) ausgeführt und in ständiger Rechtsprechung angenommen ist, kann ein die Wiedereinsetzung in den vorigen Stand rechtfertigender unabweisbarer Zufall im Sinne des § 112 des L.-V.-G. nicht darin gefunden werden, daß ein an unzuständiger Stelle eingereichter Schriftsatz von dieser nicht rechtzeitig an die zuständige Behörde abgegeben worden ist.

Nr. 9. Entsch. v. 20. IV. 03 III 765 (Pr.-V.-Bl. Jahrg. XXV S. 96).
§ 321 Abs. 2 Ziv.-Pr.-Ordn.; § 81 L.-V.-G.

Nach § 321 Abs. 2 der Ziv.-Pr.-Ordn. muß binnen einer Woche der Erlaß einer Nachtragsentscheidung beantragt werden. Im V.-St.-V. ist eine solche Frist nicht vorgeschrieben (Erk. v. 16. IX. 92 Pr.-V.-Bl. Jahrg. XXIV S. 171; von Bauchitsch, Pr.-Verw.-Ges. Bd. I 18. Aufl. S. 107 Anm. 145 zu § 81 Z.-Verw.-Ges.).

Nr. 10. Entsch. Bd. XXXXIII S. 458 v. 5. II. 03 III 19.
§ 119 B.-G.-B.; §§ 81, 98, 160 Nr. 1, 794 Nr. 1 Ziv.-Pr.-Ordn.

1. Für den Zivilprozeß steht fest, daß ein Rechtsstreit ganz oder zum Teil durch Vergleich der Parteien beendet werden kann (vgl. §§ 81, 98, 160 Nr. 1, 794 Nr. 1 Ziv.-Pr.-Ordn.). Es wird aber hierbei angenommen, daß diese Wirkung nur eintritt, wenn der Vergleich gültig ist, und daß, sobald eine Partei den von ihr geschlossenen Vergleich anficht, sie den Gegner zur weiteren mündlichen Verhandlung zu laden und das Gericht nunmehr durch Urteil zu entscheiden hat, ob der Prozeß durch den Vergleich beendet worden ist oder nicht; ist der Gegner mit dem Widerruf einverstanden, so ist der Vergleich beseitigt (Beschluß des R.-Ger. v. 20. III. 97 in dessen Entscheidungen in Zivilsachen Bd. XXXIX S. 392 und z. B. noch Gaupp-Stein, Ziv.-Pr.-Ordn., 4. Aufl., II. Bd. S. 508, 509 Bem. I 1 c *a*).

2. Daß in einer solchen Weise durch Urteil, also nicht durch eine bloße prozeßleitende Verfügung zu entscheiden sei, ist nicht aus besonderen nur für den Zivilprozeß geltenden Vorschriften oder Grundsätzen hergeleitet, entspricht vielmehr dem Wesen der Sache. Dies gilt deshalb auch im Verwaltungsstreitverfahren, und zwar um so mehr, als für das letztere noch in Frage kommt, inwieweit es überhaupt durch einen Vergleich zwischen den Parteien beendet werden kann (vgl. die Regulative für die Bezirksausschüsse und die Kreisausschüsse zu § 12 unter b, den Kostentarif v. 27. II. 84 unter II und Friedrichs im Verwaltungsarchiv Bd. VI S. 427 und 535 Anm. 4).

Nr. 11. Entsch. Bd. XXXXII S. 386 v. 30. I. 03 I C 95/02.
§§ 96, 97 L.-V.-G.

Werden wesentliche Mängel des Verfahrens in der Revisionsinstanz geltend gemacht, so liegt dem Revisionskläger ob, die Mängel im einzelnen bestimmt zu bezeichnen, so daß darüber eine richterliche Prüfung ermöglicht wird.

Nr. 12. Entsch. Bd. XXXXIII S. 456 v. 15. V. 03 I C 11/03.
§ 107 Nr. 1 L.-V.-G.

Es bilden im Geltungsbereiche der Preuß. Schul-Ordn. v. 11. XII. 45 die Schulverbandsgemeinden unter sich und mit den der Schule zugewiesenen Anwohnern auf gutsherrlichem Vorwerkslande keinen korporativen Verband, auch vertritt daselbst der Schulvorstand bei der Ausschreibung der Schulbeiträge nicht die schulunterhaltungspflichtigen Gemeinden und Gutsbezirke; immerhin aber bilden die zu einem Schulverbande vereinigten Träger der Schullast eine Interessentengemeinschaft, die auch gemeinsame Haushaltsinteressen hat, und gerade auf deren Wahrung kommt es in dem Falle, wo es sich um einen Streit über ausgeschriebene Schulbeiträge handelt, an. Dieser Gesichtspunkt aber schlägt bei der Frage nach der Anwendbarkeit des § 107 Nr. 1 des L.-V.-G. selbst dann durch, wenn derjenige Verband, dessen Haushaltsinteressen durch das Unterliegen der zu ihrer Verwaltung und Vertretung berufenen öffentlichen Behörde betroffen werden, nicht gerade einen kommunalen Verband im engeren Sinne oder einen korporativen Verband darstellt. Wenngleich das Gesetz von „kommunalen Verbänden" spricht, so ist das O.-V.-G. doch niemals im Zweifel darüber gewesen, daß mit dem gewählten Ausdrucke nicht etwa nur politische Gemeinden oder weitere kommunale Verbände in der gewöhnlichen Bedeutung des Wortes (wie Ämter, Kreise und Provinzen), sondern nicht minder Schulverbände, und zwar ohne Unterschied, ob sie korporativ gestaltet sind oder nicht, haben bezeichnet werden sollen.

Nr. 13. Entsch. Bd. XXXXII S. 444 v. 17. XI. 02 IV 2076.

Ist eine Partei volljährig, aber zur Verwaltung eines Grundstücks (Fideikommisses) noch nicht berechtigt, für sie vielmehr ein Verwalter bestellt, so wird die Rechtsmittelfrist doch in Lauf gesetzt, wenn das Verwaltungsgericht der Partei das Erkenntnis hat behändigen lassen, ohne von der Verfügungsbeschränkung Kenntnis zu haben.

Dieser Rechtsgrundsatz scheint bedenklich. Er würde analog Anwendung finden, wenn einem Entmündigten behändigt ist, ohne daß die Entmündigung dem Gerichte bekannt geworden. Dies wird wohl nicht anzunehmen sein.

Nr. 14. Entsch. Bd. XXXXII S. 46 v. 3. X. 02 II C 201/01.
§ 110 L.-V.-G.

1. Durch Rechtsurteil kann nur eine vom Richter getroffene, nicht eine, wenn auch zu Unrecht, unterlassene Entscheidung angefochten werden. Hält die Partei eine Entscheidung über gewisse Ansprüche noch für erforderlich, so bleibt ihr nur überlassen, bei dem betreffenden Richter, der die Entscheidung unterlassen, den Erlaß einer Nachtragsentscheidung zu beantragen. Lehnt er sie ab, so ist nur die Beschwerde über die Leitung des Verfahrens gegeben (§ 110 L.-V.-G.).

Nr. 15. Entsch. Bd. XXXXII S. 447 v. 23. IX. 02 II A 9/01.

§ 100 L.-V.-G.; § 580 Ziff. 7 Ziv.-Pr.-Ordn.

Nach § 580 Ziffer 7 findet die Restitutionsklage statt, wenn eine Partei eine Urkunde auffindet oder zu benutzen in den Stand gesetzt wird, welche eine ihr günstigere Entscheidung herbeigeführt haben würde. Diese Vorschrift findet nicht Anwendung, wenn die Urkunde an dem Orte, wo sie hingehörte und wo sie gesucht werden mußte, war, nicht gesucht worden ist. Die Urkunde ist dann nicht verloren, sondern nur augenblicklich nicht zur Hand und lediglich aus dem Grunde, weil die Registratur (eines Magistrats) unzweckmäßig eingerichtet oder in Unordnung gewesen war oder weil zur Herbeischaffung der Urkunde keine geeigneten Schritte getan wurden.

Sechste Abteilung.

Entscheidungen in Steuersachen.

I.

Einkommensteuer.

Literatur: Fuisting, Die preußischen direkten Steuern. Bd. I, Kommentar zum Einkommensteuergesetze, Berlin 1904.

1. Steuerpflicht der physischen Personen.

A. Unbeschränkte subjektive Steuerpflicht.

Nr. 1. Entsch. Bd. XI i. St. S. 1 v. 2. V. 03 IX 120/02 und S. 4 v. 28. X. 03 E VIII a 5/03.

Eink.-St.-Ges. § 1 Nr. 1; Erg.-St.-Ges. §§ 2 I, 4 I, II ², 6, 7 und Ausf.-Anw. Art. 10 IV, 13. Reichsges. wegen Beseitigung der Doppelbesteuerung v. 13. V. 70 (B.-G.-Bl. S. 119) § 1.

1. Ein Deutscher, der die Staatsangehörigkeit in Preußen und in einem anderen deutschen Bundesstaate besitzt und in einem jeden dieser beiden Staaten durch Innehabung einer Wohnung einen Wohnsitz begründet hat, unterliegt in Preußen der unbeschränkten subjektiven Steuerpflicht. Dies gilt insbesondere auch von dem gesamten Einkommen aus Kapitalvermögen, gleichviel, ob letzteres in Preußen oder in einem anderen Bundesstaate angelegt ist. Nach § 2 I Erg.-St.-Ges. unterliegt er danach auch der Ergänzungssteuer nach dem Gesamtwerte seines steuerbaren Vermögens, namentlich auch mit dem Gesamtbetrage seines Kapitalvermögens, soweit die zu letzterem gehörigen Werte nicht Bestandteile eines Anlage- und Betriebskapitals sind, welches dem außerhalb Preußens stattfindenden Betriebe der Land- oder Forstwirtschaft, des Bergbaues oder eines stehenden Gewerbes dient.

2. Dieses Besteuerungsrecht des preußischen Staates wird auch bezüglich des Einkommens aus den ausländischen Einkommensquellen nicht dadurch ausgeschlossen, daß das letztere auch von dem anderen Staate zur Besteuerung herangezogen worden ist. Denn jeder dieser beiden Staaten ist innerhalb der Einschränkungen des R.-G. v. 13. V. 70 zur vollen Ausübung des staatlichen Besteuerungsrechts befugt, und die einschränkenden Bestimmungen des R.-G. beziehen sich auf das Einkommen aus Kapitalvermögen, wie auf das Einkommen aus außerdeutschem Grundbesitz und Gewerbebetrieb,

sofern der Besitzer zugleich Angehöriger mehrerer Bundesstaaten ist und in diesen Heimatstaaten seinen Wohnsitz in dem besprochenen Sinne hat, überhaupt nicht. Alsdann ist vielmehr bezüglich dieser Einkommensteile reichsgesetzlich jeder Heimatstaat, in welchem ein Wohnsitz begründet ist, zur Besteuerung im vollen Umfange berechtigt. Insoweit hat also das Reichsgesetz eine Doppelbesteuerung zugelassen. Die Unbilligkeit einer solchen Doppelbesteuerung läßt sich im Wege der Rechtsprechung nicht beseitigen. Zu diesem Zwecke steht vielmehr, so lange die Vorschriften des R.-G. v. 13. V. 70 keine Abänderung erfahren, nur der Weg gegenseitiger Verständigung der beteiligten Bundesstaaten offen, und falls eine solche nicht erfolgt, ist die Entscheidung der zwischen ihnen bestehenden Streitigkeit durch den Bundesrat zu treffen (Art. 7 Nr. 3, Art. 76 der Reichsverfassung; § 2 Ges., betr. die Vermeidung von Doppelbesteuerungen, v. 18. IV. 1900, G.-S. S. 259).

3. Der Begriff des Wohnsitzes im Sinne des Eink.-St.-Ges. bestimmt sich, wie der Hinweis in der angezogenen Vorschrift auf den § 1 Abs. 2 des Reichsges. v. 13. V. 70 unzweideutig ergibt, lediglich nach der dort enthaltenen Begriffsbestimmung. Danach hat ein Deutscher im Sinne des letzteren Gesetzes seinen Wohnsitz an dem Orte, wo er eine Wohnung unter Umständen inne hat, die auf die Absicht der dauernden Beibehaltung einer solchen schließen lassen. Daß er sie nicht dauernd benutzen wollte und bisher nur vorübergehend benutzt hat, ist nicht von Bedeutung. Als Wohnung kann zwar nicht jedes zum zeitweiligen und vorübergehenden Aufenthalt eingerichtetete oder ausreichende Absteigequartier gelten, sondern es gehört dazu, daß zum dauernden Aufenthalte Wohnräume eingerichtet sind, welche dem Steuerpflichtigen für sich und seinen Haushalt standesgemäße Unterkunft gewähren. Die Frage aber, ob im einzelnen Falle die von dem Steuerpflichtigen benutzten Räume eine „Wohnung" darstellen, und ob von ihm die Absicht der dauernden Beibehaltung einer solchen gehegt wird, gehört dem Gebiete der tatsächlichen Feststellung an.

Nr. 2. Entsch. v. 22. I. 03 Nr. XIa 33.

Eink.-St.-Ges. § 1 Nr. 1a.

Reichsges. v. 13. V. 70 (B.-G.-Bl. S. 119) betr. Vermeidung der Doppelbesteuerung § 1 Abs. 2.

1. Als Wohnsitznahme im steuerlichen Sinne gilt das Innehaben einer Wohnung. Die Anwendung des Wohnsitzbegriffs im Sinne des bürgerlichen Rechts ist auf dem Gebiete der staatlichen Einkommenbesteuerung ausgeschlossen.

2. Das Besteuerungsrecht des preußischen Staates wird auch durch das daneben bestehende und ausgeübte Besteuerungsrecht eines anderen deutschen Bundesstaates nicht berührt. Jeder dieser beiden Staaten ist innerhalb der Einschränkungen des R.-G. v. 13. V. 70 zur vollen Ausübung des staatlichen Besteuerungsrechtes befugt und die einschränkenden Bestimmungen des R.-G. erstrecken sich nicht auf das Kapitalvermögen und den hieraus fließenden Ertrag, sofern der Besitzer zugleich Angehöriger mehrerer Bundesstaaten ist und in diesen Heimatstaaten seinen Wohnsitz in dem besprochenen steuerlichen Sinne hat. Alsdann ist vielmehr reichsgesetzlich jeder Heimatstaat, in dem ein Wohnsitz begründet ist, zur Besteuerung des Kapitalvermögens und seines Ertrages im vollen Umfange berechtigt. Insoweit hat das R.-G. eine Doppelbesteuerung zugelassen.

3. Hiernach entspricht die Besteuerung des Beschwerdeführers in Preußen nach dem vollen Ertrage seines Kapitalvermögens dem bestehenden Rechte,

obschon er auch in Oldenburg, woselbst er nicht nur einen steuerlichen Wohnsitz, sondern auch seinen einzigen Wohnsitz im Sinne des bürgerlichen Rechtes hat, in gleicher Weise besteuert ist.

Die Unbilligkeit einer solchen Doppelbesteuerung läßt sich im Wege der Rechtsprechung nicht beseitigen. Zu diesem Zwecke steht vielmehr, solange die Vorschriften des R.-G. v. 13. V. 70 keine Abänderung erfahren, nur der Weg gegenseitiger Verständigung der beteiligten Bundesstaaten offen (vergl. § 2 des Ges. v. 18. IV. 1900, betr. die Vermeidung von Doppelbesteuerungen, — G.-S. S. 259).

Nr. 3. Entsch. Bd. XI i. St. S. 7 v. 22. X. 02 E IX 7/01.

Eink.-St.-Ges. § 1 Nr. 1a.

Reichsges. wegen Beseitigung der Doppelbesteuerung v. 13. V. 70 (B.-G.-Bl. S. 119) §§ 1, 2.

1. Die Ausnahmevorschrift in § 1 Nr. 1a Eink.-St.-Ges. findet auf preußische Staatsangehörige, die in Preußen einen dienstlichen Wohnsitz haben, keine Anwendung.

2. Der dienstliche Wohnsitz ist der durch das Amt oder den Dienst dauernd angewiesene Aufenthaltsort oder nach dem Wortlaute des Bundesratsbeschlusses, Nr. 90 der Drucksachen für 1872 und § 390 der Protokolle „die dem Beamten zur Ausübung seines Berufs angewiesene Station", gleichviel ob sie mit dem nach zufälligen Umständen sich bestimmenden Orte, wo er Wohnung genommen hat, zusammentrifft oder nicht. Die Bestimmung im § 2 Abs. 3 des Doppelbesteuerungsges., daß in Reichs- oder Staatsdiensten stehende Deutsche nur in demjenigen Bundesstaate besteuert werden dürfen, wo sie ihren dienstlichen Wohnsitz haben, schließt bei ihrer allgemeinen Fassung ferner die Annahme eines dienstlichen Wohnsitzes auch bei mittelbaren Staatsbeamten nicht aus. Innere Gründe, die zu einer einschränkenden Auslegung des Wortlauts führen könnten, sind nicht erkennbar.

3. Ein Oberlehrer an einer in Preußen belegenen Gelehrtenschule eines Kreiskommunalverbandes ist daher, auch wenn er in einem benachbarten Bundesstaate wohnt, wegen seines dienstlichen Wohnsitzes in Preußen steuerpflichtig. Daß die Besteuerung zugleich im Wohnstaate erfolgt ist, steht dem nicht entgegen.

Nr. 4. Entsch. Bd. XI i. St. S. 11 v. 22. X. 02 IVa 224/01.

Eink.-St. Ges. § 1 Nr. 2.

Reichsges. wegen Beseitigung der Doppelbesteuerung v. 13. V. 70 (B.-G.-Bl. S. 119) §§ 1, 2.

1. Dem Beschwerdeführer, damals königlich bayrischen Rechtspraktikanten in A. wurde im Jahre 1898 auf Ersuchen des Reichskanzlers durch den königlich bayrischen Justizminister gestattet, seine amtliche Tätigkeit in A. zu unterbrechen. Seitdem wurde er aushilfsweise in Berlin bei einer Reichsbehörde gegen eine Remuneration beschäftigt und von dieser zur Einkommensteuer veranlagt. Im Juli 1900, und zwar vom 16. desselben Monats ab, war seine Ernennung zum Amtsrichter, wie die königlich bayrische Ernennungsurkunde besagt, „außer dem Status", an dem Amtsgericht A. unter Beurlaubung auf die Dauer eines Jahres, sowie mit dem auf die Dauer der Beurlaubung ruhenden jährlichen Gehalte von 2280 Mk. erfolgt. Sein in der Berufung deshalb erhobener, auf dienstlichen Wohnsitz in A. gemäß § 2 Abs. 3 des Doppelbesteuerungsges. v. 13. V. 70 gegründeter Anspruch auf Freistellung von der preußischen Einkommensteuer wurde von der Berufungskommission auf Grund folgender Erwägungen nicht anerkannt. Die Ernennung zum Amtsrichter sei von lediglich formaler Bedeutung und habe den Zweck, dem Berufer, der Gehalt in Bayern nicht beziehe, sein Dienstalter daselbst zu wahren, dagegen nehme er weiter, wie seit Jahren, das Amt eines Hilfsarbeiters bei einer Reichsbehörde wahr und beziehe hierfür seine Besoldung aus der Reichskasse. Er habe also in Preußen einen dienstlichen Wohnsitz mit dem „steuerlich erheblichen" Merkmale des Diensteinkommens. Es könne somit dahingestellt bleiben, ob er noch einen zweiten dienstlichen Wohnsitz formeller

Natur habe, da ihm dorther ein Einkommen nicht zufließe. Das O.-V.-G. war anderer Ansicht und stellte den Beschwerdeführer aus folgenden Gründen frei:

2. Voraussetzung für einen dienstlichen Wohnsitz ist die dauernde Verleihung der amtlichen oder dienstlichen Stelle. Durch kommissarische Abordnung eines Beamten wird ein dienstlicher Wohnsitz noch nicht begründet. Daher hatte auch der Beschwerdeführer infolge seiner kommissarischen Beschäftigung in Berlin daselbst noch keinen Wohnsitz. Wohl aber hatte er einen solchen in A. in Bayern. Dienstlicher Wohnsitz ist die dem Beamten zur Ausübung seines Berufs angewiesene Station. Nach der Auskunft der königlich bayrischen Ministerien aber ist A. die dem Beschwerdeführer zur Ausübung seines Berufs angewiesene Station, also sein dienstlicher Wohnsitz. Er ist also in Preußen nicht einkommensteuerpflichtig.

Nr. 5. Entsch. Bd. XI i. St. S. 16 v. 13. V. 03 E IX 9, 10/02.

Eink.-St.-Ges. § 1 Nr. 1b, 2b; Erg.-St.-Ges. § 2 I.

Reichsges. wegen Beseitigung der Doppelbesteuerung v. 13. V. 70 (B.-G.-Bl. S. 119) § 2.

Nach § 2 Abs. 3 des R.-G. wegen Beseitigung der Doppelbesteuerung vom 13. V. 70 dürfen in Bundes- oder Staatsdiensten stehende Deutsche nur in demjenigen Bundesstaate besteuert werden, wo sie ihren dienstlichen Wohnsitz haben. Hiermit stimmen die Vorschriften in § 1 Nr. 1b, 2b Eink.-St.-Ges., § 2 I Erg.-St.-Ges. überein. Der Beschwerdeführer, der als Offizier eines zum preußischen Kontingente gehörigen Truppenteils als in preußischen Staatsdiensten stehend anzusehen ist, unterliegt daher, auch wenn er in dem zu dem Bundesstaate N. gehörigen Orte D. wohnt, in Preußen der unbeschränkten Steuerpflicht nach Maßgabe der erwähnten beiden Gesetze. Ob er wegen des Kapitalvermögens und des Einkommens daraus auch im Bundesstaate N. zur Besteuerung herangezogen werden darf, ist vom O.-V.-G. nicht zu entscheiden. Streitigkeiten zwischen mehreren Bundesstaaten über die Ausübung des Besteuerungsrechts sind vielmehr in Ermangelung einer Verständigung zwischen den zuständigen Zentralinstanzen gemäß Art. 7 Nr. 3, Art. 76 der Reichsverfassung durch den Bundesrat zum Austrage zu bringen.

Nr. 6. Entsch. Bd. XI i. St. S. 17 v. 28. X. 03 E III 5/03.

Eink.-St.-Ges. § 1.

1. Der Beschwerdeführer war preußischer Staatsangehöriger und fungierte in Südamerika als Ministerresident von 1886 bis Ende 1900. Mit Wartegeld in den einstweiligen Ruhestand versetzt, übergab er Ende 1900 die Geschäfte seinem Nachfolger. Seit diesem Zeitpunkte hat er sich gleichfalls stets im Ausland aufgehalten, nur im Juni und im August 1901 je einige Wochen in Berlin. Gegen seine Veranlagung zur Einkommen- und zur Ergänzungssteuer für das Steuerjahr 1902 bezw. die Steuerjahre 1902/1904 legte er Berufung ein, weil er mit Zustimmung seiner vorgesetzten Dienstbehörde im Auslande sich aufhalte, in Preußen keinen Wohnsitz habe und nach § 1 Nr. 1c Eink.-St.-Ges. wegen seines seit dem Jahre 1884 dauernden Aufenthalts im Auslande nach Verlust des dienstlichen Wohnsitzes in Südamerika, also seit Ende 1900, in Preußen nicht mehr steuerpflichtig sei. Das O.-V.-G. stellte ihn frei.

2. Der Beschwerdeführer hatte seinen dienstlichen Wohnsitz in Südamerika. Durch die einstweilige Versetzung in den Ruhestand bezw. durch die Abgabe der Dienstgeschäfte an seinen Nachfolger war der dienstliche Wohnsitz in Südamerika erloschen. In Berlin hat er hierauf seinen Wohnsitz nicht genommen. Berlin konnte demnach nur als Wohnsitz angesehen werden, wenn durch gesetzliche Vorschrift für Wartegeldempfänger Berlin aus-

drücklich als dienstlicher Wohnsitz bestimmt worden wäre. Das ist nicht der Fall. Die unter Bewilligung des gesetzlichen Wartegeldes einstweilig in den Ruhestand versetzten Reichsbeamten haben weder in Berlin noch anderswo einen dienstlichen Wohnsitz.

3. Reichs- oder Staatsbeamte, die preußische Staatsangehörige sind und nach Aufgabe ihres bisherigen dienstlichen Wohnsitzes im Auslande keinen Wohnsitz in Preußen haben, sind in Preußen nicht einkommensteuerpflichtig, wenn sie sich, ohne einen Wohnsitz in Preußen, seit mehr als zwei Jahren im Ausland aufgehalten haben.

Nr. 7. Entsch. Bd. XI i. St. S. 20 v. 19. XII. 03 III 69/03.
Eink.-St.-Ges. § 1.

Erwirbt ein Ausländer, der sich länger als ein Jahr in Preußen aufhält und deshalb steuerpflichtig ist, die preußische Staatsangehörigkeit, so tritt eine wesentliche Veränderung der subjektiven Steuerpflicht ein. Er unterliegt von da ab der subjektiven Steuerflicht der preußischen Staatsangehörigen. Es bedarf daher, ohne daß sein vorheriger Aufenthalt im Ausland in betracht kommt, eines neuen mehr als zweijährigen Aufenthalts im Ausland, um die Steuerpflicht als preußischer Staatsangehöriger aufhören zu lassen.

Nr. 8. Entsch. Bd. XI i. St. S. 331 (332) v. 9. IV. 04 III 325/03.
Eink.-St.-Ges. § 1 Nr. 1 Abs. 2; Ausf.-Anw. Art. 1 Nr. 1 Abs. 2.

1. Die subjektive Steuerpflicht eines Steuerpflichtigen, der er sich seit dem Jahre 79 als Vertreter einer Bank ununterbrochen im Ausland aufgehalten haben und nur zum vorübergehenden Aufenthalte nach Preußen zurückgekehrt sein will, ist seitens der Berufungskommission von Amts wegen zu prüfen. Die Unterlassung hat gemäß § 44 Nr. 2 Eink.-St.-Ges. wegen wesentlichen Verfahrensmangels die Aufhebung der Berufungsentscheidung zur Folge.

2. Behufs Prüfung der Steuerpflicht ist die Bank zu befragen, welche Stellung der Steuerpflichtige bei ihr eingenommen, bevor er nach Preußen kam, wann und zu welchem Zwecke er jene Stellung aufgegeben, was er mit seinem Aufenthalt in Preußen bezweckt hat und ob er in seine frühere Stellung zurückgekehrt ist. Auf grund des Ergebnisses der Ermittelungen hat die Berufungskommission dann darüber zu befinden, ob es sich um einen bloß vorübergehenden Aufenthalt in Preußen handelt, der den Wiedereintritt der durch mehr als zweijährigen dauernden Aufenthalt im Ausland erloschenen Steuerpflicht nicht zu begründen vermag.

B. Beschränkte subjektive Steuerpflicht.

Nr. 1. Entsch. Bd. XI i. St. S. 22 v. 21. I. 03 VIIIb 74/02.
Eink.-St.-Ges. § 2b; Ausf.-Anw. Art. 2c.

Der Angehörige eines anderen Bundesstaats, der in Preußen keinen Wohnsitz hat und dort den Grundstückshandel gewerbsmäßig betreibt, kann in Preußen aus jenem Gewerbebetriebe nur dann besteuert werden, wenn sich in Preußen eine gewerbliche oder Handelsanlage befindet. Die Berufungskommission hat in dieser Richtung nur festgestellt, daß der Agent N. für den Steuerpflichtigen Kauf- und Verkaufsgeschäfte in Grundstücken vermittele, in einem dienstlichen Abhängigkeitsverhältnisse vom

Steuerpflichtigen stehe und daß, da jener in A. in Preußen wohne, sein Wohnsitz A. eine Betriebsstätte des Steuerpflichtigen sei. Die Berufungskommission verkennt hier den Begriff der Betriebsstätte und verletzt damit den § 2 Eink.-St.-Ges. Der Wohnsitz des Vertreters eines Gewerbetreibenden kann nur unter bestimmten tatsächlichen Umständen als Betriebsstätte gelten. Entweder gehören hierzu irgend welche sichtbaren Anstalten (Kontore u. s. w.), oder es ist der besondere Nachweis erforderlich, daß die gewerbliche Tätigkeit auf Anweisung des Dienstherrn gerade und als integrierender Teil der gewerblichen Tätigkeit dieses letzteren von diesem Orte aus ausgeübt werden soll (vergl. E.-O.-V. in St. Bd. VI S. 431 ff.).

Nr. 2. Entsch. Bd. XI i. St. S. 24 v. 22. X. 03 E XIIa 27/03.

Eink.-St.-Ges. § 2b; Erg.-St.-Ges. § 2 IIb.

1. Die offene Handelsgesellschaft Gebr. N. zu A. im Großherzogtume Hessen, unterhält in B. in Preußen seit 6 Jahren auf einem vom Eisenbahnfiskus auf unbestimmte Zeit gepachteten Grundstück einen Holzlagerplatz. Hier werden im Auftrag und für Rechnung der Gesellschaft von ihren Arbeitern ständig die in näherer oder weiterer Umgebung angekauften Hölzer zugerichtet, gelagert und nach den vom Sitze der Gesellschaft in A. aus gegebenen Anweisungen an die Käufer versandt. Die Zurichtung des Holzes in B. besteht nicht nur im Entrinden und im Zerschneiden zur Erzielung transportfähiger Länge, sondern auch in der Herstellung von Grubenholz. Dieser Betrieb begründet die Steuerpflicht in Preußen nach § 2b Eink.-St.-Ges. und § 2 IIb Erg.-St.-Ges.

2. Wenn eine solche Tätigkeit nur in gelegentlicher und vorübergehender Weise zur Aufarbeitung einzelner angekaufter Waldbestände oder Holzmengen ausgeübt würde, so würde hieraus noch nicht mit Notwendigkeit auf die Unterhaltung eines gewerblichen Teilbetriebs geschlossen werden dürfen, weil die hierfür notwendige Dauer der Tätigkeit nicht zuträfe. Das Merkmal der Dauer ist aber zu bejahen, wenn, wie hier in B., die Tätigkeit in ständiger Fortsetzung 6 Jahre lang und für fernere unbestimmte Zeit entwickelt wird. Dies ist das gerade Gegenteil einer bloß gelegentlichen und vorübergehenden Tätigkeit. Wesentlich ist ferner, daß die Zerlegung des Holzes über das Bedürfnis der Transportfähigkeit hinaus in Grubenhölzer bewirkt wird und die Versendung vom Lagerplatz aus unmittelbar an die Käufer erfolgt. Eine so geartete und ausgedehnte Tätigkeit bildet zweifellos einen selbständigen Teil des Gesamtbetriebs.

Nr. 3. Entsch. Bd. XI i. St. S. 25 v. 31. XII. 03 VIIIa 32/03.

Eink.-St.-Ges. § 2 Abs. 1b und Ausf.-Anw. Art. 2.

1. Der zu A. im Herzogtume B. wohnhaft gewesene Bauunternehmer N. und der Maurermeister P. betrieben unter der Firma N. & P. mit dem Sitze in A. ein Baugeschäft und führten seit längerer Zeit auf verschiedenen in Preußen belegenen Gruben die Abraumarbeiten aus. Beide bestritten, daß die Firma mit der Ausführung der Erdarbeiten in Preußen ein Gewerbe betrieben habe, bezeichneten diese Tätigkeit vielmehr lediglich als Ausfluß des von der Firma in A. betriebenen stehenden Gewerbes. Trotzdem wurde jeder von ihnen in Preußen zur staatlichen Einkommensteuer herangezogen und die von ihnen eingelegte Berufung zurückgewiesen. Das O.-V.-G. verwies die Sache mit folgender Begründung in die erste Instanz zurück.

2. Steuerpflichtig ist in Preußen nur das von der Firma an den Orten erzielte Einkommen, wo sich eine Gewerbe- oder Handelsanlage oder eine sonstige gewerbliche Betriebsstätte befindet. Es gelten als Betriebsorte der Firma in diesem Sinne nur die Orte, wo ihr Gewerbe als stehendes, d. h. fortgesetzt und dauernd betrieben, nicht bloß eine einmalige oder vorübergehende Tätigkeit ausgeübt wird (E.-O.-V. in St. Bd. IV S. 383; Bd. V S. 413, 414; Bd. X S. 123, 124). Zum

Begriffe der Betriebsstätte gehört das Merkmal der Stabilität; bei diesem kommt es indes nur auf den Gegensatz zum Vorübergehenden, nicht aber darauf an, daß der Fortbestand der Betriebsstätte im voraus auf eine lange Zeit sichergestellt ist. Ein Baugeschäft wird als stehendes sicherlich nicht an jedem Orte betrieben, an welchem der Unternehmer nur einen vereinzelten, wenn auch längere Zeit erfordernden Bau außerhalb seines Wohnsitzes ausführt. Aber ebensowenig steht rechtlich ein Hindernis der Annahme einer Betriebsstätte in den Fällen entgegen, wo ein Bauunternehmer Bau- oder Erdarbeiten jahrelang außerhalb seines Wohnorts von demselben örtlichen Mittelpunkt aus ausführt. Ob im einzelnen Falle danach nur ein einzelner Betriebsakt vorgenommen oder das Gewerbe dauernd ausgeübt wird, ist eine Tatfrage, die sich nur auf Grund zusammenfassender Würdigung der gesamten Verhältnisse des konkreten Falles entscheiden läßt.

Nr. 4. Entsch. Bd. XI i. St. S. 28 v. 21. XI. 03 IX 78/03.

Eink.-St.-Ges. § 2.

Wenn sich der Betrieb eines aus Fabrikation und Handel zusammengesetzten gewerblichen Unternehmens über mehrere Orte in der Weise erstreckt, daß die Fabrikation und die kaufmännische Leitung oder der Vertrieb der Fabrikate an verschiedenen Orten erfolgen, deren einer in Preußen und der andere in einem anderen deutschen Bundesstaate liegt, so ist bei der Verteilung des Gesamtgewinns auf beide Staaten davon auszugehen, daß beide Betriebe für die Gewinnerzielung gleichwertig sind und es entfällt demgemäß auf jeden derselben die Hälfte des Gewinns. Eine andere Art der Verteilung des Gewinns darf daher nur dann erfolgen, wenn im konkreten Falle auf Grund besonderer Verhältnisse festgestellt werden kann, daß die eine Tätigkeit bezüglich des Einflusses auf die Gewinnerzielung hinter die andere wesentlich zurücktritt (E.-O.-V. Bd. VI S. 28 ff.; E.-O.-V. in St. Bd. IV S. 317, 381; Bd. VI S. 420). Gleichgültig ist dabei, ob der Unternehmer seine Fabrikate selbst oder durch seine Angestellten oder durch einen selbständigen Kaufmann als sein Organ vertreibt, und ob im letzteren Falle dieser auch nach außen hin als Vertreter des Unternehmers auftritt oder den Vertrieb im eigenen Namen, also als Verkaufskommissionär bewirkt. Denn für die Beurteilung der allein wesentlichen Frage, ob der mit dem Vertriebe der Fabrikate Beauftragte als ein Organ des Unternehmers handelt, kommt es lediglich auf den Inhalt der mit dem letzteren getroffenen Vereinbarungen und insbesondere darauf an, ob er danach den Vertrieb für seine eigene Rechnung oder für die des letzteren bewirkt, ob wirtschaftlich also er oder letzterer Gewinn und Verlust dabei trägt und deshalb als Unternehmer des in dem Verkaufe der Fabrikate liegenden gewerblichen Betriebs anzusehen ist (a. a. O. Bd. X S. 207, 208).

2. Einkommen der physischen Personen.

A. Allgemeine Grundsätze.

a) Das steuerpflichtige Einkommen.

Nr. 1. Entsch. Bd. XI i. St. S. 30 v. 23. XII. 02 IVa 103/02.
Eink.-St.-Ges. § 6 Nr. 5.

Pensionserhöhungen von Angehörigen der kaiserlichen Schutztruppe im Sinne des § 9 Abs. 2 des Ges. v. 7./18. VII. 96 (R.-G.-Bl. S. 653), betr. die kais. Schutztruppen in den afrikanischen Schutzgebieten, sind steuerfrei.

b) Berechnungsart.

Nr. 1. Entsch. Bd. XI i. St. S. 32 v. 11. II. 03 IVa 276/02.
Eink.-St.-Ges. § 10 und Ausf.-Anw. Art. 5 Nr. 2 Abs. 1 u. 2 u. Art. 8b.

Maßgebend für die Berechnung des Gewinnanteils des Direktors einer Kommanditgesellschaft auf Aktien ist nicht der Zeitraum, für welchen die unbestimmte Einnahme empfangen wird, sondern der Zeitraum des Bestehens der Einkommensquelle, von deren Beginne bis zum Ablaufe desjenigen Wirtschaftsjahrs des Steuerpflichtigen, dessen Ergebnisse bei Abgabe der Steuererklärung feststellbar waren. Der Durchschnittsberechnung ist daher der Betrag der Einnahmen zugrunde zu legen, die der Steuerpflichtige innerhalb dieses Zeitraums tatsächlich bezogen oder auf die er während desselben wenigstens ein bestimmtes, festgestelltes Recht erlangt hat (vgl. E.-O.-V. in St. Bd. I S. 12, 136, 140; Bd. II S. 438ff., 471; Bd. III S. 70; Bd. VIII S. 21ff.; Bd. X S. 32, 124 unten). Dieselben Grundsätze sind auch maßgebend für die Einkommensberechnung aus den Wertpapieren, die, wie die im Besitze des Steuerpflichtigen befindlichen Aktien und Kommanditanteile, keine feststehenden Erträge gewähren.

Kann eine Durchschnittsrechnung nach der Vergangenheit nicht eintreten, so ist der Ertrag, der innerhalb des Steuerjahrs mutmaßlich dem Steuerpflichtigen zufließen wird, zu ermitteln. Nach Ablauf des Steuerjahrs ist der in ihm tatsächlich eingegangene bezw. fällig gewordene Betrag als steuerpflichtig anzurechnen.

Ebenso **Entsch. Bd. XI i. St. S.** 34 v. 21. I. 03 IVa 167/02:

Für die Besteuerung des Einkommens des Mitglieds des Aufsichtsrats einer Aktiengesellschaft aus Tantieme kommt es nicht auf das Geschäftsjahr der Gesellschaft, für welches die Tantieme gezahlt wird, sondern auf die Wirtschaftsjahre des Steuerpflichtigen und darauf an, wann der Anspruch des Steuerpflichtigen auf einen bestimmten Betrag der Tantieme existent geworden ist. Wenn es sich nicht um eine für das Geschäftsjahr der Gesellschaft „garantierte Tantieme" handelt, wie in E.-O.-V. in St. Bd. VIII S. 19/21, so ist der Anspruch auf Tantieme bis zur Feststellung durch die Generalversammlung bezüglich der Tantieme für ein bestimmtes Geschäftsjahr überhaupt noch nicht zur Entstehung gelangt. Hierdurch unterscheidet sich dieser Fall auch von dem Falle der Besteuerung eines noch nicht zur Auszahlung gelangten Einkommens aus einer Erbschaft, wo der Anspruch als solcher ein unbedingter und nur der Zeitpunkt der Auszahlung noch unbestimmt ist (vgl. a. a. O. Bd. I S. 168).

Desgl. Entsch. Bd. XI in St. S. 35 v. 27. VI. 03 III 354/02 hinsichtlich des Einkommens aus Aktien und Tantiemen.

Desgl. Entsch. Bd. XI in St. S. 37 v. 24. IX. 03 XIII c 2/03 hinsichtlich des Einkommens aus Dividenden.

Ist in dem Falle, wo für das Steuerjahr der mutmaßliche Ertrag und nach Ablauf desselben das wirkliche Einkommen im Steuerjahr in betracht kommt, der Anspruch auf eine bestimmte Einnahme für den Steuerpflichtigen nicht zur Entstehung gelangt, so kann die erst nach Ablauf des Steuerjahrs festgestellte Dividende für das Steuerjahr noch nicht zur Besteuerung herangezogen werden. Insbesondere kann durch das Rechtsmittelverfahren niemals die für jenen maßgebenden Zeitpunkt richtige Grundlage einer Durchschnittsberechnung verschoben werden. Wenn auf diese Weise ein und dasselbe Ertragsjahr in zwei aufeinanderfolgenden Steuerjahren der Besteuerung zu grunde gelegt werden muß, im ersten nach Mutmaßung und im folgenden als Durchschnittzeitraum der Vergangenheit, so ist das eine unvermeidliche Folge des Gesetzes und seiner feststehenden Auslegung.

Nr. 2. Entsch. Bd. XI i. St. S. 115 v. 5. III. 03 XIc 46/03.
Eink.-St.Ges. § 14.

Aus der frequenteren Lage des neuen Geschäftslokals und aus der erhöhten Aufwendung für Miete darf bei Verlegung eines Geschäfts (vgl. E.-O.-V. in St. Bd. X S. 131) auf eine wesentliche, die Durchschnittsrechnung nach der Vergangenheit hindernde Änderung des Anlage- und Betriebskapitals nicht geschlossen werden. Die Zahlung höherer Miete berührt nur die Betriebskosten.

Nr. 3. Entsch. Bd. XI i. St. S. 116 v. 26. IX. 03 Va 21/03.
Eink.-St.-Ges. § 14.

Die Übertragung des Gewerbebetriebs des Steuerpflichtigen an seine Ehefrau schließt die Durchschnittsrechnung nach der Vergangenheit aus. (Vgl. E.-O.-V. in St. Bd. V S. 319, Bd. VIII S. 82.)

Nr. 4. Entsch. Bd. XI i. St. S. 119 v. 10. VI. 03 E XIIId 3/02.
Eink.-St.-Ges. § 14.

1. Der Rohgewinn eines gewerblichen Betriebs kann durch Gegenüberstellung einerseits des am Ende des maßgebenden Zeitabschnitts vorhandenen Warenbestandes und des erzielten Preises für verkaufte Waren, andererseits des in den Zeitabschnitt übernommenen Warenbestandes und der Anschaffungskosten der Waren gefunden werden.

2. Aus nicht alljährlich aufgestellten Bilanzen kann der Gewinn aus Handel oder Gewerbe zunächst nur für die durch die Bilanzen begrenzten Zeiträume ermittelt werden. Der Gewinn für die in die maßgebende Durchschnittsperiode fallenden Zeiträume ist sodann schätzungsweise durch verhältnismäßige Teilung des Gewinns aus den zwischen den einzelnen Bilanzen liegenden Zeiträumen zu bestimmen.

Nr. 5. Entsch. Bd. XI i. St. S. 39 v. 8. X. 03 XIIIb 285/03.

Eink.-St.-Ges. §§ 10, 14.

1. Wenn in einem von der persönlichen Mitwirkung der Teilhaber stark beeinflußten Viehkommissionsgeschäfte der eine Teilhaber mit seinem Austritt einen bedeutenden Teil der Kundschaft entfremdet und der neue, bisher in diesem Geschäftszweig unerfahrene Teilhaber keine entsprechende neue Kundschaft zuführen kann, so muß mit dem subjektiven Wechsel der Teilhaber zugleich die objektive Gleichartigkeit des Geschäfts mehr oder minder beeinträchtigt werden. Die Unterlassung einer hierauf gerichteten Prüfung ist ein wesentlicher Mangel des Verfahrens.

2. Die Grundlage der Ertragsermittelung können nur die buchmäßigen Ergebnisse sein. Der Beschwerdeführer ist Kaufmann und muß Bücher führen. Er führt auch zweifellos Aufzeichnungen, die, wenn sie auch im Sinne kaufmännischer Buchführung unvollkommen sein mögen, doch nach der Eigenart seines Geschäfts zur richtigen Darstellung des Gewinns geeignet sein können. Bei Erhebung des Buchbeweises ist der Beschwerdeführer besonders darüber zu befragen, ob sich sein Kommissionsgeschäft ausschließlich auf die Verkaufskommissionen für die in der Beschwerde einzeln benannten Kommittenten beschränkt, unter welchen Bedingungen er für seine Kommittenten tätig ist, und ob er auch Geschäfte für eigene Rechnung ausführt. Bei Anzweifelung seiner Angaben mögen die Kommittenten als Zeugen vernommen und sonst geeignete Erhebungen angestellt werden.

Nr. 6. Entsch. Bd. XI i. St. S. 52 v. 22. X. 03 XIIb 42/02.

Eink.-St.-Ges. §§ 10, 12.

1. Eine Aktiengesellschaft hatte im Mai 1901 beschlossen, das Grundkapital im Wege der Zusammenlegung der Stammaktien von 6000000 Mk. auf 4000000 Mk. herabzusetzen, es aber gleichzeitig durch Ausgabe von Prioritätsaktien auf den Inhaber je zu 1000 Mk. wieder um 1000000 Mk. zu erhöhen. Letztere sind mit Vorzugsrechten bei der Gewinnverteilung gegenüber den Stammaktien am 1. VII. 01 zur Ausgabe gelangt.

2. Schon mit dieser Verminderung der Stücke des Restes der Stammaktien hatte die Ertragsquelle des Stammaktienbesitzes eine wesentliche, die Durchschnittsberechnung ausschließende Veränderung erfahren. War bei Beginn des Steuerjahrs (1. IV. 02) $^1/_3$ der Stammaktien des Beschwerdeführers im Wege einer nach § 290 des H.-G.-B. ordnungsmäßig durchgeführten Zusammenlegung vernichtet, so bestand für das Steuerjahr nur noch die wesentlich veränderte Ertragsquelle der ihm verbliebenen Stammaktien.

Nr. 7. Entsch. Bd. XI i. St. S. 45 v. 26. III. 04 VIIIa 117/03.

Eink.-St.-Ges. § 10.

1. Durch schriftlichen Vertrag von 1900, der ausdrücklich als Sozietätsvertrag bezeichnet ist, hat der Steuerpflichtige seinen Sohn Paul N. als Gesellschafter in sein Geschäft aufgenommen und sich mit ihm zu einer offenen Handelsgesellschaft unter der Firma „F. O. N." vereinigt. Die Einlage des Steuerpflichtigen beträgt danach 30500 Mk., während diejenige seines Sohnes mit 17000 Mk., aus Vermögensstücken des früher vom Steuerpflichtigen allein betriebenen Geschäfts herrührt, die der Steuerpflichtige in dieser Höhe seinem Sohn übereignet hat. Soweit am Ende des mit dem Kalenderjahr übereinstimmenden Geschäftsjahrs sich auf grund der Bilanz ein Gewinn ergeben hat, sollten die Einlagen der Gesellschafter mit 5 Prozent verzinst und der übersteigende Gewinn oder der Verlust nach Köpfen verteilt werden. Durch einen Nachtrag aus dem Jahre 1901 zu jenem Vertrag ist unter den beiden Gesellschaftern vereinbart, daß statt der Hälfte des Gewinns der Steuerpflichtige eine feste jährliche Rente von 3600 Mk. vom 1. I. 02 ab erhalten und daneben die Zinsen seines Geschäftsanteils beziehen sollte. In

einem zweiten Nachtrag aus dem Febr. 1903 hat der Steuerpflichtige mit Rücksicht auf die schlechte Geschäftslage auf die fernere Auszahlung der ihm zugesicherten Rente von 3600 Mk. verzichtet und sein Sohn unter Annahme dieses Verzichts für die pünktliche Zinszahlung Sorge zu tragen versprochen. Die Unterschriften des Steuerpflichtigen und seines Sohnes unter diesen Verträgen sind dann im April 1903 notariell beglaubigt.

2. Der schriftliche Vertrag aus dem Jahre 1900 stellt sich als ein Gesellschaftsvertrag dar, der einer besonderen Form nicht bedarf. Die darin erwähnte Übereignung eines Vermögensteils des Steuerpflichtigen an seinen Sohn wird als bereits vollzogen angesehen; jedenfalls handelt es sich nicht um eine Verpfichtung des Steuerpflichtigen, sein gegenwärtiges Vermögen oder einen Bruchteil desselben zu übertragen, so daß die Anwendung der Vorschrift des § 311 des Bürgerlichen Gesetzbuchs, die eine gerichtliche oder notarielle Beurkundung erfordert, nicht in Frage kommt. Was sodann den letzten Nachtrag vom Februar 1903 betrifft, so liegt hierin eine Abänderung der Bestimmungen des Gesellschaftsvertrags, die ebenso wie dieser keiner besonderen Form bedarf. Da dieser Vertrag vor dem Beginne des Steuerjahrs abgeschlossen ist und gegen die Handlungsfähigkeit des Sohnes des Steuerpflichtigen Bedenken nicht vorliegen, so kann mit einem über die auf 1350 Mk. deklarierte und unstreitige Verzinsung der vom Steuerpflichtigen auf noch 27000 Mk. angegebenen Einlage hinausgehenden Anspruche desselben nicht gerechnet werden, wobei dahingestellt bleiben kann, ob überhaupt noch ein Einkommen aus Gewerbebetrieb oder vielmehr ein solches aus Kapitalvermögen angenommen werden darf. Bereits durch die Festsetzung einer festen Rente von 3600 Mk. an Stelle der Hälfte des Geschäftsgewinns in dem ersten Nachtragsvertrag aus dem Jahre 1901 hatte die Einkommensquelle für den Steuerpflichtigen eine die Durchschnittsrechnung mit der früheren Zeit ausschließende wesentliche Veränderung erfahren, und es war an die Stelle eines schwankenden Einkommens jedenfalls insoweit ein feststehendes Einkommen getreten.

c) Haushaltungsangehörige.

Nr. 1. Entsch. Bd. XI i. St. S. 43 v. 17. IX. 02 $\frac{\text{E IIb 4}}{\text{IIb 272}}$/02.

Eink.-St.-Ges. § 11; Erg.-St.-Ges. § 5 Nr. 4.

1. **Durch das Verziehen eines preußischen Staatsangehörigen aus Preußen nach einem deutschen Schutzgebiete scheiden die in Preußen zum Zwecke der Erziehung zurückgebliebenen, ihren Lebensunterhalt vom Vater beziehenden minderjährigen Kinder aus seinem Haushalte nicht aus. Sie können daher nicht selbständig veranlagt werden, wenn sie ein der Verfügung des Haushaltungsvorstandes nicht unterliegendes Einkommen nicht haben. An dieser Sachlage wird auch durch den Umstand, daß der Vater zur Besteuerung in Preußen nicht herangezogen ist, nichts geändert.**

2. **Da ferner die Vorschrift des § 5 Nr. 4 Erg.-St.-Ges., derzufolge „dem Haushaltungsvorstande das Vermögen derjenigen Haushaltungsangehörigen, deren Einkommen ihm gemäß § 11 Eink.-St.-Ges. bei der Veranlagung hinzuzurechnen ist, hinzugerechnet werden“ soll, nach den „Motiven“ dahin verstanden werden muß, daß die Frage wegen besonderer Veranlagung Haushaltungsangehöriger zur Ergänzungssteuer, dem praktischen Bedürfnisse entsprechend, in gleichem Sinne wie für die Einkommensteuer zu entscheiden ist, so daß also Haushaltungsangehörige nur dann zur Ergänzungssteuer**

selbständig zu veranlagen sind, falls eine Heranziehung derselben zur Einkommensteuer stattzufinden hat, so hat auch im vorliegenden Falle die selbständige Heranziehung der Kinder zur Ergänzungssteuer zu unterbleiben.

Nr. 2. Entsch. Bd. XI i. St. S. 47 v. 19. II. 03 XIII b 249/02.

Eink.-St.-Ges. § 11.

Sind Nichten des Haushaltungsvorstandes in dessen Landwirtschaft oder Gewerbe beschäftigt, so spricht die Vermutung für das Vorhandensein eines vertragsmäßigen Arbeitsverhältnisses zwischen ihnen und dem Haushaltungsvorstande. (Vgl. E.-O.-V. in St. Bd. X S. 40.)

Wenn sie daneben gelegentlich im Haushalte helfen, so ist dies unwesentlich, zumal wenn die Haushaltsarbeiten geringfügig sind und von der Frau allein besorgt werden können. Die Nichten ersetzen also die sonst in der Land- und Viehwirtschaft erforderlichen fremden Hilfskräfte. Alsdann ist aber nicht anzunehmen, daß sie umsonst arbeiten. Vielmehr sind ihre Dienstleistungen nur gegen Vergütung zu erwarten, und die Vergütung gilt gemäß § 612 B.-G.-B. als stillschweigend vereinbart. Ob sie in barem Gelde oder daneben auch in Naturalien — Wohnung, Beköstigung, Kleidung u. s. w. — geleistet wird, ist unwesentlich. Die Vergütungen sind daher in vollem Betrag unter den Betriebskosten zu berücksichtigen.

B. Arten des Einkommens.

a) Aus Kapitalvermögen.

Nr. 1. Entsch. Bd. XI i. St. S. 49 v. 30. IV. 02 I b 302/01.

Eink.-St.-Ges. § 12; B.-G.-B. §§ 1030, 1064, 1068, 1072.

Der Nießbrauch an einem Rechte besteht in der Berechtigung, die Nutzungen dieses Rechtes zu ziehen. Da nun die Nutzungen an einer verzinslichen Forderung in dem Zinsgenusse bestehen, so enthält die uneingeschränkte Aufgabe des Zinsgenusses in Ansehung einer Forderung seitens des Nießbrauches z. B. eines Vaters gegenüber dem Sohne als Eigentümer der Forderung, die Aufhebung des Nießbrauchs durch Verzicht. Zu diesem Verzichte genügt aber nach dem B.-G.-B. in jedem Falle die formlose Erklärung des Nießbrauchers gegenüber dem „Eigentümer" des Rechtes, daß er den Nießbrauch aufgebe.

Nr. 2. Entsch. Bd. XI i. St. S. 51 v. 2. V. 03 E IX 6/02.

Eink.-St.-Ges. § 12; B.-G.-B. §§ 398 ff., 516 ff., 1154.

Die Abtretung von Forderungen, selbst wenn sie schenkungsweise geschieht, z. B. die Übertragung eines Bankguthabens vom Vater auf den Sohn wird nach dem B.-G.-B. wegen der bei seinen Bestimmungen vorausgesetzten Formfreiheit der Rechtsgeschäfte, grundsätzlich und abgesehen von hypothekarisch versicherten Forderungen (§ 1154) auch durch mündlichen Vertrag zwischen dem Zedenten und dem Zessionar rechtsgültig bewirkt.

Nr. 3. Entsch. Bd. XI i. St. S. 54 v. 13. I. 04 V b 44/03.

Eink.-St.-Ges. § 12.

Hat sich vor Erlaß der Berufungsentscheidung herausgestellt, daß eine bei der Veranlagung mit dem mutmaßlichen Betrag angerechnete Dividende gänzlich fortfällt, so ist deren Anrechnung bei Feststellung des steuerpflichtigen Einkommens ausgeschlossen. (Vgl. E.-O.-V. in St. Bd. X S. 36.)

Nr. 4. Entsch. Bd. XI i. St. S. 57 i. d. Anm. v. 27. IX. 02 IVb 39/02.

Eink.-St.-Ges. § 12.

1. Die Annahme der Berufungskommission, daß der Steuerpflichtige bei dem Ankaufe der Papiere eine Spekulationsabsicht gehabt habe, war auf folgende Erwägungen gestützt:

„1. Zensit gibt selbst zu, in Wertpapieren zu spekulieren; auch deklariert er jährlich ein Einkommen aus Spekulationsgewinnen.
2. Er hat beim Ankaufe der Transvaalaktien gleichzeitig andere Papiere gekauft, bei deren Erwerb er die Spekulationsabsicht zugibt (Berliner Handelsanteile).
3. Transvaalaktien sind notorisch Spielpapiere, und zwar so zweifellose Spielpapiere, daß bei deren Ankauf ohne weiteres auf Spekulationsabsicht geschlossen werden muß. Dies ergeben unter anderem die starken Kursschwankungen und die Abhängigkeit ihres Wertes von zahlreichen äußeren Umständen."

2. Hierbei hat die Berufungskommission den Begriff der Notorität verkannt. Denn notorisch und deshalb des Beweises nicht weiter bedürftig können nur Tatsachen sein, nicht aber aus Tatsachen zu ziehende Schlußfolgerungen (vgl. E.-O.-V. in St. Bd. I S. 393). Die Annahme, daß Transvaalaktien Spielpapiere seien, ist aber lediglich eine derartige Schlußfolgerung und durfte deshalb nicht ohne weiteres als notorisch bezeichnet werden. Die Berufungskommission hätte vielmehr im einzelnen die Tatsachen angeben müssen, auf grund deren sie diese Annahme für gerechtfertigt erachtet. Die bloße Bezugnahme auf starke Kursschwankungen und die Abhängigkeit des Wertes jener Aktien von zahlreichen äußeren Umständen enthält lediglich ein subjektives Urteil, dessen tatsächliche Unterlagen nicht erkennbar sind. Überdies treten starke Kursschwankungen unter Umständen bei fast jedem Wertpapier ein und auch der Wert jedes Wertpapiers hängt von den äußeren Umständen ab.

Nr. 5. Entsch. Bd. XI i. St. S. 56 v. 28. III. 03 IVb 66/02.

Eink.-St.-Ges. § 12.

1. Die Entscheidung bezog sich auf denselben Steuerpflichtigen, wie die vorstehende Entsch. v. 27. IX. 02. Sie nahm auf sie bezug und bestimmte, daß nach den dort aufgestellten Grundsätzen auch über die Behauptung des Steuerpflichtigen, daß er die im Dezember 1900 mit Verlust verkauften, in den Jahren 1898 und 1899 angekauften 3000 M. Gasaktien, 6000 M. Kalkaktien und 5000 M. Ziegelaktien aus denselben Gründen und zu demselben Zwecke wie die Transvaaleisenbahnaktien erworben habe, danach aber eventl. auch diese Käufe als Spekulationsgeschäfte anzuerkennen und die bei ihrem Verkauf erlittenen Verluste abzugsfähig seien, entschieden werden müsse.

2. Der Umstand, daß der Steuerpflichtige bald nach dem Verkaufe der erwähnten drei Aktienposten dieselben Arten von Aktien zu gleichen Nennbeträgen, wenn auch in anderen Stücken, wiedergekauft hat, spricht eher für und jedenfalls nicht gegen die Annahme, daß der Steuerpflichtige bei dem Ankaufe der Aktien in den Jahren 98 und 99 Spekulationszwecke verfolgt habe. Ist die spekulative Absicht der Gewinnerzielung durch spätere Veräußerung in der Tat die einzig maßgebende Ursache für den Erwerb jener Aktien gewesen, so kann auch der Anspruch des Steuerpflichtigen auf Absetzung des bei ihrem Verkauf erlittenen Verlustes von dem Gewinn aus Spekulationsverkäufen oder dem Einkommen aus den sonstigen Quellen (vgl. E.-O.-V. in St. Bd. X S. 76) nach § 12 Abs. 2 zu d Eink.-St.-Ges. einem Bedenken nicht unterliegen. Aus welchem Grunde und zu welchem Zwecke der Steuer-

pflichtige die fraglichen Aktien gerade im Dezember 1900 und unter den Einkaufspreisen verkauft hat, kommt dabei nicht in betracht.

3. Die Berufungskommission hat in der angegriffenen Entscheidung dem Steuerpflichtigen, weil er die gleichen Nennbeträge der betreffenden Aktien bald nach dem Verkauf $^1/_2$ bis $^3/_4$% niedriger wiedergekauft, „anscheinend also eine Baissespekulation vorgehabt habe," den dadurch verdienten Betrag von mindestens 70 Mk. als Spekulationsgewinn angerechnet. Dies steht im Widerspruche zu der bereits erwähnten Vorschrift in § 12 Abs. 2 zu d Eink.-St.-Ges., wonach nur vereinnahmte Gewinne aus der zu Spekulationszwecken unternommenen Veräußerung von Wertpapieren, Forderungen, Renten u. s. w., abzüglich etwaiger Verluste bei derartigen Geschäften, als Einkommen aus Kapitalvermögen gelten.

4. Dagegen ist der Berufungskommission darin beizutreten, daß der Steuerpflichtige durch die Hingabe von 12000 M. A.dorfer gegen 6000 M. B.felder und 3000 M. N. Aktien einen nach der angeführten Gesetzesvorschrift abzugsfähigen Spekulationsverlust nicht erlitten hat. Die Aktiengesellschaft „B.felder Papierfabrik" zu B., die früher „A.dorfer Papierfabrik" firmierte und in B. domiziliert war, hat laut Beschluß der Generalversammlung Ende 99 den Verkauf ihres Etablissements in A.dorf an die N.sche Fabriken-Aktiengesellschaft, die Verlegung des Sitzes nach B., die Herabsetzung des Grundkapitals von 2000000 M. auf 1000000 M. und die Änderung der Firma in „B.felder Papierfabrik, Aktiengesellschaft" beschlossen. Die Herabsetzung des Grundkapitals erfolgte in der Weise, daß die Aktionäre für vier eingereichte A.dorfer Aktien à 1000 M. zwei in B.felder umgestempelte Aktien und eine N.Aktie von je 1000 M. erhielten, während die beiden anderen A.dorfer Aktien vernichtet wurden. Hiernach handelt es sich bei den A.dorfer und bei den B.felder Aktien um Aktien der nämlichen Aktiengesellschaft, während die N.Aktien Aktien einer von der ersteren verschiedenen Aktiengesellschaft sind. In dem Kaufvertrage von 99 über das A.dorfer Etablissement hatte die B.felder Gesellschaft 500 Stück neu ausgegebene Aktien der Käuferin zu je 1000 M. zum Nennwert in Anrechnung auf den Kaufpreis übernommen, die sie demnächst ihren eigenen Aktionären in der angegebenen Weise überließ. Demnach steht hierbei lediglich eine Zusammenlegung der Aktien der ersteren Gesellschaft behufs Herabsetzung des Grundkapitals in Frage, bei der den Aktionären auf vier Aktien eine N.Aktie als Entschädigung gewährt wurde. Es fehlt daher die zur Erfüllung des Tatbestandes eines Spekulationsverlustes erforderliche Voraussetzung einer Veräußerung der A.dorfer Aktien (E.-O.-V. in St. Bd. X S. 75, 76 Anm.).

5. Ebenso können Verluste, die der Steuerpflichtige bei dem Verkaufe von 11000 Mk. 3%iger S. Rente und von 10000 M. $3^1/_2$%iger D.er Staatsanleihe erlitten haben will, unter keinen Umständen als abzugsfähige Spekulationsverluste anerkannt werden, wenn er diese Papiere zum Zwecke dauernder Kapitalanlage gekauft hat.

6. Die Berechnung des Einkommens aus Dividenden hat, lediglich nach Maßgabe der Vorschriften in Art. 8 Abs. 4 zu b Ausf.-Anw. vom 6. VII. 1900 zu erfolgen. Danach ist jede einzelne Aktie als eine besondere Kapitalanlage zu behandeln. Für die erst im Dezember 1900 nach der letzten Dividendenverteilung von dem Steuerpflichtigen bezw. seiner Ehefrau erworbenen 5000 M. Ziegelaktien, 6000 M. Kalkaktien und 3000 M. Gasaktien wäre demnach der mutmaßliche Ertrag im Steuerjahr in Ansatz zu bringen gewesen, an dessen Stelle nach dem inzwischen eingetretenen Ablaufe des

letzteren der wirkliche Ertrag zu ermitteln ist. Der Umstand, daß der Steuerpflichtige bezw. seine Ehefrau kurze Zeit vor dem Erwerbe dieser Aktien den gleichen Nennbetrag von Aktien derselben Gattungen verkauft hatte, berechtigt ohne Rücksicht auf die Beweggründe, die den Steuerpflichtigen und dessen Ehefrau zu dem Verkauf und Wiederankaufe der Aktien bestimmt haben, die Berufungskommission keineswegs dazu, die früheren und die später erworbenen Aktien derselben Gattung als eine und dieselbe Kapitalanlage zu behandeln und demnach behufs Berechnung des steuerpflichtigen Einkommens beide Besitzzeiten zusammenzurechnen. Es ist den Steuerpflichtigen durch kein Gesetz verboten, ihre Einkommensverhältnisse ohne jede Rücksicht auf den Steueranspruch des Staates nach Belieben zu gestalten; für die Berechnung des steuerpflichtigen Einkommens sind vielmehr lediglich die tatsächlichen Einkommensverhältnisse maßgebend.

Nr. 6. Entsch. Bd. XI i. St. S. 61 v. 5. II. 03 XIIa 118/02.
Eink.-St.-Ges. § 12.

Nach den seit Jahren feststehenden Rechtsgrundsätzen über die Voraussetzungen für die Annahme eines steuerpflichtigen Gewinns aus Spekulationsgeschäften gehört dazu die einwandfreie Feststellung des Vorhandenseins einer rein spekulativen, d. i. auf Gewinnerzielung durch die Wiederveräußerung gerichteten Absicht beim Ankaufe des betreffenden Objekts (vgl. E.-O.-V. in St. Bd. VI S. 276 ff., Bd. X S. 64 ff.). In dieser Beziehung hatte der Steuerpflichtige behauptet und Zeugenbeweis dafür angetreten, daß er zwar bei den ersten Verhandlungen mit dem Vertreter der Verkäufer eines Gutes auf Grund dessen Versicherungen das Gut für den Gegenstand eines günstigen Spekulationsgeschäfts gehalten und deshalb den Ankauf beabsichtigt, auch in dieser Absicht Punktationen über den Ankauf mit aufgenommen, daß er sich aber alsbald von der Unrichtigkeit jener Annahme überzeugt und deshalb den Kaufvertrag nicht abschließen gewollt, auch den Eigentümern eine Entschädigung angeboten habe. Nur weil die Eigentümer des Gutes hierauf nicht hätten eingehen wollen und ihn mit Klage bedroht hätten, habe er dann den Vertrag abgeschlossen, um einen kostspieligen Prozeß über ein Objekt von 840 000 M. zu vermeiden. Wenn diese Angaben richtig sind, so kann nicht angenommen werden, daß die vorerwähnte Voraussetzung einer spekulativen Absicht beim Ankaufe des Gutes noch bestanden hat, mögen jene Punktationen sich als vertragsmäßige Abmachung darstellen oder nicht.

Nr. 7. Entsch. Bd. XI i. St. S. 63 v. 8. X. 02 IVa 253/01.
Eink.-St.-Ges. § 12.

Wird bei der zu Spekulationszwecken unternommenen Veräußerung eines Grundstücks der Gegenwert ganz oder zum Teil nicht in barem Gelde, sondern durch Übergabe anderer Vermögensstücke geleistet, so läßt sich die Höhe des von dem Veräußerer des Grundstücks erzielten Spekulationsgewinns ohne Feststellung des Wertes der übernommenen Vermögensstücke nicht ermitteln. Es bedarf daher in jedem Falle der Feststellung dieses Wertes. Diese kann, wenn die Kontrahenten den Wert in dem Veräußerungsvertrage selbst in Gelde beziffert haben und Bedenken gegen die Richtigkeit dieser Angabe nicht gegeben sind, ohne weiteres auf Grund und entsprechend der letzteren erfolgen; anderenfalls muß der Wert seitens der Veranlagungsbehörden nach Beschaffung ausreichender Schätzungsunterlagen selbständig festgestellt werden. Da nach § 12 Abs. 2 zu d Eink.-St.-Ges. vereinahmte Gewinne aus Spekulationsveräußerungen abzüglich etwaiger

Verluste bei derartigen Geschäften der Besteuerung unterliegen und der Gewinn bei der Veräußerung, d. h. der Überschuß des Wertes der empfangenen Gegenleistung über den Wert des veräußerten Gegenstandes, als vereinnahmt gilt, sobald die Gegenleistung rechtlich in die Verfügungsgewalt des Veräußerers übergegangen ist, so kommt es für die Feststellung der Höhe des Spekulationsgewinns auch lediglich auf den Wert an, den die Gegenleistung zu diesem Zeitpunkte hatte. Besteht die Gegenleistung ganz oder zum Teil in einem von dem Veräußerer tauschweise übernommenen Grundstücke, so ist also der Wert des letzteren zur Zeit der Übergabe entscheidend. Der Preis, den der Erwerber des eingetauschten Grundstücks bei dessen Weiterveräußerung erzielt, ist dagegen für die Feststellung des von ersterem erzielten Spekulationsgewinns ohne Bedeutung (vgl. E.-O.-V. in St. Bd. IV S. 215 ff.).

Die Feststellung des Wertes der übernommenen Vermögensstücke muß insbesondere geschehen, wenn die vertragsmäßige Wertangabe zum Zwecke der Täuschung oder aus anderen Gründen simuliert ist. Der Behauptung der Simulation seitens des Steuerpflichtigen ist nachzugehen.

Nr. 8. Entsch. Bd. XI i. St. S. 68 v. 5. II. 03 XIa 45/02.

Eink.-St.-Ges. §§ 8, 12.

Es mag dahingestellt bleiben, ob und inwieweit die Ergebnisse von Bohrungen oder Schürfungen, insbesondere Mutungsrechte, den Gegenstand einer Spekulation bilden können. Jedenfalls handelt es sich im jetzigen Falle nur um Aufwendungen für Bohrungen, d. h. um Ausgaben für Arbeiten, die zur Vorbereitung für eine Mutung gemacht sind. Derartige Vorbereitung für eine mögliche künftige Spekulation gehören aber nicht schon zu den Spekulationsgeschäften im Sinne der §§ 8 und 12 Eink.-St.-Ges. Aufwendungen dafür sind deshalb nicht abzugsfähig.

Nr. 9. Entsch. Bd. XI i. St. S. 69 v. 8. IV. 03 VIIIb 117/02.

Eink.-St.-Ges. §§ 12, 14.

1. Handelt es sich bei Terraingeschäften um den gewerbsmäßigen Betrieb von Spekulationsgeschäften, so darf ein Gewinn daraus für das Steuerjahr dann nicht mehr zur Besteuerung herangezogen werden, wenn der Steuerpflichtige bei Beginn des Steuerjahrs Spekulationsgeschäfte als Gewerbe nicht mehr betrieb, mithin die Einkommensquelle „Handel und Gewerbe" bereits vor Beginn des Steuerjahrs weggefallen war und demnach mit Einkommen daraus für das Steuerjahr nicht mehr gerechnet werden durfte (vgl. E.-O.-V. in Bd. IV S. 209; Bd. IX S. 29 ff., 31 ff., 33 ff.).

2. Hat dagegen der Steuerpflichtige nur gelegentlich Spekulationsgeschäfte in Grundstücken gemacht, so würde zwar der Umstand, daß er bei Beginn des Steuerjahrs solche nicht mehr betrieb, nach den §§ 12 Abs. 2 d, 14 Abs. 2 Nr. 3 Eink.-St.-Ges. an sich nicht im Wege stehen, den im Durchschnitte der drei letzten Jahre erzielten Spekulationsgewinn als steuerpflichtiges Einkommen aus Kapitalvermögen in Ansatz zu bringen (vgl. a. a. O. Bd. IV S. 209 ff.). Gewinne aus Spekulationsgeschäften, die in den letzten drei dem Steuerjahre vorangegangenen, für die Durchschnittsrechnung maßgebenden Jahren weder vereinnahmt noch kreditiert sind, gehören nicht zum steuerpflichtigen Einkommen des Steuerjahrs.

3. Hieran wird auch dadurch nichts geändert, daß ein Teilnehmer an bereits vor Beginn der dreijährigen Periode beendigten Spekulationsgeschäften

nachträglich innerhalb der drei Jahre von einem anderen Teilnehmer durch Prozeß oder Vergleich einen größeren Anteil an dem Gewinn erlangt hat, als ihm ursprünglich zugewiesen worden war. Diese nachträgliche Vermehrung ist für das Steuerjahr nicht mehr steuerpflichtig. In Frage kommen könnte vielmehr nur eine Nachbesteuerung aus § 80 Eink.-St.-Ges. für die betr. Vorjahre.

b) Aus Grundvermögen.

Nr. 1. Entsch. Bd. XI i. St. S. 72 v. 19. XII. 03 VIIIa 47, 48/03.

Eink.-St.-Ges. §§ 13, 14.

1. Nicht alle dem Steuerpflichtigen als Teilhaber der Zuckerfabrik von ihr gewährten Vergütungen sind gewerbliches Einkommen. Soweit dem Steuerpflichtigen auf Grund einer mit der Fabrik getroffenen Vereinbarung ein klagbarer Anspruch auf deren Leistung zusteht oder mangels eines solchen der Geldwert der gesamten Vergütung einschließlich der zurückgewährten Schnitzel und des Scheideschlamms den ortsüblichen Marktpreis (vgl. E.-O.-V. in St. Bd. II S. 234 ff.) nicht übersteigt, handelt es sich um Entgelt für die gelieferten Rüben, also um Einkommen des Steuerpflichtigen aus der an seinem Wohnort betriebenen Landwirtschaft, das in Preußen der Besteuerung nicht unterliegt. Was darüber hinausgeht, fließt dem Steuerpflichtigen in seiner Eigenschaft als Mitglied der die Fabrik betreibenden Gesellschaft, also als Anteil am Gewinne des gesellschaftlichen Unternehmens zu und ist Einkommen aus Gewerbebetrieb und in Preußen steuerpflichtig (vgl. E.-O.-V. in St. Bd. II S. 219 ff.; Bd. IV S. 217 ff., 279 ff.; Bd. VI S. 404 ff.; Bd. VIII S. 408 ff.).

2. Für die Beurteilung, zu welcher Art des Einkommens die Vergütungen für gelieferte Überrüben bei dem Lieferanten gehören, kommt es auf die mit der Fabrik abgeschlossenen Verträge an. Die Unterlassung einer Aufklärung in dieser Beziehung bildet einen wesentlichen Mangel des Verfahrens.

Ebenso **Entsch. Bd. XI i. St. S. 74** i. d. Anm. v. 22. IV. 03 VIIIa 107/02.

In jedem Falle muß berücksichtigt werden, daß die Ausgaben für die an die Fabrik gelieferten Rüben unter allen Umständen in vollem Umfange zu den landwirtschaftlichen Betriebskosten gehören, die dafür von der Fabrik dem Steuerpflichtigen gewährten Vergütungen aber nur insoweit eine Einnahme des Landwirtschaftsbetriebs bilden, als dem Steuerpflichtigen auf Grund der mit der Fabrik getroffenen Vereinbarungen ein klagbarer Anspruch auf deren Leistung zustand oder bei dem Fehlen eines solchen der Geldwert der gesamten Vergütung den sogenannten örtlichen Marktpreis der Rüben nicht überstieg. Denn nur insoweit bildet der Geldwert der gesamten Bezüge das Entgelt für die gelieferten Rüben, während den Mehrbetrag der Steuerpflichtige in seiner Eigenschaft als Mitglied der die Fabrik betreibenden Gesellschaft, also als Anteil am Gewinne des gesellschaftlichen Unternehmens erhält. Aus den Entscheidungsgründen muß jedenfalls hervorgehen, daß dem Steuerpflichtigen kein Teil der von der Fabrik erhaltenen Werte bei der Ermittelung seines steuerpflichtigen Einkommens zugleich als landwirtschaftliche Einnahme und als Gesellschaftsgewinn angerechnet ist.

Nr. 2. Entsch. Bd. XI i. St. S. 75 v. 13. V. 03 Xf 25/02.

Eink.-St.-Ges. § 13.

1. Die Hengsthaltung eines Landwirts bildet entweder einen Nebenbetrieb der Landwirtschaft oder einen besonderen Gewerbebetrieb, letzteren jedoch nur dann, wenn der Betrieb und die dazu verwendeten Mittel von dem Betriebe der Landwirtschaft vollständig gesondert sind. (Vgl. E.-O.-V. in St. Bd. V S. 180.) Es ist daher genau festzustellen ob und inwieweit die Hilfskräfte des landwirtschaftlichen Betriebs wie dessen Erzeugnisse für die Hengsthaltung Verwendung finden (vgl. E.-O.-V. in St. Bd. V S. 180; Bd. VII S. 131 bis 133; Bd. IX S. 65, 66).

2. Der Abzug für die Verzinsung des Anlagekapitals der Hengsthaltung ist gesetzlich unzulässig, ebenso ein Abzug wegen Abnutzung des lebenden Inventars, also auch ein solcher wegen Abnutzung der Hengste. Dagegen sind die Kosten für die Ersatzbeschaffung eines Hengstes nach Art. 11 II 2, 18 II 1 Ausf.-Anw. v. 6. VII. 1900 als Betriebskosten in Ausgabe zu stellen, während der Erlös des verkauften Hengstes in Einnahme gebracht werden muß.

Nr. 3. Entsch. Bd. XI i. St. S. 79 i. d. Anm. v. 26. III. 04 Vc 29/03.

Eink.-St.-Ges. §§ 9 I, 13 Abs. 2; Ausf.-Anw. Art. 4 II 5.

Die allein auf grund vertragsmäßiger Vereinbarung von den Pächtern zu tragenden, auf den Pachtgütern ruhenden öffentlichen Lasten, wie Kreiszuschläge zur Grund- und Gebäudesteuer, Kirchen-, Schul- und Armenlasten, sind dem Einkommen des Verpächters hinzuzurechnen. Denn diese Lasten, welche der Verpächter selbst dem Berechtigten schuldet, sind von den Pächtern neben dem Pachtzins als Nebenleistungen übernommen. Sie gehören zu denjenigen Ausgaben, die deshalb, weil sie auf einem verpflichtenden Titel des öffentlichen Rechtes beruhen und an öffentliche Verbände zu leisten sind, nicht als Betriebskosten in Abzug kommen dürfen. Der Umstand, daß diese Abgaben auf grund der vertragsmäßig übernommenen Verpflichtung von den Pächtern direkt an die öffentlichen Verbände entrichtet werden, nimmt ihnen nicht den Charakter von Nebenleistungen neben dem Pachtzinse, die nach der Vorschrift des § 13 Abs. 2 Eink.-St.-Ges. dem Verpächter als Einkommen anzurechnen sind. Für die Pächter sind sie Betriebskosten ebenso wie der Pachtzins und als solche nach § 9 I a. a. O. abzugsfähig; denn es ist rechtlich kein Unterschied, ob der Pächter bar bezahlt oder die Schulden des Verpächters bezahlt.

Ebenso Entsch. Bd. XI i. St. S. 77 v. 7. X. 03 VIIIa 81/02.

Zur Entrichtung der auf die Realsteuern fallenden Kreis- und Kommunalsteuern ist nach § 3 des Ges. v. 14. VII 93 wegen Aufhebung direkter Staatssteuern (G.-S. S. 119), §§ 24, 26 Komm.-Abg.-Ges. der Eigentümer verpflichtet, der außer den dem Grundstück auferlegten öffentlichen Abgaben auch Forensaleinkommensteuer zu tragen hat. Dabei kommt es nicht darauf an, ob die exekutivische Einziehung einzelner etwa noch in betracht kommenden Abgaben und Lasten des Eigentümers auch von dem Pächter vorbehaltlich seines Regresses an den eigentlich verpflichteten Eigentümer, wie in den Bd. XXXV S. 363 bis 365 E.-O.-V. angeführten Fällen, gesetzlich zugelassen ist (vgl. auch Bd. XXXIII S. 365 a. a. O.) Werden aber Obliegenheiten des Eigentümers neben dem baren Pachtzinse von dem Pächter übernommen, so bilden auch sie einen Teil des Pachtzinses und mindern das steuerpflichtige Einkommen aus dem Pachtbesitze, während sie das des Verpächters erhöhen. (Art. 15 I 2 und II 2 Ausf.-Anw. v. 6. VII. 1900). Sie sind als solche für den Pächter bei der Deklaration seines Einkommens aus Grundbesitz abzugsfähig und dem Verpächter als Pachteinnahme anzurechnen. Selbstverständlich erstreckt sich jedoch die Anrechnung nur auf die für den Eigentümer selbst nicht abzugsfähigen Lasten, da die abzugsfähigen unter den Abzügen vom Gesamteinkommen des Eigentümers wieder in Abzug gebracht werden müssen, wenn dies nicht schon hier oder anderweit von ihm selbst geschehen sein sollte.

Nr. 4. Entsch. Bd. XI i. St. S. 82 v. 1. XI. 02 i. d. Anm. v. 1. XI. 02 IVa 54/02.
Eink.-St.-Ges. §§ 8, 13.

Die Entschädigung für Einräumung eines Vorkaufsrechts an dem Grundstücke des Steuerpflichtigen gehört nicht zu den Erträgen, die nach § 13 Abs. 1 Eink.-St.-Ges. das Einkommen aus Grundbesitz umfassen. Das Entgelt stellt eine außerordentliche Einnahme dar, die nach § 8 a. a. O. zum steuerpflichtigen Einkommen nicht zu rechnen ist. Sie vermehrt das Stammvermögen.

Nr. 5. Entsch. Bd. XI i. St. S. 81 v. 26. IX. 03 VIIIa 23/03.
Eink.-St.-Ges. §§ 13, 15.

Der Betrag, um den der ortsübliche Mietwert einer vermieteten Wohnung den vereinbarten Mietzins übersteigt, bildet kein steuerpflichtiges Einkommen des Mieters.

Nr. 6. Entsch. Bd. XI i. St. S. 83 v. 3. XII. 02 III 44/02.
Eink.-St.-Ges. § 13 und Ausf.-Anw. Art. 16.

Da der Jahresmietwert eines Villengrundstücks durch Vergleichung mit dem wirklichen Mietertrage von Wohnungen gleicher Beschaffenheit ermittelt werden soll, so muß bei deren Auswahl dem Umstande Rechnung getragen werden, daß die Villa der Steuerpflichtigen zum Winteraufenthalte zwar nicht geeignet, aber zur Benutzung auch während des Winters bereit steht. Erst wenn solche Vergleichungsobjekte fehlen sollten, können Mietpreise auch solcher Villengrundstücke inbetracht kommen, die im Sommer und Winter zu Wohnzwecken benutzbar sind. Im Falle, daß diese auch im Winter benutzt werden, kann aber der auf den Winter entfallende Mietzins nur mit einem mäßigen Prozentsatze bei der Ermittelung des Mietwerts des in Rede stehenden Grundstücks veranschlagt werden. Von dem Bruttomietwerte sind sodann unter Berücksichtigung der Angaben der Steuerpflichtigen die gesetzlich zulässigen Abzüge zu machen. Die zu Bedenken Veranlassung gebenden Positionen sind mit der Steuerpflichtigen zuvor zu erörtern.

Nr. 7. Entsch. Bd. XI i. St. S. 84 v. 26. IX. 03 IX 55/03.
Eink.-St.-Ges. § 13; Ausf.-Anw. Art. 16.

1. Die Berufungskommission verstößt dadurch nicht gegen § 44 Eink.-St.-Ges., daß bei Feststellung des Mietwertes eines Sommerhauses am Meere nicht allein Garten und Park, sondern auch das sich auf 14 ha etwa erstreckende Gehölz, dessen geringfügige Holznutzung kaum als zufälliger Nebenvorteil inbetracht kommt, als Zubehör des nicht zur Erzielung materieller Erträge, sondern zur Erholung, Freude und Annehmlichkeit des Steuerpflichtigen und der Seinen erworbenen und unterhaltenen Sommer-

hauses angesehen ist, und daß die Bemessung des Jahreswerts dieser Annehmlichkeiten, die, was nicht unberücksichtigt geblieben ist, das Klima auf vier Monate des Jahres einschränkt, mangels anderer in erster Linie anzuwendender Maßstäbe im Hinblick auf den Erwerbs- und Herstellungspreis stattgefunden hat.

2. Daß mit letzterem seinerzeit Affektionswert mitbezahlt sei, erhellt in keiner Weise. Denn der Beschwerdeführer hat dies lediglich behauptet, aber nicht angegeben, worin die Vorteile bestanden haben sollten, die die Sache allein dem Steuerpflichtigen vermöge seiner höchst persönlichen Beziehungen und Stimmungen, nicht aber auch vielen anderen in ähnlicher Lebenslage und gleichartigen Vermögensverhältnissen befindlichen Personen zu bieten vermöchte. Eine derartige Angabe und der Antritt eines Nachweises dafür wäre jedoch notwendig, um die völlig ausnahmsweise Zahlung eines Affektionspreises auch nur wahrscheinlich zu machen.

Nr. 8. Entsch. Bd. XI i. St. S. 85 v. 7. X. 03 IVa 91/03.

Eink.-St.-Ges. § 12; Ausf.-Anw. Art. 16.

1. Darin, daß die Berufungskommission die behufs Veranlagung zur Gebäudesteuer eingeschätzten Nutzungswerte nicht als geeigneten Anhalt zur Bemessung des Mietwerts einer Villa ansieht, weil die Veranlagung zur Gebäudesteuer seinerzeit nach dem Durchschnitte der Jahre 83 bis 92 und voraussichtlich ohne Zugrundelegung wirklich gezahlter Mietpreise erfolgt sei, und weil seit der Gebäudesteuerveranlagung nicht nur eine ganz außerordentliche Steigerung des Wertes des Grund und Bodens, sondern auch der Mietpreise im allgemeinen in der unmittelbaren Nähe von Berlin stattgefunden habe, ist ein Grund zur Beschwerde nicht zu erblicken.

2. Fehlt es auch an geeigneten Vergleichsobjekten, so konnte die Berufungskommission bei der Bemessung des Mietwerts nur prüfen, welcher Preis bei einer Vermietung der Villa gefordert und bewilligt werden würde (vgl. E.-O.-V. in St. Bd. III S. 153 und Bd. IX S. 80ff.). Dabei mußten in erster Linie neben anderen inbetracht kommenden Umständen die für die Erwerbung und Herstellung der Besitzung aufgewendeten Kosten berücksichtigt werden. Denn es ist einleuchtend, daß bei der Forderung des Vermieters an Miete eine einigermaßen entsprechende Verzinsung des aufgewendeten Anlagekapitals zuvörderst bezweckt wird und erzielt werden soll, falls die allgemeinen und regelmäßigen Verhältnisse des geschäftlichen und wirtschaftlichen Verkehrs, die für die Entscheidung der vorliegenden Frage allein maßgebend sind, zu grunde gelegt werden.

Nr. 9. Entsch. Bd. XI i. St. S. 87 v. 26. IX. 03 Va 2/03.

Eink.-St.-Ges. § 13; Ausf.-Anw. Art. 18.

Wenn der Steuerpflichtige im Sommer Teile seiner Wohnung an Fremde vermietet und er und seine Familie sich so lange mit Räumen begnügen, die sonst und in der Hauptsache zu landwirtschaftlichen Zwecken benutzt werden, so muß, falls ihm der Mietertrag neben dem Mietwerte der Wohnung als Einkommen in Ansatz gebracht wird, bei der Schätzung des letzteren der Umstand, daß die vermieteten Räume während der Zeit ihrer Vermietung von ihm und seiner Familie nicht benutzt werden, als deren Jahresmietwert mindernd in angemessener Weise berücksichtigt werden. Anderenfalls würde insoweit, eine Doppelbesteuerung des Einkommens aus den vermieteten Räumen vorliegen.

Nr. 10. Entsch. Bd. XI i. St. S. 87 v. 12. XI. 02 III 109/02 und S. 89 v. 12. XI. 02 III 468/01.

Eink.-St.-Ges. § 13.

Die Annahme, daß neben dem für Nebenabgaben bei dem Berliner Hausgrundstücke zugelassene Abzug von 8% der Mieten die Kanalisationsabgabe nicht noch besonders abgezogen werden dürfe, ist ohne nähere Begündung nicht zulässig und widerspricht auch dem früheren und jetzigen Ortsrechte. Vielmehr muß im Streitfalle die Berufungskommission den Steuerpflichtigen zur Angabe der sämtlichen Nebenabgaben bei seinen Berliner Hausgrundstücken aus den maßgebenden Wirtschaftsjahren unter der Verwarnung auffordern, daß sonst diese Nebenabgaben geschätzt werden würden. Macht dann der Steuerpflichtige genauere Angaben, so ist hierzu ausdrücklich Stellung zu nehmen und eventuell der Nachweis zu erfordern. Verweigert der Steuerpflichtige seine Angaben, so hat die Berufungskommission ihrerseits Grundstücke von gleicher Lage und Beschaffenheit, bei welchen sich die Nebenabgaben ermitteln lassen, als Vergleichungsobjekte heranzuziehen und nach Verhandlung mit dem Steuerpflichtigen in Anlehnung hieran die Nebenabgaben bei den Hausgrundstücken des Steuerpflichtigen, soweit sie nicht nachgewiesen sind, zu schätzen.

Nr. 11. Entsch. Bd. XI i. St. S. 91 v. 20. XI. 02 XIa 10/02.

Eink.-St.-Ges. §§ 9, 13.

1. Ausgaben zur Wiederherstellung eines Gebäudezustandes, der wohl während der Besitzzeit eines Vorgängers, aber nicht mehr beim Übergang auf den gegenwärtigen Steuerpflichtigen vorhanden gewesen ist, sind vom Abzug ausgeschlossen, weil sie nicht die Erhaltung seines Stammvermögens bezwecken.

2. Außerdem aber handelte es sich bei der hier vorgenommenen Erneuerung eines ein kunstgeschichtliches Denkmal ersten Ranges darstellenden Giebels überhaupt nicht um eine Reparatur. Um eine wieder auf lange Zeit hin dauernde Erhaltung des Kunstdenkmals zu sichern, hat der Giebel vom Dachansatz an abgebrochen und wieder aufgebaut, also die Wand nebst ihrem Schmucke vollständig und zwar in wetterfestem Material erneuert werden müssen. Das völlige Ersetzen eines so bedeutenden Bauteils kann nicht mehr als bloße Reparatur des Hauses gelten, sondern nur als wesentliche Veränderung der Substanz, also Umbau (E.-O.-V. Bd. VIII S. 300, Bd. XXIX S. 375) und die Gesamtausgabe dafür nur als eine Kapitalanlage. Ob eine solche notgedrungen oder freiwillig geschieht, ist rechtlich ohne Bedeutung, ebenso, ob vielleicht vorläufig noch durch eine bloße Reparatur der Wand dem Bedürfnisse des Hauses hätte genügt werden können; denn die so etwa gesparten Reparaturkosten sind eben nicht „verwendet“, und deshalb kann auch nicht etwa ein Teil der Ersatzbaukosten unter jener Bezeichnung abzugsfähig werden.

Daß die Stadt und die Provinz den Hauptteil der Kosten getragen haben, und daß auch der Steuerpflichtige mit seinem Teile zur Erreichung des — für die Behörden selbstverständlicherweise ausschließlich gegebenen — Zweckes, dem öffentlichen Kunstinteresse einen wesentlichen Dienst zu leisten, im Erfolge vielleicht ebenso beigetragen hat, wie zur Erhaltung oder Erhöhnng des Kauf- und Nutzwerts seines Hauses, kann an dem Charakter seiner Aufwendungen als Hausbaukosten nichts ändern; und hierfür ist es auch gleichgültig, ob nach dem Urteile von Altertumsliebhabern der verwitterte Giebel besser ausgesehen hat, als der erneuerte.

Nr. 12. Entsch. Bd. XI i. St. S. 93 v. 7. V. 03 XIIIb 300/02.

Eink.-St.-Ges. §§ 9, 13.

Die aus technischen Gründen, um den Mörtel zunächst gehörig austrocknen zu lassen, aufgeschobene und erst im Verlaufe längerer Zeit nachgeholte Ausfugung eines neuerbauten Hauses gehört zu den Instandsetzungsarbeiten, deren Kosten nicht abzugsfähig sind. Dabei ist es unerheblich, aus welcher Veranlassung, z. B. ob wegen baupolizeilicher Bestimmungen, die Kosten aufgewendet sind.

Nr. 13. Entsch. Bd. XI i. St. S. 95 v. 8. IV. 03 XIa 210/01.

Eink.-St.-Ges. §§ 10, 13.

Bei Vermietung einer Wohnung in einem mit Zentralheizung versehenen Hause mit dem Rechte des Mieters auf Benutzung der Zentralheizung besteht eine Verpflichtung des Vermieters zur fortgesetzten Heizung der vermieteten Räume. Insoweit handelt es sich um einen Werkvertrag. Das ganze Vertragsverhältnis bleibt aber, wenn auch einzelne Vorschriften des B.-G.-B. über Werkvertrag (§§ 631 ff.) zur Anwendung gelangen, doch Miete und die Vergütung für die Benutzung der Zentralheizung, mag sie ungetrennt in dem Mietzins enthalten oder neben dem Mietzinse besonders vereinbart und in einer bestimmten Summe ausgedrückt sein, ist in steuerlicher Hinsicht als Miete zu behandeln. Wenn daher der Mietzins eine feststehende Einnahme bildet und die Vergütung des Mieters für Benutzung der Zentralheizung in einer bestimmten Summe vereinbart ist, so muß diese Vergütung gleich der Miete mit dem feststehenden Betrage für das Steuerjahr angerechnet werden. Dagegen sind die Ausgaben des Vermieters für die Zentralheizung notwendigerweise unbestimmt und schwankend und nach dem maßgebenden Zeitraume der Vergangenheit zu bemessen.

c) Aus Handel und Gewerbe einschließlich des Bergbaus.

Nr. 1. Entsch. Bd. XI i. St. S. 96 v. 15. XI. 02 VIa 187/02.

Eink.-St.-Ges. § 14.

Die Ermittelung des Reineinkommens aus dem Betrieb eines Handwerks durch Schätzung des Verdienstes der in dem Betriebe tätig gewesenen einzelnen Personen an je einem Arbeitstag ist unzulässig. Vielmehr bildet auch hier den Gegenstand der Schätzung immer nur das in einem Geschäftsjahr oder in dem Zeitraume vom Beginne des Betriebs bis zum Schlusse des ersten Geschäftsjahrs als Überschuß sämtlicher Betriebseinnahmen über die gesamten Betriebsausgaben von dem Pflichtigen erzielte Reineinkommen. Erst aus diesem Betrage würde sich der durchschnittlich auf je eine im Betriebe beschäftigte Person für je einen Arbeitstag entfallende Reinverdienst ableiten lassen, was indessen für die Erledigung der der Berufungskommission obliegenden Aufgabe ohne jede Bedeutung ist.

Keineswegs folgt jedoch daraus, daß die Anzahl und Art der in dem Betriebe tätigen Arbeitskräfte nicht einen geeigneten Anhalt für eine Schätzung zu bieten vermöchten. Selbstredend darf aber bei der Schätzung alsdann mit derartigen Faktoren nur insoweit gerechnet werden, als ihr Vorhandensein während einer bestimmten Arbeitszeit in Verhandlung mit dem Steuerpflichtigen festgestellt worden ist.

Nr. 2. Entsch. Bd. XI i. St. S. 99 v. 22. XI. 02 Va 60/02.

Eink.-St.-Ges. § 14.

Die im Eigentum einer offenen Handelsgesellschaft stehenden Grundstücke gehören zu dem Anlage- und Betriebskapitale der Gesellschaft, nicht zum Sondervermögen der Gesellschafter, und können daher niemals Einkommen der letzteren aus Grundvermögen bilden. Betreibt nun die Gesellschaft ihr Gewerbe in ihr eigentümlich gehörigen Gebäuden, so müßte grundsätzlich bei der Berechnung des steuerpflichtigen Einkommens ihrer Mitglieder gemäß Art. 16 Nr. 1 Ausf.-Anw. v. 6. VII. 1900 der Mietwert der für den Gewerbebetrieb verwendeten Gebäudeteile überhaupt außer Ansatz bleiben müssen. Hat trotzdem die Gesellschaft den Mietwert der gewerblichen Gebäudeteile rechnungs- oder buchmäßig wie eine Mieteinnahme behandelt, so stellt sich der Mietwert, ebenso wie die Mieteinnahmen jener Grundstücke, wegen der Zugehörigkeit der letzteren zu dem Gesellschaftsvermögen als Frucht oder Nutzung von Bestandteilen des gewerblichen Anlage- und Betriebskapitals und damit auch als eine bei der Berechnung des Einkommens aus Handel und Gewerbe zu berücksichtigende Einnahme dar (vgl. E.-O.-V. in St. Bd. III S. 289; Bd. IV S. 275; Bd. VII S. 107; Bd. IX S. 136, 137).

Selbstverständlich muß aber der als Einnahme gebuchte Mietwert mit demselben Betrag zum Abzug unter den Geschäftsunkosten zugelassen werden.

Nr. 3. Entsch. Bd. XI i. St. S. 103 v. 13. XII. 02 Va 11/02.

Eink.-St.-Ges. § 14.

1. Betreibt ein Steuerpflichtiger Fleischerei und Gastwirtschaft, so ist zunächst festzustellen, ob zwei getrennte Einkommensquellen oder nur eine Quelle anzunehmen ist. Im ersteren Falle ist der Wert der aus der Fleischerei in die Gastwirtschaft übergeführten Fleischwaren bei jener als Einnahme und bei dieser als Ausgabe anzusehen. Liegt nur eine Einkommensquelle vor, so kann die bessere Verwertung der Fleischwaren in der Gastwirtschaft nach Ermittelung der Menge und Art derselben entweder durch Annahme eines tatsächlich näher zu begründenden höheren Bruttogewinns vom Stücke Vieh oder durch einen besonderen Zuschlag, welcher durch tatsächliche Unterlagen zu rechtfertigen ist, abgegolten werden. In beiden Fällen wird sich die Anhörung eines geeigneten Sachverständigen kaum umgehen lassen.

2. Der Bruttogewinn aus dem Bierausschank ist unter Berücksichtigung der Einkaufs- und Verkaufspreise und der Art des Ausschankes festzustellen (vgl. E.-O.-V. in Bd. IX S. 116). Kommt das für das Betriebspersonal verbrauchte Bier hierbei mit in Anrechnung, so muß es bei dem Werte der freien Station unter den Betriebskosten wieder in Abzug gebracht werden (vgl. Art. 18 II 6 Ausf.-Anw.). Die streitigen Positionen der Geschäftsunkosten sind, enventuell nach Anhörung eines Sachverständigen, zu ermitteln.

Nr. 4. Entsch. Bd. XI i. St. S. 105 v. 22. I. 03 XIc 193/02.

Eink.-St.-Ges. § 14.

Für das Bestehen einer durch gewerbsmäßige Vermittelung von Grundstückskäufen und ähnliche Geschäfte gebildeten Einkommensquelle kommt es nicht darauf an, daß diese Tätigkeit ununterbrochen ausgeübt wird, oder daß sie den Hauptberuf des Betreffenden darstellt. Es genügt, daß die Fähigkeit und Absicht, sowie die Möglichkeit zu solcher Tätigkeit vorhanden ist, wenn auch die Übernahme einzelner solcher Geschäfte tatsächlich nur in beschränktem Umfange, mit längeren Unterbrechungen und vielleicht nur unter außergewöhnlich günstigen Bedingungen erfolgt.

Die tatsächliche Ausführung solcher Geschäfte bis in das Steuerjahr bietet eine ausreichende Grundlage für die Annahme, daß sowohl in dieser Zeit als für die Zukunft eine auf die entgeltliche Übernahme solcher Geschäfte gerichtete Absicht bestanden habe und noch weiter bestehe. Dafür, daß diese Absicht bei Beginn des Steuerjahrs endgültig und unbedingt aufgegeben gewesen wäre, ist vom Steuerpflichtigen der Nachweis zu erbringen.

Nr. 5. Entsch. Bd. XI i. St. S. 107 v. 5. II. 03 XIa 170/02.
Eink.-St.-Ges. § 14.

Das gewerbliche Einkommen des einzelnen Gesellschafters, wozu auch die Zinsen seiner Kapitalanlagen gehören, besteht nicht bloß in dem ihm als Gewinn überwiesenen Betrage, sondern in dem vollen Teile des Verdienstes der Gesellschaft, der nach seinem Geschäftsanteil oder den bestehenden Vertragsbestimmungen auf ihn entfällt.

Die Teile des rechnungsmäßig ermittelten Reingewinns einer offenen Handelsgesellschaft die nicht ausgezahlt, sondern zu Verbesserungen der Betriebsanlagen verwendet worden sind, müssen behufs Ermittelung des steuerpflichtigen Gewinns der einzelnen Gesellschafter diesen verhältnismäßig wieder zugerechnet werden. (Vgl. E.-O.-V. in St. Bd. X S. 121 ff.)

Nr. 6. Entsch. Bd. XI i. St. S. 109 v. 11. II. 03 IVb 166/01.
Eink.-St.-Ges. §§ 14, 15.

1. Die Annahme, daß eine Erfindung, bevor sie weiterveräußert oder patentiert ist, keinen selbständigen Vermögenswert habe, ist verfehlt und widerspricht der Vorschrift im § 6 des Patentges. v. 7. IV. 91, wonach der Anspruch auf Erteilung eines Patents auf die Erben übergeht und ein veräußerliches Vermögensobjekt bildet.

2. Die Erfindungen als Folge darauf gerichteter Beschäftigung, das Nachsuchen von Patenten und deren Verwertung können in bezug auf die durch die Verwertung erzielten Einnahmen steuerrechtlich als Quellen des Einkommens aus gewinnbringender Beschäftigung bezw. aus Gewerbebetrieb inbetracht kommen, oder es kann die Verwertung von Patenten als ein selbständiger Gewerbebetrieb angesehen werden. Die beiden ersteren Einkommensquellen können nur bei dem Erfinder selbst, die letztere kann auch bei anderen Personen vorkommen. Liegt keiner dieser Fälle vor, so kann von einer Steuerpflichtigkeit des Erlöses aus der Verwertung nicht die Rede sein, und es handelt sich dann um eine außerordentliche, nicht steuerpflichtige Vermehrung des Vermögens. (Vgl. E.-O.-V. in St. Bd. X S. 144 ff.)

Nr. 7. Entsch. Bd. XI i. St. S. 113 v. 31. I. 03 IX 34/02.
Eink.-St.-Ges. § 7 Nr. 3, § 14.

Das Patentrecht bildet in den Fällen, wo es von dem Inhaber oder einem späteren Erwerber im eigenen Gewerbebetrieb ausgebeutet wird, einen Bestandteil des gewerblichen Anlage- und Betriebskapitals (vgl. § 4 I 2 und § 6 Erg.-St.-Ges.), und die Frucht dieses letzteren ist

Einkommen aus Handel und Gewerbe. Dies trifft auch zu, wenn der Erfinder selbst im eigenen Gewerbebetriebe seine patentierte Erfindung verwertet. Daß die Erfindung bereits vor dem Inkrafttreten des Eink.-St.-Ges. gemacht worden, ist unerheblich, da der Gewerbebetrieb die Einkommensquelle bildet und diese beim Beginn des Steuerjahrs noch bestand.

Die Kosten, die auf die Erfindung selbst verwandt sind, können nur insoweit als Betriebskosten gemäß § 9 I 1 Eink.-St.-Ges. zum Abzuge kommen, als sie in den für die Durchschnittsberechnung des gewerblichen Einkommens maßgebenden Betriebsjahren entstanden sind.

Nr. 8. Entsch. Bd. XI i. St. S. 117 v. 22. X. 03 XIII d 27/03.

Eink.-St.-Ges. § 14.

1. Das Einkommen aus einer Metzgerei war unter Zugrundelegung von Nettostücksätzen ermittelt worden, die im Verhältnis zu den Stücksätzen der Vorjahre ohne jede Begründung auffällig erhöht waren.

2. Ein solches Verfahren entspricht nicht den Best. der Verf. des Fin.-Min. v. 5. X. 99 (Mitt. aus der Verw. d. dir. Steuern Heft 40 S. 18 und Anh. 10b zum II. Teile der Ausf.-Anw.). „Vorsichtig aufgestellte Schätzungsnormen" sollen nach jener Verf. und nach Art. 42 III Ausf.-Anw. zur „Vermeidung grober Mißgriffe bei der Schätzung" dienen. Dagegen soll im Einzelfall eine individuelle Schätzung erfolgen, und soweit diese nicht durchführbar ist, sollen die unentbehrlichen Anhaltspunkte für die Schätzung durch Vergleichung mit den zuverlässig bekannt gewordenen Ergebnissen anderer gleichartiger Betriebe gewonnen werden. (Vgl. E.-O.-V. in St. Bd. V S. 9ff., 185ff.; Bd. IX S. 118ff.)

Nr. 9. Entsch. Bd. XI i. St. S. 121 v. 8. X. 03 XI a 37/03.

Eink.-St.-Ges. § 14.

Die bloße Errichtung von Häusern zum Zwecke der Nutzung durch Vermietung oder Selbstbewohnen ist niemals Gewerbebetrieb, auch dann nicht, wenn sie von einem Bauverständigen — außerhalb eines sonstigen gewerblichen Betriebs — unter eigener Mitarbeit vorgenommen wird. Wenn der Bauverständige die Häuser infolge geringerer Arbeitslöhne u. s. w. billiger herstellt, so erzielt er im Vergleiche mit anderen „Bauherren" Ersparnisse bei der Begründung der neuen Quelle des Hausbesitzes; solche Ersparnisse bilden aber keine quellenmäßigen Erträge.

Nr. 10. Entsch. Bd. XI i. St. S. 122 v. 22. X. 03 XIII b 232/03.

Eink.-St.-Ges. § 14.

1. Das von einer offenen Handelsgesellschaft betriebene Unternehmen bildet regelmäßig eine einheitliche Quelle. Die Selbständigkeit mehrerer Geschäftszweige kann nur dann bejaht werden, wenn sie voneinander völlig unabhängig sind.

2. Umstände, aus denen auf Selbständigkeit eines Geschäftszweigs geschlossen werden darf, sind z. B. in einer durchgreifenden Verschiedenheit der Geschäftszweige nach Richtung und Gegenständen, die jede Ähnlichkeit ausschließt, in der Verschiedenheit der Bezugsquellen, der Kundschaft, der Reisenden, der Bücher, der Bilanzen u. s. w. zu finden, sowie darin, daß dieser Geschäftszweig schließlich als ein völlig selbständiges Geschäft verkauft wird.

Nr. 11. Entsch. Bd. XI i. St. S. 127 v. 24. IX. 03 XIIIb 296/03.
Eink.-St.-Ges. § 14.

1. Der Beschwerdeführer hat, wie er nicht bestreitet, allgemein in Bankierkreisen als gewerbsmäßiger An- und Verkäufer von Effekten, insbesondere von Bergwerkspapieren, gegolten. Er hat Spekulationsgeschäfte von ganz ungewöhnlichem Umfange betrieben, auch in Blanko spekuliert, d. h. Papiere verkauft, die er nicht besaß. Er ist sogar zeitweise bemüht gewesen, die Stimmung an der Berliner Börse zu beeinflussen, so daß er eine Zeitlang ein Faktor war, mit dem die Berliner Börse zu rechnen hatte. Hiernach kann es nicht zweifelhaft sein, daß er im Börsenverkehre sowie in Bankierkreisen seiner Absicht wie dem Erfolge nach eine Tätigkeit entwickelt hat, die einheitlich und zum voraus auf eine ganze Reihe in bestimmter Willensrichtung verbundener Geschäfte in ihrem Zusammenhange, nämlich auf den Betrieb des Effektenhandels, gerichtet und als solche nach außen hin erkennbar hervorgetreten ist. Das genügt zur Feststellung des Merkmals berufsmäßiger Beteiligung am allgemeinen wirtschaftlichen Verkehr. Dieses Merkmal hat keineswegs die unmittelbare Ausdehnung des Verkehrs auf das Publikum im weitesten Sinne zur notwendigen Voraussetzung. Wie der Großhandel in Warengattungen jeglicher Art sich nicht unmittelbar auf das die Ware zum Ge- oder Verbrauche kaufende Publikum zu erstrecken pflegt, gibt es auch einen Großhandel in Effekten, der sich auf börsen- und bankmäßigen Verkehr beschränkt, und einen solchen Großhandel hat der Beschwerdeführer nach seinem Willen und in Wirklichkeit ausgeübt.

2. Unwesentlich ist auch die Behauptung des Steuerpflichtigen, kein Bureau zu unterhalten, da er ebensogut ohne ein Bureau ein Gewerbe betreiben kann, wie er umgekehrt auch für eine bloße Vermögensverwaltung eines Bureaus bedürfen könnte. Wenn der Steuerpflichtige schließlich noch darauf hinweist, daß er bisher nicht zur Gewerbeanmeldung angehalten und auch nicht zur Gewerbesteuer veranlagt worden sei, so ist dies schon deshalb unerheblich, weil gar nicht erhellt, weshalb beides unterblieben ist. Überdies ist das Recht der Einkommensteuerbehörden zur selbständigen Feststellung der Ertragsquellen nicht zu bezweifeln.

Nr. 12. Entsch. Bd. XI i. St. S. 129 v. 5. XII. 03 IVb 23/03.
Eink.-St.-Ges. § 14.

Das Kapitalvermögen einer offenen Handelsgesellschaft gehört nur dann, wenn dies durch schlüssige Tatsachen nachgewiesen wird, zum stehenden Anlagekapital, in allen denjenigen Fällen aber, wo dieser Nachweis nicht geliefert wird, stets zum umlaufenden Betriebskapitale, denn es liegt in der Natur der Sache, daß beim Betriebe von Handel und Gewerbe die vorhandenen Geldmittel umgesetzt werden sollen und gerade durch ihre Umsetzung der beabsichtigte Gewinn herbeigeführt wird. Verluste daran, die durch Kursrückgang eingetreten sind, müssen daher bei der Ermittelung des gewerblichen Einkommens in Abzug kommen.

Nr. 13. Entsch. Bd. XI i. St. S. 72 v. 19. XII. 03 VIIIa 47/48/03.
Eink.-St.-Ges. § 14.

Die offene Handelsgesellschaft N. & Co. betreibt das Gewerbe der Zuckerfabrikation, und der einem jeden Gesellschafter (Teilhaber) daraus erwachsende Gewinn ist sein gewerbliches Einkommen nach § 14 Nr. 2 des Eink.-St.-Ges. Der Steuerpflichtige, der seinen Wohnsitz im

Herzogtum A. hat, ist daher gemäß § 2b a. a. O. mit seinem Gewinn aus dem in Preußen betriebenen gewerblichen Unternehmen in Preußen steuerpflichtig. Als Teile des Geschäftsgewinns und deshalb als gewerbliches Einkommen des Steuerpflichtigen sind gemäß § 14 Nr. 1 a. a. O. auch die Zinsen des im Gewerbebetrieb angelegten Kapitals des Steuerpflichtigen anzusehen. Für den Zeitpunkt des Eintritts der Steuerpflicht ist die Übertragung der Fabrikanteile (vom Vater des Steuerpflichtigen auf diesen), nicht aber die Eintragung des neuen Gesellschafters in das Handelsregister maßgebend, weil gegenüber der auf das Handelsregister gestützten rechtlichen Vermutung die tatsächliche Übertragung der Gesellschaftsanteile auf den Steuerpflichtigen entscheidet (vgl. E.-O.-V. in St. Bd. II S. 161 ff., Bd. VII S. 61).

d) Aus gewinnbringender Beschäftigung und aus Rechten auf periodische Hebungen u. s. w.

Nr. 1. Entsch. Bd. XI i. St. S. 131 v. 6. XI. 02 XIc 127/02.
Eink.-St.-Ges. § 15.

Die Entschädigung, die einem Beamten einer Aktiengesellschaft nach ihrer Fusion mit einer anderen Aktiengesellschaft von letzterer als Abfindung für die Auflösung seines bisherigen Dienstvertrags gezahlt wird, bildet kein Einkommen aus gewinnbringender Beschäftigung und unterliegt nicht der Besteuerung. Denn zu dem Einkommen aus gewinnbringender Beschäftigung im Sinne des § 15 Eink.-St.-Ges. gehört nur dasjenige, was der Angestellte für seine Tätigkeit im Interesse des Arbeitgebers als Gegenleistung erhält. Hier kann aber von einer Beziehung der Abfindung zu den mit der jetzigen Stellung des Beschwerdeführers verbundenen Obliegenheiten nicht die Rede sein; vielmehr ist die Zahlung lediglich mit Rücksicht auf die Auflösung seines früheren Dienstvertrags mit der nicht mehr bestehenden Gesellschaft erfolgt.

Daß die Zuwendung nicht zu den Bezügen aus Rechten auf periodische Hebungen im Sinne des § 15 a. a. O. gerechnet werden kann, bedarf schon aus dem Grunde keiner weiteren Ausführung, weil sie nur eine einmalige Leistung darstellt und der periodischen Wiederholung ermangelt.

Nr. 2. Entsch. Bd. XI i. St. S. 134 v. 22. IV. 03 III 315/02.
Eink.-St.-Ges. § 15.

1. Einmalige Vergütungen für gewinnbringende Beschäftigung sind nicht steuerpflichtig, wenn beim Beginne des Steuerjahrs die betreffende Einkommensquelle der gewinnbringenden Beschäftigung nicht mehr besteht.

2. Im vorliegenden Falle hatte der Steuerpflichtige, ein Gymnasialdirektor, auf Ansuchen einer Terrain-Aktiengesellschaft, die im Besitze seiner Verwandten befindliche Terrains zu erwerben beabsichtigte, seine genannten Verwandten dem Verkaufe geneigt zu machen gesucht. Infolgedessen ist der Verkauf im Jahre 1899 zustande gekommen und von der Aktiengesellschaft dem Steuerpflichtigen der Betrag von 42600 M. gezahlt worden. Auf Grund dieser Sachlage ist in den Vorinstanzen angenommen worden, daß die erwähnten 42600 M. eine Provision für die Vermittelung des Steuerpflichtigen bildeten und daß ihm diese Provision, wenn auch nicht in einem bestimmten Betrage, vor Vermittelung des Geschäfts als Vergütung in Aussicht gestellt worden sei. Mit Rücksicht hierauf ist sodann bei der Veranlagung und seitens der Berufskommission ein Drittel der 42600 M. mit 14200 M. dem sonst unstreitigen steuerpflichtigen Einkommen hinzugerechnet worden.

3. Ob aus der dem Amte eines Gymnasialdirektors an sich sehr fern liegenden Beschäftigung als Vermittler von Grundstückskäufen ein quellenmäßiger Ertrag entstehen konnte, oder ob die Einnahme daraus nicht vielmehr als eine schenkungsweise erfolgte Vergütung für seine durch die verwandtschaftlichen Beziehungen zu den Verkäufern und in seiner Fürsorge für diese begründete, rein gelegentlich entwickelte Tätigkeit und für deren Erfolg angesehen werden muß, darf jedoch dahingestellt bleiben. Denn auch wenn die Absicht des Steuerpflichtigen bei seiner Tätigkeit auf Gelderwerb gerichtet gewesen wäre, und wenn demnach im Jahre 1899 eine Einkommensquelle in dieser Beziehung bestanden hätte, würde nicht der geringste Anhalt dafür vorliegen, daß diese Einkommensquelle auch fernerhin und insbesondere beim Beginne des Steuerjahrs 1902 noch vorhanden gewesen wäre. Hierauf kommt es aber allein an (vgl. E.-O.-V. in St. Bd. IX S. 185 ff.; Bd. X S. 150, 157 ff.).

Ebenso **Entsch. Bd. XI i. St. S.** 135 v. 8. IV. 03 XIII b 89/03.

Nr. 3. Entsch. Bd. XI i. St. S. 137 v. 9. X. 02 XII b 47/02.
Eink.-St.-Ges. § 15.

1. Dem Beschwerdeführer, einem pensionierten Offizier, wurde durch A.Kab.-Ord. eine dauernde, v. 1. IV. 87 ab bis auf weiteres zu zahlende Gnadenunterstützung von 516 M. jährlich und daneben eine fortlaufende, v. 1. IV. 96 ab bis auf weiteres zu zahlende Unterstützung von 533 M. jährlich bewilligt. Von diesen Bewilligungen hatte das Kriegsministerium dem Beschwerdeführer besondere Mitteilung gemacht.

2. Es handelt sich bei beiden Beträgen um Bezüge aus Rechten auf fortlaufende „periodische" Hebungen im Sinne des Abs. 1 des § 15 Eink.-St.-Ges. Den besonderen Rechtstitel bilden die auf Grund der beiden Allerhöchsten Orders gemachten Mitteilungen von der Bewilligung der Unterstützungen. Hierdurch wurde der Rechtsanspruch an die von zuständiger Stelle angewiesenen Staatskassen auf Zahlung begründet. Daß letztere unter anderen Formen erfolgt, als die Zahlung der Pension des Beschwerdeführers ist unerheblich, da seine Ansprüche auf Zahlung der angewiesenen Beträge hierdurch nichts an Rechtsbeständigkeit verlieren.

Nr. 4. Entsch. Bd. XI i. St. S. 138 v. 15. X. 02 I a 44/02.
Eink.-St.-Ges. §§ 6, 15.

Die Zulagen der Militärmusiker aus den Musikfonds der Regimenter sind nicht steuerpflichtig. Gemäß § 6 Nr. 3 Eink.-St.-Ges. ist von der Besteuerung ausgeschlossen „das Militäreinkommen der Personen des Unteroffizier- und des Gemeinenstandes". Daß der Steuerpflichtige als Militärmusiker zu diesem Personenkreise gehört, ist zweifellos; es fragt sich also nur, ob die Zulage Militäreinkommen ist. Nach dem Wortlaute des Gesetzes muß als Militäreinkommen alles das Einkommen angesehen werden, welches der Steuerpflichtige in seiner Eigenschaft als Militärperson in seiner dienstlichen Stellung bezieht. Ergibt sich diese Auslegung schon ohne weiteres aus dem Begriffe „Militäreinkommen", so wird sie noch durch Art. 21 Abs. 2 Nr. 2 Ausf.-Anw. v. 6. VII. 1900 gestützt, da hiernach als Einkommen aus gewinnbringender Beschäftigung die gesamte, dem Steuerpflichtigen für seine Tätigkeit ausdrücklich oder stillschweigend zugesicherte oder tatsächlich gewährte Gegenleistung in Anrechnung gelangt. Nun ist der Musikfonds nach den für seine Verwaltung aufgestellten Statuten auch dazu bestimmt, um Zulagen für die Musiker aus ihm zu bestreiten. Die Zulage, die der Steuerpflichtige aus diesem Fonds bezieht, erhält er also lediglich in seiner Dienststellung als Gegenleistung für die ihm als Militärperson obliegenden Dienste. Sie gehört hiernach zu seinem Militäreinkommen und ist als solche steuerfrei.

Nr. 5. Entsch. Bd. XI i. St. S. 139 v. 14. III. 03 IVa 187/02.

Eink.-St.-Ges. § 15; Ausf.-Anw. Art. 22 und Anm. 28 dazu.

Zulagen, die an die als Erzieher oder Lehrer bei den Kadettenanstalten kommandierten Offiziere gezahlt werden, sind weder ganz noch teilweise zur Bestreitung von Dienstaufwand bestimmt, sondern in vollem Betrag als Besoldung anzusehen und daher steuerpflichtig.

Nr. 6. Entsch. v. 22. X. 02 Nr. III 723.

Eink.-St.-Ges. § 15 Abs. 3; Ausf.-Anw. Art. 22 [1].

Durch die neue Gerichtsvollzieherordn. v. 31. III. 1900 (J.-M.-Bl. S. 347ff.) und die hierzu erlassene „Allg. Verf. über die Festsetzung und Anweisung der den Gerichtsvollziehern zu gewährenden Gebührenanteile und Entschädigungen, sowie über die Berechnung dieser Bezüge und der Vergütung für bare Auslagen aus Parteiaufträgen von demselben Tage (S. 385 ff. a. a. O.) hat die Regelung der Dienstbezüge der Gerichtsvollzieher seit dem 1. X. 1900 eine völlige Umgestaltung erfahren. Abgesehen von den tarifmäßigen Entschädigungen für bare Auslagen bei Parteiaufträgen (§ 23 Nr. 2 der Gerichtsvollzieherordn.) und dem Ersatze ihrer baren Auslagen bei Erledigung amtlicher Aufträge ist in keiner der maßgebenden Bestimmungen ein bestimmter Betrag oder Teil der Bezüge als Dienstaufwand bewilligt, der gemäß § 15 Abs. 3 Eink.-St.-Ges. und Art. 22 Nr. 1 Ausf.-Anw. steuerfrei zu lassen und den Abzug der Geschäftsunkosten vom Diensteinkommen auszuschließen geeignet wäre.

Insbesondere ist eine solche Bestimmung auch nicht aus den Nr. 11, 12 unter II der oben bezeichneten Allg.-Verf. zu entnehmen. Hier werden vielmehr lediglich die Zuschußleistungen des Staates zur Erreichung des zugesicherten Mindesteinkommens außer acht zu lassenden Teil der Gebühren — das sind $^7/_{12}$ der nach § 23 der Gerichtsvollzieherordn. als Gebührenanteil zustehenden $24\,\% = 14\,\%$ — für Dienstaufwand erachtet.

Nr. 7. Entsch. Bd. XI i. St. S. 141 v. 8. X. 03 XIIb 4/03.

Eink.-St.-Ges. § 7 Nr. 4, § 15.

Die baren Beihilfen, welche den Lehrvikaren gewährt werden, sind ebenso, wie der Wert der freien Wohnung und Beköstigung im Pfarrhause, steuerflichtig. Denn die Vikare haben auf grund der ihnen vor Beginn des Steuerjahrs erteilten Zusicherung der zuständigen Behörde ein Recht auf diese periodischen Hebungen und Vorteile deren Wert im vollen Jahresbeitrag als Einkommen anzurechnen ist.

Nr. 8. Entsch. Bd. XI i. St. S. 142 v. 19. XII. 03 VIIIb 36/03.

Eink.-St.-Ges. § 6 Nr. 3, § 15.

Die Besoldung eines Leutnants ist steuerpflichtig, auch wenn sie vorläufig außer dem seiner Charge als Leutnant entsprechenden Servis und dem ebenso bemessenen Tischgelde nur die Gebührnisse eines Fähnrichs umfaßt. Denn nach § 6 Nr. 3 Eink.-St.-Ges. ist das Militäreinkommen des Unteroffizier- und Gemeinenstandes von der Besteuerung ausgeschlossen. Es kommt hiernach auf den Stand und Rang und nicht auf die Gebührnisse an.

Nr. 9. Entsch. Bd. XI i. St. S. 143 v. 14. III. 03 IVa 219/02.

Eink.=St.=Ges. § 15.

Ist beim Beginne des Steuerjahrs der entscheidende Beschluß der Gemeindebehörden über die Pensionierung eines Kommunalbeamten und über den Zeitpunkt seines Eintritts in den Ruhestand noch nicht ergangen, so hat die Veranlagung nach den beim Beginne des Steuerjahrs bestehenden Gehaltsverhältnissen zu erfolgen.

Nr. 10. Entsch. Bd. XI i. St. S. 144 v. 4. III. 03 VIa 133/02.

Eink.=St.=Ges. § 7 Nr. 1, 4, §§ 13, 15; B.=G.=B. §§ 80 ff.

Das Recht auf den Bezug einer Rente aus einer Familienstiftung bleibt auch dann ein persönliches Recht auf periodische Hebungen, wenn die Mittel zur Erfüllung der Stiftungszwecke aus Grundbesitz gewonnen werden. (Vgl. E.=O.=V. in St. Bd. VI S. 319, Bd. X S. 143.) Nach dem B.=G.=B. sind „rechtsfähige Stiftungen" juristische Personen. Dieser selbständigen rechtlichen Persönlichkeit stehen daher zunächst alle Rechte an den Vermögensteilen zu, die zur Stiftung gehören. Wie nun aber ein Hypothekengläubiger nicht etwa aus dem Grunde, weil sein Schuldner die Mittel zur Zinsenzahlung aus dem ihm gehörigen Grundbesitze gewinnt, seinerseits in den Zinsen Einkommen aus Grundbesitz bezieht, sondern Einkommen aus „Kapitalvermögen", ebensowenig fließen die Bezüge des aus einer Familienstiftung berechtigten Empfängers etwa deswegen aus „Grundbesitz" oder aus „Berechtigungen" an Grundbesitz, weil der aus der Stiftungsurkunde zur Hergabe verpflichtete Besitzer von Gütern die Mittel zur Erfüllung seiner Leistung, ganz oder teilweise, aus Grundbesitz gewinnt. Die Quelle des hier Bezugsberechtigten ist und bleibt vielmehr lediglich das urkundlich begründete, persönliche „Recht auf periodische Hebungen" gegenüber der Stiftung.

Nr. 11. Entsch. Bd. XI i. St. S. 147 v. 14. III. 03 VIIIc 91/02.

Eink.=St.=Ges. § 15.

1. Der Beschwerdeführer war am 1. V. 1901 vom Militär entlassen worden, hatte dann in Leipzig gearbeitet und dort in fünf Monaten 310,49 M. verdient, im Oktober und bis zum 12. XI. 1901 keine Arbeit gehabt, dann bei dem Bildhauer N. in A. in Preußen zu arbeiten angefangen und dort bis zum 1. IV. 1902 im ganzen 317,23 M. verdient. Auf Grund der Auskunft des Bildhauers N., daß der Steuerpflichtige bei ihm abzüglich der gesetzlichen Kassenbeiträge durchschnittlich 20 M. wöchentlich verdiene, hat die Berufungskommission den Arbeitsverdienst des Steuerpflichtigen auf jährlich 1040 M. angenommen, indem sie bemerkte, daß der Arbeitsverdienst in Leipzig bei der Einkommensteuerveranlagung in Preußen nicht berücksichtigt werden könne.

2. Die letztere Annahme ist rechtsirrtümlich. Der Steuerpflichtige hatte bei Beginn des Steuerjahrs seinen ausschließlichen Wohnsitz in A. Gemäß § 1 Nr. 1 bis 3, §§ 6, 7 Nr. 4, § 15 Eink.=St.=Ges. war er also mit seinem Einkommen aus der gewinnbringenden Beschäftigung als Steinmetzgehilfe in Preußen zur Besteuerung heranzuziehen und dieses Einkommen, da bei den gewöhnlichen Gewerbegehilfen und Arbeitern die Einkommensquelle in der Arbeitsfähigkeit (der Arbeitskraft in Verbindung mit der Möglichkeit ihrer Ausnutzung) besteht, nach § 10 Abs. 1, 2 a. a. O. als eine ihrem Betrage nach unbestimmte und schwankende Einnahme grundsätzlich nach dem Durchschnitte der drei letzten Jahre vor der Veranlagung bezw. nach dem Durchschnitte des Zeitraums ihres kürzeren Bestehens und nötigenfalls nach dem mutmaßlichen Jahresbetrag in Ansatz zu bringen (E.=O.=V. in St. Bd. VIII S. 10 ff.).

Nr. 12. Entsch. Bd. XI i. St. S. 149 v. 23. X. 02 XIIIa 61/02.

Eink.-St.-Ges. § 15.

Der Beschwerdeführer ist Tagelöhner, welcher verschiedenartige Arbeiten in festem Tagelohn ausführt. Daneben übernimmt er gelegentlich Akkordarbeiten verschiedener Art. Soweit er hierbei andere Arbeiter für eigene Rechnung beschäftigt und aus der von ihm mit einem dritten vereinbarten Akkordentschädigung entlohnt, können allerdings die Merkmale des Gewerbebetriebs zutreffen. Handelt es sich aber nur um gelegentliche Akkordarbeiten von kurzer Dauer, so verliert hierdurch seine Tätigkeit im ganzen noch nicht den Charakter gewinnbringender Beschäftigung.

Nr. 13. Entsch. Bd. XI i. St. S. 150 v. 4. III. 03 III 170/02.

Eink.-St.-Ges. § 15.

1. Bei den gewöhnlichen Gewerbegehilfen und Arbeitern besteht die Einkommensquelle in der Arbeitsfähigkeit, d. h. in der Arbeitskraft und in der Möglichkeit ihrer Ausnutzung. Bei derartigen Personen ist daher eine wesentliche Veränderung der Einkommensquelle, durch welche die Zulässigkeit der Einkommensberechnung nach dem Durchschnitt eines in der Vergangenheit liegenden Zeitraums ausgeschlossen wird, in der Regel nicht schon in einem bloßen Wechsel des Arbeitgebers anzuerkennen. Dazu bedarf es vielmehr des Zutritts besonderer Umstände, wie z. B. des Überganges des Steuerpflichtigen zu einer neuen, von der früheren wesentlich verschiedenen Erwerbsart (vgl. E.-O.-V. in St. Bd. VIII S. 10ff.).

2. Das Einkommen der Zimmermädchen in Gasthöfen ist in der Regel ebenso zu beurteilen, wie dasjenige gewöhnlicher Gewerbegehilfen und Arbeiter.

3. Ist in Gasthöfen das Verbot, Trinkgelder zu geben oder zu nehmen, auf Plakaten oder auf den Rechnungen bekannt gemacht, so bedarf die Anrechnung eines Einkommens aus Trinkgeldern bei den Zimmermädchen dieses Gasthofs einer besonderen Begründung.

Nr. 14. Entsch. (der vereinigten Steuersenate) Bd. XI i. St. S. 152 v. 1. IV. 03 XIc 105/00.

Eink.-St.-Ges. § 15; Geb.-Ordn. für Rechtsanwälte v. 20. V. 98 § 85.

1. Anwaltsgebühren gehören zu den Einkünften desjenigen Jahres, in welchem sie liquide geworden sind. Vorschüsse, die noch nicht durch Erledigung des Auftrags verdient sind, können keinesfalls Einkommen aus beruflicher Tätigkeit bilden. Auch sonst kann die Tatsache der Zahlung nur bei nicht vorbedungenen Gegenleistungen entscheidend sein. Bei der anwaltlichen Tätigkeit handelt es sich aber regelmäßig um Geschäfte, für welche die Gegenleistungen ausdrücklich — durch Vertrag oder durch stillschweigende Bezugnahme auf den Tarif — vorbedungen sind. Solche, dem Betrage nach bestimmte Gebühren sind aber verdient oder im Sinne des § 15 Eink.-St.-Ges. gewonnen, sobald der Steuerpflichtige auf sie ein klagbares Recht erworben hat, d. i. der Regel nach mit dem Zeitpunkte der Fälligkeit. Diese tritt gesetzlich ein, sobald über die Verpflichtung zur Kostentragung eine Entscheidung ergangen ist, sowie bei Beendigung der Instanz oder bei Erledigung des Auftrags.

2. Soweit in Rechnung gestellte fällige Gebühren später nicht eingehen oder nach erfolgter Zahlung wegen nachträglicher Herabsetzung des Streitgegenstandes zurückerstattet werden müssen, handelt es sich ebenso, wie bei Regreßansprüchen, die gegen den Anwalt erhoben werden, um Verluste,

die gleich dem Gewinn als Ergebnis der quellenmäßigen Tätigkeit für dasjenige Jahr inbetracht zu ziehen sind, in welchem der Ausfall der Forderung oder der Rechtsanspruch des Gläubigers gegen den Anwalt auf Rückerstattung festgestellt oder entstanden ist.

3. Daß die Buchführung der Anwälte allgemein nur auf die baren Einnahmen und Ausgaben gerichtet ist, kann die Beurteilung der rechtlichen Verhältnisse nicht berühren. Wenn auch bei einer solchen Buchführung die nachträgliche Einkommensermittelung Schwierigkeiten bieten mag, so sind diese doch nicht unüberwindlich. Denn wo die rechnungsmäßige Feststellung nicht ausführbar ist, muß sachgemäße Schätzung an ihre Stelle treten.

Nr. 15. Entsch. Bd. XI i. St. S. 154 v. 14. III. 03 IVa 11/02.

Eink.-St.-Ges. §§ 11, 15; B.-G.-B. §§ 1030ff., 1649ff.

1. Das Recht auf den Bezug von Waisengeld gemäß §§ 7, 9 bis 20 des preuß. Ges., betr. die Fürsorge für die Witwen und Waisen der unmittelbaren Staatsbeamten, v. 20. V. 82 (G.-S. S. 298) steht in jedem Falle den Waisen selbst zu, namentlich auch dann, wenn die Zahlung des Waisengeldes infolge einer auf Grund des § 16 getroffenen Bestimmung an die Mutter der Waisen zu leisten ist. Denn durch die Vorschrift dieses Paragraphen, wonach der Departementschef bestimmt, an wen die Zahlung gültig zu leisten ist, hat, nur etwaigen Zweifeln und Streitigkeiten über den zur Empfangnahme der an die Waisen zu leistenden Zahlung Berechtigten vorgebeugt, nicht aber der Anspruch der letzteren auf die Leistung beseitigt werden sollen. Durch die Bestimmung, daß das Waisengeld an die Mutter der Waisen zu zahlen ist, wird demnach die letztere lediglich zur Empfangnahme einer ihren Kindern zustehenden Leistung ermächtigt; es wird ihr aber dadurch nicht ein eigenes Recht zum Bezuge des Waisengeldes oder zur Verfügung darüber eingeräumt.

2. Nach § 11 Abs. 1 und Abs. 3 Nr. 2 Eink.-St.-Ges. darf dem Haushaltungsvorstande das Einkommen der Angehörigen der Haushaltung behufs seiner Steuerveranlagung nur dann zugerechnet werden, wenn ihm kraft eigenen Rechtes die Verfügungsbefugnis in betreff desselben derartig zusteht, daß das aus dem Vermögen der Haushaltungsangehörigen erwachsende Einkommen nicht dessen Einkommen bildet, sondern kraft des eigenen Rechtes des Haushaltungsvorstandes Einkommen des letzteren wird. Nach den Vorschriften des A.-L.-R. stand nach dem Tode des Vaters der Mutter an dem Vermögen ihrer Kinder auch während deren Minderjährigkeit weder der Nießbrauch noch ein sonstiges Nutzungs- oder Verfügungsrecht zu. Im Geltungsbereiche dieses Gesetzbuchs durften daher vor dem Inkrafttreten des B.-G.-B. den Witwen der unmittelbaren Staatsbeamten die Waisengelder ihrer Kinder, auch wenn sie deren Vormünder oder nach § 16 des Ges. v. 20. V. 82 zum Zahlungsempfange bestimmt waren, nicht als Einkommen zugerechnet werden.

3. Die in den §§ 10ff. des Reichsges., betr. die Fürsorge für die Witwen und Waisen von Angehörigen des Reichsheers und der kaiserlichen Marine, v. 17. VI. 87 (R.-G.-Bl. S. 237) hinsichtlich der Waisengelder getroffenen Vorschriften stimmen, soweit sie hier inbetracht kommen, mit den vorerwähnten Vorschriften des preuß. Ges. v. 20. V. 82, denen sie nachgebildet sind, im wesentlichen überein. Es unterliegt daher keinem Bedenken, daß die vorstehend in betreff der Waisengelder der Waisen der preußischen unmittelbaren Staatsbeamten entwickelten Grundsätze vor dem Inkrafttreten des B.-G.-B. auch auf die nach Maßgabe des Reichsges. v. 17. VI. 87 zu zahlen-

den Waisengelder, insbesondere also auch auf die Waisengelder der Waisen der Militärbeamten Anwendung zu finden hatten.

4. Die Berufungskommission erachtet die Zurechnung der Waisengelder zu dem steuerpflichtigen Einkommen der Mutter der Waisen seit dem Inkrafttreten des B.-G.-B. für geboten, weil nach §§ 1649, 1686 das Waisengeld dem Nießbrauchsrechte der Mutter unterliege, also nicht mehr zum freien Vermögen der Kinder gehöre. Dies ist nicht zutreffend.

Ob das Waisengeld bezw. das Recht auf den Bezug desselben zu dem freien oder nicht freien Vermögen der Waisen gehört, kann dahingestellt bleiben, weil auch im Falle seiner Zugehörigkeit zu dem nicht freien Vermögen die Zurechnung der während des Bestehens der elterlichen Nutznießung der Mutter fällig werdenden Raten zu dem steuerpflichtigen Einkommen der letzteren nach den Vorschriften des B.-G.-B. über die elterliche Nutznießung am Vermögen der minderjährigen Kinder nicht gerechtfertigt ist.

(Folgt eingehende Begründung.)

Da es sich bei dem Anspruche auf Zahlung der einzelnen Raten des Waisengeldes um eine Mehrheit unverzinslicher Forderungen, nicht um ein einheitliches Recht im Sinne des § 1073 B.-G.-B. handelt, so ist hiernach auch dann, wenn die Waisengelder zum nicht freien Vermögen der Kinder gehören, ausgeschlossen, daß die im Steuerjahre fällig werdenden Beträge der Beschwerdeführerin als steuerpflichtiges Einkommen in Ansatz gebracht werden dürfen.

Dasselbe ist aber auch der Fall, wenn die Waisengelder zum freien Vermögen zu rechnen sind, was keiner weiteren Darlegung bedarf.

Nr. 16. Entsch. Bd. XI i. St. S. 160 v. 27. V. 03 XIb 17/02.

Eink.-St.-Ges. § 15.

Ist ein Rechtsanspruch des Empfängers auf periodische Hebungen in rechtsgültiger Form begründet worden, so unterliegt das Bezugsrecht mit dem Jahresbetrag auch dann der Besteuerung, wenn der Verpflichtete sich den jederzeitigen Widerruf des eingeräumten Rechtes vorbehalten hat und der Widerruf bis zum Beginne des Steuerjahrs nicht erfolgt ist.

Nr. 17. Entsch. Bd. XI i. St. S. 162 v. 21. XI. 03 IVa 174, 175/03.

Eink.-St.-Ges. §§ 15, 56, 59; Ausf.-Anw. Art. 5.
Disziplinar-Ges. v. 21. VII. 52 (G.-S. S. 465) § 51.

Der Stand der Einkommensquellen beim Beginn eines Steuerjahrs ist für die Besteuerung bei der ordentlichen Veranlagung maßgebend. Dieser Grundsatz kann auch dadurch nicht außer Anwendung gesetzt werden, daß die ordentliche Veranlagung oder die Entscheidung auf die Berufung ausgesetzt werden.

Ein suspendierter Beamter kann daher, falls die Suspension vom Amte beim Beginne des Steuerjahrs noch nicht rechtskräftig aufgehoben ist, nur von dem Suspensionsgehalte besteuert werden. (Vgl. E.-O.-V. in St. Bd. III S. 177, Bd. VIII S. 244, Bd. IX S. 196, Bd. X S. 135.)

Nr. 18. Entsch. Bd. XI i. St. S. 163 v. 4. III. 03 IVa 193/02.

Eink.-St.-Ges. § 15.

Die Überweisung einer Wächterstube an einen Bediensteten zum Schlafen stellt nicht die Gewährung einer Wohnung dar, wenn seine Familie sich in einer von ihm gemieteten Wohnung befindet.

Nr. 19. Entsch. Bd. XI i. St. S. 164 v. 23. XII. 02 XI b 43/01.

Eink.-St.-Ges. §§ 7 ^{4}, 9 I ^{1}, ^{5}, 15.
Ausf.-Anw. Art. 16 I, ^{2}, 21 Abs. 2 $^{1-4}$.

1. Obwohl der Gebäudesteuernutzungswert des ganzen Hausgrundstücks des Steuerpflichtigen nebst Hausgarten nach der Auskunft des Katasterkontrolleurs nur 736 Mk. betrug, hatte die Berufungskommission den Bruttomietwert der Wohnung „unter Berücksichtigung der ortsüblich gezahlten Mietpreise für ähnliche Häuser auf 1200 Mk. geschätzt." Diese Schätzung ist mit wesentlichen Verfahrensmängeln behaftet. Denn einerseits fehlt jede Angabe über die Größe und Beschaffenheit der zum Vergleiche herangezogenen Wohnungen wie über die gezahlten Mietpreise, und es ist auch darüber mit dem Steuerpflichtigen vor Erlaß der Berufungsentscheidung nicht verhandelt worden. Andererseits ist nicht ersichtlich, aus welchen Gründen die Berufungskommission die von dem Steuerpflichtigen zum Vergleiche herangezogenen Nachbarhäuser bei der Feststellung des Mietwerts der Wohnung des Steuerpflichtigen nicht berücksichtigt hat.

2. Hinsichtlich des in der Steuererklärung eingestellten „Gehalts" hat der Steuerpflichtige eingeräumt, daß ihm v. 1. IV. 1901 eine Gehaltszulage von jährlich 300 Mk. gewährt und daß ihm an diesem Tage bereits das erhöhte Gehalt gezahlt worden sei. Gleichzeitig war aber von ihm geltend gemacht worden, daß er erst nach jenem Tage mündlich durch den Direktor des Gymnasiums eine Mitteilung von der Gehaltserhöhung erhalten habe, während eine schriftliche offizielle Benachrichtigung überhaupt nicht üblich sei, und daß ihm deshalb die Gehaltserhöhung für das Steuerjahr 1901 noch nicht angerechnet werden dürfe. Die Berufungskommission hat trotzdem die Gehaltserhöhung bereits für das Steuerjahr als steuerpflichtig erachtet, weil sie schon nach einer Mitteilung der Studienfondskasse zu A. vom Oktober 1900 festgestanden habe und die von dem Steuerpflichtigen angezogene Vorschrift in Art. 5 Nr. 1 Abs. 2 Ausf.-Anw. v. 6. VII. 1900 nur für das Veranlagungsverfahren von instruktioneller Bedeutung, für das Berufungsverfahren dagegen nicht maßgebend sei. Diese Begründung ist nicht geeignet, die getroffene Entscheidung zu rechtfertigen. Denn da für die Veranlagung die Einkommensverhältnisse bei Beginn des Steuerjahrs maßgebend sind, so durfte mit der Gehaltserhöhung für das Steuerjahr 1901 nur dann gerechnet werden, wenn dem Steuerpflichtigen bereits bei dessen Beginn ein klagbarer Anspruch auf die Gehaltserhöhung zustand. Ein solcher ist aber, wenigstens der Regel nach, erst dann begründet, wenn der Bezugsberechtigte von der Bewilligung der Gehaltserhöhung eine Benachrichtigung der zuständigen Behörde erhalten hat (vgl. E.-O.-V. in St. Bd. III S. 177, Bd. IX S. 196).

3. Bei der Feststellung des Mietwerts der Wohnung sind gemäß Art. 16 I 2 Ausf.-Anw. nur die Räume zu berücksichtigen, die bei Beginn des Steuerjahrs von dem Steuerpflichtigen und seinen Haushaltungsangehörigen zu Wohnungs- und hauswirtschaftlichen Zwecken benutzt wurden, während die für die Pensionäre verwendeten Räume dabei außer betracht zu bleiben haben.

4. Das steuerpflichtige Einkommen aus der Haltung von Pensionären besteht, in dem von dem Steuerpflichtigen dabei erzielten Reingewinne, d. h. in dem Überschusse der ihm gezahlten Pension über die ihm durch die Haltung der Pensionäre entstandenen Ausgaben. Wozu der dazu erzielte Gewinn von dem Steuerpflichtigen verwendet wird, ist für seine Steuerveranlagung ohne jede Bedeutung. Seine Annahme, daß, wenn er sich durch die Haltung von Pensionären lediglich eine bessere Lebens-

weise für sich und seine Familie verschaffe, ihm ein Einkommen aus gewinnbringender Beschäftigung nicht anrechnet werden dürfe, entbehrt der gesetzlichen Begründung. Der Mietwert der für die Pensionäre verwendeten Räume ist nach der Vorschrift in Art. 16 I Ausf.-Anw. weder in Einnahme noch in Ausgabe zu stellen.

Nr. 20. Entsch. Bd. XI i. St. S. 168 v. 11. V. 04 VIII b 64/03.

Eink.-St.-Ges. § 15; B.-G.-B. §§ 1030 ff., 1649 ff.

1. Das Recht auf den Unterhalt in allen Lebensbedürfnissen und auf freie Wohnung ist an die Person des Berechtigten gebunden und nicht übertragbar. Dasselbe ist der Fall hinsichtlich der infolge dieses Rechtes zu gewährenden einzelnen Nutzungen.

Das Recht sowohl im allgemeinen wie das Recht auf die einzelnen Nutzungen unterliegt daher nicht dem elterlichen Nießbrauche.

2. Zwar gehört dieses Recht nicht zu dem freien Vermögen des Kindes nach den §§ 1650, 1651 B.-G.-B. und unterliegt daher an sich, wie alles nicht freie Vermögen des Kindes kraft der elterlichen Gewalt der Nutznießung des Vaters (§ 1649 a. a. O.). Nach § 1652 a. a. O. erwirbt der Vater die Nutzungen des seiner Nutznießung unterliegenden Vermögens in derselben Weise und in demselben Umfange wie ein Nießbraucher. Es finden daher die Vorschriften über den Nießbrauch in den §§ 1030 ff. B.-G.-B., speziell diejenigen über den Nießbrauch an Rechten in den §§ 1068 ff. a. a. O., Anwendung. Nach § 1069 Abs. 2 a. a. O. kann aber an einem Rechte, das nicht übertragbar ist, ein Nießbrauch nicht bestellt werden. Dagegen bestimmt der § 1073 a. a. O., daß dem Nießbraucher einer Leibrente, eines Auszugs oder eines ähnlichen Rechtes die einzelnen Leistungen gebühren, die auf grund des Rechtes gefordert werden können. Diese letztere Vorschrift ist jedoch mit Rücksicht auf § 1069 Abs. 2 a. a. O. einschränkend dahin zu verstehen, daß nur diejenigen einzelnen Leistungen dem Nießbraucher gebühren, welche übertragbar sind, daß also ein Nießbrauch nur bezüglich übertragbarer Nutzungen aus unübertragbaren Rechten zulässig ist.

Im vorliegenden Falle handelt es sich um ein dem Auszug ähnliches Recht des Unterhalts in allen Lebensbedürfnissen einschließlich der Wohnung, und es findet darauf die Vorschrift im § 1073 a. a. O. an sich Anwendung. Der Unterhalt und die freie Wohnung umfassen aber solche Nutzungen, welche nach der Natur der Sache ausschließlich für die Person des Berechtigten bestimmt und deshalb an sie gebunden, also auf einen anderen nicht übertragbar sind. Bezüglich des Rechtes auf Mitbenutzung einer Wohnung durch den Leibzüchter ist die Unübertragbarkeit auch durch das frühere Obertribunal anerkannt. Was für das Mitwohnen gilt, trifft ebenso auch bei dem persönlichen Unterhalte zu. Wegen der Unübertragbarkeit der einzelnen Nutzungen im vorliegenden Falle kann der auf der elterlichen Gewalt beruhende Nießbrauch vom Steuerpflichtigen nicht ausgeübt werden. Es ist ihm daher auch der Jahreswert dieser Nutzungen zur Besteuerung nicht anzurechnen.

Nr. 21. Entsch. Bd. XI i. St. S. 170 v. 30. IV. 04 VIII a 100/02.

Eink.-St.-Ges. §§ 8, 15.

1. Ein Einkommen aus gewinnbringender Beschäftigung oder aus Rechten auf periodische Hebungen ist nur dann vorhanden, wenn ein Recht oder wenigstens eine im Herkommen begründete Aussicht auf die in betracht kommende Entschädigung oder auf die betreffenden Hebungen besteht. Ist dies der Fall, so genügt zur Herbei-

führung der Steuerpflicht, wenn infolge der Beschäftigung tatsächlich ein erwarteter Gewinn gewährt wird. Überall da, wo eines dieser Kriterien fehlt, ist ein steuerpflichtiges Einkommen nicht anzunehmen, sondern nach § 8 Eink.-St.-Ges. Steuerfreiheit vorhanden. Wird demnach eine Vergütung für eine Tätigkeit gewährt, ohne daß seitens des Empfängers eine solche erwartet worden ist oder nach Lage der Sache erwartet werden konnte, so erscheint diese Vergütung nicht steuerpflichtig.

2. Wendet man diese Grundsätze bei Beurteilung der Steuerpflichtigkeit derjenigen Gaben an, welche den evangelischen Geistlichen für ihre Tätigkeit von den Pfarreingesessenen gewährt werden, so muß geprüft werden, ob der betreffende Geistliche auf derartige Gaben als Amtseinkommen hingewiesen ist und ob er nach Lage der konkreten Verhältnisse im allgemeinen derartige Gaben für seine Tätigkeit erwarten kann. Die einzelnen Fälle liegen in dieser Beziehung durchaus verschieden. In E.-O.-V. v. 11. XII. 96 — V. A. 2219/94 — kam ein Fall zur Entscheidung, in welchem dem Geistlichen bei Übertragung des Amtes ausdrücklich erklärt war, daß außer dem bestimmten Gehalte Nebeneinkünfte von der Stelle, mit welcher eine Seelsorge nicht verbunden sei, nicht zu erwarten seien. Infolgedessen wurden die betreffenden dem Geistlichen zufließenden Gaben für nicht steuerpflichtig erachtet. Im vorliegenden Falle dagegen gehören nach der Ernennungsurkunde und ihren Anlagen zu dem Einkommen der Stelle und zwar zu deren Akzidenzien, die aus Stolgebühren und Dienstwohnung bestehen, das eingehende Beicht- und Konfirmandengeld und die observanzmäßigen Begräbnisgebühren.

Hiernach kann kein Zweifel darüber obwalten, daß der Steuerpflichtige gemäß dieser Urkunde ein Recht auf die für die gedachten Amtshandlungen ihm zufließenden Vergütungen hatte und dieselben auch erwarten durfte. Die betreffenden Vergütungen sind deshalb, falls sich die Verhältnisse nicht inzwischen geändert haben, als Einkommen aus gewinnbringender Beschäftigung anzusehen und für steuerpflichtig zu erachten.

3. In dieser Beziehung kommen das Kirchen-Ges. v. 2. VII. 98 (G.-S. S. 159) und die Satzungen, betr. die Alterszulagekasse für Geistliche (a. a. O. S. 165) inbetracht. Dadurch ist insofern eine neue Regelung des Diensteinkommens der Geistlichen eingetreten, als diese von da ab die Zahlung des Grundgehalts, der Alterszulage und der Zuschüsse zum Grundgehalte von der Gemeinde, beziehentlich von den betreffenden Kassen zu empfangen haben. Die Geistlichen haben demnach die Akzidenzien u. s. w., die sie direkt einnehmen, an die Gemeinden abzuführen. Zu diesen Einnahmen gehören die Stolgebühren und andere Akzidenzien, einschließlich Attestgebühren, sowie die Opfer, Beichtgelder und Konfirmandengelder, soweit ihre Leistung auf Herkommen oder besonderen Festsetzungen (Pfarrmatrikeln) beruht.

Trotzdem dem Steuerpflichtigen matrikelmäßig die Einnahmen für Beerdigungen, Bescheinigungen, an Beicht- und Konfirmandengeld, sowie an Honoraren zustanden, sind in den Etat seiner Pfarrstelle v. Oktober 98, der infolge des Kirchen-Ges. v. 2. VII. 98 für die Zeit v. 1. IV. 99 ab entworfen worden ist, in Spalte 4 des Formulars A unter I und in Formular C unter Stolgebühren und Akzidenzien nur

a) aus Begräbnissen	182,31 M.
b) für Bescheinigungen	70,00 „
Summe	252,31 M.

aufgenommen worden. Dagegen sind Beicht- und Konfirmandengelder sowie Honorare weggelassen worden. Auch in dem vom Konsistorium gebilligten Etat der Pfarrstelle v. Juni 02 ist für „Beichtgelder" und „Konfirmandengelder" nichts ausgeworfen, für „Opfer" aber ein Betrag von 17,92 M. eingestellt worden. Diese Weglassung kann nach den Vorschriften des Kirchen-Ges. und den vom Oberkirchenrat erlassenen Ausf.-Best. ihren Grund nur darin haben, daß die Entrichtung von Vergütungen für die betreffende Tätigkeit des Geistlichen im allgemeinen in der betreffenden Gemeinde nicht mehr als herkömmlich angesehen werden konnte, da sie sonst entgegen den erlassenen Vorschriften erfolgt wäre und von dem vorgesetzten Konsistorium nicht hätte gebilligt werden können.

Bei dieser Sach- und Rechtslage hätte die Berufungskommission prüfen müssen, inwieweit die dem Steuerpflichtigen als steuerpflichtig angerechneten sogenannten „Honorare" von 420 M. Einnahmen der gedachten Art enthielten. Insoweit dies der Fall war, mußten sie als nicht steuerpflichtig erscheinen, da der Steuerpflichtige ihren Eingang im allgemeinen nicht erwarten konnte.

Nr. 22. Entsch. Bd. XI i. St. S. 174 v. 26. IX. 03 IVa 22/03.

Eink.-St.-Ges. § 15; Ausf.-Anw. Art. 21 [2], [3].

Einem Geistlichen, dem beim Beginne des Steuerjahrs lediglich der Anspruch auf Gewährung einer freien Dienstwohnung zusteht, darf bei der Besteuerung nur der Wert der letzteren mit dem Höchstbetrage von fünfzehn Prozent des baren Gehalts in Anrechnung gebracht werden, während die Anrechnung eines an Stelle der Wohnung etwa früher gewährten Wohnungsgeldzuschusses oder einer anderweit geleisteten Mietentschädigung unzulässig ist. Vgl. E.-O.-V. in St. Bd. I S. 111, Bd. III S. 148, 205, Bd. IX S. 194.

C. Abzüge vom Gesamteinkommen.

Nr. 1. Entsch. Bd. XI i. St. S. 176 v. 19. XI. 03 XIIIc 36/03.

Eink.-St.-Ges. § 9 II c; B.-G.-B. §§ 1360, 1361.

Die gerichtlich festgesetzte Geldrente, die ein Ehemann an seine von ihm getrennt lebende, aber nicht geschiedene Ehefrau zu zahlen verpflichtet ist, darf von dem steuerpflichtigen Einkommen des Ehemanns nicht abgezogen werden. Vgl. E.-O.-V. in St. Bd. VI S. 115.

Denn die von ihm unterhaltene Ehefrau bleibt seine Angehörige. Die zum Unterhalt Angehöriger gemachten Ausgaben sind aber nicht abzugsfähig und bleiben vom Abzug ausgeschlossen, auch wenn die gesetzliche Verpflichtung zur Unterhaltsgewährung durch Gerichtsurteil ausgesprochen wird. Der Mann hat der Frau nach Maßgabe seiner Lebensstellung, seines Vermögens und seiner Erwerbsfähigkeit Unterhalt zu gewähren, und zwar, wenn die Ehegatten ohne Scheidung getrennt leben, durch Entrichtung einer Geldrente. Die so bereits durch Gesetz geschaffene oder anerkannte Verpflichtung wird also nicht erst durch das Gerichtserkenntnis ins Leben gerufen. Dieses stellt nur das unter den gegebenen Verhältnissen des Einzelfalls notwendige und ausreichende Maß des Unterhalts fest, während mit der Geldrente nur die Art und Form des Unterhalts für den Trennungsfall bestimmt ist.

Nr. 2. Entsch. v. 17. IV. 02 Nr. XIIIe 90.

Eink.-St.-Ges. § 9; B.-G.-B. §§ 1601 ff., 1610, 1626, 1637.

1. Das Einkommen dient begrifflich zur Bestreitung des Lebensunterhalts nicht nur für den Empfänger, sondern auch für seine

Familienangehörigen, soweit ihm die gesetzliche Unterhaltspflicht obliegt. Demgemäß sind im § 9 II 2 des Eink.-St.-Ges. „die zum Unterhalte ihrer (der Steuerpflichtigen) Angehörigen gemachten Ausgaben" für nicht abzugsfähig erklärt. Dagegen sollen nach § 9 I, 3 die auf „besonderen Rechtstiteln" beruhenden dauernden Lasten, also auch die Unterhaltsleistungen, die nicht im Gesetze, sondern außerhalb des Bereiches gesetzlicher Verpflichtung in einem „besonderen" Rechtstitel ihren Grund haben, vom Einkommen (Roheinkommen) in Abzug gebracht werden.

2. Diese allgemein anerkannten steuerlichen Rechtsgrundsätze sind auch seit Einführung des B.-G.-B. in fortdauernder Geltung verblieben. Dagegen hat das B.-G.-B. die Grundsätze der früheren Rechtssysteme über die väterliche Gewalt und die hieraus entspringende Unterhaltspflicht wesentlich umgestaltet. Das frühere Recht kannte nur eine väterliche Gewalt und diese wurde nicht schon mit der Volljährigkeit, sondern erst mit der Begründung eigner Wirtschaft des Kindes (Verheiratung der Tochter) aufgehoben. Die gesetzliche Unterhaltspflicht gegenüber dem Kinde war ein Ausfluß der väterlichen Gewalt und erstreckte sich deshalb auch über die Zeit der Volljährigkeit hinaus. Das B.-G.-G. hat die väterliche durch die elterliche Gewalt ersetzt und diese dauert nur bis zur Volljährigkeit des Kindes (§ 1626). Demgemäß ist auch die gesetzliche Unterhaltspflicht nicht mehr ein Ausfluß der (elterlichen) Gewalt, sondern eine familienrechtliche, aus dem Verwandtschaftsverhältnisse hergeleitete Pflicht.

Soweit mit dieser Umgestaltung des Rechtes die gesetzliche Unterhaltspflicht gegenüber dem früheren Rechte eine Änderung (Einschränkung oder Ausdehnung) erfahren hat, muß sie auch auf die Anwendung der Bestimmungen in § 9 I 3, II 2 des Eink.-St.-Ges. ihre Rückwirkung äußern. Die auf abweichenden Bestimmungen der früheren Rechtssysteme beruhenden Ergebnisse der Rechtsprechung haben hiermit ihre Geltung verloren. Die Unterhaltspflicht erstreckt sich ohne Beschränkung des Grades auf „Verwandte in gerader Linie" (§ 1601 B.-G.-B.), besteht also namentlich zwischen Eltern und Kindern. Im Falle der Bedürftigkeit (§ 1602) ist „standesmäßiger", d. h. nach der Lebensstellung des Bedürftigen zu bemessender Unterhalt zu gewähren (§ 1610 Abs. 1). „Der Unterhalt umfaßt den gesamten Lebensbedarf, bei einer der Erziehung bedürftigen Person auch die Kosten der Erziehung und der Vorbildung zu einem Berufe (§ 1610 Abs. 2).

Hiernach ist die Voraussetzung für die gesetzliche Verpflichtung des Vaters, seinem Kinde auch die Kosten der Vorbildung zu einem Berufe zu gewähren, die Erziehungsbedürftigkeit des Kindes. Der Erziehung bedürftig ist ein Kind, dessen Erziehung noch nicht vollendet oder abgeschlossen ist. Eine feste Altersgrenze hat das B.-G.-B. hier nicht gezogen. Zwar erreicht die, einen Bestandteil der elterlichen Gewalt bildende Erziehungsgewalt mit der Volljährigkeit des Kindes ihr Ende. Indessen kann sich die Erziehungsbedürftigkeit auch noch über die Zeitgrenze der Erziehungsgewalt hinaus fortsetzen. Aus dem im § 1610 Abs. 2 gebrauchten Ausdrucke „der Erziehung bedürftig" ist zu entnehmen, daß hier nicht an die Zeitgrenze der elterlichen Erziehungsgewalt gedacht ist; denn sonst wäre zweifellos der dieser Zeitgrenze entsprechende Ausdruck „bei einer minderjährigen Person" gebraucht worden.

Wenn das B.-G.-B. die Volljährigkeit mit der Vollendung des 21. Lebensjahres eintreten läßt (§ 2) und bis zu dieser Grenze die elterliche Erziehungsgewalt ausdehnt, so kann dies nur auf der Auffassung beruhen, daß der Regel nach die Erziehung mit der Vollendung des 21. Lebensjahres abgeschlossen ist.

Denn es wäre vernunftswidrig, den Eintritt der vollen Rechtsfähigkeit an eine Altersgrenze zu binden, bei deren Erreichung die überwiegende Mehrzahl der Menschen noch der Erziehung bedürftig wäre. Sollte die Fortdauer der Erziehungsbedürftigkeit über das 21. Lebensjahr hinaus einen regelmäßigen Zustand darstellen, so hätte bei vernünftiger Regelung auch der Eintritt der Volljährigkeit weiter hinausgeschoben werden müssen.

Allerdings können Ausnahmen von dem regelmäßigen Zustande, nämlich von dem Abschlusse der Erziehung mit Erreichung der Volljährigkeit, nach beiden Richtungen hin eintreten; einerseits kann ein Minderjähriger nicht mehr der Erziehung bedürftig sein, wie auch andererseits die Erziehungsbedürftigkeit eines Volljährigen noch fortdauern kann. Inwieweit solche Ausnahmen zutreffen, ist nach den besonderen (individuellen) Verhältnissen in jedem einzelnen Falle zu beurteilen.

3. Wenn hiernach der Abschluß der Erziehung mit dem Eintritte der Volljährigkeit die gesetzliche Regel bildet, so ist auch *eine gesetzliche Verpflichtung des Vaters, für ein volljähriges Kind* die Kosten der Erziehung und der Vorbildung zu einem Berufe zu tragen, *der Regel nach ausgeschlossen.* Für den Vater, der gegenüber einem *volljährigen* Kinde die Verpflichtung zur Bestreitung solcher Kosten übernommen hat und den Abzug gemäß § 9 I 3 des Eink.-St.-Ges. verlangt, spricht also die *Vermutung,* daß die Verpflichtung *nicht im Gesetze* ihren Ursprung hat, sondern sich hierüber hinaus erstreckt.

Die Steuerbehörde ist zur Ablehnung eines solchen Anspruchs nur berechtigt, wenn sie entweder die Voraussetzung der Erziehungsbedürftigkeit auf grund besonderer Umstände feststellen und hiermit die Vermutung widerlegen oder der übernommenen Verpflichtung aus sonstigen Gründen die Rechtswirkung absprechen kann. Mag man im übrigen die Voraussetzungen der Erziehungsbedürftigkeit gemäß § 1610 des B.-G.-B. in einem engeren oder weiteren Sinne auffassen, so kann doch kein Zweifel darüber bestehen, daß *einem Beamten mit mäßigem Einkommen und Vermögen, der für zwei Söhne zu sorgen hat, nicht die gesetzliche Verpflichtung obliegt, dem einen die Kosten für die Vorbildung zum akademischen Lehrberufe zu gewähren.* Eine hierzu vereinbarte Rente ist hiernach abzugsfähig, und zwar in voller Summe einschließlich des für die Ferienverpflegung gerechneten Betrages, weil mit der gewollten Vorbereitung des Sohnes auf der auswärtigen Hochschule für die neue Laufbahn eine Betätigung seiner an und für sich unzweifelhaft bereits vorhandenen Fähigkeit zu selbständigem Unterhaltserwerbe sich kaum vertragen würde.

Nr. 3. Entsch. Bd. XI i. St. S. 177 v. 8. X. 03 E XII a 21/03.

Eink.-St.-Ges. § 9; B.-G.-B. §§ 1601 ff.

Die *Kosten,* die ein *Vater* für die *Unterhaltung* eines *Sohnes* als *Einjährig-Freiwilligen* aufwenden muß, sind *nicht abzugsfähig.* Die Ableistung des Militärdienstes gehört zur Erfüllung der einem jeden Deutschen auf grund Gesetzes obliegenden staatsbürgerlichen Pflichten. Die durch die Ableistung des einjährig-freiwilligen Dienstes entstehenden Kosten hat nach gesetzlicher Vorschrift regelmäßig der Militärpflichtige zu tragen. Sie gehören zur Bestreitung seines standesmäßigen Unterhalts. Unter den Voraussetzungen der §§ 1601 ff. B.-G.-B. muß also der Unterhaltsverpflichtete diese Kosten gemäß seiner Verpflichtung zur Gewährung standesmäßigen Unterhalts bestreiten. Eine solche *gesetzliche* Verpflichtung ändert ihren Charakter nicht durch vertragsmäßige Anerkennung.

Nr. 4. Entsch. Bd. XI i. St. S. 178 v. 28. X. 03 IX 2/03.

Eink.-St.-Ges. § 9; Ausf.-Anw. Art. 23 Nr. 2.

Die Zulagen, die von einem Vater seinem der Kaiser Wilhelms-Akademie in Berlin angehörigen Sohne bis zu dessen Ernennung zum Assistenzarzte gewährt werden, sind nicht abzugsfähig, auch wenn sie vertragsmäßig anerkannt sind. Denn sie beruhen auf der gesetzlichen Unterlage des Vaters. Das Maß der gesetzlichen Unterhaltungspflicht bestimmt sich nach § 1610 B.-G.-B. nach der Lebensstellung des Unterhaltungsbedürftigen; sie umfaßt den standesgemäßen Unterhalt des Kindes mit Einschluß der Vorbildung zu dem gewählten Berufe.

Nr. 5. Entsch. Bd. XI i. St. S. 179 v. 3. II. 04 IVa 195/03.

Eink.-St.-Ges. § 9 I 3.

1. Der Steuerpflichtige (als Vormund seines Neffen) beanspruchte den ziffernmäßigen Abzug der ihm durch den Unterhalt seines Neffen angeblich in Höhe von 700 Mk. jährlich entstehenden Kosten von seinem vorerwähnten Einkommen, weil er mit Wissen und stillschweigender Genehmigung des Vormundschaftsgerichts nach der Ernennung zum Vormund im Jahre 1900 mit sich übereingekommen sei, den standesmäßigen Unterhalt seines Neffen aus eigenen Mitteln zu bestreiten, eine dahingehende Erklärung auch schriftlich dem Vormundschaftsgericht abgegeben habe, und danach der Unterhalt seines Neffen von ihm auf grund eines besonderen Rechtstitels geleistet werde. Das O.-V.-G. erkannte dies nicht an.

2. Nach §§ 1793ff., §§ 1837ff. B.-G.-B. ist gesetzlicher Vertreter des Mündels der Vormund, nicht auch das Vormundschaftsgericht; letzteres hat vielmehr nur die Aufsicht über die gesamte Tätigkeit des Vormundes und des Gegenvormundes zu führen, gegen Pflichtwidrigkeiten durch geeignete Gebote und Verbote einzuschreiten, sowie außerdem in besonderen Fällen (vgl. z. B. §§ 1838, 1846) die Pflicht zur Fürsorge für das Mündel. Nach den §§ 181, 1795 Abs. 2 B.-G.-B. kann der Vormund, abgesehen von der Erfüllung einer Verbindlichkeit, nicht im Namen des Mündels mit sich im eigenen Namen oder als Vertreter eines dritten ein Rechtsgeschäft vornehmen, soweit ihm im Gesetze nicht ein anderes gestattet ist. Da das Gesetz in betreff der Begründung einer Verbindlichkeit zwischen Vormund und Mündel eine besondere Vorschrift nicht enthält, so kann nicht zweifelhaft sein, daß zwischen beiden auch ein für das Mündel nur vorteilhaftes Rechtsgeschäft nicht ohne einen nach § 1909 a. a. O. für das Mündel bestellten Pfleger abgeschlossen werden kann. Ob bei dem Selbstkontrahieren des Vormundes das Geschäft schlechthin nichtig ist oder durch die nachträgliche Genehmigung des Pflegers Wirksamkeit erlangen kann, bedurfte keiner Entscheidung, da in dem vorliegenden Falle für das Mündel des Steuerpflichtigen vor Beginn des Steuejahrs zum Zwecke der Genehmigung des Selbstkontrahierens des Steuerpflichtigen zu gunsten des Mündels unstreitig ein Pfleger nicht bestellt worden war

Nr. 6. Entsch. Bd. XI i. St. S. 181 v. 19. XII. 03 IVa 109/03.

Eink.-St.-Ges. § 9 I 3.

Zur Rechtsverbindlichkeit bedarf die Verpflichtung zur Gewährung einer Zulage an einen Fahnenjunker von dessen Vater nach den Vorschriften des B.-G.-B. nicht der notariellen oder gerichtlichen Form. Das O.-V.-G. hat in ständiger Rechtsprechung (vgl. E.-O.-V. in St. Bd. I S. 167; Bd. II S. 86, 117; Bd. VIII S. 98ff.; Bd. IX S. 220ff.) angenommen, daß eine solche Verpflichtung sich als ein gegenseitiger Vertrag darstelle, wonach der Regimentskommandeur die Aufnahme in das Regiment zusagt und der Steuerpflichtige die Zulage an den aufzunehmenden

Sohn zu leisten verspricht, und daß auf diese Weise für den Steuerpflichtigen eine auf rechtsverbindlicher Verpflichtung infolge eines besonderen Rechtstitels beruhende dauernde Last entstehe..

Als ein gegenseitiger Vertrag bedarf er, wie nach gemeinem Rechte und nach A.-L.-R., so auch nach dem B.-G.-B. (§§ 320 ff.) keiner besonderen Form. Wollte man aber auch diesen Vertrag als einen im Interesse des Sohnes eines dritten, abgeschlossenen Leibrentenvertrag nach den §§ 328, 330, 761 B.-G.-B. ansehen, so würde es sich doch hierbei um eine Ausstattung im Sinne des § 1624 B.-G.-B. handeln, weil die Zulage zur Begründung und Erhaltung einer selbständigen Lebensstellung vom Vater dem Sohne gegeben wird. Eine solche Ausstattung aber gilt nach der zitierten Vorschrift des B.-G.-B. nur insoweit als Schenkung, als sie das den Umständen, insbesondere den Vermögensverhältnissen des Vaters, entsprechende Maß übersteigt. Dieser Ausnahmefall liegt hier offenbar nicht vor, und es würde deshalb die zur Gültigkeit eines Leibrentenvertrags nach § 761 des B.-G.-B. erforderliche schriftliche Form des Versprechens genügen.

Nr. 7. Entsch. Bd. XI i. St. S. 183 v. 6. VI. 03 VIII a 76/02.

Eink.-St.-Ges. § 9 I 3.

Übernimmt eine Witwe bei der Auseinandersetzung über den Nachlaß ihres Ehemanns gegenüber den minderjährigen, im Besitz eigenen Vermögens befindlichen Kindern hinsichtlich ihrer Unterhaltung und Ausbildung bestimmte Verpflichtungen, so handelt es sich in der Regel nicht um die Anerkennung und Regulierung der der Mutter gesetzlich obliegenden Unterhaltungspficht, sondern um die Übernahme einer hiervon unabhängigen, eine Gegenleistung für die überwiesenen Gegenstände darstellenden Verpflichtung. Diese Verpflichtungen stellen sich demnach als eine auf einem besonderen Rechtstitel beruhende dauernde Last dar, die, wenn die Ehefrau selbst zur Steuer veranlagt wäre, gemäß § 9 I 3 Eink.-St.-Ges. bei der Berechnung ihres steuerpflichtigen Einkommens in Abzug gebracht werden müßte (E.-O.-V. in St. Bd. II S. 312 ff.). Es kann daher auch keinem Bedenken unterliegen, daß, wenn das Einkommen der nicht dauernd getrennt von ihrem Ehemanne lebenden Ehefrau dem ersteren nach § 11 Eink.-St.-Ges. behufs dessen Steuerveranlagung zugerechnet wird, der Abzug dieser Last in gleicher Weise bewirkt werden muß (E.-O.-V. in St. Bd IX S. 220 oben und Anm.).

Nr. 8. Entsch. Bd. XI i. St. S. 186 v. 1. XI. 02 X e 5/02.

Eink.-St.-Ges. § 9 I 3.

Die in einem Gutsüberlassungsvertrage seitens des Erwerbers übernommene Verpflichtung, einen Bruder, „solange dieser noch nicht von Hause abgezogen ist, gegen die nach Kräften zu Hauses Bestem mitzuverrichtende Arbeit in gesunden und kranken Tagen den standesgemäßen Unterhalt in Kost und Kleidung in der elterlichen Stätte“ zu gewähren, bildet eine auf einem besonderen Rechtstitel beruhende dauernde Last, die von dem Gesamteinkommen abzuziehen ist. Die aus der etwaigen Mitarbeit des Bruders entstehenden Vorteile sind bei der Ermittelung des Einkommens aus dem landwirtschaftlichen Betriebe zu berücksichtigen.

Nr. 9. Entsch. v. 22. I. 03 Nr. XIa 105.

Eink.-St.-Ges. §§ 9 I 1, II 2, 15 Abs. 3.

1. In der neueren Rechtsprechung des O.-V.-G. ist wiederholt anerkannt, daß Aufwendungen für berufsmäßige, über das persönliche Bedürfnis des Steuerpflichtigen hinausgehende Kleidung abzugsfähig sind (E.-V.-O. in St. Bd. IX S. 152, 157). Dies gilt bei gleichen Voraussetzungen auch für Beamte. Denn das Eink.-St.-Ges. hat in dieser Hinsicht weder eine Begünstigung noch eine Benachteiligung der Beamten gegenüber den übrigen Steuerpflichtigen beabsichtigt. Eine besondere Bestimmung enthält nur § 15 Abs. 3 a. a. O. Hiernach soll der zur Bestreitung des Dienstaufwandes bestimmte Teil des Diensteinkommens „außer Ansatz" bleiben. Sofern also ein zahlenmäßiger Betrag für den Dienstaufwand bestimmt ist, so soll dieser Betrag weder zur Anrechnung kommen, noch ein weiterer Abzug stattfinden. Wenn aber eine solche zahlenmäßige Festsetzung des Dienstaufwandes nicht erfolgt ist, so gelten auch für Beamte die allgemeinen Bestimmungen. Diese finden sich überhaupt nicht im § 15, sondern im § 9 I 1, II 2 a. a. O.

2. Der Beschwerdeführer ist ein Eisenbahnbeamter, der ausschließlich während der Dienstzeit die vorgeschriebene Dienstkleidung trägt, ohne daß wegen des Dienstaufwandes besondere Bestimmungen getroffen wären. Es handelt sich also für ihn um eine berufsmäßige, über sein persönliches Bedürfnis hinausgehende Kleidung und der Aufwand hierfür ist gemäß § 9 I 1, II 2 bei der Quelle gewinnbringende Beschäftigung zu kürzen. Daß die Aufwendungen des Beschwerdeführers für die Dienstkleidung durch Vermittelung der Kleiderkasse erfolgen, kann hieran nichts ändern.

Nr. 10. Entsch. Bd. XI i. St. S. 188 v. 30. IV. 04 Vc 15/03.

Eink.-St.-Ges. § 9.

1. Der zum Besitz eines Fideikommisses Berufene nimmt hinsichtlich der Fideikommißschulden die Stelle des wirklichen Schuldners ein und tilgt durch die Abtragung seine eigenen Schulden. Die dazu erforderlichen Amortisationsbeträge sind daher nicht abzugsfähig. (Vgl. E.-O.-V. in St. Bd. VI S. 102 ff.)

2. Nach § 24 Abs. 2b des Ges. wegen Aufhebung direkter Staatssteuern v. 14. VII. 93 (G.-S. S. 119) haben die zur Erstattung der Grundsteuerentschädigung Verpflichteten, wenn sie statt der Kapitalzahlung die Entrichtung einer Tilgungsrente wählen, eine solche von jährlich 4% des festgestellten Entschädigungskapitals während der Tilgungsperiode zu entrichten, wodurch das Kapital mit $3\frac{1}{2}$% verzinst, sowie mit $\frac{1}{2}$% und mit den durch die fortschreitende Tilgung ersparten Zinsen des ursprünglichen Kapitalsbetrags getilgt wird. Es wird also $\frac{1}{2}$% oder ein Achtel der ganzen Rente im Gesetz ausausdrücklich als Tilgungsbeitrag bezeichnet und auch tatsächlich zum Zwecke der Tilgung des Kapitals verwendet. Dieses Achtel stellt sich daher ebenfalls als eine nach § 9 II 1 Eink.-St.-Ges. nicht abzugsfähige Kapitalabtragung des Fideikomißbesitzers dar.

3. Nach der in §§ 72, 73 Tit. 4 Teil II anerkannten Theorie des geteilten Eigentums steht das Obereigentum des Fideikommisses der als eine juristische Person anzusehenden Familie zu, dem jedesmaligen Besitzer dagegen nur das nutzbare Eigentum. Ist also der letztere auf Grund der Stiftungsurkunde verpflichtet, einen bestimmten Teil der Einkünfte des Fideikommisses der Substanz desselben zuzuschlagen, so liegt darin, weil die Familie die Obereigentümerin der das Fideikommiß bildenden Gegenstände ist, eine Ver-

pflichtung des Fideikommißbesitzers gegenüber der Familie, also gegenüber einer anderen als Rechtssubjekt anerkannten Person. Es kann demnach auch nicht zweifelhaft sein, daß diese Verpflichtung, wenn sie eine dauernde ist, sich als eine auf einem besonderen Rechtstitel, nämlich der Stiftungsurkunde, beruhende dauernde Last im Sinne der Vorschrift in § 9 I 3 Eink.-St.-Ges. darstellt und demgemäß der Fideikommißbesitzer berechtigt ist, den betreffenden Teil der Einkünfte von seinem Eigentum in Abzug zu bringen. (Vgl. E.-O.-V. in St. Bd. VI S. 16, 17 in der Anmerkung, Bd. IX S. 201 ff.).

4. Nach gemeinem Rechte ist dagegen die Theorie vom geteilten Eigentume beim Familienfideikommisse nicht anerkannt. Nach den Grundsätzen des gemeinen Rechtes gilt vielmehr der Fideikommißbesitzer als der alleinige wahre Eigentümer des gesamten Familienvemögens, der in seinem Eigentumsrechte nur durch die Anordnungen des Stifters und die Rechte der Fideikommißnachfolger beschränkt ist.

Nach gemeinem Rechte wird daher dem Fideikommißbesitzer durch die Bestimmung der Stiftungsurkunde, daß er die Zinsen eines Fideikommißkapitals bis zu einem bestimmten Zeitpunkte der Substanz des Fideikommisses einzuverleiben habe, nicht eine Verpflichtung zur Abführung der Zinsen an eine dritte Person, sondern lediglich eine Beschränkung bezüglich der Verfügung über die Zinsen auferlegt. Er bleibt trotz dieser Bestimmung der Stiftungsurkunde die allein zum Bezuge der Zinsen berechtigte Person; er ist nur nicht berechtigt, sie beliebig zu verwenden, sondern sie zum Kapitale zu schlagen verpflichtet. Die Zinsen wachsen also, weil er Eigentümer des ganzen Fideikommißvermögens ist, trotz der Beschränkung durch die Stiftungsurkunde der Substanz seines eigenen Vermögens zu. Diese Beschränkung steht daher nach den Grundsätzen des gemeinen Rechtes der Hinzurechnung der gesamten Zinsen des Fideikommißkapitals zu dem steuerpflichtigen Einkommen des Beschwerdeführers nicht entgegen (vgl. E.-O.-V. in St. Bd. IX S. 222 ff.).

Nr. 11. Entsch. Bd. XI i. St. S. 192 v. 8. VII. 02 IVb 175/02.

Eink.-St.-Ges. § 9 I^{1}, ^{4}, ^{6}, ^{7}.

1. Die Stempelkosten für das Sanitätsratpatent sind nicht abzugsfähig, da diese Ausgabe zur Erzielung, Erhaltung oder Sicherung des Einkommens aus der ärztlichen Tätigkeit nicht dient, den Geschäftsunkosten also nicht zugerechnet werden kann.

2. Auch die Beiträge, die zur Deckung der Kosten für die Ärztekammer gezahlt sind, unterliegen nicht dem Abzuge. Sie gehören zu den Abgaben, die an öffentliche Verbände zufolge gesetzlicher Vorschrift zu leisten sind. Aus dem Umstande, daß in § 9 I 4 Eink.-St.-Ges. eine besondere Vorschrift über die Abzugsfähigkeit von Steuern und Abgaben gegeben ist, können dergleichen Beiträge nicht vom Standpunkte der Nr. I 1 a. a. O. beurteilt werden (vgl. E.-O.-V. in St. Bd. VI S. 131 ff.). Nach § 9 I 4 mindern sie nicht das Einkommen, da ihrer dort nicht gedacht ist, und sie als eine indirekte Abgabe nicht anzusehen sind.

3. Dagegen sind Haftpflichtversicherungsprämien abzugsfähig. Sie werden zur Sicherung des Einkommens aus der gewinnbringenden Beschäftigung verausgabt und gehören daher zu den sachlichen Geschäftsunkosten. In Nr. 6 und 7 des § 9 I Eink.-St.-Ges. ist den die Person des Steuerpflichtigen betreffenden Versicherungsbeiträgen aus besonderen Gründen noch die Abzugsfähigkeit zugesprochen.

Nr. 12. Entsch. Bd. XI i. St. S. 193 v. 6. V. 03 IIa 149/02.

Eink.-St.-Ges. § 9.

Gemäß den Gründen in E.-O.-V. in St. Bd. III S. 134, ist die Erbschaftsteuer nach dem Eink.-St.-Ges. nicht abzugsfähig. Was die Begräbniskosten anlangt, so sind diese nach § 1968 B.-G.-B. von den Erben als solchen zu tragen. Sie sind hiernach eine Verbindlichkeit des Nachlasses und mindern ihn, sie werden also von den Erben nicht zur Erwerbung, Sicherung und Erhaltung des Einkommens entrichtet; nur in letzterem Falle würden sie nach § 9 I 1 Eink.-St.-Ges. abzugsfähig sein.

Nr. 13. Entsch. Bd. XI i. St. S. 194 v. 7. XI. 03 IX 108/03.

Eink.-St.-Ges. § 9 I 6, 7, II 1.

Nach § 9 I 6 Eink-St.-Ges. sind von dem Einkommen in Abzug zu bringen die vom Steuerpflichtigen gesetz- oder vertragsmäßig zu entrichtenden Beiträge zu . . . Pensionskassen. Wenngleich im vorliegenden Falle das zu den Akten eingereichte Statut sich als Statut der Pensionskasse der Schiffbauanstalt bezeichnet, so handelt es sich doch hier um keine eigentliche Pensionskasse; denn die Zahlungen aus dieser Kasse erfolgen nicht in der Form einer von einem bestimmten Zeitpunkt an zu zahlenden laufenden Rente, sondern als einmalige Kapitalzahlungen. Außerdem werden die Beiträge, die mindestens 2 % des Gehalts des der Pensionskasse beitretenden Beamten betragen, von diesem nicht an einen Dritten gegen die Verpflichtung der Gewährung einer künftigen Rente gezahlt, sondern in einem auf den Namen des betreffenden Beamten und der Schiffbauanstalt lautenden Sparkassenbuche der A.er Spar- und Leihkasse „mit Zins und Zinseszins für den Beamten angesammelt". Das Recht des Beamten an den Beiträgen hört daher niemals ganz auf, und er erhält die Beiträge nebst Zinsen selbst in dem Falle zurückerstattet, daß der Dienstaustritt unter Umständen erfolgt, welche die Schiffbauanstalt zu einseitiger, sofortiger Entlassung berechtigen. Dieser letztere Umstand spricht zugleich gegen die an sich noch mögliche Annahme einer Kapitalversicherung auf den Erlebens- oder Todesfall gemäß § 9 I 7 a. a. O. Da der Verpflichtung des Beamten zur Zahlung der Beiträge die unbedingte Verpflichtung der Gesellschaft zu deren künftiger Rückzahlung an den Zahlenden bezw. dessen Erben gegenübersteht, so können die Beiträge auch nicht als Prämienzahlung, d. i. als Gegenleistung des Versicherungsnehmers, angesehen werden. Es fehlt ferner gänzlich an einem zum Wesen einer Versicherung gehörigen Risiko. Weder für den Beamten besteht ein Risiko, da er bezw. seine Erben die gezahlten Beiträge mit Zinsen in jedem Falle zurückgezahlt erhalten, noch für die Schiffbauanstalt, da diese in keinem Falle mehr als die von ihr statutenmäßig zu leistenden Beiträge aufzuwenden hat.

Hiernach können die jährlichen Zahlungen des Steuerpflichtigen weder als Beiträge an eine Pensionskasse im Sinne des § 9 I 6 a. a. O. noch als Versicherungsprämie im Sinne des § 9 I 7 a. a. O. angesehen und deshalb zum Abzuge nicht zugelassen werden. Es handelt sich vielmehr um Kapitalansammlungen in Form von Spareinlagen, welche gemäß § 9 II 1 a. a. O. vom Einkommen nicht abzugsfähig sind.

3. Steuerpflicht der nichtphysischen Personen.

A. Steuerpflichtige Unternehmungen.

Nr. 1. Entsch. Bd. XI i. St. S. 196 v. 25. VI. 02 V A 46/02.

Eink.-St.-Ges. § 16.

Die Veranlagung einer Aktiengesellschaft vor ihrer Eintragung in das Handelsregister ist unzulässig. Die Schöpfung der juristischen Personen ist nicht der privatrechtlichen Vereinbarung anheimgegeben, sondern unter die Kontrolle des Registergerichts gestellt, durch dessen Amtstätigkeit die Gesellschaft als solche ihre Rechtsbeständigkeit erst erlangt (vgl. E.-O.-V. in St. Bd. VIII S. 161 ff., S. 196 ff.).

Nr. 2. Entsch. Bd. XI i. St. S. 198 v. 2. V. 03 V A 72/02.

Eink.-St.-Ges. § 16.

Durch die bloße Veränderung der Firma, des Sitzes und der Höhe des Grundkapitals wird der Fortbestand einer Aktiengesellschaft nicht berührt.

B. Steuerpflichtiges Einkommen.

a) Der Aktiengesellschaften und der Kommanditgesellschaften auf Aktien.

Nr. 1. Entsch. Bd. XI i. St. S. 199 v. 13. V. 03 V A 16/03.

Eink.-St.-Ges. §§ 7—9, 16.

1. Unter den „Überschüssen" im Sinne des § 16 Eink.-St.-Ges. sind die Überschüsse der Einnahmen der Aktiengesellschaften und der sonstigen subjektiv steuerpflichtigen Gesellschaften (§ 1 Nr. 4 und 5) aus den in § 7 Nr. 1 bis 4 genannten Einkommensquellen über die gesetzlich anerkannten Abzüge zu verstehen. Es finden daher die Vorschriften über die objektive Steuerpflicht im Abschnitt I 2 des Ges., insbesondere die in den §§ 7 bis 9, grundsätzlich auch auf die genannten Gesellschaften Anwendung, namentlich also auch auf Aktiengesellschaften in Liquidation.

2. Die Überschüsse einer Handel oder Gewerbe betreibenden Aktiengesellschaft sind gleichbedeutend mit ihrem geschäftlichen Reingewinn im Sinne des § 14, und nach der ausdrücklichen Bestimmung im Abs. 1 dieses Paragraphen bildet jeder Zuwachs des Anlagekapitals eine bei der Ermittelung des geschäftlichen Reingewinns zu berücksichtigende Einnahme (vgl. E.-O.V. in St. Bd. X S. 214 ff.). Dasselbe kann aber nicht der Fall sein, bei einer in Liquidation getretenen Aktiengesellschaft, die ihr Gewerbe nicht fortbetreibt und ein Gewerbe überhaupt nicht betreibt. Denn bei ihr handelt es sich nur noch um die Realisierung des einem Erwerbszwecke nicht mehr dienenden Gesellschaftsvermögens.

3. Der Gewinn, den eine in Liquidation befindliche und ein Gewerbe nicht mehr betreibende Aktiengesellschaft durch den Verkauf eines Grundstücks gegenüber seinem Buchwert erzielt, ist daher nicht steuerpflichtig.

Nr. 2. Entsch. Bd. XI i. St. S. 203 v. 4. III. 03 V A 29/02.

Eink.-St.-Ges. §§ 7, 14, 16.

1. Unter den Überschüssen im Sinne des § 16 Eink.-St.-Ges., die im Falle ihrer Verteilung unter die Gesellschaftsmitglieder oder ihrer Verwendung zu einem der dort angegebenen Zwecke als steuerpflichtiges Einkommen der Aktiengesellschaften und sonstigen subjektiv steuerpflichtigen Gesellschaften gelten, sind (vgl. E.-O.-V. in St. Bd. X S. 214 ff.) die Überschüsse der Einnahmen jener Gesellschaften aus den in § 7 Nr. 1 bis 4 des Ges. genannten Einkommensquellen über die gesetzlich anerkannten Abzüge zu verstehen. Die Überschüsse einer Handel oder Gewerbe betreibenden Aktiengesellschaft, bei der nur die Einkommensquelle „Handel und Gewerbe" (§ 7 Nr. 3, § 14) in Frage steht, sind demnach gleichbedeutend mit ihrem geschäftlichen Reingewinn im Sinne des § 14. Bei einer rein gewerblichen Aktiengesellschaft, zu deren Geschäftskreise unter anderem die Ausgabe von Hypothekenpfandbriefen und Kommunalobligationen auf Grund der von ihr erworben Hypotheken- und Grundschuldforderungen oder der gegen öffentliche Korporationen ohne Pfandsicherheit erworbenen Darlehnsforderungen gehört, besteht demnach ein von ihr durch den Betrieb des Pfandbriefgeschäfts erzielter Gewinn zu ihrem Einkommen aus Handel und Gewerbe im Sinne des § 14 Eink.-St.-Ges. und demgemäß auch zu den Überschüssen im Sinne des § 16. Es fragt sich nun, ob einer Hypothekenbank dadurch ein Gewinn erwächst, daß sie zum Nennbetrag einzulösende Hypothekenpfandbriefe über pari ausgibt oder die bereits ausgegebenen zu einem den Nennwert nicht erreichenden Preise für sich erwirbt. Diese Frage ist nach beiden Richtungen zu bejahen.

2. Durch die Ausstellung und Begebung von Pfandbriefen wird für die Hypothekenbank, die den Preis, zu dem die Ausgabe erfolgt, für sich erwirbt, die Verpflichtung begründet, dem Inhaber des Pfandbriefs gegen dessen Rückgabe den darin vorgeschriebenen Betrag zu dem sich nach den Ausgabebedingungen ergebenden Zeitpunkte zu zahlen und bis dahin den Nennbetrag des Pfandbriefs zu dem darin angegebenen Zinsfuße zu verzinsen. Durch die Begebung zum Nennbetrage rückzahlbarer Pfandbriefe über pari wird demnach das Aktivvermögen der Hypothekenbank um den ganzen Ausgabepreis einschließlich des Agio vermehrt, während sie nur mit einer Schuld in Höhe des Nennbetrags belastet wird. Diese Schuld bei der behufs Ermittelung des Jahresgewinns zu bewirkenden Gegenüberstellung der Aktiva und Passiva höher als zum Nennbetrage zu bewerten, fehlt jeder gesetzliche Grund. Insbesondere kommt bei der Bewertung der Passiva die Höhe des Zinsfußes, mit dem eine Schuld zu verzinsen ist, nicht in betracht. Die erst für spätere Geschäftsjahre zu zahlenden Zinsen sind am Schlusse des Geschäftsjahrs, in dem die Begebung der Pfandbriefe erfolgt ist, nicht zu berücksichtigen, weil sie zu diesem Zeitpunkte noch keine Verbindlichkeit der Bank bilden. Hat aber hiernach die Begebung der Pfandbriefe auf das Ergebnis des Begebungsjahrs in der Weise eingewirkt, daß das Vermögen der Gesellschaft um den Betrag des erzielten Agio vermehrt worden ist, so läßt sich auch nicht in Abrede stellen, daß sich das Agio rechtlich wie wirtschaftlich als Gewinn darstellt und demnach auch in steuerlicher Beziehung als solcher zu behandeln ist (vgl. E.-O.-V. in St. Bd. IV S. 236 ff.).

Es mag wirtschaftlich korrekt sein, daß eine Hypothekenbank das Agio nicht lediglich als zur Verteilung geeigneten Gewinn des Begebungsjahrs behandelt, vielmehr auch zur teilweisen Deckung der Pfandbriefzinsen in den späteren Jahren verwendet und, um dies buchmäßig zu ermöglichen, in der auf den Schluß des Begebungsjahrs gezogenen Bilanz das Agio ganz oder teilweise unter die Passiva einstellt. Nur darf dabei nicht übersehen werden, daß es sich bei der Einstellung eines Agiokontos unter den Passiven aus dem angegebenen Grunde nicht um ein Bewertungskonto, sondern um die Bildung eines wirklichen Reservefonds handelt. Zur Bewertung der Pfandbriefschuld kann das Agiokonto nicht dienen, weil sonst seine allmähliche Abschreibung im Falle der Verwendung zur Tilgung der Pfandbriefzinsen ausgeschlossen wäre. Die Bewertung eines Aktivpostens kommt dabei aber überhaupt nicht in Frage; das Agiokonto ist vielmehr ausdrücklich zur teilweisen Tilgung künftiger Zinsverbindlichkeiten und zur Deckung eines Disagio bei der Begebung von Pfandbriefen unter pari bestimmt, seine Eigenschaft als Reservefonds also nicht zu bezweifeln.

3. Erwirbt andererseits eine Hypothekenbank bereits im Umlaufe gewesene eigene Pfandbriefe, so wird ihre Vermögenslage durch diesen Erwerb in ganz anderer Weise beeinflußt als durch den Erwerb der von anderen Rechtssubjekten ausgestellten Wertpapiere. Wertpapiere der letzteren Art können von der Bank jederzeit durch ihre Veräußerung wieder in Geld umgesetzt werden, ohne daß sie sich durch die Veräußerung mit einer Schuld zu belasten genötigt ist. Durch den Erwerb derartiger Wertpapiere wird daher ihr Vermögensstand, ebenso wie bei dem Erwerb eines sonstigen Wertobjekts, nur insofern berührt, als der dem Papiere zur Zeit des Erwerbes beiwohnende Wert dem Aktivvermögen hinzutritt und der Erwerbspreis entweder aus letzterem ausscheidet oder, falls ihn die Bank schuldig blieb, die Passiva vermehrt. Erwirbt dagegen die Bank bereits im Umlaufe gewesene eigene Pfandbriefe, so wird dadurch ihr Aktivvermögen um nichts vermehrt, sondern durch den bar gezahlten Erwerbspreis lediglich verringert, andererseits aber werden ihre Passiva, abgesehen von einer etwaigen Vermehrung durch den der Bank gestundeten Erwerbspreis, um den Betrag der jenen Pfandbriefen gegenüberstehenden Pfandbriefschuld vermindert.

(Folgt eingehende Begründung.)

Ein von einer Hypothekenbank zurückerworbener eigener Pfandbrief unterscheidet sich in keiner Weise, weder rechtlich noch wirtschaftlich, von einem bereits ausgefertigten, aber noch nicht begebenen Pfandbrief und hat namentlich, so lange er sich im Besitze der Bank befindet, ebensowenig wie dieser, irgend einen Wert. Letzteres ergibt sich schon daraus, daß die Bank den zurückerworbenen Pfandbrief nicht ohne weiteres wie jedes andere Vermögensobjekt durch Veräußerung in Geld umsetzen, sich vielmehr durch dessen Weiterveräußerung nur in der Weise Geld beschaffen kann, daß sie sich gleichzeitig wieder mit der ursprünglichen Pfandbriefschuld belastet. Der Pfandbrief ohne Wiederübernahme dieser Schuld hat keinen Verkaufswert und demnach in den Händen der Bank selbst nicht die Eigenschaft eines selbständigen Vermögensobjekts; durch seinen Besitz wird daher die Höhe ihres Aktivvermögens in keiner Weise beeinflußt. Die Weiterveräußerung eines zurückerworbenen eigenen Pfandbriefs durch eine Hypothekenbank stellt sich vielmehr, ebenso wie die ursprüngliche Begebung, als die Eingehung eines neuen Kreditgeschäfts dar.

4. Da die Bilanz den wirklichen Vermögensstand zu dem Zeitpunkt, auf den sie gezogen wird, ergeben soll, so folgt aus den vorentwickelten Grundsätzen zugleich für die Aufstellung der Bilanz einer Hypotheken-

bank mit Notwendigkeit, daß die in deren Besitze befindlichen eigenen Pfandbriefe unter keinen Umständen als wirkliches Aktivum oder als wirkliches Passivum in der Bilanz erscheinen dürfen. Dies kann buchmäßig sowohl dadurch erreicht werden, daß die betreffenden Pfandbriefe unter den Aktiven überhaupt nicht in Ansatz gebracht und von dem unter den Passiven befindlichen Pfandbriefkonto abgeschrieben werden, als auch in der Weise, daß sie ebenso unter den Aktiven wie unter den Passiven mit dem Nennwert in Ansatz gebracht werden. Diese buchmäßige Behandlung ist namentlich auch in dem Falle geboten, wenn die Hypothekenbank die Pfandbriefe zu einem den Nennwert nicht erreichenden Preise erworben hat. Denn es fehlt an jedem gesetzlichen Grunde, in diesem Falle die Pfandbriefe unter den Aktiven mit dem Kurswert oder Erwerbspreis, unter den Passiven dagegen mit dem Nennwert in Ansatz zu bringen.

5. Völlig unerheblich ist, aus welchem Grunde die Bank ihre eigenen Pfandbriefe erworben hat, ob zum Zwecke ihrer Einziehung oder zur vorübergehenden Anlegung verfügbarer Gelder oder zur Regulierung des Kurses ihrer Pfandbriefe. Bei der Anfertigung der Inventur und Bilanz kommt es lediglich auf den tatsächlichen Zustand zu dem dafür maßgebenden Zeitpunkt an, insbesondere also auf den jedem Vermögensgegenstande zu diesem Zeitpunkte beiwohnenden Wert. Nach dem Rechtszustande vor dem 1. I. 1900 war es daher unzulässig, daß eine Hypothekenbank die zurückerworbenen Pfandbriefe je nach der bei dem Erwerbe maßgebend gewesenen Absicht in der Bilanz verschieden bewertete. Ob die hier streitigen Fragen nach den Vorschriften des Hypothekenbankges. v. 13. VII. 99 anders zu entscheiden wären, kann unerörtert bleiben, da dieses Gesetz auf den vorliegenden Fall noch keine Anwendung findet.

6. Nach den vorstehenden Ausführungen kann nicht zweifelhaft sein, daß, wenn eine Hypothekenbank zum Nennwerte rückzahlbare Pfandbriefe zu einem Preise unter pari erwirbt, die Differenz, das Disagio, sich ebenso als Geschäftsgewinn darstellt, als wenn es ihr aus irgend einem Grunde gelingt, sich von einer anderen Geschäftsschuld durch Aufwendung eines deren Nennbetrag nicht erreichenden Vermögenswerts zu befreien.

Nr. 3. Entsch. Bd. XI i. St. S. 213 v. 23. XII. 02 V A 71/02.

Eink.-St.-Ges. §§ 7, 14, 16.

1. Zu den Überschüssen im Sinne des § 16 Eink.-St.-Ges. gehört bei einer gewerblichen Aktiengesellschaft nicht ohne weiteres der Betrag, um welchen die ihr von einer Versicherungsgesellschaft zu zahlende Brandentschädigung den in der letzten Bilanz vor dem Brande angesetzten Wert der durch den Brand zerstörten oder beschädigten Gegenstände übersteigt. Denn es sind unter den „Überschüssen" die Überschüsse der Einnahmen der Aktiengesellschaften und sonstigen subjektiv steuerpflichtigen Gesellschaften aus den in § 7 Nr. 1 bis 4 des Ges. aufgeführten Einkommensquellen über die gesetzlich anerkannten Abzüge zu verstehen. Die Vorschriften über die objektive Steuerpflicht im Abschnitt I 2, insbesondere die in den §§ 7 bis 9, finden daher grundsätzlich auch auf die genannten Gesellschaften Anwendung, und die Überschüsse einer Handel oder Gewerbe betreibenden Aktiengesellschaft, bei der nur die Einkommensquelle „Handel und Gewerbe" (§ 7 Nr. 3, § 14) in Frage steht, sind demnach gleichbedeutend mit ihrem geschäftlichen Reingewinn im Sinne des § 14. Bei der Berechnung des letzteren nach Maßgabe der in diesem Paragraphen getroffenen Vorschriften können aber, abgesehen von dem ausdrücklich hervorgehobenen Zu-

wachse des Anlagekapitals als Einnahmen nur diejenigen inbetracht kommen, die entweder unmittelbar durch den Betrieb des Unternehmens dem Inhaber zugeflossen oder von ihm geschaffen sind oder sich mittelbar als Früchte des in dem Unternehmen werbenden Anlage- und Betriebskapitals darstellen (vgl. E.-O.-V. in St. Bd. IV S. 361; Bd. X S. 261, 263, 264, 266, 267).

2. Zu den Einnahmen dieser Arten gehört die Brandentschädigung für die durch Brand zerstörten oder beschädigten Gegenstände zweifelsfrei nicht. Dagegen ist die Brandentschädigung anstelle dieser Gegenstände ein Bestandteil des Anlage- und Betriebskapitals der Gesellschaft geworden. Es konnte sich daher bei der Ermittelung der steuerpflichtigen Überschüsse des Geschäftsjahres 1898 nur darum handeln, ob im Laufe desselben das Anlage- und Betriebskapital der Gesellschaft dadurch einen Zuwachs erfahren hat, daß die von den betr. Versicherungsgesellschaften zu zahlende oder bis zum Schlusse dieses Jahres gezahlte Brandentschädigung für Kontorutensilien, Werkzeuge usw. den Wert dieser Gegenstände bei Beginn des Jahres, z. B. weil sie bis zu dem Brande eine Wertsteigerung erfahren hatten, nachweisbar überstieg. Die Berufskommission hätte daher unter allen Umständen diesen Wert ermitteln müssen, und zwar konnte dabei, da der Buchwert von nur 1 Mk. dem nach handelsrechtlichen Grundsätzen in die Bilanz einzustellende Werte nicht entsprach, lediglich der wirkliche Wert, also der gemeine Wert im Sinne des § 9 Erg.-St.-Ges., d. i. der objektive Verkaufswert unter der Voraussetzung des Fortbestandes des Geschäfts inbetracht kommen (vgl. E.-O.-V. in St. Bd. VI S. 33ff., Bd. VII S. 86, Bd. X S. 303). Nur die Differenz zwischen diesem Werte und der Brandentschädigung bildete in Wirklichkeit einen Zuwachs des Anlage- und Betriebskapitals, der nach § 14 Abs. 1 Satz 3 Eink.-St.-Ges. den Überschüssen des Jahres 1898 hinzugerechnet werden durfte; die Differenz zwischen der Brandentschädigung und dem der Wirklichkeit nicht entsprechenden Buchwerte der verbrannten Gegenstände stellt dagegen nur einen fingierten, buchmäßigen Vermögenszuwachs der Gesellschaft dar, der bei der Ermittelung ihres in Preußen steuerpflichtigen Einkommens nicht berücksichtigt werden durfte

Nr. 4. Entsch. Bd. XI i. St. S. 220 v. 17. VI. 03 V A 25/03.

Eink.-St.-Ges. § 16.

Zu den Überschüssen einer gewerblichen Aktiengesellschaft gehören auch die Zinsen eines in ihrem Eigentume stehenden Beamten-Unterstützungsfonds. Zuwendungen einer Aktiengesellschaft zu Wohltätigkeitszwecken sind allerdings steuerfrei, doch ist dabei Voraussetzung, daß der zu solchen Zwecken bestimmte Betrag wirklich verausgabt wird und aus dem Vermögen der Gesellschaft ausscheidet. Durch Zinsen, den ein im Eigentume der Gesellschaft stehender Beamten-Unterstützungsfonds erhalten hat, ist das Vermögen der Gesellschaft vermehrt und eine Rücklage zur Verwendung für künftige Zwecke, also ein Reservefonds, geschaffen bezw. ein vorhandener vergrößert worden, ohne daß Verpflichtungen der Gesellschaft in gleicher Höhe gegenüberstehen; denn alles, was die Gesellschaft an Unterstützung gibt, hängt von ihren freien Willen ab (vgl. E.-O.-V. in St. Bd. VIII S. 179ff., 255; Bd. IX S. 419ff.). Es kann sich daher nur noch darum handeln, ob diese Zinsen des eigenen Fonds der Gesellschaft auch als Einkommen der ein Gewerbe betreibenden Gesellschaft angesehen werden können. Auch diese Frage ist zu bejahen, da zum gewerblichen Einkommen auch diejenigen Einnahmen zu rechnen sind, welche sich als Früchte des in dem Unternehmen werbenden Anlage- und Betriebskapitals darstellen (vgl. E.-O.-V. in St. Bd. IV S. 361; Bd. X S. 261, 263, 264, 266, 267).

Nr. 5. Entsch. Bd. XI i. St. S. 222 v. 13. I. 04 V A 38/03.
Eink.-St.-Ges. § 15.

Zuwendungen aus dem Reingewinn einer Aktiengesellschaft an einen Pensions- oder Wohnungsfonds für Beamte und Arbeiter sind nicht schon deshalb steuerfrei, weil die Bildung dieser Fonds auf einem zur Kenntnis der Beamten und Arbeiter gebrachten Beschlusse des Aufsichtsrats beruht, sondern nur dann, wenn entweder ein der Gesellschaft als besonderes Rechtssubjekt gegenüberstehender Fonds vorhanden ist, oder wenn dargetan wird, daß die Zuführungen auf Grund von Verpflichtungen erfolgt sind, die der Gesellschaft schon jetzt gegen ihre Beamten und Arbeiter obliegen (vgl. E.-O.-V. in St. Bd. VIII S. 252, Bd. IX S. 421). Anderenfalls bilden sie Rücklagen für spätere Verwendung aus den Überschüssen der Gesellschaft, also steuerpflichtige Reservefonds.

Nr. 6. Entsch. Bd. XI i. St. S. 223 v. 4. III. 03 V A 83/02.
Eink.-St.-Ges. § 16.

Die von dritten auf Grund von Garantieverpflichtungen zur Kasse einer Aktiengesellschaft geleisteten Zuschüsse sind nicht steuerpflichtig, wenn die Gesellschaft zur Rückzahlung verpflichtet ist, wenn also der Einnahme aus den Zuschüssen eine Schuld der Gesellschaft in gleicher Höhe gegenübersteht.

Nr. 7. Entsch. Bd. XI i. St. S. 225 v. 12. III. 04 V A 1/01.
Eink.-St.-Ges. § 16.

1. Die von dritten auf Grund von Garantieverpflichtungen zur Kasse einer Aktiengesellschaft geleisteten Zuschüsse sind nicht steuerpflichtig, wenn es sich um Zahlungen auf Grund einer Renten- oder Dividendengarantie zu Gunsten der Aktionäre handelt. (Vgl. E.-O.-V. in St. Bd. I S. 343 ff., Bd. III S. 104 ff., Bd. VII S. 307.)

2. Wenn die Berufskommission annimmt, daß nach Lage der Sache die Aktionäre Lit. A der steuerpflichtigen Gesellschaft einen garantierten Dividendenanspruch lediglich gegen diese haben, so übersteht sie zunächst, daß die Dividendengarantie einer Aktiengesellschaft gegenüber ihren Aktionären gesetzlich unzulässig ist. Denn nach Art. 217 des Allg. Deutschen Hand.-G.-B. (jetzt § 215 Hand.-G.-B. v. 10. V. 97) dürfen — von den s. g. Bauzinsen abgesehen — Zinsen von bestimmter Höhe für die Aktionäre nicht ausbedungen werden; es darf vielmehr unter sie nur dasjenige verteilt werden, was sich nach der jährlichen Bilanz als Reingewinn ergibt. Nur ein dritter kann daher die Gewähr dafür übernehmen, daß die an die Aktionäre eines Aktienunternehmens zu zahlende Dividende während eines bestimmten Zeitraums eine bestimmte Höhe erreiche.

3. Bei den von dritten übernommenen Gewinngarantien ist aber zwischen den rechtlich wie wirtschaftlich wesentlich verschiedenen Fällen der Rentabilitätsgarantie und der Renten- oder Dividendengarantie zu unterscheiden.

a) Der Fall der Rentabilitätsgarantie liegt vor, wenn ein dritter einer Aktiengesellschaft gegenüber die Gewähr dafür übernimmt, daß diese einen bestimmten Reingewinn erzielt, ohne daß aber die Aktiengesellschaft dem dritten gegenüber die Verpflichtung übernimmt, den bedungenen Garantiezuschuß zur Verteilung von Dividenden unter ihre Aktionäre zu verwenden. In diesem Falle stehen sich nicht bloß die Gesellschaft und der Garant als die alleinigen Kontrahenten gegenüber, sondern es ist auch Gegenstand des Vertrags lediglich der Vorteil der Gesellschaft; nur für sie, nicht auch für die Aktionäre, soll nach dem Willen beider Teile der Anspruch auf die garantierte Summe begründet werden. Der Vorteil der Aktionäre wird in der Regel die mittelbare Folge des Vertrags sein, er ist aber nicht Gegenstand der Vereinbarung der Gesellschaft mit dem Garanten. Die Gesellschaft erwirbt daher lediglich das Recht, bei einem ungünstigen Jahresergebnis ihres Betriebs die Differenz zwischen dem garantierten Ertrag und dem sich aus der Bilanz ergebenden Gewinn- oder Verlustbetrag, im Falle eines Verlustes insbesondere also auch zunächst die Deckung der Unterbilanz, von dem Garanten zu fordern. Der Anspruch auf den Fehlbetrag stellt demnach eine mit dem Ablaufe des Geschäftsjahrs der Gesellschaft dieser gegen den Garanten erwachsenen Forderung dar, der keine Verpflichtung der Gesellschaft gegen den Garanten oder die Aktionäre gegenübersteht und die demnach in der Bilanz lediglich als Aktivum zu berücksichtigen ist. Die Gesellschaft kann daher über den durch den Garantiezuschuß entstehenden Reingewinn, soweit sie nicht durch das Gesetz oder den Gesellschaftsvertrag daran gehindert ist, ganz ebenso wie über den lediglich durch ihren Betrieb erzielten Reingewinn völlig frei verfügen.

b) Bei der Renten- oder Dividendengarantie übernimmt dagegen der Garant die Gewähr nur dafür, daß die Aktionäre eine gewisse Rente, eine Dividende in bestimmter Höhe, von ihren Aktien beziehen, ohne zugleich die Verpflichtung zur Deckung einer etwaigen Unterbilanz der Aktiengesellschaft übernehmen zu müssen. Eine derartige Garantie kann der Garant im Wege eines mit den Aktionären selbst abgeschlossenen Vertrags übernehmen. In diesem Falle ist jeder Zweifel darüber ausgeschlossen, daß nur den Aktionären, nicht auch der Gesellschaft, der Anspruch auf Zahlung der garantierten Dividende zusteht. Es handelt sich hier daher überhaupt nicht um eine Forderung oder Einnahme der Gesellschaft. Das Vorhandensein einer derartigen Garantie ist also auf das Geschäftsergebnis der Gesellschaft ohne jeden Einfluß und kann weder in der Gewinn- und Verlustrechnung, noch in der Bilanz der letzteren irgendwie berücksichtigt werden. Dabei macht es materiell keinen Unterschied, auch wenn in dem zwischen dem Garanten und den Aktionären geschlossenen Vertrage, wie dies aus Zweckmäßigkeitsrücksichten wohl in der Mehrzahl der Fälle geschieht, vereinbart ist, daß der Garant den auf Grund der Garantie zu leistenden Zuschuß in voller Höhe an die Gesellschaft zahlt und diese die Verteilung an die einzelnen Inhaber der Aktien zu bewirken hat. Denn auch bei dieser Sachlage sind die Anspruchs- und Empfangsberechtigten allein die Aktionäre, die Gesellschaft ist lediglich die Zahlstelle, welche die Zahlung zwischen dem Garanten und den Aktionären vermittelt. Auch in diesem Falle darf die Dividendengarantie in der Jahresrechnung der Gesellschaft keinen Ausdruck finden, da die garantierte Summe nur einen durchlaufenden Rechnungsposten bildet.

c) Eine Renten- oder Dividendengarantie zu Gunsten der Aktonäre kann aber seitens eines dritten auch durch einen mit der Aktiengesellschaft abgeschlossenen Vertrag rechtswirksam übernommen werden, indem er sich der Gesellschaft gegenüber zur Gewährleistung einer Dividende von bestimmter Höhe für die Aktionäre in der Art verpflichtet, daß nach dem Willen beider Kontrahenten aus dem zwischen ihnen geschlossenen Vertrage den Aktionären ein selbständiger und klagbarer Anspruch gegen ihn auf Zahlung des garantierten Betrags an sie selbst erwachsen soll. Ein derartiger Vertrag stellt sich rechtlich als ein Vertrag zu Gunsten dritter dar. Die Wirkungen, die ein derartiger Vertrag für die Kontrahenten selbst wie für den dritten erzeugt, sind daher, falls dafür das B.-G.-B. maßgebend ist, nach den in den §§ 328 ff. das. getroffenen Vorschriften zu beurteilen. Für den vorliegenden Fall kommen indes nach Art. 170 Einf.-Ges. z. B.-G.-B. noch die §§ 74 bis 77 Tit. 5 T. I A.-L.-R. betr. die Verträge über den Vorteil eines Dritten inbetracht. Danach erlangt der dritte erst durch seinen mit Bewilligung der Kontrahenten erfolgten Beitritt zu dem geschlossenen Vertrag ein selbständiges Recht auf die darin für ihn bedungenen Vorteile, während bis dahin nur derjenige Kontrahent, der sich die Leistungen an den dritten versprechen ließ, gegen den anderen Teil, der sich zu ihnen verpflichtet hatte, auch bei dem Mangel eines selbständigen eigenen Interesses, auf Erfüllung an den dritten klagen konnte. Hiernach erzeugte ein zwischen einer Aktiengesellschaft und einem dritten abgeschlossener Vertrag, durch welchen nach dem Willen beider Kontrahenten für die Aktionäre ein selbständiger Anspruch gegen den dritten auf Gewährleistung einer bestimmten Dividende begründet werden sollte, nach dem Beitritte der Aktionäre für diese ganz dieselben Wirkungen, als wenn der Vertrag von vornherein zwischen ihnen und dem Garanten abgeschlossen worden wäre. Sie erlangten durch den Beitritt gegen den Garanten einen klagbaren Anspruch auf Zahlung des garantierten Betrags an sie selbst und, wenn die Zahlung nach dem Inhalte des Vertrags an die Kasse der Gesellschaft mit der Verpflichtung der letzteren zur Aushändigung an die Aktionäre erfolgen sollte, außerdem ein von dem bilanzmäßigen Jahresergebnisse des gesellschaftlichen Unternehmens unabhängiges, den Beschlüssen der Generalversammlung nicht unterliegendes klagbares Recht gegen die Gesellschaft auf Auszahlung des in deren Kasse geflossenen Garantiezuschusses. Der Gesellschaft selbst stand auch in dem letzteren Falle kein eigenes Recht auf den Garantiezuschuß zu; dieser bildete vielmehr in ihrer Rechnung lediglich einen durchlaufenden Posten. Das rechtliche wie wirtschaftliche Ergebnis war aber in dem Falle, wenn der Garantiezuschuß nach dem Vertrage zwischen dem Garanten und der Gesellschaft an die letzte behufs Auszahlung an die Aktionäre gezahlt werden sollte, auch vor dem Beitritte derselben nach dem Rechtszustand im Geltungsbereiche des A.-L.-R., soweit die Gesellschaft als solche inbetracht kommt, kein anderes. Denn ohne diese besondere Vertragsbestimmung war die Gesellschaft vor dem Beitritte der Aktionäre überhaupt nur befugt, von dem Garanten zu verlangen, daß dieser das Garantieversprechen direkt den Aktionären gegenüber erfülle, also ihnen direkt den versprochenen Zuschuß zur Dividende leiste. Die Vereinbarung zwischen der Gesellschaft und dem Garanten, daß die Zahlung des Zuschusses an die erstere behufs Aushändigung an die Aktionäre erfolge, konnte also auch vor dem Beitritte der letzteren nur die Bedeutung und Wirkung haben, daß die Gesellschaft, wenngleich sie formell anspruchsberechtigt war, doch wirtschaftlich nur den Zahlungsvermittler zwischen dem Garanten und den Aktionären spielte; sie war wirtschaftlich auch in diesem Falle nur die Zahlstelle, nicht aber die materiell zum Bezuge des Garantiezuschusses Berechtigte. Nach der Einzahlung des Garantiezuschusses in die Gesellschaftskasse seitens des Garanten befand sich also die Aktiengesellschaft schon vor dem Beitritte der Aktionäre auch in diesem Falle ganz in derselben Lage, wie eine Bank, die für Rechnung eines Auftraggebers Forderungen desselben von einem dritten eingezogen hat; der eingezogene Betrag bildete auch in diesem Falle nur einen durchlaufenden Posten in der Rechnung der Gesellschaft.

4. In steuerrechtlicher Beziehung kann kein Zweifel darüber bestehen, daß ein von einem dritten für die Aktionäre einer Aktiengesellschaft zu leistender oder bereits geleisteter Dividendengarantiezuschuß in allen den Fällen, in welchen er nach den vorstehenden Ausführungen in der Rechnung der Gesellschaft nur einen durchlaufenden Posten bildet, nicht zu den Überschüssen im Sinne des § 16 Eink.-St.-Ges. bei einer Handel oder Gewerbe betreibenden Aktiengesellschaft also nicht zu ihrem damit gleichbedeutenden geschäftlichen Reingewinn im Sinne des § 14 dieses Ges. (E.-O.-V. in St. Bd. X S. 214 ff.) gehört und demnach nicht steuerpflichtig ist. Insbesondere gilt dies auch in den Fällen einer nach den Vorschriften des A.-L.-R. zu beurteilenden Renten- oder Dividendengarantie, die zu Gunsten der Aktionäre einer Aktiengesellschaft in einem zwischen der Gesellschaft und einem dritten abgeschlossenen Vertrage von letzterem übernommen ist, und zwar gleichviel, ob die Aktionäre dem Vertrage mit Bewilligung der Kontrahenten bereits beigetreten sind oder nicht.

Ebenso **Entsch. Bd. XI i. St. S. 243** v. 12. III. 04 V A 80/03
unter Wiederholung der vorstehenden Gründe.

Hiernach hätte die Berufskommission im vorliegenden Falle zunächst die Frage, ob die von der Kleinbahngesellschaft N. in dem Vertrage mit der steuerpflichtigen Gesellschaft übernommene Garantie sich als eine Rentabilitätsgarantie gegenüber der letzteren Gesellschaft oder als eine Renten-(Dividenden-)garantie zu Gunsten der Aktionäre derselben darstellt, erörtern und in den Entscheidungsgründen namentlich darüber Aufschluß geben müssen, warum das Abkommen nicht als ein Vertrag über den Vorteil eines dritten im Sinne der §§ 74 ff. Tit. 5 T. I A.-L.-R. nämlich als solcher zu Gunsten der Aktionäre der steuerpflichtigen Gesellschaft, angesehen werden kann. Beides durfte schon deshalb nicht unterbleiben, weil die in dem letzten Absatze des § 1 jenes Abkommens der steuerpflichtigen Gesellschaft eingeräumte Befugnis, die von der Kleinbahngesellschaft N. übernommenen Garantieverpflichtungen durch Aufdruck auf den Aktien und Dividendenscheinen ersichtlich zu machen, unverkennbar darauf hindeutet, daß den Aktionären selbst ein Anspruch auf die garantierten Beträge gegen die Garantie eingeräumt werden sollte. Handelt es sich aber bei den von der Kleinbahngesellschaft N. übernommenen Garantieverpflichtungen um eine Renten- oder Dividendengarantie, die diese in einem mit der steuerpflichtigen Gesellschaft gemäß §§ 74 ff. Tit. 5 T. I A.-L.-R. zu Gunsten der Aktionäre der letzteren abgeschlossenen Vertrage übernommen hat, so bilden nach den obigen Ausführungen die Garantiezuschüsse in der Rechnung der steuerpflichtigen Gesellschaft unter allen Umständen nur einen durchlaufenden Posten, weil letztere dann in jedem Falle nur die Zahlstelle, nicht die materiell Empfangsberechtigte, ist. Daraus ergibt sich, daß in den Fällen einer Renten- oder Dividendengarantie sich das Recht der Gesellschaft, deren Aktionären eine bestimmte Dividende garantiert ist, auf Einforderung des garantierten Betrags zu ihrer Kasse behufs dessen Weiterzahlung an ihre Aktionäre, niemals als ein Recht auf periodische Hebungen im Sinne des § 15 Eink.-St.-Ges. darstellen kann. Denn darunter sind nur solche Rechte zu verstehen, die dem Steuerpflichtigen ein Einkommen gewähren, indem er die ihm auf Grund derselben gebührenden Hebungen seinem Vermögen einverleiben darf, ohne daß ihm die Verpflichtung obliegt, sie einem dritten zu übertragen oder ausschließlich zu dessen Gunsten zu verwenden.

Nr. 8. Entsch. Bd. XI i. St. S. 248 v. 12. III. 04 V A 78/03.

Eink.-St.-Ges. §§ 7 [1—4], 14, 16.

1. Als Überschüsse im Sinne des § 16 Eink.-St.-Ges. sind die Überschüsse der Einnahmen aus den in § 7 Nr. 1 bis 4 Eink.-St.-Ges. gedachten Einkommensquellen über die gesetzlich anerkannten Abzüge anzusehen. Bei einer Handel oder Gewerbe betreibenden Aktiengesellschaft, bei der nur die Einkommensquelle „Handel und Gewerbe“ (§ 7 Nr. 3, § 14) in Frage steht, sind demnach die Überschüsse gleichbedeutend mit dem geschäftlichen Reingewinn im Sinne des § 14. Bei der Ermittelung des letzteren können aber nach der Natur der Sache als Einnahmen, die das Endergebnis beeinflussen, nur solche Beträge angesehen werden, die der Unternehmer für sich behalten darf, nicht aber diejenigen, die er mit der Verpflichtung, sie einem dritten auszuhändigen, von einem anderen erhalten oder nur zu diesem Zwecke von letzterem zu beanspruchen hat. Derartige Beträge bilden vielmehr in der Betriebsrechnung des Unternehmers nur durchlaufende Posten, die das Ergebnis seines Betriebs an sich nicht berühren. Die von einem Bankhause geleisteten Garantiezuschüsse zur Gewährung einer Dividende an die Aktionäre müssen daher bei der Ermittelung des steuerpflichtigen Einkommens der Aktiengesellschaft außer betracht gelassen werden, wenn sie letztere mit der Verpflichtung erhält, sie ohne Rücksicht auf die Ergebnisse ihres Betriebs als Dividende unter ihre Aktionäre zu verteilen.

2. Hat ein dritter für den Gewinn eines Aktienunternehmens eine Garantie übernommen, so muß geprüft werden, ob es sich dabei um eine Rentabilitätsgarantie zu Gunsten der Gesellschaft als solcher oder um eine Renten-(Dividenden-)garantie zu gunsten der Aktionäre handelt. Denn zwischen beiden Garantiearten besteht in rechtlicher wie wirtschaftlicher Beziehung ein wesentlicher Unterschied, der auch auf dem Gebiete des Steuerrechts nicht unberücksichtigt bleiben darf.

(Es folgen hierauf dieselben Ausführungen wie in E.-O.-V. i. St. Bd. XI S. 225 — oben S. 298 — bezüglich der Rentabilitätsgarantie und der von dem Garanten in einem Vertrage mit den Aktionären selbst übernommenen Renten- oder Dividendengarantie.)

3. Eine Renten- oder Dividendengarantie zu Gunsten der Aktionäre kann aber seitens eines dritten auch durch einen mit der Aktiengesellschaft abgeschlossenen Vertrag rechtswirksam übernommen werden, indem er sich der Gesellschaft gegenüber zur Gewährleistung

einer Dividende von bestimmter Höhe für die Aktionäre in der Art verpflichtet, daß nach dem Willen beider Kontrahenten aus dem zwischen ihnen geschlossenen Vertrage den Aktionären ein selbständiger und klagbarer Anspruch gegen ihn auf Zahlung des garantierten Betrags an sie selbst erwachsen soll. Ein derartiger Vertrag stellt sich rechtlich als ein Vertrag zu Gunsten dritter dar. Die Wirkungen, die ein solcher Vertrag für die Kontrahenten selbst wie für den dritten erzeugt, sind daher, falls dafür das B.-G.-B. maßgebend ist, nach den in den §§ 328 ff. dieses Gesetzbuchs getroffenen Vorschriften zu beurteilen. Für den vorliegenden Fall kommen indes nach Art. 170 Einf.-Ges. z. B.-G.-B. noch die bisherigen Gesetze, also die Grundsätze des gemeinen Rechts, in betracht. Nach den Grundsätzen des letzteren, welchen sich das B.-G.-B. im wesentlichen angeschlossen hat, hing es von der Absicht und dem Willen der Kontrahenten ab, ob der dritte einen klagbaren Anspruch gegen den eine Leistung zu seinen Gunsten versprechenden Teil unmittelbar mit dem Abschlusse des Vertrags zwischen den Kontrahenten oder erst durch seinen Beitritt zu dem Vertrag erhalten sollte. Auch in dem letzteren Falle stand aber unbestritten demjenigen der Vertragschließenden, der sich eine Leistung zu Gunsten des dritten versprechen ließ, selbst bei dem Fehlen eines selbständigen eigenen Interesses schon vor dem Beitritte des dritten das Recht zu, gegen den anderen Teil auf Erfüllung an den dritten zu klagen. Im Geltungsbereiche des gemeinen Rechts erzeugte hiernach ein zwischen einer Aktiengesellschaft und einem dritten abgeschlossener Vertrag, durch welchen unmittelbar mit seinem Abschlusse nach dem Willen beider Kontrahenten für die Aktionäre ein selbständiger Anspruch gegen den dritten auf Gewährleistung einer bestimmten Dividende begründet werden sollte, sofort, also schon vor dem Beitritte der Aktionäre, für diese ganz dieselben Wirkungen, wie wenn sie den Vertrag selbst mit dem dritten abgeschlossen hätten. Sie erlangten also sofort mit dem Abschlusse des Vertrags gegen den Garanten einen klagbaren Anspruch auf Zahlung des garantierten Betrags an sie selbst und, wenn die Zahlung nach dem Inhalte des Vertrags an die Kasse der Gesellschaft mit der Verpflichtung der letzteren zur Aushändigung an die Aktionäre erfolgen sollte, außerdem ein von dem bilanzmäßigen Jahresergebnisse des gesellschaftlichen Unternehmens unabhängiges, den Beschlüssen der Generalversammlung nicht unterliegendes klagbares Recht gegen die Gesellschaft auf Auszahlung des in ihre Kasse geflossenen Garantiezuschusses. Der Gesellschaft selbst stand auch in dem letzteren Falle kein eigenes Recht auf den Garantiezuschuß zu; dieser bildete vielmehr in ihrer Rechnung lediglich einen durchlaufenden Posten.

Aber auch in dem Falle, wenn nach der Vereinbarung des Garanten und der Aktiengesellschaft die Aktionäre erst mit ihrem Beitritte zu dem Vertrag einen selbständigen Anspruch gegen den Garanten erlangen sollten, war nach den Grundsätzen des gemeinen Rechts für die Gesellschaft selbst das rechtliche wie wirtschaftliche Ergebnis schon vor dem Beitritte der Aktionäre kein anderes. Denn sie selbst erlangte zwar in diesem Falle schon durch den Vertragsabschluß gegen den Garanten einen klagbaren Anspruch, aber doch nur darauf, daß dieser das Garantieversprechen den Aktionären gegenüber erfülle, also ihnen direkt den versprochenen Zuschuß zur Dividende zahle. War zwischen der Gesellschaft und dem Garanten vereinbart, daß letzterer den Zuschuß an die erstere behufs Aushändigung an die Aktionäre zahlen sollte, so hatte auch in diesem Falle eine solche Vereinbarung nur die Bedeutung und Wirkung, daß die Gesellschaft, wenngleich sie formell anspruchsberechtigt war, doch wirtschaftlich nur den Zahlungsvermittler zwischen dem Garanten und den

Aktionären spielte; sie war wirtschaftlich auch in diesem Falle nur die Zahlstelle, nicht aber die materiell zum Bezuge des Garantiezuschusses Berechtigte. Nach der Einzahlung des Garantiezuschusses in die Gesellschaftskasse seitens des Garanten befand sich also die Aktiengesellschaft schon vor dem Beitritte der Aktionäre auch in diesem Falle ganz in derselben Lage, wie eine Bank, die für Rechnung eines Auftraggebers Forderungen desselben von einem dritten eingezogen hat; der eingezogene Betrag bildete auch in diesem Falle nur einen durchlaufenden Posten in der Rechnung der Gesellschaft.

4. In steuerrechtlicher Beziehung kann nicht zweifelhaft sein, daß ein von einem dritten für die Aktionäre einer gewerblichen Aktiengesellschaft zu leistender oder bereits geleisteter Dividendengarantiezuschuß in allen den Fällen, in welchen er nach den vorstehenden Ausführungen in der Rechnung der Gesellschaft nur einen durchlaufenden Posten bildet, nicht zu dem geschäftlichen Reingewinne der Gesellschaft im Sinne des § 14 Eink.-St.-Ges. und demnach nicht zu ihren Überschüssen im Sinne des § 16 dieses Ges. gehört, also nicht steuerpflichtig ist. Dies gilt insbesondere auch in den Fällen einer nach den Grundsätzen des gemeinen Rechts zu beurteilenden Renten- oder Dividendengarantie, die zu Gunsten der Aktionäre einer Aktiengesellschaft in einem zwischen der Gesellschaft und einem dritten abgeschlossenen Vertrage von letzterem übernommen ist, und zwar gleichviel, ob die Aktianäre dem Vertrage mit Bewilligung der Kontrahenten bereits beigetreten sind oder nicht.

Nr. 9. Entsch. Bd. XI i. St. S. 257 v. 5. II. 02 V A 21, 22/01.

Eink.-St.-Ges. § 16.

1. Auf die Höhe der Überschüsse einer Aktiengesellschaft in einem bestimmten Geschäftsjahr ist der Umstand, daß eine bei Beginn des Jahres bereits bestehende und sichere Forderung im Laufe desselben eingeht ohne Einfluß.

2. Im vorliegenden Falle hatte der Vorbesitzer einer Aktiengesellschaft dieser schon vor ihrer Eintragung in das Handelsregister 105 000 M. zu Bauten und Erweiterungen zur Verfügung gestellt, um sie nicht von vornherein zu belasten. Diese Verpflichtung ist mit der Eintragung der Aktiengesellschaft in das Handelsregister, von welchem Tage ab diese erst besteht, in Kraft getreten. Der Umstand, daß diese Forderung der Gesellschaft weder im Gesellschaftsvertrag erwähnt, noch in der Eröffnungsbilanz aufgenommen worden ist, steht ihrer Rechtsgültigkeit nicht entgegen. Bestand sie aber bereits bei Entstehung der Aktiengesellschaft, so hat ihre Zahlung seitens des Verpflichteten im Laufe des in betracht kommenden Geschäftsjahrs nicht die Überschüsse des letzteren vermehrt, sondern nur eine Veränderung der Aktiva bewirkt, die bereits bei Entstehung der Gesellschaft vorhanden waren.

Nr. 10. Entsch. Bd. XI i. St. S. 258 v. 17. VI. 03 V A 17/03.

Eink.-St.-Ges. § 16.

1. Die Berufungskommission hatte bei der Berechnung des steuerpflichtigen Einkommens einer Aktiengesellschaft einen dem sogenannten Bilanzreservefonds zugeschriebenen Betrag als steuerpflichtig erachtet, der einen Teil des Wertes des der Gesellschaft von der Stadt A. unentgeltlich überlassenen Grund und Bodens darstellen soll, und die Anrechnung dieses Betrags damit begründet, daß durch die Überlassung des Grund und Bodens eine Vermehrung des Vermögens stattgefunden habe.

2. Dieser Begründung gegenüber wird in der Beschwerde mit Recht bemerkt, daß dieses Vermögen bereits bei Gründung der Gesellschaft in

der Form eines Forderungsrechts an die Stadt A. aus dem zwischen dem Magistrate dieser Stadt und der Kleinbahn-Aktiengesellschaft C. zu D. im Dezember 1897 abgeschlossenen Vertrag, in den die Kleinbahngesellschaft A. im September 1898 eingetreten ist, vorhanden war, daß es sich also nicht um eine Vermögensvermehrung während der Zeit des Betriebs der Gesellschaft handele.

3. Hierzu kommt, daß unter „Überschüssen" im Sinne des § 16 Eink.-St.-Ges. nicht die Vermögensvermehrung innerhalb eines bestimmten Zeitraums, sondern die Überschüsse der Einnahmen einer steuerpflichtigen Gesellschaft aus den im § 7 Nr. 1 bis 4 a. a. O. aufgeführten Einkommensquellen über die gesetzlich anerkannten Abzüge zu verstehen ist. Im vorliegenden Falle, wo es sich um eine Handel und Gewerbe treibende Aktiengesellschaft handelt, sind demnach die Überschüsse gleichbedeutend mit dem geschäftlichen Reingewinn im Sinne des § 14 a. a. O. Der Annahme eines solchen Gewinns im Laufe des Betriebs steht aber auch hier der Umstand entgegen, daß das Forderungsrecht auf Überlassung des Grund und Bodens bereits bei der Gründung der Gesellschaft bestand.

Nr. 11. Entsch. Bd. XI i. St. S. 260 v. 27. VI. 03 V A 104/02.

Eink.-St.-Ges. §§ 14, 16.

Die von einer Aktiengesellschaft verteilte Dividende ist nicht steuerpflichtig, wenn zwar die Bilanz trotz eines in Wirklichkeit vorhandenen Verlustes infolge des versehentlichen doppelten Ansatzes eines Aktivpostens einen Gewinn ergeben hat, der wahre Sachverhalt aber in einer späteren Generalversammlung festgestellt ist.

Denn unter den in § 16 Abs. 1 Eink.-St.-Ges. gedachten Überschüssen einer Handel oder Gewerbe betreibenden Aktiengesellschaft ist der geschäftliche Reingewinn im Sinne des § 14 dieses Ges. zu verstehen. Es kann daher nicht zweifelhaft sein, daß, wenn ein Geschäftsjahr keinen Gewinn in dem letzteren Sinne, sondern Verlust ergeben hat, auch Überschüsse im Sinne des § 16 a. a. O. nicht vorhanden sind. Die Beträge, die eine Aktiengesellschaft als Dividende verteilt oder zu einem der in dem letzteren Paragraphen angegebenen Zwecke verwendet hat, sind aber nur unter der Voraussetzung steuerpflichtig, daß sie aus den Überschüssen des betreffenden Geschäftsjahrs herrühren.

Nr. 12. Entsch. Bd. XI i. St. S. 225 (240) v. 12. III. 04 V A 1/03.

Eink.-St.-Ges. § 16.

Die Kosten der Beseitigung von Schneewehen dienen zweifelsfrei zur Aufrechterhaltung des Betriebs von Eisenbahnen, sie haben also die Eigenschaft von Betriebskosten. Diese aber sind bei der Ermittelung des Geschäftsgewinns in jedem Falle von der Roheinnahme in Abzug zu bringen, auch wenn ihre Zahlung oder Erstattung aus den Beständen eines Reservefonds oder aus den Überweisungen an einen solchen erfolgt (E.-O.-V. in St. Bd. IX S. 247).

Nr. 13. Entsch. Bd. XI i. St. S. 262 v. 5. III. 04 V A 53/03.

Eink.-St.-Ges. §§ 14, 16.

Abschreibungen, die in den für die Verteilung der Dividenden u. s. w. maßgebenden Bilanzen einer Aktiengesellschaft nicht gemacht sind, sondern erst nachträglich im Veranlagungsverfahren von dem Vorstande der Gesellschaft geltend gemacht werden, sind bei der Feststellung der steuerpflichtigen Überschüsse nicht zu berücksichtigen. Denn es müssen Abschreibungen, die nach § 14 Abs. 1 Eink.-St.-Ges. als die Überschüsse mindernd anerkannt sind und an sich zulässig wären, von den Gesellschaftsorganen bei Aufstellung und Genehmigung der Bilanz vorgenommen werden. Sind sie aber vor oder bei Genehmigung der Bilanz nicht für erforderlich erachtet und sind auf solcher Grundlage die Dividenden verteilt und die zu Reserven verwendeten Überschüsse festgestellt, so kann von einer weiteren Kürzung der zur Dividendenzahlung und zur Reservestellung verwendeten Überschußbeträge nicht die Rede sein. Nach § 16 Abs. 1 Eink.-St.-Ges. bilden diese Beträge ungekürzt das steuerpflichtige Einkommen.

Nr. 14. Entsch. Bd. XI i. St. S. 264 v. 31. VI. 03 V A 98/02.

Eink.-St.-Ges. § 16.

1. Wenn auch eine Bemessung der Abschreibung nach Prozenten des Wertes, falls solche auf langjähriger Erfahrung und praktischer Übung beruhen, an sich nicht für unzulässig zu erachten ist, so können dabei doch niemals die jeweiligen Buchwerte, sondern es müssen die wirklichen Werte zu Beginn des betreffenden Betriebsjahrs oder diejenigen zur Zeit der Anschaffung oder Herstellung in Frage kommen. Welcher von den beiden letzteren Werten für die Bemessung der Prozente maßgebend ist, hängt davon ab, welche Grundsätze bei Feststellung dieser Prozente Anwendung gefunden haben. Handelt es sich dabei im wesentlichen um die Abnutzung, so sind die in E.-O.-V. in St. Bd. V S. 272 ff., insbesondere S. 295/98 aufgestellten Grundsätze analog anzuwenden.

2. Das Verlangen einer Aktien-Gesellschaft, angeblich zu niedrige Abschreibungen auf Betriebsgegenstände in den Bilanzen der Geschäftsjahre 1896 und 97 zum Ausgleiche zu hoher Abschreibungen für das Geschäftsjahr 1898 zu verwenden, ist ungerechtfertigt. Ein solches Verlangen enthält das Zugeständnis, daß in den Bilanzen der früheren Jahre die Übersichten über den Vermögensstand nicht richtig dargestellt und Vermögen zur Verteilung gelangt ist, welches hätte zurückbehalten werden sollen. Ein derartiges Verfahren würde, wenn es absichtlich und wissentlich eingeschlagen wäre, die betreffenden Mitglieder des Vorstandes und des Aufsichtsrats gemäß §§ 312 ff. Hand.-G.-B. strafbar machen. Die Gesamtbeträge der Abschreibungen in den einzelnen Bilanzen dürfen daher nicht nachträglich erhöht werden. Dagegen ist es der Gesellschaft gestattet, innerhalb der Bilanz des einzelnen Geschäftsjahrs gegenüber den von der Berufungskommission als zu hoch erachteten Abschreibungen auf einzelne Konten etwaige zu niedrige Abschreibungen auf andere Konten behufs Rechtfertigung des Gesamtbetrags der Abschreibungen in der betreffenden Bilanz geltend zu machen. (Vgl. E.-O.-V. in St. Bd. X S. 295 ff., insbes. S. 308).

Nr. 15. Entsch. Bd. XI i. St. S. 266 v. 23. I. 04 A 51/03.

Eink.-St.-Ges. § 16 H.-G.-B. § 261 Nr. 6.

Auch die zur richtigen Bewertung der ausstehenden Forderungen einer Aktiengesellschaft gebotenen Abschreibungen müssen vor der Feststellung des bilanzmäßigen Reingewinns erfolgen. Denn es muß bei einer den gesetzlichen Vorschriften entsprechend aufgestellten Bilanz die Bewertung des Guthabens der Gesellschaft aus der laufenden Rechnung bereits vor der Feststellung des Gewinns am Schlusse der Bilanz erfolgt sein, und es darf die Zuführung zu einem Delkrederekonto, das lediglich die richtige Bewertung der Forderungen der Gesellschaft bezweckt, nicht vom Reingewinne genommen werden. (Vgl. E.-O.-V in St. Bd. VII S. 154.)

Nr. 16. Entsch. Bd. XI i. St. S. 268 v. 11. VI. 02 V A 17/02.

Eink.-St.-Ges. § 16.

1. Eine in der Bilanz einer Aktiengesellschaft durch Einstellung eines Bewertungskontos unter den Passiven vorgenommene Abschreibung ist steuerlich nicht deshalb unzulässig, weil das Konto in unrichtiger Weise, z. B. als Obligationen-Tilgungskonto bezeichnet ist. Denn es kommt auf die Benennung eines Bewertungskontos nicht an (vgl. E.-O.-V. in St. Bd. V S. 43 Bd. VIII S. 174 ff.), sondern allein darauf, ob das in Rede stehende Konto tatsächlich als ein solches angesehen werden muß.

2. Sämtliche Abschreibungen sind zusammenzurechnen (E.-O.-V. in St. Bd. VII S. 325 Überschrift Abs. 5 und 6, S. 333, 334) und die Gesamthöhe ist daraufhin zu prüfen, ob sie der Wertverminderung innerhalb der inbetracht kommenden Zeitperiode entspricht. Insoweit dies nicht der Fall ist, bilden die Abschreibungen verschleierte Reservefonds.

Ähnlich **Entsch. Bd. XI i. St. S. 271** v. 21. I. 03 V A 66/00.

Hat eine Gesellschaft die bei dem Konto „Bau des Gesamtbahnkörpers" in Höhe der Obligationstilgungsquoten abgesetzten Beträge ausdrücklich als zur richtigen Bewertung ihrer Betriebsanlagen u. s. w. erforderlich gewesene Abschreibungen bezeichnet, so ist dies Vorbringen nach Maßgabe der Grundsätze in E.-O.-V. in St. Bd. VII S. 325 Überschrift Abs. 5 und 6, S. 333, 334; Bd. X S. 294 ff. von dem Gesichtspunkte der Abschreibungen aus zu prüfen. Zu diesem Zwecke ist zunächst festzustellen, welche Abschreibungen überhaupt in jeder der maßgebenden Bilanzen behufs Bewertung der Betriebsgegenstände gemacht sind, sei es auf der Aktivseite bei den betreffenden Konten, sei es durch Zuweisungen auf einen unter den Passiven eingestellten Erneuerungsfonds oder an ein sonstiges Bewertungskonto, und demnächst zu ermitteln, ob und inwieweit der Gesamtbetrag aller Abschreibungen innerhalb der maßgebenden Geschäftsjahre die zulässige Grenze überschritten hat.

Nr. 17. Entsch. Bd. XI i. St. S. 275 v. 11. V. 04 V A 92/03.

Eink.-St.-Ges. § 16.

1. Die Zugehörigkeit der Gewinnanteile und Tantiemen der persönlich haftenden Mitglieder einer Kommanditgesellschaft auf Aktien zu den steuerpflichtigen Überschüssen im Sinne des § 16 Eink.-St.-Ges. ist zu bejahen (vgl. E.-O.-V. in St. Bd. X S. 270 ff.) und die dort in der Anm. angezogenen früheren Urteile.

2. Die jenen Urteilen zu Grunde liegende Annahme, daß unter dem Ausdrucke „Dividende" im § 16 Eink.-St.-Ges. nicht die Dividende in dem engeren aktienrechtlichen Sinne, sondern in dem weiteren wirtschaftlichen Begriffe des verhältnismäßigen Anteils der Mitglieder jeder Gesellschaft an dem Gewinne des gesellschaftlichen Unternehmens zu verstehen sei, wird in der Beschwerdeschrift namentlich deshalb bemängelt, weil unter „Dividende" sowohl nach dem allgemeinen Sprachgebrauche wie nach den gesetzlichen Bestimmungen, insbesondere auch nach den Vorschriften des Eink.-St. Ges., nur der auf ein Kapital nach seinem Verhältnisse zum Gesamtkapitale ratierlich entfallende Anteil an einer zur Verteilung gelangenden Summe ver-

standen werden könne. Es sei sich auch der Gesetzgeber sehr wohl bewußt gewesen, daß es bei den in Frage kommenden Gesellschaften noch andere „Gewinnanteile“ als „Dividenden“ gebe. Denn in § 12b des Ges. werde ausdrücklich von „Dividenden und Zinsen, Ausbeuten und sonstigen Gewinnanteilen“ gesprochen, während im § 16 im schärfsten Gegensatze zu § 12b ausdrücklich nur die „Dividenden“ für steuerpflichtig erklärt würden. Hinzugefügt sei in dem letzteren Paragraphen nur der an sich überflüssige Satz, daß es für die Steuerpflicht gleichgültig sei, ob die „Dividende“ unter der Bezeichnung als solche oder unter einer anderen Bezeichnung unter die Mitglieder verteilt werde. Diese Ausführungen in der Beschwerdeschrift würden für die Entscheidung der streitigen Frage erheblich sein, wenn nach § 16 Eink.-St.-Ges. nur solche Gesellschaften in Frage kämen, bei denen die Verteilung des Gewinns unter die Gesellschafter ausschließlich nach dem Verhältnis ihrer Kapitalbeteiligung zu dem Gesamtkapitale der Gesellschaft zu erfolgen hat. Das ist aber nicht der Fall. Nach § 19 Abs. 2 des Ges., betr. die Erwerbs- und Wirtschaftsgenossenschaften (R.-G.-Bl. 98 S. 810ff.), kann das Statut für die Verteilung von Gewinn und Verlust einen anderen Maßstab als das Verhältnis der Geschäftsguthaben der Genossen aufstellen. Es kann daher bei den Genossenschaften der Gewinn insbesondere auch nach Kopfteilen unter die Mitglieder verteilt werden. Bei Konsumvereinen erfolgt die Gewinnverteilung, vielfach nach dem Verhältnisse der Geschäftsguthaben und der von den Mitgliedern im Laufe des Geschäftsjahrs entnommenen Waren, bei Absatz- und Produktivgenossenschaften nach dem Verhältnisse der von den Genossen der Genossenschaft gelieferten Waren u. s. w. Es wird aber nirgends bezweifelt, daß auch die nicht nach dem Verhältnisse der Geschäftsguthaben bemessenen Gewinnanteile der Mitglieder der subjektiv steuerpflichtigen Genossenschaften zu den Überschüssen der letzteren im Sinne des § 16 gehören. Da dies ausgeschlossen wäre, wenn unter dem Ausdrucke „Dividende“ in dieser Gesetzesvorschrift nur solche Gewinnanteile zu verstehen wären, die nach dem Verhältnisse der Kapitalbeteiligung der einzelnen Gesellschafter zu dem Gesamtkapitale bemessen sind, so liegt hierin der schlagende Beweis dafür, daß dieser Ausdruck in der von der Steuerpflichtigen behaupteten Beschränkung nicht ausgelegt werden kann, sondern daß der Gesetzgeber unter den Überschüssen, welche als Aktienzinsen oder Dividenden, gleichviel unter welcher Benennung, unter die Mitglieder verteilt werden, außer den in ihrer Höhe fest bestimmten Aktienzinsen auch alle sonstigen Gewinnanteile der Mitglieder der nach § 1 Nr. 4, 5 subjektiv steuerpflichtigen Gesellschaften ohne jede Ausnahme verstanden hat. Die Worte „gleichviel unter welcher Benennung“ sind danach keineswegs, wie die Beschwerdeführerin annimmt, überflüssig, sondern offenbar dazu bestimmt, eine Aufzählung der verschiedenen Arten der Gewinnanteile, wie in § 12b, zu ersparen.

Der Umstand, daß die persönlich haftenden Gesellschafter einer Kommanditgesellschaft auf Aktien, wie in dem vorliegenden Falle, eine Kapitaleinlage statutenmäßig nicht zu machen haben, auch tatsächlich nicht gemacht haben, steht hiernach keineswegs der Annahme entgegen, daß die ihnen für ihre Mühewaltung bei der Geschäftsführung oder für ihre Haftpflicht nach dem Statute zustehenden Gewinnanteile als Dividenden im Sinne des § 16 Eink.-St.-Ges. anzusehen sind.

(Es folgt weitere Begründung durch Widerlegung der entgegengesetzten Fuisting'schen Ansicht in seinem Werke „Die preußischen direkten Steuern“ Bd. I 6. Aufl. S. 239, 240 zu C.)

c) Der eingetragenen Genossenschaften.

Nr. 1. Entsch. Bd. XI i. St. S. 217 v. 9. IV. 04 V A 107/02.

Zu den steuerpflichtigen Überschüssen eines Konsumvereins gehören auch die Beträge, die aus dem der Verfügung der Generalversammlung unterliegenden Reingewinn unter die Mitglieder nach dem Verhältnisse der von ihnen in dem betreffenden Jahre bezogenen Waren als Gewinnanteil verteilt werden.

Indem aber der Beschwerdeführer die Steuerpflichtigkeit der ihm angerechneten Beträge bestreitet, die er als Kundengewinn angesehen wissen will, verkennt er den mit diesem Worte — auch in E.-O.-V. in St. Bd. II S. 324 und Bd. VI S. 385 — verbundenen Begriff, bei dessen Bestimmung die Darlegung in E.-O.-V. in St. Bd. VI S. 409 nicht außer betracht bleiben darf. Der Kundengewinn stellt sich lediglich dar als eine den Warenabnehmern am Jahresschlusse zurückzuerstattende Vergütung für Zahlung zu hoher Kaufpreise, welche statutenmäßig der freien Verfügung des Vereins entzogen ist. Diese Entziehung braucht nicht statutenmäßig, d. i. durch den Gesellschaftsvertrag, sie kann auch unabhängig davon und sogar im einzelnen durch Vertrag der Genossenschaft mit den Abnehmern (Kunden) festgesetzt werden. In jedem Falle ist dabei ein Kaufvertrag vorausgesetzt, in dem der Preis nicht von vornherein ziffermäßig, aber doch durch Umstände bestimmt ist, die ihn bestimmbar machen und damit der Willkür des einen oder anderen der vertragschließenden Teile von vornherein entziehen. Ein solcher Kaufvertrag kann begrifflich ebensowohl mit Mitgliedern wie mit Nichtmitgliedern von der Gesellschaft geschlossen werden, liegt aber den hier in Rede stehenden Vergütungen nicht zu Grunde. Denn die Höhe der letzteren stand nicht schon mit den einzelnen Warenabnahmen objektiv fest, sondern wurde erst durch die Generalversammlung frei bestimmt und zwar soll statutarisch der Reingewinn aus dem Geschäftsbetriebe des Steuerpflichtigen unter die Mitglieder nach verschiedenen Grundsätzen, unter anderem auch nach dem Verhältnisse der von den Mitgliedern bezogenen Waren, verteilt werden. Hieraus geht hervor, daß es sich nur um eine Art der Verteilung des geschäftlichen Reingewinns unter die Mitglieder handelt, nicht um eine Erstattung zuviel gezahlter Beträge. Die nach dem Maßstabe der bezogenen Waren unter die Mitglieder verteilten Beträge stehen daher rechtlich den nach anderen Grundsätzen an sie verteilten Gewinnanteilen vollständig gleich und können als Kundengewinn nur sehr uneigentlich und nicht im Sinne der von E.-O.-V. in St. Bd. VI S. 385 bezeichnet werden.

4. Steuererklärung.

Nr. 1. Entsch. Bd. XI i. St. S. 281 v. 15. II. 02 III 311/01.

Ob jemand „bereits“ mit mehr als 3000 M. Einkommen veranlagt ist (§ 24 Eink.-St.-Ges.), entscheidet sich nach dem Zeitpunkte des Erlasses der öffentlichen Aufforderung zur Abgabe der Steuererklärungen.

Nr. 2. Entsch. Bd. XI i. St. S. 282 v. 23. X. 02 XIIIa 60/02 und S. 284 v. 26. III. 03 XIc 305/02.

Eink.-St.-Ges. §§ 27, 30; Ausf.-Anw. Art. 23.

1. Anträge der zur Abgabe einer Steuererklärung verpflichteten Personen auf Entbindung von dieser Pflicht sind unzulässig. Dagegen ist in § 27 Eink.-St.-Ges. bei einem nur durch Schätzung zu ermitteluden Einkommen die Entbindung von der ziffermäßigen Angabe des Einkommens in der Steuerklärung mit der Maßgabe zugelassen, daß an deren Stelle diejenigen Nachweisungen gegeben werden, deren die Veranlagungskommission zur Schätzung des Einkommens bedarf.

2. Wird daher ein hierauf gerichteter Antrag, wenn auch unter der Form des Antrags auf Entbindung von der Abgabe einer Steuererklärung, von einem Steuerpflichtigen der Sache nach gestellt, so sind für die Behandlung eines solchen Antrags die im Art. 53. Ausf.-Anw. erlassenen Vorschriften maßgebend. Wird ein Steuerpflichtiger ohne Beachtung dieser Vorschriften der Rechtsmittel für verlustig erklärt, so liegt ein wesentlicher Verfahrensmangel vor.

Nr. 3. Entsch. Bd. XI i. St. S. 287 v. 8. III. 02 IX 79/01.

Eink.-St.-Ges. §§ 25, 30.

Der Steuerpflichtige, der unstreitig eine Steuererklärung für 1901 innerhalb der ihm gestellten Frist nicht abgegeben hatte, war von der Berufungskommission gemäß § 30 Abs. 1 dieses Ges. des Rechtsmittels der Berufung für verlustig erklärt worden, weil ein seine Wiedereinsetzung in den vorigen Stand nach § 47 Erg.-St.-Ges. rechtfertigender Grund nicht nachgewiesen sei. Diese Begründung ist rechtsirrtümlich, da sich die Vorschriften des letzteren Paragraphen nach ihrem unzweideutigen Wortlaute lediglich auf die Wiedereinsetzung in den vorigen Stand gegen die Versäumung der in dem Ergänzungs- und in dem Eink.-St.-Ges. zur Einlegung von Rechtsmitteln vorgeschriebenen Ausschlußfristen beziehen und die zur Einreichung der Steuererklärung den Steuerpflichtigen gemäß § 24 oder § 25 des letzteren Gesetzes gestellte Frist nicht zu den Rechtsmittelfristen gehört. Die Entschuldbarkeit der Versäumung der Frist zur Einreichung der Steuererklärung hätte die Berufungskommission gemäß § 30 Abs. 1 a. a. O. vielmehr nach freiem Ermessen aus dem Gesichtspunkte prüfen müssen, ob der Steuerpflichtige die Frist trotz Anwendung der nach den besonderen Umständen des Falles gebotenen Sorgfalt, mithin ohne eigenes Verschulden versäumt hat (E.-O.-V. in St. Bd. VIII S. 225 bis 228).

Nr. 4. Entsch. Bd. XI i. St. S. 288 v. 2. V. 03 XIb 14/02.

Eink.-St.-Ges. §§ 24, 30.

Ein wesentlicher Verfahrensmangel liegt darin nicht, daß der Vorsitzende der Veranlagungskommission den nicht frankierten Briefumschlag mit der Steuererklärung des Steuerpflichtigen nicht angenommen hat. Es besteht für den Adressaten keine Verpflichtung, für einen unfrankierten oder nicht genügend frankierten Brief den Betrag des fehlenden Portos nebst Zuschlag zu bezahlen, um in den Besitz des Briefes zu gelangen. Wer einen Brief ungenügend frankiert, läuft Gefahr, daß der Adressat ihn nicht annimmt, und hat die Folgen dieser Gefahr zu tragen.

5. Veranlagungsverfahren.

A. Allgemeine Grundsätze.

Nr. 1. Entsch. Bd. XI i. St. S. 290 v. 20. XI. 02 XIa 39/02.

Eink.=St.=Ges. §§ 24, 38.

1. Der Steuerpflichtige hatte am 16. I. 01 im Steuerbureau seine Steuererklärung für 1901 zu Protokoll gegeben. Im unmittelbaren Anschlusse hieran wurde unter Benutzung eines offenbar für solche Fälle bestimmten Formulars die Steuererklärung vom Vorsitzenden der Veranlagungskommmission mit dem protokollarischen Vermerke beanstandet: „Die Angaben über die Höhe des Einkommens aus Handel und Gewerbe bedürfen des näheren Nachweises."

Weiter enthält das Protokoll Erklärungen des Steuerpflichtigen über die Berechnung des gewerblichen Ertrags, welche mit den Worten beginnen: „Ich bin etabliert seit 15. Mai 99. Im Jahre 1900 habe ich geschlachtet:" u. s. w.

2. Diese Art der Beanstandung verstößt gegen die Anforderungen im § 38 Abs. 2 Eink.=St.=Ges., weil einerseits die hier ausdrücklich angeordnete Befristung zur Abgabe der verlangten Aufklärungen gänzlich unterblieben, andererseits die Beanstandung nicht mit der erforderlichen Klarheit — unter Bezeichnung der dem Steuerpflichtigen angesonnenen Mitwirkung im einzelnen —, hinsichtlich der maßgebenden Durchschnittsperiode sogar in erkennbar unrichtiger Weise vorgenommen ist. Ein im Anschluß an die protokollarische Abgabe der Steuererklärung vorgenommener Verständigungsversuch hätte sich an erster Stelle darauf erstrecken müssen, wie der Steuerpflichtige den in der Steuererklärung angegebenen gewerblichen Ertrag gefunden habe. Die sich hierbei etwa ergebenden Unrichtigkeiten hätten zum Gegenstande der Belehrung unter Bezeichnung der richtigen Wege zur Berechnung oder Schätzung des Ertrags gemacht werden müssen. Wenn statt dessen umfassende zahlenmäßige Angaben über die Schlachtungen, das Gewicht der Schlachttiere, die Einkaufs- und Verkaufspreise, die Betriebskosten u. s. w. verlangt wurden, so durfte von einer solchen, ohne die erforderliche Vorbereitung des Steuerpflichtigen erfolgenden Befragung eine zuverlässige, ihn bindende Beantwortung nicht erwartet werden. Unrichtig war die Beschränkung der Befragung auf das Jahr 1900. Wenn der Steuerpflichtige sein Geschäft am 15. V. 99 eröffnet und mit dem gleichen Zeitpunkte des folgenden Jahres sein erstes Geschäftsjahr abgeschlossen hatte, so waren die Ergebnisse dieses ersten, bei Ausführung der Veranlagung abgelaufenen Geschäftsjahres (15. V. 99 bis 14. V. 00) der Ertragsermittelung zu Grunde zu legen. Hatte er aber das Kalenderjahr zum Geschäftsjahre gewählt, so mußten die Ergebnisse des unvollständigen Jahres (15. V. bis 31. XII. 99) mitberücksichtigt werden. Keinesfalls war es aber zulässig, ohne Aufklärung des Sachverhaltes einen beliebigen Zeitraum, hier das Kalenderjahr 1900, für die Durchschnittsberechnung zu wählen.

Nr. 2. Entsch. Bd. XI i. St. S. 294 i. d. Anm. v. 31. I. 03 VIIb 20/02.

Eink.=St.=Ges. § 38.

Die Berufungskommission muß, in Fortsetzung des Beanstandungsverfahrens, dem Steuerpflichtigen den von seinen Angaben abweichenden tatsächlichen Inhalt des Gutachtens der Veranlagungskommission mitteilen. Ein Präjudiz, unter dem er hätte zur Entgegennahme von Mitteilungen vorgeladen werden dürfen, ist gesetzlich nicht zulässig; die Mitteilungen hätten ihm, falls er der Vorladung nicht nachkam, schriftlich

gemacht werden müssen. Die abweichenden Angaben in der Beschwerde sind daher nicht verspätet.

Nr. 3. Entsch. Bd. XI i. St. S. 292 v. 7. V. 03 XIIIb 296/02.

Eink.-St.-Ges. § 38.

1. Der Ehemann der Steuerpflichtigen, ein Metzgereibesitzer, war im Jahre 1900 verstorben. Die Steuerpflichtige setzte nach dem Tode ihres Mannes den Betrieb fort, und zwar unter Mithilfe ihrer vier erwachsenen Kinder, zwei Söhne und zwei Töchter, die in der Steuerliste als Haushaltungsangehörige verzeichnet waren. Ihre Steuererklärung für 1902 wurde, wie folgt, beanstandet:

> „Aus den Verhandlungen über Ihre Einkommensteuerveranlagung in früheren Jahren ist zu entnehmen, daß Sie über die Einnahmen und Ausgaben Ihres Gewerbebetriebs weder Bücher führen, noch sonstige zur Berechnung des steuerpflichtigen Einkommens geeignete Aufzeichnungen besitzen, und daß Ihre Angaben hierüber in der Steuererklärung lediglich auf Schätzung beruhen. In der diesjährigen Steuererklärung haben Sie das vorbezeichnete Einkommen auf 5692 M. angegeben, während nach der Art Ihres Betriebs eine höhere Schätzung angemessen scheint. Die Veranlagungskommission wird darüber beschließen, ob Ihre Schätzung als zutreffend angenommen werden kann oder etwa zu berichtigen ist. Sollten Sie in der Lage sein, Angaben zu machen oder Beläge beizubringen, durch welche der von Ihnen angegebene Einkommensbetrag als zutreffend nachgewiesen wird, so wird Ihnen auf grund des § 38 Eink.-St.-Ges. anheimgegeben, dies innerhalb 14 Tagen zu tun."

2. Das beobachtete Verfahren leidet an folgenden Mängeln:

a) Richtig ist, daß der Ertrag durch Schätzung zu bestimmen und die *Schätzung nach der Höhe der Schlachtungen* auf den Rohertrag unter zahlenmäßigem Abzuge der Betriebskosten zu richten war. Demgemäß mußte die *Beanstandung* der Steuererklärung *mit dem Ziele* erfolgen, *zuverlässige Unterlagen für die Bemessung des Rohertrags und der Betriebskosten* nach den Ergebnissen des abgelaufenen ersten Geschäftsjahres der Steuerpflichtigen zu gewinnen. Hierbei wäre *auf die durch den Tod des Mannes zweifellos wesentlich veränderten Betriebsverhältnisse*, besonders aber auf die Frage einzugehen gewesen, ob die im Betriebe tätigen Kinder lediglich als Angehörige des mütterlichen Hausstandes (§ 1617 B.-G.-B.) oder als bezahlte Arbeitskräfte (§§ 611 ff. a. a. O.) erscheinen. Die nach Einreichung der Steuererklärung erlassene formularmäßige Aufforderung des Vorsitzenden der Veranlagungskommission läßt aber überhaupt nicht erkennen, in welchen bestimmten einzelnen Richtungen die Mitwirkung der Steuerpflichtigen zur Aufklärung der Ertragsverhältnisse verlangt wird, und schon deshalb enthält die Verfügung keine dem § 38 Eink.-St.-Ges. entsprechende Beanstandung.

b) Da die Ertragsquelle für die Steuerpflichtige seit dem Tode ihres Mannes (1900) bestanden hatte, war der *ganze Zeitraum seit dem Tode zu berücksichtigen.*

c) Der Sachverständige, auf dessen Gutachten sich die Berufungskommission bei Bemessung der „Bruttoverdienstsätze" ausschließlich stützt, hat sich weder schriftlich noch protokollarisch geäußert, sondern die Akten enthalten hierüber *einen lediglich referierenden Vermerk des Steuersekretärs*, wonach der Sachverständige auf Grund mündlicher Befragung erklärt hat:

> „daß er als Reingewinn an einem geschlachteten Stücke Rindvieh — es würde in dem Wohnorte der Steuerpflichtigen durchgehends Rindvieh mit 600 Pfund Schlachtgewicht geschlachtet —

30 Mk. stets deklariert habe, wobei er das Fleisch zu 0,60 M. pro Pfund verkaufe, während die Steuerpflichtige es zu 0,65 M. pro Pfund verkaufe. Sie verdiene durch den höheren Verkaufspreis bei einer Kuh von 600 Pfund Schlachtgewicht mithin noch 30 M. mehr, wie er. Er arbeite allerdings ohne fremde Hilfskräfte. Unter Berücksichtigung der Geschäftsunkosten, welche sie habe, müsse sie mindestens 25 M. bis 30 M. pro Stück Rindvieh netto verdienen."

Ein solcher lediglich referierender Aktenvermerk entzieht sich jeder Kontrolle über die Richtigkeit der Wiedergabe der gehörten Äußerung und ist schon deshalb ohne Wert. Hier hatte sich aber auch der Sachverständige nur über den Reingewinn ausschließlich vom Rindvieh geäußert, und es ist unverständlich, wie die Berufungskommission die Äußerung als Grundlage der Schätzung vom Rohgewinn und zwar nicht bloß für Rindvieh, sondern auch für Kälber und Schweine verwerten konnte.

Nr. 4. Entsch. Bd. XI i. St. S. 295 v. 17. XII. 03 XIc 181/03.

Eink.-St.-Ges. § 38.

1. Auf die Steuererklärung war an die Steuerpflichtige folgende formularmäßige Verfügung des Vorsitzenden der Veranlagungskommission ergangen: „Aus den Verhandlungen über Ihre Einkommensteuerveranlagung in früheren Jahren ist zu entnehmen, daß Sie über die Einnahmen und Ausgaben Ihres Gewerbebetriebs weder Bücher führen, noch sonstige, zur Berechnung des steuerpflichtigen Einkommens geeignete Aufzeichnungen besitzen, und daß Ihre Angaben hierüber in der Steuerklärung lediglich auf Schätzung beruhen. In der diesjährigen Steuererklärung haben Sie das vorbezeichnete Einkommen auf 4507 M. angegeben, während nach der Art Ihres Betriebs eine höhere Schätzung angemessen scheint. Die Veranlagungskommission wird darüber beschließen, ob Ihre Schätzung als zutreffend angenommen werden kann oder etwa zu berichtigen ist. Sollten Sie in der Lage sein, Angaben zu machen oder Beläge beizubringen, durch welche der von Ihnen angegebene Einkommensbetrag als zutreffend nachgewiesen wird, so wird Ihnen auf grund des § 38 Eink.-St.-Ges. anheimgegeben, dies innerhalb vierzehn Tagen zu tun." Die Steuerpflichtige hatte wegen Krankheit um einen 10 bis 14 tägigen Ausstand gebeten. Ohne Bescheidung hierauf und ohne irgend welche weitere Verhandlungen hatte die Veranlagungskommission einen höheren als den in der Steuererklärung angegebenen gewerblichen Ertrag angenommen.

2. Jene Verfügung beruhte zunächst auf unrichtigen Voraussetzungen, da die Steuerpflichtige nach den schon in früheren Jahren eingereichten Bilanzen für die Jahre 1898, 1899, 1900 und nach der ihrer jetzigen Steuererklärung beigefügten Bilanz für 1901 kaufmännische Bücher führt. Es ist unverständlich, wie das Gegenteil angenommen werden konnte. Die Verfügung war inhaltlich höchstens ein Verständigungsversuch (Art. 55 II Ausf.-Anw.), der ungeachtet der Bereitwilligkeit der Steuerpflichtigen nicht weiter verfolgt worden ist, nicht aber eine den Vorschriften im § 38 Eink.-St.-Ges. und Art. 55 III Ausf.-Anw. entsprechende Beanstandung. Die Ausführungsbestimmungen verlangen für den Fall, daß ein Verständigungsversuch nicht zum Ziele geführt hat, eine förmliche Beanstandung, bevor von dem Inhalte der Steuererklärung hinsichtlich des zu beanstandenden Punktes abgewichen werden darf, und für diese förmliche Beanstandung ist bei schriftlicher Form der Gebrauch bestimmter Muster (Art. 55 III 2, Muster XI d bis i) vorgeschrieben. Diesen Mustern entspricht das hier angewandte Formular in keiner Weise. Das Formular ist vielmehr weder in der Form noch nach dem Inhalt eine Beanstandung. Mit der dort gebrauchten Wendung „die Veranlagungskommission wird darüber beschließen, ob Ihre Schätzung als zutreffend angenommen werden kann oder etwa zu berichtigen ist", wird der Zweck der Beanstandung völlig verkannt. Es

versteht sich von selbst, daß die Veranlagungskommission darüber beschließen wird, aber sie darf erst nach vorschriftsmäßig erfolgter und durchgeführter Beanstandung beschließen. Aus dem Gebrauche des hier auf ganz unzutreffenden Voraussetzungen beruhenden Formulars und aus der Unterlassung weiterer Verständigung mit der hierzu bereiten Steuerpflichtigen ergibt sich deutlich, daß die Sache wie eine unwesentliche Förmlichkeit behandelt worden ist. Hiermit sind die angeführten gesetzlichen Vorschriften und Ausführungsbestimmungen verletzt worden.

Nr. 5. Entsch. Bd. XI i. St. S. 331 v. 9. IV. 04 III 325/03.

Eink.-St.-Ges. § 53.

Zustellungen durch öffentlichen Aushang sind nicht zulässig, wenn der Aufenthalt des betreffenden Steuerpflichtigen durch geeignete Nachfragen ermittelt werden kann. Sie begründen daher den Beginn der Rechtsmittelfrist nicht.

Nr. 6. Entsch. Bd. XI i. St. S. 337 v. 18. XII. 02 XIIa 124/02.

1. Jeder angebotene Bücherbeweis ist sorgsam zu prüfen. Die Annahme, daß die Buchführung der Beweiskraft entbehre, bedarf nachprüfbarer Unterlagen, das Fehlen eines Protokolls über den Inhalt der Bücher macht eine selbständige Prüfung ihrer Verwertbarkeit für eine Einkommensberechnung durch die Berufungskommission unmöglich, und die bloße Begutachtung des Steuersekretärs dahin, daß sie keine entsprechende Unterlage böten, kann diese Prüfung nicht ersetzen. (Vgl. E.-O.-V. in St. Bd. II S. 432, Bd. III S. 83, Bd. IV S. 154, Bd. V S. 172 und 239, Bd. IX S. 299 ff.)

2. Es kann sich selbstverständlich bei einem Viehhändler weder allein noch auch nur vorzugsweise um die „Ausstände", nämlich die Zinsen der Kaufgelder für das anscheinend meist auf Borg verkaufte Vieh handeln, sondern in erster Reihe um die Höhe des Umsatzes in jedem der drei letzten Geschäftsjahre nach Art und Zahl des Viehes, um die Ein- und Verkaufspreise zur möglichst genauen Feststellung des Rohverdienstes sowie um wenigstens annähernde Ermittelung der hauptsächlichsten Unkosten, insbesondere für Futter, Reisen u. s. w. Auch die Schätzung, soweit sie anstelle der Berechnung treten muß, hat sich in diesen Richtungen zu bewegen (E.-O.-V. in St. Bd. V S. 185). Sache des Beschwerdeführers aber ist es, in eben diesen Richtungen bestimmte und klare Angaben zu machen und sie soweit als möglich durch geordnete Buchführung oder sonstige Beläge zu beweisen. Nötigenfalls sind sowohl mit der Buchführung als auch mit den Geschäftsverhältnissen des Beschwerdeführers vertraute Sachverständige zu der mit jenem aufzunehmenden Verhandlung zuzuziehen.

Nr. 7. Entsch. Bd. XI i. St. S. 335 v. 9. X. 02 XIc 73/02.

1. Der Steuerpflichtige beschwert sich darüber, daß die Berufungskommission seine Aufzeichnungen über die Barentnahmen aus der Geschäftskasse zu Haushaltszwecken für nicht zuverlässig gehalten und deshalb die Jahresbeträge erheblich höher geschätzt hat. In der Berufungsentscheidung ist jenen Aufzeichnungen deshalb die Beweiskraft abgesprochen, weil sie nur mit Bleistift geführt seien, keinen einzigen den Betrag von 20 M. erreichenden Posten und auch kein erhebliches Schwanken der Jahressummen aufwiesen, obwohl für das letzte Jahr auch die Ausgaben für den persönlichen Verbrauch des im Geschäfte tätigen verheirateten Sohnes darin mitenthalten sein sollten.

2. Abgesehen davon, daß keiner dieser Anstände im Beanstandungs- oder im Berufungsverfahren erhoben und mit dem Steuerpflichtigen oder seinem für ihn

auftretenden Sohne erörtert worden war, rechtfertigen die Bemängelungen nicht einmal soweit, als sie tatsächliche Feststellungen enthalten, die gezogene Folgerung. Die Bleistiftaufzeichnungen werden nach der Berufungsverhandlung und einem amtlichen Randvermerke nur in besondere Haushaltungsbücher gemacht, und zwar täglich, bei jeder einzelnen Ausgabe, die der Haushalt erfordert, und monatlich abgeschlossen. Es handelte sich also schon danach um eine lediglich für die Haushaltung bestimmte Einzelaufzeichnung neben der sonst überhaupt nicht bemängelten Hauptbuchung im Geschäftskassabuche. Der Beschwerde zufolge wird der Monatsabschluß tatsächlich jedesmal alsbald in das Hauptkassabuch übernommen. Die Einzelaufzeichnungen daneben können nur erwünscht sein, weil sie eine ins einzelne gehende Prüfung der buchmäßigen Eintragungen ermöglichen und hiermit gerade die Zuverlässigkeit der Buchführung beweisen. Diese Bedeutung wird ihnen auch dadurch allein, daß sie mit Bleistift geschrieben sind, nicht ohne weiteres genommen. Der buchmäßige Nachweis der Entnahme ist geführt, wenn die monatliche Eintragung im Geschäftsbuche richtig ist. Für den Vorwurf, daß dabei zu wenig gebucht wäre, bieten die Verhandlungen nicht den geringsten Anhalt (E.-O.-V. in St. Bd. IX S. 308, 310). Damit erledigt sich zugleich das zweite Bedenken; bei täglichem Anschreiben ist es leicht möglich, daß die Einzelposten nicht 20 M. erreichen. Die vermißten erheblichen Jahresschwankungen aber fehlten, wie nachgewiesen wird, ebenfalls nicht.

Nr. 8. Entsch. Bd. XI i. St. S. 340 v. 5. XII. 03 IVb 35/03.

1. Eine nicht allen kaufmännischen Anforderungen entsprechende Art der Buchführung macht die Geschäftsbücher auch bei Vollkaufleuten nicht ungeeignet, als Grundlage für die Berechnung des Geschäftsgewinns zu dienen. (Vgl. E.-O.-V. in St. Bd. IV S. 246.)

2. Die bei Beginn und am Ende eines Geschäftsjahrs vorhandenen Warenvorräte, Forderungen und Schulden müssen nicht nur bei Berechnung des Geschäftsgewinns auf Grund kaufmännischer Bilanzen, sondern auch bei Ermittelung durch Gegenüberstellung der Betriebseinnahmen und Betriebsausgaben grundsätzlich berücksichtigt werden (a. a. O. Bd. IX S. 95ff., 104 Anm.). Nach der Natur der Sache kann aber diese Berücksichtigung bei denjenigen Betrieben unterbleiben, bei denen der Bestand der Warenvorräte wie der Forderungen und Schulden am Schlusse der einzelnen Wirtschaftsjahre, wie z. B. bei den meisten kleineren Betrieben, erfahrungsgemäß wesentlichen Schwankungen nicht zu unterliegen pflegt. Von dem im vorliegenden Falle wiederholt als Sachverständiger vernommenen Apothekenbesitzer ist aber ausdrücklich erklärt worden, daß die Bestände einer Apotheke stets auf gleicher Höhe zu halten, also jederzeit dieselben seien. Dies ist eingehend zu erörtern.

3. Wenn Unterschlagungen eingenommener, noch nicht gebuchter Beträge seitens des Personals stattgefunden haben, enthalten die gebuchten Einnahmen nicht die volle Jahreseinnahme. Allein diese Unvollständigkeit beeinträchtigt zunächst die Zuverlässigkeit der Buchführung an sich überhaupt nicht, da der nach den Akten mit der Buchführung allein betraut gewesene Mitinhaber der Apotheke von dem Personal unterschlagene, ihm also nicht bekannt gewordene Einnahmebeträge unmöglich buchen konnte. Andererseits ist diese Unvollständigkeit auf die Feststellung des jährlichen Reingewinns der Apotheke ohne Einfluß, weil Beträge, die dem Unternehmer infolge Diebstahls oder Unterschlagung seitens des Personals verloren gehen (vgl. E.-O.-V. in St.

Bd. IV S. 142), das gewerbliche Einkommen des betreffenden Jahres mindern, also, wenn sie aus den bereits gebuchten Betriebseinnahmen herrühren, bei der Ermittelung des Jahresergebnisses wieder in Abzug gebracht werden müssen. Allein aus diesem Grunde dürfen daher die buchmäßigen Angaben, soweit sie die Jahreseinnahmen betreffen, nicht in Zweifel gezogen werden. Völlig unzulässig ist es aber, diese Angaben für den Zweck der rechnungsmäßigen Feststellung des Reingewinns für ungeeignet zu erachten, dagegen bei dessen Schätzung die nämlichen Beträge als Umsatzziffern der Ermittelung des Bruttogewinns zu Grunde zu legen.

4. Was sodann die Prüfung der behaupteten Geschäftsausgaben anlangt, so hat die Berufungskommission in dieser Richtung ihrer Ermittelungspflicht nicht genügt. Denn die beiden stattgehabten Verhandlungen hatten bezüglich dieses Punktes, weil die Beläge noch nicht geordnet waren, zu einem Abschlusse noch nicht geführt. In dem zur Fortsetzung der Verhandlungen hierüber von dem Vorsitzenden der Veranlagungskommission als Beauftragten des Vorsitzenden der Berufungskommission anberaumten Termin ist allerdings weder einer der Mitinhaber der Apotheke, noch der Bevollmächtigte erschienen. Letzterer hatte aber in einem vor dem Termin eingegangenen Schreiben erklärt, daß er den Termin nur deshalb nicht wahrnehmen werde, weil er im Beschwerdewege gegen einen Bescheid des Vorsitzenden der Berufungskommission Einspruch dagegen erheben wolle, daß die weiteren Verhandlungen in der Sache wieder in die Hände des Vorsitzenden der Veranlagungskommission gelegt würden. Unter diesen Umständen hätte, zumal für den Steuerpflichtigen eine Verpflichtung zum persönlichen Erscheinen in dem anberaumten Termine nicht bestand, die Berufungskommission ihrerseits dem Steuerpflichtigen die Ausgaben, die nach ihrer Annahme zu Bedenken Veranlassung gaben, im einzelnen bezeichnen und ihn zu ihrer schriftlichen Erläuterung auffordern müssen. Dagegen durfte sie nicht ohne weiteres deshalb, weil die Ausgaben unbelegt geblieben seien, den Geschäftsbüchern die Beweiskraft absprechen (vgl. E.-O.-V. in St. Bd. IX S. 299 ff., insbesondere S. 304 ff.).

C. Ermäßigung des Steuersatzes wegen beeinträchtigter Leistungsfähigkeit.

Nr. 1. Entsch. Bd. XI i. St. S. 311 v. 31. V. 02 XIIIb 370/01.

Eink.-St.-Ges. § 19.

1. Der Steuerpflichtige hatte wegen ständiger Krankheit seiner Frau und der hierdurch verursachten größeren Ausgaben die Rechtswohltat des § 19 Eink.-St.-Ges. beansprucht und ein Attest des behandelnden Arztes beigebracht, wonach die schon seit mehreren Monaten kranke Frau an „Blutarmut, Magengeschwür, Schwäche, Rheumatismus u. s. w.“ litt. Außerdem hatte er unter Benennung des Gläubigers und Vorlegung der Zinsquittung geltend gemacht, daß er bereits ein zu 5 Prozent verzinsliches Darlehn von 200 M. zur Bestreitung der durch die Krankheit verursachten Kosten habe aufnehmen müssen. Die Berufungskommission hat den Anspruch abgelehnt, weil besondere die Leistungsfähigkeit beeinträchtigende wirtschaftliche Verhältnisse nicht nachgewiesen seien.

2. Das O.-V.-G. war anderer Ansicht und ermäßigte um 2 Stufen. Denn es bedurfte gar keines Nachweises, daß dem Steuerpflichtigen durch die lange und komplizierte Krankheit der Frau, selbst wenn er auf freie kassenärztliche Behandlung Anspruch hatte, mancherlei drückende Ausgaben sowohl für die Kranke selbst als auch für den Haushalt und die beiden kleinen Kinder entstanden. Solche Ausgaben lassen sich nicht sämtlich zahlenmäßig nachweisen und belegen. Die Tatsache der Belastung durch

ungewöhnliche Ausgaben infolge der Krankheit stand fest und bedurfte keiner weiteren Nachweise.

Nr. 2. Entsch. Bd. XI i. St. S. 313 v. 20. III. 02 XIII d 6/02.
Eink.-St.-Ges. §§ 18, 19.

1. Die Familie des Beschwerdeführers bestand aus seiner Ehefrau und acht Kindern, von denen sechs das 14. Lebensjahr noch nicht vollendet hatten und ein älterer Sohn eine Verstümmelung der linken Hand erlitten hatte. Die Berufungskommission hatte eine Ermäßigung des Steuersatzes abgelehnt mit der Bemerkung, daß eine außergewöhnliche Belastung nicht anzuerkennen sei. Das O.-V.-G. war anderer Ansicht.

2. Den Kommissionen steht es keineswegs zu, die Rechtswohltat des § 19 nach freiem Belieben zu gewähren oder zu versagen. Die Steuerpflichtigen haben vielmehr einen gesetzlichen Anspruch auf Ermäßigung des Steuersatzes, sofern die Voraussetzungen des § 19 für sie zutreffen, und die Kommissionen sind alsdann zur Gewährung der Rechtswohltat gesetzlich verpflichtet. Ob aber die Voraussetzungen zutreffen, haben sie wiederum nicht nach freiem Belieben, sondern auf Grund vernünftiger und pflichtmäßiger Beurteilung zu entscheiden. Es gibt Fälle, in denen die Erfüllung der Voraussetzungen des § 19 so klar und offensichtlich zutage tritt, daß sie allgemein als eine ohne weiteres feststehende Tatsache anerkannt werden muß. Hierzu gehört ohne jeden Zweifel der Fall des Beschwerdeführers.

3. Die Rechtswohltat kann auch nicht etwa deshalb versagt werden, weil wegen der sechs Kinder unter vierzehn Jahren bereits ein Abzug von 300 M. (§ 18 a. a. O.) erfolgt ist. Denn aus der im § 19 Abs. 2 erfolgten ausdrücklichen und vorbehaltlosen Anerkennung „außergewöhnlicher Belastungen durch Unterhalt und Erziehung der Kinder" als Ermäßigungsgrund ist deutlich zu entnehmen, daß durch Anwendung des § 18 die Rechtswohltat des § 19 nicht ausgeschlossen werden soll (vgl. E.-O.-V. in St. Bd. V S. 49).

Nr. 3. Entsch. Bd. XI i. St. S. 315 v. 29. XI. 02 XIII d 82/02.
Eink.-St.-Ges. §§ 18, 19.

1. Der Steuerpflichtige beschwert sich darüber, daß ihm die Berufungskommission die Ermäßigung nach § 19 Eink.-St.-Ges. nur um zwei Stufen zugebilligt hat, obwohl in den drei Vorjahren die hauptsächlich wegen Belastung durch Kindererziehung und Krankheiten in der Familie erbetene Ermäßigung stets um drei Stufen gewährt worden war. Für das Steuerjahr hatte die Berufungskommission den Steuersatz erhöht in der ausgesprochenen Erwägung, daß der Beeinträchtigung der Leistungsfähigkeit des Steuerpflichtigen infolge der vorgetragenen Umstände durch eine Ermäßigung um zwei Stufen vollauf Rechnung getragen werde. Das O.-V.-G. war anderer Ansicht.

2. Wie die Gewährung der Rechtswohltat des § 19 a. a. O. überhaupt nicht von einem solchen freien Belieben der Steuerbehörden abhängt, sondern da, wo Umstände der dort angegebenen Art festgestellt sind und nicht etwa anderweit aufgewogen werden, zur amtlichen Pflicht wird (E.-O.-V. in St. Bd. IV S. 101), so hat der Gesetzgeber auch nicht das Maß dieser Wohltat lediglich der wechselnden Anschauung der Amtsstellen überlassen wollen, am allerwenigsten bei Abänderung einer Entscheidung der den Verhältnissen des Steuerpflichtigen zweifellos näherstehenden Veranlagungskommission zu seinen Ungunsten.

Ebenso Entsch. Bd. XI. i. St. S. 316 v. 20. XI. 02 XIII b 163/02.

Nr. 4. Entsch. Bd. XI i. St. S. 318 v. 7. X. 03 VIIIb 131/02.

Eink.-St.-Ges. § 19; Ausf.-Anw. Art. 45[3].

Gemäß § 19 Eink.-St.-Ges. kann dem Steuerpflichtigen eine Steuerermäßigung gewährt werden wnn, er infolge der in Abs. 2 aufgeführten besonderen wirtschaftlichen Verhältnisse — Unterhalt und Erziehung der Kinder, Verpflichtung zum Unterhalte mittelloser Angehöriger, andauernde Krankheit, Verschuldung und besondere Unglücksfälle — außergewöhnlich belastet und dadurch seine Leistungsfähigkeit, d. h. der Umfang und das Maß der Fähigkeit, aus eigenem Einkommen Beiträge für Zwecke des Steuerberechtigten herzugeben, wesentlich beeinträchtigt ist. Die Zulässigkeit einer Steuerermäßigung setzt also lediglich voraus, daß der Steuerpflichtige durch eines der angegebenen Verhältnisse in außergewöhnlicher Weise belastet ist und daß infolgedessen seine Fähigkeit zur Steuerzahlung im Vergleiche zu anderen Steuerpflichtigen mit demselben Einkommen wesentlich beeinträchtigt erscheint. Die hiernach zulässige und gebotene Anwendung des § 19 zu gunsten eines Steuerpflichtigen kann aber nicht durch anderen Gebieten angehörige Erwägungen beseitigt werden (E.-O.-V. in St. Bd. II S. 337). Insbesondere darf sie nicht deshalb abgelehnt werden, weil der Steuerpflichtige die wirtschaftlichen Verhältnisse, die an sich eine Steuerermäßigung nach § 19 begründen, selbst herbeigeführt hat oder weil die Aufwendungen, die er für die Erziehung und Ausbildung seiner Kinder macht, zu seinem Einkommen in keinem angemessenen Verhältnisse stehen. Die Steuerbehörde hat vielmehr bei der Prüfung der Anwendbarkeit des § 19 im einzelnen Falle lediglich mit den bei Beginn des Steuerjahres bestehenden tatsächlichen Verhältnissen zu rechnen (E.-O.-V. in St. Bd. I S. 376, Bd. IV S. 101).

D. Veränderungen der veranlagten Steuer im Laufe des Jahres.

Nr. 1. Entsch. Bd. XI i. St. S. 306 v. 12. XI. 02 V A 64—69/02.

Eink.-St.-Ges. §§ 57, 59—61, 80; Ausf.-Anw. Art. 78 I.

1. Das Eink.-St.-Ges. kennt eine Berichtigung einer rechtskräftigen Veranlagung im Wege einer anderweiten, wiederum dem ordentlichen Rechtsmittelzuge unterliegenden Veranlagung, abgesehen von dem Falle der anderweiten Veranlagung bei Vermehrung des Einkommens infolge eines Erbfalls, nur unter den Voraussetzungen des § 80 und zwar nur zum Zwecke der Erhöhung des Steuersatzes.[1])

2. Eine Neuveranlagung außer diesen beiden Fällen ist nur zulässig als Zugangsveranlagung beim Eintreten der Steuerpflicht im Laufe des Steuerjahrs gemäß § 59 und in dem Falle, wenn innerhalb des

---

[1]) Ebenso Entsch. Bd. XI i. St. S. 309 v. 14. I. 04 XIIIb 335/03 hinsichtlich einer Neuveranlagung wegen angeblichen Schreibfehlers bei Feststellung des — rechtskräftig gewordenen — Steuersatzes. Ein rechtskräftiges Veranlagungsergebnis läßt sich überhaupt nicht im Wege bloßer Verfügung abändern. Vielmehr gestattet das Eink.-St.-Ges. die Berichtigung einer rechtskräftigen Veranlagung wegen zu geringer Besteuerung nur unter bestimmten Voraussetzungen und stets nur im Wege der förmlichen Nachbesteuerung (§ 80 Eink.-St.-Ges.). Die Voraussetzungen einer Nachbesteuerung treffen nicht zu, wenn das der Veranlagung zu Grunde zu legende Einkommen bereits bei der ursprünglichen Veranlagung bekannt war (E.-O.-V. in St. Bd. VIII S. 265, Bd. X. S. 353).

Steuerjahrs die unbeschränkte Steuerpflicht erlischt und die beschränkte Steuerpflicht eintritt oder umgekehrt.

3. Gegen diese Neuveranlagung findet der ordentliche Rechtsmittelzug, Berufung und Beschwerde, statt.

4. Ausgeschlossen ist eine Neuveranlagung dagegen dann, wenn es sich um eine Herabsetzung der rechtskräftig festgestellten Steuersätze handelt. Die Vorschriften des Eink.-St.-Ges. über Abgangstellungen der Steuer finden sich in den §§ 59, 60 und 61. Die Bestimmung im § 61 bezieht sich nur auf die Veränderung des Wohnsitzes im Laufe des Steuerjahrs und kann hier außer Betracht bleiben. Im § 59 sind diejenigen Abgänge erwähnt, die im Laufe des Steuerjahrs dadurch eintreten, daß die Steuerpflichtigen die Voraussetzungen, an die die Steuerpflicht geknüpft ist, erlöschen. Im § 60 ist sodann bestimmt, daß bei diesen Abgängen nach § 59 der Vorsitzende der Veranlagungskommission die vorläufige Entscheidung über den zu entrichtenden Steuersatz und den Zeitpunkt der Abgangstellung zu treffen hat, und daß die Feststellung der Abgangslisten der Regierung zusteht, gegen deren Entscheidung die Beschwerde an den Finanzminister binnen einer Ausschlußfrist von vier Wochen gegeben ist. Das Eink.-St.-Ges. behandelt hiernach lediglich die Fälle, in denen wegen Veränderung der Voraussetzungen der Steuerpflicht innerhalb des Steuerjahrs diese entweder ganz oder teilweise erlischt, und weist die Behandlung und Entscheidung in diesen Fällen der Verwaltung zu. Über diejenigen Abgangsfälle, die nicht durch eine Veränderung im Laufe des Steuerjahres herbeigeführt werden, sondern die durch ordentliche Rechtsmittel nicht mehr anfechtbare Veranlagungen betreffen, die von vornherein ganz oder teilweise falsch waren, weil sie mit zwingenden Reichsgesetzen, wie dem Ges. wegen Beseitigung der Doppelbesteuerung v. 13. V. 70, oder mit Staatsverträgen, wie im vorliegenden Falle mit dem Vertrage mit Österreich v. 21. VI. 99, im Widerspruche stehen, enthält das Eink.-St.-Ges. keine Bestimmung. Mangels gesetzlicher Vorschriften bleibt für diese Fälle daher nur die Erledigung im Verwaltungsweg übrig, wobei der Finanzminister zum Erlasse der bezüglichen Bestimmungen befugt ist, insoweit die Verwaltungsbehörden und deren gesetzliche Zuständigkeit inbetracht kommen. Solche Vorschriften sind im Art. 78 I Ausf.-Anw. enthalten.

Nr. 2. Entsch. Bd. XI i. St. S. 320 v. 25. I. 02 IVa 182/01.

Eink.-St.-Ges. §§ 6 [1], 57.

1. Die Vorschrift des § 57 des Eink.-St.-Ges. bezieht sich auf die sämtlichen Vermehrungen des Einkommens aus Erbschaften, insoweit sie nicht gemäß § 6 Nr. 1 a. a. O. steuerfrei zu lassen sind, und nicht nur auf solche, die aus bisher bei dem Erblasser des Steuerpflichtigen steuerpflichtig gewesenen Vermögen herrühren. Wollte der Gesetzgeber nur die innerhalb Preußens eintretenden Erbfälle anderweit besteuern, so mußte er dies ausdrücklich sagen. (Vgl. E.-O.-V. Bd. VII S. 206.)

2. Der Umstand, daß nach § 2032 B.-G.-B. der Nachlaß gemeinschaftliches Vermögen der Erben wird und die Verwaltung den Erben gemeinschaftlich zusteht (§ 2038 a. a. O.), hindert die anderweite Veranlagung der einzelnen Erben nicht. Entscheidend ist das Recht auf die Erbschaft, nicht deren reale Teilung. (Vgl. E.-O.-V. in St. Bd. I S. 168, Bd. II S. 247, Bd. VIII S. 252, Bd. IX S. 315.) Über seinen Anteil an der Erbschaft kann aber jeder Miterbe frei verfügen (§ 2033

a. a. O.), und er kann auch, wenn die Auseinandersetzung auf längere Zeit als ein Jahr ausgeschlossen ist, am Schlusse jedes Jahres die Teilung des Reinertrags verlangen (§ 2038 a. a. O.).

Nr. 3. Entsch. Bd. XI i. St. S. 301 v. 25. I. 02 E IVa 17/02.

Eink.-St.-Ges. §§ 7, 17, 56, 59.

1. Nach den §§ 7 und 56 Eink.-St.-Ges. sind stets nur Jahreseinkünfte Gegenstand der Veranlagung zur Einkommensteuer und nach § 17 a. a. O. immer nur Jahressteuersätze in Anwendung zu bringen. Von dieser Grundregel macht auch der § 59 a. a. O. keine Ausnahme, sondern behandelt nur die Veränderungen der festgesetzten Steuerrollen innerhalb des Steuerjahrs durch Zu- und Abgänge mit der Maßgabe, daß diese vom Beginne des auf den Eintritt oder das Erlöschen der Steuerpflicht folgenden Monats ab stattfinden. (Vgl. E.-O.-V. in St. Bd. VI S. 314.)

2. Der Umstand, daß die Jahresrente einer Steuerpflichtigen bestimmungsgemäß, solange sie unverheiratet im Hause ihres Vaters lebt, von letzterem zu einem Kapital angesammelt und pupillarisch belegt werden soll, ist für die Anrechnung zur Besteuerung bei der Rentenberechtigten ohne Belang und hindert die Besteuerung nicht (vgl. a. a. O. Bd. IX S. 317).

Nr. 4. Entsch. Bd. XI i. St. S. 322 v. 9. I. 02 E XIIId 3/01.

Eink.-St.-Ges. § 57.

Eine neue Veranlagung auf grund des § 57 Eink.-St.-Ges. kann nur dann erfolgen, wenn das ursprünglich veranlagte Einkommen zusammen mit dem infolge Erbschaft hinzugetretenen Einkommen die Festsetzung eines höheren als des veranlagten Steuersatzes rechtfertigen würde.

Der Wegfall eines Nießbrauchsrechts rechtfertigt eine anderweite Veranlagung gemäß § 57 a. a. O. nicht, auch wenn zufällig der Erblasser mit dem Nießbrauchberechtigten zusammenfiel. Vgl. E.-O.-V. in St. Bd. III S. 129, Bd. V S. 351.

Nr. 5. Entsch. Bd. XI i. St. S. 324 v. 11. V. 04 E IVa 4/04.

Eink.-St.-Ges. § 57; Erg.-St.-Ges. § 38.

Eine anderweite Veranlagung gemäß § 57 Eink.-St.-Ges. und § 38 Erg.-St.-Ges. darf nur im Falle der Universalnachfolge stattfinden (vgl. E.-O.-V. in St. Bd. III S. 125, Bd. VII S. 255), nicht aber im Falle der Einsetzung des Steuerpflichtigen auf den Pflichtteil in Form ein Legats. Weder der Legatar noch der Pflichtteilsberechtigte können nach den §§ 2303 ff. BGB. als Miterben gelten.

E. Nachbesteuerung.

Nr. 1. Entsch. Bd. XI i. St. S. 273 v. 8. X. 02 V A 37/02.

Eink.-St.-Ges. §§ 16, 80.

Die Verpflichtung zur Zahlung der Nachsteuer geht auf andere Rechtsnachfolger des Steuerpflichtigen als auf seine Erben nicht über, im Falle der Auflösung einer steuerpflichtigen Aktiengesellschaft infolge der Fusion mit einer anderen Aktiengesellschaft insbesondere nicht auf die letztere.

Nr. 2. Entsch. Bd. XI i. St. S. 326 v. 3. XII. 03 $\frac{\text{E XIII c 6}}{\text{XIII c 55}}$/03.

Eink.-St.-Ges. §§ 57, 80.

1. Der Steuerpflichtige hatte von seiner im Juli 1901 verstorbenen Mutter 14000 M., bestehend in verzinslichen Forderungen und Wertpapieren, geerbt, in seiner Steuererklärung für das Steuerjahr 1902 aber noch nichts davon erwähnt, weil die Aushändigung des Erbteils erst am 1. Februar 1902 erfolgt sei. Erst im Juni 1902 erhielt der Vorsitzende der Veranlagungskommission Kenntnis von dem Erbanfall und veranlaßte deshalb nachträglich die Zusatzveranlagung gemäß §§ 57 und 80 Eink.-St.-Ges. für das Steuerjahr 1901 vom 1. VIII. 01 an und für das Steuerjahr 1902. Der Steuerpflichtige behauptete, daß bei richtiger Berechnung der Werte und ihrer Verzinsung eine Erhöhung seines Einkommens über die obere Grenze der bisherigen Steuerstufe für beide Jahrgänge sich nicht ergebe. Das O.-V.-G. hob die Berufungsentscheidung hinsichtlich des Steuerjahrs 1901 und die Nachsteuerveranlagung für dasselbe auf, während die Beschwerde bezüglich des Steuerjahrs 1902 zurückgewiesen wurde.

2. Die Zulässigkeit der Nachbesteuerung an sich unterliegt keinem Bedenken (E.-O.-V. in St. Bd. VIII S. 265, Bd. X S. 353); nur hätte dabei eine Steuererklärung nicht gefordert (a. a. O. Bd. V S. 229) und die Vorschrift im § 80 Abs. 3 Eink.-St.-Ges. wegen einheitlicher Veranlagung für den ganzen inbetracht kommenden Zeitraum nicht übersehen werden dürfen (a. a. O. Bd. IX S. 339 ff.).

3. Der Einwand, die Kapitalzinsen dürften nicht für das ganze Steuerjahr, sondern nur vom 1. VIII. 01 an, also für acht Monate, angerechnet werden, ist ein Irrtum; das steuerpflichtige Einkommen ist stets, auch bei Zugangs-, anderweiten und Nachsteuerveranlagungen, für das ganze Jahr, als Jahreseinkommen, zu berechnen, bei Zugängen aber die Steuer vom vermehrten Einkommen nur vom Beginne des auf die Vermehrung folgenden Monats an zu erheben.

4. Gerechtfertigt dagegen ist der zweite Beschwerdegrund, daß Zinsen von den einen Teil des geerbten Kapitals bildenden Pfandbriefen der Preußischen Hypotheken-Aktienbank in Berlin damals infolge des bekannten Bankbruchs überhaupt nicht gezahlt worden und deshalb ihm auch nicht anzusetzen seien. Denn der Zusammenbruch dieser Bank im Oktober 1900 und ihre Sanierung im Mai 1901 hätten als allgemein bekannte Vorgänge bei der Vernehmung der Steuerpflichtigen im April 1903 mit den für ihn sich ergebenden Folgen erörtert und berücksichtigt werden müssen. Im Jahre 1902 lag dagegen ein ähnlicher Sachverhalt zu gunsten des Steuerpflichtigen nicht vor.

Nr. 3. Entsch. Bd. XI i. St. S. 328 v. 8. IV. 03 VI A 3/02.

Eink.-St.-Ges. § 80.

Ist eine nach rechtskräftig erfolgter Veranlagung ermittelte neue Tatsache für die Festsetzung einer höheren Steuer ohne Bedeutung, so kann darauf eine Nachbesteuerung gemäß § 80 Eink.-St.-Ges. nicht gestützt werden. Die Nachbesteuerung beschränkt sich auf die Fälle der Ermittelung neuer, bisher nicht bekannter Tatsachen, deren Geltendmachung im Wege der ordentlichen Rechtsmittel nicht mehr möglich war (E.-O.-V. in St. Bd. VIII S. 265). Die Tatsache, daß Aktien nicht zum Anschaffungspreise, sondern zum niedrigeren Buchwert an die Gewerken abgegeben seien, ist aber für die Nachbesteuerung ohne jede Bedeutung. Denn bei der Veranlagung war der Unterschied zwischen diesen Preisen als Gewinn behandelt; bei der gleichen Rechtsanschauung hätte also die neu ermittelte Tatsache nur die Absetzung eines solchen Gewinns vom Einkommen zur Folge haben können. Mit der Nachsteuer sollte aber gerade noch das Mehr erfaßt werden, das über den Anschaffungspreis hinausging und bis zum Kurswert am Verteilungstage reichte. Eine solche Rechnung gründet sich lediglich auf die Verteilung der Effekten an die Gewerken, und diese Tatsache war bereits durch das Schreiben der Gewerkschaft auf die Beanstandung ihrer Steuererklärung der Veranlagungskommission bekannt. Eine anderweite rechtliche Würdigung dieser Tatsache hätte also nur im Wege der Berufung des Vorsitzenden der Veranlagungskommission herbeigeführt werden können.

6. Rechtsmittel.

A. Verfahren in der Berufungsinstanz.

a) Allgemeine Grundsätze.

Nr. 1. Entsch. Bd. XI i. St. S. 345 v. 11. V. 01 E VIIIb 28/00 und S. 346 v. 23. XI. 01 IVb 79/01.

Die Berufungskommissionen sind weder befugt, eine von ihnen erlassene Berufsentscheidung, auch wenn sie dem Steuerpflichtigen ohne förmliche Zustellung mitgeteilt ist, als nicht vorhanden anzusehen, noch zum Erlaß einer ihre erste Entscheidung aufhebenden oder abändernden zweiten Entscheidung berechtigt. Eine solche darf nur auf Anweisung des O.-V.-G. erfolgen. (Vgl. E.-O.-V. in St. Bd. VI S. 246.)

Nr. 2. Entsch. v. 22. I. 03 Nr. XIc 224.

Der Steuerpflichtige war für das Steuerjahr 1899 zum Steuersatze von 44 M. veranlagt. Für das Jahr 1900 hatte eine Erhöhung des Steuersatzes auf 160 M. stattgefunden, wobei der gewerbliche Ertrag auf 6000 M. angenommen war. Diese Veranlagung war wegen Verlustes der Rechtsmittel infolge Versäumung der fristzeitigen Abgabe der Steuererklärung rechtskräftig geworden. Mit Rücksicht hierauf hatte die Berufungskommission bei Berechnung des dreijährigen Durchschnittes des gewerblichen Ertrages für die beiden Steuerjahre 1898 und 1899 ohne jede sachliche Begründung einen Ertrag von je 6000 M. angenommen, weil die vorjährige Veranlagung rechtskräftig geworden sei. Dies beruht auf einem Rechtsirrtum, da nur das Ergebnis der Veranlagung, also der Steuersatz in Rechtskraft übergehen kann.

Nr. 3. Entsch. Bd. XI i. St. S. 348 v. 24. II. 04 E IVa 34/03.

Nach Aufhebung der Berufungsentscheidung seitens des O.-V.-G. und Rückgabe der Sache zur anderweiten Entscheidung ist die Berufungskommission verpflichtet, alle in dem wieder aufgenommenen Verfahren von dem Steuerpflichtigen bis zum Erlasse der anderweiten Berufungsentscheidung gemachten Anführungen und gestellten Anträge zu würdigen. Ein hiervon abweichendes Verfahren, insbesondere die alleinige Berücksichtigung der bis zum Erlasse der aufgehobenen Berufsentscheidung zu den Akten gebrachten Anführungen und Anträge widerspricht den gesetzlichen Vorschriften.

Nr. 4. Entsch. Bd. XI i. St. S. 333 v. 17. VI. 03 V A 6/03.

Eink.-St.-Ges. §§ 40 ff., 44, 47, 55, 85.

Im Rechtsmittelverfahren ist lediglich über das Ergebnis der Veranlagung zu entscheiden, also nur das steuerpflichtige Einkommen festzustellen und der Steuersatz festzusetzen. Nach § 63 wird die Zahlung der veranlagten Steuer durch die Einlegung von Rechtsmitteln nicht aufgehalten; sie muß vielmehr, mit Vorbehalt späterer Erstattung, in den vorgeschriebenen Fristen erfolgen. Das Erstattungsverfahren untersteht nach §§ 55, 85 der Leitung des Finanzministers. In dem Rechtsmittelverfahren nach §§ 40ff. kann daher über den Anspruch der Steuerpflichtigen auf Verzinsung überhobener Steuerbeträge nicht entschieden werden.

Nr. 5. Entsch. Bd. XI i. St. S. 350 v. 28. X. 03 VIIIa 26/03.

1. Durch die Zustellung eines die Form einer Berufsentscheidung tragenden Schriftstücks entstehen keinerlei Rechte für den Steuerpflichtigen, falls tatsächlich eine derartige Berufungsentscheidung überhaupt nicht ergangen ist.

2. Die Berufungskommission darf von diesen Schätzungen des Steuerpflichtigen nicht abweichen und der Schätzung eines Sachverständigen folgen, ohne in Fortsetzung des Beanstandungsverfahrens dem Steuerpflichtigen die Bedenken gegen seine Angaben und die von letzteren abweichenden Schätzungssätze des Sachverständigen mitzuteilen (§ 38 Eink.-St.-Ges.; Art. 55 III und 66 II Ausf.-Anw.). Dadurch wird der Steuerpflichtige in der Wahrnehmung seiner Rechte beschränkt.

Nr. 6. Entsch. Bd. XI i. St. S. 354 v. 8. X. 02 V A 88/02.

Eink.-St.-Ges. §§ 40 ff., L.-V.-G. § 100.

Die Klage auf Wiederaufnahme des Verfahrens in Einkommensteuer-Angelegenheiten ist unzulässig. (Vgl. E.-O.-V. in St. Bd. VIII S. 353.) Als Rechtsmittel gegen das Ergebnis der Veranlagung sind nach §§ 40 bis 49 Eink.-St.-Ges. nur die Berufung und die Beschwerde gegeben. Zur Entscheidung über das Rechtsmittel der Beschwerde ist nach §§ 44ff. das O.-V.-G. berufen, welches in nicht öffentlicher Sitzung und in der Regel ohne mündliche Anhörung des Beschwerdeführers entscheidet und im übrigen (§ 49) „auf das Verfahren zum Zwecke der Entscheidung über die Beschwerden die über das Verwaltungsstreitverfahren auf Klagen vor dem O.-V.-G. bestehenden gesetzlichen Bestimmungen, insbesondere des L.-V.-G.", sinngemäß anzuwenden hat.

Die Veranlagung zur Staatssteuer und deren Anfechtung und Berichtigung erfolgen daher nicht in dem Verwaltungsstreit-, sondern in einem anderen, gesondert von diesem bestehenden Verfahren, auf das höchstens, soweit es durch das Eink.-St.-Ges. nicht ausdrücklich geregelt ist, die prozessualischen Vorschriften des Streitverfahrens auf Klagen vor dem O.-V.-G. analoge Anwendung finden. Der § 100 L.-V.-G., der gegen die im Verwaltungsstreitverfahren ergangenen rechtskräftigen Endurteile die Wiederaufnahmeklage zuläßt, erleidet daher jedenfalls keine direkte Anwendung, weil die Beschwerdeentscheidungen des O.-V.-G. eben nicht im Verwaltungsstreitverfahren ergangen sind. Aber auch analog kann er hier nicht angewendet werden, weil als Rechtsmittel gegen das Veranlagungsergebnis ausschließlich und allein die Berufung und die Beschwerde zugelassen sind, nicht aber der außerordentliche Rechtsbehelf der Wiederaufnahmeklage, und weil der § 49 Eink.-

St.-Ges. die erwähnten Prozeßnormen des Streitverfahrens ausdrücklich nur für das Verfahren zur Entscheidung über die Beschwerden und daher nicht die auf Zulassung sonstiger Rechtsbehelfe bezüglichen Prozeßnormen für analog anwendbar erklärt hat.

B. Beschwerdeverfahren.

Nr. 1. Entsch. Bd. XI i. St. S. 349 v. 5. III. 03 XIc 46/03.

Die Berufsentscheidung war dem Beschwerdeführer am 10. XI. 02 zugestellt, und der Beschwerdeführer hatte hiergegen bei dem Finanzminister Beschwerde erhoben, worauf er von dieser Stelle unter dem 4. XII. auf den Rechtsmittelweg verwiesen worden ist. Die Beschwerde war also jedenfalls innerhalb der am 8. XII. abgelaufenen Ausschlußfrist eingegangen; die Einlegung an der unzuständigen Stelle genügte aber, weil der Steuerpflichtige den Finanzminister für zuständig gehalten und um Entscheidung angerufen hatte. Die Beschwerde war also rechtzeitig. (Vgl. E.-O.-V. in St. Bd. I S. 77, Bd. VII S. 194.)

Nr. 2. Entsch. Bd. XI i. St. S. 351 v. 31. V. 02 XIIIb 5/02.

Der Verzicht auf das Rechtsmittel der Beschwerde an das O.-V.-G. ist unwirksam, wenn gleichzeitig Abänderung der Berufungsentscheidung beantragt wird.

Nr. 3. Entsch. Bd. XI i. St. S. 352 v. 3. XII. 03 XIc 284/03.

Eink.-St.-Ges. §§ 19, 44.

Die Frage, ob ein Steuerpflichtiger durch Verhältnisse der im § 19 Eink.-St.-Ges. bezeichneten Art außergewöhnlich belastet wird, liegt auf tatsächlichem Gebiete. Nach der ständigen Rechtsprechung des O.-V.-G. ist aber das tatsächliche Gebiet dem Gerichtshofe nur so lange verschlossen, als die Berufungsentscheidung mangels eines Beschwerdegrundes im Sinne des § 44 Nr. 1 und 2 Eink.-St.-Ges. aufrecht erhalten wird. Führt die Entscheidung über eine Beschwerde dagegen zur Aufhebung der Berufungsentscheidung wegen Rechtsverletzung oder wegen eines wesentlichen Mangels des Verfahrens, so ist der Gerichtshof berechtigt und verpflichtet, die Veranlagung, soweit sie in der Beschwerde angefochten ist, ohne jede Einschränkung in rechtlicher und tatsächlicher Hinsicht nachzuprüfen. Dieser Grundsatz gilt wie für alle sonstigen Feststellungen der Berufungskommission (z. B. Schätzungen der Erträge aus Landwirtschaft und Gewerbebetrieb), so auch für die Entscheidung über die tatsächlichen Voraussetzungen der Anwendung des § 19.

Nr. 4. Entsch. Bd. XI i. St. S. 355 i. d. Anm. v. 22. X. 02 V A 91/00.

Eink.-St.-Ges. § 47.

Das O.-V.-G. darf, nachdem es die Berufungsentscheidung aufgehoben und die Angelegenheit zur anderweiten Entscheidung zurückgegeben hat, von den dabei über die Auslegung und Anwendung der gesetzlichen Vorschriften gegebenen Weisungen nicht abweichen, wenn dieselbe Sache im Instanzenzuge ihm abermals zur Entscheidung zugeht.

II.

Ergänzungssteuer.

1. Steuerpflicht.

(Vgl. Entsch. Bd. XI i. St. S. 1 v. 2. V. 03 IX. 120/02; S. 4 v. 28. X. 03 E VIIIa 5/03; S. 7 v. 22. X. 02 E IX 7/01; S. 11 v. 22. X. 02 IVa 224/01; S. 16 v. 13. V. 03 E IX 9, 10/02; S. 17 v. 28. X. 03 E III 5/03; S. 20 v. 19. XII 03 III 69/03; S. 331 v. 9. IV. 04 III 325/03; S. 22 v. 21. I. 03 VIII b 74/02; S. 24 v. 22. X. 03 E XIIa 27/03; S. 25 v. 31. XII. 03 VIIIa 32/03; S. 43 v. 17 IX. 02 $\frac{\text{E II b 4}}{\text{II b 272}}$/02 oben S. 259).

Nr. 1. Entsch. Bd. XI i. St. S. 358 v. 17. VI. 03 E IVa 13/02.

Erg.=St.=Ges §§ 2, 5; Eink.=St.=Ges. § 11.

Nach § 2 IIa Erg.-St.-Ges. unterliegen zwar der Ergänzungssteuer in Preußen ohne Rücksicht auf Staatsangehörigkeit, Wohnsitz oder Aufenthalt alle physischen Personen nach dem Werte ihres preußischen Grundbesitzes, und nach § 5 Nr. 4 a. a. O. hat der Haushaltungsvorstand das Vermögen derjenigen Haushaltungsangehörigen, deren Einkommen ihm gemäß § 11 Eink.-St.-Ges. bei der Veranlagung zur Einkommensteuer hinzuzurechnen ist, zu versteuern. Der in Preußen subjektiv nicht einkommensteuerpflichtige Ehemann kann aber durch einen Grundbesitz in diesem Bundesstaate, der dort die Steuerpflicht seiner Ehefrau gemäß § 2 Erg.-St.-Ges. begründet, nicht steuerpflichtig werden, auch nicht auf dem Wege des § 5 Nr. 4 a. a. O. und § 11 Eink.-St.-Ges. Denn der letzte Absatz des § 11 schließt die Anwendung der in den vorhergehenden Absätzen enthaltenen Bestimmungen auf die lediglich nach § 2 desselben Ges., nämlich die nur beschränkt steuerpflichtigen Personen, aus (vgl. übrigens wegen der Steuerpflicht der Ehefrau in einem solchen Falle E.-O.-V. in St. Bd. VII S. 176ff.).

Nr. 2. Entsch. Bd. XI i. St. S. 359 v. 28. X. 03 E VIIIb 5/03.

Erg.=St.=Ges. §§ 2 II, 4 II; Ausf.=Anw.=Art. 2.
Ges. v. 3. V. 70 (B.=G.=Bl. S. 119) wegen Beseitigung der Doppelbesteuerung, § 3.

1. Nach § 2 II und § 4 II Erg.-St.-Ges. unterliegen der Besteuerung nach Maßgabe dieses Gesetzes ohne Rücksicht auf Staatsangehörigkeit, Wohnsitz oder Aufenthalt alle physischen Personen nach dem Werte

a) ihres preußischen Grundbesitzes,
b) ihres dem Betriebe der Land- oder Forstwirtschaft einschließlich der Viehzucht, des Wein-, Obst- und Gartenbaues, dem Betriebe des Bergbaues oder eines stehenden Gewerbes in Preußen dienenden Anlage- und Betriebskapitals.

Die hiernach steuerpflichtigen Personen sind insbesondere also auch nach dem Werte des Anlage- und Betriebskapitals eines in Preußen stattfindenden landwirtschaftlichen Betriebs ohne jede Einschränkung zur Besteuerung heranzuziehen, namentlich ohne Unterschied, ob die Landwirtschaft auf eigenen oder auf fremden Grundstücken (z. B. pachtweise) betrieben wird. Nach Art. 2 Nr. 2 Ausf.-Anw. gilt die Landwirtschaft als in Preußen betrieben, sofern die Grundstücke, auf denen der Betrieb stattfindet, innerhalb des preußischen Staatsgebiets belegen sind. Daß sich auch die zu dem Anlage- und Betriebskapitale gehörigen beweglichen

Gegenstände ausschließlich und dauernd innerhalb des preußischen Staatsgebiets befinden müssen, um für die Besteuerung in betracht zu kommen, wird nach dem Gesetze nicht erfordert. Es kann also auch keinem Bedenken unterliegen, daß, wenn ein Steuerpflichtiger die Landwirtschaft sowohl in Preußen wie auf außerhalb des preußischen Staates belegenen Grundstücken mit einem einheitlichen Wirtschaftsinventare betreibt, der verhältnismäßig auf den Betrieb in Preußen entfallende Teil dieses Inventars, selbst wenn sich sämtliche dazu gehörigen Gegenstände regelmäßig außerhalb des preußischen Staatsgebiets befinden, die Bewirtschaftung also von einer außerhalb Preußens belegenen Stelle erfolgt, bei der Besteuerung in Preußen zu berücksichtigen ist.

2. Dem steht auch keineswegs das Ges. wegen Beseitigung der Doppelbesteuerung v. 13. V. 70 entgegen, namentlich auch nicht der § 3 desselben. Denn wenn nach den dort getroffenen Vorschriften der Grnndbesitz sowie das daraus fließende Einkommen nur von dem Belegenheitsstaate besteuert werden darf, diesem Besteuerungsrecht aber keinerlei Schranken gezogen sind, so widerspricht es auch diesem Gesetze nicht, wenn der betreffende Staat die Höhe der Steuer vom Grundbesitze nicht bloß nach der Höhe des Wertes des letzteren, sondern zugleich nach dem Werte des seiner Bewirtschaftung dienenden Anlage- und Betriebskapitals bestimmt.

2. Maßstab der Besteuerung.

(Vgl. Entsch. Bd. XI i. St. S. 49 v. 30. IV. 02 Ib 302/01 und S. 51 v. 2. V. 03 E IX 6/02 oben S. 260.)

Nr. 1. Entsch. Bd. XI i. St. S. 297 v. 21. XII. 01 E IX 40/00.

Erg.-St.-Ges. §§ 4 I 3, 7a, 12 Abs. 3.

1. Die Beweggründe und Zwecke, die den Geschenkgeber zu einer Schenkung bestimmt haben, sind für den Begriff der Schenkung ohne Bedeutung. Insbesondere steht die Bestimmung eines Vaters, daß sich ein Kind eine ihm übereignete Summe auf sein väterliches Erbteil anzurechnen habe, dem Begriffe der reinen Schenkung keineswegs entgegen.

2. Nach gemeinen Rechte bedürfen Schenkungen, soweit sie den Betrag von 500 solidi = $4666^2/_3$ M. übersteigen, der gerichtlichen Insinuation und sind im Falle der Nichtbeobachtung dieser Form insoweit nichtig. Die Nichtigkeit dieser Schenkung ist insoweit ferner eine absolute; es können sich daher, ohne daß es erst einer Anfechtung der Schenkung im Wege einer besonderen Nichtigkeitsklage bedarf, nicht bloß der Schenker wie der Beschenkte, sondern auch jeder dabei interessierte dritte, insbesondere auch der Fiskus, auf die Nichtigkeit berufen. Wäre daher der Sohn des Steuerpflichtigen bei Beginn des Steuerjahrs noch im Besitze der ihm von seinem Vater geschenkten Geldstücke in Höhe von 6000 M. gewesen, so hätte dem letzteren unbedenklich das Recht zugestanden, den Teilbetrag von (rund) 1333 M. als sein Eigentum von seinem Sohne zu vindizieren. Dadurch, daß dieser die geschenkten 6000 M. auf seinen Namen an dritte Personen als Darlehn gegeben hat und daß namentlich auch bei dem Empfänger der 6000 M. die von dem Steuerpflichtigen seinem Sohne am 1. IV. 95 geschenkten Geldstücke bei Beginn des Steuerjahres 1899, nicht mehr unterscheidbar vorhanden waren, ist zwar das Eigentum des Steuerpflichtigen auch an dem Betrage von (rund) 1333 M. aufgehoben worden, während andererseits sein Sohn Gläubiger der gegenüber

den Empfängern entstandenen Darlehnsforderungen geworden ist. Die Nichtigkeit der Schenkung in Höhe des Betrags von (rund) 1333 M. hat aber dessenungeachtet für den Steuerpflichtigen die Wirkung, daß er die durch die nichtige Schenkung seinem Sohne zugegangene Bereicherung von diesen zurückfordern darf. Da bei Beginn des Steuerjahrs die 6000 M. auf den Nameu des Sohnes ausgeliehen waren und gegen die Sicherheit der von diesem erworbenen Hypotheken weder von dem Steuerpflichtigen ein Bedenken geltend gemacht, noch sonst ein solches ersichtlich ist, so stand zweifelsfrei bei Beginn des Steuerjahrs dem Steuerpflichtigen eine beitreibbare Forderung von 1333 M. an seinen Sohn zu. Diese Forderung bildete also nach §§ 4 I 3, 7a und 12 Abs. 3 Erg.-St.-Ges. in voller Höhe einen Bestandteil seines steuerbaren Vermögens.

3. Anders liegt dagegen die Sache, in betreff der Veranlagung zur Einkommensteuer. Hier kommt in betracht, daß der Sohn des Steuerpflichtigen, so lange bis letzterer von seinem Rechte auf Rückgewähr der dem ersteren durch die nichtige Schenkung von (rund) 1333 M. zugeflossenen Bereicherung Gebrauch macht, den Betrag der Bereicherung mit dem Willen seines Vaters besitzt und daß letzterer sein Rückforderungsrecht jedenfalls vor Beginn des Steuerjahrs nicht geltend gemacht hatte, Die Forderung des Steuerpflichtigen gegen seinen Sohn war daher, da jeder Rechtsgrund für eine Verpflichtung des letzteren zu deren Verzinsung fehlte, bei Beginn des Steuerjahrs eine nicht verzinsliche; es durfte daher mit Zinsen aus dieser Forderung bei der Veranlagung des Steuerpflichtigen nicht gerechnet werden.

Nr. 2. Entsch. Bd. XI i. St. S. 301 (302) v. 25. I. 02 E IVa 17/01.

Erg.-St.-Ges. § 7c.

1. Die Beschwerde einer Steuerpflichtigen, daß das Kapital, von dem ihr eine Rente gezahlt werde, zum Vermögen ihrer Mutter gehöre und dort bereits zur Besteuerung gelange, erledigt sich durch den Hinweis auf § 7c Erg.-St.-Ges., wonach neben dem Kapitalvermögen auch der Kapitalwert der Renten unter den daselbst näher angegebenen Voraussetzungen zum steuerbaren Kapitalvermögen zu rechnen ist. Es kommt daher nur darauf an, ob die hier fragliche Rente der Steuerpflichtigen auf ihre Lebenszeit oder auf die eines anderen entweder vertragsmäßig als Gegenleistung für die Hingabe von Vermögenswerten oder aus letztwilliger Verfügung zusteht.

2. Ein Schenkungsversprechen sind nach A.-L.-R. §§ 1063 ff. Tit. 11 Teil I mangels der gerichtlichen Form ungültig. Die Frage, ob die gerichtliche Form nicht deshalb entbehrlich sei, weil ein Handelsgeschäft vorliege, da der Schenker als Verlagsbuchhändler Kaufmann im Sinne des Handelsgesetzbuchs war, ist zu verneinen, weil die übernommene Verpflichtung des Schenkers nicht zu dessen Handelsgewerbe gehörte.

Nr. 3. Entsch. Bd. XI i. St. S. 361 v. 29. IV. 03 E VIIa 15/03.

Erg.-St.-Ges. § 16.

1. Es handelte sich um die Ernennung der Ehefrau eines Steuerpflichtigen zur Vorerbin unter gleichzeitiger Einsetzung eines Nacherben, also um eine sogenannte fideikommissarische Substitution. Den Gegenstand des Streites bildete lediglich die Frage, ob der zur Erbschaft gehörige Grundbesitz als Eigentum der Vorerbin anzusehen und demgemäß bei Ermittelung des steuerbaren Vermögens zu bewerten sei, oder ob nur mit einem

Nießbrauchsrechte der Ehefrau des Steuerpflichtigen gerechnet werden dürfe. Das O.-V.-G. entschied im ersteren Sinne.

2. Denn nach §§ 2100 ff. B.-G.-B. muß der Vorerbe als wahrer Erbe der den Gegenstand der Erbschaft bildenden Objekte, also als deren Eigentümer angesehen werden, dessen Recht nur ein auflösend bedingtes bezw. durch einen Endtermin zeitlich begrenztes ist. Daraus folgt, daß hier die Vorschriften des § 16 Abs. 2, 3 Erg.-St.-Ges. anzuwenden sind, und daß daher bei Feststellung des steuerbaren Vermögens des Steuerpflichtigen mit dem gemeinen Werte der von seiner Ehefrau als Vorerbin ererbten Gegenstände zu rechnen ist.

Nr. 4. Entsch. Bd. XI i. St. S. 363 v. 13. V. 03 E III 3/02.

Erg.-St.-Ges. §§ 5^2, 10, 16.

Die Entscheidung der Frage, ob dem Steuerpflichtigen ein seiner Erbquote entsprechender Anteil an dem Gesamtwerte des Nachlasses vor dessen Teilung gemäß § 5 Nr. 2 Erg.-St.-Ges. als steuerbares Vermögen behufs Veranlagung zur Ergänzungssteuer angerechnet werden kann, hängt davon ab, ob er unter einer aufschiebenden oder unter einer auflösenden Bedingung zum Erben eingesetzt ist, und ob die Bedingung bei Beginn des Steuerjahrs bereits eingetreten war oder nicht. Denn für die Veranlagung zur Ergänzungssteuer ist — von den in § 10 dieses Ges. geregelten Ausnahmefällen abgesehen — der Vermögensbestand bei Beginn des Steuerjahrs oder der mehrjährigen Steuerperiode maßgebend (E.-O.-V. in St. Bd. VII S. 75, 84; Bd. VIII S. 229; Bd. X S. 368), und nach § 16 bleiben die von einer noch nicht eingetretenen aufschiebenden Bedingung abhängigen Rechte und Lasten bei der Veranlagung außer Betracht, während Rechte und Lasten, deren Fortdauer von einer noch nicht eingetretenen auflösenden Bedingung abhängt, wie unbedingte behandelt werden. Diese Grundsätze gelten, namentlich auch bei bedingten Erbeinsetzungen (a. a. O. Bd. V S. 332 ff., Bd. VI S. 335 ff.).

Nr. 5. Entsch. Bd. XI i. St. S. 366 v. 4. II. 04 E XIIb 13/03.

Erg.-St.-Ges. § 4.

1. Der Beschwerdeführer trägt mit noch anderen Berechtigten den „Hof in C." zu Lehn von der Stadt Frankfurt a. M. Er bestreitet die Zulässigkeit seiner Heranziehung wie ein Eigentümer zur Ergänzungssteuer mit der Behauptung, daß, in Wirklichkeit nur eine Familienstiftung mit Nutzungsrechten der berufenen Familienglieder vorliege. Die Beschwerde ist unbegründet.

2. Über die rechtliche Natur des Gutes als eines wahren Lehns besteht kein Zweifel. Die Stadt hat ihre im Jahre 1803 überkommene Lehnsherrschaft niemals aufgegeben, sie stellt den Lehnbrief aus und vollzieht die Lehnserneuerung, ihr steht das Heimfallsrecht zu; die Nutzungsberechtigten sind mithin rechtlich nur ihre wahren Lehnsträger und können sich diese rechtliche Stellung nicht willkürlich ändern. Die tatsächlich milde Form der Herrschaft, die Selbständigkeit der Lehnsberechtigten bei Verteilung der Lehnseinkünfte und bei Vererbung, beeinträchtigt den rechtlichen Bestand eines Lehnsverhältnisses nicht. Lehngüter sind aber dem Besitzer (Lehnsträger) gemäß § 4 I 1 Erg.-St.-Ges. als steuerbares Vermögen anzurechnen, weil sein Recht ein lediglich durch den Anspruch der Lehnsfolgeberechtigten beschränktes Eigentum darstellt. (Vgl. E.-O.-V. in St. Bd. VII S. 126.) In diesem Wesen der Sache bieten die verschiedenen Rechtsgebiete keinen Unterschied dar; ebensowenig kann die Eintragung im Kataster und im Grundbuche — hier des Lehns selbst — oder die Mannig-

faltigkeit der Theorien über die Frage einer „Teilung" des Eigentums zwischen Herrschaft und Vasall in betracht kommen, immer ist der Lehnsträger, der zum Genusse der Substanz des Lehnguts gelangte Lehnsanwärter, und nur dieser, wirtschaftlich einem wahren Eigentümer gleichzuachten (Bd. VII a. a. O. S. 127) und deshalb auch hinsichtlich der Besteuerung einem solchen gleichzustellen.

3. Veranlagungsverfahren.

(Vgl. Entsch. Bd. XI i. St. v. 11. V. 04 E IVa 4/04 oben S 320.)

Nr. 1. Entsch. Bd. XI i. St. S. 368 v. 31. XII. 03 E Xd 2/03.

Der gemeine Wert eines Grundstücks darf ohne tatsächliche Begründung der Höherschätzung, etwa durch Vergleich mit normalen Kaufpreisen gleichartiger Grundstücke aus neuerer Zeit, nicht höher angenommen werden als bei der früheren Veranlagung.

Nr. 2. Entsch. Bd. XI i. St. S. 369 v. 21. XI. 03 E VIIb 13/03.

Erg.=St.=Ges. § 17 ³.

Inv.=Vers.=Ges. v. 13. VII. 99 (R.=G.=Bl. 393) §§ 5 Abs. 4, 15 ².

Die Erwerbsunfähigkeit im Sinne des § 17 Nr. 3 Erg.=St.=Ges. ist auch bei denjenigen, die Invalidenrente gemäß § 15 Nr. 2 Inv.=Vers.=Ges. wegen dauernder Erwerbsunfähigkeit im Sinne des § 5 Abs. 4 des letzteren Ges. beziehen, besonders zu prüfen.

Nr. 3. Entsch. Bd. XI i. St. S. 371 v. 19. XII. 03 E III 9/03.

Die Vorschriften in §§ 5 Nr. 2, 38 Erg.=St.=Ges., wonach auch das zu einer ungeteilten Nachlaßmasse gehörige Vermögen den Erben nach Verhältnis ihres Erbteils anzurechnen und der Steuerpflichtige bei einer im Laufe des Steuerjahres infolge Erbanfalls eingetretenen Vermehrung des steuerbaren Vermögens entsprechend dieser Vermehrung anderweit zur Ergänzungssteuer zu veranlagen und zur Entrichtung derselben von dem Beginne des auf den Vermögenszuwachs folgenden Monats verpflichtet ist, haben auch in dem Falle Anwendung zu finden, wenn der Nachlaß, weil der Erblasser in einem anderen deutschen Bundesstaate verstorben ist, in dem letzteren auch noch für einen Zeitraum nach dem Tode des Erblassers zur Besteuerung herangezogen wird. Denn die für die Besteuerung in Preußen an sich allein maßgebenden preußischen Gesetze, insbesondere das Erg.=St.=Ges., enthalten für derartige Fälle keine Ausnahmebestimmungen, und ebensowenig findet sich in dem Reichsges. wegen Beseitigung der Doppelbesteuerung vom 13. V. 70 eine den angegebenen Grundsätzen des preußischen Erg.=St.=Ges. widersprechende Vorschrift.

Nr. 4. Entsch. Bd. XI i. St. S. 372 v. 17. VI. 03 E VIIa 30/03.

Erg.=St.=Ges. §§ 12 Abs. 2, 146; Ausf.=Anw. Art. 15 I ³.

1. Wertpapiere, die in Deutschland einen Börsenkurs nicht haben, bezw. zu der maßgebenden Zeit nicht hatten, sind mit ihrem Verkaufswert in Ansatz zu bringen, und dieser Verkaufswert ist durch Schätzung des Erlöses zu ermitteln, der im Falle der Veräußerung wahrscheinlich zu erzielen gewesen sein würde.

2. Die einzige nach dem Gesetze zulässige Grundlage aber für die Nachbesteuerung bildet die Ermittelung neuer, vor Ablauf der Rechtsmittelfrist nicht bekannt gewesener Tatsachen (vgl. E.-O.-V. in St. Bd. VIII S. 271, 272), und die Nachbesteuerung ist nur dann zulässig, wenn objektiv feststeht, daß die ursprüngliche Veranlagung zu einer zu niedrigen Stufe erfolgt ist (vgl. a. a. O. Bd. IV S. 52, Bd. VI S. 245, Bd. VII S. 184). Daraus ergibt sich, daß eine Nachbesteuerung niemals allein darauf gestützt werden kann, daß bei nachträglicher schätzungsweiser Prüfung der Richtigkeit des Ergebnisses einer bei der Veranlagung vorgenommenen Schätzung dieses Ergebnis für unrichtig und für angezeigt erachtet wird, an dessen Stelle das Ergebnis einer neuen Schätzung zu setzen (vgl. a. a. O. Bd. IV S. 54, Bd. IX S. 336, 337), und zwar auch dann nicht, wenn bei der neuen Schätzung Tatsachen bekannt sind, die bei der ersten Schätzung unbekannt waren. Denn, wie sich aus der Natur der Sache ergibt, ist eine positive bestimmte Feststellung, in welcher Weise jene Tatsachen die erste Schätzung beeinflußt haben würden, und daß, wenn sie bekannt gewesen wären, die Schätzung ein bestimmtes anderes Ergebnis gehabt haben würde, unmöglich. Damit entfällt die Möglichkeit, in einem derartigen Falle festzustellen, daß die ursprüngliche Veranlagung „entgegen den Vorschriften des Gesetzes" erfolgt sei. Wenn also im vorliegenden Falle die Aktien bei der ursprünglichen Veranlagung entsprechend dem Nennwert im Wege der Schätzung bewertet worden sind, so kann nicht demnächst eine Nachveranlagung auf eine abweichende höhere Schätzung gegründet werden. Hervorzuheben ist dabei noch, daß insbesondere die Frage, welche Bedeutung bei der Schätzung dem Umstande beizumessen ist, daß zu dem für maßgebend erachteten Zeitpunkte die Aktien an der Pariser Börse notiert worden sind, dahin zu beantworten ist, daß es sich lediglich um einen Umstand handelt, der bei der Schätzung ebenso wie alle sonst in betracht kommenden Verhältnisse von den Veranlagungsbehörden subjektiv zu würdigen ist. Es handelt sich also dabei keineswegs um einen Umstand, der die Grundlage für die Feststellung der objektiven Unrichtigkeit der früheren Schätzung zu bilden vermag.

3. Aus den vorstehenden Ausführungen ergibt sich, daß, wenn bei der ursprünglichen Veranlagung Kuxe „weil dividendenlos" mit einem Werte nicht in Ansatz gebracht worden sind, diese offenbare Unrichtigkeit nicht nachträglich nach Eintritt der Rechtskraft des Ergebnisses der Veranlagung im Wege der Nachveranlagung durch nunmehrige Einstellung eines für angemessen erachteten entsprechenden Wertbetrags in die Vermögensberechnung beseitigt werden kann.

Nr. 5. Entsch. Bd. XI i. St. S. 377 v. 4. II. 04 E XIIb 11, 12/03.

Erg.-St.-Ges. § 46; Eink.-St.-Ges. § 80.

1. Voraussetzung jeder Nachbesteuerung ist (E.-O.-V. in St. Bd. VIII S. 265 ff.), außer der Unrichtigkeit der ursprünglichen Veranlagung und einer Schädigung der Staatskasse, die Feststellung einer neuen, bis zum Ablaufe der Rechtsmittelfristen nicht bekannten Tatsache.

2. Ein Wechsel in der Person des Vorsitzenden, ebenso wie der Mitglieder der Veranlagungskommission, ist aber selbstverständlich ohne Bedeutung für die Feststellung, welche Tatsachen und Rechtsverhältnisse der Behörde bekannt sind oder sein müssen, und den Steuerpflichtigen darf daraus kein Nachteil erwachsen.

Nr. 6. Entsch. Bd. XI i. St. S. 379 v. 26. III. 03 E XIIb 3—5/02.

Erg.-St.-Ges. §§ 12, 46; Eink.-St.-Ges. § 80.

1. Voraussetzung der Nachbesteuerung ist, daß es objektiv feststehe, daß — insofern schon früher eine Steuer verlangt worden — diese zu niedrig war, und daß sich diese Feststellung auf neue, erst nach der rechtskräftig gewordenen früheren Veranlagung bekannt gewordene Tatsachen gründe. Durch eine solche Feststellung der objektiven Unrichtigkeit der früheren Veranlagung ist das Erfordernis, daß diese entgegen den Vorschriften des Gesetzes erfolgt sei, erfüllt, auch wenn sie formell völlig ordnungsmäßig stattgefunden hat (E.-O.-V. in St. Bd. VIII S. 265/273).

2. In sinngemäßer Anwendung dieser Grundsätze sind Steuerpflichtige, die entgegen den Vorschriften des Erg.-St.-Ges. zu einer ihrem wirklichen Vermögen nicht entsprechenden niedrigeren Steuerstufe veranlagt worden sind, zur Nachsteuer verpflichtet. Die Vorschriften des Ges., gegen die verstoßen sein muß, wenn der § 80 Eink.-St.-Ges. in betreff der Ergänzungssteuer zur Anwendung kommen soll, sind im II. Abschnitte des Erg.-St.-Ges. unter der Überschrift „Maßstab der Besteuerung" gegeben, und hierzu zählen auch die §§ 9 und 12. Nach § 9 ist das steuerbare Vermögen zu berechnen und zu schätzen. Sowohl für die Berechnung als auch für die Schätzung gelten die für die Wertbemessung gegebenen Vorschriften. Hiernach hängt es von der Art des Vermögensteils ab, ob er eine rechnungsmäßige oder nur eine schätzungsweise Bestimmung seines Wertes zuläßt. Fehlen bei denjenigen Vermögensteilen, die rechnungsmäßig zu bewerten sind, die notwendigen Unterlagen für eine solche Wertermittelung, insbesondere auch die Kenntnis der einzelnen Bestandteile des Vermögens, so muß auch hier, wie überall bei der Steuerveranlagung, die Schätzung als Notbehelf eintreten. Ist der Wert eines Vermögensteils bei der Veranlagung schätzungsweise bestimmt worden, so kann eine Nachveranlagung nicht auf eine anderweite höhere Schätzung gegründet werden, auch wenn diese vielleicht auf besseren Unterlagen aufgebaut ist. Denn dann ist ein Verstoß gegen die Vorschriften des Gesetzes nicht feststellbar; es war und blieb nur Schätzung möglich, und diese war bereits durch die hierzu berufenen Organe erfolgt.

3. Handelt es sich aber um Vermögensteile, deren Wert rechnungsmäßig zu bestimmen war, z. B. um Wertpapiere mit Börsenkurs, Hypotheken- und Bankforderungen, so ist für eine Schätzung zunächst kein Raum; denn diese sind nach dem Tageskurs oder dem Nennwerte zu bewerten, also zu berechnen. Die Schätzung ist nur ein Notbehelf und zwar für den Fall, daß die einzelnen Bestandteile des Vermögens selbst nicht bekannt sind (vgl. auch Art. 28 II Ausf.-Anw. zum Erg.-St.-Ges.). Wenn später als neue Tatsachen die einzelnen Bestandteile des Vermögens bekannt werden und sich damit die Möglichkeit der rechnungsmäßigen Bewertung ergibt, so bildet die zahlenmäßige Rechnung — und nur diese — die Grundlage für die gesetzliche Vermögensbewertung. Weicht dann der geschätzte Wert von dem berechneten Werte ab, so war jener „entgegen den Vorschriften des Gesetzes" bemessen worden. Ist außerdem der Unterschied zwischen beiden Wertbestimmungen derart, daß er die Veranlagung eines zu geringen Steuersatzes zur Folge gehabt hat, so sind die Voraussetzungen für die Nachbesteuerung gemäß § 80 Eink.-St.-Ges. gegeben. Diese Voraussetzungen für die Zulässigkeit einer Nachbesteuerung treffen zu, wenn sich erst durch die Verhandlungen nach dem Tode des Steuerpflichtigen der Bestand und Wert des ergänzungssteuerpflichtigen, früher nur geschätzten Vermögens ergeben hat.

4. Vermögensanzeige.

Nr. 1. Entsch. Bd. XI i. St. S. 382 v. 3. II. 04 E IVa 33/03.

Die Beanstandung einer Vermögensanzeige kann auch nach Beginn des Steuerjahrs erfolgen. Nach Art. 57 Abs. 1 Ausf.-Anw. zum Eink.-St.-Ges. soll die Veranlagung in der Regel am 15. III. und in den größten Veranlagungsbezirken am 15. IV. beendigt sein. Diese Vorschrift ist rein instruktionell und läßt nach ihrem Wortlaut Ausnahmen von der Regel zu. Auch hat der Gerichtshof in ständiger Rechtsprechung den Grundsatz festgehalten, daß ein Mangel in der Beanstandung noch im Berufungsverfahren seitens der Berufungskommission durch ein der Beanstandung gleichwertiges Verfahren geheilt werden kann (vgl. E.-O.-V. in St. Bd. I S. 159, Bd. VIII S. 180).

III.

Gewerbesteuer.

1. Gegenstand der Besteuerung und subjektive Steuerpflicht.

A. Allgemeine Grundsätze.

Nr. 1. Entsch. Bd. XI i. St. S. 383 v. 17. XII. 03 VI G 306/03.

Gew.-St.-Ges. § 1.

Hat jemand ein Gelände nicht für seinen eigenen Bedarf, sondern zu dem Zwecke gepachtet, es durch Unterverpachtung in Parzellen nutzbar zu machen, so stellt sich die hierauf gerichtete Tätigkeit als eine fortgesetzte, mit der Absicht auf Gewinnerzielung ausgeübte, selbständige Arbeitstätigkeit dar, die eine Beteiligung am allgemeinen wirtschaftlichen Verkehre bildet. Der Umstand, daß der Beschwerdeführer auf einem kleineren Teile des Grundstücks zuerst eine Eisbahn mit Schankwirtschaft angelegt und erst später auch diesen Teil unterverpachtet hat, ändert nichts an der gewerblichen Natur des ganzen Unternehmens und seiner Steuerpflichtigkeit.

Nr. 2. Entsch. Bd. XI i. St. S. 384 v. 25. IX. 02 VI G 346/00.

Gew.-St.-Ges. §§ 1, 19.

Wenn ein in Form einer Gesellschaft mit beschränkter Haftung gegründetes Verkaufssyndikat die von den einzelnen Gesellschaftern gelieferten Produkte zu bestimmten Preissätzen übernimmt und auf eigene Rechnung an die Kunden verkauft, so betreibt die Gesellschaft ein selbständiges Gewerbe. Der bei diesem Verkauf erzielte Gewinn ist daher ihr Gewinn, nicht aber der Gewinn der einzelnen Gesellschafter. Dies ergibt sich aus der rechtlichen Natur der Gesellschaften mit beschränkter Haftung, die nach dem Reichsges. v. 20. IV. 92 in der neuen Fassung der Bek. v. 20. V. 98, insbesondere nach § 13, selbständige Rechtssubjekte und hiermit die alleinigen Betriebsinhaber sind (E.-O.-V. in St. Bd. IV S. 21/26, Bd. V S. 317/318). Der Gewerbebetrieb der einzelnen Mitglieder hört demnach, soweit es sich um den Verkauf ihrer Erzeugnisse durch die Gesellschaft handelt, mit der Abgabe an die Gesellschaft zu den vorbestimmten Preisen auf. Die Heranziehung der Gesellschaft zur Gewerbesteuer erfolgt daher nach § 19 des Gew.-St.-Ges. zu Recht. Hiermit ist es nicht unverträglich, daß die einzelnen Gesellschafter auch ihrerseits mit ihren Fabrikationsbetrieben zur Gewerbesteuer veranlagt werden.

Ebenso **Entsch. Bd. XI i. St. S. 386** v. 23. IV 03 VI G 31/03.

Dem Wesen der Gesellschaft als Handelsgesellschaft entsprechend kommt der Gewinn freilich an die Gesellschafter zur Verteilung, aber erst nachdem und weil die verteilten Geldbeträge Gewinn der Gesellschaft geworden sind.

Nr. 3. **Entsch. Bd. XI i. St. S. 387** v. 18. XII. 02 VI G 25/02.
Gew.-St.-Ges. § 1.

Eine von zwei Eheleuten zum Zwecke der Erleichterung der Auseinandersetzung über den künftigen Nachlaß des Ehemanns gegründete gewerbliche Gesellschaft mit beschränkter Haftung, auf deren Reingewinn nach dem Gesellschaftsvertrage nur der Ehemann einen Anspruch hat, ist steuerpflichtig. Denn dieser Gewinn fließt ihm als Gesellschafter zu und ist in der Hand der Gesellschaft selbst steuerpflichtiger Ertrag.

Nr. 4. Entsch. Bd. XI i. St. S. 389 v. 19. II. 03 VI G 240/02.
H.-G.-B. v. 10. V. 97 (R.-G.-Bl. S. 219) §§ 1, 84—92; Gew.-St.-Ges. § 1.

Handlungsagent ist, wer, ohne als Handlungsgehilfe angestellt zu sein, ständig damit betraut ist, für das Handelsgewerbe eines anderen Geschäfte zu vermitteln oder im Namen des anderen abzuschließen. Der Umstand, daß ein gesetzliches Kündigungsverhältnis besteht, widerspricht keineswegs der Annahme eines Handlungsagenten-Verhältnisses (§ 92 Hand.-G.-B.). Ein Handlungsagent ist aber nach den Bestimmungen des H.-G.-B. ein selbständiger Gewerbetreibender, der die Geschäftsunkosten selbst trägt und eigenen Arbeitsgewinn, nämlich seine Provision, aus den durch seine Tätigkeit zustande gekommenen Geschäften zieht.

Nr. 5. Entsch. Bd. XI i. St. S. 390 v. 4. XII. 02 VI G 125/02.
Gew.-St.-Ges. § 1.

Der Küster einer öffentlichen Krankenanstalt, der im Auftrage der Direktion Sargausstattungen einkauft und mit einem von letzterer festgesetzten, zur Verbesserung seines Einkommens bestimmten Preisaufschlage an die Angehörigen in der Anstalt verstorbener Personen verkauft, betreibt kein Gewerbe und ist deshalb nicht gewerbesteuerpflichtig.

Nr. 6. Entsch. Bd. XI i. St. S. 392 v. 19. II. 03 VI G 207/02.
Gew.-St.-Ges. § 1.

Eine Vereinigung mehrerer Personen (Gemeinden), die mittels eines auf gemeinschaftliche Kosten angelegten und unterhaltenen Wasserwerks Wasser gewinnen, das Wasser aber jeder für sich in eigenen Sonderleitungen auf eigene Rechnung an die Konsumenten abgeben, betreibt kein gemeinschaftliches Gewerbe und ist deshalb nicht gewerbesteuerpflichtig. (Vgl. E.-O.-V. in St. Bd. IX S. 373.)

Die Beschaffung des Wassers mittels der gemeinschaftlichen Anlagen und auf vertragsmäßig unter die Gesellschafter zu verteilende Kosten bis zur Abgabe an jeden einzelnen der Gesellschafter stellt für sich noch keinen Gewerbebetrieb dar. Hierzu wäre als wesentliche Bedingung auch noch die entgeltliche Abgabe an die Konsumenten in der Absicht auf Gewinnerzielung erforderlich. Das Gesellschaftsverhältnis und der darauf gegründete gemeinschaftliche Betrieb sind aber im vorliegenden Falle auf jenen Teil des Wasserwerks beschränkt, während die Versorgung der Konsumenten mit Wasser, die dieser dienenden Anlagen und Betriebsgeschäfte von dem Gesellschaftsverhältnis ausdrücklich ausgeschlossen und Sache jedes einzelnen der Gesellschafter sind. Es hängt daher auch von der weiteren Verwendung des Wassers seitens jedes einzelnen der Kontrahenten ab, ob bei ihm ein Gewerbebetrieb und mit welchem Ergebnisse stattfindet, und ob und inwieweit dieser Betrieb steuerpflichtig ist oder nicht. Es könnte z. B. bei einem solchen Gesellschaftsverhältnisse sehr wohl auch der Fall sein, daß der eine Gesellschafter seinen Wasseranteil lediglich zu privaten, jedes gewerblichen Charakters entbehrenden Zwecken verwendete.

Nr. 7. Entsch. Bd. XI i. St. S. 394 v. 25. VI. 03 VI G 168/03.

Gew.-St.-Ges. § 1.

Die für den Gewerbebegriff erforderliche Absicht der Gewinnerzielung ist bei einem städtischen Elektrizitätswerke trotz der entgeltlichen Abgabe von Licht und Kraft an Privatabnehmer nicht vorhanden, wenn durch den Betrieb nur die Deckung der Betriebskosten und der Schuldenzinsen, wie eine der wirklichen Entwertung entsprechende Amortisation der Betriebsanlagen erzielt werden soll. (Vgl. E.-O.-V. in St. Bd. III S. 341, Bd. IV S. 306, Bd. VI S. 372, Bd. VII S. 101, 421, 429.)

Die Tatsache, daß der elektrische Strom an Private entgeltlich abgegeben wird, erfüllt noch nicht den Gewerbebegriff; hierzu gehört vielmehr auch die Absicht der Gewinnerzielung. Daß die Selbstkosten und die Abschreibungen wegen Wertverminderung der Anlagen erst gedeckt sein müssen, ehe ein Ertrag erzielt werden kann, ist auch im § 22 Gew.-St.-Ges. zum Ausdrucke gebracht. Wenn aber nach der dort weiter getroffenen Bestimmung für die Ertragsermittelung die Zinsen für fremdes Anlage- und Betriebskapital nicht abzugsfähig sind, so setzt doch die Anwendung dieser Vorschrift das Bestehen eines Gewerbebetriebs voraus, und hierfür gelten die allgemeinen wirtschaftlichen Merkmale. Nur derjenige kann wirtschaftlich einen Gewinn erzielen, welcher einen Zuwachs zu seinem eigenen Anlage- und Betriebskapital erreichen will. Die bloße Zahlung von Schuldenzinsen des Unternehmers ist aber nur eine Ausgabe, dagegen kein Vermögenszuwachs.

Ein Vermögenszuwachs als Folge des Betriebs soll hier nach der Absicht des Unternehmers ausgeschlossen sein; wenn dennoch gelegentlich und vorübergehend ein geringer Überschuß tatsächlich erzielt wird, so ist dies steuerlich ohne Bedeutung.

2. Die Steuerbefreiungen. Vorliegen oder Nichtvorliegen ihrer Voraussetzungen.

B. Nach § 4 des Gewerbesteuergesetzes.

Nr. 1. Entsch. Bd. XI i. St. S. 398 v. 18. II. 04 VI G 270/02.

Gew.-St.-Ges. § 4.

1. Eine im Handelsregister eingetragene offene Handelsgesellschaft unterhält einen Baumschulenbetrieb auf einer größeren Fläche, die beim Beginne des Steuerjahres ungefähr 42 ha umfaßte, mit einem Buchhalter, zwei Obergärtnern und einer größeren Anzahl von Gärtnergehilfen und Arbeitern. Zu den Betriebseinrichtungen gehörte ein Überwinterungshaus und einige Dutzend Mistbeetfenster. Von den verkauften Bäumen und Sträuchern waren etwa 10 bis 12 Prozent angekauft und ohne weitere Behandlung weiter veräußert, während der übrige Teil im eigenen Betriebe von Samenkorn und Stecklingen aufgezogen ist. Das O.-V.-G. erachtete den Betrieb nicht für gewerbesteuerpflichtig, soweit er nicht in einem Handel mit fremden Produkten bestand.

2. Da der Betrieb nach der Eintragung in das Handelsregister gemäß § 5 H.-G.-B. als Handelsgewerbe erscheint und auch tatsächlich eine kaufmännische Einrichtung hat, so ist er zwar als Handelsgärtnerei anzusehen. Zur Begründung der Gewerbesteuerpflicht gehört aber nach § 4 Nr. 1 Gew.-St.-Ges., daß der Betrieb einheitlich als Kunst- und Handelsgärtnerei erscheint (E.-O.-V. in St. Bd. III S. 328). Die dazu erforderlichen Merkmale treffen bei dem Gesamtbetriebe nicht zu. Denn die dazu gehörigen besonderen technischen Einrichtungen erscheinen im Verhältnisse zu dem Umfange des Gesamtbetriebs unerheblich und von untergeordneter Bedeutung. Auch ist nirgend behauptet, daß besondere künstliche Methoden bei der Aufzucht und Behandlung der Pflanzen befolgt würden. Daß die Betriebsinhaber und ihre Gehilfen die zum Betrieb einer Baumschule und zur Ausführung der Arbeiten nötige fachmännische Kenntnis und Schulung haben, macht diesen Betrieb noch nicht zu einem Kunstbetriebe. Fällt hiernach der Gesamtbetrieb nicht unter den Begriff der Kunst- und Handelsgärtnerei im Sinne des § 4 Nr. 1 a. a. O., so darf sich die daraus zu folgernde Gewerbesteuerfreiheit doch nicht auf den Teil des Handels erstrecken, der mit fremden Produkten betrieben wird.

Nr. 2. Entsch. Bd. XI i. St. S. 400 v. 19. II. 03 VI G 191/02.

Gew.-St.-Ges. § 4 7.

Die Unterhaltung eines Instituts zur chemischen Untersuchung von Nahrungsmitteln im Auftrage des Publikums und von Behörden stellt sich als die Ausübung einer wissenschaftlichen Tätigkeit im Sinne des § 4 Nr. 7 Gew.-St.-Ges. dar, und diese ist nicht gewerbesteuerpflichtig (vgl. E.-O.-V. in St. Bd. X S. 395/7). Die Freiheit von der Gewerbesteuerpflicht ist insbesondere auch nicht etwa davon abhängig, daß dem Chemiker infolge besonderer Bestallung die Eigenschaft eines öffentlichen Beamten zukomme; ebensowenig wird sie dadurch ausgeschlossen, daß die Tätigkeit in der Absicht von Gewinnerzielung ausgeübt wird.

Nr. 3. Entsch. Bd. XI i. St. S. 401 v. 3. XII. 03 VI G 100/03.

Gew.-St.-Ges. § 4 7.

Der Betrieb eines heilgymnastischen Instituts seitens eines Arztes ist nicht gewerbesteuerpflichtig, wenn es diesem nur als

Mittel zum Zwecke der Ausübung der praktischen und lehrenden Tätigkeit als Arzt dient. (Vgl. E.-O.-V. in St. Bd. III S. 250ff., Bd. VII S. 418ff.)

Insbesondere ist dem Umstande, daß mit dem Betrieb einer solchen Anstalt auch ein Gewinn erstrebt und erzielt wird, an sich allein eine für die Annahme eines Gewerbebetriebs entscheidende Bedeutung nicht beizulegen.

Nr. 4. Entsch. Bd. XI i. St. S. 403 v. 7. V. 03 VI G 37/02.

Gew.-St.-Ges. § 4 7.

Ges. v. 21. V. 00 (R.-G.-Bl. S. 233) betr. die Patentanwälte, §§ 1—4, 20 Abs. 2.

1. Die Berufstätigkeit eines gemäß §§ 2ff. des Ges. v. 21. V. 00 in die Liste eingetragenen Patentanwalts stellt sich als Ausübung einer wissenschaftlichen Tätigkeit im Sinne des § 4 Nr. 7 Gew.-St.-Ges. dar und unterliegt deshalb der Gewerbesteuer nicht. Denn diese Gesetzesvorschrift bezeichnet nicht nur eine solche Tätigkeit, die auf die unmittelbare Darstellung, Bearbeitung oder weitere Ausbildung einer bestimmten Wissenschaft oder ihrer einzelnen Zweige gerichtet ist, sondern sie erstreckt sich auch auf solche berufsmäßige Wirksamkeit, die die Anwendung der Lehren und Grundsätze einer Wissenschaft auf konkrete Verhältnisse zum Gegenstande hat. Solche Tätigkeit beruht auf einem wissenschaftlichen Studium und der hierdurch gewonnenen Beherrschung der Wissenschaft und Befähigung zur praktischen Ausübung der wissenschaftlichen Grundsätze und Lehren in einem bestimmten Berufe. (Vgl. E.-O.-V. in St. Bd. X S. 395/7). Wenn neben dieser rein wissenschaftlichen Vorbereitung im Gesetz auch noch eine mehrjährige praktische Tätigkeit in gewerblichen Betrieben und auf dem Gebiete des gewerblichen Rechtsschutzes verlangt wird, so geschieht damit der Wissenschaftlichkeit des Berufs kein Abbruch.

2. Dasselbe trifft auch für die nach § 20 Abs. 2 das. in die Liste Eingetragenen zu. Nach jener Bestimmung ist, wer zur Zeit des Inkrafttretens des Gesetzes das Vertretungsgeschäft vor dem Patentamte für eigene Rechnung seit 1. I. 99 berufsmäßig betreibt, sofern seine Geschäftsführung und sein Verhalten in Ausübung des Berufs sowie außerhalb desselben zu erheblichen Anständen keinen Anlaß gegeben hat, auf Antrag in die Liste der Patentanwälte einzutragen, auch wenn er die in den §§ 3 und 4 bezeichneten Voraussetzungen nicht erfüllt. Über den Antrag hat die nach § 4 eingesetzte Prüfungskommission zu beschließen. Mit dieser Bestimmung ist, soweit es sich um die technische Befähigung und die Rechtskenntnisse handelt, für solche, die bereits eine bestimmte Zeit die Tätigkeit eines Patentanwalts ausgeübt haben, im wesentlichen nur eine andere als die in den §§ 3 und 4 vorgeschriebene Form zur Feststellung der erforderlichen Befähigung zugelassen. Es soll danach statt der Erfüllung dieser Vorschriften auf die Bekundung der nötigen Befähigung in der bisherigen praktischen Ausübung des Berufs ankommen. Grundsätzlich ist damit an dem Erfordernisse des Vorhandenseins einer solchen Befähigung, insbesondere auch in wissenschaftlicher Hinsicht, nichts geändert.

C. Nach § 5 des Gewerbesteuergesetzes.

Nr. 1. Entsch. Bd. XI i. St. S. 396 v. 4. XII. 02 VI G 307/01.

Gew.-St.-Ges. §§ 1, 5.

Eine eingetragene Genossenschaft, die lediglich den Bau, den Erwerb und die Vermietung von Wohnhäusern (Arbeiterwohnhäusern) an

Genossen, wie die Annahme und Verwaltung von Spareinlagen der Genossen bezweckt, gehört nicht zu den in § 5 Gew.-St.-Ges. aufgeführten Vereinen u. s. w. und betreibt kein Gewerbe.

Die Beschaffung von Wohnungen für die Genossen enthält keinen Gewerbebetrieb (vgl. E.-O.-V. in St. Bd. IV S. 368 ff.); ebensowenig ist hier die Sparkasse ein gewerbliches Unternehmen. Gegenüber dem Geldbedarfe der Genossenschaft kann ein etwaiger, durch die Anlage der Spargelder und Mitgliederdarlehne erzielter Überschuß nur ganz unerheblich sein, so daß keinesfalls aus dieser nebensächlichen Tatsache auf die Absicht einer Gewinnerzielung aus diesem Betriebe geschlossen werden darf (a. a. O. Bd. IV S. 371).

Nr. 2. Entsch. Bd. XI i. St. S. 397 v. 4. XII. 02 VI G 141/02.

Gew.-St.-Ges. §§ 1, 5.

1. Ein Verein mit dem Zwecke, seinen Mitgliedern die Lebens- und Haushaltungsbedürfnisse auf die vorteilhafteste Weise zu verschaffen, war zur Gewerbesteuer herangezogen, weil nach der Berufungsentscheidung seine Einrichtungen nicht ausreichen sollten, den Verkehr den Satzungen gemäß auf die Mitglieder zu beschränken. An jedem der beiden Ladeneingänge war ein Pförtner aufgestellt, der nur solche Personen einließ, die sich als Mitglieder oder deren Beauftragte auswiesen. Jedes Mitglied konnte für jede Person seiner Haushaltung eine Legitimationsmarke erhalten; für verloren gegangene Marken wurden neue ausgegeben.

2. Die alleinige Feststellung der bloßen Möglichkeit, daß Verkäufe an Nichtmitglieder erfolgen können, die sich unberechtigterweise in den Besitz einer Legitimationsmarke gesetzt haben, genügt aber nicht zur Begründung der Gewerbesteuerpflicht nach § 5 Abs. 1 Gew.-St.-Ges. Unerläßliche Voraussetzung für den Begriff des Gewerbebetriebs ist ein hierauf gerichteter Wille. Es hätte also noch der Feststellung bedurft, daß tatsächlich Verkäufe an Nichtmitglieder stattgefunden und daß die Organe des Vereins einen Mißbrauch der Legitimationskarten auch geduldet haben.

3. Aus der gleichen Erwägung muß auch die Voraussetzung der Gewerbesteuerpflicht aus § 5 Abs. 2 Gew.-St.-Ges. — Konsumverein mit offenem Laden —, verneint werden. Wenn die beiden Pförtner jedem, der eine Legitimationsmarke nicht vorzeigen kann, den Eintritt verwehren, so ist der Laden für das Publikum geschlossen.

3. Maßstab der Besteuerung.

B. Ertrag.

a) Begriff des Ertrages im allgemeinen.

Nr. 1. Entsch. Bd. XI i. St. S. 408 v. 9. X. 02 VI G 18/02.

Die Vergütung, die einer Aktiengesellschaft von dem Vorbesitzer eines bei der Gründung übernommenen Etablissements nachträglich auf mitübernommene Waren gewährt wird, erhöht den Ertrag des Geschäftsjahrs, in dem die Gewährung erfolgt. Denn es besteht wirtschaftlich ein Zusammenhang zwischen jener „Vergütung" und dem Betrieb als der Quelle der Gütererzeugung. Hier betrifft die Quelle der Gütererzeugung die Verarbeitung von Eisen und anderem Materiale sowie den Absatz der Erzeugnisse. Zu dieser wirtschaftlichen Tätigkeit gehört auch der Einkauf der Rohstoffe, insbesondere des Eisens. Der Anschaffungspreis der Rohstoffe beeinflußt die Gewinnbildung. Werden bei der Beschaffung der Rohstoffe nachträglich Preisnachlässe erreicht, so kommt dieser Vorteil zweifellos dem Betriebe zugute. Der Umstand, daß Verkäufer der Rohstoffe hier die Vorbesitzer waren, ändert an dem wirtschaftlichen Verhältnisse nichts.

b) Betriebskosten.

Nr. 1. Entsch. Bd. XI i. St. S. 412 v. 25. IX. 02 VI G 195/01.

Die wesentliche Voraussetzung einer Produktivgenossenschaft ist die Herstellung und der Verkauf von Waren auf gemeinschaftliche Rechnung. Die Herstellung der Waren kann unter Leitung der Genossenschaft sowohl von den Mitgliedern, als auch von fremden Personen geschehen. In jedem Falle sind die hierdurch entstehenden Unkosten, insbesondere die Löhne, Betriebskosten der Genossenschaft. Dies gilt insbesondere auch dann, wenn ausschließlich Mitglieder oder einzelne Mitglieder neben fremden Hilfskräften in dem genossenschaftlichen Betriebe beschäftigt werden. In solchen Fällen stehen die Mitglieder, da sie zu keinem Teile Inhaber sind, der Genossenschaft wie fremde Arbeitskräfte gegenüber. Ihr Lohn gehört daher zu den Betriebskosten der Genossenschaft und entzieht sich hiermit der Zurechnung zum Ertrage.

Nr. 2. Entsch. Bd. XI i. St. S. 410 v. 6. XI. 02 VI G 42/02.
Gew.-St.-Ges. § 22.

Zuwendungen einer Aktienbank an die Notleidenden eines auswärtigen Staates zur Pflege und Erhaltung auswärtiger finanzieller Beziehungen sind Betriebsausgaben.

Nach § 22 Gew.-St.-Ges. kommen bei Ausmittelung des Ertrags alle Betriebskosten in Abzug d. h. alle Kosten, die mit dem Betriebe des maßgebenden Jahres in ursächlichem Zusammenhange stehen. Hier ist die fragliche Ausgabe nur entstanden, weil die Beschwerdeführerin ein Bankgeschäft betreibt und es aus Rücksichten auf diesen ihren Betrieb für geboten erachtet hat, die Ausgabe zu leisten. Die Aufwendung war einzig und allein für den Betriebszweck und hiermit für die Gewinnerzielung gemacht, so daß sie unter diesen besonderen Umständen unter den Begriff der Betriebsausgabe fällt.

c) Abschreibungen.

Nr. 1. Entsch. Bd. XI i. St. S. 415 v. 20. XI. 02 VI G 145/02.
Gew.-St.-Ges. §§ 22, 24.

1. Nach § 24 Gew.-St.-Ges. ist für die Steuerveranlagung der Ertrag des bei ihrer Vornahme abgelaufenen Jahres maßgebend. Dies gilt nicht nur für den Rohertrag, sondern auch für die Betriebskosten und die nach § 22 a. a. O. zulässigen Abschreibungen. Auch die Abschreibungen dürfen deshalb lediglich nach derjenigen Wertverminderung bemessen werden, den die betreffenden Betriebsgegenstände in dem maßgebenden Vorjahre tatsächlich erfahren haben.

2. Eine Abschreibung auf Betriebsgegenstände ist nicht schon deshalb zuzulassen, weil der bilanzmäßige Wert der letzteren höher ist als ihr gemeiner Wert und bisher nur eine Abschreibung wegen Abnutzung allein stattgefunden hat. (Vgl. E.-O.-V. in St. Bd. VII S. 452, Bd. VIII S. 146, 425, 426, Bd. IX S. 422, Bd. X S. 412, Bd. V S. 42 ff.)

Wenn zu prüfen ist, ob die Zuführungen in den Amortisationsfonds zusammen mit den übrigen, zur Bewertung der Aktivposten dienenden Beträgen den Bilanzwert der betreffenden Betriebsobjekte unter deren *wirklichen* für die Gesellschaft vorhandenen Wert und eventuell um wieviel herabgesetzt haben, und gleichzeitig bemerkt ist, daß die überschießenden Beträge sämtlicher Abschreibungen *als Rücklagen steuerpflichtig* seien, so sollte damit vor allem eine Höchstgrenze für die Zulässigkeit der Abschreibungen gesteckt werden. Ob es in der Entscheidung für den gegenteiligen Fall, daß der buchmäßige Wert über den wirklichen Wert hinausgeht, in das Belieben der Steuerpflichtigen gestellt werden sollte, Abschreibungen bis zur Erreichung des wirklichen Wertes ohne Rücksicht auf die Höhe der in den maßgebenden Jahren eingetretenen Wertverminderung vorzunehmen (vgl. E.-O.-V. in St. Bd. X S. 303), kann dahingestellt bleiben, weil die besonderen Vorschriften im § 16 Eink.-St.-Ges. über das steuerpflichtige Einkommen nichtphysischer Personen, keineswegs mit denjenigen des § 22 Gew.-St.-Ges. über den gewerblichen Ertrag völlig übereinstimmen. Im Bereiche der Ertragsermittelung auf Grund des § 22 a. a. O. richtet sich *alles nach der Wirklichkeit* und die Zulässigkeit der Abschreibungen in Gemäßheit dieser Bestimmung ist *durch die wirkliche Wertverminderung* der einzelnen Vermögensobjekte in dem maßgebenden Vorjahre bedingt.

Nr. 2. Entsch. Bd. XI i. St. S. 423 v. 3. XII. 03 VI G 292/03.
Gew.-St.-Ges. § 22.

Die Bestimmungen in § 11 I 3a bis d der Ausf.-Anw. v. 13. VIII 98 zu dem Ges. über Kleinbahnen u. s. w. v. 28. VII. 92 (E.-V.-Bl. 1898 S. 225 ff.) *bezüglich der Bemessung der jährlichen Rücklage in den* von den Unternehmern nebenbahnähnlicher Kleinbahnen zu bildenden *Erneuerungsfonds sind für die Beurteilung der steuerlichen Zulässigkeit der Höhe von Abschreibungen auf die Betriebsanlagen u. s. w. nicht maßgebend.* Nach ihnen soll den Unternehmern nebenbahnähnlicher Kleinbahnen durch die Genehmigungsurkunde „*im Interesse der Aufrechterhaltung eines regelmäßigen und sicheren Betriebs*" die Verpflichtung zur Bildung eines Erneuerungsfonds nach Maßgabe der dort getroffenen näheren Vorschriften auferlegt werden. Es handelt sich also lediglich um das von den Eisenbahnbehörden im Aufsichtswege wahrzunehmende *öffentliche* Interesse. Die für die Gesellschaften mit beschränkter Haftung nach Maßgabe der näheren Bestimmungen im § 42 des Ges. über diese Gesellschaftsform (Fassung der Bek. v. 20. V. 98) geltenden handelsrechtlichen Vorschriften *über die buch- und bilanzmäßige Bewertung der Aktiva* werden *hiervon gar nicht berührt.* Die Gesellschaft darf von diesen, dem Landesrechte vorgehenden reichsgesetzlichen Vorschriften überhaupt nicht abweichen. Wenn sie für die richtige Bewertung Abschreibungen vornimmt, die über das Maß der im öffentlichen Interesse vorgesehenen Rücklagen zum Erneuerungsfonds hinausgehen, so entspricht sie daher nur den handelsrechtlichen, auch für die Ertragsberechnung nach § 22 Gew.-St.-Ges. maßgebenden Anforderungen. Steuerlich wären die Abschreibungen nur dann zu beanstanden, wenn sie *über die wirkliche Wertverminderung in dem maßgebenden Betriebsjahre* hinausgingen (E.-O.-V. in St. Bd. VIII S. 425).

Nr. 3. Entsch. Bd. XI i. St. S. 419 v. 24. III. 04 VI G 263/02.
Gew.-St.-Ges. §§ 22, 24.

1. *Abschreibungen auf das sogenannte Geschäftseinlage- oder Geschäftswert-Konto* bei der Ermittelung des Ertrags einer ge-

werblichen Gesellschaft mit beschränkter Haftung sind zulässig. (Vgl. E.-O.-V. in St. Bd. X S. 309 ff.)

Es besteht in der neuesten Literatur und Rechtsprechung kaum noch ein Zweifel darüber, daß bei entgeltlicher Erwerbung immaterieller Rechte und Gegenstände, wie Firma, Kundschaft u. s. w., eine entsprechende Bewertung unter den Aktivis der Bilanz handelsrechtlich keinem Bedenken unterliegt. Der Wert der Firma, Kundschaft u. s. w. kann auch ebenso wie der Wert der übrigen Bestandteile des Anlage- und Betriebskapitals im Laufe der Zeit der Verminderung unterliegen, und eine dieser Wertminderung entsprechende Abschreibung ist daher auch bei der Ertragsermittelung für die Gewerbesteuerveranlagung zuzulassen. Hierbei kommt es darauf an, ob noch beim Beginne des maßgebenden Vorjahrs mit einem solchen Werte zu rechnen war, und bejahenden Falles, um wieviel der Wert in diesem Geschäftsjahre sich vermindert hat.

2. Abschreibungen, durch die ein bei der Geschäftseröffnung vorhandener Minderwert gegenüber der Bewertung einer Stammeinlage im Gesellschaftsvertrag oder auch in früheren Geschäftsjahren eingetretene Wertverminderungen berücksichtigt werden sollen, sind bei der Feststellung des für die Besteuerung nach §§ 22 und 24 Gew.-St.-Ges. maßgebenden Ertrags unzulässig.

d) Anlage- und Betriebskapital.

Nr. 1. Entsch. Bd. XI i. St. S. 425 v. 20. V. 03 VI G 288/02.

Gew.-St.-Ges. § 23.

Bei der Feststellung des für die Veranlagung einer Gesellschaft mit beschränkter Haftung maßgebenden Anlage- und Betriebskapitals darf der von den Gesellschaftern noch nicht eingezahlte Teil des Stammkapitals nicht berücksichtigt werden. (Vgl. E.-O.-V. in St. Bd. X S. 416.)

Das Anlage- und Betriebskapital wird nach § 23 Gew.-St.-Ges. durch diejenigen Vermögenswerte gebildet, die dem Gewerbebetriebe dauernd gewidmet, also gegenwärtig bereits dienen. Das ist aber bei einer Gesellschaft mit beschränkter Haftung nicht der Fall in Ansehung derjenigen Teile des Stammkapitals, die überhaupt noch nicht eingezahlt sind, vielmehr erst durch Beschluß des Vorstandes oder der Gesellschaft eingefordert werden können. Sie dienen dem Gewerbebetriebe der Gesellschaft ebensowenig wie z. B. dem Gewerbebetrieb eines Einzelkaufmanns sein nicht dem Geschäfte gewidmetes Privatvermögen oder auch ein Kapital dient, das er sich für den Bedarfsfall von einem dritten hat versprechen lassen, aber noch nicht ausgezahlt erhalten hat.

4. Veranlagungsverfahren.

Nr. 1. Entsch. Bd. XI i. St. S. 407 v. 7. V. 03 VI G 178/02.

Gew.-St.-Ges. § 8.

Dem Antrag eines Steuerpflichtigen auf Versetzung in eine niedrigere Steuerklasse gemäß § 8 Gew.-St.-Ges. ist auch dann stattzugeben, wenn der Steuerpflichtige mit Rücksicht auf die Höhe des Ertrags schon in den beiden Vorjahren in dieser Klasse veranlagt war, obwohl er mit Rücksicht auf die Höhe des Anlage- und Betriebskapitals auch in den Vorjahren der höheren Klasse hätte zugewiesen werden müssen.

Aus dem Versehen der Steuerbehörde, daß sie früher die Besteuerung in Klasse III unterlassen hat, dürfen dem Beschwerdeführer jetzt keine Nachteile in Anwendung des § 8 a. a. O. erwachsen.

Nr. 2. Entsch. Bd. XI i. St. S. 426 v. 9. X. 02 VI G 11/02.

Gew.-St.-Ges. § 34.

Gemäß § 34 Gew.-St.-Ges. sind Gewerbetreibende, die nach Beginn der jährlichen Veranlagung einen Betrieb anfangen, nach der Höhe des mutmaßlichen Ertrags oder Anlage- und Betriebskapitals der entsprechenden Steuerklasse zuzuweisen. Darüber, nach welchen Grundsätzen der mutmaßliche Jahresertrag zu schätzen ist, enthält das Ges. keinerlei einschränkende Bestimmungen. Es muß deshalb angenommen werden, daß als Anhalt bei der Schätzung dieses Jahresertrags alles zu dienen hat, was zu einer der Wirklichkeit möglichst entsprechenden, wirtschaftlich zutreffenden Besteuerung zu führen vermag. Danach wäre es ausgeschlossen, nur denjenigen Zeitabschnitt des Bestehens eines gewerblichen Unternehmens zu berücksichtigen, der in das betreffende Steuerjahr fällt; vielmehr muß die Steuerbehörde den ganzen Zeitraum berücksichtigen, der bei der Veranlagung oder bei Entscheidung über die Berufung bereits abgelaufen ist und dessen Ergebnis nach der besonderen Beschaffenheit und dem Verlaufe des Unternehmens einen geeigneten Anhalt für die zutreffende Schätzung eines Jahresertrags liefern kann.

Nr. 3. Entsch. Bd. XI i. St. S. 428 v. 19. XI. 03 VI G 113/03.

Gew.-St.-Ges. §§ 22, 23, 41.

1. Derjenige, auf den die bereits veranlagte Gewerbesteuer eines Gewerbebetriebs gemäß § 41 Gew.-St.-Ges. umgeschrieben ist, kann nach dem Eintritte der Rechtskraft der Veranlagung nur noch die Zulässigkeit der Umschreibung, dagegen nicht mehr die Richtigkeit der Veranlagung im Rechtsmittelweg anfechten.

2. Die Voraussetzung der Umschreibung ist die unveränderte Fortsetzung des Gewerbebetriebs. Diese liegt bei einem Schmiedegeschäft vor, wenn eine Übertragung des ganzen Geschäfts mit allen dazu gehörigen Einrichtungen stattgefunden hat und eine wesentliche Veränderung des Betriebs in der Hand des Nachfolgers sich nicht erkennen läßt. Die Bestellung eines Altenteils für den früheren Besitzer kommt, auch soweit damit das Geschäft selbst belastet sein sollte, überhaupt nicht in betracht. Ebensowenig kann der Umstand, daß der Nachfolger einen Gesellen weniger als sein Vorgänger hält, zur Annahme einer erheblichen Änderung im Betriebe berechtigen.

Nr. 4. Entsch. Bd. XI i. St. S. 430 v. 17. XII. 03 VI G 132/03.

Gew.-St.-Ges. §§ 35, 41, 53.

Gegen die Umschreibung der veranlagten Gewerbesteuer auf eine andere Person gemäß § 41 Gew.-St.-Ges. stehen dem Steuerpflichtigen, der die unveränderte Fortsetzung des veranlagten Gewerbebetriebs bestreitet, die Rechtsmittel des Einspruchs, der Berufung und der Beschwerde zu (vgl. E.-O.-V. in St. Bd. IV S. 437/441). Daraus ergibt sich, daß dem Gewerbetreibenden, auf dessen Namen die Umschreibung stattgefunden hat, eine dementsprechende Zuschrift gemäß § 32 des Gew.-St.-Ges. zuzustellen ist, und daß von dieser Zustellung ab die Einspruchsfrist des § 35 läuft.

Nr. 5. Entsch. Bd. XI i. St. S. 431 v. 18. XII. 02 VI G 41/02.

Die Geschäftsbücher eines Gewerbetreibenden, die außerhalb seines Wohnorts durch einen dritten auf Grund der diesem von ihm gelieferten Unterlagen geführt werden, dürfen ohne Prüfung der Unterlagen nicht als ungeeignet zur Beweisführung erachtet werden. (Vgl. E.-O.-V. in St. Bd. IX S. 299.) Insbesondere ist zu prüfen, ob die vom Steuerpflichtigen selbst oder unter seiner unmittelbaren Aufsicht geführten Bücher und Aufzeichnungen an sich vollständig und glaubhaft sind, und geeignete und hinreichende Unterlagen für die von einem dritten angefertigten Bücher bilden. Der mit der Führung der Bücher Beauftragte muß über das hierbei beobachtete Verfahren und die ihm gelieferten Unterlagen vernommen werden.

5. Rechtsmittel.

A. Allgemeines.

Nr. 1. Entsch. Bd. XI i. St. S. 433 v. 26. III. 03 VI G 6/03.

Gew.-St.-Ges. § 70.

In dem die Festsetzung der Nachsteuer gemäß § 70 Gew.-St.-Ges. betreffenden Verfahren ist die Regierung zum Erlaß einer Berufungsentscheidung nicht zuständig und eine von ihr trotzdem erlassene Berufungsentscheidung mit der Beschwerde an das O.-V.-G. anfechtbar.

6. Verteilung des Steuersatzes auf mehrere Kommunalbezirke.

A. Allgemeines.

Nr. 1. Entsch. Bd. XI i. St. S. 437 v. 18. XI. 03 VI G 209/03.

Gew.-St.-Ges. §§ 37, 38; Ausf.-Anw. Art. 53.

Unter den „Kommunalbezirken" und „Kommunen" im Sinne des § 38 Gew.-St.-Ges. sind nur Gemeinden und gleichartige politische Bezirke verstanden, nicht aber Kommunalverbände höherer Ordnung. Demgemäß ist auch im Art. 53 Nr. 7 Ausf.-Anw. das Recht der Berufung gegen die Zerlegung des Steuersatzes nur den beteiligten Gemeindevorständen und den nach der Anm. zu Nr. 4 ihnen gleichgestellten Gutsvorständen sowie dem Steuerpflichtigen beigelegt. Dem Kreisausschusse steht ein Rechtsmittel gegen die Zerlegung des Steuersatzes nicht zu.

B. Berechtigte Gemeinden. Begriff des Betriebsortes.

Nr. 1. Entsch. Bd. XI i. St. S. 434 v. 20. XI. 02 VI G 204/02.

Gew.-St.-Ges. §§ 2, 38.

Der Steuerpflichtige, ein niederländischer Schiffer, betreibt das Transportgewerbe zwischen Holland und Mannheim und läuft dabei verschiedene Häfen im preußischen Rheingebiet an, um dort Beiladungen an Getreide aus Mannheim auszuladen.

Ein Betriebsort im Sinne des § 38 Gew.-St.-Ges. kann für ihn nur da vorliegen, wo dauernde Anlagen oder Einrichtungen, die die Annahme eines stehenden Betriebs gemäß § 2 a. a. O. rechtfertigen könnten, vorhanden sind. Das bloße Anlegen zum Einladen oder Ausladen von Waren bald hier, bald dort, ohne irgend welche dauernde Einrichtungen, macht noch keine Gemeinde zum Betriebsorte.

Nr. 2. Entsch. Bd. XI i. St. S. 435 v. 22. I. 03 VI G 232/02.

Gew.=St.=Ges. § 38.

Die Unterhaltung eines Lagers beim Holzhandel in einem dem Unternehmer von einer Zechenverwaltung zur Verfügung gestellten Magazin, in welches er vertragsmäßig Grubenholz liefert und in dem er es bis zur Abnahme durch die Zeche auf seine Gefahr und Kosten lagert, begründet einen Betriebsort. In Frage könnte kommen, ob die Beschränkung des Zweckes der sachlichen und persönlichen Einrichtungen auf die Lieferungsgeschäfte mit einer Zeche, unter Abschluß der Lieferungsverträge auf bestimmte Zeiten oder Jahre den Einrichtungen den dauernden Charakter benimmt. Das ist zu verneinen. Es ist nicht ersichtlich, daß und weshalb eine zeitliche Beschränkung der Einrichtungen und des Gewerbebetriebs an dem Lieferungsorte tatsächlich beabsichtigt sei. Ebenso wie der gesamte, in großen Lieferungsgeschäften bestehende Handel in einem gegebenen Zeitpunkte nur in einzelnen, auf begrenzte Zeit abgeschlossenen Geschäften seinen Ausdruck findet und finden kann, so handelt es sich hier an dem Lieferungsort auch nur um einzelne auf Zeit abgeschlossene Geschäfte; aber nichts spricht dafür, daß nicht die Absicht und Möglichkeit besteht, immer wieder von neuem derartige Geschäfte an demselben Orte einzugehen. Dieser Absicht, die auf dauernden Betrieb an einem bestimmten Orte gerichtet ist, dienen auch die örtlichen, sachlichen und persönlichen Einrichtungen.

IV.

Warenhaussteuer.

Literatur: Steindamm, die Besteuerung der Warenhäuser, Berlin 1903.

1. Warenhaussteuerpflicht.

Nr. 1. Entsch. Bd. XI i. St. S. 437 v. 19. XI. 03 VI W 1/03.

Warenhaussteuerges. §§ 1, 6.

1. Die Beschwerde war darauf gegründet, daß das Warenhaussteuerges. v. 18. VII. 00 nicht rechtsverbindlich sei. Denn es widerspreche sowohl den Art. 4 und 101 der preuß. Verf.-Urk. als auch dem Reichsrecht, insbesondere den §§ 1, 3, 7 Nr. 6 und 143 der deutschen Gew.-Ordn. Es wirke prohibitiv auf den Warenhausbetrieb, wie schon daraus hervorgehe, daß nach dem Inkrafttreten des Gesetzes die Anzahl dieser Betriebe sich wesentlich vermindert habe. Die Warenhaussteuer sei auch keine Gewerbesteuer, weil dabei keine Rücksicht auf die Leistungsfähigkeit der Steuerpflichtigen genommen werde. Die Beschwerde ist unbegründet.

2. Des Eingehens auf die Frage, ob das Warenhaussteuergesetz im Widerspruche zu den angeführten Bestimmungen der preuß. Verf.-Urk. stehe, bedarf es überhaupt nicht, weil von der Bejahung oder Verneinung dieser Frage die rechtliche Gültigkeit und Verbindlichkeit des Gesetzes nicht abhängt.

Hierfür genügt es vielmehr, daß das Gesetz in vorschriftsmäßiger Form zustande gekommmen und veröffentlicht ist. Die sachliche Verfassungsmäßigkeit eines formell gültig erlassenen Gesetzes unterliegt nicht der richterlichen Prüfung.

3. Des weiteren ist auch der behauptete Widerspruch zwischen dem Warenhaussteuerges. und den Vorschriften der Gew.-Ordn. nicht anzuerkennen. Insbesondere findet sich in dem Warenhaussteuerges. keine Bestimmung, die die Zulassung zum Warenhausbetrieb oder die Fortsetzung des Betriebs von bestimmten, mit dem in den §§ 1, 3, 143 Gew.-Ordn. ausgesprochenen Grundsatze der Gewerbefreiheit unvereinbaren Bedingungen abhängig machte. Die Belastung des Gewerbes mit Gewerbesteuern ist durch jenen Grundsatz nicht ausgeschlossen. Daß die Warenhaussteuer aber eine wirkliche Gewerbesteuer ist, läßt sich nicht bezweifeln. Ihr steuerlicher Charakter ergibt sich daraus, daß sie einen nicht auf besonderer Gegenleistung beruhenden Beitrag zur Bestreitung der öffentlichen Ausgaben der Gemeinden bildet und daß sie alle diejenigen belastet, für die der die Voraussetzungen der Besteuerung bildende Tatbestand zutrifft. Insbesondere gehört sie zu den Gewerbesteuern, weil sie vom Gewerbebetrieb erhoben und nach wesentlichen Vorgängen im Gewerbebetrieb, Umsatz oder Ertrag, bemessen wird.

4. Gegenüber mehrfach hervorgetretenen Versuchen aber, das Warenhaussteuerges. in prohibitivem Sinne auszulegen, hat das O.-V.-G. bereits widerholt und mit Nachdruck betont, daß das Gesetz nicht den Zweck habe, den Warenhausbetrieb in unzulässiger Weise durch die Besteuerung zu erdrücken oder unmöglich zu machen, und daß es deshalb auch nicht in solchem Sinne ausgelegt und angewendet werden dürfe. An dieser Auffassung ist festzuhalten. Sie kann namentlich auch nicht durch den Hinweis darauf widerlegt werden, daß infolge des Warenhaussteuerges. die Anzahl der Warenhausbetriebe sich vermindert habe. Es ist wohl möglich und auch anzunehmen, daß manche Geschäftsinhaber, die hauptsächlich mit einer der Warengruppen des § 6 des Warenhaussteuerges. handeln, einen weniger bedeutenden Handel mit Waren anderer Gruppen wegen der Warenhausbesteuerung aufgegeben haben, um nicht von dieser sehr erheblichen Besteuerung betroffen zu werden. Ähnliche Rücksichten mögen auch bei der Gründung und Gestaltung neuer Geschäfte maßgebend sein. Ebenso mag es zutreffen, daß die Inhaber mancher unter das Warenhaussteuerges. fallender Betriebe die Besteuerung als eine die Rentabilität des Geschäfts erheblich beeinträchtigende Last empfinden. Ähnliche Erschwerungen und Belastungen, wenn auch von geringerer Bedeutung, verursacht aber auf gewerblichem Gebiete jede Realbesteuerung; so die allgemeine Gewerbesteuer, die Betriebssteuer der Wirte, die Wandergewerbe-, die Wanderlagersteuer und ähnliche Steuern. Aus der durch solche Belastungen verursachten Erschwerung des Betriebs allein kann aber noch nicht gefolgert werden, daß jene Abgaben mit der in der deutschen Gewerbeordnung ausgesprochenen Gestattung des Gewerbebetriebs für jeden unvereinbar wären. Dieser Grundsatz schließt vielmehr für den Gewerbebetrieb mehr oder weniger lästige steuerliche Anforderungen ebensowenig aus, wie allgemeine polizeiliche Anforderungen und Einschränkungen.

Nr. 2. Entsch. Bd. XI i. St. S. 442 v. 5. XI. 03 VI W 9/03.

Warenhaussteuerges. §§ 1, 5.

1. Die subjektive Steuerpflicht erstreckt sich bei der Gewerbe- wie bei der Warenhausbesteuerung ausschließlich auf den Inhaber oder die Mehrheit von Inhabern des Betriebs. Zur Inhaberschaft gehört aber die Ausübung des Betriebs in eigenem Namen und für eigene Rechnung.

Wer ein gewerbliches Unternehmen für einen anderen, im Namen und auf Rechnung des anderen, betreibt, kann niemals Inhaber des Betriebs und deshalb auch für seine Person nicht steuerpflichtig sein.

2. Der Vorstand des Vereins der Kaufberechtigten eines Warenhauses, der den Warenhausbetrieb lediglich im Namen und auf Rechnung des Vereins führt, betreibt für sich kein Gewerbe und ist deshalb für seine Person nicht warenhaussteuerpflichtig.

Es kann dahingestellt bleiben, wieweit die einzelnen Mitglieder des Vereins aus der Führung des Betriebs durch die Direktoren haftbar sind. Jedenfalls findet diese Geschäftsführung zweifellos im Namen und für Rechnung des Vereins statt. Wollten die Direktoren für sich wirtschaften, so würden sie privat- und strafrechtlich verantwortlich sein.

Nr. 3. Entsch. Bd. XI i. St. S. 446 v. 22. X. 03 VI W 6/03.

Warenhaussteuergeſ. § 1.

Der beschwerdeführende Konsumverein bestreitet den Betrieb eines Gewerbes deshalb, weil Zweck und Absicht des Vereins statutenmäßig und tatsächlich nicht auf die Erzielung von Gewinn, sondern nur darauf gerichtet seien, seinen Mitgliedern Waren für den Haushalt gut und billig zu beschaffen. Diese Zweckangabe entspricht allerdings dem § 2 des Vereinsstatuts. Der § 22 des Statuts bestimmt jedoch, daß der sich nach Abschluß des Halbjahrs ergebende Reingewinn zu verwenden ist:

1. zu Abschreibungen auf den Einrichtungsbestand,
2. zur Bildung und Vergrößerung eines Reservefonds,
3. zur Verteilung an die Mitglieder nach Maßgabe der entnommenen Waren.

Wenn nun auch die für die Zwecke zu 1 und 3 in sachgemäßer Weise verwendeten Überschüsse als Betriebsgewinn nicht erscheinen mögen, so trifft doch das Gegenteil zu für die zur Bildung eines Reservefonds verwendeten Beträge. Eine Einschränkung über die Höhe dieser Gewinnbeträge ist in dem Statut ebensowenig enthalten wie eine Bestimmung darüber, in welcher Weise der Reservefonds bei Auflösung des Vereins verwendet werden soll; insbesondere fehlt die Ausschließung einer Verteilung des Fonds unter die Mitglieder. Überdies ist durch die Bestimmung in § 5c des Statuts, wonach die Konsumvereinsverwaltung nicht verpflichtet ist, die Befugnis des Vorzeigers der Legitimation zum Kaufe beim Verkaufe zu prüfen, die Möglichkeit der Beteiligung dritter an dem Betriebe nicht ausgeschlossen. Hiernach ist die Absicht von Gewinnerzielung zu bejahen.

Nr. 4. Entsch. Bd. XI i. St. S. 448 v. 7. V. 03 W 6/02.

Warenhaussteuergeſ. §§ 1, 5.

1. Die Warenhaussteuerpflicht einer Aktiengesellschaft wurde aus folgenden Gründen bejaht. Zunächst hatte sie weder die Eigenschaft eines Konsumvereins noch die einer Konsumanstalt im Sinne des § 5 Gew.-St.-Ges. und der §§ 1 und 5 Warenhaussteuerges. Denn nach dem Statut war Zweck des Unternehmens die billigste Beschaffung oder Herstellung und Weiterveräußerung von allen zum Lebensunterhalte dienenden Gegenständen, insbesondere im Interesse der Arbeiterbevölkerung. Der Zweck war also nicht, für die Mitglieder der Aktiengesellschaft, die Aktionäre, durch gemeinschaftlichen Einkauf den Erwerb der Gegenstände des Lebensunterhalts zu verbilligen. Ebensowenig beschränkte sich der Geschäftsbetrieb auf die Arbeiter

und Angestellten bestimmter Arbeitgeber. Es fand vielmehr ein allgemeiner und öffentlicher Kleinhandel mit Waren der bezeichneten Art statt, und zwar an verschiedenen Orten, aber überall im Namen und auf Rechnung der Aktiengesellschaft. Es handelte sich daher auch überall um einen einheitlichen Gesamtbetrieb der Aktiengesellschaft selbst und nicht etwa um verschiedene, in gewerbesteuerlicher Hinsicht selbständige Geschäftsbetriebe an den einzelnen Orten. Auch die Absicht der Gewinnerzielung mußte bejaht werden. Nach dem Statut sollte allerdings die an die Aktionäre zu verteilende Dividende fünf Prozent des Aktienkapitals nicht übersteigen, außerdem sollte bei der Liquidation der Gesellschaft nach Herauszahlung des Nominalbetrags der Aktien an die Aktionäre ein etwaiger Überschuß nach näherer Bestimmung der Generalversammlung zu Wohlfahrtseinrichtungen für Arbeiter in A. verwendet werden. Im übrigen konnte der nach Abzug der Dividende verbleibende Reingewinn an die Warenabnehmer nach näherer Bestimmung des Aufsichtsrats als Kundengewinn verteilt werden; ein klagbarer Anspruch auf Auszahlung des Kundengewinns stand jedoch den Kunden nach § 14 daselbst nicht zu. Schon die Bestimmung der Höhe von fünf Prozent für die Dividenden läßt die Annahme einer Gewinnabsicht zu, da dieser Satz den landesüblichen Zinsfuß von vier Prozent (B.-G.-B. § 246) nicht unerheblich überschreitet. Ferner besteht auch keine rechtliche Verbindlichkeit zur Verteilung eines weiteren Gewinns als Kundengewinn. Es ist also nicht ausgeschlossen, daß ein solcher Gewinnrest zu anderen beliebigen Zwecken — mit alleiniger Ausnahme der Dividendenverteilung — verwendet wird.

Nr. 5. Entsch. Bd. XI i. St. S. 462 v. 20. V. 03 VI W 2/03.

Warenhaussteuerges. § 1; Ausf.-Anw. Art. 1 I.

„Klein-(Detail-)Handel", der nach § 1 Warenhaussteuerges. die nächste Voraussetzung der Besteuerung bildet, bedeutet den letzten Absatz der Waren, den unmittetbaren Einzelverkauf an das konsumierende Publikum. Durch den Absatz der hauptsächlich zum persönlichen Ge- oder Verbrauche dienenden Waren unmittelbar an den Konsumenten erfolgt die vollständigste Detaillierung des Handels, die Zerteilung der Warenbestände in die kleinsten, für den unmittelbaren Ge- oder Verbrauch bestimmten Mengen, und hierauf beruht der Gegensatz des Großhandels. Wenn im Art. 1 I Ausf.-Anw. dem Verkauf unmittelbar an die Konsumenten der Groß- oder Engros-Handel als der „Verkauf an Klein- oder sonstige Zwischenhändler" gegenübergestellt ist, so wird hiermit der Umfang des Großhandels nicht erschöpft. Dies ist schon in E.-O.-V. in St. Bd. X S. 456 ausgesprochen, indem den Klein- und Zwischenhändlern noch andere Gewerbetreibende, die die Waren zur Be- oder Verarbeitung in ihrem Betrieb ankaufen, gleichgestellt sind. Bei beiden Arten von Verkäufen besteht der wesentliche Unterschied von dem Verkauf unmittelbar an die Konsumenten gerade darin, daß bei jenen nicht, wie bei diesem, das Bedürfnis des einzelnen Konsumenten maßgebend ist, sondern daß sie regelmäßig in größeren Mengen geschehen und die Dataillierung erst bei der weiteren Abgabe zum Einzel-Ge- oder Verbrauche stattfindet. Unerheblich ist es, ob diese weitere Abgabe ebenfalls wieder gewerblicher Natur ist, ob sie überhaupt entgeltlich erfolgt oder nicht. Hiervon wird die Eigenschaft des früheren Verkaufs als eines nicht unmittelbar an den Konsumenten erfolgten Warenvertriebs nicht berührt. Wenn es sich sonach, wie im jetzigen Falle, um Lieferungen für Staat oder Reich zur Versorgung größerer Personenmengen mit Bekleidungs- und Ausrüstungsstücken handelt, so gehören auch solche Geschäfte nicht zum Kleinhandel im obenbezeichneten

Sinne. Hier erscheint das Reich, wenn auch die Beschaffung und der Verbrauch der Waren für seine Rechnung erfolgt, doch nicht als Konsument im Sinne des Warenhaussteuergesetzes.

2. Veranlagungsverfahren.

Nr. 1. Entsch. Bd. XI i. St. S. 451 v. 9. X. 02 VI W 10/02.

Warenhaussteuergeſ. §§ 4, 5.

1. Unter dem nach § 4 Satz 2 Warenhaussteuergeſ. für die Steuerveranlagung eines noch nicht ein Jahr lang bestehenden Gewerbebetriebs maßgebenden Umsatz ist der Umsatz des ersten, zur Zeit der Veranlagung im Laufe befindlichen Betriebsjahrs, nicht der mutmaßliche Umsatz des Steuerjahrs zu verstehen. (Vgl. E.-O.-V. in St. Bd. X S. 422, 424). Hierin kann auch dadurch nichts geändert werden, daß im Laufe dieses ersten Jahres eine Verlegung der Geschäftsräume und eine damit etwa verbundene bedeutendere Ausdehnung des Betriebs stattgefunden hat. Denn, in einer Erweiterung der Geschäftsräume oder Errichtung von Filialen kann ein Grund zur Nichtberücksichtigung der früheren Zeit gemäß § 4 das Warenhaussteuergesetzes nicht gefunden werden. Solches wäre vielmehr nur dann zulässig, wenn durch Änderungen in dem Betrieb ein seinem ganzen Wesen und seiner Art nach neuer Betrieb entstanden wäre. Das ist aber da, wo von demselben Unternehmer der warenhausartige Kleinhandel vor und nach der Verlegung der Geschäftsstelle betrieben worden ist, nicht anzunehmen.

2. Ist bei Erlaß einer Rechtsmittelentscheidung das erste Betriebsjahr bereits abgelaufen und sein Ergebnis rechnungsmäßig feststellbar, so ist Schätzung ausgeschlossen, sondern das festgestellte Ergebnis der endgültigen Steuerfestsetzung zu grunde zu legen.

3. Dieselben Grundsätze gelten auch bei der Ermittelung des nach § 5 a. a. O. für die Besteuerung in betracht kommenden Ertrags. Der für die Anwendbarkeit des § 5 erforderliche Nachweis des gewerbesteuerpflichtigen Ertrags kann (vgl. E.-O.-V. in St. Bd. X S. 467) nicht bloß rechnungsmäßig, sondern auch durch Beibringung der Unterlagen für eine sachgemäße Schätzung geführt werden.

Nr. 2. Entsch. Bd. XI i. St. S. 455 v. 20. V. 03 VI W 7/02.

1. Bei der Ermittelung des für die Veranlagung zur Warenhaussteuer maßgebenden Umsatzes oder Ertrags sind auch die an das Geschäftspersonal abgelassenen Waren zu berücksichtigen, selbst wenn die Ablassung zum Betrage der Selbstkosten einschließlich der Spesen erfolgt. (Vgl. E.-O.-V. in St. Bd. X S. 456 ff.)

2. Dagegen kann der Wert der zum eigenen Gebrauche der veranlagten Firma aus dem Geschäft entnommenen Waren nicht zum steuerpflichtigen Umsatze gerechnet werden, weil eine solche Entnahme einen Verkauf überhaupt nicht darstellt.

3. Ebenso entspricht es nicht dem bestehenden Rechte, daß der Verkauf an Schneider und Schneiderinnen zum warenhaussteuerpflichtigen Kleinhandel gerechnet ist. Daß die Unmittelbarkeit des Verkaufs an die Konsumenten, die ein wesentliches Merkmal des Kleinhandels ist, nicht nur durch den Verkauf an Klein- oder Zwischenhändler, sondern auch durch den Verkauf an solche, die die

Ware noch weiter verarbeiten und dann erst an den Konsumenten weiter begeben, ausgeschlossen wird, ist bereits in E.-O.-V. in St. Bd. X S. 456/7 ausgesprochen.

4. Die Nichterhebung des von dem Steuerpflichtigen, insbesondere durch Bezugnahme auf das Zeugnis seines Geschäftspersonals, angetretenen Beweises aus unzutreffenden Gründen bildet einen wesentlichen Verfahrensmangel.

Die von der Steuerpflichtigen angebotenen, gesetzlich zulässigen, an sich geeigneten Beweismittel müssen benutzt werden, soweit nicht die unter Beweis gestellten Tatsachen unbestritten oder für die Beurteilung der Sache unerheblich sind (Art. 18 II und Art. 28 Ausf.-Anw. zum Warenhaussteuerges. in Verbindung mit Art. 43 Nr. 1 und Art. 44 II 1 Ausf.-Anw. zum Gew.-St.-Ges). Das einzige rechtliche Hindernis, das der Vernehmung eines Angestellten der Steuerpflichtigen entgegenstehen könnte, ist in der Bestimmung des § 26 Abs. 2 Gew.-St.-Ges. (§ 13 Warenhaussteuerges.) mit folgenden Worten bezeichnet:

> „Personen, welche bei dem Steuerpflichtigen bedienstet sind oder waren, bleiben von der Vernehmung (als Sachverständige oder Auskunftsperson) ausgeschlossen, insofern der Steuerpflichtige damit nicht einverstanden ist."

Nr. 3. Entsch. Bd. XI i. St. S. 458 v. 8. X. 03 VI W 11/02.

Warenhaussteuerges. §§ 1, 6.

1. Für die Zugehörigkeit der Waren zu den in § 6 Warenhaussteuerges. unterschiedenen Gruppen sind die zur Zeit der Veranlagung bezw. beim Beginne des Steuerjahrs bestehenden Klassifizierungsvorschriften maßgebend.

Die erst im Laufe des Steuerjahrs getroffenen Änderungen in der Warenklassifizierung können auf die zur Zeit der Veranlagung und auch noch beim Beginne des Steuerjahrs gemäß den früheren Klassifizierungsvorschriften bestehenden Rechtsverhältnisse keine die Veranlagung für dieses Steuerjahr zu Ungunsten des Steuerpflichtigen beeinflussende Wirkung äußern, und dies muß auch für das sich der Veranlagung anschließende Rechtsmittelverfahren gelten. Ebensowenig wie nach dem letzten Satze des § 4 und dem letzten Absatze des § 12 Warenhaussteuerges. Änderungen, die der Veranlagte selbst betreffs der geführten Waren im Laufe des Steuerjahrs vornimmt, die Veranlagung für dieses Steuerjahr berühren, können auch die erst während des Steuerjahrs erfolgenden Abänderungen von Klassifizierungsvorschriften zu seinen Ungunsten eine rückwirkende Kraft haben.

2. Das Verlangen des Steuerpflichtigen, den durch den Verkauf und Versand von Waren nach nichtpreußischen Ländern erzielten Umsatz und Ertrag von der Besteuerung auszuschließen, ist unbegründet. Das Warenhaussteuerges. gilt für alle preußischen stehenden Gewerbebetriebe der im § 1 bezeichneten Art und betrifft den gesamten Umsatz und Ertrag des Kleinhandels mit den im § 6 bezeichneten Waren. Ob der Kleinhandel in einem Warenhause oder, wie hier, als Versandgeschäft betrieben wird, soll nach der ausdrücklichen Vorschrift im § 1 Abs. 2 für die Besteuerung keinen Unterschied machen. Ebensowenig wie beim Kleinhandel im Warenhause zwischen preußischen und nichtpreußischen Käufern unterschieden werden kann, läßt sich bei dem Kleinhandel durch Versendung der Waren zwischen dem Absatze nach preußischen und außerpreußischen Orten hin eine Unterscheidung treffen. Vielmehr gehört bei dem als stehendes Gewerbe in Preußen betriebenen Kleinhandel durch Warenversendung auch der Absatz nach außerpreußischen Orten hin zum

preußischen Gewerbebetriebe, so daß insbesondere auch der § 3 des Reichsges. wegen Beseitigung der Doppelbesteuerung v. 13. V. 70 der Besteuerung dieses Teiles des Gewerbebetriebs in Preußen selbst dann nicht entgegenstehen würde, wenn die Warenhaussteuer eine Staatssteuer wäre.

3. Der Steuerpflichtige beschwert sich ferner darüber, daß bei Feststellung des warenhaussteuerpflichtigen Ertrags behufs Anwendung des § 5 des Ges. auch der Gewinn angerechnet sei, den er durch die eigene Fabrikation der in seinem Versandgeschäfte verkauften Stahlwaren erziele. Vielmehr soll für die Ertragsbesteuerung nur derjenige Gewinn maßgebend sein, den er erzielen würde, wenn er die Waren von einem andern Fabrikanten bezöge. Dieser Anspruch findet im Gesetze keine Grundlage. Die Veräußerung der im eigenen Fabrikationsbetriebe hergestellten Waren bildet mit diesem zusammen einen einen einheitlichen Betrieb. Die Veräußerung ist der einzige und ausschließliche Akt, durch den der Fabrikant überhaupt sein Geschäft zum Abschlusse bringt und also Gewinn erzielt. Erfolgt der Absatz im Wege des Kleinhandels im Sinne des § 1 Warenhaussteuerges., d. i. durch unmittelbare Abgabe an die Konsumenten, so gehören Umsatz und Ertrag zu diesem Kleinhandelsbetriebe. Er verkauft nicht vorher zu Fabrikpreisen an sich; das ist begrifflich und rechtlich unmöglich. Soweit der Fabrikant im Großhandel, also insbesondere an andere Gewerbetreibende, verkauft, scheiden Umsatz und Ertrag bei der Feststellung des warenhaussteuerpflichtigen Umsatzes und Ertrags aus. Soweit er aber sein Fabrikat direkt an den Konsumenten absetzt, also im Kleinhandel, muß auch der ganze hierbei erzielte Gewinn, der einzige Gewinn, den er überhaupt durch seine hierbei umgesetzten Fabrikate erzielt, warenhaussteuerpflichtig sein.

4. Aus dem gleichen Grunde sind auch der Erlös und der Ertrag aus den nach Bestellung besonders gravierten Waren eigenen Fabrikats in der Berufungsentscheidung mit Recht ganz in Ansatz gebracht. Die Gravierungen gehören zur Herstellung der verkauften Waren. Daß diese Herstellung teilweise erst nach besonderer Bestellung erfolgt, ist für die rechtliche Natur des Geschäfts unerheblich.

Nr. 4. Entsch. Bd. XI i. St. S. 466 v. 7. V. 03 VI W 9/02.

Warenhaussteuerges. §§ 5, 6.

1. Gegenüber der Klassifizierung der Waren gemäß § 6 Abs. 1, 6 Warenhaussteuerges. durch den Minister für Handel und Gewerbe oder die von ihm bestimmte Behörde ist ein Irrtum der Steuerpflichtigen hinsichtlich der Zugehörigkeit der Waren zu den einzelnen Gruppen unerheblich.

2. Der Antrag auf Festsetzung der Warenhaussteuer nach dem Ertrage (§ 4 a. a. O.) kann auch noch im Beschwerdeverfahren gestellt werden.

Nr. 5. Entsch. Bd. XI i. St. S. 468 v. 7. V. 03 VI W 3/03.

Warenhaussteuerges. §§ 9, 11; Ausf.-Anw. Art. 16.

1. Die besondere Aufforderung zur Abgabe einer Warenhaussteuererklärung (§ 9 Abs. 2 Warenhaussteuerges.) ist unwirksam, wenn sie die Belehrung über den Verlust der gesetzlichen Rechtsmittel gegen die Veranlagung als Folge der Versäumung der gestellten Frist nicht enthält. Die Nichtabgabe einer vorschriftsmäßigen Steuererklärung kann deshalb ebensowenig die Rechtsnachteile des § 11 zur Folge haben.

2. Die Gesamtheit der Veranlagungsvorschriften, insbesondere in den §§ 4, 5, 9, 10 und 11 lassen keinen Zweifel darüber, daß nach der Absicht des Ges. zur Veranlagung der außergewöhnlich hohen und in die wirtschaftlichen Verhältnisse der Steuerpflichtigen tief einschneidenden Warenhaussteuer nicht geschritten werden soll, ohne daß wenigstens von seiten der Veranlagungsorgane das Nötige geschehen ist, um durch die Herbeiführung einer Steuererklärung des Steuerpflichtigen und nötigenfalls die sich anschließende Prüfung der Geschäftsbücher die für eine richtige Veranlagung unentbehrlichen Grundlagen zu beschaffen. Es steht daher im Einklange mit dem Gesetze, wenn in Art. 16 Ausf.-Anw. ausgesprochen ist, daß ein noch nicht zur Warenhaussteuer Veranlagter, der weder eine besondere Aufforderung zur Steuererklärung erhalten, noch auch freiwillig eine Steuererklärung abgegeben hat, zur Warenhaussteuer nicht veranlagt werden darf.

Nr. 6. Entsch. Bd. XI i. St. S. 471 v. 7. V. 03 VI W 13/02.

Ausf.-Anw. Art. 15 [1], 16 IV.

Im Art. 16 IV Ausf.-Anw. zum Warenhaussteuerges. ist ausdrücklich vorgeschrieben, daß die besonderen Aufforderungen zur Abgabe von Steuererklärungen, „soweit die Aufforderung zum Zwecke der ordentlichen Veranlagung erfolgt, in der Regel mit der in der öffentlichen Bekanntmachung bestimmten Frist“ erfolgen sollen. Die hier als Regel angeordnete Übereinstimmung der Frist hat den leicht erkennbaren Zweck, etwaigen Mißverständnissen über den Fristenlauf vorzubeugen und zugleich eine Benachteiligung durch kürzere Fristbestimmung für die besonders Aufgeforderten gegenüber den nach der öffentlichen Bekanntmachung zur Steuerklärung Verpflichteten auszuschließen. Hieraus ergibt sich, daß von der Regel nicht nach freiem Belieben, sondern nur aus Gründen der Notwendigkeit abgewichen werden darf. Die hiermit zugelassenen Ausnahmen beschränken sich auf die Fälle, in denen die besonderen Aufforderungen so spät ergehen, daß die in der öffentlichen Bekanntmachung bestimmte Frist nicht mehr ausreichen würde. Hätten sonstige Abweichungen von der maßgebenden Regel zugelassen werden sollen, so würde dies in der Ausf.-Anw. haben zum Ausdrucke gebracht werden müssen.

Nr. 7. Entsch. Bd. XI i. St. S. 473 v. 7. V. 03 VI W 16/02.

Warenhaussteuerges. §§ 10, 13; Ausf.-Anw. Art. 13.

Eine der vorgeschriebenen Form entsprechende Warenhaussteuererklärung ist gültig, auch wenn der warenhaussteuerpflichtige Umsatz mit Null angegeben ist. Hat eine Beanstandung einer derartigen Steuererklärung oder eine Aufforderung des Steuerpflichtigen zur Äußerung über die obwaltenden Bedenken nach Maßgabe des § 10 Warenhaussteuerges. innerhalb des Steuerjahrs nicht stattgefunden, so ist eine Nachbesteuerung nach § 13 a. a. O. und § 78 Gew.-St.-Ges. nicht zulässig. Denn die Unterlassung einer ordentlichen Veranlagung im Laufe des Steuerjahrs ist hier nicht entgegen, sondern in Übereinstimmung mit den Vorschriften des Gesetzes geschehen.

Nr. 8. Entsch. Bd. XI i. St. S. 475 v. 22. X. 03 VI W 17/02.

Warenhaussteuerges. §§ 1, 4, 5, 13; Ausf.-Anw. Art. 25 [2].
Gew.-St.-Ges. §§ 17, 38.

1. Stellt der Warenhaushandel der veranlagten Firma an den verschiedenen Betriebsorten ein einheitliches gewerbliches Unternehmen dar,

dessen Gesamtumsatz und Gesamtertrag in dem nach § 4 Warenhaussteuerges. maßgebenden Vorjahr auch einheitlich für die Veranlagung der Warenhaussteuer in betracht kommt, so wäre die Ermittelung des der Veranlagung zu grunde zu legenden Jahresumsatzes und Jahresertrags nach Maßgabe des Ergebnisses eines kürzeren Zeitraums nur gerechtfertigt, wenn der Gesamtbetrieb zur Zeit der Veranlagung noch nicht ein Jahr lang bestände. Dies ist hier nicht der Fall. Insbesondere kann auch nicht etwa angenommen werden, daß durch die Errichtung einer Filiale in B. eine solche wesentliche Veränderung des Betriebs eingetreten wäre, daß deshalb die rückwärtsliegende Zeit für die Veranlagung der Warenhaussteuer überhaupt nicht zu berücksichtigen gewesen wäre (E.-O.-V. in St. Bd. X S. 467/72). Deshalb durfte sowohl für die Veranlagung der Warenhaussteuer, als auch für die Zerlegung derselben, soweit der B.er Teil des Geschäfts in Frage stand, nur der in dem maßgebenden Betriebsjahre wirklich erzielte Umsatz oder Ertrag in betracht gezogen werden.

2. Wenn nach Maßgabe der gesetzlichen Bestimmungen in einem einzelnen Falle die Warenhaussteuer endgültig nach dem Umsatze festgesetzt ist, so entspricht es dem, daß auch für die Zerlegung der Umsatz in den einzelnen Betriebsstätten als Maßstab dient; wenn aber die Steuer gemäß § 5 Warenhaussteuerges. nach dem Ertrage veranlagt ist, so erscheint dieser auch als der nächstliegende Maßstab für die Zerlegung. Damit steht auch die Ausf.-Anw. zum Warenhaussteuerges. Art. 25 Nr. 2 im Einklange. Es ist allerdings nicht ausgeschlossen, daß einzelne Betriebsorte bei dieser letzteren Zerlegungsart ungünstiger gestellt werden, als wenn die Warenhaussteuer für sie allein unter Berücksichtigung des in ihnen erzielten Umsatzes und Ertrags veranlagt würde, und daß auch der auf eine Gemeinde fallende Steueranteil noch unter die Hälfte der Steuer sinkt, die nach Maßgabe des dort erzielten Umsatzes festzusetzen wäre. Dies ist aber lediglich eine Folge der Anordnung des Gesetzes, wonach die Warenhaussteuer, obwohl sie nur eine Gemeindesteuer ist, in gleicher Weise wie die ursprünglich als Staatssteuer eingeführte Gewerbesteuer, also als eine einheitliche Steuer für alle warenhaussteuerpflichtigen Betriebe und Zweigniederlassungen eines Gewerbetreibenden zu veranlagen ist, und, wenn der Betrieb sich über mehrere Gemeinden erstreckt, die Zerlegung der Steuer auf die einzelnen Gemeinden zu erfolgen hat. Eine Bestimmung, wonach die Zerlegung der Warenhaussteuer nach besonderen Rücksichten zu erfolgen hätte, besteht nicht. Es kann daher auch in der Annahme eines Maßstabs für diese Zerlegung, bei dem sich für einzelne Gemeinden ungünstige Folgen der oben angedeuteten Art ergeben, eine Verletzung des bestehenden Rechtes oder ein wesentlicher Verfahrensmangel nicht erblickt werden.

3. Rechtsmittelverfahren.

Nr. 1. Entsch. Bd. XI i. St. S. 448 v. 7. V. 03 VI W 6/02.

Warenhaussteuerges. § 6.

Wird im Einspruchs- oder Berufungsverfahren zweifelhaft, ob in einem örtlich abgegrenzten Bezirke die in einem Warenhausbetriebe gehandelten Warengruppeu nach Herkommen und Gebrauch zugleich feilgeboten zu werden pflegen, und ob danach die Vorschrift des § 6 Abs. 4 Warenhaussteuerges. Anwendung zu finden hat, so sind, falls hierüber eine Entscheidung des Ministers für Handel und Gewerbe oder der von ihm bestimmten Behörde (§ 6 Abs. 5) noch nicht ergangen ist, die Rechtsmittelbehörden zur Entscheidung nicht zuständig, vielmehr zur Einholung der Entscheidung des Ministers verpflichtet.

Nr. 2. Entsch. Bd. XI i. St. S. 464 v. 20. V. 03 VI W 12/02.

Die Regierung darf von dem durch den Steuerausschuß schätzungsweise festgestellten Verhältnisse der auf den Kleinhandel und der auf den Großhandel entfallenden Teile des Gesamtumsatzes zu Ungunsten der Steuerpflichtigen nicht ohne tatsächliche Unterlagen abweichen. Tut sie es, so liegt ein wesentlicher Verfahrensmangel vor.

Chronologische Zusammenstellung der Entscheidungen.

Die Ziffern in der Rubrik „Seite“ verweisen auf die Seite des vorliegenden Bandes.

Datum der Entsch.	Materie	Seite
1903.		
5. XI.	Warenhaussteuerpfl.	344
7. "	Abzüge	292
18. "	Gewerbesteuer	342
19. "	Abzüge	285
19. "	Gewerbesteuerveranlagungsverfahren	341
19. "	Warenhaussteuerpfl.	343
21. "	Einkommensteuer	255
21. "	"	281
21. "	Ergänzungssteuer	329
3. XII.	Nachbesteuerung	321
3. "	Einkommensteuer Beschwerdeverfahren	324
3. "	Gewerbesteuerbefr.	335
3. "	Gewerbebesteuerung	339
5. "	Einkommensteuer	274
5. "	Veranlagungsverf.	315
17. "	"	313
17. "	Gewerbesteuer	332
17. "	Gewerbesteuerveranlagungsverfahren	341
19. "	Einkommensteuer	265
19. "	Gewinnbringende Beschäftigung	277
19. "	Einkommensteuer	253
19. "	"	274
19. "	Abzüge	288
19. "	Ergänzungssteuer	329
31. "	Einkommensteuer	254
31. "	Ergänzungssteuer	329

Datum der Entsch.	Materie	Seite
1904.		
13. I.	Einkommensteuer	260
13. "	"	298
23. "	"	306
3. II.	Abzüge	288
3. "	Vermögensanzeige	332
4. "	Ergänzungssteuer	328
4. "	"	330
18. "	Gewerbesteuerbefr.	335
24. "	Einkommensteuer. Berufungsinstanz	322
5. III.	Einkommensteuer	305
12. "	"	298
12. "	"	301
12. "	"	302
12. "	"	305
24. "	Gewerbebesteuerung	339
26. "	Einkommensteuer	258
26. "	"	266
9. IV.	"	253
9. "	Steuerpflichtiges Einkommen	309
9. "	Veranlagungsverf.	314
30. "	Gewinnbringende Beschäftigung	283
30. "	Abzüge	290
11. V.	Einkommensteuer	283
11. "	"	307
11. "	Steuerveränderung	320

Chronologisches Register.

1891.

1892.

1893.

1894.

Alphabetisches Register.

NB. Die beigefügten Zahlen verweisen auf die Seiten des vorliegenden Ergänzungsbandes.

A.

B.

C.

D.

E.

F.

H.

J.

K.

L.

M.

N.

O.

P.

Q.

R.

S.

T.

U.

V.

W.

Druck von A. Rietz & Sohn in Naumburg a. S.

FSC
www.fsc.org
MIX
Papier | Fördert gute Waldnutzung
FSC® C083411

Kolibri 360 GmbH
Ferdinand-Jühlke-Straße 7
99095 Erfurt, Deutschland
produktsicherheit@kolibri360.de